国家出版基金资助项目

现代数学中的著名定理纵横谈丛书

丛书主编 王梓坤

BÉZIER CURVE AND BÉZIER SURFACE

Bézier曲线和Bézier曲面

刘培杰数学工作室 编

哈尔滨工业大学出版社

HARBIN INSTITUTE OF TECHNOLOGY PRESS

内 容 简 介

本书详细介绍了 Bézier 曲线和 Bézier 曲面的相关知识. 全书共分为十编,包括数学家论 Bézier 曲线的数学基础、二次 Bézier 曲线、高维 Bézier 曲线、Bézier 曲线的定义方法、Bézier 曲面、Bézier 曲线的应用等内容.

本书可供从事这一数学分支或相关学科的数学工作者、大学师生以及数学爱好者研读.

图书在版编目(CIP)数据

Bézier 曲线和 Bézier 曲面/刘培杰数学工作室编. —哈尔滨:哈尔滨工业大学出版社,2024.3
(现代数学中的著名定理纵横谈丛书)
ISBN 978 - 7 - 5767 - 0596 - 6

Ⅰ.①B… Ⅱ.①刘… Ⅲ.①曲线 Ⅳ.①O123.3

中国版本图书馆 CIP 数据核字(2023)第 024414 号
BÉZIER QUXIAN HE BÉZIER QUMIAN

策划编辑 刘培杰 张永芹
责任编辑 张永芹 李兰静
封面设计 孙茵艾
出版发行 哈尔滨工业大学出版社
社　　址 哈尔滨市南岗区复华四道街 10 号　邮编 150006
传　　真 0451 - 86414749
网　　址 http://hitpress.hit.edu.cn
印　　刷 辽宁新华印务有限公司
开　　本 787mm×960mm　1/16　印张 63.75　字数 685 千字
版　　次 2024 年 3 月第 1 版　2024 年 3 月第 1 次印刷
书　　号 ISBN 978 - 7 - 5767 - 0596 - 6
定　　价 258.00 元

读书的乐趣

你最喜爱什么——书籍.

你经常去哪里——书店.

你最大的乐趣是什么——读书.

这是友人提出的问题和我的回答. 真的, 我这一辈子算是和书籍, 特别是好书结下了不解之缘. 有人说, 读书要费那么大的劲, 又发不了财, 读它做什么? 我却至今不悔, 不仅不悔, 反而情趣越来越浓. 想当年, 我也曾爱打球, 也曾爱下棋, 对操琴也有兴趣, 还登台伴奏过. 但后来却都一一断交, "终身不复鼓琴". 那原因便是怕花费时间, 玩物丧志, 误了我的大事——求学. 这当然过激了一些. 剩下来唯有读书一事, 自幼至今, 无日少废, 谓之书痴也可, 谓之书橱也可, 管它呢, 人各有志, 不可相强. 我的一生大志, 便是教书, 而当教师, 不多读书是不行的.

读好书是一种乐趣, 一种情操; 一种向全世界古往今来的伟人和名人求

1

教的方法,一种和他们展开讨论的方式;一封出席各种活动、体验各种生活、结识各种人物的邀请信;一张迈进科学宫殿和未知世界的入场券;一股改造自己、丰富自己的强大力量.书籍是全人类有史以来共同创造的财富,是永不枯竭的智慧的源泉.失意时读书,可以使人重整旗鼓;得意时读书,可以使人头脑清醒;疑难时读书,可以得到解答或启示;年轻人读书,可明奋进之道;年老人读书,能知健神之理.浩浩乎!洋洋乎!如临大海,或波涛汹涌,或清风微拂,取之不尽,用之不竭.吾于读书,无疑义矣,三日不读,则头脑麻木,心摇摇无主.

潜能需要激发

我和书籍结缘,开始于一次非常偶然的机会.大概是八九岁吧,家里穷得揭不开锅,我每天从早到晚都要去田园里帮工.一天,偶然从旧木柜阴湿的角落里,找到一本蜡光纸的小书,自然很破了.屋内光线暗淡,又是黄昏时分,只好拿到大门外去看.封面已经脱落,扉页上写的是《薛仁贵征东》.管它呢,且往下看.第一回的标题已忘记,只是那首开卷诗不知为什么至今仍记忆犹新:

日出遥遥一点红,飘飘四海影无踪.

三岁孩童千两价,保主跨海去征东.

第一句指山东,二、三两句分别点出薛仁贵(雪、人贵).那时识字很少,半看半猜,居然引起了我极大的兴趣,同时也教我认识了许多生字.这是我有生以来独立看的第一本书.尝到甜头以后,我便千方百计去找书,向小朋友借,到亲友家找,居然断断续续看了《薛丁山征西》《彭公案》《二度梅》等,樊梨花便成了我心中的女英雄.我真入迷了.从此,放牛也罢,车水也罢,我总要带一本书,还练出了边走田间小路边读书的本领,读得津津有味,不知人间别有他事.

当我们安静下来回想往事时,往往会发现一些偶然的小事却影响了自己的一生.如果不是找到那本《薛仁贵征东》,我的好学心也许激发不起来.我这一生,也许会走另一条路.人的潜能,好比一座汽油库,星星之火,可以使它雷声隆隆、光照天地;但若少了这粒火星,它便会成为一潭死水,永归沉寂.

抄,总抄得起

好不容易上了中学,做完功课还有点时间,便常光顾图书馆.好书借了实在舍不得还,但买不到也买不起,便下决心动手抄书.抄,总抄得起.我抄过林语堂写的《高级英文法》,抄过英文的《英文典大全》,还抄过《孙子兵法》,这本书实在爱得狠了,竟一口气抄了两份.人们虽知抄书之苦,未知抄书之益,抄完毫末俱见,一览无余,胜读十遍.

始于精于一,返于精于博

关于康有为的教学法,他的弟子梁启超说:"康先生之教,专标专精、涉猎二条,无专精则不能成,无涉猎则不能通也."可见康有为强烈要求学生把专精和广博(即"涉猎")相结合.

在先后次序上,我认为要从精于一开始.首先应集中精力学好专业,并在专业的科研中做出成绩,然后逐步扩大领域,力求多方面的精.年轻时,我曾精读杜布(J. L. Doob)的《随机过程论》,哈尔莫斯(P. R. Halmos)的《测度论》等世界数学名著,使我终身受益.简言之,即"始于精于一,返于精于博".正如中国革命一样,必须先有一块根据地,站稳后再开创几块,最后连成一片.

丰富我文采,澡雪我精神

辛苦了一周,人相当疲劳了,每到星期六,我便到旧书店走走,这已成为生活中的一部分,多年如此.一次,偶然看到一套《纲鉴易知录》,编者之一便是选编《古文观止》的吴楚材.这部书提纲挈领地讲中国历史,上自盘古氏,直到明末,记事简明,文字古雅,又富于故事性,便把这部书从头到尾读了一遍.从此启发了我读史书的兴趣.

我爱读中国的古典小说,例如《三国演义》和《东周列国志》.我常对人说,这两部书简直是世界上政治阴谋诡计大全.即以近年来极时髦的人质问题(伊朗人质、劫机人质等),这些书中早就有了,秦始皇的父亲便是受害者,堪称"人质之父".

《庄子》超尘绝俗,不屑于名利.其中"秋水""解牛"诸篇,诚绝唱也.《论语》束身严谨,勇于面世,"己所不欲,勿施于人",有长者之风.司马迁的《报任少卿书》,读之我心两伤,既伤少卿,又伤司马;我不知道少卿是否收到这封信,希望有人做点研究.我也爱读鲁迅的杂文,果戈理、梅里美的小说.我非常敬重文天祥、秋瑾的人品,常记他们的诗句:"人生自古谁无死,留取丹心照汗青""休言女子非英物,夜夜龙泉壁上鸣".唐诗、宋词、《西厢记》《牡丹亭》,丰富我文采,澡雪我精神,其中精粹,实是人间神品.

读了邓拓的《燕山夜话》,既叹服其广博,也使我动了写《科学发现纵横谈》的心.不料这本小册子竟给我招来了上千封鼓励信.以后人们便写出了许许多多的"纵横谈".

从学生时代起,我就喜读方法论方面的论著.我想,做什么事情都要讲究方法,追求效率、效果和效益,方法好能事半而功倍.我很留心一些著名科学家、文学家写的心得体会和经验.我曾惊讶为什么巴尔扎克在51年短短的一生中能写出上百本书,并从他的传记中去寻找答案.文史哲和科学的海洋无边无际,先哲们的明智之光沐浴着人们的心灵,我衷心感谢他们的恩惠.

读书的另一面

以上我谈了读书的好处,现在要回过头来说说事情的另一面.

读书要选择.世上有各种各样的书:有的不值一看,有的只值看20分钟,有的可看5年,有的可保存一辈子,有的将永远不朽.即使是不朽的超级名著,由于我们的精力与时间有限,也必须加以选择.决不要看坏书,对一般书,要学会速读.

读书要多思考.应该想想,作者说得对吗? 完全吗? 适合今天的情况吗? 从书本中迅速获得效果的好办法是有的放矢地读书,带着问题去读,或偏重某一方面去读.这时我们的思维处于主动寻找的地位,就像猎人追找猎物一样主动,很快就能找到答案,或者发现书中的问题.

有的书浏览即止,有的要读出声来,有的要心头记住,有的要笔头记录.对重要的专业书或名著,要勤做笔记,"不动笔墨不读书".动脑加动手,手脑并用,既可加深理解,又可避忘备查,特别是自己的灵感,更要及时抓住.清代章学诚在《文史通义》中说:"札记之功必不可少,如不札记,则无穷妙绪如雨珠落大海矣."

许多大事业、大作品,都是长期积累和短期突击相结合的产物.涓涓不息,将成江河;无此涓涓,何来江河?

爱好读书是许多伟人的共同特性,不仅学者专家如此,一些大政治家、大军事家也如此.曹操、康熙、拿破仑、毛泽东都是手不释卷,嗜书如命的人.他们的巨大成就与毕生刻苦自学密切相关.

王梓坤

目　录

1

3

4

5

第 5 编　Bézier 曲线的定义方法

第6编　Bézier 曲面

7

9

第 7 编　Bézier 算子

13

14

15

16

第 1 编
数学家论 Bézier 曲线的数学基础

从一道初中期末考题到 Bézier 曲线

第 1 章

§1　引　言

本章从一道初中期末考题谈起.

数学教学甚至整个教育界有一个奉行多年的金科玉律,那就是教师在端给学生一碗水之前,自己一定要先有一桶水.

作为一位合格的数学教师,不仅自己要能解题、善解题,还需要有深厚的数学理论积淀,这样才能从更高的观点和更广的视角看问题,洞察问题的背景.

湖南师范大学的叶军教授给出了

一个很好的案例. 他以 2019 年江宁区八年级(下)期末考试的最后一题为例:

如图 1 所示, 在 $\triangle ABC$ 中, $AB = AC$, D, E 分别在 AB 和 AC 上, 且 $AD = CE$, 判断 DE 与 $\frac{1}{2}BC$ 的大小关系.

分析 1 如图 2 所示, 过 D 作 $DF \parallel AC$, 交 BC 边上的中线 AH 于 F, 则 $\angle DAF = \angle FAC = \angle DFA$, 所以 $DA = DF$, 因此 $DF = EC$. 又因为 $DF \parallel EC$, 所以四边形 $DECF$ 是平行四边形, 所以 $CF = DE$. 在 $\mathrm{Rt}\triangle CHF$ 中, $CF > CH = \frac{1}{2}BC$, 因此 $DE > \frac{1}{2}BC$.

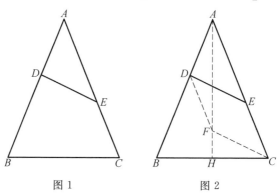

图 1 图 2

当 F 与 H 重合时, $DE = \frac{1}{2}BC$. 此时 D 和 E 是 $\triangle ABC$ 两腰的中点. 由此可知, 当 DE 是 $\triangle ABC$ 的中位线时, 取得最小值 $\frac{1}{2}BC$.

分析 2 如图 3 所示, 作平行四边形 $DECF$, 用 SAS 证明 $\triangle ADE \cong \triangle DFB$, 则 $BF = DE = CF$. 在 $\triangle BCF$ 中, $BF + CF > BC$, 即 $DE > \frac{1}{2}BC$.

对称地看,如图 4 所示,也可以作平行四边形 $DEFB$,证明 $\triangle ADE \cong \triangle ECF$,则 $CF = DE = BF$,因此在 $\triangle BCF$ 中,$BF + CF > BC$,即 $DE > \dfrac{1}{2}BC$.

当 D 和 E 分别是 AB 和 AC 的中点时,DE 为 $\triangle ABC$ 的中位线,即

$$DE = \frac{1}{2}BC$$

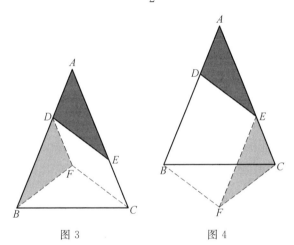

图 3　　　　　　图 4

分析 3　如图 5 所示,作平行四边形 $BCEF$,联结 DF,则根据 SAS 可得 $\triangle ADE \cong \triangle BFD$,因此 $DF = DE$. 在 $\triangle DEF$ 中,$2DE = DF + DE > EF = BC$,即 $DE > \dfrac{1}{2}BC$.

当 D 和 E 分别是 AB 和 AC 的中点时,DE 为 $\triangle ABC$ 的中位线,即

$$DE = \frac{1}{2}BC$$

最后我们把几个解法的辅助线画在同一个图形

中,如图 6 所示,看看它的效果,这几个全等三角形都可以通过某种全等变换互相得到.

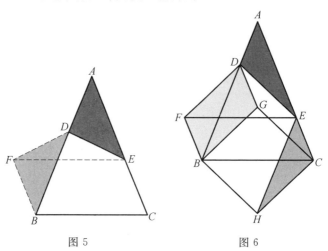

图 5　　　　　　　　图 6

继续探索,让点 D 在 AB 上滑动,如果 DE 是一支粉笔,那么它会涂满 $\triangle ABC$ 的一部分,而留下一部分空白,涂色部分和空白部分的交界呈现一条曲线,如图 7 所示.在数学上,这条曲线叫作 Bézier 曲线.

假想你手中有一架相机,在 DE 运动的过程中,均匀地拍下几幅运动瞬间的照片,并把这些照片曝光在同一张底片上,你可以发现,各条线段似乎构成一条曲线.

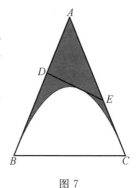

图 7

6

　　我们也可以自己作图. 选取线段 $AB=AC$, 并均匀分割成若干等份, 按照如图 8 所示的方式用数字标记各个分点(注意两边的顺序不同), 再把相同序号的数字联结成线段, 所有直线段的"轮廓"似乎构成一条曲线, 这条曲线与所有的连线段相切, 是一条二阶 Bézier 曲线.

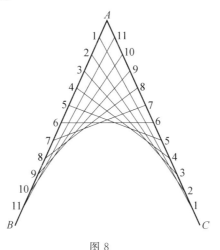

图 8

　　事实上, 一般的二阶 Bézier 曲线不需要 $AB=AC$, 也不需要两边分点相等, 只要满足一定的比例即可. 一般地, 如图 9 所示, 有公共端点的两条线段 AB,AC, 在 AB 上取一点 D, 对应地在 AC 上取一点 E, 使得 $CE:AC=AD:AB=t$, 联结 DE, 取点 M, 使得 $EM:DE=t$, 则随着 D 的运动, 点 M 的轨迹是二阶 Bézier 曲线. 可以证明, 二阶 Bézier 曲线是抛物线.

7

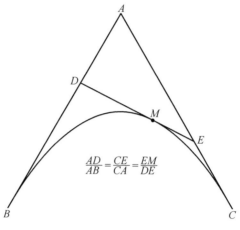

$$\frac{AD}{AB} = \frac{CE}{CA} = \frac{EM}{DE}$$

图 9

可以用递归的方式定义 n 次$(n \geqslant 3)$Bézier 曲线，递归的方式如图 10 所示. 调整 A, B, C, D 的相对位置，可以得到不同形状的曲线.

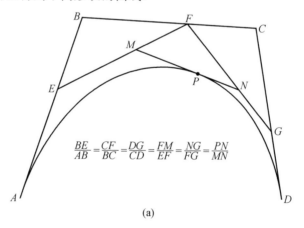

$$\frac{BE}{AB} = \frac{CF}{BC} = \frac{DG}{CD} = \frac{FM}{EF} = \frac{NG}{FG} = \frac{PN}{MN}$$

(a)

8

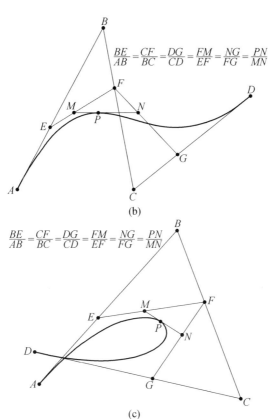

(b)

(c)

图 10　三次 Bézier 曲线

通过控制初始点的个数以及它们的相对位置,可以得到形状各异的曲线,具体的设计步骤如下:

(1)给定初始点.

(2)设置好比例.

(3)联结线段.

(4)改变初始点的位置或比例.

1962 年,法国工程师 Pierre Bézier 用这种方法来辅助汽车的车体工业设计，获得了广泛地使用，人们称这一类曲线为 Bézier 曲线.

　　Bézier 曲线的本质是通过数学计算公式去绘制平滑的曲线，这一点已经在数字上得到了严格的证明. 在计算机图形学与图像处理中，Bézier 曲线得到了广泛地应用. 比如，在设计游戏时，为了得到平滑的曲线，而且这种曲线需要在改变个别参数的条件下发生相应的变化，很多设计师优先选择使用 Bézier 曲线作为设计的模板.

§2　再论一道全国高中数学联赛试题的解法

　　引言中的例子是从几何角度得到的 Bézier 曲线，下面我们再举一个从代数角度引出 Bézier 曲线的例子. 数学奥林匹克竞赛是中学生所喜爱的一项智力活动，其中的精华部分是试题. 好的试题令人回味，能够长久地留在人们的记忆之中，既有优美的解法又有深刻的背景的命题是很难得的，只有那些具有深厚的科研功底且同时热爱初等数学的大家才有可能命制出来. 比如在 1978 年的全国各省市高中数学竞赛中，华罗庚先生和苏步青先生所命制的以素数定理和射影几何为背景的试题至今令人津津乐道.

　　本书所论及的一道全国高中数学联赛试题是由时任中国科学技术大学数学系主任的常庚哲教授所命制的，它既有多种技巧各异的解法，也有非常深刻的高等背景，从 Bernstein 多项式到函数逼近论，从 Bézier 曲线到计算几何，一直到 CAD 及汽车的外形设计. 关于

Bernstein 多项式和函数逼近论，我们通过本系列图书中的另一本书进行介绍. 本书重点介绍 Bézier 曲线及 Bézier 曲面的数学性质，我们先给出试题及它的一个常规证法，再由此引出 Bézier 曲线的模型.

1986 年全国高中数学联赛二试题 1 为：

试题 1　已知实数列 $a_0, a_1, a_2, \cdots$ 满足

$$a_{i-1} + a_{i+1} = 2a_i \quad (i = 1, 2, 3, \cdots)$$

求证：对于任何自然数 n

$$
\begin{aligned}
P(x) = {} & a_0 \mathrm{C}_n^0 (1-x)^n + a_1 \mathrm{C}_n^1 x (1-x)^{n-1} + \\
& a_2 \mathrm{C}_n^2 x^2 (1-x)^{n-2} + \cdots + \\
& a_{n-1} \mathrm{C}_n^{n-1} x^{n-1} (1-x) + a_n \mathrm{C}_n^n x^n
\end{aligned}
$$

是 x 的一次多项式或常数.

（注：原题条件限制 $\{a_i\}$ 不为常数列，因此只需要证明 $P(x)$ 为一次函数，是此题的一个特例.）

证明　当 $a_0 = a_1 = \cdots = a_n$ 时，有

$$
\begin{aligned}
P(x) = {} & a_0 \big[\mathrm{C}_n^0 (1-x)^n + \\
& \mathrm{C}_n^1 (1-x)^{n-1} x + \cdots + \mathrm{C}_n^n x^n \big] \\
= {} & a_0 \big[(1-x) + x \big]^n = a_0
\end{aligned}
$$

为常数.

对于一般情况，由已知有 $a_k = a_0 + kd$，d 为常数，$k = 0, 1, 2, \cdots, n$. 因为

$$
\begin{aligned}
& 0 \cdot \mathrm{C}_n^0 (1-x)^n + 1 \cdot \mathrm{C}_n^1 (1-x)^{n-1} x + \cdots + \\
& k \mathrm{C}_n^k (1-x)^{n-k} x^k + \cdots + n \mathrm{C}_n^n x^n \\
= {} & n \mathrm{C}_{n-1}^0 (1-x)^{n-1} x + \cdots + \\
& n \mathrm{C}_{n-1}^{k-1} (1-x)^{n-k} x^k + \cdots + n \mathrm{C}_{n-1}^{n-1} x^n \\
= {} & nx \big[\mathrm{C}_{n-1}^0 (1-x)^{n-1} + \\
& \mathrm{C}_{n-1}^1 (1-x)^{n-2} x + \cdots + \mathrm{C}_{n-1}^{n-1} x^{n-1} \big] \\
= {} & nx \big[(1-x) + x \big]^{n-1} = nx
\end{aligned}
$$

所以

$$P(x) = a_0 [C_n^0 (1-x)^n + C_n^1 (1-x)^{n-1} x + \cdots + C_n^n x^n] +$$
$$d[0 \cdot C_n^0 (1-x)^n + \cdots + k C_n^k (1-x)^{n-k} x^k + \cdots +$$
$$n C_n^n x^n]$$
$$= a_0 + n d x$$

为一次多项式.

这是一道背景深刻的好题,它以函数构造论中的 Bernstein 多项式及计算几何中的 Bézier 曲线为背景.

在雷诺汽车公司的设计院里,一位法国工程师 Bézier 提出了设计汽车零部件的特殊的理论,利用它可在计算机上直接设计各种形体. 1962 年,在这个模型被提出后,雷诺汽车公司曾用它开发了 UNISURF 软件. 1982 年首次在学术界公布后,Bézier 曲线就成了今天各种 CAD 软件的基本模型之一,用于机械、航空、汽车、形体设计、字体设计等各种领域.

Bézier 曲线可从不同的方面引入,每种方法都从各自的角度显示了它在形体设计方面的能力. 在本书中,我们将用等价定义从不同角度(点、约束向量、重心等)来介绍 Bézier 曲线,还会对各种计算方法、几何特性以及实际应用中出现的问题加以说明.

§3 来自宾夕法尼亚大学女研究生的定理

人们会产生这样的疑问:$a_{i-1} + a_{i+1} = 2a_i$ 相当于一个一次函数 $f(n) = an + b$ 在三点处的值,既然 Bernstein 多项式 $B_n(f;x)$ 将 $f(n) = an + b$ 又变为 $f(n)$,并且一次以上的多项式经 B_n 作用后都会发生改

变,那么在这一变换中,会不会将 $f(x)$ 原有的一些特性改变了呢? 如单调性、凸凹性等. 我们说这一变换有良好的继承性,并不改变 $f(x)$ 本身的性质. 我们有以下结论:

(1)当 $f(x)$ 单调递增(减)时,$B_n(f;x)$ 也单调递增(减),我们只需考察 $B'_n(f;x)$ 的正负即可

$$B'_n(f;x) = n\sum_{k=0}^{n-1}\left[f\left(\frac{k+1}{n}\right) - f\left(\frac{k}{n}\right)\right]J_k^{n-1}(x)$$

其中

$$J_k^n(x) = C_n^k x^k (1-x)^{n-k} \quad (k = 0,1,\cdots,n)$$

称为 $B_n(f;x)$ 的基函数.

当 $f(x)$ 为单调递增函数时

$$f\left(\frac{k+1}{n}\right) - f\left(\frac{k}{n}\right) \geqslant 0 \Rightarrow B'_n(f;x) \geqslant 0$$

当 $f(x)$ 为单调递减函数时

$$f\left(\frac{k+1}{n}\right) - f\left(\frac{k}{n}\right) \leqslant 0 \Rightarrow B'_n(f;x) \leqslant 0$$

(2)当 $f(x)$ 是凸函数时,$B_n(f;x)$ 也是凸函数.

判断一个函数的凸凹性只需考察其二阶导数的情形. 注意到

$$B''_n(f;x) = a(a-1)\sum_{k=0}^{n-2}\left[f\left(\frac{k+1}{n}\right) - 2f\left(\frac{k}{n}\right) + f\left(\frac{k-1}{n}\right)\right]J_k^{n-2}(x)$$

当 $f(x)$ 是凸函数时,由 Jensen 不等式知

$$\frac{1}{2}\left[f\left(\frac{k+1}{n}\right) + f\left(\frac{k-1}{n}\right)\right] \geqslant f\left[\frac{1}{2}\left(\frac{k+1}{n} + \frac{k-1}{n}\right)\right]$$
$$= f\left(\frac{k}{n}\right)$$

故

13

$$B''_n(f;x) \geqslant 0$$

关于凸性,1954 年美国宾夕法尼亚大学的一位女研究生 Averbach 证明了一个有趣的结论:

若 $f(x)$ 在 $[0,1]$ 上是凸函数,则 $B_n(f;x) \geqslant B_{n+1}(f;x)$ 对所有 $n \in \mathbf{N}$ 及 $x \in [0,1]$ 成立.

对于这一必须使用高深工具才能得到的结果,一位中国科技大学数学系 1982 级的学生陈发来凭借纯熟的初等数学技巧给出了一个证明. 他先证明了一个引理,即:

升阶公式

$$B_n(f,x) = \sum_{k=0}^{n+1} \left[\frac{k}{n+1} f\left(\frac{k-1}{n}\right) + \left(1 - \frac{k}{n+1}\right) f\left(\frac{k}{n}\right) \right] J_k^{n+1}(x)$$

其意义是:任意一个 n 次 Bernstein 多项式都可看成一个 $n+1$ 次 Bernstein 多项式.

它的证明是容易的,先注意到

$$J_k^n(x) = \left(1 - \frac{k}{n+1}\right) J_k^{n+1}(x) + \frac{k+1}{n+1} J_{k+1}^{n+1}(x)$$

于是

$$B_n(f;x) = \sum_{k=0}^{n} f\left(\frac{k}{n}\right) \left[\left(1 - \frac{k}{n+1}\right) J_k^{n+1}(x) + \frac{k+1}{n+1} J_{k+1}^{n+1}(x) \right]$$

$$= \sum_{k=0}^{n+1} \left[\left(1 - \frac{k}{n+1}\right) f\left(\frac{k}{n}\right) + \frac{k}{n+1} f\left(\frac{k-1}{n}\right) \right] J_k^{n+1}(x)$$

当 $k = -1, n = 1$ 时,$f\left(\dfrac{k}{n}\right) = 0$.

14

有了以上的升阶公式,Averbach 定理即可很容易得证.

因为 $f(x)$ 是 $[0,1]$ 上的凸函数,所以

$$f\left(\frac{k}{n+1}\right)=f\left[\frac{k}{n+1}\left(\frac{k-1}{n}\right)+\left(1-\frac{k}{n+1}\right)\frac{k}{n}\right]$$

$$\leqslant \frac{k}{n+1}f\left(\frac{k-1}{n}\right)+\left(1-\frac{k}{n+1}\right)f\left(\frac{k}{n}\right)$$

从而

$$B_{n+1}(f;x)=\sum_{k=0}^{n+1}f\left(\frac{k}{n+1}\right)J_k^{n+1}(x)$$

$$\leqslant \sum_{k=0}^{n+1}\left[\frac{k}{n+1}f\left(\frac{k-1}{n}\right)+\right.$$

$$\left.\left(1-\frac{k}{n+1}\right)f\left(\frac{k}{n}\right)\right]J_k^{n+1}(x)$$

$$=B_n(f;x) \quad (由升阶公式)$$

由此可见,升阶公式在这里起了关键作用.

作为练习可以证明:以 $(1,0,\varepsilon,0,1)$ 为 Bernstein 系数的四次多项式在 $[0,1]$ 上为凸的充要条件是 $|\varepsilon|\leqslant 1$.

1960 年,罗马尼亚数学家 L. Kosmak 证明了 Averbach 定理的逆定理,开创了逼近论中逆定理证明的先河. 后来,Z. Ziegler、张景中、常庚哲等人对此做出了改进,并给出了初等证明,而陈发来则又利用升阶公式对一类函数证明了 Averbach 定理的逆定理.

俄罗斯数学家 E. V. Voronovskaya 从另一个角度证明了:如果函数 $f(x)$ 的二阶导数连续,那么

$$f(x)-B_n(f,x)=-\frac{x(1-x)}{2n}f''(x)+O\left(\frac{1}{n}\right)$$

S. N. Bernstein 证明了:如果函数 $f(x)$ 有更高阶

的导数,那么可以从偏差 $f(x)-B_n(f,x)$ 的渐近展开式中再分出一些项来.E. M. Wright 和 E. V. Kontororn 研究了解析函数 $f(x)$ 的 Bernstein 多项式 $B_n(f,x)$ 在区间 $[0,1]$ 之外的收敛性,Bernstein 得到了关于 $B_n(f,x)$ 的收敛区域对 $[0,1]$ 上的解析函数 $f(x)$ 的奇点分布的依赖性的进一步结果.A. O. Gelfond 对函数系数 $1,\{x^{\alpha}\lg^k x\}(\alpha>0,k\geqslant 0)$ 构造了 Bernstein 型多项式,并把关于 Bernstein 多项式的收敛性和收敛速度的一些估计推广到了这种情况.

在《美国数学月刊》上曾有这样一个征解问题:

设 $f\in C[0,1],(B_n f)(x)$ 表示 Bernstein 多项式

$$\sum_{k=0}^{n}C_n^k x^k(1-x)^{n-k}f\left(\frac{k}{n}\right)$$

证明:如果 $f\in C^2[0,1]$,那么对于 $0\leqslant x\leqslant 1,n=1,2,\cdots$,不等式

$$|(B_n f)(x)-(B_{n+1}f)(x)|$$

$$\leqslant\frac{x(1-x)}{n+1}\left(\frac{1}{3n}\int_0^1|f'(t)|^2\mathrm{d}t\right)^{\frac{1}{2}}$$

成立.

证明 我们有恒等式

$$(B_n f)(x)-(B_{n+1}f)(x)$$

$$=\frac{x(1-x)}{n(n+1)}\sum_{k=1}^{n}C_{n-1}^{k-1}x^{k-1}(1-x)^{n-k}\left[f;\frac{k-1}{k},\frac{k}{n+1},\frac{k}{n}\right]$$

其中

$$[f;x_1,x_2,x_3]=\frac{1}{x_3-x_1}\left[\frac{f(x_3)-f(x_2)}{x_3-x_2}-\frac{f(x_2)-f(x_1)}{x_2-x_1}\right]$$

$$= \int_0^1 H_k(t) f'(t) \, \mathrm{d}t$$

是 f 的二阶导差，而

$$(x_3 - x_1) H_k(t) = \begin{cases} \dfrac{t - x_1}{x_2 - x_1}, & x_1 < t \leqslant x_2 \\[2mm] \dfrac{x_3 - t}{x_3 - x_2}, & x_2 \leqslant t < x_3 \end{cases}$$

在其他地方，上式的值为零. 这里还有

$$\int_0^1 H_k^2(t) \, \mathrm{d}t = \frac{n}{3}$$

这样，根据一开始的恒等式和 Cauchy-Schwarz 不等式就可以导出所需的绝对值不等式.

有理 Bézier 曲线 [①]

第 2 章

§1 引　言

计算几何中曲线造型的主要工具是代数参数曲线,其中由 Bernstein 基和 B 样条基表示的参数曲线分别称为 Bézier 曲线和 B 样条曲线,应用尤其广泛.

苏步青教授是最早把代数曲线论的仿射不变量理论导进计算几何领域的,用以研究仿射平面参数曲线的几

[①]　本章摘自《应用数学学报》1985 年第 1 期.

何性质,特别是关于那些以实拐点和实奇点个数为特征的仿射分类,从而获得了一系列具有重要应用价值的结果,推动了计算几何的理论发展.这些结果被应用到了 CAGD 的工程技术课题中,收到了成效.

与此同时,有理参数曲线也进入了计算几何的理论和实践领域.起初应用有理参数曲线到几何外形设计的是波音飞机公司的 Rowin 和 MIT 的 Coons 等人.就应用而言,他们的主要兴趣在于把二次曲线和三次参数曲线统一到三次有理参数曲线中.这是因为前面两种曲线在飞机外形设计中的应用很普遍,但是两者的算式不统一,带来了编程的麻烦.

后来,英国飞机公司的 Ball 继续做了拓广,构造了两类特殊的三次有理参数曲线段:广义圆锥曲线段和简单线性参数段,用于该公司的 CONSURF 系统.国内的一些航空工程部门也借鉴并发展了这些结果,并且应用到了飞机外形数模系统中.

Forrest 发表了关于三次有理参数曲线段的一项理论工作,讨论了三次有理参数曲线段上出现渐近方向的条件.鉴于有理参数曲线的几何性质比较复杂,Forrest 建议人们慎重使用这类曲线.

遵循苏步青在计算几何领域中开创的几何不变量理论,我们在文献[1]中已经找到射影平面三次参数曲线的一个相对射影不变量 D. 接着,按照 D 的符号做出射影平面三次参数曲线以实奇点和实拐点个数为特征的射影分类.

在此基础上,复旦大学数学研究所的刘鼎元教授于 1985 年讨论了仿射平面三次有理参数曲线段的形状控制问题.为了用特征多边形直观而有效地控制曲线形状，我们取 Bernstein 基表示有理参数曲线，不妨称作"有理 Bézier 曲线". 本章的重点是 §3，给出了仿射平面三次有理 Bézier 曲线的实拐点和实奇点分布定理.

§2　有理 Bézier 曲线的定义和性质

在 E^3 空间的齐次坐标(x_1, x_2, x_3, x_4)中，给定 $n+1$ 个顶点

$$\boldsymbol{R}_i = (\omega_i x_i, \omega_i y_i, \omega_i z_i, \omega_i) \quad (i = 0, 1, \cdots, n)$$

称 n 次有理参数曲线段

$$\mathcal{R}_n : \boldsymbol{x}(t) = \rho \sum_{t=0}^{n} \boldsymbol{R}_i B_{i,n}(t) \quad (\rho \neq 0, 0 \leqslant t \leqslant 1)$$

$$(2.1)$$

为 n 次有理 Bézier 曲线，记成 $\mathcal{R}_n$. 式中已置 Bernstein 基函数

$$\begin{cases} B_{i,n}(t) = \mathrm{C}_n^i t^i (1-t)^{n-i} \\ \mathrm{C}_n^i = \dfrac{n!}{i!\,(n-i)!} \end{cases} \quad (i = 0, 1, \cdots, n)$$

由顶点$\{\boldsymbol{R}_i\}$组成的 n 边形称为特征多边形. 式(2.1)的分量形式是

$$\boldsymbol{x}(t) = \{x(t), y(t), z(t), \omega(t)\} \qquad (2.2)$$

式中每个分量都是关于 t 的 n 次多项式.

n 次有理 Bézier 曲线 $\mathcal{R}_n$ 及其特征多边形的图形需要在 E^3 的仿射坐标系中给出表示

$$\mathcal{R}_n : \boldsymbol{r}(t) = \frac{\displaystyle\sum_{i=0}^{n} \boldsymbol{r}_i \omega_i B_{i,n}(t)}{\displaystyle\sum_{i=0}^{n} \omega_i B_{i,n}(t)} \quad (0 \leqslant t \leqslant 1) \quad (2.3)$$

其特征多边形顶点为

$$\boldsymbol{r}_i = (x_i, y_i, z_i) \quad (i = 0, 1, \cdots, n)$$

在本章中，我们总是取

$$\omega_i > 0 \quad (i = 0, 1, \cdots, n) \qquad (2.4)$$

做出上述规定的好处在于保证：

（1）式（2.3）中分母不等于零，避免出现渐近方向．

（2）曲线 $\mathcal{R}_n$ 落在由顶点组 $\{\boldsymbol{r}_i\}$ 构造的凸包中．

对于 CAGD 来说，上述两项性质的必要性是不言而喻的．

我们还可以把式（2.3）中的 $\{\omega_i\}$ 看成在曲线 $\mathcal{R}_n$ 上附加的一组权因子．它们的作用是把曲线 $\mathcal{R}_n$ "吸引" 到相应的顶点．比如，取某个 ω_i 特别大，曲线就靠近顶点 $\boldsymbol{r}_i$．当 $\omega_i \to +\infty$ 时，曲线将几乎通过顶点 $\boldsymbol{r}_i$．从图 8 中的几条平面 $\mathcal{R}_3$ 曲线便能清楚地看到权因子 $\{\omega_i\}$ 所做的贡献．

式（2.3）中 $n+1$ 个权因子 $\{\omega_i\}$ 的自由度为 n．当取所有 $\omega_i = 1 (i = 0, 1, \cdots, n)$ 时，式（2.3）表示一条 n 次 Bézier 曲线．这说明 $\mathcal{R}_n$ 是 Bézier 曲线的拓广．

我们引入记号

$$\boldsymbol{p}(t) \equiv \omega(t)\boldsymbol{r}(t) = \{x(t), y(t), z(t)\} \quad (2.5)$$

将式（2.3）关于 t 求导，并用撇号记之

$$\boldsymbol{r}'(t) = \frac{1}{\omega}(\boldsymbol{p}' - \omega'\boldsymbol{r}) \qquad (2.6)$$

$$r''(t) = \frac{1}{\omega}(p'' - 2\omega'r' - \omega''r) \qquad (2.7)$$

$$r'(t) \times r''(t) = \frac{1}{\omega^3}(\omega p' \times p'' + \omega'p'' \times p + \omega''p \times p') \qquad (2.8)$$

从以上三式容易导出 $\mathscr{R}_n$ 的端点性质

$$\begin{cases} r(0) = r_0 \\ r(1) = r_n \\ r'(0) = n\dfrac{\omega_1}{\omega_0}a_1 \\ r'(1) = n\dfrac{\omega_{n-1}}{\omega_n}a_n \end{cases}$$

$$\begin{cases} k_0 = \dfrac{|\, r'(0) \times r''(0)\,|}{|\, r'(0)\,|^3} = \dfrac{(n-1)\omega_0\omega_2}{n\omega_1^2} \cdot \dfrac{|\, a_1 \times a_2\,|}{|\, a_1\,|^3} \\ k_1 = \dfrac{|\, r'(1) \times r''(1)\,|}{|\, r'(1)\,|^3} = \dfrac{(n-1)\omega_n\omega_{n-2}}{n\omega_{n-1}^2} \cdot \dfrac{|\, a_{n-1} \times a_n\,|}{|\, a_{n-1}\,|^3} \end{cases}$$

$$(2.9)$$

以上各式中的边向量

$$a_i = r_i - r_{i-1} \qquad (i = 1, 2, \cdots, n)$$

k_0 和 k_1 是曲线 $\mathscr{R}_n$ 在两端点处的曲率.

上述诸式表明有理 Bézier 曲线 $\mathscr{R}_n$ 与 Bézier 曲线有着相似的端点性质：

（1）以特征多边形的端点作为曲线 $\mathscr{R}_n$ 的端点.

（2）曲线 $\mathscr{R}_n$ 在端点切于特征多边形的端边.

（3）有理 Bézier 曲线 $\mathscr{R}_n$ 与对应于同一特征多边形的 Bézier 曲线在端点处的曲率分别差 $\dfrac{\omega_0\omega_2}{\omega_1^2}$ 与 $\dfrac{\omega_n\omega_{n-2}}{\omega_{n-1}^2}$ 倍.

平面场合的有理 Bézier 曲线在应用上特别重要，记成 $\mathscr{R}_n^*$. 原则上，只要在以上空间场合诸算式中取消

$z(t)$ 分量,减少一维,便都适用于平面曲线. 例如,对于平面 n 次有理 Bézier 曲线 $\mathscr{R}_n^*$,在齐次坐标下的方程 (2.1) 和仿射坐标下的方程(2.3) 中

$$\boldsymbol{R}_i = (\omega_i x_i, \omega_i y_i, \omega_i), \boldsymbol{x}(t) = \{x(t), y(t), \omega(t)\}$$

$$\boldsymbol{r}_i = (x_i, y_i), \boldsymbol{r}(t) = \left\{ \frac{x(t)}{\omega(t)}, \frac{y(t)}{\omega(t)} \right\}$$

平面 n 次有理 Bézier 曲线 $\mathscr{R}_n^*$ 的拐点方程为二阶行列式

$$| \boldsymbol{r}'(t) \quad \boldsymbol{r}''(t) | = 0$$

从式(2.8)得到:

引理 1 平面 n 次有理 Bézier 曲线 $\mathscr{R}_n^*$ 的拐点方程是三阶行列式

$$| \boldsymbol{x} \quad \boldsymbol{x}' \quad \boldsymbol{x}'' | = 0 \tag{2.10}$$

例 1 二次有理 Bézier 曲线 $\mathscr{R}_2$.

由上述可知,$\mathscr{R}_2$ 代表平面上二次曲线的全体,它在仿射坐标下的方程是

$$\mathscr{R}_2 : \boldsymbol{r}(t) = \frac{\sum_{i=0}^{2} \boldsymbol{r}_i \omega_i B_{i,2}(t)}{\sum_{i=0}^{2} \omega_i B_{i,2}(t)} \quad (0 \leqslant t \leqslant 1)$$

我们不妨取 $\omega_0 = \omega_2$. 经过直接计算,可得下面两项性质,它们在 CAGD,特别是在飞机外形设计中是有用的.

性质 1 当取 $\omega_0 = \omega_2$ 时,二次有理 Bézier 曲线 $\mathscr{R}_2$ 按照 $\omega_1 \lesseqgtr \omega_0$ 依次代表椭圆、抛物线和双曲线.

性质 2 二次有理 Bézier 曲线 $\mathscr{R}_2$ 成为圆弧的充要条件是

$$| \boldsymbol{a}_1 | = | \boldsymbol{a}_2 |, \omega_0 = \omega_2 = 1, \omega_1 = \cos \theta$$

这里 θ 是特征三角形中边向量 $\boldsymbol{a}_0$ 与 $\boldsymbol{r}_0 \boldsymbol{r}_2$ 的夹角.

例 2　三次有理 Bézier 曲线 $\mathscr{R}_3$.

$\mathscr{R}_3$ 是有理 Bézier 曲线中最常用的一种. 曲线方程是

$$\mathscr{R}_3 : r(t) = \frac{\sum\limits_{i=0}^{3} r_i \omega_i B_{i,3}(t)}{\sum\limits_{i=0}^{3} \omega_i B_{i,3}(t)} \quad (0 \leqslant t \leqslant 1) \quad (2.11)$$

下述性质表明 $\mathscr{R}_3$ 既包括三次参数曲线段,又包括二次曲线.

性质 1　当取所有 $\omega_i = 1 (i = 0, \cdots, 3)$ 时,$\mathscr{R}_3$ 成为三次 Bézier 曲线. 当取

$$\begin{cases} \omega_3 r_3 - 3\omega_2 r_2 + 3\omega_1 r_1 - \omega_0 r_0 = \mathbf{0} \\ \omega_2 - \omega_1 = \dfrac{1}{3}(\omega_3 - \omega_0) \end{cases} \quad (2.12)$$

时,$\mathscr{R}_3$ 退化成二次曲线.

有两类特殊的三次有理参数曲线段被 Ball 首次应用到英国飞机公司的 CONSURF 系统中,称为"广义圆锥曲线段"和"简单线性参数段",后又被应用到国内的飞机外形数模系统中. Ball 采用了基函数族 $\{(1-t)^2, 2t(1-t)^2, 2t^2(1-t), t^2\}$,与我们用的 Bernstein 基不同. 在做了基函数转换后,这两种曲线段可以按照式(2.11)的形式给出统一而简洁的表示式. 我们通过下述两项性质表明广义圆锥曲线和简单线性参数段怎样成为 $\mathscr{R}_3$ 的特例.

性质 2　若曲线 $\mathscr{R}_3$ 的权因子和特征多边形满足条件

$$\begin{cases} \omega_0 = \omega_3 = 1 - f \\ \omega_1 = \omega_2 = \dfrac{1+f}{3} \end{cases} \quad (0 < f < 1)$$

24

$$\begin{cases} \mid \boldsymbol{a}_1 \mid = \dfrac{2f\sin\varphi}{(1+f)\sin(\theta+\varphi)}l \\[3mm] \mid \boldsymbol{a}_3 \mid = \dfrac{2f\sin\theta}{(1+f)\sin(\theta+\varphi)}l \end{cases}$$

式中 θ, φ 分别是边向量 $\boldsymbol{a}_1, \boldsymbol{a}_3$ 与 $\boldsymbol{r}_0\boldsymbol{r}_3$ 的夹角,$l = \mid \boldsymbol{r}_0\boldsymbol{r}_3 \mid$,则成为广义圆锥曲线段(图 1).

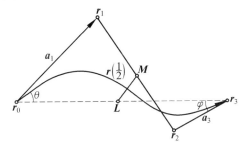

图 1

当特征多边形确定之后,广义圆锥曲线段仅依赖于一个独立的权因子 f. f 的贡献可通过肩点表示式看出

$$r\left(\frac{1}{2}\right) = \frac{(1-f)}{2}\boldsymbol{L} + \frac{1+f}{2}\boldsymbol{M}$$

式中 $\boldsymbol{L}$ 和 $\boldsymbol{M}$ 分别是线段 $\boldsymbol{r}_0\boldsymbol{r}_3$ 和 $\boldsymbol{r}_1\boldsymbol{r}_2$ 的中点. 在区间(0,1) 中调整 f 值,便能控制肩点 $r\left(\frac{1}{2}\right)$ 靠近 $\boldsymbol{L}$ 或靠近 $\boldsymbol{M}$,从而使得曲线变"胖"或者变"瘦".

如果特征多边形共面且是凸的,从定义条件容易导得式(2.12)成立,因此这时广义圆锥曲线段成为二次曲线,并且按照权因子 $f \lesseqgtr \frac{1}{2}$ 依次代表椭圆、抛物线和双曲线.这便是"广义"名称的由来.

性质 3　若曲线 $\mathscr{R}_3$ 的权因子和特征多边形满足

25

条件

$$\begin{cases} \omega_0 = \omega_3 = f \\ \omega_1 = \omega_2 = 1 - f \end{cases} \quad (0 < f < 1)$$

$$\begin{cases} (\boldsymbol{a}_1 - \alpha \boldsymbol{r}_0 \boldsymbol{r}_3) \cdot \boldsymbol{N} = 0 \\ (\boldsymbol{a}_3 - \alpha \boldsymbol{r}_0 \boldsymbol{r}_3) \cdot \boldsymbol{N} = 0 \end{cases}$$

式中记 $\alpha = \dfrac{1}{3(1-f)}$，$\boldsymbol{N}$ 是某一确定的单位向量，则称为简单线性参数段（图 2）.

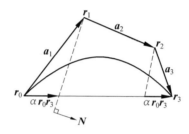

图 2

经直接验证知，简单线性参数段的位置向量 $\boldsymbol{r}(t)$ 在 $\boldsymbol{N}$ 上的投影是关于 t 的线性函数. 这就是所谓"线性参数"的含意.

在有理 Bézier 曲线的定义式（2.1）中，如果把基函数族 $\{B_{i,n}(t)\}$ 换成 B 样条基 $\{N_{i,n}(t)\}$，则 $\mathcal{R}_n$ 成为 n 次有理 B 样条曲线，$\{\boldsymbol{R}_i\}$ 为其相应的特征多边形顶点. 经过十分类似的讨论，可以获得关于有理 B 样条曲线的相应的一套性质，这里不再赘述.

§3　平面三次有理 Bézier 曲线 $\mathcal{R}_3^*$ 的拐点与奇点

平面三次有理 Bézier 曲线的齐次坐标式为

$$\mathscr{R}_3^* : \boldsymbol{x}(t) = \rho\left[(1-t)^3 \boldsymbol{R}_0 + 3t(1-t)^2 \boldsymbol{R}_1 + \right.$$
$$\left. 3t^2(1-t)\boldsymbol{R}_2 + t^3 \boldsymbol{R}_3 \right] \quad (\rho \neq 0, 0 \leqslant t \leqslant 1)$$
$$(3.1)$$

式中

$$\boldsymbol{R}_i = (\omega_i x_i, \omega_i y_i, \omega_i) \quad (i = 0, \cdots, 3)$$
$$\boldsymbol{x}(t) = \{x(t), y(t), \omega(t)\}$$

我们引入参数变换

$$u = \frac{t}{1-t}$$

在新参数下,式(3.1) 为

$$\mathscr{R}_3^* : \boldsymbol{x}(u) = \rho^* \boldsymbol{W}(u) \quad (\rho^* \neq 0, 0 \leqslant u < +\infty)$$
$$(3.2)$$

这里记

$$\boldsymbol{W}(u) = u^3 \boldsymbol{R}_3 + 3u^2 \boldsymbol{R}_2 + 3u\boldsymbol{R}_1 + \boldsymbol{R}_0 \quad (3.3)$$

1. 拐点

按照 §2 中的引理,曲线 $\mathscr{R}_3^*$ 的拐点方程(2.10)等价于三阶行列式

$$| \boldsymbol{W} \quad \boldsymbol{W}' \quad \boldsymbol{W}'' | = 0$$

展开便得三次方程

$$A_0 u^3 + A_1 u^2 + A_2 u + A_3 = 0 \quad (3.4)$$

式中记

$$A_0 = | \boldsymbol{R}_1 \quad \boldsymbol{R}_2 \quad \boldsymbol{R}_3 |, A_1 = | \boldsymbol{R}_2 \quad \boldsymbol{R}_3 \quad \boldsymbol{R}_0 |$$
$$A_2 = | \boldsymbol{R}_3 \quad \boldsymbol{R}_0 \quad \boldsymbol{R}_1 |, A_3 = | \boldsymbol{R}_0 \quad \boldsymbol{R}_1 \quad \boldsymbol{R}_2 | (3.5)$$

参照文献[2] 中的方法,我们在曲线 $\mathscr{R}_3^*$ 所在的仿射平面上选择如图 3 所示的仿射标架 $\lambda O\mu$,使得特征多边形的四个顶点坐标恰为 $\boldsymbol{r}_0(0,1), \boldsymbol{r}_1(\lambda, 1), \boldsymbol{r}_2(1,$

27

μ)，$r_3(1,0)$. 称点 $e(\lambda,\mu)$ 为特征多边形的特征点. 曲线 $\mathscr{R}_3^*$ 的拐点与奇点分布将由特征点 $e(\lambda,\mu)$ 的位置和权因子 $\omega_0,\omega_1,\omega_2,\omega_3$ 完全决定.

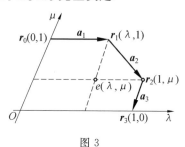

图 3

在上述仿射标架中，式（3.1）中 $\{\boldsymbol{R}_i\}$ 的齐次坐标为

$$\boldsymbol{R}_0(0,\omega_0,\omega_0),\boldsymbol{R}_1(\lambda\omega_1,\omega_1,\omega_1)$$
$$\boldsymbol{R}_2(\omega_2,\mu\omega_2,\omega_2),\boldsymbol{R}_3(\omega_3,0,\omega_3)$$

于是式（3.4）中的系数为

$$\begin{aligned}
&A_0=\omega_1\omega_2\omega_3\mu(\lambda-1),A_1=-\omega_0\omega_2\omega_3\mu\\
&A_2=-\omega_0\omega_1\omega_3\lambda,A_3=\omega_0\omega_1\omega_2\lambda(\mu-1)
\end{aligned} \tag{3.6}$$

从而曲线 $\mathscr{R}_3^*$ 的拐点方程（3.4）为

$$\frac{\mu(1-\lambda)}{\omega_0}u^3+\frac{\mu}{\omega_1}u^2+\frac{\lambda}{\omega_2}u+\frac{\lambda(1-\mu)}{\omega_3}=0 \tag{3.7}$$

现在，我们不妨把仿射标架 $\lambda O\mu$ 画成直角的，并且将平面 (λ,μ) 划分成如图 4 所示的九块区域. 按照判别代数方程正根个数的 Descartes 法则，便得结论

$$\begin{cases}
\text{区域 } N_1,N_2 \text{ 中无拐点}\\
\text{区域 } S_1,S_2,S_3,S_4 \text{ 中有一个拐点}\\
\text{区域 } M_1,M_2,M_3 \text{ 中或者无拐点，或者有两个拐点}
\end{cases}$$

$$(3.8)$$

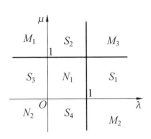

图 4

我们注意到三次方程(3.7) 的结式

$$\mathscr{D} = \frac{\omega_0^2}{4\omega_3^2\left[\mu(1-\lambda)\right]^4}\lambda\mu F(\lambda,\mu) \qquad (3.9)$$

式中记

$$F(\lambda,\mu) \equiv \lambda\mu(1-\lambda)^2(1-\mu)^2 - \frac{2c}{3}\lambda\mu(1-\lambda)(1-\mu) +$$

$$a\lambda^2(1-\lambda) + b\mu^2(1-\mu) - \frac{c^2}{27}\lambda\mu \qquad (3.10)$$

其中系数

$$a = \frac{4\omega_0\omega_3^2}{27\omega_2^3}, b = \frac{4\omega_0^2\omega_3}{27\omega_1^3}, c = \frac{\omega_0\omega_3}{\omega_1\omega_2} \qquad (3.11)$$

都是正数. 于是我们有结论：

在区域 M_1, M_2, M_3 中

$$\begin{cases} 若 \lambda\mu F(\lambda,\mu) > 0, 则 \mathscr{R}_3^* 上无拐点 \\ 若 \lambda\mu F(\lambda,\mu) < 0, 则 \mathscr{R}_3^* 上有两个拐点 \end{cases} \qquad (3.12)$$

根据文献[1] 中的结果,三次有理参数曲线(3.3) 的相对射影不变量

$$D = 81^2(\omega_0\omega_3)^2(\omega_1\omega_2)^4\lambda\mu F(\lambda,\mu)$$

与结式 $\mathscr{D}$ 同符号. 因此上述性质是具备射影几何意义的.

2. 奇点

$\mathcal{R}_3^*$ 是亏格为零的三次代数曲线,因此曲线 $\mathcal{R}_3^*$ 上最多存在一个实奇点. 按照 $\mathcal{R}_3^*$ 的齐次坐标表示式 (3.2),$\mathcal{R}_3^*$ 上出现二重点的充要条件是存在不相等的正数 u_1 和 u_2,以及 $\rho \neq 0$,使得

$$u_1^3 \boldsymbol{R}_3 + 3u_1^2 \boldsymbol{R}_2 + 3u_1 \boldsymbol{R}_1 + \boldsymbol{R}_0$$
$$= \rho(u_2^3 \boldsymbol{R}_3 + 3u_2^2 \boldsymbol{R}_2 + 3u_2 \boldsymbol{R}_1 + \boldsymbol{R}_0)$$

我们假定 $\mathcal{R}_3^*$ 不退化为直线段,因而式(3.5)中的 A_0 和 A_3 不能同时为零,不妨设 $A_0 \neq 0$. 在上式两边分别点乘 $\boldsymbol{R}_1 \times \boldsymbol{R}_2$,$\boldsymbol{R}_2 \times \boldsymbol{R}_3$,$\boldsymbol{R}_3 \times \boldsymbol{R}_1$,并按照式(3.5)中的记号,得到一组方程

$$\begin{cases} A_3 + A_0 u_1^3 = \rho(A_3 + A_0 u_2^3) \\ A_1 + 3A_0 u_1 = \rho(A_1 + 3A_0 u_2) \\ -A_2 + 3A_0 u_1^2 = \rho(-A_2 + 3A_0 u_2^2) \end{cases}$$

从中消去因子 ρ,导出等价方程组

$$\begin{cases} A_2 x + A_1 y = -3A_3 \\ A_1 x + 3A_0 y = -A_2 \end{cases} \qquad (3.13)$$

式中已作变量代换

$$x = u_1 + u_2, \quad y = u_1 u_2$$

这样一来,$\mathcal{R}_3^*$ 上存在二重点的充要条件便是

$$\begin{cases} \Delta, \Delta_x, \Delta_y \ \text{同符号} \\ \Delta_x^2 - 4\Delta \Delta_y > 0 \end{cases}$$

这里 $\Delta, \Delta_x, \Delta_y$ 是方程组(3.13)中的三项系数行列式

$$\begin{cases} \Delta \equiv \begin{vmatrix} A_2 & A_1 \\ A_1 & 3A_0 \end{vmatrix} \\ \qquad = -(\omega_0\omega_2\omega_3)^2\mu\left[\mu + \dfrac{4c}{9b}\lambda(\lambda-1)\right] \\ \Delta_x \equiv \begin{vmatrix} -3A_3 & A_1 \\ -A_2 & 3A_0 \end{vmatrix} \\ \qquad = -9\omega_0\omega_3(\omega_1\omega_2)^2\lambda\mu\left[(\lambda-1)(\mu-1)-\dfrac{c}{9}\right] \\ \Delta_y \equiv \begin{vmatrix} A_2 & -3A_3 \\ A_1 & -A_2 \end{vmatrix} \\ \qquad = -(\omega_0\omega_1\omega_3)^2\lambda\left[\lambda + \dfrac{4c}{9a}\mu(\mu-1)\right] \end{cases}$$

$$\Delta_x^2 - 4\Delta\Delta_y = 81(\omega_0\omega_3)^2(\omega_1\omega_2)^4\lambda\mu F(\lambda,\mu)$$

其中系数 a, b, c 和函数 $F(\lambda,\mu)$ 分别与式（3.11）和
（3.10）相同.

于是，曲线 $\mathscr{R}_3^*$ 上存在奇点的充要条件是：

（1）下列三个函数符号相同

$$\begin{cases} p_1 \equiv \mu\left[\mu + \dfrac{4c}{9b}\lambda(\lambda-1)\right] \\ p_2 \equiv \lambda\left[\lambda + \dfrac{4c}{9a}\mu(\mu-1)\right] \\ h \equiv \lambda\mu\left[(\lambda-1)(\mu-1)-\dfrac{c}{9}\right] \end{cases} \qquad (3.14)$$

（2）$\lambda\mu F(\lambda,\mu) \geqslant 0$.

当条件（2）中等号成立时为尖点，否则便是二重
点.这是因为我们可以把尖点看成二重点或两个拐点
的极限情况.

3.分布定理

结论（3.8）和不等式组（3.12），（3.14）给出了曲

线 $\mathcal{R}_3^*$ 上出现拐点或奇点的代数判别条件. 本节所述拐点和奇点都指实点. 现在我们要在全平面 (λ,μ) 上将上述代数条件转换成几何区域的分布, 以便更直观地控制曲线的形状.

（1）拐点.

由不等式组（3.12）易见, 平面 (λ,μ) 上的六次代数曲线

$$K:F(\lambda,\mu) \equiv \lambda\mu(1-\lambda)^2(1-\mu)^2 - \frac{2c}{3}\lambda\mu(1-\lambda)(1-\mu) +$$

$$a\lambda^2(1-\lambda) + b\mu^2(1-\mu) - \frac{c^2}{27}\lambda\mu = 0$$

$$(3.15)$$

把区域 M_1, M_2, M_3 分成无拐点和有两个拐点的两部分区域. 现在我们找出曲线 K 在区域 M_1, M_2, M_3 中的几何特征：

（i）曲线 K 通过 $(0,1)$, $(1,0)$ 两点.

（ii）曲线 K 在区域 M_1, M_2, M_3 中存在两个平行于坐标轴的渐近方向：$\lambda = \lambda_0$ 和 $\mu = \mu_0$, 这里 λ_0 和 μ_0 依次是下列两组三次方程

$$\begin{cases} \lambda(1-\lambda)^2 = b \\ \lambda > 1 \end{cases}, \quad \begin{cases} \mu(1-\mu)^2 = a \\ \mu > 1 \end{cases} \qquad (3.16)$$

的唯一实根.

（iii）曲线 K 在区域 M_1, M_2, M_3 中的图形如图 5 所示.

事实上, 我们把 $F(\lambda,\mu)$ 展开成按 μ 的幂次排列, 记成

$$f(\mu) \equiv A\mu^3 + B\mu^2 + C\mu + D = 0 \qquad (3.17)$$

式中各系数均是 λ 的多项式函数

32

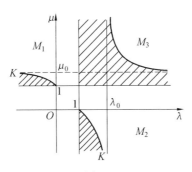

图 5

$$\begin{cases} A = \lambda(1-\lambda)^2 - b \\ B = b - 2\lambda(1-\lambda)^2 + \dfrac{2c}{3}\lambda(1-\lambda) \\ C = \lambda(1-\lambda)^2 - \dfrac{2c}{3}\lambda(1-\lambda) - \dfrac{c^2}{27}\lambda \\ D = a\lambda^2(1-\lambda) \end{cases} \qquad (3.18)$$

按照 Fourier-Budan 判别法,方程(3.17)

$$\begin{cases} \text{在区间}(1,+\infty)\text{中有唯一实根,当 } \lambda < 0 \text{ 或 } \lambda > \lambda_0 \\ \text{在区间}(1,+\infty)\text{中无实根,} \quad \text{当 } 1 < \lambda < \lambda_0 \end{cases}$$

$$(3.19)$$

对称地,我们把 $F(\lambda,\mu)$ 展开成按 λ 的幂次排列,记成

$$\overline{f}(\lambda) \equiv \overline{A}\lambda^3 + \overline{B}\lambda^2 + \overline{C}\lambda + \overline{D} \qquad (3.20)$$

经过相仿的讨论,便知方程(3.20)

$$\begin{cases} \text{在区间}(1,+\infty)\text{中有唯一实根,当 } \mu < 0 \text{ 或 } \mu > \mu_0 \\ \text{在区间}(1,+\infty)\text{中无实根,} \quad \text{当 } 1 < \mu < \mu_0 \end{cases}$$

$$(3.21)$$

综上所述,我们获得区域 M_1,M_2,M_3 中的拐点分布情况为:在图 5 中的斜线区域内,$\mathscr{R}_3^*$ 有两个拐点;在 M_1,M_2,M_3 中的其余区域内,$\mathscr{R}_3^*$ 上无拐点.

（2）奇点.

现在考察 $\mathcal{R}_3^*$ 上存在奇点的充要条件式(3.14).其中(1)的三个函数的变号线分别是 λ 轴, μ 轴以及两条抛物线 P_1, P_2 和双曲线 H

$$P_1 : \mu = \frac{4c}{9b}\lambda(1-\lambda)$$

$$P_2 : \lambda = \frac{4c}{9a}\mu(1-\mu)$$

$$H : (1-\lambda)(1-\mu) = \frac{c}{9}$$

上述三条曲线与曲线 K 之间存在关系：

（i）两条抛物线 P_1 和 P_2 的 4 个交点(包括虚点)，除了原点$(0,0)$外,都落在双曲线 H 上.

（ii）曲线 K 与 H 的所有交点必落在抛物线 P_1 或 P_2 上.

事实上,我们只要注意到 $ab = \left(\frac{4}{27}\right)^2 c^3$ 以及

$$\lambda\mu F(\lambda,\mu) \equiv h^2 - \frac{4c^2}{81}p_1 p_2 \qquad (3.22)$$

便可明白上述关系成立.

剩下的问题是,我们只要证明图 6 中的黑点区域,即区域

$$\text{I} : \begin{cases} \alpha < \lambda < 1 \\ \mu < 0 \\ (1-\lambda)(1-\mu) - \frac{c}{9} < 0 \end{cases}$$

和

$$\text{II} : \begin{cases} \alpha < \mu < 1 \\ \lambda < 0 \\ (1-\lambda)(1-\mu) - \frac{c}{9} < 0 \end{cases}$$

中不存在曲线 K 的分支,连同已经证明了的结论 (3.19) 和 (3.21) 两项事实一起,便可证明图 6 中的斜线区域就是曲线 $\mathscr{R}_3^*$ 的二重点区域的全体,其中 $\alpha \equiv \max\left\{0, 1 - \dfrac{c}{9}\right\}$.

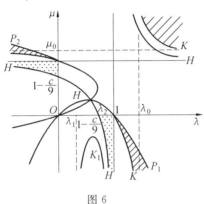

图 6

　　下面,我们仅需对区域 Ⅰ 做出证明,区域 Ⅱ 是类似的.

　　为此,我们有必要事先讨论三次方程

$$\lambda(1-\lambda)^2 - b = 0$$

的实根分布,它们是

$$\lambda = \begin{cases} \lambda_0, \lambda_1, \lambda_2, & b < \dfrac{4}{27} \\[2mm] \lambda_0, \dfrac{1}{3}, \dfrac{1}{3}, & b = \dfrac{4}{27} \\[2mm] \lambda_0, & b > \dfrac{4}{27} \end{cases}$$

这里 $\lambda_0 > 1$,且 $0 < \lambda_1 < \dfrac{1}{3} < \lambda_2 < 1$.

　　现在,我们按照 $b \geqslant \dfrac{4}{27}$ 和 $b < \dfrac{4}{27}$ 两种不同情况,

利用式(3.18)列出方程

$$f(-\mu) = 0$$

的系数 $-A, B, -C, D$ 的符号及变号数. 从此求得当 $\lambda \in (\alpha, 1)$ 时方程 $f(\mu) = 0$ 的负实根的个数(见表1).

表 1

b 的范围	λ 的范围	$-A$	B	$-C$	D	变号数	方程 $f(\mu) = 0$ 的负实根的个数
$b \geqslant \dfrac{4}{27}$	$\lambda \in (\alpha, 1)$	+	+	+	+	0	0
$b < \dfrac{4}{27}$	$\lambda \in (\alpha, 1)$ 但 $\lambda \notin (\lambda_1, \lambda_2)$	+	+	+	+	0	0
	$\lambda \in (\lambda_1, \lambda_2)$	−		+	+	1	1

表1包含的几何意义是:在 $\mu < 0$ 的半平面上,六次代数曲线 K 除了在区间 $\lambda_1 < \lambda < \lambda_2$ 中 $\left($当 $b < \dfrac{4}{27}$ 时$\right)$ 有一单值分支 K_1 外,在区间 $(\alpha, 1)$ 的其余部分不存在分支. 而且,曲线 K_1 以 $\lambda = \lambda_1$ 和 $\lambda = \lambda_2$ 为两条渐近线.

最后,我们注意到式(3.22),曲线 K_1 与双曲线 H 不会有交点.它们的相对位置如图6所示.

综上所述,我们已经证明了在区域 Ⅰ 中不存在曲线 K 的分支.

因为可以把尖点看成二重点的极限情形,曲线 $\mathscr{R}_3^*$ 的尖点区域的全体就是图6中斜线区域的边界曲线 K.

综合图4、图5和图6,我们便获得了平面三次有

理 Bézier 曲线 $\mathscr{R}_3^*$ 的拐点和奇点分布定理：

定理 1　当平面三次有理 Bézier 曲线 $\mathscr{R}_3^*$ 的特征点 e 分别属于图 7 中的各块区域 N,S,B,K,D 时,曲线 $\mathscr{R}_3^*$ 上的拐点、尖点和二重点的个数如表 2 所示.

表 2

分类	N	S	B	K	D
拐点	0	1	2	0	0
尖点	0	0	0	1	0
二重点	0	0	0	0	1

　　图 7 中各块区域的分界线分别是 λ 轴,μ 轴,直线 $\lambda=1$,直线 $\mu=1$,两条抛物线

$$P_1:\mu=\frac{4c}{9b}\lambda(1-\lambda)$$

$$P_2:\lambda=\frac{4c}{9a}\mu(1-\mu)$$

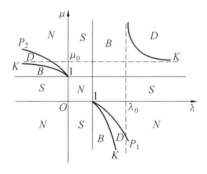

图 7

以及六次代数曲线

$$K:\lambda\mu(1-\lambda)^2(1-\mu)^2-\frac{2c}{3}\lambda\mu(1-\lambda)(1-\mu)+$$

$$a\lambda^2(1-\lambda)+b\mu^2(1-\mu)-\frac{c^2}{27}\lambda\mu=0$$

式中记

$$a=\frac{4\omega_0\omega_3^2}{27\omega_2^3}, b=\frac{4\omega_0^2\omega_3}{27\omega_1^3}, c=\frac{\omega_0\omega_3}{\omega_1\omega_2}$$

曲线 K 以 $\lambda=\lambda_0$ 和 $\mu=\mu_0$ 为渐近线，这里 λ_0 和 μ_0 分别是三次方程

$$\begin{cases}\lambda(1-\lambda)^2=b\\\lambda>1\end{cases}, \begin{cases}\mu(1-\mu)^2=a\\\mu>1\end{cases}$$

的唯一实根.

我们还要指出，对一般的 $\mathcal{R}_3^*$ 都能建立图 3 中的那种仿射标架，但是尚有三种例外情况需要补充说明：

(1) a_1, a_2, a_3 共线.

由有理 Bézier 曲线的凸包性质，这时，$\mathcal{R}_3^*$ 是一直线段.

(2) $a_1 \; /\!/ \; a_3$.

若 a_1 与 a_3 同向，则 $\mathcal{R}_3^*$ 上有一个拐点但无奇点；若 a_1 与 a_3 反向，则 $\mathcal{R}_3^*$ 上无奇点和拐点.

(3) $a_3 \; /\!/ \; r_0 r_3$.

设 $a_3=\lambda r_0 r_3$，这种场合的拐点与奇点分布如表 3 所示.

表 3

$\lambda\in$	$(-\infty,0]$	$(0,1]$	$(1,\lambda_0)$	λ_0	$(\lambda_0,+\infty)$
$\mathcal{R}_3^*$	无拐点 无奇点	一个拐点 无奇点	两个拐点 无奇点	无拐点 一个尖点	无拐点 一个二重点

表 3 中 λ_0 的意义与分布定理中相同.

下面，我们给出：

系　平面三次有理 Bézier 曲线 $\mathcal{R}_3^*$ 对于其特征多边形而言是保凸的.

证明　当 $\mathcal{R}_3^*$ 的特征多边形为凸时, $\mathcal{R}_3^*$ 的特征点 $e(\lambda, \mu)$ 的坐标只有两种可能性

$$0 < \lambda, \mu < 1 \text{ 或 } \lambda, \mu < 0$$

根据分布定理, 这时 $e \in N$, 因此 $\mathcal{R}_3^*$ 是凸的.

图 8 是沪东造船厂苏文荣同志在数控绘图机上画的几组平面三次有理 Bézier 曲线图形. 其中虚线是对应于同一特征多边形的 Bézier 曲线(即取所有权因子等于 1). 我们从图形看出:

(i) 权因子 $\{\omega_i\}$ 对曲线的"吸引"作用.

(ii) 曲线的奇点和拐点分布情况与本节定理相一致.

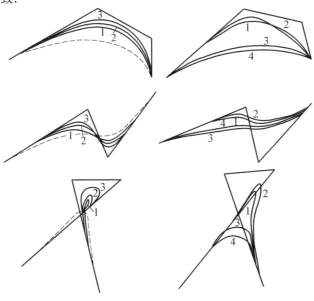

图 8

39

图 8 中两排曲线的特征多边形分别相同,它们的权因子如表 4 所示.

表 4

权因子	第一排曲线			第二排曲线			
	1	2	3	1	2	3	4
ω_0	1	1	1	1	1	1	1
ω_1	5	10	20	5	10	1	1
ω_2	5	10	20	1	1	1	1
ω_3	1	1	1	1	1	5	10

参 考 文 献

[1] 刘鼎元. 射影平面三次参数曲线的相对射影不变量及应用[J]. 数学年刊,1984(5):543-549.

[2] 刘鼎元. 平面 n 次 Bézier 曲线的凸性定理[J]. 数学年刊,1982(3):45-55.

苏步青论 Bézier 曲线的仿射不变量

第

3

章

　　本章的目的是找出 n 次平面 Bézier 曲线的内在仿射不变量,特别是对三次 Bézier 曲线的保凸性的充要条件做出几何解释. 对于一般情况下的保凸性问题,人们至今还没有解决. 本章仅在四次的场合详尽地讨论了曲线段上是否存在拐点的分析的(而不是几何的)充要条件,而最后举出几个实例,以说明特征多角形的凸性是充分条件,而不是必要条件.

§1 n 次平面 Bézier 曲线的仿射不变量

设 $\boldsymbol{a}_0,\boldsymbol{a}_1,\cdots,\boldsymbol{a}_n$ 构成一条 n 次 Bézier 曲线段 B_n 的特征多角形,那么用 Ferguson 形式表达的这条曲线段的方程是

$$\boldsymbol{Q}(t)=\boldsymbol{a}_0+\sum_{r=1}^{n}\boldsymbol{A}_r\frac{t^r}{r!}\quad(0\leqslant t\leqslant 1)\quad(1.1)$$

式中

$$\boldsymbol{A}_r=(-1)^r\frac{n!}{(n-r)!}\sum_{i=1}^{r}(-1)^i C_{n-1}^{i-1}\boldsymbol{a}_i$$
$$(r=1,2,\cdots,n)\quad(1.2)$$

如同我们常用的一样,令

$$P_{r,s}=|\,\boldsymbol{A}_r\boldsymbol{A}_s\,|\quad(r<s)\quad(1.3)$$
$$P_{i,j}=|\,\boldsymbol{a}_i\boldsymbol{a}_j\,|\quad(i<j)\quad(1.4)$$

我们容易算出

$$P_{r,s}=(-1)^{r+s}\frac{(n!)^2}{(n-r)!\,(n-s)!}\cdot$$

$$\left\{2\sum_{i=1}^{r-1}\sum_{j=i+1}^{r}(-1)^{i+j}C_{r-1}^{i-1}C_{s-1}^{j-1}p_{i,j}+\right.$$

$$\left.\sum_{i=1}^{r}\sum_{j=r+1}^{s}(-1)^{i+j}C_{r-1}^{i-1}C_{s-1}^{j-1}p_{i,j}\right\}\quad(r<s)\quad(1.5)$$

如果把 $\boldsymbol{a}_j$ 的起点移放在 $\boldsymbol{a}_i$ 的终点处,这时所形成的有向三角形(图 1)的面积(带符号)就是 $p_{i,j}$.

现在,由式(1.1)作拐点方程

$$|\,\boldsymbol{Q}'(t)\boldsymbol{Q}''(t)\,|=0$$

我们便有

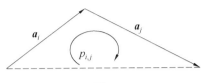

图 1

$$\sum_{r=1}^{n}\sum_{s=2}^{n}\frac{P_{r,s}}{(r-1)!\ (s-2)!}t^{r+s-3}=0$$

或

$$2\sum_{r=2}^{n-1}\sum_{s=r+1}^{n}\frac{P_{r,s}}{(r-1)!\ (s-2)!}t^{r+s-3}+$$

$$\sum_{s=2}^{n}\frac{P_{1,s}}{(s-2)!}t^{s-2}=0 \qquad (1.6)$$

在 $P_{n-1,n}\neq 0$ 的假设下改写最后的方程的右边,而且仅把其最高次的两项写成如下形式

$$f(t)\equiv\frac{1}{(2n-4)!}t^{2n-4}+R\frac{1}{(2n-5)!}t^{2n-5}+\cdots=0$$

式中已置

$$R=(2n-5)!\ (n-2)\frac{P_{n-2,n}}{P_{n-1,n}} \qquad (1.7)$$

令

$$N=2(n-2),t^{*}=t+R \qquad (1.8)$$

$$F(t^{*})\equiv f(t^{*}-R)$$

我们获得规范化的拐点方程,就是

$$\frac{1}{(2n-4)!}t^{*N}+\sum_{r=2}^{N}\frac{g_{N-r}^{*}}{(N-r)!}t^{*N-r}=0(1.9)$$

最后方程的特点是 t^{*} 的最高次项的系数是 $\frac{1}{N!}$,而次高次项的系数恒等于 0. 可以立刻断定:$N-1$ 个量

$$g_{N-r}^{*}\quad (r=2,3,\cdots,N)$$

43

关于 t 的线性变换 T

$$t \to \bar{t} = ct + f \quad (c \neq 0)$$

分别是权 $N-r$ 的仿射不变量.

一般地,在 m 维仿射空间里一条 n 次 Bézier 曲线具有 $N-1$ 个关于 T 的相对不变量. 不过,这时 $n > m$,而且 $N = m(n-m)$.

在平面的情况下,我们可把 Bézier 曲线段 B_n 上不具有实拐点的充要条件归结为:规范方程(1.9)在区间 $[R, 1+R]$ 上无实根.

必须指出,即使最后的条件满足,也不能保证 B_n 是凸的,因为在非单纯的特征多角形的场合,还可能出现二重点或尖点.

§2 三次平面 Bézier 曲线的保凸性

我们在本章着重考察三次平面 Bézier 曲线

$$\boldsymbol{Q}(t) = \boldsymbol{a}_0 + \boldsymbol{a}_1 f_1(t) + \boldsymbol{a}_2 f_2(t) + \boldsymbol{a}_3 f_3(t) \quad (2.1)$$

式中

$$f_1(t) = 3t - 3t^2 + t^3, \quad f_2(t) = 3t^2 - 2t^3, \quad f_3(t) = t^3$$

把式(2.1)变形,便有

$$\boldsymbol{A}_1 = 3\boldsymbol{a}_1, \quad \boldsymbol{A}_2 = 6(-\boldsymbol{a}_1 + \boldsymbol{a}_2), \quad \boldsymbol{A}_3 = 6(\boldsymbol{a}_1 - 2\boldsymbol{a}_2 + \boldsymbol{a}_3)$$

由此得出

$$\begin{cases} p \equiv P_{2,3} = 36(\mathfrak{A}_1 + \mathfrak{A}_2 + \mathfrak{A}_3) \\ q \equiv P_{3,1} = 18(\mathfrak{A}_2 + 2\mathfrak{A}_3) \\ r \equiv P_{1,2} = 18\mathfrak{A}_3 \end{cases} \quad (2.2)$$

这里我们约定

$$\mathfrak{A}_1 = p_{2,3}, \quad \mathfrak{A}_2 = p_{3,1}, \quad \mathfrak{A}_3 = p_{1,2}$$

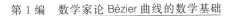

曲线 B_3 的唯一相对不变量是

$$I = \frac{1}{4} \frac{\mathfrak{A}_2^2 - 4\mathfrak{A}_1\mathfrak{A}_3}{(\mathfrak{A}_1 + \mathfrak{A}_2 + \mathfrak{A}_3)} \tag{2.3}$$

曲线段($0 \leqslant t \leqslant 1$)上要出现振动(即多余的拐点),就必须有 $\mathfrak{A}_1\mathfrak{A}_3 > 0$. 此外,充要条件如下:

(1)$\mathfrak{A}_2^2 > 4\mathfrak{A}_1\mathfrak{A}_3$.

(2)$\mathfrak{A}_3$,$\mathfrak{A}_2 + 2\mathfrak{A}_3$,$\mathfrak{A}_1 + \mathfrak{A}_2 + \mathfrak{A}_3$ 有同一符号.

(3) $\dfrac{\mathfrak{A}_2 + 2\mathfrak{A}_3}{\mathfrak{A}_1 + \mathfrak{A}_2 + \mathfrak{A}_3} < 2$.

我们不妨假定 $\mathfrak{A}_3 > 0$,因此 $\mathfrak{A}_1 > 0$,而且上述条件(2)和(3)分别变为

$$2\mathfrak{A}_3 > -\mathfrak{A}_2, \quad 2\mathfrak{A}_1 > -\mathfrak{A}_2 \tag{2.3$'$}$$

当 B_3 的特征四边形为凸时,$\mathfrak{A}_2 < 0$(图 2),由式(2.3)导出一个与条件(1)相矛盾的结果

$$4\mathfrak{A}_1\mathfrak{A}_3 > \mathfrak{A}_2^2$$

这就证明了曲线段上不出现振动. 这个结论对于一般的 B_n 也成立.

反之,当 B_3 的特征四边形为凹时,$\mathfrak{A}_2 > 0$(图 2). 此时式(2.3)自然成立. 所以,B_3 曲线段上要出现振动的充要条件变为

$$\mathfrak{A}_2 > 2\sqrt{\mathfrak{A}_1\mathfrak{A}_3} \tag{2.4}$$

就是说,面积 $\mathfrak{A}_2$ 大于两面积 $\mathfrak{A}_1$,$\mathfrak{A}_3$ 的几何平均值的两倍. 因此,为了振动不出现在 B_3 上,充要条件是:面积 $\mathfrak{A}_2$ 小于或等于 $2\sqrt{\mathfrak{A}_1\mathfrak{A}_3}$,即

$$\mathfrak{A}_2 \leqslant 2\sqrt{\mathfrak{A}_1\mathfrak{A}_3} \tag{2.5}$$

为了保证 B_3 的凸性,除此条件外,我们还必须考虑 B_3 上会不会出现奇点的问题. 这里我们仅限于对二重点的情况进行讨论,还把尖点看作二重点的极限

场合.

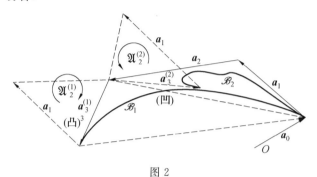

图 2

为此,设

$$Q(t_1) = Q(t_2) \quad (t_1 \neq t_2, 0 < t_1, t_2 < 1) \quad (2.6)$$

是 B_3 的一个二重点. 从式(2.6)和(1.1)容易导出

$$\{3 - 3(t_1 + t_2) + (t_1^2 + t_1 t_2 + t_2^2)\} a_1 +$$
$$\{3(t_1 + t_2) - 2(t_1^2 + t_1 t_2 + t_2^2)\} a_2 +$$
$$(t_1^2 + t_1 t_2 + t_2^2) a_3 = 0$$

或改写为

$$\mu(a_1 + a_2 + a_3) + (1 - \mu)(a_1 + a_2) = \lambda a_1 \quad (2.7)$$

式中

$$\lambda = \frac{N_1}{D}, \mu = \frac{N_2}{D} \quad (2.8)$$

而且

$$\begin{cases} D = 3(t_1 + t_2) - 2(t_1^2 + t_1 t_2 + t_2^2) \\ N_1 = 3\{-1 + 2(t_1 + t_2) - (t_1^2 + t_1 t_2 + t_2^2)\} \\ N_2 = t_1^2 + t_1 t_2 + t_2^2 \end{cases}$$

$$(2.9)$$

我们将证明:在条件(2.6)的限制下,必存在 t_1 和 t_2,使得

46

$$0 < \lambda, \mu < 1 \qquad (2.10)$$

这就是说:特征四边形的首尾两边 a_1 和 a_3 相交于内点.

实际上,由式(2.6)得知

$$D > t_1 + t_2 - 2t_1 t_2 > 2(\sqrt{t_1 t_2} - t_1 t_2) > 0, N_2 > 0$$

所以 $\mu > 0$,而且式(2.10)中只剩下三个不等式

$$t_1 + t_2 > t_1^2 + t_1 t_2 + t_2^2 > 3(t_1 + t_2 - 1)$$

$$2(t_1 + t_2) > 1 + t_1^2 + t_1 t_2 + t_2^2 \qquad (2.11)$$

令

$$t_1 + t_2 = 1 + x, t_1 t_2 = y \qquad (2.12)$$

上述不等式便化成

$$1 - x + x^2 > y > x(1 + x), 0 < x < \frac{1}{2}$$

$$(2.13)$$

这些不等式的解一定存在.例如

$$x = \frac{1}{4}, t_1 = \frac{3}{4}, t_2 = \frac{1}{2}$$

这时 $y = \frac{3}{8}$. 对于这些,式(2.13)满足.

这样,我们得到结论:平面三次 Bézier 曲线为凸的充要条件是:特征四边形的首尾两边不相交,而且式(2.5)成立.

假设三次 Bézier 曲线段的特征四边形的第一边 a_1 和第三边 a_3 相交.为了证明此时必存在二重点,令

$$1 - x = \xi, y - x^2 = \eta$$

我们容易解出

$$\xi = \frac{3 - 2\lambda}{2 + \mu - \lambda}, \eta = \frac{\lambda}{2 + \mu - \lambda}$$

又因为 $0 < \lambda, \mu < 1$,所以

$$0 < \xi < 1, 0 < \eta < 1$$

因此,满足条件的 t_1, t_2 一定存在.

本章中叙述的特征四边形是单纯的意义,必须加以补充:就是说,除第一边和第三边不相交外,还必须添加另一条件,即第三边或其延长线同第一边的对称边(即同一起点而方向相反的边)都不相交.

实际上

$$N_1 = 3(y - x^2), N_2 - D = 3(x + x^2 - y)$$

而且

$$\lambda = 3 \frac{y - x^2}{D}, \mu = 3 \frac{(x+1)x - y}{D}$$

在 $\mathfrak{A}_1 \mathfrak{A}_3 > 0$ 的条件下,不妨假定 $\mathfrak{A}_1, \mathfrak{A}_3 > 0$.这时 $\mathfrak{A}_2 > 0$,所以 $\lambda > 1$ 的情况不会出现.因此,我们只需考察 $\lambda < 0$ 的场合:$y < x^2$.

如前,假定 $t_1 > t_2$.如果 $\mu < 1$,那么

$$x^2 > y > x + x^2$$

于是

$$t_1 + t_2 < 1$$
$$t_1(1 - t_1)^2 > t_2(1 - t_2)^2$$

这种 t_1, t_2 必存在:$0 < t_2 < t_1 < \frac{2}{3}, t_1 + t_2 < 1$.

相反地,如果 $\mu > 1$,那么

$$t_1 + t_2 > 1$$
$$t_1(1 - t_1)^2 < t_2(1 - t_2)^2$$

这种 t_1, t_2 也必存在:$\frac{2}{3} < t_2 < t_1 < 1, t_1 + t_2 > 1$.

综合起来,我们有:

当特征四边形的第一边和第三边相交,或者第一边的对称边同第三边(或其延长边)相交时,Bézier 曲

线上必出现二重点.

§3　四次平面 Bézier 曲线的拐点

本节将着重讨论四次平面 Bézier 曲线的拐点分布. 此时, 曲线 B_4 的参数表示是

$$Q(t) = a_0 + A_1 t + \frac{1}{2!} A_2 t^2 + \frac{1}{3!} A_3 t^3 + \frac{1}{4!} A_4 t^4$$

$$(0 \leqslant t \leqslant 1) \tag{3.1}$$

式中

$$\begin{cases} A_1 = 4a_1 \\ A_2 = 12(-a_1 + a_2) \\ A_3 = 24(a_1 - 2a_2 + a_3) \\ A_4 = 24(-a_1 + 3a_2 - 3a_3 + a_4) \end{cases} \tag{3.2}$$

经过计算, 我们有

$$\begin{cases} P_{1,2} = 48p_{1,2} \\ P_{1,3} = 96(-2p_{1,2} + p_{1,3}) \\ P_{1,4} = 96(3p_{1,2} - 3p_{1,3} + p_{1,4}) \\ P_{2,3} = 288(p_{1,2} - p_{1,3} + p_{2,3}) \\ P_{2,4} = 288(-2p_{1,2} + 3p_{1,3} - p_{1,4} - 3p_{2,3} + p_{2,4}) \\ P_{3,4} = 576(p_{1,2} - 2p_{1,3} + p_{1,4} + 3p_{2,3} - 2p_{2,4} + p_{3,4}) \end{cases} \tag{3.3}$$

B_4 的拐点方程可写为

$$f(t) \equiv P_{1,2} + P_{1,3} t + \frac{1}{2}(P_{1,4} + P_{2,3})t^2 +$$

$$\frac{1}{3} P_{2,4} t^3 + \frac{1}{12} P_{3,4} t^4 = 0$$

或者改写为

$$p_{1,2} + 2(-2p_{1,2} + p_{1,3})t +$$
$$\{6(p_{1,2} - p_{1,3}) + 3p_{2,3} + p_{1,4}\}t^2 +$$
$$2(-2p_{1,2} + 3p_{1,3} - p_{1,4} - 3p_{2,3} + p_{2,4})t^3 +$$
$$(p_{1,2} - 2p_{1,3} + p_{1,4} + 3p_{2,3} - 2p_{2,4} + p_{3,4})t^4 = 0$$

$$(3.4)$$

在四次的场合

$$R = \frac{P_{2,4}}{P_{3,4}} \tag{3.5}$$

而且撇开一个非零常因数，$F(t^*) \equiv f(t^* - R) = 0$ 表示规范方程

$$\frac{1}{4!}t^{*4} + \frac{1}{2!}G_2 t^{*2} + G_3 t^* + G_4 = 0 \quad (3.6)$$

式中 G_2, G_3, G_4 关于参数 t 的线性变换 T 分别是权 $-2, -3, -4$ 的仿射不变量

$$\begin{cases} G_2 = \frac{1}{2}\left\{\frac{P_{1,4}}{P_{3,4}} + \frac{P_{2,3}}{P_{3,4}} - \frac{1}{2}\left(\frac{P_{2,4}}{P_{3,4}}\right)^2\right\} \\[2mm] G_3 = \frac{1}{2}\frac{P_{1,3}}{P_{3,4}} - \frac{1}{2}\frac{P_{2,4}}{P_{3,4}}\left(\frac{P_{1,4}}{P_{3,4}} + \frac{P_{2,3}}{P_{3,4}}\right) + \frac{1}{3}\left(\frac{P_{2,4}}{P_{3,4}}\right)^3 \\[2mm] G_4 = \frac{1}{2}\frac{P_{1,2}}{P_{3,4}} - \frac{P_{1,3}P_{2,4}}{P_{3,4}^2} + \frac{1}{4}\left(\frac{P_{2,4}}{P_{3,4}}\right)^2\left(\frac{P_{1,4}}{P_{3,4}} + \frac{P_{2,3}}{P_{3,4}}\right) - \\[2mm] \qquad \frac{1}{8}\left(\frac{P_{2,4}}{P_{3,4}}\right)^4 \end{cases}$$

$$(3.7)$$

B_4 曲线段 $Q(t)(t \in [0,1])$ 上不出现实拐点的充要条件是方程 (3.6) 在区间 $[R, 1+R]$ 内无实根. 现在，把方程 (3.6) 改写为

$$t^{*4} + bt^{*2} + ct^* + d = 0 \tag{3.8}$$

其中

$$b = 12G_2, c = 24G_3, d = 24G_4 \tag{3.9}$$

设 μ 是三次方程的一个实根

$$\mu^3 + p\mu + q = 0 \qquad (3.10)$$

这里我们已置

$$\begin{cases} p = -\left(\dfrac{1}{12}b^2 + d\right) = -12(G_2^2 + 2G_4) \\[2mm] q = -\dfrac{1}{8}\left(\dfrac{2}{27}b^3 - \dfrac{8}{3}bd + c^2\right) \\[2mm] \quad = -8(2G_2^3 - 12G_2G_4 + 9G_3^2) \end{cases} \qquad (3.11)$$

显然,p 和 q 分别是权为 -4 和 -6(关于 T)的仿射不变量,从而 μ 是权为 -2 的仿射不变量.

又设

$$\alpha = +\sqrt{2\mu - \dfrac{2}{3}b}\,,\beta = -\dfrac{c}{2\sqrt{2\mu - \dfrac{2}{3}b}} \quad (3.12)$$

那么,所论的方程(3.6)变为下列两个二次方程

$$x^2 + \mu + \dfrac{1}{6}b - \alpha x - \beta = 0 \qquad (3.13)$$

$$x^2 + \mu + \dfrac{1}{6}b + \alpha x + \beta = 0 \qquad (3.13)'$$

因此,我们导出方程(3.6)在区间 $[R, 1+R]$ 有无实根的判别不等式,如下所示:

(1)四个根全为虚根的条件

$$-\mu - \dfrac{2}{3}b < \dfrac{c}{\sqrt{2\mu - \dfrac{2}{3}b}} < \mu + \dfrac{2}{3}b \quad (3.14)$$

(2)两实根、两虚根的条件①

———————————

① 指的是方程(3.13)有两个实根,而方程(3.13)′无虚根.

$$\begin{cases} 2R + \sqrt{2\mu - \dfrac{2}{3}b} > 0 \\ -\mu - \dfrac{2}{3}b < \dfrac{c}{\sqrt{2\mu - \dfrac{2}{3}b}} \end{cases} \tag{3.15}$$

或者

$$\begin{cases} 2(1+R) + \sqrt{2\mu - \dfrac{2}{3}b} > 0 \\ -\mu - \dfrac{2}{3}b < \dfrac{c}{\sqrt{2\mu - \dfrac{2}{3}b}} \end{cases} \tag{3.16}$$

（3）两虚根、两实根的条件

$$\begin{cases} \mu + \dfrac{2}{3}b < -\dfrac{c}{\sqrt{2\mu - \dfrac{2}{3}b}} \\ \sqrt{2\mu - \dfrac{2}{3}b} > 2R \end{cases} \tag{3.17}$$

或者

$$\begin{cases} \mu + \dfrac{2}{3}b < -\dfrac{c}{\sqrt{2\mu - \dfrac{2}{3}b}} \\ \sqrt{2\mu - \dfrac{2}{3}b} > 2(1+R) \end{cases} \tag{3.18}$$

（4）四个根全为实根的条件

$$\mu + \frac{2}{3}b < \frac{c}{\sqrt{2\mu - \dfrac{2}{3}b}} < -\mu - \frac{2}{3}b$$

$$> \max\{2(1+R), -2R\} \tag{3.19}$$

或者

$$\sqrt{\mu - \frac{2}{3}b} < \min\{-2(1+R), 2R\}$$

§4　几个具体的例子

我们举出三个例子于下,前两个说明:非凸的单纯特征多边形也可以有凸的 Bézier 曲线段.附图都是刘鼎元先生利用计算机绘制的.

例 1　$a_1 = (1, \sigma), a_2 = (3, -1), a_3 = (3, 0), a_4 = (2, -5)$.

这时,$p_{1,2} = -19, p_{1,3} = -18, p_{1,4} = -17, p_{2,3} = 3, p_{2,4} = -13, p_{3,4} = -15$.从而拐点方程是

$$f(t) = +20t^4 - 42t^3 - 14t^2 + 40t - 19 = 0$$

容易证明曲线段上没有拐点.实际上,从

$$f'(0) = 40, f'(1) = -34, f'(0.55) \approx -0.205$$

$$f(0) = -19, f(1) = -15, f(0.55) \approx -6.38$$

以及方程

$$f''(t) = +4(60t^2 - 63t - 7) = 0$$

在 $[0,1]$ 里没有根的事实,便可断定 $f'(t)$ 在 $[0,1]$ 里是单调函数,从而只有一个实根,也就是说 $f(t)$ 在 $[0,1]$ 里仅有一个极大值.这样,就明确了 $f(t) < 0$,$t \in [0,1]$.图 3 示意了对应的 B_4 曲线段.

用 §3 中的判别条件可以更明确地做出结论.此时

$$G_2 = -0.127\ 25, G_3 = 0.004\ 55, G_4 = 0.039\ 86$$

$$b = -1.527, c = 0.109\ 2, d = 0.956\ 6$$

$$p = -1.151, q = -0.455\ 45$$

$$\varphi(\mu) = \mu^3 - 1.151\mu - 0.455\ 45 = 0$$

$$\varphi'(\mu) = 3\mu^2 - 1.151$$

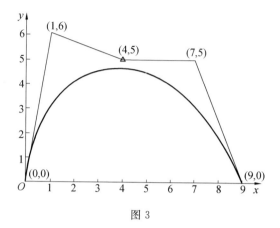

图 3

近似根 $\mu = 1.182$. 因此

$$\sqrt{2\mu - \frac{2}{3}b} = 1.839, \quad \frac{c}{\sqrt{2\mu - \frac{2}{3}b}} = 0.059\,38$$

$$\mu + \frac{2}{3}b = 0.164$$

由此可见:条件(3.14)成立,即四个根全是虚根.

例 2 $a_1 = (1,6), a_2 = (3,-2), a_3 = (3,1), a_4 = (2,-5)$.

这时,$p_{1,2} = -20, p_{1,3} = -17, p_{1,4} = -17, p_{2,3} = 9, p_{2,4} = -11, p_{3,4} = -17$. 从而拐点方程是

$$f(t) \equiv 29t^4 - 64t^3 - 8t^2 + 46t - 20 = 0$$

同例 1 一样,我们得知所论的 B_4 曲线也没有拐点(图 4).

同样地,算出

$$G_2 = -0.099\,1, G_3 = -0.002\,56, G_4 = 0.029\,11$$
$$b = -1.189\,2, c = -0.061\,4, d = 0.698\,7$$
$$p = -1.405\,8, q = -0.261\,9$$

54

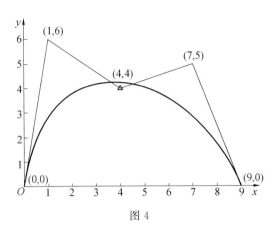

图 4

$$\varphi(\mu) = \mu^3 - 1.405\ 8\mu - 0.261\ 9 = 0$$
$$\varphi'(\mu) = 3\mu^2 - 1.405\ 8$$

近似根 $\mu = 1.27$. 因此

$$\sqrt{2\mu - \frac{2}{3}}\,b = 1.825\ 6,\quad \frac{c}{\sqrt{2\mu - \frac{2}{3}}\,b} = -0.033\ 6$$

$$\mu + \frac{2}{3}b = 0.477\ 2$$

由此可见：条件（3.14）成立，即四个根全是虚根.

　　例 3　$a_1 = (1,6), a_2 = (3,-6), a_3 = (3,5), a_4 = (2,-5)$.

　　这时，$p_{1,2} = -24, p_{1,3} = -13, p_{1,4} = -17, p_{2,3} = 33, p_{2,4} = -3, p_{3,4} = -25$. 从而拐点方程是

$$f(t) \equiv 65t^4 - 152t^3 - 16t^2 + 70t - 24 = 0$$

　　所论的 B_4 曲线段上有两个实拐点（图 5）

$$A(2.072, 2.848), B(4.062, 2.75)$$

　　同样地，算出

$$G_2 = -0.027\ 3, G_3 = -0.014\ 6, G_4 = 0.017\ 7$$

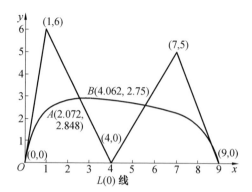

图 5

$$b = -0.327\ 6, c = 0.350\ 4, d = 0.424\ 8$$

$$p = -0.433\ 74, q = -0.061\ 41$$

$$\varphi(\mu) \equiv \mu^3 - 0.433\ 74\mu - 0.061\ 41 = 0$$

$$\varphi'(\mu) = 3\mu^2 - 0.433\ 74$$

近似根 $\mu = 0.729\ 4$. 因此

$$\sqrt{2\mu - \frac{2}{3}b} = 1.295, \mu + \frac{2}{3}b = 0.511$$

$$2R = -0.926\ 8$$

由此可见:有两实根、两虚根的条件(3.15)成立.

56

常庚哲、吴骏恒论 Bézier 方法的数学基础

第 4 章

§1 引 言

1974 年,在美国犹他大学(The University of Utah)召开了第一次国际性的计算机辅助几何设计(简称 CAGD)会议,并出版了会议论文集.会议的中心论题是讨论 Coons 曲面、Bézier 曲线和样条函数方法在 CAGD 中的应用.大多数与会者都提到了 Coons 和 Bézier 的开创性的工作,公认他们的方法在 CAGD 方面起了基本而重要的作用.事实上,Coons 的方法和 Bézier 的方法在现代 CAGD 中是

使用最广泛的两种方法,并驾齐驱且各有千秋.

本章介绍了 Bézier 未曾指出过的关于函数族 $\{f_{n,i}\}$ 的一些公式和性质,得出了被我们称为"联系矩阵"$[M_n]$ 的逆矩阵的表达式,还证明了 Bézier 提出但未给出证明的关于作图的一个定理.

§2　Bézier 曲 线

Bézier 把 n 次参数曲线表示为

$$\boldsymbol{P}(u) = \sum_{i=0}^{n} \boldsymbol{\alpha}_i f_{n,i}(u) \quad (0 \leqslant u \leqslant 1) \quad (2.1)$$

其中

$$\begin{cases} f_{n,0}(u) \equiv 1 \\ f_{n,i}(u) = \dfrac{(-u)^i}{(i-1)!} \dfrac{\mathrm{d}^{i-1}}{\mathrm{d}u^{i-1}} \Phi_n(u) \quad (i=1,2,\cdots,n) \\ \Phi_n(u) = \dfrac{(1-u)^n - 1}{u} \end{cases}$$

$$(2.2)$$

$\boldsymbol{\alpha}_0, \boldsymbol{\alpha}_1, \cdots, \boldsymbol{\alpha}_n$ 是 $n+1$ 个空间矢量,矢量 $\boldsymbol{\alpha}_0$ 指示着曲线的起点.把 $\boldsymbol{\alpha}_1$ 的起点放在 $\boldsymbol{\alpha}_0$ 的终点上,把 $\boldsymbol{\alpha}_2$ 的起点放在 $\boldsymbol{\alpha}_1$ 的终点上,$\cdots\cdots$,从而形成一个具有 n 边 $\boldsymbol{\alpha}_1$,$\boldsymbol{\alpha}_2, \cdots, \boldsymbol{\alpha}_n$ 的折线,称为曲线(2.1)的特征多边形.特征多边形大致勾画出了对应曲线的形状(图 1).

称式(2.1)为 Bézier 曲线.

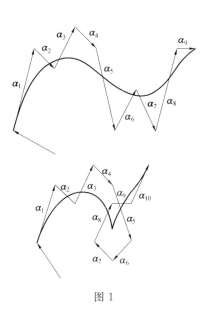

图 1

§3　函数族 $\{f_{n,i}\}$ 的若干性质

Bézier 曲线（2.1）有许多重要性质. 显然，曲线（2.1）的性质是函数族 $\{f_{n,i}\}$ 的性质的推论. 于是，尽可能多地发现函数族 $\{f_{n,i}\}$ 的性质是有意义的.

把 $\Phi_n(u)$ 看成两个函数的乘积

$$\Phi_n(u) = \frac{1}{u}[(1-u)^n - 1]$$

再利用 Leibniz 公式计算高阶导数

$$\frac{\mathrm{d}^{i-1}}{\mathrm{d}u^{i-1}}\Phi_n(u) = [(1-u)^n - 1]\frac{\mathrm{d}^{i-1}}{\mathrm{d}u^{i-1}}\frac{1}{u} +$$

$$\sum_{p=1}^{i-1} C_{i-1}^p \frac{\mathrm{d}^{i-p-1}}{\mathrm{d}u^{i-p-1}}\frac{1}{u} \cdot \frac{\mathrm{d}^p}{\mathrm{d}u^p}[(1-u)^n]$$

59

$$= (-1)^{i-1}(i-1)! \, u^{-i}[(1-u)^n - 1] +$$

$$\sum_{p=1}^{i-1} (-1)^{i-1} C_{i-1}^{p}(i-p-1)! \; \cdot$$

$$n(n-1)\cdots(n-p+1) \cdot$$

$$u^{p-i}(1-u)^{n-p}$$

由于

$$C_{i-1}^{p}(i-p-1)! \, n(n-1)\cdots(n-p+1) = (i-1)! \, C_n^p$$

故可得

$$f_{n,i}(u) = 1 - \sum_{p=0}^{i-1} C_n^p u^p (1-u)^{n-p}$$

令

$$J_{n,p}(u) = C_n^p u^p (1-u)^{n-p} \quad (p=0,1,2,\cdots,n)$$

则有

$$f_{n,i}(u) = 1 - \sum_{p=0}^{i-1} J_{n,p}(u) \quad (i=1,2,\cdots,n) \quad (3.1)$$

由式(3.1)立得

$$f_{n,i}(u) - f_{n,i+1}(u) = J_{n,i}(u) \qquad (3.2)$$

若把 $f_{n,n+1}$ 理解为零,那么式(3.2)对于 $i=0,1,2,\cdots,$
n 均成立.

显然,当 $u \in (0,1)$ 时,$J_{n,i}(u) > 0$,由式(3.2)可
知:不等式

$$f_{n,1}(u) > f_{n,2}(u) > \cdots > f_{n,n}(u) \qquad (3.3)$$

对一切 $u \in (0,1)$ 成立.

特别地,由于

$$f_{n,1}(u) = 1 - (1-u)^n$$

$$f_{n,n}(u) = u^n$$

故对于 $i=1,2,\cdots,n$ 及 $u \in [0,1]$,有

$$0 \leqslant u^n \leqslant f_{n,i}(u) \leqslant 1 - (1-u)^n \leqslant 1$$

由此立知

$$\begin{cases} f_{n,i}(0) = 0 \\ f_{n,i}(1) = 1 \end{cases} \quad (i = 1, 2, \cdots, n)$$

下面将证明:每一个 $f_{n,i}(u)$ 在 $[0,1]$ 上都是严格单调递增的. 为此,按式(2.2)计算一阶导数

$$f'_{n,i}(u) = -\frac{i(-u)^{i-1}}{(i-1)!} \frac{\mathrm{d}^{i-1}}{\mathrm{d}u^{i-1}} \Phi_n(u) +$$

$$\frac{(-u)^i}{(i-1)!} \frac{\mathrm{d}^i}{\mathrm{d}u^i} \Phi_n(u)$$

$$= \frac{i}{u} [f_{n,i}(u) - f_{n,i+1}(u)]$$

依式(3.2)得

$$f'_{n,i}(u) = \frac{i}{u} J_{n,i}(u) \quad (i = 1, 2, \cdots, n) \quad (3.4)$$

由此可见,当 $u \in (0,1)$ 时,$f'_{n,i}(u) > 0$.

除获得公式(3.1),(3.2)和(3.4)外,本节的结果可以综述为:函数族 $\{f_{n,i}(u)\}$ 在 $(0,1)$ 内适合不等式(3.3),并且每一个 $f_{n,i}(u)$, $i = 1, 2, \cdots, n$ 在 $[0,1]$ 上都是严格单调递增地从 0 变到 1 的.

§4　Bézier 曲线的 Bernstein 形式

公式(3.1)和(3.2)可以使得一系列的推导得到简化,下面仅举一例说明之.

由等式

$$\begin{bmatrix} S_0 \\ S_1 \\ S_2 \\ \vdots \\ S_n \end{bmatrix} = \begin{bmatrix} 1 & & & & \\ 1 & 1 & & & \\ 1 & 1 & 1 & & \\ \vdots & \vdots & \vdots & \ddots & \\ 1 & 1 & 1 & \cdots & 1 \end{bmatrix} \begin{bmatrix} \boldsymbol{\alpha}_0 \\ \boldsymbol{\alpha}_1 \\ \boldsymbol{\alpha}_2 \\ \vdots \\ \boldsymbol{\alpha}_n \end{bmatrix} \quad (4.1)$$

定义的矢量 $S_0, S_1, S_2, \cdots, S_n$ 依次是特征多边形的 $n+1$ 个顶点,由式(4.1)可以反解出

$$
\begin{bmatrix} \boldsymbol{\alpha}_0 \\ \boldsymbol{\alpha}_1 \\ \boldsymbol{\alpha}_2 \\ \vdots \\ \boldsymbol{\alpha}_n \end{bmatrix} = \begin{bmatrix} 1 & & & & \\ -1 & 1 & & & \\ & -1 & 1 & & \\ & & \ddots & \ddots & \\ & & & -1 & 1 \end{bmatrix} \begin{bmatrix} \boldsymbol{S}_0 \\ \boldsymbol{S}_1 \\ \boldsymbol{S}_2 \\ \vdots \\ \boldsymbol{S}_n \end{bmatrix} \quad (4.2)
$$

把曲线(2.1)表示为

$$
\boldsymbol{P}(u) = \begin{bmatrix} f_{n,0} & f_{n,1} & \cdots & f_{n,n} \end{bmatrix} \begin{bmatrix} \boldsymbol{\alpha}_0 \\ \boldsymbol{\alpha}_1 \\ \vdots \\ \boldsymbol{\alpha}_n \end{bmatrix}
$$

将式(4.2)代入上式的右边,得到

$$
\boldsymbol{P}(u) = \begin{bmatrix} f_{n,0} & f_{n,1} & \cdots & f_{n,n} \end{bmatrix} \begin{bmatrix} 1 & & & & \\ -1 & 1 & & & \\ & -1 & 1 & & \\ & & \ddots & \ddots & \\ & & & -1 & 1 \end{bmatrix}
$$

$$
\begin{bmatrix} \boldsymbol{S}_0 \\ \boldsymbol{S}_1 \\ \boldsymbol{S}_2 \\ \vdots \\ \boldsymbol{S}_n \end{bmatrix} = \sum_{i=0}^{n} \begin{bmatrix} f_{n,i}(u) - f_{n,i+1}(u) \end{bmatrix} \boldsymbol{S}_i
$$

按照公式(3.2)可把上式表示为

$$
\boldsymbol{P}(u) = \sum_{i=0}^{n} J_{n,i}(u) \boldsymbol{S}_i \quad (4.3)
$$

这就是 Bézier 曲线的 Bernstein 形式,它把 Bézier 曲线同古典的 Bernstein 多项式联系起来,使得 Bézier 方法

有了更坚实的理论基础,并得到了进一步的发展.

§5 联系矩阵的逆矩阵

展开 $\Phi_n(u)$ 表达式的分子中的 $(1-u)^n$,得

$$\Phi_n(u) = \sum_{p=1}^{n} (-1)^p C_u^p u^{p-1}$$

由式(2.2)可知

$$f_{n,i}(u) = \frac{(-1)^i u^i}{(i-1)!} \sum_{p=1}^{n} (-1)^p C_n^p \frac{\mathrm{d}^{i-1}}{\mathrm{d}u^{i-1}} u^{p-1}$$

由于当 $i > p$ 时,$\dfrac{\mathrm{d}^{i-1}}{\mathrm{d}u^{i-1}} u^{p-1} = 0$,故

$$f_{n,i}(u) = \frac{(-1)^i u^i}{(i-1)!} \sum_{p=i}^{n} (-1)^p C_n^p (p-1)(p-2) \cdot \cdots \cdot$$
$$(p-i+1) u^{p-i}$$

即

$$f_{n,i}(u) = \sum_{p=i}^{n} (-1)^{i+p} C_n^p C_{p-1}^{i-1} u^p \quad (i=1,2,\cdots,n)$$

$$(5.1)$$

将式(5.1)表示为矩阵形式

$$\begin{bmatrix} f_{n,1} & f_{n,2} & \cdots & f_{n,n} \end{bmatrix} = \begin{bmatrix} u & u^2 & \cdots & u^n \end{bmatrix} \boldsymbol{M}_n$$

由式(5.1)可知,$\boldsymbol{M}_n$ 是一个 n 阶下三角方阵,当 $p \geqslant i$ 时,它的第 p 行和第 i 列的交叉处的元素(简称(p,i)元素)是$(-1)^{p+i} C_n^p C_{p-1}^{i-1}$. 不妨称 $\boldsymbol{M}_n$ 为"联系矩阵",我们来算出它的逆矩阵. 联系矩阵及其逆矩阵在理论和实际应用中都是重要的.

把 $\boldsymbol{M}_n$ 分解为

$$M_n = \begin{bmatrix} C_n^1 & & & \\ & C_n^2 & & \\ & & \ddots & \\ & & & C_n^n \end{bmatrix} T_n \qquad (5.2)$$

其中 T_n 是一个 n 阶下三角方阵,当 $p \geqslant i$ 时,其(p,i)元素是 $(-1)^{p+i} C_{p-1}^{i-1}$. 由式(5.2)可知,求 M_n^{-1} 的问题可转化为求 T_n^{-1} 的问题.

我们指出:T_n^{-1} 是一个下三角方阵,当 $i \geqslant q$ 时,其(i,q)元素是 C_{i-1}^{q-1}.

现验证这一论断. 首先,$T_n T_n^{-1}$ 显然为下三角方阵,当 $p \geqslant q$ 时,它的(p,q)元素为

$$\sum_{i=q}^{p} (-1)^{i+p} C_{p-1}^{i-1} C_{i-1}^{q-1}$$

当 $p = q$ 时,上式显然为 1;设 $p > q$,则由等式

$$C_{p-1}^{i-1} C_{i-1}^{q-1} = C_{p-1}^{q-1} C_{p-q}^{p-i}$$

可知该元素为

$$C_{p-1}^{q-1} \sum_{i=q}^{p} (-1)^{p-i} C_{p-q}^{p-i} = C_{p-1}^{q-1} \left[1 + (-1)\right]^{p-q} = 0$$

这样就验证了 T_n^{-1} 是 T_n 的逆矩阵.

由式(5.2)可知:M_n^{-1} 是一个下三角方阵,当 $i \geqslant q$ 时,其(i,q)元素是 $\dfrac{C_{i-1}^{q-1}}{C_n^q}$.

§6　作图方法的证明

Bézier 建议过寻求曲线(2.1)上的点的一个有趣的作图方法. 为寻求曲线(2.1)上对应于参数 u 的点

$P(u)$，考察曲线所对应的特征多边形，设其顶点是 S_0，$S_1,\cdots,S_n$，在这个多边形的第 i 条边上，从这条边的起点开始，沿正方向移动一个距离到达 $S_{i-1}^{(1)}$，使得

$$\frac{|S_{i-1}S_{i-1}^{(1)}|}{|S_{i-1}S_i|}=u \quad (u\in[0,1],i=1,2,\cdots,n)$$

这样就在特征多边形上得出了 n 个点

$$S_0^{(1)},S_1^{(1)},\cdots,S_{n-1}^{(1)}$$

把它们顺次联结起来，得到一个 $n-1$ 边的折线 $S_0^{(1)}S_1^{(1)}\cdots S_{n-1}^{(1)}$；对这条新的折线重复一次上述过程，得到一个 $n-2$ 边的折线 $S_0^{(2)}S_1^{(2)}\cdots S_{n-2}^{(2)}$；……；这样连续作 $n-1$ 次之后，得出一条直线 $S_0^{(n-1)}S_1^{(n-1)}$，再作最后一次求得此直线上的一点 $S_0^{(n)}$，它满足

$$\frac{|S_0^{(n-1)}S_0^{(n)}|}{|S_0^{(n-1)}S_1^{(n-1)}|}=u$$

那么 $S_0^{(n)}$ 正是曲线 (2.1) 上对应于参数 u 的那一个点，并且 $S_0^{(n-1)}S_1^{(n-1)}$ 正是曲线 (2.1) 在该点处的切矢量.

上面叙述的就是 Bézier 曲线的几何作图所依据的基本定理. 图 2 针对 $n=4$ 及 $u=\dfrac{1}{4}$ 的情况表达了这一作图步骤.

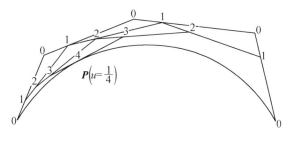

图 2

65

Bézier 没有给出这一定理的证明,我们给出一个证明,如下:

事实上,经过第一次处理之后,新的多边形的各边依次是单列矩阵

$$
\begin{bmatrix}
1-u & u & 0 & \cdots & 0 & 0 \\
0 & 1-u & u & \cdots & 0 & 0 \\
\vdots & \vdots & \vdots & & \vdots & \vdots \\
0 & 0 & 0 & \cdots & 1-u & u \\
0 & 0 & 0 & \cdots & 0 & 1-u
\end{bmatrix}
\begin{bmatrix}
\boldsymbol{\alpha}_1 \\
\boldsymbol{\alpha}_2 \\
\vdots \\
\boldsymbol{\alpha}_{n-1} \\
\boldsymbol{\alpha}_n
\end{bmatrix}
$$

的前 $n-1$ 行. 把上式中那个 n 阶方阵记为 $\boldsymbol{K}$. 同理,经过第二次处理后,多边形的各边依次是单列矩阵

$$
\boldsymbol{K}^2
\begin{bmatrix}
\boldsymbol{\alpha}_1 \\
\boldsymbol{\alpha}_2 \\
\vdots \\
\boldsymbol{\alpha}_n
\end{bmatrix}
$$

的前 $n-2$ 行,如此,等等. 最后,经过 $n-1$ 次处理得出多边形的一条边是单列矩阵

$$
\boldsymbol{K}^{n-1}
\begin{bmatrix}
\boldsymbol{\alpha}_1 \\
\boldsymbol{\alpha}_2 \\
\vdots \\
\boldsymbol{\alpha}_n
\end{bmatrix}
$$

的第一行的那个元素.

把方阵 $\boldsymbol{K}$ 写为

$$
\boldsymbol{K} = u
\begin{bmatrix}
\lambda & 1 & & & \\
 & \lambda & 1 & & \\
 & & \ddots & \ddots & \\
 & & & \lambda & 1 \\
 & & & & \lambda
\end{bmatrix}
$$

其中

$$\lambda = \frac{1-u}{u}$$

再令

$$\begin{bmatrix} \lambda & 1 & & & \\ & \lambda & 1 & & \\ & & \ddots & \ddots & \\ & & & \lambda & 1 \\ & & & & \lambda \end{bmatrix} = \lambda \boldsymbol{I} + \boldsymbol{J}$$

其中 $\boldsymbol{I}$ 为 n 阶单位方阵，而

$$\boldsymbol{J} = \begin{bmatrix} 0 & 1 & & & \\ & 0 & 1 & & \\ & & \ddots & \ddots & \\ & & & 0 & 1 \\ & & & & 0 \end{bmatrix}$$

所以

$$\begin{aligned} \boldsymbol{K}^{n-1} &= u^{n-1}(\lambda \boldsymbol{I} + \boldsymbol{J})^{n-1} \\ &= u^{n-1} \sum_{i=0}^{n-1} \mathrm{C}_{n-1}^i \lambda^{n-i-1} \boldsymbol{J}^i \\ &= u^{n-1} \begin{bmatrix} \lambda^{n-1} & \mathrm{C}_{n-1}^1 \lambda^{n-2} & \mathrm{C}_{n-1}^2 \lambda^{n-3} & \cdots & \mathrm{C}_{n-1}^{n-1} \lambda^0 \\ & \lambda^{n-1} & \mathrm{C}_{n-1}^1 \lambda^{n-2} & \cdots & \mathrm{C}_{n-1}^{n-2} \lambda^1 \\ & & \ddots & \ddots & \vdots \\ & & & \lambda^{n-1} & \mathrm{C}_{n-1}^1 \lambda^{n-2} \\ & & & & \lambda^{n-1} \end{bmatrix} \end{aligned}$$

于是

$$\begin{aligned} \boldsymbol{S}_0^{(n-1)} \boldsymbol{S}_1^{(n-1)} &= u^{n-1} \sum_{i=1}^{n} \mathrm{C}_{n-1}^{i-1} \lambda^{n-i} \boldsymbol{\alpha}_i \\ &= \sum_{i=1}^{n} \mathrm{C}_{n-1}^{i-1} u^{i-1} (1-u)^{n-i} \boldsymbol{\alpha}_i \quad (6.1) \end{aligned}$$

为了说明式(6.1)是曲线(2.1)的切矢量,必须且只需证明它与 $P'(u)$ 平行,但是

$$P'(u) = \sum_{i=1}^{n} f'_{n,i}(u)\boldsymbol{\alpha}_i$$

依公式(3.4),有

$$P'(u) = \sum_{i=1}^{n} \frac{i}{u} J_{n,i}(u)\boldsymbol{\alpha}_i$$
$$= \sum_{i=1}^{n} t C_n^t u^{i-1}(1-u)^{n-i}\boldsymbol{\alpha}_i$$
$$= n \sum_{i=1}^{n} C_{n-1}^{i-1} u^{i-1}(1-u)^{n-i}\boldsymbol{\alpha}_i$$

与式(6.1)比较可知

$$P'(u) = n\boldsymbol{S}_0^{(n-1)}\boldsymbol{S}_1^{(n-1)}$$

这就证完了定理的第二个结论.

现在来证明:最后得出的点 $\boldsymbol{S}_0^{(n)}$ 正好是曲线(2.1)上的点 $P(u)$.

由作图法可知: $\boldsymbol{S}_0^{(n)}$ 的位置矢量是

$$\boldsymbol{\alpha}_0 + u(\boldsymbol{S}_0\boldsymbol{S}_1 + \boldsymbol{S}_0^{(1)}\boldsymbol{S}_1^{(1)} + \cdots + \boldsymbol{S}_0^{(n-1)}\boldsymbol{S}_1^{(n-1)})$$

$$= \boldsymbol{\alpha}_0 + \begin{bmatrix} u & 0 & \cdots & 0 \end{bmatrix}(\boldsymbol{I} + \boldsymbol{K} + \cdots + \boldsymbol{K}^{n-1})\begin{bmatrix} \boldsymbol{\alpha}_1 \\ \boldsymbol{\alpha}_2 \\ \vdots \\ \boldsymbol{\alpha}_n \end{bmatrix}$$
$$(6.2)$$

为此应先算 $\boldsymbol{I} + \boldsymbol{K} + \cdots + \boldsymbol{K}^{n-1}$. 因为

$$\boldsymbol{I} + \boldsymbol{K} + \cdots + \boldsymbol{K}^{n-1} = (\boldsymbol{I} - \boldsymbol{K})^{-1}(\boldsymbol{I} - \boldsymbol{K}^n)$$
$$= (\boldsymbol{I} - \boldsymbol{K})^{-1} - (\boldsymbol{I} - \boldsymbol{K})^{-1}\boldsymbol{K}^n$$

但是

$$(\boldsymbol{I} - \boldsymbol{K})^{-1} = \begin{bmatrix} u & -u & & & \\ & u & -u & & \\ & & u & \ddots & \\ & & & \ddots & -u \\ & & & & u \end{bmatrix}^{-1}$$

$$= \frac{1}{u} \begin{bmatrix} 1 & -1 & & & \\ & 1 & -1 & & \\ & & \ddots & \ddots & \\ & & & 1 & -1 \\ & & & & 1 \end{bmatrix}^{-1}$$

$$= \frac{1}{u} \begin{bmatrix} 1 & 1 & \cdots & 1 & 1 \\ 0 & 1 & \cdots & 1 & 1 \\ \vdots & \vdots & & \vdots & \vdots \\ 0 & 0 & \cdots & 1 & 1 \\ 0 & 0 & \cdots & 0 & 1 \end{bmatrix}$$

所以

$$\boldsymbol{I} + \boldsymbol{K} + \cdots + \boldsymbol{K}^{n-1} = \frac{1}{u} \begin{bmatrix} 1 & 1 & \cdots & 1 \\ & 1 & \cdots & 1 \\ & & \ddots & \vdots \\ & & & 1 \end{bmatrix} -$$

$$u^{n-1} \begin{bmatrix} 1 & 1 & \cdots & 1 \\ & 1 & \cdots & 1 \\ & & \ddots & \vdots \\ & & & 1 \end{bmatrix} \cdot$$

$$\begin{bmatrix} \lambda^n & C_n^1\lambda^{n-1} & \cdots & C_n^{n-1}\lambda \\ & \lambda^n & & \vdots \\ & & \ddots & \\ & & \ddots & C_n^1\lambda^{n-1} \\ & & & \lambda^n \end{bmatrix}$$

这样一来,式(6.2)的右边就是

$\boldsymbol{\alpha}_0 + ([1 \quad 1 \quad \cdots \quad 1] -$

$u^n[\lambda^n \quad \lambda^n + C_n^1\lambda^{n-1} \quad \cdots \quad \lambda^n + C_n^1\lambda^{n-1} + \cdots + C_n^{n-1}\lambda]) \cdot$

$$\begin{bmatrix} \boldsymbol{\alpha}_1 \\ \boldsymbol{\alpha}_2 \\ \vdots \\ \boldsymbol{\alpha}_n \end{bmatrix} \tag{6.3}$$

显然,上式中 $\boldsymbol{\alpha}_i(i=1,2,\cdots,n)$ 的系数是

$$\begin{aligned} 1 - u^n \sum_{p=0}^{i-1} C_n^p \lambda^{n-p} &= 1 - \sum_{p=0}^{i-1} C_n^p u^n \left(\frac{1-u}{u}\right)^{n-p} \\ &= 1 - \sum_{p=0}^{i-1} C_u^p u^p (1-u)^{n-p} \\ &= 1 - \sum_{p=0}^{i-1} J_{n,p}(u) = f_{n,i}(u) \end{aligned}$$

故公式(6.3)即为

$$\boldsymbol{\alpha}_0 + \sum_{i=1}^{n} f_{n,i}(u)\boldsymbol{\alpha}_i = \boldsymbol{P}(u)$$

这样就证完了关于作图的基本定理.

Bézier **曲线的包络定理**[①]

第 5 章

1962 年以来,法国雷诺汽车公司的 Bézier 开始提出并构造了一种以逼近为基础的新的参数曲线[1-3],按此方法建立的一种自由曲线和曲面的设计系统 UNISURF 也已在 1972 年被雷诺汽车公司正式使用.

Bézier 方法在实际上得到很大应用效果的同时,在理论上也引起了人们的巨大兴趣,开展了多方面的研究工作,成果是丰富多彩的. 正如 Barnhill 在第一次 CAGD 国际会议上所指出的[4],这是一项开创性的工作,

---

① 本章摘自《浙江大学学报》1982 年计算几何讨论会论文集,浙江大学学报编辑部编,浙江大学发行.

71

并在 CAGD 方面起了基本的作用.

Bézier 本人最初提出的曲线的定义是

$$\boldsymbol{B}_n(t) = \sum_{k=0}^{n} \boldsymbol{A}_k f_{k,n}(t) \quad (0 \leqslant t \leqslant 1) \quad (0.1)$$

其中 $\boldsymbol{A}_0$ 是起点,$\boldsymbol{A}_k(k \geqslant 1)$ 是多边形的边矢量,$f_{k,n}(t)$ 的定义如下

$$f_{0,n}(t) = 1$$

$$f_{k,n}(t) = \frac{(-1)^k}{(k-1)!} \frac{\mathrm{d}^{k-1}}{\mathrm{d}t^{k-1}} \frac{(1-t)^{n-1}-1}{t}$$

$$(k = 1, 2, \cdots, n) \quad (0.2)$$

这种奇特形式的定义,正如日本的穗坂卫所说的,给人的印象"好像是从天上掉下来的似的". 关于 Bézier 曲线的来源背景一直备受人们的关注. 1972 年前后,Forrest 等人研究提出了一种在形式和使用上更为直观方便的表达形式[5,6],称为 Bézier-Bernstein 多项式

$$\boldsymbol{B}_n(t) = \sum_{k=0}^{n} J_{k,n}(t) \boldsymbol{P}_k \quad (0 \leqslant t \leqslant 1) \quad (0.3)$$

其中 $\boldsymbol{P}_k(k = 0, 1, \cdots, n)$ 是多边形顶点(称为特征多边形)

$$J_{k,n}(t) = \mathrm{C}_n^k t^k (1-t)^{n-k} \quad \left(\mathrm{C}_n^k = \frac{n!}{k!\,(n-k)!} \right)$$

$$(0.4)$$

是著名的 Bernstein 基函数. 这样,在理论上就把 Bézier 曲线表示成了矢值形式的 Bernstein 逼近,得到了坚实的数学基础,并有了进一步的发展. 1979 年底,Forrest 来中国讲学时提到,对于 Bézier 曲线提出的原始想法和来源,则仍不易捉摸并引起人们的兴趣.

复旦大学的苏步青和浙江大学的金通洸两位教授

于 1982 年从磨光原理,或者说曲线族的包络的观点阐明了 Bézier 曲线的原始来源的一种构造特性和几何本质.这种想法是直观而有趣的.本章结果表明,它本身可以作为 Bézier 曲线的定义,并有着推广的潜力.

§1　Bézier 曲线的包络性

一般的 n 次 Bézier 曲线(0.3)有着有趣的包络特性,或者说磨光性.从磨光来考虑即可得到 Bézier 曲线.我们从最简单的 $\boldsymbol{B}_2(t),\boldsymbol{B}_3(t)$ 来说明之.如图 1 所示,$\boldsymbol{P}_0,\boldsymbol{P}_1,\boldsymbol{P}_2$ 是有向三边形的顶点,我们来考虑它的磨光问题.因为是折线形,所以自然地就考虑最简单的一阶磨光 —— 每次磨削路径是直线(如同用锉刀一样).具体地,在两条边上取点

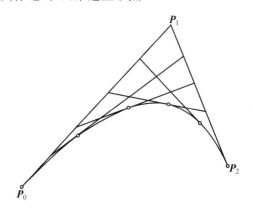

图 1

$$\boldsymbol{C}_k(\lambda)=\boldsymbol{P}_k+\lambda(\boldsymbol{P}_{k+1}-\boldsymbol{P}_k)\quad(k=0,1)\quad(1.1)$$

其中 $0\leqslant\lambda\leqslant1$.磨削路径是直线族

$$Q_1(t;\lambda) = (1-t)C_0(\lambda) + t\,C_1(\lambda) \quad (0 \leqslant t \leqslant 1)$$

$$(1.2)$$

因此，$Q_1(t;\lambda)$ 的包络是被磨工件的外形线，不难求得它是一条二次曲线. 事实上，注意到：

引理 1 若 $Q(t)$ 是单参数平面曲线族 $\gamma(t;\lambda)$ 的包络，则

$$\frac{\partial r}{\partial t} \Big/\!\!\Big/ \frac{\partial r}{\partial \lambda} \tag{1.3}$$

于是可知，当 $\lambda = t$ 时，$Q_1(t;t)$ 为所求包络线，有

$$Q_1(t;t) = (1-t)^2 P_0 + 2t(1-t)P_1 + t^2 P_2$$
$$= \sum_{k=0}^{2} J_{k,2}(t)P_k$$
$$= B_2(t)$$

可见，二次 Bézier 曲线是直线族(1.1)的包络. 同样地，对于 $n=3$，我们在三条边上取点

$$C_k(\lambda) = P_k + \lambda(P_{k+1} - P_k) \quad (k=0,1,2) \tag{1.4}$$

按式(1.4)可定出一个二次曲线族

$$Q_2(t;\lambda) = \sum_{k=0}^{2} J_{k,2}(t)C_k(\lambda) \tag{1.5}$$

自然地将此作为磨削路径(称二阶磨削)，直接计算可求得其包络(三条边的毛坯经过这样磨削后的外形曲线)是

$$\sum_{k=0}^{3} J_{k,3}(t)P_k = B_3(t)$$

因此，$B_3(t)$ 即是以 $C_k(\lambda)(k=0,1,2)$ 为顶点的二次 Bézier 曲线族的包络. 这种递推的包络特性在一般情形下仍成立，而且对空间情形也成立.

设 $P_k(k=0,1,\cdots,n)$ 是 n 次 Bézier 曲线的特征多角形的顶点(也代表这点的向径). 按照 Bézier 作图法，

我们在每条边上取点

$$\boldsymbol{P}_k^{(1)}(\lambda) = \boldsymbol{P}_k + \lambda(\boldsymbol{P}_{k+1} - \boldsymbol{P}_k) \quad (k = 0, 1, \cdots, n-1)$$

且记 $\boldsymbol{P}_k^{(0)} \equiv \boldsymbol{P}_k$. 对新点 $\boldsymbol{P}_k^{(1)}(k = 0, 1, \cdots, n-1)$ 重复上述过程,一般地,有

$$\boldsymbol{P}_k^{(\mu)}(\lambda) = \boldsymbol{P}_k^{(\mu-1)} + \lambda(\boldsymbol{P}_{k+1}^{(\mu-1)} - \boldsymbol{P}_k^{(\mu-1)}) \quad (1.6)$$

其中 $0 \leqslant \lambda \leqslant 1, \mu = 1, 2, \cdots, n, k = 0, 1, \cdots, n-\mu$.

文献[6]中证明了

$$\boldsymbol{P}_0^{(n)}(t) = \boldsymbol{B}_n(t) \tag{1.7}$$

我们首先来证明以下定理.

定理 1　直线族

$$\boldsymbol{L}(t; \lambda) = (1-t)\boldsymbol{P}_0^{(n-1)}(\lambda) + t\boldsymbol{P}_1^{(n-1)}(\lambda) \quad (1.8)$$

的包络即为 $\boldsymbol{B}_n(t)$,且 $\boldsymbol{B}_n(t)$ 与 $\boldsymbol{L}(t; \lambda)$ 在 $\lambda = t$ 时相切于点(t).

证明　由式(1.6) 有

$$\boldsymbol{P}_k^{(\mu)}(\lambda) = \sum_{i=0}^{\nu} J_{i,\nu}(\lambda) \boldsymbol{P}_{k+i}^{(\mu-\nu)}(\lambda) \tag{1.9}$$

取 $\nu = \mu = n-1, k = 0, 1$(图 2),得

$$\boldsymbol{P}_0^{(n-1)}(\lambda) = \sum_{i=0}^{n-1} J_{i,n-1}(\lambda) \boldsymbol{P}_i$$

$$\boldsymbol{P}_1^{(n-1)}(\lambda) = \sum_{i=0}^{n-1} J_{i,n-1}(\lambda) \boldsymbol{P}_{i+1} \tag{1.10}$$

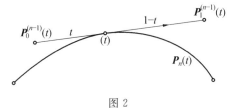

图 2

注意到

$$J'_{i,n}(t) = n(J_{i-1,n-1}(t) - J_{i,n-1}(t))$$

有

$$B'_n(t) = n(P_1^{(n-1)}(t) - P_0^{(n-1)}(t)) \qquad (1.11)$$

由式(1.8)知

$$\left. \frac{\partial L}{\partial t} \right|_{\lambda=t} = (P_1^{(n-1)}(t) - P_0^{(n-1)}(t)) \ /\!/ \ B'_n(t)$$

易知

$$L(t;t) = B_n(t)$$

故定理成立.

显然,定理 1 扩充了文献[6]中的结果式(1.7),指出了 $P_0^{(n)}(t)$ 不仅在 $B_n(t)$ 上,而且也是 $B_n(t)$ 与直线 $P_0^{(n-1)} P_1^{(n-1)}$ 的公切点.

为叙述方便,我们记 $\overline{P}_k = \overline{P}_k(\lambda) = P_k^{(1)}(\lambda)$,一般地,$\overline{P}_k^{(\mu-1)} = P_k^{(\mu)}$,考虑以新点 $\langle \overline{P}_0 \overline{P}_1 \cdots \overline{P}_{n-1} \rangle$ 为特征多边形顶点的 $n-1$ 次 Bézier 曲线,记为 $\overline{B}_{n-1} = \overline{B}_{n-1}(t;\lambda)$,或记为 $\overline{B}_{n-1} \equiv B_{n-1}^{(1)}$,且用 $B_{n-\mu}^{(\mu)} = B_{n-\mu}^{(\mu)}(t;\lambda)$ 表示以 $P_k^\mu(\lambda)(k=0,1,\cdots,n-\mu)$ 为顶点的 $n-\mu$ 次 Bézier 曲线.利用定理 1,我们可方便地证明下述一般结果.

定理 2 $B_n(t)$ 是 $\overline{B}_{n-1}(t;\lambda)$ 的包络,并且也是 $B_{n-\mu}^{(\mu)}(t;\lambda)$ 的包络($\mu=1,2,\cdots,n-1$).

证明是简单的,显然,当 $\mu=n-1$ 时即是定理 1. 由定义知 $\overline{P}_k^{(\mu-1)}$ 重合于 $P_k^{(\mu)}$. 特别地,有

$$\overline{P}_0^{(n-1)}(t) \equiv P_0^{(n)}(t) = B_n(t)$$

并且

$$\overline{P}_0^{(n-2)} \equiv P_0^{(n-1)}, \overline{P}_1^{(n-2)} \equiv P_1^{(n-1)}$$

故由定理 1 可知 B_n 与 $\overline{B}_{n-1}$ 在点(t)处切于直线 $P_0^{(n-1)}(t)P_1^{(n-1)}(t)$,故 B_n 是 $\overline{B}_{n-1}$ 的包络.重复运用这一结论,可知定理的第二部分也成立.

还可提到的是,如果把 λ 改为更一般的情形,即把式(2.6)推广为

$$P_k^{(\mu)} = P_k^{(\mu-1)} + \lambda_k^{\mu}(P_{k+1}^{(\mu-1)} - P_k^{(\mu-1)})$$

将会怎样? 似乎也是饶有趣味的. 对于 B 样条曲线也有同样性质的推测,已在文献[6]中证明. 对于上面提到的一般情形的 λ_k^{μ},或者较简形式的一般单参数问题,即 $\lambda_k^{\mu} = \lambda_k^{\mu}(u)$(其中 u 是参数)的情形,我们又将可以期望获得怎样的结果呢? 我们衷心地希望,在不久的将来能看到这方面的研究成果.

参 考 文 献

[1] BÉZIER P E. Numerical control-mathematics and approximation [M]. New York：John Wiley & Sons,1972.

[2] BÉZIER P E. Numerical control in automobile design and manufacture of curved surfaces，curved surface in engineering[M]. Guildford：IPC Science and Technology Press，1972.

[3] BÉZIER P E. Mathematical and practical possibilities of UNISURF [J]. CAGD,1974：127-152.

[4] 梁友栋.B 样条曲线曲面的几何理论及其保凸性保形性[J].浙江大学学报,1982.

[5] FORREST A R. Interactive interpolation and approximation by Bézier polynomials[J]. Computer J. , 1972(15)：17-79.

[6] GORDON W J，RIESENFELD R F. Bernstein-Bézier methods for the computer aided design of free form curves and surfaces[J]. J. ACM，1974(21)：293-310.

Bézier 曲线的凸性定理①

第

6

章

在几何外形设计中,对曲线与曲面的凸性的研究引起了理论方面与应用方面专家的兴趣. 对平面 n 次 Bézier 曲线的凸性的讨论已有了一些结果[1,2]. 对于曲面的凸性的判别问题,虽然也有了一些工作[3-6],但这些工作尚不能用于 Bézier 曲面. 复旦大学的华宣积和科学院数学所的邝志全两位教授于 1982 年首先将 Bézier 曲线的作图定理与剖分定理[7] 推广到了曲面,然后应用它们得到了一个 Bézier 曲面为凸的充分条件,并且举

① 本章摘自《浙江大学学报》1982 年计算几何讨论会论文集,浙江大学学报编辑部编,浙江大学发行.

出了一些例子对该条件做出了进一步的说明.

§1　Bézier 曲面的作图定理

设由 $\mathbf{R}^3$ 的控制网格点 $\boldsymbol{b}_{ij}$ $(i=0,1,\cdots,m;j=0,$ $1,\cdots,n)$ 决定的 Bézier 曲面 S 的方程是

$$\boldsymbol{P}_{m,n}(u,w)=\sum_{i=0}^{m}\sum_{j=0}^{n}B_{i,m}(u)B_{j,n}(w)\boldsymbol{b}_{ij} \quad (1.1)$$
$$((u,w)\in[a,b]\times[c,d])$$

其中

$$\begin{cases} B_{i,m}(u)=\dfrac{\mathrm{C}_m^i(u-a)^i(b-u)^{m-i}}{(b-a)^m} \\[2mm] B_{j,n}(w)=\dfrac{\mathrm{C}_n^j(w-c)^j(d-w)^{n-j}}{(d-c)^n} \\[2mm] \mathrm{C}_n^i=\dfrac{n!}{i!\,(n-i)!} \end{cases} \quad (1.2)$$

我们简单地把它记为

$$S:\boldsymbol{P}_{m,n}[(\boldsymbol{b}_{ij}),a,b;c,d]$$

对于任一点 $(u_0,w_0)\in[a,b]\times[c,d]$,可以用几何作图的方法直接确定 $\boldsymbol{P}_{m,n}(u_0,w_0)$ 的位置以及在该点的切平面的位置. 令

$$\boldsymbol{b}_{ij}^{00}=\boldsymbol{b}_{ij} \quad (i=0,1,\cdots,m,j=0,1,\cdots,n)$$

定义运算

$$\psi(w_0)(\boldsymbol{b}_{ij}^{00})=(\boldsymbol{b}_{ij_1}^{01}) \quad (j_1=1,\cdots,n)$$

它由公式

$$\boldsymbol{b}_{ij_1}^{01}=\frac{(d-w_0)\boldsymbol{b}_{ij_1-1}^{00}+(w_0-c)\boldsymbol{b}_{ij_1}^{00}}{d-c}$$

决定. $\boldsymbol{b}_{ij_1}^{01}$ 是 $\boldsymbol{b}_{ij_1-1}^{00}\boldsymbol{b}_{ij_1}^{00}$ 的定比分点(图 1),即

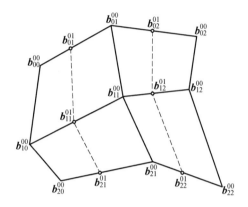

图 1

$$\overrightarrow{\boldsymbol{b}_{ij_1-1}^{00}\boldsymbol{b}_{ij_1}^{01}} = w_0\ \overrightarrow{\boldsymbol{b}_{ij_1-1}^{00}\boldsymbol{b}_{ij_1}^{00}}$$

同理,将 $\varphi(w_0)$ 作用于 $(\boldsymbol{b}_{ij_1}^{01})$,可得到 $(\boldsymbol{b}_{ij_2}^{02})$,$j_2 = 2,\cdots,$
n. 一直做下去,将 $\varphi(w_0)$ 作用于 $(\boldsymbol{b}_{ij_{n-1}}^{0n-1})$,得到 $\boldsymbol{b}_{in}^{0n}$,这一
过程可以写为

$$\boldsymbol{b}_{ij_r}^{0r} = \frac{(d-w_0)\boldsymbol{b}_{ij_r-1}^{0r-1} + (w_0-c)\boldsymbol{b}_{ij_r}^{0r-1}}{d-c}$$

$$(j_r = r,\cdots,n)$$

如果记 $\varphi(u_0)$ 是另一种运算,那么它由式子

$$\varphi(u_0)(\boldsymbol{b}_{ij}^{00}) = (\boldsymbol{b}_{i_1 j}^{1\ 0})\quad (i_1 = 1,\cdots,m)$$

$$\boldsymbol{b}_{i_1 j}^{1\ 0} = \frac{(b-u_0)\boldsymbol{b}_{i_1-1 j}^{0}\,\mathrm{C}_{ij_1}^{01} + (u_0-a)\boldsymbol{b}_{i_1 j}^{0\ 0}}{b-a}$$

$$\vdots$$

$$\boldsymbol{b}_{i_k j}^{k\ 0} = \frac{(b-u_0)\boldsymbol{b}_{i_k-1 j}^{k-1\ 0} + (u_0-a)\boldsymbol{b}_{i_k j}^{k-1\ 0}}{b-a}$$

决定. 将 $\varphi(u_0)$ 作用到 $(\boldsymbol{b}_{in}^{0n})$,并且连续作用 m 次,最后
得

$$\boldsymbol{b}_{mn}^{mn} = \frac{(b-u_0)\boldsymbol{b}_{m-1\ n}^{m-1\ n} + (u-a)\boldsymbol{b}_{m\ n}^{m-1\ n}}{b-a}$$

由 Bézier 曲线的作图法可知

$$\sum_{j=0}^{n} B_{j,n}(w_0) \boldsymbol{b}_{ij} = \boldsymbol{b}_{in}^{0n}$$

$$\sum_{i=0}^{m} B_{i,m}(u_0) \boldsymbol{b}_{in}^{0n} = \boldsymbol{b}_{mn}^{mn}$$

所以

$$\boldsymbol{P}_{m,n}(u_0, w_0) = \boldsymbol{b}_{mn}^{mn}$$

即

$$\varphi^m(u_0)\psi^n(w_0)(\boldsymbol{b}_{ij}) = \boldsymbol{P}_{m,n}(u_0, w_0)$$

可以证明 $\varphi(u_0)$ 和 $\psi(w_0)$ 对任一网格点的作用是可以交换的. 这只要注意到对任一空间四边形 $\boldsymbol{ABCD}$, $\varphi(u_0)$ 和 $\varphi(w_0)$ 是可以交换的. 事实上,若令

$$\boldsymbol{E} = \frac{(d-w_0)\boldsymbol{A} + (w_0-c)\boldsymbol{B}}{d-c}$$

$$\boldsymbol{F} = \frac{(d-w_0)\boldsymbol{C} + (w_0-c)\boldsymbol{D}}{d-c}$$

$$\boldsymbol{G} = \frac{(b-u_0)\boldsymbol{A} + (u_0-a)\boldsymbol{C}}{b-a}$$

$$\boldsymbol{H} = \frac{(b-u_0)\boldsymbol{B} + (u_0-a)\boldsymbol{D}}{b-a}$$

则

$$\frac{(b-u_0)\boldsymbol{E} + (u_0-a)\boldsymbol{F}}{b-a} = \frac{(d-w_0)\boldsymbol{G} + (w_0-c)\boldsymbol{H}}{d-c} = \boldsymbol{J}$$

$$(1.3)$$

并且 $\boldsymbol{E},\boldsymbol{F},\boldsymbol{G},\boldsymbol{H},\boldsymbol{J}$ 五点共面. 因此

$$\psi^n(w_0)\varphi^m(u_0)(\boldsymbol{b}_{ij}) = \boldsymbol{P}_{m,n}(u_0, w_0)$$

下面求 $\boldsymbol{P}_{m,n}(u_0, w_0)$ 处的切平面. 显然

$$\psi^{n-1}(w_0)\varphi^{m-1}(u_0)(\boldsymbol{b}_{ij}) = \begin{bmatrix} \boldsymbol{b}_{m-1\ n-1}^{m-1\ n-1} & \boldsymbol{b}_{m-1\ n}^{m-1\ n-1} \\ \boldsymbol{b}_{m\ n-1}^{m-1\ n-1} & \boldsymbol{b}_{m\ n}^{m-1\ n-1} \end{bmatrix}$$

$$\psi^n(w_0)\varphi^{m-1}(u_0)(b_{ij}) = \begin{bmatrix} b_{m-1}^{m-1}{}_n^n \\ b_m^{m-1}{}_n^n \end{bmatrix}$$

$$\psi^{n-1}(w_0)\psi^m(u_0)(b_{ij}) = \begin{bmatrix} b_m^m{}_{n-1}^{n-1} & b_m^m{}_n^{n-1} \end{bmatrix}$$

根据 Bézier 曲线的作图法,可知

$$(\boldsymbol{P}_{m,n})_w(u_0,w_0) = n\,\overrightarrow{\boldsymbol{b}_{m-1}^{m-1}{}_n^n\boldsymbol{b}_m^{m-1}{}_n^n}$$

$$(\boldsymbol{P}_{m,n})_u(u_0,w_0) = m\,\overrightarrow{\boldsymbol{b}_m^m{}_{n-1}^{n-1}\boldsymbol{b}_m^m{}_n^{n-1}}$$

于是我们得到:

定理 1　设 (b_{ij}) 是 Bézier 曲线 S 的控制网格点,对于任一点 $(u_0,w_0) \in [a,b] \times [c,d]$,有

$$\boldsymbol{P}_{m,n}(u_0,w_0) = \varphi^m(u_0)\psi^n(w_0)(b_{ij}) = b_{mn}^{mn} \quad (1.4)$$

$$\boldsymbol{n}(u_0,w_0) = \overrightarrow{\boldsymbol{b}_{m-1}^{m-1}{}_n^n\boldsymbol{b}_m^{m-1}{}_n^n} \times \overrightarrow{\boldsymbol{b}_m^m{}_{n-1}^{n-1}\boldsymbol{b}_m^m{}_n^{n-1}} \quad (1.5)$$

其中

$$\left\{ \begin{aligned} &\psi(w_0)(b_{i\,j_{r-1}}^{k\,r-1}) : b_{i\,j_r}^{k\,r} \\ &= \frac{(d-w_0)b_{i\,j_r-1}^{k\,r-1} + (w_0-c)b_{i\,j_r}^{k\,r-1}}{d-c} \\ &\varphi(u_0)(b_{i_{k-1}\,j}^{k\,r}) : b_{i_k\,j}^{k\,r} \\ &= \frac{(b-u_0)b_{i_k-1\,j}^{k-1\,r} + (u_0-a)b_{i_k\,j}^{k-1\,r}}{b-a} \end{aligned} \right. \quad (1.6)$$

下面我们证明以下定理.

定理 2(剖分定理)　对任一点 $(u_0,w_0) \in (a,b) \times (c,d)$,可将 Bézier 曲面 S 剖分成四块 Bézier 曲面,它们分别是

$$S_1 : [(b_{ij}^{ij}) ; a,u_0 ; c,w_0]$$

$$S_2 : [(b_{in}^{in-j}) ; a,u_0 ; w_0,d]$$

$$S_3 : [(b_m^{m-i}{}_j^j) ; u_0,b ; c,w_0]$$

$$S_4 : [(b_m^{m-i}{}_n^{n-j}) ; u_0,b ; w_0,d]$$

其中的 (b_{ij}^{ij}), (b_{in}^{in-j}), $(b_m^{m-i}{}_j^j)$, $(b_m^{m-i}{}_n^{n-j})$ 由递推公式

(1.6) 决定.

在证明定理 2 之前,先证明两个引理.

引理 1　将 Bézier 曲线

$$\boldsymbol{P}_m(t) = \sum_{i=0}^{m} B_{i,m}(t)\boldsymbol{b}_i \quad (t \in (c,d))$$

写成 $\boldsymbol{P}_m[\boldsymbol{b}_0, \boldsymbol{b}_1, \cdots, \boldsymbol{b}_m; c, d]$,则

$$\boldsymbol{P}_m[\boldsymbol{b}_0, \boldsymbol{b}_1, \cdots, \boldsymbol{b}_m; c, d]$$
$$= \{(d-t)\boldsymbol{P}_{m-1}[\boldsymbol{b}_0, \boldsymbol{b}_1, \cdots, \boldsymbol{b}_{m-1}; c, d] +$$
$$(t-c)\boldsymbol{P}_{m-1}[\boldsymbol{b}_1, \cdots, \boldsymbol{b}_m; c, d]\}/(d-c)$$

证明　$\boldsymbol{P}_m[\boldsymbol{b}_0, \boldsymbol{b}_1, \cdots, \boldsymbol{b}_m; c, d]$

$$= \frac{\sum_{i=0}^{m} C_m^i (t-c)^i (d-t)^{m-i}\boldsymbol{b}_i}{(d-c)^m}$$

$$= \frac{\sum_{i=0}^{m} C_m^i \left(\frac{m-i}{m} + \frac{i}{m}\right)(t-c)^i (d-t)^{m-i}\boldsymbol{b}_i}{(d-c)^m}$$

$$= \frac{\sum_{i=0}^{m-1} C_{m-1}^i (t-c)^i (d-t)^{m-i}\boldsymbol{b}_i}{(d-c)^m} +$$

$$\frac{\sum_{i=1}^{m} C_m^i (t-c)^i (d-t)^{m-i}\boldsymbol{b}_i}{(d-c)^m}$$

$$= \{(d-t)\boldsymbol{P}_{m-1}[\boldsymbol{b}_0, \boldsymbol{b}_1, \cdots, \boldsymbol{b}_m; c, d] +$$
$$(t-c)\boldsymbol{P}_{m-1}[\boldsymbol{b}_1, \cdots, \boldsymbol{b}_m; c, d]\}/(d-c)$$

引理 2(Bézier 曲线部分定理)　对任一 $w \in (c, d)$,有

$$\boldsymbol{P}_m[\boldsymbol{b}_0, \boldsymbol{b}_1, \cdots, \boldsymbol{b}_m; c, d]$$
$$= \begin{cases} \boldsymbol{P}_m[\boldsymbol{b}_0^0, \cdots, \boldsymbol{b}_m^m; c, w], & t \in [c, w] \\ \boldsymbol{P}_m[\boldsymbol{b}_m^m, \boldsymbol{b}_m^{m-1}, \cdots, \boldsymbol{b}_m^0; w, d], & t \in [w, d] \end{cases}$$

其中

$$\boldsymbol{b}_i^0 = \boldsymbol{b}_i$$

$$\boldsymbol{b}_i^k = \frac{(d-w)\boldsymbol{b}_{i-1}^{k-1} + (w-c)\boldsymbol{b}_i^{k-1}}{d-c}$$

证明　因为 Bézier 曲线的对称性,所以可以只证前一半. 我们用数学归纳法证明.

当 $m=1$ 时

$$\boldsymbol{P}_1[\boldsymbol{b}_0^0, \boldsymbol{b}_1^1; c, w]$$

$$= [(w-t)\boldsymbol{b}_0^0 + (t-c)\boldsymbol{b}_1^1]/(w-c)$$

$$= \{(w-t)\boldsymbol{b}_0 + (t-c)[(d-w)\boldsymbol{b}_0 +$$

$$(w-c)\boldsymbol{b}_1]/(d-c)\}/(w-c)$$

$$= \{[(d-c)(w-t) + (t-c)(d-w)]\boldsymbol{b}_0 +$$

$$(w-c)(t-c)\boldsymbol{b}_1\}/[(d-c)(w-c)]$$

$$= \{(d-t)(w-c)\boldsymbol{b}_0 + (t-c)(w-c)\boldsymbol{b}_1\}/$$

$$[(d-c)(w-c)]$$

$$= \boldsymbol{P}_1[\boldsymbol{b}_0, \boldsymbol{b}_1; c, d]$$

设引理 2 对 $k < m$ 成立,即

$$\boldsymbol{P}_k[\boldsymbol{b}_0, \boldsymbol{b}_1, \cdots, \boldsymbol{b}_k; c, d]$$

$$= \boldsymbol{P}_k[\boldsymbol{b}_0^0, \boldsymbol{b}_1^1, \cdots, \boldsymbol{b}_k^k; c, w] \quad (k < m, t \in [c, w])$$

则

$$\boldsymbol{P}_m[\boldsymbol{b}_0, \boldsymbol{b}_1, \cdots, \boldsymbol{b}_m; c, d]$$

$$= \{(d-t)\boldsymbol{P}_{m-1}[\boldsymbol{b}_0, \boldsymbol{b}_1, \cdots, \boldsymbol{b}_{m-1}; c, d] +$$

$$(t-c)\boldsymbol{P}_{m-1}[\boldsymbol{b}_1, \cdots, \boldsymbol{b}_m; c, d]\}/(d-c)$$

$$= \{(d-t)\boldsymbol{P}_{m-1}[\boldsymbol{b}_0^0, \boldsymbol{b}_1^1, \cdots, \boldsymbol{b}_{m-1}^{m-1}; c, w] +$$

$$(t-c)\boldsymbol{P}_{m-1}[\boldsymbol{b}_1^0, \cdots, \boldsymbol{b}_m^{m-1}; c, w]\}/(d-c)$$

$$= \{(w-c)(d-t)\boldsymbol{P}_{m-1}[\boldsymbol{b}_0^0, \boldsymbol{b}_1^1, \cdots, \boldsymbol{b}_{m-1}^{m-1}; c, w] +$$

$$(w-c)(t-c) \cdot$$

$$\boldsymbol{P}_{m-1}[\boldsymbol{b}_1^0, \cdots, \boldsymbol{b}_m^{m-1}; c, w]\}/[(w-c)(d-c)]$$

84

$$= \{(d-c)(w-t)+(t-c)(d-w)\boldsymbol{P}_{m-1}[\boldsymbol{b}_0^0,$$

$$\boldsymbol{b}_1^1,\cdots,\boldsymbol{b}_{m-1}^{m-1};c,w]+(w-c)(t-c)\cdot$$

$$\boldsymbol{P}_{m-1}[\boldsymbol{b}_1^0,\boldsymbol{b}_2^1,\cdots,\boldsymbol{b}_m^{m-1};c,w]\}/[(w-c)(d-c)]$$

$$= \{(w-t)\boldsymbol{P}_{m-1}[\boldsymbol{b}_0^0,\boldsymbol{b}_1^1,\cdots,\boldsymbol{b}_{m-1}^{m-1};c,w]+$$

$$(t-c)\boldsymbol{P}_{m-1}[\boldsymbol{b}_1^1,\boldsymbol{b}_2^2,\cdots,\boldsymbol{b}_m^m;c,w]\}/(w-c)$$

$$= \boldsymbol{P}_m[\boldsymbol{b}_0^0,\boldsymbol{b}_1^1,\cdots,\boldsymbol{b}_m^m;c,w]$$

定理 2 的证明 由于对称性,只需对 S_1 证明

$$\boldsymbol{P}_{m,n}[(\boldsymbol{b}_{ij});a,b;c,d]$$

$$= \sum_{i=0}^{m}B_{i,m}(u)\sum_{j=0}^{n}B_{j,n}(w)\boldsymbol{b}_{ij}^{00}$$

$$= \sum_{i=0}^{m}B_{i,m}(u)\boldsymbol{P}_{i,n}[\boldsymbol{b}_{i0}^{00},\boldsymbol{b}_{i1}^{01},\cdots,\boldsymbol{b}_{in}^{0n};c,w_0]$$

$$= \sum_{i=0}^{m}B_{i,m}(u)\sum_{j=0}^{n}B_{j,n}(w;c,w_0)\boldsymbol{b}_{ij}^{0j}$$

$$= \sum_{j=0}^{n}B_{j,n}(w;c,w_0)\sum_{i=0}^{m}B_{i,m}(u)\boldsymbol{b}_{ij}^{0j}$$

$$= \sum_{j=0}^{n}B_{j,n}(w;c,w_0)\sum_{i=0}^{m}B_{i,m}(u;a,u_0)\boldsymbol{b}_{ij}^{ij}$$

$$= \boldsymbol{P}_{m,n}[(\boldsymbol{b}_{ij}^{ij});a,u_0;c,w_0]$$

这里记

$$B_{j,n}(w;c,w_0)=\frac{C_n^j(w-c)^j(w_0-w)^{n-j}}{(w_0-c)^n}$$

根据定理 2,S 可以剖分成四块曲面,而每一块又可以按同一比例剖分成四块,并且这一过程可以不断地进行下去. 我们容易证明当剖分次数 $k \to \infty$ 时,这些 Bézier 曲面的控制网格顶点收敛于 Bézier 曲面上的点. 这是十分有用的性质.

设

$$M=\max\{|\boldsymbol{b}_{ij}-\boldsymbol{b}_{i,j+1}|,|\boldsymbol{b}_{ij}-\boldsymbol{b}_{i+1,j}|\}$$

$$G = \max\left\{\frac{b - u_0}{b - a}, \frac{u_0 - a}{b - a}, \frac{d - w_0}{d - c}, \frac{w_0 - c}{d - c}\right\}$$

经过简单的计算可知，k 次剖分之后，所有的"小"曲面的控制网格边长小于 $G^k M$. 因为 $0 < G < 1$，当 $k \rightarrow +\infty$ 时，它趋于零. 这样，每个小的控制网络的边长都趋于零，凸包将缩成一点，而 Bézier 曲面的点必在凸包之中，所以网格顶点收敛于 Bézier 曲面本身. 因此得到以下定理.

定理 3　当 Bézier 曲面的剖分次数 $k \rightarrow +\infty$ 时，它的网格顶点收敛于 Bézier 曲面本身.

根据作图定理和剖分定理，我们可以证明如下的保凸性定理.

定理 4　设 Bézier 曲面 S 的控制网格点（$\boldsymbol{b}_{ij}$）满足：

（1）所有的顶点和边都是（$\boldsymbol{b}_{ij}$）的凸包 H 的顶点和边.

（2）$\boldsymbol{b}_{ij}$，$\boldsymbol{b}_{i,j+1}$，$\boldsymbol{b}_{i+1,j}$，$\boldsymbol{b}_{i+1,j+1}$ 构成平行四边形，那么 S 必是凸曲面.

证明　设

$$\psi(w_0)(\boldsymbol{b}_{ij}^{00}) = (\boldsymbol{b}_{ij_1}^{01}) \quad (j_1 = 1, 2, \cdots, n)$$

首先，容易知道 $\boldsymbol{b}_{ik}^{01}$，$\boldsymbol{b}_{ik+1}^{01}$，$\boldsymbol{b}_{i+1\ k}^{0}$，$\boldsymbol{b}_{i+1\ k+1}^{0}$ 构成平行四边形 π. 其次，若记 $\boldsymbol{b}_{ik-1}^{00}\boldsymbol{b}_{ik}^{00}\boldsymbol{b}_{i+1k}^{0}\boldsymbol{b}_{i+1k-1}^{0}$ 平面为 π_1，$\boldsymbol{b}_{ik}^{00}\boldsymbol{b}_{i\ k+1}^{00}\boldsymbol{b}_{i+1\ k+1}^{0}\boldsymbol{b}_{i+1\ k}^{0}$ 平面为 π_2（图 2），并用 π_1^-，π_2^-，π^- 表示与凸包 H 有公共部分的半空间，记

$$A = \pi_1^- \bigcap \pi_2^- \bigcap \pi^+, A \subset H \bigcap \pi^+$$

则我们可以证明所有的 $\boldsymbol{b}_{ij}$（除去 $\boldsymbol{b}_{ik}^{00}$ 和 $\boldsymbol{b}_{i+1\ k}^{0}$）都不属于 π^+. 若有 $\boldsymbol{b}_{ij} \in \pi^+$，则 $\boldsymbol{b}_{ij} \in A \subset \overline{A}$. 因为 $\boldsymbol{b}_{ij} \notin \operatorname{int} H$，所以 $\boldsymbol{b}_{ij} \in \pi_1 \bigcap \pi_2$，这是不可能的. 于是 $\psi(w_0)(\boldsymbol{b}_{ij}^{00}) =$

$(\boldsymbol{b}_{ij_1}^{00})$ 和 $(\boldsymbol{b}_{i0}^{00})$，$(\boldsymbol{b}_{in}^{00})$ 组成的新网格点亦具有假定的两个性质. 如此继续进行 $\varphi^m(u_0)$ 和 $\psi^n(w_0)$ 得到

$$
\begin{bmatrix}
(\boldsymbol{b}_{ij}^{ij})(\boldsymbol{b}_{in}^{i\ n-j}) \\
(\boldsymbol{b}_{0\ j}^{m-j\ j})(\boldsymbol{b}_{m\ n}^{m-j\ n-j})
\end{bmatrix}
$$

它亦具有假定的两个性质. 特别是这些顶点都在 $\boldsymbol{P}_{mn}(u_0,w_0)$ 处的切平面的同一侧. 于是 S_1,S_2,S_3,S_4 都在该切平面的同一侧. 由于 (u_0,w_0) 是任意的, 所以 S 是凸曲面.

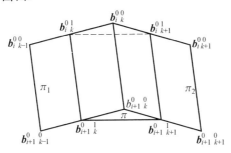

图 2

　　该定理的条件并不是必要的. 如图 3 所示的以四次 Bézier 曲线为准线的柱面是凸的, 但定理的条件并不成立. 该四次 Bézier 曲线是凸的, 但网格顶点不是凸的.[8,9]

　　下面的一个例子说明, 如果将第二个条件改为四点共面, 即使是梯形 (图 4), 定理也不能成立. $m=n=2$, 九个网格顶点是

$$(\alpha,p,-h),(0,\sigma,0),(\alpha,p,h)$$
$$(\alpha,\alpha,-h),(0,0,0),(\alpha,\alpha,h)$$
$$(p,\alpha,-h),(\sigma,0,0),(p,\alpha,h)$$

其中 $p>\alpha>0$, 当 $\sigma>3\alpha+p$ 时, 虽然它满足定理的第一个条件, 并且相邻的四点构成梯形, 但是定义在

87

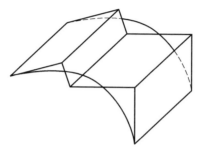

图 3

$[0,1] \times [0,1]$ 上的 Bézier 曲面不是凸的. 图 4 中的虚线表示特征网格，实线表示曲面，在 $(u,w) = \left(\dfrac{1}{2}, \dfrac{1}{2}\right)$ 处的 Gauss 曲率小于零.

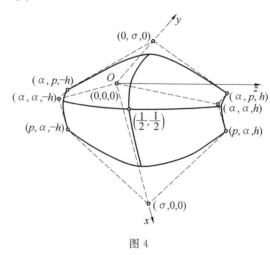

图 4

88

参 考 文 献

［1］刘鼎元. 平面 n 次 Bézier 曲线的凸性定理［J］. 数学年刊,1982(3)：
45.

［2］陈翰麟,邝志全. 开曲面凸性判别条件（一）［J］. 数学学报 ,1979
（22）:495.

［3］陈翰麟,邝志全. 开曲面凸性判别条件（二）［J］. 数学学报 ,1979
（22）:579.

［4］陈翰麟,邝志全. 开曲面凸性判别条件（三）［J］. 数学学报 ,1980
（23）:265.

［5］邝志全. 外形设计检验凸曲面的判别条件［J］. 应用数学学报,1983
（2）.

［6］LANE J M,RIESENFELD R F. A theoretical development for the
computer generation and display of piecewise polynomial surfaces
［J］. IEEE. , 1980(1).

［7］苏步青. 论 Bézier 曲线的仿射不变量［J］. 计算数学,1980(2):289.

［8］华宣积. 四次 Bézier 曲线的拐点和奇点［J］. 复旦学报,1982(21)：
141.

第 2 编
二次 Bézier 曲线

Bézier 曲线的几何

第
1
章

　　在用几何方法求解 Bézier 曲线问题的大多数情况下,一般都对这条曲线与一条给定的直线的交点的真实性进行讨论.这条曲线只是另一条曲线(t 在整个实域 K 上变化而得到的"整体"曲线)的一部分.在不少情况下并不进行这种讨论,在求解后进行绘图就能知道这些点的位置及其对应的参数值.请记住,Bézier 曲线的几何性质当 t 在 $[0,1]$ 之外时一般也成立.

§1　抛物线情形

为使读者熟悉上面的性质,还是先举 $n=2$ 的抛物线例子,尽管其几何性质已十分清楚.二次曲线是由两个不共线的边向量决定的.另外,n 次曲线的 $n-2$ 次矢端曲线一般是一条抛物线,可不断向上"索源",直到曲线本身.

1. 切线问题

二次 Bézier 曲线的矢端曲线 C_1 是条直线段 D_0D_1,对已知的 t 值,向量 $2\overrightarrow{OH_1}$ 是抛物线在点 $M(t)$ 处的切向量,其中 H_1 是线段 D_0D_1 上的参数为 t 的点.

问题 1　求一条抛物线的平行于一条给定直线 D_0 的切线.

按图 1 可画出要求的切线和点 M.矢端曲线由线段 S_0S_1 组成,过点 O 平行于 D_0 的直线与线段 S_0S_1 交于点 T.因为

$$\overrightarrow{OT} = (1-t)\,\overrightarrow{OS} + t\,\overrightarrow{OS_1}$$

即

$$\frac{\overline{TS_1}}{\overline{TS_0}} = 1 - \frac{1}{t} \textcircled{1}$$

故矢端曲线的点 T 的参数 t 是已知的.剩下的就是求抛物线上参数为 t 的点 M,这只需按比例在抛物线定义的多边形的向量上取点并应用几何方法即可.

作图细节:

---

① $\overline{TS_1}$ 表示 $\overrightarrow{TS_1}$ 的长度,下同.

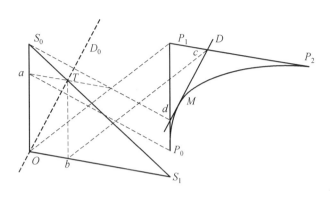

图 1

T_a 平行于 OS，则有

$$S_0 a = P_0 d，Ob = P_1 c$$

故

$$\frac{\overline{dP_1}}{\overline{dP_0}} = \frac{\overline{cP_2}}{\overline{cP_1}} = \frac{\overline{TS_1}}{\overline{TS_0}}$$

点 M 在直线 cd 上，并且按上面的比值分割线段 cd.

这个问题一旦解决，其他问题都迎刃而解，例如：

问题 2　给定抛物线上的点 M，试求曲线上的另一点 M'，使得在点 M 与点 M' 处的切线相互垂直.

既然切线的方向已知，可用上面的方法求解. 不难把它推广到一般情形，即求曲线上一点 M'，使得在点 M 与点 M' 处的切线的交角为一定值.

问题 3　给定一条 Bézier 抛物线段，试找出其顶点的切线、准线与焦点. 抛物线的两条互相垂直的切线交于准线，利用两次上面的结果可求得准线上两点. 然后再找平行于准线的切线，即过顶点的切线，焦点随即可知. 也可画出联结点 P_1 与线段 $P_0 P_2$ 中点的直线，抛物线轴与之平行，求与此轴垂直的切线即可.

95

2.曲率问题

可以把曲线上一点 M 看作是另一条二次曲线的起点(或终点).

MQ_1P_2 是起点为 M、终点为 P_2 的一条抛物线弧(图2).我们知道,起点的曲率主要取决于两个边向量 $V_1 = \overrightarrow{MQ_1}$,$V_2 = \overrightarrow{Q_1P_2}$.

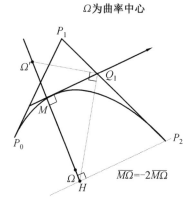

Ω为曲率中心

$\overrightarrow{M\Omega}=-2\overrightarrow{M\Omega}$

图 2

H 是点 P_2 在过点 M 的法线上的投影,法线上的另一点 Ω' 使 $\triangle HQ_1\Omega'$ 为直角三角形,曲率中心 Ω 由下式给出

$$\overrightarrow{M\Omega}=-\frac{n}{n-1}\overrightarrow{M\Omega'}=-2\overrightarrow{M\Omega'}$$

3.与直线相交的问题

可以用解析法,也可用向量法来解决这个问题,但最终都要解一个一元二次方程.定义点多边形 $P_0P_1P_2$ 的边向量 $\overrightarrow{P_1P_0}$ 和 $\overrightarrow{P_1P_2}$ 线性无关,任意一条直线 D 可用两向量表示出来.

直线 D 的方向由已知向量 (a,b) 给定，在直线上取一点 (a',b')，直线方程便可写成

$$\overrightarrow{P_1 M}(\mu) = (a\mu + a')\ \overrightarrow{P_1 P_0} + (b\mu + b')\ \overrightarrow{P_1 P_2}$$

当原点在点 P_1 处时，曲线方程变成

$$\overrightarrow{P_1 M}(t) = (1-t)^2\ \overrightarrow{P_1 P_0} + t^2\ \overrightarrow{P_1 P_2}$$

在交点处两式相等

$$(a\mu + a')\ \overrightarrow{P_1 P_0} + (b\mu + b')\ \overrightarrow{P_1 P_2}$$
$$= (1-t)^2\ \overrightarrow{P_1 P_0} + t^2\ \overrightarrow{P_1 P_2}$$

因分量相等，所以

$$(1-t)^2 = a\mu + a', t^2 = b\mu + b' \qquad (1.1)$$

消去 μ，得 t 的一元二次方程

$$b(1-t)^2 - at^2 + ab' - a'b = 0$$

求其根，看是否在区间 $[0,1]$ 中即可，对应的 μ 值给出要找的交点.

特例　当直线 D 经过点 P_1 时，a'，b' 为零，将式 (1.1) 中的两式相比得

$$\left(\frac{1-t}{t}\right)^2 = \frac{a}{b}$$

只有当 a，b 同号时才可能有解. 也就是说，直线 D 在特征多边形的以点 P_1 为顶点的角内. 这时

$$\frac{1-t}{t} = \sqrt{\frac{a}{b}} \quad (0 < t \leqslant 1)$$

这个比值正好可以用来构造参数为 t 的点.

§2　三次曲线问题

我们已经知道，三次 Bézier 曲线可以有拐点、尖点

97

之类的奇点,其矢端曲线一般是抛物线,可用它来刻画三次曲线的特点.有这样一个问题:怎样画一条有奇点的三次曲线?

1. 三次曲线的尖点

问题 1 求一条三次 Bézier 曲线,它在参数为 t_0 处有第一类尖点.

参数为 t_0 的点 M 是个尖点,故

$$\frac{\mathrm{d}}{\mathrm{d}t}\overrightarrow{OM}(t_0) = \mathbf{0}$$

但下两个导向量不为零且不共线,矢端曲线的点 $H(t_0)$ 与极点重合.但极点可任意支配,把它放在点 $H(t_0)$ 处就可"反过来"画出三次曲线的边向量.

因为对于一个真正的抛物线,一阶和二阶导向量从不共线,故上面的条件是充分必要条件.这意味着在三次曲线上得到的那个尖点一定是第一类尖点.当然,如果取一个定义点共线的二次 Bézier 曲线,一阶与二阶导向量将共线,但由此得到的三次曲线的定义点也将共线.也就是说是一个退化的三次曲线.

图 3 是求三次曲线定义点的具体例子.

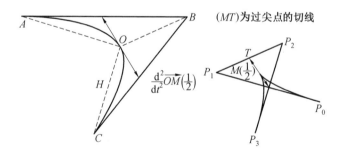

图 3

例子:A,B,C 是抛物线的定义点,三次曲线的比例尺为 $\dfrac{1}{2}$.为了较易画图,我们选择了 $t_0 = \dfrac{1}{2}$.

2. 三次曲线的拐点

问题 2 求一条有拐点的三次 Bézier 曲线.

解 不妨选择拐点参数 $t_0 = \dfrac{1}{3}$,此方法对其他参数都有效.在这点一阶和二阶导向量不为零,但共线.在矢端曲线的点 $H\left(\dfrac{1}{3}\right)$,向量 $\overrightarrow{OH}$ 和 $\dfrac{\mathrm{d}}{\mathrm{d}t}\overrightarrow{OH}$ 共线.也就是说,直线 OH 与抛物线相切于点 H(图 4).

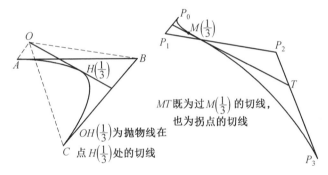

MT 既为过 $M\left(\dfrac{1}{3}\right)$ 的切线,也为拐点的切线

$OH\left(\dfrac{1}{3}\right)$ 为抛物线在点 $H\left(\dfrac{1}{3}\right)$ 处的切线

图 4

既然抛物线已画出,用已知的几何方法可求得点 $H\left(\dfrac{1}{3}\right)$ 与过这点的切线,极点 O 就可在这条切线上随意选择.然后只需"反过来"画出要找的三次曲线的特征多边形的边向量即可.

注 因为点 O 可在切线上随意选择,所以对同一个抛物线及参数 $\dfrac{1}{3}$ 有无穷个解.故可以给要找的三次曲线加上附加要求,例如希望三个边向量之一与某一给定的方向平行.另请注意,当点 O 在抛物线外面的时候,一般有两条切线,故有两个拐点,请看下面的问题.

问题 3 求一条有两个拐点的三次 Bézier 曲线,已知一个拐点的参数为 $\frac{1}{3}$,另一个拐点的参数为 $\frac{3}{4}$.

解 仍然取上面的抛物线,用已知的方法画出在点 $H\left(\frac{1}{3}\right)$ 和 $H\left(\frac{3}{4}\right)$ 的两条切线.取它们的交点为极点 O,再"反过来"构造要找的三次曲线的边向量,得到的曲线有两个拐点(图 5).

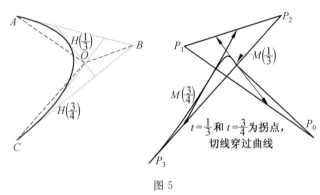

图 5

3. 与给定方向平行的切线

问题 4 给定一条直线 D_0 和一条三次 Bézier 曲线,求与 D_0 平行的所有切线.

解 三次曲线的矢端曲线一般是条抛物线.过极点 O 并与 D_0 平行的直线 D 与抛物线弧最多交于两点,故最多只有两个解.还要看其参数是否在区间 $[0,1]$ 中,有必要的话也可接受参数在区间 $[0,1]$ 以外的解.整个问题便归结为求直线与抛物线相交的问题.

画出矢端曲线 H,再计算或用几何方法(如果抛物线画得很精确)求出直线 D_0 与抛物线的交点(如果

存在的话). 在图 6 中有两个交点,参数为 t_1 和 t_2. 最后画出点 $M(t_1)$ 和 $M(t_2)$ 即可. 例如,点 $M(t_2)$ 由下式确定

$$\frac{Aa'}{AB} = \frac{P_0 a}{P_0 P_1} = \frac{P_1 b}{P_1 P_2} = \frac{P_2 c}{P_2 P_3}$$

$$= \frac{ad}{ab} = \frac{be}{bc} = \frac{dM(t_2)}{de}$$

如图 6 所示.

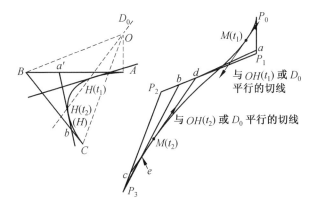

图 6

4. 三次 Bézier 曲线的二重点或交叉点

这里用向量法和解析法来研究三次曲线,它一般归结为求解一个二次方程.

令三次曲线的边向量为 $\boldsymbol{V}_1, \boldsymbol{V}_2, \boldsymbol{V}_3$,设它们在同一平面上,且 $\boldsymbol{V}_1$ 和 $\boldsymbol{V}_2$ 是一组基底,那么

$$\boldsymbol{V}_3 = a\boldsymbol{V}_1 + b\boldsymbol{V}_2$$

移动点由下式给出

$$\overrightarrow{OM}(t) = (t^3 - 2t^2 + 3t)\boldsymbol{V}_1 +$$
$$(3t^2 - 2t^3)\boldsymbol{V}_2 +$$

$$t^3(a\mathbf{V}_1 + b\mathbf{V}_2)$$

重点 M 对应两个不同的参数值 t_1 和 t_2，满足

$$M(t_1) = M(t_2)$$

等式两边 $\mathbf{V}_1$ 和 $\mathbf{V}_2$ 的分量分别相等，故

$$\begin{cases} (a+1)(t_1^3 - t_2^3) - 3(t_1^2 - t_2^2) + 3(t_1 - t_2) = 0 \\ (b-2)(t_1^3 - t_2^3) + 3(t_1^2 - t_2^2) = 0 \end{cases}$$

消去 $t_1 = t_2$ 的解之后

$$\begin{cases} (a+1)(t_1^2 + t_1 t_2 + t_2^2) - 3(t_1 + t_2) + 3 = 0 \\ (b-2)(t_1^2 + t_1 t_2 + t_2^2) + 3(t_1 + t_2) = 0 \end{cases}$$

在这个对称系统中，令

$$t_1 + t_2 = S, t_1^2 + t_1 t_2 + t_2^2 = U$$

可得一个关于 S 和 U 的一次方程组. 相加后即得 U，然后可算出 S. 假设 $a + b - 1 \neq 0$（否则无解），那么

$$U = S^2 - P = \frac{3}{1-a-b}$$

$$S = \frac{2-b}{1-a-b}$$

$$P = t_1 t_2 = S^2 - U = \frac{(2-b)^2 - 3(1-a-b)}{(1-a-b)^2}$$

相加为 S，相乘为 P 的问题是一个一元二次方程的问题

$$x^2 - \frac{2-b}{1-a-b}x + \frac{(2-b)^2 - 3(1-a-b)}{(1-a-b)^2} = 0$$

$$(2.1)$$

根据所知的关于 Bézier 三次曲线的一般形态，我们知道，若想要有交叉点，则可以假设 a 和 b 为负数. 但我们还是在一个较大的范围（但不是一般范围）内进行讨论，设 $b < 2$ 和 $1 - a - b > 0$，这时 $S > 0$. 令

$$(b-2)^2 = \mu(1-a-b)$$

其中 $\mu > 0$，式 (2.1) 变成

$$x^2 - \frac{\mu}{2-b}x + \frac{\mu(\mu-3)}{(b-2)^2} = 0$$

其判别式 $\Delta = \dfrac{3\mu(4-\mu)}{(b-2)^2}$，当 Δ 和 P 都为正，即 $3 \leqslant \mu \leqslant 4$ 时，方程有两个正根.

　　为有一个感性认识，取 $\mu = 3.5, b = -2, a = -\dfrac{11}{7}$，上面条件都满足，解方程得重点的两个参数

$$t_1 \approx 0.15, t_2 \approx 0.724$$

图 7 中 V_1, V_2 给定，用 a, b 画出第三个向量，然后用已知的几何方法画出点 $M(t_1)$ 和 $M(t_2)$（发现它们确实重合），以及在这两点的切线，即重点 D 的切线. 为更好地表示曲线，还画出了点 $M(0,5)$ 及其过这点的切线.

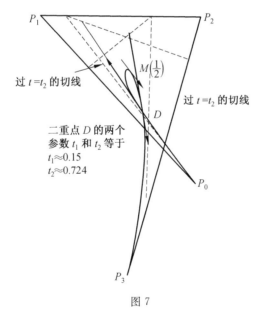

图 7

103

一般来说，当 $3 \leqslant \mu \leqslant 4$ 时，两个正根为 $\dfrac{1}{2(2-b)}(\mu \pm \sqrt{3\mu(4-\mu)})$. 因此，如果 $\mu + \sqrt{3\mu(4-\mu)} \leqslant 2(2-b)$ 且 $3 \leqslant \mu \leqslant 4$，那么两个根都在 $[0,1]$ 内，曲线有重点.

§3 四次曲线问题

四次曲线的矢端曲线是一条三次曲线. 有些问题，如求平行于某一个给定方向的切线，可用同样的方法求解. 但显然其他问题用纯几何方法是几乎不能求解的.

1. 尖点

问题 1 求一条在参数为 t_0 处有尖点的四次 Bézier 曲线.

解 从一条三次曲线出发，用几何方法画出参数为 t_0 的点，这点将是极点（图 8 中参数为 $\dfrac{1}{2}$）.

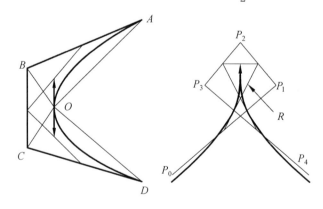

图 8

104

联结点 O 与点 A,B,C,D,然后从点 P_0 开始把向量 $\overrightarrow{OA},\overrightarrow{OB},\overrightarrow{OC}$ 和 $\overrightarrow{OD}$ 首尾相接,得到一条曲线的特征多边形,要找的曲线就是这条曲线的一个位似.

注　对于三次曲线的尖点问题,因为极点 O 选在矢端抛物线上,所以不可能为重点. 对于四次曲线,矢端曲线是三次曲线,它可以有重点,故四次曲线可以有两个尖点. 我们下面来研究它.

问题 2　求一条有两个尖点的四次 Bézier 曲线.

解　问题实际上在"注"中已几乎解决了. 取三次曲线作为矢端曲线,极点 O 选在三次曲线的交叉点上,这点的两个参数对应四次曲线上的两个尖点,如图 9 所示. 如果要求在事先给定的两个参数上出现尖点,那么问题当然要复杂些,它归结为求一条在给定参数处出现二重点的三次曲线问题.

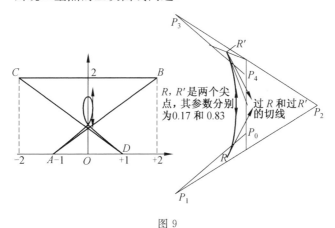

图 9

注　如果重点选在矢端曲线的尖点,那么在与之对应的点 M 处的一阶和二阶导向量都为零. 一般来说,三阶导向量变成了切线,点 M 是一个普通点.

问题 3 是否存在有第二类尖点的四次曲线？如果存在，请找出一个来.

解 先看看这样一个点的特点：在这点 $\dfrac{\mathrm{d}}{\mathrm{d}t}\overrightarrow{OM}(t)=\mathbf{0}$. 如果 $\dfrac{\mathrm{d}^2}{\mathrm{d}t^2}\overrightarrow{OM}(t)$ 不为零，那么它就是切线向量，这时三阶导向量要么为零，要么与之共线. 设四阶导向量与 $\dfrac{\mathrm{d}^2}{\mathrm{d}t^2}\overrightarrow{OM}(t)$ 一起组成了一组基底，$t \to \overrightarrow{OM}(t)$ 在这点的展开式显示了它是第二类尖点. 也就是说，在矢端曲线上与之对应的点是一个拐点.

下面给出一个实例，首先用本章 §2 中讲的方法画出一条有一个拐点的三次曲线(图 10 中的左图)，然后把极点 O 取在拐点，反过来构造出特征多边形，得到的四次 Bézier 曲线确实有一个第二类尖点(图 10 中的右图).

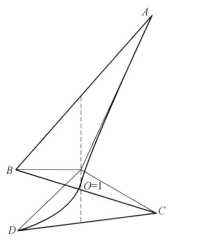
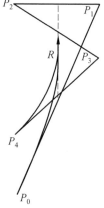

图 10

如果三次曲线有两个拐点,那么有两种方法选择尖点的参数,两种方法选择矢端曲线的极点.

2.拐点

原理还是一样:只需把极点 O 取在三次矢端曲线的一条切线上.请注意,三次曲线有时可从一点引出三条切线,这可用解析几何方法来证明.如果把这点取为矢端曲线的极点 O,四次曲线将有三个拐点.当然,还需看这三点的参数是否在 $[0,1]$ 中.画图就留给读者了.

曲率问题:

对于曲率问题,我们知道参数为 0 的点是比较好算的,问题归结为把曲线上的一点变成一条"子弧"的起点.

§4　Bézier 曲线的子弧

1.几何分析

对于抛物线,问题很容易解决.对于三次曲线,还先要在矢端曲线上确定子弧,然后再回到三次曲线上,用平行性画出子弧的特征多边形,或者严格地说是其位似.

图 11 中的左图的示例中 M_0 的参数为 $\dfrac{1}{3}$,P_3 的参数为 1.矢端曲线上点 H_0 的参数为 $\dfrac{1}{3}$.子弧的特征多边形是 H_0DC 的比例为 $\dfrac{2}{3}$ 的位似,从点 M_0 和 P_3 引 2 条切线就可画出子弧 $[M_0,M(1)]_{(C)}$ 的特征多边形,即

107

$M_0Q_1Q_2P_3$（图 11 中的右图）.

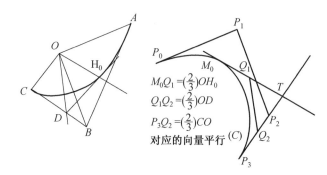

图 11

2. 矩阵形式(或数值形式)

利用变量 t 的乘方表示向量 $\overrightarrow{OM}$ 的矩阵公式.

变量代换公式 $t = t_0 + (t_1 - t_0)u$ 把区间 $[0,1]$ 变成区间 $[t_0, t_1]$. 乘方 t^k 是 u 的 k 次多项式(二项式公式的结果),因此可确定一个方阵 $\boldsymbol{\Phi}_n(t_0, t_1)$,使得

$$(\boldsymbol{T}_n) = \boldsymbol{\Phi}_n(t_0, t_1) \cdot \boldsymbol{U}_n$$

$\boldsymbol{U}_n$ 是 U 的乘方的 $n+1$ 阶单列矩阵,有

$$\overrightarrow{OM}(t = t_0 + (t_1 - t_0)u) = {}^t(\overrightarrow{OP})_n \cdot \boldsymbol{M}_n \cdot \boldsymbol{T}_n$$
$$= {}^t(\overrightarrow{OP})_n {}^t\boldsymbol{M}_n \boldsymbol{\Phi}_n(t_0, t_1) \cdot \boldsymbol{U}_n$$

令子弧的 Bézier 点的向量为 $\overrightarrow{OP_j}$,那么

$${}^t(\overrightarrow{OP'})_n \cdot {}^t\boldsymbol{M}_n \cdot \boldsymbol{U}_n = {}^t(\overrightarrow{OP})_n {}^t\boldsymbol{M}_n \boldsymbol{\Phi}_n(t_0, t_1) \cdot \boldsymbol{U}_n$$

因此

$${}^t(\overrightarrow{OP'})_n \cdot {}^t\boldsymbol{M}_n = {}^t(\overrightarrow{OP})_n {}^t\boldsymbol{M}_n \boldsymbol{\Phi}_n(t_0, t_1)$$

即

$${}^t(\overrightarrow{OP'})_n = {}^t(\overrightarrow{OP})_n {}^t\boldsymbol{M}_n \boldsymbol{\Phi}_n(t_0, t_1)({}^t\boldsymbol{M}_n)^{-1}$$

我们建议读者自己在低阶情况下进行一下计算.
上式也可写成用正则定义点 Q 和 Q' 来表达的数值形

式.

3.重心序列

先看一下二次曲线 C 的子弧 Ca，这条子弧首尾两点的参数为 $t=0$ 和 $t=a$.我们知道点 $M(a)$ 就是第二代重心点 $P_0^{(2)}(a)$，它也是子弧的特征多边形的最后一个顶点 Q_2.接下来要找第二个顶点 Q_1.我们知道，对于抛物线弧，第二个顶点是弧在两个端点的切线的交点.因为在点 $M(a)$ 处的切向量为 $\overrightarrow{P'_0(a)P'_1(a)}$，故第二个顶点其实就是点 $P_0^{(1)}(a)$.这个结果可推广到 n 次 Bézier 曲线 C 的子弧 Ca 上：

Ca 的特征多边形的顶点 Q_i 正是下标为 0，参数为 a 的重心序列点，也就是说，$Q_i=P_0^{(i)}(a)$.

为了证明这个结论，取重心序列为定义点，对应的曲线定义式如下

$$\overrightarrow{OM_a}(t)=\left(\left(1-\frac{t}{a}\right)\overrightarrow{OQ_0}+\frac{t}{a}\overrightarrow{OQ_1}\right)^{(n)} \quad (4.1)$$

其中参数 t 除以 a 是为了再回到区间 $[0,1]$ 上.用 P_0 取代 Q_0，$(1-a)\overrightarrow{OP_0}+a\overrightarrow{OP_1}$ 取代 $\overrightarrow{OQ_1}$ 后，式(4.1)的右端变成 $((1-t)\overrightarrow{OP_0}+t\overrightarrow{OP_1})^{(n)}$，这正是原始曲线 C 的符号定义式，证毕.

同理可证：

如果子弧首尾两点的参数为 b 和 1，那么其特征多边形的顶点正是参数为 b 的重心序列点，即 $Q_i=P_i^{n-i}(b)$.

这些非常简单的性质将会被用来研究两个 Bézier 曲线过渡的问题.

§5　阶次的增减

在此说明一下,Bézier 曲线特征多边形的零边或非零边的个数并不总是等于曲线真正的次数. 最简单的例子就是作一个有三个顶点的特征多边形,曲线的表面次数是 2. 先用几何方法看一看.

1. 一条二次 Bézier 曲线的真正次数

如果三个顶点 P_0,P_1,P_2 不共线,那么曲线是一个抛物线弧,真正次数是 2. 现在假设这三点共线,那么边向量满足 $\boldsymbol{V}_2=k\boldsymbol{V}_1$,这是一条直线段,取 P_0 为原点,点定义式为

$$\overrightarrow{OM} = (2t-t^2)\boldsymbol{V}_1 + t^2\boldsymbol{V}_2 = (2t-t^2+kt^2)\boldsymbol{V}_i$$

可见,当且仅当 $k=1$ 时,曲线真正的次数为 1,这时 P_1 是线段 P_0P_2 的中点,矢端曲线缩为两个重合的点,这是一个充分必要条件,因为在其他情况下矢端曲线是两个不重合的点.

2. 推论

先看看三次曲线,如果它的真正次数为 2,那么其一阶矢端曲线的真正次数为 1,二阶矢端曲线是两个重合的点. 如果三次曲线的真正次数为 1,那么其四个定义点共线,且 $\overrightarrow{P_0P_1}=\overrightarrow{P_1P_2}=\overrightarrow{P_2P_3}$,一阶矢端曲线缩为三个重合的点.

在一般情况下,可像这样逐次考察矢端曲线,直到发现有点 P 重合. 用数学归纳法可证明下面的命题:

命题 1　一条 Bézier 曲线的特征多边形有 n 个边向量,其表面次数为 n. 曲线的真正次数为 r 的充要条

件是它的 r 阶矢端曲线由 $n+1-r$ 个重合点组成.

命题是有了,但还有些实用问题需要解决.例如:

问题 1　曲线的真正次数小于表面次数,试确定对应于真正次数的曲线的特征多边形.

问题 2　试画一条表面次数为 n 而真正次数为 r 的 Bézier 曲线.

问题 3　给定一条 Bézier 曲线,尝试人为地添加定义点,增加曲线的表面次数,而曲线本身不变.

3. 减少顶点个数(问题 1)

(1) 三次曲线.

① 定义点不共线的情形.

如果一条三次曲线的真正次数是 2,并且定义点不共线,那么从几何上看它是一条抛物线,两端点的切线足以定义这条曲线.用直线 P_0P_1 和直线 P_3P_2 的交点 T 取代 P_1 和 P_2 两点,得到的 P_0,T,P_3 三点就是要找的三次曲线缩为的抛物线的定义点.

② 定义点共线的情形.

可以把它看成是上面的一个极限情形,但用矢端曲线来分析也同样简单.矢端曲线的次数为 1,由共线的点 Q_0,Q_1,Q_2 组成,其中 Q_1 是线段 Q_0Q_2 的中点.

(2) 四次曲线.

矢端曲线是一条真正次数为 2 的三次曲线,采用上面的方法,用一个点取代 2 个定义点,得到矢端曲线的新的特征多边形.再"反过来"画出原曲线的新的特征多边形.特例都容易研究.

4. 增加顶点个数(问题 2 和问题 3)

(1) 关于问题 2 的例子.

在图 12 的例子中,Bézier 曲线的表面次数为 2,但真正的次数为 1,定义点 A,B,C 共线,B 是线段 AC 的中点.

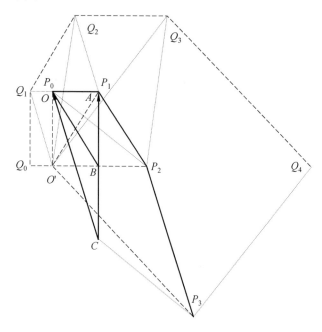

图 12

把它假设为一条三次曲线的矢端曲线,这条三次曲线的真正次数是 2. 为了节约画图空间,把点 P_0 和点 P_1 取在点 O 和点 A,画与 $\overrightarrow{OB}$ 和 $\overrightarrow{OC}$ 相等的向量 $\overrightarrow{P_1P_2}$ 和 $\overrightarrow{P_2P_3}$,得到一个三次曲线的特征多边形,这条曲线其实是条抛物线.为了使图面清楚,取新极点 O',画出 5 个定义点,它其实对应的是一条三次曲线.

（2）关于问题 3 的例子.

给定一个真正的抛物线弧,三个定义点为 P_0,P_1,P_2（不共线）,问题归结为要找两点 Q_1 和 Q_2（当然在线

段 P_0P_1 和线段 P_2P_1 上），使得定义点为 $P_0,Q_1,Q_2,$ P_2 的三次曲线与抛物线重合.

　　先画出抛物线的矢端曲线，不看位似比 2 的话，它就是线段 $P_1P'_2$，如图 13 所示.

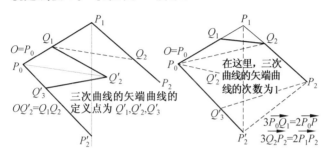

图 13

　　对于任意的 Q_1,Q_2，定义点为 P_0,Q_1,Q_2,P_2 的三次曲线的矢端曲线是定义点为 Q_1,Q'_2,Q'_3 的抛物线的比例为 3 的位似. 如果想得到矢端曲线的 $\frac{3}{2}$ 的位似的话，就要取

$$\overline{OQ_1} = \frac{2}{3}\ \overline{OP_1},\ \overline{OQ'_3} = \frac{2}{3}\ \overline{P_1P_2}$$

故

$$\overline{P_1Q_2} = \frac{1}{3}\ \overline{P_1P_2}$$

　　命题 2　设真正次数为 2 的 Bézier 曲线的定义点 P_0,P_1,P_2 不共线，那么与它重合的表面次数为 3 的曲线的定义点为 P_0,Q_1,Q_2,P_2，其中点 Q_1,Q_2 分别在线段 P_0P_1 和线段 P_1P_2 上，且满足等式

$$\overline{P_0Q_1} = \frac{2}{3}\ \overline{P_0P_1},\ \overline{P_1Q_2} = \frac{1}{3}\ \overline{P_1P_2}$$

　　（3）一般情形.

例子:在图 14 的实例中,我们从一个四次曲线出发(定义点为 P_0, P_1, P_2, P_3, P_4),用上面的方法得到一个五次曲线,定义点为 P_0, P_4 以及 Q_1, Q_2, Q_3, Q_4.

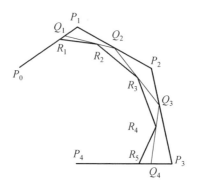

图 14

接着做下去可以得到一个六次曲线,定义点为 P_0, P_4,以及 R_1, R_2, R_3, R_4, R_5. 取点 Q_1, Q_2 为例,它们满足

$$\overrightarrow{P_0Q_1} = \frac{4}{5}\,\overrightarrow{P_0P_1}, \quad \overrightarrow{P_1Q_2} = \frac{3}{5}\,\overrightarrow{P_1P_2}$$

同样地,点 R_1 和 R_2 由下式确定

$$\overrightarrow{P_0R_1} = \frac{5}{6}\,\overrightarrow{P_0Q_1}, \quad \overrightarrow{Q_1R_2} = \frac{4}{6}\,\overrightarrow{Q_1Q_2}$$

命题 3　设 Bézier 曲线的定义点为 P_0, P_1, P_2, $\cdots$, P_n,那么与它重合的 $n+1$ 次 Bézier 曲线的 $n+2$ 个定义点为 P_0, Q_1, Q_2, $\cdots$, Q_n, P_n,其中点 Q 满足等式

$$\overrightarrow{P_kQ_{k+1}} = \frac{n-k}{n+1}\,\overrightarrow{P_kP_{k+1}} \quad (0 \leqslant k \leqslant n-1)$$

证明　采用 Bézier 曲线的第一种定义法,$n+1$ 次曲线的移动点 $M'(t)$ 的定义式为

114

$$\overrightarrow{O M'}(t) = (1-t)^{n+1}\,\overrightarrow{OP_0} + \sum_1^n B_{n+1}^k(t)\,\overrightarrow{O Q_k} + t^{n+1}\,\overrightarrow{OP_n}$$

$$= (1-t)^{n+1}\,\overrightarrow{OP_0} + \sum_0^{n-1} B_{n+1}^{k+1}(t)\,\overrightarrow{O Q_{k+1}} +$$

$$t^{n+1}\,\overrightarrow{OP_n}$$

因为

$$\overrightarrow{OQ_{k+1}} = \overrightarrow{OP_k} + \frac{n-k}{n+1}(\overrightarrow{OP_{k+1}} - \overrightarrow{OP_k})$$

$$= \frac{k+1}{n+1}\,\overrightarrow{OP_k} + \frac{n-k}{n+1}\,\overrightarrow{OP_{k+1}}$$

所以上面的求和号分解成两项. 另外不难证明

$$\frac{k+1}{n+1}B_{n+1}^{k+1} = tB_n^k$$

$$\frac{n-k}{n+1}B_{n+1}^{k+1} = (1-t)B_n^{k+1}$$

故 $M'(t)$ 的定义式可以写成

$$\overrightarrow{O M'}(t) = t\Big[\sum_0^{n-1} B_n^k\,\overrightarrow{OP_k} + t^n\,\overrightarrow{OP_n}\Big] +$$

$$(1-t)\Big[(1-t)^n\,\overrightarrow{OP_0} + \sum_1^n B_n^k\,\overrightarrow{OP_k}\Big]$$

$$= t\,\overrightarrow{OM}(t) + (1-t)\,\overrightarrow{OM}(t)$$

$$= (t+1-t)\,\overrightarrow{OM}(t)$$

$$= \overrightarrow{OM}(t)$$

因此点 M 与点 M' 重合，证毕.

5. 次数提升问题的解析与矩阵解答法

先看看从二次变到三次的问题. 给定 Bézier 定义点 P_0, P_1, P_2，可求得正则定义点 Q，使得

$$\overrightarrow{OM}(t) = (1-t)^2\,\overrightarrow{OP_0} + 2t(1-t)\,\overrightarrow{OP_1} + t^2\,\overrightarrow{OP_2}$$

$$= \overrightarrow{OQ_0} + t\,\overrightarrow{OQ_1} + t^2\,\overrightarrow{OQ_2}$$

令与已知的二次曲线重合的三次曲线的 Bézier 定义点为 P',我们有

$$\overrightarrow{OM}(t) = (1-t)^3 \overrightarrow{OP'}_0 + 3t(1-t)^2 \overrightarrow{OP'}_1 +$$
$$3t^2(1-t) \overrightarrow{OP'}_2 + t^3 \overrightarrow{OP'}_3$$
$$= \overrightarrow{OQ_0} + t \overrightarrow{OQ_1} + t^2 \overrightarrow{OQ_2} + \mathbf{0}$$

在等式的右边人为地加上零向量,是为了利用同类项系数相等的性质来确定三次曲线的 Bézier 定义点 P'_0. 我们留给读者来完成计算并找出新旧定义点之间的关系.

注 用这个方法可以把曲线的次数直接提升好几个单位.上面的解析或向量求解法也可用矩阵形式表达.我们直接讨论一般情形.

一般情形:矩阵求解形式.

从等式 $\overrightarrow{(OQ)}_n = \mathbf{M}_n \overrightarrow{(OP)}_n$ 出发,两边乘以矩阵 $\mathbf{M}_n$ 的逆矩阵得

$$\overrightarrow{(OP)}_n = \mathbf{M}_n^{-1} \overrightarrow{(OQ)}_n$$

设一条曲线的正则定义点 Q 是已知的,这时在等式右边的列矩阵尾上加上零向量,并把 n 换成 $n+1$ 就可计算与这条曲线重合的 $n+1$ 次曲线的 Bézier 定义点 P'

$$\overrightarrow{(OP')}_{n+1} = \mathbf{M}_{n+1}^{-1} \cdot \begin{bmatrix} \overrightarrow{OQ} \\ \mathbf{0} \end{bmatrix}_{n+1}$$

取 O 为空间坐标系的原点,把点的坐标代入便可计算这条人为提升到 $n+1$ 次的曲线的 Bézier 点的坐标.例如:对于上面讲到的例子,关于横坐标,我们有

$$\begin{bmatrix} x(P'_0) \\ x(P'_1) \\ x(P'_2) \\ x(P'_3) \end{bmatrix} = \mathbf{M}_4^{-1} \begin{bmatrix} x(Q_0) \\ x(Q_1) \\ x(Q_2) \\ 0 \end{bmatrix}$$

可以把这个方法推广到将曲线阶数提升到任意阶数的情形,因为矩阵 M_n 及其逆矩阵显然对任何 n 都是已知的,所以这个方法特别适合数值计算.

二次 Bézier 曲线的扩展[①]

第 2 章

在计算机辅助几何设计中,往往要调整曲线的形状或改变曲线的位置.有理 Bézier 曲线和有理 B 样条曲线中的权因子具有调整曲线形状的作用.[1-3] 此外,还有其他类型的形状可调曲线.[4-9] 通过使用形状参数,可得到更加实用、灵活的曲线生成方法,特别是具有局部形状参数的方法.

分段二次 Bézier 曲线具有形状简单,使用灵活的优点,应用还非常广泛.然而,对于给定的控制点,分段二次 Bézier 曲线的位置是确定的.若要

---

① 本章摘自《中南工业大学学报(自然科学版)》2000 年第 2 期.

118

调整曲线的形状,则需要调整控制多边形.在此,中南大学数学科学与计算技术学院的韩旭里和刘圣军两位教授于 2003 年提出了能生成相对控制多边形不同位置的多项式曲线的方法,同时具有与分段二次 Bézier 曲线相同的结构和一些实用的几何性质;利用乘积型曲面,生成形状可调的曲面.

§1　曲线的结构与性质

定义 1　对 $t \in [0,1]$, $\lambda_i \in \mathbf{R}$,称关于 t 的多项式

$$\begin{cases} b_{i,0}(t) = (1 - \lambda_i t)(1-t)^2 \\ b_{i,1}(t) = (2 + \lambda_i)(1-t)t \\ b_{i,2}(t) = (1 - \lambda_i + \lambda_i t)t^2 \end{cases} \quad (1.1)$$

为带参数 λ_i 的调配函数; i 为所构造曲线中曲线段的序数.

下面的定理说明式(1.1)具有自由曲线中基函数的基本要求.

定理 1　对调配函数式(1.1),有:

(1) $\sum_{j=0}^{2} b_{i,j}(t) = 1$.

(2) 对 $t \in [0,1]$, $b_{i,j} \geqslant 0 (j=0,1,2)$ 的充要条件是 $-2 \leqslant \lambda_i \leqslant 1$.

证明　直接计算可得结论(1).对于结论(2),当且仅当 $\lambda_i \leqslant 1$ 时, $b_{i,0} \geqslant 0$, $b_{i,2} \geqslant 0$.当且仅当 $\lambda_i \geqslant -2$ 时, $b_{i,1}(t) \geqslant 0$.证毕.

可见,当 $\lambda_i = 0$ 时, $b_{i,j}(t)(j=0,1,2)$ 是二次 Bernstein 基函数.[1-3] 因此,它们是二次 Bernstein 基

函数的扩展.由式(1.1)定义带有参数 λ_i 的多项式曲线.

定义 2 给定控制点 $\boldsymbol{P}_j \in \mathbf{R}^d(d=2,3;j=0,$ $1,\cdots,2n)$ 和节点 $u_1 < u_2 < \cdots < u_{n+1}$，对 $u \in [u_i,$ $u_{i+1}](i=1,2,\cdots,n)$ 定义多项式曲线段为

$$\boldsymbol{C}_i(\lambda_i;t) = \sum_{j=0}^{2} b_{i,j}(t)\boldsymbol{P}_{2i+j-2} \tag{1.2}$$

其中

$$t = \frac{u-u_i}{h_i}$$

$$h_i = u_{i+1} - u_i$$

定义多项式曲线

$$\boldsymbol{C}(\lambda_i;u) = \boldsymbol{C}_i\left(\lambda_i;\frac{u-u_i}{h_i}\right)$$

$$(u \in [u_i,u_{i+1}]) \tag{1.3}$$

曲线 $\boldsymbol{C}(\lambda_i;u)$ 是定义在 $[u_1,u_{n+1}]$ 上的分段多项式曲线,它是二次 Bézier 曲线的扩展.通过改变参数 λ_i 可改变曲线的形状.

式(1.3)表示的曲线的性质与二次 Bézier 曲线的性质类似,包括:

(1)式(1.3)表示的是曲线的首、末端点及其导矢.该曲线自首顶点 $\boldsymbol{P}_{2i-2}$ 开始,至末顶点 $\boldsymbol{P}_{2i}$ 结束,即

$$\begin{cases} \boldsymbol{C}_i(\lambda_i;0) = \boldsymbol{P}_{2i-2} \\ \boldsymbol{C}_i(\lambda_i;1) = \boldsymbol{P}_{2i} \end{cases} \tag{1.4}$$

其曲线和特征多边形的首边、末边相切,首、末端切矢的模分别等于首、末边边长的 $2+\lambda_i$ 倍,即

$$\begin{cases} \boldsymbol{C}'_i(\lambda_i;0) = (2+\lambda_i)(\boldsymbol{P}_{2i-1} - \boldsymbol{P}_{2i-2}) \\ \boldsymbol{C}'_i(\lambda_i;1) = (2+\lambda_i)(\boldsymbol{P}_{2i} - \boldsymbol{P}_{2i-1}) \end{cases} \tag{1.5}$$

(2)对称性.

对于相同的参数 λ_i，控制点 $\boldsymbol{P}_{2i-2}$，$\boldsymbol{P}_{2i-1}$，$\boldsymbol{P}_{2i}$ 和控制点 $\boldsymbol{P}_{2i}$，$\boldsymbol{P}_{2i-1}$，$\boldsymbol{P}_{2i-2}$ 所在的曲线相同（即曲线（1.3）），只是参数不同

$$\boldsymbol{C}_i(\lambda_i;t,\boldsymbol{P}_{2i-2},\boldsymbol{P}_{2i-1},\boldsymbol{P}_{2i})$$
$$=\boldsymbol{C}_i(\lambda_i;1-t,\boldsymbol{P}_{2i},\boldsymbol{P}_{2i-1},\boldsymbol{P}_{2i-2})$$
$$(0\leqslant t\leqslant 1,-2\leqslant\lambda_i\leqslant 1)$$

（3）凸包性.

由于 $b_{i,j}\geqslant 0(j=0,1,2)$，当 $u\in[u_i,u_{i+1}]$ 时，曲线 $\boldsymbol{C}(\lambda_i;u)$ 一定位于由 $\boldsymbol{P}_{2i-2}$，$\boldsymbol{P}_{2i-1}$，$\boldsymbol{P}_{2i}$ 围成的凸多边形内.

（4）几何不变性. 式（1.3）为一矢函数，故曲线 $\boldsymbol{C}(\lambda_i;u)$ 的形状与坐标的选择无关，即下面等式成立

$$\boldsymbol{C}_i(\lambda_i;t,\boldsymbol{P}_{2i-2}+\boldsymbol{r},\boldsymbol{P}_{2i-1}+\boldsymbol{r},\boldsymbol{P}_{2i}+\boldsymbol{r})$$
$$\equiv\boldsymbol{C}_i(\lambda_i;t,\boldsymbol{P}_{2i-2},\boldsymbol{P}_{2i-1},\boldsymbol{P}_{2i})+\boldsymbol{r}$$
$$\boldsymbol{C}_i(\lambda_i;t,\boldsymbol{P}_{2i-2}\times T,\boldsymbol{P}_{2i-1}\times T,\boldsymbol{P}_{2i}\times T)$$
$$\equiv\boldsymbol{C}_i(\lambda_i;t,\boldsymbol{P}_{2i-2},\boldsymbol{P}_{2i-1},\boldsymbol{P}_{2i})\times T$$
$$(0\leqslant t\leqslant 1,-2\leqslant\lambda_i\leqslant 1)$$

§2　曲线的拼接

与二次 Bézier 曲线一样，在设计复杂的自由曲线时，也应用分段技术. 那么当式（1.3）表示曲线的 2 段拼接时，在连接点处应满足指定的连续性要求.

考虑式（1.3）表示的相邻曲线段

$$\boldsymbol{C}(\lambda_i;u)=\sum_{j=0}^{2}b_{i,j}(t)\boldsymbol{P}_{2i+j-2}$$
$$(t\in[0,1],u\in[u_i,u_{i+1}],-2\leqslant\lambda_i\leqslant 1)$$

$$C(\lambda_{i+1};u) = \sum_{j=0}^{2} b_{i+1,j}(t)\boldsymbol{P}_{2i+j}$$
$$(t \in [0,1], u \in [u_{i+1}, u_{i+2}], -2 \leqslant \lambda_{i+1} \leqslant 1)$$

定理 1 当 $\boldsymbol{P}_{2i-1}, \boldsymbol{P}_{2i}, \boldsymbol{P}_{2i+1}$ 三点共线时,式(1.3)表示的曲线是 G^1 连续的,并且可以选取形状参数 λ_i,使该曲线 C^1 连续.

证明 由式(1.4)可得

$$C(\lambda_i;u_{i+1}) = C(\lambda_{i+1};u_{i+1}) = \boldsymbol{P}_{2i}$$
$$(i = 1, 2, \cdots, n-1)$$

由式(1.5)可得

$$C'(\lambda_i;u_{i+1}) = \left(\frac{2+\lambda_i}{h_i}\right)(\boldsymbol{P}_{2i} - \boldsymbol{P}_{2i-1})$$

$$C'(\lambda_{i+1};u_{i+1}) = \left(\frac{2+\lambda_{i+1}}{h_{i+1}}\right)(\boldsymbol{P}_{2i+1} - \boldsymbol{P}_{2i})$$

由此可见,当 $\boldsymbol{P}_{2i-1}, \boldsymbol{P}_{2i}, \boldsymbol{P}_{2i+1}$ 三点共线时,式(1.3)表示的曲线是 G^1 连续的. 如果

$$\boldsymbol{P}_{2i+1} - \boldsymbol{P}_{2i} = \alpha_i(\boldsymbol{P}_{2i} - \boldsymbol{P}_{2i-1})$$

那么可以选取

$$\lambda_i = \frac{h_i\alpha_i}{h_{i+1}}(2+\lambda_{i+1}) - 2$$

或

$$\lambda_{i+1} = \frac{h_{i+1}}{h_i\alpha_i}(2+\lambda_i) - 2$$

这样,$C'(\lambda_i;u_{i+1}) = C'(\lambda_{i+1};u_{i+1})$. 式(1.3)表示的曲线在 $u = u_{i+1}$ 处 C^1 连续. 证毕.

由定理 2 可知,对 G^1 连续性,形状参数 λ_i 是局部参数. 对 C^1 连续性,形状参数 λ_i 与节点步长 h_i 有关,也是局部参数. 因此,采用式(1.3)表示的曲线可有效地设计自由曲线.

§3　曲线的应用

图 1 分别给出了当 λ_i 为 $-1,0,1$ 时用所构造的曲线绘出的开曲线和闭曲线. 可见: 随着 λ_i 的增大, 曲线逐渐靠近其控制多边形. 这种性质具有一般性. 事实上, 由式(1.1)可见, $b_{i,0}(t)$ 和 $b_{i,2}(t)$ 是 λ_i 的递减函数, 而 $b_{i,1}(t)$ 是 λ_i 的递增函数(对固定的 t). 因此, 随着 λ_i 的增大, 式(1.3)表示的曲线段中的点 $\boldsymbol{P}_{2i-2}$ 和 $\boldsymbol{P}_{2i}$ 的权数减小, 点 $\boldsymbol{P}_{2i-1}$ 的权数增大. 因而, 曲线段将更靠近点 $\boldsymbol{P}_{2i-1}$.

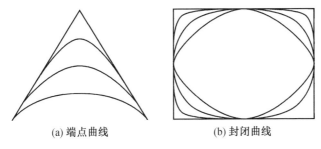

(a) 端点曲线　　　　　　(b) 封闭曲线

图 1　插值于端点的曲线和封闭的曲线

根据上述分析, 可以 λ_i 为形状控制参数, 方便构造处于不同位置的曲线. 当 $-2 \leqslant \lambda_i \leqslant 0$ 时, 随着 λ_i 的增大, 曲线更接近二次 Bézier 曲线; 当 $0 \leqslant \lambda_i \leqslant 1$ 时, 随着 λ_i 的增大, 曲线将更接近其控制多边形. 图 2 所示的每个图形都由 8 段曲线段组成, 对应当 $\lambda_i (i=1,\cdots,8)$ 分别取 -0.5 和 1 时的曲线.

在图 2 的基础上修改形状参数 λ_i, 所得曲线如图 3 所示. 图 3(a)中实线对应的条件是 $\lambda_2 = \lambda_7 = 1$, 虚线

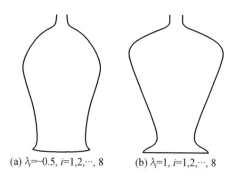

(a) $\lambda_i=-0.5$, $i=1,2,\cdots,8$ (b) $\lambda_i=1$, $i=1,2,\cdots,8$

图 2   曲线设计实例

$\lambda_2=\lambda_7=0$,其余的 $\lambda_i=-0.5(i=1,3,4,5,6)$;图 3(b) 中实线对应的条件是 $\lambda_3=\lambda_6=0.5$,虚线对应的条件是 $\lambda_3=\lambda_6=1$,其余的 $\lambda_i=1(i=1,2,4,5,7,8)$.

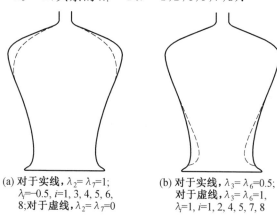

(a) 对于实线,$\lambda_2=\lambda_7=1$; $\lambda_i=-0.5$, $i=1,3,4,5,6,$ 8;对于虚线,$\lambda_2=\lambda_7=0$

(b) 对于实线,$\lambda_3=\lambda_6=0.5$; 对于虚线,$\lambda_3=\lambda_6=1$, $\lambda_i=1$, $i=1,2,4,5,7,8$

图 3   曲线调整实例

　　同二次 Bézier 曲线相比较,同样是多项式基函数,计算过程复杂,但曲线形状容易控制.当给定的控制多边形不变时,由二次 Bézier 曲线绘制的曲线是固定不变的,而由式(1.3)绘制的曲线,通过调节参数 λ_i 可以

调整曲线的形状.图 4 表明利用式(1.3)进行曲线设计
具有灵活性.

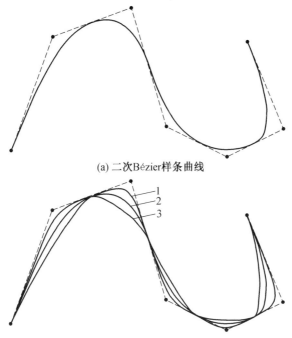

(a) 二次Bézier样条曲线

(b)设计曲线;1: $\lambda_i=1$; 2: $\lambda_i=0$; 3: $\lambda_i=-1$; $i=1,2,\cdots,5$

图 4　曲线对比实例

由二次 Bézier 曲线可构造乘积型曲面,即双二次
Bézier 曲面.同样地,由式(1.3)也可构造乘积型曲面,
它以双二次 Bézier 曲面为特殊情形.通过选取形状参
数的值,可得到以不同程度接近其控制多面体的曲面.

125

§4 结 束 语

（1）本章所给出的曲线生成方法，以二次 Bézier 曲线为特殊情形，可以生成位于二次 Bézier 曲线附近的不同曲线.改变形状参数的取值，可以调整曲线接近其控制多边形的程度.

（2）形状参数 λ_i 可以成为全局或局部参数.修改其值，只影响当前曲线段，因而所构造曲线具有良好的局部性质.

（3）可以在形状参数 λ_i 的取值范围 $[-2,1]$ 内选择不同的参数值，进行曲线设计.

（4）由于所构造的曲线段与二次 Bézier 曲线有相同的结构，每段曲线由 3 个相继的控制点生成，保持了二次 Bézier 曲线的一些实用几何性质，因而使用方便.可以像双二次 Bézier 曲面一样，构造乘积型曲面，并且可以通过改变形状参数的值，调整曲面接近其控制多面体的程度.实例表明所给曲线的设计方法是有效的.

参 考 文 献

[1] PIEGL L，TILLER W. The NURBS book ［M］. New York: Springer,1995.

[2] 苏步青,刘鼎元.计算几何[M].上海:上海科学技术出版社,1981.

[3] 朱心雄.自由曲线曲面造型技术[M].北京:科学出版社,2000.

[4] ZHANG J W. C-curves:An extension of cubic curves[J]. Computer Aided Geometric Design,1996,13(3):199-217.

［5］ ZHANG J W. C-Bézier curves and surface［J］. Graphical Models and lmage Processing,1999,61(1):2-15.

［6］ BARSKY B A. Computer graphics and geometric modeling using Beta-spline［M］. Heidelberg：Springer-Verlag,1988.

［7］ GREGORY J A，SARFRAZ M. A rational cubic spline with tension［J］. Computer Aided Geometric Design，1990,7(9):1-13.

［8］ JOE B. Multiple-knot and rational cubic Beta-spline［J］. ACM Trans Graph，1989,8:100-120.

［9］ 韩旭里,刘圣军. 三次均匀 B 样条曲线的扩展［M］//张彩明. 第 1 届全国几何设计与计算学术会议论文集. 山东:石油大学出版社,2002:29-32.

带形状参数的二次三角 Bézier 曲线[①]

第

3

章

湖南科技大学数学与计算科学学院的吴晓勤教授,中南大学数学科学与计算技术学院的韩旭里教授和湖南科技大学机电工程学院的罗善明教授于 2008 年给出了二次三角多项式 Bézier 曲线,基函数由一组带形状参数的二次三角多项式组成. 由四个控制顶点生成的曲线具有与三次 Bézier 曲线类似的性质,但具有比三次 Bézier 曲线更好的逼近性. 形状参数有明确的几何意义:参数越大,曲线越逼近控制多边形. 曲线可精确表示椭

① 本章摘自《工程图学学报》2008 年第 1 期.

128

圆弧,还给出了两段三角多项式曲线 G^2 连续和 C^3 连续的拼接条件.

曲线曲面设计是计算机辅助几何设计(CAGD)和计算机图形学(CG)的一个重要研究课题,现今成熟的是非均匀有理 B 样条(NURBS)方法[1],既可表示自由曲线曲面,又可表示一些传统的解析模型,如圆锥曲线等;然而,NURBS 在形状设计和分析中存在着一些局限性[2-4],如求导次数增加、权因子选取不便、不能表示超越曲线,如摆线、螺旋线等.

三角多项式在理论和实际应用中都具有重要意义,许多学者研究了用三角多项式表示曲线曲面的方法,Schenberg[5] 和 Coons[6] 都曾研究过.文献[7]建立了任意阶的三角 B 样条的关系.文献[8]以二次三角多项式构造了逼近的 C^3 连续三角多项式样条曲线.文献[9] 在三角多项式空间 $C_m = \mathrm{Span}\{1, \cos t,$ $\cos 2t, \cdots, \cos mt\}$ 中找到了与 Bernstein 基类似的三角多项式基.

本章研究具有 Bézier 曲线特性的带有形状参数的三角多项式曲线,基函数是由 4 个二次三角多项式组成的,由 4 个顶点控制的曲线完全具有三次 Bézier 曲线的特征.但所构造的曲线具有更好的逼近控制多边形的特性,而且也方便逼近三次 Bézier 曲线.曲线在一定的条件下可精确表示椭圆弧.形状参数有明确的几何意义:参数越大,曲线越逼近控制多边形.为了适合自由曲线曲面的造型系统,本章还讨论了两段三角多项式曲线的拼接问题,得到了 G^2 连续和 C^3 连续的拼接条件.运用张量积的方法,将曲线推广到曲面情形,曲面具有与曲线类似的性质.

§1　基函数的定义及性质

定义 1　对于 $t \in \left[0, \dfrac{\pi}{2}\right]$，定义基函数

$$\begin{cases} B_0(t) = (1 - \sin t)(1 - \lambda \sin t) \\ B_1(t) = (1 + \lambda) \sin t(1 - \sin t) \\ B_2(t) = (1 + \lambda) \cos t(1 - \cos t) \\ B_3(t) = (1 - \cos t)(1 - \lambda \cos t) \end{cases} \qquad (1.1)$$

其中 λ 是参数，且 $-1 \leqslant \lambda \leqslant 1$.

称式(1.1)为带参数的二次三角多项式基函数.

从式(1.1)可得到基函数具有下述性质：

（1）非负性

$$B_i(t) \geqslant 0 \quad (i = 0, 1, 2, 3)$$

（2）权性

$$B_0(t) + B_1(t) + B_2(t) + B_3(t) \equiv 1 \quad \left(\forall t \in \left[0, \dfrac{\pi}{2}\right]\right)$$

（3）对称性

$$B_0\left(\dfrac{\pi}{2} - t\right) = B_3(t)$$

$$B_1\left(\dfrac{\pi}{2} - t\right) = B_2(t)$$

（4）端点性质.

（i）$B_0(0) = B_3\left(\dfrac{\pi}{2}\right) = 1$，$B_i(0) = B_i\left(\dfrac{\pi}{2}\right) = 0 (i = 1,$

2)；

（ii）$B'_2(0) = B'_3(0) = B'''_2(0) = B'''_3(0) = 0$，

$B'_0\left(\dfrac{\pi}{2}\right) = B'_1\left(\dfrac{\pi}{2}\right) = B'''_0\left(\dfrac{\pi}{2}\right) = B'''_1\left(\dfrac{\pi}{2}\right) = 0.$

（5）最大值.

每个基函数在$[0,1]$上都有一个最大值. $B_0(t)$ 在 $t=0$ 处；$B_3(t)$ 在 $t=\dfrac{\pi}{2}$ 处；$B_1(t)$ 与 $B_2(t)$ 在 $t=\dfrac{\pi}{4}$ 处.

（6）对 λ 的单调性.

当 λ 递增时，$B_0(t)$，$B_3(t)$ 是单调递减的，$B_1(t)$，$B_2(t)$ 是单调递增的.

图 1 为 $\lambda=1$ 时的 4 个基函数的图形.

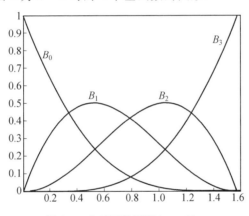

图 1　4 个基函数图形$(\lambda = 1)$

§2　三角多项式的 Bézier 曲线及性质

定义 1　给定 4 个控制顶点 $\boldsymbol{P}_i \in \mathbf{R}^d(d=2,3,i=0,1,2,3)$，对 $t \in \left[0,\dfrac{\pi}{2}\right]$ 定义曲线

$$\boldsymbol{B}(t) = \sum_{i=0}^{3} \boldsymbol{P}_i B_i(t) \qquad (2.1)$$

称式（2.1）所定义的曲线为带有形状参数 λ 的二次三

角多项式的 Bézier 曲线.

由基函数性质,可以导出曲线有下列几何性质:

(1) 端点性质.

由基函数的端点性质,有

$$\boldsymbol{B}(0) = \boldsymbol{P}_0 , \boldsymbol{B}\left(\frac{\pi}{2}\right) = \boldsymbol{P}_3 ; \boldsymbol{B}'(0) = (\lambda + 1)(\boldsymbol{P}_1 - \boldsymbol{P}_0)$$

$$\boldsymbol{B}'\left(\frac{\pi}{2}\right) = (\lambda + 1)(\boldsymbol{P}_3 - \boldsymbol{P}_2)$$

说明曲线具有与三次 Bézier 曲线完全相同的端点性质:插值首末两个端点且与端边相切(图 2).

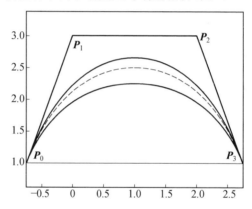

图 2 三角多项式的 Bézier 曲线($\lambda = -1,0,0,0.810\,7,1$)

(2) 对称性.

如果将控制顶点 $\boldsymbol{P}_0,\boldsymbol{P}_1,\boldsymbol{P}_2,\boldsymbol{P}_3$ 反序排成 $\boldsymbol{P}_3,\boldsymbol{P}_2,\boldsymbol{P}_1,\boldsymbol{P}_0$,那么以 $\boldsymbol{P}_3,\boldsymbol{P}_2,\boldsymbol{P}_1,\boldsymbol{P}_0$ 为顶点的曲线是符合原曲线的,只不过有相反的定向而已.事实上,由基函数的对称性可知

$$\boldsymbol{B}\left(\frac{\pi}{2} - t\right) = \sum_{i=0}^{3} B_i\left(\frac{\pi}{2} - t\right)\boldsymbol{P}_i = \sum_{i=0}^{3} B_i(t)\boldsymbol{P}_{3-i} = \boldsymbol{B}(t)$$

（3）凸包性.

由基函数的非负性和权性可知,曲线落在由其控制顶点生成的凸包内.

（4）几何不变性和仿射不变性.

曲线仅依赖于控制顶点,而与坐标系的位置和方向无关,即曲线的形状在坐标平移和旋转后不变;同时,对控制多边形进行缩放或剪切等仿射变换后,所对应的新曲线就是相同仿射变换后的曲线.

（5）变差缩减性（V. D.）.

证明　采用文献[10]中提供的方法.首先证明基函数组 $\{B_0(t), B_1(t), B_2(t), B_3(t)\}$ 在 $\left(0, \dfrac{\pi}{2}\right)$ 上满足 Descartes 符号法则,即对任一组常数序列 $\{c_0, c_1, c_2, c_3\}$,有

$$\text{Zeros}\left(0, \frac{\pi}{2}\right)\left\{\sum_{k=0}^{3} c_k B_k(t)\right\} \leqslant SA(c_0, c_1, c_2, c_3)$$

$$(2.2)$$

其中 $\text{Zeros}\left(0, \dfrac{\pi}{2}\right)\{f(t)\}$ 表示函数 $f(t)$ 在区间 $\left(0, \dfrac{\pi}{2}\right)$ 上的根的个数,$f(t) = \sum\limits_{k=0}^{3} c_k B_k(t)$.$SA(c_0, c_1, c_2, c_3)$ 表示序列 $\{c_0, c_1, c_2, c_3\}$ 的符号改变的次数.

不妨设 $c_0 > 0$,$SA(c_0, c_1, c_2, c_3)$ 的可能取值为 3,2,1,0.

（i）当 $SA(c_0, c_1, c_2, c_3) = 3$ 时,$c_3 < 0$.另外,$f(t)$ 在 $\left[0, \dfrac{\pi}{2}\right]$ 上是连续函数,$f(0) = c_0$,$f\left(\dfrac{\pi}{2}\right) = c_3$.假设 $f(t)$ 在 $\left(0, \dfrac{\pi}{2}\right)$ 上有 4 个根,则 $f\left(\dfrac{\pi}{2}\right) = c_3 > 0$,故产生

矛盾,式(2.2)成立.

（ii）当 $SA(c_0,c_1,c_2,c_3)=2,1$ 时,用与上面相同的方法可证式(2.2)成立.

显然,当 $SA(c_0,c_1,c_2,c_3)=0$ 时,式(2.2)成立.故结论成立.

下证变差缩减性.令 L 为通过点 Q 和法向量 v 的直线.

如果 L 和控制多边形 $\langle P_0P_1P_2P_3\rangle$ 交于点 P_k,P_{k+1} 之间的边，则点 P_k,P_{k+1} 一定位于 L 的两侧，即 $v\cdot(P_k-Q)$ 和 $v\cdot(P_{k+1}-Q)$ 符号相反.因此

$$SA\{v\cdot(P_0-Q),v\cdot(P_1-Q),$$
$$v\cdot(P_2-Q),v\cdot(P_3-Q)\}$$
$$\leqslant \langle P_0P_1P_2P_3\rangle \text{ 与 } L \text{ 的交点的个数}$$

另外

$$B(t) \text{ 与 } L \text{ 的交点的个数}$$
$$=\text{Zeros}\left(0,\frac{\pi}{2}\right)\left\{\sum_{k=0}^{3}B_k(t)(P_k-Q)\cdot v\right\}$$

所以,根据基函数组的 Descartes 符号法则,有

$$B(t) \text{ 与 } L \text{ 的交点的个数}$$
$$\leqslant SA\{v\cdot(P_0-Q),v\cdot(P_1-Q),$$
$$v\cdot(P_2-Q),v\cdot(P_3-Q)\}$$

从而结论得证.

这一性质反映了三角多项式曲线比它的控制多边形波动更小,也就更加光顺.

（6）保凸性.

由性质（5）知,当控制多边形为凸时,平面上任一直线与曲线的交点的个数不超过 2;因为直线与控制多边形的交点的个数最多为 2.

（7）逼近性.

当 $t \in \left[0, \dfrac{\pi}{2}\right]$ 时，如果参数 λ 递增，那么 $B_0(t)$ 和 $B_3(t)$ 递减，$B_1(t)$ 和 $B_2(t)$ 递增. 因此，当参数 λ 递增时，三角多项式曲线向边 $P_1 P_2$ 靠近. 特别地，当参数 $\lambda = -1$ 时，$B_1(t) = B_2(t) = 0$，则三角多项式曲线为联结 P_0, P_3 的线段. 图 2 中曲线从下到上参数 λ 分别为 $-1, 0, 0.810\ 7, 1$.

由曲线的端点性质可知，曲线插值于起点和末点，进一步有

$$B\left(\frac{\pi}{4}\right) - P_{\frac{3}{2}} = 4\left(2 - \sqrt{2} + (1 - \sqrt{2})\lambda\right)\left(\overline{B}\left(\frac{1}{2}\right) - P_{\frac{3}{2}}\right)$$

其中 $\overline{B}(u)$ 是相同控制顶点为 $u \in [0, 1]$ 的三次 Bézier 曲线，$P_{\frac{3}{2}} = \dfrac{P_1 + P_2}{2}$. 当 $\lambda \approx 0.810\ 7$ 时，$B\left(\dfrac{\pi}{4}\right) = \overline{B}\left(\dfrac{1}{2}\right)$. 因此，当 $\lambda \approx 0.810\ 7$ 时，曲线 $B(t)$ 与三次 Bézier 曲线 $\overline{B}(u)$ 靠得最近（见图 2 中的虚线）；当 $0.810\ 7 < \lambda \leqslant 1$ 时，曲线 $B(t)$ 比三次 Bézier 曲线 $\overline{B}(u)$ 更靠近控制多边形.

§3　曲线的拼接

根据曲线的端点性质，两条不同的相邻二次三角多项式 Bézier 曲线可方便地进行 G^1 拼接.

设 $B_1(t) = \displaystyle\sum_{i=0}^{3} P_i B_i(t)$，$B_2(t) = \displaystyle\sum_{j=0}^{3} Q_j B_j(t)$，其中 $P_3 = Q_0$，$B_1(t)$ 中的参数为 λ_1，$B_2(t)$ 中的参数为 λ_2，且

$-1 \leqslant \lambda_1, \lambda_2 \leqslant 1.$

定理 1　若 $\boldsymbol{P}_2\boldsymbol{P}_3$ 与 $\boldsymbol{Q}_0\boldsymbol{Q}_1$ 共线且方向相同,即

$$\overrightarrow{\boldsymbol{Q}_0\boldsymbol{Q}_1} = \delta \overrightarrow{\boldsymbol{P}_2\boldsymbol{P}_3} \quad (\delta > 0) \tag{3.1}$$

则曲线 $\boldsymbol{B}_1(t)$ 和 $\boldsymbol{B}_2(t)$ 在连接点是 G^1 连续的.

显然由 §2 中曲线的性质(1)可验证. 特别地,取 $\delta = \dfrac{1+\lambda_1}{1+\lambda_2}$,则曲线 $\boldsymbol{B}_1(t)$ 和 $\boldsymbol{B}_2(t)$ 可达到 C^1 连续. 对于 λ_1, λ_2 的不同的取值,可有不同的点 $\boldsymbol{Q}_1$.

因为

$$\boldsymbol{B}''_1\left(\frac{\pi}{2}\right) = (1-\lambda_1)\boldsymbol{P}_0 + (1+\lambda_1)\boldsymbol{P}_1 -$$
$$2(1+\lambda_1)\boldsymbol{P}_2 + 2\lambda_1\boldsymbol{P}_3$$
$$\boldsymbol{B}''_2(0) = 2\lambda_2\boldsymbol{Q}_0 - 2(1+\lambda_2)\boldsymbol{Q}_1 +$$
$$(1+\lambda_2)\boldsymbol{Q}_2 + (1-\lambda)\boldsymbol{Q}_3$$

所以讨论 G^2 连续和 C^2 连续的拼接条件,首先要求 $\lambda_1 = \lambda_2 = 1$.

先讨论 G^2 连续的拼接条件,要求有公共的曲率矢,两曲线在公共点的曲率为

$$\frac{\left|\boldsymbol{B}'_1\left(\dfrac{\pi}{2}\right) \times \boldsymbol{B}''_1\left(\dfrac{\pi}{2}\right)\right|}{\left|\boldsymbol{B}'_1\left(\dfrac{\pi}{2}\right)\right|^3} = \frac{\left|\boldsymbol{B}'_2(0) \times \boldsymbol{B}''_2(0)\right|}{\left|\boldsymbol{B}'_2(0)\right|^3}$$

经计算有

$$\frac{\left|\boldsymbol{P}_2\boldsymbol{P}_3 \times \boldsymbol{P}_1\boldsymbol{P}_2\right|}{2\left|\boldsymbol{P}_2\boldsymbol{P}_3\right|^3} = \frac{\left|\boldsymbol{Q}_0\boldsymbol{Q}_1 \times \boldsymbol{Q}_1\boldsymbol{Q}_2\right|}{2\left|\boldsymbol{Q}_0\boldsymbol{Q}_1\right|^3}$$

根据式(3.1),可得

$$h_2 = \delta^2 h_1 \tag{3.2}$$

其中 h_1 为点 $\boldsymbol{P}_1$ 到 $\boldsymbol{P}_2\boldsymbol{P}_3$ 的距离,h_2 为点 $\boldsymbol{Q}_2$ 到 $\boldsymbol{Q}_0\boldsymbol{Q}_1$ 的距离.

定理 2　当参数 $\lambda_1 = \lambda_2 = 1$ 时,如果满足式(3.1)和(3.2),且 $\boldsymbol{P}_1$,$\boldsymbol{P}_2$,$\boldsymbol{P}_3$,$\boldsymbol{Q}_1$,$\boldsymbol{Q}_2$ 五顶点共面,以及 $\boldsymbol{P}_1$,$\boldsymbol{Q}_2$ 在公切线的同一侧,那么曲线 $\boldsymbol{B}_1(t)$ 和 $\boldsymbol{B}_2(t)$ 在连接点达到 G^2 连续.

下面讨论 C^2 连续的拼接条件.当 $\boldsymbol{Q}_0\boldsymbol{Q}_1 = \boldsymbol{P}_2\boldsymbol{P}_3$ 时,曲线 $\boldsymbol{B}_1(t)$ 和 $\boldsymbol{B}_2(t)$ 在连接点可达到 C^1 连续,如果 $\boldsymbol{B}''_1\left(\dfrac{\pi}{2}\right) = 2\boldsymbol{P}_1 - 4\boldsymbol{P}_2 + 2\boldsymbol{P}_3$ 等于 $\boldsymbol{B}''_2(0) = 2\boldsymbol{Q}_0 - 4\boldsymbol{Q}_1 + 2\boldsymbol{Q}_2$,那么曲线 $\boldsymbol{B}_1(t)$ 和 $\boldsymbol{B}_2(t)$ 在连接点可达到 C^2 连续,即

$$\boldsymbol{Q}_2 = 4\boldsymbol{P}_3 - 4\boldsymbol{P}_2 + \boldsymbol{P}_1 \tag{3.3}$$

定理 3　当参数 $\lambda_1 = \lambda_2 = 1$ 时,如果在定理 1 中 $\delta = 1$ 的条件下,再满足式(3.3),那么曲线 $\boldsymbol{B}_1(t)$ 和 $\boldsymbol{B}_2(t)$ 在连接点达到 C^2 连续.

由基函数端点性质知,若两条曲线在连接点达到 C^2 连续,则可自动达到 C^3 连续.图 3 是两段曲线的 G^2 拼接图,图 4 是两段曲线的 C^3 拼接图.

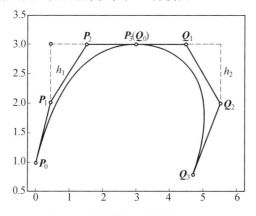

图 3　两段曲线的 G^2 拼接($\lambda = 1$)

137

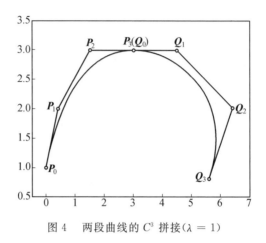

图 4　两段曲线的 C^3 拼接($\lambda = 1$)

§4　曲线的应用实例

1. 椭圆的表示

当 $\lambda = 0$ 时,二次三角多项式 Bézier 曲线可表示椭圆. 事实上,对于 $t \in \left[0, \dfrac{\pi}{2} \right]$,如果取 4 个控制顶点 $\boldsymbol{P}_0(a, -b), \boldsymbol{P}_1(-a, 0), \boldsymbol{P}_2(-a, 0), \boldsymbol{P}_3(a, b)$,那么三角多项式 Bézier 曲线的坐标表达式为

$$\begin{cases} x = 3a - 2a(\sin t + \cos t) \\ y = b(\sin t - \cos t) \end{cases}$$

可得出椭圆的方程

$$\frac{(x - 3a)^2}{4a^2} + \frac{y^2}{b^2} = 2$$

当 $b = 2a$ 时,二次三角多项式 Bézier 曲线表示一段圆弧. 图 5 中实线是由控制顶点为 $\boldsymbol{P}_0(1, -2), \boldsymbol{P}_1 = \boldsymbol{P}_2(-1, 0), \boldsymbol{P}_3(1, 2)$ 的二次三角多项式 Bézier 曲线表示

138

的一段圆弧,虚线是方程$(x-3)^2+y^2=8$表示的圆.

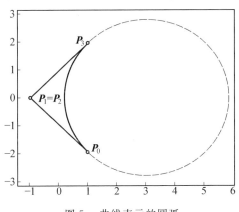

图 5　曲线表示的圆弧

2. 花瓣图形

二次三角多项式 Bézier 曲线与三次 Bézier 曲线一样,当首末顶点重合时,可得到一条闭曲线,图 6 是当 $\lambda=1,0,0.5$ 时的闭曲线的花瓣图形.

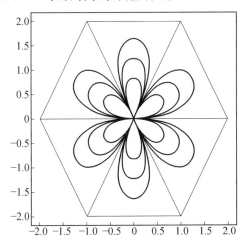

图 6　闭曲线的花瓣图形($\lambda=1,0.5,0$)

§5 双二次三角多项式 Bézier 曲面

给定 4×4 个控制顶点 $\boldsymbol{P}_{k,l}(k=0,1,\cdots,3;l=0,1,\cdots,3)$，运用张量积方法，定义双二次三角多项式 Bézier 曲面

$$\boldsymbol{r}(u,v)=\sum_{k=0}^{3}\sum_{l=0}^{3}\boldsymbol{P}_{k,l}\boldsymbol{B}_{k}(\lambda_{1},u)\boldsymbol{B}_{l}(\lambda_{2},v)$$

$$(0\leqslant y,v<\frac{\pi}{2}) \tag{5.1}$$

显然曲面具有与曲线完全类似的性质. 由于曲面具有两个参数 λ_1 和 λ_2，故可以从两个方向上调整曲面的形状，更加便于外形设计.

§6 结 束 语

本章给出了由 4 个顶点控制的带有形状参数的二次三角多项式 Bézier 曲线，完全与三次 Bézier 曲线类似，曲线插值于起点和末点，并且与始边和终边相切，但所构造的曲线具有更好的逼近控制多边形的特性，而且也方便逼近三次 Bézier 曲线. 曲线在一定的条件下可精确表示椭圆弧. 由于带有形状参数，故曲线的形状是可调的，参数越大，曲线越逼近控制多边形. 为了适合自由曲线曲面的造型系统，本章还讨论了两段三角多项式曲线的拼接问题，得出了 G^2 连续和 C^3 连续的拼接条件；曲线拼接的连续性比两段三次 Bézier 拼

接的连续性高. 运用张量积的方法, 可将曲线推广到曲面情形, 曲面具有与曲线类似的性质. 至于两张曲面的拼接, 在此不叙述了.

参 考 文 献

[1] 施法中. 计算机辅助几何设计与非均匀有理 B 样条[M]. 北京: 高等教育出版社, 2001: 306-454.

[2] PIEGL L, TILLER M. The NURBS book[M]. 2nd ed. , New York: Springer, 1997: 289-311.

[3] POTTMANN H, WAGNER M G. Helix splines as an example of affine tchebycheffian splines[J]. Adv. Comput. Math. , 1994, 2 (1): 123-142.

[4] MARNAR E, PEÑA J M, SÁNCHEZ-REYES J. Shape preserving alternatives to the rational Bézier model[J]. Computer Aided Geometric Design, 2001, 18(1): 37-60.

[5] SCHOENBERG I J. On trigonometric spline interpolation [J]. J. Math. , 1964(13): 795-825.

[6] FAIX I D, PARTT M J. Computational geometry for design and manufacture [M]. Chichester: Ellis Horwood Ltd. , 1979: 34-37.

[7] LYCHE T, WINTHER R. A stable recurrence relation for trigonometric B-spline[J]. J. Approx. Theory, 1979(25): 266-279.

[8] 朱仁芝, 程漢嵩. 拟合任意空间曲面的三角函数方法[J]. 计算机辅助设计与图形学学报, 1996, 8(2): 108-114.

[9] PEÑA J M. Shape preserving representations for trigonometric polynomial curves[J]. Computer Aided Geometric Design, 1997, 14 (1): 5-11.

[10] RON GOLDMAN. 金字塔算法——曲线曲面几何模型的动态编程处理[M]. 吴宗敏, 刘剑平, 曹沅, 译. 北京: 电子工业出版社, 2004: 152-157.

第 3 编
三次 Bézier 曲线

关于三次参数样条曲线的
一些注记[①]

第
1
章

　　在曲线、曲面的拟合和光顺理论中有两种三次参数样条曲线插值是经常遇到的：一种是以连接各有序型值点的累加弦长为其参数值的三次多项式表示，另一种是所谓基样条的函数插值．这两种插值法在各分段曲线两端曲率的符号相同的情况下都有可能产生这段曲线上不应该出现的，即所谓多余的拐点，以致引起整条曲线的不光顺．复旦大学的苏步青教授于1976 年经过船体数学放样的一些实践提出了一些准则，用来检查多余的

---

① 　本章摘自《应用数学学报》1976 年第 1 期.

拐点是否出现,提出了如何消除这种现象的具体措施,并纠正了以前文献中的某些错误.

§1　两种三次样条插值

Engels 指出:"数和形的概念不是从其他任何地方,而是从现实世界中得来的." 三次样条曲线就是一个例子,这同工人师傅用的弹性样条相类似,同其他力学的对象一样,已被证明是一种最有用的工具. 这种曲线被应用在工程中,尤其是在设计工程中,而应用的对象有飞机机身、汽车车体、汽轮机叶片截口、船体放样等.

设平面上给出一些型值点 $P_i(i=0,1,\cdots,N)$,它们在平面直角坐标系 xOy 下分别具有坐标(x_i,y_i),并且为了方便起见,我们假定 $a=x_0<x_1<\cdots<x_N=b$,也就是:区间$[a,b]$ 被划分为 N 个子区间$[x_i,x_{i+1}]$ $(i=0,1,\cdots,N-1)$. 样条曲线 $y=f(x)$ 是一条通过这 $N+1$ 个型值点的曲线,它在每个子区间$[x_i,x_{i+1}]$ $(i=0,1,\cdots,N-1)$ 上是 x 的三次多项式

$$P_i(x)=a+bx+cx^2+x^3 \qquad (1.1)$$

而整条曲线就是由这 N 段三次曲线所组成的,使得在每两条相邻三次曲线的公共点,即节点 $P_1,P_2,\cdots,$ $P_{N-1}(P_0,P_N$ 称为端点$)$ 上曲线的斜率和曲率都是连续的.

这种样条曲线主要适用于小挠度样条的情况,即 $y'^2\ll 1$(这里 y' 表示$\dfrac{\mathrm{d}y}{\mathrm{d}x}$). 对于大挠度样条的情况,我

146

们必须采用另外的插值法,其中之一就是作为参数样条

$$
\begin{cases}
x = a_0 + a_1 t + \dfrac{1}{2} a_2 t^2 + \dfrac{1}{6} a_3 t^3 \\[2mm]
y = b_0 + b_1 t + \dfrac{1}{2} b_2 t^2 + \dfrac{1}{6} b_3 t^3
\end{cases}
\tag{1.2}
$$

来表示上述的小段曲线.

假定 x, y 在各节点 $P_i\,(i=1,2,\cdots,N-1)$ 都是 t 的三阶连续可导函数,那么,我们仍可沿用对待小挠度样条的办法进行计算. 这样决定下来的样条曲线称为三次参数样条,就是本章所讨论的对象.

在曲线、曲面的拟合和光顺理论中经常有两种三次参数样条曲线插值法,现在先讲第一种. 它的特点是选取型值点 $P_0, P_1, \cdots, P_N$ 的累加弦长为其参数值[①]：在 $P_0, P_1, \cdots, P_N$ 处对应的参数值分别为 $t_0 = 0, t_1 = \overline{P_0 P_1}, t_2 = \overline{P_0 P_1} + \overline{P_1 P_2}, \cdots, t_N = \overline{P_0 P_1} + \overline{P_1 P_2} + \cdots + \overline{P_{N-1} P_N}$. 于是分别运用式(1.1)的方法到 (t, x) 和 (t, y). 由于这样,就有

$$
\frac{x_{i+1} - x_i}{t_{i+1} - t_i} = \frac{x_{i+1} - x_i}{\overline{P_i P_{i+1}}}
$$

$$
\frac{y_{i+1} - y_i}{t_{i+1} - t_i} = \frac{y_{i+1} - y_i}{\overline{P_i P_{i+1}}}
$$

各个绝对值不大于 1,所以计算误差也小. 这种样条适用于曲线拟合,这是无疑的,但是在检验一个分段曲线是否有多余拐点的问题上,条件较为复杂(参看本章 §3),这是一个缺点.

[①]　这里不讨论另一种以通过每三个邻点的圆弧替代弦长的方法.

第二种三次参数样条曲线插值法首先是 Coons 所研究和应用的,后来被穗坂拓广到了 $2m+1$ 次参数样条曲线.

在所讨论的分段曲线上,我们可以假定参数 $0 \leqslant t \leqslant 1$. 把原参数 $t(t_i \leqslant t \leqslant t_{i+1})$ 变换为新参数 $\bar{t}$

$$\bar{t} = \frac{t - t_i}{t_{i+1} - t_i}$$

就能够达到目的.

三次多项式 $f(t)$ 是由边界值 $f^{(k)}(i)(i=0,1;k=0,1;f^{(0)}=f,f^{(1)}=\dfrac{\mathrm{d}f}{\mathrm{d}t})$ 完全决定的. 特别是当 $f^{(k)}(0)=\delta_{jk}$, $f^{(k)}(1)=0$ 时,设对应的 $f(t)$ 为 $P_{0j}(t)$; 当 $f^{(k)}(0)=0$, $f^{(k)}(1)=\delta_{jk}$ 时,设对应的 $f(t)$ 为 $P_{1j}(t)$,其中 $j=0,1$,而且

$$\delta_{jk} = \begin{cases} 1, & \text{当 } j=k \\ 0, & \text{当 } j \neq k \end{cases}$$

那么,一般的 $f(t)$ 就可表示为

$$\left(f^{(k)} = \frac{\mathrm{d}^k f}{\mathrm{d}t^k} \right)$$

$$f(t) = \sum_{j=0}^{1} \{ f^{(j)}(0) P_{0j}(t) + f^{(j)}(1) P_{1j}(t) \}$$

$$(1.3)$$

实际上,容易算出

$$\begin{cases} P_{00}(t) = 2t^3 - 3t^2 + 1 \\ P_{01}(t) = t^3 - 2t^2 + t \\ P_{10}(t) = -2t^3 + 2t^2 \\ P_{11}(t) = t^3 - t^2 \end{cases} \quad (1.4)$$

将这一基本函数表示法应用到 $x(t),y(t)$ 上,便可得到形如式(1.2)的参数方程

$$\begin{cases} x(t) = \sum_{j=0}^{1} \{ x^{(j)}(0) P_{0j}(t) + x^{(j)}(1) P_{1j}(t) \} \\ y(t) = \sum_{j=0}^{1} \{ y^{(j)}(0) P_{0j}(t) + y^{(j)}(1) P_{1j}(t) \} \end{cases}$$

$$(1.5)$$

§2　三次参数曲线和有关的相对仿射不变量

现在,我们把方程(1.2)看作一整条的三次曲线,从而作为参数样条曲线的那一分段,恰恰是这条三次曲线上参数 t 在区间 $[t_i, t_{i+1}]$ 内取值时所对应的一段. 为了要检查清楚这一段上会不会产生拐点和奇点(包括二重点、尖点),我们首先指出,这些拐点和奇点如果经过仿射变换

$$\begin{cases} \overline{x} = \alpha x + \beta y + \xi \\ \overline{y} = \gamma x + \delta y + \eta \end{cases} \tag{2.1}$$

其中 $\Delta \equiv \alpha\delta - \beta\gamma \neq 0$,曲线的参数方程(1.2) 变为

$$\begin{cases} \overline{x} = \overline{a}_0 + \overline{a}_1 t + \dfrac{1}{2}\overline{a}_2 t^2 + \dfrac{1}{6}\overline{a}_3 t^3 \\ \overline{y} = \overline{b}_0 + \overline{b}_1 t + \dfrac{1}{2}\overline{b}_2 t^2 + \dfrac{1}{6}\overline{b}_3 t^3 \end{cases} \tag{2.2}$$

那么原曲线(1.2)上的任一奇点或拐点仍然被变换到新曲线(2.2)上的同一类奇点或拐点. 由式(1.2)和(2.1)容易看出

$$\begin{cases} \overline{a}_1 = \alpha a_1 + \beta b_1, \ \overline{b}_1 = \gamma a_1 + \delta b_1 \\ \overline{a}_2 = \alpha a_2 + \beta b_2, \ \overline{b}_2 = \gamma a_2 + \delta b_2 \\ \overline{a}_3 = \alpha a_3 + \beta b_3, \ \overline{b}_3 = \gamma a_3 + \delta b_3 \end{cases} \tag{2.3}$$

149

令

$$\begin{cases} p = a_2 b_3 - a_3 b_2 \\ q = a_3 b_1 - a_1 b_3 \\ r = a_1 b_2 - a_2 b_1 \end{cases} \qquad (2.4)$$

这些就是向量 $\boldsymbol{a} = (a_1, a_2, a_3)$ 和向量 $\boldsymbol{b} = (b_1, b_2, b_3)$ 的向量积 $\boldsymbol{a} \times \boldsymbol{b}$ 的三个分量,它们都是权 1 的相对仿射不变量,即经过仿射变换(2.1)之后,关系

$$\bar{p} = \Delta \cdot p, \bar{q} = \Delta \cdot q, \bar{r} = \Delta \cdot r \qquad (2.5)$$

成立.

在式(1.2)中,a_3 和 b_3 至少有一个不等于 0,否则,所论曲线就不是三次的了.我们不妨假定 $b_3 \neq 0$.从式(1.2)容易导出

$$b_3 x - a_3 y + a_3 b_0 - a_0 b_3 = \frac{1}{2} pt^2 - qt$$

如果 $p = 0$,那么 q 就不能等于 0,于是

$$\begin{cases} \bar{x} = \frac{1}{q}(-b_3 x + a_3 y + a_0 b_3 - a_3 b_0) \\ \bar{y} = \frac{6}{b_3} y \end{cases}$$

便有类似于式(1.1)的方程

$$\bar{y} = a + b\bar{x} + c\bar{x}^2 + \bar{x}^3$$

如所知,这种三次曲线只有一个拐点.这样,我们得出了 $p = 0$ 的几何意义.

以下假定 $p \neq 0$.从式(2.5)得知,任何一个关于 p, q, r 的二次型,例如:$q^2 - 2pr$,是权 2 的相对仿射不变量,因此,它的符号是具有仿射几何的意义的.我们将证明:三次参数曲线(1.2)在 $p \neq 0$ 的假定下,按照

$$q^2 - 2pr > 0, b = 0, \text{ 或 } b < 0$$

分别具有二个拐点,一个尖点,或一个二重点.

为此,进行下列仿射变换

$$\begin{cases} \overline{x} = \dfrac{2}{p}(-b_3 x + a_3 y + a_0 b_3 - a_3 b_0) \\ \overline{y} = \dfrac{6}{b_3} y \end{cases}$$

这时,$\Delta = -\dfrac{2}{p} \neq 0$. 我们容易看出:当参数 t 受到 $t = e\tau + t_0$ 的变换时,有关的 p, q, r 分别变为 $e^5 p, e^4 (q - t_0 p), e^3 \left(r - t_0 q + \dfrac{1}{2} t_0^2 p \right)$,从而 $q^2 - 2pr$ 变为 $e^8 (q^2 - 2pr)$. 在这里,令 $\tau = t - \dfrac{q}{p}$,即 $e = 1, t_0 = \dfrac{q}{p}$,所以 $q^2 - 2pr$ 是关于参数变换 $t = \tau + t_0$ 的不变式. 经过这些变换,曲线的参数方程化为

$$\overline{x} = -\tau^2, \quad \overline{y} = \tau^3 + a\tau^2 + b\tau + c \qquad (2.6)$$

这时,$\overline{p} = -12, \overline{q} = 0, \overline{r} = 2b$. 由此得到

$$q^2 - 2pr = 12 p^2 b \qquad (2.7)$$

最后这一关系式表明了 b 与 $q^2 - 2pr$ 同时为 0,或有同一符号.

另外,从式(2.6)中消去参数 τ,把曲线的方程写成隐函数形式

$$\overline{x}(b - \overline{x})^2 + (\overline{y} + a\overline{x} - c)^2 = 0 \qquad (2.8)$$

我们便可明了,曲线(2.8)按 $b > 0, b = 0, b < 0$ 分别具有二个拐点,一个尖点,或一个二重点.

这样,我们就证明了上述结论. 在后面几节中我们将重新回到这个相对不变量 $q^2 - 2pr$.

§3   多余拐点出现的充要条件

我们现在仍旧回到三次参数样条曲线的方程 (1.2)，即

$$\begin{cases} x = a_0 + a_1 t + \dfrac{1}{2} a_2 t^2 + \dfrac{1}{6} a_3 t^3 \\ y = b_0 + b_1 t + \dfrac{1}{2} b_2 t^2 + \dfrac{1}{6} b_3 t^3 \end{cases} \tag{3.1}$$

式中，参数 t 的取值是：在第一种情况下，$0 \leqslant t \leqslant T$，$T$ 表示弦长 $\overline{P_i P_{i+1}}$；在第二种情况下，$0 \leqslant t \leqslant 1$，而且式 (3.1) 是式 (1.5) 的另一表示.

首先，我们指出：参数 t 不能是曲线的弧长 s.

实际上，写 $\dfrac{\mathrm{d}x}{\mathrm{d}t} = x'$，$\dfrac{\mathrm{d}^2 x}{\mathrm{d}t^2} = x''$，等等. 假如 $t = s$，那么，从 $x'^2 + y'^2 \equiv 1$ 得出

$$x'x'' + y'y'' \equiv 0$$

即

$$\frac{1}{2}(a_3^2 + b_3^2) t^3 + \frac{3}{2}(a_2 a_3 + b_2 b_3) t^2 +$$

$$(a_2^2 + b_2^2 + a_1 a_3 + b_1 b_3) t + (a_1 a_2 + b_1 b_2) \equiv 0$$

由此立即得出

$$a_3 = 0, b_3 = 0; a_2 = 0, b_2 = 0$$

于是曲线变为直线段.

其次，我们转到所讨论的曲线段上出现多余拐点的充要条件. 为此，从式 (3.1) 容易导出与拐点有关的二次方程

$$pt^2 - 2qt + 2r = 0 \tag{3.2}$$

为了曲线的光顺,在这条分段曲线上至多只能有一个拐点.我们考虑方程(3.2)成为 t 的一次方程的场合,这时 $p=0$.如前所证,曲线段是普通的三次样条曲线.如果曲线段在两端的曲率有不同的符号,那么在其上就不可避免地要出现一个拐点.与此相反,如果在两端的曲率符号相同,那么就不会出现拐点,从而体现了光顺的要求.所以我们只需讨论 $p \neq 0$ 的情况.

这时,曲线段的拐点(如果存在)所对应的参数值是二次方程(3.2)的根.现在,我们先就第一种三次参数样条曲线进行讨论.在这种情形下,方程(3.2)有两个实根落在区间 $[0, T]$ 上的充要条件如下:

(1) $q^2 - 2pr > 0$.

(2) $pr > 0$.

(3) $qr > 0$.

(4) $T^2 - 2\dfrac{q}{p}T + 2\dfrac{r}{p} > 0$.

(5) $T > \dfrac{q}{p}$.

此外,由定义 $T = \overline{P_i P_{i+1}}$,我们有:

(6) $\left(a_1 + \dfrac{1}{2}a_2 T + \dfrac{1}{6}a_3 T^2\right)^2 + \left(b_1 + \dfrac{1}{2}b_2 T + \dfrac{1}{6}b_3 T^2\right)^2 = 1$.

由此立即导出一个用来判别拐点个数的准则:

曲线段(3.1)上不出现多于一个实拐点的充要条件是 $\boldsymbol{a} = (a_1, a_2, a_3)$ 和 $\boldsymbol{b} = (b_1, b_2, b_3)$ 的向量积 $\boldsymbol{a} \times \boldsymbol{b}$ 的三个分量 p, q, r 有不同的符号;或者满足 $q^2 - 2pr < 0$;或者在由(6)求出正根 T 后,(4) 和 (5) 中至少有一个不成立.

153

如上所述,我们考虑曲线段两端的曲率乘积的符号,就是

$$\text{sign}(\kappa(0)\kappa(T)) = \text{sign}(\rho(0)\rho(T))$$
$$= \text{sign}[r(pT^2 - 2qT + 2r)]$$

其中

$$\rho(t) = pt^2 - 2qt + 2r$$

从(2)和(4)立即得到

$$\kappa(0)\kappa(T) > 0$$

反之,我们从最后的不等式和(2)容易看出(4)成立.

综合起来,我们得到如下的准则:

(1) 曲线段两端曲率有同一符号.

(2) p, q, r 有同一符号.

(3) $q^2 - 2pr > 0$.

(4) $T > \dfrac{q}{p}$,其中 T 是条件(6)的正根.

忻元龙找到了一个使上列条件(1) ～ (6)全部成立的实例

$$a_1 = 0, a_2 = 1, a_3 = -\frac{3}{2}$$

$$b_1 = -1, b_2 = 0, b_3 = \frac{3}{4}$$

$$T = \frac{16}{5}$$

这里,$p = \dfrac{3}{4}, q = \dfrac{3}{2}, r = 1$;方程(3.2)的两个根是 $2 \pm \dfrac{2}{3}\sqrt{3}$.为了明确这条曲线的拐点的分布情况,我们用前述的方法把曲线的方程(3.1)化为式(2.6)的形式,其中 $\tau = t - 2; a = 6, b = 4, c = -8$,从而 $D = a^2 - 3b =$

24,曲线的具体形状如图 1 所示.它是原曲线的仿射变换,已经不和原来的形状相符合了,但拐点的分布还是一样的

$$a > 0, b > 0, D = a^2 - 3b > 0$$

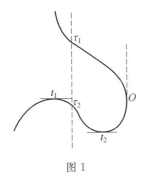

图 1

极值点的参数值

$$t_1, t_2 = \frac{-a \pm \sqrt{D}}{3}$$

拐点的参数值

$$\tau_1, \tau_2 = \pm\sqrt{\frac{b}{3}}$$

这个例子表明,在一段三次参数样条曲线上要出现两个实拐点,所需的条件虽然是相当苛刻、一般不易实现的,但是还有可能. 所以在生产实践中,我们必须按照上列准则加以检验.

对于第二种参数样条曲线(1.5),同样把它写成式(3.1)的形式,由此导出类似的充要条件,只是这时必须令 $T=1$,而且取消条件(6).具体地表达出来,就有:

$(1')q^2 - 2pr > 0.$

$(2')pr > 0.$

$(3')qr > 0.$

$(4')2\dfrac{r}{p}-2\dfrac{q}{p}+1>0.$

$(5')\dfrac{q}{p}<1.$

同样地,可以用曲线在两端的曲率符号相同来代替条件$(4')$.

最后,我们从条件(6)导出关于 T 的几个不等式,作为第一种参数样条曲线上出现两个实拐点的必要但非充分条件来使用.

为此目的,令 $A_1=a_1+\dfrac{1}{2}a_2T+\dfrac{1}{6}a_3T^2$,$B_1=b_1+\dfrac{1}{2}b_2T+\dfrac{1}{6}b_3T^2$,于是条件$(6)$便化为 $A_1^2+B_1^2=1$. 在这里,利用不等式

$$(A_1^2+B_1^2)(A_2^2+B_2^2)\geqslant(A_1A_2+B_1B_2)^2$$

我们在 A_2,B_2 的三种不同选取下得出下列不等式:

$(1)a_3^2+b_3^2\geqslant\left(\dfrac{1}{2}pT-q\right)^2.$

$(2)a_2^2+b_2^2\geqslant\left(\dfrac{1}{6}pT^2-r\right)^2.$

$(3)a_1^2+b_1^2\geqslant T^2\left(\dfrac{1}{6}qT-\dfrac{1}{2}r\right)^2.$

这些有时适用于检查不出现双拐点的情况,只要能找出上列不等式中有一个不成立就可以了.

§4　为消除多余拐点的一种插值法

我们在本节将讨论如何消除第二种三次参数样条曲线上可能出现的多余拐点的问题. 为此,我们回到与

这种样条插值法有关的方程(1.5).

　　为了方便,取定适当的平面直角坐标系 xOy,使得

$$\begin{cases} x(0)=0,y(0)=0 \\ x(1)=l,y(1)=0 \end{cases} \tag{4.1}$$

$$\begin{cases} x'(0)=\lambda l_0,y'(0)=\lambda m_0 \\ x'(1)=\mu l_1,y'(1)=\mu m_1 \end{cases} \tag{4.2}$$

其中 l 表示联结两端点的弦的弦长 $\overline{OL}$;$l_0,l_1>0$,$m_0>0>m_1$;$\lambda,\mu>0$(图 2).

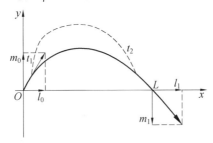

图 2

　　我们的目的是决定未定参数 λ,μ,使得在由式(4.1)和(4.2)的边界值所确定的样条曲线插值中不出现多余拐点.现在,把这些边界值代进方程(1.5),我们得到所讨论的样条曲线表示

$$\begin{cases} x=a_1 t+\dfrac{1}{2}a_2 t^2+\dfrac{1}{6}a_3 t^3 \\ y=b_1 t+\dfrac{1}{2}b_2 t^2+\dfrac{1}{6}b_3 t^3 \end{cases} \tag{4.3}$$

其中

$$0\leqslant t\leqslant 1$$

$$\begin{cases} a_1 = \lambda l_0, a_2 = 2(3l - 2\lambda l_0 - \mu l_1) \\ a_3 = 6(-2l + \lambda l_0 + \mu l_1) \\ b_1 = \lambda m_0, b_2 = -2(2\lambda m_0 + \mu m_1) \\ b_3 = 6(\lambda m_0 + \mu m_1) \end{cases} \tag{4.4}$$

从式(2.4)和(4.4)容易算出

$$\begin{cases} p = 12\{(-\lambda m_0 + \mu m_1)l + \lambda\mu\Delta\} \\ q = 6\lambda(-2m_0 l + \mu\Delta) \\ r = 2\lambda(-3m_0 l + \mu\Delta) \end{cases} \tag{4.5}$$

这里 $\Delta = l_1 m_0 - l_0 m_1 > 0$.

把这些表示代入不变量 $q^2 - 2pr$，便有

$$q^2 - 2pr = -12\lambda\mu\Delta^2 [(\lambda + 4m_1 l\Delta^{-1}) \cdot$$
$$(\mu - 4m_0 l\Delta^{-1}) + 4m_0 m_1 l^2 \Delta^{-2}]$$

因为 $\lambda, \mu > 0$，所以从 §2 中判别奇点的准则立即导出：整条三次参数曲线(4.3)按照

$$(\lambda + 4m_1 l\Delta^{-1})(\mu - 4m_0 l\Delta^{-1}) + 4m_0 m_1 l^2 \Delta^{-2} \lesseqqgtr 0$$

分别具有一个二重点，一个尖点或两个拐点.

因此，在平面 (λ, μ) 上，第一象限由双曲线

$$C: (\lambda + 4m_1 l\Delta^{-1})(\mu - 4m_0 l\Delta^{-1}) + 4m_0 m_1 l^2 \Delta^{-2} = 0 \tag{4.6}$$

被划分为二重点区域 (D_1)，(D_2) 和拐点区域 I，双曲线 C 上的点是给出尖点的(图3).

最后，我们考察平面 (λ, μ) 中的矩形区域

$$0 < \lambda < \frac{-3m_1 l}{\Delta}, 0 < \mu < \frac{3m_0 l}{\Delta} \tag{4.7}$$

$$\lambda \neq -\frac{2m_1 l}{\Delta}, \mu \neq \frac{2m_0 l}{\Delta}$$

为了阐明在这个区域里的 (λ, μ) 所确定的样条曲线分段式(4.3)上有没有多余的拐点，我们把整个区

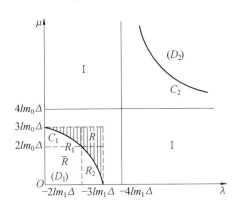

图 3　$(D_1),(D_2)$:二重点区域;C_1,C_2:尖点曲线;I:拐点区域

域分成下列四块(图 3)

$$R:\frac{-2m_1l}{\Delta}<\lambda<\frac{-3m_1l}{\Delta},\frac{2m_0l}{\Delta}<\mu<\frac{3m_0l}{\Delta}$$

$$R_1:0<\lambda<\frac{-2m_1l}{\Delta},\frac{2m_0l}{\Delta}<\mu<\frac{3m_0l}{\Delta}$$

$$R_2:\frac{-2m_1l}{\Delta}<\lambda<\frac{-3m_1l}{\Delta},0<\mu<\frac{2m_0l}{\Delta}$$

$$\overline{R}:0<\lambda<\frac{-2m_1l}{\Delta},0<\mu<\frac{2m_0l}{\Delta}$$

如果$(\lambda,\mu)\in R$,那么由式(4.5)便有

$$q>0,r<0,p-2q+2r<0 \qquad (4.8)$$

所以在 R 里曲线分段式(4.3)不具有多余的拐点.

同样的,如果$(\lambda,\mu)\in R_1$,那么式(4.8)也成立.

如果$(\lambda,\mu)\in R_2$,那么

$$r<0,q<0,p-2q+2r<0 \qquad (4.9)$$

而且 $p-q=6\mu(\lambda\Delta+2lm_1)>0$,即 $p>q$,从而

$$\frac{q}{p}<0,或\frac{q}{p}>1 \qquad (4.10)$$

因此在 R_2 里曲线分段(4.3)也不具有多余的拐点.

至于 $\overline{R}$，由于它属于 (D_1) 区域，所以这里的 (λ,μ) 所确定的曲线分段 (4.3) 当然没有拐点．

这样一来，我们获得了一种为消除多余拐点的插值法：

当在开区域式 (4.7)，除包括 C_1 在内的区域 (D_1) 外的区域（图 3 中的阴影部分）任意选取参数值 (λ,μ) 的时候，它们所确定的三次参数样条曲线分段 (4.3) 不具有多余的拐点和奇点．

上述插值法对于第二种三次参数样条曲线来说，对消除可能发生的多余拐点（图 2 中的上面一条曲线就有两个拐点）确实是有效的，但是它并不适用于那些在各端点处需有连续曲率的三次样条曲线．这是因为，上述的插值法虽然保持样条曲线在各节点的斜率，从而保持斜率的连续性，但是它并不保持曲率在各节点的连续性．

实际上，从式 (4.3) 和曲率公式

$$\kappa(t) = \frac{x'y'' - x''y'}{(x'^2 + y'^2)^{3/2}}$$

容易算出

$$\begin{cases} \kappa(0) = \dfrac{2(\mu\Delta - 3m_0 l)}{\lambda^2(l_0^2 + m_0^2)^{3/2}} \\[4mm] \kappa(1) = \dfrac{2(\lambda\Delta - 3m_1 l)}{\mu^2(l_1^2 + m_1^2)^{3/2}} \end{cases}$$

或者写成

$$\begin{cases} \kappa(0) = \dfrac{1}{\lambda^2}\left\{\kappa_1(0) + \dfrac{2(\mu-1)\Delta}{(l_0^2 + m_0^2)^{3/2}}\right\} \\[4mm] \kappa(1) = \dfrac{1}{\mu^2}\left\{\kappa_1(1) + \dfrac{2(\lambda-1)\Delta}{(l_1^2 + m_1^2)^{3/2}}\right\} \end{cases}$$

其中 $\kappa_1(j)(j=0,1)$ 表示曲率在 $\lambda=\mu=1$ 时的值．

1974 年 4 月 26 日苏步青教授追记：

本章中关于正则领域的结论需要如下的修正补充：

对于 $D\left(0 < \lambda < \dfrac{-3m_1 l}{\Delta}, 0 < \mu < \dfrac{3m_0 l}{\Delta}\right)$ 中的点 (λ, μ) 所作的三次参数样条曲线段，既不含有多余的拐点，也不包括尖点和二重点.

三次参数曲线段和三次 Bézier 曲线形状控制[①]

第 2 章

§1 引　言

文献[1-5]研究了代数参数曲线的仿射不变量及代数参数曲线段上实奇点和实拐点的分布问题,运用经典的代数几何方法,在计算几何中成功地讨论了对代数参数曲线段的控制问题.复旦大学数学研究所的刘鼎元教授于 1981 年继续了这一工作.

三次参数曲线和三次 Bézier 曲线

---

①　本章摘自《应用数学学报》1981 年第 4 期.

是计算几何中经常使用的曲线段. 若给定两个端点和端点处的两条切向量,则三次参数曲线段唯一确定. 由于调整端点切向量长度对于控制三次参数曲线段的形状有着重大作用,故许多数学工作者关心这个问题,但还仅停留于某些定性的认识. 本章将用这两条端点切向量的相对长度 λ 和 μ 这对仿射不变量来控制三次参数曲线段的形状,给出了定量关系式. 作为应用,讨论了三次 Bézier 曲线的形状控制问题. 这些同样可以应用到三次 B 样条曲线上.

§2　三次参数曲线的奇点和拐点

设三次参数曲线的方程是

$$P(t) = \frac{1}{6}P_3 t^3 + \frac{1}{2}P_2 t^2 + P_1 t + P_0 \qquad (2.1)$$

记

$$\begin{cases} p = [P_2 \times P_3] \\ q = [P_3 \times P_1] \\ r = [P_1 \times P_2] \end{cases} \qquad (2.2)$$

$$J = q^2 - 2pr \qquad (2.3)$$

式中记号 [ ] 代表向量的叉积在 z 轴上的投影值.

在 $p \neq 0$ 时,由文献 [2],曲线 (2.1) 上的点 $P(t_\varepsilon)(\varepsilon = \pm 1)$ 是:

(1) 一个二重点,当且仅当

$$\begin{cases} t_\varepsilon = \dfrac{q + \varepsilon \sqrt{-3J}}{p} \\ J < 0 \end{cases} \qquad (2.4)$$

(2) 一个尖点，当且仅当

$$
\begin{cases}
t_\varepsilon = \dfrac{q}{p} \\
J = 0
\end{cases}
\tag{2.5}
$$

(3) 两个拐点，当且仅当

$$
\begin{cases}
t_\varepsilon = \dfrac{q + \varepsilon\sqrt{J}}{p} \\
J > 0
\end{cases}
\tag{2.6}
$$

在 $p = 0$ 时，如所知，此时曲线是由普通的三次多项式曲线在平面上作一运动所形成的[1]. 有人称其为单拐曲线，做了样条合成的讨论. 这时曲线上无奇点，只有一个拐点，对应的参数是

$$
t = \frac{r}{q}
\tag{2.7}
$$

注意，本章所论的奇点和拐点都是指实的.

§3　端点切向量相对长度 λ 和 μ 对曲线段形状的控制

为了样条曲线的合成，需要讨论三次参数曲线 (2.1) 中 $0 < t < 1$ 的一段. 若已知两个端点 M_0, M_1 及两个端点处的切向量 $\boldsymbol{A}_0, \boldsymbol{A}_1$，曲线段 (2.1) 可以写成另一种形式

$$
\begin{aligned}
\boldsymbol{P}(t) = \overrightarrow{OM_0} &+ t^2(3 - 2t)\boldsymbol{L} + t(t - 1)^2\boldsymbol{A}_0 + \\
&t^2(t - 1)\boldsymbol{A}_1 \quad (0 < t < 1)
\end{aligned}
\tag{3.1}
$$

其中 $\boldsymbol{L} = \overrightarrow{M_0 M_1}$，于是有关系式

$$
\begin{cases}
\boldsymbol{P}'(0) = \boldsymbol{A}_0, \ \boldsymbol{P}''(0) = 6\boldsymbol{L} - 4\boldsymbol{A}_0 - 2\boldsymbol{A}_1 \\
\boldsymbol{P}'(1) = \boldsymbol{A}_1, \ \boldsymbol{P}''(1) = -6\boldsymbol{L} + 2\boldsymbol{A}_0 + 4\boldsymbol{A}_1
\end{cases}
\tag{3.2}
$$

由式(2.1) 有

$$\boldsymbol{P}'(0) = \boldsymbol{P}_1, \boldsymbol{P}''(0) = \boldsymbol{P}_2, \boldsymbol{P}''(1) = \boldsymbol{P}_2 + \boldsymbol{P}_3 \quad (3.3)$$

利用式(3.2) 和(3.3) 容易算出式(2.2) 和(2.3) 中的

$$\begin{cases} p = -24\Delta[(\lambda-1)(\mu-1)-1] \\ q = 12\Delta\lambda(2-\mu) \\ r = 4\Delta\lambda(3-\mu) \end{cases} \quad (3.4)$$

$$J = -48\Delta^2\lambda\mu[(\lambda-4)(\mu-4)-4] \quad (3.5)$$

其中

$$\Delta = \frac{1}{2}[\overrightarrow{M_0M} \times \overrightarrow{MM_1}]$$

等于 $\triangle M_0MM_1$ 的有向面积,M 是两条端点切线的交点. 我们先假定 $\Delta \neq 0$. 设

$$\begin{cases} \boldsymbol{A}_0 = \lambda\overrightarrow{M_0M} \\ \boldsymbol{A}_1 = \mu\overrightarrow{MM_1} \end{cases} \quad (3.6)$$

称 λ 和 μ 为两条端点切向量的相对长度(图 1),它们是三次参数曲线段的两个仿射不变量. 如果固定数对(λ, μ),让端点条件 M_0,M_1 和 $\boldsymbol{A}_0$,$\boldsymbol{A}_1$ 变动,对应曲线段的全体是仿射等价的.

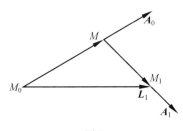

图 1

现在,我们来考察(λ,μ)同曲线段的实奇点和实拐点分布的关系(图 2).在平面(λ,μ)上建立仿射坐标

系 $\lambda O \mu$, λ 轴和 μ 轴、直线 $\lambda=3$ 和 $\mu=3$ 、双曲线 $(\lambda-4)(\mu-4)-4=0$ 、抛物线 $\mu^2-3\mu+\lambda=0$ 在第 Ⅱ 象限的一段 l_2 和抛物线 $\lambda^2-3\lambda+\mu=0$ 在第 Ⅳ 象限的一段 l_4 ,将平面 (λ,μ) 划分成标记的各块区域. 例如, N_1 表示 $0<\lambda<3$ 和 $0<\mu<3$ 的一块. 双曲线

$$(\lambda-4)(\mu-4)-4=0$$

以 $\lambda=4$ 和 $\mu=4$ 为渐近线,在其右上方的一支称为 C_1 ,另一支在第 Ⅰ ，Ⅱ 和 Ⅳ 象限中的部分依次记为 C_0 , C_2 和 C_4 .

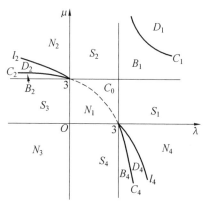

图 2

由于式 (3.4) 的右端项中的 Δ 不影响式 $(2.4)\sim$ (2.6) 中对应的参数 t_ε ,不妨假设 $\Delta<0$.

1. 当 $p\neq0$ 时

(1)二重点. 对于曲线段 $t\in(0,1)k$,其上有一个二重点的充要条件是

$$\begin{cases} 0<\dfrac{q+\varepsilon\sqrt{-3J}}{p}<1 \\ J<0 \end{cases} \tag{3.7}$$

① 当 $p > 0$ 时,式(3.7)等价于

$$\begin{cases} q + \sqrt{-3J} < p \\ q - \sqrt{-3J} > 0 \\ J < 0 \end{cases}$$

有理化以后是

$$\begin{cases} p^2 + 4q^2 - 2pq - 6pr > 0 \\ 2q^2 - 3pr > 0 \\ p > q > 0 \\ J < 0 \end{cases}$$

将式(3.4)代入上式,得到

$$\begin{cases} \lambda(\mu^2 - 3\mu + \lambda) > 0 \\ \mu(\lambda^2 - 3\lambda + \mu) > 0 \\ \mu(\lambda - 2) > 0 \\ \lambda(\mu - 2) > 0 \\ J < 0 \end{cases}$$

注意到抛物线 $\mu^2 - 3\mu + \lambda = 0$ 和 $\lambda^2 - 3\lambda + \mu = 0$ 只有两个实交点 $(0,0)$ 及 $(2,2)$;并且 $p = 0$ 就是双曲线 $(\lambda - 1)(\mu - 1) = 1$ 的两支,分别以 $(0,0)$ 和 $(2,2)$ 为顶点(图 3),立即得到结论:D_1 有二重点,N_3 无二重点.

② 当 $p < 0$ 时,类似地,式(3.7)等价于

$$\begin{cases} \lambda(\mu^2 - 3\mu + \lambda) > 0 \\ \mu(\lambda^2 - 3\lambda + \mu) > 0 \\ \mu(\lambda - 2) < 0 \\ \lambda(\mu - 2) < 0 \\ J < 0 \end{cases}$$

于是有结论:D_2,D_4 有二重点,N_1,N_2,N_4 无二重点.

（2）尖点.曲线段在 $t \in (0,1)$ 上有一个尖点的充要条件是

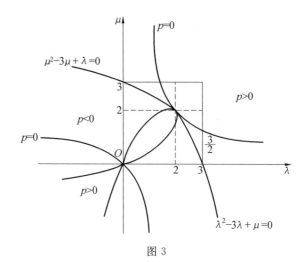

图 3

$$\begin{cases} 0 < \dfrac{q}{p} < 1 \\ J = 0 \end{cases} \qquad (3.8)$$

① 当 $p > 0$ 时,利用式(3.4),上式变为

$$\begin{cases} \mu(\lambda - 2) > 0 \\ \lambda(\mu - 2) > 0 \\ J = 0 \end{cases}$$

于是得到结论:C_1 有尖点.

② 当 $p < 0$ 时,类似地,式(3.8)变为

$$\begin{cases} \mu(\lambda - 2) < 0 \\ \lambda(\mu - 2) < 0 \\ J = 0 \end{cases}$$

这就说明:C_2 和 C_4 有尖点,C_0 无尖点.

(3) 拐点.利用式(3.1)和(3.3)容易算出端点曲率公式

168

$$\begin{cases} k_0 = \dfrac{[\boldsymbol{P}'(0) \times \boldsymbol{P}''(0)]}{|\boldsymbol{P}'(0)|^3} = \text{sign}(\lambda) \cdot \dfrac{3-\mu}{\lambda^2} \cdot \dfrac{4\Delta}{|\overrightarrow{M_0M}|^3} \\[3mm] k_1 = \dfrac{[\boldsymbol{P}'(1) \times \boldsymbol{P}''(1)]}{|\boldsymbol{P}'(1)|^3} = \text{sign}(\mu) \cdot \dfrac{3-\lambda}{\mu^2} \cdot \dfrac{4\Delta}{|\overrightarrow{MM_1}|^3} \end{cases}$$

$k_0 \cdot k_1 < 0$ 等价于 $\lambda\mu(3-\lambda)(3-\mu) < 0$. 于是有结论：$S_1, S_2, S_3, S_4$ 是有一个拐点的区域的全体.

曲线段在 $t \in (0,1)$ 上有两个拐点的充要条件是

$$\begin{cases} 0 < \dfrac{q + \varepsilon\sqrt{J}}{p} < 1 \\[3mm] J > 0 \end{cases} \tag{3.9}$$

① 当 $p > 0$ 时，上式等价于

$$\begin{cases} p - q > \sqrt{J} \\ q > \sqrt{J} \\ J > 0 \end{cases}$$

有理化以后，用式(3.4)将其代换成 (λ,μ) 形式

$$\begin{cases} \mu(\lambda - 3) > 0 \\ \lambda(\mu - 3) > 0 \\ \mu(\lambda - 2) > 0 \\ \lambda(\mu - 2) > 0 \\ J > 0 \end{cases} \tag{3.10}$$

得出结论：B_1 有两个拐点.

② 当 $p < 0$ 时，类似地，式(3.9)就是

$$\begin{cases} \mu(\lambda - 3) < 0 \\ \lambda(\mu - 3) < 0 \\ \mu(\lambda - 2) < 0 \\ \lambda(\mu - 2) < 0 \\ J > 0 \end{cases} \tag{3.11}$$

得出结论：B_2 和 B_4 有两个拐点，N_2 和 N_4 无拐点.

我们再说明 N_1 无拐点.这是由于当 $p>0$ 时,由式(3.10)得到 $\lambda>3,\mu>3$ 与 N_1 交于空集.当 $p<0$ 时,由式(3.11)得到 $\lambda<2,\mu<2$ 与 N_1 中的 $J>0$ 部分交于空集.

2.当 $p=0$ 时.

由式(2.7)和(3.4)知,曲线段在 $t\in(0,1)$ 上有一个拐点的充要条件是

$$0<\frac{3-\mu}{3(2-\mu)}<1$$

即 $\mu<\frac{3}{2}$ 或 $\mu>3$.而 $p=0$ 代表了图 3 中标出的双曲线,于是得到结果:当 $p=0$ 时,在 N_1 中无奇点和拐点,在 S_1,S_2,S_3,S_4 中有一个拐点.

综上所述,得到关于三次参数曲线段(3.1)的奇点和拐点的分布.

定理 1 当 $\Delta\neq 0$ 时

$$(\lambda,\mu)\in\begin{cases} N_1,N_2,N_3,N_4,\text{则曲线段上无奇点和拐点}\\ S_1,S_2,S_3,S_4,\text{则曲线段上有一个拐点}\\ D_1,D_2,D_4,\text{则曲线段上有一个二重点}\\ C_1,C_2,C_4,\text{则曲线段上有一个尖点}\\ B_1,B_2,B_4,\text{则曲线段上有两个拐点} \end{cases}$$

这个定理给出一个办法:通过适当选择 (λ,μ) 来控制曲线段上有无奇点或拐点.图 4 画出了对应于一部分 (λ,μ) 的曲线段(3,1)的图形.

关于 $\Delta=0$ 这种例外的情况,这时或者两条端点切向量平行,或者其中之一与弦 L 平行(如果都与 L 相平行,那么曲线段(3.1)是平凡的直线段).沿用前面的讨论方法,便可得到曲线段(3.1)上的拐点和奇点的分布情形:

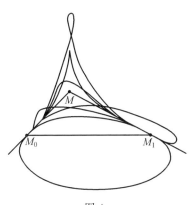

图 4

（1）当 $A_0 \mathbin{\!/\mkern-5mu/\!} A_1$ 时：

　　若 A_0 和 A_1 同向，则曲线段上有一个拐点；

　　若 A_0 和 A_1 反向，则曲线段上无奇点和拐点.

（2）当 $A_1 \mathbin{\!/\mkern-5mu/\!} L$，$A_0 \mathbin{/\!\!\!\backslash} L$ 时，设 $A_1 = \mu L$，则：

$$
\text{曲线段上}\begin{cases}
\text{无奇点和拐点,}\mu \leqslant 0 \\
\text{有一个拐点,}0 < \mu \leqslant 3 \\
\text{有两个拐点,}3 < \mu < 4 \\
\text{有一个尖点,}\mu = 4 \\
\text{有一个二重点,}\mu > 4
\end{cases}
$$

相应的各种曲线段示意图如图 5 所示.

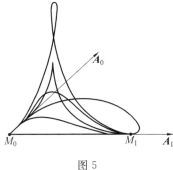

图 5

171

§4　三次 Bézier 曲线的形状控制

由特征四边形 $M_0M_1M_2M_3$ 决定的三次 Bézier 曲线以 M_0 和 M_3 为两个端点，$3\overrightarrow{M_0M_1}$ 和 $3\overrightarrow{M_2M_3}$ 为端点处的切向量. 因此，三次 Bézier 曲线就是一般的三次参数曲线段. 在形式上只不过是将端点处的切向量的长度压缩为三分之一，然后用 M_1 和 M_2 两个点来代表它们罢了. 设直线 M_0M_1 和 M_2M_3 交于点 M，记

$$\begin{cases} \overrightarrow{M_0M_1} = \lambda\,\overrightarrow{M_0M} \\ \overrightarrow{M_2M_3} = \mu\,\overrightarrow{MM_3} \end{cases} \tag{4.1}$$

只要把图 2 中 λ 轴和 μ 轴上的单位长度压缩到三分之一，使用式（4.1）中的 (λ,μ)，则 §3 中的定理依然成立.

在 Bézier 特征四边形 $M_0M_1M_2M_3$ 上建立如图 6 所示的仿射标架 $\{O;\ \overrightarrow{OM_3},\ \overrightarrow{OM_0}\}$，这里 $\overrightarrow{OM_3}\ /\!/\ \overrightarrow{M_0M_1}$，$\overrightarrow{OM_0}\ /\!/\ \overrightarrow{M_3M_2}$. 把点 M_1 的 λ 坐标和点 M_2 的 μ 坐标合起来就是式（4.1）中的 λ 和 μ，记为点 $Q(\lambda,\mu)$. 这样，特征四边形就和 (λ,μ) 建立了对应关系. 应用 §3 中的定理，可以用点 $Q(\lambda,\mu)$ 对三次 Bézier 曲线的形状加以控制.

Bézier 本人曾用"速度曲线"讨论过三次 Bézier 曲线上出现尖点或两个拐点的判别条件，但是过于间接，不便于实用.

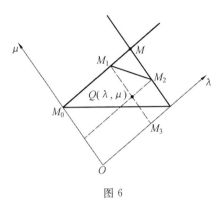

图 6

参 考 文 献

［1］苏步青.关于三次参数样条曲线的一些注记［J］.应用数学学报，1976(1):49-58.

［2］苏步青.关于三次参数样条曲线的一个定理［J］.应用数学学报，1977(1):49-54.

［3］苏步青.关于五次有理曲线的注记［J］.应用数学学报,1977(2):80-89.

［4］苏步青.有理整曲线的几个相对仿射不变量［J］.复旦学报,1977(2):22-29.

［5］苏步青,忻元龙.高维仿射空间参数曲线的几个不变量［J］.应用数学学报,1980(3):139-146.

重心坐标系下平面上三次 Bézier 曲线奇拐点的分布①

第 3 章

§1 引 言

Bézier 曲线是计算几何中常用的曲线之一,对该曲线奇拐点的研究,是控制 Bézier 曲线形状的关键.文献[1]较圆满地解决了 Bézier 曲线奇拐点分布问题,但给出的结果较复杂,在应用时,不但要验算较复杂的不等式,奇拐点分布的区域划分也较多,不便于上机运算.襄樊学院数学系的魏跃春教

① 本章摘自《数学杂志》2003 年第 3 期.

授于 2003 年利用重心坐标,首先给出了 Bézier 曲线的重心表达式,然后利用重心坐标给出了 Bézier 曲线奇拐点存在的条件,所得结论较文献[1]中奇拐点存在的充要条件简便.在实际应用时,仅需计算一些简单三角形的面积,便于上机运算,使判别 Bézier 曲线奇拐点的问题变得更加简便.

§2　用重心坐标表示 Bézier 曲线

1.重心坐标

设三点 P_1,P_2 和 P_3 构成三角形,t_1,t_2 和 t_3 分别表示它们的向径,设 P 是三角形所在平面上的任一点,且向径为 t,则

$$t = \lambda_1 t_1 + \lambda_2 t_2 + \lambda_3 t_3 \quad (\lambda_1 + \lambda_2 + \lambda_3 = 1)$$

称 $(\lambda_1, \lambda_2, \lambda_3)$ 是点 P 关于基 $\triangle P_1 P_2 P_3$ 的重心坐标,如果点 P 在 $\triangle P_1 P_2 P_3$ 的内部或边界上,那么除 $\lambda_1 + \lambda_2 + \lambda_3 = 1$ 外,$\lambda_i \geqslant 0 (i = 1, 2, 3)$ 也成立,且重心坐标有下列几何意义

$$\lambda_1 = \frac{[PP_2 P_3]}{[P_1 P_2 P_3]}, \lambda_2 = \frac{[P_1 P P_3]}{[P_1 P_2 P_3]}, \lambda_3 = \frac{[P_1 P_2 P]}{[P_1 P_2 P_3]}$$

其中 $[PQR]$ 表示 $\triangle PQR$ 的有向面积(有正负).

2.重心坐标下 Bézier 曲线坐标参数表达式

设三次 Bézier 曲线方程是

$$\boldsymbol{p}(t) = \boldsymbol{a}_0 + \boldsymbol{a}_1 f_1(t) + \boldsymbol{a}_2 f_2(t) + \boldsymbol{a}_3 f_3(t) \quad (0 \leqslant t \leqslant 1)$$

$$(2.1)$$

其中

$$\begin{cases} f_1(t) = 3t - 3t^2 + t^3 \\ f_2(t) = 3t^2 - 2t^3 \\ f_3(t) = t^3 \end{cases}$$

$$\begin{cases} \boldsymbol{a}_0 = \boldsymbol{b}_0 \\ \boldsymbol{a}_1 = \boldsymbol{b}_1 - \boldsymbol{b}_0 \\ \boldsymbol{a}_2 = \boldsymbol{b}_2 - \boldsymbol{b}_1 \\ \boldsymbol{a}_3 = \boldsymbol{b}_3 - \boldsymbol{b}_2 \end{cases}$$

则在重心坐标系中式(2.1)表示为

$$\boldsymbol{p}(t) = \boldsymbol{Q}_0 + \boldsymbol{Q}_1 t + \frac{1}{2}\boldsymbol{Q}_2 t^2 + \frac{1}{6}\boldsymbol{Q}_3 t^3 \quad (0 \leqslant t \leqslant 1)$$

$$(2.2)$$

这里

$$\boldsymbol{Q}_0 = \boldsymbol{a}_0, \boldsymbol{Q}_1 = 3\boldsymbol{a}_1, \boldsymbol{Q}_2 = 6(-\boldsymbol{a}_1 + \boldsymbol{a}_2)$$

$$\boldsymbol{Q}_3 = 6(\boldsymbol{a}_1 - 2\boldsymbol{a}_2 + \boldsymbol{a}_3)$$

若取 $\boldsymbol{b}_0(1,0,0), \boldsymbol{b}_1(0,1,0), \boldsymbol{b}_2(0,0,1)$ 构成重心坐标系下的基(一般情况可利用坐标变换得到), $\boldsymbol{b}_3(q_1, q_2, q_3)$ 是平面上任一点,经过简单的计算,以 $\boldsymbol{b}_0 \boldsymbol{b}_1 \boldsymbol{b}_2 \boldsymbol{b}_3$ 为特征四边形的 Bézier 曲线可表示为

$$\begin{cases} u(t) = 1 - 3t + 3(1 + q_1)t^2 - (1 - 3q_1)t^3 \\ v(t) = 3t + 2(q_2 - 2)t^2 + (3 - 3q_2)t^3 \quad (2.3) \\ w(t) = 3q_3 t^2 + (1 - 3q_3)t^3 \end{cases}$$

式(2.3)称为重心坐标系下三次 Bézier 曲线的坐标参数表示式.

§3 Bézier 曲线奇拐点存在的充要条件

对于式(2.1)所表示的 Bézier 曲线有仿射不变量

176

$$\begin{cases} p = [\boldsymbol{Q}_2 , \boldsymbol{Q}_3] = 36(A_1 + A_2 + A_3) \\ q = [\boldsymbol{Q}_3 , \boldsymbol{Q}_1] = 18(A_2 + 2A_3) \\ r = [\boldsymbol{Q}_1 , \boldsymbol{Q}_2] = 18A_3 \end{cases}$$

其中 $A_1 = [\boldsymbol{a}_2 , \boldsymbol{a}_3], A_2 = [\boldsymbol{a}_3 , \boldsymbol{a}_1], A_3 = [\boldsymbol{a}_1 , \boldsymbol{a}_2]$ 表示三个平行四边形的有向面积.

对式(2.1)求导有

$$N(t) = [\boldsymbol{p}'(t) , \boldsymbol{p}''(t)]$$
$$= 18\{A_3 - (A_2 + 2A_3)t + (A_1 + A_2 + A_3)t^2\}$$

$$(3.1)$$

于是有

$$N(0)N(1) = 18^2 A_1 A_3 \qquad (3.2)$$

取 $\boldsymbol{b}_0 , \boldsymbol{b}_1 , \boldsymbol{b}_2$ 为重心坐标三角形的顶点,则 $[\boldsymbol{b}_0 \boldsymbol{b}_1 \boldsymbol{b}_2] = 1, \boldsymbol{b}_3(q_1 , q_2 , q_3)$ 为任一点,所以有

$$\begin{cases} q_1 = [\boldsymbol{b}_3 \boldsymbol{b}_1 \boldsymbol{b}_2] = \dfrac{1}{2} A_1 \\[2mm] q_2 = [\boldsymbol{b}_0 \boldsymbol{b}_3 \boldsymbol{b}_2] = \dfrac{1}{2}(A_2 - A_1) \\[2mm] q_3 = [\boldsymbol{b}_0 \boldsymbol{b}_1 \boldsymbol{b}_3] = \dfrac{1}{2}(A_3 - A_2) \end{cases}$$

将 A_1 , A_2 , A_3 解出代入式(3.1),(3.2)有

$$N(t) = [\boldsymbol{p}'(t) , \boldsymbol{p}''(t)]$$
$$= 36\{1 - (3 - q_3)t + (q_1 - q_3 + 2)t^2\}$$

$$(3.3)$$

$$N(0)N(1) = 36^2 q_1 \qquad (3.4)$$

1. 拐点存在的充要条件

(1) 当 $q_1 < 0$ 时,曲线有一个拐点.

(2) 当 $q_1 > 0$ 时,曲线无拐点或有两个拐点.

下面给出曲线存在两个拐点的条件.

由式(3.3)有

$$t_1 + t_2 = \frac{3 - q_3}{q_1 - q_3 + 2}$$

$$t_1 \cdot t_2 = \frac{1}{q_1 - q_3 + 2}$$

显然,曲线出现两个拐点 $t_1, t_2 \in (0,1)$ 的充要条件为

$$\begin{cases} (q_3 - 1)^2 - 4q_1 > 0 \\ 3 - q_3 > 0 \\ q_1 - q_3 + 2 > 0 \\ \dfrac{3 - q_3}{q_1 - q_3 + 2} < 2 \end{cases}$$

整理有

$$\begin{cases} (q_3 - 1)^2 - 4q_1 > 0 \\ 1 - q_3 > 0 \end{cases} \tag{3.5}$$

式(3.5)即为曲线出现两个拐点的充要条件.

2. 曲线存在奇点的充要条件

若存在 $t_1 \neq t_2, t_1, t_2 \in (0,1)$,使得 $\boldsymbol{p}(t_1) = \boldsymbol{p}(t_2)$,则 $\boldsymbol{p}(t)$ 是二重点. 当 $t_1 \to t_2$ 时,有 $\boldsymbol{p}(t_1) = \boldsymbol{p}(t_2)$,则 $\boldsymbol{p}(t)$ 是尖点. 二重点和尖点统称为曲线的奇点. 由文献[2],奇点等价于 $I = 4q_1 - (q_3 - 1)^3 \geqslant 0$,且解为

$$t_1, t_2 = \frac{3 - q_3 \pm \sqrt{3I}}{2(q_1 - q_3 + 2)}$$

下面分情况讨论:

(1) 当 $q_1 - q_3 + 2 > 0$ 时,$t_1, t_2 \in (0,1)$ 等价于

$$\begin{cases} 3 - q_3 - \sqrt{3I} > 0 \\ 3 - q_3 + \sqrt{3I} < 2(q_1 - q_3 + 2) \\ I \geqslant 0 \end{cases}$$

整理为

$$\begin{cases} q_3^2 + 2q_2 > 0 \\ 3 - q_3 < 0 \\ (q_1 - 1)^2 + q_3(q_3 - q_1 - 2) > 0 \quad (3.6) \\ 2q_1 - q_3 + 1 > 0 \\ I \geqslant 0 \end{cases}$$

(2) 当 $q_1 - q_3 + 2 < 0$ 时,$t_1,t_2 \in (0,1)$ 等价于

$$\begin{cases} 3 - q_3 + \sqrt{3I} < 0 \\ 3 - q_3 - \sqrt{3I} > 2(q_1 - q_3 + 2) \\ I \geqslant 0 \end{cases}$$

整理为

$$\begin{cases} q_3^3 + 2q_2 > 0 \\ 3 - q_3 < 0 \\ (q_1 - 1)^2 + q_3(q_3 - q_1 - 2) > 0 \quad (3.7) \\ 2q_1 - q_3 + 1 < 0 \\ I \geqslant 0 \end{cases}$$

将式(3.6),(3.7)合并为

$$\begin{cases} q_3^2 + 2q_2 > 0 \\ (q_1 - 1)^2 + q_3(q_3 - q_1 - 2) > 0 \\ (3 - q_3)(2q_1 - q_3 + 1) > 0 \quad (3.8) \\ I \geqslant 0 \end{cases}$$

式(3.8)为三次 Bézier 曲线出现奇点的充要条件,当式(2.1)中等号成立时为尖点,否则为二重点.

§4　重心坐标系下三次 Bézier 曲线奇拐点的分布

设 $\boldsymbol{b}_0(1,0,0),\boldsymbol{b}_1(0,1,0),\boldsymbol{b}_2(0,0,1)$ 构成一个重

心坐标三角形,坐标三角形可将平面分成七个区域,设
$b_3(q_1,q_2,q_3)$ 是平面上任一点,则 b_3 的重心坐标在七
个区域时的符号如图 1 所示,并有如下定理.

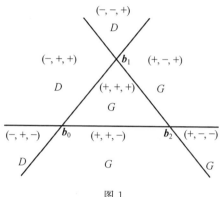

图 1

定理 1 设 $\triangle b_0 b_1 b_2$ 为一个重心坐标三角形,以
b_0,b_1,b_2,b_3 为序构成三次 Bézier 曲线特征多边形,当
$b_3 \in D$ 时,曲线有一个拐点,当 $b_3 \in G$ 时,曲线或无拐
点,或满足式(3.5)有两个拐点,或满足式(3.8)有奇
点.

用重心坐标研究 Bézier 曲线的奇拐点分布,给出
了一种判别任一点 b_3 对于已知三点 b_0,b_1,b_2 且当按
b_0,b_1,b_2,b_3 为序构成特征多边形时,Bézier 曲线是否
存在奇拐点的简便方法,此方法的最大优点是,奇拐点
分布区域划分简便,且区域个数少,判别奇拐点仅需计
算三角形面积,计算简便且便于上机运算,有较大的实
用价值.

三次 Bézier 曲线的扩展①

第 4 章

　　由 Bernstein 基构造的 Bézier 曲线由于结构简单、直观,是计算机辅助几何设计(CAGD)中表示曲线和曲面的重要工具之一.[1,2] 给定了控制顶点及相应的 Bernstein 基以后,Bézier 曲线就确定了;若要修改曲线的形状,必须调整控制顶点. 有理 Bézier 曲线通过引入权因子,不改变控制顶点,由权因子可调整曲线的形状;但有理 Bézier 曲线还有一定的缺陷:如权因子如何选取、权因子对曲线形状的影响还不是十分清楚,求导次数增加,求积分不方便等.[3,4]

---

①　本章摘自《工程图学学报》2005 年第 6 期.

Bézier 曲线和 Bézier 曲面

随着几何造型工具的发展,往往要求调整曲线的形状或改变曲线的位置,人们开始想办法推广 Bézier 曲线.在文献[5]中,讨论了一类可调控 Bézier 曲线,针对 $n+1$ 个控制顶点,用 $m=1(n-1)+1$ 次 Bernstein 基构造一类 Bézier 曲线.该类曲线的参数 1 的几何意义不明显、曲线次数过高、增加了曲线的计算量.在文献[6]中,通过将参数 t 重新参数化,提出了广义 Bézier 曲线和曲面,其目的在于提高联结两端 Bézier 曲线的连续阶.在文献[7]中,通过将参数 t 有理参数化提出了 Bernstein-Bézier 类曲线,但曲线不具有对称性.而在文献[8]中,提出了二次 Bézier 曲线的扩展,其所用的方法是提高多项式次数,以获得不同于 Bernstein 基且含有参数 λ 的基函数,得到的曲线具有与二次 Bézier 曲线类似的性质.

湖南科技大学数学与计算科学学院的吴晓勤和中南大学数学科学与计算技术学院的韩旭里两位教授于 2005 年提出了针对三次 Bézier 曲线的扩展,也通过增加 t 的次数,得到了 4 个带有参数 λ 的基函数组,由此组基函数构造了带有参数 λ 的曲线,具有与三次 Bézier 曲线类似的性质,如端点插值、端边相切、凸包性、变差缩减性、保凸性等.在控制顶点不变的情况下,随着参数 λ 的不同,可产生不同的逼近控制多边形的曲线;当 $\lambda=0$ 时,曲线退化为三次 Bézier 曲线.还讨论了两段曲线 G^1,G^2 拼接的条件;运用张量积方法,可生成形状可调的曲面,曲面具有与曲线类似的性质.吴晓勤和韩旭里两位教授所采用的方法为曲线曲面的设计提供了一种有效的方法.

§1　曲线的结构及性质

定义 1　对于 $t \in [0,1]$，$\lambda \in \mathbf{R}$，称关于 t 的多项式

$$
\begin{cases}
b_{0,3}(t) = (1 - \lambda t)(1 - t)^3 \\
b_{1,3}(t) = (3 + \lambda - \lambda t)(1 - t)^2 t \\
b_{2,3}(t) = (3 + \lambda t)(1 - t)t^2 \\
b_{3,3}(t) = (1 - \lambda + \lambda t)t^3
\end{cases}
\tag{1.1}
$$

为带参数 λ 的基函数，其中 $-3 \leqslant \lambda \leqslant 1$. 图 1 为当 $\lambda = -1$ 时 4 个基函数的图形.

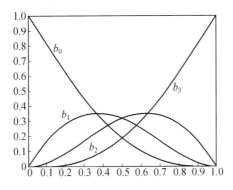

图 1　4 个基函数图形（$\lambda = 1$）

上述基函数具有下述性质：

性质 1　非负性、权性，即 $\sum_{i=0}^{3} b_{i,3}(t) \equiv 1$ 且 $b_{i,3}(t) \geqslant 0$，$i = 0, 1, 2, 3$.

性质 2　对称性，即 $b_{0,3}(1 - t) = b_{3,3}(t)$，$b_{1,3}(1 - t) = b_{2,3}(t)$.

性质 3　端点性质,即
$$b_{0,3}(0) = 1$$
$$b_{i,3}(0) = b'_{2,3}(0) = b'_{3,3}(0) = b''_{3,3}(0) = 0 \quad (i = 1,2,3)$$
$$b_{3,3}(1) = 1$$
$$b_{j,3}(1) = b'_{1,3}(1) = b'_{0,3}(1) = b''_{0,3}(1) = 0 \quad (j = 0,1,2)$$

性质 4　单峰性,即每个基函数在[0,1]上有一个局部最大值,可通过对基函数求导获得,只需验证 $b_{0,3}(t)$ 和 $b_{2,3}(t)$ 具有单峰性,据性质 2 可知 $b_{1,3}(t)$, $b_{3,3}(t)$ 也有单峰性.

性质 5　对 λ 的单调性,即对于固定的 $t, b_{0,3}(t)$ 和 $b_{3,3}(t)$ 是 λ 的递减函数,而 $b_{1,3}(t)$ 和 $b_{2,3}(t)$ 是 λ 的递增函数.

性质 6　当 $\lambda = 0$ 时,有 $b_{i,3}(t) = B_i^3(t) (i = 0,1,2,3)$.

此性质说明,式(1.1)给出的基函数是三次 Bernstein 基函数的扩展.

定义 2　给定 4 个控制顶点 $\boldsymbol{P}_i \in \mathbf{R}^d (d = 2,3, i = 0,1,2,3)$,对 $t \in [0,1]$ 定义曲线

$$\boldsymbol{B}(t) = \sum_{i=0}^{3} \boldsymbol{P}_i b_{i,3}(t) \tag{1.2}$$

称式(1.2)所定义的曲线为带有参数 λ 的四次 Bézier 曲线,简称四次 λ-Bézier 曲线. 显然,当 $\lambda = 0$ 时,四次 λ-Bézier 曲线退化为三次 Bézier 曲线. 图 2 为当 $\lambda = 1$, $0, -1, -2, -3$ 时的不同的四次 λ-Bézier 曲线.

由上述基函数的性质,不难得到曲线式(1.2)具有下述性质:

性质 1　端点性质
$$\boldsymbol{B}(0) = \boldsymbol{P}_0, \boldsymbol{B}(1) = \boldsymbol{P}_3$$

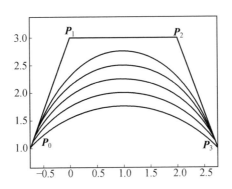

图 2　从上到下依次为 $\lambda = 1, 0, -1, -2, -3$ 的曲线

$$\boldsymbol{B}'(0) = (3 + \lambda)(\boldsymbol{P}_1 - \boldsymbol{P}_0)$$

$$\boldsymbol{B}'(1) = (3 + \lambda)(\boldsymbol{P}_3 - \boldsymbol{P}_2)$$

说明曲线(1.2)插值于首末端点及与控制多边形的首末边相切.

性质 2　凸包性.

由基函数的性质 1 即得.

性质 3　对称性.

以 $\boldsymbol{P}_3\boldsymbol{P}_2\boldsymbol{P}_1\boldsymbol{P}_0$ 为控制多边形的四次 λ-Bézier 曲线和以 $\boldsymbol{P}_0\boldsymbol{P}_1\boldsymbol{P}_2\boldsymbol{P}_3$ 为控制多边形的四次 λ-Bézier 曲线是相同的,只是定向相反. 因为根据基函数的对称性质,可得

$$\boldsymbol{B}(1 - t) = \sum_{i=0}^{3} b_{i,3}(1 - t)\boldsymbol{P}_{3-i} = \sum_{j=0}^{3} b_{j,3}(t)\boldsymbol{P}_j = \boldsymbol{B}(t)$$

性质 4　几何不变性和仿射不变性.

曲线仅依赖于控制顶点而与坐标系的位置和方向无关,即曲线的形状在坐标平移和旋转后不变;同时,对控制多边形进行缩放或剪切等仿射变换后,所对应的新曲线就是相同仿射变换后的曲线.

性质 5　逼近性.

185

当参数 λ 增大时,相应的曲线更加逼近其控制多边形,突破了三次 Bézier 曲线对控制多边形的逼近.这可由基函数的性质 5 验证.也说明吴晓勤和韩旭里两位教授的曲线比起三次 C-Bézier 曲线有更好的逼近性.

性质 6　变差缩减性(V. D.).

证明　采用文献[10]所提供的方法.首先证明基函数组 $\{b_{0,3}(t), b_{1,3}(t), b_{2,3}(t), b_{3,3}(t)\}$ 在 $(0,1)$ 上满足 Descartes 符号法则,即对任一组常数序列 $\{c_0, c_1, c_2, c_3\}$,有

$$\text{Zeros}(0,1)\left\{\sum_{k=0}^{3} c_k b_{k,3}(t)\right\} \leqslant SA(c_0, c_1, c_2, c_3)$$

$$(1.3)$$

其中 $\text{Zeros}(0,1)\{f(t)\}$ 表示函数 $f(t)$ 在区间 $(0,1)$ 上的根的个数,$f(t) = \sum_{k=0}^{3} c_k b_{k,3}(t)$. $SA(c_0, c_1, c_2, c_3)$ 表示序列 $\{c_0, c_1, c_2, c_3\}$ 的符号改变的次数.

不妨设 $c_0 > 0$,$SA(c_0, c_1, c_2, c_3)$ 的可能取值为 3,2,1,0.

(1) 当 $SA(c_0, c_1, c_2, c_3) = 3$ 时,$c_3 < 0$.另外,$f(t)$ 在 $[0,1]$ 上是连续函数,$f(0) = c_0$,$f(1) = c_3$.假设 $f(t)$ 在 $(0,1)$ 上有 4 个根,则 $f(1) = c_3 > 0$.故产生矛盾,式 (1.3) 成立.

(2) 当 $SA(c_0, c_1, c_2, c_3) = 2,1$ 时,用与上面相同的方法可证式 (1.3) 成立.显然,当 $SA(c_0, c_1, c_2, c_3) = 0$ 时,式 (1.3) 成立.故结论成立.

下证变差缩减性.令 L 为通过点 Q,且法向量为 v 的直线.

如果 L 和控制多边形 $\langle \boldsymbol{P}_0 \boldsymbol{P}_1 \boldsymbol{P}_2 \boldsymbol{P}_3 \rangle$ 交于点 $\boldsymbol{P}_k$ 和 $\boldsymbol{P}_{k+1}$ 之间的边,那么 $\boldsymbol{P}_k$,$\boldsymbol{P}_{k+1}$ 一定位于 L 的两侧,则 $\boldsymbol{v} \cdot (\boldsymbol{P}_k - \boldsymbol{Q})$ 和 $\boldsymbol{v} \cdot (\boldsymbol{P}_{k+1} - \boldsymbol{Q})$ 的符号相反.因此

$$SA\{\boldsymbol{v} \cdot (\boldsymbol{P}_0 - \boldsymbol{Q}), \boldsymbol{v} \cdot (\boldsymbol{P}_1 - \boldsymbol{Q}), \boldsymbol{v} \cdot$$
$$(\boldsymbol{P}_2 - \boldsymbol{Q}), \boldsymbol{v} \cdot (\boldsymbol{P}_3 - \boldsymbol{Q})\}$$
$$\leqslant \langle \boldsymbol{P}_0 \boldsymbol{P}_1 \boldsymbol{P}_2 \boldsymbol{P}_3 \rangle \text{ 与 } L \text{ 的交点个数.}$$

另外

$$\boldsymbol{B}(t) \text{ 与 } L \text{ 的交点个数}$$
$$= \text{Zeros}(0,1)\{\sum_{k=0}^{3} b_{k,3}(t)(\boldsymbol{P}_k - \boldsymbol{Q}) \cdot \boldsymbol{v}\}$$

所以,根据基函数组的 Descartes 符号法则得

$$\boldsymbol{B}(t) \text{ 与 } L \text{ 交点的个数}$$
$$\leqslant SA\{\boldsymbol{v} \cdot (\boldsymbol{P}_0 - \boldsymbol{Q}), \boldsymbol{v} \cdot (\boldsymbol{P}_1 - \boldsymbol{Q}),$$
$$\boldsymbol{v} \cdot (\boldsymbol{P}_2 - \boldsymbol{Q}), \boldsymbol{v} \cdot (\boldsymbol{P}_3 - \boldsymbol{Q})\}$$

从而结论得证.

性质 7　保凸性.

由性质 6 知,当控制多边形为凸时,平面上任一直线与曲线的交点个数不超过 2;因为直线与控制多边形的交点个数最多为 2.

§2　曲线的拼接

由曲线的端点性质,两条不同的相邻四次 λ-Bézier 曲线可方便地进行 G^1 拼接.

设

$$\boldsymbol{B}_1(t) = \sum_{i=0}^{3} \boldsymbol{P}_i b_{i,3}(t), \boldsymbol{B}_2(t) = \sum_{j=0}^{3} \boldsymbol{Q}_j b_{j,3}(t)$$

其中 $\boldsymbol{P}_3 = \boldsymbol{Q}_0$，$\boldsymbol{B}_1(t)$ 中的参数为 λ_1，$\boldsymbol{B}_2(t)$ 中的参数为 λ_2，且 $-3 < \lambda_1, \lambda_2 \leqslant 1$。

定理 1　若 $\boldsymbol{P}_2 \boldsymbol{P}_3$ 与 $\boldsymbol{Q}_0 \boldsymbol{Q}_1$ 共线且方向相同，即

$$\boldsymbol{Q}_0 \boldsymbol{Q}_1 = \delta \boldsymbol{P}_2 \boldsymbol{P}_3 \quad (\delta > 0) \tag{2.1}$$

则曲线 $\boldsymbol{B}_1(t)$ 和 $\boldsymbol{B}_2(t)$ 在连接点是 G^1 连续的。

显然由曲线性质 1 可验证。特别地，取 $\delta = \dfrac{3 + \lambda_1}{3 + \lambda_2}$，则曲线 $\boldsymbol{B}_1(t)$ 和 $\boldsymbol{B}_2(t)$ 可达到 C^1 连续。对于 λ_1, λ_2 的不同取值，可有不同的点 Q_1。

在满足式（2.1）的条件下，讨论 G^2 连续的拼接条件，要求曲率相等，即 $K_1(1) = K_2(0)$，有

$$\frac{|\boldsymbol{B}'_1(1) \times \boldsymbol{B}''_1(1)|}{|\boldsymbol{B}'_1(1)|^3} = \frac{|\boldsymbol{B}'_2(0) \times \boldsymbol{B}''_2(0)|}{|\boldsymbol{B}'_2(0)|^3}$$

经计算，有

$$\frac{6(3 + \lambda_1)|\boldsymbol{P}_2 \boldsymbol{P}_3 \times \boldsymbol{P}_1 \boldsymbol{P}_2|}{(3 + \lambda_1)^3 |\boldsymbol{P}_2 \boldsymbol{P}_3|^3} = \frac{6(3 + \lambda_2)|\boldsymbol{Q}_0 \boldsymbol{Q}_1 \times \boldsymbol{Q}_1 \boldsymbol{Q}_2|}{(3 + \lambda_2)^3 |\boldsymbol{Q}_0 \boldsymbol{Q}_1|^3}$$

将式（2.1）代入，可得

$$\left(\frac{3 + \lambda_2}{3 + \lambda_1}\right)^2 \delta^3 \cdot S_{\triangle P_1 P_2 P_3} = S_{\triangle Q_0 Q_1 Q_2}$$

由三角形的面积公式，得

$$h_2 = \left(\frac{3 + \lambda_2}{3 + \lambda_1}\right)^2 \delta^2 h_1 \tag{2.2}$$

其中 h_1 为 $\boldsymbol{P}_1$ 到 $\boldsymbol{P}_2 \boldsymbol{P}_3$ 的距离，h_2 为 $\boldsymbol{Q}_2$ 到 $\boldsymbol{Q}_0 \boldsymbol{Q}_1$ 的距离。

定理 2　在定理的 1 的条件下，再满足式（2.2），则曲线 $\boldsymbol{B}_1(t)$ 和 $\boldsymbol{B}_2(t)$ 在连接点达到 G^2 连续。

定理 1 和定理 2 说明在选择另一段曲线的控制顶点时比三次 Bézier 曲线有更多的余地，即使在两段曲线的控制顶点确定的情况下，也可通过选择一定的参数来满足式（2.1），（2.2），使两段曲线达到 G^2 连续。图

3 是两段曲线的 G^2 拼接图.

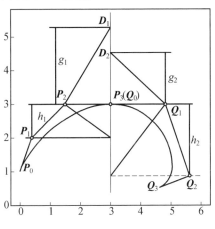

图 3　两段曲线的 G^2 拼接

§3　曲线的应用实例

1.圆的拟合

给定一整圆 $x^2 + y^2 = 1$,取相应的控制顶点 $P_0(-1,0)$,$P_1(-1,1.2)$,$P_2(1,1.2)$,$P_3(1,0)$,$P_4(1,-1.2)$,$P_5(-1,-1.2)$,$P_6(-1,0)$;按照式(1.2),分别以 P_0,P_1,P_2,P_3 及 P_3,P_4,P_5,P_6 为顶点生成的曲线可很好的逼近整圆.图 4 是当 $\lambda = 0.56$ 时,曲线对整圆的逼近图.

189

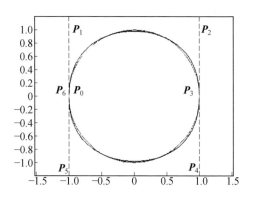

图 4　曲线对圆的逼近

2. 花瓣图形

四次 λ-Bézier 曲线与三次 Bézier 曲线一样,当首末顶点重合时,可得到一封闭曲线,图 5 是当 λ＝1,0,－1,－2,－3 时闭曲线的花瓣图形;图 6 是当 λ＝1,0,－1,－2,－3 时开曲线的花瓣图形.

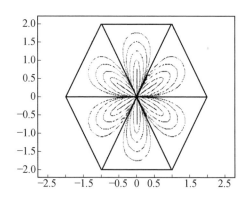

图 5　闭曲线的花瓣图形

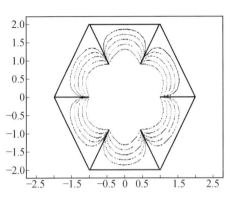

图 6　开曲线的花瓣图形

§4　曲面的定义

定义 1　设有 4×4 个控制顶点 $\boldsymbol{P}_{ij}(i,j=0,1,2,$ $3)$,其相应的张量积曲面

$$\boldsymbol{B}(u,v) = \sum_{i=0}^{3} \sum_{j=0}^{3} \boldsymbol{P}_{ij} b_{i,3}(u) b_{j,3}(v)$$

$$(u,v \in [0,1], -3 \leqslant \lambda \leqslant 1) \qquad (4.1)$$

称为 $[0,1] \times [0,1]$ 上的双四次 λ-Bézier 曲面. 可证明双四次 λ-Bézier 曲面具有与四次 λ-Bézier 曲线相似的几何性质.

§5　结论及展望

由带有参数 λ 的四次多项式基函数构造的曲线具有三次 Bézier 曲线的特征,如端点插值、端边相切、凸包性、变差缩减性、保凸性等. 在计算上,曲线比三次 Bézier 曲线的计算量大,可利用海纳算法来计算曲线;曲线的优点是:对于同样的 4 个控制顶点,参数 λ 可调整曲线的形状,而且 λ 的几何意义明显. 在 $-3 \leqslant \lambda \leqslant 1$ 的范围内,λ 越大,曲线越逼近控制多边形;当 $\lambda = 0$ 时,曲线退化为三次 Bézier 曲线. 从逼近的角度看,构造的曲线比三次 C-Bézier 曲线具有更好的逼近性. 还讨论了两段曲线的 G^2 拼接条件,比两段三次 Bézier 曲线的 G^2 拼接条件要弱;运用张量积,将曲线推广到曲面,曲面的形状是可调的,且具有与曲线类似的性质.

既然对二次、三次的 Bézier 曲线可以扩展,对一般的 n 次 Bézier 曲线可不可以扩展? 如果可以扩展,那么高次扩展 Bézier 曲线与低次扩展 Bézier 曲线具有什么样的关系? 这是将来进一步需要研究和完善的工作.

参 考 文 献

[1] 施法中. 计算机辅助几何设计与非均匀有理 B 样条[M]. 北京:高等教育出版社,2001:306-454.

[2] POTTMANN H, WAGNER M G. Helix splines as an example of affine tchebycheffian splines[J]. Adv. Comput. Math. ,1994,(2):123-142.

[3] PIEGL L, TILLER M. The NURBS book (2nd ed.)[M]. Berlin:Springer,1997:141-188.

[4] MARNAR E, PENA J M, SDNCHEZ-REYES J. Shape preserving alternatives to the rational Bézier model[J]. Computer Aided Geometric Design,2001,18(1):37-60.

[5] 齐从谦,郐弘毅. 一类可调控 Bézier 曲线及其逼近性[J]. 湖南大学

学报,1996,19(1):15-19.

［6］刘根洪,刘松涛.广义 Bézier 曲线与曲面在连接中的应用［J］.应用
数学学报,1996,23(1):107-114.

［7］梁锡坤.Bernstein-Bézier 类曲线和 Bézier 曲线重新参数化方法［J］.
计算机研究与发展,2004,41(6):1 016-1 021.

［8］韩旭里,刘圣军.二次 Bézier 曲线的扩展［J］.中南工业大学学报(自
然科学版),2003,34(2):214-217.

［9］ZHANG J W. C-curves：An extension of cubic curves［J］. Com-
puter Aided Geometric Design,1996,13(2):199-217.

［10］RON GOLDMAN. 金字塔算法——曲线曲面几何模型的动态编
程处理［M］.吴宗敏,刘剑平,曹沅,等译.北京:电子工业出版社,
2004:152-157.

Bézier 曲线的局部性质

第
5
章

§1　逐次导向量，切线

1. 导向量

Bernstein 多项式无穷可导，定义 Bézier 曲线的向量函数也因而无穷可导. p 阶导向量函数可写成

$$\frac{\mathrm{d}^p\ \overrightarrow{OM}}{\mathrm{d}t^p}(t) = \sum_{i=0}^{n} \frac{\mathrm{d}^p B_n^i}{\mathrm{d}t^p}(t)\ \overrightarrow{OP}_i$$

$$= \sum_{i=0}^{n} (B_n^i)^{(p)}(t)\ \overrightarrow{OP}_i$$

请注意等式中导数的标记法，以后会用到它.

194

2. 切线, 曲线两端点上的切线

由向量函数定义的曲线上某点处的切线与在这点的一阶非零导向量重合.

Bézier 向量函数的一阶导数为

$$\frac{\mathrm{d}\overrightarrow{OM}}{\mathrm{d}t}(t) = \sum_{i=0}^{n} \mathrm{C}_n^i (it^{i-1}(1-t)^{n-i} -$$
$$(n-i)t^i(1-t)^{n-i-1}) \overrightarrow{OP_i}$$

在 $t=0$ 的曲线端点 P_0 处, 只有第一项和第二项不为零, 在这点的导向量可用联结 Bézier 曲线的前两个定义点的向量表示

$$\frac{\mathrm{d}\overrightarrow{OM}}{\mathrm{d}t}(0) = -n\overrightarrow{OP_0} + n\overrightarrow{OP_1} = n\overrightarrow{P_0P_1}$$

同理, 当 $t=1$ 时只有最后两项不为零, 可得类似等式

$$\frac{\mathrm{d}\overrightarrow{OM}}{\mathrm{d}t}(1) = -n\overrightarrow{OP_{n-1}} + n\overrightarrow{OP_n} = n\overrightarrow{P_{n-1}P_n}$$

这些性质及其推广是另一种定义法的基础.

命题 1　如果 P_0 和 P_1 不重合, 那么直线 P_0P_1 就是 Bézier 曲线在始点 $P_0 = M(0)$ 处的切线. 同样地, 如果 P_{n-1} 和 P_n 不重合, 那么直线 $P_{n-1}P_n$ 就是曲线在 $P_n = M(1)$ 处的切线.

注　若 P_0 和 P_1 重合(重合定义点), 可以验证: 若 P_k 是第一个与 P_0 不重合的定义点, 那么 Bézier 曲线在 P_0 处的切线就是直线 P_0P_k; 同样, 在点 P_n, 切线是 P_tP_n, 其中 P_t 是与 P_n 不重合的下标最大的点.

这条性质对控制曲线形状的影响:

曲线两端点的切线对曲线形状的影响是很重要的(图 1), 尤其在 n 值较小时, 如 2 或 3 时, 其作用是很有趣的.

相反, 在曲线的其他点, 切线与所有控制点都有

关,这可从导数公式看出,它也再次显示了 Bézier 模型的整体性.

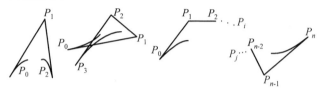

图 1

3. 二阶和三阶导向量

只看曲线端点 P_0 和 P_1 的情形.

多项式 B_n^i 有因子 t^i,故在 $t=0$ 点的二阶导向量只与前三个定义点有关. 同理,对三阶导向量,只有前四个定义点起作用

$$\frac{\mathrm{d}^2}{\mathrm{d}t^2}\overrightarrow{OM}(0) = (B_n^0)''(0) \cdot \overrightarrow{OP_0} + (B_n^1)''(0) \cdot$$
$$\overrightarrow{OP_1} + (B_n^2)''(0) \cdot \overrightarrow{OP_2}$$
$$= n(n-1)\overrightarrow{OP_0} - 2n(n-1)\overrightarrow{OP_1} +$$
$$n(n-1)\overrightarrow{OP_2}$$

$$\frac{\mathrm{d}^3}{\mathrm{d}t^3}\overrightarrow{OM}(0) = (B_n^0)'''(0) \cdot \overrightarrow{OP_0} + (B_n^1)'''(0) \cdot$$
$$\overrightarrow{OP_1} + (B_n^2)'''(0) \cdot \overrightarrow{OP_2} +$$
$$(B_n^3)'''(0) \cdot \overrightarrow{OP_3}$$
$$= n(n-1)(n-2)[-\overrightarrow{OP_0} +$$
$$3\overrightarrow{OP_1} - 3\overrightarrow{OP_2} + \overrightarrow{OP_3}]$$

我们发现,以后可以证明这些向量可用特征多边形"边向量"来表示,这推广了一阶导向量的性质. 例如

$$\frac{\mathrm{d}^2}{\mathrm{d}t^2}\overrightarrow{OM}(0) = -n(n-1)[\overrightarrow{P_0P_1} - \overrightarrow{P_1P_2}]$$

因此,特征多边形的前两个边向量决定了二阶连续的问题,尤其是关于曲率的问题.

§2　Bézier **曲线的局部问题**

用 Bézier 曲线的正则定义法,可写出 $M(t)$ 在给定坐标系中的坐标,于是可用经典方法研究局部问题.

但 Bézier 模型的有趣之处就在于可用几何工具来做这些研究,并在大多数情况下能给出珍贵的图像.这些工具,特别是矢端曲线,将在下面加以介绍.

我们举两个例子,第一个例子是关于拐点的问题,第二个例子研究二重点、拐点以及切线平行于坐标轴的切点.

例 1　三次曲线定义点 P_0,P_1,P_2,P_3 的坐标为 $(-1,0),(0,-1),(0,1),(1,0)$. 把 Bernstein 多项式展开后可得 $M(t)$ 的坐标

$$\begin{cases} x=f(t)=-1+3t-3t^2+2t^3 \\ y=g(t)=-3t+9t^2-6t^3=-6t(t-1)\left(t-\dfrac{1}{2}\right) \end{cases}$$

其导数为

$$\begin{cases} x'(t)=3-6t+6t^2 \\ y'(t)=-3+18t-18t^2 \end{cases}$$

$$\begin{cases} x''(t)=-6+12t \\ y''(t)=18-36t \end{cases}$$

$$\begin{cases} x'''(t)=12 \\ y'''(t)=-36 \end{cases}$$

在参数为 $\dfrac{1}{2}$ 的点,二阶导向量为零.

实际上,我们有

$$\begin{cases} x\left(\dfrac{1}{2}\right)=0 \\ y\left(\dfrac{1}{2}\right)=0 \end{cases}, \begin{cases} x'\left(\dfrac{1}{2}\right)=\dfrac{3}{2} \\ y'\left(\dfrac{1}{2}\right)=\dfrac{3}{2} \end{cases}, \begin{cases} x''\left(\dfrac{1}{2}\right)=0 \\ y''\left(\dfrac{1}{2}\right)=0 \end{cases}, \begin{cases} x'''\left(\dfrac{1}{2}\right)=12 \\ y'''\left(\dfrac{1}{2}\right)=-36 \end{cases}$$

可以验证

$$\boldsymbol{V}^{(3)}\left(\frac{1}{2}\right)\Lambda\boldsymbol{V}'\left(\frac{1}{2}\right)\neq\boldsymbol{0}$$

因此这是一个拐点,曲线的图形也证明了这一点. 可以精确地画出曲线,如图 2 所示.

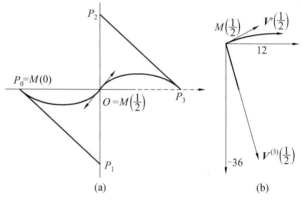

图 2

图 2(a) 绘出了曲线的总体形状,图 2(b) 绘出了拐点处的二阶和三阶导向量.

例 2 三次曲线定义点坐标为 $(-1,0)$,(μ,μ),$(-\mu,\mu)$,$(1,0)$,其中 μ 大于零. $M(t)$ 的坐标不难求得,为

$$\begin{cases} x=f(t)=-(1-t)^3+t^3+3\mu t(1-t)(1-2t) \\ y=g(t)=3\mu t(1-t) \end{cases}$$

其导数为

198

$$\begin{cases} f'(t) = 3\big[2t^2(1+3\mu) - 2t(1+3\mu) + 1 + \mu\big] \\ g'(t) = 3\mu(1-2t) \end{cases}$$

$f'(t)$ 的根取决于判别式 $\delta = 4(1+3\mu)(\mu-1)$ 的符号

$$\begin{cases} f''(t) = 6(1+3\mu)(2t-1) \\ g''(t) = -6\mu \end{cases}$$

我们来研究点 $M\left(\dfrac{1}{2}\right)$.

由于可逆性和定义点的对称性,参数为 $\dfrac{1}{2}$ 的点一定很特别. 实际上,$f\left(\dfrac{1}{2}\right) = 0$,也就是说,点 $M\left(\dfrac{1}{2}\right)$ 在纵坐标轴上. 另外,$g'\left(\dfrac{1}{2}\right) = 0$. 如果 $f'\left(\dfrac{1}{2}\right) \neq 0$,那么在这点的切线是水平的.

"交叉点"或二重点的存在性讨论:

当只知道曲线的大致形状和两端点切线时,有时可以预测在曲线理论中被称为所谓"二重点"的存在性,我们叫它"交叉点". 在这里,可以预测这种点存在,并且还在纵轴上.

我们知道 $f(t)$ 的一个根,因式分解后有

$$f(t) = (2t-1)\big[t^2(1+3\mu) - t(1+3\mu) + 1\big]$$

如果中括号里的三项式在取 t_1 和 t_2 两值时为零,那么

$$t_1 + t_2 = 1$$

故

$$g(t_1) = g(t_2)$$

这意味着在纵轴上的这点,曲线确实有二重点. 相反,当这个三项式不为零时,就不会有二重点. 三项式的判别式 $\Delta = 3(1+3\mu)(\mu-1)$ 与 δ 成正比,它只在 $\mu = 1$ 时为零.

拐点：

同样地，曲线的形状可以让人猜测拐点的存在与否．因向量 V'' 在这里恒不为零，故对拐点有等式

$$\frac{g''(t)}{f''(t)} = \frac{g'(t)}{f'(t)}$$

简化后得

$$t^2(1+3\mu) - t(1+3\mu) + \mu = 0$$

其判别式 $(1+3\mu)(1-\mu)$ 仅当 $\mu < 1$ 时为正．有了上面的准备工作，可以开始进行讨论了．因为有对称性，所以不妨只在区间 $I = \left[0, \frac{1}{2}\right]$ 内讨论．

第一类情况：$\mu < 1$．

因判别式 $\delta < 0$，故导数 $f'(t)$ 不会取 0 值，在 I 上恒正．函数 f 和 g 在 I 上递增．图 3 是当 $\mu = \frac{3}{4}$ 时的曲线图．

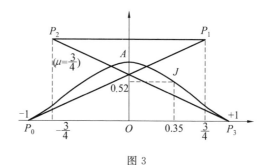

图 3

点 A 处的切线水平，曲线没有交叉点，但当 t 为上面方程在 I 上的根时，曲线有拐点 J．

对 $\mu = \frac{3}{4}$，可求得根 $t \approx 0.36$；$x \approx 0.35$；$y \approx 0.52$．

第二类情况：$\mu = 1$.

前面的三个判别式皆为零，很容易发现没有水平切线，但有一个尖点，在这点的切线垂直. 因为我们一方面有 $\mathbf{V}'\left(\dfrac{1}{2}\right)=(0,0)$，$\mathbf{V}''\left(\dfrac{1}{2}\right)=(0,-6)$，另外纵轴是对称轴，说明尖点是第一类尖点（图 4）.

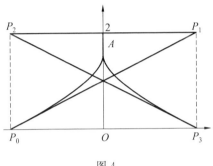

图 4

第三类情况：$\mu > 1$.

判别式 δ 和 Δ 都为正，说明 $f'(t)$ 可在 I 上为零，$f(t)$ 可在 $t_1 \neq \dfrac{1}{2}$ 时为零. 故存在二重点 D 和使切线垂直的点 B.

函数变化表如表 1：

表 1

t	0		t'_1		$\dfrac{1}{2}$
$f'(t)$		$+$	0	$-$	
$f(t)$	-1	↗	$f(t'_1)$	↘	0
$g(t)$	0	↗	$g(t'_1)$	↗	$\dfrac{3\mu}{4}$

201

图 5 是当 $\mu = 2$ 时的曲线图.

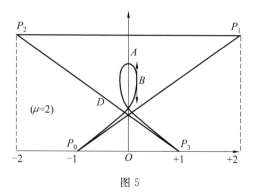

图 5

交叉点 D 对应两值：$t_1 \approx 0.17$ 和 $t_2 \approx 0.83$.

它处在纵轴上，纵坐标为：$Y_D \approx 0.847$. 至于对切线垂直的点 B，可求得 $t'_1 \approx 0.24$，其坐标 $x_B \approx 0.144$，$y_B \approx 1.1$.

第 4 编
高维 Bézier 曲线

关于五次有理曲线的注记[①]

第 1 章

§1　引　言

在文献 [1] 中,我们阐述了三次参数样条曲线的一些性质,其中包括这种曲线必定是三次有理整曲线.复旦大学的苏步青教授早在 1977 年就讨论了五次参数样条曲线的类似性质,主要是关于奇点(包括二重点和尖点)以及拐点的性质.一般地,n 次参数有理整曲线都是 n 次代数曲线,它

① 本章摘自《应用数学学报》1977 年第 2 期.

具有 $\frac{1}{2}(n-1)(n-2)$ 个奇点和 $(2n-4)$ 个拐点(虚点也算在内).在 §2 中证明,五次参数样条有理整曲线段通过对其两端有关参数进行适当地调整,常常可使原来具有六个拐点的曲线变为仅有四个拐点的曲线(以下简称五次有理曲线).这里我们设计了两种调整,使分段五次参数样条曲线的各段经调整结点参数后,都变成五次有理曲线段,并在结点处保持着一阶连续导数.在 §3 中导出一个相对的仿射不变量. §4 的内容包括对奇点的探讨和对三个由拐点方程推出的相对仿射不变量的研究,后一结果则在 §5 中被推广到 n 次有理曲线.

§2　五次参数样条曲线

设一条曲线上各点的非齐次坐标 (x,y) 都具有参数 t 的五次多项式表示

$$x=\sum_{i=0}^{5}\frac{1}{i!}a_i t^i , y=\sum_{i=0}^{5}\frac{1}{i!}b_i t^i \qquad (2.1)$$

它是一条有理整曲线.根据它和一条直线一般有五个交点(包括虚交点)的事实,我们便可断定:这种曲线一定是五次代数曲线,其亏格为 0,它的拐点一般有六个(虚拐点也算在内).要使拐点个数尽可能减少,就必须有下述两个条件才能实现,于是曲线只有四个拐点,除非原曲线变为简单五次曲线.我们在这里所讨论的这种曲线,简称为五次有理曲线.

设在式(2.1)中 $b_5 \neq 0$,而且令

$$p_{ij} = a_i b_j - a_j b_i \quad (i \neq j, i, j = 1, 2, \cdots, 5)$$

我们在整篇讨论中假定下列条件成立

$$p_{35} = 0, p_{45} = 0, p_{25} \neq 0 \qquad (2.2)$$

这里首先指出：如果 $p_{25} = 0$，那么曲线变为简单的五次曲线，它的方程是

$$y = ax^5 + bx^4 + cx^3 + dx^2 + ex + f$$

但是，在本章中不讨论这个特殊情况.

在样条插值理论中，除了常用的三次参数样条曲线以外，我们往往遇到五次参数样条曲线.[2] 这类曲线能否通过对其两端点 (x_0, y_0) 和 (x_1, y_1) 的斜率参数 (x'_0, y'_0) 和 (x'_1, y'_1) 以及二阶导数 (x''_0, y''_0) 和 (x''_1, y''_1) 的适当调整使之成为五次有理曲线呢？我们的回答是肯定的，下面就是证明.

为方便起见，设两端点的参数值分别是 $t = 0$ 和 $t = 1$. 我们还选取平面直角坐标系 xOy 使两端点重合到原点和点 $(l, 0)$，这里 l 表示两端点间的弦长. 那么，五次参数样条曲线的方程可写为

$$\begin{cases} x(t) = x_0 p_0(t) + x'_0 p_1(t) + x''_0 p_2(t) + \\ \qquad x_1 q_0(t) + x'_1 q_1(t) + x''_1 q_2(t) \\ y(t) = y_0 p_0(t) + y'_0 p_1(t) + y''_0 p_2(t) + \\ \qquad y_1 q_0(t) + y'_1 q_1(t) + y''_1 q_2(t) \end{cases} \qquad (2.3)$$

其中 $0 \leqslant t \leqslant 1, x'_0 = \dfrac{\mathrm{d}x(t)}{\mathrm{d}t}\Big|_{t=0}, x'_1 = \dfrac{\mathrm{d}x(t)}{\mathrm{d}t}\Big|_{t=1}, x''_0 = \dfrac{\mathrm{d}^2 x(t)}{\mathrm{d}t^2}\Big|_{t=0}$，等等. 而且根据坐标系的选定，$x_0 = y_0 = 0, x_1 = l, y_1 = 0$. 此外，六个函数的具体表示如下

$$\begin{cases} p_0(t) = 1 - q_0(t) \\ q_0(t) = t^3(6t^2 - 15t + 10) \\ p_1(t) = -t(t-1)^3(3t+1) \\ q_1(t) = -t^3(t-1)(3t-4) \\ p_2(t) = -\frac{1}{2}t^3(t-1)^3 \\ q_2(t) = \frac{1}{2}t^3(t-1)^2 \end{cases} \tag{2.4}$$

经过整理，便可把式(2.3)写成形如式(2.1)的方程，只是其中除 $a_0 = b_0 = 0$ 外，还有

$$\begin{cases} a_1 = x'_0 \\ a_2 = x''_0 \\ a_3 = 60l - 36x'_0 - 9x''_0 - 24x'_1 + 3x''_1 \\ a_4 = -360l + 192x'_0 + 36x''_0 + 168x'_1 - 24x''_1 \\ a_5 = 720l - 360x'_0 - 60x''_0 - 360x'_1 + 60x''_1 \\ b_1 = y'_0 \\ b_2 = y''_0 \\ b_3 = -36y'_0 - 9y''_0 - 24y'_1 + 3y''_1 \\ b_4 = 192y'_0 + 36y''_0 + 168y'_1 - 24y''_1 \\ b_5 = -360y'_0 - 60y''_0 - 360y'_1 + 60y''_1 \end{cases}$$

$$(2.5)$$

当 $x'_0, y'_0; x'_1, y'_1; x''_0, x''_1$ 被预先给定时，a_3, a_4, a_5 及 a_1, a_2, b_1 都是已知的. 我们要决定 b_2, b_3, b_4 和 b_5，使之满足条件(2.2)，就必须有

$$b_3 - \lambda b_5 = 0, b_4 - \mu b_5 = 0 \tag{2.6}$$

式中已令

$$\lambda = \frac{a_3}{a_5}, \mu = \frac{a_4}{a_5} \tag{2.7}$$

　　把式(2.5)中有关的表示代入式(2.6)，我们得出关于 y''_0, y''_1 的一个线性方程组，而且这个方程组在条件

$$D \equiv 20(11x'_0 - 19x'_1 - 2l) \neq 0 \qquad (2.8)$$

下有解

$$
\begin{cases}
y''_0 = \dfrac{1}{D}\{-(4y'_0 + y'_1) - 20(14y'_0 + 13y'_1)\lambda + \\
\qquad 5(3y'_0 + y'_1)\mu\} \\
y''_1 = \dfrac{1}{D}\{3(2y'_0 + 3y'_1) - 20(12y'_0 + 11y'_1)\lambda - \\
\qquad 5(15y'_0 + 13y'_1)\mu\}
\end{cases}
$$

$$(2.9)$$

　　至于式(2.2)中的第三个条件，我们可表示为

$$
(6x'_0 + 6x'_1 - x''_1 - 12l)y''_0 -
$$
$$
(6y'_0 + 6y'_1 - y''_1)x''_0 \neq 0 \qquad (2.10)
$$

　　使式(2.2)实现的上述调整并不是唯一的. 例如，分别用 $\rho x'_0, \rho y'_0$ 和 $\sigma x'_1, \sigma y'_1 (\rho\sigma \neq 0)$ 代替 x'_0, y'_0 和 x'_1, y'_1，从而保持曲线在两端点的斜率不变. 这么一来，在一般情况下可以决定 ρ, σ(一般有两组解)，使得式(2.2)全部满足.

　　综合起来，我们得到下述定理.

　　定理 1　对于五次参数样条曲线，我们通过其两端点的各一坐标关于参数的二阶导数值的适当选取，或者通过各端点两坐标关于参数的一阶导数值的调整但保持各该斜率不变，恒可使这条曲线变为五次有理曲线.

§3   一个相对不变量

我们现在对一条由式(2.1)和(2.2)定义的五次有理曲线进行仿射变换

$$\begin{cases} \bar{x} = \alpha x + \beta y + \xi \\ \bar{y} = \gamma x + \delta y + \eta \end{cases} \tag{3.1}$$

其中 $J = \alpha\delta - \beta\gamma \neq 0$，以及参数 t 的线性变换

$$t = e\bar{t} + f \quad (e \neq 0) \tag{3.2}$$

这时，原曲线被变换为下列表示的曲线

$$\bar{x} = \sum_{j=0}^{5} \frac{1}{j!}\bar{a}_j\bar{t}^j, \bar{y} = \sum_{j=0}^{5} \frac{1}{j!}\bar{b}_j\bar{t}^j \tag{3.3}$$

式中已令

$$\begin{cases} \bar{a}_j = e^j \sum_{k=0}^{5-j} \frac{1}{k!}(\alpha a_{k+j} + \beta b_{k+j})f^k \\ \bar{b}_j = e^j \sum_{k=0}^{5-j} \frac{1}{k!}(\gamma a_{k+j} + \delta b_{k+j})f^k \end{cases} \tag{3.4}$$

如同原曲线(2.1)所定义的一样，我们从式(3.3)做出相应的表示

$$\bar{p}_{ij} = \bar{a}_i\bar{b}_j - \bar{a}_j\bar{b}_i \quad (i \neq j, i,j = 1,2,\cdots,5)$$

并且按照式(3.4)计算它们的具体式子，特别是

$$\bar{p}_{45} = e^9 J p_{45}$$

$$\bar{p}_{35} = e^8 J(p_{35} + fp_{45})$$

$$\bar{p}_{25} = e^7 J(p_{25} + fp_{35} + \frac{1}{2}f^2 p_{45})$$

从式(2.2)容易看出类似的关系

$$\begin{cases} \overline{p}_{35} = 0 \\ \overline{p}_{45} = 0 \\ \overline{p}_{25} \neq 0 \end{cases} \tag{3.5}$$

这就表明了,曲线是五次有理的这一性质,对于曲线的任何非奇异的仿射变换和参数的线性变换都是不变的.

在文献[1]中已经证明,一般三次参数样条曲线必定是三次有理曲线,它还具有一个关于变换(3.1)和(3.2)的相对不变量.[3] 现在我们将对五次有理曲线找寻类似的对象.

为此目的,首先把式(2.2)中的前两个关系写成

$$\begin{cases} a_3 = \lambda a_5 , b_3 = \lambda b_5 \\ a_4 = \mu a_5 , b_4 = \mu b_5 \end{cases} \tag{3.6}$$

同样地,把式(3.5)中的前两个等式写成

$$\begin{cases} \overline{a}_3 = \overline{\lambda}\,\overline{a}_5 , \overline{b}_3 = \overline{\lambda}\,\overline{b}_5 \\ \overline{a}_4 = \overline{\mu}\,\overline{a}_5 , \overline{b}_4 = \overline{\mu}\,\overline{b}_5 \end{cases} \tag{3.7}$$

实际上,根据式(3.4)和(3.6)容易证明

$$\begin{cases} \overline{\lambda} = \dfrac{1}{e^2}\left(\lambda + \mu f + \dfrac{1}{2} f^2\right) \\ \overline{\mu} = \dfrac{1}{e}(\mu + f) \end{cases} \tag{3.8}$$

由式(3.6)又得

$$\begin{cases} p_{13} = \lambda p_{15} , p_{14} = \mu p_{15} \\ p_{23} = \lambda p_{25} , p_{24} = \mu p_{25} \\ p_{34} = 0 , p_{25} \neq 0 \end{cases} \tag{3.9}$$

同样地,由式(3.7)也可导出类似式(3.9)的关系.

其次,我们从式(3.4)把每个 $\overline{p}_{ij}$ 表示成关于 p_{rs} 的

线性组合,其中特别得到如下的几个式子

$$\left\{\begin{aligned}
\overline{p}_{12} &= e^3 J \left\{ p_{12} + \lambda p_{15} f + \frac{1}{2}(\lambda p_{25} + \mu p_{15})f^2 + \right. \\
&\qquad \left. \frac{1}{6}(2\mu p_{25} + p_{15})f^3 + \frac{1}{8}p_{25}f^4 \right\} \\
\overline{p}_{25} &= e^7 J p_{25} \\
\overline{p}_{23} &= e^5 J \left\{ p_{23} + \left(\mu + \frac{1}{2}f\right)f p_{25} \right\} \\
\overline{p}_{13} &= e^4 J \left\{ p_{13} + \left(\mu + \frac{1}{2}f\right)f p_{15} + \right. \\
&\qquad \left. \frac{1}{2}\left(\lambda + \mu f + \frac{1}{2}f^2\right)f p_{25} \right\} \\
\overline{p}_{15} &= e^6 J (p_{15} + p_{25}f) \\
\overline{p}_{14} &= e^5 J \{ p_{14} + p_{15}f + (\mu + f)f p_{25} \}
\end{aligned}\right.$$

$$(3.10)$$

在推导过程中,我们利用了式(3.9),借以改写各关系式右边括号中第二项以下的总和,使之成为 p_{15} 和 p_{25} 的线性组合.

由此导出

$$\overline{p}_{12}\,\overline{p}_{25} = e^{10} J^2 \left\{ p_{12}p_{25} + f\left(\lambda + \frac{1}{2}\mu f + \frac{1}{6}f^2\right)p_{15}p_{25} + \right.$$
$$\left. f^2\left(\frac{1}{2}\lambda + \frac{1}{3}\mu f + \frac{1}{8}f^2\right)p_{25}^2 \right\}$$

$$\overline{p}_{23}^2 = e^{10} J^2 \left\{ p_{23}^2 + \left(\mu + \frac{1}{2}f\right)f\left(2\lambda + \mu f + \frac{1}{2}f^2\right)p_{25}^2 \right\}$$

$$\overline{p}_{13}\,\overline{p}_{15} = e^{10} J^2 \left\{ p_{13}p_{15} + \left(\mu + \frac{1}{2}f\right)f p_{15}^2 + \right.$$
$$2\left(\lambda + \mu f + \frac{1}{2}f^2\right)f p_{15}p_{25} +$$
$$\left. \left(\lambda + \mu f + \frac{1}{2}f^2\right)f^2 p_{25}^2 \right\}$$

$$\overline{p}_{14}^2 = e^{10} J^2 \left\{ p_{14}^2 + 2 \left(\mu + \frac{1}{2} f \right) f p_{15}^2 + \right.$$

$$2 f (\mu + f)^2 p_{15} p_{25} +$$

$$\left. f^2 (\mu + f)^2 p_{25}^2 \right\}$$

$$\overline{p}_{14} \overline{p}_{23} = e^{10} J^2 \left\{ p_{14} p_{23} + \right.$$

$$f \left[\lambda + (\mu + f) \left(\mu + \frac{1}{2} f \right) \right] p_{15} p_{25} +$$

$$\left. \left(\lambda + \mu f + \frac{1}{2} f^2 \right) (\mu + f) f p_{25}^2 \right\}$$

如果令

$$I = 3 p_{12} p_{25} + \frac{1}{2} p_{23}^2 - p_{13} p_{15} + \frac{1}{2} p_{14}^2 - p_{14} p_{23}$$

$$(3.11)$$

并同样定义对应的表示 $\overline{I}$,我们便获得

$$\overline{I} = e^{10} J^2 I \qquad\qquad (3.12)$$

定理 1　由式(3.11)定义的 I 对于曲线的非奇异仿射变换和参数的线性变换分别是权为 2 和 10 的相对不变量.

在 §4 中我们还要从另一方面证明这个定理.

§4　奇点和拐点及其有关的三个仿射不变量

我们所讨论的有理曲线(2.1)确实是五次代数曲线 —— 这一事实,是可按适当的变换(3.1)和(3.2)把曲线的参数表示化为较简单的形式后加以证明的.

实际上,我们选取仿射变换

$$\begin{cases} \overline{x} = -\dfrac{2b_5}{p_{25}}x + \dfrac{2a_5}{p_{25}}y + \xi \\ \overline{y} = \dfrac{120}{b_5}y + \eta \end{cases}$$

(式中 ξ, η 是适当地选好的常数) 和参数变换

$$t = \overline{t} - \frac{p_{15}}{p_{25}}$$

便可算出变换后的参数表示

$$\overline{x} = -\overline{t}^2, \overline{y} = g\overline{t} + c\overline{t}^2 + b\overline{t}^3 + a\overline{t}^4 + \overline{t}^5 \quad (4.1)$$

这里,各系数的具体表示当然可以通过实际的运算来求,但是如下面所示,其中只有 a, b 和 g 是在讨论奇点和拐点时用到的,而且通过上述的 p_{ij} 和 $\overline{p}_{ij}$ 之间的关系就能简单地得出它们. 因为,这时

$$J = -\frac{240}{p_{25}}, e = 1, f = -\frac{p_{15}}{p_{25}}$$

$$\overline{p}_{12} = 2g, \overline{p}_{23} = -12b, \overline{p}_{25} = -240$$

$$\overline{p}_{24} = -48a, 其他 \ \overline{p}_{ij} = 0$$

所以我们得到

$$a = 5\left(\mu - \frac{p_{15}}{p_{25}}\right) \quad (4.2)$$

$$b = 20\left[\frac{p_{23}}{p_{25}} - \mu\frac{p_{15}}{p_{25}} + \frac{1}{2}\left(\frac{p_{15}}{p_{25}}\right)^2\right] \quad (4.3)$$

$$g = -120\left[\frac{p_{12}}{p_{25}} - \frac{1}{2}\lambda\left(\frac{p_{15}}{p_{25}}\right)^2 + \frac{1}{6}\mu\left(\frac{p_{15}}{p_{25}}\right)^3 - \frac{1}{24}\left(\frac{p_{15}}{p_{25}}\right)^4\right]$$

$$(4.4)$$

从式 (4.1) 中消去 $\overline{t}$,就获得五次有理曲线的隐函数方程

$$F(x, y) \equiv (y + cx - ax^2) + x(x^2 - bx + g)^3 = 0$$

$$(4.5)$$

为了方便,这里把 $\bar{x}$,$\bar{y}$ 写成 x,y.

现在已经可以没有什么困难地求出实奇点的个数和坐标了. 在具体的计算过程中,我们要按照 $g < 0$, $g > 0$ 或 $g = 0$ 分为三大类,而且在各大类中还要按照 b 的正、负或 0 来分为若干细类. 计算的结果如表 1 所示.

表 1

分类	g	b	实奇点	坐标
Ⅰ	$g < 0$	$\text{I}_1 : b > 0$	一个二重点	(x_{-1}, y_{-1})
		$\text{I}_2 : b < 0$	两个二重点	$(x_\varepsilon, y_\varepsilon)(\varepsilon = \pm 1)$
		$\text{I}_3 : b = 0$	一个二重点	(x_0, y_0)
Ⅱ	$g > 0$	$\text{Ⅱ}_1 : b > 2\sqrt{g}$	无	
		$\text{Ⅱ}_2 : b < -2\sqrt{g}$	两个二重点	$(x_\varepsilon, y_\varepsilon)(\varepsilon = \pm 1)$
Ⅲ	$g = 0$	$\text{Ⅲ}_1 : b > 0$	无	
		$\text{Ⅲ}_2 : b < 0$	一个二重点	$(b, ab^2 - ac)$
		$\text{Ⅲ}_3 : b = 0$	一个尖点	$(0, 0)$

表 1 中已置

$$x_0 = -\sqrt{-g}, y_0 = c\sqrt{-g} - ag$$

$$x_\varepsilon = \frac{1}{2}(b + \varepsilon\sqrt{b^2 - 4g})$$

$$y_\varepsilon = (ab - c)x_\varepsilon - ag \quad (\varepsilon = \pm 1)$$

上述的三个量 a,b 和 g 不但出现于奇点的决定,而且还出现于拐点的方程中. 实际上,曲线(4.1)的拐点决定于

$$\frac{\mathrm{d}\bar{x}}{\mathrm{d}\bar{t}} \frac{\mathrm{d}^2\bar{y}}{\mathrm{d}\bar{t}^2} - \frac{\mathrm{d}\bar{y}}{\mathrm{d}\bar{t}} \frac{\mathrm{d}^2\bar{x}}{\mathrm{d}\bar{t}^2} = 0$$

即

$$\bar{t}^4 + \frac{8}{15}a\bar{t}^3 + \frac{1}{5}b\bar{t}^2 - \frac{g}{15} = 0 \qquad (4.6)$$

令

$$A = \frac{8}{15}a, B = \frac{1}{5}b, G = -\frac{1}{15}g \qquad (4.7)$$

如所知,对方程(4.6)求根的问题可归结为对方程

$$(A\lambda)^2 = (\lambda^2 - G)(A^2 + 8\lambda - 4B)$$

求根,或者令 $\tau = \lambda - \frac{2}{3}B$,归结为对标准方程

$$\tau^3 + p\tau + q = 0 \qquad (4.8)$$

求根,式中

$$\begin{cases} p = -\left(G + \frac{4}{3}B^2\right) \\ q = -\left(\frac{1}{6}BG + \frac{1}{8}GA^2 + \frac{16}{27}B^3\right) \end{cases} \qquad (4.9)$$

由此作判别式

$$D = (15)^4(4p^3 + 27q^2) \qquad (4.10)$$

经过整理,便得到 D 由 a,b 和 g 表达的最后形式

$$D = g\left(240g^2 + \frac{192}{25}a^4g - \frac{549}{4}b^2g + \frac{72}{5}ga^2b + \right.$$

$$\left. \frac{432}{5}b^4 - \frac{768}{25}a^2b^3\right) \qquad (4.11)$$

如果把 a,b,g 的表示(4.2),(4.3),(4.4)代入式(4.11),我们就有

$$D = \Phi\left(\frac{p_{12}}{p_{25}}, \frac{p_{15}}{p_{25}}, \frac{p_{23}}{p_{25}}, \lambda, \mu\right) \qquad (4.12)$$

这样,我们得到下述定理.

定理 1 要使五次有理曲线上出现最少个数的实拐点,就必须选取判别式 $D \geqslant 0$ 的曲线.

实际上,方程(4.8)的根是实还是虚的判别如下：

(1) 当 $D > 0$ 时,有一个实根和两个虚根.

(2) 当 $D = 0$ 时,有相等的两个实根.

(3) 当 $D < 0$ 时,有三个不同的实根.

如果我们对五次有理曲线(2.1)先施行变换(3.1)和(3.2),使之变为由式(3.3)表示的曲线,然后再施行本节最初选取的变换,使式(3.3)又变为类似于式(4.1)的方程,那么,后者之中的各有关系数 $\bar{a}, \bar{b}, \bar{g}$ 与原先的对应系数 a, b, g 之间究竟有什么关系呢？

从式(4.2)～(4.4)和其对应量 $\bar{a}, \bar{b}, \bar{g}$ 的类似表示出发,参考式(3.8)和(3.10),我们容易检验

$$\bar{a} = \frac{1}{e} a, \bar{b} = \frac{1}{e^2} b, \bar{g} = \frac{1}{e^4} g \qquad (4.13)$$

这就表明了 a, b, g,从而 Φ 都是仿射不变量.

实际上

$$\Phi\left(\frac{\bar{p}_{12}}{\bar{p}_{25}}, \frac{\bar{p}_{15}}{\bar{p}_{25}}, \frac{\bar{p}_{23}}{\bar{p}_{25}}, \bar{\lambda}, \bar{\mu}\right) = e^{-12} \Phi\left(\frac{p_{12}}{p_{25}}, \frac{p_{15}}{p_{25}}, \frac{p_{23}}{p_{25}}, \lambda, \mu\right)$$

$$(4.14)$$

最后,还须指出：由式(4.13)容易证明式(3.12).因为,经过计算就可把式(3.11)的 I 表示成

$$I = \frac{1}{800} p_{25}^2 (b^2 - 20g) \qquad (4.15)$$

再利用式(3.10)和(4.13)可立即得出式(3.12).

§5　任何次有理曲线的一组仿射不变量

前面几节的结果大部分可以推广到一般奇数次有理曲线,特别是 §4 中求三个仿射不变量的方法,完全

适用于任何 n 次的参数曲线,借以决定 $n-2$ 个仿射不变量.以下我们就来推导这些不变量及其表示.

设 n 次有理参数曲线的方程为

$$x = \sum_{i=0}^{n} \frac{1}{i!} a_i t^i , \quad y = \sum_{i=0}^{n} \frac{1}{i!} b_i t^i \qquad (5.1)$$

这里 $n(\geqslant 3)$ 是任何整数,而且仅当讨论 n 次有理曲线或参数样条曲线[3] 时,n 是奇数.

令

$$p_{ij} = a_i b_j - a_j b_i \quad (i \neq j, i, j = 1, 2, \cdots, n)$$

并假定

$$\begin{cases} p_{rn} = 0, \quad r = 3, 4, \cdots, n-1 \\ p_{2n} \neq 0 \end{cases} \qquad (5.2)$$

于是

$$\begin{cases} a_{r+2} = \lambda_r a_n \\ b_{r+2} = \lambda_r b_n \end{cases} \qquad (5.3)$$

成立,其中

$$r = 1, 2, \cdots, n-2 ; \lambda_{n-2} = 1$$

曲线(5.1) 经过变换(3.1),(3.2) 后变为

$$\bar{x} = \sum_{j=0}^{n} \frac{1}{j!} \bar{a}_j \bar{t}^j , \quad \bar{y} = \sum_{j=0}^{n} \frac{1}{j!} \bar{b}_j \bar{t}^j \qquad (5.4)$$

式中,各系数的表示如下

$$\begin{cases} \bar{a}_j = e^j \sum_{k=0}^{n-j} \frac{1}{k!} (\alpha a_{k+j} + \beta b_{k+j}) f^k \\ \bar{b}_j = e^j \sum_{k=0}^{n-j} \frac{1}{k!} (\gamma a_{k+j} + \delta b_{k+j}) f^k \end{cases} \qquad (5.5)$$

由此容易看出,对应的 $\bar{p}_{ij}$ 同样满足条件(5.2).

现在,特别选取仿射变换

$$\begin{cases} x^* = -\dfrac{2b_n}{p_{2n}}x + \dfrac{2a_n}{p_{2n}}y + \xi \\[3mm] y^* = \dfrac{n!}{b_n}y + \eta \end{cases} \tag{5.6}$$

和参数变换

$$t^* = t + \dfrac{p_{1n}}{p_{2n}} \tag{5.7}$$

使方程(5.4)变为

$$\begin{cases} x^* = -t^{*2} \\[2mm] y^* = t^{*n} + \dfrac{1}{(n-1)!}g_{n-1}t^{*n-1} + \\[3mm] \quad \dfrac{1}{(n-2)!}g_{n-2}t^{*n-2} + \cdots + g_1 t^* \end{cases} \tag{5.8}$$

这时,我们有

$$J^* = -\dfrac{2(n!)}{p_{2n}}, e^* = 1, f^* = -\dfrac{p_{1n}}{p_{2n}}$$

和

$$g_r = -\dfrac{1}{2}p_{2r}^* \quad (r = 1, 3, 4, \cdots, n-1) \tag{5.9}$$

另外,从式(5.5)算出

$$\overline{p}_{2r} = e^{r+2}J\sum_{l=0}^{n-r}\sum_{k=0}^{n-2}\dfrac{1}{k!\,l!}p_{k+2,l+r}f^{k+l}$$

在所讨论的特殊情况下,我们得到

$$p_{2r}^* = -\dfrac{2(n!)}{p_{2n}}\sum_{l=0}^{n-r}\sum_{k=0}^{n-2}\dfrac{(-1)^{k+l}}{k!\,l!}\left(\dfrac{p_{1n}}{p_{2n}}\right)^{k+l}p_{k+2,l+r} \tag{5.10}$$

因此

$$g_r = \dfrac{n!}{p_{2n}}\sum_{l=0}^{n-r}\sum_{k=0}^{n-2}\dfrac{(-1)^{k+l}}{k!\,l!}\left(\dfrac{p_{1n}}{p_{2n}}\right)^{k+l}p_{k+2,l+r}$$
$$(r = 1, 3, 4, \cdots, n-1) \tag{5.11}$$

为了简化式 (5.11) 的右边, 我们利用那些由式 (5.3) 导出的关系

$$p_{ij} = 0 \quad (3 \leqslant i, j \leqslant n) \quad\quad (5.12)$$

$$p_{i,k+2} = \lambda_k p_{in} \quad (i = 1, 2, \cdots, n, k = 1, 2, \cdots, n-2)$$

$$(5.13)$$

经过简单的演算, 我们得到

$$g_1 = n! \left\{ -\frac{p_{12}}{p_{2n}} + \sum_{l=2}^{n-2} \frac{(-1)^l}{l!} \lambda_{l-1} \left(\frac{p_{1n}}{p_{2n}} \right)^l + \right.$$

$$\left. \frac{(-1)^{n-1}}{(n-1)!} \left(\frac{p_{1n}}{p_{2n}} \right)^{n-1} \right\} \quad\quad (5.14)$$

和

$$g_r = n! \left\{ \frac{p_{2r}}{p_{2n}} + \sum_{l=1}^{n-r} \frac{(-1)^l}{l!} \lambda_{l+r-2} \left(\frac{p_{1n}}{p_{2n}} \right)^l \right\}$$

$$(r = 3, 4, \cdots, n-1) \quad\quad (5.15)$$

前者显然是式 (4.3) 在一般情况下的推广, 后者则成了式 (4.2) 和 (4.4) 的一般化公式. 对这些量我们将证明下述定理:

定理 1 $g_1, g_3, g_4, \cdots, g_{n-1}$ 是 $n-2$ 个仿射不变量.

实际上, 当曲线 (5.1) 经过变换 (3.1), (3.2) 变为曲线 (3.3) 时, 对于后一曲线用 $\bar{g}_r$ 表示对应于 g_r 的量, 我们就有

$$\bar{g}_r = \frac{1}{e^{n-r}} g_r \quad (r = 1, 3, 4, \cdots, n-1) \quad (5.16)$$

这些关系式的证明, 当然可按照式 (5.14), (5.15) 进行计算去做, 但是我们从几何的角度可以简单明确式 (5.16) 的成立.

由式 (5.1) 导出的曲线 (5.8) 的拐点取决于方程

$$\frac{\mathrm{d}x^*}{\mathrm{d}t^*} \frac{\mathrm{d}^2 y^*}{\mathrm{d}t^{*2}} - \frac{\mathrm{d}y^*}{\mathrm{d}t^*} \frac{\mathrm{d}^2 x^*}{\mathrm{d}t^{*2}} = 0$$

或者具体地表示成

$$n(n-2)t^{*n-1} + \sum_{r=1}^{n-2} \frac{r-2}{r!} g_r t^{*r-1} = 0 \quad (5.17)$$

同样地,由式(5.4)可导出类似于式(5.8)的曲线,它的拐点取决于

$$\frac{\mathrm{d}\bar{x}^*}{\mathrm{d}\bar{t}^*} \frac{\mathrm{d}^2\bar{y}^*}{\mathrm{d}\bar{t}^{*2}} - \frac{\mathrm{d}\bar{y}^*}{\mathrm{d}\bar{t}^*} \frac{\mathrm{d}^2\bar{x}^*}{\mathrm{d}\bar{t}^{*2}} = 0$$

或者具体地表示成

$$n(n-2)\bar{t}^{*n-1} + \sum_{r=1}^{n-2} \frac{r-2}{r!} \bar{g}_r \bar{t}^{*r-1} = 0 \quad (5.18)$$

可是

$$\bar{t} = \frac{1}{e}(t-f), t^* = t + \frac{p_{1n}}{p_{2n}}$$

$$\bar{t}^* = \bar{t} + \frac{\overline{p_{1n}}}{\overline{p_{2n}}}$$

并且由式(2.10)的第二式和第五式在 n 次的推广得知

$$\frac{\overline{p_{1n}}}{\overline{p_{2n}}} = \frac{1}{e}\left(\frac{p_{1n}}{p_{2n}} + f\right)$$

所以

$$\bar{t}^* = \frac{1}{e}t^* \qquad (5.19)$$

由式(5.17)～(5.19)立即得出式(5.16).证毕.

参 考 文 献

[1] 苏步青.关于三次参数样条曲线的一些注记[J].应用数学学报,
    1976(1):49-58.

[2] 穗坂卫.曲线,曲面の合成よ平滑化理论[J].情报处理,1969(3):

121-131.

[3] 苏步青. 关于三次参数样条曲线的一个定理[J]. 应用数学学报，1977(1):55-60.

高维仿射空间参数曲线的几个不变量[①]

第 2 章

复旦大学的苏步青和忻元龙两位教授于 1980 年将仿射平面上有关参数曲线的几个不变量的研究[1] 扩广到了高维仿射空间，他们得到如下定理.

定理 1　m 维仿射空间中的 n $(n > m > 2)$ 次参数曲线一般具有 $m(n-m) - 2$ 个内在仿射不变量.

证明　设曲线 C_n 的参数表示为

$$x = \sum_{i=0}^{n} \frac{1}{i!} a_i t^i \qquad (0.1)$$

式中

---

① 本章摘自《应用数学学报》1980 年第 2 期.

$$x = (x_p) \quad (p = 1, 2, \cdots, m)$$

$$a_i = (a_{pi}) \quad (2 < m < n, i = 0, 1, 2, \cdots, n)$$

以下我们把 m 阶行列式

$$\begin{vmatrix} a_{i_1} & a_{i_2} & \cdots & a_{i_m} \end{vmatrix}$$

记作 $p_{i_1, i_2, \cdots, i_m}$，并假定

$$q_{n,m} \equiv a_{n,m} \neq 0$$

$$q_{n-h, m-h}$$

$$\equiv \begin{vmatrix} a_{n-h, m-h} & a_{n-h+1, m-h} & \cdots & a_{n, m-h} \\ a_{n-h, m-h+1} & a_{n-h+1, m-h+1} & \cdots & a_{n, m-h+1} \\ \vdots & \vdots & & \vdots \\ a_{n-h, m} & a_{n-h+1, m} & \cdots & a_{n, m} \end{vmatrix} \neq 0$$

$$(h = 1, 2, \cdots, m-1)$$

或更概括地说:假定行列式 $p_{n-m+1, n-m+2, \cdots, n} (\neq 0)$ 中从下而上的阶数分别为 $1, 2, \cdots, m-1$ 阶的对角行列式都不等于 0.

这样一来,一定有唯一的正则仿射变换

$$A^* : x \to x^* , \quad |A^*| \neq 0$$

和参数变换

$$T^* : t = t^* - \frac{p_{n-m, n-m+2, n-m+3, \cdots, n}}{p_{n-m+1, n-m+2, n-m+3, \cdots, n}}$$

使得方程组(0.1)被规范化为

$$x_p^* = \sum_{i=1}^{n-m+p} \frac{1}{i!} a_{p,i}^* t^{*i} \tag{0.2}$$

式中

$$a_{p, n-m+p}^* = (n-m+p)!, a_{1, n-m}^* = 0 \quad (p = 1, 2, \cdots, m)$$

规范方程组(0.2)具备三个特点:

(1)各坐标关于 t^* 的最高次数分别为 $n-m+1$, $n-m+2, \cdots, n$,而且这些项的系数都是 1.

224

（2）在第一坐标 x_1^* 中，t^* 的次高次项是缺项.

（3）各坐标中的常数项全消失了.

我们称 $(\boldsymbol{A}^*, T^*)$ 为方程组（0.1）的伴随变换，称式（0.2）为式（0.1）的伴随方程组.

现在，我们考察泛拐点方程

$$\left| \frac{\mathrm{d}\boldsymbol{x}^*}{\mathrm{d}t^*} \quad \frac{\mathrm{d}^2\boldsymbol{x}^*}{\mathrm{d}t^{*2}} \quad \cdots \quad \frac{\mathrm{d}^m\boldsymbol{x}^*}{\mathrm{d}t^{*m}} \right| = 0$$

它是 t^* 的 $m(n-m)$ 次代数方程

$$\sum_{k=0}^{m(n-m)} \frac{1}{k!} g_k^* t^{*k} = 0 \tag{0.3}$$

其中已知假定常数项

$$g_0^* \equiv \begin{vmatrix} a_{1,1}^* & a_{2,1}^* & \cdots & a_{m,1}^* \\ a_{1,2}^* & a_{2,2}^* & \cdots & a_{m,2}^* \\ \vdots & \vdots & & \vdots \\ a_{1,m}^* & a_{m,2}^* & \cdots & a_{m,m}^* \end{vmatrix} \neq 0$$

如后文中所证，我们有

$$\begin{cases} g_{m(n-m)}^* = \dfrac{[m(n-m)]!\ n!}{(n-m)!} \prod_{p=1}^{m} (m-p)! \\ g_{m(n-m)-1}^* = 0 \end{cases} \tag{0.4}$$

用 g_0^* 除方程（0.3）的左边，便得到形如

$$1 + \sum_{r=1}^{m(n-m)} G_r t^{*r} = 0 \tag{0.5}$$

的泛拐点方程，其中 $G_{m(n-m)-1} = 0$. 其余的 $m(n-m)-1$ 个 G_r 一般都是不等于 0 的. 我们来证明：这些 G_r 是关于参数变换 $T: t = c\bar{t} + f (c \neq 0)$ 的相对仿射不变量.

为此，我们考察这个空间的一般正则仿射变换

$$\boldsymbol{A}: \bar{x}_r = \sum_{s=1}^{m} \alpha_{r,s} x_s + \alpha_{r,r} \quad (r = 1, 2, \cdots, m)$$

225

式中

$$| (\alpha_{r,s}) | \equiv J \neq 0$$

曲线 C_n 的参数方程 (0.1) 经过变换 A 和 T 变成同样形式的参数方程

$$\bar{x}_r = \sum_{j=0}^{n} \frac{1}{j!} \bar{a}_{r,j} \bar{t}^j \qquad (0.6)$$

经过简单的运算便有

$$\bar{a}_{r,j} = c^j \sum_{s=1}^{m} \alpha_{r,s} \sum_{i=j}^{n} \frac{1}{(i-j)!} a_{s,i} f^{i-j} + \delta_{0j} \alpha_r$$

这里当 $j=0$ 时，$\delta_{0j}=1$；当 $j=1,2,\cdots,n$ 时，$\delta_{0j}=0$.

下文我们仅需要当 $j=1,2,\cdots,n$ 时的 $\bar{a}_{r,j}$. 因此，做如下的规定

$$i,j,l=1,2,\cdots,n$$
$$p,r,s=1,2,\cdots,m$$

令

$$A_{s,j} = \sum_{i=j}^{n} \frac{1}{(i-j)!} a_{s,i} f^{i-j}$$

我们就得出

$$\bar{a}_{r,j} = c^j \sum_{s=1}^{m} \alpha_{r,s} A_{s,j}$$

如果用记号 $(\alpha_{r,s})$ 和 $(A_{s,j})$ 分别表示由 $\alpha_{r,s}$ 组成的 $m \times m$ 矩阵和由 $A_{s,j}$ 组成的 $m \times n$ 矩阵，那么我们获得

$$(\bar{a}_{r,j}) = c^j (\alpha_{r,s})(A_{s,j})$$

左边是 $m \times n$ 矩阵.

从定义和上述关系立即看出

$$\bar{p}_{j_1,j_2,\cdots,j_m} = c^j \cdot J \cdot P_{j_1,j_2,\cdots,j_m} \qquad \left(j = \sum_{r=1}^{m} j_r\right)$$

式中如同 $p_{\cdots}$ 的定义一样

$$P_{j_1,j_2,\cdots,j_m} \equiv |\ A_{s,j_1} \quad A_{s,j_2} \quad \cdots \quad A_{s,j_m}\ |$$

而且 $(j_1 j_2 \cdots j_m)$ 是 $(1,2,\cdots,m)$ 的任何一个置换.

特别是,从此算出 $\bar{p}_{n-m+1,n-m+2,\cdots,n}$ 和 $\bar{p}_{n-m,n-m+2,\cdots,n}$.
实际上,由 $A_{s,j}$ 的定义得知

$$A_{s,n} = a_{s,n}$$

$$A_{s,n-1} = a_{s,n-1} + a_{s,n}f$$

$$A_{s,n-2} = a_{s,n-2} + a_{s,n-1}f + \frac{1}{2!}a_{s,n}f^2$$

$$\vdots$$

$$A_{s,n-m+1} = a_{s,n-m+1} + a_{s,n-m+2}f + \cdots +$$
$$\frac{1}{(m-1)!}a_{s,n}f^{m-1}$$

$$A_{s,n-m} = a_{s,n-m} + a_{s,n-m+1}f + \cdots + \frac{1}{m!}a_{s,n}f^m$$

因此

$$\bar{p}_{n-m+1,n-m+2,\cdots,n} = c^p \cdot J \cdot p_{n-m+1,n-m+2,\cdots,n}$$

$$\bar{p}_{n-m,n-m+2,\cdots,n} = c^{p-1} \cdot J \cdot [p_{n-m,n-m+2,\cdots,n} +$$
$$fp_{n-m+1,n-m+2,\cdots,n}]$$

其中已令

$$\rho = mn - \frac{1}{2}m(m-1)$$

记

$$R \equiv \frac{p_{n-m,n-m+2,\cdots,n}}{p_{n-m+1,n-m+2,\cdots,n}}$$

和对应的比 $\bar{R}$,我们从上列关系推导 R 与 $\bar{R}$ 间的重要
关系式

$$\bar{R} = \frac{1}{c}(R + f)$$

如同用 t^* 表示 t 的规范参数一样,我们用 $\bar{t}^*$ 表示

$\bar{t}$ 的规范参数,就是

$$t = t^* - R, \bar{t} = \bar{t}^* - \bar{R}$$

可是 $t = c\bar{t} + f$,即

$$\bar{t} = \frac{1}{c}(t - f)$$

所以我们获得

$$\bar{t}^* = \frac{1}{c}t^*$$

把这个表示代进变换后的泛拐点方程

$$1 + \sum_{r=1}^{m(n-m)} \overline{G}_r \bar{t}^{*r} = 0$$

就获得式(0.5)的另一表达式

$$1 + \sum_{r=1}^{m(n-m)} \frac{1}{c^r}\overline{G}_r t^{*r} = 0$$

所以我们有

$$\overline{G}_r = c^r G_r \quad (r = 1, 2, \cdots, m(n-m))$$

这些 G_r 除 $G_{m(n-m)-1} = 0$ 外,一般都不等于 0,比方说,$G_1 \neq 0$.这样,由这些 G_r 组成的

$$I_\lambda \equiv \frac{G_\lambda}{(G_1)^\lambda}$$

$$(\lambda = 2, 3, \cdots, m(n-m) - 2, m(n-m))$$

都是内在的仿射不变量.

为了完成定理的证明,剩下的问题是推导两关系式(0.4).具体的推导过程如下:

把 $\boldsymbol{x}^*$ 关于 t^* 的表示代进泛拐点方程的左边的行列式

$$D \equiv \left| \frac{\mathrm{d}\boldsymbol{x}^*}{\mathrm{d}t^*} \quad \frac{\mathrm{d}^2\boldsymbol{x}^*}{\mathrm{d}t^{*2}} \quad \cdots \quad \frac{\mathrm{d}^m\boldsymbol{x}^*}{\mathrm{d}t^{*m}} \right|$$

并且把它的 m 个列象征性地写成下面几个"梯形算盘"

第1列

i_1　·　·　·

第m−1列

i_{m-1}

第m列

i_m

在示意图的每一列上用小线段串联起来的小圆圈串表示 t^* 的一个多项式,各项的次数从右到左递降到 0 次.最上面一行的各串中,每一个实心小圆圈表示一个缺项.例如,第 m 列中的第 m 串表示 $\dfrac{d^m x^*_m}{dt^{*m}}$ 的各项,

从右到左关于 t^* 的次数分别为 $n-m, n-m-1, \cdots,$ 0;而且在同一列里的各项处于同一条铅直线上的所有项都是同次的.比方说,从第 m 列最右侧数起,处于第 j_m 条铅直线上的各项都是 $n-m-j_m+1$ 次.这里,$j_m=1,2,\cdots,$ 或 m.这条铅直线上不是零的项只有 j_m 个,其余的 $m-j_m$ 个项都是零(即缺项).这条铅直线上的最顶上的项显然是

$$T_{m,j_m}=\frac{(n-j_m+1)!}{(n-m-j_m+1)!}t^{*\,n-m-j_m+1}$$

当 j_m 顺次取值 $1,2,\cdots,m$ 时,这些非零项形成了一个以 m 只小圆圈为等边的等腰"三角形",如上示意图所示.

这个举例完全适用于任何列.就是说,对于第 μ 列考察从它的最右侧数到第 j_μ 条铅直线上的各非零项,其中处于最顶上的项是

$$T_{\mu,j_\mu}=\frac{(n-j_\mu+1)!}{(n-\mu-j_\mu+1)!}t^{*\,n-\mu-j_\mu+1}\quad(\mu=1,2,\cdots,m)$$

根据行列式的运算规则,D 的展开式是这样的所有行列式之和,就是:在不同列里取一条铅直线作为一列来构成的行列式.在这过程中,必须指出:如果在两个不同列里取第 j 条铅直线,即 $j_\mu=j_\nu=j$,但 $\mu\neq\nu$,那么这两直线上处于同一行的两个非零项一定成比例,因此,当取这两条直线上的所有项,包括各直线上方的零项在内,使它同其他 $m-2$ 列拼成一个 m 阶行列式时,这个行列式必为 0.

首先,我们将计算 D 的最高次项的系数 A.容易看出,从每一列中尽可能挑出 t^* 的最高次项,例如,从第 μ 列挑出第 j_μ 条铅直线,使得由全体 m 条铅直线形成的 m 阶行列式具有 t^* 的最高次数,而为此就必须从每

一个有关的等腰"三角形"中挑选各条铅直线. 这就是说 $j_1, j_2, \cdots, j_m = 1, 2, \cdots, m$. 可是如上所述,任何两个 j 不能相等,所以 $(j_1, j_2, \cdots, j_m)$ 只不过是 $(1, 2, \cdots, m)$ 的一个置换. 因此,所形成的 m 阶行列式恰好等于

$$\sigma(j_1, j_2, \cdots, j_m) T_{1,j_1} T_{2,j_2} \cdots T_{m,j_m}$$

其中 $\sigma(j_1, j_2, \cdots, j_m)$ 为 $+1$ 或 -1 是按照置换

$$\begin{bmatrix} j_1 & j_2 & \cdots & j_{m-1} & j_m \\ m+1-j_1 & m+1-j_2 & \cdots & m+1-j_{m-1} & m+1-j_m \end{bmatrix}$$

为偶置换或奇置换来决定的. 由

$$\sum_{\mu=1}^{m} (n - \mu - j_\mu + 1) = m(n - m)$$

得知 D 中的最高次项是 $At^{*\,m(n-m)}$,其中

$$A = \sum \sigma(j_1, j_2, \cdots, j_m) \cdot$$

$$\frac{(n-j_1+1)!\ (n-j_2+1)!\ \cdots (n-j_m+1)!}{(n-j_1)!\ (n-j_2-1)!\ \cdots (n-m-j_m+1)!}$$

$$((j_1, j_2, \cdots, j_m) = (1, 2, \cdots, m))$$

我们容易获得 A 的行列式表示

$$D_m^{m(n-m)}$$

$$\equiv \begin{vmatrix} \dfrac{(n-m+1)!}{(n-m)!} & \dfrac{(n-m+1)!}{(n-m-1)!} & \cdots & \dfrac{(n-m+1)!}{(n-2m+1)!} \\ \dfrac{(n-m+2)!}{(n-m+1)!} & \dfrac{(n-m+2)!}{(n-m)!} & \cdots & \dfrac{(n-m+2)!}{(n-2m+2)!} \\ \vdots & \vdots & & \vdots \\ \dfrac{n!}{(n-1)!} & \dfrac{n!}{(n-2)!} & \cdots & \dfrac{n!}{(n-m)!} \end{vmatrix}$$

至于 $D_m^{m(n-m)}$ 的具体表示式可参见后文.

其次,我们将证明 D 中的 $t^{*\,m(n-m)-1}$ 的系数恒为 0. 实际上,要作出 D 中的次高次项,对于最高次项的每一组 $(j_1, j_2, \cdots, j_m)$ 必须在第 μ 列中挑选另一条铅直线使得 $j'_\mu = j_\mu - 1 (\mu = 1, 2, \cdots, m)$. 当 $j_\mu < m$ 时,必有

某一个 $j_\nu = j_\mu - 1$，因此 j'_μ 上的各项和 j_ν 上的对应项成比例，从而所形成的行列式恒为 0。当 $j_\mu = m$ 时，我们用以代替第 $j_\mu = m$ 条铅直线的就是它的左邻铅直线，但是后者的最高项是缺项，即示意图中的实心小圆圈。这项和其余对于 $(j_1, j_2, \cdots, j_{\mu-1}, j_{\mu+1}, \cdots, j_m) = (1, 2, \cdots, m-1)$ 的 $m-1$ 项的乘积等于 0。这样，我们证明了 D 中的 $t^{*m(n-m)-1}$ 的系数 $g^*_{m(n-m)-1} \equiv 0$。

上述的结果也可以由 x 的参数表示

$$x^*_p = \sum_{i=1}^{n-m+p} \frac{1}{i!} a^*_{p,i} t^{*i}$$

$a^*_{p,n-m+p} = (n-m+p)!, a^*_{1,n-m} = 0$ （$p = 1, 2, \cdots, m$）

直接加以推导。为此目的，作

$$\Delta_m = |(A^*_{p,q})| \qquad (1 \leqslant p, q \leqslant m)$$

其中

$$A^*_{p,q} = \sum_{i=q}^{n-m+p} \frac{1}{(i-q)!} a^*_{p,i} t^{*i-q}$$

$$= \frac{(n-m+p)!}{(n-m+p-q)!} t^{*n-m+p-q} +$$

$$\sum_{i=q}^{n-m+p-1} \frac{1}{(i-q)!} a^*_{p,i} t^{*i-q}$$

显然，我们有 $\deg(A^*_{p,q}) = n-m+p-q$。

Δ_m 的各项具有下列形式

$$\pm A^*_{1,i_1} A^*_{2,i_2} \cdots A^*_{m,i_m}$$

其中 $(i_1, i_2, \cdots, i_m)$ 是 $(1, 2, \cdots, m)$ 的一个置换，因此

$$i_1 + i_2 + \cdots + i_m = \frac{1}{2} m(m+1).$$

另外

$$\deg(A^*_{1,i_1} A^*_{2,i_2} \cdots A^*_{m,i_m})$$

$$= \deg(A^*_{1,i_1}) + \deg(A^*_{2,i_2}) + \cdots +$$

$$\deg(A^*_{m,i_m})$$
$$=(n-m+1-i_1)+\cdots+(n-m+m-i_m)$$
$$=m(n-m)$$

所以 Δ_m 的次数为 $m(n-m)$. 这表明了 Δ_m 的最高次项一定是由 $A^*_{p,q}$ 是最高次项的乘积所组成的. 现在,用 $\Delta_m^{m(n-m)}$ 表示 Δ_m 的所有 $m(n-m)$ 次项的全体,我们便有

$$\Delta_m^{m(n-m)}=|\,(A^*_{p,q})\,|$$

这里

$$A^*_{p,q}=\frac{(n-m+p)!}{(n-m+p-q)!}t^{*\,n-m+p-q}$$

由此立即导出

$$\Delta_m^{m(n-m)}=D_m^{m(n-m)}\cdot t^{*\,m(n-m)}$$

通过直接计算或数学归纳法容易得出

$$D_m^{m(n-m)}=\frac{n!}{(n-m)!}\prod_{p=1}^{m}(m-p)!$$

下面将对 Δ_m 的次高次项 $\Delta_m^{m(n-m)-1}$ 进行分析. 它是从 $\pm A_{1,i_1}A_{2,i_2}\cdots A_{m,i_m}$ 取其中一个因子的次高次项和其余各因子的最高次项(共有 $m-1$ 项)相乘而得来的这样一些项的全体,即

$$\Delta_m^{m(n-m)-1}=\sum_{p,q=1}^{m}A^{**}_{p,q}\widetilde{A}^*_{p,q}$$

式中 $A^{**}_{p,q}$ 表示 $A^*_{p,q}$ 的次高次项

$$A^*_{p,q}=\frac{a^*_{p,n-m+p-1}}{(n-m+p-1-q)!}t^{*\,n-m+p-1-q}$$

而且 $\widetilde{A}^*_{p,q}$ 表示 $A^*_{p,q}$ 在 $\Delta_m^{m(n-m)}$ 的代数余因子式中以其各元素的最高次项为元素的子式. 因此

$$\Delta_m^{m(n-m)-1}=\sum_{i=1}^{m}\overline{\Delta}^i$$

其中

$$\overline{\Delta}^i = | \ (\overline{A}^i_{p,q}) \ |$$

$$\overline{A}^i_{p,q} = \begin{cases} \dfrac{(n-m+p)!}{(n-m+p-q)!} t^{*\,n-m+p-q}, & \text{当 } p \neq i \\[3mm] \dfrac{a^*_{i,n-m+i-1}}{(n-m+i-1-q)!} t^{*\,n-m+i-1-q}, & \text{当 } p = i \end{cases}$$

由 $a^*_{1,n-m} = 0$ 立即得到 $\overline{\Delta}^1 = 0$. 当 $i > 1$ 时，$\overline{\Delta}^i$ 中就有这样的元素 $\overline{A}^i_{i-1,q}$

$$\overline{A}^i_{i-1,q} = \frac{(n-m+i-1)!}{a^*_{i,n-m+i-1}} \cdot \overline{A}^i_{i,q}$$

由于因子

$$\frac{(n-m+i-1)!}{a^*_{i,n-m+i-1}}$$

与指标 q 无关，所以 $\overline{\Delta}^i$ 中必有成比例的两行元素，因此，$\overline{\Delta}^i = 0$. 这样，我们就证明了

$$\Delta_m^{m(n-m)-1} \equiv 0$$

应用上述的定理，使我们加快了对 $m(n-m) - 2$ 个内在不变量的推导. 这是由于泛拐点方程的左边除一个不等于 0 的常因数以外，其他的都是与坐标的仿射变换 A 和参数变换 T 无关的，因此，我们可用

$$\left| \frac{\mathrm{d}\boldsymbol{x}}{\mathrm{d}t} \quad \frac{\mathrm{d}^2 \boldsymbol{x}}{\mathrm{d}t^2} \quad \cdots \quad \frac{\mathrm{d}^m \boldsymbol{x}}{\mathrm{d}t^m} \right|$$

代替其左边，并在把它展开为 t 的 $m(n-m)$ 次多项式 $f(t)$ 之后，令

$$F(t^*) \equiv f\left(t^* - \frac{p_{n-m,n-m+2,\cdots,n}}{p_{n-m,n-m+1,\cdots,n}} \right)$$

在 $F(0) \neq 0$ 的假设下，做出方程

$$\frac{1}{F(0)} F(t^*) = 0$$

最后的方程便与前述的式(0.5)重合.

举例来说,当 $m=2$ 时,用这个方法就能比较迅速地求得对应的有理整曲线的仿射不变量.[2]

参 考 文 献

[1] 苏步青.有理整曲线的几个相对仿射不变量[J].复旦学报,1977 (2):22-29.

[2] 苏步青.关于五次有理曲线的注记[J].应用数学学报,1977(2):80-89.

华宣积论四次 Bézier 曲线的拐点和奇点

第 3 章

　　在参数样条曲线中,三次曲线的应用最广泛,而且已经有了许多理论上的研究.四次及五次参数样条曲线已经在应用的领域中出现.这些曲线的拐点和奇点问题要比三次参数曲线复杂得多,几乎还没有详细的讨论,但这是有效地控制高次参数曲线时必然会碰到的问题.对于四次 Bézier 曲线的拐点,一些文献已经做了初步的讨论.本章继续这一工作,分析了四次 Bézier 曲线的拐点方程、尖点方程和二重点所满足的方程,得到了四次 Bézier 曲线无拐点的充要条件以及无二重点的一个充分条件.这些结果都

236

是用有关的仿射不变量表示的,可用来控制四次 Bézier 曲线的形状.本章的讨论仅限于平面曲线的范围.

§1　四次 Bézier 曲线的拐点

设以原点为起点,以 $\boldsymbol{a}_1\boldsymbol{a}_2\boldsymbol{a}_3\boldsymbol{a}_4$ 为特征多边形的四次 Bézier 曲线段 B_4 的方程是

$$\begin{aligned}
\boldsymbol{p}(t) = {} & 4t(1-t)^3\boldsymbol{a}_1 + 6t^2(1-t)^2(\boldsymbol{a}_1+\boldsymbol{a}_2) + \\
& 4t^3(1-t)(\boldsymbol{a}_1+\boldsymbol{a}_2+\boldsymbol{a}_3) + \\
& t^4(\boldsymbol{a}_1+\boldsymbol{a}_2+\boldsymbol{a}_3+\boldsymbol{a}_4) \quad (0 \leqslant t \leqslant 1)
\end{aligned}$$

$$(1.1)$$

令

$$p_{ij} = \mid \boldsymbol{a}_i\boldsymbol{a}_j \mid \quad (i < j)$$

则 B_4 的拐点必须满足方程

$$\begin{aligned}
& p_{12} + 2(-2p_{12}+p_{13})t + \\
& \{6(p_{12}-p_{13}) + 3p_{23} + p_{14}\}t^2 + \\
& 2(-2p_{12}+3p_{13}-p_{14}-3p_{23}+p_{24})t^3 + \\
& (p_{12}-2p_{13}+p_{14}+3p_{23}-2p_{24}+p_{34})t^4 = 0
\end{aligned}$$

$$(1.2)$$

不妨设 $p_{12} > 0$,拐点方程(1.2)可写成

$$1 + At + Bt^2 + Ct^3 + Dt^4 = 0 \qquad (1.3)$$

其中

237

$$\begin{cases} A = \dfrac{2(p_{13} - 2p_{12})}{p_{12}} \\[2mm] B = \dfrac{p_{14} - 6p_{13} + 3p_{23} + 6p_{12}}{p_{12}} \\[2mm] C = \dfrac{2(p_{24} - 3p_{23} - 2p_{12} - p_{14} + 3p_{13})}{p_{12}} \\[2mm] D = \dfrac{p_{12} - 2p_{13} + p_{14} + 3p_{23} - 2p_{24} + p_{34}}{p_{12}} \end{cases}$$

$$(1.4)$$

令

$$s = \frac{1}{t}, s^* = s + \frac{p_{13} - 2p_{12}}{2p_{12}}$$

方程(1.2) 或(1.3) 化成

$$f(s^*) = s^{*4} + bs^{*2} + cs^* + d = 0 \qquad (1.5)$$

其中

$$\begin{cases} b = \dfrac{(3p_{23} + p_{14})p_{12} - \dfrac{3}{2}p_{13}^2}{p_{12}^2} \\[4mm] c = \dfrac{1}{p_{12}^3}\big[p_{13}^3 - p_{12}p_{13}(3p_{23} + p_{14}) + 2p_{24}p_{12}^2\big] \\[4mm] d = -\dfrac{1}{16}\bigg[\dfrac{3p_{13}^4}{p_{12}^4} - 4\dfrac{p_{13}^2(3p_{23} + p_{14})}{p_{12}^3} + \\[4mm] \qquad\qquad 16\dfrac{p_{13}p_{24} - p_{12}p_{34}}{p_{12}^2}\bigg] \end{cases}$$

显然 B_4 在 $(0,1)$ 内无拐点的必要条件是 $p_{34} \geqslant 0$. 下面假定 $p_{12} > 0, p_{34} \geqslant 0$,分别就 $c = 0$ 和 $c \neq 0$ 进行讨论.

(1) $c = 0$.

式(1.5) 变成

$$\left(s^{*2} + \frac{b}{2}\right)^2 - \frac{b^2}{4} + d = 0$$

为了使 B_4 在 $(0,1)$ 内没有拐点，$f(s^*)$ 在 $\left(\dfrac{p_{13}}{2p_{12}},+\infty\right)$ 内非负的充要条件是下列三种情况之一：

(i) $\dfrac{b^2}{4}-d\leqslant 0$.

(ii) $\dfrac{b^2}{4}-d>0,p_{13}\geqslant 0,f_2\left(\dfrac{p_{13}}{2p_{12}}\right)\geqslant 0$，这里记

$$f_2(s^*)=s^{*2}+\frac{b}{2}-\sqrt{\frac{b^2}{4}-d}.$$

(iii) $\dfrac{b^2}{4}-d>0,p_{13}<0,f_2\left(\dfrac{p_{13}}{2p_{12}}\right)\geqslant 0,\dfrac{b}{2}-$

$\sqrt{\dfrac{b^2}{4}-d}\geqslant 0$.

经过计算可获得用 p_{ij} 来表示的条件（Ⅰ）（Ⅱ）和（Ⅲ）如下

$$\begin{cases} p_{13}^3-p_{12}p_{13}(3p_{23}+p_{14})+2p_{24}p_{12}^2=0 \\ \left[\dfrac{(3p_{23}+p_{14})p_{12}-p_{13}^2}{p_{12}}\right]^2\leqslant 4p_{12}p_{34} \end{cases} \quad （Ⅰ）$$

其中第二式亦可写成

$$(3p_{23}+p_{14})[(3p_{23}+p_{14})p_{12}-p_{13}^2]-$$
$$2p_{13}p_{24}p_{12}-4p_{34}p_{12}^2\leqslant 0$$

依赖于 $c=0$ 和 Plücker 恒等式

$$p_{12}p_{34}-p_{13}p_{24}+p_{14}p_{23}=0 \qquad (1.6)$$

可以使它们互化

$$\begin{cases} p_{13}\geqslant 0 \\ p_{13}^3-p_{12}p_{13}(3p_{23}+p_{14})+2p_{24}p_{12}^2=0 \\ \dfrac{(3p_{23}+p_{14})p_{12}-p_{13}^2}{p_{12}}\geqslant 2\sqrt{p_{12}p_{34}} \end{cases} \quad （Ⅱ）$$

239

$$\begin{cases} p_{13} < 0 \\ p_{13}^3 - p_{12}p_{13}(3p_{23} + p_{14}) + 2p_{24}p_{12}^2 = 0 \\ \dfrac{(3p_{23} + p_{14})p_{12} - p_{13}^2}{p_{12}} \geqslant 2\sqrt{p_{12}p_{34}} \\ \dfrac{3p_{23} + p_{14}}{p_{12}} > \dfrac{3}{2}\left(\dfrac{p_{13}}{p_{12}}\right)^2 \end{cases} \quad (\text{III})$$

(2)$c \neq 0$.

令

$$g(\mu) = \mu^3 + p\mu + q$$

其中

$$p = -\left(\frac{1}{12}b^2 + d\right) = -\frac{(3p_{23} - p_{14})^2}{12p_{12}^2}$$

$$q = -\frac{1}{8}\left(\frac{2}{27}b^3 - \frac{8}{3}bd + c^2\right)$$

$$= -\frac{1}{108}\{(3p_{23} + p_{14})^3 - 18(3p_{23} + p_{14})p_{23}p_{14} +$$

$$54[p_{12}p_{24}^2 + p_{34}p_{13}^2 - (3p_{23} + p_{14})p_{12}p_{34}]\}$$

易知

$$g\left(\frac{b}{3}\right) = -\frac{1}{8}c^2 < 0$$

方程 $g(\mu) = 0$ 有一个实根 $\mu > \dfrac{b}{3}$，此时

$$f(s^*) = f_1(s^*)f_2(s^*)$$

这里

$$f_1(s^*) = s^{*2} - \sqrt{2\mu - \frac{2}{3}b}\, s^* + \mu + \frac{b}{6} + \frac{c}{2\sqrt{2\mu - \frac{2}{3}b}}$$

$$f_2(s^*) = s^{*2} + \sqrt{2\mu - \frac{2}{3}b}\, s^* + \mu + \frac{b}{6} - \frac{c}{2\sqrt{2\mu - \frac{2}{3}b}}$$

它们的图像都是抛物线.

这时,$f(s^*)$ 在 $\left(\dfrac{p_{13}}{2p_{12}}, +\infty\right)$ 内非负的可能情况是:

(i) $f_1(s^*) \geqslant 0, f_2(s^*) \geqslant 0$.

(ii) $f_1\left(\dfrac{p_{13}}{2p_{12}}\right) \geqslant 0, f_2\left(\dfrac{p_{13}}{2p_{12}}\right) \geqslant 0, \dfrac{\sqrt{2\mu - \dfrac{2}{3}b}}{2} \leqslant$

$\dfrac{p_{13}}{2p_{12}}$(抛物线的顶点在所讨论的区间外).

(iii) $f_2\left(\dfrac{p_{13}}{2p_{12}}\right) \geqslant 0, f_1(s^*) \geqslant 0, -\sqrt{2\mu - \dfrac{2}{3}b} \leqslant$

$\dfrac{p_{13}}{2p_{12}} \leqslant \sqrt{2\mu - \dfrac{2}{3}b}$.

(iv) $f_1\left(\dfrac{p_{13}}{2p_{12}}\right) < 0, f_2\left(\dfrac{p_{13}}{2p_{12}}\right) < 0,$ 在 $\left(\dfrac{p_{13}}{2p_{12}}, +\infty\right)$

中 $f_1(s^*)$ 与 $f_2(s^*)$ 有公共根.

详细分析上述情况(i)可获得条件

$$
\begin{cases}
0 \leqslant (3p_{23} + p_{14})p_{12} - \dfrac{3}{2}p_{13}^2 \leqslant |\, 3p_{23} - p_{14}\,|\, p_{12} \\[2mm]
(3p_{23} - p_{14})^2 \,|\, 3p_{23} - p_{14}\,| - (3p_{23} + p_{14})^3 + \\[2mm]
18(3p_{23} + p_{14})p_{23}p_{14} - 54[p_{12}p_{24}^2 + p_{34}p_{13}^2 - \\[2mm]
(3p_{23} + p_{14})p_{12}p_{34}] \geqslant 0
\end{cases}
$$

$$\text{(IV)}$$

和

$$\begin{cases} (3p_{23} + p_{14})p_{12} < \dfrac{3}{2}p_{13}^2 \\ 3p_{13}^2 - 2(3p_{23} + p_{14})p_{12} \leqslant \mid 3p_{23} - p_{14} \mid p_{12} \\ (3p_{23} - p_{14})^2 \mid 3p_{23} - p_{14} \mid - (3p_{23} + p_{14})^3 + \\ 18(3p_{23} + p_{14})p_{23}p_{14} - 54[p_{12}p_{24}^2 + p_{34}p_{13}^2 - \\ (3p_{23} + p_{14})p_{12}p_{34}] \geqslant 0 \end{cases}$$

$$（Ⅴ）$$

详细分析上述情况（ii），并利用恒等式(1.6)，得到：

B_4 的特征多边形是凸的，且 $\boldsymbol{a}_1$ 与 $\boldsymbol{a}_4$ 的夹角不超过 π. （Ⅵ）

详细分析上述情况（iii），得到

$$\begin{cases} 3p_{23} + p_{14} \geqslant 0 \\ 3p_{23} + p_{14} - \mid 3p_{23} - p_{14} \mid \leqslant 0 \\ p_{13}^3 - p_{12}p_{13}(3p_{23} + p_{14}) + 2p_{24}p_{12}^2 \geqslant 0 \\ (3p_{23} - p_{14})^2 \mid 3p_{23} - p_{14} \mid - (3p_{23} + p_{14})^3 + \\ 18(3p_{23} + p_{14})p_{23}p_{14} - 54[p_{12}p_{24}^2 + p_{34}p_{13}^2 - \\ (3p_{23} + p_{14})p_{12}p_{34}] \leqslant 0 \end{cases}$$

$$（Ⅶ）$$

$$\begin{cases} 3p_{23} + p_{14} \geqslant \mid 3p_{23} - p_{14} \mid \\ p_{13}^3 - p_{12}p_{13}(3p_{23} + p_{14}) + 2p_{24}p_{12}^2 \geqslant 0 \\ (3p_{23} + p_{14})p_{23}p_{14} + (3p_{23} + p_{14})p_{12}p_{34} - \\ p_{12}p_{24}^2 - p_{34}p_{13}^2 \leqslant 0 \end{cases} \quad （Ⅷ）$$

$$\begin{cases} 3p_{23} + p_{14} < 0 \\ -\dfrac{3p_{23} + p_{14}}{2} - \mid 3p_{23} - p_{14} \mid \leqslant 0 \\ p_{13}^3 - p_{12}p_{13}(3p_{23} + p_{14}) + 2p_{24}p_{12}^2 \geqslant 0 \\ (3p_{23} - p_{14})^2 \mid 3p_{23} + p_{14} \mid - (3p_{23} + p_{14})^3 + \\ 18(3p_{23} + p_{14})p_{23}p_{14} - 54[p_{12}p_{24}^2 + p_{34}p_{13}^2 - \\ (3p_{23} + p_{14})p_{12}p_{34}] \leqslant 0 \end{cases}$$

$$(\text{Ⅸ})$$

和

$$\begin{cases} -\dfrac{3p_{23} + p_{14}}{2} - \mid 3p_{23} - p_{14} \mid \geqslant 0 \\ p_{13}^3 - p_{12}p_{13}(3p_{23} + p_{14}) + 2p_{24}p_{12}^2 \geqslant 0 \end{cases} \quad (\text{Ⅹ})$$

情况(ⅳ)是不可能的.

归纳上面的讨论,我们得到下述定理.

定理 1　在 $p_{12} > 0$ 的假设下,B_4 没有拐点的充要条件是 $p_{34} \geqslant 0$ 和条件(Ⅰ)～(Ⅹ)之一成立.

§2　B_4 的尖点

B_4 的尖点由方程组

$$\begin{cases} (p_{14} - 3p_{13} + 3p_{12})t^2 + 3(p_{13} - 2p_{12})t + 3p_{12} = 0 \\ (p_{24} - 3p_{23} + p_{12})t^3 + 3(p_{23} - p_{12})t^2 + 3p_{12}t - p_{12} = 0 \end{cases}$$

$$(2.1)$$

决定. 如令 $s = \dfrac{1}{t}$,它可写成

$$\begin{cases} 3p_{12}s^2 + 3(p_{13} - 2p_{12})s + (p_{14} - 3p_{13} + 3p_{12}) = 0 \\ -p_{12}s^3 + 3p_{12}s^2 + 3(p_{23} - p_{12})s + (p_{24} - 3p_{23} + p_{12}) = 0 \end{cases}$$

经计算可以得到它的结式

$$E = 27p_{34}p_{13}^2 + 27p_{12}p_{24}^2 - 27p_{12}p_{34}p_{14} -$$
$$9p_{14}^2 p_{23} + p_{14}^3 - 81p_{12}p_{34}p_{23} \qquad (2.2)$$

当 $p_{14} - 3p_{13} + 3p_{12}$ 和 $p_{24} - 3p_{23} + p_{12}$ 不全为零时,方程组有公共根的充要条件是 $E = 0$,并且当 $3p_{13}^2 - (9p_{23} + p_{12})p_{12} \neq 0$ 时,可求得

$$s = 1 + \frac{3p_{24}p_{12} - p_{13}p_{14}}{3p_{13}^2 - (9p_{23} + p_{14})p_{12}}$$

这时 B_4 有尖点的条件是

$$\frac{3p_{24}p_{12} - p_{13}p_{14}}{3p_{13}^2 - (9p_{23} + p_{14})p_{12}} > 0$$

当 $3p_{13}^2 - (9p_{23} + p_{14})p_{12} = 0$ 时,可求得

$$s = \frac{-3(p_{13} - 2p_{12}) \pm \sqrt{9p_{13}^2 - 12p_{12}p_{14}}}{6p_{12}}$$

这时 B_4 有尖点的条件是

$$3p_{13}^2 - 4p_{12}p_{14} > 0, p_{13} < 0$$

如果要有两个尖点,那么必须要求

$$-3p_{13} \pm \sqrt{9p_{13}^2 - 12p_{12}p_{14}} > 0$$

从而可推出

$$p_{14} > 0$$

当 $p_{14} - 3p_{13} + 3p_{12} = 0, p_{24} - 3p_{23} + p_{12} = 0$ 时,方程组有不等于零的公共根的条件是

$$p_{23} = \frac{p_{12}^2 + p_{13}^2 - p_{13}p_{12}}{3p_{12}}$$

综上所述,我们得到了 B_4 在 $(0,1)$ 内有尖点的充要条件是下列三个条件之一成立,它们是:

(i) $p_{14} - 3p_{13} + 3p_{12}$ 和 $p_{24} - 3p_{23} + p_{12}$ 不全为零,$E = 0, 3p_{13}^2 - (9p_{23} + p_{14})p_{12} \neq 0$,

244

$$\frac{3p_{24}p_{12}-p_{13}p_{14}}{3p_{13}^2-(9p_{23}+p_{14})p_{12}}>0.$$

(ii) $p_{14}-3p_{13}+3p_{12}$ 和 $p_{24}-3p_{23}+p_{12}$ 不全为零，$E=0$，$3p_{13}^2-(9p_{23}+p_{14})p_{12}=0$，$3p_{13}^2-4p_{12}p_{14}>0$，$p_{13}<0$.

(iii) $p_{14}-3p_{13}+3p_{12}=p_{24}-3p_{23}+p_{12}=0$，$p_{12}>p_{13}$，$p_{23}=\dfrac{p_{12}^2+p_{13}^2-p_{13}p_{12}}{3p_{12}}$.

特别地，第二个条件再加上 $p_{14}>0$ 是 B_4 有两个尖点的充要条件. 下面是一条有两个尖点的 B_4 的例子. 特征四边形的四条边的向量是 $(9,0)$，$(0,9)$，$(-10,-18)$，$(12,18)$. 图 1 是它的 B_4 的形状.

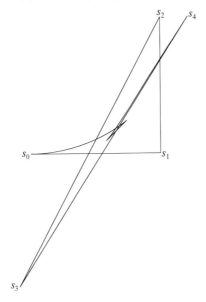

图 1

设 B_4 的特征四边形的五个顶点分别为 $s_0(0,0)$，

$s_1(0,\rho), s_2(x,y), s_3(-1,\sigma), s_4(-1,0)$，这里 $\rho, \sigma > 0$.
这时

$$\boldsymbol{a}_0 = (0,\rho), \boldsymbol{a}_2 = (x, y-\rho)$$

$$\boldsymbol{a}_3 = (-1-x, \sigma - y), \boldsymbol{a}_4 = (0, -\sigma)$$

$$p_{12} = -\rho x, p_{13} = \rho(1+x), p_{14} = 0$$

$$p_{23} = (\sigma - \rho)x + y - \rho, p_{24} = -\sigma x, p_{34} = \sigma(1+x)$$

如图 2 所示，s_2 的改变可以适当地控制 B_4 的形状. 我们让 s_2 在两条平行线之间变动. 当 $p_{23} \geqslant 0$ 时，即 s_2 在 $s_1 s_3$ 的上方时，符合条件（Ⅵ），B_4 无拐点和尖点；当 $p_{23} < 0$ 时，条件（Ⅰ）～（Ⅹ）中只有（Ⅸ）可能成立，而这时条件（Ⅸ）化成

$$p_{23}^3 + [p_{12} p_{24}^2 + p_{34} p_{13}^2 - 3 p_{23} p_{12} p_{34}] \geqslant 0$$

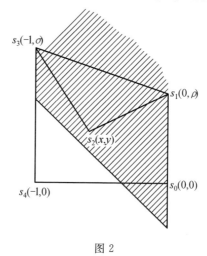

图 2

即

$$p_{23}^3 + 3\rho\sigma x(1+x) p_{23} - \rho\sigma^2 x^3 + \sigma\rho^2(1+x^3) \geqslant 0$$

取等号的三次方程的判别式是

$$\frac{\rho^2 \sigma^2 [\sigma x^3 + \rho(x+1)^3]^2}{4} \geqslant 0$$

最后解出

$$p_{23} = \sigma x \sqrt[3]{\frac{\rho}{\sigma}} - \rho(1+x) \sqrt[3]{\frac{\sigma}{\rho}}$$

所以,我们可得到很简单的结论,即当 s_2 在直线

$$(\sigma - \rho)x + y - \rho = \sigma x \sqrt[3]{\frac{\rho}{\sigma}} - \rho(1+x) \sqrt[3]{\frac{\sigma}{\rho}}$$

的上方(包括直线上)变动时,B_4 不出现拐点,也不出现尖点.

如取 $\rho = 1, \sigma = 8$,分界线是

$$5x + y + 1 = 0$$

当我们取 $(-0.2, 0)$ 作为 s_2 时,对应的 B_4 没有拐点和尖点,因为 $(-0.2, 0)$ 在直线上. 当我们取 $(-0.2, -0.1)$ 作为 s_2 时,对应的 B_4 有两个拐点出现,它们的坐标是 $(-0.126\ 609\ 0, 0.940\ 908\ 5)$ 和 $(-0.222\ 765\ 1, 1.413\ 777\ 0)$. 若 s_2 取为 $(-0.1, -0.4)$,则对应的 B_4 也没有拐点和尖点. 这时 s_2 位于 $s_0 s_4$ 的下方,但它仍在阴影区域之内.

§3　B_4 有二重点的充要条件

设 B_4 有一个二重点 $\boldsymbol{P}_0$,对应的参数是 t_1 和 t_2,则 B_4 的方程可写成

$$\boldsymbol{P}(t) = \boldsymbol{P}_0 + (t - t_1)(t - t_2)(\boldsymbol{E}_1 t^2 + \boldsymbol{E}_2 t + \boldsymbol{E}_3)$$
$$(0 < t_1 < t_2 < 1)$$

将它与式(1.1)比较,可以得到

$$\begin{cases} \boldsymbol{E}_1 = \boldsymbol{a}_4 - 3\boldsymbol{a}_3 + 3\boldsymbol{a}_2 - \boldsymbol{a}_1 \\ \boldsymbol{E}_2 - \boldsymbol{E}_1 \xi = 4(\boldsymbol{a}_3 - 2\boldsymbol{a}_2 + \boldsymbol{a}_1) \\ \boldsymbol{E}_3 - \boldsymbol{E}_2 \xi + \boldsymbol{E}_1 \eta = 6(\boldsymbol{a}_2 - \boldsymbol{a}_1) \\ \boldsymbol{E}_2 \eta - \boldsymbol{E}_3 \xi = 4\boldsymbol{a}_1 \end{cases}$$

其中

$$\xi = t_1 + t_2, \eta = t_1 t_2$$

该方程组有解的充要条件是

$$\begin{cases} \left[-4(\xi^2 - \eta) + 3(\xi^3 - 2\xi\eta)\right] \dfrac{p_{23}}{p_{12}} - (\xi^3 - 2\xi\eta) \dfrac{p_{24}}{p_{12}} \\ = 6\xi - 4 - 4(\xi^2 - \eta) + (\xi^3 - 2\xi\eta) \\ \left[-4(\xi^2 - \eta) + 3(\xi^3 - 2\xi\eta)\right] \dfrac{p_{13}}{p_{12}} - (\xi^3 - 2\xi\eta) \dfrac{p_{14}}{p_{12}} \\ = 6\xi - 8(\xi^2 - \eta) + 3(\xi^3 - 2\xi\eta) \end{cases}$$

$$(3.1)$$

或

$$\begin{cases} 4\left(1 - \dfrac{p_{23}}{p_{12}}\right)(\xi^2 - \eta) - \left(1 - \dfrac{3p_{23}}{p_{12}} + \dfrac{p_{24}}{p_{12}}\right) \cdot \\ (\xi^3 - 2\xi\eta) = 6\xi - 4 \\ -4\left(2 - \dfrac{p_{13}}{p_{12}}\right)(\xi^2 - \eta) + \left(3 - \dfrac{3p_{13}}{p_{12}} + \dfrac{p_{14}}{p_{12}}\right) \cdot \\ (\xi^3 - 2\xi\eta) = -6\xi \end{cases}$$

$$(3.2)$$

这里已经用到了 $\boldsymbol{a}_3$ 与 $\boldsymbol{a}_4$ 关于 $\boldsymbol{a}_1$ 和 $\boldsymbol{a}_2$ 的表达式

$$\boldsymbol{a}_3 = -\frac{p_{23}}{p_{12}}\boldsymbol{a}_1 + \frac{p_{13}}{p_{12}}\boldsymbol{a}_2, \boldsymbol{a}_4 = -\frac{p_{24}}{p_{12}}\boldsymbol{a}_1 + \frac{p_{14}}{p_{12}}\boldsymbol{a}_2$$

$$(3.3)$$

经计算可知

$$\begin{vmatrix} 4\left(1-\dfrac{p_{23}}{p_{12}}\right) & -\left(1-\dfrac{3p_{23}}{p_{12}}+\dfrac{p_{24}}{p_{12}}\right) \\ -8+4\dfrac{p_{13}}{p_{12}} & 3-\dfrac{3p_{23}}{p_{12}}+\dfrac{p_{14}}{p_{12}} \end{vmatrix}=4D$$

$$\begin{vmatrix} 6\xi-4 & -\left(1-\dfrac{3p_{23}}{p_{12}}+\dfrac{p_{24}}{p_{12}}\right) \\ -6\xi & 3-\dfrac{3p_{13}}{p_{12}}+\dfrac{p_{14}}{p_{12}} \end{vmatrix}$$

$$=-3C\xi-4\left(3-\dfrac{3p_{13}}{p_{12}}+\dfrac{p_{14}}{p_{12}}\right)$$

$$\begin{vmatrix} 4\left(1-\dfrac{p_{23}}{p_{12}}\right) & 6\xi-4 \\ -8+4\dfrac{p_{13}}{p_{12}} & -6\xi \end{vmatrix}=\dfrac{24}{p_{12}}(p_{12}+p_{23}-p_{13})\xi-$$

$$\dfrac{16}{p_{12}}(2p_{12}-p_{13})$$

下面分别就 $D=0$ 和 $D\neq 0$ 来讨论.

(1) $D=0$.

若 $p_{12}+p_{23}-p_{13}=0$,则为了使方程组(3.2)有解,必须有

$$C=0,2p_{12}-p_{13}=0,3-\dfrac{3p_{13}}{p_{12}}+\dfrac{p_{14}}{p_{12}}=0$$

最后解出

$$p_{13}=2p_{12},p_{23}=p_{12},p_{14}=3p_{12},p_{24}=2p_{12}$$

但它们不满足方程组(3.2)的第二式,此时方程组(3.2)无解.

当 $p_{12}+p_{23}-p_{13}\neq 0$ 时,方程组(3.2)的解是

$$\begin{cases} \xi = \dfrac{2(2p_{12} - p_{13})}{3(p_{12} + p_{23} - p_{13})} \\[4mm] \eta = \dfrac{-6\xi + 4\left(2 - \dfrac{p_{13}}{p_{12}}\right)\xi^2 - \left(3 - \dfrac{3p_{13}}{p_{12}} + \dfrac{p_{14}}{p_{12}}\right)\xi^3}{4\left(2 - \dfrac{p_{13}}{p_{12}}\right) - 2\left(3 - \dfrac{3p_{13}}{p_{12}} + \dfrac{p_{14}}{p_{12}}\right)\xi} \end{cases}$$

$$(3.4)$$

这时 B_4 最多只有一个二重点.

(2) $D \neq 0$.

由方程组(3.2)可得到

$$\begin{cases} \xi^3 + \dfrac{3C}{2D}\xi^2 + \dfrac{2B}{D}\xi + \dfrac{2A}{D} = 0 \\[4mm] \eta = \xi^2 + \dfrac{1}{4D}\left[3C\xi + 4\left(3 - \dfrac{3p_{13}}{p_{12}} + \dfrac{p_{14}}{p_{12}}\right)\right] \end{cases} \quad (3.5)$$

这时 B_4 最多有三个二重点或一个三重点.

容易说明这个最大的数目都是可以达到的. 实际上,只要在$(0,1)$内任给四个数 t_1, t_2, t'_1 和 t'_2,由式(3.1)以及相应的加上"'"的方程,得到关于 $\dfrac{p_{23}}{p_{12}}, \dfrac{p_{24}}{p_{12}}$ 的方程组和关于 $\dfrac{p_{13}}{p_{12}}, \dfrac{p_{14}}{p_{12}}$ 的方程组. 可以证明当它们的系数行列式等于零时,它们无解. 如果它们的系数行列式不等于零,可唯一地决定 $\dfrac{p_{23}}{p_{12}}, \dfrac{p_{24}}{p_{12}}, \dfrac{p_{13}}{p_{12}}$ 和 $\dfrac{p_{14}}{p_{12}}$,利用式(3.3) 就确定了一个特征多边形,由此决定的 B_4 就以 t_1, t_2 为一个二重点,以 t'_1, t'_2 为另一个二重点. 特别地,当 $t_2 = t'_1$ 时,变成有一个三重点. 下面是两个例子.

例 1 $t_1 = \dfrac{1}{4}, t_2 = \dfrac{1}{2}, t'_1 = \dfrac{1}{2}, t'_2 = \dfrac{3}{4}.$

解得

$$\frac{p_{23}}{p_{12}}=\frac{25}{17},\frac{p_{24}}{p_{12}}=-\frac{38}{17}$$

$$\frac{p_{13}}{p_{12}}=-\frac{608}{272},\frac{p_{14}}{p_{12}}=\frac{7\,392}{2\,720}$$

特征四边形的边向量是

$$\boldsymbol{a}_1=(1,0)$$

$$\boldsymbol{a}_2=(0,1)$$

$$\boldsymbol{a}_3=\left(-\frac{25}{17},-\frac{608}{272}\right)$$

$$\boldsymbol{a}_4=\left(\frac{38}{17},\frac{7\,392}{2\,720}\right)$$

它的顶点是

$$(0,0),(1,0),(1,1),\left(-\frac{8}{17},-\frac{336}{272}\right),\left(\frac{30}{17},\frac{4\,032}{2\,720}\right)$$

此时有三重点 $\left(\dfrac{21}{34},\dfrac{27}{170}\right)$.

例 2　$t_1=\dfrac{1}{4},t_2=\dfrac{1}{2},t'_1=\dfrac{1}{3},t'_2=\dfrac{2}{3}$.

解得特征四边形的顶点是

$$(0,0),(1,0),(1,1),\left(-\frac{11}{14},-\frac{3}{2}\right),\left(\frac{20}{7},\frac{12}{5}\right)$$

t_1,t_2 对应的二重点是 $\left(\dfrac{17}{28},\dfrac{3}{20}\right)$,$t'_1,t'_2$ 对应的二

重点是 $\left(\dfrac{368}{567},\dfrac{8}{45}\right)$.第三个二重点是 $(0.643\,613\,9,$

$0.173\,319\,7)$.图 3 和图 4 是它们的示意图.二重点和
三重点所在的部分特别放大了,并没有按照比例画出,
目的是可以看得更清楚一些.

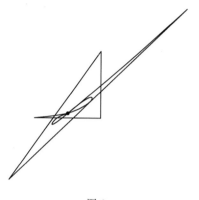

图 3

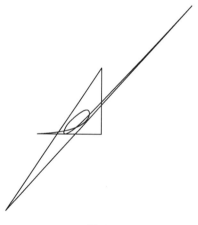

图 4

§4　无二重点的一个充分条件

由式(3.2) 可解出

$$\frac{p_{13}}{p_{12}} = \frac{N_1 - \dfrac{p_{14}}{p_{12}}(t_1^3 + t_1^2 t_2 + t_1 t_2^2 + t_2^3)}{N}$$

$$\frac{p_{23}}{p_{12}} = \frac{N_2 - \dfrac{p_{24}}{p_{12}}(t_1^3 + t_1^2 t_2 + t_1 t_2^2 + t_2^3)}{N}$$

其中

$$N = 4(t_1^2 + t_1 t_2 + t_2^2) - 3(t_1^3 + t_1^2 t_2 + t_1 t_2^2 + t_2^3)$$

$$N_1 = -6(t_1 + t_2) + 8(t_1^2 + t_1 t_2 + t_2^2) - 3(t_1^3 + t_1^2 t_2 + t_1 t_2^2 + t_2^3)$$

$$N_2 = 4 - 6(t_1 + t_2) + 4(t_1^2 + t_1 t_2 + t_2^2) - (t_1^3 + t_1^2 t_2 + t_1 t_2^2 + t_2^3)$$

因为 $0 < t_1 < t_2 < 1$，所以

$$N > t_1^2 + 4t_1 t_2 + t_2^2 - 3t_1 t_2(t_1 + t_2)$$
$$> 6t_1 t_2 - 3t_1 t_2(t_1 + t_2) > 0$$

$$N_1 = \frac{-1}{t_2 - t_1}\left[(6t_2^2 - 8t_2^3 + 3t_2^4) - (6t_1^2 - 8t_1^3 + 3t_1^4)\right]$$

令

$$M(t) = 6t^2 - 8t^3 + 3t^4$$

则

$$M'(t) = 12t(1 - t)^2 > 0 \quad (t \in (0,1))$$

所以 $M(t)$ 单调上升，$N_1 < 0$.

同样可证

$$N_2 < 0$$

由此得出,当 $\dfrac{p_{13}}{p_{12}} \geqslant 0, \dfrac{p_{14}}{p_{12}} \geqslant 0$ 或 $\dfrac{p_{23}}{p_{12}} \leqslant 0, \dfrac{p_{24}}{p_{12}} \leqslant 0$ 时,B_4 无二重点.

作为一个应用,我们看下面的例子.特征多边形的四个顶点 s_0, s_1, s_3, s_4 已定,第一边与第四边相交于点 O(图 5).可以证明当第三个顶点 s_2 在 $\angle s_0 O s_4$ 内选取时,对应的 B_4 不出现二重点.这是因为此时 $\dfrac{p_{14}}{p_{12}} > 0$,根据上述结论,$s_2$ 只有在图 4 的阴影区域中选取 B_4 才可能有二重点.但此时

$$\frac{p_{23}}{p_{12}} < 0, \frac{p_{24}}{p_{12}} < 0$$

所以无二重点.

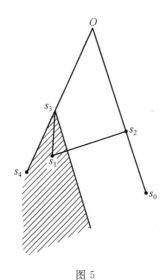

图 5

带两个形状参数的五次 Bézier 曲线的扩展

第 4 章

§1　引　言

由 Bernstein 基构造的 Bézier 曲线由于结构简单、直观,现已成为几何造型工业中表示曲线(曲面)的重要工具之一.但曲线的位置相对于控制点是固定的,如果要调整曲线的形状一般可借助有理 Bézier 曲线和有理 B 样条曲线中的权因子来实现,但是会有一定的缺陷,如权因子如何选取、权因子对曲线形状的影响不是很清楚、求导次数会增加以及求积不方便等.

255

本章给出了一类带两个形状参数 α,β 的 Bézier 曲线,所定义的曲线具有与五次 Bézier 曲线相类似的性质.形状参数 α,β 具有明显的几何意义:当 α 增大时,曲线向上逼近控制多边形;当 β 增大时,曲线从两侧逼近控制多边形.通过选取 α,β 的不同取值,可更灵活地调整曲线的形状.

§2 基函数的定义及性质

定义 1 对于 $t \in [0,1],\alpha,\beta \in \mathbf{R}$,称关于 t 的多项式

$$
\begin{cases}
B_0(t) = (1-\alpha t)(1-t)^5 \\
B_1(t) = (5+\alpha-3\alpha t+\beta t)(1-t)^4 t \\
B_2(t) = (10+2\alpha-\beta-2\alpha t+\beta t)(1-t)^3 t^2 \\
B_3(t) = (10+2\alpha t-\beta t)(1-t)^2 t^3 \\
B_4(t) = (5-2\alpha+\beta+3\alpha t-\beta t)(1-t)t^4 \\
B_5(t) = (1-\alpha+\alpha t)t^5
\end{cases}
$$

$$(2.1)$$

为带有参数 α,β 的六次多项式基函数,其中 $-5 \leqslant \alpha \leqslant 1;2\alpha-5 \leqslant \beta \leqslant 2\alpha+10$.

上述基函数具有如下性质:

性质 1 非负性、权性.可验证 $\sum\limits_{i=0}^{5} B_i(t) \equiv 1$ 且 $B_i(t) \geqslant 0,i=0,1,2,3,4,5$.

性质 2 对称性.可验证 $B_i(1-t)=B_{5-i}(t),i=0,1,2$.

性质 3 端点性质.

256

$B_0(0) = 1;$

$B_i(0) = B'_2(0) = B'_3(0) = B'_4(0) = B'_5(0) = B''_3(0) = B''_4(0) = B''_5(0) = 0, i = 1,2,3,4,5;$

$B_5(1) = 1;$

$B_i(1) = B'_0(1) = B'_1(1) = B'_2(1) = B'_3(1) = B''_0(1) = B''_1(1) = B''_2(1) = 0, i = 0,1,2,3,4.$

性质 4　单峰性.对每个基函数在 $[0,1]$ 上有一个局部最大值.

性质 5　对参数 α,β 的单调性.当 $t \in [0,1]$ 时, $B_0(t)$ 和 $B_5(t)$ 是 α 的递减函数 β 的常函数, $B_2(t)$ 和 $B_3(t)$ 是 α 的递增函数 β 的递减函数, $B_1(t)$ 和 $B_4(t)$ 是 β 的递增函数.而当 $t \in \left[0, \dfrac{1}{3}\right]$ 时, $B_1(t)$ 是 α 的递增函数, $B_4(t)$ 是 α 的递减函数;当 $t \in \left[\dfrac{1}{3}, \dfrac{2}{3}\right]$ 时, $B_1(t)$ 和 $B_4(t)$ 是 α 的递减函数;当 $t \in \left[\dfrac{2}{3}, 1\right]$ 时, $B_1(t)$ 是 α 的递减函数, $B_4(t)$ 是 α 的递增函数.

性质 6　当 $\alpha = \beta = 0$ 时,有 $B_i(t) = B_i^5(t)(i = 0, 1,2,3,4,5)$,其中 $B_i^5(t)$ 表示五次 Bernstein 基函数.此性质说明式(2.1)给出的基函数是五次 Bernstein 基函数的扩展.

§3　曲线的构造及性质

定义 1　给定六个控制顶点 $\boldsymbol{P}_i \in \mathbf{R}^d (d = 2,3; i = 0,1,2,3,4,5)$,对于 $t \in [0,1]$,定义曲线

$$r(t) = \sum_{i=0}^{5} B_i(t) P_i \qquad (3.1)$$

称式(3.1)所定义的曲线为带参数 α, β 的六次 Bézier 曲线. 显然, 当 $\alpha = \beta = 0$ 时, 曲线(3.1)退化为五次 Bézier 曲线.

由上述基函数的性质, 不难得到曲线(3.1)具有以下性质:

性质 1　端点性质.

$r(0) = P_0, r(1) = P_5$;

$r'(0) = (5 + \alpha)(P_1 - P_0), r'(1) = (5 + \alpha)(P_5 - P_4)$;

$r''(0) = (20 + 4\alpha - 2\beta)(P_2 - P_1) - (20 + 10\alpha) \cdot (P_1 - P_0)$;

$r''(1) = (20 + 10\alpha)(P_5 - P_4) - (20 + 4\alpha - 2\beta) \cdot (P_4 - P_3)$.

此性质说明曲线(3.1)插值于首末端点及与控制多边形的首末边相切, 且在端点处的二阶导矢只与其相邻的三个控制顶点有关.

性质 2　凸包性. 由基函数的性质 1, 曲线(3.1)一定位于由 $P_0, P_1, P_2, P_3, P_4, P_5$ 所围成的凸多边形内.

性质 3　对称性. 以 $P_0, P_1, P_2, P_3, P_4, P_5$ 为控制多边形的六次 Bézier 曲线和以 $P_5, P_4, P_3, P_2, P_1, P_0$ 为控制多边形的六次 Bézier 曲线是相同的, 只是方向相反. 由基函数的对称性, 可得

$$r(1 - t) = \sum_{i=0}^{5} B_i(1 - t) P_{5-i} = \sum_{i=0}^{5} B_i(t) P_i = r(t)$$

性质 4　几何不变性和仿射不变性. 曲线仅依赖

于控制顶点,而与坐标系的位置和方向无关,即曲线的
形状在坐标系平移和旋转后不变;同时,对控制多边形
进行缩放和剪切等仿射变换后,所对应的新曲线就是
进行相同仿射变换后的曲线.

性质 5　逼近性.β 不变时,α 越大,曲线越向上逼
近控制多边形;α 不变时,β 越大,曲线从两侧越逼近控
制多边形,这可由基函数的性质 5 验证.

性质 6　变差缩减性(V. D.).

证明　　先证明基函数组 $\{B_0(t),B_1(t),B_2(t),$
$B_3(t),B_4(t),B_5(t)\}$ 在 $(0,1)$ 上满足 Descartes 符号法
则,即对任一组常数列 $\{C_0,C_1,C_2,C_3,C_4,C_5\}$,有

$$\text{Zeros } (0,1)\Big\{\sum_{k=0}^{5} C_k B_k(t)\Big\} \leqslant$$

$$SA(C_0,C_1,C_2,C_3,C_4,C_5) \qquad (3.2)$$

其中 $\text{Zeros}(0,1)\{f(t)\}$ 表示 $f(t)$ 在区间 $(0,1)$ 内根的
个 数;$f(t) = \sum_{k=0}^{5} C_k B_k(t)$;$SA(C_0,C_1,C_2,C_3,C_4,C_5)$
表示序列 $\{C_0,C_1,C_2,C_3,C_4,C_5\}$ 的符号改变的次数.

不妨设 $C_0 > 0$,则 $SA(C_0,C_1,C_2,C_3,C_4,C_5)$ 可能
的取值为 $5,4,3,2,1,0$.

(1) 当 $SA(C_0,C_1,C_2,C_3,C_4,C_5)=5$ 时,$C_5 < 0$;
另外,$f(t)$ 在 $[0,1]$ 上是连续函数,$f(0)=C_0,f(1)=$
C_5.假设 $f(t)$ 在 $[0,1]$ 上有六个根,则 $f(1)=C_5 > 0$;
故产生矛盾,所以式(3.2)成立.

(2) 当 $SA(C_0,C_1,C_2,C_3,C_4,C_5)=4,3,2,1$ 时,
采用上面同样的方法可证式(3.2)成立.当 $SA(C_0,$
$C_1,C_2,C_3,C_4,C_5)=0$ 时,显然式(3.2)成立,故结论成
立.

下证变差缩减性.令 l 为通过点 Q 且法向量为 v 的直线,如果 l 和控制多边形 $\langle P_0 P_1 P_2 P_3 P_4 P_5 \rangle$ 交于 $P_k P_{k+1}$ 之间的边,那么 P_k, P_{k+1} 一定位于 l 的两侧,有 $v \cdot (P_k - Q)$ 和 $v \cdot (P_{k+1} - Q)$ 符号相反.因此

$$SA\{v \cdot (P_0 - Q), v \cdot (P_1 - Q), v \cdot (P_2 - Q),$$
$$v \cdot (P_3 - Q), v \cdot (P_4 - Q), v \cdot (P_5 - Q)\}$$

小于 $\langle P_0 P_1 P_2 P_3 P_4 P_5 \rangle$ 与 l 交点的个数.

另外,$r(t)$ 与 l 的交点的个数等于 $\mathrm{Zeros}(0,$ $1)\left\{\sum\limits_{k=0}^{5} B_k(t)(P_k - Q) \cdot v\right\}$. 所以,根据上面的基函数组满足 Descartes 符号法则得 $r(t)$ 与 l 的交点的个数小于

$$SA\{v \cdot (P_0 - Q), v \cdot (P_1 - Q), v \cdot (P_2 - Q),$$
$$v \cdot (P_3 - Q), v \cdot (P_4 - Q), v \cdot (P_5 - Q)\}$$

从而结论得证

性质 7 保凸性.由性质 6 知,当控制多边形为凸的时,平面上任一直线与曲线的交点的个数不超过 2,因为直线与控制多边形的交点的个数最多为 2.

§4 结 束 语

由带有参数 α, β 的六次多项式基函数构造的曲线具有五次 Bézier 曲线的特征,如端点插值、端边相切、凸包性等.在计算上,比五次 Bézier 曲线计算量大,可利用 Horner 算法来计算曲线;曲线的优点:由于含有两个参数,可以灵活地调整曲线的形状,且 α, β 的几何意义明显,当 α 增大时,曲线向上逼近控制多边形;当 β

增大时,曲线从两侧逼近控制多边形.另外,本章构造的曲线包含五次 Bézier 曲线,而且有更好的逼近效果和更灵活的逼近方式,可在计算机应用中更好地进行曲线设计.

一类可调控 Bézier 曲线
及其逼近性[①]

第
5
章

Bézier 曲线和 B 样条曲线是在 CAD 和 CAGD 中目前普遍采用的两种曲线. 在控制多边形固定的条件下如何进一步修改、调整这些曲线的形状呢?

叶正麟[1]针对三次 B 样条曲线提出一类四阶 n 次 B 样条曲线,利用 n 的变化来修改曲线的形状,当 $n \to \infty$ 时,曲线整体地逼近于控制多边形,我们在文献[2,3]中给出带参数 ε 的次数不超过五次的交错 B 样条曲线及其有理形式,同样能调控曲线的形状,不

① 本章摘自《湖南大学学报》1996 年第 6 期.

但能整体地,还能局部地逼近于控制多边形.

安徽工学院的齐从谦和邬弘毅两位教授于 1996 年针对 Bézier 曲线给出了一类 $n+1$ 个控制点,$l(n-1)+1$ 次的 Bézier 曲线,其中 l 是一个参数.这类曲线比原先的 Bézier 曲线更加保形于控制多边形.只要改变 l 的值就能调控曲线的形状.当 l 无限增大时,曲线整体逼近于控制多边形,它为拓宽 Bézier 曲线的应用范围提供了一种新的途径.

§1　曲线的生成及保形性

给定三维空间的 $n+1$ 个控制顶点 $b_i \in \mathbf{R}^3$;$i=0,1,\cdots,n$;$n \geqslant 2$.设 $m=l(n-1)+1$,其中 $l=1,2,\cdots$ 为一个参数.$B_{k,m}(t)$ 为第 k 个 m 次 Bernstein 基函数

$$B_{k,m}(t)=\mathrm{C}_m^k(1-t)^{m-k}t^k \quad (0 \leqslant t \leqslant 1, k=0,1,\cdots,m)$$

此处 $\mathrm{C}_m^k = \dfrac{m!}{k!\,(m-k)!}$ 代表组合,定义曲线

$$
\begin{aligned}
\boldsymbol{r}(t;m) = {} & B_{0,m}(t)\boldsymbol{b}_0 + \sum_{k=1}^{l} B_{k,m}(t)\boldsymbol{b}_1 + \cdots + \\
& \sum_{k=(i-1)l+1}^{il} B_{k,m}(t)\boldsymbol{b}_i + \cdots + \\
& \sum_{k=(n-2)l+1}^{(n-1)l} B_{k,m}(t)\boldsymbol{b}_{n-1} + B_{m,m}(t)\boldsymbol{b}_n \\
= {} & \sum_{i=0}^{n} \sigma_i(t)\boldsymbol{b}_i \quad (0 \leqslant t \leqslant 1) \qquad (1.1)
\end{aligned}
$$

其中

$$\begin{cases} \sigma_0(t) = B_{0,m}(t) \\ \sigma_i(t) = \sum_{k=(i-1)l+1}^{il} B_{k,m}(t) \quad (1 \leqslant i \leqslant n-1) \\ \sigma_n(t) = B_{m,m}(t) \end{cases}$$

$$(1.2)$$

曲线(1.1)称为具有 $n+1$ 个控制点及参数 l 的可调控的 Bézier 曲线. 特别是当 $l=1$ 时,即通常的 n 次 Bézier 曲线. 可以将这类曲线理解为将 $m=l(n-1)+1$ 次 Bernstein 基函数重新分配给各控制点所得到的 m 次 Bézier 曲线. 容易验证可调控 Bézier 曲线具有以下性质.

1. 端点

$$\begin{cases} \boldsymbol{r}(0;m) = \boldsymbol{b}_0, \boldsymbol{r}(1;m) = \boldsymbol{b}_n \\ \boldsymbol{r}'(0;m) = m(\boldsymbol{b}_1 - \boldsymbol{b}_0), \boldsymbol{r}'(1;m) = m(\boldsymbol{b}_n - \boldsymbol{b}_{n-1}) \end{cases}$$

$$(1.3)$$

有意思的是 $r(t;m)$ 在两端的 j 阶导矢($2 \leqslant j \leqslant l$)与一阶导矢共线

$$\begin{cases} \boldsymbol{r}^{(j)}(0;m) = \dfrac{m!}{(m-j)!}(-1)^j(\boldsymbol{b}_0 - \boldsymbol{b}_1) \\ \boldsymbol{r}^{(j)}(1;m) = \dfrac{m!}{(m-j)!}(\boldsymbol{b}_n - \boldsymbol{b}_{n-1}) \end{cases}$$

$$(1.4)$$

因此,如果两条可调控 Bézier 曲线 $\boldsymbol{r}(t;m)$ 与 $\boldsymbol{r}^*(\tau;p)$ 的控制点满足 $\boldsymbol{b}_n = \boldsymbol{b}_0^*$ 及 $\boldsymbol{b}_n - \boldsymbol{b}_{n-1}$ 与 $\boldsymbol{b}_1^* - \boldsymbol{b}_0^*$ 共线,那么它们在公共端点 $\boldsymbol{b}_n$ 处的 l 阶导矢都共线,即 $\boldsymbol{r}^{(j)}(1; m) = \lambda_j \boldsymbol{r}^{*(j)}(0;p), 1 \leqslant j \leqslant l$. 这对于在拼接时要求较高阶光滑性的曲线造型就十分方便(图1).

2. 保形性

由于 $\sigma_i(t) \geqslant 0 (i=0,1,\cdots,n)$ 及 $\sum_{i=0}^{n} \sigma_i(t) = 1$,因此

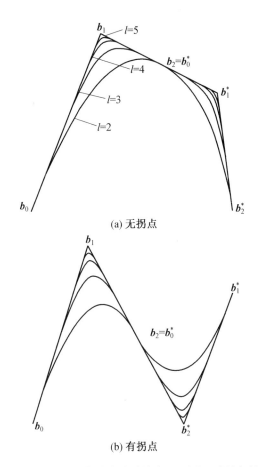

(a) 无拐点

(b) 有拐点

图 1　可调控 Bézier 曲线在公共端点 b_n 处的 l 阶导矢均共线

可调控 Bézier 曲线段 $r(t;m)$ $(0 \leqslant t \leqslant 1)$ 位于点 b_i $(i=0,1,\cdots,n)$ 产生的最小凸包内. 如果点 $b_0,\cdots,b_n$ 在同一平面上,多边形 $b_0 b_1 \cdots b_n b_0$ 是凸的,那么曲线 $r(t;m)$ 亦是凸的,[4] 不仅如此,可调控 Bézier 曲线比普通的 Bézier 曲线相对于控制多边形具有更好的保形性. 图 2 中控制多边形呈 M 形,它的四次 Bézier 曲线却是

265

上凸的,不存在拐点,两者形状相差甚大.用可调控的Bézier 曲线,l 稍大些保形性即得改善,这点在模具设计及制造等应用领域是极有用的.

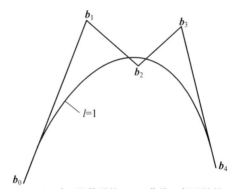

(a) $l=1$时,即普通的Bézier曲线,保形性差

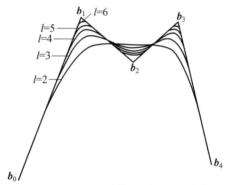

(b) $l=2$, 3, 4, 5, 6时的可调控Bézier曲线

图 2 $r(t;m)$ 比普通 Bézier 曲线有更好的保形性

3. 递推公式与作图

设

$$b_{0,0} = b_0, b_{1,0} = b_2 = \cdots = b_{l,0} = b_1,$$
$$b_{l+1,0} = b_{l+2,0} = \cdots = b_{2l,0} = b_2, \cdots,$$
$$b_{(n-2)l+1,0} = \cdots = b_{(n-1)l,0} = b_{n-1}, b_{m,0} = b_n$$

266

对于任意 $0 < t < 1$,可用 de Casteljau 算法得

$$\begin{cases} \boldsymbol{b}_{i,k}(t) = (1-t)\boldsymbol{b}_{i,k-1} + t\boldsymbol{b}_{i+1,k-1} \\ (k = 1,2,\cdots,m\,;i = 0,1,\cdots,m-k) \qquad (1.5) \\ \boldsymbol{r}(t\,;m) = \boldsymbol{b}_{0,m}(t) \end{cases}$$

当然,其中有一部分 $\boldsymbol{b}_{i,k}$ 是相重的,如

$$\boldsymbol{b}_{1,1} = \boldsymbol{b}_{2,1} = \cdots = \boldsymbol{b}_{l-1,1} = \boldsymbol{b}_{1,2} = \cdots =$$

$$\boldsymbol{b}_{l-2,1} = \cdots = \boldsymbol{b}_{1,l-2} = \boldsymbol{b}_{2,l-2} = \boldsymbol{b}_{1,l-1} = \boldsymbol{b}_1$$

按式(1.5)可立即画出 $\boldsymbol{r}(t\,;m)$ 的图形,图 3 显示的是

当 $n = 2, l = 3, t = \dfrac{1}{2}$ 时 $\boldsymbol{r}\left(\dfrac{1}{2}\,;4\right)$ 的作图过程.

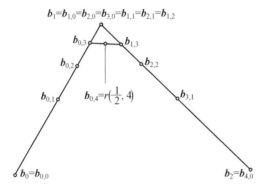

图 3　$n = 2, l = 3, t = \dfrac{1}{2}$ 作图过程

§2　可调控 Bézier 曲线的一致逼近性

普通 Bézier 曲线除在两端点附近处之外,一般与其控制多边形不存在整体逼近的可能性. 本章提出的可调控 Bézier 曲线 $\boldsymbol{r}(t\,;m)$ 当 $l \to \infty$ 时能整体地一致逼近于控制多边形. 在实际工程应用中,我们大可不必

去满足 $l \to \infty$ 这种苛刻的条件. 事实上, 当取 $l \leqslant 7$ 时, 已能相当满意地达到调控曲线的目的. 以下对其整体一致逼近性给出证明.

定理 1 对于 $n \geqslant 2$, 以 $\{b_i\}_{i=0}^n$ 为控制点的 $m = l(n-1)+1$ 次可调控 Bézier 曲线 $r(t;m)$ $(0 \leqslant t \leqslant 1)$, 当 $l \to \infty$ 时整体地一致逼近于其控制多边形.

证明 将区间 $[0,1]$ 作 m 等分, 分点记为 "○", 再将该区间作 $n-1$ 等分, 分点记为 "×", 又令子区间 $\left[\dfrac{i-1}{n-1}, \dfrac{i}{n-1}\right]$ 的中点为 $t_i = \dfrac{2i-1}{2(n-1)}$, 记为 "△" (图 4).

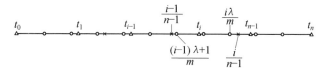

图 4　区间 $[0,1]$ 的划分

对于 $1 \leqslant i \leqslant n-1$, 显然有

$$\frac{i-1}{n-1} < \frac{(i-1)l-1}{m} < \cdots < \frac{il}{m} < \frac{i}{n-1}$$

由 $r(t;m)$ 的定义可知

$$r(t;m) = \sigma_{i,m}(t_i)b_i + \sum_{j=0, j \neq i}^{n} \sigma_{j,m}(t_i)b_j \quad (1 \leqslant i \leqslant n-1)$$

根据 Bernstein 多项式的一个不等式, 当 $j \neq i$ 时

$$\sigma_{j,m}(t_i) \leqslant \sum_{t_i - \frac{k}{m} \geqslant \frac{1}{2(n-1)}} B_{k,m}(ti) \leqslant \frac{M}{m^2} \to 0$$

$$\text{(当 } l \to \infty, \text{即 } m \to \infty \text{ 时)}$$

其中 M 为一常数, 且

$$\sigma_{i,m}(t_i) = 1 - \sum_{j=0, j \neq i}^{m} \sigma_j(t_i) \to 1 \quad \text{(当 } l \to \infty \text{ 时)}$$

从而

$$\lim \boldsymbol{r}(t_{i;m}) = \boldsymbol{b}_i \quad (1 \leqslant i \leqslant n-1)$$

令 $t_0 = 0, t_n = 1$,则当 $\tilde{t} \in [t_i, t_{i+1}](i = 0,1,\cdots,n-1)$ 时

$$\boldsymbol{r}(\tilde{t};m) = \sigma_i(\tilde{t};m)\boldsymbol{b}_i + \sigma_{i+1}(\tilde{t};m)\boldsymbol{b}_{i+1} +$$

$$\sum_{j=0,j\neq i,i+1}^{n} \sigma_{j,m}(\tilde{t};m)\boldsymbol{b}_j$$

$$= \sigma_{i,m}(\tilde{t};m)\boldsymbol{b}_i + (1 - \sigma_{i,m}(\tilde{t};m)\boldsymbol{b}_{i+1} +$$

$$\sum_{j\neq i,i+1}^{m} \sigma_{j,m}(\tilde{t})(\boldsymbol{b}_j - \boldsymbol{b}_{i+1}))$$

与上述 t_i 处的道理相同,当 $j \neq i, i+1$ 时,$\sigma_{j,m}(\tilde{t}) \to 0$. 故有

$$\lim_{l,m\to\infty} \boldsymbol{r}([t_i, t_{i+1}]; m) = \overline{\boldsymbol{b}_i, \boldsymbol{b}_{i+1}} \quad (i = 0,1,2,\cdots,n-1)$$

亦即曲线 $\boldsymbol{r}(t;m)$ 一致逼近于控制多边形（折线）$\boldsymbol{b}_0 \boldsymbol{b}_1 \cdots \boldsymbol{b}_n$. 证毕.

图 5(a),(b) 分别给出了当 n,l 取不同值时的可调控 Bézier 曲线 $\boldsymbol{r}(t;m)$.

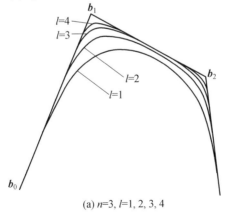

(a) $n=3$, $l=1, 2, 3, 4$

图 5　可调控 Bézier 曲线的几种情况

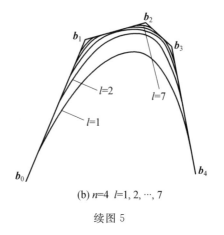

(b) $n=4$ $l=1, 2, \cdots, 7$

续图 5

§3　结　束　语

（1）如果中间控制点只是个别的重复 l 次，其余的重复次数固定，当 $l \to \infty$ 时所得曲线只能局部逼近于该控制点，不一定能整体逼近于控制多边形，图 6 说明了 $n=4$，b_2 重复 l 次，其余控制点只重复一次的情况.

（2）许伟[5] 曾讨论一类权特殊规定的有理 Bézier 曲线亦能收敛于控制多边形. 但我们在这里所取的是整体 Bézier 曲线，与之有所区别，并且两段曲线有高阶光滑拼接，使用更加方便，当然亦可将本章提出的可调控 Bézier 曲线推广到有理形式，即

$$\boldsymbol{R}(t;m) = \frac{\sum_{i=0}^{n} w_i \sigma_i(t) \boldsymbol{b}_i}{\sum_{i=0}^{n} w_i \sigma_i(t)} \quad (0 \leqslant t \leqslant 1)$$

其中，权 $w_i \geqslant 0$，$\boldsymbol{R}(t;m)$ 具有有理 Bézier 曲线的许多

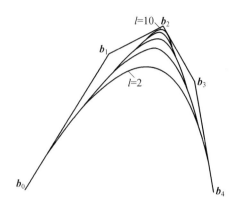

图 6　b_2 为 l 重, 其余各点单重的情况

性质, 且能调控.

参 考 文 献

[1] 叶下麟. 四阶 n 次 B 样条曲线的单调逼近性及奇拐点分析[J]. 应用
数学学报, 1990, 13(1):56-63.

[2] 邬弘毅. 四阶交错 B 样条曲线[J]. 安徽工学院学报, 1991, 10(3):
90-98.

[3] 邬弘毅, 宋树恢. 一类有理交错 B 样条曲线的单调逼近性及形状修
改[J]. 应用数学学报, 1995, 18(4):302-307.

[4] 刘鼎元. 平面 n 次 Bézier 曲线的凸性定理[J]. 数学年刊, 1982, 3
(1):45-55.

[5] 许伟. 有理 Bézier 曲线面中权因子的性质研究[J]. 计算数学, 1992,
14(1):79-88.

平面 n 次 Bézier 曲线的凸性定理[①]

第 6 章

§1 引　言

Bézier 曲线是计算几何中常用的曲线之一,它是一种以逼近为基础的、适用于几何外形设计的代数参数曲线段,已经在法国雷诺汽车公司的车身外形设计系统中首先得到了成功的应用.[1]

平面上一条 n 次参数曲线段

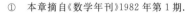

①　本章摘自《数学年刊》1982 年第 1 期.

$$P(t) = \sum_{i=0}^{n} B_{i,n}(t) P_i \quad (0 \leqslant t \leqslant 1) \quad (1.1)$$

称为平面 n 次 Bézier 曲线. 式中向量族 $\{P_i\}$ 的终点组成的多边形 $P_0 P_1 \cdots P_n$ 是事先给定的, 叫作 Bézier 特征多边形. 式(1.1) 中的

$$\begin{cases} B_{i,n}(t) = C_n^i t^i (1-t)^{n-i} \\ C_n^i = \dfrac{n!}{i!\,(n-i)!} \end{cases} \quad (i = 0, 1, \cdots, n)(1.2)$$

是 Bernstein 基函数族.

Bézier 曲线(1.1) 的每一个分量都是 Bernstein 多项式. 由于 Bernstein 多项式逼近具有变差缩减性, 因此人们期望 Bézier 曲线应当具备良好的光顺性, 例如, 当 Bézier 特征多边形为凸的时, 对应的 Bézier 曲线必定是凸的. D. Pilcher 在文献[3] 中讲道"已经证明, 当用 B 样条函数逼近一条参数曲线时, 保存了变差缩减性", 这个结果载于他的博士论文, 但是我们一直没有见到这篇文章的发表.

复旦大学数学研究所的刘鼎元教授于 1982 年证明了平面 n 次 Bézier 曲线对其特征多边形而言是保凸的. 特别地, 对于三次 Bézier 曲线将做出完整的分类.

§2　预备知识和凸性定理

为了证明定理的需要, 我们预先列出下面六条关于 Bernstein 基函数族 $\{B_{i,n}\}$ 的性质. 而且规定, 凡出现 $B_{-1,n}, B_{n,n-1}, C_{n-1}^n$ 等无定义的项, 都等于零.

性质 1　$C_n^i C_{n-1}^j - C_n^j C_{n-1}^i = \dfrac{i-j}{n} C_n^i C_n^j (i, j = 0,$

$1,\cdots,n)$.

性质 2　$C_n^i C_{n-1}^{j-1} - C_n^j C_{n-1}^{i-1} = \dfrac{j-i}{n} C_n^i C_n^j (i,j = 0,$

$1,\cdots,n)$.

性质 3　$B_{i,n} B_{j,n-1} - B_{j,n} B_{i,n-1} = \dfrac{i-j}{n(1-t)} B_{i,n} B_{j,n}$

$(i,j = 0,1,\cdots,n)$.

性质 4　$B_{i,n} B_{j-1,n-1} - B_{j,n} B_{i-1,n-1} = \dfrac{j-i}{nt} B_{i,n} B_{j,n}$

$(i,j = 0,1,\cdots,n)$.

性质 5　$B'_{i,n}(t) = n\{B_{i-1,n-1}(t) - B_{i,n-1}(t)\}(i=0,$

$1,\cdots,n)$.

性质 6　$\displaystyle\sum_{k=i}^{n} B_{k,n}\left(\dfrac{t}{t_0}\right) B_{i,k}(t_0) = B_{i,n}(t), 0 \leqslant t \leqslant$

$t_0 (i = 0,1,\cdots,n)$.

上述性质的证明方法是直接的. 性质 5 中的撇号代表对参数 t 求导.

以下的讨论都被限制在平面上进行, 我们将不再一一说明.

定义 1　若闭多边形 $\boldsymbol{P}_0 \boldsymbol{P}_1 \cdots \boldsymbol{P}_n$ 是凸的, 则称 Bézier 特征多边形 $\boldsymbol{P}_0 \boldsymbol{P}_1 \cdots \boldsymbol{P}_n$ 是凸的(图 1).

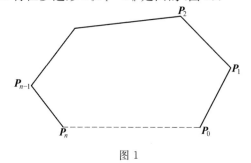

图 1

274

图 2 示意了非凸的 Bézier 特征多边形.

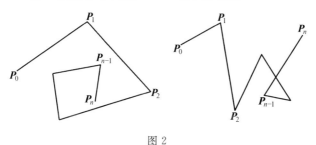

图 2

定义 2　若 Bézier 曲线上没有奇点和拐点,则称为凸的 Bézier 曲线.

定理 1　若 Bézier 特征多边形 $P_0 P_1 \cdots P_n$ 为凸的,则对应的 n 次 Bézier 曲线也是凸的.

§3　凸性定理的证明

证明　记特征多边形的边向量为
$$a_i = P_i - P_{i-1} \quad (i = 1, 2, \cdots, n)$$
我们将分两步来讨论:

(1) 从 a_1 到 a_n 的转角不超过 π(图 3).

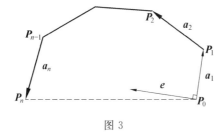

图 3

这时

275

$$[\boldsymbol{a}_i,\boldsymbol{a}_j] \geqslant 0 \quad (i < j; i,j = 1,2,\cdots,n) \quad (3.1)$$

且其中至少有一项为正. 式中记号 $[\boldsymbol{a}_i,\boldsymbol{a}_j]$ 代表向量 $\boldsymbol{a}_i$ 与 $\boldsymbol{a}_j$ 的外积, 即由 $\boldsymbol{a}_i$ 与 $\boldsymbol{a}_j$ 的坐标分量组成的行列式值, 它也等于以 $\boldsymbol{a}_i$ 和 $\boldsymbol{a}_j$ 为邻边的平行四边形的有向面积.

首先, 我们检查 Bézier 曲线的拐点情况.

沿用上述记号, n 次 Bézier 曲线 (1.1) 的相对曲率

$$k(t) = \frac{[\boldsymbol{P}'(t),\boldsymbol{P}''(t)]}{|\boldsymbol{P}'(t)|^3} \quad (0 \leqslant t \leqslant 1) \quad (3.2)$$

由于

$$\boldsymbol{P}'(t) = \sum_{i=0}^{n} B'_{i,n}\boldsymbol{P}_i = n\sum_{i=1}^{n} B_{i-1,n-1}\boldsymbol{a}_i \quad (3.3)$$

$$\boldsymbol{P}''(t) = n\sum_{j=1}^{n} B'_{i-1,n-1}\boldsymbol{a}_j$$

$$= n(n-1)\sum_{j=1}^{n}(B_{j-2,n-2} - B_{j-1,n-2})\boldsymbol{a}_j \quad (3.4)$$

于是

$$[\boldsymbol{P}'(t),\boldsymbol{P}''(t)]$$

$$= (n-1)n^2 \sum_{i=1}^{n}\sum_{j=1}^{n}(B_{j-2,n-2} - B_{j-1,n-2})B_{i-1,n-1}[\boldsymbol{a}_i,\boldsymbol{a}_j]$$

$$= (n-1)n^2 \sum_{\substack{i,j=1 \\ i<j}}^{n}\{(B_{i-1,n-1}B_{j-2,n-2} - B_{i-1,n-1}B_{j-1,n-2}) -$$

$$(B_{j-1,n-1}B_{i-2,n-2} - B_{j-1,n-1}B_{i-1,n-2})\}[\boldsymbol{a}_i,\boldsymbol{a}_j]$$

$$= (n-1)n^2 \sum_{\substack{i,j=1 \\ i<j}}^{n}\left\{\frac{j-i}{(n-1)t}B_{i-1,n-1}B_{j-1,n-1} - \right.$$

$$\left.\frac{i-j}{(n-1)(1-t)}B_{i-1,n-1}B_{j-1,n-1}\right\}[\boldsymbol{a}_i,\boldsymbol{a}_j]$$

$$= \frac{n^2}{t(1-t)}\sum_{\substack{i,j=1 \\ i<j}}^{n}(j-i)B_{i-1,n-1}B_{j-1,n-1}[\boldsymbol{a}_i,\boldsymbol{a}_j] \quad (3.5)$$

当 $0 < t < 1$ 时,上式中每项 $[\boldsymbol{a}_i, \boldsymbol{a}_j]$ 的系数都为正. 按照式(3.1),便有

$$[\boldsymbol{P}'(t), \boldsymbol{P}''(t)] > 0 \quad (0 < t < 1)$$

这表明 n 次 Bézier 曲线上无拐点.

其次,我们检查 Bézier 曲线上的奇点情况.

我们把 Bézier 曲线(1.1)写成另外一种等价的表示式[4]

$$\boldsymbol{P}(t) = \sum_{j=0}^{n} f_{i,n}(t)\boldsymbol{a}_i, 0 \leqslant t \leqslant 1 \qquad (3.6)$$

式中

$$\begin{cases} f_{0,n}(t) = 1 \\ f_{i,n}(t) = 1 - \sum_{i=0}^{i-1} B_{j,n}(t) \quad (i = 1, 2, \cdots, n) \end{cases}$$

且

$$\boldsymbol{a}_0 = \boldsymbol{P}_0$$

由于

$$f'_{i,n}(t) = nB_{i-1,n-1}(t) > 0 \quad (0 < t < 1, i = 1, 2, \cdots, n) \tag{3.7}$$

函数族 $\{f_{i,n}(t)\}(i = 1, 2, \cdots, n)$ 在 $t \in [0,1]$ 中是严格递增函数.

如所知,Bézier 曲线上如果存在奇点,那么只可能是尖点或重点[4]. 我们将分别加以考察.

(i)Bézier 曲线(1.1)上出现尖点的充要条件是[4]存在某 $t_0 \in (0,1)$,使得

$$\boldsymbol{P}'(t_0) = \boldsymbol{0} \tag{3.8}$$

注意到式(3.5),易知这时 Bézier 曲线上不存在尖点.

(ii)Bézier 曲线(3.6)上出现重点的充要条件是[4]存在 $t_1, t_2 \in [0,1]$(不妨设 $t_1 < t_2$),使得

$$\boldsymbol{P}(t_1) = \boldsymbol{P}(t_2)$$

也就是

$$\sum_{i=1}^{n} F_{i,n}(t_1, t_2) \boldsymbol{a}_i = \boldsymbol{0} \qquad (3.9)$$

这里

$$F_{i,n}(t_1, t_2) \equiv f_{i,n}(t_2) - f_{i,n}(t_1) > 0 \quad (i = 1, 2, \cdots, n)$$
$$(3.10)$$

我们取垂直于 $\boldsymbol{a}_1$ 方向的单位向量 $\boldsymbol{e}$(图 4),并在式(3.9)两边点乘 $\boldsymbol{e}$,记

$$a_i = \boldsymbol{a}_i \cdot \boldsymbol{e} \quad (i = 1, 2, \cdots, n)$$

便有

$$\sum_{i=1}^{n} F_{i,n}(t_1, t_2) a_i = 0$$

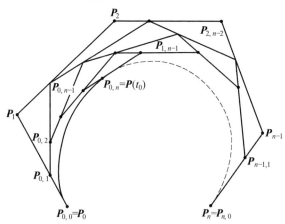

图 4

另外,由式(3.10)以及 $a_i(i = 1, 2, \cdots, n)$ 非负且至少有一项为正的性质,得到

$$\sum_{i=1}^{n} F_{i,n}(t_1, t_2) a_i > 0$$

因此 Bézier 曲线上亦无重点出现. 从而证明了在情形 (1) 下, Bézier 曲线上既无奇点, 又无拐点.

(2) 从 a_1 到 a_n 的转角超过 π.

这时, 在 Bézier 曲线上总找得到一点 $t=t_0$, 使得从 a_1 到 $P'(t_0)$ 的转角与从 $P'(t_0)$ 到 a_n 的转角都不超过 π. 从下述将要证明的引理知道, $P(t_0)$ 把曲线分成两段 n 次 Bézier 曲线, 它们分别以 $P_{0,0} P_{0,1} \cdots P_{0,n}$ 和 $P_{0,n} P_{1,n-1} \cdots P_{n,0}$ 为其特征多边形, 这些多边形顶点是按照 Bézier 曲线的几何人图法以 t_0 为分比逐次得到的[4] (图 4). 由于 $P_0 P_1 \cdots P_n$ 为凸多边形, 因此 $P_{0,0} P_{0,1} \cdots P_{0,n}$ 和 $P_{0,n} P_{1,n-1} \cdots P_{n,0}$ 也组成凸多边形, 而且除 $P_{0,n}$ 外, 这两个凸多边形互不相交. 于是, 由 (1) 的结果知, 这两段除 $P_{0,n}$ 外互不相交的 Bézier 曲线上无奇点和拐点, 从而证明了原 Bézier 曲线 $P(t)$ 是凸的.①

引理 1　由特征多边形 $P_0 P_1 \cdots P_n$ 决定的 n 次 Bézier 曲线 $P(t)$, 对任一 $t_0 \in (0,1)$, 点 $P(t_0)$ 把曲线分成两段 n 次 Bézier 曲线, 它们分别以 $P_{0,0} P_{0,1} \cdots P_{0,n}$ 和 $P_{0,n} P_{1,n-1} \cdots P_{n,0}$ 为其特征多边形 (图 4), 这些多边形顶点是按照 Bézier 曲线的几何作图法以 t_0 为分比递推得到的, 其中[4]

---

① 由于对区间 $(0,1)$ 中任意一点 t_0, 引理总成立, 且 $P_{0,0} P_{0,1} \cdots P_{0,n} P_{1,n-1} \cdots P_{n,0}$ 是凸多边形, 说明被 $P(t_0)$ 分成的两段曲线都在 $P_{0,n-1} P_{1,n-1}$, 即 $P'(t_0)$ 的同一侧, 从而可直接证明 Bézier 曲线 $P(t)$ 是凸的.

$$
\begin{cases}
\boldsymbol{P}_{0,k} = \sum_{i=0}^{k} B_{i,k}(t_0)\boldsymbol{P}_i \\[2mm]
\boldsymbol{P}_{k,n-k} = \sum_{i=0}^{n-k} B_{i,n-k}(t_0)\boldsymbol{P}_{i+k}
\end{cases}
\quad (k=0,1,\cdots,n)
$$

$$(3.11)$$

证明　我们只要证明关于前一段曲线（图 4 中的实线）命题成立，即当 $0 \leqslant t \leqslant t_0$ 时

$$
\boldsymbol{P}(t) = \sum_{k=0}^{n} B_{k,n}\left(\frac{t}{t_0}\right)\boldsymbol{P}_{0,k}
$$

成立. 而由 Bézier 曲线关于两端点性质的对称性，命题关于后一段（图 4 中的虚线）亦然成立，从而引理 1 得证. 事实上，根据式（3.11）并注意到 §2 中的性质 6，上式的右边项为

$$
\sum_{k=0}^{n} B_{k,n}\left(\frac{t}{t_0}\right)\boldsymbol{P}_{0,k} = \sum_{k=0}^{n} B_{k,n}\left(\frac{t}{t_0}\right)\sum_{i=0}^{k} B_{i,k}(t_0)\boldsymbol{P}_i
$$

$$
= \sum_{i=0}^{n}\left\{\sum_{k=i}^{n} B_{k,n}\left(\frac{t}{t_0}\right)B_{i,k}(t_0)\right\}\boldsymbol{P}_i
$$

$$
= \sum_{i=0}^{n} B_{i,n}(t)\boldsymbol{P}_i = \boldsymbol{P}(t) \quad (0 \leqslant t \leqslant t_0)
$$

证毕.

§4　三次 Bézier 曲线的拐点和奇点分布

对于 $n=3$ 的场合，我们将从另一方面验证凸性定理，同时，还分析一般三次 Bézier 曲线的拐点和奇点分布.

三次 Bézier 曲线方程是

$$\boldsymbol{P}(t)=\boldsymbol{a}_0+\boldsymbol{a}_1 f_1(t)+\boldsymbol{a}_2 f_2(t)+\boldsymbol{a}_3 f_3(t)\quad(0\leqslant t\leqslant 1)$$
$$(4.1)$$

式中已置

$$\begin{cases} f_1(t)=3t-3t^2+t^3 \\ f_2(t)=3t^2-2t^3 \\ f_3(t)=t^3 \end{cases}$$

式(4.1) 又可表示成

$$\boldsymbol{P}(t)=\boldsymbol{Q}_0+\boldsymbol{Q}_1 t+\frac{1}{2}\boldsymbol{Q}_2 t^2+\frac{1}{6}\boldsymbol{Q}_3 t^3\quad(0\leqslant t\leqslant 1)$$

这里记

$$\boldsymbol{Q}_0=\boldsymbol{a}_0,\boldsymbol{Q}_1=3\boldsymbol{a}_1,\boldsymbol{Q}_2=6(-\boldsymbol{a}_1+\boldsymbol{a}_2)$$
$$\boldsymbol{Q}_3=6(\boldsymbol{a}_1-2\boldsymbol{a}_2+\boldsymbol{a}_3)$$

由此易得仿射不变量[5]

$$\begin{cases} p\equiv[\boldsymbol{Q}_2,\boldsymbol{Q}_3]=36(A_1+A_2+A_3) \\ q\equiv[\boldsymbol{Q}_3,\boldsymbol{Q}_1]=18(A_2+2A_3) \\ r\equiv[\boldsymbol{Q}_1,\boldsymbol{Q}_2]=18A_3 \end{cases}$$

其中

$$A_1=[\boldsymbol{a}_2,\boldsymbol{a}_3],A_2=[\boldsymbol{a}_3,\boldsymbol{a}_1],A_3=[\boldsymbol{a}_1,\boldsymbol{a}_2]$$

表示三个有向面积.

首先,我们讨论三次 Bézier 曲线上出现拐点的条件.

记

$$N(t)\equiv[\boldsymbol{P}'(t),\boldsymbol{P}''(t)]$$
$$=18\{A_3-(A_2+2A_3)t+(A_1+A_2+A_3)t^2\}$$

于是

$$N(0)N(1)=18^2 A_1 A_3$$

的符号就表示三次 Bézier 曲线在两端点处曲率乘积的符号.因此,当 $A_1 A_3<0$ 时,曲线上有一个拐点;反之,

当 $A_1A_3 > 0$ 时,曲线上或无拐点,或有两个拐点.

现设 $A_1A_3 > 0$.这时出现两个拐点的充要条件如下[5]

$$\begin{cases} A_2^2 > 4A_1A_3 \\ A_3, A_2 + 2A_3, A_1 + A_2 + A_3 \ 同符号 \\ \dfrac{A_2 + 2A_3}{A_1 + A_2 + A_3} < 2 \end{cases} \quad (4.2)$$

在不失一般性之下,可以假定 $A_1 > 0$(必要时将特征多边形作一反射变换).于是上述充要条件成为

$$A_2 > -2A_1, A_2 > -2A_3, A_2^2 > 4A_1A_3 \quad (4.3)$$

从上式易知 $A_2 > 0$.因此,曲线上出现两个拐点的判别条件(4.2)等价于

$$\begin{cases} A_1, A_2, A_3 \ 同符号 \\ A_2^2 - 4A_1A_3 > 0 \end{cases} \quad (4.4)$$

其次,考察三次 Bézier 曲线上出现奇点的条件.

若存在 $t_1 \neq t_2 \in (0,1)$,使得

$$\boldsymbol{P}(t_1) = \boldsymbol{P}(t_2) \quad (4.5)$$

则点 $\boldsymbol{P}(t_1)$ 是二重点.当 $t_1 \to t_2$ 时,我们得到尖点.

容易看出,方程(4.5)的解是

$$t_1, t_2 = \frac{(A_2 + 2A_3) \pm \sqrt{3(4A_1A_3 - A_2^2)}}{2(A_1 + A_2 + A_3)}$$

现在,我们将分两种情况进行讨论:

(1) $A_1 + A_2 + A_3 > 0$,则 $t_1, t_2 \in (0,1)$ 等价于

$$\begin{cases} A_2 + 2A_3 - \sqrt{3(4A_1A_3 - A_2^2)} > 0 \\ A_2 + 2A_3 + \sqrt{3(4A_1A_3 - A_2^2)} < 2(A_1 + A_2 + A_3) \\ 4A_1A_3 - A_2^2 \geqslant 0 \end{cases}$$

经过整理就是

$$\begin{cases} A_2^2 + A_3(A_2 + A_3 - 3A_1) > 0 \\ A_2^2 + A_1(A_1 + A_2 - 3A_3) > 0 \\ A_2 + 2A_3 > 0 \\ 2A_1 + A_2 > 0 \\ 4A_1A_3 - A_2^2 \geqslant 0 \end{cases}$$

（2）$A_1 + A_2 + A_3 < 0$，则 $t_1, t_2 \in (0,1)$ 等价于

$$\begin{cases} A_2 + 2A_3 + \sqrt{3(4A_1A_3 - A_2^2)} < 0 \\ A_2 + 2A_3 - \sqrt{3(4A_1A_3 - A_2^2)} > 2(A_1 + A_2 + A_3) \\ 4A_1A_3 - A_2^2 \geqslant 0 \end{cases}$$

整理后得到

$$\begin{cases} A_2^2 + A_3(A_2 + A_3 - 3A_1) > 0 \\ A_2^2 + A_1(A_1 + A_2 - 3A_3) > 0 \\ A_2 + 2A_3 < 0 \\ 2A_1 + A_2 < 0 \\ 4A_1A_3 - A_2^2 \geqslant 0 \end{cases}$$

情况（1）和（2）可以合并成一组式子

$$\begin{cases} A_2^2 + A_3(A_2 + A_3 - 3A_1) > 0 \\ A_2^2 + A_1(A_1 + A_2 - 3A_3) > 0 \\ (A_2 + 2A_3)(2A_1 + A_2) > 0 \\ 4A_1A_3 - A_2^2 \geqslant 0 \end{cases} \tag{4.6}$$

这就是三次 Bézier 曲线上出现奇点的充要条件. 当式 $(4.6)_4$ 等号成立时是尖点，否则便是二重点.

现在，我们在三次 Bézier 特征多边形上建立如图 5 所示的仿射坐标系 xOy，其中 x 轴 $/\!\!/\ \boldsymbol{a}_1$，y 轴 $/\!\!/\ \boldsymbol{a}_3$，而且 $\boldsymbol{a}_1$ 和 $\boldsymbol{a}_3$ 的起点及终点坐标分别是 $(0,1)$，$(x,1)$；$(1,y)$，$(1,0)$. 我们称点 $R(x,y)$ 为特征多边形的特征点. x 轴和 y 轴之间的夹角记为 θ. 于是，有向面积

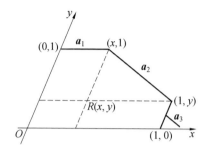

图 5

$$\begin{cases} A_1 = (x-1)y\sin\theta \\ A_2 = xy\sin\theta \\ A_3 = (y-1)x\sin\theta \end{cases} \tag{4.7}$$

这样,在仿射坐标系中,曲线上存在一个拐点的条件是 $A_1A_3 < 0$,它的坐标表示式是

$$xy(x-1)(y-1) < 0 \tag{4.8}$$

出现两个拐点的条件(4.4)的坐标表示式变为

$$\begin{cases} x(x-1) > 0 \\ y(y-1) > 0 \\ xy\left\{\left(x-\dfrac{4}{3}\right)\left(y-\dfrac{4}{3}\right)-\dfrac{4}{9}\right\} < 0 \end{cases} \tag{4.9}$$

出现一个奇点的条件是式(4.6),它的坐标表示就是

$$\begin{cases} x(3y^2-3y+x) > 0 \\ y(3x^2-3x+y) > 0 \\ xy\left\{\left(x-\dfrac{4}{3}\right)\left(y-\dfrac{4}{3}\right)-\dfrac{4}{9}\right\} \geqslant 0 \\ xy(3x-2)(3y-2) > 0 \end{cases} \tag{4.10}$$

当特征点 $R(x,y)$ 的坐标不满足式(4.8),(4.9),(4.10)中的任何一组时,相应的三次 Bézier 曲线上便

不存在拐点和奇点. 综合起来, 我们得到三次 Bézier 曲线 L 的奇点和拐点分布定理(图 6).

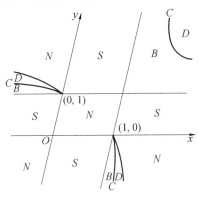

图 6

定理 1　如果特征点

$$R \in \begin{cases} N, 则 L 上无拐点和奇点 \\ S, 则 L 上有一个拐点 \\ B, 则 L 上有两个拐点 \\ C, 则 L 上有一个尖点 \\ D, 则 L 上有一个二重点 \end{cases}$$

式中 C 代表双曲线 $\left(x - \dfrac{4}{3}\right)\left(y - \dfrac{4}{3}\right) = \dfrac{4}{9}$ 的两支. 区域 D 的一侧边界是曲线 C, 另一侧边界分别是抛物线 $3y^2 - 3y + x = 0$ 和 $3x^2 - 3x + y = 0$.

此定理在文献[4]中已有证明, 但用了不同的方法. 实际上, 这个结果仅仅是把苏步青教授在文献[5,6]中关于三次参数曲线段的一个定理拓广到了 (x, y) 的全平面.

作为例子, 图 7 示意了代表几种典型情况的三次 Bézier 曲线.

285

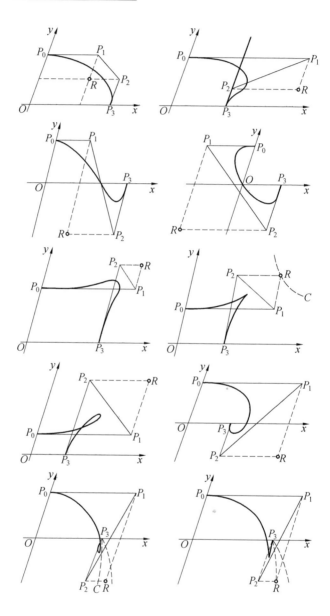

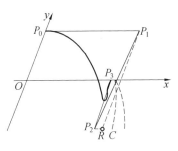

图 7

从图中容易看出,当三次 Bézier 特征多边形为凸的时,特征点 R 一定落在无拐点和奇点的区域 N 中,因此三次 Bézier 曲线是保凸的.

事实上,三次 Bézier 曲线的保凸性也可以直接如下证明.

我们把三次特征多边形的始点和终点联结起来,得到向量

$$C = -(a_1 + a_2 + a_3)$$

现在设 a_1, a_2, a_3 和 C 组成一个凸闭四边形. 而且不失一般性地假设这些向量按逆时针决定它们的指向,因此

$$[a_1, a_2], [a_2, a_3], [a_3, C], [C, a_1]$$

全部为正,即

$$A_3 > 0, A_1 > 0, A_1 > A_2, A_3 > A_2$$

进而,按照 A_2 的符号分成两种情况分别加以考察,不难证明,这时判别条件(4.4)和(4.6)都不成立,而且 $A_1 A_3 > 0$,因此曲线是凸的.

最后我们指出,一般的三次 Bézier 特征多边形都能建立如图 5 所示的仿射标架,但是还有三种例外情形需要补充讨论:

(1)a_1, a_2, a_3 共线.

287

我们从 Bézier 曲线的凸包性知道,这时必是一条直线段.

(2)$a_1 \parallel a_3$.

这时 $A_2 = 0$. 当 $A_1 A_3 < 0$ 时,曲线上有一个拐点(图 8). 当 $A_1 A_3 > 0$ 时,由式(4.4)$_2$不成立,因此曲线上无拐点;由于式(4.6)$_1$和(4.6)$_2$不能同时成立,因此曲线上无奇点.因此这时曲线上无奇点和拐点(图 9).

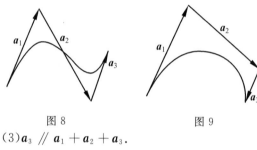

图 8   图 9

(3)$a_3 \parallel a_1 + a_2 + a_3$.

我们记

$$a_3 = \mu(a_1 + a_2 + a_3) \tag{4.11}$$

若 $\mu = 0$,则有 $A_1 = A_2 = 0$. 由判别条件(4.4)和(4.6)知道,这时曲线上无奇点和拐点.

当 $\mu \neq 0$ 时,由式(4.11)得到

$$A_1 = A_2, \quad A_3 = \frac{\mu - 1}{\mu} A_1$$

其中 $A_1 \neq 0$,因为否则便是情况(1).经直接计算,我们得到

$$A_1 A_3 = \frac{\mu - 1}{\mu} A_1^2$$

$$A_2^2 + A_3(A_2 + A_3 - 3A_1) = \frac{1}{\mu^2} A_1^2$$

$$A_2^2 + A_1(A_1 + A_2 - 3A_3) = \frac{3}{\mu} A_1^2$$

$$(A_2 + 2A_3)(2A_1 + A_2) = \frac{3(3\mu - 2)}{\mu}A_1^2$$

$$4A_1A_3 - A_2^2 = \frac{3\mu - 4}{\mu}A_1^2$$

因此我们有结论

曲线段上
$$\begin{cases}
\text{无奇点和拐点，} & \text{当}\ \mu \leqslant 0\ \text{时} \\[2mm]
\text{有一个拐点，} & \text{当}\ 0 < \mu \leqslant 1\ \text{时} \\[2mm]
\text{有两个拐点，} & \text{当}\ 1 < \mu < \dfrac{4}{3}\ \text{时} \\[2mm]
\text{有一个尖点，} & \text{当}\ \mu = \dfrac{4}{3}\ \text{时} \\[2mm]
\text{有一个二重点，} & \text{当}\ \mu > \dfrac{4}{3}\ \text{时}
\end{cases}$$

对应的图形如图 10 所示.

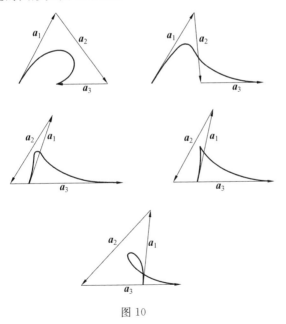

图 10

289

本节的讨论容易搬到三次 B 样条曲线的场合.

参 考 文 献

［1］ BÉZIER P E. Numerical control-mathematics and applications ［M］. New York：John Wiley & Sons,1972.

［2］ GORDON W J, RIESENFELD R F, Bernstein-Bézier methods for the computer-aided design of free form curves and surfaces［J］. J. ACM,1974(21)：293-310.

［3］ PILCHER D, Smooth parametric surfaces, computer aided geometric design［M］. New York：Academic Press,1974.

［4］ 苏步青,刘鼎元.计算几何［M］.上海：上海科学技术出版社,1981.

［5］ 苏步青.关于三次参数样条曲线的一些注记［J］.应用数学学报,1976(1)：49-58.

［6］ 苏步青.关于三次参数样条曲线的一个定理［J］.应用数学学报,1977(1)：49-54.

第 5 编
Bézier 曲线的定义方法

第一种定义法:点定义法

Bézier 曲线的经典定义是建立在 Bernstein 多项式基础上的.

§1　Bernstein **多项式**

Bernstein 在 20 世纪初曾用这些多项式来逼近函数,在 Bézier 模型中则与"Bézier 点"(也叫"定义点",或者被错误地叫作"控制点")联系在一起.Bernstein 多项式的主要性质表现在二项式 $(t+(1-t))^n$ 的展开式中.

1.定义

设 n 为自然数,对于 0 到 n 之间的

第 1 章

293

任意整数 $i(i \in [[0, n]])$[1],用下式来定义指标为 i 的 n 次 Bernstein 多项式 B_n^i[2]

$$B_n^i(t) = C_n^i t^i (1-t)^{n-i}$$

其中 C_n^i 为二项式系数 $\dfrac{n!}{i!\,(n-i)!}$,t 为实变量,大多数情况下在区间 $[0, 1]$ 中变化.

例子:

$n = 0, B_0^0(t) = 1$;

$n = 1, B_1^0(t) = 1 - t, B_1^1(t) = t$;

$n = 2, B_2^0(t) = (1-t)^2, B_2^1(t) = 2t(1-t), B_2^2(t) = t^2$;

$n = 3, B_3^0(t) = (1-t)^3, B_3^1(t) = 3t(1-t)^2, B_3^2(t) = 3t^2(1-t), B_2^3(t) = t^3$.

2. 性质

Bézier 模型的特性大多基于 Bernstein 多项式的性质.

(P1):$\displaystyle\sum_{i=0}^{i=n} B_n^i(t) = 1$,即"单元划分性".

它源于二项式公式

$$\sum_{i=0}^{i=n} C_n^i t^i (1-t)^{n-i} = (t + (1-t))^n = 1$$

(P2) 恒正性:$\forall t \in [0, 1], B_n^i(t) \geqslant 0$.

因为多项式的两因子在 $t \in [0, 1]$ 时都恒正.

(P3) 递推性:$\forall i \in [[1, n-1]], B_n^i(t) = (1 -$

---

① 双括号 $[[0, n]]$ 表示 0 到 n 之间的整数集合.

② B_n^i 表示法与 C_n^i 表示法一致,不采用像 $B(i, n, t)$ 或 $B_{i,n}(t)$ 等较复杂的记法.

$t)B_{n-1}^{i}(t)+tB_{n-1}^{i-1}(t).$

（i）当 $i=n$ 或 $i=0$ 时，显然成立. 对其他值可利用二项式系数的 Pascal 关系式来证明，即

$$
\begin{aligned}
B_n^i(t) &= C_n^i t^i (1-t)^{n-i} \\
&= (C_{n-1}^i + C_{n-1}^{i-1})t^i(1-t)^{n-i} \\
&= C_{n-1}^i t^i(1-t)^{n-i} + C_{n-1}^{i-1}t^i(1-t)^{n-i} \\
&= (1-t)C_{n-1}^i t^i(1-t)^{n-i-1} + \\
&\quad tC_{n-1}^{i-1}t^{i-1}(1-t)^{n-i} \\
&= (1-t)B_{n-1}^i(t) + tB_{n-1}^{i-1}(t)
\end{aligned}
$$

（ii）递推计算法.

对 $[0,1]$ 间的给定 t 值，并取初值

$$B_i^i(t)=t^i, B_{i-1}^{i-1}(t)=t^{i-1}, \cdots, B_2^2(t)=t^2, B_1^1(t)=t$$

$$B_1^0(t)=1-t, B_2^0(t)=(1-t)^2, \cdots$$

$$B_{n-2}^0(t)=(1-t)^{n-2}, B_{n-1}^0(t)=(1-t)^{n-1}$$

再递推

$$B_n^i(t)=(1-t)B_{n-1}^i(t)+tB_{n-1}^{i-1}(t)$$

（iii）树图表示法（图 1）.

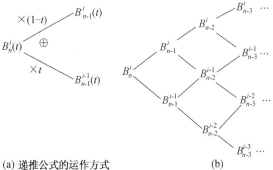

(a) 递推公式的运作方式　　　　　　(b)

图 1

上下指标都应大于或等于零，且上指标不应大于

下指标. 当这些约束不再满足时,图 1(b) 中的树图展开停止. 在图 2 中,圈号表示递推停止项(其后项被叉掉),树图停止于初值,也就是说,树图的停止项对应于实际应用中的初值.

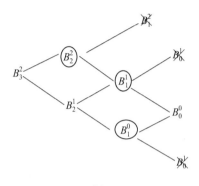

图 2

取初值(图 3)

$$B_2^2(t) = t^2$$

$$B_1^1(t) = t, B_1^0(t) = 1 - t$$

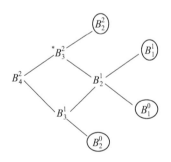

图 3

(* 表示图 1(a) 中的树图被嫁接到该树上)取初值

$$B_2^2(t)=t^2, B_1^1(t)=t, B_1^0(t)=1-t$$
$$B_2^0(t)=(1-t)^2$$

3. 几个 Bernstein 多项式曲线的例子

当 t 在 0 与 1 之间变化时,绘出曲线图,用 (Γ_n^i) 表示.

（1）当 $n=1$ 时,曲线为平行于第一和第二象限角平分线的直线段.

（2）当 $n=2$ 时,曲线为抛物线段.

（3）当 $n=3$ 时,曲线为立方曲线. 表 1 是变化表格与对应的曲线图.

表 1

$n=2$ 的变化表与曲线图				$n=3$ 的变化表与曲线图				
t	0	$\frac{1}{2}$	1	t	0	$\frac{1}{3}$	$\frac{2}{3}$	1
$(B_2^0)'(t)=2(t-1)$	-2	-	0	$B_3^0(t)=(1-t)^3$	1			0
$B_2^0(t)=(1-t)^2$	1		0	$B_3^{1'}=(3-3t)(1-3t)$	3 + 0		-	0
$(B_2^1)'(t)=2-4t$	2 2	+ 0	- -	$B_3^1(t)=3t(1-t)^2$	0	$\frac{4}{9}$		0
$B_2^1(t)=2t(1-t)$	0	$\frac{1}{2}$	0	$(B_3^2)'=(2-3t)$	0	+	0 - 3	
$B_2^2(t)=t^2$	0		1	$B_3^2(t)=3t^2(1-t)$	0		$\frac{4}{9}$	0
				$B_3^3(t)=3t^3$	0			1

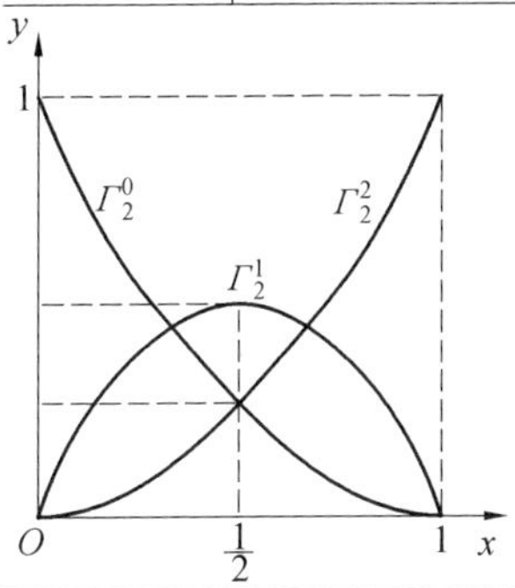

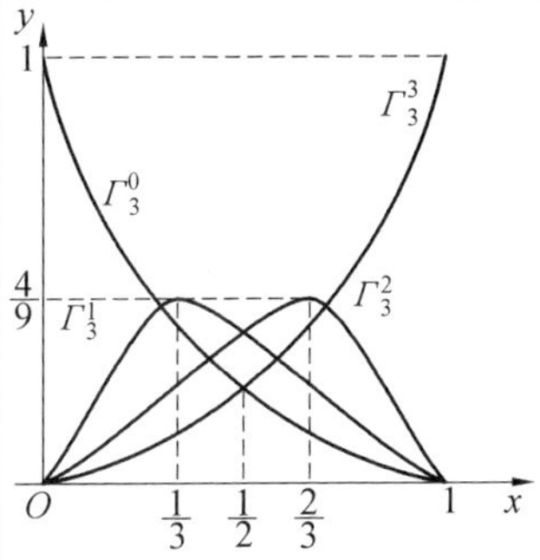

297

4. Bernstein 多项式之间的关系

除了对 i 和 n 都有效的递推公式（P3）外，还有一些其他公式，其中只有一个指标发生变化.

（R1）n 固定，i 变化.

利用关系式

$$C_n^i = \frac{n-i+1}{i} C_n^{i-1}$$

多项式 B_n^i 可用 B_n^{i-1} 表达. 因为 B_n^i 可写成

$$B_n^i(t) = \frac{n-i+1}{i} \frac{t}{1-t} C_n^{i-1} t^{i-1} (1-t)^{n-i-1}$$

而后三个因子的乘积是一个 Bernstein 多项式，故有

$$B_n^i(t) = \frac{n-i+1}{i} \frac{t}{1-t} B_n^{i-1}(t)$$

这样，不断地降低 i 的值 $(i \geqslant 1)$，直到初始条件

$$B_n^0(t) = (1-t)^n$$

就可得到计算 B_n^i 的递推公式

$$B_n^i(t) = \left[\frac{n-i+1}{i} \cdot \frac{t}{1-t}\right] \cdot$$
$$\left[\frac{n-i+2}{i-1} \cdot \frac{t}{1-t}\right] \cdot \cdots \cdot$$
$$\left[\frac{n}{1} \cdot \frac{t}{1-t}\right] B_n^0(t)$$

例如，当 $n=3$ 时，有

$$B_3^3(t) = \frac{1}{3} \frac{t}{1-t} B_3^2(t)$$

$$B_3^2(t) = \frac{t}{1-t} B_3^1(t)$$

$$B_3^1(t) = \frac{3t}{1-t} B_3^0(t)$$

代入 $B_3^0(t) = (1-t)^3$ 中，可逐步得到其他三个三次多

项式.

（R2）n 变化，i 固定.

利用另一个二项式系数关系式

$$C_n^i = \frac{n}{n-i} C_{n-1}^i$$

可得

$$B_n^i(t) = \frac{n}{n-1} C_{n-1}^i t^i (1-t)^{n-i-1}(1-t)$$

故

$$B_n^i(t) = \frac{n}{n-i}(1-t) B_{n-1}^i(t)$$

我们得到另一个初始条件为 $B_i^i(t) = t^i$ 的递推公式

$$B_n^i(t) = \left[\frac{n}{n-i}(1-t) \right] \cdot \left[\frac{n-1}{n-1-i}(1-t) \right] \cdot \cdots \cdot$$
$$\left[\frac{i+1}{1}(1-t) \right] B_i^i(t)$$

例如，当 $i = 3$ 时，n 从 4 开始变化，第一个可得到 $B_4^3(t)$

$$B_4^3(t) = \frac{4}{1}(1-t) B_3^3(t) = 4t^3(1-t)$$

注　关系式（P3）是两个变量的双重递推，而（R1）和（R2）是关于一个变量的单一递推.

（R3）i 和 n 都固定，t 重新成为变量.

其实多项式 B_n^i 是一阶线性微分方程（E_n^i）

$$t(1-t)x' + (nt-i)x = 0$$

的一个特解. 也就是说，下式成立

$$t(1-t)(B_n^i)'(t) + (nt-i)B_n^i(t) = 0 \quad (1.1)$$

实际上，因为多项式函数 $t \rightarrow B_n^i(t)$ 的导数为

$$(B_n^i)'(t) = C_n^i i t^{i-1}(1-t)^{n-i} - C_n^i t^i(n-i)(1-t)^{n-i-1}$$

两边同时乘以 $t(1-t)$ 即得式（1.1），它对任意实数 t

都有效. 请注意微分方程(E_n^i)是齐次(右边无项) 一阶线性的, 其解一般由所有与 B_n^i 成比例的多项式组成(为了重新证明它, 可在区间$[0,1]$上解微分方程, 既然是多项式, 当然可以延伸到实域 **R** 上). 因为在 $t=0$ 和 $t=1$ 这两点 x' 的系数为零, 所以如果在这两点外给定一个初始条件, 如 $t=\dfrac{1}{2}$, 我们就可这样来描写 B_n^i:

每个 Bernstein 多项式 B_n^i 都是对应的微分方程 $(E_n^i): t(1-t)x' + (nt-i)x = 0$ 在 **R** 或$[0,1]$上满足 $x\left(\dfrac{1}{2}\right) = C_n^i \left(\dfrac{1}{2}\right)^n$ 的唯一解.

5.$[0,1]$上的积分性质

先考虑 $n=3$ 的情况

$$\int_0^1 B_3^0(t)\,\mathrm{d}t = \int_0^1 (1-t)^3\,\mathrm{d}t$$

$$= \left[-\frac{(1-t)^4}{4} \right]\Big|_0^1 = \frac{1}{4}$$

$$\int_0^1 B_3^1(t)\,\mathrm{d}t = \int_0^1 (3t - 6t^2 + 3t^3)\,\mathrm{d}t$$

$$= \left[\frac{3}{2}t^2 - 2t^3 + \frac{3}{4}t^4 \right]\Big|_0^1 = \frac{1}{4}$$

$$\int_0^1 B_3^2(t)\,\mathrm{d}t = \int_0^1 (3t^2 - 3t^3)\,\mathrm{d}t$$

$$= \left[t^3 - \frac{3}{4}t^4 \right]\Big|_0^1 = \frac{1}{4}$$

$$\int_0^1 B_3^0(t)\,\mathrm{d}t = \int_0^1 t^3\,\mathrm{d}t = \left[\frac{t^4}{4} \right]\Big|_0^1 = \frac{1}{4}$$

这些积分完全相等, 可以证明 $n=2$ 时的三个积分都等于 $\dfrac{1}{3}$.

一般说来, 对任何正整数 n, 有

$$\int_0^1 B_n^i(t)\,\mathrm{d}t = \frac{1}{n+1} \quad (\forall\, i \in [[0,n]])$$

也就是说,被横坐标轴,直线 $t=0$ 和 $t=1$,以及曲线 Γ_n^i 所围成的区域的面积总等于 $\dfrac{1}{n+1}$.

证明　因为 $\displaystyle\int_0^1 t^n\,\mathrm{d}t = \frac{1}{n+1}$,所以只需证明所有的积分 $I_n^i = \displaystyle\int_0^1 B_n^i(t)\,\mathrm{d}t (\forall\, i \in [[0,n-1]])$ 满足 $I_n^i = I_n^{i+1}$ 即可.

设

$$v' = t^i,\, u = (1-t)^{n-i}$$

利用分部积分,有

$$I_n^i = \mathrm{C}_n^i\left(\left[(1-t)^{n-i}\cdot\frac{t^{i+1}}{i+1}\right]\Big|_0^1 +\right.$$

$$\left.\int_0^1 \frac{n-i}{i+1}t^{i+1}(1-t)^{n-i-1}\,\mathrm{d}t\right)$$

$$= \mathrm{C}_n^i\frac{n-i}{i+1}\int_0^1 t^{i+1}(1-t)^{n-i-1}\,\mathrm{d}t$$

因为 $\mathrm{C}_n^i\dfrac{n-i}{i+1} = \mathrm{C}_n^{i+1}$,所以上面实际上就是 B_n^{i+1} 的积分.因此,$I_n^i = I_n^{i+1}$,$\forall\, i \in [[0,n-1]]$,证毕.

6. 多项式向量空间中 B_n^i 的线性无关性

（1）大家都知道由次数小于或等于 n 的多项式 P_n 所组成的向量空间具有无数组基底,最常用的就是由 $n+1$ 个单项式 X^i（或 t^i,若更喜欢这种记号的话）组成的正则基底（i 取 0 到 n 的所有值）.但是,并非总是它最适合计算.

命题 1　$n+1$ 个 Bernstein 多项式 B_n^i 是向量空间 Γ_n 的一组基底.

证明 因有 $n+1$ 个多项式,故只需证明它们线性无关.

设 $n+1$ 个实数 λ_i 使多项式 $Q = \sum_0^n \lambda_i B_n^i$ 为零项式,取 $t=0$ 和 $t=1$ 即得 $\lambda_0 = \lambda_n = 0$. 把 $t(1-t)$ 从 Q 中提出来,原假设可写成 $Q_1 = \sum_1^{n-1} \lambda_i B_n^i$,是个零项式. 再取 $t=0$ 和 $t=1$ 可得 $\lambda_1 = \lambda_{n-1} = 0$,如此继续下去. 若 n 为奇数($n=2p+1$),则这种方法使用 $p+1$ 次后,所有系数都将为零. 若 n 为偶数($n=2p$),则经过 p 次运算后,除 λ_p 以外的所有 λ_i 皆为零. 故只剩下 $\lambda_p C_n^p$ 一项,而要使它为零只能使 λ_p 也为零,即所有系数都为零.

(2) 基底变换.

由上可知,在正则基底上用 $U_n = \sum_{i=0}^n a_i t^i$ 表示的任何一个 n 次多项式 U_n,也可在上述基底上表示:$U_n = \sum_{i=0}^n b_i B_n^i$.

设变换矩阵 $\boldsymbol{M}_n$ 把正则基底变到 Bernstein 基底,其逆矩阵 $\boldsymbol{M}_n^{-1}$ 则为 Bernstein 基底到正则基底的变换矩阵. 用 $\boldsymbol{a}$ 和 $\boldsymbol{b}$ 表示元素为 a_i 和 b_i 的 $n+1$ 阶单列矩阵,于是我们有

$$\boldsymbol{a} = \boldsymbol{M}_n \cdot \boldsymbol{b}, \boldsymbol{b} = \boldsymbol{M}_n^{-1} \cdot \boldsymbol{a}$$

我们知道,矩阵 $\boldsymbol{M}_n$ 的每列元素是 Bernstein 多项式在正则基底上的坐标. 一般说来,把 B_n^i 用二项式展开即可得到这些坐标.

例如 $n=3$,Bernstein 多项式展开式为
$$B_3^0 = (1-t)^3 = 1 - 3t + 3t^2 - t^3$$

$$B_3^1 = 3t(1-t)^2 = 3t - 6t^2 + 3t^3$$
$$B_3^2 = 3t^2(1-t) = 3t^2 - 3t^3$$
$$B_3^3 = t^3$$

第一个多项式在正则基底上的坐标为 $1, -3, 3, -1$,
同样可得其他几个多项式的坐标. 由此,可得变换矩阵

$$\boldsymbol{M}_3 = \begin{bmatrix} 1 & 0 & 0 & 0 \\ -3 & 3 & 0 & 0 \\ 3 & -6 & 3 & 0 \\ -1 & 3 & -3 & 1 \end{bmatrix}$$

解线性方程组

$$\boldsymbol{a} = \boldsymbol{M}_n \cdot \boldsymbol{b}$$

便可得到逆矩阵,使得

$$\boldsymbol{b} = \boldsymbol{M}_n^{-1} \cdot \boldsymbol{a}$$

因为是三角矩阵,所以这个方程组很简单

$$\begin{cases} b_0 = a_0 \\ -3b_0 + 3b_1 = a_1 \\ 3b_0 - 6b_1 + 3b_2 = a_2 \\ -b_0 + 3b_1 - 3b_2 + b_3 = a_3 \end{cases} \Rightarrow \begin{cases} b_0 = a_0 \\ b_1 = \dfrac{3a_0 + a_1}{3} \\ b_2 = \dfrac{3a_0 + 2a_1 + a_2}{3} \\ b_3 = a_0 + a_1 + a_2 + a_3 \end{cases}$$

故

$$(\boldsymbol{M}_3)^{-1} = \begin{bmatrix} 1 & 0 & 0 & 0 \\ 1 & \dfrac{1}{3} & 0 & 0 \\ 1 & \dfrac{2}{3} & \dfrac{1}{3} & 0 \\ 1 & 1 & 1 & 1 \end{bmatrix}$$

一般情形:

多项式 B_n^i 在正则基底上可写成

$$B_n^i(t) = C_n^i t^i (1-t)^{n-i}$$

$$= C_n^i t^i \sum_{k=0}^{n-1} C_{n-i}^k (-t)^k$$

$$= \sum_{k=0}^{n-i} C_{n-i}^k C_n^i (-1)^k t^{i+k}$$

因此，$n+1$ 阶方阵 $\boldsymbol{M}_n$ 的第 i 列第 j 行的元素等于 $(-1)^{j-i} C_n^i C_{n-i}^{j-i}$，$i,j$ 都在 0 与 n 之间变化.

$\boldsymbol{M}_n$

$$= \begin{bmatrix} 1 & 0 & 0 & \cdots & \cdots & \cdots & 0 \\ -C_n^1 & C_n^1 & 0 & \cdots & \cdots & \cdots & 0 \\ C_n^2 & -C_n^1 C_{n-1}^1 & C_n^2 & \cdots & \cdots & \cdots & 0 \\ -C_n^3 & C_n^1 C_{n-1}^2 & -C_n^2 C_{n-2}^1 & \cdots & & & \vdots \\ & & & & \ddots & & \\ \cdots & \cdots & \cdots & \cdots & (-1)^{j-i} C_n^i C_{i-i}^{j-i} & \cdots & 0 \\ \vdots & \vdots & & & \vdots & & \\ (-1)^n C_n^n & (-1)^{n-1} C_n^1 C_{n-1}^{n-1} & \cdots & \cdots & \cdots & \cdots & 1 \end{bmatrix}$$

这是个三角矩阵，其逆矩阵可用解三角方程组的方法获得.

§2 Bézier 曲线的第一种定义

1. 符号公式与定义

设 n 为正整数，$P_0, P_1, P_2, \cdots, P_n$ 为平面或三维空间的任意 $n+1$ 个点，O 为任意选定的坐标原点. 由下面向量公式定义的点 $M(t)$ 的轨迹就是所谓的 Bézier 曲线，t 在 $[0,1]$ 间变化

$$\overrightarrow{OM(t)} = \sum_{i=0}^{n} B_n^i(t) \overrightarrow{OP_i}$$

点 $P_0, P_1, P_2, \cdots, P_n$ 称为"定义点"中"Bézier

点",有时也叫作"控制点"(英语 control 有操纵之意,
这种叫法最好避免).依次联结这些点而得到的多边形
折线叫作"曲线的特征多边形".我们以后将会看到曲
线与原点 O 的选择无关.

例子:

当 $n=1$ 时,有

$$\overrightarrow{OM(t)} = (1-t)\overrightarrow{OP_0} + t\overrightarrow{OP_1}$$

这意味着 M 是点 P_0 和 P_1 的加权重心,加权系数为
$1-t$ 和 t.因为 $t \in [0,1]$,所以曲线变成直线段 P_0P_1.

当两点重合时,曲线缩为一点.

当 $n=2$ 时,有

$$\overrightarrow{OM(t)} = (1-t)^2\overrightarrow{OP_0} + 2t(1-t)\overrightarrow{OP_1} + t^2\overrightarrow{OP_2}$$

这意味着如果三个定义点不共线,那么 M 就在由这三
个点所决定的平面上,其轨迹是个抛物线,端点是 P_0
和 P_1.若三点共线(或有重合点),则我们又得到一个
直线段,甚至一个点.

当 $n=3$ 时,有

$$\overrightarrow{OM(t)} = (1-t)^3\overrightarrow{OP_0} + 3t(1-t)^2\overrightarrow{OP_1} +$$
$$3t^2(1-t)\overrightarrow{OP_2} + t^3\overrightarrow{OP_3}$$

若四点不共面,则我们得到一条空间曲线或挠曲线.若
四点共面但不共线,则是一条平面三次曲线.暂且不考
虑次的退化,但以后将会看到退化现象还是有些用处
的.

(1)重要性质.

曲线只取决于定义点而与坐标原点无关.真是有
幸,否则此模型理论不会有用.我们说这条性质是固有
性质.在上面的 $n=1$ 和 $n=2$ 的例子中已经看得很清
楚,现证明一般情形下也为真.取另一原点 O',证明对

于 $\forall t$ 有 $\sum_{i=0}^{n} B_n^i(t) \overrightarrow{O'P_i} = \overrightarrow{O'O} + \sum_{i=0}^{n} B_n^i(t) \overrightarrow{OP_i}$.

实际上,因为 $\sum_{i=0}^{n} B_n^i(t) = 1$,所以左边分解后有两项,其中一项为 $\sum_{i=0}^{n} B_n^i(t) \overrightarrow{O'O}$,即 $O'O$. 证毕.

(2) 定义的符号形式.

我们用符号 $[\ *\ ]$ 和括号指数来分别定义向量 $\overrightarrow{OP_i}$ 的符号积和符号幂,即

$$\overrightarrow{OP_0}[\ *\ ] \overrightarrow{OP_k} = \overrightarrow{OP_k}$$
$$\overrightarrow{OP_1}[\ *\ ] \overrightarrow{OP_k} = \overrightarrow{OP_{k+1}}$$
$$(\overrightarrow{OP_0})^{[k]} = \overrightarrow{OP_0},\ (\overrightarrow{OP_k})^{[k]} = \overrightarrow{OP_k}$$

Bézier 曲线上的一点 M 可写成

$$\overrightarrow{OM}(t) = ((1-t)\overrightarrow{OP_0} + t\overrightarrow{OP_1})^{[n]}$$

实际上用二项式公式展开并利用上面的符号约定即可得到定义式

$$\overrightarrow{OM}(t) = \sum_{k=0}^{n} C_n^k t^k (\overrightarrow{OP_1})^{[k]} [\ *\ ] (1-t)^{n-k} (\overrightarrow{OP_0})^{[n-k]}$$
$$= \sum_{k=0}^{n} C_n^k t^k (1-t)^{n-1} \overrightarrow{OP_0} [\ *\ ] \overrightarrow{OP_k}$$
$$= \sum_{k=0}^{n} C_n^k t^k (1-t)^{n-k} \overrightarrow{OP_k}$$
$$= \sum_{k=0}^{n} B_n^k(t) \overrightarrow{OP_k}$$

2. 定义的矩阵形式,数值表示法

设 $(\boldsymbol{B}_t)_n$ 为 $n+1$ 阶单列矩阵,其元素是 Bernstein 多项式 $B_n^i(t)$;$(\overrightarrow{OP})_n$ 为元素是向量 $\overrightarrow{OP_i}$ 的 $n+1$ 阶单列矩阵.对应的单行矩阵,即转置矩阵在左上角用 t 表示.利用矩阵乘法公式可得

$$\overrightarrow{OM}(t) = {}^{t}(\overrightarrow{OP})_n \cdot (\pmb{B}_t)_n = {}^{t}(\pmb{B}_t)_n (\overrightarrow{OP})_n$$

设 $\pmb{T}_n$ 为元素是乘方 t^i 的 $n+1$ 阶单列矩阵,从而我们有

$$(\pmb{B}_t)_n = {}^{t}(M_n) \cdot \pmb{T}_n$$

由此可得

$$\overrightarrow{OM}(t) = {}^{t}(\overrightarrow{OP})_n \cdot {}^{t}(M_n)\pmb{T}_n = {}^{t}(\overrightarrow{OQ})_n \cdot \pmb{T}_n$$

点 Q_i 所对应的单列矩阵 $(\overrightarrow{OQ})_n$ 的转置矩阵满足等式

$$^{t}(\overrightarrow{OP})_n \cdot {}^{t}(M_n) = {}^{t}(\overrightarrow{OQ})_n$$

也就是说

$$(\overrightarrow{OQ})_n = M_n(\overrightarrow{OP})_n$$

上面的 $\overrightarrow{OM}(t)$ 表达式是一个在正则基底 t^i 上,系数为向量的多项式,很明显它很适合计算机上的数值计算. 但这种 Bézier 曲线的所谓"数值表示法"有一个缺陷, 那就是曲线的几何性质不太容易看出.

3. 重心性质

(1) 重心解释法.

由于 $B_n^i(t)$ 恒正且总和($i=0$ 到 $i=n$)等于 1, Bézier 曲线定义式告诉我们,对任一给定的 $[0,1]$ 间的 t 值,$M(t)$ 是点 $P_0, P_1, P_2, \cdots, P_n$ 的加权重心,加权系数为 $B_n^i(t)$.

(2) 力学解释法(作用在 $M(t)$ 点上的引力,见图 1).

这种解释法可使人感到 Bézier 模型在驾驭曲线方面的能力:点 $M(t)$ 受到来自每个点 P_i 的引力 $\pmb{F}_i = B_n^i \overrightarrow{MP_i}$ 的作用,这些引力的合力为零,即 $\sum\limits_{0}^{n} \pmb{F}_i = \pmb{0}$. 也就是说,在任一时刻点 M 处于那个唯一的静态平衡位置.

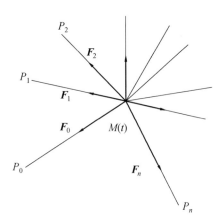

图 1

例子：

下面用纯粹的几何方法来寻找当 $n=2$ 时 Bézier 曲线上的一个点. 如图 2, 点 $M\left(\dfrac{1}{2}\right)$ 在引力 $\dfrac{1}{4}\overrightarrow{MP_0}$,

$\dfrac{1}{2}\overrightarrow{MP_1}$ 和 $\dfrac{1}{4}\overrightarrow{MP_2}$ 的作用下处于平衡状态, 即

$$\frac{1}{4}\overrightarrow{MP_0}+\frac{1}{2}\overrightarrow{MP_1}+\frac{1}{4}\overrightarrow{MP_2}=\mathbf{0} \quad (2.1)$$

我们可先找 P_0 和 P_1 的重心 G, 两点的分数分别是 $\dfrac{1}{4}$ 和 $\dfrac{1}{2}$. 利用重心性质, 有

$$\left(\frac{1}{4}+\frac{1}{2}\right)\overrightarrow{MG}=\frac{1}{4}\overrightarrow{MP_0}+\frac{1}{2}\overrightarrow{MP_1}$$

式（2.1）变成

$$\frac{3}{4}\overrightarrow{MG}+\frac{1}{4}\overrightarrow{MP_2}=\mathbf{0}$$

也就是说

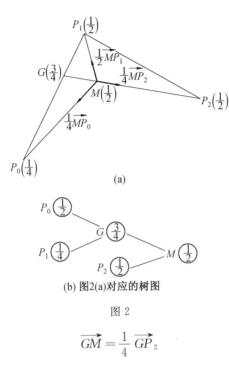

(a)

(b) 图2(a)对应的树图

图 2

$$\overrightarrow{GM} = \frac{1}{4}\overrightarrow{GP_2}$$

注　对任意 t 值, 与 t 对应的点 G 可用同种方法求得. 这种构造方法下面将加以推广.

（3）模型的整体性.

每个引力 $\boldsymbol{F}_i$ 与两个互不相关的因素有关, 它们是:

（i）由 $B_n^i(t)$ 组成的加权系数.

（ii）定义点 P_i 的位置.

当 $t=0$ 时, 只有 P_0 有用: 当 $i>0$ 时, $B_n^i(0)=0$, 这时 $M(0)=P_0$. 由于连续性, 当 t 很接近 0 时, 点 $M(t)$ 受 P_0 的强烈吸引, 其他点作用很小.

当 $t=1$ 时情况一模一样, 只需把 P_0 换成 P_n.

309

当上面的两点是 Bézier 曲线首尾的两个端点时，在这两点之外,定义点对曲线的影响是整体性的. 为了更好地看到这点,我们来逐步"分割"Bernstein 曲线 Γ_n^i. 当 t 从 0 变到 1 时,这些多项式相对数值的大小变化情况就一目了然了.

图 3(a) 是 $n=3$ 时的曲线图. 可以看出:

当 $t=0$ 时,只有 P_0 有作用. 当 t 逐渐增大时, P_0 影响虽仍然最大,但在不断减小,而 P_1, P_2 和 P_3 的作用开始很小,却逐渐增大. 到了 $\frac{1}{3}$ 时, P_1 的影响变得最大. 到了 $\frac{1}{2}$ 时, P_1 和 P_2 的影响一样大, P_0 和 P_3 的作用也相等,但相比之下要小些.

实际上,曲线"仿照"其特征多边形的形状.

通性可从图 3(b) 中窥见出来.

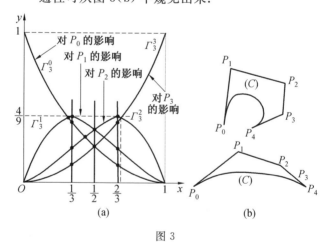

图 3

Bézier 模型的整体性可以从移动定义点的位置来观测曲线如何随之改变中得到.

为简单起见，假设只有点 P_k 移动，移动量 $\mathbf{D} = \overrightarrow{P_kQ_k}$，新的 Bézier 曲线是点 M' 的轨迹，即

$$\overrightarrow{OM'}(t) = \sum_{i=0}^{n} B_n^i(t) \overrightarrow{OP}_i + B_n^k(t)(\overrightarrow{OQ_k} - \overrightarrow{OP}_k)$$
$$= \overrightarrow{OM}(t) + B_n^k(t)\mathbf{D}$$

从上式可知，曲线上所有的点都跟着进行了大小不等的平移，但移动方向却是一致的，那就是点 P_k 的移动方向，见图 4. 改变一个定义点的位置，整个曲线随之改变. 在图 4 中，当点 P_2 移到点 P'_2 时，曲线由 (C) 变到 (C'). 在一般情况下，只需把每个由 Bézier 点的移动引起的曲线的改变叠加起来即可.

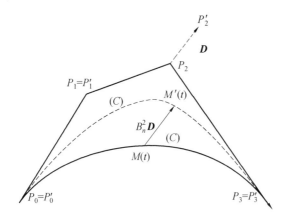

图 4

利用 Bernstein 多项式的性质，可以研究点 M 在不同 t 值时的变化情况.

使用一个数学软件得到的示例：

用一个实验室程序绘出的七次 Bézier 曲线（图 5）. 细线对应 Bézier 点 P_0 至 P_7，粗线是当 P_3 变到 P'_3 时细

线的变化结果. 它们都是空间曲线. 请注意一个定义点的改变引起了整个曲线的变化.

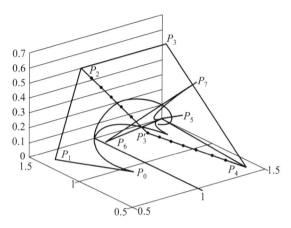

图 5　七次 Bézier 曲线

（4）凸包络概念.

请回忆一下这个概念：由二维或三维仿射空间 E 中的点组成的集合 A 被称为凸集，如果它满足下列条件：联结 A 中任意一对点 (m, m') 的线段 (m, m') 也在 A 中，也就是说：$\forall \mu \in [0, 1]$，满足

$$\overrightarrow{om''} = \mu \overrightarrow{om} + (1 - \mu) \overrightarrow{om'}$$

的点 m'' 仍属于 A. 当 A 为凸集时，由 A 中任意的点组成的有限子集的重心（加权系数为正）仍属于 A. 故有定义如下：

有限点集 $A = \{Q_0, Q_1, \cdots, Q_n\}$ 的凸包络 $\Gamma(A)$ 为包含这些点的最小凸集. 当这些点都在同一平面上时，可先画出所有联结任意两点的线段，再画出包含所有这些线段的最小封闭多边形. 由它围成的区域就是 $\Gamma(A)$. 多边形的边由上面已经画出的某些线段组成.

312

如果这些点不在同一平面上,情况差不多,只是凸包络是一个多面体区域,多面体的棱边与联结 A 中任意两点的某些线段重合(图 6(a)).最简单的情况之一就是不在同一平面上的四点集(图 6(b)),其凸包络就是由顶点为 A,B,C,D 的四面体的棱边围成的四面体区域.

设有一 Bézier 曲线,其定义点为 $P_i,0 \leqslant i \leqslant n$.由重心性质可知,对任一 t 值,曲线上的点 $M(t)$ 属于这些点 P_i 的凸包络.请看前面的七次空间曲线,两条曲线整个都在其 Bézier 点的凸包络之中.

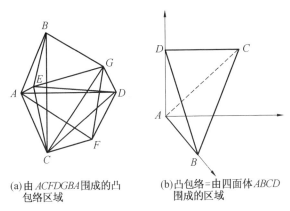

(a)由 $ACFDGBA$ 围成的凸
包络区域

(b)凸包络=由四面体 $ABCD$
围成的区域

图 6

命题 1 任何 Bézier 曲线都包含在其定义点集的凸包络之中.①

概要图如图 7 所示.

① 若用多项式 f_m^n 来定义 Bézier 曲线,那么这条性质会很明显:n 次曲线是 n 维空间里被关在由坐标轴向量组成的广义"立方体"里的曲线的投影.

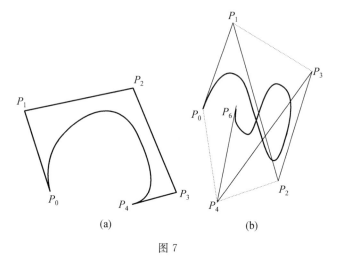

图 7

图 7(a) 中，曲线完全在五边形 $P_0 P_1 P_2 P_3 P_4$ 里面.

图 7(b) 中，定义点集的凸包络，即多边形 $P_0 P_1 P_2 P_3 P_4$ 包含了整个曲线.

4. 可逆性

先观察一下三次曲线的"可逆性"：用 $1-u$ 取代 t 得到的还是一条 Bézier 曲线，因为 t 和 u 仍在同一区间内取值，只是取值方向相反.

变量替换后，点 M 的定义式变成

$$\overrightarrow{OM}(1-u) = u^3 \overrightarrow{OP}_0 + 3(1-u)u^2 \overrightarrow{OP}_1 +$$
$$3(1-u)^2 u \overrightarrow{OP}_2 + (1-u)^3 \overrightarrow{OP}_3$$

因为 $u \in [0,1]$，所以点 $M(1-u)$ 仍在曲线上. 令

$$Q_0 = P_3, Q_1 = P_2, Q_2 = P_1, Q_3 = P_0$$

得

$$\overrightarrow{OM}'(u) = (1-u)^3 \overrightarrow{OQ}_0 + 3(1-u)^2 u \overrightarrow{OQ}_1 +$$

$$3(1-u)u^2 \overrightarrow{OQ_2} + u^3 \overrightarrow{OQ_3}$$

点 $M'(u)$ 等同于点 $M(1-u)$，曲线与原曲线重合，但走向相反. 很容易把可逆性推广到 n 次曲线，只需在求和定义式中作指标替换 $i = n - j$ 即可得

$$\overrightarrow{OM}(1-u) = \overrightarrow{OM'}(u)$$
$$= \sum_0^n C_n^i (1-u)^i u^{n-i} \overrightarrow{OP_i}$$
$$= \sum_0^n C_n^{n-j} (1-u)^{n-j} u^j \overrightarrow{OP_{n-j}}$$

令 $P_{n-j} = Q_j$，并利用等式 $C_n^{n-j} = C_n^j$ 可得等式

$$\overrightarrow{OM'}(u) = \sum_{j=0}^{j=n} B_n^j(u) \cdot \overrightarrow{OQ_j}$$

定义点还是原来的那些定义点，只是次序反过来了. 点 M' 沿反方向行走点 M 的曲线.

5. **曲线形状的改变**

改变 Bézier 曲线有好几种方法：

（1）重复定义点.

如果希望某定义点 P_i 对曲线形状有较大的影响，对曲线上的点有较强的吸引力，那么可使这点重复几次. 也就是说，在定义点的序列中多取几次这个点（曲线次数将增高）. 例如：对应于点 P_0, P_1, P_2 的 Bézier 抛物线，如果使点 P_1 重复两次，那么可得到定义点为 P_0, P_1, P_1, P_2 的三次曲线. 新曲线是点 M_1 的集合

$$\overrightarrow{OM_1}(t) = (1-t)^3 \overrightarrow{OP_0} + 3t(1-t)^2 \overrightarrow{OP_1} +$$
$$3t^2(1-t) \overrightarrow{OP_1} + 3t^3 \overrightarrow{OP_2}$$
$$= (1-t)^3 \overrightarrow{OP_0} + (3t(1-t)^2 +$$
$$3t^2(1-t)) \overrightarrow{OP_1} + t^3 \overrightarrow{OP_2}$$
$$= (1-t)^3 \overrightarrow{OP_0} + 3t(1-t) \overrightarrow{OP_1} +$$

315

$$t^3 \overrightarrow{OP_2}$$

注 可以说这条曲线是另一条定义点为 $P_0, P_1,$ P'_1, P_2 的三次空间曲线在平面 (P_0, P_1, P_2) 上的投影,直线 $P_1 P'_1$ 平行于投影方向. 也就是说,点 P'_1 的投影与点 P_1 重合.

这个看法属于仿射不变性的范畴,投影后的 Bézier 曲线的定义点是点 P_0, P_1, P'_1, P_2 的投影.

（2）增添定义点.

如果希望在某定义点的邻近更强地吸引 Bézier 曲线,那么只需在这点的周围增添一些新的定义点,整个曲线将会改变（模型的整体性）. 但在这点的局部附近,曲线的变化更大. 当然,由于定义点增多,故曲线次数增大.

例子：

设有二次 Bézier 曲线,即一抛物线弧,定义点为 P_0, P_1, P_2. 假设在线段 $P_0 P_1$ 和 $P_2 P_1$ 上分别添加定义点 Q_1 和 Q_2,满足

$$\overrightarrow{OQ_1} = \eta \overrightarrow{OP_0} + (1 - \eta) \overrightarrow{OP_1}$$

和

$$\overrightarrow{OQ_2} = \eta \overrightarrow{OP_2} + (1 - \eta) \overrightarrow{OP_1}$$

（当 η 接近 0 时,两点都靠近 P_1）新的四次曲线由下式定义

$$
\begin{aligned}
\overrightarrow{OM'}(t) = & (1-t)^4 \overrightarrow{OP_0} + 4t(1-t)^3 \overrightarrow{OQ_1} + \\
& 6t^2(1-t)^2 \overrightarrow{OP_1} + \\
& 4t^3(1-t) \overrightarrow{OQ_2} + t^4 \overrightarrow{OP_2} \\
= & (1-t)^3 [1 - t + 4\eta t] \overrightarrow{OP_0} + \\
& [4(1-\eta)t(1-t)^3 + 6t^2(1-t)^2 +
\end{aligned}
$$

$$4(1-\eta)t^3(1-t)]\,\overrightarrow{OP_1}+$$

$$t^3[t+4\eta(1-t)]\,\overrightarrow{OP_2}$$

我们完全可以讨论向量 $\overrightarrow{MM'}$ 的变化情况,但为简便起见,取 $\eta=\dfrac{1}{4}$,$t=\dfrac{1}{2}$. 这时

$$\overrightarrow{OM'}=\frac{1}{8}\big[\overrightarrow{OP_0}+6\,\overrightarrow{OP_1}+\overrightarrow{OP_2}\big]$$

而

$$\overrightarrow{OM}=\frac{1}{4}\big[\overrightarrow{OP_0}+2\,\overrightarrow{OP_1}+\overrightarrow{OP_2}\big]$$

比较两式可明显看出点 $M'\!\left(\dfrac{1}{2}\right)$ 比点 $M\!\left(\dfrac{1}{2}\right)$ 更靠近点 P_1,点 P_1 的重心系数由 $\dfrac{1}{2}$ 变成了 $\dfrac{3}{4}$. 从图 8 中可看出点 P_1 的附加引力.

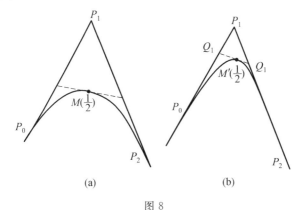

图 8

添加的两定义点 Q_1 和 Q_2 使整个曲线向点 P_1 靠近. 例如,参数为 $\dfrac{1}{2}$ 的点.

（3）减少定义点的个数.

需要说明这项步骤的动机是什么，一般来说它将改变曲线的次数. 如果想求得满足一定条件的曲线，那么动机可能是为了简化数值计算. 一个有趣的问题就是怎样减少定义点的个数而使曲线保持不变，这个问题以后将讨论.

注 可以做到：对于一个给定的 t 值，当减少定义点个数时，点 $M(t)$ 保持不变. 例如，只需用 P_k 和 P_{k+1} 的重心 P'_k 代替它们即可，重心系数是确定的数值 $B_n^k(t)$ 和 $B_n^{k+1}(t)$. 很明显，点 $M(t)$ 没有变. 但这种情况没什么意思，因为曲线整体改变了，并且新的点已不再属于 Bézier 曲线的定义范围了.

§3 Bézier 曲线的变换

1. 仿射变换；模型不变性

点变换是仿射变换，在点变换下 Bézier 模型不变. 也就是说，Bézier 曲线变换后仍是 Bézier 曲线（即可用 Bézier 点和 Bernstein 多项式加以定义），曲线变换后的 Bézier 点是变换前定义点的变换.

先举个例子：

第一种变换：位似变换.

设 $\boldsymbol{B}$ 为一空间向量，a 为非零实数，O 为空间一点. 变换 $\mathscr{H}$ 使点 M 对应点 M'：$\overrightarrow{OM'}=a\overrightarrow{OM}+\boldsymbol{B}$. 考虑一条 n 次 Bézier 曲线，其定义点为 P_i，移动点记为 $M(t)$. 变换后的曲线是 $M'(t)$ 的集合

$$\overrightarrow{OM'}(t)=\boldsymbol{B}+a\sum_{0}^{n}B_n^i(t)\ \overrightarrow{OP_i}$$

因为 $\boldsymbol{B} = \sum_0^n B_n^i(t)\boldsymbol{B}$，所以可把向量 $\boldsymbol{B}$ 和实数 a 放入求和号内，即

$$\overrightarrow{OM}(t) = \sum_0^n B_n^i(t)a\,\overrightarrow{OP}_i + \sum_0^n B_n^i(t)\boldsymbol{B}$$

$$= \sum_0^n B_n^i(t)(a\,\overrightarrow{OP}_i + \boldsymbol{B})$$

$$= \sum_0^n B_n^i(t)\,\overrightarrow{O\mathcal{H}}(P_i)$$

$\mathcal{H}$ 具有变换不变性.

请注意，这个变换由两个部分组成：一部分是中心为 O，比率为 a 的位似变换；另一部分是等于向量 $\boldsymbol{B}$ 的平移. 若 $a=1$，则 $\mathcal{H}$ 是一个平移变换；若 $\boldsymbol{B}$ 为零，则 $\mathcal{H}$ 是一个中心为 O 的位似变换. 无论怎样，都是一个位似变换，其变换中心是不难求得的.

一般情形.

给定一仿射映射 $\mathcal{A}$，存在一线性映射 $\mathcal{L}$，使得对空间内任何一点 m，有（用点 + 向量标记法）

$$\mathcal{A}(m) = \mathcal{A}(o) + \mathcal{L}(\overrightarrow{om})$$

其中 o 是选定的空间原点.

若 M 是某一 Bézier 曲线上的点，令

$$\mathcal{A}(M) = \mathcal{M}',\ \mathcal{A}(O) = O'$$

因为 $\mathcal{L}$ 线性，所以

$$\mathcal{M}' = O' + \mathcal{L}\left(\sum_0^n B_n^i(t)\,\overrightarrow{OP}_i\right) = O' + \sum_0^n B_n^i(t)\mathcal{L}(\overrightarrow{OP}_i)$$

令

$$\mathcal{A}(P_i) = P'$$

这时

$$\overrightarrow{O'M'} = \sum_0^n B_n^i(t)\mathscr{L}(\overrightarrow{OP_i}) = \sum_0^n B_n^i(t)\overrightarrow{O'P_i}$$

这就是所谓的不变性.

由此可知(说个较为重要的例子),正投影或平行于一条直线的斜投影把平面或空间的 Bézier 曲线投影在一个平面上,得到的平面曲线也是 Bézier 曲线,其定义点是原曲线定义点在平面上的(正或斜)的投影.

特例:平面相似变换.

包含了平移、位似和旋转的相似变换,是平面仿射映射中应用最广的变换之一.

使用复数可使这种相似变换的书写非常简洁. 对平面某一正相似变换 S,可找到两个复数 a 和 b,使点 $m' = S(m)$ 的附标 z' 与点 m 的附标 z 之间满足等式 $z' = az + b$.

留给读者去证明在这种特殊情况下,Bézier 模型的不变性. 另外,利用公式 $z' = a\bar{z} + b$ 还可用同种办法处理平面反相似变换的情形.

例如,有一条二次 Bézier 曲线(图 9),定义点为 P_0, P_1, P_2,在平面直角坐标系中的坐标或复平面中的复标为 z_0, z_1, z_2,这是一条抛物线弧(C). 试确定经过以点 Ω 为中心(附标为 -1),比值为 $\sqrt{2}$,转角 $\frac{\pi}{4}$ 的相似变换后,(C) 所变成的 Bézier 曲线. 我们知道,变换后的二次 Bézier 曲线的定义点 P'_0, P'_1, P'_2 是 (C) 的定义点的变换. 故只需确定它们即可. 相似变换的复数书写很直接,即为

$$z' + 1 = \sqrt{2}\,\mathrm{e}^{\mathrm{i}\frac{\pi}{4}}(z + 1)$$

或

$$z' = (1+\mathrm{i})z + \mathrm{i}$$

用此公式便可求得(C)变换后所得到的抛物线弧的
Bézier 点,也就可以得到抛物线弧本身. 在图 9 中,我们
选择 P_0,P_1,P_2 三点的复标分别是 $-\mathrm{i}$,$2\mathrm{i}$,$1+\mathrm{i}$.

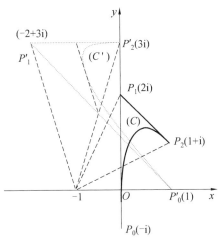

图 9

2. 非仿射变换

一般来说,变换后不再是 Bézier 曲线了. 为此,只
需考察一下平面反演变换 I,这是一个把 z 与它的共轭
复数的倒数 $\dfrac{1}{z}$ 相对应的复变换. 一次 Bézier 曲线一般
变为一个圆弧. 这足以说明问题了.

请看另一个例子:定义点的复标为 i,$1+\mathrm{i}$ 和 i 的抛
物线弧. 移动点的复标的共轭复数为

$$\overline{z} = -(1-t)^2\mathrm{i} + 2t(1-t)(1-\mathrm{i}) + t^2$$
$$= 2t - t^2 + \mathrm{i}(t^2 - 1)$$

其倒数为

321

$$\frac{(2t - t^2) - i(t^2 - 1)}{(2t - t^2)^2 + (t^2 - 1)^2}$$

这甚至不是一个多项式.

§4　在其他多项式基底上的展开

1. 向量表达式

n 次 Bézier 曲线的经典定义采用的是次数小于或等于 n 的多项式空间 P_n 中的 Bernstein 多项式 B_n^i(i 在 0 和 n 间变化) 组成的基底. 若使用 P_n 的正则基底, 则 $M(t)$ 的向量定义式按 t 的乘方来排列

$$\overrightarrow{OM}(t) = \sum_{j=0}^{n} t^j \overrightarrow{OQ_j}$$

上式叫作正则定义式, Q_j 称作正则定义点.

借助原来定义中的 Bézier 点 P_i 可求得 Q_j. 为此, 把 Taylor 公式应用于系数是向量的多项式上, 可得

$$\overrightarrow{OM}(t) = \overrightarrow{OM}(0) + t \frac{d \overrightarrow{OM}}{dt}(0) +$$

$$\frac{t^2}{2} \frac{d^2 \overrightarrow{OM}}{dt^2}(0) + \cdots +$$

$$\frac{t^j}{j!} \frac{d^j \overrightarrow{OM}}{dt^j}(0) + \cdots + \frac{t^n}{n!} \frac{d^n \overrightarrow{OM}}{dt^n}(0)$$

可见展开式中 t^j 的系数是

$$\overrightarrow{OQ_j} = \frac{1}{j!} \frac{d^j \overrightarrow{OM}}{dt^j}(0) = \frac{1}{j!} \sum_{i=0}^{n} (B_n^i)^{(j)}(0) \cdot \overrightarrow{OP_i}$$

例子:

当 n 较小时, 虽然可以借助二项式公式来展开 Bernstein 多项式, 但通常还是习惯用上面的式子. 取

$n=3$，求 B_3^i 在 $t=0$ 时的导数

$$B_3^0 = (1-t)^3 \Rightarrow (B_3^0)' = -3(1-t)^2$$
$$\Rightarrow (B_3^0)'' = 6(1-t)$$
$$\Rightarrow (B_3^0)''' = -6$$
$$B_3^1 = 3t(1-t)^2 \Rightarrow (B_3^1)' = 3(1-4t+3t^2)$$
$$\Rightarrow (B_3^1)'' = 6(-2+3t)$$
$$\Rightarrow (B_3^1)''' = 18$$
$$B_3^2 = 3t^2(1-t) \Rightarrow (B_3^2)' = 3(2t-3t^2)$$
$$\Rightarrow (B_3^2)'' = 6(1-3t)$$
$$\Rightarrow (B_3^2)''' = -18$$
$$B_3^3 = t^3 \Rightarrow (B_3^3)' = 3t^2 \Rightarrow (B_3^3)'' = 6t \Rightarrow (B_3^3)''' = 6$$

代入 $\overrightarrow{OQ_j}$ 的展开式后有

$$\overrightarrow{OQ_0} = \overrightarrow{OP_0}$$
$$\overrightarrow{OQ_1} = -3\,\overrightarrow{OP_0} + 3\,\overrightarrow{OP_1}$$
$$\overrightarrow{OQ_2} = 3\,\overrightarrow{OP_0} - 6\,\overrightarrow{OP_1} + 3\,\overrightarrow{OP_2}$$
$$\overrightarrow{OQ_3} = -\overrightarrow{OP_0} + 3\,\overrightarrow{OP_1} - 3\,\overrightarrow{OP_2} + \overrightarrow{OP_3}$$

再借助公式

$$\overrightarrow{OM}(t) = \sum_{j=0}^{3} t^j\,\overrightarrow{OQ_j}$$

计算就结束了.

为了考察新的公式与曲线形状的关系，不妨取 P_0 为原点 O，并把联结定义点的向量显示出来，我们有

$$\overrightarrow{P_0M}(t) = 3t\,\overrightarrow{P_0P_1} + 3t^2\left[\overrightarrow{P_1P_0} + \overrightarrow{P_1P_2}\right] + t^3\left[\overrightarrow{P_0P_3} + 3\,\overrightarrow{P_2P_1}\right]$$

除第一个向量外，其他向量系数不像是与曲线有什么明显的关系，并且随着指数的增加，系数越来越复杂；另外，还失去了重心解释法，力学解释法，系数的一

些对称性,以及可逆性等.我们说正则定义点 Q_j 不太适用.然而,这种多项式的"正则"书写法却大大的方便了数值计算.

注 历史上,这种按 t 的乘方展开的形式是最早被使用的,尤其被 Ferguson 采用.但即使对简单的例子,这种展开式与曲线形状的关系都不明显,点 Q_j 的选择对 $\overrightarrow{OM}(t)$ 变换的影响也难以解释.利用 Ferguson 模型,需要好几个小时才能画出曲线图来.

2.解析(或矩阵)表达式

坐标原点为 O 的仿射空间 ε 中点 $\overline{m}$ 的坐标等同于基底为坐标轴的向量空间中向量 $\overrightarrow{OM}$ 的分量.按 Bernstein 多项式展开(Bernstein 书写法)和按 t 的乘方展开(正则书写法)的公式分别如下

$$\left\{\begin{array}{l} \overrightarrow{OM} = \displaystyle\sum_{j=0}^{n} t^j \, \overrightarrow{OQ_j} \\[3mm] \overrightarrow{OM} = \displaystyle\sum_{j=0}^{n} B_n^j \, \overrightarrow{OP_j} \end{array}\right.$$

点 P 已知,使用矩阵公式 $(\overrightarrow{OP})_n = \boldsymbol{M}_n \cdot (\overrightarrow{OP})_n$ 可求得点 Q.令 P 和点 Q 的单列横坐标矩阵为 $(\boldsymbol{x}_P)$ 和 $(\boldsymbol{x}_Q)$(纵坐标和竖坐标为 $(\boldsymbol{y}_P)$,$(\boldsymbol{y}_Q)$ 和 $(\boldsymbol{z}_P)$,$(\boldsymbol{z}_Q)$),我们有

$$(\boldsymbol{x}_Q) = \boldsymbol{M}_n \cdot (\boldsymbol{x}_P)$$

对另两个坐标,有类似的公式.

注 $\boldsymbol{M}_n$ 是可逆矩阵,已知点 Q 也可求得点 P.因此可说,一个系数为向量的多项式曲线一定是 Bézier 曲线.

举一个 $n=3$ 的例子,它会使我们看到曲线与点 Q 的相对位置之间的关系,以及上面所说的按 t 的乘方

展开的正则书写法的几何缺陷.

在坐标系 UOV 中,四个 Bézier 点的坐标分别是 $(0,0),(0,1),(\lambda,-\lambda),(0,\mu)$,试求在正则基底上曲线的表达式. 为此,只需确定曲线的正则定义点 Q_0, Q_1,Q_2,Q_3.

在前面的矩阵公式里,用四个点 P 的横坐标 $0,0$, $\lambda,0$ 代替 x_j,用它们的纵坐标 $0,1,-\lambda,\mu$ 代替 y_j,用 x'_j 和 y'_j 表示 Q 的坐标,我们有

$$
\begin{bmatrix} x'_0 \\ x'_1 \\ x'_2 \\ x'_3 \end{bmatrix} = \begin{bmatrix} 1 & 0 & 0 & 0 \\ -3 & 3 & 0 & 0 \\ 3 & -6 & 3 & 0 \\ 1 & 3 & -3 & 1 \end{bmatrix} \begin{bmatrix} x_0 \\ x_1 \\ x_2 \\ x_3 \end{bmatrix} = \begin{bmatrix} 0 \\ 0 \\ 3\lambda \\ -3\lambda \end{bmatrix}
$$

$$
\begin{bmatrix} y'_0 \\ y'_1 \\ y'_2 \\ y'_3 \end{bmatrix} = \begin{bmatrix} 1 & 0 & 0 & 0 \\ -3 & 3 & 0 & 0 \\ 3 & -6 & 3 & 0 \\ 1 & 3 & -3 & 1 \end{bmatrix} \begin{bmatrix} y_0 \\ y_1 \\ y_2 \\ y_3 \end{bmatrix} = \begin{bmatrix} 0 \\ 3 \\ -6-3\lambda \\ 3+3\lambda+\mu \end{bmatrix}
$$

点 Q_0,Q_1,Q_2,Q_3 的坐标分别是 $(0,0)$, $(0,3)$, $(3\lambda,-6-3\lambda),(-3\lambda,3+3\lambda+\mu)$. 曲线被包含在顶点为 P_0,P_1,P_2,P_3 的四边形内,但四个点 Q 的扩散却是戏剧性的. 在图 10 的两个图中,(λ,μ) 的取值不同.

一些局部性质,如在点 P_0 的向量 $\overrightarrow{P_0P_1}$ 和在点 P_3 的向量 $\overrightarrow{P_3P_2}$ 所具有特性都远不能被点 Q 所满足. 这些点 Q,除前几个外,都相当分散并远离"表演舞台". 除此之外,曲线不被点 Q 的凸包络所包含.

注　我们还可用其他基底. 不排除对某些特殊情况,其他基底比 Bernstein 多项式基底更适用,但寻找新基底时不要忘记,模型与坐标系的无关性,以及驾驭形状的能力都是绝对必要的.

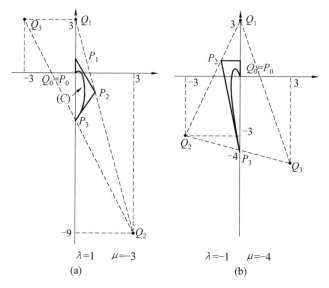

$\lambda=1 \quad \mu=-3$

(a)

$\lambda=-1 \quad \mu=-4$

(b)

图 10

第二种定义法:向量与制约

第 2 章

§1　n 维空间曲线的定义

设 $V_0, V_1, V_2, \cdots, V_n$ 是仿射平面或仿射空间 ε(甚至可假设其维数是任意的) 的 $n+1$ 个向量,f_n^i(i 在 0 与 n 间取值) 为 $n+1$ 个 n 次多项式函数,其实变量 t 在 $[0,1]$ 内变化,且有 $f_n^0(t)=1.\varepsilon'$ 为与仿射空间 ε 对应的向量空间. 我们用 ε' 中的向量等式来定义 ε 中的随 t 变化的点 M,即

$$\overrightarrow{OM}(t) = \sum_{i=0}^{n} f_n^i(t)V_i = V_0 + \sum_{i=1}^{n} f_n^i(t)V_i$$

在以后的计算中,我们都假设 ε' 的维数大于或等于 n,向量 $\boldsymbol{V}_1, \boldsymbol{V}_2, \cdots, \boldsymbol{V}_n$ 在 ε' 中线性无关.

现在来确定 f_n^i. 下面给出的制约可以保证我们能用曲线 $M(t)$ 来联结空间 ε 中的两点 M_0 和 M_1.

(1)两个位置条件:曲线始于点 M_0,终于点 M_1,即 $M(0) = M_0, M(1) = M_1$.

(2)两个端点条件:向量 $\boldsymbol{V}_1$ 与曲线相切于点 M_0,向量 $\boldsymbol{V}_n$ 与曲线相切于点 M_1.

(3)两个二阶制约:在 $t=0$ 处的二阶导向量只与 $\boldsymbol{V}_1$ 和 $\boldsymbol{V}_2$ 有关(在 $t=1$ 点只与 $\boldsymbol{V}_n$ 和 $\boldsymbol{V}_{n-1}$ 有关)

$$\begin{cases} \overrightarrow{OM}''(0) = (f_n^1)''(0) \cdot \boldsymbol{V}_1 + (f_n^2)''(0) \cdot \boldsymbol{V}_2 \\ \overrightarrow{OM}''(1) = (f_n^{n-1})''(1) \cdot \boldsymbol{V}_{n-1} + (f_n^2)''(1) \cdot \boldsymbol{V}_n \end{cases}$$

(4)如此类推,p 阶导向量在 $t=0$ 和 $t=1$ 处的点分别只与前 p 个向量和后 p 个向量有关. 这条件直到 $n-1$ 阶时都成立. 具体地说就是

$$\overrightarrow{OM}^{(p)}(0) = \sum_{j=1}^{p} (f_n^j)^{(p)}(0) \cdot \boldsymbol{V}_j$$

$$\overrightarrow{OM}^{(p)}(1) = \sum_{j=0}^{p-1} (f_n^{n-j})^{(p)}(1) \cdot \boldsymbol{V}_{n-j}$$

例如:当 $n=3$ 时,有下面 6 个向量条件式

$$\begin{cases} \overrightarrow{OM}(0) = \boldsymbol{V}_0 \\ \overrightarrow{OM}(1) = \sum_{0}^{3} \boldsymbol{V}_i \end{cases}$$

$$\begin{cases} \overrightarrow{OM}'(0) = (f_3^1)'(0) \cdot \boldsymbol{V}_1 \\ \overrightarrow{OM}'(1) = (f_3^3)'(1) \cdot \boldsymbol{V}_3 \end{cases}$$

$$\begin{cases} \overrightarrow{OM}''(0) = (f_3^1)''(0) \cdot \boldsymbol{V}_1 + (f_3^2)''(0) \cdot \boldsymbol{V}_2 \\ \overrightarrow{OM}''(1) = (f_3^3)''(1) \cdot \boldsymbol{V}_2 + (f_3^3)''(1) \cdot \boldsymbol{V}_3 \end{cases}$$

§2　多项式 f_3^i 的确定

上面的约束条件可写成下面的等式

$$\begin{cases} f_3^1(0) \cdot \boldsymbol{V}_1 + f_3^2(0) \cdot \boldsymbol{V}_2 + f_3^3(0) \cdot \boldsymbol{V}_3 = \boldsymbol{0} \\ f_3^1(1) \cdot \boldsymbol{V}_1 + f_3^2(1) \cdot \boldsymbol{V}_2 + f_3^3(1) \cdot \boldsymbol{V}_3 = \boldsymbol{V}_1 + \boldsymbol{V}_2 + \boldsymbol{V}_3 \end{cases}$$

$$\begin{cases} (f_3^1)'(0) \cdot \boldsymbol{V}_1 + (f_3^2)'(0) \cdot \boldsymbol{V}_2 + (f_3^3)'(0) \cdot \boldsymbol{V}_3 \\ = (f_3^1)'(0) \cdot \boldsymbol{V}_1 \\ (f_3^1)'(1) \cdot \boldsymbol{V}_1 + (f_3^2)'(1) \cdot \boldsymbol{V}_2 + (f_3^3)'(1) \cdot \boldsymbol{V}_3 \\ = (f_3^3)'(1) \cdot \boldsymbol{V}_3 \end{cases}$$

$$\begin{cases} (f_3^1)''(0) \cdot \boldsymbol{V}_1 + (f_3^2)''(0) \cdot \boldsymbol{V}_2 + (f_3^3)''(0) \cdot \boldsymbol{V}_3 \\ = (f_3^1)''(0) \cdot \boldsymbol{V}_1 + (f_3^2)''(0) \cdot \boldsymbol{V}_2 \\ (f_3^1)''(1) \cdot \boldsymbol{V}_1 + (f_3^2)''(1) \cdot \boldsymbol{V}_2 + (f_3^3)''(1) \cdot \boldsymbol{V}_3 \\ = (f_3^2)''(1) \cdot \boldsymbol{V}_2 + (f_3^3)''(1) \cdot \boldsymbol{V}_3 \end{cases}$$

因为 $\boldsymbol{V}_1, \boldsymbol{V}_2, \boldsymbol{V}_3$ 线性无关,所以对比系数后可得 12 个条件式

$$f_3^i(0) = 0$$

$$f_3^i(1) = 1$$

$$(f_3^3)'(0) = (f_3^2)'(0) = 0$$

$$(f_3^1)'(1) = (f_3^2)'(1) = 0$$

$$(f_3^3)''(0) = (f_3^1)''(1) = 0$$

可借助它们来确定 3 个多项式的 12 个系数($12 = 4 \times 3$).

虽可用未知系数法来确定这些系数,但利用 Taylor 公式显得更漂亮:对 f_3^1 有

$$f_3^1(t) = f_3^1(1) + (t-1)(f_3^1)'(1) +$$

$$\frac{1}{2}(t-1)^2(f_3^1)''(1)+k(t-1)^3$$

$$=1+k(t-1)^3$$

因为 $f_3^1(0)=0$，所以 $k=1$. 同理，f_3^3 在点 0 处展开给出

$$f_3^3(t)=f_3^3(0)+t(f_3^3)'(0)+$$

$$\frac{t^2}{2}(f_3^3)''(0)+Lt^3=Lt^3$$

因为

$$f_3^3(1)=1$$

所以

$$L=1$$

最后，因为

$$f_3^2(1)=1,(f_3^2)'(1)=0$$

在点 1 处的 Taylor 公式给出

$$f_3^2(t)=1+A(t-1)^2+B(t-1)^3$$

又因为

$$f_3^2(0)=0,(f_3^2)'(0)=0$$

所以有

$$1+A-B=0$$

和

$$-2A+3B=0$$

求得

$$A=-3,B=-2$$

因此

$$\begin{cases} f_3^1(t)=1+(t-1)^3=t^3-3t^2+3t \\ f_3^2(t)=1-3(t-1)^2-2(t-1)^3=3t^2-2t^3 \\ f_3^3(t)=t^3 \end{cases}$$

330

§3　一 般 情 形

用线性无关性进行系数对比,可以把 $n=3$ 的特例加以推广

$$f_n^i(1)=1 \quad (\forall i \in [[1,n]], f_n^i(0)=0)$$
$$(f_n^i)^{(j)}(0)=0 \quad (\forall j \in [[1,n-1]], \forall i > j)$$
$$(f_n^i)^{(j)}(1)=0 \quad (\forall i \leqslant n-j)$$

命题 1　对大于或等于 2 的任意整数 n,$n+1$ 个 n 次多项式 f_n^i 由下式定义(注意有 $i-1$ 阶导数): $f_n^0(t)=1$ 且 $\forall i \in [[1,n]]$,有

$$f_n^i(t)=\frac{(-t)^i}{(i-1)!}\left[\frac{(1-t)^n-1}{t}\right]^{(i-1)}$$

证明　当 $i=1$ 时,多项式 $1-f_n^1(t)$ 及其前 $n-1$ 阶导数都在 $t=1$ 时为零,故

$$1-f_n^1(t)=K(1-t)^n$$

左右两边取 $t=0$,可得

$$K=1$$

所以

$$f_n^1(t)=(-t)\left[\frac{(1-t)^n-1}{t}\right]^{(0)}$$

当 $i=2$ 时,多项式 $1-f_n^2(t)$ 及其前 $n-2$ 阶导数都在 $t=1$ 时为零.既然次数是 n,因此可写成

$$1-f_n^2(t)=(At+B)(1-t)^{n-1}$$

利用函数及其导数在点 O 的数值就可以求出 A 和 B

$$A=n-1, B=1$$

故

$$f_n^2(t)=1-nt(1-t)^{n-1}-(1-t)^n$$

331

$$= t^2 \left[\frac{-nt(1-t)^{n-1} - ((1-t)^n - 1)}{t^2} \right]$$

$$= t^2 \frac{\mathrm{d}}{\mathrm{d}t} \left[\frac{((1-t)^n - 1)}{t} \right]$$

一般来说,当 $i > 1$ 时,多项式 f_n^i 及其前 $i-1$ 阶导数在 $t = 0$ 时都为零,故

$$f_n^i(t) = t^i P(t)$$

其中 P 为 $n-i$ 次多项式.

令 $h = 1 - t^i P$,利用 $t = 1$ 时的条件可知,h 及其前 $n-i$ 阶导数在点 1 处都为零. 故

$$h = (1-t)^{n-i+1} u$$

其中 u 为 $i-1$ 次多项式.

令函数

$$Q = \frac{(-1)^i}{(i-1)!} \left[\frac{(1-t)^n - 1}{t} \right]^{(i-1)}$$

因为 $(1-t)^n - 1$ 有因子 t,所以上式是关于多项式的求导,其结果是个 $n-i$ 次多项式. 另外,借助 Leibniz 公式可知,第一项等于 $-\frac{(1-t)^n - 1}{t^i}$,其他项等于 $A_k \frac{(1-t)^{n-k}}{t^{i-k}}$,其中 $1 \leqslant k \leqslant i-1$. 两边乘以 $-t^i$ 后,除了常数项 -1 外,其他项都有因子 $(1-t)^{n-i+1}$. 故

$$1 - t^i Q = (1-t)^{n-i+1} v$$

其中多项式 v 的次数严格小于 i. 减去等式 $1 - t^i P = (1-t)^{n-i+1} u$ 后发现多项式 $u-v$ 可被 t^i 整除,而其次数却严格小于 i. 故只能 $v = u$,即 $P = Q$. 证毕.

§4　Bézier 曲线的第二种定义

命题 1　给定平面或三维空间中的 $n+1$ 个向量 $\boldsymbol{V}_0, \boldsymbol{V}_1, \boldsymbol{V}_2, \cdots, \boldsymbol{V}_n$，由下式定义的点 $M(t)$ 的轨迹是这样的一条 n 次 Bézier 曲线，其定义点 $P_0, P_1, \cdots, P_n$ 满足

$$\boldsymbol{V}_0 = \overrightarrow{OP_0}, \boldsymbol{V}_1 = \overrightarrow{P_0 P_1}, \boldsymbol{V}_2 = \overrightarrow{P_1 P_2}, \cdots, \boldsymbol{V}_n = \overrightarrow{P_{n-1} P_n}$$

$$\overrightarrow{OM}(t) = \boldsymbol{V}_0 + \sum_{i=1}^{n} f_n^i(t) \cdot \boldsymbol{V}_i$$

现在来证明它与原来含有 Bernstein 多项式的公式等价.

先看看当 $n=3$ 时的特例，把上式展开并合并同类项后得

$$\begin{aligned}
\overrightarrow{OM}(t) = {} & \boldsymbol{V}_0 + (1-(1-t)^3)\boldsymbol{V}_1 + \\
& (3t^2 - 2t^3)\boldsymbol{V}_2 + t^3 \boldsymbol{V}_3 \\
= {} & \overrightarrow{OP_0} + (1-(1-t)^3)(\overrightarrow{OP_1} - \overrightarrow{OP_0}) + \\
& (3t^2 - 2t^3)(\overrightarrow{OP_2} - \overrightarrow{OP_1}) + \\
& t^3(\overrightarrow{OP_3} - \overrightarrow{OP_2}) \\
= {} & (1-t)^3 \overrightarrow{OP_0} + (1-(1-t)^3 - 3t^2 + 2t^3)\overrightarrow{OP_1} + \\
& (3t^2 - 2t^3 - t^3)\overrightarrow{OP_2} + t^3 \overrightarrow{OP_3} \\
= {} & (1-t)^3 \overrightarrow{OP_0} + 3t(1-t)^2 \overrightarrow{OP_1} + \\
& 3t^2(1-t)\overrightarrow{OP_2} + t^3 \overrightarrow{OP_3}
\end{aligned}$$

在一般情形下，从第二种定义式出发，有

$$\overrightarrow{OM}(t) = \overrightarrow{OP_0} + \sum_{1}^{n} f_n^i(t) \cdot (\overrightarrow{OP_i} - \overrightarrow{OP_{i-1}})$$

$$= \sum_{i=0}^{n-1} (f_n^i(t) - f_n^{i+1}(t)) \overrightarrow{OP}_i + f_n^n(t) \overrightarrow{OP}_n$$

不难看出,已有

$$f_n^n = B_n^n$$

以及

$$f_n^0 - f_n^1 = 1 - \left[-t \frac{(1-t)^n - 1}{t} \right]$$

$$= (1-t)^n = B_n^0(t)$$

故只需证明 $f_n^i(t) - f_n^{i+1}(t)$ 为 Bernstein 多项式 $B_n^i(t)$ 即可($1 \leqslant i \leqslant n-1$)

$$f_n^i(t) - f_n^{i+1}(t) = \frac{(-t)^i}{i!} \left[i\left(\frac{(1-t)^n - 1}{t} \right)^{(i-1)} + \right.$$

$$\left. t\left(\frac{(1-t)^n - 1}{t} \right)^{(i)} \right]$$

借助 Leibniz 公式可发现中括号内为 $t \cdot \left(\frac{(1-t)^n - 1}{t} \right)$ 的 i 阶导数:$C_i^i = 1$ 且 t 的二阶以上的导数皆为零,故只剩中括号内的那两项.

因此,有

$$f_n^i(t) - f_n^{i+1}(t) = \frac{(-t)^i}{i!} \left[(1-t)^n - 1 \right]^{(i)}$$

$$= \frac{n(n-1)(n-2)\cdots(n-i+1)}{i!} \cdot$$

$$t^i (1-t)^{n-i}$$

$$= C_n^i t^i (1-t)^{n-i} = B_n^i(t)$$

也就是说

$$\overrightarrow{OM}(t) = \sum_{i=0}^{n} B_n^i(t) \cdot \overrightarrow{OP}_i$$

证毕.

1. 这种定义法的结论

由 Bernstein 多项式得到的一些性质也可在这里得到. 另外, 定义中采用的约束条件还有几何意义. 尤其是过渡条件和曲率条件, 显得比第一种定义法来得明了些:

(1) 曲线的起点 $(t = 0)$ 为 P_0, 切向量为 V_1; 终点 $(t = 1)$ 为 P_n, 切向量为 V_n(设它们都不为零).

(2) 一般情况下, 在点 $M(0)$ 和点 $M(1)$, k 阶导向量分别只取决于前 k 个向量和后 k 个向量 V_i. 因此, 在这两点的曲率一般只需用最前两个和最后两个向量就可求得.

(3) 对曲线形状的影响.

因为每个逐次相加的加权向量 $f_n^i V_i$ 与 V_i 共线, 所以用它们来控制曲线的形状就明显了(图 1). 又由于所有的向量 V_i 都参与了移动点 $M(t)$ 的定义, 故模型的整体性一目了然.

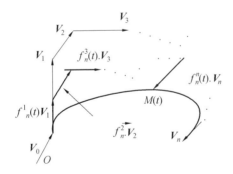

图 1

(4) 这一整体性的另一结果是: 若改变一个(或几个) 特征多边形向量, 则整个曲线随之而变.

2. 曲线端点的曲率

（1）一阶和二阶导向量的计算.

借助多项式 f_n^1 和 f_n^2 的导数在 $t=0$ 和 $t=1$ 处的性质，可得当 $t=0$ 时，有

$$\frac{\mathrm{d}}{\mathrm{d}t}\overrightarrow{OM}(0)=(f_n^1)'(0)\boldsymbol{V}_1$$

和

$$\frac{\mathrm{d}^2}{\mathrm{d}t^2}\overrightarrow{OM}(0)=(f_n^1)''(0)\boldsymbol{V}_1+(f_n^2)''(0)\boldsymbol{V}_2$$

代入导数值，得

$$\frac{\mathrm{d}}{\mathrm{d}t}\overrightarrow{OM}(0)=n\cdot\boldsymbol{V}_1$$

$$\frac{\mathrm{d}^2}{\mathrm{d}t^2}\overrightarrow{OM}(0)=-n(n-1)\boldsymbol{V}_1+n(n-1)\boldsymbol{V}_2$$

同理，当 $t=1$ 时，有

$$\frac{\mathrm{d}}{\mathrm{d}t}\overrightarrow{OM}(1)=n\cdot\boldsymbol{V}_n$$

$$\frac{\mathrm{d}^2}{\mathrm{d}t^2}\overrightarrow{OM}(1)=-n(n-1)\cdot\boldsymbol{V}_n+n(n-1)\boldsymbol{V}_{n-1}$$

（2）空间曲线的密切平面.

如果向量 $\boldsymbol{V}_1$ 和 $\boldsymbol{V}_2$ 不共线，那么它俩所决定的平面正是曲线在起点 $M(0)=P_0$ 处的密切平面，这是因为它正是 $t\to M(t)$ 在这点的一阶和二阶导向量的平面. 由此可见，曲线在起点的主法线正是在平面（$\boldsymbol{V}_1$，$\boldsymbol{V}_2$）上的 $\boldsymbol{V}_1$ 的垂线.

（3）曲率中心的确定.

点 $M(0)$ 的曲率可用经典公式算出

$$R_0=\frac{\|\overrightarrow{OM}'(0)\|}{\|\overrightarrow{OM}'\Lambda\overrightarrow{OM}''(0)\|}$$

设 $\boldsymbol{V}_1\Lambda\boldsymbol{V}_2$ 不为零，有

$$\frac{d}{dt}\overrightarrow{OM}(0)\varLambda\frac{d^2}{dt^2}\overrightarrow{OM}(0)$$

$$=n^2(n-1)\boldsymbol{V}_1\varLambda\boldsymbol{V}_2$$

$$=n^2(n-1)\parallel\boldsymbol{V}_1\parallel\parallel\boldsymbol{V}_2\parallel\cdot\sin\theta\boldsymbol{\omega}$$

其中 θ 为 $\boldsymbol{V}_1$ 与 $\boldsymbol{V}_2$ 的夹角.

因为

$$\parallel\boldsymbol{V}_1\parallel\parallel\boldsymbol{V}_2\parallel\sin\theta=\parallel\boldsymbol{V}_1\parallel\cdot P_0H$$

其中 H 为点 P_2 在点 P_0 的主法线上的投影,所以有

$$R_0=\frac{n^3\parallel\boldsymbol{V}_1\parallel^3}{n^2(n-1)\parallel\boldsymbol{V}_1\varLambda\boldsymbol{V}_2\parallel}=\frac{n\parallel\boldsymbol{V}_1\parallel^2}{(n-1)\cdot P_0H}$$

过点 P_1 作直线 HP_1 的垂线,与主法线交于点 $\varOmega'$.
平面几何告诉我们

$$\parallel\boldsymbol{V}_1\parallel^2=P_0H\cdot P_0\varOmega'$$

故曲率半径为

$$R_0=\frac{n}{n-1}P_0\varOmega'$$

我们显然用了这样一个事实:对任一空间曲线点,$\varOmega$ 在主法线上,如图 2 所示。同理,对端点 P_n,需用向量 $\boldsymbol{V}_n$ 和 $\boldsymbol{V}_{n-1}$,情况一样.

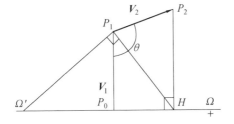

图 2　曲率中心 $\varOmega$ 由 $\overrightarrow{P_0\varOmega}=-\frac{n}{n-1}\overrightarrow{P_0\varOmega}$ 给出

注　以后会看到,用变量替换

337

$$t = t_0 + (1 - t_0)u$$

可使 Bézier 曲线上的点 $M(t_0)$ 变成这条曲线上某一弧线的起点. 这条弧线的特征多边形的前几个边向量一旦确定,就可利用上面已看过的方法来求起点的切线、密切平面和曲率. 我们也可在任意一点处画出前两阶导向量.

4. 空间曲线的挠率

(1)Frenet 公式.

设某一空间曲线的向量 $\dfrac{\mathrm{d}}{\mathrm{d}t}\overrightarrow{OM}(0)$, $\dfrac{\mathrm{d}^2}{\mathrm{d}t^2}\overrightarrow{OM}(0)$ 和

$\dfrac{\mathrm{d}^3}{\mathrm{d}t^3}\overrightarrow{OM}(0)$ 组成了空间坐标轴. $\boldsymbol{T}$ 和 $\boldsymbol{N}$ 是沿 $\dfrac{\mathrm{d}}{\mathrm{d}t}\overrightarrow{OM}(0)$

和 $\overrightarrow{P_0\Omega}$ 的单位向量,它们互相垂直,令单位向量 $\boldsymbol{B}$ 使 $(\boldsymbol{T},\boldsymbol{N},\boldsymbol{B})$ 右手正交,它们组成了曲线在这点的"Frenet-Serret 坐标系".

令 $\dfrac{\mathrm{d}s}{\mathrm{d}t} = \|\dfrac{\mathrm{d}}{\mathrm{d}t}\overrightarrow{OM}\|$,有 $\dfrac{\mathrm{d}}{\mathrm{d}s}\overrightarrow{OM} = \boldsymbol{T}$(其中 s 为从曲线起点开始算起的弧长微分). Frenet 公式如下

$$\begin{cases} \dfrac{\mathrm{d}}{\mathrm{d}s}\boldsymbol{T} = \dfrac{1}{R}\boldsymbol{N} \\[2mm] \dfrac{\mathrm{d}}{\mathrm{d}s}\boldsymbol{N} = -\dfrac{1}{R}\boldsymbol{T} - \dfrac{1}{T}\boldsymbol{B} \\[2mm] \dfrac{\mathrm{d}}{\mathrm{d}s}\boldsymbol{B} = \dfrac{1}{T}\boldsymbol{N} \end{cases}$$

R 和 T 分别为曲线在 $M(t)$ 点的曲率半径和挠率半径.

因为

$$\dfrac{\mathrm{d}^2}{\mathrm{d}t^2}\overrightarrow{OM} = \dfrac{\mathrm{d}}{\mathrm{d}t}(s'\boldsymbol{T}) = s''\boldsymbol{T} + \dfrac{(s')^2}{R}\boldsymbol{N}$$

$$\dfrac{\mathrm{d}^3}{\mathrm{d}t^3}\overrightarrow{OM} = s'\dfrac{\mathrm{d}}{\mathrm{d}s}\left(s''\boldsymbol{T} + \dfrac{(s')^2}{R}\boldsymbol{N}\right)$$

在最后一个导数中,只有 $-\dfrac{(s')^2}{RT}\boldsymbol{B}$ 一项与 $\boldsymbol{B}$ 共线,所以有公式

$$\left(\frac{\mathrm{d}^3}{\mathrm{d}t^3}\overrightarrow{OM}\right)\cdot \boldsymbol{B}=-\frac{(s')^2}{RT}$$

（2）Bézier 曲线的曲率、挠率.

仍然只考虑点 $M(0)$,其 Frenet 坐标系已知. 在 $t=0$ 处的三阶导向量只与前三个边向量有关

$$\frac{\mathrm{d}^3}{\mathrm{d}t^3}\overrightarrow{OM}(0)=n(n-1)(n-2)(\boldsymbol{V}_1-2\boldsymbol{V}_2+\boldsymbol{V}_3)$$

因为 $\boldsymbol{B}$ 垂直于前两个向量,所以

$$n(n-1)(n-2)\boldsymbol{V}_3\boldsymbol{B}=-\frac{(s')^3}{RT}$$

又因为 $\boldsymbol{B}$ 是单位向量,所以上面的标积等于 $P_0 H_3$,其中 H_3 为 $\boldsymbol{V}_3$ 的端点 P_3 在 $\boldsymbol{B}$ 上的正投影. 代入一阶导向量的值,得

$$\frac{(n-1)(n-2)}{n^2}P_0 H_3=-\frac{1}{RT}\parallel \boldsymbol{V}_1\parallel^3$$

把上式经过适当变换可得出 T 的几何构造和解释.

矢 端 曲 线

第

3

章

1.定义

已知 Bézier 曲线（C）是点 $M(t)$ 的轨迹，现在令

$$\overrightarrow{OM}(t) = \boldsymbol{V}(t)$$

那么

$$\overrightarrow{OH_1}(t) = \frac{\mathrm{d}}{\mathrm{d}t}\overrightarrow{OM}(t) = \boldsymbol{V}'(t)$$

点 H_1 的轨迹（C_1）叫作（C）的矢端曲线.如果

$$\frac{\mathrm{d}^2}{\mathrm{d}t^2}\overrightarrow{OM}(t) = \boldsymbol{V}'''(t)$$

不为零，那么它确定了（C_1）在点 $H_1(t)$ 的切线方向；否则由第一个不为零的导向量来确定方向.

2. 推广

（1）三次曲线.

三次 Bézier 曲线的定义为

$$\overrightarrow{OM} = (1-t)^3 \, \overrightarrow{OP_0} + 3t(1-t)^2 \, \overrightarrow{OP_1} +$$
$$3t^2(1-t) \, \overrightarrow{OP_2} + t^3 \, \overrightarrow{OP_3}$$

其矢端曲线的向量定义式不难计算

$$\overrightarrow{OH_1(t)} = -3(1-t)^2 \, \overrightarrow{OP_0} + 3(1-t)^2 \, \overrightarrow{OP_1} -$$
$$6t(1-t) \, \overrightarrow{OP_1} + 6t(1-t) \, \overrightarrow{OP_2} -$$
$$3t^2 \, \overrightarrow{OP_2} + 3t^2 \, \overrightarrow{OP_3}$$
$$= 3\big[(1-t)^2(\overrightarrow{OP_1} - \overrightarrow{OP_0}) +$$
$$2t(1-t)(\overrightarrow{OP_2} - \overrightarrow{OP_1}) +$$
$$t^2(\overrightarrow{OP_3} - \overrightarrow{OP_2})\big]$$

令 $\overrightarrow{P_0 P_1} = \boldsymbol{V}_1 , \overrightarrow{P_1 P_2} = \boldsymbol{V}_2 , \overrightarrow{P_2 P_3} = \boldsymbol{V}_3$ ，可得到一个二次
Bézier 曲线的位似

$$\overrightarrow{OH_1(t)} = 3\big[(1-t)^2 \boldsymbol{V}_1 + 2t(1-t)\boldsymbol{V}_2 + t^2 \boldsymbol{V}_3\big]$$
$$= 3\big[(1-t)^2 \, \overrightarrow{OD_0} + 2t(1-t) \, \overrightarrow{OD_1} + t^2 \, \overrightarrow{OD_2}\big]$$

其中 D_0 , D_1 , D_2 是这个二次曲线的 Bézier 点，它们可
以由从同一个点（不一定非是 O 不可）画原曲线特征
多边形边向量 $\overrightarrow{P_0 P_1} , \overrightarrow{P_1 P_2} , \overrightarrow{P_2 P_3}$ 的等阶向量而得到.

图 1 是比例尺为 $\dfrac{1}{3}$ 的矢端曲线.

（2）n 次曲线.

可以用上面方法来计算.

例如，对一阶导向量，有

$$\frac{\mathrm{d}}{\mathrm{d}t} \overrightarrow{OM}(t) = n((1-t) \, \overrightarrow{OP_0} + t \, \overrightarrow{OP_1})^{[n-1]} [\ast] \Delta \, \overrightarrow{OP_0}$$

$n-1$ 次符号乘方展开式中的通项为

341

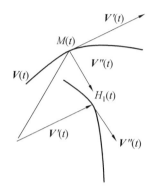

图 1

$$B_{n-1}^i \ \overrightarrow{OP}_i [\ *\ ](\overrightarrow{OP}_1 - \overrightarrow{OP}_0)$$

即

$$B_{n-1}^i (\overrightarrow{OP}_{i+1} - \overrightarrow{OP}_i)$$

或

$$B_{n-1}^i \ \overrightarrow{P_i P}_{i+1}$$

取任意一点 O，令

$$\overrightarrow{OD}_i = \overrightarrow{P_i P}_{i+1}$$

上式变成

$$\overrightarrow{OH}_1(t) = \frac{\mathrm{d}}{\mathrm{d}t} \overrightarrow{OM}(t)$$

$$= n \sum_0^{n-1} B_{n-1}^i(t) \overrightarrow{OD}_i$$

矢端曲线是一个 $n-1$ 次 Bézier 曲线的位似，位似比为 n，定义为 D_i，i 从 0 变到 $n-1$.

下面两图（图 2，图 3）既画出了定义点特征多边形，又画出了矢端曲线.命题 9 是对矢端曲线性质的总结.

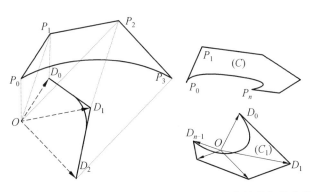

图 2　三次曲线的矢端曲线　图 3　n 次曲线的矢端曲线

命题 1　n 次 Bézier 曲线的矢端曲线是一个 $n-1$ 次 Bézier 曲线的位似,位似比为 n,位似中心可选任何一点 O. 如果原曲线的特征多边形的边向量记为 $\boldsymbol{V}_i$,那么矢端曲线的定义点 D_i 满足 $\overrightarrow{OD_j} = \boldsymbol{V}_{j+1}$,也就是说是从点 O 画出的向量 $\boldsymbol{V}_{j+1}$ 的终点.

结论　（i）这种从曲线 (C) 求矢端曲线 (C_1) 的过程可以重复. 如可以求二阶矢端曲线 (C_2),它是一个 $n-2$ 次 Bézier 曲线 $H_2(t)$ 的位似（比例为 $n(n-1)$）,这是因为

$$\overrightarrow{OH_2}(t) = \frac{\mathrm{d}^2}{\mathrm{d}t^2}\overrightarrow{OM}(t) = \frac{\mathrm{d}}{\mathrm{d}t}\overrightarrow{OH_1}(t)$$

（ii）如果移动点 $M(t)$ 不是点 O,那么知道矢端曲线 (C_1) 就知道了曲线 (C) 在这点的切线. 高阶矢端曲线容许我们计算逐次导向量.

（iii）可用矢端曲线进行 Bézier 曲线奇点的几何研究,或者来解决一些像切线与曲率之类的问题. 借助几何研究可得出一些有用的计算方法.

第三种定义法:"重心"序列法

第 4 章

§1 概　要

　　首先,我们看看为什么用"重心"这个词,为此先引进一个向量序列,然后在 $n=3$ 时给出 Bézier 曲线的第三种定义.

　　我们研究当 n 为任意正整数时,怎样用第一种定义法中的定义点和 Bernstein 多项式来引进重心序列,并证明三种定义等价.

　　最后,我们将介绍怎样采用这种定义方法来寻找 Bézier 曲线的移动

344

点,以及过这点的切线.重心序列法还可以和数值计算法联系起来.

§2　de Casteljau **算法**

1.**向量序列**

令 $t \in [0,1]$,n 为正整数,$(\overrightarrow{OP_j^{(k)}}(t))$ $(0 \leqslant k \leqslant n,$ $0 \leqslant j \leqslant n-k)$ 为一双标向量序列,满足递推公式

$$\overrightarrow{OP_j^{(k)}}(t) = (1-t)\overrightarrow{OP_j^{(k-1)}}(t) + t\overrightarrow{OP_{j+1}^{(k-1)}}(t)$$
$$(0 < k \leqslant n, 0 \leqslant j \leqslant n-k)$$

初始向量的端点 $P_j^{(0)}$ 为 Bézier 点 P_j.

请看当 $n=3$ 时的递推情况

$$k=1:\begin{cases} j=0:\overrightarrow{OP_0^{(1)}}(t) = (1-t)\overrightarrow{OP_0^{(0)}} + t\overrightarrow{OP_1^{(0)}} \\ j=1:\overrightarrow{OP_1^{(1)}}(t) = (1-t)\overrightarrow{OP_1^{(0)}} + t\overrightarrow{OP_2^{(0)}} \\ j=2:\overrightarrow{OP_2^{(1)}}(t) = (1-t)\overrightarrow{OP_2^{(0)}} + t\overrightarrow{OP_3^{(0)}} \end{cases}$$

$$k=2:\begin{cases} j=0:\overrightarrow{OP_0^{(2)}}(t) = (1-t)\overrightarrow{OP_0^{(1)}} + t\overrightarrow{OP_1^{(1)}} \\ j=1:\overrightarrow{OP_1^{(2)}}(t) = (1-t)\overrightarrow{OP_1^{(1)}} + t\overrightarrow{OP_2^{(1)}} \end{cases}$$

$$k=3,j=0:\overrightarrow{OP_0^{(3)}}(t) = (1-t)\overrightarrow{OP_0^{(2)}} + t\overrightarrow{OP_1^{(2)}}$$

2.$\overrightarrow{OP_0^{(3)}}(t)$ **的计算示意图**

两种选择皆可:一种是利用公式一直递推到初值,另一种是从初值一直迭代到 $\overrightarrow{OP_0^{(3)}}(t)$.为方便起见,在图 1 中上指标括号被省略.

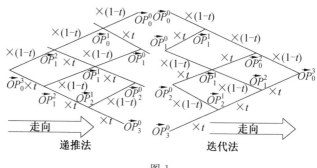

图 1

3.回到第一种定义式

我们来证明,当 $n=3$ 时,$P_0^{(3)}(t)$ 正是控制点 P_0^0,P_1^0,P_2^0,P_3^0 的三次 Bézier 曲线上的点 $M(t)$.用递推公式可得

$$\overrightarrow{OP}_0^{(3)}(t)=(1-t)\{(1-t)[(1-t)\overrightarrow{OP}_0^{(0)}+t\overrightarrow{OP}_1^{(0)}]+$$
$$t[(1-t)\overrightarrow{OP}_1^{(0)}+t\overrightarrow{OP}_2^{(0)}]\}+$$
$$t\{(1-t)[(1-t)\overrightarrow{OP}_1^{(0)}+t\overrightarrow{OP}_2^{(0)}]+$$
$$t[(1-t)\overrightarrow{OP}_2^{(0)}+t\overrightarrow{OP}_3^{(0)}]\}$$
$$=(1-t)^3\overrightarrow{OP}_0^{(0)}+3t(1-t)^2\overrightarrow{OP}_1^{(0)}+$$
$$3t^2(1-t)\overrightarrow{OP}_2^{(0)}+t^3\overrightarrow{OP}_3^{(0)}$$

最后一行正是三次 Bézier 曲线的第一种定义式.

4. de Casteljau 几何构造法[①]

对给定的 t 值,点 $P_j^{(k)}$ 是点 $P_j^{(k-1)}$ 和 $P_{j+1}^{(k-1)}$ 的加权重心,加权系数等于 $1-t$ 和 t.用几何方法一步一步地

---

① 这个简明的构造法曾是 de Casteljau 1959 年工作的起点.

346

寻找重心就可求得三次 Bézier 曲线上的任何一点（以后会看到它将被推广到一般情形）. 为了有个初步的认识, 不妨求参数为 $\frac{1}{3}$ 的点 $M\left(\frac{1}{3}\right) = P_0^{(3)}\left(\frac{1}{3}\right)$.

图 2 为三次 Bézier 曲线上的点 $M\left(\frac{1}{3}\right)$ 的几何求法, 其中 $P_0^0, P_1^0, P_2^0, P_3^0$ 是曲线的定义点.

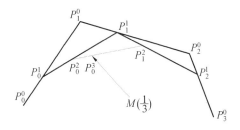

图 2

图 3 则不断联结各线段的中点, 直到得到点 $M\left(\frac{1}{2}\right) = P_0^{(3)}\left(\frac{1}{2}\right)$.

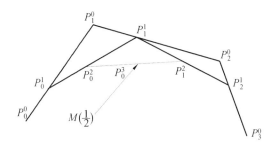

图 3　同一条 Bézier 曲线上的点 $M\left(\frac{1}{2}\right)$ 的几何求法

这两个特例只是很粗糙地反映了这个算法的威

力. 不要因此而忘记在通常情况下这种方法只需要求一系列两点的重心,并且加权系数不变. 这个构造方法十分有名. 另外,当参数 t 在区间 $[0,1]$ 之外时,这种方法仍然有效.

5. 屋架与形状

这种模型对曲线形状的控制是明显的. 特征多边形线段组成的"屋架"支撑着曲线. 即使线段之间比例保持不变,屋架照样可以改变. 很易想象,当移动定义点时,铰接的屋架怎样随之变化,这同时也更好地反映了模型的整体性.

6. 计算方法

有递推与迭代两种算法.

(1) 迭代法.

$P_j^{(k)}(t)$ 被贮存在一个 $n+1$ 阶方阵中,方阵的元素记作 $P(J,K)$.

① 算法原理.

开始时用初值填充第一列(即 $k=0$ 列),然后逐步填充各列. 因为这是一个三角矩阵,所以每列都有一个填充时不能超过的行指标. 最后一列只有一个元素要填,那就是要求的结果 $P(0,N)$.

② 程序概要.

$\{$对变量 t 在 $[0,1]$ 中的一个给定值 $T\}$

$\{$赋初值$\}$

$N \leftarrow$ 输入 n 的值

$\{$给第一列赋初值$\}$

$$\left\{\begin{array}{l} J \text{ 从 } 0 \text{ 变到 } N\text{,步长为 } 1 \\ P(J,0) \leftarrow \text{输入 } P_J^0 \text{ 的值} \\ J \text{ 循环结束} \end{array}\right.$$

〈计算〉

〈给一列的终止指标 F 赋初值〉

$F \leftarrow N-1$

$\left\{\begin{array}{l} K \text{ 从 } 1 \text{ 变到 } N\text{,步长为 } 1\text{〈即一列一列地变化〉} \\ \text{〈填充某列〉} \\ \left\{\begin{array}{l} J \text{ 从 } 0 \text{ 变到 } F\text{,步长为 } 1 \\ P(J,K) \leftarrow (1-T) \times P(J,K-1) + \\ TP(J+1,K-1) \\ \text{打印 } P(J,K)\text{(若想逐步画出重心序列的话)} \\ J \text{ 循环结束} \end{array}\right. \\ \left\{\begin{array}{l} \text{进入下一列之前先确定其终止指标 } F \\ F \leftarrow F-1 \end{array}\right. \\ K \text{ 循环结束} \end{array}\right.$

〈打印 P_0^n〉

画出 $P(0,N)$〈它是 Bézier 曲线上的点〉

注　若想计算一系列的点 $P_0^{(n)}(t)$,例如每当 t 变化 0,1 时就求一个点,则只需把上面的程序放入一个循环节中,即

$$\left\{\begin{array}{l} T \text{ 从 } 0 \text{ 变到 } 1\text{,步长为 } 0,1 \\ \text{〈上面的程序〉} \\ T \text{ 循环结束} \end{array}\right.$$

例如:三次 Bézier 曲线迭代算法:

输入定义点坐标:P_0^0,P_1^0,P_2^0,P_3^0

选择绘图精度:$P \leftarrow 0.1?\ 0.01?\ \cdots$

$$\begin{cases} t \text{ 从 } 0 \text{ 变到 } 1, \text{步长为 } P \\ \begin{cases} K \text{ 从 } 1 \text{ 变到 } 3, \text{步长为 } 1 \\ \begin{cases} J \text{ 从 } 0 \text{ 变到 } 3-k, \text{步长为 } 1 \\ \overrightarrow{OP}_J^{(k)} = (1-t)\,\overrightarrow{OP}_J^{(k-1)} + t\,\overrightarrow{OP}_{J+1}^{(k-1)} \\ J \text{ 循环结束} \end{cases} \\ K \text{ 循环结束} \end{cases} \\ \text{画出点 } P_0^{(3)} \\ t \text{ 循环结束} \end{cases}$$

读者可自己写一个完整的程序来计算一个三次 Bézier 曲线的点 $M(t)$ 的坐标.

（2）递推法.

对 $[0,1]$ 间的给定 t 值，用下面的递推法求 $P(0,N)$：

$$P(J,N)$$

$$\begin{cases} \text{输入初值 } P(0,0), P(1,0), \cdots, P(N,0) \\ \text{计算} \\ P(J,N) = (1-t)P(J,N-1) + tP(J+1,N-1) \end{cases}$$

下面是计算 $P(0,3)$ 直到初始值的递推运作方式表：

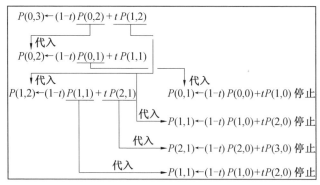

§3　用点定义法引进向量序列

1. 重心序列第一列 $P_j^{(1)}$ 的引入

我们将从 Bézier 曲线的点定义出发，用三种不同的方式引入上面所谈的向量序列，同时也会使下面这条性质一目了然

$$\forall\, t \in [0,1], M(t) = P_0^{(n)}(t)$$

点定义法、向量与制约和"重心"序列法都要利用 Pascal 公式

$$C_n^i = C_{n-1}^{i-1} + C_{n-1}^i$$

（1）向量计算法.

把定义式 $\overrightarrow{OM}(t) = \sum_{i=0}^{i=n} B_n^i(t)\,\overrightarrow{OP}_i$ 右边的第一项和最末项提出来，有

$$\overrightarrow{OM}(t) = (1-t)^n\,\overrightarrow{OP}_0 + \sum_{i=1}^{n-1}(C_{n-1}^{i-1} + C_{n-1}^i)\cdot$$

$$(1-t)^{n-i}t^i\,\overrightarrow{OP}_i + t^n\,\overrightarrow{OP}_n$$

$$= (1-t)^n\,\overrightarrow{OP}_0 + \sum_{i=1}^{n-1}C_{n-1}^{i-1}(1-t)^{n-i}t^i\,\overrightarrow{OP}_i +$$

$$\sum_{i=1}^{n-1}C_{n-1}^i(1-t)^{n-i}t^i\,\overrightarrow{OP}_i + t^n\,\overrightarrow{OP}_n$$

$$= (1-t)^{n-1}((1-t)\,\overrightarrow{OP}_0 + t\,\overrightarrow{OP}_1) +$$

$$\sum_{k=2}^{n-1}C_{n-1}^{k-1}(1-t)^{n-k}t^k\,\overrightarrow{OP}_k +$$

$$\sum_{i=1}^{n-2}C_{n-1}^i(1-t)^{n-i}t^i\,\overrightarrow{OP}_i +$$

$$t^{n-1}(t\,\overrightarrow{OP}_n + (1-t)\,\overrightarrow{OP}_{n-1})$$

351

中间的两个求和号可以合起来，为此只需对第一个求和号作指标变换 $k=j+1$. 在合起来的求和号里有一个因子是 Bernstein 多项式，也就是说有

$$\sum_{j=1}^{n-2} C_{n-1}^j (1-t)^{n-j-1} t^j [t \overrightarrow{OP}_{j+1} + (1-t) \overrightarrow{OP}_j]$$

$$= \sum_{j=1}^{n-2} B_{n-1}^j [t \overrightarrow{OP}_{j+1} + (1-t) \overrightarrow{OP}_j]$$

代入前面的式子，并利用 $P_j^{(1)}$ 与 P_j^0（即 P_j）的关系式，有

$$\overrightarrow{OM}(t) = (1-t)^{n-1} \overrightarrow{OP}_0^{(1)}(t) +$$
$$\sum_{j=1}^{n-2} B_{n-1}^j(t) \overrightarrow{OP}_j^{(1)}(t) +$$
$$t^{n-1} \overrightarrow{OP}_{n-1}^{(1)}(t)$$
$$= \sum_{j=0}^{n-1} B_{n-1}^j(t) \overrightarrow{OP}_j^{(1)}(t)$$

这一结果很像是一个 $n-1$ 阶 Bézier 曲线的定义式，但不要忘记 $\overrightarrow{OP}_j^{(1)}$ 是 t 的函数（为简化书写，以后有时不写 t），千万不要把它与 $n-1$ 阶 Bézier 曲线的定义式混淆.

但在这里重要的是，对给定的 t 值，这 $n-1$ 个向量可与 Bézier 向量 $\overrightarrow{OP}_i$ 很简单地联系在一起. 说它简单是因为 $P_j^{(1)}(t)$ 是点 P_j 和 P_{j+1} 的重心，加权系数为 $1-t$ 和 t. 这种从点 P_j（即 $P_j^{(0)}$）到点 $P_j^{(1)}(t)$ 的过渡，可以不断地重复，每一步上指标都增加一个单位.

（2）"重心"或"力学"方法.

对给定的 t 值，点 $M(t)$ 受到来自各定义点 P_i 的引力 $\boldsymbol{F}_i$（与 $\overrightarrow{MP}_i$ 共线）的吸引，并处于平衡状态. 现在来把这一受力体系换成另一等价体系. 除 $i=0$ 和 $i=n$

外，$\boldsymbol{F}_i$ 可看成是两个与之共线的力 $\boldsymbol{F'}_i$ 与 $\boldsymbol{F''}_i$ 之和

$$\boldsymbol{F'}_i = \mathrm{C}_{n-1}^{i-1} t^i (1-t)^{n-i} \overrightarrow{MP_i}$$

$$\boldsymbol{F''}_i = \mathrm{C}_{n-1}^{i} t^i (1-t)^{n-i} \overrightarrow{MP_i}$$

（图 4）重新把这些力配对：$\{\boldsymbol{F}_0, \boldsymbol{F'}_1\}$ 一对，分别与 $\overrightarrow{MP_0}, \overrightarrow{MP_1}$ 共线；$\{\boldsymbol{F''}_1, \boldsymbol{F'}_2\}$ 一对，分别与 $\overrightarrow{MP_1}, \overrightarrow{MP_2}$ 共线. 一般说来，$\{\boldsymbol{F''}_i, \boldsymbol{F'}_{i+1}\}$ 一对，分别与 $\overrightarrow{MP_i}, \overrightarrow{MP_{i+1}}$ 共线（图 5）. 最后一对为 $\{\boldsymbol{F''}_{n-1}, \boldsymbol{F}_n\}$，分别与 $\overrightarrow{MP_{n-1}}$，$\overrightarrow{MP_n}$ 共线. 每一对力再被其合力 $\boldsymbol{G}_i$ 代替

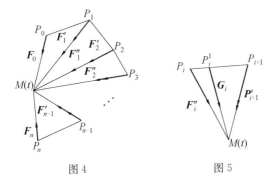

图 4　　　　　　图 5

$$\boldsymbol{G}_i = \mathrm{C}_{n-1}^{i} t^i (1-t)^{n-i} \overrightarrow{MP_i} + \mathrm{C}_{n-1}^{i} t^{i+1} (1-t)^{n-i-1} \overrightarrow{MP_{i+1}}$$

$$= \mathrm{C}_{n-1}^{i} t^i (1-t)^{n-i-1} \left[(1-t) \overrightarrow{MP_i} + t \overrightarrow{MP_{i+1}} \right]$$

$$= B_{n-1}^{i} \left[(1-t) \overrightarrow{MP_i} + t \overrightarrow{MP_{i+1}} \right]$$

这时，自然就可引进点 P_i 与 P_{i+1} 的重心了（加权系数 $1-t$ 与 t）

$$\overrightarrow{OP_i^{(1)}} = (1-t) \overrightarrow{OP_i} + t \overrightarrow{OP_{i+1}}$$

（图 6）. 原受力体系与新的受力体系的等价性可写成

$$\overrightarrow{OM}(t) = \sum_{j=0}^{j=n-1} B_{n-1}^{j}(t) \overrightarrow{OP_j^1}(t)$$

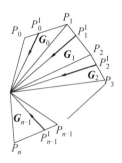

图 6

（3）符号计算法.

利用定义式 $\overrightarrow{OP}_0^{(1)}(t)=(1-t)\,\overrightarrow{OP}_0+t\,\overrightarrow{OP}_1$ 以及本篇第 1 章中的符号积形式可得

$$\overrightarrow{OP}_i^{(1)}(t)=(1-t)\,\overrightarrow{OP}_i+t\,\overrightarrow{OP}_{i+1}$$
$$=\overrightarrow{OP}_0^{(1)}(t)[\ *\ ]\,\overrightarrow{OP}_i$$

我们发现符号积保持上指标数值不变.

把它推广到第二代"重心序列"，有

$$\overrightarrow{OP}_0^{(2)}(t)=(1-t)\,\overrightarrow{OP}_0^{(1)}+t\,\overrightarrow{OP}_1^{(1)}$$
$$=\overrightarrow{OP}_0^{(1)}[\ *\ ][(1-t)\,\overrightarrow{OP}_0+t\,\overrightarrow{OP}_1]$$
$$=[(1-t)\,\overrightarrow{OP}_0+t\,\overrightarrow{OP}_1]^{[2]}$$
$$=(\overrightarrow{OP}_0^{(1)})^{[2]}$$

或者说

$$\overrightarrow{OP}_i^{(2)}=\overrightarrow{OP}_0^{(2)}[\ *\ ]\,\overrightarrow{OP}_i$$

把它再推后一代，可得

$$\overrightarrow{OP}_0^{(3)}=(\overrightarrow{OP}_0^{(1)})^{[3]}$$

用数学归纳法可把这一结果推广到只有一点的第 n 代

$$\overrightarrow{OP}_0^{(n)}=(\overrightarrow{OP}_0^{(1)})^{[n]}$$
$$=((1-t)\,\overrightarrow{OP}_0+t\,\overrightarrow{OP}_1)^{[n]}$$

$$= \overrightarrow{OM}(t)$$

也可利用符号积的结合性来证明上式.

2. Bézier 曲线的定义

把定义点 P_i 记成 $P_i^{(0)}$，已知可以从 $P_i^{(0)}$ 过渡到 $P_i^{(1)}$，并可用它们来表示 $\overrightarrow{OM}(t)$. 当 t 给定后，两种表达式类型相同，只是指数 n 变成 $n-1$. 可以把这种过渡方法重复使用，把 $n-1$ 变到 $n-2$，$P_i^{(1)}$ 变成 $P_i^{(2)}$，经过 $n-1$ 次循环以后有

$$\overrightarrow{OM}(t) = B_1^0(t)\overrightarrow{OP_0^{(n-1)}} + B_1^1(t)\overrightarrow{OP_1^{(n-1)}}$$

最后一次重复后有

$$\overrightarrow{OM}(t) = B_0^0(t)\overrightarrow{OP_0^{(n)}(t)} = \overrightarrow{OP_0^{(n)}(t)}$$

这就是上面利用符号算法得到的等式.

命题 1　设 Bézier 曲线 (C) 的 $n+1$ 个定义点为 $(P_i)_{0 \leqslant i \leqslant n}$，令 $(P_i^{(k)})$ 为这样的一个重心序列：（整数 k 从 0 变到 n，对每个 k 值，整数 i 从 0 变到 $n-k$）起点 $P_i^{(0)}$ 与 P_i 重合，第 k 代点由下式生成

$$\overrightarrow{OP_i^{(k)}} = (1-t)\overrightarrow{OP_i^{(k-1)}}t + \overrightarrow{OP_{i+1}^{(k-1)}}$$

那么，第 n 代点只有一个点，它与曲线上的移动点 $M(t)$ 重合，即

$$\forall t \in [0,1], P_0^{(n)}(t) = M(t)$$

关于证明的几点说明：

实际上，可以严格证明上面的命题. 另外，即使有时在上面那些等式中不写 t，也不要忘记在证明中假设 t 为定值，但可取 $[0,1]$ 中任何一值. 不难看出，在这区间外它仍然成立.

§4　导向量的 de Casteljau 算法

现在来证明重心序列不仅可以用来确定移动点，同时还可以用来确定在这点 $\overrightarrow{OM}$ 的逐次导向量. 不妨借助符号记法来证明. 首先引进牛顿差分算符 Δ：它把任一序列 (u_j)，无论是向量序列还是其他什么序列，与序列 $(\Delta u_j) = u_{j+1} - u_j$ 进行对应.

1. 作用于重心序列的算符 Δ

在下面，Δ 与其乘方算符只作用于重心序列的下标，如

$$\Delta\,\overrightarrow{OP}_i = \overrightarrow{OP}_{i+1} - \overrightarrow{OP}_i$$
$$\Delta^2\,\overrightarrow{OP}_i = \Delta\,\overrightarrow{OP}_{i+1} - \Delta\,\overrightarrow{OP}_i$$
$$= \overrightarrow{OP}_{i+2} - 2\,\overrightarrow{OP}_{i+1} + \overrightarrow{OP}_i$$

把点 P_i 换成 $P_i^{(k)}$ 后等式仍有效，上指标 k 在等式左右不变.

2. 导向量的符号表达式

对 n 次符号幂求导，可得

$$\frac{\mathrm{d}}{\mathrm{d}t}\,\overrightarrow{OM} = n((1-t)\,\overrightarrow{OP}_0 + t\,\overrightarrow{OP}_1)^{[n-1]}[\,*\,] \cdot$$
$$(-\overrightarrow{OP}_0 + \overrightarrow{OP}_1)$$
$$= n((1-t)\,\overrightarrow{OP}_0 + t\,\overrightarrow{OP}_1)^{[n-1]}[\,*\,]\Delta\,\overrightarrow{OP}_0$$

利用本章的公式可得一个初步结果

$$\frac{1}{n}\,\frac{\mathrm{d}}{\mathrm{d}t}\,\overrightarrow{OM} = (\overrightarrow{OP}_0^{(1)})^{[n-1]}[\,*\,]\,\overrightarrow{OP}_1 -$$
$$(\overrightarrow{OP}_0^{(1)})^{[n-1]}[\,*\,]\,\overrightarrow{OP}_0$$
$$= \overrightarrow{OP}_1^{(n-1)} - \overrightarrow{OP}_0^{(n-1)}$$

356

$$= \Delta \overrightarrow{OP_0^{(n-1)}}$$

再求一次导,并再利用本章的公式,还可得到

$$\frac{\mathrm{d}^2}{\mathrm{d}t^2} \overrightarrow{OM}(t) = n(n-1)((1-t)\overrightarrow{OP_0} + t\overrightarrow{OP_1})^{[n-2]}[\ *\ ]$$

$$(-\overrightarrow{OP_0} + \overrightarrow{OP_1})^{[2]}$$

$$= n(n-1)\overrightarrow{OP_0^{(n-2)}}[\ *\ ]$$

$$(\overrightarrow{OP_2} - 2\overrightarrow{OP_1} + \overrightarrow{OP_0})$$

$$= n(n-1)(\overrightarrow{OP_2^{(n-2)}} - 2\overrightarrow{OP_1^{(n-2)}} + \overrightarrow{OP_0^{(n-2)}})$$

这个公式反映了 Δ 与符号幂的转换关系,实际上

$$\frac{\mathrm{d}^2}{\mathrm{d}t^2} \overrightarrow{OM}(t) = n(n-1)\overrightarrow{OP_0^{(n-2)}}[\ *\ ]\Delta^2 \overrightarrow{OP_0}$$

$$= n(n-1)\Delta^2 \overrightarrow{OP_0^{(n-2)}}$$

用数学归纳法可得

$$\frac{\mathrm{d}^k}{\mathrm{d}t^k} \overrightarrow{OM(t)} = \frac{n!}{(n-k)!} \overrightarrow{OP_0^{n-k}}[\ *\ ]\Delta^k \overrightarrow{OP_0}$$

$$= \frac{n!}{(n-k)!} \Delta^k \overrightarrow{OP_0^{(n-k)}}$$

注　在以后讨论曲面时会看到参数 t 可被 (u,v) 取代.

3. 切线问题

一阶导向量等于 $n\Delta \overrightarrow{OP_0^{(n-1)}} = n\overrightarrow{P_0^{(n-1)}P_1^{(n-1)}}$,故对于给定的 t 值及其对应的重心序列,有结论如下:

命题 1　Bézier 曲线在点 $M(t)$ 的导向量等于 $n\overrightarrow{P_0^{(n-1)}P_1^{(n-1)}}$,如果它不为零,那么它也是在这点的切线向量.

注　可以证明,如果命题中的那个向量为零,那么 $P_i^{(n-2)}(i=0,1,2)$ 三点共线,这条直线就是切线.

4. 曲率问题

用重心序列的 $n-2$ 代点很容易给二阶导向量一个几何解释. 令

$$\overrightarrow{OP_2^{(n-2)}} + \overrightarrow{OP_0^{(n-2)}} = 2\overrightarrow{OJ^{(n-2)}}$$

其中 $J^{(n-2)}$ 是 $[P_0^{(n-2)}P_2^{(n-2)}]$ 的中点,那么

$$\overrightarrow{\Delta^2 OP_0^{(n-2)}} = 2(\overrightarrow{OJ^{(n-2)}} - \overrightarrow{OP_1^{(n-2)}}) = 2\overrightarrow{P_1^{(n-2)}J^{(n-2)}}$$

借助在点 $M(t)$ 的两个导向量就可用几何方法来构造在这点处的曲率中心. 在图 7 中,粗线向量只给出了导向量的方向,一旦知道 n 的值,便可利用适当比例画出大小和方向.

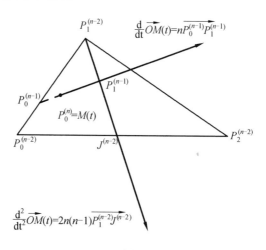

图 7

命题 2 曲线在点 $M(t)$ 的二阶导向量可借助重心序列第 $n-2$ 代的三个点求得,它等于 $2n(n-1) \cdot \overrightarrow{P_1^{(n-2)}J^{(n-2)}}$,其中 $J^{(n-2)}$ 是线段 $P_0^{(n-2)}P_2^{(n-2)}$ 的中点.

§5　用于几何绘制

1. 抛物线的绘制

这是一条 $n=2$ 的 Bézier 曲线,其移动点以及在这点的切线的几何绘制法是众所周知的. 图 8 给出了参数为 $\frac{1}{5}$ 的点的几何求法. $P_0^{(1)}$ 和 $P_1^{(1)}$ 分别是 P_0P_1 和 P_1P_2 的加权系数为 $\frac{1}{5}$ 和 $\frac{4}{5}$ 的重心.

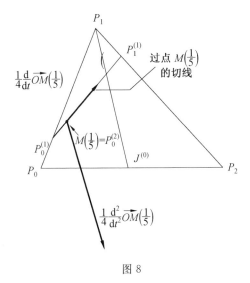

图 8

要寻找的移动点是 $P_0^{(1)}$ 和 $P_1^{(1)}$ 的重心,系数同上. 这点的切线与线段 $P_0^{(1)}P_1^{(1)}$ 重合. 二阶导向量为 $4\overrightarrow{P_1J^{(0)}}$,其中 $J^{(0)}$ 是线段 P_0P_2 的中点. 图 8 中的两个导向量都缩小了 4 倍,可以求出抛物线上一点的曲线中心(即使在这条 Bézier 弧线以外,该方法也适用).

2.一般曲线的绘制

不失一般性,我们在这里给出一个求五次曲线移动点及其在这点的切线的例子.为方便起见,在图 9 中选择的参数为 $\frac{1}{2}$.曲线多边形,即起始多边形,用粗线表示,上指标为 1 和 2 的多边形线段用细线表示,第 3 号线用虚线表示.第 4 号线缩进成一条直线段,用粗线表示.如果 $P_0^{(4)}$,$P_1^{(4)}$ 两点不重合的话,这条线就是曲线在 $M(t) = P_0^{(5)}$ 的切线.

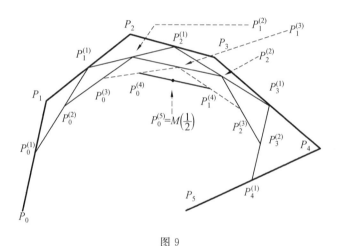

图 9

注　如果多边形的一端线段很短,那么这一端附近的重心序列都很靠近这端,就像曲线被一个多重定义点吸引过来一样.如果边长很长,那么曲线就离得较远.

3.增添或减少定义点的个数的问题

在某些时候能改变曲线的次数是很有意思的.多

360

项式次数的减少能使计算简化. 而人为地增加次数后,
用移动定义点的方法来进行曲线变形会更加自如. 当
然也可以借助上面的几何方法来讨论它.

（1）抛物线.

问题 1　有一抛物线段, 它是定义点 P_0, P_1, P_2 的
二次 Bézier 曲线. 试找出一个三次 Bézier 的特征多边
形, 使得这个看起来是三次的曲线与抛物线段重合.

解　如果这条曲线存在的话, 那么其定义点为
P_0, Q_1, Q_2, P_2, 其中 Q_1, Q_2 一定分别在线段 $P_0 P_1$ 和
$P_1 P_2$ 上（图 10）. 同样地, 抛物线的点 $M\left(\dfrac{1}{2}\right)$ 与要找的

三次曲线的点 $M'\left(\dfrac{1}{2}\right)$ 重合. 请注意, 三次曲线在点

$M'\left(\dfrac{1}{2}\right)$ 处的切线与在点 $M\left(\dfrac{1}{2}\right)$ 处的切线重合, 而后

者平行于直线 $P_0 P_2$（Thalès 定理）. 借助点 $M'\left(\dfrac{1}{2}\right)$ 及

其切线的几何性质, 可知 $\overrightarrow{Q_1 Q_2}$ 与直线 $P_0 P_2$ 平行.

设 q 是点 M' 处的切线与直线 $P_0 P_1$ 的交点, 因为
它是线段 $Q_0^{(1)} Q_1$ 的中点, 所以

$$\overrightarrow{P_0 q} = \frac{3}{4} \overrightarrow{P_0 Q_1}$$

设 B 是点 M 处的切线与线段 $P_0 P_1$ 的交点, 因为

$$\overrightarrow{P_0 B} = \frac{1}{2} \overrightarrow{P_0 P_1}$$

所以 q 与 B 两点重合等价于

$$\overrightarrow{P_0 Q_1} = \frac{2}{3} \overrightarrow{P_0 P_1}$$

在这个条件下, 两条次数严格小于 3 的曲线有三元重
合, 故两曲线将重合.

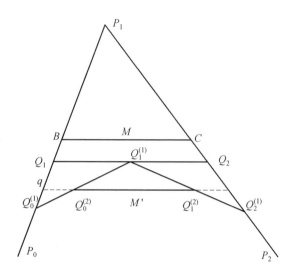

图 10

结论 1 如果直线 P_0P_1 和 P_2P_3 的交点 T 满足

$$P_0P_1 = \frac{2}{3}P_0T, P_3P_2 = \frac{2}{3}P_3T$$

那么四点特征多边形 $P_0P_1P_2P_3$ 实际上定义的是一个二次曲线.

（2）三次 Bézier 曲线.

问题 2 试求一条三次曲线的定义点,已知这条曲线在某一点处的一阶导向量为零. 一般来说,这是一个尖点.

解 不妨取参数为 $\frac{1}{2}$ 来讨论. 这点的切向量 $\overrightarrow{P_0^{(2)}P_1^{(2)}}$ 为零,其充分必要条件是 $P_0^{(1)}$ 与 $P_2^{(1)}$ 重合. 也就是说,线段 P_0P_1 的中点与线段 P_2P_3 的中点重合.

结论 2 如果三次曲线的特征多边形的线段

P_0P_1 的中点与线段 P_2P_3 的中点重合，那么参数为 $\dfrac{1}{2}$ 的点是曲线的尖点.

　　请读者自行研究在其他参数值时的情形.

数学建模与 Bézier 曲线

第

5

章

朱浩楠在"遇见数学"的博客中指出：

在图像处理和工业设计中，经常需要构造具有复杂构型（带有不规则弯曲）且满足某些条件（经过某些点或靠近某些点）的光滑曲线，而且很多时候这些曲线并不是一蹴而就形成的，需要设计人员通过调整控制点来逐渐发现和更新设计。这个问题可以通过本章介绍的 Bézier 曲线来解决。不仅如此，与 Bézier 曲线相关的 Bézier 变换对于数学建模的理论基础，尤其是连续现象借由微分方程或向量场来研究的理论合理性，具有非

364

常直接且有效的解答. 本章适合在讲授或学习完高中数学的函数、数列、平面向量、导数、二项式定理的知识后,作为数学建模材料在日常教学中讲授或学习. 本章内容包括但不限于:

(1)Bézier 曲线作为动点轨迹的平面几何构造.

(2)Bézier 曲线的性质及应用:用来判断一堆点是否共线.

(3)Bézier 曲线的受控形变.

(4)闭区间上连续函数的 Bézier 变换.

(5)光滑函数类在可导函数类中的"稠密性".

§1　Bézier 曲线作为动点轨迹的平面几何构造

假设现在有 2 个给定的点 $P_0(x_0,y_0)$,$P_1(x_1,y_1)$,构造向量

$$\overrightarrow{OB(t)} = t\,\overrightarrow{OP_0} + (1-t)\,\overrightarrow{OP_1} \quad (t \in [0,1])$$

则这个向量的终点 $B(t)$ 位于线段 P_0P_1 上,且分线段 P_0P_1 的比例为 $\overrightarrow{B(t)P_1} : \overrightarrow{P_0P_1} = t$. 当 t 在 $[0,1]$ 间运动时,动点 $B(t)$ 的轨迹就是 Bézier 曲线(这时实际上为直线段),称为 1 阶 Bézier 曲线. 如图 1 所示.

$$\underset{P_0}{\bullet}\qquad\qquad \underset{B(t)}{\bullet}\qquad\qquad\qquad \underset{P_1}{\bullet}$$

图 1　1 阶 Bézier 曲线作为动点轨迹的平面几何构造

当给定 3 个点 $P_i(x_i,y_i)(i=0,1,2)$ 时,构造向量

$$\overrightarrow{OB(t)} = t^2\,\overrightarrow{OP_0} + 2t(1-t)\,\overrightarrow{OP_1} + (1-t)^2\,\overrightarrow{OP_2}$$
$$(t \in [0,1])$$

变形可得

$$\overrightarrow{OB(t)} = t(t\,\overrightarrow{OP_0} + (1-t)\,\overrightarrow{OP_1}) +$$
$$(1-t)(t\,\overrightarrow{OP_1} + (1-t)\,\overrightarrow{OP_2})$$

这意味着点 $B(t)$ 可以这样得到：首先在线段 P_0P_1 上寻找点 $Q_1(t)$，使得 $\overrightarrow{Q_1(t)P_1} : \overrightarrow{P_0P_1} = t$；然后在线段 P_1P_2 上寻找点 $Q_2(t)$，使得 $\overrightarrow{Q_2(t)P_2} : \overrightarrow{P_1P_2} = t$；最后在线段 $Q_1(t)Q_2(t)$ 上寻找点 $Q_3(t)$，使得 $\overrightarrow{Q_3(t)Q_2(t)} : \overrightarrow{Q_1(t)Q_2(t)} = t$. 这个点 $Q_3(t)$ 即为 $B(t)$. 当 t 在 $[0,1]$ 间运动时，动点 $B(t)$ 的轨迹称为 2 阶 Bézier 曲线，如图 2 所示.

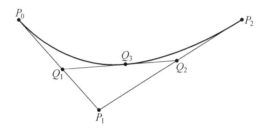

图 2　2 阶 Bézier 曲线作为动点轨迹的平面几何构造

当给定 4 个点 $P_i(x_i, y_i)$ $(i = 0, 1, 2, 3)$ 时，构造向量

$$\overrightarrow{OB(t)} = t^3\,\overrightarrow{OP_0} + 3t^2(1-t)\,\overrightarrow{OP_1} + 3t(1-t)^2\,\overrightarrow{OP_2} + (1-t)^3\,\overrightarrow{OP_3} \quad (t \in [0,1])$$

变形可得

$$\overrightarrow{OB(t)} = t^2(t\,\overrightarrow{OP_0} + (1-t)\,\overrightarrow{OP_1}) +$$
$$2(t^2(1-t)\,\overrightarrow{OP_1} + t(1-t)^2\,\overrightarrow{OP_2}) +$$
$$(t(1-t)^2\,\overrightarrow{OP_2} + (1-t)^3\,\overrightarrow{OP_3})$$
$$= t^2(t\,\overrightarrow{OP_0} + (1-t)\,\overrightarrow{OP_1}) +$$
$$t(1-t)(t\,\overrightarrow{OP_1} + (1-t)\,\overrightarrow{OP_2}) +$$

$$t(1-t)(t\,\overrightarrow{OP_1}+(1-t)\,\overrightarrow{OP_2})+$$
$$(1-t)^2(t\,\overrightarrow{OP_2}+(1-t)\,\overrightarrow{OP_3})$$
$$=t[t(t\,\overrightarrow{OP_0}+(1-t)\,\overrightarrow{OP_1})+$$
$$(1-t)(t\,\overrightarrow{OP_1}+(1-t)\,\overrightarrow{OP_2})]+$$
$$(1-t)[t(t\,\overrightarrow{OP_1}+(1-t)\,\overrightarrow{OP_2})+$$
$$(1-t)(t\,\overrightarrow{OP_2}+(1-t)\,\overrightarrow{OP_3})]$$

这意味着点 $B(t)$ 可以这样得到:首先在线段 P_0P_1 上寻找点 $Q_1(t)$,使得 $\overrightarrow{Q_1(t)P_1}:\overrightarrow{P_0P_1}=t$,在线段 P_1P_2 上寻找点 $Q_2(t)$,使得 $\overrightarrow{Q_2(t)P_2}:\overrightarrow{P_1P_2}=t$,在线段 P_2P_3 上寻找点 $Q_3(t)$,使得 $\overrightarrow{Q_3(t)P_3}:\overrightarrow{P_2P_3}=t$;然后在线段 $Q_1(t)Q_2(t)$ 上寻找点 $Q_4(t)$,使得 $\overrightarrow{Q_4(t)Q_2(t)}:\overrightarrow{Q_1(t)Q_2(t)}=t$,在线段 $Q_2(t)Q_3(t)$ 上寻找点 $Q_5(t)$,使得 $\overrightarrow{Q_5(t)Q_3(t)}:\overrightarrow{Q_2(t)Q_3(t)}=t$;最后在线段 $Q_4(t)Q_5(t)$ 上寻找点 $Q_6(t)$,使得 $\overrightarrow{Q_6(t)Q_5(t)}:\overrightarrow{Q_4(t)Q_5(t)}=t$.这个点 $Q_6(t)$ 即为 $B(t)$.当 t 在 $[0,1]$ 间运动时,动点 $B(t)$ 的轨迹称为 3 阶 Bézier 曲线,如图 3 所示.

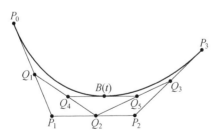

图 3　3 阶 Bézier 曲线作为动点轨迹的平面几何构造

以此类推,对于给定的点 $P_i(x_i,y_i)(i=0,1,$

$2,\cdots,n)$ 可类似得到 n 阶 Bézier 曲线

$$\overrightarrow{OB(t)} = \sum_{k=0}^{n} C_n^k t^k (1-t)^{n-k} \overrightarrow{OP_k} \quad (t \in [0,1])$$

如果记 $b_{n,k}(t) = C_n^k t^k (1-t)^{n-k}$,那么上式等价于

$$\overrightarrow{OB(t)} = \sum_{k=0}^{n} b_{n,k}(t) \cdot \overrightarrow{OP_k} \quad (t \in [0,1])$$

注意到无论 $t \in [0,1]$ 如何变换,由二项式定理,均有 $\sum_{k=0}^{n} b_{n,k}(t) = 1$ 且 $b_{n,k}(t) \geqslant 0$ 恒成立. 这意味着点 $B(t)$ 的坐标为点 $P_k(i=0,1,2,\cdots,n)$ 的坐标的加权平均.

§2 Bézier 曲线的性质与受控形变

设对于点 $P_i(x_i,y_i)(i=0,1,2,\cdots,n)$ 的 n 阶 Bézier 曲线为

$$\overrightarrow{OB(t)} = \sum_{k=0}^{n} C_n^k t^k (1-t)^{n-k} \overrightarrow{OP_k} \quad (t \in [0,1])$$

则 $\overrightarrow{OB(0)} = P_0, \overrightarrow{OB(1)} = P_n$. 这意味着 Bézier 曲线必然经过 P_0 和 P_n 两点,但如图 4 所示,一般情况下不一定会经过其余的点 P_k.

实际上,读者容易证明:Bézier 曲线为直线段,当且仅当所有的点 $P_i(x_i,y_i)(i=0,1,2,\cdots,n)$ 均共线. 从这个角度来看,Bézier 曲线可以用来判断若干给定点是否共线 —— 如果无论 t 如何变化,Bézier 曲线的瞬时变化方向 $\boldsymbol{\alpha}(t) = \left(\dfrac{\mathrm{d}x_B}{\mathrm{d}t}(t), \dfrac{\mathrm{d}y_B}{\mathrm{d}t}(t) \right)$ 处处恒同,那么对应的点 $P_i(x_i,y_i)(i=0,1,2,\cdots,n)$ 一定共线,其中 $(x_B(t),y_B(t))$ 为动点 $B(t)$ 在 t 时刻的坐标.

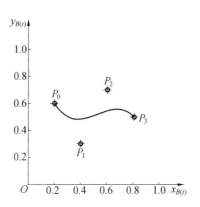

图 4　4 阶 Bézier 曲线经过点 P_0 和 P_3 但不经过点 P_1 和 P_2
　　的例子

　　不仅如此,以图 4 的 4 阶 Bézier 曲线为例,通过控制点 $P_i(x_i, y_i)(i = 0,1,2,3)$,将其平移到新的位置 $P'_i(x'_i, y'_i)(i = 0,1,2,3)$,可以使得 Bézier 曲线发生受控的形变,如图 5 所示.

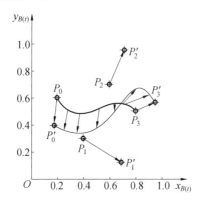

图 5　4 阶 Bézier 曲线的受控形变

　　Bézier 曲线目前被广泛用于图像处理和工业设计,例如当人们寻找经过图 4 中点 P_0 和 P_3 且偏向(但不经过)点 P_1 和 P_2 的平滑曲线时,就可以使用图 5 中的 4 阶 Bézier 曲线. 同时,当对效果不是很满意时,可以通过挪动各控制点 P_i 的坐标来实现例如图 5 中的受控形变,直到调整到符合预期为止. Bézier 曲线具有光滑、受控、构造简单的优点,可以借由有限个受控点实现复杂曲线的构型. 不仅如此,随着自动驾驶技术的发展,Bézier 曲线也被用于自动驾驶汽车的行进路线的设计,详情参见本章最后的文献[1].

§3 Bézier 变换及光滑函数类在可导函数类中的"稠密性"

研究这个课题必须引入一致连续函数的定义,但是大篇幅的准备概念的描述会冲淡本节的主题内容,所以本章不加证明的直接给出下面的定理 1,没有铺垫知识的读者可以认为定理 1 的结论给出了一致连续函数的定义.

定理 1 若函数 $f(x)$ 在闭区间 $[a,b]$ 上连续,则 $\forall \varepsilon > 0, \exists \delta > 0$,只要 $|x_1 - x_2| < \delta$,便有 $|f(x_1) - f(x_2)| < \varepsilon$,即 $f(x)$ 为 $[a,b]$ 上的一致连续函数.

证明 需要用到有限覆盖定理,此处从略.

下面的定理 2 是本小节的关键定理,它的证明需要用到定理 1 和二项式定理.

定理 2 设 $f(x)$ 为定义在区间 $[0,1]$ 上的连续函数,设函数

$$B_f^{(n)}(x) = \sum_{k=0}^{n} C_n^k f\left(\frac{k}{n}\right) x^k (1-x)^{n-k}$$

称为函数 $f(x)$ 在区间 $[0,1]$ 上的 n 阶 Bézier 变换. 有结论

$$\lim_{n \to +\infty} \max_{x \in [0,1]} \{ \mid B_f^{(n)}(x) - f(x) \mid \} = 0$$

证明　由于 $f(x)$ 为闭区间 $[0,1]$ 上的连续函数,于是 $f(x)$ 为区间 $[0,1]$ 上的一致连续函数,即 $\forall \varepsilon > 0, \exists \delta > 0$,只要 $\mid x_1 - x_2 \mid < \delta$,便有

$$\mid f(x_1) - f(x_2) \mid < \frac{\varepsilon}{2}$$

同时由连续函数最值定理,有 $f(x)$ 在闭区间 $[0,1]$ 上存在最大值和最小值,于是存在 $M > 0$,使得 $\mid f(x) \mid < M$.

注意到

$$f(x) = f(x) \cdot (x + 1 - x)^n$$

$$= f(x) \cdot \sum_{k=0}^{n} C_n^k x^k (1-x)^{n-k}$$

于是可知,当取定 $n \geqslant \left[\dfrac{1}{\delta} \right] + 1$ 时,有

$$\mid B_f^{(n)}(x) - f(x) \mid$$

$$= \left| \sum_{k=0}^{n} C_n^k f\left(\frac{k}{n}\right) x^k (1-x)^{n-k} - \right.$$

$$\left. \sum_{k=0}^{n} C_n^k f(x) x^k (1-x)^{n-k} \right|$$

$$\leqslant \sum_{k=0}^{n} C_n^k \left| f\left(\frac{k}{n}\right) - f(x) \right| x^k (1-x)^{n-k}$$

$$= \sum_{x_0 - \delta < \frac{k}{n} < x_0 + \delta} C_n^k \left| f\left(\frac{k}{n}\right) - f(x) \right| x^k (1-x)^{n-k} +$$

$$\sum_{\frac{k}{n} \leqslant x_0 - \delta \text{ 或 } \frac{k}{n} \geqslant x_0 + \delta} C_n^k \left| f\left(\frac{k}{n}\right) - f(x) \right| x^k (1-x)^{n-k}$$

$$< \frac{\varepsilon}{2} \sum_{x_0 - \delta < \frac{k}{n} < x_0 + \delta} C_n^k x^k (1-x)^{n-k} + 2M \cdot$$

$$\sum_{\frac{k}{n} \leqslant x_0 - \delta \text{或} \frac{k}{n} \geqslant x_0 + \delta} C_n^k x^k (1-x)^{n-k}$$

$$< \frac{\varepsilon}{2} \sum_{k=0}^{n} C_n^k x^k (1-x)^{n-k} + 2M \cdot$$

$$\sum_{\frac{k}{n} \leqslant x_0 - \delta \text{或} \frac{k}{n} \geqslant x_0 + \delta} C_n^k x^k (1-x)^{n-k}$$

$$= \frac{\varepsilon}{2} + 2M \cdot \sum_{\frac{k}{n} \leqslant x_0 - \delta \text{或} \frac{k}{n} \geqslant x_0 + \delta} C_n^k x^k (1-x)^{n-k}$$

另外,注意到组合恒等式

$$\sum_{k=0}^{n} C_n^k x^k (1-x)^{n-k} \left(\frac{k}{n} - x \right)^2 = \frac{x(1-x)}{n} \tag{3.1}$$

可得

$$\sum_{\frac{k}{n} \leqslant x_0 - \delta \text{或} \frac{k}{n} \geqslant x_0 + \delta} C_n^k x^k (1-x)^{n-k}$$

$$\leqslant \frac{1}{\delta^2} \sum_{\frac{k}{n} \leqslant x_0 - \delta \text{或} \frac{k}{n} \geqslant x_0 + \delta} C_n^k x^k (1-x)^{n-k} \left(\frac{k}{n} - x \right)^2$$

$$\leqslant \frac{1}{\delta^2} \sum_{k=0}^{n} C_n^k x^k (1-x)^{n-k} \left(\frac{k}{n} - x \right)^2$$

$$\leqslant \frac{1}{\delta^2} \cdot \frac{x(1-x)}{n} \leqslant \frac{1}{4n\delta^2}$$

取 $n \geqslant \left[\dfrac{M}{\varepsilon \delta^2} \right] + 1$,有 $\dfrac{1}{4n\delta^2} < \dfrac{\varepsilon}{4M}$,进而

$$\sum_{\frac{k}{n} \leqslant x_0 - \delta \text{或} \frac{k}{n} \geqslant x_0 + \delta} C_n^k x^k (1-x)^{n-k} \leqslant \frac{1}{4n\delta^2} \leqslant \frac{\varepsilon}{2}$$

综上所述,只需要取

$$n \geqslant \max \left\{ \left[\frac{M}{\varepsilon \delta^2} \right] + 1, \left[\frac{1}{\delta} \right] + 1 \right\}$$

便有

$$| B_f^{(n)}(x) - f(x) | \leqslant \frac{\varepsilon}{2} + 2M \cdot \frac{\varepsilon}{4M} = \varepsilon$$

又由上式左侧的连续性可知

$$\max_{x \in [0,1]} \{| B_f^{(n)}(x) - f(x) |\} < \varepsilon$$

定理结论得证.

注 1　组合恒等式(3.1)的计算过程如下

$$\sum_{k=0}^{n} C_n^k x^k (1-x)^{n-k} \left(\frac{k}{n} - x\right)^2$$

$$= \frac{1}{n^2} \sum_{k=0}^{n} k^2 C_n^k x^k (1-x)^{n-k} -$$

$$\frac{2x}{n} \sum_{k=0}^{n} k C_n^k x^k (1-x)^{n-k} +$$

$$x^2 \sum_{k=0}^{n} C_n^k x^k (1-x)^{n-k}$$

$$= \frac{1}{n^2} \sum_{k=0}^{n} k(k-1) C_n^k x^k (1-x)^{n-k} +$$

$$\frac{1-2nx}{n^2} \sum_{k=0}^{n} k C_n^k x^k (1-x)^{n-k} +$$

$$x^2 \sum_{k=0}^{n} C_n^k x^k (1-x)^{n-k}$$

$$= \frac{n-1}{n} x^2 \sum_{k=2}^{n} C_{n-2}^{k-2} x^{k-2} (1-x)^{n-k} +$$

$$\frac{x-2nx^2}{n} \sum_{k=1}^{n} C_{n-1}^{k-1} x^{k-1} (1-x)^{n-k} +$$

$$x^2 \sum_{k=0}^{n} C_n^k x^k (1-x)^{n-k}$$

$$= \frac{n-1}{n} x^2 + \frac{x-2nx^2}{n} + x^2 = \frac{x(1-x)}{n}$$

注 2　定理 2 的证明依赖于定理 1,所以定理 2 的条件中的"闭区间"不能去掉. 读者很容易构造出反例,说明在开区间上定理 2 的结论不再成立.

注意到 $B_f^{(n)}(x)$ 实际上是一个关于 x 的多项式函

数,所以是无穷次可导的,所以由定理 2 可以得到如下推论.

推论 任取闭区间 $[a,b]$ 上的连续函数 $f(x)$,对于任意给定的精度 $\varepsilon > 0$,一定存在一个 $[a,b]$ 上的光滑函数(即无穷次可导函数)$g(x)$,使得

$$\max_{x \in [0,1]} \{|f(x) - g(x)|\} < \varepsilon$$

证明 定理 2 实际上已经完成了当 $[a,b] = [0,1]$ 时推论的证明. 当 $[a,b] \neq [0,1]$ 时,可以利用对 x 轴方向上的图像进行拉伸将原本定义在区间 $[0,1]$ 上的函数拉伸为定义在 $[a,b]$ 上的函数,由于在这个过程中纵坐标没有变化,于是两函数之差的绝对值在 $[a,b]$ 上的最大值没有变化,故而推论成立.

推论告诉我们:闭区间上的连续函数可以由光滑函数以任意精度逼近,换句话说,在闭区间上的连续函数的任意小的"周围",一定存在光滑函数可以模拟它. 这个结论对于数学建模有很大用处,因为自然界的连续现象不见得都是光滑的,但是我们研究连续现象多用微分方程模型或者向量场分析,这时需要被研究的函数是光滑的. 推论实际上在指出这样做的风险可以任意精度得小.

不仅如此,当 $f(x)$ 在端点 0 和 1 处存在导数时,计算函数 $f(x)$ 的 n 阶 Bézier 变换 $B_f^{(n)}(x)$ 的导函数可得

$$\frac{\mathrm{d}B_f^{(n)}}{\mathrm{d}x}(x)$$

$$= \frac{\mathrm{d}}{\mathrm{d}x}\Big(f(0)(1-x)^n + f(1)x^n +$$

$$\sum_{k=1}^{n-1} \mathrm{C}_n^k f\left(\frac{k}{n}\right) x^k (1-x)^{n-k}\Big)$$

$$= -f(0)n(1-x)^{n-1} + f(1)nx^{n-1} +$$

$$\sum_{k=1}^{n-1} \mathrm{C}_n^k f\left(\frac{k}{n}\right) (kx^{k-1}(1-x)^{n-k} - $$

$$(n-k)x^k(1-x)^{n-k-1})$$

$$= -f(0)n(1-x)^{n-1} + f(1)nx^{n-1} +$$

$$\sum_{k=1}^{n-1} \mathrm{C}_n^k f\left(\frac{k}{n}\right) x^{k-1}(1-x)^{n-k-1}(k-nx)$$

进而可得

$$\frac{\mathrm{d}B_f^{(n)}}{\mathrm{d}x}(0) = -f(0)n + f\left(\frac{1}{n}\right)n = \frac{f\left(\frac{1}{n}\right) - f(0)}{\frac{1}{n}}$$

$$\frac{\mathrm{d}B_f^{(n)}}{\mathrm{d}x}(1) = f(1)n - f\left(\frac{n-1}{n}\right)n = \frac{f(1) - f\left(\frac{n-1}{n}\right)}{\frac{1}{n}}$$

于是根据导数的定义,可得

$$\lim_{n\to+\infty} \frac{\mathrm{d}B_f^{(n)}}{\mathrm{d}x}(0) = \lim_{n\to+\infty} \frac{f\left(\frac{1}{n}\right) - f(0)}{\frac{1}{n}} = f'(0)$$

$$\lim_{n\to+\infty} \frac{\mathrm{d}B_f^{(n)}}{\mathrm{d}x}(1) = \lim_{n\to+\infty} \frac{f(1) - f\left(\frac{n-1}{n}\right)}{\frac{1}{n}} = f'(1)$$

这意味着 $f(x)$ 的 n 阶 Bézier 变换 $B_f^{(n)}(x)$ 在端点处的瞬时变化率会逐渐逼近 $f(x)$ 在端点处的瞬时变化率. 这样一来,我们就证明了如下的定理 3.

　　定理 3　设函数 $f(x)$ 在开区间 $(a,b) \supset [0,1]$ 上连续,在 $x=0$ 和 $x=1$ 处可导,设函数 $B_f^{(n)}(x)$ 为函数 $f(x)$ 在区间 $[0,1]$ 上的 n 阶 Bézier 变换,显然 $B_f^{(n)}(x)$ 的定义域可以扩展到 (a,b) 上,并且有

$$\lim_{n\to+\infty} \frac{\mathrm{d}B_f^{(n)}}{\mathrm{d}x}(0) = f'(0), \lim_{n\to+\infty} \frac{\mathrm{d}B_f^{(n)}}{\mathrm{d}x}(1) = f'(1)$$

注 2 定理 3 对于非端点处并不一定成立,读者可构造反例说明这一点.

作为直观解释,下面的图 6 中给出了若干常见函数的不同阶数的 Bézier 变换的对比图例,从中可以明显看出随着 Bézier 变换阶数的增加,变换后的函数逐渐向原函数逼近.

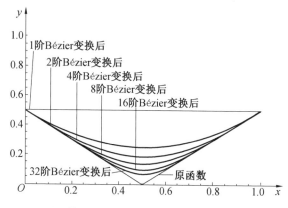

(a) 原函数为 $f(x) = |x - 0.5|$ 的情形

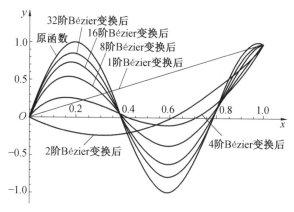

(b) 原函数为 $f(x) = \sin(8x)$ 的情形

图 6 若干常见函数的不同阶数的 Bézier 变换的对比图例

参 考 文 献

［1］高嵩,张金炜,戎辉,等.基于 Bézier 曲线的无人车局部避障应用［J］.现代电子技术,2019,42(9):163-166.

［2］陈鸣芳,陈哲,何炎平,等.Bézier 曲线在浮式风力机模型试验中的应用［J］.中国设备工程,2018(21):114-115.

［3］张明,丁华,刘建成.Bézier 曲线插值下的聚焦形貌恢复［J］.机械设计与制造,2018(9):175-177,181.

第 6 编
Bézier 曲面

关于隐函数样条的凸性分析[①]

第 1 章

复旦大学的吴宗敏和华东化工学院的刘剑平两位教授讨论了由隐函数样条

$$F(x) = \alpha g^h(x) - (1-\alpha)f(x) = 0$$
$$(x \in \mathbf{R}^n, 0 < \alpha < 1)$$

定义的函数（Functional spline）的凸性，得到：

（1）如果 $g(x) = l_0(x)$，$f(x) = \prod_{j=1}^{k} l_j(x)$，其中，$l_j(x) = \sum_{i=1}^{n} a_{ij}x_i + b_j$ 是线性的，且 $l_j(x) \geqslant 0$ 围成区域 Ω，那么在 Ω 内，当 $h > k$ 时，$F(x) = $

---

① 本章摘自《数学的实践与认识》1993 年第 2 期.

381

$\alpha g^{h}(x) - (1-\alpha)f(x) = 0$ 是凸的.

（2）在 $\mathbf{R}^2$ 内，若 $f(x,y) = 0, g(x,y) = 0$ 定义两条凸曲线，那么隐函数样条不一定是凸的. 但可以构造 f_1, g_1，使得 f_1 与 f 定义同一条曲线，g_1 与 g 也定义同一条曲线，而这时的隐函数样条是凸的.

本章还给出了一个凸样条的充分条件.

§1 引 言

在 CAGD（计算机辅助几何设计）领域发展了一种新的样条，被称为 Functional Spline. 因为还没有中文名字，但它由隐函数构成，所以这里暂称它为隐函数样条. 其最初的来源是为了消除不光滑性.

如图 1 所示，如果 $f_1(x,y) = 0, f_2(x,y) = 0$（如实线），$g(x,y) = 0$（如虚线）定义了三条曲线，它们围成区域 Ω，交点为 P_1, P_2, P_3，希望在 Ω 内构造曲线 $F(x, y) = 0$（如点划线），使得它在 $P_j(j=1,2)$ 与 f_j 有较高的切触阶，且与 $f_1 f_2 = 0$ 有大概一致的形状，但不允许有如 P_3 的不光滑点. 方法是很简单的，通过适当的定

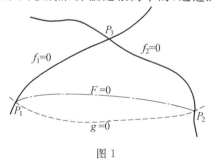

图 1

382

向使得 $g(x,y)$，$f_1(x,y)f_2(x,y)$ 在区域 Ω 内大于零，作

$$f(x,y)=f_1(x,y)f_2(x,y)$$

$$F(x,y)=\alpha g^h(x,y)-(1-\alpha)f(x,y)\quad(\alpha\in(0,1))$$

$$(1.1)$$

当 g 及 f 满足一定条件时，$F(x,y)=0$ 与 $f(x,y)=0$ 在 P_1，P_2 点有 $h-1$ 阶切触，且消除了 P_3 的不光滑性．将这一思想推广到高维情形，设 $x\in\mathbf{R}^n$，对基本函数 $f(x)=0$ 与横截函数 $g(x)=0$，在 $\Omega=\{x\mid g\geqslant0,f\geqslant0\}$ 内作

$$F(x)=\alpha g^h(x)-(1-\alpha)f(x)=0\quad(1.2)$$

那么当 f 与 g 满足一定条件时，在区域边界 $\partial\Omega=\{x\mid g(x)=0,f(x)=0\}$ 上，$F=0$ 与 $f=0$ 有 $h-1$ 阶切触，且与原始的不光滑的基本函数 $f=0$ 有大致相同的形状，从而消除了不光滑性．这里 $f(x)=0$ 是原始的，$g(x)=0$ 一般是人为构造的简单函数，如平面等．显然，当 $\alpha\to0$ 时，就是基本函数，而当 $\alpha\to1$ 时，则为横截函数．函数 $F(x)=0$ 称为关于 f 及 g 的隐函数样条．这个样条在 CAGD 中有很多实际应用．下面是具体的例子．由于说明隐函数样条例子的最好方法是图形显示，所以我们选择了一些基本直观的图形，以供参考．

1. 曲面磨光

曲面磨光是一个极为普遍的问题．譬如在水坝泄洪口鼻坎的研究上，为了使高速下泻的水流对下游河床有较小的破坏力，一般在泄洪口铸有一个鼻坎，使水流有某种上抛功能，从而互相抵消一些势能．这个鼻坎在工程上是采用实验获得的，一般是一个多面体，而多面体的角状部分，在水流的冲击下十分容易损坏，从而会导致整个鼻坎损坏,所以需要预先磨光.图 2 是一个磨光正六面体的边角例子.每次都是用平面作为横截平面削去一条边,并在其中利用公式(1.2)做隐函数样条.三次以后就成了图 2 的样子.

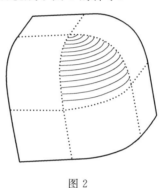

图 2

2.构造过渡曲面

在战斗机外形设计中,座舱盖一般是与流线型飞机机身分开设计的.如果连接处不光滑,那么相对飞机飞行高速气流会产生巨大的激波,从而引起飞机震动.可用隐函数样条来构造一个光滑过渡曲面.取座舱盖与机身曲面的乘积为基本曲面,扩大一点机身交座舱盖于曲线 L_1,扩大一点座舱盖交机身于曲线 L_2,用类似圆台侧面的直纹面连接 L_1, L_2 作为横截曲面,再用公式(1.2)就能构造出符合所需的光滑度的过渡曲面.图 3 显示的是,先对边 e_1 磨光,然后构造过渡曲面的例子,从而使两个方联体有了光滑的过渡.

3.超限插值及补洞

在考古中经常会碰到的一个问题,就是寻找到的譬如花瓶的残片缺了一片,用模拟方法数学模拟了已知残片以后,希望能把缺的残片也补出来.这实际上是

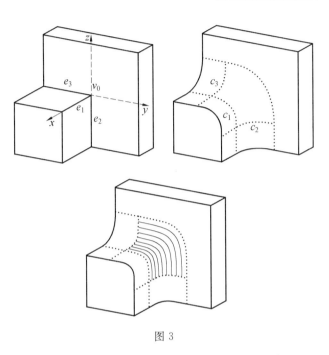

图 3

一个超限插值问题,即要构造一曲面片补上这个洞,且
与边上的曲面有较高阶的光滑连接.而直接用曲面的
已知部分作自然延拓,可能会在洞的部分产生自交或
不连续性.众所周知,只是对边界函数值插值的曲面还
是比较容易构造的,譬如可利用肥皂泡的张力,在洞口
涂上肥皂泡沫构造出一极小曲面.这样的曲面还有许
多.但要构造与已知曲面部分高阶连接的曲面就比较
困难了.现在我们可以取自然延拓曲面作为基本曲面,
上述所做的极小曲面为横截曲面,利用公式(1.2)就
补上了这个洞,且有我们要求的连续性.图 4 显示了一
个补洞的例子,针对截面是正方形的管子的相交问题,
先采用磨光法将边磨光,然后采用补洞法填补中间的

385

空洞,形成一个光滑的三管相接.

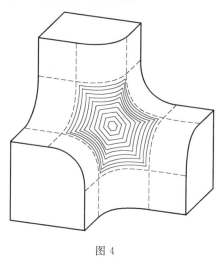

图 4

4. 框架插值

在造船工业中,经常碰到的一个问题,就是在一个框架(龙骨)上复合钢板形成一光滑的曲面(船体曲面).假设每个框架段(龙骨段)的隐函数方程是 $F_i(x, y, z) = 0, G_i(x, y, z) = 0$,某 k 个段形成一个闭合框,要在其上贴上一块钢板.我们可以取

$$H_i(x, y, z) = f_i F_i + g_i G_i$$

f_i, g_i 任意,$\prod_{i=1}^{k} H_i = 0$ 为基本曲面,另取一譬如上一节介绍的极小曲面作为横截曲面,利用公式(1.2)就可以在这个块上构造曲面了.得到的隐函数样条与框架 $H_i = 0$ 有 $h - 1$ 阶切触.只要适当地选取 h,那么整体曲面就能达到所要求的光滑性.图 5 显示,赤道作为框架,下半用球面,上半用以球面为基本曲面,赤道所在平面作为横截平面构造的隐函数样条.整体是光滑连

386

接的,图 6 显示了以一个正六面体的边作为框架的插值.这是采用六面体的面作为横截面,每个面上的一个正四棱锥作为基本曲面构造的.这时,在三边的汇聚点由于不能定义法向,所以是尖点.我们还可以用平面作为横截平面截去这个尖点,利用磨光法就得到了图 7 显示的图形.

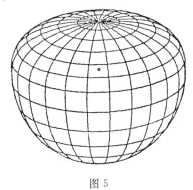

图 5

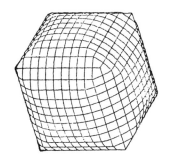

图 6

在计算机辅助几何设计中,凸性要求是很普遍的.在实际应用中发现,当基本曲面与横截曲面都是凸的时,隐函数样条也是凸的.人们自然要问,这是否是一个普遍现象,即在理论上是否有这样的结论.

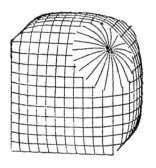

图 7

若 $F(x,y,z)=0$ 定义一个曲面, 则曲面的法向量可用梯度 $\nabla F=(F_x,F_y,F_z)^{\mathrm{T}}$ 决定. 设曲面上有曲线

$$\gamma: x=x(t),y=y(t),z=z(t)$$

对 $F(x,y,z)=0$ 关于 t 求导, 有

$$(\nabla F)^{\mathrm{T}}\gamma'(t) \quad (\text{一阶}) \tag{1.3}$$

$$(\gamma'(t))^{\mathrm{T}}\nabla\nabla^{\mathrm{T}}F\gamma'(t)+(\nabla F)^{\mathrm{T}}\gamma''(t)=0 \quad (\text{二阶}) \tag{1.4}$$

若曲面是凸的, 则曲线 γ 总是背法向弯曲的, 即

$$(\nabla F)^{\mathrm{T}}\gamma''(t)\leqslant 0$$

由式 (1.4) 得

$$(\gamma'(t))^{\mathrm{T}}\nabla\nabla^{\mathrm{T}}F\gamma'(t)\geqslant 0$$

对曲面上任何一条曲线成立, 或者说对曲面上任何一个与法向垂直的方向成立, 从而我们有如下定义.

定义 1 $x\in\mathbf{R}^n$, 称 $F(x)=0$ 是凸的, 如果对任何满足 $\boldsymbol{\lambda}^{\mathrm{T}}\nabla F=0$ 的 $\boldsymbol{\lambda}$ 有

$$\boldsymbol{\lambda}^{\mathrm{T}}\nabla\nabla^{\mathrm{T}}F\boldsymbol{\lambda}\geqslant 0$$

§2　凸 性 结 果

下面用几个命题来描述我们的结果.

命题 1（凸样条的充分条件）　如果在 Ω 中，$f \geqslant 0$，$g \geqslant 0$，且 $\nabla\nabla^{\mathrm{T}}g$，$-\nabla\nabla^{\mathrm{T}}f$ 是正定矩阵，那么隐函数样条 $0 = F(\boldsymbol{x}) = \alpha g^h(\boldsymbol{x}) - (1-\alpha)f(\boldsymbol{x})$ 是凸的.

证明

$$\nabla\nabla^{\mathrm{T}}g^h(\boldsymbol{x}) = h(h-1)g^{h-2}(\nabla g) \cdot$$
$$(\nabla^{\mathrm{T}}g) + hg^{h-1}\nabla\nabla^{\mathrm{T}}g$$
$$\nabla\nabla^{\mathrm{T}}(-(1-\alpha)f(\boldsymbol{x})) = -(1-\alpha)\nabla\nabla^{\mathrm{T}}f(\boldsymbol{x})$$

由 g，f 的正性及 $\nabla\nabla^{\mathrm{T}}g$ 和 $-\nabla\nabla^{\mathrm{T}}f$ 的正定性得，当 $h > 0$，$0 < \alpha < 1$ 时，$\nabla\nabla^{\mathrm{T}}g^h(\boldsymbol{x})$ 和 $\nabla\nabla^{\mathrm{T}}(-(1-\alpha)f(\boldsymbol{x}))$ 是正定的，从而 $\nabla\nabla^{\mathrm{T}}F(\boldsymbol{x})$ 正定. 所以由定义知，$F = 0$ 决定的曲面是凸的.

命题 2　若 $l_j = \sum_{t=1}^{n} a_{ij}x_i + b_j$ 是 $\mathbf{R}^n$ 中的超平面，则在区域 $\Omega = \{\boldsymbol{x} \mid l_j(\boldsymbol{x}) \geqslant 0\}$ 中构造的隐函数样条

$$0 = F(\boldsymbol{x}) = \alpha l_0^h(\boldsymbol{x}) - (1-\alpha)\prod_{j=1}^{k} l_j(\boldsymbol{x})$$

是凸的，如果 $h \geqslant k$.

证明　设 $(a_{1j}, \cdots, a_{nj}) = \boldsymbol{n}_j^{\mathrm{T}}$，直接计算得到

$$\nabla F = \alpha h l_0^h \frac{\boldsymbol{n}_0}{l_0} - (1-\alpha)\left(\prod_{j=1}^{k} l_j\right)\left(\sum_{j=1}^{k} \frac{\boldsymbol{n}_j}{l_j}\right)$$
$$= \alpha l_0^h \left(\frac{h\boldsymbol{n}_0}{l_0} - \sum_{j=1}^{k} \frac{\boldsymbol{n}_j}{l_j}\right)$$
$$\nabla\nabla^{\mathrm{T}}F = \alpha l^h \left\{\frac{h(h-1)\boldsymbol{n}_0\boldsymbol{n}_0^{\mathrm{T}}}{l_0^2} - \left(\sum_{j=1}^{k} \frac{\boldsymbol{n}_j}{l_j}\right)\left(\sum_{i=1}^{k} \frac{\boldsymbol{n}_j}{l_j}\right)^{\mathrm{T}} + \right.$$

$$\sum_{j=1}^{k} \frac{\boldsymbol{n}_j \boldsymbol{n}_j^{\mathrm{T}}}{l_j^2} \Big\}$$

如果 $\boldsymbol{\lambda}^{\mathrm{T}} \nabla F = 0$，记 $\lambda_j = \dfrac{\langle \boldsymbol{n}_j, \boldsymbol{\lambda} \rangle}{l_j}$，那么

$$0 = \boldsymbol{\lambda}^{\mathrm{T}} \nabla F = \alpha l_0^h \Big(h \lambda_0 - \sum_{j=1}^{k} \lambda_j \Big)$$

因为在 Ω_0 内 $l_0 > 0$，所以有 $\sum_{j=1}^{k} \lambda_j = h \lambda_0$. 从而

$$\boldsymbol{\lambda}^{\mathrm{T}} \nabla \nabla^{\mathrm{T}} F \boldsymbol{\lambda} = \alpha l_0^h \Big\{ h(h-1) \lambda_0^2 - \Big(\sum_{j=1}^{k} \lambda_j \Big)^2 + \sum_{j=1}^{k} \lambda_j^2 \Big\}$$

$$= \alpha l_0^h \Big\{ \sum_{j=1}^{k} \lambda_j^2 - \frac{1}{h} \Big(\sum_{j=1}^{k} \lambda_j \Big)^2 \Big\}$$

$$\geqslant \alpha l_0^h \Big(1 - \frac{k}{h} \Big) \Big(\sum \lambda_j^2 \Big) \geqslant 0 \quad (\text{当 } h \geqslant k)$$

根据定义知，由 $F(\boldsymbol{x}) = 0$ 决定的样条是凸的.

命题 3　在平面上 $f = 0$，$g = 0$ 决定两条凸曲线，不能保证隐函数样条 $F = 0$ 是凸的.

我们用一个反例来予以说明.

$$f(x, y) = -\frac{x^2 - x^4 - \sqrt{(x^2 - x^4)^2 - 4y(x^2 - 1)}}{2(x^2 - 1)} + 1$$

$$g(x, y) = h \sqrt{\frac{x^2 - x^4 - \sqrt{(x^2 - x^4)^2 - 4y(x^2 - 1)}}{2(x^2 - 1)}}$$

事实上，$f(x, y) = 0$ 与 $y = 1 - x^2$ 决定同一条曲线，$g(x, y) = 0$ 与 $y = 0$ 决定同一条曲线，这是两条上凸的曲线. 但

$$0 = F(x, y) = \alpha g^h(x, y) - (1 - \alpha) f(x, y)$$

与

$$y = (1 - \alpha)(1 - x^4) + \alpha(1 - \alpha)(x^2 - 1)$$

决定同一条曲线. 对后一曲线计算二阶导数有 $y'' =$

$-12(1-\alpha)x^2+\alpha(1-\alpha)$，从而

$$\begin{cases} y''>0，& x^2<\dfrac{\alpha}{12} \\[3mm] y''<0，& x^2>\dfrac{\alpha}{12} \end{cases}$$

对任何 $\alpha\in(0,1)$，$F(x,y)=0$ 在 Ω 内决定的是一条有两个拐点的曲线.

命题 4　在平面上，$f=0$，$g=0$ 决定两条凸曲线，那么存在函数 g_1,f_1：

$f_1=0$ 与 $f=0$ 决定同一条曲线；

$g_1=0$ 与 $g=0$ 决定同一条曲线，

$F(x,y)=\alpha g_1^h(x,y)-(1-\alpha)f_1(x,y)=0$ 在 $f=0$，$g=0$ 所围成的区域 Ω 内是凸的.

证明　如图 8 所示，$f=0$ 与 $g=0$ 交于点 P_1,P_2，联结 P_1,P_2，由于 $f=0$ 与 $g=0$ 是凸的，联结 P_1,P_2 的曲线在直线 P_1P_2 的一边. 在 P_1P_2 上任取一点作为原点，以 $\overrightarrow{P_1P_2}$ 为始方向建立极坐标系. 这时，在极坐标下两条曲线分别表示为 $r_f(\theta),r_g(\theta)$，不妨设 $r_f\geqslant r_g$. 定义曲线

$$f_1(r,\theta)=1-\left(\frac{r}{r_f}\right)^2$$

$$g_1(r,\theta)=\left(\frac{r}{r_g}\right)^2-1$$

当 $F(r,\theta)=\left(\dfrac{r}{R(\theta)}\right)^2-1$ 时，我们有

$$F_{xx}=\frac{2}{R^4}[(R\cos\theta+R'\sin\theta)^2+$$
$$(2R'^2+R^2-R''R)\sin^2\theta]$$

$$F_{yy}=\frac{2}{R^4}[(R\sin\theta-R'\cos\theta)^2+$$

$$(2R'^2 + R^2 - R''R)\cos^2\theta]$$

$$F_{xy} = \frac{2}{R^4}[(R\cos\theta + R'\sin\theta)(R\sin\theta - R'\cos\theta) -$$

$$(2R'^2 + R^2 - R''R)\cos\theta\sin\theta]$$

而 $(2R'^2 + R^2 - R''R)$ 是曲线 $r = R(\theta)$ 的曲率(或者说是 $F = 0$ 的)[1]. 当曲线是凸的时,曲率恒大于零. 所以 $\nabla\nabla^{\mathrm{T}}F$ 正定,这里分析导出 f_1, g_1 满足命题 1 的条件,从而由它们构造的隐函数样条是凸的.

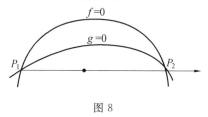

图 8

参 考 文 献

[1] 苏步青,刘鼎元. 初等微分几何[M]. 上海:上海科学技术出版社,1985.

Bézier 曲面拟合[①]

第 2 章

§1　引　言

在计算机辅助几何外形设计（CAGD）工作中，适用于曲面造型的主要方法有：参数样条曲面、Bézier 曲面和 B 样条曲面等.

在实际问题中，几何外形设计一般分成两类：

（1）参数设计. 设计人员首先从总体设计方案中获得几个原始参数，

[①]　本章摘自《应用数学学报》1984 年第 2 期.

然后从这些参数出发决定曲面的特征网格. 特征网格的生成,可以由程序来完成,也可以由人机交互系统来完成. 飞机和船舶造型设计,多属参数设计.

(2)模型设计. 例如,传统的汽车车身设计过程,就是先由美术师塑造一个车身油泥模型,放在数控三坐标测量机上测得一批车身外形的原始数据点,再对这批数据点进行拟合,从而获得整个车身表面.

在第二类外形设计问题中,拟合曲线常常采用三次样条函数或三次参数样条曲线[1,2],而对曲面造型,Bézier 曲面片是一种非常有效的拟合手段. 在以往使用 Bézier 曲面进行拟合时,常常由人工布置特征网格的顶点. 这就带来了如下两个问题:

(1)顶点的配置过分依赖于经验,影响普及推广应用.

(2)需要较齐全的外围设备,及时进行人机对话.

复旦大学数学研究所的刘鼎元和上海拖拉机汽车研究所的胡康生两位研究人员于 1989 年提出了一种采用分片 Bézier 曲面的最小二乘拟合方法,包括:Bézier 曲线拟合、Bézier 曲面拟合、带有约束条件的 Bézier 曲面拟合. 它的特点是:在曲面的表示过程中,极大部分工作由程序自动完成,尽可能减少或不用人机对话. 这在硬设备较差的情况下是很可取的. 即使在外围设备较齐全的情况下也不失为一件有意义的工作. 这种方法已经应用到汽车车身外形设计工作中了.

§2　Bézier 曲线拟合

设给定一组空间点列 $\{\boldsymbol{Q}_i\}\,(i=0,1,\cdots,r)$，求一条 m 次 Bézier 曲线 B_m，使它在最小二乘意义下的拟合点列为 $\{\boldsymbol{Q}_i\}$．m 一般取 $3,4,5$．

令 m 次 Bézier 曲线方程为

$$B_m:\boldsymbol{P}(t)=\sum_{\alpha=0}^{m}B_{\alpha,m}(t)\boldsymbol{b}_\alpha \quad (0\leqslant t\leqslant 1)\quad(2.1)$$

式中 Bernstein 基函数为

$$B_{\alpha,m}(t)=\mathrm{C}_m^\alpha t^\alpha(1-t)^{m-\alpha}\quad(\alpha=0,1,\cdots,m)$$

$$(2.2)$$

$\boldsymbol{b}_\alpha$ 是曲线的特征多边形顶点．

对每一个数据点 $\boldsymbol{Q}_i$，首先需要确定的就是：应该选曲线 B_m 上的哪一点 $\boldsymbol{P}(t_i)$ 作为与 $\boldsymbol{Q}_i$ 作偏差量估计的对应点？这个 t_i 该是多少？本文选择规范的累加弦长参数作为 t_i 值，即令（图 1）

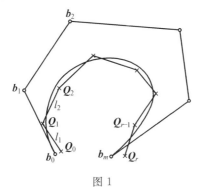

图 1

$$t_i = \begin{cases} 0, & i=0 \\[2mm] \dfrac{\displaystyle\sum_{k=1}^{i} l_k}{\displaystyle\sum_{k=1}^{r} l_k}, & i=1,2,\cdots,r \end{cases} \qquad (2.3)$$

式中 $l_i = \overline{\boldsymbol{Q}_{i-1}\boldsymbol{Q}_i}(i=1,2,\cdots,r)$ 表示相邻两个数据点之间的距离.

由于累加弦长参数具有内在不变的几何性质,不依赖于直角坐标系的选择.因此,它能较准确地反映出数据点与拟合曲线之间的实际偏离程度.数值计算结果表示逼近程度良好.

在做了上述参数 t_i 的选择后,曲线 B_m 拟合数据点列 $\{\boldsymbol{Q}_i\}$ 的问题便成为求解包含 $m+1$ 个未知向量,$r+1$ 个向量方程式的矛盾方程组

$$\boldsymbol{P}(t_i) = \boldsymbol{Q}_i \quad (i=0,1,\cdots,r) \qquad (2.4)$$

即求方程组

$$\sum_{a=0}^{m} B_{a,m}(t_i)\boldsymbol{b}_a = \boldsymbol{Q}_i \quad (i=0,1,\cdots,r) \qquad (2.5)$$

的最小二乘解.

我们采用 RGS 方法(改进的正交化方法)求解矛盾方程组(2.5),它有较好的数值稳定性.

在外形设计问题中,常常希望拟合曲线 B_m 的两个端点 $\boldsymbol{b}_0$ 和 $\boldsymbol{b}_m$ 与给定数据点列 $\{\boldsymbol{Q}_i\}$ 的首点 $\boldsymbol{Q}_0$ 和末点 $\boldsymbol{Q}_r$ 分别严格相符,即成立等式

$$\begin{cases} \boldsymbol{b}_0 = \boldsymbol{Q}_0 \\ \boldsymbol{b}_m = \boldsymbol{Q}_r \end{cases} \qquad (2.6)$$

这时,方程组(2.5)成为包含 $m-1$ 个未知向量,$r-1$ 个向量方程式的线性方程组

$$\sum_{\alpha=1}^{m-1} B_{\alpha,m}(t_i)\boldsymbol{b}_\alpha = \boldsymbol{Q}_i - \{B_{0,m}(t_i)\boldsymbol{Q}_0 +$$

$$B_{m,m}(t_i)\boldsymbol{Q}_r\} \quad (i=1,2,\cdots,r-1)$$

$$(2.7)$$

矛盾方程组(2.7)的最小二乘解 $\boldsymbol{b}_\alpha(\alpha=1,2,\cdots,$ $m-1)$,连同式(2.6)一起,便组成了拟合曲线 B_m 的特征多边形顶点序列.它的求解也是采用 RGS 方法.

§3　Bézier 曲面拟合

设给定一组空间点阵 $\{\boldsymbol{Q}_{ij}\}(i=0,1,\cdots,r,j=0,$ $1,\cdots,s)$,把点阵中每相邻的两点用直线段联结,它们组成一个在拓扑意义下的矩形网格(图 2).

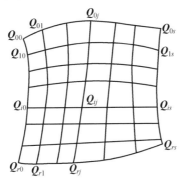

图 2

本节的问题是求一块 $m \times n$ 次 Bézier 曲面片,使在最小二乘意义下拟合上述给定的点阵 $\{\boldsymbol{Q}_{ij}\}$.实际应用时,我们一般取 m 和 n 为 $3,4,5$.

设所求的 $m \times n$ 次 Bézier 曲面片 S_{mn} 的方程为

$$S_{mn} : \boldsymbol{P}(u,w) = \sum_{\alpha=0}^{m} \sum_{\beta=0}^{n} B_{\alpha,m}(u) B_{\beta,n}(w) \boldsymbol{b}_{\alpha\beta}$$

$$(0 \leqslant u, w \leqslant 1) \tag{3.1}$$

式中 $\{B_{\alpha,m}(u)\}$ 与 $\{B_{\beta,n}(w)\}$ 为式 (2.2) 表示的 Bézier 基函数. $\{\boldsymbol{b}_{\alpha\beta}\}$ 是 Bézier 曲面 S_{mn} 的特征网格顶点阵.

如同 §2 一样, 我们首先遇到的问题是: 对每个 $\boldsymbol{Q}_{ij}$, 选择曲面 S_{mn} 上哪一点 $\boldsymbol{P}(u_{ij}, w_{ij})$ 作为与 $\boldsymbol{Q}_{ij}$ 作偏差量估计的对应点? 对应的 (u_{ij}, w_{ij}) 应是多少? 数值计算实例表明, 如何选择参数 (u_{ij}, w_{ij}) 对拟合曲面 S_{mn} 的形状影响极大, 这是一个非常敏感的问题, 如果处理不当, 拟合曲面 S_{mn} 将严重失真.

本章提出一种"双累加弦长参数法"用以决定 (u_{ij}, w_{ij}), 这种方法适用于点阵 $\{\boldsymbol{Q}_{ij}\}$ 分布比较均匀的场合. "点阵分布均匀"这个附加条件, 在许多外形设计问题中均不难做到. 譬如, 当测量汽车车身油泥模型时, 其测量点阵的分布一般都比较均匀.

详细地说, 对每个数据点 $\boldsymbol{Q}_{ij}$, 我们定对应点的参数值为

$$u_{ij} = \begin{cases} 0, & i=0 \\ \dfrac{\displaystyle\sum_{k=1}^{i} l_{kj}}{\displaystyle\sum_{k=1}^{r} l_{kj}}, & i=1,2,\cdots,r \end{cases}$$

$$w_{ij} = \begin{cases} 0, & j=0 \\ \dfrac{\displaystyle\sum_{k=1}^{j} l_{ik}^{*}}{\displaystyle\sum_{k=1}^{s} l_{ik}^{*}}, & j=1,2,\cdots,s \end{cases} \tag{3.2}$$

式中记两个方向的相应弦长为(图3)

$$l_{ij} = \overline{\boldsymbol{Q}_{i-1,j}\boldsymbol{Q}_{ij}}, l_{ij}^* = \overline{\boldsymbol{Q}_{i,j-1}\boldsymbol{Q}_{ij}}$$
$$(i=1,2,\cdots,r,j=1,2,\cdots,s)$$

数值计算结果表明,按照式(3.2)定义的对应点的参数值,能获得具有较高逼近程度的拟合曲面.

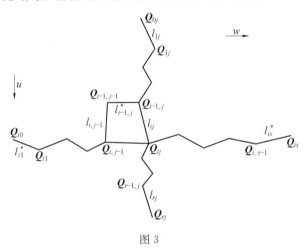

图 3

按式(3.2)选定每个 $\boldsymbol{Q}_{ij}$ 的参数值(u_{ij},w_{ij})后,曲面 S_{mn} 拟合数据点阵$\{\boldsymbol{Q}_{ij}\}$ 的问题就变成求解包含$(m+1)\times(n+1)$ 个未知向量$\{\boldsymbol{b}_{\alpha\beta}\}$,$(r+1)\times(s+1)$个向量线性方程式的矛盾方程组问题

$$\boldsymbol{P}(u_{ij},w_{ij}) = \boldsymbol{Q}_{ij} \quad (i=0,1,\cdots,r,j=0,1,\cdots,s)$$

按照式(3.1),它可写成

$$\sum_{\alpha=0}^{m}\sum_{\beta=0}^{n}B_{\alpha,m}(u_{ij})B_{\beta,n}(w_{ij})\boldsymbol{b}_{\alpha\beta} = \boldsymbol{Q}_{ij}$$
$$(i=0,1,\cdots,r,j=0,1,\cdots,s) \qquad (3.3)$$

同样可以用 RGS 方法求解.

在类似汽车车身外形设计等问题中,常常把实测

的数据点划分成几组,对每组数据点分别进行 Bézier 曲面的拟合,并且按照某种光滑条件进行拼接. 这时,要求相邻的两片曲面具有公共的边界线和边界角点. 因此,我们对边界线和边界角点的拟合需要单独处理,整个步骤如下:

(1) 给定数据点 $\{\boldsymbol{Q}_{ij}\}(i=0,1,\cdots,r;j=0,1,\cdots,s)$(图 2).

(2) 令四个角点

$$\boldsymbol{b}_{00}=\boldsymbol{Q}_{00},\boldsymbol{b}_{0n}=\boldsymbol{Q}_{0s},\boldsymbol{b}_{m0}=\boldsymbol{Q}_{r0},\boldsymbol{b}_{mn}=\boldsymbol{Q}_{rs} \quad (3.4)$$

(3) 拟合四条边界线.

边界线 $w=0$ 由特征顶点 $\boldsymbol{b}_{a0}(\alpha=0,1,\cdots,m)$ 所决定,确定 $\boldsymbol{b}_{a0}$ 所对应的数据点列为 $\boldsymbol{Q}_{i0}(i=0,1,\cdots,r)$. 这时,曲线的两端点已由式(3.4)所确定

$$\boldsymbol{b}_{00}=\boldsymbol{Q}_{00},\boldsymbol{b}_{m0}=\boldsymbol{Q}_{r0}$$

因此,$w=0$ 的拟合方程归结为

$$\sum_{\alpha=1}^{m-1}B_{\alpha,m}(u_{i0})\boldsymbol{b}_{a0}=\boldsymbol{Q}_{i0}-\{B_{0,m}(u_{i0})\boldsymbol{Q}_{00}+$$
$$B_{m,m}(u_{i0})\boldsymbol{Q}_{r0}\}$$
$$(i=1,2,\cdots,r-1) \quad (3.5)$$

从矛盾方程组(3.5)求得的最小二乘解 $\boldsymbol{b}_{a0}(\alpha=1,2,\cdots,m-1)$ 加上两个端点就决定了边界线 $w=0$.

其余三条边界线 $w=1,u=0$ 和 $u=1$,可以完全相仿地作出拟合. 这样我们就先求得了拟合曲线 S_{mn} 的四条边界的网格顶点 $\boldsymbol{b}_{a0}(\alpha=1,2,\cdots,m-1),\boldsymbol{b}_{an}(\alpha=1,2,\cdots,m-1),\boldsymbol{b}_{0\beta}(\beta=1,2,\cdots,n-1),\boldsymbol{b}_{m\beta}(\beta=1,2,\cdots,n-1)$,以及 $\boldsymbol{b}_{00},\boldsymbol{b}_{0n},\boldsymbol{b}_{m0},\boldsymbol{b}_{mn}$.

(4) 最后,决定拟合曲面 S_{mn} 的中间网格顶点

$$\boldsymbol{b}_{\alpha\beta} \quad (\alpha=1,2,\cdots,m-1,\beta=1,2,\cdots,n-1)$$

在完成(3)而求得 S_{mn} 的所有边界顶点后,拟合方程(3.3) 为

$$
\sum_{\alpha=1}^{m-1}\sum_{\beta=1}^{n-1}B_{\alpha,m}(u_{ij})B_{\beta,n}(w_{ij})\boldsymbol{b}_{\alpha\beta}
$$

$$
\begin{aligned}
={}&\boldsymbol{Q}_{ij}-\{B_{0,m}(u_{ij})B_{0,n}(w_{ij})\boldsymbol{Q}_{00}+\\
&B_{0,m}(u_{ij})B_{n,n}(w_{ij})\boldsymbol{Q}_{0s}+\\
&B_{m,m}(u_{ij})B_{0,n}(w_{ij})\boldsymbol{Q}_{r0}+\\
&B_{m,m}(u_{ij})B_{n,n}(w_{ij})\boldsymbol{Q}_{rs}\}-\\
&\Big\{\sum_{\alpha=1}^{m-1}B_{\alpha,m}(u_{ij})\big[B_{0,n}(w_{ij})\boldsymbol{b}_{\alpha0}+\\
&B_{n,n}(w_{ij})\boldsymbol{b}_{\alpha n}\big]+\\
&\sum_{\beta=1}^{n-1}B_{\beta,n}(w_{ij})\big[B_{0,m}(u_{ij})\boldsymbol{b}_{0\beta}+\\
&B_{m,m}(u_{ij})\boldsymbol{b}_{m\beta}\big]\Big\}
\end{aligned}
$$

$$(i=1,2,\cdots,r-1;j=1,2,\cdots,s-1)\qquad(3.6)$$

这是一个包含 $(m-1)(n-1)$ 个未知向量 $\boldsymbol{b}_{\alpha\beta}(\alpha=1,2,\cdots,m-1,\beta=1,2,\cdots,n-1),(r-1)(s-1)$ 个方程式的线性矛盾方程组,同样可采用 RGS 方法求出它的最小二乘解.此解便是欲求的拟合曲面 S_{mn} 的中间网格顶点 $\boldsymbol{b}_{\alpha\beta}(\alpha=1,2,\cdots,m-1,\beta=1,2,\cdots,n-1)$.

按照上述四项步骤我们求出了 S_{mn} 的特征网格的全部顶点 $\boldsymbol{b}_{\alpha\beta}(\alpha=0,1,\cdots,m,\beta=0,1,\cdots,n)$.从而求得由式(3.1) 表示的拟合曲面 S_{mn}.

§4　带约束条件的 Bézier 曲面拟合

在几何外形设计工作中,有一类称为"过渡面"的曲面. 它用来光滑地连接相邻的两块曲面片. 譬如,汽车的顶盖和前面的风窗玻璃之间就存在这样的过渡面. 顶盖和风窗玻璃是分别拟合的两大片 Bézier 曲面,中间一小长条曲面片就作为过渡面,它和顶盖和风窗玻璃在连接线处达到 C^1 连续,即切平面连续.

一般地,对上述问题可做如下归结:

如图 4 所示,已知 $m_1 \times n$ 次 Bézier 曲面片 E 和 $m_2 \times n$ 次 Bézier 曲面片 F,它们的特征网格分别是 $E_{\eta\beta}(\eta=0,1,\cdots,m_1,\beta=0,1,\cdots,n)$ 和 $F_{\alpha\beta}(\delta=0,1,\cdots,m_2,\beta=0,1,\cdots,n)$. 给定空间数据点阵 $\{Q_{ij}\}(i=0,1,\cdots,r,j=0,1,\cdots,s)$. 求 $m \times n$ 次 Bézier 曲面片 A,使得 A 和 E,F 分别有 C^1 连续的公共边界,且 A 与数据点阵 $\{Q_{ij}\}$ 在最小二乘意义下相拟合.

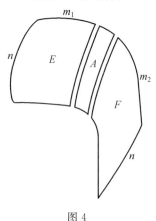

图 4

鉴于实际工作中作为过渡面的曲面片 A 常常是狭长条状(图 4),一般取 $m=3$ 便足以起到过渡面的作用. 因此本节将讨论 $m=3$ 时的拟合方程.

设曲面片 A 的特征网格为 $A_{\alpha\beta}(\alpha=0,1,2,3,\beta=0,$

$1,\cdots,n)$. 为了使 A 与 E,F 分别具有 C^1 连续的公共边界,其充分条件为,对任意两个常数 λ 和 μ,下列诸式成立(图 5)

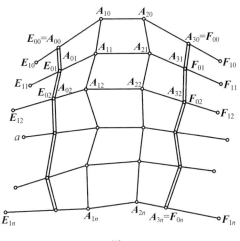

图 5

$$\begin{cases} \boldsymbol{A}_{0\beta} = \boldsymbol{E}_{0\beta} \\ \boldsymbol{A}_{3\beta} = \boldsymbol{F}_{0\beta} \\ \boldsymbol{A}_{1\beta} = \boldsymbol{E}_{0\beta} + \lambda(\boldsymbol{E}_{0\beta} - \boldsymbol{E}_{1\beta}) \\ \boldsymbol{A}_{2\beta} = \boldsymbol{F}_{0\beta} + \mu(\boldsymbol{F}_{0\beta} - \boldsymbol{F}_{1\beta}) \end{cases} \quad (\beta = 0,1,\cdots,n)$$

$$(4.1)$$

上式中,λ 和 μ 为两个待定常数,由给定的数据点阵 $\{\boldsymbol{Q}_{ij}\}$ 按照下述拟合方程决定

$$\sum_{\alpha=0}^{3} \sum_{\beta=0}^{n} \beta_{\alpha,3}(u_{ij}) B_{\beta,n}(w_{ij}) \boldsymbol{A}_{\alpha\beta} = \boldsymbol{Q}_{ij}$$
$$(i=0,1,\cdots,r,j=0,1,\cdots,s) \quad (4.2)$$

式中参数值 u_{ij} 和 w_{ij} 可参照 §3 中的方法给出.

我们把式(4.1)代入式(4.2),就得到含有 λ 和 μ 两个未知数,有 $(r+1)(s+1)$ 个方程式的线性矛盾方

程组

$$\left[\sum_{\beta=0}^{n} B_{1,3}(u_{ij}) B_{\beta,n}(w_{ij})(\boldsymbol{E}_{0\beta} - \boldsymbol{E}_{1\beta})\right]\lambda +$$

$$\left[\sum_{\beta=0}^{n} B_{2,3}(u_{ij}) B_{\beta,n}(w_{ij})(\boldsymbol{F}_{0\beta} - \boldsymbol{F}_{1\beta})\right]\mu$$

$$= \boldsymbol{Q}_{ij} - \left[B_{0,3}(u_{ij}) + B_{1,3}(u_{ij})\right] \times$$

$$\sum_{\beta=0}^{n} B_{\beta,n}(w_{ij})\boldsymbol{E}_{0\beta} -$$

$$\left[B_{2,3}(u_{ij}) + B_{3,3}(u_{ij})\right]\sum_{\beta=0}^{n} B_{\beta,n}(w_{ij})\boldsymbol{F}_{0\beta}$$

$$(i=0,1,\cdots,r, j=0,1,\cdots,s) \tag{4.3}$$

§5　应　用　举　例

1. 拟合解析曲面

在椭球面

$$\frac{x^2}{9} + \frac{y^2}{4} + z^2 = 1 \tag{5.1}$$

上取 $-1 \leqslant x \leqslant 1, 0 \leqslant y \leqslant 1, z > 0$ 的一片(图6).

在平面(x,y)的矩形定义域上,x方向以 0.2 为步长,y方向以 0.1 为步长,获得 11×11 个分割节点(x_i, y_j)

$$\begin{cases} x_i = -1 + 0.2i, & i=0,1,\cdots,10 \\ y_j = 0.1j, & j=0,1,\cdots,10 \end{cases}$$

然后从式(5.1)求出对应的 z_{ij} 值,由此得到原始数据点 $\boldsymbol{Q}_{ij} = (x_i, y_j, z_{ij})(i=0,1,\cdots,10, j=0,1,\cdots,10)$.

我们按照式(3.6)选用 4×4 次 Bézier 曲面片 S_{44} 拟合上述11×11个数据点$\{\boldsymbol{Q}_{ij}\}$,拟合出的部分结果如

404

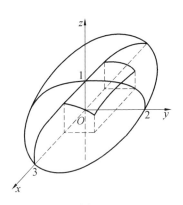

图 6

表 1 所示.

表 1

x		0.1	0.3	0.5	0.7	0.9
0	原始值	0.998 70	0.988 70	0.968 20	0.936 70	0.893 00
	拟合值	0.998 50	0.988 59	0.968 39	0.936 79	0.892 88
0.4	原始值	0.989 80	0.979 70	0.959 00	0.927 20	0.883 00
	拟合值	0.989 69	0.979 53	0.958 99	0.927 22	0.882 99
0.8	原始值	0.962 50	0.952 00	0.930 80	0.898 00	0.852 30
	拟合值	0.962 55	0.952 17	0.930 92	0.898 03	0.852 23

在表中列出的 z 值中，上行是原始值，即由式 (5.1) 决定的解析值，下行是拟合曲面 S_{44} 的对应 z 分量值. 例如，当 $x = 0.4, y = 0.5$ 时，解析函数值 $z = 0.959\ 00$，拟合曲面 z 分量值

$$z = 0.958\ 99$$

误差为 10^{-5}，计算结果表明，解析曲面和拟合曲面之间的最大误差为 2×10^{-4}.

405

当曲面的曲率变化较大时,拟合精度将会下降,如对椭球面

$$\frac{x^2}{4} + \frac{y^2}{9} + \frac{z^2}{16} = 1$$

取定义域为 $-1 \leqslant x \leqslant 1, 0 \leqslant y \leqslant 2, z > 0$ 的一片. 类似地取 11×11 个数据点,也用 4×4 次 Bézier 曲面拟合,则两片曲面片之间的对应点的最大误差为 2×10^{-3},精度下降一个数量级.

2.汽车车身表面造型

图 7 是某车型外形局部的侧视图,该图是拟合曲面的等参线图. 图中画出了主曲面及过渡面,分别用 5×5 次及 5×3 次 Bézier 曲面拟合. 图形是在数控绘图机上绘制的.

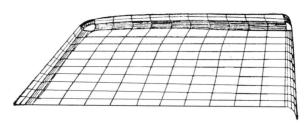

图 7

我们在进行了大量的数值计算实例后感到,在类似于汽车车身外表面这样的辅助设计中,许多场合以选择 4×4 次 Bézier 曲面为适宜. 这是因为,与 4×4 次曲面相比,3×3 次曲面的拟合误差将会增加一个数量级;而 5×5 次曲面的拟合误差虽有减少,但并不显著,仍然是同量级的,然而,它的计算量却增加很多.

参 考 文 献

［1］李岳生,齐东旭.样条函数方法［M］.北京:科学出版社,1979.

［2］苏步青,刘鼎元.计算几何［M］.上海:上海科技出版社,1981.

［3］DEBOOR C. A practical guide to splines［M］. Berlin:Springer-Verlag,1978.

［4］BÉZIER P E. Numerical control-mathematics and applications ［M］. New York:John Wiley and Sons,1972.

［5］FAUX I D, PRATT M J. Computational geometry for design and manufacture ［J］. ACM,1979.

Bézier 曲面片光滑连接的几何条件[①]

第 3 章

§1 引 言

曲面造型是计算几何领域中一个重要的研究方向,它在汽车、造船、航空、模具等行业的外形设计和制造中有着广泛的应用,目前还在发展中. Bézier 曲面和 B 样条曲面是当前曲面造型的两大主要方法,各有长处,互相补充. B 样条曲面具有连续性高,整体配置顶点的优点. Bézier曲面则有装

---

① 本章摘自《应用数学学报》1986 年第 4 期.

配灵活、适应性强的优点. 我们将矩形域和三角域两种 Bézier 曲面片混合造型,几乎可以构造出任意形状的曲面,而这对 B 样条曲面来说常常是困难的. Bézier 曲面造型的麻烦在于曲面片之间的光滑连接. 就应用而言,实用的光滑连接条件是指两曲面片沿连接处位置连续和切平面连续,我们称之为曲面片的几何 C^1 连续,简记为 GC^1 连续. 有人称它为视觉连续(visual continuity),认为这是一项"未解决的研究课题".

复旦大学数学研究所的刘鼎元教授于 1986 年研究了 $m \times n$ 次与 $l \times s$ 次张量积 Bézier 曲面片之间的 GC^1 连接条件,给出一项充分必要条件. 作为特例,我们导出几种实用的充分条件. 这些方法同样适用于三角片的场合.

由于实际应用的需要,我们还讨论了两片 Bézier 曲面"部分连接"的 GC^1 连续条件.

以上研究结果已经在汽车、船体等曲面设计中得到应用.

§2　$m \times n$ 次与 $l \times n$ 次 Bézier 曲面片的 C^r 连续条件

本节我们给出两片张量积 Bézier 曲面沿连接处 C^r 连续的充分必要条件. 这里"C^r 连续"是指曲面的位置向量的每一分量的 r 阶导数连接.

设 $m \times n$ 次 Bézier 曲面片

$$S_1 : \boldsymbol{P}(u,v) = \sum_{i=0}^{n} \sum_{j=0}^{m} \boldsymbol{b}_{ij} B_{i,n}(u) B_{j,m}(v) \quad (0 \leqslant u,v \leqslant 1)$$

S_1 的 r 阶偏导数

$$\frac{\partial^r \boldsymbol{P}}{\partial u^p \partial v^q} = \frac{n!\ m!}{(n-p)!\ (m-q)!} \cdot$$

$$\sum_{i=p}^{n} \sum_{j=q}^{m} (\nabla_u^p \nabla_v^q \boldsymbol{b}_{ij}) B_{i-p,n-p}(u) B_{j-q,m-q}(v)$$

$$(p+q=r) \tag{2.1}$$

在这里,我们定义两类关于脚标的差分算子 ∇_u 和 ∇_v

$$\nabla_u \boldsymbol{b}_{ij} = \boldsymbol{b}_{ij} - \boldsymbol{b}_{i-1,j}$$

$$\nabla_v \boldsymbol{b}_{ij} = \boldsymbol{b}_{ij} - \boldsymbol{b}_{i,j-1}$$

更高阶地

$$\nabla_u \nabla_v \boldsymbol{b}_{ij} \equiv \nabla_u (\nabla_v \boldsymbol{b}_{ij}) = \boldsymbol{b}_{ij} + \boldsymbol{b}_{i-1,j-1} - \boldsymbol{b}_{i-1,j} - \boldsymbol{b}_{i,j-1}$$

代表相邻四点的"扭矢". 显然,$\nabla_u \nabla_v = \nabla_v \nabla_u$. 一般地

$$\nabla_u^p \nabla_v^q \equiv \nabla_u \nabla_v (\nabla_u^{p-1} \nabla_v^{q-1})$$

设 $l \times n$ 次 Bézier 曲面片

$$S_2 : \boldsymbol{Q}(u,v) = \sum_{i=0}^{n} \sum_{j=0}^{l} \boldsymbol{c}_{ij} B_{i,n}(u) B_{j,l}(v) \quad (0 \leqslant u, v \leqslant 1)$$

S_2 的 r 阶偏导数

$$\frac{\partial^r \boldsymbol{Q}}{\partial u^p \partial v^q} = \frac{n!\ l!}{(n-p)!\ (l-q)!} \sum_{t=p}^{n} \sum_{j=q}^{l} (\nabla_u^p \nabla_v^q \boldsymbol{c}_{ij}) \cdot$$

$$B_{i-p,n-p}(u) B_{j-q,l-q}(v)$$

$$(p+q=r) \tag{2.2}$$

我们做出以下定义.

定义 1　若两曲面片 S_1 和 S_2 沿公共边界的每一点直到 r 阶偏导数分别相等,即

$$\left.\frac{\partial^h \boldsymbol{P}}{\partial u^p \partial v^q}\right|_{v=1} = \left.\frac{\partial^h \boldsymbol{Q}}{\partial u^p \partial v^q}\right|_{v=0}$$

$$(p,q=0,1,\cdots,h,h=0,1,\cdots,r,p+q=h)$$
$$(2.3)$$

则称 S_1 与 S_2 沿公共边界 C^r 连续(图 1).

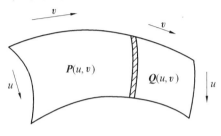

图 1

将 $v=1$ 和 $v=0$ 分别代入式(2.1)和(2.2),注意到 Bernstein 基的独立性,从式(2.3)得到曲面 S_1 和 S_2 沿公共边界 C^r 连续的充分必要条件为

$$\frac{m!}{(m-q)!}\nabla_u^p\nabla_v^q\boldsymbol{b}_{im}=\frac{l!}{(l-q)!}\nabla_u^p\nabla_v^q\boldsymbol{c}_{iq}$$
$$(p,q=0,1,\cdots,r,i=p,\cdots,n,p+q\leqslant r)\quad(2.4)$$

例 1　曲面 S_1 和 S_2 的 C^1 连续条件.

此时,$r=1$.我们在式(2.4)中取 $p=q=0$,有

$$\boldsymbol{b}_{im}=\boldsymbol{c}_{i0}\quad(i=0,\cdots,n)\qquad(2.5)$$

再取 $p=0,q=1$,有

$$m(\boldsymbol{b}_{im}-\boldsymbol{b}_{i,m-1})=l(\boldsymbol{c}_{i1}-\boldsymbol{c}_{i0})\quad(i=0,1,\cdots,n)$$
$$(2.6)$$

但是,取 $p=1,q=0$ 得到的条件被蕴含在式(2.5)与(2.6)中.

曲面 S_1 和 S_2 的 C^1 连续条件是式(2.5)和(2.6),可表示成图 2 的形式.

从上例可见,两曲面的 C^r 连续,即每个分量 C^r 连续的要求太强了,不适用于曲面造型的实际应用.

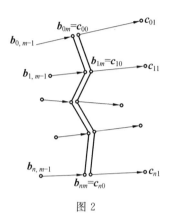

图 2

§3 $m \times n$ 次与 $l \times s$ 次 Bézier 曲面片的 GC^1 连续条件

设给定 $m \times n$ 次与 $l \times s$ 次 Bézier 曲面片

$$S_1 : P(u,v) = \sum_{i=0}^{n} \sum_{j=0}^{m} b_{ij} B_{i,n}(u) B_{j,m}(v)$$

$$(0 \leqslant u, v \leqslant 1)$$

$$S_2 : Q(u,v) = \sum_{i=0}^{s} \sum_{j=0}^{l} c_{ij} B_{i,s}(u) B_{j,l}(v)$$

$$(0 \leqslant u, v \leqslant 1)$$

定义 1 设两曲面片 S_1 和 S_2 沿一条边界曲线位置连续、切平面连续,则称 S_1 和 S_2 几何 C^1 连续,简记成 GC^1 连续.

S_1 和 S_2 沿边界曲线位置连续(C^0 连续)的条件是(图 3)

$$P(u,1) = Q(u,0)$$

即

$$\sum_{i=0}^{n} \boldsymbol{b}_{im} B_{i,n}(u) = \sum_{j=0}^{s} \boldsymbol{c}_{j0} B_{j,s}(u) \quad (0 \leqslant u \leqslant 1)$$

图 3

我们不妨设 $s \geqslant n$. 上式的意义是: 同一边界曲线被分别表示成 n 次和 s 次 Bézier 曲线. 利用 Bézier 曲线的升阶公式

$$\sum_{i=0}^{n} \boldsymbol{b}_{i} B_{i,n}(t) = \sum_{i=0}^{n+1} \boldsymbol{b}_{i}^{*} B_{i,n+1}(t) \quad (0 \leqslant t \leqslant 1)$$

$$(3.1)$$

式中

$$\boldsymbol{b}_{i}^{*} = \frac{i}{n+1} \boldsymbol{b}_{i-1} + \left(1 - \frac{i}{n+1}\right) \boldsymbol{b}_{i} \quad (i = 0, 1, \cdots, n+1)$$

经过逐次递推后, 容易得到以下定理.

定理 1　曲面 S_1 和 S_2 沿一条边界曲线位置连续的充要条件是

$$\boldsymbol{c}_{i0} = \boldsymbol{b}_{im}^{(s-n)} \quad (i = 0, 1, \cdots, s) \qquad (3.2)$$

式中

$$\boldsymbol{b}_{im}^{(r)} = \frac{i}{n+r} \boldsymbol{b}_{i-1,m}^{(r-1)} + \left(1 - \frac{i}{n+r}\right) \boldsymbol{b}_{im}^{(r-1)}$$

$$(i = 0, 1, \cdots, n+r, r = 1, 2, \cdots, s-n)$$

且

$$\boldsymbol{b}_{im}^{(0)} = \boldsymbol{b}_{im}$$

413

下面,我们讨论 S_1 和 S_2 沿公共边界 GC^1 连续的连接条件.这时,沿公共边界曲线上每一点,两曲面的切平面相同,从而三个切向量的混合积为

$$(\boldsymbol{P}_u(u,1),\boldsymbol{P}_v(u,1),\boldsymbol{Q}_v(u,0)) = 0 \qquad (3.3)$$

这里已记 $\boldsymbol{P}_u \equiv \dfrac{\partial \boldsymbol{P}}{\partial u}$,等等.

我们将曲面 S_1 和 S_2 沿公共边界两侧第一排的边向量,以及 S_1 的边界曲线特征多边形边向量分别简记为(图 4)

$$\boldsymbol{a}_i = \boldsymbol{b}_{im} - \boldsymbol{b}_{i,m-1} \quad (i=0,1,\cdots,n)$$

$$\boldsymbol{d}_j = \boldsymbol{c}_{j1} - \boldsymbol{c}_{j0} \quad (j=0,1,\cdots,s)$$

$$\boldsymbol{e}_k = \boldsymbol{b}_{km} - \boldsymbol{b}_{k-1,m} \quad (k=1,2,\cdots,n)$$

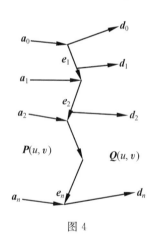

图 4

于是,两曲面沿公共边界上参数曲数方向的切向量可分别表示成

$$\begin{cases} \boldsymbol{P}_u(u,1) = n\sum_{k=1}^{n} \boldsymbol{e}_k B_{k-1,n-1}(u) \\[2mm] \boldsymbol{P}_v(u,1) = m\sum_{i=0}^{n} \boldsymbol{a}_i B_{i,n}(u) \\[2mm] \boldsymbol{Q}_v(u,0) = l\sum_{j=0}^{s} \boldsymbol{d}_j B_{j,s}(u) \end{cases} \qquad (3.4)$$

将式(3.4)代入式(3.3)左部,整理后得

$$\frac{lm}{u}\sum_{i=0}^{n}\sum_{j=0}^{s}\sum_{k=1}^{n}\frac{k}{C_{2n+s}^{\alpha}}B_{\alpha,2n+s}(u)\,\boldsymbol{\cdot}$$

$$C_n^i C_s^j C_n^k (\boldsymbol{e}_k,\boldsymbol{\alpha}_i,\boldsymbol{d}_j) = 0$$

式中 $\alpha \equiv i+j+k$.

注意到 Bernstein 基 $\{B_{\alpha,2n+s}(u)\}_{\alpha=1}^{2n+s}$ 的独立性,我们已经证明了以下定理.

定理 2　曲面 S_1 和 S_2 沿公共边界曲线 GC^1 连续的充要条件是式(3.2)与下式同时成立

$$\sum_{\substack{i=0 \\ i+j+k=\alpha}}^{n}\sum_{j=0}^{s}\sum_{k=1}^{n}k\,C_n^i C_s^j C_n^k(\boldsymbol{e}_k,\boldsymbol{a}_i,\boldsymbol{d}_j) = 0$$

$$(\alpha = 1,2,\cdots,2n+s) \qquad (3.5)$$

为了便于实际应用,现在要导出关于 GC^1 连续的另一形式下的充要条件.为此,我们将式(3.3)表示成等价形式:存在函数 $\lambda = \lambda(u,v)$,$\mu = \mu(u,v)$,使得

$$\boldsymbol{Q}_v = \lambda\boldsymbol{P}_u + \mu\boldsymbol{P}_v \qquad (3.6)$$

这里已将 $\boldsymbol{Q}_v(u,0)$ 简写成 $\boldsymbol{Q}_v$,等等.

下面,我们说明 λ 和 μ 是关于 u 的有理函数,与变元 v 无关.事实上,可将向量方程(3.6)写成分量形式

$$Q_v^{(h)} = \lambda P_u^{(h)} + \mu P_v^{(h)} \quad (h=1,2,3) \qquad (3.7)$$

由于曲面 S_1 的正则性,故 $\boldsymbol{P}_u \times \boldsymbol{P}_v \neq 0$,不失一般地假设

$$D(u) \equiv \begin{vmatrix} P_u^{(1)} & P_v^{(1)} \\ P_u^{(2)} & P_v^{(2)} \end{vmatrix} \neq 0$$

并记

$$E(u) \equiv \begin{vmatrix} Q_v^{(1)} & P_v^{(1)} \\ Q_v^{(2)} & P_v^{(2)} \end{vmatrix}, F(u) \equiv \begin{vmatrix} P_u^{(1)} & Q_v^{(1)} \\ P_u^{(2)} & Q_v^{(2)} \end{vmatrix}$$

容易看出，$D(u),E(u)$ 和 $F(u)$ 是关于 u 的多项式，它们的次数分别不超过 $2n-1,s+n$ 和 $s+n-1$. 从式$(3.7)_{1,2}$ 解出

$$\lambda = \frac{E(u)}{D(u)}, \mu = \frac{F(u)}{D(u)}$$

是关于 u 的有理函数，与 v 无关. 于是得到下述性质.

性质 1　式(3.5) 成立的等价条件是：存在次数分别不超过 $2n-1,s+n$ 和 $s+n-1$ 的多项式 $D(u)$，$E(u)$ 和 $F(u)$，使得

$$D(u)\boldsymbol{Q}_v = E(u)\boldsymbol{P}_u + F(u)\boldsymbol{P}_v \qquad (3.8)$$

为了具体化式(3.8)，将其表示成一组关于 $\{e_k\}$，$\{a_i\}$，$\{d_j\}$ 的方程，我们首先令多项式 $D(u),E(u)$ 和 $F(u)$ 表示 Bernstein 基

$$\begin{cases} D(u) = \displaystyle\sum_{j=0}^{2n-1} \nu_j B_{j,2n-1}(u) \\[3mm] E(u) = \displaystyle\sum_{j=0}^{s+n} \mu_j B_{j,s+n}(u) \\[3mm] F(u) = \displaystyle\sum_{j=0}^{s+n-1} \lambda_j B_{j,s+n-1}(u) \end{cases} \qquad (3.9)$$

把式(3.4) 和(3.9) 代入式(3.8)，利用恒等式

$$B_{i,n}(u) \cdot B_{j,m}(u) = \frac{C_n^i C_m^j}{C_{m+n}^{i+j}} B_{i+j,m+n}(u)$$

经整理后，式(3.8) 变为

$$\sum_{a=0}^{s+2n-1} B_{a,s+2n-1}(u) \Big\{ \sum_{\substack{j=0 \\ i+j=a}}^{2n-1} \sum_{i=0}^{s} \frac{C_{2n-1}^j C_s^i}{C_{s+2n-1}^a} \nu_i \boldsymbol{d}_i +$$

$$\sum_{\substack{j=0 \\ i+j=a}}^{s+n-1} \sum_{i=0}^{n} \frac{C_{s+n-1}^j C_n^i}{C_{s+2n-1}^a} \lambda_j \boldsymbol{a}_i +$$

$$\sum_{\substack{j=0 \\ i+j=a+1}}^{s+n} \sum_{i=1}^{n} \frac{C_{s+n}^j C_{n-1}^{i-1}}{C_{s+2n-1}^a} \mu_j \boldsymbol{e}_i \Big\} = \boldsymbol{0}$$

由基函数 $\{B_{a,s+2n-1}(u)\}_{a=0}^{s+2n-1}$ 的独立性，我们便有下述定理.

定理 3　曲面 S_1 和 S_2 沿公共边界曲线 GC^1 连续的充要条件是式(3.2)与下式同时成立

$$\sum_{\substack{j=0 \\ i+j=a}}^{2n-1} \sum_{i=0}^{s} C_{2n-1}^j C_s^i \nu_j \boldsymbol{d}_i +$$

$$\sum_{\substack{j=0 \\ i+j=\alpha}}^{s+n-1} \sum_{i=0}^{n} C_{s+n-1}^j C_n^i \lambda_j \boldsymbol{a}_i +$$

$$\sum_{\substack{j=0 \\ i+j=a+1}}^{s+n} \sum_{i=1}^{n} C_{s+n}^j C_{n-1}^{i-1} \mu_j \boldsymbol{e}_i = \boldsymbol{0}$$

$$(\alpha = 0,1,\cdots,s+2n-1) \qquad (3.10)$$

式中 $\{\nu_j\}_0^{2n-1}$，$\{\lambda_j\}_0^{s+n-1}$，$\{\mu_j\}_0^{s+n}$ 是任意常数.

例 1　两张双一次 Bézier 曲面的 GC^1 连接(图 5).

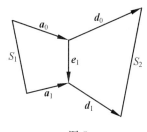

图 5

此时，$n=s=1$，$s+2n-1=2$. 方程组(3.10)中共

417

有 $\alpha = 0,1,2$ 三项方程：

(1) $\alpha = 0$

$$\nu_0 \boldsymbol{d}_0 + \lambda_0 \boldsymbol{a}_0 + \mu_0 \boldsymbol{e}_1 = \boldsymbol{0} \qquad (3.11)$$

(2) $\alpha = 1$

$$(\nu_0 \boldsymbol{d}_1 + \nu_1 \boldsymbol{d}_0) + (\lambda_0 \boldsymbol{a}_1 + \lambda_1 \boldsymbol{\alpha}_0) + 2\mu_1 \boldsymbol{e}_1 = \boldsymbol{0}$$

$$(3.12)$$

(3) $\alpha = 2$

$$\nu_1 \boldsymbol{d}_1 + \lambda_1 \boldsymbol{a}_1 + \mu_2 \boldsymbol{e}_1 = \boldsymbol{0} \qquad (3.13)$$

由于 $\boldsymbol{a}_0 \nparallel \boldsymbol{e}_1, \boldsymbol{a}_1 \nparallel \boldsymbol{e}_1$，由式(3.11),(3.13) 有 ν_0,
$\nu_1 \neq 0$,且

$$\begin{cases} \boldsymbol{d}_0 = \dfrac{-1}{\nu_0}(\lambda_0 \boldsymbol{a}_0 + \mu_0 \boldsymbol{e}_1) \\[2mm] \boldsymbol{d}_1 = \dfrac{-1}{\nu_1}(\lambda_1 \boldsymbol{a}_1 + \mu_2 \boldsymbol{e}_1) \end{cases} \qquad (3.14)$$

代入式(3.12),有

$$\left(2\mu_1 - \frac{\nu_0 \mu_2}{\nu_1} - \frac{\nu_1 \mu_0}{\nu_0}\right) \boldsymbol{e}_1 = \left(\frac{\nu_0 \lambda_1}{\nu_1} - \lambda_0\right) \boldsymbol{a}_1 + \left(\frac{\nu_1 \lambda_0}{\nu_0} - \lambda_1\right) \boldsymbol{a}_0$$

$$(3.15)$$

当 $\dfrac{\lambda_0}{\nu_0} \neq \dfrac{\lambda_1}{\nu_1}$ 时,上式表明 $\boldsymbol{a}_0, \boldsymbol{a}_1, \boldsymbol{e}_1$ 共面, S_1 是平面.

而由式(3.14)知,此时 S_2 属于同一平面.

当 $\dfrac{\lambda_0}{\nu_0} = \dfrac{\lambda_1}{\nu_1}$ 时,只要取

$$\mu_1 = \frac{1}{2}\left(\frac{\nu_0}{\nu_1}\mu_2 + \frac{\nu_1}{\nu_0}\mu_0\right)$$

式(3.15) 便成立.

综上所述,在引入记号

$$\lambda \equiv -\frac{\lambda_0}{\nu_0} = -\frac{\lambda_1}{\nu_1}, \mu \equiv -\frac{\mu_0}{\nu_0}, \nu \equiv -\frac{\mu_2}{\nu_1}$$

之后,注意到式(3.14),便有以下结论.

结论 1　两张双一次 Bézier 曲面 GC^1 连接的充要条件是:它们合于同一平面,或者存在常数 $\lambda(\neq 0)$, μ, ν, 使得

$$\begin{cases} \boldsymbol{d}_0 = \lambda \boldsymbol{a}_0 + \mu \boldsymbol{e}_1 \\ \boldsymbol{d}_1 = \lambda \boldsymbol{a}_1 + \mu \boldsymbol{e}_1 \end{cases} \tag{3.16}$$

§4　特　　例

在汽车、船体、飞机等复杂曲面的几何造型中,经常采用许多片同次的 Bézier 曲面,按照 GC^1 连续的光滑性连接成大片曲面. 作为定理 3 的应用,对于两片沿公共边界都是 n 次的 Bézier 曲面,我们给出一些实用的 GC^1 连续连接条件.

1. 简单连接条件

对于 $s = n$ 的两片 Bézier 曲面,令式(3.8)中的多项式

$$\begin{cases} D(u) \equiv 1 \\ E(u) \equiv \mu u + \nu \quad (\lambda, \mu, \nu \text{ 为常数} \lambda \neq 0) \\ F(u) \equiv \lambda \end{cases}$$

于是, GC^1 连续条件式(3.10) 成为

$$\boldsymbol{d}_i = \lambda \boldsymbol{a}_i + \frac{i}{n} \tau \boldsymbol{e}_i + \left(1 - \frac{i}{n}\right) \nu \boldsymbol{e}_{i+1} \quad (i = 0, 1, \cdots, n) \tag{4.1}$$

式中令 $\tau = \nu - \mu$. 在这里和以后都约定,凡出现像 $\boldsymbol{e}_0$ 和 $\boldsymbol{e}_{n+1}$ 那样无定义的量,都视为零.

式(4.1)适用于同次 Bézier 曲面片的 GC^1 连接(图 6).

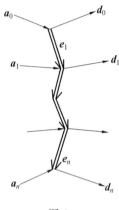

图 6

当边界向量共线,即 $a_0 // d_0, a_n // d_n$ 时,式(4.1)简化成

$$d_i = \lambda a_i \quad (i = 0, 1, \cdots, n) \qquad (4.2)$$

这表明,所有对应的网格边向量共线,且具有同一比例因子 λ.

式(4.1)和(4.2)适用于 CAGD 中一部分简单的曲面 GC^1 连接问题. 由于自由度太少,在实用中会有某些局限性.

2. 升阶连接条件

当曲面 S_1 和 S_3 沿公共边界都是 n 次时,利用升阶公式容易将 S_2 的边界升为 $n+1$ 次,即 $s=n+1$. 升阶后,可以获得更多的自由度,适用于一般场合的 GC^1 连续连接.

令式(3.8)中的多项式

420

$$\begin{cases} D(u) \equiv 1 \\ E(u) \equiv \sum_{j=0}^{2} \mu_j B_{j,2}(u) \\ F(u) \equiv \sum_{j=0}^{1} \lambda_j B_{j,1}(u) \end{cases} \tag{4.3}$$

这时式(3.10) 成为

$$d_i = \left(\frac{n-i+1}{n+1}\lambda_0 a_i + \frac{i}{n+1}\lambda_1 a_{i-1} \right) +$$

$$\left[\frac{i(i-1)}{n(n+1)}\mu_2 e_{i-1} + \right.$$

$$\frac{2i(n-i+1)}{n(n+1)}\mu_1 e_i +$$

$$\left. \frac{(n-i)(n-i+1)}{n(n+1)}\mu_0 e_{i+1} \right]$$

$$(i = 0, 1, \cdots, n+1) \tag{4.4}$$

两曲面的边向量连接条件如图 7 所示.

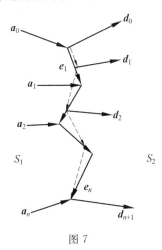

图 7

连接条件式(4.4) 比式(4.1) 多了两个数量自由

度. 特别取 $i=0$ 和 $n+1$

$$\begin{cases} \boldsymbol{d}_0 = \lambda_0 \boldsymbol{a}_0 + \mu_0 \boldsymbol{e}_1 \\ \vdots \\ \boldsymbol{d}_{n+1} = \lambda_1 \boldsymbol{a}_n + \mu_2 \boldsymbol{e}_n \end{cases}$$

我们看出,曲面 S_2 的两端边向量 $\boldsymbol{d}_0$ 和 $\boldsymbol{d}_{n+1}$ 可以不受约束地任意选定,这是有相当实用的价值的.

根据曲面造型的实际需要,按照一般的 GC^1 连接条件(3.10),我们可以构造出各种适用的 GC^1 连接方式.

§5 两片 Bézier 曲面的部分连接

我们在 §3 中讨论了 Bézier 曲面 S_1 和 S_2 沿着如图 3 所示的公共边界 GC^1 连续的条件. 这两片曲面沿边界曲线从头至尾地合在一起,不妨称为"完全连接". 实用上还会遇到像图 8 那样的,曲面 S_1 的部分边界与曲面 S_2 的全部或部分边界 GC^1 连接,称为"部分连接". 本节将给出 GC^1 部分连接的方法,它已经在汽车曲面外形设计中得到了应用.

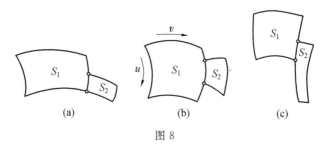

图 8

下面,我们给出图 8(b) 的 GC^1 部分连接方法. 在

其余两种情况中,图 8(a) 是图 8(b) 的特例,图 8(c) 则是其扩展,但方法完全一致,就省略了.

由于 S_1 和 S_2 都是张量积曲面,我们只需处理沿公共边界曲线 u 方向上的分割表示问题.

设给定 n 次 Bézier 曲线

$$\boldsymbol{P}(u) = \sum_{i=0}^{n} \boldsymbol{b}_i B_{i,n}(u) \quad (0 \leqslant u \leqslant 1) \quad (5.1)$$

取曲线上任意一点 $u = u_0$,分原曲线成两段 Bézier 曲线,记它们对应的新参数分别为 s 和 t,特征多边形顶点为 $\{\boldsymbol{b}_i^{(1)}\}$ 和 $\{\boldsymbol{b}_i^{(2)}\}$(图 9),对应的方程分别是

$$\boldsymbol{P}^{(1)}(s) = \sum_{i=0}^{n} \boldsymbol{b}_i^{(1)} B_{i,n}(s) \quad (0 \leqslant s \leqslant 1) \quad (5.2)$$

$$\boldsymbol{P}^{(2)}(t) = \sum_{i=0}^{n} \boldsymbol{b}_i^{(2)} B_{i,n}(t) \quad (0 \leqslant t \leqslant 1) \quad (5.3)$$

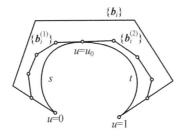

图 9

子曲线与原曲线的特征多边形顶点之间满足下列关系

$$\boldsymbol{b}_i^{(1)} = \sum_{k=0}^{i} \boldsymbol{b}_k B_{k,i}(u_0) \quad (i = 0, 1, \cdots, n) \quad (5.4)$$

$$\boldsymbol{b}_i^{(2)} = \sum_{k=0}^{n-i} \boldsymbol{b}_{k+i} B_{k,n-i}(u_0) \quad (i = 0, 1, \cdots, n) \quad (5.5)$$

一般地,可以在 Bézier 曲线(5.1)上分割出对应于

423

参数 $\alpha \leqslant u \leqslant \beta$ 的曲线段(图 10),表示成同次的 Bézier 曲线形式

$$P^*(\omega) = \sum_{k=0}^{n} b_k^* B_{k,n}(\omega) \quad (0 \leqslant \omega \leqslant 1) \quad (5.6)$$

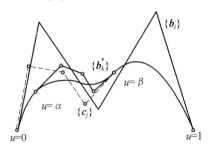

图 10

式中特征多边形顶点

$$b_k^* = \sum_{i=k}^{n} B_{i-k,n-k}\left(\frac{\alpha}{\beta}\right) \sum_{j=0}^{i} b_j B_{j,i}(\beta) \quad (k = 0,1,\cdots,n)$$

$$(5.7)$$

参数 $\omega = \dfrac{u-\alpha}{\beta-\alpha}$.

事实上,在图 10 中作虚线勾画的过渡特征多边形 $\{c_i\}$,利用式(5.2)~(5.5),容易导得式(5.6),(5.7).

设已知 $m \times n$ 次 Bézier 曲面

$$S_1 : P(u,v) = \sum_{i=0}^{n} \sum_{j=0}^{m} b_{ij} B_{i,n}(u) B_{j,m}(v)$$

$$(0 \leqslant u,v \leqslant 1)$$

曲面 S_2 与 S_1 部分连接,对应于 S_1 边界曲线上的 $u = \alpha$ 和 $u = \beta$(图 11).

在曲面 S_1 上作等参线 $u = \alpha$ 和 $u = \beta$,分割出子曲面 S^*,按照式(5.6)和(5.7),S^* 的方程为

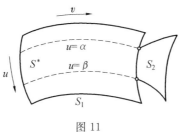

图 11

$$S^* : \boldsymbol{P}^*(w,v) = \sum_{k=0}^{n} \sum_{j=0}^{m} \boldsymbol{b}_{kj}^* B_{k,n}(w) B_{j,m}(v)$$

$$(0 \leqslant w, v \leqslant 1)$$

式中特征多边形顶点

$$\boldsymbol{b}_{kj}^* = \sum_{i=k}^{n} B_{i-k,n-k}\left(\frac{\alpha}{\beta}\right) \sum_{l=0}^{i} B_{l,i}(\beta) \boldsymbol{b}_{lj}$$

$$(k = 0, 1, \cdots, n, j = 0, 1, \cdots, m)$$

参数 $\omega = \dfrac{u - \alpha}{\beta - \alpha}$.

至此，问题归结为：运用 §3 或 §4 中的方法，适当调整曲面 S_2 的特征网格，使得 S_2 与 S^* 达到 GC^1 连接，从而实现 S_2 与 S_1 的 GC^1 连接.

三角域上参数 Bézier 曲面为凸的一个充分条件[①]

第 4 章

复旦大学数学研究所的刘晓春教授利用 Bézier 网的升阶给出了三角域上参数 Bézier 曲面为凸的一个充分条件,此条件是仿射不变的,进而推广了下述的结果. 如果非参数 Bézier 三角片的网是凸的,那么曲面本身也是凸的.

§1 引 言

在 CAGD 领域中,几何外形的设

---

① 本章摘自《数学年刊》1990 年第 4 期.

计经常涉及曲线与曲面的凸性. 特别地, 对 Bézier 曲面的凸性的研究一直是人们所感兴趣的. 到目前为止, 对于三角域上非参数 Bézier 曲面的凸性, 人们已得到较为令人满意的结果. 对于参数 Bézier 曲面, 在张量积情形, 文献[1]给出了曲面为凸的一个充分条件, 且条件是仿射不变的. 三角域上参数 Bézier 曲面的凸性问题比其非参数形式要复杂得多. 文献[2]中给出了一个反例说明参数 Bézier 三角片的凸的控制网不能保证曲面本身为凸. 而任何非参数 Bézier 三角片的凸的控制网确实产生的是凸的曲面. 因此, 要得到参数 Bézier 三角片的保凸条件要困难些. 文献[3]中给出了一个保凸的充分条件, 可它不是仿射不变的. 仿射不变条件尚处于探索之中.

§2　预 备 概 念

设

$$T = \Big\{ \boldsymbol{P} = \sum_{h=1}^{3} t_h \boldsymbol{T}_h \mid 0 \leqslant t_h \leqslant 1, \mid t \mid := \sum_{h=1}^{3} t_h = 1 \Big\}$$
$$(\boldsymbol{P} \in \mathbf{R}^2)$$

定义了 $\mathbf{R}^2$ 上的一个非退化三角形 T, 其顶点为 $\boldsymbol{T}_1, \boldsymbol{T}_2,$ $\boldsymbol{T}_3$. 平面 $\mathbf{R}^2$ 上任何一点 $\boldsymbol{P}$ 可唯一地表示成

$$\boldsymbol{P} = \sum_{h=1}^{3} t_h \boldsymbol{T}_h \quad (\mid t \mid = 1)$$

此处 $t = (t_1, t_2, t_3)$ 称作 $\boldsymbol{P}$ 的重心坐标. $\boldsymbol{P}$ 落在 T 内部, 当且仅当 $t_h \geqslant 0, h = 1, 2, 3$ (图 1). 三角形顶点 $\boldsymbol{T}_h$ 的重心坐标为 e^h, 其中 $e^1 = (1, 0, 0), e^2 = (0, 1, 0), e^3 = (0,$

$0,1)$.

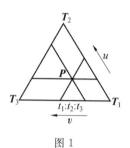

图 1

设 $i = (i_1, i_2, i_3)$ 属于 $\mathbf{Z}_+^3$，$\{b_i \mid |i| : \sum\limits_{h=1}^{3} i_h = n\}$ 是实数集或 $\mathbf{R}^3$ 中的点集. 当 b_i，$|i| = n$ 是实数时，称图像

$$\{P; b^n(t) \mid b^n(t) = \sum_{|i|=n} b_i B^i(t)\}$$

是三角域 T 上非参数形式的 Bézier 曲面，或简称为非参数的 Bézier 三角片. 其中 t 为 P 的重心坐标，$B^i(t)$ 是 Bernstein 多项式

$$B^i(t) = \frac{n!}{i_1! \ i_2! \ i_3!} t_1^{i_1} t_2^{i_2} t_3^{i_3}$$

当 b_i 属于 $\mathbf{R}^3$ 时，$|i| = n$，称映照

$$b^n(t) = \sum_{|i|=n} b_i B^i(t) : T \to \mathbf{R}^3$$

在 $\mathbf{R}^3$ 中的象是参数形式的 Bézier 三角片. 也称 $b^n(t)$ 是参数 Bézier 三角片. 由平面三角片 $b_i b_{i+u} b_{i+v}$ 和 $b_{i+u} b_{i+u+v} b_{i+v}$，$|i| = n$ 构成的曲面称为曲面 $b^n(t)$ 的 Bézier 网或控制网. b_i，$|i| = n$，称作 Bézier 点或控制点（图 2 和图 3），其中 $u = e^2 - e^1$，$v = e^3 - e^1$（图 1）. 对于非参数 Bézier 三角片，其控制点为 $\left(\dfrac{i}{n}; b_i\right)$，$|i| = n$，这里 $\dfrac{i}{n}$ 是 T 中某一点的重心坐标.

428

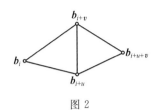

图 2

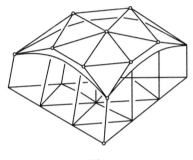

图 3

图 3 给出了一个三次非参数 Bézier 三角片及其控制网.

下面我们仅关心参数形式的 Bézier 三角片, 亦即对任何 i, $|i|=n$, b_i 属于 $\mathbf{R}^3$.

§3　Bézier 网的扭矢与升阶公式

1. Bézier 网的升阶

任何 n 次的 Bézier 多项式 $b^n(t)$ 都可以表示成 $n+1$ 次的 Bézier 多项式, 即

$$\sum_{|i|=n} b_i B^i(t) = \sum_{|j|=n+1} \hat{b}_j B^j(t)$$

于是有以下引理.

引理 1　$\hat{b}_j$ 由下式决定

$$\hat{\boldsymbol{b}}_j = \frac{\sum\limits_{h=1}^{3} j_h \boldsymbol{b}_{j-e^h}}{n+1} \quad (\mid j \mid = n+1) \qquad (3.1)$$

记 $\boldsymbol{b}_j^{(1)}$ 为 $\hat{\boldsymbol{b}}_j$，$\boldsymbol{b}_j^{(m)}$ 为 $\boldsymbol{b}_k^{(m-1)}$ 升阶后 $\boldsymbol{b}^n(t)$ 的控制点，$\mid j \mid = n+m$，$\mid k \mid = n+m-1$. 如果 $\boldsymbol{B}_m$ 是由

$$\{ \boldsymbol{b}_j^{(m)} \mid \mid j \mid = n+m \}$$

形成的 Bézier 网，那么我们有下述引理.

引理 2

$$\boldsymbol{b}_j^{(m)} = \sum\limits_{\mid i \mid = n} \boldsymbol{b}_i \frac{C_{j_1}^{i_1} C_{j_2}^{i_2} C_{j_3}^{i_3}}{C_{n+m}^n} \qquad (3.2)$$

引理 3 重复升阶过程，那么控制将收敛于曲面 $\boldsymbol{b}^n$，即

$$\lim \boldsymbol{B}_m = \boldsymbol{b}^n$$

上述引理的证明可见文献[6]或文献[11].

2. Bézier 网的扭矢与升阶公式

记

$$\boldsymbol{p}_i = \boldsymbol{b}_i + \boldsymbol{b}_{i+u+v} - \boldsymbol{b}_{i+u} - \boldsymbol{b}_{i+v} \quad (\mid i \mid = n)$$

这里的所有下标都必须属于 $\mathbf{Z}_+^3$，否则令 $\boldsymbol{p}_i = \boldsymbol{0}$. 我们还定义

$$\boldsymbol{q}_i = \boldsymbol{b}_i + \boldsymbol{b}_{i-u+2v} - \boldsymbol{b}_{i-u+v} - \boldsymbol{b}_{i+v}$$

$$\boldsymbol{r}_i = \boldsymbol{b}_i + \boldsymbol{b}_{i+2u-v} - \boldsymbol{b}_{i+u} - \boldsymbol{b}_{i+u-v}$$

并做同样的处理. 这些 $\boldsymbol{p}_i$, $\boldsymbol{q}_i$, $\boldsymbol{r}_i$ 称为 $\boldsymbol{b}^n(t)$ 的控制网扭矢(图 4). 图 5 给出了扭矢的几何意义，即四边形 $\boldsymbol{b}_i \boldsymbol{b}_{i+u} \boldsymbol{b}_{i+u+v} \boldsymbol{b}_{i+v}$ 与一平面的偏差. 这反映了此四边形的弯曲程度.

为方便起见，记

$$\boldsymbol{x}_i = \boldsymbol{b}_i - \boldsymbol{b}_{i+u}$$

$$\boldsymbol{y}_i = \boldsymbol{b}_i - \boldsymbol{b}_{i-u+v}$$

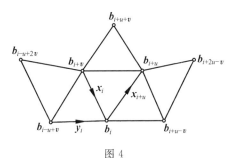

图 4

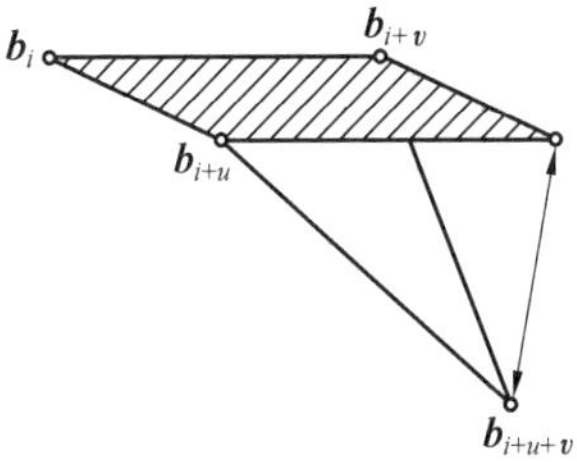

图 5

$$z_i = b_i - b_{i-u}$$

则扭矢 p_i, q_i, r_i 也可表示为

$$p_i = x_i - x_{i+u} = z_{i+u+v} - z_{i+u} \qquad (3.3)$$

$$q_i = y_i - y_{i+v} = x_i - x_{i-u+v} \qquad (3.4)$$

$$r_i = z_{i+2u-v} - z_{i+u} = y_{i+2u-v} - y_{i+u-v} \qquad (3.5)$$

下面将给出网的扭矢的升阶公式. 记

$$\hat{p}_{i+e^1} = \hat{b}_{i+u+v+e^1} + \hat{b}_{i+e^1} - \hat{b}_{i+u+e^1} - \hat{b}_{i+v+e^1}$$

$$\hat{q}_{i+e^1} = \hat{b}_{i+e^1} + \hat{b}_{i-u+2v+e^1} - \hat{b}_{i+v+e^1} - \hat{b}_{i-u+v+e^1}$$

$$\hat{r}_{i+e^1} = \hat{b}_{i+e^1} + \hat{b}_{i+2u-v+e^1} - \hat{b}_{i+u+e^1} - \hat{b}_{i+u-v+e^1}$$

$|i| = n$，此处所有下标必须属于 $\mathbf{Z}_+^3$. 结果有以下引理.

引理 4（扭矢的升阶公式）

$$\hat{p}_{i+e^1} = \frac{(i_1 - 1) p_i + i_2 p_{i-u} + i_3 p_{i-v}}{n+1}.$$

$$\hat{\boldsymbol{q}}_{i+e^1} = \frac{i_1 \boldsymbol{q}_i + (i_2 - 1) \boldsymbol{q}_{i-u} + i_3 \boldsymbol{q}_{i-v}}{n + 1}.$$

$$\hat{\boldsymbol{r}}_{i+e^1} = \frac{i_1 \boldsymbol{r}_i + i_2 \boldsymbol{r}_{i-u} + (i_3 - 1) \boldsymbol{r}_{i-v}}{n + 1}.$$

对任何 i，$|i| = n$ 成立.

证明 由公式(3.1)，我们有

$$\hat{\boldsymbol{b}}_{i+u+v+e^1} = \frac{(i_1 + 1) \boldsymbol{b}_{i+u+v} + (i_2 + 1) \boldsymbol{b}_{i+v} + (i_3 + 1) \boldsymbol{b}_{i+u}}{n + 1}$$

$$\hat{\boldsymbol{b}}_{i+e^1} = \frac{(i_1 + 1) \boldsymbol{b}_i + i_2 \boldsymbol{b}_{i-u} + i_3 \boldsymbol{b}_{i-v}}{n + 1}$$

$$\hat{\boldsymbol{b}}_{i+u+e^1} = \frac{i_1 \boldsymbol{b}_{i+u} + (i_2 + 1) \boldsymbol{b}_i + i_3 \boldsymbol{b}_{i+u-v}}{n + 1}$$

$$\hat{\boldsymbol{b}}_{i+v+e^1} = \frac{i \boldsymbol{b}_{i+v} + i_2 \boldsymbol{b}_{i-u+v} + (i_3 + 1) \boldsymbol{b}_i}{n + 1}$$

因此

$$\begin{aligned}
\hat{\boldsymbol{p}}_{i+e^1} &= ((i_1 - 1)(\boldsymbol{b}_{i+u+v} + \boldsymbol{b}_i - \boldsymbol{b}_{i+u} - \boldsymbol{b}_{i+v}) + \\
&\quad i_2 (\boldsymbol{b}_{i+v} + \boldsymbol{b}_{i-u} - \boldsymbol{b}_i - \boldsymbol{b}_{i-u+v}) + \\
&\quad i_3 (\boldsymbol{b}_{i+u} + \boldsymbol{b}_{i-v} - \boldsymbol{b}_i - \boldsymbol{b}_{i+u-v}))/(n + 1) \\
&= \frac{(i_1 - 1) \boldsymbol{p}_i + i_2 \boldsymbol{p}_{i-u} + i_3 \boldsymbol{p}_{i-v}}{n + 1}
\end{aligned}$$

其余的式子同理可证.

§4　网和曲面为凸的条件

定义 1 如果 Bézier 曲面的控制 $\boldsymbol{B}$ 满足下述条件

$$\begin{cases} \boldsymbol{n}_i (\boldsymbol{b}_j - \boldsymbol{e}) \geqslant 0 \\ \boldsymbol{l}_i (\boldsymbol{b}_j - \boldsymbol{f}) \geqslant 0 \end{cases} \tag{4.1}$$

$|i| = |j| = n$，其中 $\boldsymbol{n}_i := \boldsymbol{x}_i \times \boldsymbol{y}_i, \boldsymbol{l}_i := \boldsymbol{y}_i \times \boldsymbol{z}_i$ 分别为三角片 $\boldsymbol{b}_i \boldsymbol{b}_{i+v} \boldsymbol{b}_{i-u+v}$ 与 $\boldsymbol{b}_{i-u} \boldsymbol{b}_i \boldsymbol{b}_{i-u+v}$ 的法方向，$\boldsymbol{e}, \boldsymbol{f}$ 分别为平

面 $\boldsymbol{b}_i\boldsymbol{b}_{i+v}\boldsymbol{b}_{i-u+v}$ 与平面 $\boldsymbol{b}_{i-u}\boldsymbol{b}_i\boldsymbol{b}_{i-u+v}$ 中给定的点,那么说 Bézier $\boldsymbol{B}$ 是凸的.

式(4.1)说明所有的 Bézier 点 $\boldsymbol{b}_j$,$|j|=n$,落在平面 $\boldsymbol{b}_i\boldsymbol{b}_{i+v}\boldsymbol{b}_{i-u+v}$ 和平面 $\boldsymbol{b}_{i-u}\boldsymbol{b}_i\boldsymbol{b}_{i-u+v}$ 的一侧.利用控制网的扭矢和网格三角片的法向,可得到控制网凸的一个充分条件,如下:

引理 1　如果

$$\begin{cases} \boldsymbol{p}_i\boldsymbol{n}_j \geqslant 0, \boldsymbol{p}_i\boldsymbol{l}_j \geqslant 0 \\ \boldsymbol{q}_i\boldsymbol{n}_j \geqslant 0, \boldsymbol{q}_i\boldsymbol{l}_j \geqslant 0 \\ \boldsymbol{r}_i\boldsymbol{n}_j \geqslant 0, \boldsymbol{r}_i\boldsymbol{l}_j \geqslant 0 \end{cases} \tag{4.2}$$

对任何 i,j,$|i|=|j|=n$ 成立,那么 $\boldsymbol{b}^n(t)$ 的 Bézier 网是凸的.

证明　我们仅考虑三角片 $\boldsymbol{b}_i\boldsymbol{b}_{i+u}\boldsymbol{b}_{i+v}$,即要证所有 Bézier 点 $\boldsymbol{b}_j$ 都在此三角片的同一侧.对另一类三角片 $\boldsymbol{b}_{i+u}\boldsymbol{b}_{i+u+v}\boldsymbol{b}_{i+v}$,$|i|=n$,可同样处理.首先说明 $\boldsymbol{b}_{i+ru+sv}(r, s \geqslant 1)$ 均在与三角片 $\boldsymbol{b}_i\boldsymbol{b}_{i+u}\boldsymbol{b}_{i+v}$ 的法向 $\boldsymbol{l}_{i+u}$ 相反的一侧,即

$$(\boldsymbol{b}_{i+ru+sv} - \boldsymbol{b}_{i+v})\boldsymbol{l}_{j+u} \geqslant 0$$

由式(3.3)~(3.5),我们有

$$\boldsymbol{z}_{i+pu} - \boldsymbol{z}_{i+(p-1)u+v} = \boldsymbol{r}_{i+(p-2)u+v}$$

$$\boldsymbol{z}_{i+(p-1)u+v} - \boldsymbol{z}_{i+(p-1)u} = \boldsymbol{p}_{i+(p-2)u}$$

对 p 从 2 到 q 求和得

$$\boldsymbol{z}_{i+qu} - \boldsymbol{z}_{i+u} = \sum_{p=2}^{q}(\boldsymbol{r}_{i+(p-2)u+v} + \boldsymbol{p}_{i+(p-2)u})$$

利用式(4.2)得到

$$\boldsymbol{z}_{i+qu}\boldsymbol{l}_{i+u} = (\boldsymbol{z}_{i+qu} - \boldsymbol{z}_{i+u})\boldsymbol{l}_{i+u} \geqslant 0$$

对 q 从 2 到 r 求和,得

$$(\boldsymbol{b}_{i+ru} - \boldsymbol{b}_{i+u})\boldsymbol{l}_{i+u} = \sum_{q=2}^{r}\boldsymbol{z}_{i+qu}\boldsymbol{l}_{i+u} \geqslant 0$$

同理可证

$$(\boldsymbol{b}_{i+sv} - \boldsymbol{b}_{i+v})\boldsymbol{l}_{i+u} \geqslant 0$$

既然

$$\boldsymbol{b}_{i+ru+sv} - \boldsymbol{b}_{i+sv} = \sum_{p=2}^{r} \boldsymbol{z}_{i+pu+qv}$$

$$\boldsymbol{z}_{i+pu+sv} = \sum_{q=0}^{s-1} \boldsymbol{p}_{i+(p-1)u+qv} - \boldsymbol{z}_{i+pu}$$

由式(4.2)和(4.3),不难得到

$$(\boldsymbol{b}_{i+ru+sv} - \boldsymbol{b}_{i+sv})\boldsymbol{l}_{i+u} \geqslant 0$$

从而

$$(\boldsymbol{b}_{i+ru+sv} - \boldsymbol{b}_{i+v})\boldsymbol{l}_{i+u} = (\boldsymbol{b}_{i+ru+sv} - \boldsymbol{b}_{i+sv})\boldsymbol{l}_{i+u} +$$
$$(\boldsymbol{b}_{i+sv} - \boldsymbol{b}_{i+v})\boldsymbol{l}_{i+u} \geqslant 0$$

这样便证明了 $\boldsymbol{b}_{i+ru+sv}(r \geqslant 1, s \geqslant 1)$ 均在与三角片 $\boldsymbol{b}_i\boldsymbol{b}_{i+u}\boldsymbol{b}_{i+v}$ 的法向相反的一侧. 当 $r \leqslant 0$ 或 $s \leqslant 0$ 或 $r \leqslant 0, s \leqslant r$ 时可同样考虑. 这说明所有 Bézier 点均在此三角片的同一侧.

注 1 当 $j \in \boldsymbol{Z}_+^3$ 时,$\boldsymbol{b}_j$ 置为 $\boldsymbol{0}$.

注 2 引理 4.2 在扭矢都共线时条件也是必要的. 此时不妨设所有扭矢不全是零向量. 由文献[3],Bézier 曲面 $\boldsymbol{b}^n(t)$ 经仿射变换可变为非参数形式,且所有扭矢都与 z 轴平行. 这样只要说明引理 4.2 的条件对非参数 Bézier 曲面是必要的即可. 文献[4]中说明网的凸性等价于它的三向凸性(即所有扭矢都指向 z 轴正向或都指向 z 轴负向). 所以只需要所有 $\boldsymbol{n}_i\boldsymbol{k}$ 和 $\boldsymbol{l}_j\boldsymbol{k}$ 同号即可,其中 $\boldsymbol{k} = (0, 0, 1)$. 现在不妨设区域三角形 T 的顶点 $\boldsymbol{T}_1, \boldsymbol{T}_2, \boldsymbol{T}_3$ 按顺时针方向排列

$$(\boldsymbol{T}_1 - \boldsymbol{T}_3) \times (\boldsymbol{T}_2 - \boldsymbol{T}_3)\boldsymbol{k} > 0$$

由于 $\left(\dfrac{i}{n}; \boldsymbol{b}_i\right)$ 对应于点 $\left[\dfrac{\displaystyle\sum_{h=1}^{3} i_h \boldsymbol{T}_h}{n}; \boldsymbol{b}_i\right]$ (这里所考虑的曲

面片是非参数形式的,所以 b_i 为实数),故

$$n_i k = \left(\frac{T_1 - T_3}{n}; b_i - b_{i+v}\right) \times$$

$$\left(\frac{T_2 - T_3}{n}; b_i - b_{i-u+v}\right) k$$

$$= \frac{1}{n^2}(T_1 - T_3) \times (T_2 - T_3) k > 0$$

同样可证 $l_j k > 0$.

注 3　引理 4.2 给出了非参数 Bézier 三角片其网三向凸则亦有网凸的另一证明.

下面给出一个 Bézier 网 B 为凸并且 B 升阶所得到的网 $\hat{B}$ 也具有 B 的同样性质的充分条件,即:

引理 2　记

$$n_{ij} = x_i \times y_j, \quad l_{ij} = y_i \times z_j$$

如果由 $\langle b_i \mid\mid i \mid = n \rangle$ 构成的 Bézier 网 B 满足式 (4.4)(或(4.5))

$$\begin{aligned} p_i n_{jk} \geqslant 0, q_i n_{jk} \geqslant 0, r_i n_{jk} \geqslant 0 \\ p_i l_{jk} \geqslant 0, q_i l_{jk} \geqslant 0, r_i l_{jk} \geqslant 0 \end{aligned} \tag{4.5}$$

$\mid i \mid = \mid j \mid = \mid k \mid = n$,那么 $\hat{B}$ 也满足式(4.4)(或(4.5)).

证明　对 i, $\mid i \mid = n$,记

$$\hat{x}_{i+e^1} := \hat{b}_{i+e^1} + \hat{b}_{i+v+e^1} = \frac{i_1 x_i + i_2 x_{i-u} + i_3 x_{i-v}}{n+1}$$

$$\hat{y}_{i+e^1} := \hat{b}_{i+e^1} - \hat{b}_{i-u+v+e^1}$$

$$= \frac{(i_1+1) y_i + (i_2-2) y_{i-u} + i_3 y_{i-v}}{n+1}$$

$$\hat{z}_{i+e^1} := \hat{b}_{i+e^1} - \hat{b}_{i-u+e^1}$$

$$= \frac{(i_1+1) z_i + (i_2-1) z_{i-u} + i_3 z_{i-v}}{n+1}$$

对 i, j, $\mid i \mid = \mid j \mid = n+1$,记

$$\hat{\boldsymbol{n}}_{ij} = \hat{\boldsymbol{x}}_i \times \hat{\boldsymbol{y}}_j, \hat{\boldsymbol{l}}_{ij} = \hat{\boldsymbol{y}}_i \times \hat{\boldsymbol{z}}_j$$

由扭矢的升阶公式及下标的非负性,从式(4.4)推出

$$\hat{\boldsymbol{p}}_i \hat{\boldsymbol{n}}_{jk} \geqslant 0, \hat{\boldsymbol{q}}_i \hat{\boldsymbol{n}}_{jk} \geqslant 0, \hat{\boldsymbol{r}}_i \boldsymbol{n}_{jk} \geqslant 0$$

从式(4.5)推出

$$\hat{\boldsymbol{p}}_i \hat{\boldsymbol{l}}_{jk} \geqslant 0, \hat{\boldsymbol{q}}_i \hat{\boldsymbol{l}}_{jk} \geqslant 0, \hat{\boldsymbol{r}}_i \hat{\boldsymbol{l}}_{jk} \geqslant 0$$

其中 $|i| = |j| = |k| = n+1$.

推论 如果式(4.4)(或(4.5))成立,那么必有式(4.2)成立.反之,如果 $\boldsymbol{p}_i, \boldsymbol{q}_j, \boldsymbol{r}_k(|i| = |j| = |k| = n)$ 都与某个固定的向量 $\boldsymbol{p}$ 平行,那么由式(4.2)可推出式(4.4)和(4.5).

证明 注意到(图 4)

$$\boldsymbol{n}_i = \boldsymbol{y}_i \times \boldsymbol{z}_{i-v} = \boldsymbol{l}_{i,l+v}$$

$$\boldsymbol{l}_i = \boldsymbol{x}_{i-u} \times \boldsymbol{y}_i = \boldsymbol{n}_{i-u,i}$$

所以由式(4.4)或(4.5)推出式(4.2)是显然的.现在若所有扭矢和 $\boldsymbol{p}$ 平行.且 $\boldsymbol{p}\boldsymbol{n}_i \geqslant 0, \boldsymbol{p}\boldsymbol{l}_j \geqslant 0$,则从式(3.3)~(3.5),我们有 $(\boldsymbol{x}_i - \boldsymbol{x}_j) \parallel \boldsymbol{p}$,所以

$$(\boldsymbol{x}_i \times \boldsymbol{y}_j - \boldsymbol{x}_j \times \boldsymbol{y}_j)\boldsymbol{p} = 0$$

即

$$\boldsymbol{p}\boldsymbol{n}_{ij} = \boldsymbol{p}\boldsymbol{n}_{jj} = \boldsymbol{p}\boldsymbol{n}_j \geqslant 0$$

同样,由 $\boldsymbol{y}_i - \boldsymbol{y}_j \parallel \boldsymbol{p}$ 可推出 $\boldsymbol{p}\boldsymbol{l}_{ij} \geqslant 0$.

由引理 1,引理 2,§3 中的引理 3 和推论,立即有下述定理.

定理 1 如果 Bézier 曲面 $\boldsymbol{b}^n(t)$ 的控制网满足式(4.2),那么曲面 $\boldsymbol{b}^n(t)$ 是凸的.

由注 2 和推论知此结果是文献[5]中结果的推广.条件的仿射不变性是显然的.最后给出一个例子说明不是非参数形式且满足定理 1 的参数 Bézier 三角片确实存在.

例 1　设 $\boldsymbol{b}^n(t)$ 的控制点为（图 6）

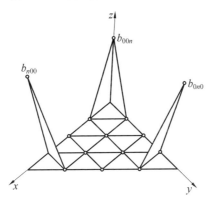

图 6

$$\boldsymbol{b}_{n00} = (1-a, 0, b)$$

$$\boldsymbol{b}_{0n0} = (0, 1-a, b)$$

$$\boldsymbol{b}_{00n} = (0, 0, c)$$

$$\boldsymbol{b}_i = \left(\frac{i_1}{n}, \frac{i_2}{n}, 0\right)$$

$i_n < n, \mid i \mid = n \geqslant 2, b, c > 0, 0 < a < \dfrac{1}{n}$. 显然除了

$$\boldsymbol{p} = (1-a, 0, b) + \left(\frac{n-2}{n}, \frac{1}{n}, 0\right) -$$

$$\left(\frac{n-1}{n}, \frac{1}{n}, 0\right) - \left(\frac{n-1}{n}, 0, 0\right)$$

$$= -a\boldsymbol{i} + b\boldsymbol{k}$$

$$\boldsymbol{q} = (0, 0, c) + \left(\frac{1}{n}, \frac{1}{n}, 0\right) - \left(\frac{1}{n}, 0, 0\right) -$$

$$\left(0, \frac{1}{n}, 0\right) = c\boldsymbol{k}$$

$$\boldsymbol{r} = (0, 1-a, t) + \left(\frac{1}{n}, \frac{n-2}{n}, 0\right) -$$

437

$$\left(\frac{1}{n},\frac{n-1}{n},0\right)-\left(0,\frac{n-1}{n},0\right)$$

$$=-a\boldsymbol{j}+b\boldsymbol{k}$$

其余扭矢皆为零. 上面 $\boldsymbol{i}=(1,0,0),\boldsymbol{j}=(0,1,0),\boldsymbol{k}=(0,0,1)$. 对 $\boldsymbol{x}_i,\boldsymbol{y}_j,\boldsymbol{z}_k$,除了

$$\boldsymbol{x}_{1,0,n-1}=\boldsymbol{b}_{1,0,n-1}-\boldsymbol{b}_{00n}=\frac{1}{n}\boldsymbol{i}-c\boldsymbol{k}$$

$$\boldsymbol{x}_{n00}=\boldsymbol{b}_{n00}-\boldsymbol{b}_{n-1,0,1}=\left(\frac{1}{n}-a\right)\boldsymbol{i}+b\boldsymbol{k}$$

$$\boldsymbol{y}_{0,1,n-1}=\boldsymbol{b}_{0,1,n-1}-\boldsymbol{b}_{00n}=\frac{1}{n}\boldsymbol{j}-c\boldsymbol{k}$$

$$\boldsymbol{y}_{0n0}=\boldsymbol{b}_{0n0}-\boldsymbol{b}_{0,n-1,1}=\left(\frac{1}{n}-a\right)\boldsymbol{j}+b\boldsymbol{k}$$

$$\boldsymbol{z}_{0n0}=\boldsymbol{b}_{0n0}-\boldsymbol{b}_{1,n-1,0}=-\frac{1}{n}\boldsymbol{i}+\left(\frac{1}{n}-a\right)\boldsymbol{j}+b\boldsymbol{k}$$

$$\boldsymbol{z}_{n-1,1,0}=\boldsymbol{b}_{n-1,1,0}-\boldsymbol{b}_{n00}=\frac{a-1}{n}\boldsymbol{i}+\frac{1}{n}\boldsymbol{j}-b\boldsymbol{k}$$

其余 $\boldsymbol{x}_i=\boldsymbol{i},\boldsymbol{y}_j=\boldsymbol{j},\boldsymbol{z}_k=\boldsymbol{j}-\boldsymbol{i}$. 由式(4.4)或(4.5)均可推出当 $b\geqslant nac$ 时,Bézier 网满足式(4.2). 既然 $\boldsymbol{p},\boldsymbol{q},\boldsymbol{r}$ 彼此不平行,所以 Bézier 曲面 $\boldsymbol{b}^n(t)$ 不是非参数形式的,如果我们计算 $\boldsymbol{b}^n(t)$ 的 Gauss 曲率 K,那么可知 $b\geqslant nac$ 是 $K\geqslant 0$ 的必要条件. 此时必须满足 $a,c\geqslant 0$ 和 $a\leqslant\frac{1}{n}$.

参 考 文 献

[1] 华宣积,邝志全.Bézier 曲面的凸性定理[C]//浙江大学.计算几何讨论会论文集.杭州:浙江大学出版社,1982.

[2] KUANG Z Q, CHANG Z Q. Remark on the convexity for para-

metric Bézier triangles[R]. Trieste：International Centre for Theoretical Physics Report,1985.

[3] 赵建民. 三角域上 Bézier 曲面的若干结果[D]. 上海：复旦大学，1984.

[4] CHANG G Z, FENG Y. A new proof for the convexity of the Bernstein Bézier surface over triangles[J]. Chin. Ann. of Math. ，1985(2)：171-176.

[5] CHANG G Z, DAVIS P J. The convexity of Bernstein polynomials over triangles[J]. J. Approx. Theory，1984(40)：11-28.

439

矩形域上 Bernstein-Bézier 多项式曲面的凸性[①]

第 5 章

　　在计算机辅助几何外形设计（CAGD）中，设计对象（主要是曲线和曲面）的形状控制是确保造型设计成功的一个重要因素. 这里，形状控制包括整体形状（曲线、面的总体布局）控制和局部形状（曲线、面上每点的凸性）控制两部分. 一般，前者可利用造型曲线、面（通常是 Bernstein-Bézier 曲线、面，简称 B-B 曲线、面，以及 B 样条曲线、面）的凸包性得到实现；对后者，曲线情况已基本解决，但曲面的凸性问题仍待进一步探讨，由于它引

---

①　本章摘自《应用数学学报》1990 年第 2 期.

起了人们的重视,从而成了目前 CAGD 领域的一个热题.

由于 B-B 曲面是外形设计中最常用、最基本的曲面类,所以通常只需讨论 B-B 曲面的凸性. 就三角域上 B-B 曲面而言,其凸性分析已有大量结果;在矩形域上,华宣积和邝志全利用参数 B-B 曲面的几何作图性得到了一个直观的保凸条件,但这并不是对凸性问题的一般回答.

浙江大学的许伟教授于 1990 年给出了多元 B-B 多项式曲面凸性的两个结论,进而讨论了 $\mathbf{R}^3$ 中二元 B-B 曲面与被逼近函数 $f(\boldsymbol{X})$,Bézier 网 $\hat{f}_N(\boldsymbol{X})$ 之间的凸性关系.

§1　基本记号与定义

本章基本记号:

$\mathbf{R}$:实数集.

$\mathbf{Z}$:整数集.

$\mathbf{Z}_+$:正整数集.

$\tilde{\mathbf{Z}}$:非负整数集.

$m \in \mathbf{Z}_+$,记 $\boldsymbol{e}_i = (0, \cdots, 1, \cdots, 0) \in \mathbf{R}^m$,$(i = 1, \cdots, m)$.

向量 $\boldsymbol{K}, \boldsymbol{K}' \in \mathbf{R}^m$,若 $\boldsymbol{K} - \boldsymbol{K}'$ 的每个分量都大于 0(大于或等于 0),则记 $\boldsymbol{K} > \boldsymbol{K}'(\geqslant \boldsymbol{K}')$.

定义 1　设 $m \in \mathbf{Z}_+$,矩形域 $\mathscr{D} = [0, 1]^m \triangleq [0, 1] \times \cdots \times [0, 1] \subset \mathbf{R}^m$,$\boldsymbol{X} = (x_1, \cdots, x_m) \in \mathbf{R}^m$,$\boldsymbol{N} = (n_1, \cdots, n_m) \in \mathbf{Z}_+^m$,$\boldsymbol{K} = (k_1, \cdots, k_m) \in \tilde{\mathbf{Z}}^m$,$f(\boldsymbol{X})$ 是定义

在 $\mathscr{D}$ 上的实值函数. 记 $f_{K,N} = f\left(\dfrac{k_1}{n_1}, \cdots, \dfrac{k_m}{n_m}\right)$，这里 $0 \leqslant K \leqslant N$. 则 $f(X)$ 在 $\mathscr{D}$ 上的 m 元 N 次 B-B 多项式逼近函数为

$$B_m^N(X; f) = \sum_{k_1=0}^{n_1} \cdots \sum_{k_m=0}^{n_m} b_{k_1, n_1}(x_1) \cdots b_{k_m, n_m}(x_m) f_{K,N}$$
$$(X \in \mathscr{D}) \tag{1.1}$$

式中

$$b_{ki, ni}(x_i) = C_{n_i}^{j_i} x_i^{k_i} (1 - x_i)^{n_i - k_i} \quad (i = 1, \cdots, m)$$

是 Bernstein 基函数.

为了表述简洁便于讨论，我们引进一些算子记号：

记 I 是恒等算子，E_i 是第 i 个分量的移位算子. 即

$$I f_{K,N} = f_{K,N}$$
$$E_i f_{K,N} = f_{K+e_i, N}$$

定义算子

$$Q_i(x_i) = x_i E_i + (1 - x_i) I$$

容易验证算子 E_i 有交换性，从而 $Q_i(x_i)$ 也可交换

$$(Q_i(x_i) Q_j(x_j)) f_{K,N} = (Q_j(x_j) Q_i(x_i)) f_{K,N}$$

利用这些算子，B-B 多项式(1.1)可改记为如下的算子形式

$$B_m^N(X; f) = Q_m^N(X) f_{0,N} \tag{1.2}$$

式中

$$Q_m^N(X) \triangleq \prod_{i=1}^m (Q_i(x_i))^{n_i}$$

注　下文中在不会产生混淆的情况下简记 $Q_i(x_i)$ 为 Q_i.

定义 2　设 U 是 $\mathbf{R}^m$ 中凸集，称定义在 U 上的实值函数 $F(X)$ 在 U 上凸，如果对任意 $X_1, X_2 \in U$ 及一切

$\lambda \in [0,1]$, 有

$$F((1-\lambda)\boldsymbol{X}_1 + \lambda\boldsymbol{X}_2) \leqslant (1-\lambda)F(\boldsymbol{X}_1) + \lambda F(\boldsymbol{X}_2)$$

成立.

§2　凸 性 定 理

因为本章讨论的主要对象是曲面而不是曲线, 所以下文中假设自然数 m 大于或等于 2.

我们不加证明地引进下面两个简单引理:

引理 1　B-B 多项式(1.2)在 $\mathscr{D}$ 上凸的充要条件是它的 Hessen 阵

$$H(B_m^{\boldsymbol{N}}(\boldsymbol{X};f)) \triangleq \left(\frac{\partial^2}{\partial x_i \partial x_j} B_m^{\boldsymbol{N}}(\boldsymbol{X};f)\right)_{m \times m}$$

半正定.

引理 2　实对称阵半正定的充要条件是它的各阶顺序主子式非负.

定理 1　当 $\boldsymbol{N} \geqslant (2,\cdots,2)$ 时, 式(1.2)在 $\mathscr{D}$ 上凸的一个充分条件是: 存在 $\boldsymbol{N}' = (n'_1,\cdots,n'_m) \in \boldsymbol{Z}_+^m$ 满足 $\boldsymbol{N} \geqslant \boldsymbol{N}' \geqslant (2,\cdots,2)$, 使得对任意 $\boldsymbol{X} \in \mathscr{D}$ 以及一切满足 $\boldsymbol{N} - \boldsymbol{N}' \geqslant \boldsymbol{K} \geqslant \boldsymbol{0}$ 的 $\boldsymbol{K} \in \widetilde{\boldsymbol{Z}}^m$, 矩阵

$$H_{\boldsymbol{K}}(\boldsymbol{X};f) = \left(C_{ij} \frac{Q_1^{n'_1} \cdots Q_m^{n'_m}}{Q_i Q_j} \Delta_i \Delta_j f_{\boldsymbol{K},\boldsymbol{N}}\right)_{m \times m} \qquad (2.1)$$

半正定.

这里

$$C_{ij} \triangleq \begin{cases} n_i(n_i - 1), & i = j \\ n_i n_j, & i \neq j \end{cases}$$

$$\Delta_i \triangleq E_i - I \quad (i = 1,\cdots,m)$$

$$\frac{Q_1^{n'_1}\cdots Q_n^{n'_m}}{Q_iQ_j} \triangleq \begin{cases} Q_i^{n'_i-2}\displaystyle\prod_{\substack{t=1\\t\neq j}}^{m}Q_t^{n'_t}, & i=j \\[4mm] Q_i^{n'_i-1}Q_j^{n'_j-1}\displaystyle\prod_{\substack{t=1\\t\neq i,j}}^{m}Q_t^{n'_t}, & i\neq j \end{cases} \quad (2.2)$$

证明　由式（1.2）知

$$H(B_m^N(\boldsymbol{X};f))$$

$$=\left(\frac{\partial^2}{\partial x_i\partial x_j}B_m^N(\boldsymbol{X};f)\right)_{m\times m}$$

$$=\left(C_{ij}Q_1^{n_1-n'_1}\cdots Q_m^{n_m-n'_m}\frac{Q_1^{n'_1}\cdots Q_m^{n'_m}}{Q_iQ_j}\Delta_i\Delta_jf_{\boldsymbol{0},\boldsymbol{N}}\right)_{m\times m}$$

$$=\sum_{k_1=0}^{n_1-n'_1}\cdots\sum_{k_m=0}^{n_m-n'_m}b_{k_1,n_1-n'_1}(x_1)\cdots b_{k_m,n_m-n'_m}(x_m)H_{\boldsymbol{K}}(\boldsymbol{X};f)$$

因为 Bernstein 基 $b_{k_i,n_i}(x_i)$ 是非负的，故在定理条件下，$H(B_m^N(\boldsymbol{X};f))$ 是半正定阵 $H_{\boldsymbol{K}}(\boldsymbol{X};f)$ 的非负和，从而也半正定. 由引理 1 即知 $B_m^N(\boldsymbol{X};f)$ 在 $\mathscr{D}$ 上是凸的. 证毕.

推论　对 $m=2$，当 $\boldsymbol{N}\geqslant\boldsymbol{N}'\geqslant(2,2)$ 时，$B_2^N(\boldsymbol{X};f)$ 在 $\mathscr{D}$ 上是凸的一个充分条件是：对一切满足 $\boldsymbol{N}-\boldsymbol{N}'\geqslant\boldsymbol{K}\geqslant\boldsymbol{0}$ 的 $\boldsymbol{K}\in\tilde{\boldsymbol{Z}}^2$，有

$$d_1(\boldsymbol{N}',\boldsymbol{K})\triangleq\min_{\boldsymbol{0}\leqslant\boldsymbol{K}'\leqslant\boldsymbol{N}'-2e_1}\Delta_1^2f_{\boldsymbol{K}+\boldsymbol{K}',\boldsymbol{N}}\geqslant0 \quad (2.3a)$$

$$d_2(\boldsymbol{N}',\boldsymbol{K})\triangleq\min_{\boldsymbol{0}\leqslant\boldsymbol{K}'\leqslant\boldsymbol{N}'-2e_2}\Delta_2^2f_{\boldsymbol{K}+\boldsymbol{K}',\boldsymbol{N}}\geqslant0 \quad (2.3b)$$

$$d_3(\boldsymbol{N}',\boldsymbol{K})\triangleq\max_{\boldsymbol{0}\leqslant\boldsymbol{K}'\leqslant\boldsymbol{N}'-e_1-e_2}|\Delta_1\Delta_2f_{\boldsymbol{K}+\boldsymbol{K}',\boldsymbol{N}}|$$

$$\leqslant\sqrt{\frac{(n_1-1)(n_2-1)}{n_1n_2}d_1(\boldsymbol{N}',\boldsymbol{K})d_2(\boldsymbol{N}',\boldsymbol{K})}$$

$$(2.3c)$$

证明　$(2.3a)$，$(2.3b)$，$(2.3c)$ 三式显然保证矩

阵 $H_K(\boldsymbol{X};f)$ 半正定. 证毕.

　　不难看出, 推论中的保凸条件具有局部判断性, 因为它们就每个 $\boldsymbol{K}$ 只需对 $(n'_1+1)\times(n'_2+1)$ 个函数值进行判断; 另外, 从著名的 Bernstein 多项式递推算法以及 B-B 曲面的包络性我们知道, 高次 B-B 曲面可以由低次 B-B 曲面逐次构造而来. 自然会猜测: 高次 B-B 曲面的凸性与低次 B-B 曲面的凸性之间是否有类似的关系呢? 下面的回答是肯定的.

　　定义 1　设 $\boldsymbol{N}=(n_1,\cdots,n_m)\in\boldsymbol{Z}^m_+$, $\boldsymbol{N}'=(n'_1,\cdots,n'_m)\in\boldsymbol{Z}^m_+$, $\boldsymbol{L}=(l_1,\cdots,l_m)\in\tilde{\boldsymbol{Z}}^m$, 称

$$\{B^{\boldsymbol{N}'}_{m,\boldsymbol{L}}(\boldsymbol{X};f)=Q^{\boldsymbol{N}'}_m(\boldsymbol{X})f_{\boldsymbol{L},\boldsymbol{N}}\mid 0\leqslant\boldsymbol{L}\leqslant\boldsymbol{N}-\boldsymbol{N}'\}$$

是 $B^{\boldsymbol{N}}_m(\boldsymbol{X};f)$ 的 $\boldsymbol{N}'$ 次子函数族.

　　定理 2　设 $\boldsymbol{N}\geqslant\boldsymbol{N}'\geqslant(2,\cdots,2)$, 若 $B^{\boldsymbol{N}}_m(\boldsymbol{X};f)$ 的 $\boldsymbol{N}'$ 次子函数族在 $\mathscr{D}$ 上全是凸的, 则对任意满足 $\boldsymbol{N}\geqslant\boldsymbol{N}''\geqslant\boldsymbol{N}'$ 的 $\boldsymbol{N}''\in\boldsymbol{Z}^m_+$, $B^{\boldsymbol{N}}_m(\boldsymbol{X};f)$ 的 $\boldsymbol{N}''$ 次子函数族在 $\mathscr{D}$ 上是凸的, 因而 $B^{\boldsymbol{N}}_m(\boldsymbol{X};f)$ 也是凸的.

　　证明　只需证此结论对 $\boldsymbol{N}''=\boldsymbol{N}'+\boldsymbol{e}_1$ 成立即可.

　　$\forall\boldsymbol{L}$ 满足 $0\leqslant\boldsymbol{L}\leqslant\boldsymbol{N}-\boldsymbol{N}''$, 考察

$$H(B^{\boldsymbol{N}'}_{m,\boldsymbol{L}}(\boldsymbol{X};f))=\left(C''_{ij}\frac{Q^{n'_1}_1\cdots Q^{n'_m}_m}{Q_iQ_j}\Delta_i\Delta_j f_{\boldsymbol{L},\boldsymbol{N}}\right)_{m\times m}$$

$$=\left(C''_{ij}Q_1\cdot\frac{Q^{n'_1}_1\cdots Q^{n'_m}_m}{Q_iQ_j}\Delta_i\Delta_j f_{\boldsymbol{L},\boldsymbol{N}}\right)_{m\times m}$$

$$=\sum_{k_1=0}^{1}b_{k_1,1}(x_1)\left(C''_{ij}\frac{Q^{n'_1}_1\cdots Q^{n'_m}_m}{Q_iQ_j}\Delta_i\Delta_j f_{\boldsymbol{L}+k_1\boldsymbol{e}_1,\boldsymbol{N}}\right)_{m\times m}$$

$$=\sum_{k_1=0}^{1}b_{k_1,1}(x_1)\left\{\boldsymbol{A}H(B^{\boldsymbol{N}'}_{m,\boldsymbol{L}+k_1\boldsymbol{e}_1}(\boldsymbol{X};f))\boldsymbol{A}+\right.$$

$$\left.\frac{n''_1}{n''_1-1}\begin{bmatrix}Q^{n'_1-2}_1Q^{n'_2}_2\cdots Q^{n'_m}_m\Delta^2_1 f_{\boldsymbol{L}+k_1\boldsymbol{e}_1,\boldsymbol{N}} & \boldsymbol{0}\\\boldsymbol{0} & \boldsymbol{0}\end{bmatrix}\right\}$$

其中

$$A = \begin{bmatrix} \dfrac{n''_1}{n''_1 - 1} & & & \\ & 1 & & \\ & & \ddots & \\ & & & 1 \end{bmatrix}_{m \times m}$$

是对角阵,且

$$C''_{ji} = \begin{cases} n''_i(n''_i - 1), & i = j \\ n''_i n''_j, & i \neq j \end{cases}$$

注意到当 $k_1 = 0, 1$ 时

$$\boldsymbol{L} + k_1 \boldsymbol{e}_1 \leqslant \boldsymbol{N} - \boldsymbol{N}'' + k_1 \boldsymbol{e}_1 \leqslant \boldsymbol{N} - \boldsymbol{N}'$$

根据定理条件知 $H(B^{\boldsymbol{N}}_{m,\boldsymbol{L}+k_1\boldsymbol{e}_1}(\boldsymbol{X};f))$ 半正定,由引理 2 得它的一阶顺序主子式非负,即

$$Q_1^{n'_1 - 2} Q_2^{n'_2} \cdots Q_m^{n'_m} \Delta_1^2 f_{\boldsymbol{L}+k_1\boldsymbol{e}_1,\boldsymbol{N}} \geqslant 0 \quad (k_1 = 0, 1)$$

所以 $H(B^{\boldsymbol{N}}_{m,\boldsymbol{L}+k_1\boldsymbol{e}_1}(\boldsymbol{X};f))$ 是半正定阵的非负和,因而也半正定. 由引理 2.1 知 $B^{\boldsymbol{N}}_{m,\boldsymbol{L}+k_1\boldsymbol{e}_1}(\boldsymbol{X};f)$ 在 $\mathcal{D}$ 上是凸的. 特别地,取 $\boldsymbol{N}'' = \boldsymbol{N}$,即得 $B^{\boldsymbol{N}}_m(\boldsymbol{X};f)$ 在 $\mathcal{D}$ 上是凸的. 证毕.

§3 $m = 2$ 的情形

通常,真正把 B-B 曲面(1.2)用于实际造型设计的是 $m = 2$ 的情形. 这时,对 $\boldsymbol{K} = (k_1, k_2) \in \tilde{\boldsymbol{Z}}^2$,我们记 $F_{\boldsymbol{K},\boldsymbol{N}} = \left(\dfrac{k_1}{n_1}, \dfrac{k_2}{n_2} f_{\boldsymbol{K},\boldsymbol{N}} \right) \in \boldsymbol{R}^3$,并称

$$F_{\boldsymbol{N}} = \{ F_{\boldsymbol{K},\boldsymbol{N}} \mid \boldsymbol{0} \leqslant \boldsymbol{K} \leqslant \boldsymbol{N} \}$$

为曲面(1.2)的控制顶点集.

记 $\mathscr{D}_{K,N} = \left[\dfrac{k_1}{n_1}, \dfrac{k_1+1}{n_1}\right] \times \left[\dfrac{k_2}{n_2}, \dfrac{k_2+1}{n_2}\right] \subset \mathscr{D}$，这里 $\mathbf{0} \leqslant \mathbf{K} \leqslant \mathbf{N} - (1,1)$.

在 $D_{K,N}$ 上作双曲抛物面

$$P_{K,N}(\boldsymbol{X}) = Q_1(n_1 x_1 - k_1)Q_2(n_2 x_2 - k_2)f_{K,N} \quad (\boldsymbol{X} \in \mathscr{D}_{K,N})$$

定义 3.1　称分片双曲抛物面

$$\hat{f}_N(\boldsymbol{X}) = \bigcup_{\mathbf{0} \leqslant \mathbf{K} \leqslant \mathbf{N} - \boldsymbol{e}_1 - \boldsymbol{e}_2} P_{K,N}(\boldsymbol{X}) \quad (\boldsymbol{X} \in \mathscr{D})$$

是 $\mathscr{D}$ 上控制顶点集 F_N 的 N 阶 Bézier 网.

引理 1　若 Bézier 网 $\hat{f}_N(\boldsymbol{X})$ 满足条件

$$\Delta_1 \Delta_2 f_{K,N} = \mathbf{0} \quad (\mathbf{0} \leqslant \mathbf{K} \leqslant \mathbf{N} - \boldsymbol{e}_1 - \boldsymbol{e}_2) \quad (3.1)$$

则对任意 $\boldsymbol{X} = (x_1, x_2) \in \mathscr{D}$，下式成立

$$\hat{f}_N(\boldsymbol{X}) = \hat{f}_N(\boldsymbol{X}^{(1)}) + \hat{f}_N(\boldsymbol{X}^{(2)}) - \hat{f}_N(\mathbf{0}) \quad (3.2)$$

其中，$\boldsymbol{X}^{(1)} = x_1 \boldsymbol{e}_1, \boldsymbol{X}^{(2)} = x_2 \boldsymbol{e}_2$ 分别是 $\boldsymbol{X}$ 在 x_1 轴和 x_2 轴上的投影.

证明　(i) 首先，我们证明在条件式(3.1)下

$$f_{K,N} = f_{K^{(1)},N} + f_{K^{(2)},N} - f_{0,N} \quad (\mathbf{0} \leqslant \mathbf{K} \leqslant \mathbf{N}) \quad (3.3)$$

成立，其中 $\boldsymbol{K} = k_1 \boldsymbol{e}_1 + k_2 \boldsymbol{e}_2, \boldsymbol{K}^{(1)} = k_1 \boldsymbol{e}_1, \boldsymbol{K}^{(2)} = k_2 \boldsymbol{e}_2$.

事实上，当 $\boldsymbol{K}$ 至少有一个分量为零时，式(3.3)显然成立.

当 $\boldsymbol{K} > \mathbf{0}$ 时，由等式

$$f_{K,N} + f_{0,N} - f_{K^{(1)},N} - f_{K^{(2)},N} = \sum_{\mathbf{0} \leqslant \bar{K} \leqslant K} \Delta_1 \Delta_2 f_{\bar{K},N} = 0$$

即得式(3.3).

(ii) 同样地，式(3.2)对 $\boldsymbol{X}^{(1)} = \mathbf{0}$ 或 $\boldsymbol{X}^{(2)} = \mathbf{0}$ 显然成立.

当 $\boldsymbol{X} > \mathbf{0}$ 时，不妨设

$$\boldsymbol{X} \in \mathscr{D}_{K^*,N} \subset \mathscr{D}, \boldsymbol{K}^* = k_1^* \boldsymbol{e}_1 + k_2^* \boldsymbol{e}_2$$

记 $u=n_1 x_1 - k_1^*$，$v=n_2 x_2 - k_2^*$.

由 $\hat{f}_N(\boldsymbol{X})$ 的定义及式(3.3)即得

$$\hat{f}_N(\boldsymbol{X}) = P_{\boldsymbol{K}^*,N}(\boldsymbol{X})$$
$$= Q_1(u)Q_2(v)f_{\boldsymbol{K}^*,N}$$
$$= -f_{\boldsymbol{0},N} + f_{\boldsymbol{K}_1^* \boldsymbol{e}_1,N} + u \cdot \Delta_1 f_{\boldsymbol{K}_1^* \boldsymbol{e}_1,N} + f_{\boldsymbol{K}_2^* \boldsymbol{e}_2,N} + v \cdot \Delta_2 f_{\boldsymbol{K}_2^* \boldsymbol{e}_2,N}$$
$$= -f_{\boldsymbol{0},N} + Q_1(u)f_{\boldsymbol{K}_1^* \boldsymbol{e}_1,N} + Q_2(v)f_{\boldsymbol{K}_2^* \boldsymbol{e}_2,N}$$
$$= -\hat{f}_N(\boldsymbol{0}) + \hat{f}_N(\boldsymbol{X}^{(1)}) + \hat{f}_N(\boldsymbol{X}^{(2)})$$

注 引理 1 说明在条件(3.1)下，Bézier 网 $\hat{f}_N(\boldsymbol{X})$ 是由两条参数线边界折线多边形平行滑动构造的面片.

定理 1 Bézier 网 $\hat{f}_N(\boldsymbol{X})$ 在 $\mathscr{D}$ 上是凸的充要条件是

$$\begin{cases} \Delta_1^2 f_{\boldsymbol{K},N} \geqslant 0, & \boldsymbol{0} \leqslant \boldsymbol{K} \leqslant \boldsymbol{N} - 2\boldsymbol{e}_1 & (3.4a) \\ \Delta_2^2 f_{\boldsymbol{K},N} \geqslant 0, & \boldsymbol{0} \leqslant \boldsymbol{K} \leqslant \boldsymbol{N} - 2\boldsymbol{e}_2 & (3.4b) \\ \Delta_1 \Delta_2 f_{\boldsymbol{K},N} = 0, & \boldsymbol{0} \leqslant \boldsymbol{K} \leqslant \boldsymbol{N} - \boldsymbol{e}_1 - \boldsymbol{e}_2 & (3.4c) \end{cases}$$

证明 先证充分性:

设 $\boldsymbol{X}_1(x_{11},x_{12})$，$\boldsymbol{X}_2(x_{21},x_{22})$ 是 $\mathscr{D}$ 中任意两点，$t \in [0,1]$，利用引理 1，我们有

$$(1-t)\hat{f}_N(\boldsymbol{X}_1) + t\hat{f}_N(\boldsymbol{X}_2) - \hat{f}_N((1-t)\boldsymbol{X}_1 + t\boldsymbol{X}_2)$$
$$= (1-t)\hat{f}_N(x_{11}\boldsymbol{e}_1) + t\hat{f}_N(x_{21}\boldsymbol{e}_1) - \hat{f}_N((1-t)x_{11}\boldsymbol{e}_1 + tx_{21}\boldsymbol{e}_1) + (1-t)\hat{f}_N(x_{12}\boldsymbol{e}_2) + t\hat{f}_N(x_{22}\boldsymbol{e}_2) - \hat{f}_N((1-t)x_{12}\boldsymbol{e}_2 + tx_{22}\boldsymbol{e}_2) \quad (3.5)$$

易知，条件(3.4a)和(3.4c)分别保证了 $\hat{f}_N(\boldsymbol{X})$ 沿 x_1 与 x_2 方向的网格线是凸的平面折线，因此，在 $x_1 = 0$ 及 $x_2 = 0$ 上

$$(1-t)\hat{f}_N(x_{11}\boldsymbol{e}_1) + t\hat{f}_N(x_{21}\boldsymbol{e}_1) - \hat{f}_N((1-t)x_{11}\boldsymbol{e}_1 + tx_{21}\boldsymbol{e}_1) \geqslant 0 \quad (3.6)$$

$$(1-t)\hat{f}_{\boldsymbol{N}}(x_{12}\boldsymbol{e}_2) + t\hat{f}_{\boldsymbol{N}}(x_{22}\boldsymbol{e}_2) -$$
$$\hat{f}_{\boldsymbol{N}}((1-t)x_{21}\boldsymbol{e}_2 + tx_{22}\boldsymbol{e}_2) \geqslant 0 \qquad (3.7)$$

分别成立.

把这两式代入式(3.5)即得 $\hat{f}_{\boldsymbol{N}}(\boldsymbol{X})$ 在 $\mathscr{D}$ 上是凸的.

必要性：由 $\hat{f}_{\boldsymbol{N}}(\boldsymbol{X})$ 上沿 x_1 和 x_2 方向的每条网格线（平面折线）是凸的即能推出式(3.4a)和(3.4b).再根据 $\hat{f}_{\boldsymbol{N}}(\boldsymbol{X})$ 在每个小矩形域 $\mathscr{D}_{\boldsymbol{K},\boldsymbol{N}}$ 内的表示 $P_{\boldsymbol{K},\boldsymbol{N}}(\boldsymbol{X})$ 是凸的,便得式(3.4c).证毕

由推论 2.1 即得下述定理.

定理 2　若 $\hat{f}_{\boldsymbol{N}}(\boldsymbol{X})$ 是凸的,则 $B_2^N(\boldsymbol{X};f)$ 是凸的.

图 1 给出了 $f(\boldsymbol{X})$, $\hat{f}_{\boldsymbol{N}}(\boldsymbol{X})$ 和 $B_2^N(\boldsymbol{X};f)$ 之间的凸性关系如图 1 所示

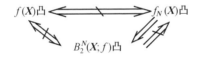

图 1

图中"⇒"的例子是容易构造的,这里省略.

下面我们讨论 B-B 多项式曲面的"单调性".

定理 3　若 $f(\boldsymbol{X})$ 在 $\mathscr{D}$ 上是凸的,则对于 $\forall \boldsymbol{N}' \geqslant \boldsymbol{N}$

$$B_2^N(\boldsymbol{X};f) \geqslant B_2^{N'}(\boldsymbol{X};f)$$

成立.

证明　只要证明结论对 $\boldsymbol{N}' = \boldsymbol{N} + \boldsymbol{e}_1$ 成立即可.

利用升阶公式,我们有

$$B_2^N(\boldsymbol{X};f) - B_2^{N'}(\boldsymbol{X};f)$$
$$= \sum_{k_1=0}^{n_1+1} \sum_{k_2=0}^{n_2} b_{k_1,n_1+1}(x_1) b_{k_2,n_2}(x_2) \cdot$$

$$\left[\frac{n_1+1-k_1}{n_1+1}f\left(\frac{k_1}{n_1},\frac{k_2}{n_2}\right)+\right.$$

$$\frac{k_1}{n_1+1}f\left(\frac{k_1-1}{n_1},\frac{k_2}{n_2}\right)-$$

$$\left.f\left(\frac{k_1}{n_1+1},\frac{k_2}{n_2}\right)\right]$$

$$\geqslant\sum_{k_1=0}^{n_1+1}\sum_{k_2=0}^{n_2}b_{k_1,n_1+1}(x_1)b_{k_2,n_2}(x_2)\cdot$$

$$\left[f\left(\frac{n_1+1-k_1}{n_1+1}\cdot\frac{k_1}{n_1}+\right.\right.$$

$$\frac{k_1}{n_1+1}\cdot\frac{k_1-1}{n_1},\frac{k_2}{n_2}\right)-$$

$$\left.f\left(\frac{k_1}{n_1+1},\frac{k_2}{n_2}\right)\right]=0$$

对一维情况，Z. Ziegler 证明了 Bernstein 多项式凸性的逆定理：

定理 4　若 $B_1^N(X;f)\geqslant B_1^{N+1}(X;f)$，$X\in[0,1]$，$N=1,2,\cdots$，则 $f(X)$ 在 $[0,1]$ 上是凸的.

对二维情况，此结论不成立：

三角域上的反例[1]已被给出，下面给出矩形域上的反例：

例 1　$f(\boldsymbol{X})=x_1^2+4x_1x_2+x_2^2$ 在 $[0,1]\times[0,1]$ 上非凸，而

$$B_2^N(\boldsymbol{X};f)=\left(1-\frac{1}{n_1}\right)x_1^2+\frac{x_1}{n_1}+4x_1x_2+$$

$$\left(1-\frac{1}{n_2}\right)x_2^2+\frac{x_2}{n_2}$$

---

① 常庚哲. 三角域上 Bézier 多项式的凸性. 浙江大学计算几何讨论会讲座,1986.

满足

$$B_2^N(\boldsymbol{X};f) \geqslant B_2^{N'}(\boldsymbol{X};f) \quad (\forall\, \boldsymbol{N}' > \boldsymbol{N})$$

但在三角域上,常庚哲证明了以下有趣的结论:

定理 5　设 $\hat{f}_n(\boldsymbol{X})$ 是三角域 T 上的 n 阶 Bézier 网,若对一切 $p = 1, 2, \cdots$,有

$$B^p(\boldsymbol{X};\hat{f}_n) \geqslant B^{p+1}(\boldsymbol{X};\hat{f}_n)$$

成立,则 $\hat{f}_n(\boldsymbol{X})$ 在 T 上是凸的.

这里要指出的是,矩形域上无类似结论:

例 2　$f(\boldsymbol{X}) = (2x_1 - 1)^2 + (2x_2 - 1)^2 - (2x_1 - 1)^2(2x_2 - 1)^2$,当 $\boldsymbol{N} = (2,2)$ 时 $\hat{f}_n(\boldsymbol{X})$ 非凸,但在 $[0,1] \times [0,1]$ 上,对 $\forall\, \boldsymbol{N}'' \geqslant \boldsymbol{N}'$,有

$$B_2^{N'}(\boldsymbol{X};\hat{f}_N) \geqslant B_2^{N''}(\boldsymbol{X};\hat{f}_N) \tag{3.8}$$

成立.

事实上,容易验证这里对固定的 $x_2, \hat{f}_N(\boldsymbol{X})$ 是 x_1 的凸函数,因此,对任意的 $\boldsymbol{N}' = (n_1, n_2) \in \boldsymbol{Z}_+^2$,有

$$B_2^{N'}(\boldsymbol{X};\hat{f}_N) - B_2^{N'+e_1}(\boldsymbol{X};\hat{f}_N)$$

$$= \sum_{i=0}^{n_1+1} \sum_{j=0}^{n_2} b_{i,n_1+1}(x_1) b_{j,n_2}(x_2) \cdot d_{ij}$$

其中

$$d_{ij} = \frac{n_1 + 1 - i}{n_1 + 1} \hat{f}_N\left(\frac{i}{n_1}, \frac{j}{n_2}\right) +$$

$$\frac{i}{n_1 + 1} \hat{f}_N\left(\frac{i-1}{n_1}, \frac{j}{n_2}\right) -$$

$$\hat{f}_N\left(\frac{i}{n_1 + 1}, \frac{j}{n_2}\right)$$

$$\geqslant \hat{f}_N\left(\frac{n_1 + 1 - i}{n_1 + 1} \cdot \frac{i}{n_1} + \right.$$

$$\left. \frac{i}{n_1 + 1} \cdot \frac{i-1}{n_1}, \frac{j}{n_2}\right) -$$

$$\hat{f}_N\left(\frac{i}{n_1+1},\frac{j}{n_2}\right)=0$$

所以

$$B_2^{N'}(\boldsymbol{X};\hat{f}_N)\geqslant B_2^{N'+e_1}(\boldsymbol{X};\hat{f}_N) \tag{3.9}$$

同理,有

$$B_2^{N'}(\boldsymbol{X};\hat{f}_N)\geqslant B_2^{N'+e_2}(\boldsymbol{X};\hat{f}_N) \tag{3.10}$$

由式(3.9)和(3.10)即可递推得到式(3.8).

从上面的讨论可看出,Bézier 网的引进对凸性分析是有益的,Bézier 网是凸的能保证 B-B 多项式曲面是凸的. 但从 §2 中的推论我们发现"Bézier 网是凸的"的条件是很强的,因为 $\Delta_1\Delta_2 f_{K,N}$ 的几何意义是两条线段 $\overline{F_{K,N}F_{K+e_1+e_2,N}}$ 中点与 $\overline{F_{K+e_1,N}F_{K+e_2,N}}$ 中点之间距离的两倍,它反映了 $F_{K,N}$,$F_{K+e_1,N}$,$F_{K+e_2,N}$ 及 $F_{K+e_1+e_2,N}$ 四点之间的扭变程度,条件(2.3c)只要求这种扭变不能太大,而"Bézier 网是凸的"却要求 $\Delta_1\Delta_2 f_{K,N}=0$. 受三角域上 Bézier 网的影响,我们自然会想到另一种条件较弱的"Bézier 网"的定义:在 $F_{K,N}$,$F_{K+e_1,N}$,$F_{K+e_2,N}$ 和 $F_{K+e_1+e_2,N}$ 四点之间适当地用两个三角片去张成一个分片线性函数

$$P_{K,N}^*(\boldsymbol{X})$$

$$=\begin{cases}三角片\ F_{K,N}F_{K+e_1,N}F_{K+e_2,N}\ \bigcup\\ 三角片\ F_{K+e_1,N}F_{K+e_1+e_2,N}F_{K+e_2,N},当\ \Delta_1\Delta_2 f_{K,N}\geqslant 0\\ 三角片\ F_{K,N}F_{K+e_1+e_2,N}F_{K+e_2,N}\ \bigcup\\ 三角片\ F_{K,N}F_{K+e_1,N}F_{K+e_1+e_2,N},当\ \Delta_1\Delta_2 f_{K,N}< 0\end{cases}$$
$$X\in\mathcal{D}_{K,N}$$

容易验证这样构造的 $P_{K,N}^*(\boldsymbol{X})$ 在 $\mathcal{D}_{K,N}$ 上是凸的. 利用 $P_{K,N}^*(\boldsymbol{X})$,我们可定义矩形域上的"三角片 Bézier网"

$$\hat{f}_N^*(\boldsymbol{X}) = \bigcup_{0 \leqslant \boldsymbol{K} \leqslant \boldsymbol{N} - e_1 - e_2} P_{\boldsymbol{K},\boldsymbol{N}}^*(\boldsymbol{X}) \quad (\boldsymbol{X} \in \mathcal{D})$$

但遗憾的是，$\hat{f}_N^*(\boldsymbol{X})$ 是凸的却不能保证 B-B 曲面是凸的（见例 3）.

例 3　图 2 给出了 2×2 次 B-B 多项式曲面的控制顶点以及相应的"三角片 Bézier 网"的构造，这里设 $\delta > 0$.

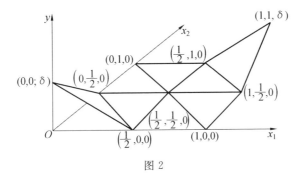

图 2

显然，这时"三角片 Bézier 网"是凸的，但相应的 B-B 多项式

$$B_2^{(2,2)}(\boldsymbol{X};f) = \delta[x_1^2 x_2^2 + (1-x_1)^2 (1-x_2)^2]$$

在 $\mathcal{D}$ 上非凸.

Bézier 曲面间几何连续拼接与拼接曲面构造①

第 6 章

浙江大学的叶修梓和梁友栋两位教授给出了由控制顶点网及拼接函数表示的两相邻 Bézier 曲面间任意阶几何连续的相容性条件,并得到了所有与一给定 Bézier 曲面在边界上 G^K 连续的 Bézier 曲面的代数构造. 同时研究了拼接函数不依赖于控制顶点网和相容性条件自动消失的两种重要的情形.

① 本章摘自《数学年刊》1991 年第 3 期.

§1 引　言

参数曲面间特别是 Bézier 曲面间的几何连续拼接问题近年来受到广泛重视. 这不仅是因为它具有更多的自由度可更灵活地构造复杂的几何形体,还因为它是曲面间的本质连续性. 曲面间几何连续拼接条件及拼接曲面构造问题是 CAD/CAM,CAGD 以及 CG 中的重要研究课题,近几年来国际上发表了不少这方面的文章. 在美国举办的应用几何讨论会及 SIGGRAPH 会议上都有这方面的论文及专题讲座. 但所有这些讨论只限于一阶或至多为二阶的连续性上.

文献[1] 从曲面内在不变量出发,定义了几何连续性,并导出了其充要条件. 同时也讨论了它的理论基础与实际应用,如文献[2] 中提出的在 CAD/CAM 中有很大实用价值的局部磨光方法. 本章根据上述理论,研究了 CAGD 中最基本也是最重要的自由曲面 ——Bézier 曲面间的几何连续拼接条件以及拼接曲面构造,将 Bézier 曲面间的 K 阶几何连续(记为 G^K)归结为相应控制顶点网及拼接函数间的一组关系,并给出了拼接函数应满足的相容性条件. 从而可用代数方法构造与已知 Bézier 曲面间 G^K 连续拼接的 Bézier 曲面,将几何连续拼接问题化为可判定与求解的问题. 进一步,本章得到了拼接函数与曲面顶点网独立以及相容性条件退化,即自动消失为无约束条件这两种特殊情形的几何连续拼接条件及其拼接曲面的构造方法.

§2 Bézier 曲面间几何连续的一般条件

本节讨论二维 Bézier 曲面间几何连续拼接的一般条件. 首先不加证明地引用文献[1,3]中的定义及结论.

定义 1 正则解析曲面 $\boldsymbol{R}=\boldsymbol{R}(u,v)$ 与 $\overline{\boldsymbol{R}}=\overline{\boldsymbol{R}}(\overline{u},\overline{v})$ 在公共边界 Γ 上为 G^K 连续,如果

$$\frac{\mathrm{d}^k\boldsymbol{R}}{\Gamma}=\frac{\mathrm{d}^k\overline{\boldsymbol{R}}}{\Gamma}\quad(k=0,\cdots,K)\tag{2.1}$$

定理 1 曲面 $\boldsymbol{R}=\boldsymbol{R}(u,v)$ 与 $\overline{\boldsymbol{R}}=\overline{\boldsymbol{R}}(\overline{u},\overline{v})$ 在公共边界 $\Gamma:\overline{\boldsymbol{R}}(0,\overline{v})=\boldsymbol{R}(1,v)(\overline{v}=0)$ 上为 G^K 连续拼接的充要条件是存在被称为拼接函数的函数 $p_i(v)$, $q_i(v)(i=1,\cdots,K)$,使得

$$\left.\frac{\partial^k\overline{\boldsymbol{R}}}{\partial\overline{u}^k}\right|_{\substack{\overline{u}=0\\\overline{v}=v}}=\sum_{l=1}^k\sum_{\substack{a_1+\cdots+a_l=k\\a_1\leqslant\cdots\leqslant a_l}}A_{a_1\cdots a_l}^{kl}\sum_{h=0}^l p_{a_1}\cdots p_{a_h}\cdot$$

$$q_{a_{h+1}}\cdots q_{a_l}\left.\frac{\partial^l\boldsymbol{R}}{\partial u^h\partial v^{lh}}\right|_{u=1}$$

$$(k=0,\cdots,K)\tag{2.2}$$

其中 $p_1(v)>0,A_{a_1\cdots a_l}^{kl}=k!/(l!\ a_1!\ \cdots a_l!\ )*[\alpha_1,\cdots,\alpha_l]$,而 $[\alpha_1,\cdots,\alpha_l]$ 为给定整数 $\alpha_1,\cdots,\alpha_l$ 的全排列的个数. 式(2.1)中的 $\mathrm{d}^k\boldsymbol{R}$ 及 $\mathrm{d}^k\overline{\boldsymbol{R}}$ 分别为曲面 $\boldsymbol{R}$ 及 $\overline{\boldsymbol{R}}$ 的 k 阶全微分.

设 $\boldsymbol{R},\overline{\boldsymbol{R}}$ 是两个 Bézier 曲面

$$\boldsymbol{R}=\boldsymbol{R}(u,v)=\sum_{i=0}^m\sum_{j=0}^n\boldsymbol{P}_{ij}B_{im}(u)B_{jn}(v)\quad(0\leqslant u,v\leqslant1)\tag{2.3}$$

$$\bar{\boldsymbol{R}} = \bar{\boldsymbol{R}}(\bar{u}, \bar{v}) = \sum_{i=0}^{\bar{m}} \sum_{j=0}^{n} \boldsymbol{Q}_{ij} B_{i\bar{m}}(\bar{u}) B_{jn}(\bar{v}) \quad (0 \leqslant \bar{u}, \bar{v} \leqslant 1)$$

$$(2.4)$$

其中 $B_{im}, B_{jn}, B_{i\bar{m}}$ 为 Bernstein 基函数，次数分别为 m，n 及 $\bar{m}$，$\{\boldsymbol{P}_{im}\}, \{\boldsymbol{Q}_{ij}\}$ 分别称为 $\boldsymbol{R}$ 与 $\bar{\boldsymbol{R}}$ 的控制顶点网. 若 $\boldsymbol{R}$ 与 $\bar{\boldsymbol{R}}$ 的公共边界为 Γ

$$\Gamma : \bar{\boldsymbol{R}}(0, \bar{v}) = \boldsymbol{R}(1, v) \quad (0 \leqslant \bar{v} = v \leqslant 1) \quad (2.5)$$

为 v 的 n 次多项式曲线，则称 $\boldsymbol{R}$ 与 $\bar{\boldsymbol{R}}$ 在 Γ 上为正规拼接. 记 Δ_1, Δ_2 是以下的差分算子

$$\begin{cases} \Delta_1 \boldsymbol{P}_{ij} = \boldsymbol{P}_{i+1j} - \boldsymbol{P}_{ij} \\ \Delta_2 \boldsymbol{P}_{ij} = \boldsymbol{P}_{ij+1} - \boldsymbol{P}_{ij} \end{cases} \quad (2.6)$$

不难验证

$$\frac{\partial^{s+t} \boldsymbol{R}}{\partial u^s \partial v^t} = \sum_{i=0}^{m-s} \sum_{j=0}^{n-t} \frac{m!}{(m-s)!} \frac{n!}{(n-t)!} \cdot$$

$$\Delta_1^s \Delta_2^t \boldsymbol{P}_{ij} \cdot B_{im-s}(u) B_{jn-t}(v) \quad (2.7)$$

利用上式及定理 1 可得以下定理.

定理 2　若正则曲面 $\boldsymbol{R}$ 与 $\bar{\boldsymbol{R}}$ 在公共边界 Γ 上为正规拼接，则 $\boldsymbol{R}$ 与 $\bar{\boldsymbol{R}}$ 在 Γ 上为 G^K 连续拼接的充要条件为存在 v 的不超过 $2n-1$ 次的多项式 $D(v)$ 及次数分别不超过 $(2i-1)(2n-1), (2i-1)(2n-1)+1$ 的多项式 $E_i(v), F_i(v)$，其中 $E_1(v) * D(v) > 0, i = 1, \cdots, K$，使得下式成立

$$D^{2k-1} \frac{\partial^k \bar{\boldsymbol{R}}}{\partial \bar{u}^k} \bigg|_{\substack{\bar{u}=0 \\ \bar{v}=v}} = \sum_{l=1}^{k} \sum_{\substack{a_1 + \cdots + a_l = k \\ a_1 \leqslant \cdots \leqslant a_l}} A_{a_1 \cdots a_l}^{kl} \sum_{h=0}^{l} E_{a_1} \cdots E_{a_h} \cdot$$

$$F_{a_{h+1}} \cdots F_{a_l} D^{l-1} \frac{\partial^l \boldsymbol{R}}{\partial u^h \partial v^{l-h}} \bigg|_{u=1}$$

$$(k = 0, \cdots, K) \quad (2.8)$$

证明　取拼接函数 $p_i(v), q_i(v)$ 为

$$p_i(v) = \frac{E_i(v)}{D^{2i-1}(v)}, q_i(v) = \frac{F_i(v)}{D^{2i-1}(v)} \qquad (2.9)$$

则由定理 1 知充分性显然,现证必要性.

设 $\boldsymbol{R}$ 与 $\overline{\boldsymbol{R}}$ 在 Γ 上为 G^K 连续拼接,由定理 1 知存在拼接函数 $p_i(v), q_i(v)(p_1(v) > 0)$,使得式(2.2)成立.对式(2.2)中的 k 用归纳法,当 k 为 1 时,由式(2.2)得

$$\overline{\boldsymbol{R}}_u^- \mid_{\substack{\overline{u}=0 \\ \overline{v}=v}} = p_1 \cdot \boldsymbol{R}_u \mid_{u=1} + q_1 \cdot \boldsymbol{R}_v \mid_{u=1} \qquad (2.10)$$

因为 $\boldsymbol{R}$ 为正则曲面,所以必存在 $\boldsymbol{R}_u \times \boldsymbol{R}_v$ 的一坐标分量,不妨设为 x 分量,异于零,设 sig 为它的符号,并令

$$D(v) = \text{sig} \cdot (\boldsymbol{R}_u \times \boldsymbol{R}_v)_x \mid_{u=1} (> 0) \qquad (2.11)$$

$$E_1(v) = \text{sig} \cdot (\overline{\boldsymbol{R}}_u \times \boldsymbol{R}_v)_x \mid_{\substack{\overline{u}=0 \\ \overline{v}=v \\ u=1}} (> 0) \qquad (2.12)$$

$$F_1(v) = -\text{sig} \cdot (\overline{\boldsymbol{R}}_u^- \times \boldsymbol{R}_v)_x \mid_{\substack{\overline{u}=0 \\ \overline{v}=v \\ u=1}} \qquad (2.13)$$

则由式(2.7)知 D, E_1, F_1 分别为次数不超过 $2n-1$, $2n-1$ 及 $2n$ 的多项式.式(2.10)知

$$p_1(v) = \frac{E_1(v)}{D(v)} > 0, q_1(v) = \frac{F_1(v)}{D(v)} \qquad (2.14)$$

且有

$$D(v) \cdot \overline{\boldsymbol{R}}_u^- \mid_{\substack{\overline{u}=0 \\ \overline{v}=v}} = E_1(v) \cdot \boldsymbol{R}_u \mid_{u=1} + F_1(v) \cdot \boldsymbol{R}_v \mid_{u=1}$$

$$(2.15)$$

即当 $k=1$ 时式(2.8)成立.假设当 k 不超过 ρ 时式(2.8)成立.则当 $k=\rho+1$ 时,令

$$C_\rho(v) = \sum_{s=2}^{\rho+1} \sum_{\substack{a_1+\cdots+a_s=\rho+1 \\ a_1 \leqslant \cdots \leqslant a_s}} A_{a_1 \cdots a_s}^{\rho+1 s} \sum_{h=0}^{s} E_{a_1} \cdots E_{a_h} \cdot$$

$$F_{a_{h+1}} \cdots F_{a_s} D^{s-2} \frac{\partial^s \boldsymbol{R}}{\partial u^h \partial v^{s-h}} \bigg|_{u=1} / D^{2\rho} \qquad (2.16)$$

由归纳法假设知 $D^{2k} \cdot C_\rho(v)$ 为 v 的次数不超过

$2p(2n-1)$ 的参数曲线. 再由式(2.2) 可得

$$D^{2p} \cdot \frac{\partial^{p+1} \overline{\boldsymbol{R}}}{\partial \overline{u}^{p+1}} \bigg|_{\substack{\overline{u}=0 \\ v=v}} = D^{2p} \cdot \boldsymbol{C}_p + D^{2p} \cdot p_{p+1} \boldsymbol{R}_u \mid_{u=1} +$$

$$D^{2p} \cdot q_{p+1} \boldsymbol{R}_v \mid_{u=1} \qquad (2.17)$$

由此令

$$E_{p+1}(v) = \mathrm{sig} \cdot D^{2p}(v) \cdot \left[\left(\frac{\partial^{p+1} \overline{\boldsymbol{R}}}{\partial \overline{u}^{p+1}} - \boldsymbol{R}_p \right) \times \boldsymbol{R}_v \right]_x \bigg|_{\substack{\overline{u}=0 \\ u=1 \\ v=v}}$$

$$(2.18)$$

$$F_{p+1}(v) = -\mathrm{sig} \cdot D^{2p}(v) \cdot \left[\left(\frac{\partial^{p+1} \overline{\boldsymbol{R}}}{\partial \overline{u}^{p+1}} - \boldsymbol{R}_p \right) \times \boldsymbol{R}_u \right]_x \bigg|_{\substack{\overline{u}=0 \\ u=1 \\ v=v}}$$

$$(2.19)$$

则 $E_{p+1}(v), F_{p+1}(v)$ 分别为 v 的次数不超过 $(2n-1)(2p+1), (2n-1)(2p+1)+1$ 的多项式,且由式(2.17) 有

$$p_{p+1}(v) = \frac{E_{p+1}(v)}{D^{2p+1}(v)}, q_{p+1}(v) = \frac{F_{p+1}(v)}{D^{2p+1}(v)} \quad (2.20)$$

将式(2.20) 代入式(2.2) 知,当 $k=p+1$ 时,式(2.8) 成立. 由归纳法原理知定理得证.

　　本章约定,本章以后提到的 $\boldsymbol{R}, \overline{\boldsymbol{R}}$ 是指由式(2.3),(2.4) 表示的正则 Bézier 曲面,且 $\overline{\boldsymbol{R}}$ 与 $\boldsymbol{R}$ 在公共边界 Γ 上为正规拼接. 函数 $D(v), p_i(v), q_i(v), E_i(v), F_i(v)$ 有定理 2 中的意义.

§3　拼接函数的相容性条件

　　对于在 Γ 上为 G^K 连续拼接的 Bézier 曲面 $\boldsymbol{R}$ 与 $\overline{\boldsymbol{R}}$,

式 (2.20) 决定了有理多项式拼接函数 $p_i(v), q_i(v)$ $(i=1, \cdots, K)$. 反过来,是否所有有理多项式都可作为 $\boldsymbol{R}$ 与 $\overline{\boldsymbol{R}}$ 的拼接函数呢? 如果不是,那么它们之间应满足什么条件? 在这些条件下曲面 $\boldsymbol{R}$ 与 $\overline{\boldsymbol{R}}$ 之间存在什么关系? 本章将回答这些问题. 首先将 $\boldsymbol{R}$ 与 $\overline{\boldsymbol{R}}$ 写成多项式形式

$$\boldsymbol{R} = \boldsymbol{R}(u^*, v) = \sum_{i=0}^{m} \sum_{j=0}^{n} \overline{\boldsymbol{P}}_{ij} u^{*i} v^j \quad (u^* = 1 - u)$$

$$(3.1)$$

$$\overline{\boldsymbol{R}} = \overline{\boldsymbol{R}}(\overline{u}, \overline{v}) = \sum_{i=0}^{\overline{m}} \sum_{j=0}^{n} \overline{\boldsymbol{Q}}_{ij} \overline{u}^i \overline{v}^j \qquad (3.2)$$

在不引起混淆的情况下记 $\boldsymbol{R}(u^*, v)$ 为 $\boldsymbol{R}(u, v)$.

对式 $(3.1), (3.2)$ 两边求偏导,并与式 (2.7) 比较可得

$$\overline{\boldsymbol{P}}_{st} = C_m^s C_n^t \Delta_1^s \Delta_2^t \boldsymbol{P}_{m-s0} \qquad (3.3)$$

$$\overline{\boldsymbol{Q}}_{st} = C_m^s C_n^t \Delta_1^s \Delta_2^t \boldsymbol{Q}_{00} \qquad (3.4)$$

假设 $D(v), E_i(v), F_i(v)$ 的多项式形式表示为

$$\begin{cases} D(v) = \sum_{j=0}^{2n-1} d_j v^j \\[2mm] E_i(v) = \sum_{j=0}^{t(i)} e_j^i v^j \\[2mm] F_i(v) = \sum_{j=0}^{t(i)+1} f_j^i v^j \end{cases} \qquad (3.5)$$

其中 $t(i)$ 为下标函数,且 $t(i) = (2n-1)i$.

将式 $(3.1), (3.2)$ 及 (3.5) 代入式 (2.8),并比较两边多项式的系数得到

$$\sum_{j=0}^{n} \sum_{i_1=0}^{2n-1} \cdots \sum_{i_{2k-1}=0}^{2n-1} \sum_{i_1+\cdots+i_{2k-1}=s-j} d_{i_1} \cdots d_{i_{2k-1}} \overline{\boldsymbol{Q}}_{kj}$$

460

$$= \sum_{l=1}^{k} \sum_{\substack{a_1+\cdots+a_l=k \\ a_1 \leqslant \cdots \leqslant a_l}} A_{a_1 \cdots a_l}^{kl} \sum_{h=0}^{l} \sum_{j_1=0}^{n+h-l} \sum_{i=0}^{t(i_1)} \cdot \cdots \cdot$$

$$\sum_{i_h=0}^{t(i_h)} \sum_{i_{h+1}=0}^{t(i_{h+1})+1} \cdots \sum_{i_l=0}^{t(i_l)+1} \sum_{i_{l+1}=0}^{2n-1} \cdot \cdots \cdot$$

$$\sum_{i_{2l-1}=0}^{2n-1} \sum_{i_1+\cdots+i_{2l-1}+j=s} \frac{h!}{k!} \times \frac{(j+l-k)!}{j!} \times$$

$$e_{i_1}^{a_1} \cdots e_{i_h}^{a_h} \cdots f_{i_{h+1}}^{a_{h+1}} \cdots f_{i_l}^{a_l} * d_{i_{l+1}} \cdots d_{i_{2l-1}} \overline{P}_{h \cdot j+l-h} \quad (3.7)$$

写成矩阵形式为

$$A^{(k)} \cdot \overline{Q}^{(k)} = \sum_{h=1}^{k} B_h^{(k)} \cdot \overline{P}^{(h)} \quad (3.8)$$

其中

$$\overline{Q}^{(k)} = \begin{bmatrix} \overline{Q}_{k0} & \cdots & \overline{Q}_{kn} \end{bmatrix}^{\mathrm{T}} \quad (3.9\mathrm{a})$$

$$\overline{P}^{(h)} = \begin{bmatrix} \overline{P}_{h0} & \cdots & \overline{P}_{hn} \end{bmatrix}^{\mathrm{T}} \quad (3.9\mathrm{b})$$

$$A^{(k)} = (a_{sj}^{(k)})_{(t(2k-1)+n) \times n} \quad (3.9\mathrm{c})$$

$$B_h^{(k)} = (b_{h,sj}^{(k)})_{(t(2k-1)+n) \times n} \quad (3.9\mathrm{d})$$

而

$$\overline{P}_{hj} = C_n^j \Delta_1^h \Delta_2^j P_{m-h0}$$

$$a_{sj}^{(k)} = a_{s-j}^{(k)} = \sum_{i_1=0}^{2n-1} \cdots \sum_{i_{2k-1}=0}^{2n-1} \sum_{i_1+\cdots+i_{2k-1}=s-j} d_{i_1} \cdots d_{i_{2k-1}}$$

$$(3.10)$$

$$b_{h,sj}^{(k)} = \sum_{l=\max\{1,h,h+j-s\}}^{k} \sum_{\substack{a_1+\cdots+a_l=k \\ a_1 \leqslant \cdots \leqslant a_l}} A_{a_1 \cdots a_l}^{kl} \sum_{i_1=0}^{t(i_1)} \cdot \cdots \cdot$$

$$\sum_{i_h=0}^{t(i_h)} \sum_{i_{h+1}=0}^{t(i_{h+1})+1} \cdots \sum_{i_l=0}^{t(i_{l+1})} \cdot$$

$$\sum_{i_{l+1}=0}^{2n-1} \cdots \sum_{i_{2l-1}=0}^{2n-1} \sum_{i_1+\cdots+i_{2l-1}=s+l-h-j} \frac{h!}{k!} \times$$

461

$$\frac{j!}{(j+h-l)!} * e_{i_1}^{a_1} \cdots e_{i_h}^{a_h} f_{i_{h+1}}^{a_{h+1}} \cdots$$

$$f_{i_l}^{a_l} d_{i_{l+1}} \cdots d_{i_{2l-1}} \tag{3.11}$$

由式$(3.10),(3.11)$知,当 $s < j$ 时,$a_{sj}^{(k)} = 0$. 而当 $s < h + j - k$ 时,$b_{h,sj}^{(k)} = 0$. 因而

$$\boldsymbol{A}^{(k)} = \begin{bmatrix} a_0^{(k)} & & & \\ a_i^{(k)} & a_0^{(k)} & & \\ \vdots & \vdots & \ddots & \\ & & & a_0^{(k)} \\ a_n^{(k)} & \vdots & & \vdots \\ \vdots & \vdots & & \vdots \\ a_{t(2k-1)}^{(k)} & \vdots & & \vdots \\ & a_{t(2k-1)}^{(k)} & & \vdots \\ & & \ddots & \\ & & & a_{t(2k-1)}^{(k)} \end{bmatrix} \underline{\underline{记}} \begin{bmatrix} \boldsymbol{A}_{1n\times n}^{(k)} \\ \boldsymbol{A}_{2t(2k-1)\times n}^{(k)} \end{bmatrix}$$

$$\tag{3.12}$$

类似地,记

$$\boldsymbol{B}_h^{(k)} = \begin{bmatrix} \boldsymbol{B}_{h,1\ n\times n} \\ \boldsymbol{B}_{h,2t\ (2k-1)\times n} \end{bmatrix} \tag{3.13}$$

则式(3.8)化为

$$\boldsymbol{A}_1^{(k)} \overline{\boldsymbol{Q}}^{(k)} = \sum_{h=1}^k \boldsymbol{B}_{h,1}^{(k)} \overline{\boldsymbol{P}}^{(h)} \tag{3.14}$$

$$\boldsymbol{A}_2^{(k)} \overline{\boldsymbol{Q}}^{(k)} = \sum_{h=1}^k \boldsymbol{B}_{h,2}^{(k)} \overline{\boldsymbol{P}}^{(h)} \tag{3.15}$$

由 $a_0^{(k)} = d_0^{(2k-1)} \neq 0$,可知以下引理成立.

引理 1 n 阶方阵 $\boldsymbol{A}_1^{(k)}$ 可逆,且逆阵为

462

$$C^{(k)} = (A_1^{(k)})^{-1} = \begin{bmatrix} C_0^{(k)} & & & \mathbf{0} \\ C_1^{(k)} & C_0^{(k)} & & \\ \vdots & \vdots & \ddots & \\ C_n^{(k)} & C_{n-1}^{(k)} & \cdots & C_0^{(k)} \end{bmatrix}$$

$$(3.16)$$

其中 $C_0^{(k)} = \dfrac{1}{a_0^{(k)}}$，而 $C_l^{(k)}$ 为

$$C_l^{(k)} = -C_0^{(k)} \sum_{j=0}^{l-1} a_{l-j}^{(k)} C_j^{(k)} \qquad (3.17)$$

利用引理 1 知式(3.14),(3.15) 等价于如下两组关系

$$\overline{Q}^{(k)} = \sum_{h=1}^{k} C^{(k)} \cdot B_{h,1}^{(k)} \overline{P}^{(h)} \qquad (3.18)$$

$$\sum_{h=1}^{k} (B_{h,2}^{(k)} - A_2^{(k)} \cdot C^{(k)} B_{h,1}^{(k)}) \overline{P}^{(h)} = 0 \qquad (3.19)$$

式(3.19) 称为拼接函数的相容性条件. 式(3.19) 告诉我们,只有满足相容性条件的有理多项式 $p_i(v), q_i(v)$ 才可作为拼接函数. 在拼接函数取定后,由式(3.5),(3.6) 及(3.21) 知 $\overline{R}$ 的控制顶点网的前 K 列可由 R 的控制顶点网的后 K 列唯一地如下决定

$$\begin{cases} Q_{0s} = P_{ms} \\ Q_{ks} = \displaystyle\sum_{h=1}^{k} \sum_{l=0}^{n} \sum_{j=0}^{n} C_{sj}^{(k)} b_{hjl}^{(k)} \frac{C_m^h C_n^l}{C_m^k C_n^s} \cdot \Delta_1^h \Delta_2^l P_{m-h0} - \\ \qquad\quad \displaystyle\sum_{\substack{j=0 \\ (j,l) \neq (k,s)}}^{k} \sum_{l=0}^{s} (-1)^{k+s-j-l} C_k^j C_s^l Q_{jl} \end{cases}$$

$$(3.20)$$

§4　简单几何连续拼接条件

相容性条件(3.19)表明拼接函数 $p_i(v)$,$q_i(v)$ 与 R 有关.但在实际应用中,设计者总希望在不改变控制顶点网的情况下调整形状参数,以达到曲面形状控制.这就是说希望拼接函数能与 R 无关.本节研究这一情形下拼接函数的形式与相应拼接曲面的构造.首先给出以下引理.

引理 1　设 $\overline{D}(v)$,$\overline{E}(v)$,$\overline{F}(v)$ 分别为次数不超过 $s,s,s+1$ 的多项式.则对任意的 v 的 n 次与 $n-1$ 次多项式曲线 $\overline{C}_1(v)$,$\overline{C}_2(v)$,曲线 $\overline{C}(v)$ 为

$$\overline{C}(v) = \frac{\overline{E}(v)\overline{C}_1(v) + \overline{F}(v)\overline{C}_2(v)}{\overline{D}(v)} \quad (4.1)$$

亦为次数不超过 n 的多项式曲线的充要条件为 $\overline{p}(v) = \dfrac{\overline{E}(v)}{\overline{D}(v)}$ 与 $\overline{q}(v) = \dfrac{\overline{F}(v)}{\overline{D}(v)}$ 分别为常数及一次式.

引理 1 是显然的.利用引理 1 可得以下定理.

定理 1　设 Bézier 曲面 R 与 $\overline{R}$ 在公共边界 Γ 上正规拼接,且拼接函数与 R 无关.则 R 与 $\overline{R}$ 在 Γ 上为 G^K 的充要条件为存在唯一确定的实数 $\alpha_i(\alpha_1 > 0)$,$\beta_i^j(j = 0,1; i = 1,\cdots,K)$ 使拼接函数为

$$p_i(v) = \alpha_i; q_i(v) = \beta_i^0(1-v) + \beta_i^1 \cdot v \quad (4.2)$$

且 $Q_{0s} = P_{ms}$,而 $Q_{ks}(k = 1,\cdots,K; s = 0,\cdots,n)$ 为

$$Q_{ks} = \Bigg[\sum_{l=1}^{k} \sum_{\substack{\tau_1 + \cdots + \tau_l = k \\ \tau_1 \leqslant \cdots \leqslant \tau_l}} A^{kl}_{\tau\cdots\tau_l} \sum_{h=0}^{l} \sum_{j=0}^{n+h-l} \sum_{j_{h+1}=0}^{1} \cdot \cdots \cdot$$

$$\sum_{j_l=0}^{1} \frac{\overline{(m-k)}!}{\overline{m}!} * \frac{m!}{(m-h)!} \cdot$$

$$\frac{n!}{(n-l-h)!} \frac{C_{n+h-l}^{j}}{C_n^s} \cdot$$

$$\alpha_{\tau_1} \cdots \alpha_{\tau_h} \beta_{\tau_{h+1}}^{j_{h+1}} \cdots \beta_{\tau_l}^{j_l} * \Delta_1^h \Delta_2^{l-h} \boldsymbol{P}_{m-hj} \Bigg] -$$

$$\sum_{h=0}^{k-1} C_k^h (-1)^{k-h} \boldsymbol{Q}_{kh} \qquad (4.3)$$

且对任意取定的实数 $\alpha_i, \beta_i^0, \beta_i^n (\alpha_n > 0)$，由式(4.3)可构造与 $\boldsymbol{R}$ 在 Γ 上为 G^K 连续的曲面 $\overline{\boldsymbol{R}}$。

定理 1 的充分性显然. 对 k 用归纳法且类似于 §2 中的定理 2 的证明，并反复应用引理 1 及下式

$$B_{i_1 l_1}(v) \cdots B_{i_s l_s}(v)$$
$$= \frac{C_{l_1}^{i_1} \cdots C_{l_s}^{i_s}}{C_{l_1+\cdots+l_s}^{i_1+\cdots+i_s}} B_{i_1+\cdots+i_s, l_1+\cdots+l_s}(v) \qquad (4.4)$$

不难证得其必要性. 这里略去其证明.

§5　无约束几何连续条件

相容性条件(3.19)是一个很复杂的条件. 它的存在无疑将给几何连续拼接的判定与拼接曲面的构造带来很大的困难. 但在式(3.9)中 $\overline{\boldsymbol{P}}^{(h)}$ 的系数矩阵对任意 h 皆为零阵，也即相容性条件消失的特殊情形下，几何连续判定与拼接曲面构造就变得异常简单. 我们称这时 $\boldsymbol{R}$ 与 $\overline{\boldsymbol{R}}$ 为无约束几何连续. 本节研究拼接函数的形式与拼接曲面的构造. 易知下列命题的等价性.

命题 1　相容性条件为无约束条件.

命题 2　式(2.2)的右端为次数不超过 n 的多项

式曲线.

命题 3 $p_{a_1}\cdots p_{a_h}q_{a_{h+1}}\cdots p_{a_l}\ \dfrac{\partial^l \boldsymbol{R}}{\partial u^h \partial v^{l-h}}$ 为次数不超

过 n 的多项式曲线.

命题 4 $q_i(v)$ 为一次式,而 $p_i(v)$ 的次数的最大

值 ρ 满足

$$\rho h \leqslant n - \left.\frac{\partial^h \boldsymbol{R}}{\partial u^h}\right|_{u=1} \ \text{的次数} \qquad (5.1)$$

设 $\boldsymbol{R}$ 与 $\overline{\boldsymbol{R}}$ 在 Γ 上为无约束几何连续,由上面命题

的等价性可设

$$\left.\frac{\partial^h \boldsymbol{R}}{\partial u^h}\right|_{u=1} = \sum_{j=0}^{n-\rho h} \boldsymbol{P}_{hj}^* B_{jh-\rho h}(v) \qquad (5.2)$$

由式(5.2)并注意到

$$\sum_{s=0}^{n} \alpha_s B_{sn}(v) = \sum_{s=0}^{n}\sum_{j=s}^{n} C_n^j C_{n-j}^{s-j}(-1)^{s-j} a_j v^s \quad (5.3)$$

可得

$$\sum_{j=s}^{n} C_n^j C_{n-j}^{s-j}(-1)^{s-j}\Delta_1^h \cdot \boldsymbol{P}_{m-hj} = \boldsymbol{0} \quad (s = n-\rho h,\cdots,n)$$

$$(5.4)$$

$$\begin{cases} \boldsymbol{P}_{hn-\rho h}^* = \dfrac{m!}{(m-h)!} \sum_{j=n-\rho h}^{n} C_{n-j}^{s-j}(-1)^{s-j}\Delta_1^h \boldsymbol{P}_{m-hj} \\[4mm] \boldsymbol{P}_{hs}^* = \Bigg[\dfrac{m!}{(m-h)!} \sum_{j=s}^{n} C_n^j C_{n-j}^{s-j}(-1)^{s-j}\Delta_1^h \boldsymbol{P}_{m-hj} - \\[4mm] \qquad \sum_{j=s+1}^{n-\rho h} C_{n-\rho h}^j C_{n-\rho h-j}^{s-j}(-1)^{s-j}\boldsymbol{P}_{hj}^* \Bigg]/C_{n-\rho h}^s \\[4mm] \qquad (s = n-\rho h-1,\cdots,0) \end{cases}$$

$$(5.5)$$

令

$$p_i(v) = \sum_{j=0}^{\rho} \beta_j^i B_{jp}(v); \quad q_i(v) = \sum_{j=0}^{1} r_j^i B_{j1}(v) \quad (5.6)$$

将式(5.2),(5.6)代入式(2.2),并利用式(4.4)可得

$$\begin{cases} \boldsymbol{Q}_{0s} = \boldsymbol{P}_{ms} \\[2mm] \boldsymbol{Q}_{ks} = \left[\dfrac{\overline{(m-k)}!}{\overline{m}!} \sum_{l=1}^{k} \sum_{\substack{a_1 + \cdots + a_l = k \\ a_1 \leqslant \cdots \leqslant a_l}} A_{a_1 \cdots a_l}^{kl} \cdot \right. \\[4mm] \displaystyle\sum_{h=0}^{n+\rho h+h-l} \sum_{j_1=0}^{\rho} \cdots \sum_{j_h=0}^{\rho} \sum_{j_0=0}^{1} \cdots \sum_{j_l=0}^{1} \cdot \\[4mm] \displaystyle\sum_{j_1+\cdots+j_l=s-j} C_{n-\rho h+h-l}^{j} C_\rho^{j_1} \cdots C_\rho^{j_h} \cdot \\[4mm] \dfrac{(n-\rho h)!}{(n-\rho h+h-l)!} \beta_{j_1}^{a_1} \cdots \beta_{j_h}^{a_h} \cdot \\[4mm] \left. \gamma_{j_{h+1}}^{a_{h+1}} \cdots \gamma_{j_l}^{a_l} \Delta_2^{l-h} \boldsymbol{P}_{nj}^{*} \right] - \sum_{h=0}^{k} C_k^h (-1)^{k-h} \boldsymbol{Q}_{hs} \\[4mm] (k=1,\cdots,K; s=0,\cdots,n) \end{cases}$$

$$(5.7)$$

因此,$\boldsymbol{R}$ 与 $\overline{\boldsymbol{R}}$ 为无约束 G^K 连续的充要条件为 $\overline{\boldsymbol{R}}$ 的控制顶点网可表示成式(5.7).

参 考 文 献

[1] 梁友栋.曲线曲面几何连续性问题[J].数学年刊,1990(3).

[2] LIANG Y D, YE X Z. G^1 Smoothing solid objects by bicubic Bézier patches[J]. J. Comput. Math.,1991(3).

[3] 叶修梓,梁友栋.几何连续性的算子表示与凸组合曲面,待发表.

有理 Bézier 曲线、曲面中权因子的性质研究[①]

第 7 章

§1 引 言

有理 Bézier(或有理 B 样条)方法越来越广泛地被应用于自由曲线、曲面的设计,并在一些商业 CAD 软件中起作用.[2]

有理 Bézier(或有理 B 样条)曲线、曲面不仅继承了 Bézier(或 B 样条)曲线、曲面的凸包性、包络性、剖分性等许多优良性质,[6]而且还把普

---

① 本章摘自《计算数学》1992 年第 1 期.

468

通多项式曲线、曲面与圆锥曲线、曲面在形式上有机地统一起来,大大地方便了程序的实现,并使得曲线、曲面造型在权因子的作用下更灵活、更自由.

但有理曲线、曲面的研究较为复杂,权因子在造型中的作用还未充分发挥,这导致有理曲线、曲面并未得到充分的利用. 虽然近年来 Piegl 等人已做了不少工作,[3-6] 但这方面的研究仍需进一步深入.

由于有理 Bézier 曲线、曲面是有理 B 样条曲线、曲面的基础,浙江大学的许伟教授于 1992 年讨论了有理Bézier 曲线、曲面的情况.

§2 中给出基本定义及记号;§3 中讨论权因子的性质;最后简介曲面情况.

§2　基本定义及记号

定义 1　设 $\{P_i\}_0^n$ 是 $R^m (m \geqslant 2)$ 中的一组点列,$\{\omega_i\}_0^n$ 是非负实数列,且 $\omega_0, \omega_n > 0$,则曲线

$$R_n(t) = \frac{Q^n(t)\omega_0 P_0}{Q^n(t)\omega_0} \quad (t \in [0,1]) \quad (2.1)$$

称为 R^m 中 n 次有理 Bézier 曲线,$\{P_i\}_0^n$ 和 $\{\omega_i\}_0^n$ 分别称为 $R_n(t)$ 的控制顶点和权因子.

这里 $Q(t) \triangleq tE + (1-t)I, E$ 是移位算子,I 是恒等算子

$$E(\omega_i P_i) \triangleq \omega_{i+1} P_{i+1}, E\omega_i \triangleq \omega_{i+1}, I(\omega_i P_i) \triangleq \omega_i P_i$$

$$I\omega_i \triangleq \omega_{i+1}, E^i \triangleq E(E^{i-1})$$

不难验证

$$Q^n(t) = \sum_{i=0}^{n} J_{i,n}(t) E^i$$

其中 $J_{i,n} = C_n^i t^i (1-t)^{n-i}$ 是 Bernstein 多项式.

利用齐次坐标,曲线(2.1)可改记为

$$R_n(t) = H(Q^n(t)\widetilde{P}_0)$$

式中

$$\widetilde{P}_i \triangleq (\omega_i P_i, \omega_i) \in \mathbf{R}^{m+1}$$

$$Q(t)\widetilde{P}_i \triangleq (Q(t)\omega_i P_i, Q(t)\omega_i)$$

$H: \mathbf{R}^{m+1} \to \mathbf{R}^m$ 是透视变换,定义为

$$H(p, \omega) \triangleq \begin{cases} \dfrac{P}{\omega}, & \text{当 } \omega \neq 0 \text{ 时} \\ \mathbf{R}^m \text{ 中从原点出发通过点 } P \text{ 的一个方向}, \\ \text{当 } \omega = 0 \text{ 时} \end{cases}$$

§3 有理 Bézier 曲线权因子的性质及作用

1. 有理 Bézier 曲线的一些基本性质

这里讨论由权因子引出的性质.

性质 1 若 $\omega_i \equiv \mathrm{const} \neq 0, i = \overline{0,n}$,则有理 Bézier 曲线(2.1)退化为普通的整形 Bézier 曲线.

性质 2

$$\lim_{\omega_i \to +\infty} R_n(t) = \begin{cases} P_0, & t = 0 \\ P_i, & t \in (0,1) \\ P_n, & t = 1 \end{cases}$$

性质 3 记 $S = R_n(t; \omega_i = 0), M = R_n(t; \omega_i = 1)$, $S_i = R_n(t; \omega_i)$,则 ω_i 是 P_i, S, M, S_i 的交比(图1)

$$\omega_i = \frac{MP_i}{SM} : \frac{S_i P_i}{SS_i}$$

性质 4 若 $\omega_0 = \omega_n = 1, \omega_i \to +\infty, i = \overline{1, n-1}$,则

470

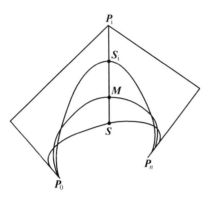

图 1

$$R_n(t) = \begin{cases} P_0, & t = 0 \\ \dfrac{Q^{n-2}(t)\widetilde{\omega}_1 P_1}{Q^{n-2}(t)\widetilde{\omega}_1}, & t \in (0,1) \\ P_n, & t = 1 \end{cases}$$

这里，$\widetilde{\omega}_i = \omega_i \dfrac{C_n^i}{C_{n-2}^{i-1}}, i = 1, \cdots, n-1.$

以上诸性质的证明见文献[4].

性质 5　设 $\omega_1 = \omega_2 = \cdots = \omega_{j-1} = 0, \omega_i \neq 0, \omega_k \neq 0, \omega_{k+1} = \omega_{k+2} = \cdots = \omega_{n-1} = 0, 1 \leqslant j \leqslant k \leqslant n-1$，则 $R_n(t)$ 在两端点 $t = 0$ 和 $t = 1$ 处的切点分别平行于 $P_0 P_j$ 和 $P_k P_n$.

证明　在上述条件下，式(2.1) 可记为

$R_n(t)$

$$= \frac{(1-t)^n \omega_0 P_0 + \sum\limits_{i=j}^{k} J_{i,n}(t)\omega_i P_i + t^n \omega_n P_n}{(1-t)^n \omega_0 + \sum\limits_{i=j}^{k} J_{i,n}(t)\omega_i + t^n \omega_n}$$

$= P_0 + t^j \cdot$

471

$$\frac{\sum_{i=j}^{k} C_n^i t^{i-j} (1-t)^{n-i} \omega_i (P_i - P_0) + t^{n-j} \omega_n (P_n - P_0)}{(1-t)^n \omega_0 + \sum_{i=j}^{k} C_n^i t^i (1-t)^{n-i} \omega_i + t^n \omega_n}$$

所以

$$R_n^{(i)}(0) = \mathbf{0}, i = \overline{1, j-1}$$

$$R_n^{(j)}(0) = \frac{n!}{(n-j)!} \frac{\omega_j}{\omega_0} (P_j - P_0)$$

在 $t = 0$ 附近

$$R_n(t) = P_0 + C_n^j \frac{\omega_j}{\omega_0} (P_j - P_0) t^j + O(t^j)$$

因而 $R_n(t)$ 在 $t = 0$ 处的切点平行于 $P_0 P_j$.

同理可证 $R_n(t)$ 在 $t = 1$ 处的切点平行于 $P_k P_n$. 证毕.

注 性质 5 的几何意义如图 2 所示.

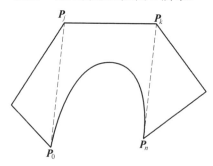

图 2

定理 1 设 $\{P_i\}_0^n$ 是 $\mathbf{R}^m$ 中一组点,$\{\omega_i\}_0^n$ 和 $\{\overline{\omega_i}\}_0^n$ 是两组正实数,则 $\mathbf{R}^m$ 中两条 n 次有理 Bézier 曲线

$$R_n(u) = \frac{Q^n(u) \omega_0 P_0}{Q^n(u) \omega_0} \quad (u \in [0, 1])$$

472

$$\overline{\boldsymbol{R}}_n(v) = \frac{\boldsymbol{Q}^n(v)\overline{\omega_0}\boldsymbol{P}_0}{\boldsymbol{Q}^n(v)\overline{\omega_0}} \quad (v \in [0,1])$$

表示同一条曲线的充分条件是

$$\frac{\overline{\omega_{i-1}\omega_{i+1}}}{\omega_i^2} = \frac{\overline{\omega_{i-1}\omega_{i+1}}}{\overline{\omega_i^2}}, i = \overline{1, n-1} \quad (3.1)$$

特别地,当 $n = m \leqslant 3$ 且 $\mathrm{rank}(\{\boldsymbol{P}_i\}_0^n) = n$ 时,式(3.1)也是必要条件.

证明　利用式(3.1)易得

$$\frac{\overline{\omega_{i+1}}}{\overline{\omega_{i+1}}} \Big/ \frac{\overline{\omega_i}}{\omega_i} = \frac{\overline{\omega_i}}{\omega_i} \Big/ \frac{\overline{\omega_{i-1}}}{\omega_{i-1}} = \cdots = \frac{\overline{\omega_1}}{\omega_1} \Big/ \frac{\overline{\omega_0}}{\omega_0} \triangleq k$$

所以

$$\frac{\overline{\omega_{i+1}}}{\omega_{i+1}} = k\frac{\overline{\omega_i}}{\omega_i} = \cdots = k^{i+1}\frac{\overline{\omega_0}}{\omega_0} \quad (i = \overline{0, -1})$$

对曲线 $\overline{\boldsymbol{R}}_n(v)$ 作变换 $v = \dfrac{u}{u + k(1-u)}$,有

$$\overline{\boldsymbol{R}}_n(v) = \frac{\displaystyle\sum_{i=0}^n J_{i,n}(u)\left(\frac{1}{k}\right)^i \overline{\omega_i}\boldsymbol{P}_i}{\displaystyle\sum_{i=0}^n J_{i,n}(u)\left(\frac{1}{k}\right)^i \overline{\omega_i}} = \frac{\displaystyle\sum_{i=0}^n J_{i,n}(u)\omega_i\boldsymbol{P}_i}{\displaystyle\sum_{i=0}^n J_{i,n}(u)\omega_i} = \boldsymbol{R}_n(u)$$

充分性得证.

当 $n = m \leqslant 3$ 且 $\mathrm{rank}(\{\boldsymbol{P}_i\}_0^n) = n$ 时,$\boldsymbol{R}_n(u)$ 在 $u = 0$ 和 $u = 1$ 两端点的曲率分别为

$$K(0) = \frac{\omega_0\omega_2}{\omega_1^2} \cdot \frac{n-1}{n} \cdot \frac{|(\boldsymbol{P}_1 - \boldsymbol{P}_0) \times (\boldsymbol{P}_2 - \boldsymbol{P}_1)|}{|\boldsymbol{P}_1 - \boldsymbol{P}_0|^3}$$

$$K(1) = \frac{\omega_n\omega_{n-2}}{\omega_{n-1}^2} \cdot \frac{n-1}{n} \cdot \frac{|(\boldsymbol{P}_{n-1} - \boldsymbol{P}_{n-2}) \times (\boldsymbol{P}_n - \boldsymbol{P}_{n-1})|}{|\boldsymbol{P}_n - \boldsymbol{P}_{n-1}|^3}$$

同样,$\overline{\boldsymbol{R}}_n(v)$ 在 $v = 0$ 和 $v = 1$ 两端点的曲率分别为

$$\overline{K}(0) = \frac{\overline{\omega_0}\,\overline{\omega_2}}{\overline{\omega_1^2}} \cdot \frac{n-1}{n} \cdot \frac{|(\boldsymbol{P}_1 - \boldsymbol{P}_0) \times (\boldsymbol{P}_2 - \boldsymbol{P}_1)|}{|\boldsymbol{P}_1 - \boldsymbol{P}_0|^3}$$

$$\overline{K}(1) = \frac{\overline{\omega}_n \overline{\omega}_{n-2}}{\overline{\omega}_{n-1}^2} \cdot \frac{n-1}{n} \cdot \frac{|(P_{n-1} - P_{n-2}) \times (P_n - P_{n-1})|}{|P_n - P_{n-1}|^3}$$

由 $\mathrm{rank}(\{P_i\}_0^n) = n$ 知

$$|(P_1 - P_0) \times (P_2 - P_1)| \neq 0$$

$$|(P_{n-1} - P_{n-2}) \times (P_n - P_{n-1})| \neq 0$$

所以,当 $n=2$ 时,由 $K(0) = \overline{K}(0)$ 即得式(3.1).当 $n=3$ 时,由 $K(0) = \overline{K}(0)$,$K(1) = \overline{K}(1)$ 可得式(3.1).证毕.

定理 2　在定理 1 的条件下,式(3.1)成立的充要条件是:存在正常数 h,使下式成立

$$\frac{\overline{\omega}_i}{\overline{\omega}_0} = h^i \frac{\omega_i}{\omega_0} \quad (i = \overline{0, n})$$

证明　充分性显然,下面证明必要性.

取 $h = \dfrac{\overline{\omega}_1}{\overline{\omega}_0} / \dfrac{\omega_1}{\omega_0}$,显然,$h > 0$,并且有

$$\frac{\overline{\omega}_2}{\overline{\omega}_0} / \frac{\omega_2}{\omega_0} = \frac{\overline{\omega}_2 \overline{\omega}_0}{\overline{\omega}_1^2} \cdot \left(\frac{\overline{\omega}_1}{\overline{\omega}_0}\right)^2 / \frac{\omega_2 \omega_0}{\omega_1^2} \left(\frac{\omega_1}{\omega_0}\right)^2 = \left(\frac{\overline{\omega}_1}{\overline{\omega}_0} / \frac{\omega_1}{\omega_0}\right)^2 = h^2$$

即结论对 $i = 1, 2$ 成立.

假设结论已对所有 $i \leqslant j$ 成立,则当 $i = j + 1$ 时

$$\frac{\overline{\omega}_{j+1}}{\overline{\omega}_0} / \frac{\omega_{j+1}}{\omega_0} = \frac{\overline{\omega}_{j+1} \overline{\omega}_{j-1}}{\overline{\omega}_j^2} \cdot \frac{\overline{\omega}_j^2}{\overline{\omega}_0 \overline{\omega}_{j-1}} / \frac{\omega_{j+1} \omega_{j-1}}{\omega_j^2} \cdot \frac{\omega_j^2}{\omega_0 \omega_{j-1}}$$

$$= \left(\frac{\overline{\omega}_j}{\overline{\omega}_0}\right)^2 \left(\frac{\overline{\omega}_0}{\overline{\omega}_{j-1}}\right) / \left(\frac{\omega_j}{\omega_0}\right)^2 \left(\frac{\omega_0}{\omega_{j-1}}\right)$$

$$= \frac{(h^j)^2}{h^{j-1}} = h^{j+1}$$

所以结论对 $i = j + 1$ 也成立.从而可归纳出结论对 $i = 1, 2, \cdots, n$ 都成立.另外,当 $i = 0$ 时结论显然成立,故必要性得证.

引理 1　$\omega(t) \triangleq \mathbf{Q}^n(t)\omega_0$ 可作下面实分解

$$\omega(t) = \prod_{i=1}^{q}(a_i(1-t)^2 + 2b_i(1-t)t + c_it^2) \cdot$$
$$\prod_{j=1}^{n-2q}(d_j(1-t) + e_jt) \tag{3.2}$$

其中 $0 \leqslant q \leqslant \dfrac{n}{2}$，$a_i, b_i, c_i, d_j, e_j$ 皆为实数，并且满足 $a_ic_i > \mathbf{b}_i^2, d_j \cdot e_j > 0, i = \overline{1,q}, j = \overline{1, n-2q}$.

证明　由多项式理论知，n 次实多项式

$$g(t) = \sum_{i=0}^{n}C_n^j\omega_it^i \quad (t \in (-\infty, +\infty))$$

有 q 对复根，$n-2q$ 个实根，q 是满足 $0 \leqslant q \leqslant \dfrac{n}{2}$ 的某个非负整数，即有分解式

$$g(t) = \prod_{i=0}^{q}(a_i + 2b_it + c_it^2) \cdot \prod_{j=1}^{n-2q}(d_j + e_jt)$$

其中 a_i, b_i, c_i, d_j, e_j 都是实数，并且 $\mathbf{b}_i^2 < a_ic_i, i = \overline{1, q-1}$.

由于 $\omega_i \geqslant 0$ 且 $g(0) = \omega_0 > 0$，所以 $g(t)$ 的 $n-2q$ 个实根皆为负数，即 $d_j \cdot e_j > 0, j = \overline{1, n-2q}$. 因此

$$\omega(t) = (1-t)^n \cdot g\left(\frac{t}{1-t}\right)$$

$$= \prod_{i=1}^{q}(a_i(1-t)^2 + 2b_i(1-t)t + c_it^2) \cdot$$
$$\prod_{j=1}^{n-2q}(d_j(1-t) + e_jt)$$

证毕.

定理 3　设 $\omega(t)$ 有分解式(3.2). 若记

$$\mathbf{U}_i(t) = \frac{a_i(1-t)^2\mathbf{I} + 2b_i(1-t)t\mathbf{E} + c_it^2\mathbf{E}^2}{a_i(1-t)^2 + 2b_i(1-t)t + c_it^2} \quad (i = \overline{1,q})$$

$$\boldsymbol{V}_j(t) = \frac{d_j(1-t)\boldsymbol{I} + e_j t\boldsymbol{E}}{d_j(1-t) + e_j t} \quad (j = \overline{1, n-2q})$$

则 n 次有理 Bézier 曲线(2.1)可表示为

$$\boldsymbol{R}_n(t) = \prod_{i=1}^{q} \boldsymbol{U}_i(t) \cdot \prod_{j=1}^{n-2q} \boldsymbol{V}_j(t) \cdot \boldsymbol{P}_0 \qquad (3.3)$$

证明

$$\prod_{i=1}^{q} \boldsymbol{U}_i(t) \cdot \prod_{j=1}^{n-2q} \boldsymbol{V}_j(t) \cdot \boldsymbol{P}_0$$

$$= \frac{\prod\limits_{i=1}^{q}(a_i(1-t)^2\boldsymbol{I} + 2b_i(1-t)t\boldsymbol{E} + c_i t^2\boldsymbol{E}^2)}{\prod\limits_{i=1}^{q}(a_i(1-t)^2 + 2b_i(1-t)t + c_i t^2)} \cdot$$

$$\frac{\prod\limits_{j=1}^{n-2q}(d_j(1-t)\boldsymbol{I} + e_j t\boldsymbol{E})\boldsymbol{P}_0}{\prod\limits_{j=1}^{n-2q}(d_j(1-t) + e_j t)}$$

$$= \frac{\sum\limits_{i=0}^{n} J_{i,n}(t)\omega_i \boldsymbol{E}^i \boldsymbol{P}_0}{\sum\limits_{i=0}^{n} J_{i,n}(t)\omega_i} = \boldsymbol{R}_n(t)$$

证毕.

由于算子 $\boldsymbol{U}_i, \boldsymbol{V}_j$ 的乘积可交换,于是有下述推论.

推论 在定理 3 的条件下

$$\boldsymbol{R}_n(t) = \prod_{k=1}^{n-q} \boldsymbol{S}_k(t) \qquad (3.4)$$

其中 $\{\boldsymbol{S}_k\}_1^{n-q}$ 是由 $\{\boldsymbol{U}_i\}_1^{q}$ 和 $\{\boldsymbol{V}_j\}_1^{n-2q}$ 组成的任一种排序.

注 式(3.4)的几何意义如下:$\boldsymbol{R}_n(t)$ 可看成算子 $\{\boldsymbol{S}_k\}_1^{n-q}$ 依次作用于点到 $\{\boldsymbol{P}_i\}_0^{n}$ 的结果(图 3).

定理 4 若分解式(3.2)中 $q = 0$,即 $\omega(t)$ 有 n 个实根,则

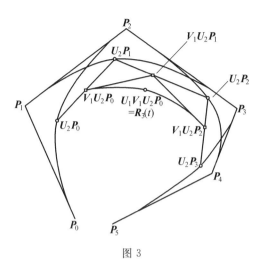

图 3

$$\omega_i^2 \geqslant \omega_{i-1}\omega_{i+1} \quad (i=\overline{1,n-1}) \quad\quad (3.5)$$

且当 $n=2$ 时上式也充分.

证明　参考文献[1]. 证毕.

注　$n \geqslant 3$ 时,式(3.5) 不是 $q=0$ 的充分条件. 例如

$$\omega(t)=(1-t)^3+3(1-t)^2t+3(1-t)t^2+\frac{7}{8}t^3$$

$$=\left[(1-t)+\frac{1}{2}t\right]\left[(1-t)^2+\frac{5}{2}(1-t)t+\frac{7}{4}t^2\right]$$

虽然满足式(3.5),但却存在复根.

2. 有理 Bézier 曲线对控制多边形的逼近

从性质 2 知,若某个权因子 $\omega_{i0} \to +\infty$,则 $R_n(t) \to P_{i_0} (0 < t < 1)$. 此外,文献[4] 中给出了一种调整权因子的方法. 对固定的 $t^* \in (0,1)$,它能使 $R_n(t^*)$ 更逼近(或远离) P_{i_0} 的某个给定的距离. 但该

方法只限于局部逼近,当曲线在 $t = t^*$ 附近拉近 $\boldsymbol{P}_{i_0}$ 时,其他的某些地方可能远离多边形(图 4). 因此,我们要寻找一种整体逼近多边形的方法.

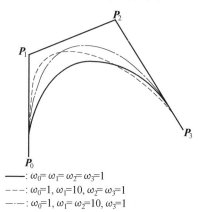

$$\text{——}: \omega_0 = \omega_1 = \omega_2 = \omega_3 = 1$$
$$\text{---}: \omega_0 = 1, \omega_1 = 10, \omega_2 = \omega_3 = 1$$
$$\text{—··—}: \omega_0 = 1, \omega_1 = \omega_2 = 10, \omega_3 = 1$$

图 4

考察二次有理 Bézier 曲线 $\boldsymbol{R}_2(t)$

$$\boldsymbol{R}_2(t) = \frac{\sum\limits_{i=0}^{2} J_{i,2}(t)\omega_i \boldsymbol{P}_i}{\sum\limits_{i=0}^{2} J_{i,2}(t)\omega_i} \quad (t \in [0,1]) \quad (3.6)$$

$\boldsymbol{R}_2(t)$ 整个落在三角形 $\boldsymbol{P}_0 \boldsymbol{P}_1 \boldsymbol{P}_2$ 中,并且 $\boldsymbol{R}_2(0) = \boldsymbol{P}_0$,$\boldsymbol{R}_2(1) = \boldsymbol{P}_2$,$\boldsymbol{R}_2(t)$ 不通过 $\boldsymbol{P}_1$(图 5).

记

$$f(t) = \frac{2t(1-t)\omega_1}{\sum\limits_{i=0}^{2} J_{i,2}(t)\omega_i}$$

$$\boldsymbol{M}(t) = \frac{(1-t)^2 \omega_0 \boldsymbol{P}_0 + t^2 \omega_2 \boldsymbol{P}_2}{(1-t)^2 \omega_0 + t^2 \omega_2}$$

则式(3.6)可记为

$$\boldsymbol{R}_2(t) = (1 - f(t))\boldsymbol{M}(t) + f(t)\boldsymbol{P}_1$$

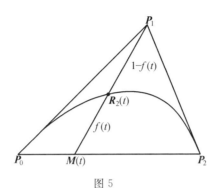

图 5

这样,$f(t)$ 反映了点 $\boldsymbol{R}_2(t)$ 对 $\boldsymbol{P}_1$ 的逼近程度,易知

$$0 \leqslant f(t) < 1$$

并且

$$f(t) \leqslant \frac{\omega_1}{\sqrt{\omega_0 \omega_2} + \omega_1}$$

等号当 $t = \dfrac{\sqrt{\omega_0}}{\sqrt{\omega_0} + \sqrt{\omega_2}}$ 时成立. 因此

$$F(\boldsymbol{R}_2) \triangleq \max_{0 \leqslant t \leqslant 1} f(t) = \frac{\omega_1}{\sqrt{\omega_0 \omega_2} + \omega_1} \qquad (3.7)$$

定义 1　$F(\boldsymbol{R}_2)$ 称为曲线 $\boldsymbol{R}_2(t)$ 对多边形的逼近度.

注　$\boldsymbol{R}_2\left(\dfrac{\sqrt{\omega_0}}{\sqrt{\omega_0} + \sqrt{\omega_2}}\right)$ 并不一定是 $\boldsymbol{R}_2(t)$ 上距离 $\boldsymbol{P}_1$ 最近的点,而是在三角形 $\boldsymbol{P}_0 \boldsymbol{P}_1 \boldsymbol{P}_2$ 中离底边 $\boldsymbol{P}_0 \boldsymbol{P}_2$ 最远(即有最大高度)的点. 如图 6 所示.

记 $t_1 = \dfrac{\sqrt{\omega_0}}{\sqrt{\omega_0} + \sqrt{\omega_2}}$,$f(t_1) > f(t_2)$,但

$$\mathrm{dist}(\boldsymbol{P}_1, \boldsymbol{R}_2(t_1)) > \mathrm{dist}(\boldsymbol{P}_1, \boldsymbol{R}_2(t_2))$$

我们不用最近距离 $\min\limits_{t \in [0,1]} \mathrm{dist}(\boldsymbol{P}_1, \boldsymbol{R}_2(t))$ 来定义

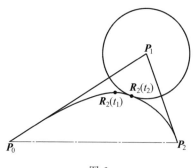

图 6

$\boldsymbol{R}_2(t)$ 对多边形的逼近度,是因为 $\boldsymbol{R}_2(t)$ 到 $\boldsymbol{P}_1$ 的最近点不易直接求出.

推论 当 $\omega(t) = \boldsymbol{Q}^2(t)\omega_0$ 有两个实根时, $F(\boldsymbol{R}_2) \geqslant \dfrac{1}{2}$,并且等号成立的充要条件是 $\boldsymbol{R}_2(t)$ 为整形 Bézier 曲线.

证明 由定理 4 及式(3.7)即知,$F(\boldsymbol{R}_2) \geqslant \dfrac{1}{2}$,并且等号当且仅当 $\omega_1^2 = \omega_0\omega_2$ 时成立.

当 $\boldsymbol{R}_2(t)$ 为整形 Bézier 曲线时,$\omega_0 = \omega_1 = \omega_2$ 显然满足 $\omega_1^2 = \omega_0\omega_2$.反之,若 $\boldsymbol{R}_2(t)$ 满足 $\omega_1^2 = \omega_0\omega_2$,令

$$t = \frac{\omega_0 s}{(1-s)\omega_1 + s\omega_0}$$

则

$$\boldsymbol{R}_2(t) = \frac{(1-s)^2\omega_1^2\omega_0\boldsymbol{P}_0 + 2(1-s)s\,\omega_0\omega_1^2\boldsymbol{P}_1 + s^2\omega_0^2\omega_2\boldsymbol{P}_2}{(1-s)^2\omega_1^2\omega_0 + 2(1-s)s\omega_0\omega_1^2 + s^2\omega_0^2\omega_2}$$
$$= (1-s)^2\boldsymbol{P}_0 + 2s(1-s)\boldsymbol{P}_1 + s^2\boldsymbol{P}_2$$

即 $\boldsymbol{R}_2(t)$ 可通过变换退化为整形 Bézier 曲线.证毕.

由此可见,当 $\omega(t) = \boldsymbol{Q}^2(t)\omega_0$ 有两个实根时,整形 Bézier 曲线是有理 Bézier 曲线 $\boldsymbol{R}_2(t)$ 中逼近度最差的曲线.

3. 应用

由定理 3.3 及式(3.7)知,为了使有理 Bézier 曲线 $R_n(t)$ 更逼近多边形,分解式(3.3)中应尽量避免算子 $U_i(t)$ 的出现,因为它的逼近度较差. 另外,我们把一次因子导出的算子乘积 $\prod\limits_{j=1}^{n-2q}V_j(t)$ 两两合并,整理为 2 次有理 Bézier 算子的乘积

$$\prod_{j=1}^{n-2q}V_j(t)=(V_1(t)V_2(t))(V_3(t)V_4(t))\cdots$$

$$=\begin{cases}\prod\limits_{j=1}^{\frac{n}{2}-q}\dfrac{\bar{a}_j(1-t)^2\boldsymbol{I}+2\bar{b}_j(1-t)t\boldsymbol{E}+\bar{c}_jt^2\boldsymbol{E}^2}{\bar{a}_j(1-t)^2+2\bar{b}_j(1-t)t+\bar{c}_jt^2},\\ \text{当 } n \text{ 为偶数时}\\ \prod\limits_{j=1}^{\frac{n-1}{2}-q}\dfrac{\bar{a}_j(1-t)^2\boldsymbol{I}+2\bar{b}_j(1-t)t\boldsymbol{E}+\bar{c}_jt^2\boldsymbol{E}^2}{\bar{a}_j(1-t)^2+2\bar{b}_j(1-t)t+\bar{c}_jt^2}\cdot\\ V_{n-2q}(t),\quad\text{当 } n \text{ 为奇数时}\end{cases}$$

$$(3.8)$$

式中 $\bar{a}_j,\bar{b}_j,\bar{c}_j$ 皆为实数,并且满足

$$\bar{a}_j\cdot\bar{c}_j\leqslant\bar{b}_j^2\tag{3.9}$$

这样,我们就找到了一种确定曲线 $R_n(t)$(从而也确定权因子)的方法

$$R_n(t)$$

$$=\begin{cases}\prod\limits_{i=1}^{n/2}\dfrac{\bar{a}_i(1-t)^2\boldsymbol{I}+2\bar{b}_i(1-t)t\boldsymbol{E}+\bar{c}_it^2\boldsymbol{E}^2}{\bar{a}_i(1-t)^2+2\bar{b}_i(1-t)t+\bar{c}_it^2}\cdot P_0,\\ \text{当 } n \text{ 为偶数时}\\ ((1-t)\boldsymbol{I}+t\boldsymbol{E})\cdot\\ \prod\limits_{i=1}^{\frac{n-1}{2}}\dfrac{\bar{a}_i(1-t)^2\boldsymbol{I}+2\bar{b}_i(1-t)t\boldsymbol{E}+\bar{c}_it^2\boldsymbol{E}^2}{\bar{a}_i(1-t)^2+2\bar{b}_i(1-t)t+\bar{c}_it^2}\cdot P_0,\\ \text{当 } n \text{ 为奇数时}\end{cases}$$

式中 $\overline{a}_i,\overline{b}_i,\overline{c}_i$ 满足式(3.9).

特别地,取 $\overline{a}_i \equiv \overline{c}_i \equiv 1,\overline{b}_i \equiv b \geqslant 1$,则

$$R_n(t) = \begin{cases} \displaystyle\prod_{i=1}^{n/2} \frac{(1-t)^2 \boldsymbol{I} + 2b(1-t)t\boldsymbol{E} + t^2 \boldsymbol{E}^2}{(1-t)^2 + 2b(1-t)t + t^2} \cdot \boldsymbol{P}_0, \\ \quad \text{当 } n \text{ 为偶数时} \\ ((1-t)\boldsymbol{I} + t\boldsymbol{E}) \cdot \\ \displaystyle\prod_{i=1}^{\frac{n-1}{2}} \frac{(1-t)^2 \boldsymbol{I} + 2b(1-t)t\boldsymbol{E} + t^2 \boldsymbol{E}^2}{(1-t)^2 + 2b(1-t)t + t^2} \cdot \boldsymbol{P}_0, \\ \quad \text{当 } n \text{ 为奇数时} \end{cases}$$

$$(3.10)$$

从图 3 和式(3.7)可直观地看出,当 $b \to +\infty$ 时,曲线(3.10)收敛于控制多边形(图 7).

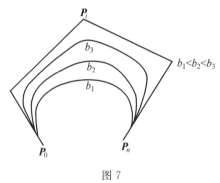

P_i

b_3

b_2

b_1

$b_1 < b_2 < b_3$

P_0

P_n

图 7

§4 曲面情况

定义 1 设 $\{\boldsymbol{P}_{ij}\}(i=\overline{0,m};j=\overline{0,n})$ 是 $\boldsymbol{R}^3$ 中的一组点,$\{\omega_{ij}\}(i=\overline{0,m};j=\overline{0,n})$ 是一组正实数,曲面

$$\boldsymbol{R}_{m,n}(u,v) = \frac{\boldsymbol{Q}_1^m(u)\boldsymbol{Q}_2^n(v)\omega_{00}\boldsymbol{P}_{00}}{\boldsymbol{Q}_1^m(u)\boldsymbol{Q}_2^n(v)\omega_{00}} \quad (0 \leqslant u,v \leqslant 1)$$

$$(4.1)$$

称为以 $\{\boldsymbol{P}_{ij}\}$ 为控制顶点、$\{\omega_{ij}\}$ 为权因子的 $m \times n$ 次有理 Bézier 曲面. 在式(4.1)中

$$\boldsymbol{Q}_1(u) \triangleq (1-u)\boldsymbol{I} + u\boldsymbol{E}_1$$

$$\boldsymbol{Q}_2(v) \triangleq (1-v)\boldsymbol{I} + v\boldsymbol{E}_2$$

$$\boldsymbol{E}_1 \cdot \omega_{ij}\boldsymbol{P}_{ij} \triangleq \omega_{i+1j}\boldsymbol{P}_{i+1j}$$

$$\boldsymbol{E}_1 \cdot \omega_{ij} \triangleq \omega_{i+1j}$$

$$\boldsymbol{E}_2 \cdot \omega_{ij}\boldsymbol{P}_{ij} \triangleq \omega_{ij+1}\boldsymbol{P}_{ij+1}$$

$$\boldsymbol{E}_2 \cdot \omega_{ij} \triangleq \omega_{ij+1}$$

$$\boldsymbol{I} \cdot \omega_{ij}\boldsymbol{P}_{ij} \triangleq \omega_{ij}\boldsymbol{P}_{ij}$$

$$\boldsymbol{I} \cdot \omega_{ij} \triangleq \omega_{ij}$$

由于式(4.1)是式(2.1)的张量积形式的推广,我们不加证明地给出下列结论:

定理 1　两张 $m \times n$ 次有理 Bézier 曲面

$$\boldsymbol{R}_{m,n}(u,v) = \frac{\boldsymbol{Q}_1^m(u)\boldsymbol{Q}_2^n(v)\omega_{00}\boldsymbol{P}_{00}}{\boldsymbol{Q}_1^m(u)\boldsymbol{Q}_2^n(v)\omega_{00}} \quad (0 \leqslant u,v \leqslant 1)$$

$$\overline{\boldsymbol{R}}_{m,n}(u,v) = \frac{\boldsymbol{Q}_1^m(u)\boldsymbol{Q}_2^n(v)\overline{\omega}_{00}\boldsymbol{P}_{00}}{\boldsymbol{Q}_1^m(u)\boldsymbol{Q}_2^n(v)\overline{\omega}_{00}} \quad (0 \leqslant u,v \leqslant 1)$$

表示同一张曲面的一个充分条件为

$$\begin{cases} \dfrac{\omega_{ij}^2}{\omega_{i-1j}\omega_{i+1j}} = \dfrac{\overline{\omega}_{ij}^2}{\overline{\omega}_{i-1j}\overline{\omega}_{i+1j}}, & i = \overline{0,m-1}, j = \overline{0,n} \\[4mm] \dfrac{\omega_{ij}^2}{\omega_{ij-1}\omega_{ij+1}} = \dfrac{\overline{\omega}_{ij}^2}{\overline{\omega}_{ij-1}\overline{\omega}_{ij+1}}, & i = \overline{0,m}, j = \overline{0,n-1} \end{cases}$$

$$(4.2)$$

定理 2　式(4.2)等价于:存在非零常数列 $\{\overline{h}_i\}_{i=0}^m$, $\{h_j\}_{j=0}^n$,使得下面的式子同时成立

$$\frac{\overline{\omega_{ij}}}{\omega_{0j}} = h_j^i \frac{\omega_{ij}}{\omega_{0j}} \quad (i = \overline{0,m}, j = \overline{0,n})$$

$$\frac{\overline{\omega_{ij}}}{\omega_{i0}} = \overline{h}_i^j \frac{\omega_{ij}}{\omega_{i0}} \quad (i = \overline{0,m}, j = \overline{0,n})$$

$$\left(\frac{h_j}{h_0}\right)^i = \left(\frac{\overline{h}_i}{\overline{h}_0}\right)^j \quad (i = \overline{0,m}, j = \overline{0,n})$$

以上讨论了有理 Bézier 曲线、曲面中权因子的一些性质,它们将对自由曲线、曲面的造型设计给出有益的启示与应用.

参 考 文 献

[1] BECKENBACH E F, BELLMAN R. Inequalities[M]. Berlin: Springer,1983.

[2] FAUX I D, PRATT M J. Computational geometry for design and manufacture[M]. New York: John Wiley and Sons, 1979.

[3] 刘鼎元. 有理 Bézier 曲线[J]. 应用数学学报,1985(1):70-83.

[4] PIGEL L. A geometric investigation of the rational Bézier scheme of computer aided design[J]. Computers in industry,1986:401-410.

[5] 王国瑾. 圆弧曲线的有理三次 Bernstein 基表示[J]. 高校应用数学学报,1988(2):237-248.

[6] 汪国昭,沈金福. 有理 Bézier 曲线的离散和几何性质[J]. 浙江大学学报,1985(3):123-130.

有理 Bézier 三角曲面片的快速算法[①]

第 8 章

西北大学的张晓鹏和康宝生两位教授于 1996 年改进了有理 Bézier 三角曲面片及方向导数的表示式,并给出了求点及一阶方向导数的快速算法,该算法比 de Casteljau 算法快,而且稳定.

CAD/CAM 中常用参数形式的有理 Bézier 三角曲面片

$$\boldsymbol{R}(u,v,w)$$
$$= \dfrac{\displaystyle\sum_{i+j+k=n} w_{ijk}\boldsymbol{b}_{ijk}B_{ijk}^{n}(u,v,w)}{\displaystyle\sum_{i+j+k=n} w_{ijk}B_{ijk}^{n}(u,v,w)} \quad (0.1)$$

---

① 本章摘自《纯粹数学与应用数学》1996 年第 2 期.

来表示各种曲面. 为防止式(0.1)出现奇异点,取 w_{n00},w_{0n0},$w_{00n} > 0$,而其他 $w_{ijk} \geqslant 0$. 式(0.1)的求值常用 de Casteljau 算法,它要用 $21C_{n+2}^3$ 次乘法及 $9C_{n+2}^3$ 次除法来求一点,显得很慢,而且得不到方向导数的任何信息.

当 $w \geqslant u,v$ 时,(1)分子分母同除以 w^n 可得

$$\boldsymbol{R}(u,v,w) = \frac{\boldsymbol{b}(x,y)}{g(x,y)} \qquad (0.2)$$

其中

$$\boldsymbol{b}(x,y) = \sum_{i+j \leqslant n} x^i y^j \boldsymbol{b}_{ij}$$

$$g(x,y) = \sum_{i+j \leqslant n} x^i y^j g_{ij}$$

$$x = \frac{u}{w}, y = \frac{v}{w}$$

$$g_{ij} = \frac{n!}{i!\ j!\ (n-i-j)!} w_{ijn-i-j}$$

$$\boldsymbol{b}_{ij} = g_{ij} \boldsymbol{b}_{ijn-i-j} \qquad (0 \leqslant i,j,i+j \leqslant n)$$

由于 $\boldsymbol{b}(x,y)$ 和 $g(x,y)$ 是幂形式多项式,可用套入法求值,这要用到以下两个递推关系

$$\begin{cases} g_{ij}^1 = g_{ij} + x g_{i+1j}^1, & 0 \leqslant i \leqslant n-j-1, 0 \leqslant j \leqslant n \\ g_{n-jj}^1 = g_{n-jj}, & 0 \leqslant j \leqslant n \end{cases}$$

$$(0.3)$$

$$\begin{cases} g_j^{11} = g_j^1 + y g_{j+1}^{11} \\ g_n^{11} = g_{0n}^1 = g_{0n} \end{cases} \qquad (0 \leqslant j \leqslant n-1) \qquad (0.4)$$

最终 $g_{00}^{11} = \sum_{i+j \leqslant n} x^i y^j g_{ij} = g(x,y)$,$\boldsymbol{b}(x,y)$ 的求法类似.

这个组合数 $\dfrac{n!}{i!\ j!\ (n-i-j)!}$ 可由下式有效求出

$$\begin{cases} a_i^r = a_i^{r-1} + a_{i+1}^{r-1}, & 0 \leqslant i \leqslant n-1, 1 \leqslant r \leqslant n \\ a_i^0 = 0, & 0 \leqslant i \leqslant n-1 \\ a_n^r = 1, & 0 \leqslant r \leqslant n \end{cases}$$

$$(0.5)$$

$$\begin{cases} C_{ij}^s = C_{ij}^{s-1} + C_{ij+1}^{s-1}, \\ 0 \leqslant j \leqslant n-i-1, 1 \leqslant s \leqslant n, 0 \leqslant i \leqslant n \\ C_{ij}^0 = 0, & 0 \leqslant i, j, i+j \leqslant n-1 \\ C_{in-i}^s = a_i^n, & 0 \leqslant i, s, i+s \leqslant n \end{cases}$$

$$(6)$$

最终 $C_{ij}^{n-i} = C_{n-i}^j a_i^n = \dfrac{n!}{i! \ j! \ (n-i-j)!}$. 用本算法求

式 (0.2) 的值只需 $4(n^2 + 3n + 1)$ 次乘法和 2 次除法，比 de Casteljau 算法快 n 倍.

求曲面片的方向导数在曲面拼接和曲面显示中非常重要. 给定一个方向 $\boldsymbol{d}$, 其坐标为 (d, e, f), 式 (0.1) 在此方向上的一阶导数可转化成

$$\boldsymbol{D}_d \boldsymbol{R}(u, v, w) = \frac{d \boldsymbol{b}_1(x, y) + e \boldsymbol{b}_2(x, y) + f \boldsymbol{b}_3(x, y)}{w g(x, y)}$$

$$(0.7)$$

其中

$$\boldsymbol{b}_1(x, y) = \sum_{i+j+k=n-1} w_{i+1jk}(\boldsymbol{b}_{i+1jk} - \boldsymbol{R}) \frac{(n-1)!}{i! \ j! \ k!} x^i y^j$$

$$\boldsymbol{b}_2(x, y) = \sum_{i+j+k=n-1} w_{ij+1k}(\boldsymbol{b}_{ij+1k} - \boldsymbol{R}) \frac{(n-1)!}{i! \ j! \ k!} x^i y^j$$

$$\boldsymbol{b}_3(x, y) = \sum_{i+j+k=n-1} w_{ijk+1}(\boldsymbol{b}_{ijk+1} - \boldsymbol{R}) \frac{(n-1)!}{i! \ j! \ k!} x^i y^j$$

它们均可通过定义相应的套入形式而求值. 对 $v \geqslant u$, w 和 $u \geqslant v, w$ 的情况及式 (0.1) 的高阶导数问题也可按类似方法处理.

令

$$\| \boldsymbol{b} \| = \max\{| \boldsymbol{b}_{ijk} |\}$$

$$\| w \| = \max\{w_{ijk}\}$$

$$\| \boldsymbol{d} \| = \max\{| d |, | e |, | f |\}$$

那么由式(0.2)和(0.7)得到

$$| \boldsymbol{R}(u, v, w) | \leqslant 3^n \frac{\| w \|}{w_{00n}} \| \boldsymbol{b} \|$$

$$| D_{\boldsymbol{d}}\boldsymbol{R}(u, v, w) | \leqslant 9^{n+1} \left(\frac{\| w \|}{w_{00n}}\right)^2 \| \boldsymbol{d} \| \| \boldsymbol{b} \|$$

因此此算法稳定.

广义 Bézier 曲线与曲面在连接中的应用①

第 9 章

§1　引　言

Bézier 曲线、曲面在自由曲线、曲面的设计中，一直保持着重要的地位，在几何外形的设计中，经常会遇到一类称为"过渡曲线和过渡曲面"的问题. 它们用来光滑地连接两条曲线和连接相邻的两块曲面片. 譬如，凸轮曲线的光滑连接，汽车顶盖曲面和前面的风窗玻璃曲面之间的过渡曲面等就

① 本章摘自《应用数学学报》1996 年第 1 期.

是这样的实例. 文献[1,2]定义了几何连续的条件,并讨论了相邻参数曲面间的 GC^1 及 GC^2 连续条件. 文献[3,4]给出了 Bézier 及有理 Bézier 曲面在边界 GC^1 连续的几何条件. 它们的共同特点是在所推导的几何连续性方程中寻求合理的解,以达到 GC^1 或 GC^2 连续. 由于 GC^1 及 GC^2 连续性方程组较为复杂,并且有过多的自由度,因此在实际应用中会有许多困难. 文献[5]给出了一类有关隐函数的样条曲线、曲面. 它虽能用来拼接所给定的不光滑连接的隐函数样条曲线、曲面,但它们需要曲线或曲面之间是相交的,对于不相交的情形,方法就失效了. 另外,要计算出由隐式方程所表示的几何图形也不是一件容易的事. 苏州大学数学系的刘根洪和复旦大学数学所的刘松涛二位教授于 1996 年给出了一种新的设计曲线、曲面的方法. 根据这种方法,可方便地光滑连接两条参数型的曲线和两张以上参数型曲面片,并且连接方式是 GC^r 的($r \geqslant 1$).

为引进广义的 Bézier 曲线、曲面. 我们推广通常意义下控制点和 Bernstein 基的概念,使它成为广义的控制点及广义的 Bernstein 基,从而使所得到的广义 Bézier 曲线、曲面既保持通常 Bézier 曲线、曲面的特性,又具有端点和边界的 C^0-C^r 插值性.

§2 广义 Bézier 曲线

为引进广义 Bézier 曲线和曲面,需陈述下列引理和概念.

引理 1 实数域 D 上的 $2r+1$ 次多项式 $g(t)$,如

果满足条件

$$g(0) = g'(0) = \cdots = g^{(r)}(0) = g'(1) = \cdots =$$
$$g^{(r)}(1) = 0, g(1) = 1 \quad (t \in [0,1])$$

那么多项式可表示成

$$g(t) = \left(\sum_{i=0}^{r} (-1)^i \frac{C_r^i}{r+1+i} \right)^{-1} \left(\sum_{i=0}^{r} (-1)^i \frac{C_r^i}{r+1+i} t^{r+1+i} \right)$$

$$(2.1)$$

并且

$$0 \leqslant g(t) \leqslant 1 \qquad (2.2)$$

证明　因为 $g'(t)$ 含有 r 重因式 t^r 和 $(1-t)^r$，根据代数知识知 $g'(t)$ 可以表示成如下形式

$$g'(t) = \omega(t) t^r (1-t)^r \qquad (2.3)$$

根据已知条件，容易知道 $\omega(t)$ 是零次多项式（即非零常数）。为求 ω 之值，我们对式 (2.3) 积分，并注意到：$g(0) = 0, g(1) = 1$，便得

$$\omega = \left(\sum_{i=0}^{r} (-1)^i \frac{C_r^i}{r+1+i} \right)^{-1}$$

所以

$$g(t) = \left(\sum_{i=0}^{r} (-1)^i \frac{C_r^i}{r+1+i} \right)^{-1} \cdot$$
$$\left(\sum_{i=0}^{r} (-1)^i \frac{C_r^i}{r+1+i} t^{r+1+i} \right)$$

下证 $0 \leqslant g(t) \leqslant 1$。

由式 (2.3) 以及 $g(0) = 0, g(1) = 1, t \in [0,1]$，立刻知道 $g(t)$ 是 $[0,1]$ 上的单调递增函数，$t = \frac{1}{2}$ 是它的拐点。

定义 1　在空间（或平面上）给定 $n+1$ 条参数曲线段 $\boldsymbol{P}_i(t) \subset \boldsymbol{E}^k (k=2$ 或 $3), (i = 0, 1, \cdots, n; 0 \leqslant t \leqslant$

1)，并且 $\boldsymbol{P}_0(t)$，$\boldsymbol{P}_n(t) \in C^n (n \geqslant r)$，我们称参数曲线段

$$\boldsymbol{P}(t) = \sum_{i=0}^{n} B_i^n [g(t)] \boldsymbol{P}_i(t) \quad (0 \leqslant t \leqslant 1) \quad (2.4)$$

为广义 Bézier 曲线（图 1），分别称 $\boldsymbol{P}_i(t)$，$B_i^n(g(t))$ 为广义 Bézier 控制点，广义 Bernstein 基函数. 包含广义 Bézier 控制点的最小闭凸几何图形 H，称为广义 Bézier 点的凸包，其中

$$\begin{cases} B_i^n [g(t)] = C_n^i g(t)^i [1 - g(t)]^{n-i} \\ C_n^i = \dfrac{n!}{i!\,(n-i)!} \quad (i = 0,1,\cdots,n) \\ g(t) \text{ 是满足上述引理条件的 } 2r+1 \text{ 次多项式} \end{cases}$$

$$(2.5)$$

特别地，当所有的广义控制点都退化成点时，式(2.4)为通常意义下的 Bézier 曲线.

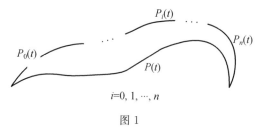

图 1

注 允许某些 $\boldsymbol{P}_i(t)$ 是退化的点，但 $i \neq 0, n$.

1. 广义 Bernstein 基函数的性质

（1）正性

$$B_i^n [g(t)] \begin{cases} = 0, & \text{当 } t = 0,1 \text{ 时} \\ > 0, & \text{当 } t \in (0,1) \text{ 时} \end{cases} \quad (i = 1,2,\cdots,n-1)$$

$$\begin{cases} B_0^n [g(0)] = B_n^n [g(1)] = 1 \\ B_0^n [g(1)] = B_n^n [g(0)] = 0 \\ 0 < B_0^n [g(t)], B_n^n [g(t)] < 1, \quad \text{当 } t \in (0,1) \text{ 时} \end{cases}$$

（2）权性

$$\sum_{i=0}^{n} B_i^n[g(t)] \equiv 1 \quad (t \in [0,1])$$

（3）对称性

$$B_i^n[g(t)] = B_{n-i}^n[1 - g(t)] \quad (i = 0, 1, \cdots, n)$$

（4）导函数

$$[B_i^n[g(t)]]' = n\{B_{i-1}^{n-1}[g(t)] - B_i^{n-1}[g(t)]\}g'(t)$$
$$(i = 0, 1, \cdots, n) \tag{2.6}$$

（5）最大值.

$$B_i^n[g(t)] \text{ 在}$$

$$g(t) = \frac{i}{n} \quad (i = 0, 1, \cdots, n) \tag{2.7}$$

处达到最大值[①],图 2 表示 $B_i^5[g(t)]$ 的图形（$i = 0, \cdots,$ 5),其中 $g(t) = -2t^3 + 3t^2, 0 \leqslant t \leqslant 1$.

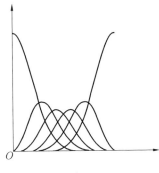

图 2

----

① 可以证明:对于确定的 $0 \leqslant i_0 \leqslant n$,存在唯一的 $t_0 \in [0,1]$,使得 $g(t_0) = \dfrac{i_0}{n}$.

（6）递推性
$$B_i^n[g(t)] = (1 - g(t))B_i^{n-1}[g(t)] + g(t)B_{i-1}^{n-1}[g(t)]$$
$$(i = 0, 1, \cdots, n)$$

2. 广义 Bézier 曲线的几何性质

（1）端点性质.

由（2.1），（2.4）两式可得

$$\boldsymbol{P}(0) = \boldsymbol{P}_0(0), \boldsymbol{P}(1) = \boldsymbol{P}_n(1) \tag{2.8}$$

这表明广义 Bézier 曲线是以 $\boldsymbol{P}_0(0), \boldsymbol{P}_n(1)$ 为其起点和终点的曲线.

为求广义 Bézier 曲线的各阶导向量，我们先求基函数 $B_i^n[g(t)]$ 的各阶函数. 因为

$$\frac{\mathrm{d}}{\mathrm{d}t}B_i^n(g) = \frac{\mathrm{d}}{\mathrm{d}t}\left[C_n^i g^i (1-g)^{n-i}\right]$$

$$= \frac{n(n-1)!}{(i-1)!\,(n-i)!}g^{i-1}g'(t)(1-g)^{n-i} -$$

$$\frac{n(n-1)!}{i!\,(n-i-1)!}g^i(1-g)^{n-i-1}g'(t)$$

$$= n[B_{i-1}^{n-1}(g) - B_i^{n-1}(g)]g'(t) \tag{2.9}$$

记 $\Delta^1 B_i^n(g) = B_{i-1}^{n-1}(g) - B_i^{n-1}(g)$，所以

$$\frac{\mathrm{d}^r}{\mathrm{d}t^r}B_i^n(g) = n[\Delta^1 B_i^n(g)g']^{(r-1)}$$

$$= n\sum_{k=0}^{r-1}C_{r-1}^k[\Delta^1 B_i^n(g)]^{(k)}(g')^{(r-1-k)}$$

$$\tag{2.10}$$

因此，广义 Bézier 曲线的 r 阶导向量是

$$\frac{\mathrm{d}^r}{\mathrm{d}t^r}\boldsymbol{P}(t) = \sum_{i=0}^{n}\sum_{k=0}^{r}C_r^k(B_i^n(g))^{(k)}\boldsymbol{P}_i^{(r-k)}(t)$$

$$= n\left\{\sum_{i=0}^{n}\sum_{k=1}^{r}C_r^k[\Delta^1 B_i^n(g)g']^{(k-1)}\boldsymbol{P}_i^{(r-k)}(t)\right\} +$$

$$\sum_{i=0}^{n}B_i^n(g)\boldsymbol{P}_i^{(r)}(t) \tag{2.11}$$

注意到式(2.11)右端的$[\Delta^1 B_i^n(g)g']^{(k-1)}$的表达式每一项至少含有导函数 $g'(t), g''(t), \cdots, g^{(k)}(t)$ 中的一项，所以有

$$\frac{\mathrm{d}^k}{\mathrm{d}t^k}\boldsymbol{P}(0) = \frac{\mathrm{d}^k}{\mathrm{d}t^k}\boldsymbol{P}_0(0)$$

$$\frac{\mathrm{d}^k}{\mathrm{d}t^k}\boldsymbol{P}(1) = \frac{\mathrm{d}^k}{\mathrm{d}t^k}\boldsymbol{P}_n(1)$$

$$(k = 1, \cdots, r) \qquad (2.12)$$

(2.8),(2.11)两式表明广义 Bézier 曲线在端点有 C^k 阶光滑插值($k = 0, 1, \cdots, r$).

(2)对称性.

我们保持广义 Bézier 曲线(2.4)中控制点的位置不变，而把它们的次序颠倒过来后所得到的新控制点记作

$$\boldsymbol{P}_i^*(t) = \boldsymbol{P}_{n-i}(1-t) \quad (i = 0, 1, \cdots, n)$$

并定义新的广义 Bézier 曲线为

$$\boldsymbol{P}^*(t) = \sum_{i=0}^n B_i^n[g(t)]\boldsymbol{P}_i^*(t)$$

下证 $\boldsymbol{P}^*(t) = \boldsymbol{P}(1-t)$.

因为

$$\boldsymbol{P}^*(t) = \sum_{i=0}^n B_i^n[g(t)]\boldsymbol{P}_i^*(t)$$

$$= \sum_{i=0}^n B_i^n[g(t)]\boldsymbol{P}_{n-i}(1-t)$$

$$= \sum_{j=n}^0 B_{n-j}^n[g(t)]\boldsymbol{P}_j(1-t)$$

$$= \sum_{j=n}^0 B_j^n[1-g(t)]\boldsymbol{P}_j(1-t)$$

$$= \sum_{j=n}^0 B_j^n[g(1-t)]\boldsymbol{P}_j(1-t)$$

$$= \sum_{i=0}^{n} B_i^n [g(1-t)] \boldsymbol{P}_i (1-t)$$
$$= \boldsymbol{P}(1-t)$$

（3）几何不变性.

因为广义 Bézier 曲线 $\boldsymbol{P}(t)$ 是向量形式,所以它不依赖于坐标系的选择,它的几何图形只与控制点 $\boldsymbol{P}_i(t)$ 有关 $(i = 0, 1, \cdots, n)$.

（4）凸包性质.

由广义 Bernstein 基函数的性质（1）和（2）,可以知道广义 Bézier 曲线落在凸包 H 之中.

§3　广义 Bézier 曲面

定义 1　设 $n \times m$ 张参数曲面 $\boldsymbol{P}_{ij}(u, v) \subset \boldsymbol{E}^3$ $(i = 0, \cdots, n; j = 0, \cdots, m), u, v \in [0, 1] \times [0, 1]$,则称

$$\boldsymbol{P}(u, v) = \sum_{i=0}^{n} \sum_{j=0}^{m} B_{i,j}^{nm} [g(u), g(v)] \boldsymbol{P}_{ij}(u, v)$$

$$(3.1)$$

为广义张量积 Bézier 曲面. 称 $\boldsymbol{P}_{ij}(u, v)$ 为广义控制点（允许某些广义控制点是退化的曲线或点）; $B_{i,j}^{nm} [g(u), g(v)]$ 为广义 Bernstein 基函数. 其中 $B_{i,j}^{nm} [g(u), g(v)] = B_i^n [g(u)] B_j^m [g(v)]$（图 3）.

关于广义 Bézier 曲面的性质这里不做详细讨论,下面仅给出求高阶偏导向量的公式.

设 $\boldsymbol{P}(u, v)$ 是 $C^r (r \geqslant 1)$ 光滑曲面,则它的 r 阶偏导向量是

$$\frac{\partial^r \boldsymbol{P}(u, v)}{\partial u^p \partial v^q} = \sum_{i=0}^{n} \sum_{j=0}^{m} \sum_{k=0}^{p} \sum_{s=0}^{q} C_p^k C_q^s \cdot$$

496

$$\left[B_i^n\left[g(u)\right]\right]^{(k)}\left[B_j^m\left[g(v)\right]\right]^{(s)}\cdot$$

$$\frac{\partial^{(p+q-s-k)}\boldsymbol{P}_{ij}(u,v)}{\partial u^{p-k}\partial v^{q-s}}$$

$$p+q=r \tag{3.2}$$

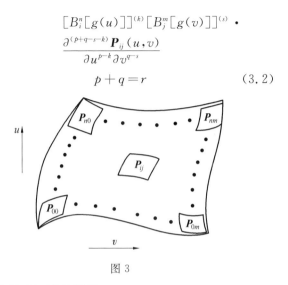

图 3

则由式(3.2),容易算得

$$\frac{\partial^r\boldsymbol{P}(0,0)}{\partial u^p\partial v^q}=\frac{\partial^r\boldsymbol{P}_{0,0}(0,0)}{\partial u^p\partial v^q}$$

$$\frac{\partial^r\boldsymbol{P}(1,0)}{\partial u^p\partial v^q}=\frac{\partial^r\boldsymbol{P}_{n,0}(1,0)}{\partial u^p\partial v^q}$$

$$\frac{\partial^r\boldsymbol{P}(0,1)}{\partial u^p\partial v^q}=\frac{\partial^r\boldsymbol{P}_{0,m}(0,1)}{\partial u^p\partial v^q}$$

$$\frac{\partial^r\boldsymbol{P}(1,1)}{\partial u^p\partial v^q}=\frac{\partial^r\boldsymbol{P}_{n,m}(1,1)}{\partial u^p\partial v^q}$$

§4　广义 Bézier 曲线、曲面的应用

下面我们给出广义 Bézier 曲线、曲面在设计过渡曲线、曲面等方面的应用.

1. 曲线间的连接

设 $\boldsymbol{P}_0(t)$ 和 $\boldsymbol{P}_1(t)$ 是 $\boldsymbol{E}^k(k=2,3)$ 中的两条高阶光滑的相交或不相交的曲线（$0 \leqslant t \leqslant 1$），现用光滑的过渡曲线 $\boldsymbol{P}(u)$ 联结 $\boldsymbol{P}_0(t)$ 上的点 $\boldsymbol{P}_0(\alpha_1)$ 和 $\boldsymbol{P}_1(t)$ 上的点 $\boldsymbol{P}_1(\alpha_2)$，其中 $\alpha_i \in [0,1], i=1,2.$

着重讨论下面三种情形：

（1）当 $\alpha_1 = 0, \alpha_2 = 1$ 时

$$\boldsymbol{P}(t) = (1 - g(t))\boldsymbol{P}_0(t) + g(t)\boldsymbol{P}_1(t)$$

即为所求的过渡曲线.

图 4(a) 表示 $\boldsymbol{P}(t)$ 是光滑联结起点 $(-1,0) \in \boldsymbol{P}_0(t)$ 和终点 $(1,0) \in \boldsymbol{P}_1(t)$ 的过渡曲线，并且它是经过 $\boldsymbol{P}_0(t)$ 和 $\boldsymbol{P}_1(t)$ 的交点 $(0,1)$ 的凸曲线，其中

$$\boldsymbol{P}_0(t) = \{4t^2 - 1, 2t\}$$
$$\boldsymbol{P}_1(t) = \{-4t^2 + 8t - 3, 2 - 2t\}$$
$$g(t) = -2t^3 + 3t^2 \quad (0 \leqslant t \leqslant 1)$$

图 4(b) 表明 $\boldsymbol{P}(t)$ 是联结起点 $(0,0) \in \boldsymbol{P}_0(t)$ 和终点 $(0,0) \in \boldsymbol{P}_1(t)$ 的 C^3 阶闭曲线（原点是一尖点），其中

$$\boldsymbol{P}_0(t) = \{t^5, t\}$$
$$\boldsymbol{P}_1(t) = \{1 - t, (1 - t)^4\}$$
$$g(t) = -20t^7 + 70t^6 - 84t^5 + 35t^4 \quad (0 \leqslant t \leqslant 1)$$

图 4(c) 给出了两不相交曲线的光滑连接，其中

$$\boldsymbol{P}_0(t) = \{2t^2, 4t\}$$
$$\boldsymbol{P}_1(t) = \{5, 4 - 4t\}$$
$$g(t) = -2t^3 + 3t^2 \quad (0 \leqslant t \leqslant 1)$$

（2）当 $0 < \alpha_1, \alpha_2 < 1$ 时.

先在第一条曲线 $\boldsymbol{P}_0(t)$ 的一段 $t \in [\alpha_1, 1]$ 上构造曲线段 $\boldsymbol{P}_0[(1-u)\alpha_1 + u]$，在第二条曲线 $\boldsymbol{P}_1(t)$ 的一段

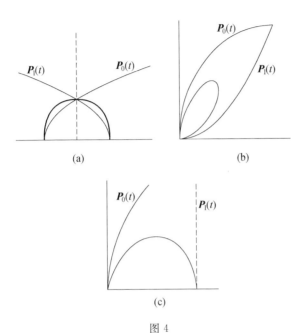

图 4

$t \in [0, \alpha_2]$ 上构造曲线 $P_1(\alpha_2 u)$，其中 $u \in [0,1]$. 然后再构造下列广义 Bézier 曲线

$$P(u) = (1 - g(u))P_0[(1 - u)\alpha_1 + u] + g(u)P_1(\alpha_2 u)$$

如果 $P_0(t)$，$P_1(t)$ 是 C^r 连续的曲线，$g(t)$ 是 $2r+1$ 次多项式，我们容易验证

$$P(0) = P_0(\alpha_1), \qquad P(1) = P_1(\alpha_2)$$

$$P'(0) = (1 - \alpha_1)P'_0(\alpha_1), P'(1) = \alpha_2 P'_1(\alpha_2)$$

$$\vdots \qquad\qquad \vdots$$

$$P^{(r)}(0) = (1 - \alpha_1)^r P_0^{(r)}(\alpha_1), P^{(r)}(1) = \alpha_2^r P_1^{(r)}(\alpha_2)$$

即 $P(t)$ 在 $P_0(\alpha_1)$，$P_1(\alpha_2)$ 处和 $P_0(t)$，$P_1(t)$ 有 GC^r 阶切触，特别是当 $r = 3$，$P(t)$ 是空间曲线时，$P(t)$ 在点 $P_0(\alpha_1)$，$P_1(\alpha_2)$ 处和 $P_0(t)$，$P_1(t)$ 分别保持曲率向量

和挠率向量连续.

（3）当 $\alpha_1 = 1, \alpha_2 = 0$ 时.

在 $\boldsymbol{P}_0(t)$ 的正方向上延拓此曲线至点 $\boldsymbol{P}_0(1+\delta_1)$，再在 $\boldsymbol{P}_1(t)$ 的负方向上延拓该曲线至点 $\boldsymbol{P}_1(-\delta_2)$，其中 $\delta_i > 0 (i=1,2)$. 得到曲线段 $\overline{\boldsymbol{P}_0(1)\boldsymbol{P}_0(1+\delta_1)}$ 和 $\overline{\boldsymbol{P}_1(-\delta_2)\boldsymbol{P}_1(1)}$ 的方程依次是 $\boldsymbol{P}_0(1+\delta_1 u)$ 及 $\boldsymbol{P}_1[(u-1)\delta_2]$，以及联结点 $\boldsymbol{P}_0(1)$ 和 $\boldsymbol{P}_1(0)$ 的过渡曲线

$$\boldsymbol{P}(u) = (1-g(u))\boldsymbol{P}_0(1+\delta_1 u) + $$
$$g(u)\boldsymbol{P}_1[(u-1)\delta_2] \quad (u \in [0,1])$$

类似于（2），可验证 $\boldsymbol{P}(u) \in GC^r$.

由于延拓后的曲线段含有所要求光滑连接曲线的几何形状和信息，因此，我们的方法是合理的. 另外，由凸包性可以知道，所生成的广义 Bézier 过渡曲线 $\boldsymbol{P}(u)$ 落在延拓曲线所围成的凸包之中，这对于估测过渡曲线的范围是颇有裨益的.

两个四次 Bézier 曲线

$$\boldsymbol{P}_0(t) = B_0^4(t)\begin{pmatrix}0.8\\1.6\end{pmatrix} + B_1^4(t)\begin{pmatrix}1\\2.2\end{pmatrix} + B_2^4(t)\begin{pmatrix}1.5\\2.6\end{pmatrix} + $$
$$B_3^4(t)\begin{pmatrix}2.1\\2.1\end{pmatrix} + B_4^4(t)\begin{pmatrix}2.3\\3\end{pmatrix}$$

$$\boldsymbol{P}_1(t) = B_0^4(t)\begin{pmatrix}3.4\\3.2\end{pmatrix} + B_1^4(t)\begin{pmatrix}3.8\\3.1\end{pmatrix} + B_2^4(t)\begin{pmatrix}4.5\\3\end{pmatrix} + $$
$$B_3^4(t)\begin{pmatrix}4.7\\2.5\end{pmatrix} + B_4^4(t)\begin{pmatrix}4.8\\2\end{pmatrix}$$

在点 $\boldsymbol{P}_0(1) = \begin{pmatrix}2.3\\3\end{pmatrix}$ 和 $\boldsymbol{P}_1(0) = \begin{pmatrix}3.4\\3.2\end{pmatrix}$ 间的光滑联结的过渡曲线是

$$\boldsymbol{P}(u) = (1-g(u))\boldsymbol{P}_0(1+\delta_1 u) + g(u)\boldsymbol{P}_1[(u-1)\delta_2]$$

$$g(u) = 6u^5 - 15u^4 + 10u^3 \quad (u \in [0,1])$$

并且在连接点处达到 GC^2.

2. 两曲面片间的连接

设曲面 $\Sigma_0: \boldsymbol{P}_0 = \boldsymbol{P}_0(u,v), \Sigma_1: \boldsymbol{P}_1 = \boldsymbol{P}_1(u,v)(u \times v \in [0,1] \times [0,1])$ 为 $\boldsymbol{E}^3$ 中的 C^k 阶$(k \geqslant 2)$光滑曲面,但由 Σ_0 至 Σ_1 的过渡是不光滑的,我们要求一小片曲面,使它与 Σ_0, Σ_1 都相切(称它为过渡曲面). 求过渡曲面问题是在机械、航空等工业部门经常会遇到的问题. 我们在曲面 Σ_0, Σ_1 上各取一条 u-曲线,即 $\boldsymbol{P}_0(\alpha_1,v)$ 和 $\boldsymbol{P}_1(\alpha_2,v)(0 \leqslant v \leqslant 1, 0 \leqslant \alpha_i \leqslant 1, i = 1,2)$. 用类似于曲线连接方法,构造下列过渡曲面片

$$\boldsymbol{P}(u,v) = (1 - g(u))\boldsymbol{P}_0[(1-u)\alpha_1 + u,v] + g(u)\boldsymbol{P}_1(\alpha_2 u,v)$$

可以验证在 $u = \alpha_i(i = 1,2)$ 的曲线上,$\boldsymbol{P}(u,v)$ 与 $\boldsymbol{P}_0(u, v), \boldsymbol{P}_1(u,v)$ 是 GC^r 阶光滑连接的$(r \geqslant 2)$. 类似于曲线那样,当 $\alpha_1 = 1, \alpha_2 = 0$ 时的过渡面是

$$\boldsymbol{P}(u,v) = (1 - g(u))\boldsymbol{P}_0[(1 + \delta_1 u),v] + g(u)\boldsymbol{P}_1[(u-1)\delta_2,v]$$

其中 $\delta_i > 0(i = 1,2)$.

3. 两张以上曲面间的连接

灵活运用本章设计曲线、曲面的方法,还可以光滑连接两张以上的曲面(其中允许某些曲面退化成曲线或点). 图 5(b) 表明了将图 5(a) 中分离的两块曲面 $\boldsymbol{P}_0(u,v), \boldsymbol{P}_1(u,v)$ 以及曲线 $\boldsymbol{P}^*(u)$ 光滑地连接起来. 图 6 表明了光滑地连接立方体的两个侧面,并磨光其中一角的图形. 图 7 刻画了四张曲面间的光滑连接.

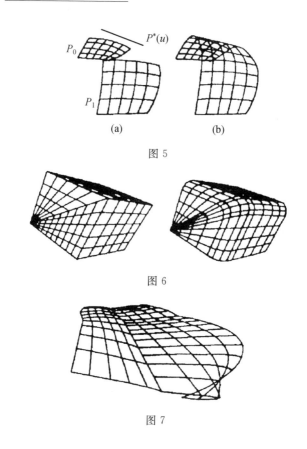

图 5

图 6

图 7

§5 结　束　语

广义 Bézier 曲线、曲面的主要优点是：

（1）一般 Bézier 曲线、曲面在端点只具有 C^1 插值性，而广义 Bézier 曲线、曲面在其端点或边界可具有 C^r 插值性（$r \geqslant 1$）. 因此在计算机辅助几何设计中更具有

502

实用价值.

（2）传统的 Bézier 曲线、曲面的控制点仅局限于点，而广义 Bézier 曲线、曲面的控制点可以是曲线或者曲面，这在运用上更具有灵活性. 特殊地，当广义 Bézier 控制点退化成通常的点时，广义 Bézier 曲线、曲面便成为通常所述的 Bézier 曲线、曲面.

（3）灵活设置曲线 $\boldsymbol{P}_0(t)$，$\boldsymbol{P}_1(t)$ 和曲面 $\boldsymbol{P}_0(u,v)$，$\boldsymbol{P}_1(u,v)$ 还可以生成所需的凸闭曲线和凸闭曲面.

广义 Bézier 曲线（或曲面）的缺点是由于 $g(t)$ 的阶次使曲线（或曲面）的阶次升高，计算速度变慢，但将函数 $g(t)$ 硬件化后，运算速度可以大大提高.

参 考 文 献

[1] LIU，HOSSHEK. Three GC^1 continuity conditions between adjacent rectangular and trangular Bézier surface patchs［J］. CAD，1989(6)：194-200.

[2] LIU. GC^1 continuity condition between two adjacent rational Bézier surface patches［J］. CAGD，1990(7).

[3] SHIRWAN L A，SEQUIN C H. Procedural interpolation with geometrically continuous obic splines［J］. Computer Aided Design，1992：267-277.

[4] FARIN. Visually C^2 cubic spline［J］. CAD，1982，14(3)：137-139.

[5] LI，HOSHEK，HARTMAN. G^{n-1}-functional spline for interpolation and approximation of curves surface and solids［J］. CAGD，1990(17)：209-220.

几何造型的有理矩阵细分方法[①]

第 10 章

Micchelli 和 Prautzsch[1-3] 给出了一类生成曲线的细分法 —— 矩阵细分方法（Matrix Subdivision Scheme），但该方法仅能生成多项式类型的曲线. 为了弥补其不足，北京师范大学计算中心的骆岩林和浙江大学应用数学系的汪国昭两位教授于 1999 年提出了有理矩阵细分方法（Rational Matrix Subdivision，简记 RMS），并证明了其生成曲线的优良性质，例如凸包性、几何不变性、变差缩减性等. 这一方法不仅能成功而方便地生成有理 Bézier、

---

① 本章摘自《应用数学学报》1999 年第 2 期.

有理 B－样条等 CAGD 中常用的有理多项式曲线、曲面,而且可生成类似分形(fractallike)的"不规则几何形体",本章称之为拟分形.增加了自由度,扩展了表示对象的范围,一定程度上完善和推广了文献[1-3]等的有关结果.

§1　引　言

细分法——曲线、曲面的离散化造型方法,是根据初始数据由计算机直接生成曲线、曲面或其他几何形体的一类方法.因其适合计算机处理的特点——从离散到离散,即控制顶点 → 离散显示点,广泛用于CAGD & CG 中.Micchelli,Prautzsch 等人用代数方法对细分法做了比较深入的研究,提出了一类用概率矩阵递归构造曲线、曲面的细分法——矩阵细分方法.这一方法生成的曲线、曲面类型相当广泛,包括了计算机辅助几何设计中经常用到的多项式曲线、曲面.但是它不能将常用的有理 Bézier、有理 B－样条等曲线、曲面包括其中,这给我们开发几何造型系统带来了很多不便.本章对有理曲线、曲面的细分生成方法做了深入研究,在矩阵细分方法的基础上,以齐次坐标为工具,提出了一类细分法——有理矩阵细分方法.并结合几何造型的实际背景对其产生曲线的性质做了较系统的研究.有理矩阵细分方法由于增加了自由度而使其在应用过程中更方便灵活,为复杂的形体造型提供了可能,同时能精确表示圆锥曲线,不仅能生成光滑的有理曲线、曲面,而且为构造"不规则几何形体"提供了理论工具.

§2　矩阵细分方法介绍

设 $\boldsymbol{V}_0,\boldsymbol{V}_1,\cdots,\boldsymbol{V}_{n-1}$ 是空间中由 n 个向量组成的序列,常称为控制顶点.顺次联结控制顶点的折线段称为控制多边形,记为 $\boldsymbol{V}=(\boldsymbol{V}_0,\boldsymbol{V}_1,\cdots,\boldsymbol{V}_{n-1})^{\mathrm{T}}$.矩阵细分方法是递归地运用矩阵乘法,使控制多边形序列在极限意义下收敛到某一连续曲线.

具体地说,取 p 个 $n\times n$ 的矩阵 $\boldsymbol{A}_0,\boldsymbol{A}_1,\cdots,\boldsymbol{A}_{p-1}$(称其为细分矩阵).记 $\boldsymbol{V}^0=\boldsymbol{V}$,新产生的控制顶点对应的分段控制多边形为

$$\boldsymbol{V}_0^1=\boldsymbol{A}_0\boldsymbol{V}^0=(\boldsymbol{P}_{10}(1,0),\boldsymbol{P}_{20}(1,0),\cdots,\boldsymbol{P}_{n0}(1,0))^{\mathrm{T}}$$
$$\boldsymbol{V}_1^1=\boldsymbol{A}_1\boldsymbol{V}^0=(\boldsymbol{P}_{10}(1,1),\boldsymbol{P}_{20}(1,1),\cdots,\boldsymbol{P}_{n0}(1,1))^{\mathrm{T}}$$
$$\vdots$$
$$\boldsymbol{V}_{p-1}^1=\boldsymbol{A}_{p-1}\boldsymbol{V}^0$$
$$=(\boldsymbol{P}_{10}(1,p-1),\boldsymbol{P}_{20}(1,p-1),\cdots,\boldsymbol{P}_{n0}(1,p-1))^{\mathrm{T}}$$

依此类推

$$\boldsymbol{V}^r(l,j)=\boldsymbol{A}_j\boldsymbol{V}_l^{r-1}=(\boldsymbol{P}_{1l}(r,j),\boldsymbol{P}_{2l}(r,j),\cdots,\boldsymbol{P}_{nl}(r,j))^{\mathrm{T}}$$
$$(l=0,1,\cdots,p^{r-1},j=0,1,\cdots,p-1)\quad(2.1)$$

称 $np\times n$ 阶矩阵

$$\boldsymbol{D}=\begin{bmatrix}\boldsymbol{A}_0\\\boldsymbol{A}_1\\\vdots\\\boldsymbol{A}_{p-1}\end{bmatrix}\quad(2.2)$$

为细分组合矩阵.

Micchelli 和 Prautzsch[2] 给出了以下收敛性定义:

定义 1　若对任给的控制多边形 $\boldsymbol{V}$，以下极限

$$\lim_{l \to +\infty} \boldsymbol{A}_{t_1} \cdots \boldsymbol{A}_{t_l} \boldsymbol{V} = \boldsymbol{\Phi}(t, \boldsymbol{V}) \cdot \boldsymbol{e}, \boldsymbol{e} = (1, \cdots, 1)^{\mathrm{T}}$$

存在，其中 $(t_1, t_2, \cdots) \in Z^+ \infty_p$ 是 $t \in [0,1]$ 的 p-adic 表示，则称矩阵细分方法收敛.

任取 p 个矩阵，由矩阵细分方法产生的曲线不一定收敛. MSS 的收敛性和光滑性条件已由 Micchelli[2] 等人给出，下面将做简单介绍.

几何造型中，通常要求产生的曲线或曲面在初始控制多边形（或多面体）的凸包内. 凸包的重要性是不言而喻的. 因为一条缺乏凸包性的曲线或曲面的形状很难控制. 当细分矩阵是概率矩阵时，能够保证这个性质. 这里所谓概率矩阵，是指矩阵的所有元素非负，且各行的和为 1. 以下我们均在细分矩阵为概率矩阵的条件下讨论.

若 $\boldsymbol{f}_0, \boldsymbol{f}_{p-1}$ 为 $\boldsymbol{A}_0^{\mathrm{T}}, \boldsymbol{A}_{p-1}^{\mathrm{T}}$ 的对应特征值为 1 的单位长度的特征向量，即

$$\boldsymbol{A}_i^{\mathrm{T}} \boldsymbol{f}_i = \boldsymbol{f}_i \quad (i = 0, p-1)$$

且 $\boldsymbol{f}_i (i = 0, p-1)$ 的所有分量和为 1. 以下条件

$$\boldsymbol{f}_0^{\mathrm{T}} \boldsymbol{A}_j = \boldsymbol{f}_{p-1}^{\mathrm{T}} \boldsymbol{A}_{j-1} \quad (j = 1, 2, \cdots, p-1) \quad (2.3)$$

被称为相容性条件.

当 $\boldsymbol{A}_0, \boldsymbol{A}_1, \cdots, \boldsymbol{A}_{p-1}$ 为 $n \times n$ 阶概率矩阵时，有以下结论：

定理 1（收敛性）[2]　MSS$(\boldsymbol{A}_0, \boldsymbol{A}_1, \cdots, \boldsymbol{A}_{p-1})$ 收敛于连续曲线，当且仅当存在某一整数 $k < 2^{n^2}$，对所有的乘积矩阵 $\boldsymbol{A}_{i_1} \boldsymbol{A}_{i_2} \cdots \boldsymbol{A}_{i_k} (i_1, i_2, \cdots, i_k \in \{0, 1, \cdots, p-1\})$ 至少有一列元素全大于零.

在计算机辅助几何设计中，人们很重视几何不变性、变差缩减性等几何性质，这往往需要将曲线表示成

特征函数组的线性组合形式. 方便起见, 本章仅讨论平面曲线.

当细分矩阵 $A_0, A_1, \cdots, A_{p-1}$ 满足收敛性定理 1 时, 定义了 $\boldsymbol{\psi}(t) = (\psi_1(t), \psi_2(t), \cdots, \psi_n(t))^{\mathrm{T}}$, 称其为特征函数组. 这时可以将矩阵细分方法收敛的曲线表示为

$$\boldsymbol{\Phi}(t) = \sum_{i=0}^{n-1} \boldsymbol{V}_i \psi_i(t) \quad (0 \leqslant t \leqslant 1) \quad (2.4)$$

变差缩减性与矩阵的恒正性 (Totally Positive, 简记 TP) 密切相关. 当矩阵所有子式非负时, 称其为恒正性矩阵或 TP 矩阵.

若对 $[0,1]$ 上的任意分割 $0 \leqslant t_1 < t_2 < \cdots < t_s \leqslant 1$, 由特征函数组 $\boldsymbol{\psi}(t)$ 产生的矩阵

$$\Psi \begin{bmatrix} 1 & 2 & \cdots & n \\ t_1 & t_2 & \cdots & t_s \end{bmatrix} := \begin{bmatrix} \psi_1(t_1) & \psi_2(t_1) & \cdots & \psi_n(t_1) \\ \psi_1(t_2) & \psi_2(t_2) & \cdots & \psi_n(t_2) \\ \vdots & \vdots & & \vdots \\ \psi_1(t_s) & \psi_2(t_s) & \cdots & \psi_n(t_s) \end{bmatrix}_{s \times n}$$

是恒正的, 则称 $\boldsymbol{\psi}(t)$ 为恒正性特征函数组或 TP 特征函数组.

定理 2[4]　若曲线对应的特征函数组 $\boldsymbol{\psi}(t)$ 为 TP 特征函数组, 则其具有变差缩减性质.

定理 3[5]　若曲线具有变差缩减性, 则其具有直线再生性、保凸性及非退化性质.

定理 4[6]　当曲线满足收敛性定理 1 和相容性条件 (2.3) 时, 有以下结论:

(1) 特征函数组 $\boldsymbol{\psi}(t)$ 满足正性和权性, 即 $\psi_i(t) \geqslant 0, \sum_{i=0}^{n-1} \psi_i(t) = 1$.

(2) 若 A_0 的第一行为 $[1 \quad 0 \quad \cdots \quad 0]$, 最后一行为

$[0 \quad \cdots \quad 0 \quad 1]$,则特征函数组 $\boldsymbol{\psi}(t)$ 满足

$$\psi_i(0) = \delta_{0,i}, \psi_i(1) = \delta_{n-1,i}$$

（3）特征函数组 $\boldsymbol{\psi}(t)$ 满足加细方程

$$\boldsymbol{\psi}\left(\frac{t+i}{p}\right) = \boldsymbol{A}_i^{\mathrm{T}} \boldsymbol{\psi}(t) \quad (0 \leqslant t \leqslant 1, i = 0, 1, \cdots, p-1)$$

（4）当细分组合矩阵 $\boldsymbol{D}$ 为 TP 矩阵时，$\boldsymbol{\psi}(t)$ 为 TP 特征函数组.

以上定理是讨论有理矩阵细分方法产生曲线的基础. 详细内容参见文献[1-9].

§3　有理矩阵细分方法

假设 $\boldsymbol{A}_0, \boldsymbol{A}_1, \cdots, \boldsymbol{A}_{p-1}$ 满足 §2 中的收敛性定理 1，以 $\boldsymbol{V} = (\boldsymbol{V}_0, \boldsymbol{V}_1, \cdots, \boldsymbol{V}_{n-1})^{\mathrm{T}}$ 为控制多边形. 取 $\omega_0, \omega_1, \cdots, \omega_{n-1}$ 为权因子，本章假定 $\omega_i (i = 0, 1, \cdots, n-1) > 0$，后面将会看到，该条件可保证曲线的凸包性. 设第 j 个控制顶点 $\boldsymbol{V}_j(\boldsymbol{V}_j^x, \boldsymbol{V}_j^y, \boldsymbol{V}_j^z)$ 的齐次坐标为 $(\boldsymbol{V}_\omega^0)_j = (\omega_j \boldsymbol{V}_j^x, \omega_j \boldsymbol{V}_j^y, \omega_j \boldsymbol{V}_j^z, \omega_j)$. 记

$$\boldsymbol{V}_\omega^0 = ((\boldsymbol{V}_\omega^0)_0, (\boldsymbol{V}_\omega^0)_1, \cdots, (\boldsymbol{V}_\omega^0)_{n-1})^{\mathrm{T}}$$

简写为

$$\boldsymbol{V}_\omega^0 = \begin{bmatrix} \omega_0 \boldsymbol{V}_0, \omega_0 \\ \omega_1 \boldsymbol{V}_1, \omega_1 \\ \vdots \\ \omega_{n-1} \boldsymbol{V}_{n-1}, \omega_{n-1} \end{bmatrix}$$

现运用递归过程（2.1），对以齐次坐标表示的控制多边形 $\boldsymbol{V}_\omega^0$ 不断加密. 显然当满足 §2 中的收敛性定理 1 时，$\boldsymbol{V}_0^r, \boldsymbol{V}_1^r, \cdots, \boldsymbol{V}_{np^r-1}^r$ 对应的控制多边形序列收敛于

一曲线 $\overline{\boldsymbol{\Phi}}$,其中 $\boldsymbol{V}_i^r$ 为 $\boldsymbol{V}_x^r$ 在三维空间的第 i 个顶点,即

$$\boldsymbol{V}_i^r = \frac{\omega_i^r \boldsymbol{V}_i^r}{\omega_i^r} \quad (i = 0,1,\cdots,np^r - 1)$$

由此,我们给出下面定义.

定义 1　称以上递归生成曲线 $\overline{\boldsymbol{\Phi}}$ 的方法为有理矩阵细分方法. 曲线 $\overline{\boldsymbol{\Phi}}$ 称为有理矩阵细分曲线.

易知 $\overline{\boldsymbol{\Phi}}$ 可表示为

$$\overline{\boldsymbol{\Phi}}(t) = \left\{ \sum_{i=0}^{n-1} \boldsymbol{V}_i \omega_i \psi_i(t) \right\} / \left\{ \sum_{i=0}^{n-1} \omega_i \psi_i(t) \right\} \quad (3.1)$$

若记

$$\overline{\psi}_i(t) = \{\omega_i \psi_i(t)\} / \left\{ \sum_{i=0}^{n-1} \omega_i \psi_i(t) \right\} \quad (3.2)$$

则

$$\overline{\boldsymbol{\Phi}}(t) = \sum_{i=0}^{n-1} \boldsymbol{V}_i \overline{\psi}_i(t)$$

称 $\overline{\boldsymbol{\psi}}(t) = (\overline{\psi}_1(t),\cdots,\overline{\psi}_n(t))$ 为有理矩阵细分曲线对应的特征函数组.

在矩阵细分方法中,特征函数组与产生的曲线无关,而式(3.2)中 $\overline{\psi}_i(t)$ 依赖于权因子 $\omega_i(i = 0,1,\cdots,n-1)$,即在相同控制顶点条件下,权因子不同,$\overline{\psi}_i(t)$ 也不同.

§4　有理矩阵细分曲线的性质

有理矩阵细分方法为 CAGD 提供了一种新的造型方法,使曲线设计更加灵活.本节将讨论其产生曲线的几何性质.首先假定其满足 §2 中的收敛性定理 1,

在下列性质中不再一一指出这点.

性质 1　假设细分矩阵 $A_0, A_1, \cdots, A_{p-1}$ 为概率矩阵,则有理矩阵细分曲线满足几何不变性的凸包性.

由 §2 中的定理 4(1) 易得以上性质.

性质 2　假设 A_0 的第一行是 $[1 \quad 0 \quad \cdots \quad 0]$,$A_{p-1}$ 的最后一行是 $[0 \quad 0 \quad \cdots \quad 1]$,则有理矩阵细分曲线插值端点.

证明　由特征函数组 $\psi_i(t)$ 满足 §2 中的定理 4(3),记 $A_i^T = B_i$,则

$$\psi(0) = B_0 \psi(0), \quad \psi(1) = B_{p-1} \psi(1)$$

由于 $X^0 = (1, 0, \cdots, 0)^T$ 和 $X^1 = (0, 0, \cdots, 1)^T$ 是 B_0, B_{p-1} 对应的特征值为 1 的唯一特征向量(B_0, B_{p-1} 是正则矩阵),所以 $\psi(0) = X^0, \psi(1) = X^1$. 于是 $\overline{\psi}_i(t)$ 满足

$$\overline{\psi}_i(0) = \begin{cases} 0, & i \neq 0 \\ 1, & i = 0 \end{cases}$$

$$\overline{\psi}_i(1) = \begin{cases} 0, & i \neq n-1 \\ 1, & i = n-1 \end{cases}$$

故有理矩阵细分曲线插值端点.

性质 3　假设细分矩阵 $A_0, A_1, \cdots, A_{p-1}$ 的细分组合矩阵 $D = (d_{ij})_{pn \times n}, i = 0, 1, \cdots, pn-1, j = 0, 1, \cdots, n-1$,满足

$$d_{ij} = d_{pn-1-i, n-1-j} \quad (i = 0, 1, \cdots, pn-1, j = 0, 1, \cdots, n-1)$$

且 $\omega_i = \omega_{n-1-i}$,则以 $V_{n-1} V_{n-2} \cdots V_0$ 为控制多边形与以 $V_0 V_1 \cdots V_{n-1}$ 为控制多边形的有理矩阵细分曲线为同一曲线(即当控制顶点以相反顺序排列时,曲线的形状不改变).

下面性质给出了平面有理矩阵细分曲线具有变差

缩减性质的条件.

性质4　当细分组合矩阵 $\boldsymbol{D}$ 为 TP 矩阵时,有理矩阵细分曲线具有变差缩减性.

证明　当 $\boldsymbol{D}$ 为 TP 矩阵时,由 §2 中的定理4(4)知 $\boldsymbol{\psi}(t)$ 为 TP 组,则

$$\boldsymbol{\Psi}\begin{bmatrix} 0 & 1 & \cdots & n-1 \\ t_1 & t_2 & \cdots & t_s \end{bmatrix}$$

是 TP 矩阵,于是

$$\begin{bmatrix} \bar{\psi}_0(t_1) & \bar{\psi}_1(t_1) & \cdots & \bar{\psi}_{n-1}(t_1) \\ \bar{\psi}_0(t_2) & \bar{\psi}_1(t_2) & \cdots & \bar{\psi}_{n-1}(t_2) \\ \vdots & \vdots & & \vdots \\ \bar{\psi}_0(t_s) & \bar{\psi}_1(t_s) & \cdots & \bar{\psi}_{n-1}(t_s) \end{bmatrix}$$

$$= \begin{bmatrix} \dfrac{\omega_0\psi_0(t_1)}{\Delta_1} & \dfrac{\omega_1\psi_1(t_1)}{\Delta_1} & \cdots & \dfrac{\omega_{n-1}\psi_{n-1}(t_1)}{\Delta_1} \\ \dfrac{\omega_0\psi_0(t_2)}{\Delta_2} & \dfrac{\omega_1\psi_1(t_2)}{\Delta_2} & \cdots & \dfrac{\omega_{n-1}\psi_{n-1}(t_2)}{\Delta_2} \\ \vdots & \vdots & & \vdots \\ \dfrac{\omega_0\psi_0(t_s)}{\Delta_s} & \dfrac{\omega_1\psi_1(t_s)}{\Delta_s} & \cdots & \dfrac{\omega_{n-1}\psi_{n-1}(t_s)}{\Delta_s} \end{bmatrix}$$

$$= \begin{bmatrix} \dfrac{1}{\Delta_1} & & & \\ & \dfrac{1}{\Delta_2} & & \\ & & \ddots & \\ & & & \dfrac{1}{\Delta_s} \end{bmatrix}\cdot$$

$$
\begin{bmatrix}
\psi_0(t_1) & \psi_1(t_1) & \cdots & \psi_{n-1}(t_1) \\
\psi_0(t_2) & \psi_1(t_2) & \cdots & \psi_{n-1}(t_2) \\
\vdots & \vdots & & \vdots \\
\psi_0(t_s) & \psi_1(t_s) & \cdots & \psi_{n-1}(t_s)
\end{bmatrix} \cdot
$$

$$
\begin{bmatrix}
\omega_0 & & & \\
& \omega_1 & & \\
& & \ddots & \\
& & & \omega_{n-1}
\end{bmatrix}
$$

其中 $\Delta_i = \sum\limits_{j=0}^{n-1} \omega_j \psi_j(t_i)$，由于"TP 矩阵的乘积还是 TP 矩阵",[9] 故

$$
\overline{\psi}\begin{bmatrix}
0 & 1 & \cdots & n-1 \\
t_1 & t_2 & \cdots & t_s
\end{bmatrix}
$$

是 TP 矩阵,有理矩阵细分曲线具有变差缩减性.

性质 5　若细分组合矩阵 $\boldsymbol{D}$ 为 TP 矩阵,则有理矩阵细分曲线具有直线再生、保凸及非退化等几何性质.

由 §2 中的定理 3 以及性质 4 可得该性质.

性质 6（递归性）　第 k 层任意区间 $\left[\dfrac{i}{p^k}, \dfrac{i+1}{p^k}\right]$

（$i = p^{k-1}t_1 + p^{k-2}t_2 + \cdots + t_k$）上权因子

$$
\overline{\boldsymbol{\omega}}^k_{t_1 t_2 \cdots t_k} = \left[\overline{\omega}^k_{0,t_1 t_2 \cdots t_k} \quad \cdots \quad \overline{\omega}^k_{n-1,t_1 t_2 \cdots t_k}\right]^{\mathrm{T}}
$$

细分矩阵 $\{\overline{\boldsymbol{A}}^k_{t_1 t_2 \cdots t_s, m}\}_{m=0}^{p-1}$，控制多边形 $\overline{\boldsymbol{V}}^k_{t_1 t_2 \cdots t_k}$，均可由以下方式递归得到

$$
\overline{\boldsymbol{\omega}}^k_{t_1 t_2 \cdots t_k} = \boldsymbol{A}_{t_k} \boldsymbol{A}_{t_{k-1}} \cdots \boldsymbol{A}_{t_1} \boldsymbol{\omega} \tag{4.1}
$$

$$
(\overline{\boldsymbol{A}}^k_{t_1 t_2 \cdots t_{k-1}, m})_{ij} = \left(\overline{\omega}^{k-1}_{j,t_1 t_2 \cdots t_{k-1}} a^m_{ij} \frac{1}{\overline{\omega}^k_{i,t_1 t_2 \cdots t_k}}\right)_{i,j=0,1,\cdots,n-1} \tag{4.2}
$$

$$
\overline{\boldsymbol{V}}^k_{t_1 t_2 \cdots t_k} = \overline{\boldsymbol{A}}^{k-1}_{t_1 \cdots t_{k-1}, t_k} \boldsymbol{V}^{k-1}_{t_1 \cdots t_{k-1}} \tag{4.3}
$$

其中 $\overline{\boldsymbol{\omega}}_{t_1\cdots t_{k-1}}^{k-1} = [\overline{\omega}_{0,t_1\cdots t_{k-1}}^{k-1} \quad \cdots \quad \overline{\omega}_{n-1,t_1\cdots t_{k-1}}^{k-1}]^{\mathrm{T}}$，$\boldsymbol{V}_{t_1\cdots t_{k-1}}^{k-1}$

分别为区间 $\left[\dfrac{h}{p^{k-1}},\dfrac{h+1}{p^{k-1}}\right]$（$h = p^{k-2}t_1 + p^{k-3}t_2 + \cdots + t_{k-1}$）上的权因子和控制多边形.

证明 记 $\boldsymbol{A}_m = (a_{ij}^m)_{n\times n}$（$i,j=0,1,\cdots,n-1,m=0,1,\cdots,p-1$），利用 §2 中的定理 4(3)，有理矩阵细分曲线 $\overline{\boldsymbol{\Phi}}(t)$ 在区间 $\left[\dfrac{m}{p},\dfrac{m+1}{p}\right]$ 上可表示为

$$\overline{\boldsymbol{\Phi}}(t) = \frac{\displaystyle\sum_{j=0}^{n-1}\boldsymbol{V}_j\omega_j\sum_{i=0}^{n-1}a_{ij}^m\psi_i(pt-m)}{\displaystyle\sum_{j=0}^{n-1}\omega_j\sum_{i=0}^{n-1}a_{ij}^m\psi_i(pt-m)} = \frac{\displaystyle\sum_{j=0}^{n-1}\overline{\boldsymbol{V}}_j^m\overline{\omega}_j^m\psi_j(pt-m)}{\displaystyle\sum_{j=0}^{n-1}\overline{\omega}_j^m\psi_j(pt-m)}$$

其控制多边形为

$$\boldsymbol{V}^m = \begin{bmatrix} \overline{\boldsymbol{V}}_0^m \\ \vdots \\ \overline{\boldsymbol{V}}_i^m \\ \vdots \\ \overline{\boldsymbol{V}}_{n-1}^m \end{bmatrix} = \begin{bmatrix} \displaystyle\sum_{j=0}^{n-1}a_{1j}^m\omega_j\boldsymbol{V}_j\Big/\sum_{j=0}^{n-1}a_{1j}^m\omega_j \\ \vdots \\ \displaystyle\sum_{j=0}^{n-1}a_{ij}^m\omega_j\boldsymbol{V}_j\Big/\sum_{j=0}^{n-1}a_{ij}^m\omega_j \\ \vdots \\ \displaystyle\sum_{j=0}^{n-1}a_{n-1,j}^m\omega_j\boldsymbol{V}_j\Big/\sum_{j=0}^{n-1}a_{n-1,j}^m\omega_j \end{bmatrix} = \overline{\boldsymbol{A}}_m\boldsymbol{V}$$

其中

$$(\overline{\boldsymbol{A}}_m)_{ij} = \left(\omega_j a_{ij}^m\frac{1}{\overline{\omega}_i}\right)$$

$$(i,j=0,1,\cdots,n-1,m=0,1,\cdots,p-1)$$

$$\overline{\omega}_j = \sum_{i=0}^{n-1}\omega_i a_{ji}^m \quad (j=0,1,\cdots,n-1)$$

设 $\{\boldsymbol{A}_0^1,\boldsymbol{A}_1^1,\cdots,\boldsymbol{A}_{p-1}^1\}$ 为第一层的细分矩阵，其中

$A_m^1 = \overline{A}_m$，则新的控制多边形 $V^1 = (V_0^1, V_1^1, \cdots, V_{p-1}^1)^{\mathrm{T}}$，这里 $V_i^1 = A_i^1 V, i = 0, 1, \cdots, p-1, m = 0, 1, \cdots, p-1$. 依此类推，考察第 k 层任意区间 $\left[\dfrac{i}{p^k}, \dfrac{i+1}{p^k}\right]$ $(i = p^{k-1} t_1 + p^{k-2} t_2 + \cdots + t_k)$，假设相应权因子为 $\overline{\omega}_{t_1 t_2 \cdots t_k}^k = \left[\overline{\omega}_{0, t_1 \cdots t_k}^k \quad \overline{\omega}_{1, t_1 \cdots t_k}^k \quad \cdots \quad \overline{\omega}_{n-1, t_1 \cdots t_k}^k\right]^{\mathrm{T}}$，则相应的细分矩阵 $\{\overline{A}_{t_1 \cdots t_{k-1}, m}^k\}_{m=0}^{p-1}$ 和控制多边形 $\overline{V}_{t_1 \cdots t_k}^k$ 均可由式 $(4.1) \sim (4.3)$ 递归得到. 每个控制多边形在极限意义下收敛到某一曲线 $\overline{\boldsymbol{\Phi}}(t)$ 上的一点，即

$$\lim_{k \to +\infty} \overline{V}_{t_1 \cdots t_k}^k = \overline{\boldsymbol{\Phi}}(t) \cdot \boldsymbol{e}, \boldsymbol{e} = (1, 1, \cdots, 1)^{\mathrm{T}}$$

其中 $t = (t_1, t_2, \cdots) \in Z^+ \infty_p$ 是 $t \in [0, 1]$ 的 p-adic 展式，即 $t = \sum\limits_{i=1}^{+\infty} t_i p^{-i}, t_i \in \{0, 1, \cdots, p-1\}$.

§5　例　子

设初始控制顶点为 V_0, V_1, V_2，新的控制顶点 $V_0^1, V_1^1, V_2^1, V_3^1, V_4^1$ 由以下方式产生

$$\begin{bmatrix} V_0^1 \\ V_1^1 \\ V_2^1 \end{bmatrix} = \begin{bmatrix} V_0 \\ \lambda(V_0 - V_1) + V_1 \\ V_1 + \mu\left(\dfrac{1}{2}(V_0 + V_2) - V_1\right) \end{bmatrix} = A_0 \cdot \begin{bmatrix} V_0 \\ V_1 \\ V_2 \end{bmatrix}$$

$$\begin{bmatrix} V_2^1 \\ V_3^1 \\ V_4^1 \end{bmatrix} = \begin{bmatrix} V_1 + \mu\left(\dfrac{1}{2}(V_0 + V_2) - V_1\right) \\ (1 - \gamma)V_1 + \gamma V_2 \\ V_2 \end{bmatrix} \cdot \begin{bmatrix} V_0 \\ V_1 \\ V_2 \end{bmatrix} = A_1 \cdot \begin{bmatrix} V_0 \\ V_1 \\ V_2 \end{bmatrix}$$

其中细分矩阵为

$$A_0 = \begin{bmatrix} 1 & 0 & 0 \\ \lambda & 1-\lambda & 0 \\ \frac{1}{2}\mu & 1-\mu & \frac{1}{2}\mu \end{bmatrix}, A_1 = \begin{bmatrix} \frac{1}{2}\mu & 1-\mu & \frac{1}{2}\mu \\ 0 & 1-\gamma & \gamma \\ 0 & 0 & 1 \end{bmatrix}$$

这里 λ, γ, μ 称为控制参数,有明显的几何意义,如图 1 所示.

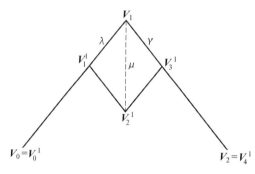

图 1

由以上几何意义和文献[10,11],我们有以下结论:

(1)当 $\lambda = \mu = \gamma$ 时,由有理矩阵细分方法生成的曲线 G^1 光滑,即位置连续且切向处处连续.

(2)当 $\lambda = \mu = \gamma = \frac{1}{2}$ 时,取控制顶点 V_1 对应的权因子为 ω,则有理矩阵细分方法可生成圆锥曲线,情况如下:

(i)当 $\omega < 1$ 时为椭圆.

(ii)当 $\omega = 1$ 时为抛物线.

(iii)当 $\omega > 1$ 时为双曲线.

(3)当 $\lambda \leqslant \frac{1}{2}, \gamma \leqslant \frac{1}{2}, \mu > \frac{1}{2}$ 时,由有理矩阵细分方法生成的曲线位置连续,但切向处处不连续,即可生

成拟分形.

图 2 对应 $\lambda = \mu = \gamma = \dfrac{1}{2}$，即有理 Bézier 曲面.

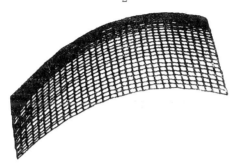

图 2

图 3 依次用圆锥曲线拼接而成.

图 3

图 4 对应 $\lambda = \gamma = \dfrac{3}{10}, \mu = \dfrac{8}{10}$，可描述云的边界.

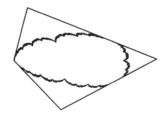

图 4

517

参 考 文 献

［1］ MICCHELLI C A，PRAUTZSCH H. Computing curves invariant under halving［J］. Computer Aided Geometric Design，1987（4）：133-140.

［2］ MICCHELLI C A，PRAUTZSCH H. Uniform refinement of curves［J］. Linear Algebra & Application，1989（114/115）：841-870.

［3］ MICCHELLI C A. Mathematics aspects of geometric modeling，in regional conference series in applied mathematics［M］. New York：Academic Press，1995：1-53.

［4］ CARNINER J M，PENA J M. Totally positive bases for shape preserving curve design and optimalty of B-spline［J］. Computer Aided Geometric Design，1994（11）：633-654.

［5］ GOODMAN R N. Markov chains and computer-aided geometric design：part I，problems and constraints［J］. ACM Transactions on Graphics，1984，3（3）：204-222.

［6］ MICCHELLI C A，PINKUS A. Descartes systems from corner cutting［J］. Constr. Approx. ，1991，7：161-194.

［7］ DYN N. Subdivision schemes in computer aided geometric design，will lighted advances in numerical analysis［M］. London：Oxford University Press，1991：37-104.

［8］ CAVARETTA A S，MICCHELLI C A. The design of curves and surfaces by subdivision algorithms，mathematical methods in computer aided geometric design［M］. Tampa：Academic Press，1989：115-153.

［9］ ANDO T. Totally positive matrices［J］. Linear Algebra Application，1987（90）：165-219.

［10］ 刘鼎元. 有理 Bézier 曲线［C］//浙江大学. 浙江大学学报：1982 年计算几何讨论会论文集. 杭州：浙江大学出版社，1982：133-149.

［11］ 骆岩林. 几何造型中有理细分法的研究与应用［D］. 杭州：浙江大学，1997.

基于三角函数的 Bézier 曲线、曲面造型方法[①]

第 11 章

§1　引　言

在飞机外形设计与数控加工中经常会遇到许多由二次曲线弧表示的形状,传统的多项式曲线无法精确表示,NURBS 系统虽然可以精确表示二次曲线,但其权因子、参数化问题仍没有完全解决.[1] 文献[2-6]给出了不同形式的非多项式曲线、曲面造型方法,合肥工业大学理学院的苏本跃和安庆

①　本章摘自《微电子学与计算机》2004 年第 12 期.

师范学院数学系的盛敏两位教授于 2004 年在三角函数空间中构造了一组具有 Bézier 曲线特性的三角函数多项式曲线，称其为 TC-Bézier 曲线，它既可以和 Bézier 曲线一样由控制多边形定义曲线形状，也可以由引入的控制参数 α 调节其形状.

§2　TC-Bézier 基函数及其性质

类似于 C-Bézier 曲线,[2,3] 我们取变量 t 的范围为 $[0,\alpha]$,其中 $\alpha \in \left(0,\dfrac{\pi}{2}\right]$,为了与 Bézier 曲线具备类似的几何特性,则待构造的基函数必须具备正性和规范性,以及相应的端点性质. 假设 $\varphi_j(t)$ 为 TC-Bézier 基函数,则 $\varphi_j(t)$ 必须具备以下条件

$$\varphi_j(t) \geqslant 0, \sum_{j=0}^{n} \varphi_j(t) \equiv 1 \qquad (2.1)$$

$$\begin{cases} \varphi_j(0) = 1, & j = 0 \\ \varphi_j(0) = 0, & \text{其他} \end{cases}$$

$$\begin{cases} \varphi_n(\alpha) = 1, & j = n \\ \varphi_n(\alpha) = 0, & \text{其他} \end{cases}$$

令

$$k = 1 - \cos\alpha, \beta = 1 - \cos(\alpha - t), \gamma = 1 - \cos t$$

当 $n = 2$ 时,考虑到

$$\varphi'_0(\alpha) = 0, \varphi'_2(0) = 0$$

结合式(2.1),得到

$$\varphi_0(t) = \frac{\beta}{k}, \varphi_1(t) = \frac{k - \beta - \gamma}{k}, \varphi_2(t) = \frac{\gamma}{k}$$

$$(t \in [0,\alpha], \alpha \in \left(0, \frac{\pi}{2}\right]) \qquad (2.2)$$

当 $n=3$ 时，考虑到

$$\varphi'_j(\alpha) = 0 \quad (j=0,1)$$
$$\varphi'_j(0) = 0 \quad (j=2,3)$$
$$\varphi''_3(0) = 0, \varphi''_0(\alpha) = 0$$

结合式 (2.1)，令 $z_0 = \beta^2, z_1 = 2k\beta - 2\beta^2, z_2 = 2k y - 2 y^2,$

$z_3 = y^2, z = \sum_{i=0}^{3} z_i$，得到

$$\varphi_j(t) = \frac{z_j}{z} \quad (j=0,1,2,3, t \in [0,\alpha], \alpha \in \left(0, \frac{\pi}{2}\right])$$
$$(2.3)$$

当 $n=4$ 时，考虑到

$$\varphi'_j(\alpha) = 0 \quad (j=0,1,2)$$
$$\varphi'_j(0) = 0 \quad (j=2,3,4)$$
$$\varphi''_j(0) = 0 \quad (j=3,4)$$
$$\varphi''_j(\alpha) = 0 \quad (j=0,1)$$
$$\varphi'''_4(0) = 0 \quad (j=3,4)$$
$$\varphi'''_0(\alpha) = 0$$

结合式 (2.1)，得到

$$\varphi_0(t) = \left(\frac{\beta}{k}\right)^3, \varphi_1(t) = \frac{3k\beta^2 - 3\beta^3}{k^3}$$

$$\varphi_3(t) = \frac{3k y^2 - 3 y^3}{k^3}, \varphi_4(t) = \left(\frac{y}{k}\right)$$

$$\varphi_2(t) = 1 - \sum_{i \neq 2} \varphi_i \quad (t \in [0,\alpha], \alpha \in \left(0, \frac{\pi}{2}\right])$$
$$(2.4)$$

定义 1　称式 $(2.2),(2.3),(2.4)$ 为当 $n=2,n=3,n=4$ 时的 TC-Bézier 基函数.

由于 TC-Bézier 基函数与 Bernstein 基函数有完全类似的性质,且将 TC-Bézier 基函数仍记作 $B_{j,n}(t)$,则由定义 1 知,TC-Bézier 基函数有如下基本性质:

(1) 非负性

$$B_{j,n}(t) \geqslant 0 \qquad (2.5)$$

(2) 规范性

$$\sum_{j=0}^{n} B_{j,n}(t) \equiv 1 \qquad (2.6)$$

(3) 端点性

$$B_{j,n}(0) = \begin{cases} 1, & j=0 \\ 0, & \text{其他} \end{cases}$$

$$B_{j,n}(\alpha) = \begin{cases} 1, & j=n \\ 0, & \text{其他} \end{cases} \qquad (2.7)$$

(4) 对称性

$$B_{j,n}(t) = B_{n-j,n}(\alpha - t) \qquad (2.8)$$

(5) 最大值. $B_{j,n}(t)$ 在 t_j 处达到最大值,其中:

当 $n=2$ 时

$$t_j = \frac{j}{2}\alpha \quad (j=0,1,2)$$

当 $n=4$ 时

$$t_0 = 0, t_4 = \alpha, t_1 = \alpha - \arccos\frac{1+2\cos\alpha}{3}$$

$$t_2 = \frac{\alpha}{2}, t_3 = \arccos\frac{1+2\cos\alpha}{3} \qquad (2.9)$$

§3　TC-Bézier 曲线及性质

定义 1　给定 $n+1$ 个控制顶点 $q_0, q_1, q_2, \cdots, q_n,$

定义 TC-Bézier 曲线方程为

$$\boldsymbol{p}(t) = \sum_{j=0}^{n} \boldsymbol{q}_j B_{j,n}(t) \quad (0 \leqslant t \leqslant \alpha, 0 < \alpha \leqslant \frac{\pi}{2})$$

$$(3.1)$$

其中 $B_{j,n}(t)$ 为 TC-Bézier 基函数，$\boldsymbol{q}_j$ 为控制顶点.

图 1 为 α 取不同值的 TC-Bézier 基函数的图形，图 2 为由顶点定义的 TC-Bézier 曲线.

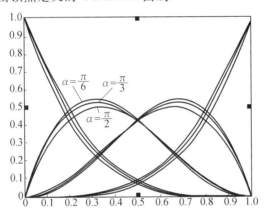

图 1　一簇 TC-Bézier 基函数图形

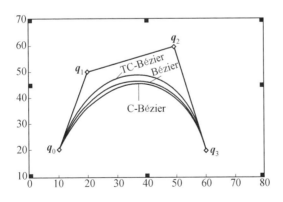

图 2　顶点定义的 TC-Bézier 曲线

由 TC-Bézier 基函数的性质可知,TC-Bézier 曲线有如下基本性质:

性质 1　端点性质:$p(0)=q_0$,$p(\alpha)=q_n$;$p'(0)=c(q_1-q_0)$,$p'(\alpha)=c(q_n-q_{n-1})$;$c$ 为常数,且 TC-Bézier 曲线在首末两端点的 k 阶导矢($k<n$)分别与 TC-Bézier 曲线控制多边形的首末 k 条边有关,而与其他边无关.

特别地,当 $n=3$ 时,由于

$$p'''(0)=k_0(q_1-q_0)=c_0 p'(0)$$
$$p'''(\alpha)=k_0(q_3-q_2)=c_0 p'(\alpha)$$

且 k_0,c_0 均为常数,故当两段 TC-Bézier 曲线拼接时,若实现了 C^2 连续,则其必然为 C^3 连续. 因此 TC-Bézier 曲线比 Bézier 曲线有更好的光滑性能.

性质 2　对称性:由于 $B_{j,n}(t)=B_{n-j,j}(\alpha-t)$,$j=0,1,\cdots,n$,故类似于 Bézier 曲线,将 TC-Bézier 曲线控制多边形的顺序取反,定义同一条曲线,则仅曲线方向取反.

性质 3　几何不变性:由 TC-Bézier 基函数具有规范性,以及式(2.5),(2.6)易知,TC-Bézier 曲线具有几何不变性.[7,8]

性质 4　凸包性:由 TC-Bézier 基函数的正性与规范性,以及式(2.5),(2.6)易知,TC-Bézier 曲线具有凸包性.[7,8]

性质 5　移动 TC-Bézier 曲线的第 $j+1$ 个控制点 q_j,将对曲线上参数为 t_j 的点 $p(t_j)$ 处产生最大影响,其中参数为 t_j 的点 $p(t_j)$ 的取法见式(2.9).

性质 6　控制参数 α 对曲线形状的影响:

由于控制参数 α 的引入,使得 TC-Bézier 方法具有

比 Bézier 方法更强的曲线表现能力. 当控制顶点保持

不变, α 在 $\left(0,\dfrac{\pi}{2}\right)$ 内变化时, 可获得一簇 TC-Bézier 曲

线. 当 $k=\dfrac{t}{\alpha}(0<k<1)$ 固定, α 变为 $d\alpha$ 时, TC-Bézier

曲线上任一点 $\boldsymbol{p}(\alpha,k)$ 所产生的位移 $d(\boldsymbol{p}(\alpha,k))$ 为

$$dp(\alpha,k)=\left(\sum_{j=0}^{n}\frac{dB_{j,n}(\alpha,k)}{d\alpha}\boldsymbol{q}_j\right)d\alpha \qquad (3.2)$$

$$\left(0<\alpha\leqslant\frac{\pi}{2},0\leqslant k\leqslant1\right)$$

其中, 当 $n=2$ 时, $\dfrac{d(B_{i,2}(\alpha,k))}{d\alpha}$ 关于控制参数 α 的特性

图如图 2 所示 (表达式略).

　　由图 3 中可以看出, $\dfrac{d(B_{i,2}(\alpha,k))}{d\alpha}$ 与 α 有较好的线

性关系, 由此可以得到 α 控制曲线形状的近似计算方

法.

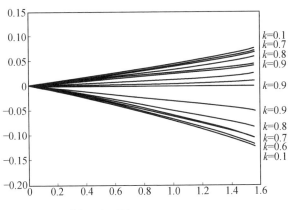

图 3　$\dfrac{d(B_{i,2}(\alpha,k))}{d}$ 关于控制参数 α 的图形

§4　TC-Bézier 曲线的应用

1. 直线段的 TC-Bézier 曲线精确表示

当 $n=2$ 时，TC-Bézier 曲线可以精确表示直线段，设 $\boldsymbol{q}_0,\boldsymbol{q}_1,\boldsymbol{q}_2$ 为控制多边形顶点，由式(2.2)和(3.1)知

$$\boldsymbol{p}(t)=\boldsymbol{q}_0 B_{0,4}(t)+\boldsymbol{q}_1 B_{1,4}(t)+\boldsymbol{q}_2 B_{2,4}(t)$$
$$=\boldsymbol{q}_1+(\boldsymbol{q}_0-\boldsymbol{q}_1)B_{0,4}(t)+(\boldsymbol{q}_2-\boldsymbol{q}_1)B_{2,4}(t)$$

整理得

$$\boldsymbol{p}(t)=\boldsymbol{q}_1+\frac{1}{k}\{\boldsymbol{q}_0-2\boldsymbol{q}_1+\boldsymbol{q}_2-[\boldsymbol{q}_2-\boldsymbol{q}_1(\boldsymbol{q}_0-$$
$$\boldsymbol{q}_1)\cos\alpha]\cos t-(\boldsymbol{q}_0-\boldsymbol{q}_1)\sin\alpha\sin t\}$$
$$(4.1)$$

其中 $k=1-\cos\alpha$；若 $\boldsymbol{q}_0=\boldsymbol{q}_1$，则得到

$$\boldsymbol{p}(t)=\boldsymbol{q}_1+(\boldsymbol{q}_2-\boldsymbol{q}_1)\frac{1-\cos t}{k}\qquad(4.2)$$

即

$$\widetilde{\boldsymbol{p}}(u)=\boldsymbol{q}_1+(\boldsymbol{q}_2-\boldsymbol{q}_1)u\quad(u\in[0,1])\quad(4.3)$$

显然，式(4.3)表示经过点 $\boldsymbol{q}_1(x_1,y_1)$ 和点 $\boldsymbol{q}_2(x_2,y_2)$ 的直线段.

当 $n=4$ 时，TC-Bézier 曲线也可以精确表示直线段，设 $\boldsymbol{q}_0,\boldsymbol{q}_1,\boldsymbol{q}_2,\boldsymbol{q}_3,\boldsymbol{q}_4$ 为控制多边形顶点，令 $k=1-\cos\alpha$，由式(4.1)和(3.2)知

$$\boldsymbol{p}(t)=\boldsymbol{q}_2+(\boldsymbol{q}_0-3\boldsymbol{q}_1+2\boldsymbol{q}_2)[1-\cos(\alpha-t)]^3+$$
$$3k(\boldsymbol{q}_1-\boldsymbol{q}_2)[1-\cos(\alpha-t)]^2+$$
$$(\boldsymbol{q}_4-3\boldsymbol{q}_3+2\boldsymbol{q}_2)(1-\cos t)^3+$$
$$3k(\boldsymbol{q}_3-\boldsymbol{q}_2)(1-\cos t)^2\qquad(4.4)$$

　　整理知：若 $q_0 = q_1 = q_2$ 且 $q_4 = 3q_3 - 2q_2$，则式（4.4）表示经过点 $q_2(x_2,y_2)$ 和点 $q_3(x_3,y_3)$ 的直线段；事实上，若 $q_0 = q_1 = q_2 = q_3 \neq q_4$，或 $q_0 = q_1 = q_2$，则 $q_4 - 3q_2 + 2q_3 = k(q_2 - q_3)$ 均表示一条直线段（略）．特别地，当 $q_0 = q_1 = q_2$ 为 $(1,1)$，q_3 为 $(2,3)$ 时，由式（4.4）得出的结果如图 4 所示．

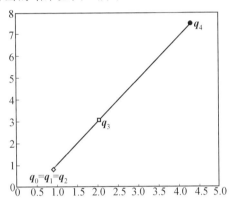

图 4　直线段的 TC-Bézier 曲线精确表示

2.椭圆弧(圆弧) 的 TC-Bézier 曲线精确表示

由两点

$$q_1\left(0,r\cos\frac{\alpha}{2} + r\sin\frac{\alpha}{2}\tan\frac{\alpha}{2}\right),q_2\left(r\sin\frac{\alpha}{2},r\cos\frac{\alpha}{2}\right)$$

得到

$$\begin{cases} x(t) = r\sin\left(t - \dfrac{\alpha}{2}\right) \\ y(t) = r\cos\left(t - \dfrac{\alpha}{2}\right) \end{cases}$$

$$\left(r > 0,0 \leqslant t \leqslant \alpha,0 < t \leqslant \alpha,0 < \alpha \leqslant \frac{\pi}{2}\right)$$

$$(4.5)$$

527

特别地，当 $\alpha = \dfrac{\pi}{2}$，$r = 1$ 时，如图 5 所示.

当 $n = 4$ 时，可类似地讨论（略）.

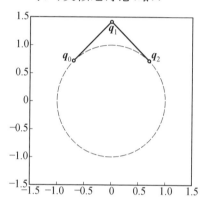

图 5　椭圆弧（圆弧）的 TC-Bézier 曲线精确表示

§5　结　束　语

本章构造了一般的三角多项式基函数——
TC-Bézier 基，并由此定义了三角多项式曲线. 它继承
了 Bézier 曲线的优点，有着与 Bézier 曲线类似的性质，
如：端点性质、对称性、凸包性、几何不变性等；同时它
还能够精确表示直线以及圆、椭圆等二次曲线. 另外，
参数因子 α 的引入使得 TC-Bézier 曲线具有了更强的
表现能力，增大了 TC-Bézier 曲线所表示的范围. 同样
地，我们可以用构造张量积 Bézier 曲面的方法来构造
三角多项式曲面，该曲面也能够精确表示球面、椭球面
等二次曲面片. 此外，在光滑拼接时，三次 TC-Bézier
曲线、曲面比三次 Bézier 曲线、曲面有更好的连续性.

因此 TC-Bézier 曲线、曲面模型应该是 CAGD 中自由曲线、曲面造型的一个有力工具.

参 考 文 献

［1］PIEGL L，ILLER W．The NURBS book(2nd edition)［M］．Berlin：Springer-Verlag,1997.

［2］ZHANG J W．C-curves：an extension of cubie curves［J］．Computer Aided Geometric Design. 1996(13)：199-217.

［3］ZHANG J W．C-Bézier curves and surfaces［J］．Graphical Models and Image Processing,1999(61)：2-15.

［4］MAINAR E，PEA J M，SANCHEZ-REYES J．Shape preserving alternatives to the rational Bézier model［J］．Computer Aided Geometric Design,2001,18(1)：37-60.

［5］HAN X L．Quadratic trigonometric polynomial curves with a shape parameter［J］．Computer Aided Geometric Design，2002，19(7)：503-512.

［6］POTTMANN H．WAGNER M G．Helix splines as example of affine Thebycheffian splines［J］．Advance in Computational Mathematics. 1994(2)：123-142.

［7］王国瑾,汪国昭,郑建民.计算机辅助几何设计［M］.北京:高等教育出版社,2001.

［8］施法中.计算机辅助几何设计与非均匀有理 B 样条［M］.北京:高等教育出版社,2001.

529

参数 Bézier 三角曲面的 VC¹ 构造及其在复杂曲面产品测量造型中的应用[①]

第 12 章

浙江大学 CAD & CG 国家重点实验室的柯映林和谭建荣,以及南京航空航天大学的周儒荣三位教授于 1995 年以参数曲面的 VC¹ 连续条件为基础,系统地研究了 VC¹ 光滑 Bézier 三角曲面构造过程中的控制点计算.借助于 Bézier 三角曲面造型技术,解决了数控测量中具有复杂曲面外形产品的测量和造型问题.

在计算机辅助几何设计(CAGD)中,Bézier 三角曲面作为矩形曲面的重要补充,它具有应用灵活、适应性强

---

① 本章摘自《浙江大学学报(自然科学版)》1995 年第 3 期.

等特点. 显式的 Bézier 三角曲面能够较好地解决对应于单值曲面的离散数据曲面插值问题. 但对于那些与多值曲面相对应的 3D 离散数据来说, 使用这样的曲面就会带来一些问题, 即产生奇点. 因此我们引入一种参数化的 Bézier 三角曲面

$$F(u,v,w) = \sum_{i+j+k=n} V_{ijk} \cdot B_{ijk}^n(u,v,w)$$

$$B_{ijk}^n(u,v,w) = \frac{n!}{i!\ j!\ k!} u^j v^j w^k \tag{0.1}$$

式中 $u+v+w=1, 0 \leqslant u,v,w \leqslant 1$. 它直接插值于空间三角形网格上每一项点的位置矢量和法矢.

　　一般来说, 严格的 C^1 连续曲面是建立在与平面域相关基础上的参数连续性, 其邻接边界上的相关控制顶点网形成相间的共平面三角形对, 并分别与平面域三角形对保持仿射对应关系. 这种约束条件在参数 Bézier 三角曲面的构造中是难以满足的, 我们将舍弃参数曲面片之间的 C^1 连续性, 研究一种视觉连续 (VC^1) 或几何连续 (GC^1).

§1　参数 Bézier 三角曲面片之间的 VC^1 连续

　　关于参数曲面的 VC^1 连续问题, 国内外不少文献曾从数学的角度做过比较系统的分析研究, 并取得了令人满意的成果.[1-4] 针对 Bézier 三角曲面的性质, 本章将讨论一种易于被采用的 VC^1 拼接计算方法.

　　如图 1 所示, 对于三角形 T 和 T', 分别构造跨边界 $E(t)$ 和 $E'(t)$ 的矢量函数 $D(t)$ 和 $D'(t)$, 若定义 Bézier 三角曲面 F 和 F' 为区域 T' 和 T' 的三维仿射图, 则当

F 和 F' 之间达到严格的 C^1 连续时,应有

$$\begin{cases} F(E(t)) = F'(E'(t)) & (1.1a) \\[2mm] \dfrac{\partial F}{\partial t}\Big|_{E(t)} = \dfrac{\partial F'}{\partial t}\Big|_{E'(t)} & (1.1b) \\[2mm] \dfrac{\partial F}{\partial D(t)}\Big|_{E(t)} = \dfrac{\partial F}{\partial D'(t)}\Big|_{E'(t)} & (1.1c) \end{cases}$$

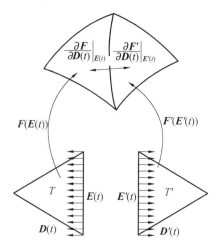

图 1　VC^1 连续

将这种参数 Bézier 三角曲面用于拟合与多值曲面相对应的三维离散数据时,曲面片之间的严格 C^1 条件实际上很难满足,因此需要对式(1.1b)和(1.1c)做些修正,使曲面片之间达到所谓的视觉连续(VC^1)或几何连续(GC^1),这种 VC^1 连续不仅能反映人们关于曲面光滑连接的主观意向,而且实际偏离 C^1 很小,是应用中一种可行的取代方案.

根据 Herron 和 Jensen 关于 VC^1 连续的概念,当曲面片 F 和 F' 之间达到 VC^1 连续时,在公共边界上任何一点两曲面应具有相同的切平面,而每个方向矢量

的大小并不重要,这种宽松的 VC¹ 连续条件可表示成

$$\frac{\frac{\partial \boldsymbol{F}}{\partial t}\mid_{\boldsymbol{E}(t)} \times \frac{\partial \boldsymbol{F}}{\partial \boldsymbol{D}(t)}\mid_{\boldsymbol{E}(t)}}{\mid \frac{\partial \boldsymbol{F}}{\partial t}\mid_{\boldsymbol{E}(t)} \times \frac{\partial \boldsymbol{F}}{\partial \boldsymbol{D}(t)}\mid_{\boldsymbol{E}(t)} \mid} = \frac{\frac{\partial \boldsymbol{F}'}{\partial t}\mid_{\boldsymbol{E}'(t)} \times \frac{\partial \boldsymbol{F}'}{\partial \boldsymbol{D}'(t)}\mid_{\boldsymbol{E}'(t)}}{\mid \frac{\partial \boldsymbol{F}'}{\partial t}\mid_{\boldsymbol{E}'(t)} \times \frac{\partial \boldsymbol{F}'}{\partial \boldsymbol{D}'(t)}\mid_{\boldsymbol{E}'(t)} \mid}$$

$$(1.2)$$

为了避免曲面产生不必要的尖点,一般来说, $\boldsymbol{D}(t)$ 和 $\boldsymbol{D}'(t)$ 应严格指向三角形内部,而且 $\frac{\partial \boldsymbol{F}}{\partial \boldsymbol{D}(t)}\mid_{\boldsymbol{E}(t)}$ 和 $\frac{\partial \boldsymbol{F}'}{\partial \boldsymbol{D}'(t)}\mid_{\boldsymbol{E}'(t)}$ 必须是反向平行的.

按照式(1.1a)和(1.2),我们将在下一节详细讨论 Bézier 三角曲面片之间达到这种 VC¹ 连续的控制点计算.

§2　参数 Bézier 三角曲面的控制点计算

在 3D 离散数据曲面插值中,基于三角划分和每一点处切平面的计算,[5] 可将插值条件按图 2 归纳为下列内容

$$\boldsymbol{F}(\boldsymbol{v}_i) = \boldsymbol{F}_i, \boldsymbol{F}(\boldsymbol{v}_j) = \boldsymbol{F}_j, \boldsymbol{F}(\boldsymbol{v}_k) = \boldsymbol{F}_k$$

$$\frac{\partial \boldsymbol{F}}{\partial (\boldsymbol{v}_j - \boldsymbol{v}_i)}\mid_{\boldsymbol{v}_i} = \boldsymbol{T}_{ij}, \frac{\partial \boldsymbol{F}}{\partial (\boldsymbol{v}_k - \boldsymbol{v}_i)}\mid_{\boldsymbol{v}_i} = \boldsymbol{T}_{ik}$$

$$\frac{\partial \boldsymbol{F}}{\partial (\boldsymbol{v}_i - \boldsymbol{v}_j)}\mid_{\boldsymbol{v}_j} = \boldsymbol{T}_{ji}, \frac{\partial \boldsymbol{F}}{\partial (\boldsymbol{v}_k - \boldsymbol{v}_j)}\mid_{\boldsymbol{v}_j} = \boldsymbol{T}_{jk} \quad (2.1)$$

$$\frac{\partial \boldsymbol{F}}{\partial (\boldsymbol{v}_i - \boldsymbol{v}_k)}\mid_{\boldsymbol{v}_k} = \boldsymbol{T}_{ki}, \frac{\partial \boldsymbol{F}}{\partial (\boldsymbol{v}_j - \boldsymbol{v}_k)}\mid_{\boldsymbol{v}_k} = \boldsymbol{T}_{kj}$$

与点 $\boldsymbol{v}_i$ 对应的三角形 $\boldsymbol{v}_i \boldsymbol{v}_j \boldsymbol{v}_k$ 的反向边可定义成下列参数形式

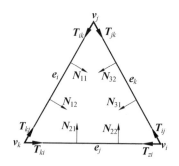

图 2 VC^1 插值条件

$$E_i(t) = (1-t)v_j + tv_k \quad (0 \leqslant t \leqslant 1) \quad (2.2)$$

约定三角形重心坐标 u, v, w 对边 $e_i = v_k - v_j$ 的偏导因子为

$$\frac{\partial u}{\partial e_i} = 0, \frac{\partial v}{\partial e_i} = -1, \frac{\partial w}{\partial e_i} = 1 \quad (2.3)$$

从图 2 容易看出，我们采用两个跨边界法向矢量作为插值条件，这对于曲面片之间能够达到 VC^1 连接具有明显的优点.[1,2]

按照上述条件构造 Bézier 三角曲面，其 VC^1 计算很难在三个边界同时达到协调，为此我们要借助 Clough-Tocher 分割，将一个 Bézier 三角曲面分割成如图 3 所示的三个子曲面片，增加曲面片之间 VC^1 拼接的自由度.[5,6]

Bézier 三角曲面(0.1)经过 CT 分割所生成的三个子曲面片定义为

$$F_m(u_m, v_m, w_m) = \sum_{i+j+k=n} V_{ijkm} B_{ijk}(u_m, v_m, w_m)$$
$$(m = 1, 2, 3) \quad (2.4)$$

所增加的一个下标 m 表示相应的三个子曲面片的编号. 为了使 VC^1 拼接计算与给定插值条件相匹配，我

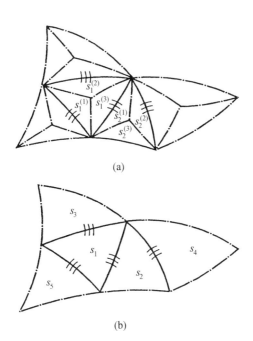

(a)

(b)

图 3

们须对式(2.4)进行升阶计算,使之成为 $n+1=4$ 次的 Bézier 三角曲面片,[5] 即

$$F_m = \sum_{i+j+k=n} V_{ijkm} B_{ijk}^n(u,v,w) = \sum_{i+j+k=n} P_{ijkm} B_{ijk}^{n+1}(u,v,w)$$

$$(2.5)$$

其中 $P_{ijkm} = \dfrac{1}{n+1}(iv_{i-1jkm} + jv_{ij-1km} + kv_{ijk-1m})$.

　　如图 4 所示,曲面(0.1)边界上的控制点不受 VC^1 拼接条件限制,可独立地根据插值条件计算. 控制点 C_1 为直线 r_1 与平面 π 的交点,若直线 r_1 的方向取为 $n_{r1} = \dfrac{2n_1 + n_3}{3}$,则有

535

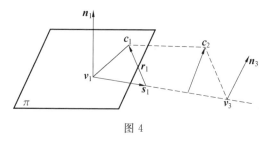

图 4

$$\begin{cases} \boldsymbol{c}_1 = \boldsymbol{s}_1 + \lambda_1 \boldsymbol{r}_1 \\ \boldsymbol{n}_1 \cdot (\boldsymbol{c}_1 - \boldsymbol{v}_1) = \boldsymbol{0} \end{cases} \tag{9}$$

式中 $\boldsymbol{n}_1 = (x_n, y_n, z_n)$, $\boldsymbol{v}_1 - \boldsymbol{v}_3 = (x_L, y_L, z_L)$, $\boldsymbol{r}_1 = (x_r, y_r, z_r)$. 将 λ_1 代回式(2.6)可求出 $\boldsymbol{c}_1$, 同理可计算 $\boldsymbol{c}_2$.

对边界曲线升阶, 可确定图 5 中的控制点 $\{\boldsymbol{v}_{0jkm}\}$, $j+k=4$. 内部控制点 $\boldsymbol{V}_{130m}$ 和 $\boldsymbol{V}_{103m}$ 则按照内部 C^1 连续的顶点共平面条件计算.

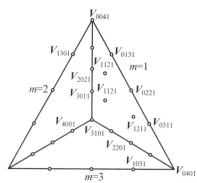

图 5   三个曲面片的控制点定义

对于与图 5 中的曲面片($m=1$)对应的边界 $\boldsymbol{e}_m$(图 6), 跨边界方向导数可写成下列形式

$$\boldsymbol{N}_m(t) = \frac{\partial \boldsymbol{F}_m}{\partial \boldsymbol{D}_m} = \left[\frac{(1-t)\boldsymbol{N}_{m0}}{\mid \boldsymbol{N}_{m0} \mid} + \frac{t\boldsymbol{N}_{m1}}{\mid \boldsymbol{N}_{m1} \mid} \right] \cdot$$

$$[u_0(t) \cdot \mid \boldsymbol{N}_{m0} \mid + u_1(t) \cdot \boldsymbol{C}_m \cdot (\mid \boldsymbol{N}_{m0} \mid +$$

536

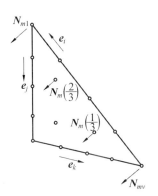

图 6

$$|\ N_{m1}\ |)/2 + u_2(t)\cdot|\ N_{m1}\ |] \qquad (2.7)$$

式中 $u_0(t)=2t^2-3t+1,u_1(t)=4t-t^2,u_2(t)=2t^2-t.$ D_m 是边 e_m 两端点跨边界法向矢量的线性混合，即

$$D_m = (1-t)D_{m0} + tD_{m1} \qquad (2.8)$$

如图 7 所示，由 Gram-Schmidt 正交化算法，[2] 我们可以由插值条件计算 D_{m0}，D_{m1}，N_{m0} 和 N_{m1}

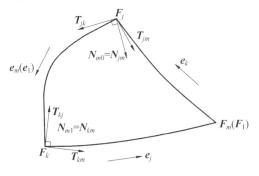

图 7　Gram-Schmidt 正交分解

$$\boldsymbol{D}_{m0} = -\frac{\boldsymbol{T}_{jk} \cdot \boldsymbol{T}_{jm}}{\boldsymbol{T}_{jk} \cdot \boldsymbol{T}_{jk}} \cdot \boldsymbol{e}_m - \boldsymbol{e}_k$$

$$\boldsymbol{D}_{m1} = -\frac{\boldsymbol{T}_{km} \cdot \boldsymbol{T}_{kj}}{\boldsymbol{T}_{kj} \cdot \boldsymbol{T}_{kj}} \cdot \boldsymbol{e}_m - \boldsymbol{e}_j$$

$$\boldsymbol{N}_{m0} = -\frac{\boldsymbol{T}_{jk} \cdot \boldsymbol{T}_{jm}}{\boldsymbol{T}_{jk} \cdot \boldsymbol{T}_{jk}} \cdot \boldsymbol{T}_{jk} - \boldsymbol{T}_{jm}$$

$$\boldsymbol{N}_{m1} = -\frac{\boldsymbol{T}_{km} \cdot \boldsymbol{T}_{kj}}{\boldsymbol{T}_{kj} \cdot \boldsymbol{T}_{kj}} \cdot \boldsymbol{T}_{kj} - \boldsymbol{T}_{km}$$

(2.9)

按照跨边界法向 $\boldsymbol{D}_m$ 的定义(2.7),我们可计算下列方向导数

$$\frac{\partial v}{\partial \boldsymbol{D}_m} = tY + \frac{(\boldsymbol{T}_{jk} \cdot \boldsymbol{T}_{jm})}{(\boldsymbol{T}_{jk} \cdot \boldsymbol{T}_{jk})} - 1$$

$$\frac{\partial w}{\partial \boldsymbol{D}_m} = (1-t)Y + \frac{(\boldsymbol{T}_{km} \cdot \boldsymbol{T}_{kj})}{(\boldsymbol{T}_{kj} \cdot \boldsymbol{T}_{kj})} - 1$$

(2.10)

其中

$$Y = 1 - \frac{(\boldsymbol{T}_{jk} \cdot \boldsymbol{T}_{jm})}{(\boldsymbol{T}_{jk} \cdot \boldsymbol{T}_{jk})} - \frac{(\boldsymbol{T}_{kj} \cdot \boldsymbol{T}_{km})}{(\boldsymbol{T}_{kj} \cdot \boldsymbol{T}_{kj})}$$

求曲面 $\boldsymbol{F}_m$ 在 $\boldsymbol{D}_m$ 上的偏导数,得

$$\frac{\partial \boldsymbol{F}_m}{\partial \boldsymbol{D}_m} = \frac{\partial \boldsymbol{F}_m}{\partial u_m} \cdot \frac{\partial u_m}{\partial \boldsymbol{D}_m} + \frac{\partial \boldsymbol{F}_m}{\partial v_m} \frac{\partial v_m}{\partial \boldsymbol{D}_m} + \frac{\partial \boldsymbol{F}_m}{\partial w_m} \cdot \frac{\partial w_m}{\partial \boldsymbol{D}_m}$$

(2.11)

由式(2.10),(2.11) 可明显看出,$\boldsymbol{F}_m$ 为四次时,$\dfrac{\partial \boldsymbol{F}_m}{\partial u_m}$ 为三次多项式函数,$\dfrac{\partial \boldsymbol{F}_m}{\partial v_m},\dfrac{\partial \boldsymbol{F}_m}{\partial w_m}$ 在边 $\boldsymbol{e}_m(u_m = 0)$ 上必定为二次函数,$\dfrac{\partial u_m}{\partial \boldsymbol{D}_m} = 1$,因此 $\dfrac{\partial \boldsymbol{F}_m}{\partial \boldsymbol{D}_m}$ 一定为三次多项式函数. 对每个曲面片 $\boldsymbol{F}_m(m = 1,2,3)$ 来说,$\boldsymbol{V}_{121m}$ 和 $\boldsymbol{V}_{112m}$ 由式(2.11) 和(2.7) 在 $t = \dfrac{1}{3}$ 和 $t = \dfrac{2}{3}$ 处的跨边界方向偏导数的方程组来求解.

538

　　由以上求解内部 Bézier 控制点的全部过程可以看出，采用图 2 所示的四个跨边界方向偏导数 N_{m0}，$N_m\left(\dfrac{1}{3}\right)$，$N_m\left(\dfrac{2}{3}\right)$ 和 N_{m1} 作为插值条件，正好能够保证相邻曲面片之间的关系 $N_m(t) = \dfrac{\partial F_m}{\partial D_m}$ 处处成立.

　　目前，这种构造 VC^1 Bézier 三角曲面的方法已通过编程计算，在 3D 离散数据曲面插值中取得了较好的效果.[5] 在下一节，我们还要重点介绍这种 Bézier 三角曲面技术在复杂曲面产品测量造型中的应用.

§3　VC^1 Bézier 三角曲面在复杂曲面产品测量造型中的应用

　　在数控测量中，对于一些构型非常复杂、形状和边界极不规则的曲面产品来说，传统的方法不再适用. 如果分块把数据测出来，测量的结果也难以进一步进行处理，即难以获得这些测量点的曲面模型，不能对球形测量头的半径进行补偿. 这样测出的结果在实际中是没有用的. 针对曲面产品数控测量中的这一难点，本章将以 Bézier 三角曲面技术为基础，研究复杂曲面产品的离散测量方法.

　　离散测量作为复杂曲面零件产品的一种新的测量方法，它包括下列两个方面的新内容：

　　（1）测量点可按照零件特征和用户要求离散布置.

　　（2）测量数据的处理（主要是对测头半径的补偿计算）采用了非矩形域上的曲面造型和计算技术.

从离散测量点的分布来看,需要考虑的因素很多. 一般来说,在曲率变化急剧的地方把测量点布置得密一些,而且要尽可能完整地把曲面边界和特征曲线上的点测量出来. 布置好测量点,可使用点位测量等方法进行测量,此时获得的实际测量结果是与零件曲面相对应的等距曲面上的一些点.

我们采用参数 Bézier 三角曲面对这种离散测量点进行了曲面造型和测头补偿计算. 具体的步骤是:先对离散测量点进行三角划分,然后在空间三角形网格上构造参数 Bézier 三角曲面,求等跨值为 R 的等距曲面(R 为球形测头的半径). 最后按照测量点输出等距曲面上的相应点,这些点就是我们需要测量的零件曲面上的点.

参 考 文 献

[1] HERRON G. Smooth closed surfaces with discrete triangular interpolants[J]. CAGD, 1985(2).

[2] JENSEN T. Assembling triangular and rectangular patches and multivariate splines[J]. Geometric Modeling:Algorithms and new trends,1987.

[3] FARIN G. A construction for visual C^1 continuity of polynomial surface patches[J]. Computer Graphics and Image Processing,1982 (20).

[4] 刘鼎元. Bézier 曲面片光滑连接的几何条件[J]. 应用数学学报, 1986,9(4).

[5] 柯映林. 离散数据几何造型技术及其应用研究[D]. 南京:南京航空航天大学,1992.

[6] FARIN G. Triangular Bernstein-Bézier patches[J]. CAGD, 1986(2).

基于双曲函数的 Bézier 型曲线、曲面①

第 13 章

§1　引　言

Bézier 方法和 B 样条方法是表示与设计自由曲线、曲面造型的主要方法，然而它不能描述除抛物线以外的圆锥曲线，NURBS 方法虽然可以解决上述问题，但其权因子与参数化问题仍没有完全解决.[1]

另外，在飞机外形设计与数控加工中经常遇到许多由二次曲线弧等表

---

① 本章摘自《计算机工程与设计》2006 年第 3 期.

示的形状,此时一些非多项式类型的曲线、曲面造型方法显示了强大的威力,文献[2-6]各自在基于三角函数和多项式函数混合构成的空间中构造了类似的 Bézier 基和 B 样条基,文献[7-8]在仅由三角函数构成的空间中给出了类似的 Bézier 基和 B 样条基,文献[9]给出了规范 B 基存在的重要条件,然而它们均不能精确表示双曲线和双曲面等二次曲线、曲面.

在此基础上,合肥工业大学计算机信息学院的苏本跃和合肥工业大学理学院的盛敏两位教授于 2006 年在双曲函数空间中提出了一组具有 Bézier 曲线特性的双曲多项式曲线,称其为 HC-Bézier 曲线,它除了可以精确表示直线段,还可以精确表示双曲线等二次曲线,相应的张量积曲面可以精确表示双曲面等.

§2 HC-Bézier 基函数及其性质

类似于 C-Bézier 曲线,[2] 我们取变量 t 的范围为 $[0,\alpha]$,其中 $\alpha > 0(\alpha$ 为常数),为了具备与 Bézier 曲线类似的几何特性,则待构造的基函数必须具备正性和规范性,以及相应的端点性质. 假设 $\varphi_j(t)$ 为 HC-Bézier 基函数,则必须具备以下条件

$$\varphi_j(t) \geqslant 0, \sum_{j=0}^{n} \varphi_j(t) = 1$$

$$\begin{cases} \varphi_j(0) = 1, & j = 0 \\ \varphi_j(0) = 0, & 其他 \end{cases}$$

$$\begin{cases} \varphi_n(\alpha) = 1, & j = n \\ \varphi_n(\alpha) = 0, & 其他 \end{cases} \tag{2.1}$$

　　以后称在双曲函数空间中满足条件式(2.1) 的线性无关函数 $\varphi_j(t)(j=0,1,\cdots,n)$ 为 HC-Bézier 基函数.

　　令

$$K=1-\cosh\alpha$$
$$\beta=1-\cosh(\alpha-t)$$
$$\gamma=1-\cosh t$$

　　当 $n=2$ 时,考虑到 $\varphi_0^r(\alpha)=0,\varphi_2^r(\alpha)=0$,结合式(2.1) 得到

$$\varphi_0(t)=\frac{\beta}{k},\varphi_1(t)=\frac{k-\beta-\gamma}{k}$$

$$\varphi_2(t)=\frac{\gamma}{k}\quad(t\in[0,\alpha],\alpha>0,\alpha \text{ 为常数}) \tag{2.2}$$

式(2.2) 即为当 $n=2$ 时的 HC-Bézier 基函数,如图 1 所示.

　　当 $n=3$ 时,考虑到

$$\varphi_j'(\alpha)=0\quad(j=0,1)$$
$$\varphi_j'(0)=0\quad(j=2,3)$$
$$\varphi_3''(0)=0,\varphi_0'(\alpha)=0$$

结合式(2.1) 得到

$$\varphi_0=\frac{\beta\tanh(\alpha-t)}{(\beta+\gamma)\tanh\alpha},\varphi_3=\frac{\gamma\tanh t}{(\beta+\gamma)\tanh\alpha}$$

$$\varphi_1=\frac{\beta}{\beta+\gamma}-\varphi_0,\varphi_2=\frac{\gamma}{\beta+\gamma}-\varphi_3 \tag{2.3}$$

$$(t\in[0,\alpha],\alpha>0,\alpha \text{ 为常数})$$

式(2.3) 即为当 $n=3$ 时的 HC-Bézier 基函数,如图 1 所示.

　　由于 HC-Bézier 基函数与 Bernstein 基函数有完全类似的性质,且仍将 HC-Bézier 基函数记作 $B_{j,n}(t)$,

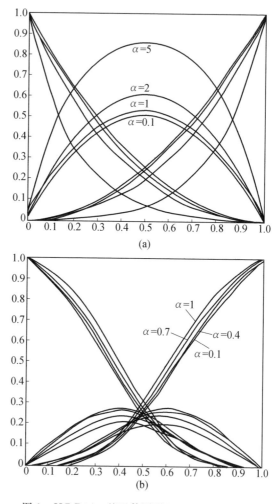

图 1　HC-Bézier 基函数图形($n = 2, n = 3$)

则由式(2.1) 知，HC-Bézier 基函数有如下基本性质：

（1）非负性

$$B_{j,n}(t) \geqslant 0 \qquad (2.4)$$

（2）规范性

$$\sum_{j=0}^{n} B_{j,n}(t) = 1 \qquad (2.5)$$

（3）端点性质

$$B_{j,n}(0) = \begin{cases} 1, & j=0 \\ 0, & 其他 \end{cases}$$

$$B_{j,n}(1) = \begin{cases} 1, & j=n \\ 0, & 其他 \end{cases} \qquad (2.6)$$

（4）对称性

$$B_{j,n}(t) = B_{n-j,n}(\alpha - t) \qquad (2.7)$$

§3　HC-Bézier 曲线及其性质

定义 1　给定 $n+1$ 个控制顶点 $\boldsymbol{q}_0, \boldsymbol{q}_1, \boldsymbol{q}_2, \cdots, \boldsymbol{q}_n$，定义 HC-Bézier 曲线方程为

$$\boldsymbol{p}(t) = \sum_{j=0}^{n} \boldsymbol{q}_n B_{j,n}(t) \quad (0 \leqslant t \leqslant \alpha, \alpha > 0)(3.1)$$

其中 $B_{j,n}(t)$ 为 HC-Bézier 基函数，$\boldsymbol{q}_j$ 为控制顶点，如图 2 所示．

由 HC-Bézier 基函数的性质立即可得，HC-Bézier 曲线有如下基本性质．

性质 1　端点及其导矢的几何特性：

$$\boldsymbol{p}(0) = \boldsymbol{q}_0, \boldsymbol{p}(\alpha) = \boldsymbol{q}_n; \boldsymbol{p}^r(0) = k(\boldsymbol{q}_1 - \boldsymbol{q}_0)$$

$$\boldsymbol{p}^r(\alpha) = k(\boldsymbol{q}_n - \boldsymbol{q}_{n-1}) \quad (k \text{ 为常数})$$

且 HC-Bézier 曲线在首末两端点的 k 阶导矢($k < n$)分

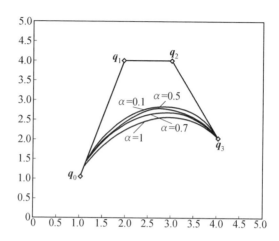

图 2　由顶点定义的一簇 HC-Bézier 曲线

别与 HC-Bézier 曲线控制多边形的首末 k 条边有关,而与其他边无关.

性质 2　对称性:由式(2.7)知,将 HC-Bézier 曲线控制多边形的顺序取反,定义同一条曲线,仅曲线方向取反.

性质 3　几何不变性:由于 HC-Bézier 基函数具有规范性,由式(2.4)和(2.5)易知 HC-Bézier 曲线具有几何不变性.

性质 4　凸包性:由于 HC-Bézier 基函数具有正性与规范性,由式(2.4)和(2.5)易知 HC-Bézier 曲线具有凸包性.

性质 5　控制参数 α 对曲线形状的影响:

由于控制参数 α 的引入,使得 HC-Bézier 方法具有比 Bézier 方法更强的曲线表现能力. 当控制顶点保持不变,α 在 $(0, +\infty)$ 内变化时,可获得一簇 HC-Bézier

曲线. 当 $k = \dfrac{t}{\alpha}(0 \leqslant k \leqslant 1)$ 固定, α 变为 $d\alpha$ 时,

HC-Bézier 曲线上任一点 $p(\alpha, k)$ 所产生的位移 $d(p(\alpha, k))$ 为

$$d\boldsymbol{p}(\alpha, k) = \left(\sum_{i=0}^{n} \frac{dB_{t,n}(\alpha, k)}{d\alpha} \boldsymbol{q}_i \right) d\alpha \quad (\alpha > 0, 0 \leqslant k \leqslant 1)$$

$$(3.2)$$

其中当 $n = 2$ 时

$$\frac{d(B_{0,2}(\alpha, k))}{d\alpha}$$

$$= -\left\{ \frac{(1-k)(1-\cosh \alpha)\sinh((1-k)\alpha)}{(1-\cosh \alpha)^2} + \right.$$

$$\left. \frac{\sinh \alpha [1 - \cosh((1-k)\alpha)]}{(1-\cosh \alpha)^2} \right\}$$

$$\frac{d(B_{2,2}(\alpha, k))}{d\alpha}$$

$$= \frac{-k(1-\cosh \alpha)\sinh(k\alpha) + \sinh \alpha [1 - \cosh(k\alpha)]}{(1-\cosh \alpha)^2}$$

$$(3.3)$$

$$\frac{d(B_{1,2}(\alpha, k))}{d\alpha} = -\frac{d(B_{0,2}(\alpha, k))}{d\alpha} - \frac{d(B_{2,2}(\alpha, k))}{d\alpha}$$

当 $n = 3$ 时的情形可完全类似讨论(略).

由图 3 可以看出, $\dfrac{d(B_{t,n}(\alpha, k))}{d\alpha}$ 与 α 有极好的线性

关系,由此可以得到 α 控制曲线形状的近似计算方法.

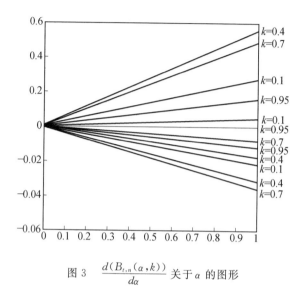

图 3　$\dfrac{d(B_{t,n}(\alpha,k))}{d\alpha}$ 关于 α 的图形

§4　HC-Bézier 曲线的应用

1. 直线段的 HC-Bézier 曲线的精确表示

当 $n=2$ 时，HC-Bézier 曲线可以精确地表示直线段，设 q_0,q_1,q_2 为控制多边形顶点，由式（2.2）和（3.1）整理得

$$p(t)=q_1+\frac{1}{k}\big[q_0-2q_1+q_2-(q_0-q_1)\cosh(\alpha-t)-$$

$$(q_2-q_1)\cosh t\big] \qquad (4.1)$$

其中 $k=1-\cosh\alpha$. 若 $q_0=q_1$ 或 $q_1=q_2$，则式（4.1）均表示一条直线段，不妨设 $q_0=q_1$，得到

$$p(t)=q_1+(q_2-q_1)\frac{1-\cosh t}{k}$$

即

$$p(u) = q_1 + (q_2 - q_1)u \quad (u \text{ 为参数}) \quad (4.2)$$

显然,式(4.2)表示经过点 $q_1(x_1, y_1)$ 和 $q_2(x_2, y_2)$ 的直线段.

2.双曲线的 HC-Bézier 曲线的精确表示

当 $n=2$ 时,HC-Bézier 曲线可以精确表示双曲线,设 q_0, q_1, q_2 为控制多边形顶点,由式(2.2)和(3.1)知

$$p(t) = q_1 + \frac{1}{k}\big[q_0 - 2q_1 + q_2 - (q_0 - q_1)\cosh(\alpha - t) - (q_2 - q_1)\cosh t\big]$$

其中

$$k = 1 - \cosh \alpha$$

$$\begin{cases} x(t) = x_1 + \dfrac{1}{k}\{x_0 - 2x_1 + x_2 - \\ \qquad \big[(x_0 - x_1)\cosh \alpha + x_2 - x_1\big] \cdot \\ \qquad \cosh t + (x_0 - x_1)\sinh \alpha \sinh t\} \\ y(t) = y_1 + \dfrac{1}{k}\{y_0 - 2y_1 + y_2 - \\ \qquad \big[(y_0 - y_1)\cosh \alpha + y_2 - y_1\big] \cdot \\ \qquad \cosh t + (y_0 - y_1)\sinh \alpha \sinh t\} \end{cases} \quad (4.3)$$

令 $x_0 = x_1$,且

$$y_2 - y_1 = (y_1 - y_0)\cosh \alpha \quad (4.4)$$

得到

$$\begin{cases} x(t) = x_1 + \dfrac{x_2 - x_1}{k} - \dfrac{x_2 - x_1}{k}\cosh t \\ y(t) = y_0 + (y_0 - y_1)\dfrac{\sinh \alpha}{k}\sinh t \end{cases} \quad (4.5)$$

显然式(4.5)为双曲线的参数方程.

特别地,若令 $x_0 = x_1 = 0, x_2 = K$,且 $y_0 = 0, y_1 =$

K,则由式(4.4)知 $y_2 = -\sinh^2 \alpha$,得到

$$\begin{cases} x(t) = 1 - \cosh t \\ y(t) = -\sinh \alpha \sinh t \end{cases} \qquad (4.6)$$

式(4.6)表示一条双曲线左支的一部分,如图 4 所示.

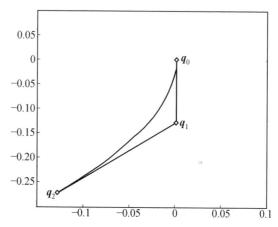

图 4　双曲线的 HC-Bézier 曲线的精确表示

§5　结　束　语

本章在双曲函数空间构造了双曲多项式基函数——HC-Bézier 基,并由此定义了 HC-Bézier 曲线. 它继承了 Bézier 曲线的优点,并有着与 Bézier 曲线类似的性质,如凸包性、几何不变性、连续性等,同时它还能够精确表示直线段以及双曲线等二次曲线. 另外,参数因子 α 的引入使得 HC-Bézier 曲线具有了更强的表现能力. 同样地,我们可以用构造张量积 Bézier 曲面的方法来构造 HC-Bézier 曲面,该曲面也能够精确表

示双曲面等二次曲面片. 因此 HC-Bézier 曲线、曲面模型同样也应该是 CAGD 中自由曲线、曲面造型的一个有力工具.

参 考 文 献

[1] 王国瑾,汪国昭,郑建民.计算机辅助几何设计[M].北京:高等教育出版社,2001.

[2] ZHANG J W. C-curves:An extension of cubic curves[J]. Computer Aided Geometric Design,1996(13):199-217.

[3] HAN X L. Quadratic trigonometric polynomial curves with a shape parameter [J]. Computer Aided Geometric Design,2002(19):503-512.

[4] DERRIENNIC M. Shape preserving polynomial curves[J]. Advances in Computational Mathematics,2004(20):273-292.

[5] LYCHE T. Quasi-interpolants based on trigonometric splines[J]. Journal of Approximation Theory,1998(95):280-309.

[6] PE NA. Shape preserving representations for trigonometric polynomial curves[J]. Computer Aided Geometric Design,1997(14):5-11.

[7] 苏本跃,盛敏.基于三角函数的 Bézier 曲线曲面造型方法[J].微电子学与计算机,2004(21):73-80.

[8] 苏本跃,黄有度.CAGD 中三角多项式曲线的构造及其应用[J].合肥工业大学学报,2005(28):103-108.

[9] MAINAR E, PEA J M, SANCHEZ REYES J. Shape preserving alternatives to the rational Bézier model[J]. Computer Aided Geometric Design,2001,18(1):37-60.

有理三角 Bézier 曲线、曲面光滑融合的构造①

第 14 章

为了使自由曲线、曲面在较为简单的条件下能够达到相对高阶的光滑拼接，并在不改变控制顶点的情况下自由调整曲线、曲面的形状，安徽建筑大学的刘华勇、李璐、张大明、谢新平和王焕宝五位教授于 2016 年构造了含多个形状参数的有理三角函数．基于该组基函数，定义了含多个形状参数的有理三角曲线、曲面，并讨论了曲线、曲面的光滑拼接条件．根据拼接条件，分别定义了由含多个形状参数的有理三角曲线、曲面构成的分段组合

① 本章摘自《浙江大学学报（理学版）》2016 年第 5 期.

曲线、分片组合曲面. 这种新的曲线、曲面能够自动保证组合曲线、曲面的连续性. 数值实例的结果显示了该方法的有效性.

在计算机辅助几何设计（CAGD）中，Bernstein 多项式和 Bézier 曲线、曲面设计发挥了极其重要的作用. Bézier 曲线、曲面结构简单、计算相对方便、设计相对有效，但在实际应用中存在缺陷，即在控制多边形不变的情况下，无法调整曲线、曲面的外形. 有理 B-spline 曲线、曲面虽然在一定程度上克服了上述困难，但毕竟是有理形式，曲线、曲面拼接的条件较复杂.

为了克服 Bézier 和 B－样条曲线、曲面的上述缺点，许多学者通过引入形状参数构建了新的曲线、曲面. 例如，李军成[1] 介绍了一种构造任意类三次三角曲线的方法. 严兰兰等人[2] 定义了形状及光滑度可调的自动连续组合曲线、曲面. Zhang[3,4] 给出了带形状参数的三角多项式均匀 B 样条. 这些曲线或曲面都与 Bézier 曲线或 B-spline 样条曲线、曲面具有许多共同的基本特性，并可通过参数调整曲线、曲面的形状. Han[5] 介绍了带参数的二次三角多项式样条曲线. 刘华勇等人[6] 构造了带参数的二次三角样条曲线扩展. 在自由曲线、曲面造型中，一般以多项式为基函数构造参数曲线、曲面，而三角函数空间具有一些独特的性质，使得在三角函数空间中也能构造参数曲线、曲面.[7-14] 但与曲线、曲面的融合较为困难，且连续性不高.[16-18] 为了使自由曲线、曲面在简单的条件下具有相对较高的光滑融合，同时在不改变控制顶点的情况下可以修改曲线、曲面的形状，本章基于文献[2] 的思想,构造了带形状参数的有理三角 Bézier 基函数,基于该组基函数,定义了 λRC-Bézier 曲线、曲面,并详细讨论了该曲线、曲面光滑拼接的条件.

§1　带形状参数的有理三角 Bézier 基函数的定义及其性质

定义 1　对于 $t \in \left[0, \dfrac{\pi}{2}\right]$,$\omega_1, \omega_2 \geqslant 0, 0 \leqslant \lambda_1 < 1, 0 < \lambda_2 \leqslant 1$,记

$$
\begin{cases}
T_0(t) = 2 - 2\sin t - \cos^2 t \\
T_1(t) = -2 + 2\sin t + 2\cos^2 t \\
T_2(t) = 2\cos t - 2\cos^2 t \\
T_3(t) = 1 - 2\cos t + \cos^2 t
\end{cases}
\tag{1.1}
$$

如果设 $R(t) = T_0(t) + \omega_1 T_1(t) + \omega_2 T_2(t) + T_3(t)$,那么称

$$
\begin{cases}
B_0(t; \omega_1, \omega_2, \lambda_1, \lambda_2) = \dfrac{(1-\lambda_1) T_0(t)}{R(t)} \\[2mm]
B_1(t; \omega_1, \omega_2, \lambda_1, \lambda_2) = \dfrac{\lambda_1 T_0(t) + \omega_1 T_1(t)}{R(t)} \\[2mm]
B_2(t; \omega_1, \omega_2, \lambda_1, \lambda_2) = \dfrac{\omega_2 T_2(t) + (1-\lambda_2) T_3(t)}{R(t)} \\[2mm]
B_3(t; \omega_1, \omega_2, \lambda_1, \lambda_2) = \dfrac{\lambda_2 T_3(t)}{R(t)}
\end{cases}
$$

$$
\tag{1.2}
$$

为带参数的有理三角 Bézier 基函数,简称为 λRC-Bézier 基函数.

性质 1　非负性:$B_i(t; \omega_1, \omega_2, \lambda_1, \lambda_2) \geqslant 0, i = 0, 1,$

$2,3.$

性质 2 权性：$\displaystyle\sum_{i=0}^{3} B_i(t;\omega_1,\omega_2,\lambda_1,\lambda_2) \equiv 1.$

性质 3 对称性：当 $\omega_1=\omega_2,\lambda_1+\lambda_2=1$ 时，满足

$$B_{3-i}(t;\omega_1,\omega_2,\lambda_1,\lambda_2)=B_i\left(\frac{\pi}{2}-t;\omega_1,\omega_2,\lambda_1,\lambda_2\right),i=0,$$

$1.$

性质 4 退化性：当 $\omega_1=\omega_2=1,\lambda_1=0,\lambda_2=1$ 时，$B_i(t;\omega_1,\omega_2,\lambda_1,\lambda_2)(i=0,1,2,3)$ 退化为 $T_i(t)(i=0,1,2,3).$

性质 5 端点性质：当 $t\in\left[0,\dfrac{\pi}{2}\right]$ 时，为了书写简便，将下式中的 $B_i(t;\omega_1,\omega_2,\lambda_1,\lambda_2)$ 记为 $B_i(t).$

$B_0(0)=1-\lambda_1,B_1(0)=\lambda_1,B_2(0)=0,B_3(0)=0;$

$B_0\left(\dfrac{\pi}{2}\right)=0,B_1\left(\dfrac{\pi}{2}\right)=0,B_2\left(\dfrac{\pi}{2}\right)=1-\lambda_2,B_3\left(\dfrac{\pi}{2}\right)=\lambda_2;$

$B'_0(0)=\dfrac{(1-\lambda_1)}{(1-\omega_1)},B'_1(0)=\dfrac{(\lambda_1-\omega_1)}{(1-\omega_1)},B'_2(0)=0,$

$B'_3(0)=0;B'_0\left(\dfrac{\pi}{2}\right)=0,B'_1\left(\dfrac{\pi}{2}\right)=0,B'_2\left(\dfrac{\pi}{2}\right)=$

$\dfrac{(1-\lambda_2-\omega_2)}{(1-\omega_2)},B'_3\left(\dfrac{\pi}{2}\right)=\dfrac{\lambda_2}{(1-\omega_2)};B''_0(0)=$

$\dfrac{(1-\lambda_1)}{(1-2\omega_1+\omega_2)},B''_1(0)=\dfrac{(\lambda_1-2\omega_1)}{(1-2\omega_1+\omega_2)},B''_2(0)=$

$\dfrac{\omega_2}{(1-2\omega_1+\omega_2)},B''_3(0)=0;B''_0\left(\dfrac{\pi}{2}\right)=0,B''_1\left(\dfrac{\pi}{2}\right)=$

$\dfrac{\omega_1}{(1-2\omega_2+\omega_1)},B''_2\left(\dfrac{\pi}{2}\right)=\dfrac{(1-\lambda_2-2\omega_2)}{(1-2\omega_2+\omega_1)},B''_3\left(\dfrac{\pi}{2}\right)=$

$\dfrac{\lambda_2}{(1-2\omega_2+\omega_1)};B'''_0(0)=\dfrac{(1-\lambda_1)}{(1-\omega_1)},B'''_1(0)=$

$$\frac{(\lambda_1 - \omega)}{(1 - \omega_1)}, B'''_2(0;\lambda_1,\lambda_2) = 0, B'''_3(0;\lambda_1,\lambda_2) = 0;$$

$$B'''_0\left(\frac{\pi}{2}\right) = 0, B'''_1\left(\frac{\pi}{2}\right) = 0, B'''_2\left(\frac{\pi}{2}\right) = \frac{(1 - \lambda_2 - \omega_2)}{(1 - \omega_2)},$$

$$B'''_3\left(\frac{\pi}{2}\right) = \frac{\lambda_2}{(1 - \omega_2)}.$$

进一步计算可知:

(1)n 为偶数. 当 $t = 0$ 时,有

$$B_0^{(n)}(0) = \frac{[2^{n-1}(1 - \lambda_1)]}{[2 - n^2\omega_1 + (n^2 - 2)\omega_2]}$$

$$B_1^{(n)}(0) = \frac{[2^{n-1}(\lambda_1 - 2\omega_1)]}{[2 - n^2\omega_1 + (n^2 - 2)\omega_2]}$$

$$B_2^{(n)}(0)$$
$$= \frac{[(n-2)(n-1)\lambda_2 - (n^2 - 2)\omega_2 - (n-2)(n-1)]}{[2 - n^2\omega_1 + (n^2 - 2)\omega_2]}$$

$$B_3^{(n)}(0) = -\frac{(n-2)(n-1)\lambda_2}{[2 - n^2\omega_1 + (n^2 - 2)\omega_2]}$$

当 $t = \dfrac{\pi}{2}$ 时,有

$$B_0^{(n)}\left(\frac{\pi}{2}\right) = -\frac{(n-2)(n-1)(1 - \lambda_2)}{[2 - n^2\omega_2 + (n^2 - 2)\omega_1]}$$

$$B_1^{(n)}\left(\frac{\pi}{2}\right) = \frac{[-(n-2)(n-1)\lambda_1 + (n^2 - 2)\omega_1}{[2 - n^2\omega_2 + (n^2 - 2)\omega_1]}$$

$$B_2^{(n)}\left(\frac{\pi}{2}\right) = \frac{(2^{n-1} - 2^{n-1}\lambda_2 + n^2\omega_2)}{[2 - n^2\omega_2 + (n^2 - 2)\omega_1]}$$

$$B_3^{(n)}\left(\frac{\pi}{2}\right) = \frac{2^{n-1}\lambda_2}{[2 - n^2\omega_2 + (n^2 - 2)\omega_1]}$$

(2)n 为奇数. 当 $t = 0$ 时,有

$$B_0^{(n)}(0) = \frac{(1 - \lambda_1)}{(1 - \omega_1)}$$

556

$$B_1^{(n)}(0) = \frac{(\lambda_1 - \omega_1)}{(1 - \omega_1)}$$

$$B_2^{(n)}(0) = 0 \, ; B_3^{(n)}(0) = 0$$

当 $t = \dfrac{\pi}{2}$ 时,有

$$B_0^{(n)}\left(\frac{\pi}{2}\right) = 0 \, ; B_1^{(n)}\left(\frac{\pi}{2}\right) = 0$$

$$B_2^{(n)}\left(\frac{\pi}{2}\right) = \frac{(1 - \lambda_2 - \omega_2)}{(1 - \omega_2)}$$

$$B_3^{(n)}\left(\frac{\pi}{2}\right) = \frac{\lambda_2}{(1 - \omega_2)}$$

§2　带形状参数的有理三角 Bézier 曲线的定义及其性质

定义 1　给定 4 个控制顶点 $\boldsymbol{P}_i \in \boldsymbol{R}^d (d=2,3, i = 0,1,2,3)$, $t \in \left[0, \dfrac{\pi}{2}\right]$,称

$$\boldsymbol{R}(t) = \sum_{i=0}^{3} B_i(t \, ; \omega_1, \omega_2, \lambda_1, \lambda_2)\boldsymbol{P}_i \qquad (2.1)$$

为带参数的有理三角 Bézier 曲线,简称为 λRC-Bézier 曲线.

由 λRC-Bézier 基函数的性质,很容易得到 λRC-Bézier 曲线的性质:

性质 1　对称性:由基函数的对称性可知,如果保持 λRC-Bézier 曲线的控制顶点的位置不变,只改变它们的先后次序,将得到的新曲线记作 $\boldsymbol{Q}(t)$,那么有 $\boldsymbol{Q}(t) = R\left(\dfrac{\pi}{2} - t\right)$. 曲线的对称性表明,由相同控制多

边形定义的 λRC-Bézier 曲线是唯一的.

性质 2　凸包性和保凸性：由 λRC-Bézier 基函数的非负性和权性知，曲线 $B(t)$ 是控制顶点的加权平均，其权因子为 λRC-Bézier 基函数，因此 λRC-Bézier 曲线完全在特征多边形控制的凸包内. 特征多边形为凸时，相应的 λRC-Bézier 曲线也为凸的，即曲线具备凸包性.

性质 3　几何不变性：曲线的外形由 4 个控制顶点的位置决定，与坐标系的选取无关.

性质 4　仿射不变性：对决定控制多边形的曲线进行仿射变换后，所得到的曲线就是原曲线经过相同的仿射变换后的曲线.

性质 5　端点性质：

由基函数的端点性质知

$$R(0) = (1-\lambda_1)P_0 + \lambda_1 P_1 = P_0 + \lambda_1(P_1 - P_0)$$

$$R\left(\frac{\pi}{2}\right) = (1-\lambda_2)P_2 + \lambda_2 P_3 = P_2 + \lambda_2(P_3 - P_2)$$

由上式知，曲线插值于控制多边形首边 $P_0 P_1$ 上的某点的比例为 $(1-\lambda_1):\lambda_1$，末边 $P_2 P_3$ 上的某点的比例为 $(1-\lambda_2):\lambda_2$. 若 $\lambda_1 = 0$，则曲线插值于点 P_0；若 $\lambda_2 = 1$，则曲线插值于点 P_3

$$R'(0) = \frac{1-\lambda_1}{1-\omega_1}P_0 + \frac{\lambda_1-\omega_1}{1-\omega_1}P_1$$

$$= P_0 + \frac{\lambda_1-\omega_1}{1-\omega_1}(P_1 - P_0)$$

$$R'\left(\frac{\pi}{2}\right) = \frac{1-\lambda_1-\omega_2}{1-\omega_2}P_2 + \frac{\lambda_2}{1-\omega_2}P_3$$

$$= P_2 + \frac{\lambda_2}{1-\omega_2}(P_3 - P_2)$$

由上式知,曲线与控制多边形的首边相切,切点为控制多边形首边 $\boldsymbol{P}_0\boldsymbol{P}_1$ 上的某点,比例为 $(1-\lambda_1):\lambda_1$. 若 $\lambda_1=0$,则切点为 $\boldsymbol{P}_0$,同时曲线与控制多边形的末边相切,切点为控制多边形首边 $\boldsymbol{P}_2\boldsymbol{P}_3$ 上的某点,比例为 $(1-\lambda_2):\lambda_2$;若 $\lambda_2=1$,则切点为 $\boldsymbol{P}_3$.

同样,经进一步计算,特别是当 n 为奇数时,有

$$\boldsymbol{R}^{(2k+1)}(0)=\frac{1-\lambda_1}{1-\omega_1}\boldsymbol{P}_0+\frac{\lambda_1-\omega_1}{1-\omega_1}\boldsymbol{P}_1$$

$$=\boldsymbol{P}_0+\frac{\lambda_1-\omega_1}{1-\omega_1}(\boldsymbol{P}_1-\boldsymbol{P}_0)\quad(2.2)$$

$$\boldsymbol{R}^{(2k+1)}\left(\frac{\pi}{2}\right)=\frac{1-\lambda_2-\omega_2}{1-\omega_2}\boldsymbol{P}_2+\frac{\lambda_2}{1-\omega_2}\boldsymbol{P}_3$$

$$=\boldsymbol{P}_2+\frac{\lambda_2}{1-\omega_2}(\boldsymbol{P}_3-\boldsymbol{P}_2)$$

$$(k=0,1,\cdots,n)\quad(2.3)$$

曲线与控制多边形的首边相切,且连续性更高,切点为多边形首边 $\boldsymbol{P}_0\boldsymbol{P}_1$ 上的某点,比例为 $(1-\lambda_1):\lambda_1$. 若 $\lambda_1=0$,则切点为 $\boldsymbol{P}_0$,同时曲线与控制多边形的末边相切,且连续性更高,切点为多边形首边 $\boldsymbol{P}_2\boldsymbol{P}_3$ 上的某点,比例为 $(1-\lambda_2):\lambda_2$;若 $\lambda_2=1$,则切点为 $\boldsymbol{P}_3$.

性质 6　形状可调性:带有形状参数的 λRC-Bézier 曲线,随着参数 $\omega_i;\lambda_i(i=1,2)$ 的改变,曲线会随之变化,其插值位置也随之不同,如图 1 所示.

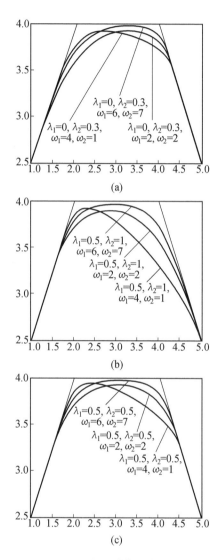

图 1　ω_1 , ω_2 , λ_1 , λ_2 取不同值时曲线的形状变化

560

§3　带形状参数的 λRC-Bézier 曲线融合

1. 带形状参数的 λRC-Bézier 曲线的拼接

为了更好地研究 λRC-Bézier 曲线,首先分别给出以 $\boldsymbol{P}_i^{(1)}(i=0,1,2,3)$ 为控制顶点,$\omega_1^{(1)},\omega_2^{(1)} \geqslant 0,0 \leqslant \lambda_1^{(1)} < 1,0 < \lambda_2^{(1)} \leqslant 1$ 为形状参数的 $\boldsymbol{R}_1(t) = \sum_{i=0}^{3} B_i(t;\omega_1^{(1)},\omega_2^{(1)},\lambda_1^{(1)},\lambda_2^{(1)})\boldsymbol{P}_i^{(1)}$ 和以 $\boldsymbol{P}_i^{(2)}(i=0,1,2,3)$ 为控制顶点,$\omega_1^{(2)},\omega_2^{(2)} \geqslant 0,0 \leqslant \lambda_1^{(2)} < 1,0 < \lambda_2^{(2)} \leqslant 1$ 为形状参数的 $\boldsymbol{R}_2(t) = \sum_{i=0}^{3} B_i(t;\omega_1^{(2)},\omega_2^{(2)},\lambda_1^{(2)},\lambda_2^{(2)})\boldsymbol{P}_i^{(2)}$ 的 2 条 λRC-Bézier 曲线,得到以下定理.

定理 1　若满足 $\boldsymbol{P}_2^{(1)} = \boldsymbol{P}_0^{(2)},\boldsymbol{P}_3^{(1)} = \boldsymbol{P}_1^{(2)}$ 且 $\lambda_2^{(1)} = \lambda_1^{(2)}$,则曲线 $\boldsymbol{R}_1(t)$ 和曲线 $\boldsymbol{R}_2(t)$ 在连接点处满足 $G^{2k+1}(k=0,1,\cdots,n)$ 连续.

证明　由性质知
$$\boldsymbol{R}_2(0) = (1-\lambda_1^{(2)})\boldsymbol{P}_0^{(2)} + \lambda_1^{(2)}\boldsymbol{P}_1^{(2)}$$
$$= \boldsymbol{P}_0^{(2)} + \lambda_1^{(2)}(\boldsymbol{P}_1^{(2)} - \boldsymbol{P}_0^{(2)})$$
$$\boldsymbol{R}_1\left(\frac{\pi}{2}\right) = (1-\lambda_2^{(1)})\boldsymbol{P}_2^{(1)} + \lambda_2^{(1)}\boldsymbol{P}_3^{(1)}$$
$$= \boldsymbol{P}_2^{(1)} + \lambda_2^{(1)}(\boldsymbol{P}_3^{(1)} - \boldsymbol{P}_2^{(1)})$$

由条件 $\boldsymbol{P}_2^{(1)} = \boldsymbol{P}_0^{(2)},\boldsymbol{P}_3^{(1)} = \boldsymbol{P}_1^{(2)}$ 且 $\lambda_2^{(1)} = \lambda_1^{(2)}$,有 $\boldsymbol{R}_2(0) = \boldsymbol{R}_1\left(\frac{\pi}{2}\right)$,所以满足位置连续;又由
$$\boldsymbol{R}'_2(0) = \frac{1-\lambda_1^{(2)}}{1-\omega_1^{(2)}}\boldsymbol{P}_0^{(2)} + \frac{\lambda_1^{(2)}-\omega_1^{(2)}}{1-\omega_1^{(2)}}\boldsymbol{P}_1^{(2)}$$
$$= \boldsymbol{P}_0^{(2)} + \frac{\lambda_1^{(2)}-\omega_1^{(2)}}{1-\omega_1^{(2)}}(\boldsymbol{P}_1^{(2)} - \boldsymbol{P}_0^{(2)})$$

561

$$\boldsymbol{R'}_1\left(\frac{\pi}{2}\right) = \frac{1-\lambda_2^{(1)}-\omega_2^{(1)}}{1-\omega_2^{(1)}}\boldsymbol{P}_2^{(1)} + \frac{\lambda_2^{(1)}}{1-\omega_2^{(1)}}\boldsymbol{P}_3^{(1)}$$

$$= \boldsymbol{P}_2^{(1)} + \frac{\lambda_2^{(1)}}{1-\omega_2^{(1)}}(\boldsymbol{P}_3^{(1)} - \boldsymbol{P}_2^{(1)})$$

则有 $\boldsymbol{R'}_2(0) = \beta\boldsymbol{R'}_1\left(\dfrac{\pi}{2}\right)$，其中

$$\beta = \frac{(\lambda_1^{(2)}-\omega_1^{(2)})(1-\omega_2^{(1)})}{(1-\omega_1^{(2)})\lambda_2^{(1)}}$$

所以曲线满足 G^1 连续.

由端点性质，并经进一步计算，当 n 为奇数时，可知

$$\boldsymbol{R}_2^{(2k+1)}(0) = \frac{1-\lambda_1^{(2)}}{1-\omega_1^{(2)}}\boldsymbol{P}_0^{(2)} + \frac{\lambda_1^{(2)}-\omega_1^{(2)}}{1-\omega_1^{(2)}}\boldsymbol{P}_1^{(2)}$$

$$= \boldsymbol{P}_0^{(2)} + \frac{\lambda_1^{(2)}-\omega_1^{(2)}}{1-\omega_1^{(2)}}(\boldsymbol{P}_1^{(2)} - \boldsymbol{P}_0^{(2)})$$

$$\boldsymbol{R}_1^{(2k+1)}\left(\frac{\pi}{2}\right) = \frac{1-\lambda_2^{(1)}-\omega_2^{(1)}}{1-\omega_2^{(1)}}\boldsymbol{P}_2^{(1)} + \frac{\lambda_2^{(1)}}{1-\omega_2^{(1)}}\boldsymbol{P}_3^{(1)}$$

$$= \boldsymbol{P}_2^{(1)} + \frac{\lambda_2^{(1)}}{1-\omega_2^{(1)}}(\boldsymbol{P}_3^{(1)} - \boldsymbol{P}_2^{(1)})$$

$$(k=0,1,\cdots,n)$$

$$\boldsymbol{R}_2^{(2k+1)}(0) = \beta\boldsymbol{R}_1^{(2k+1)}\left(\frac{\pi}{2}\right)$$

其中

$$\beta = \frac{(\lambda_1^{(2)}-\omega_1^{(2)})(1-\omega_2^{(1)})}{(1-\omega_1^{(2)})\lambda_2^{(1)}}$$

所以曲线满足 $G^{(2k+1)}$ 连续.

2. 带形状参数的 λRC-Bézier 曲线的组合

根据定理 1 所描述的性质，当给定任意的控制顶点时，可以定义包含多个形状参数的分段的组合曲线，并且使得曲线在连接点处能自动达到光滑拼接，见

图 2.

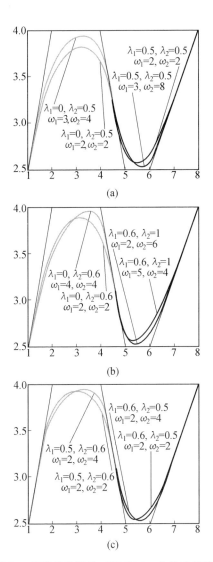

图 2　带形状参数的 λRC-Bézier 曲线的拼接

563

定义 1　若给定 $2l+2(l \geqslant 1)$ 个控制顶点 $\boldsymbol{P}_i \in \mathbf{R}^d(d=2,3,i=0,1,2,\cdots,2l+1),t \in \left[0,\dfrac{\pi}{2}\right]$,以及形状参数 $\{\omega_1^{(i)}\}_{i=1}^l,\{\omega_2^{(i)}\}_{i=1}^l,\{\lambda_1^{(i)}\}_{i=1}^l,\{\lambda_2^{(i)}\}_{i=1}^l$,则可以定义 l 条分段组合 λRC-Bézier 曲线

$$\boldsymbol{R}(t)=\sum_{j=0}^3 B_j(t;\omega_1^{(i)},\omega_2^{(i)},\lambda_1^{(i)},\lambda_2^{(i)})\boldsymbol{P}_{j+2(i-1)} \quad (3.1)$$

此组合 λRC-Bézier 曲线和三角样条曲线具有一些共同点:4 个控制顶点决定一段曲线,当给定控制顶点时,曲线在连接点处能自动达到光滑拼接,并且每段曲线都含有多个形状参数,能决定该段曲线的形状,且具有强局部性. 但他们之间也有不同:三角样条曲线在每段的拼接点处至多满足 C^2 连续,而组合 λRC-Bézier 曲线在拼接点处可以达到 G^{2k+1} 连续;在相邻 2 个曲线段之间,拼接的三角样条曲线只有 1 个不相同的控制顶点,而组合的相邻 λRC-Bézier 曲线段之间只有 2 个相同的控制顶点,因此需要的存储空间更少;修改三角样条曲线的其中 1 个控制顶点,至多可修改 4 条相邻曲线段的外形,而修改组合 λRC-Bézier 曲线的其中 1 个控制顶点,至多可修改 2 条相邻曲线段的外形,说明组合 λRC-Bézier 曲线比三角样条曲线具有更强的局部性;在不改变控制顶点的情况下,三角样条曲线无法对其进行形状修改,但组合 λRC-Bézier 曲线中存在形状控制参数,其形状可根据设计者的需求自由调整,见图 3.

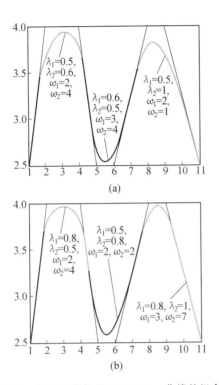

图 3　带形状参数的 λRC-Bézier 曲线的组合

3. 带形状参数的 λRC-Bézier 曲线设计

如果给定偶数个控制顶点,那么由定义 1 的构造方式,可以定义自动满足光滑拼接的组合曲线. 在定义的 l 条曲线段的组合拼接曲线中,共有 $2l$ 个形状参数. 其中每段的参数 $\{\omega_1^{(i)}\}_{i=1}^l$,$\{\omega_2^{(i)}\}_{i=1}^l$,$\{\lambda_1^{(i)}\}_{i=1}^l$,$\{\lambda_2^{(i)}\}_{i=1}^l$ 决定了第 i 条曲线段的外形,同时也决定了第 i 条和第 $i-1$,$i+1$ 条曲线段的起点、终点位置及其曲线的连续性;若能使得组合拼接曲线插值于控制多边形的首末顶点位置,只要满足 $\{\lambda_1^{(i)}\}_{i=1}^l = 0$;$\{\lambda_2^{(i)}\}_{i=1}^l = 1$. 若想构造封闭的曲线,首先需要控制多边形封闭,即 $\boldsymbol{P}_0 =$

P_{2l+1},但这时的曲线仅仅满足位置连续. 若想构造封闭的并且满足光滑拼接的曲线,需要满足 $P_0P_1 = P_{2l}P_{2l+1}$,同时 $\lambda_1^{(1)} = \lambda_2^{(1)} \in (0,1)$. 图 4 给出了闭合曲线的构造,图 5 为 λRC-Bézier 曲线和三次 B 样条曲线的比较,可知 λRC-Bézier 曲线的优点是其形状可调.

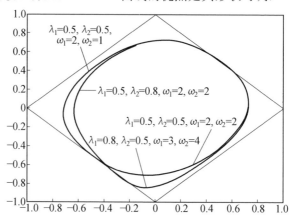

图 4　闭合曲线构造的情形

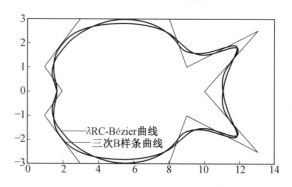

图 5　λRC-Bézier 曲线和三次 B 样条曲线的比较

§4　带形状参数的 λRC-Bézier
曲面的定义及其性质

定义 1　给定一组 16 个控制顶点 $\boldsymbol{P}_{ij} \in \mathbf{R}^3 (i, j = 0, 1, 2, 3), u, v \in \left[0, \dfrac{\pi}{2}\right]$，称

$$\boldsymbol{R}(u, v) = \sum_{i=0}^{3} \sum_{j=0}^{3} B_i(u; \omega_{1u}, \omega_{2u}, \lambda_{1u}, \lambda_{2u}) \times$$
$$B_j(v; \omega_{1v}, \omega_{2v} \lambda_{1v}, \lambda_{2v}) \boldsymbol{P}_{ij} \qquad (4.1)$$

为带形状参数的 λRC-Bézier 曲面.

　　类似于曲线的定义和性质,2 个 λRC-Bézier 曲面也可以在简单的约束条件下满足较高的几何连续性. 曲面的拼接可以仿照曲线设计,即如果给定 2 个分别含有参数的 $\omega_{1u}^{(1)}, \omega_{2u}^{(1)}, \omega_{1v}^{(1)}, \omega_{2v}^{(1)}, \lambda_{1u}^{(1)}, \lambda_{2u}^{(1)}, \lambda_{1v}^{(1)}, \lambda_{2v}^{(1)}$（上标 1 表示第 1 张曲面的参数）和 $\omega_{1u}^{(2)}, \omega_{2u}^{(2)}, \omega_{1v}^{(2)}, \omega_{2v}^{(2)}, \lambda_{1u}^{(2)}, \lambda_{2u}^{(2)}, \lambda_{1v}^{(2)}, \lambda_{2v}^{(2)}$（上标 2 表示第 2 张曲面的参数）的 λRC-Bézier 曲面为

$$\boldsymbol{R}_1(u, v) = \sum_{i=0}^{3} \sum_{j=0}^{3} B_i(u; \omega_{1u}^{(1)}, \omega_{2u}^{(1)}, \lambda_{1u}^{(1)}, \lambda_{2u}^{(1)}) \times$$
$$B_j(v; \omega_{1v}^{(1)}, \omega_{2v}^{(1)}, \lambda_{1v}^{(1)}, \lambda_{2v}^{(1)}) \boldsymbol{P}_{ij}^{(1)}$$

$$\boldsymbol{R}_2(u, v) = \sum_{i=0}^{3} \sum_{j=0}^{3} B_i(u; \omega_{1u}^{(2)}, \omega_{2u}^{(2)}, \lambda_{1u}^{(2)}, \lambda_{2u}^{(2)}) \times$$
$$B_j(v; \omega_{1v}^{(2)}, \omega_{2v}^{(2)}, \lambda_{1v}^{(2)}, \lambda_{2v}^{(2)}) \boldsymbol{P}_{ij}^{(2)}$$

若 $\boldsymbol{P}_{i0}^{(2)} = \boldsymbol{P}_{i2}^{(1)}, \boldsymbol{P}_{i1}^{(2)} = \boldsymbol{P}_{i3}^{(1)}$，则当 $\lambda_{1u}^{(2)} = \lambda_{1u}^{(1)}, \lambda_{2u}^{(2)} = \lambda_{2u}^{(1)}$，$\lambda_{1v}^{(2)} = \lambda_{2v}^{(1)}$ 时,2 张曲面在 u 方向满足 G^{2k+1} 连续,同样地,若 $\boldsymbol{P}_{0j}^{(2)} = \boldsymbol{P}_{2j}^{(1)}, \boldsymbol{P}_{1j}^{(2)} = \boldsymbol{P}_{3j}^{(1)}$，则当 $\lambda_{1v}^{(2)} = \lambda_{1v}^{(1)}, \lambda_{2v}^{(2)} = \lambda_{2v}^{(1)}$，$\lambda_{1u}^{(2)} = \lambda_{2u}^{(1)}$ 时,2 张曲面在 v 方向满足 G^{2k+1} 连续,注意到 $\boldsymbol{R}_2(u, 0) = \boldsymbol{R}_1(1, v)$，表明 2 张 λRC-Bézier 曲面在连接

点处满足 G^{2k+1} 连续. 图 6 给出了 $\omega_{1u}^{(1)}, \omega_{2u}^{(1)}, \omega_{1v}^{(1)}, \omega_{2v}^{(1)},$ $\lambda_{1u}^{(1)}, \lambda_{2u}^{(1)}, \lambda_{1v}^{(1)}, \lambda_{2v}^{(1)}, \omega_{1u}^{(2)}, \omega_{2u}^{(2)}, \omega_{1v}^{(2)}, \omega_{2v}^{(2)}, \lambda_{1u}^{(2)}, \lambda_{2u}^{(2)}, \lambda_{1v}^{(2)},$ $\lambda_{2v}^{(2)}$ 取不同值时的光滑融合情形.

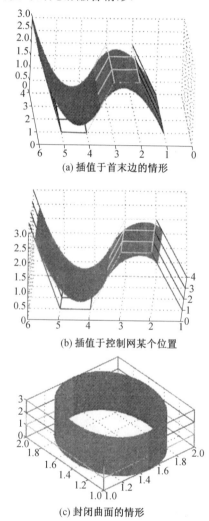

(a) 插值于首末边的情形

(b) 插值于控制网某个位置

(c) 封闭曲面的情形

图 6　λ, ω 取不同值时曲面的光滑融合

568

§5　结　束　语

给出的 λRC-Bézier 曲线具有形状可调性,在构造带形状参数函数时,曲线的拼接条件相对较简单,且连续性相对较高.所以在相同的拼接条件下,只需要简单地修改形状参数值就可以修改曲线的插值位置、连续性等.文中还给出了带形状参数的曲面的定义和一些实例,由这些定义知,λRC-Bézier 曲线可以更好地控制曲面,且连续性较三角样条方法高,虽然不需要考虑拼接等问题,但这些常用三角样条的曲线、曲面至多只能满足 C^2 连续,若需要更高阶连续,则必须由更高次三角样条曲线、曲面来解决,从而减弱了三角样条曲线、曲面的局部性.本章构造的组合拼接曲线、曲面具有三角样条不具备的一些优点.

参 考 文 献

[1] 李军成.一种构造任意类三次三角曲线的方法[J].小型微型计算机系统,2011,32(7):1 442-1 445.

[2] 严兰兰,韩旭里.形状及光滑度可调的自动连续组合曲线曲面[J].计算机辅助设计与图形学学报,2014,26(10):1 654-1 662.

[3] ZHANG J W. C-curves:An extension of cubic curves[J]. Computer Aided Geometric Design,1996,13(3):199-217.

[4] ZHANG J W. C-curves:Two different forms of C-B-Splines[J]. Computer Aided Geometric Design,1997,14(1):31-41.

[5] HAN X. Quadratic trigonometric polynomial curves with a shape parameter[J]. Computer Aided Geometric Design,2002,19(7):

503-512.

[6] 刘华勇,李璐,张大明.任意阶参数连续的三角多项式样条曲线曲面
调配[J].浙江大学学报:理学版,2014,41(4):413-418.

[7] 徐迎博,喻德生.带形状参数的二次三角多项式 Bézier 曲线形分析
[J].浙江大学学报:理学报,2013,40(1):35-41.

[8] 王文涛,汪国昭.带形状参数的三角多项式均匀 B 样条[J].计算机
学报,2005,28(7):1 192-1 198.

[9] 李军成,赵东标,杨炼.拟三次三角样条插值曲线与曲面[J].小型微
型计算机系统,2013,34(3):680-684.

[10] 吴晓勤.带形状参数的 Bézier 曲线[J].中国图象图形学报,2006,
10(2):269-275.

[11] ZHANG J W, KRAUS F L. Extending cubic uniform B-splines by
unified trigonometric and hyperbolic basis[J]. Graphical Models,
2005,67(2):100-119.

[12] 彭丰富,田良.带形状控制的自由曲线曲面参数样条[J].中国图象
图形学报,2015,20(11):1 511-1 516.

[13] 严兰兰,韩旭里.具有多种优点的三角多项式曲线曲面[J].计算机
辅助设计与图形学学报,2015,27(10):1 971-1 979.

[14] CHEN Q Y, WANG G Z. A class of Bezier-like curve[J]. Com-
puter Aided Geometric Design,2003,20(1):29-39.

[15] HU G, QIN X Q. The construction of $\lambda\mu$-B-spline curves and its
application to rotational surfaces[J]. Applied Mathematics and
Computation, 2015,266(2):194-211.

[16] LIP M, MATTHEW M F Y. Blending of mesh objects to para-
metric surface[J]. Computers &. Graphics, 2015,46(2):283-293.

[17] ZHUY P, HAN X L. New cubic rational basis with tension shape
parameters[J]. Appl. Math. J. Chinese Univ, 2015,30(3):272-
298.

第 7 编

Bézier 算子

一类修正的 Szász-Kantorvich 算子与 Baskakov-Kantorovich 算子的逼近定理[①]

第 1 章

武汉大学数学系的李松教授于 1996 年利用三对角无穷方阵修正了 Szász-Kantorvich(以下简记 S-K) 算子与 Baskakov-Kantorovich(以下简记 B-K) 算子. 对于这两类修正的算子,我们得到了 H. Herens 和 G. G. Lorentz 型的结果以及在 $L_p(0)$ 中逼近的正逆定理.

§1　引　言

对于 $C[0,1]$ 上定义的 Bernstein

---

① 本章摘自《数学物理学报》1996 年第 3 期

多项式

$$B_n(f_i x) = \sum_{k=0}^{n} C_n^k x^k (1-x)^{n-k}$$

在 1972 年 H. Berens 和 G. G. Lorentz[1] 证明了

$$\mid B_n(f,x) - f(x) \mid \leqslant M\left(\frac{x(1-x)}{n}\right)^{\frac{\alpha}{2}}$$

$$\Leftrightarrow w_2(f,t) = o(t^\alpha) \quad (0 < \alpha < 2) \qquad (1.1)$$

其中 $w_2(f,t)$ 是二阶古典光滑模. 这就是众所周知的 Berens-Lorentz 定理. 1978 年, M. Becker[2] 对 Szász 及 Baskakov 算子也得到了类似于式(1.1)的结果. 之后, Z-Ditzian 和 V. Totik[5][6] 又对上述算子的 Kantorovich 变形 $L_n f, L_n^- f$ 证明了: 当 $0 < \alpha < 1, 1 \leqslant p \leqslant +\infty$ 时

$$\parallel L_n f - f \parallel_p = o(n^{-\alpha}) \Leftrightarrow w_\varphi^2(f,t)_p = o(t^{2\alpha})$$
$$(1.2)$$

$$\parallel L_n^- f - f \parallel_p = o(n^{-\alpha}) \Leftrightarrow w_{\varphi_1}^2(f,t)_p = o(t^{2\alpha})$$
$$(1.3)$$

这里 $w_\varphi^2(f,t)_p$ 和 $w_{\varphi_1}^2(f,t)_p$ 为 Ditzaian-Totik 光滑模[6], $\varphi(x) = \sqrt{x}, \varphi_1(x) = \sqrt{x(1+x)}$.

与上述结果相比, 周定轩[3] 证明了: 若 $0 < \alpha < 1$, $f \in C[0, +\infty) \bigcap L_{+\infty}[0, +\infty)$, 则

$$\mid L_n(f,x) - f(x) \mid \leqslant M\left(\frac{x}{n} + \frac{1}{n^2}\right)^{\frac{\alpha}{2}} \Leftrightarrow w(f,t) = o(t^\alpha)$$

$$\mid L_n^-(f,x) - f(x) \mid \leqslant M\left(\frac{x(1+x)}{n} + \frac{1}{n^2}\right)^{\frac{\alpha}{2}}$$

$$\Leftrightarrow w(f,t) = o(t^\alpha)$$

对于 $1 < \alpha < 2$, 不能用二阶古典光滑模 $w_2(f,t)$ 来代替上两式的右端. 这样我们就不能利用 Százs 和

Baskakov 算子的 Kantorovich 变形的收敛阶刻画二阶 Lipschitz 函数类. 1985 年 Mazhar 与 Totik[4] 曾引入一类修正的积分型算子,利用这类算子的收敛阶能够刻画二阶 Lipschitz 函数类,但类似于式(1.2) 的结果不再成立. 这说明这个修正是有局限性的.

本章利用广义无穷三对角阵给出了 $L_n f$ 和 $L_n^- f$ 的一个修正方法,并证明了修正后的算子不但能够刻画二阶 Lipschitz 函数类,而且还保留了原有的 L_p 中逼近阶的特征刻画定理.

§2　算子的构造

设 $\{e_k(x)\}_{k=0}^{+\infty}$ 是 $C[0,+\infty)$ 中子空间 p 的一组基,$\{L_k\}_{k=0}^{+\infty}$ 是定义在 $C[0,+\infty)$ 上的线性泛函,我们定义

$$\boldsymbol{e}(x) = (e_0(x), e_1(x), e_2(x), \cdots, e_k(x), \cdots),$$

$$\boldsymbol{L} = (L_0, L_1, L_2, \cdots, L_k, \cdots)^{\mathrm{T}}$$

对任意给定的无穷方阵 $\boldsymbol{A} = (a_{i,j})_{i,j=0}^{+\infty}$,我们构造一个从 $C[0,+\infty]$ 到 p 中的线性算子

$$L(f;x) = \boldsymbol{e}(x)\boldsymbol{A}\boldsymbol{L}(f)$$

对 S-K 算子及 B-K 算子分别取

$$\boldsymbol{e}(x) = (S_{n,0}(x), S_{n,1}(x), \cdots, S_{n,k}(x), \cdots) \equiv \boldsymbol{S}_n(x)$$

$$\boldsymbol{e}(x) = (b_{n,0}(x), b_{n,1}(x), \cdots, b_{n,k}(x), \cdots) \equiv \boldsymbol{b}_n(x)$$

$$\boldsymbol{L}(f) = (L_{n,0}(f), L_{n,1}(f), \cdots, L_{n,k}(f), \cdots) \equiv \boldsymbol{T}_n(f)$$

其中

$$S_{n,k}(x) = e^{-nx} \frac{(nx)}{k!}$$

$$b_{n,k}(x) = C_{n+k-1}^k x^k (1+x)^{-n-k}$$

$$L_{n,k}(f) = n \int_{\frac{k}{n}}^{\frac{k+1}{n}} f(t)\,\mathrm{d}t \quad (k = 0,1,2,\cdots)$$

从而得到修正的 S-K 算子和 B-S 算子

$$A_n(f;x) = \boldsymbol{S}_n(x)\boldsymbol{AL}_n(f), \quad A_n^-(f;x) = \boldsymbol{b}_n(x)\boldsymbol{AL}_n(f)$$

我们将证明对适当选取的无穷方阵 $\boldsymbol{A}$，当 $0 < \alpha < 2$ 时，有

$$|A_n(f;x) - f(x)| \leqslant M\left(\frac{x}{n} + \frac{1}{n^2}\right)^{\frac{\alpha}{2}}$$

$$\Leftrightarrow w_2(f,t) = o(t^\alpha)$$

$$|A_n^-(f;x) - f(x)| \leqslant M\left(\frac{x(1+x)}{n} + \frac{1}{n^2}\right)^{\frac{\alpha}{2}}$$

$$\Leftrightarrow w_2(f,t) = o(t^\alpha)$$

并且对上述两类算子也得到了类似于式（1.2）的结果.

设 $\boldsymbol{A} = (a_{i,j})_{i,j=0}^{+\infty}$ 是三对角的无穷方阵，我们将进一步限制 $a_{i,j}$. 使得对应的算子列 $\{A_n(f;x)\}_{n\in\mathbf{N}}$，$\{A_n^-(f;x)\}_{n\in\mathbf{N}}$ 满足

$$A_n(1;x) = 1, \quad A_n^-(1;x) = 1 \tag{2.1}$$

$$A_n(t;x) = x, \quad A_n^-(t;x) = x \tag{2.2}$$

$$A_n((t-x)^2;x) \leqslant M\left(\frac{x}{n} + \frac{1}{n^2}\right) \tag{2.3}$$

$$A_n^-((t-x)^2;x) \leqslant M\left(\frac{x(1+x)}{n} + \frac{1}{n^2}\right) \tag{2.4}$$

记 $a_{k,k} = a_k$，$a_{k,k+1} = b_k$，$k = 0,1,2,\cdots$，$a_{k,k-1} = c_k$，$k = 1,2,3,\cdots$，我们有下述引理.

引理 1 设 $n \in \mathbf{N}$，$\boldsymbol{A} = (a_{i,j})_{i,j=0}^{+\infty}$，$A_n(f;x)$，$A_n^-(f;x)$ 的定义如上，则式（2.1）～（2.4）满足的充要条件是

$$a_0 = a_1 = \frac{3}{2}, b_0 = b_1 = -\frac{1}{2}, c_1 = 0 \qquad (2.5)$$

$$a_k + b_k + c_k = 1 \quad (k \geqslant 1)$$
$$a_k + 3b_k - c_k = 0 \quad (k \geqslant 2) \qquad (2.6)$$

证明　因为方法类似,所以只证 $A_n^-(f, x)$ 算子的情况.

由定义,我们有

$$A_n^-(1; x) = (a_0 + b_0) b_{n,0}^{(x)} + \sum_{k=1}^{+\infty} (a_k + b_k + c_k) b_{n,k}^{(x)}.$$

于是

$$A_n^-(1; x) = 1 \Leftrightarrow a_0 + b_0 = 1, a_k + b_k + c_k = 1 \quad (k \geqslant 1) \qquad (2.7)$$

$$A_n^-(t; x) = \frac{1}{2n} \sum_{k=0}^{+\infty} a_k b_{n,k}^{(x)} + b_k b_{n,k}^{(x)} + c_k b_{n,k}^{(x)} +$$
$$\sum_{k=1}^{+\infty} (b_{k-1} b_{n,k-1}^{(x)} + a_k b_{n,k}^{(x)} + c_{k+1} b_{n,k+1}^{(x)}) \frac{k}{n}$$

注意到

$$\frac{k}{n} b_{n,k}(x) = x b_{n+1,k-1}^{(x)} \quad (k = 1, 2, 3, \cdots) \qquad (2.8)$$

我们有

$$A_n^-(t; x) = \frac{1}{2n} (a_0 + 3b_0) b_{n,0}^{(x)} + \frac{1}{2n} (a_1 + 3b_1 + c_1) b_{n,1}^{(x)} +$$
$$\frac{1}{2n} \sum_{k=2}^{+\infty} (a_k + 3b_k - c_k) b_{n,k}^{(x)} +$$
$$x \big[(a_1 + b_1) b_{n+1,0}^{(x)} +$$
$$\sum_{k=2}^{+\infty} (a_k + b_k + c_k) b_{n+1,k-1}^{(x)} \big]$$

则 $A_n^-(t; x) = x \Leftrightarrow a_k, b_k, c_k$ 满足

$$a_0 + 3b_0 = 0, a_1 + b_1 = 1, a_1 + 3b_1 + c_1 = 0 \qquad (2.9)$$

$$a_k + b_k + c_k = 1, a_k + 3b_k - c_k = 0 \quad (k \geqslant 2)$$

$$(2.10)$$

结合式 $(2.7) \sim (2.10)$ 得到引理 1 的证明.

引理 2 设 $n \in \mathbf{N}, A, A_n(f; x), A_n^-(f; x)$ 的定义如上,并且满足式 $(2.5) \sim (2.6)$,则

$$A_n(t^2; x) \leqslant x^2 + \frac{x}{n} + \frac{1}{3n^2} + \frac{2}{n^2} \sup_i |b_i|$$

$$(2.11)$$

$$A_n^-(t^2; x) \leqslant x^2 + \frac{x}{n}(1+x) + \frac{1}{3n^2} + \frac{2}{x^2} \sup_i |b_i|$$

$$(2.12)$$

证明 我们仅证式 (2.12),因为式 (2.11) 是类似的. 记 $C_0 = 0$,则

$$A_n^-(t^2; x)$$

$$= \sum_{k=0}^{+\infty} \left[a_k L_{n,k}^{(t^2)} + b_k L_{n,k}^{(t^2)} + b_k L_{n,k+1}^{(t^2)} + c_k L_{n,k-1}^{(t^2)} \right] b_{n,k}^{(x)}$$

$$= \sum_{k=0}^{+\infty} a_k \frac{3k(k+1)+1}{3n^2} b_{n,k}^{(x)} +$$

$$\sum_{k=0}^{+\infty} b_k \frac{1+3(k+1)(k+2)}{3n^2} b_{n,k}^{(x)} +$$

$$\sum_{k=0}^{+\infty} c_k \frac{1+3k(k-1)}{3n^2} b_{n,k}^{(x)}$$

注意到式 (2.8) 及 $(2.5), (2.6)$,那么

$$A_n^-(t^2; x) = \frac{1}{3n^2} + x \left[\sum_{k=1}^{+\infty} b_{n+1,k-1}^{(x)} a_k + \right.$$

$$\sum_{k=2}^{+\infty} \frac{k-1}{2} c'_k b_{n+1,k-1}^{(x)} \right] +$$

$$\sum_{k=0}^{+\infty} b_k \frac{k(k-1)+4k+2}{n^2} b_{n,k}^{(x)}$$

$$= \frac{1}{3n^2} + \frac{n+1}{n}x^2 + \frac{2}{n}x\sum_{k=1}^{+\infty}a_k b_{n+1,k-1}^{(x)} +$$

$$\frac{4}{n}x\sum_{k=1}^{+\infty}b_k b_{n+1,k-1}^{(x)} + \frac{2}{n^2}\sum_{k=1}^{+\infty}b_k b_{n,k}^{(x)}$$

利用 $a_k + 2b_k = \frac{1}{2}, k \geqslant 1$,我们有

$$A_n^-(t^2;x) = \frac{1}{3n^2} + x^2 + \frac{x(1+x)}{n} + \frac{2}{n^2}\sum_{k=0}^{+\infty}b_k b_{n,k}^{(x)}$$

$$\leqslant x^2 \frac{x(1+x)}{n} + \frac{1}{n^2}\left[\frac{1}{3} + \sup_k |b_k|\right]$$

这样我们就完成了该引理的证明.

现在我们可以确定方阵 A 满足式(2.5)和(2.6),显然这样的无穷方阵是存在的,因为对 $\frac{1}{2} < c_k < \frac{3}{4}$, $k \geqslant 2$ 有

$$\begin{cases} a_k + b_k = 1 - c_k \\ a_k + 3b_k = c_k \end{cases}$$

总有解,并且 a_k, b_k, c_k 有界非负.

现在叙述我们的主要结果. 我们总假定矩阵 A 满足式(2.5)和(2.6).

§3　主　要　结　果

定理 1　设 $\{A_n\}_{n\in\mathbf{N}}$, $\{A_n^-\}_{n\in\mathbf{N}}$ 的定义如前,$f \in C_B[0, +\infty) = L_{+\infty}[0, +\infty) \bigcap [0, +\infty), 0 < \alpha < 2$,则

$$|A_n(f;x) - f(x)| \leqslant M\left(\frac{x}{n} + \frac{1}{n^2}\right)^{\frac{\alpha}{2}} \quad (3.1)$$

$$| A_n^-(f;x) - f(x) | \leqslant M\left(\frac{x(1+x)}{n} + \frac{1}{n^2}\right)^{\frac{\alpha}{2}}$$

$$(3.2)$$

成立的充要条件是

$$w_2(f,t) = o(t^\alpha) \qquad (3.3)$$

其中 M 为正绝对常数.

定理 2 设 $\{A_n\}_{n\in\mathbf{N}}, \{A_n^-\}_{n\in\mathbf{N}}$ 的定义如前,$f \in L_p[0, +\infty), 1 \leqslant p < +\infty; f \in C_B[0, +\infty), p = +\infty, 0 < \alpha < 1, \varphi(x) = \sqrt{x}, \varphi_1(x) = \sqrt{x(1+x)}$,则

$$\| A_n(f) - f \|_p = o(n^{-\alpha}) \Leftrightarrow w_\varphi^2(f,t)_p = o(t^{2\alpha})$$

$$(3.4)$$

$$\| A_n^-(f) - f \|_p = o(n^{-\alpha}) \Leftrightarrow w_{\varphi_1}^2(f,t)_p = o(t^{2\alpha})$$

$$(3.5)$$

为了证明以上定理,我们需要如下一些引理.

引理 1 设 $A_n(f;x)$ 定义如前,$f(x) \in L_p[0, +\infty), 1 \leqslant p < +\infty, f \in C_B[0, +\infty), p = +\infty, \varphi(x) = \sqrt{x}$,则

$$\left\| \frac{\mathrm{d}^2}{\mathrm{d}x^2} A_n(f;x) \right\|_p \leqslant Mn^2 \| f \|_p \qquad (3.6)$$

$$\| A_n(f;x) \|_p \leqslant M \| f \|_p \qquad (3.7)$$

$$\left\| x \frac{\mathrm{d}^2}{\mathrm{d}x^2} A_n(f;x) \right\|_p \leqslant Mn \| f \|_p \qquad (3.8)$$

证明 记 $c_0 = 0$,那么

$$A_n(f;x) = \sum_{k=0}^{+\infty} (c_k L_{n,k-1}(f) + a_k L_{n,k}(f) + b_k L_{n,k+1}(f)) S_{n,k}^{(x)}$$

这里 $M = \max\left\{\frac{3}{2}, \sup_{i\geqslant 1}| a_i |, \sup_{i\geqslant 1}| b_i |, \sup_{i\geqslant 1}| c_i |\right\}$.

当 $p = +\infty$ 时,显然,从而由 Riesz-Thorin 定理我们得到式 (3.7).

令
$$d_{n,k}(f) = a_k L_{n,k}(f) + b_k L_{n,k+1}(f) + c_k L_{n,k-1}(f)$$

则
$$\frac{\mathrm{d}^2}{\mathrm{d}x^2} A_n(f;x) = n^2 \sum_{k=0}^{+\infty} S_{n,k}^{(x)} (d_{n,k+2}(f) -$$
$$2 d_{n,k+1}(f) + d_{n,k}(f)) \quad (3.9)$$

$$\frac{\mathrm{d}^2}{\mathrm{d}x^2} A_n(f;x) = \frac{n^2}{x^2} \sum_{k=0}^{+\infty} \left[\left(\frac{k}{n} - x \right)^2 - \frac{k}{n^2} \right] S_{n,k}^{(x)} d_{n,k}(f)$$
$$(3.10)$$

从而
$$\left\| \frac{\mathrm{d}^2}{\mathrm{d}x^2} A_n(f;x) \right\|_{+\infty} \leqslant 4Mn^2 \| f \|_{+\infty}$$

$$\left\| \frac{\mathrm{d}^2}{\mathrm{d}x^2} A_n(f;x) \right\|_1 \leqslant 4Mn^2 \| f \|_1$$

为了得到式 (3.8),我们分 $x \leqslant \dfrac{1}{n}$ 及 $x > \dfrac{1}{n}$ 来讨论. 当 $x \leqslant \dfrac{1}{n}$ 时,由式 (3.9) 知

$$\left\| x \frac{\mathrm{d}^2}{\mathrm{d}x^2} A_n(f;x) \right\|_{+\infty} \leqslant 4Mn \| f \|_{+\infty}$$

$$\left\| x \frac{\mathrm{d}^2}{\mathrm{d}x^2} A_n(f;x) \right\|_1 \leqslant 4Mn \| f \|_1$$

当 $x = \dfrac{1}{n}$ 时,由 $\displaystyle\sum_{k=0}^{+\infty} \left(\frac{k}{n} - x \right)^2 S_{n,k}^{(x)} \leqslant \dfrac{x}{n}$ [6] 知

$$\left\| x \frac{\mathrm{d}^2}{\mathrm{d}x^2} A_n(f;x) \right\|_{+\infty} \leqslant Cn \| f \|_{+\infty}$$

$$\left\| x \frac{\mathrm{d}^2}{\mathrm{d}x^2} A_n(f;x) \right\|_1 \leqslant Cn \| f \|_1$$

由 Riesz-Thorin 定理我们得到式(3.8).

引理 2 设 $n \in \mathbf{N}, A_n(f;x)$ 的定义如前,$f \in L_p[0,+\infty), f' \in \mathbf{A} \cdot C_{\mathrm{loc}}, 1 \leqslant p \leqslant +\infty$,则

$$\left\| \frac{\mathrm{d}^2}{\mathrm{d}x^2} A_n(f;x) \right\|_p \leqslant M \left\| \frac{\mathrm{d}^2}{\mathrm{d}x^2} f(x) \right\|_p$$

$$(3.11)$$

$$\left\| x \frac{\mathrm{d}^2}{\mathrm{d}x^2} A_n(f;x) \right\|_p \leqslant M \left\| x \frac{\mathrm{d}^2}{\mathrm{d}x^2} f(x) \right\|_p$$

$$(3.12)$$

证明 记 $c_0 = 0, \Delta L_{n,k}(f) = L_{n,k+1}(f) - L_{n,k}(f)$, $\Delta^2 L_{n,k}(f) = L_{n,k+2}(f) - 2L_{n,k+1}(f) + L_{n,k}(f)$,则

$$\frac{\mathrm{d}^2}{\mathrm{d}x^2} A_n(f;x) = n^2 \sum_{k=0}^{+\infty} S_{n,k}^{(x)} [d_{n,k+2}(f) - 2d_{n,k+1}(f) + d_{n,k}(f)]$$

由式(2.5)和(2.6),我们有

$$\frac{\mathrm{d}^2}{\mathrm{d}x^2} A_n(f;x) = n^2 \sum_{k=0}^{+\infty} \Big[\frac{1}{2} \Delta^2 L_{n,k-1}(f) + \frac{1}{2} \Delta^2 L_{n,k}(f) + b_{k+2} \Delta^2 L_{n,k+1}(f) + b_k \Delta^2 L_{n,k-1}(f) - 2b_{k+1} \Delta^2 L_{n,k}(f) \Big] S_{n,k}^{(x)}$$

根据 Riesz-Thorin 定理,我们只需考虑 $\| \Delta^2 L_{n,k}(f) \|_p$ 当 $p=1, p=+\infty$ 时的情形.

由于

$$| \Delta^2 L_{n,k}(f) | = n \left| \int_{\frac{k}{n}}^{\frac{k+1}{n}} \int_0^{\frac{1}{n}} \int_0^{\frac{1}{n}} f''(t+u+v) \mathrm{d}u\mathrm{d}v\mathrm{d}t \right|$$

$$\leqslant \frac{1}{n^2} \| f'' \|_{+\infty}$$

所以

$$\| A''_n(f;x) \|_{+\infty} \leqslant M \| f'' \|_{+\infty}$$

注意到

$$| \Delta^2 L_{n,k}(f) |$$

$$\leqslant n \int_{\frac{k}{n}}^{\frac{k+1}{n}} \int_0^1 \frac{1}{n} \int_0^{\frac{1}{n}} | f''(t+u+v) \mathrm{d}u\mathrm{d}v\mathrm{d}t | \mathrm{d}u\mathrm{d}v\mathrm{d}t$$

$$\leqslant \frac{1}{n} \int_{\frac{k}{n}}^{\frac{k+3}{n}} | f''(w) | \mathrm{d}w$$

从而

$$\| \frac{\mathrm{d}^2}{\mathrm{d}x^2} A_n(f;x) \|_1 \leqslant M \| \frac{\mathrm{d}^2}{\mathrm{d}x^2} f(x) \|_1$$

又由于

$$x \frac{\mathrm{d}^2}{\mathrm{d}x^2} A_n(f;x) = n^2 \sum_{k=0}^{+\infty} x S_{n,k}^{(x)} \Big[\frac{1}{2} \Delta^2 L_{n,k-1}(f) +$$

$$b_{k+2} \Delta^2 L_{n,k+1}(f) +$$

$$\frac{1}{2} \Delta^2 L_{n,k}(f) + b_k \Delta^2 L_{n,k-1}(f) -$$

$$2 b_{k-1} \Delta^2 L_{n,k}(f) \Big]$$

$$= n \sum_{k=0}^{+\infty} (k+1) S_{n,k+1}(x) \Big[\frac{1}{2} \Delta^2 L_{n,k-1}(f) +$$

$$b_{k+2} \Delta^2 L_{n,k+2}(f) +$$

$$\frac{1}{2} \Delta^2 L_{n,k}(f) + b_k \Delta^2 L_{n,k-1}(f) -$$

$$2 b_{k+1} \Delta^2 L_{n,k}(f) \Big]$$

注意到

$$| \Delta^2 L_{n,k}(f) | \leqslant n \int_{\frac{k}{n}}^{\frac{k+1}{n}} \int_0^{\frac{1}{n}} \int_0^{\frac{1}{n}} | f''(t+u+v) \mathrm{d}u\mathrm{d}v\mathrm{d}t$$

$$\leqslant n \| u f''(u) \|_{+\infty} \int_{\frac{k}{n}}^{\frac{k+1}{n}} \int_0^{\frac{1}{n}} \int_0^{\frac{1}{n}} \frac{\mathrm{d}u\mathrm{d}v\mathrm{d}t}{t+u+v}$$

$$\leqslant 6\,\frac{1}{n}\parallel uf''(u)\parallel_{+\infty}\int_{\frac{k}{n}}^{\frac{k+1}{n}}\frac{\mathrm{d}t}{t+\dfrac{2}{n}}$$

$$\leqslant\frac{6\parallel uf''(u)\parallel_{+\infty}}{n(k+2)}$$

以及

$$\mid\Delta^2 L_{n,k}(f)\mid$$

$$\leqslant n\int_{\frac{k}{n}}^{\frac{k+1}{n}}\int_0^{\frac{1}{n}}\int_0^{\frac{1}{n}}(t+u+v)f''(t+u+v)\frac{\mathrm{d}u\mathrm{d}v\mathrm{d}t}{t+u+v}$$

$$\leqslant n\int_{\frac{k}{n}}^{\frac{k+3}{n}}\mid wf''(w)\mid\mathrm{d}w\int_0^{\frac{1}{n}}\int_0^{\frac{1}{n}}\frac{\mathrm{d}u\mathrm{d}v}{u+v+\dfrac{k}{n}}$$

$$\leqslant\frac{6}{k+2}\int_{\frac{k}{n}}^{\frac{k+3}{n}}\mid wf''(w)\mid\mathrm{d}w$$

从而

$$\parallel x\,\frac{\mathrm{d}^2}{\mathrm{d}x^2}A_n(f;x)\parallel_{+\infty}\leqslant M\parallel x\,\frac{\mathrm{d}^2}{\mathrm{d}x^2}f(x)\parallel_{+\infty}$$

$$\parallel x\,\frac{\mathrm{d}^2}{\mathrm{d}x^2}A_n(f;x)\parallel_1\leqslant M\parallel x\,\frac{\mathrm{d}^2}{\mathrm{d}x^2}f(x)\parallel_1$$

这里我们用到了 M. Becker 不等式[8][2]

$$\int_0^h\int_0^h\frac{\mathrm{d}u\mathrm{d}v}{x+u+v}\leqslant\frac{6h^2}{x+2h}\quad(x\geqslant 0,0\leqslant h\leqslant 1)$$

这样我们完成了该引理的证明.

利用引理 1 和引理 2 中的方法可以得到下述引理.

引理 3 设 $A_n^-(f;x)$ 的定义如前，$f(x)\in L_p[0,+\infty),1\leqslant p<+\infty,f\in C_B[0,+\infty),p=+\infty,\varphi(x)=\sqrt{x(1+x)}$，则

$$\parallel\frac{\mathrm{d}^2}{\mathrm{d}x^2}A_n^-(f;x)\parallel_p\leqslant Mn^2\parallel f\parallel_p\quad(3.13)$$

$$\| A_n^-(f;x) \|_p \leqslant M \| f \|_p \qquad (3.14)$$

$$\| \varphi(x) \frac{\mathrm{d}^2}{\mathrm{d}x^2} A_n^-(f;x) \|_p \leqslant Mn \| f \|_p \quad (3.15)$$

引理 4　设 $n \in \mathbf{N}, A_n^-(f;x)$ 的定义如前，$f \in L_p[0, +\infty), f' \in \mathbf{A} \cdot C_{\mathrm{loc}}, 1 \leqslant p \leqslant +\infty$，则

$$\| \frac{\mathrm{d}^2}{\mathrm{d}x^2} A_n^-(f;x) \|_p \leqslant M \| \frac{\mathrm{d}^2}{\mathrm{d}x^2} f(x) \|_p$$

$$(3.16)$$

$$\| \varphi(x) \frac{\mathrm{d}^2}{\mathrm{d}x^2} A_n^-(f;x) \|_p \leqslant M \| \varphi(x) \frac{\mathrm{d}^2}{\mathrm{d}x^2} f(x) \|_p$$

$$(3.17)$$

定理 1 **的证明**　我们引用 $K-$泛函.

由

$$K_2(f,t) = \inf_{g' \in C_B[0, +\infty)} \{ \| f - g \|_{+\infty} + t \| g'' \|_{+\infty} \}$$

易知 $K_2(f, t^2)$ 等价于 $w_2(f, t)$，若 $w_2(f, t) \leqslant Mt^a$，由式 (2.5) 和 (2.6)，有

$$\forall g'' \in C_B[0, +\infty)$$

$$| A_n(g;x) - g(x) | = | A_n \Big(\int_x^t (t-u) g''(u) \mathrm{d}u; x \Big) |$$

由于我们构造的算子 $A_n(g;x)$ 不是正算子，所以为了证明的需要，引用一类正线性算子

$$A_n^+(f;x) = \frac{1}{2} S_{n,0}^{(x)} L_{n,1}(f) + \frac{1}{2} S_{n,1}^{(x)} L_{n,2}(f)$$

$$(f \in L_p[0, +\infty)) \qquad (3.18)$$

易知 $A_n^+(f;x) + A_n(f;x)$ 是正线性算子.

从而

$$| A_n(g;x) - g(x) |$$

$$\leqslant (A_n + A_n^+) \Big(| \int_x^t (t-u) g''(u) \mathrm{d}u | , x \Big) +$$

585

$$A_n^+\left(\left|\int_x^t (t-u)g''(u)\,\mathrm{d}u\right|,x\right)$$

$$\leqslant \{(A_n+A_n^+)((t-x)^2,x)+$$

$$A_n^+((t-x)^2,x)\}\,\|g''\|_{+\infty}$$

$$=\{A_n((t-x)^2,x)+$$

$$2A_n^+((t-x)^2,x)\}\,\|g''\|_{+\infty}$$

通过简单的计算

$$nS_{n,0}^{(x)}\int_{\frac{1}{n}}^{\frac{2}{n}}(t-x)^2\,\mathrm{d}t\leqslant \frac{M_0}{n^2}+\frac{M_0 x}{n}$$

$$nS_{n,1}^{(x)}\int_{\frac{2}{n}}^{\frac{3}{n}}(t-x)^2\,\mathrm{d}t\leqslant \frac{M_0}{n^2}+\frac{M_0 x}{n}$$

这样

$$\|A_n(f;x)-f(x)\|_{+\infty}$$

$$\leqslant \inf_{g\in C_B^2[0,+\infty)}\{\|A_n(f-g);x\|_{+\infty}+\|f-g\|_{+\infty}+$$

$$\|A_n(g;x)-g(x)\|_{+\infty}\}$$

$$\leqslant MK_2\left(f,\frac{1}{n^2}+\frac{x}{n}\right)\leqslant M\left(\frac{1}{n^2}+\frac{x}{n}\right)^{\frac{a}{2}}$$

类似可得式(3.2)中充分性的证明.

由引理 1,引理 2,引理 3 和引理 4 以及文献[1]中的证明方法即可完成定理 1 中必要性的证明.

参 考 文 献

[1] BERENS H, LORENTZ G G. Inverse theorem for Bernstein polynomials[J]. Indiana Univ. Math. J. ,1972(21):693-708.

[2] BECKER M. Global approximation theorems for Szász-Mirakjan and Baskakov operators in polynomial weight space[J]. Indiana Univ. Math. J. , 1978,27:127-141.

［3］DING X H. Doctorial dissertation［D］. Hangzhou：Zhejiang University,1992.

［4］MAZHAR S M, TOTIK V. Approximation by modified Szász operators［J］. Acta. Sci. Math.,1985(49)：257-269.

［5］TOTIK V. An interpolation theorem and its applications to positive operators［J］. Pacific J. Math.,1984(111)：447-481.

［6］DITZIAN Z, TOTIK V. Moduli of smoothness［M］. Berlin：Springer-Verlag,1987.

［7］GRUNDMANN A. Inverse theorem for Kantorovich polynomials "in Fourier analysis and approximation theory"［M］. Armsterdam：North-Holland,1978：395-401.

［8］BECKER M. An elementary proof of the inverse theorem for Bernstein polynomials［J］. A equations Math.,1979(19)：145-150.

Szász-Mirakian Kantorovich 算子拟中插式的逼近等价定理[①]

第 2 章

河北师范大学的郭顺生、张更生和刘丽霞三位教授于 2005 年利用高阶光滑模 $\omega_{\varphi}^{2r}(f,t)_p (1 \leqslant p < +\infty)$ 和 $\omega_{\varphi^{\lambda}}^{2r}(f,t)_{+\infty} (1 \leqslant \lambda \leqslant 1)$ 得到了 Szász-Mirakian Kantorovich 算子对于函数 $f \in L_p[0,+\infty) (1 \leqslant p \leqslant +\infty)$ 的逼近等价定理.

§1 引 言

对于函数 $f \in C_B[0,+\infty) (C_B$

① 本章摘自《数学年刊》2005 年第 1 期.

[0，+∞）表示连续有界函数集），Szász-Mirakian 算子
S_n，$n \in \mathbf{N}$ 有如下定义

$$S_n(f,x) =: \sum_{k=0}^{+\infty} s_{n,k}(x) f\left(\frac{k}{n}\right)$$

$$(x \in I =: [0,+\infty), n \in \mathbf{N})$$

这里 $s_{n,k} = \mathrm{e}^{-nx} \dfrac{(nx)^k}{k!}$，$k=0,1,2,\cdots$. 它的 Kantorovich
变形

$$U_n(f,x)$$

$$= \sum_{k=0}^{+\infty} s_{n,k}(x) n \int_{\frac{k}{n}}^{\frac{k+1}{n}} f(t)\mathrm{d}t \quad (f \in L_p(I), x \in I, n \in \mathbf{N})$$

有关 Szász-Mirakian 型算子的研究已经有很多的成果
（见文献[1,5,6,9,11]）.

　　为了得到更快的收敛速度，人们引入了所谓的
Szász-Mirakian 算 子 的 拟 中 插 式 $S_n^{(k)}(f,x)$ 和
Szász-Mirakian Kantorovich 拟中插式 $U_n^{(k)}(f,x)$（见
文献[2,3,10]）. 首先介绍他们的定义.

　　Π_n 表示次数不超过 n 的代数多项式的集合. 由于
S_n 是 Π_n 上的一一映射，S_n 和它的逆 S_n^{-1} 能被表示成带
有多项式系数的微分算子 $S_n = \sum\limits_{j=0}^{n} \beta_j^n D^j$，$S_n^{-1} = A_n =$
$\sum\limits_{j=0}^{n} \alpha_j^n D^j$，这里 $D = \dfrac{\mathrm{d}}{\mathrm{d}x}$，$D^0 = \mathrm{id}$. 所以 Szász-Mirakian 算
子的拟中插式有如下定义（见文献[3]）

$$S_n^{(r)} = A_n^{(r)} \circ S_n = \sum_{j=0}^{r} \alpha_j^n(x)(D^j S_n)(f,x)$$

$$=: \sum_{j=0}^{r} \alpha_j^n(x) S_{n,j}(f,x) \quad (0 \leqslant r \leqslant n)$$

这里 $A_n^{(r)} = \sum\limits_{j=0}^{r} \alpha_j^n D^j$.

同样地，U_n 和它的逆 U_n^{-1} 也能表示成具有多项式系数的微分算子 $U_n = \sum_{j=0}^{n} \tilde{\beta}_j^n D^j$，$U_n^{-1} = B_n = \sum_{j=0}^{n} \tilde{\alpha}_j^n D^j$，于是可得 Szász-Mirakian Kantorovich 算子的拟中插式（见文献[10]）

$$U_n^{(r)} = B_n^{(r)} \circ U_n = \sum_{j=0}^{r} \tilde{\alpha}_j^n(x)(D^j U_n)(f, x)$$

$$=: \sum_{j=0}^{r} \tilde{\alpha}_j^n(x) U_{n,j}(f, x) \quad (0 \leqslant r \leqslant n)$$

这里 $B_n^{(r)} = \sum_{j=0}^{r} \tilde{\alpha}_j^n D^j$. 当然，在 Π_n 上 $U_n^{(0)} = U_n$，$U_n^{(n)} = \mathrm{id}$. 进一步，对于 $0 \leqslant r \leqslant n$ 以及 $p \in \Pi_r$，有 $U_n^{(r)} p = p$. A. T. Diallo[3] 得到了 α_j^n 的表达式

$$\alpha_0^n(x) = 1, \alpha_1^n(x) = 0$$

$$\alpha_j^n(x) = c_{j-1}^n \frac{x}{n^{j-1}} + c_{j-2}^n \frac{x^2}{n^{j-2}} + \cdots + c_{j'}^n \frac{x^{j-j'}}{n^{j'}}, j \geqslant 2$$

$$(1.1)$$

这里 $j' = \left[\left(\frac{j+1}{2} \right) \right]$，$c_j^n$ 是不依赖于 n 的常数. P. Sablonnière（见文献[10]）推导了 $\tilde{\alpha}_j^n$ 的表达式

$$\tilde{\alpha}_j^n(x) = \alpha_j^n(x) + D\alpha_{j+1}^n(x) \qquad (1.2)$$

由式(1.2)，容易看到 $\tilde{\alpha}_0^n(x) = 1$，$|\tilde{\alpha}_1^n(x)| \leqslant \dfrac{C}{n}$.

本章利用光滑模 $\omega_{\varphi^\lambda}^{2r}(f, t)_{+\infty}(0 \leqslant \lambda \leqslant 1)$ 和 $\omega_{\varphi}^{2r}(f, t)_p (1 \leqslant p \leqslant +\infty)$ 证明了 Szász-Mirakian Kantorovich 算子的拟中插式对于函数 $f \in L_p(I)$ $(1 \leqslant p \leqslant +\infty)$ 的逼近正逆定理. 在 §2 中证明了正定理，在 §3 中证明了逆定理. 我们的主要结果如下：

定理 1 设 $f \in L_p(I)$，$\varphi(x) = \sqrt{x}$，$n \geqslant 4r$，$r \in \mathbf{N}$，

$0 < \alpha < 2r$,则对于 $1 \leqslant p < +\infty$,有

$$\| U_n^{(2r-1)}(f,x) - f(x) \|_p = O((n^{-\frac{1}{2}})^a)$$
$$\Leftrightarrow \omega_\varphi^{2r}(f,t)_p = O(t^a) \tag{1.3}$$

对于 $0 \leqslant \lambda \leqslant 1$,有

$$| U_n^{(2r-1)}(f,x) - f(x) | = O\left(\left(\frac{\delta_n^{1-\lambda}(x)}{\sqrt{n}}\right)^a\right)$$
$$\Leftrightarrow \omega_{\varphi^\lambda}^{2r}(f,t)_{+\infty} = O(t^a) \tag{1.4}$$

这里 $\delta_n(x) = \max\left\{\varphi(x), \frac{1}{\sqrt{n}}\right\} \sim \varphi(x) + \frac{1}{\sqrt{n}}$.

现在,我们给出一些记号

$$\omega_{\varphi^\lambda}^{2r}(f,t)_{+\infty} = \sup_{0 < h \leqslant t} \sup_{x \pm rh\varphi^\lambda \in I} | \Delta_{h\varphi}^{2r} f(x) | \tag{1.5}$$

$$K_{\varphi^\lambda}(f,t^{2r})_{+\infty} = \inf_{g \in W_{+\infty}^{2r}(\varphi^\lambda, I)} \{ \| f - g \|_{+\infty} + $$
$$t^{2r} \| \varphi^{2r\lambda} g^{(2r)} \|_{+\infty} \} \tag{1.6}$$

$$\overline{K}_{\varphi^\lambda}(f,t^{2r})_{+\infty} = \inf_{g \in W_{+\infty}^{2r}(\varphi^\lambda, I)} \{ \| f - g \|_{+\infty} + $$
$$t^{2r} \| \varphi^{2r\lambda} g^{(2r)} \|_{+\infty} + $$
$$t^{\frac{2r}{1-\lambda/2}} \| g^{2r} \|_{+\infty} \} \tag{1.7}$$

这里 $0 \leqslant \lambda \leqslant 1$

$$W_{+\infty}^{2r}(\varphi^\lambda, I) = \{ g \in C_B[0, +\infty), g^{(2r-1)} \in A.C._{\text{loc}},$$
$$\| g^{(2r)} \| < +\infty, \| \varphi^{2r\lambda} g^{(2r)} \| < +\infty \}$$

$$\omega_\varphi^{2r}(f,t)_p = \sup_{0 < h \leqslant t} \sup_{x \pm rh\varphi \in I} \| \Delta_{h\varphi}^{2r} f(x) \|_p \tag{1.8}$$

$$K_\varphi(f,t^{2r})_p = \inf_{g \in W_p^{2r}(\varphi, I)} \{ \| f - g \|_p + t^{2r} \| \varphi^{2r} + g^{(2r)} \|_p \}$$
$$\tag{1.9}$$

$$\overline{K}_\varphi(f,t^{2r})_p = \inf_{g \in W_p^{2r}(\varphi, I)} \{ \| f - g \|_p + t^{2r} \| \varphi^{2r} g^{(2r)} \|_p + $$
$$t^{4r} \| g^{(2r)} \|_p \} \tag{1.10}$$

这里 $1 \leqslant p \leqslant +\infty$

$$W_p^{2r}(\varphi, I) = \{g \in C_B[0, +\infty), g^{(2r-1)} \in A.C._{loc},$$
$$\| g^{(2r)} \|_p < +\infty, \| \varphi^{2r} g^{(2r)} \| < +\infty\}$$

众所周知(见文献[5])

$$\omega_{\varphi^\lambda}^{2r}(f, t)_{+\infty} \sim K_{\varphi^\lambda}(f, t^{2r})_{+\infty} \sim \overline{K}_{\varphi^\lambda}(f, t^{2r})_{+\infty}$$

$$\omega_\varphi^{2r}(f, t)_p \sim K_\varphi(f, t^{2r})_p \sim \overline{K}_\varphi(f, t^{2r})_p$$

在本章中,C 表示不依赖于 n, x 的常数,且在每一处不一定相同,另外 $\| \cdot \|$ 表示 $\| \cdot \|_{+\infty}$,$\omega_{\varphi^\lambda}^{2r}(f, t)$ 表示 $\omega_{\varphi^\lambda}^{2r}(f, t)_{+\infty}$.

§2   逼近正定理

本节给出 $U_n^{(2r-1)} f$ 的逼近正定理. 首先估计多项式 $\tilde{\alpha}_j^n(x)$ 和它的导数 $D^r(\tilde{\alpha}_j^n)$.

引理 1   对于 $\tilde{\alpha}_j^n(x), j \geqslant 1$,有以下估计:

(i) 对于 $x \in E_n^c = \left[0, \dfrac{1}{n}\right)$,有下式成立

$$| \tilde{\alpha}_j^n(x) | \leqslant Cn^{-j} \tag{2.1}$$

(ii) 对于 $x \in E_n = \left[\dfrac{1}{n}, +\infty\right)$,下式成立

$$| \tilde{\alpha}_{2m}^n(x) | \leqslant Cn^{-m} \varphi^{2m}(x)$$
$$| \tilde{\alpha}_{2m+1}^n(x) | \leqslant Cn^{-m-\frac{1}{2}} \varphi^{2m+1}(x) \tag{2.2}$$

进一步综合(i),(ii),对 $\forall x \in [0, 1]$,有

$$| \tilde{\alpha}_j^n(x) | \leqslant Cn^{-\frac{1}{2}} \delta_n^j(x) \tag{2.3}$$

(iii) 对于 $x \in E_n^c, r \leqslant j$,下式成立

$$| D^r(\tilde{\alpha}_j^n(x)) | \leqslant Cn^{-j+r} \tag{2.4}$$

(iv) 对于 $x \in E_n, r \leqslant j$,下式成立

$$| D^r(\overset{\sim}{\alpha}{}^n_{2m}(x)) | \leqslant Cn^{-m+\frac{r}{2}}\varphi^{2m-r}(x)$$

$$| D^r(\overset{\sim}{\alpha}{}^n_{2m+1}(x)) | \leqslant Cn^{-m+\frac{r-1}{2}}\varphi^{2m-r+1}(x) \qquad (2.5)$$

即

$$| D^r(\overset{\sim}{\alpha}{}^n_j(x)) | \leqslant Cn^{-\frac{j}{2}+\frac{r}{2}}\varphi^{j-r}(x) \qquad (2.6)$$

这里常数 C 只依赖于 j 和 r.

证明　由文献[3,8],并注意到式(1.1),(1.2),经简单的计算就可以证明以下结论.

我们知道 $U_n^{(r)}(0 \leqslant r \leqslant n)$ 是有界的(见文献[10]),即

$$\| U_n^{(r)}(f,x) \|_p \leqslant C \| f \|_p \qquad (2.7)$$

定理 1　设 $\varphi(x) = \sqrt{x}$, $\delta_n(x) = \max\left\{\varphi(x),\dfrac{1}{\sqrt{n}}\right\}$, $n \geqslant 2r-1$, $r \in \mathbf{N}$,则对于 $f \in C_B[0,+\infty)$, $0 \leqslant \lambda \leqslant 1$,有

$$| U_n^{(2r-1)}(f,x)-f(x) | \leqslant C\omega_{\varphi^\lambda}^{2r}\left(f,\frac{\delta_n^{1-\lambda}(x)}{\sqrt{n}}\right) \qquad (2.8)$$

对于 $f \in L_p(I)$, $1 \leqslant p \leqslant +\infty$,有

$$\| U_n^{(2r-1)}(f,x)-f(x) \|_p \leqslant C\omega_{\varphi}^{2r}\left(f,\frac{1}{\sqrt{n}}\right)_p \qquad (2.9)$$

证明　首先证明式(2.8),由 $\overline{K}_{\varphi^\lambda}(f,t^{2r})$ 的定义,对于固定的 n,x,λ,取 $g=g_{n,x,\lambda}$,使得

$$\| f-g \|_p + \left(\frac{\delta_n^{1-\lambda}(x)}{\sqrt{n}}\right)^{2r} \| \varphi^{2r\lambda}g^{(2r)} \|_p +$$

$$\left(\frac{\delta_n^{1-\lambda}(x)}{\sqrt{n}}\right)^{\frac{2r}{1-\lambda/2}} \| g^{(2r)} \|_p$$

$$\leqslant 2\overline{K}_{\varphi^\lambda}\left(f,\left(\frac{\delta_n^{1-\lambda}(x)}{\sqrt{n}}\right)^{2r}\right)_p \tag{2.10}$$

由 Taylor 展开式,有

$$g(t)=g(x)+g'(x)(x-t)+\cdots+$$
$$\frac{g^{(2r-1)}(x)}{(2r-1)!}(x-t)^{2r-1}+R_{2r}(g,t,x)$$

$$\tag{2.11}$$

其中

$$R_{2r}(g,t,x)=\frac{1}{(2r-1)!}\int_x^t(t-u)^{2r-1}g^{(2r)}(u)\mathrm{d}u$$

再利用 $\|U_n^{(2r-1)}\|_p\leqslant C,$ 以及对于 $h(x)\in\Pi_{2r-1},$ $U_n^{(2r-1)}h(x)=h(x),$ 可得

$$|U_n^{(2r-1)}(f,x)-f(x)|$$
$$\leqslant C(\|f-g\|+|U_n^{(2r-1)}(g,x)-g(x)|)$$
$$\leqslant C(\|f-g\|+|U_n^{(2r-1)}(R_{2r}(g,t,x),x)|)$$
$$=:C(\|f-g\|+S) \tag{2.12}$$

由于 $\overset{\sim}{\alpha}_0^n(x)=1,$ 故

$$S\leqslant|U_n(R_{2r}(g,t,x),x)|+$$
$$\left|\sum_{j=1}^{2r-1}\overset{\sim}{\alpha}_j^n(x)(D^jU_n)(R_{2r}(g,t,x),x)\right|$$
$$=:S_0+\left|\sum_{j=1}^{2r-1}\overset{\sim}{\alpha}_j^n(x)S_j\right| \tag{2.13}$$

用与文献[7]中类似的方法,可得

$$S_0\leqslant C\left(\left(\frac{\delta_n^{1-\lambda}(x)}{\sqrt{n}}\right)^{2r}\|\varphi^{2r\lambda}g^{(2r)}\|+\right.$$
$$\left.\left(\frac{\delta_n^{1-\lambda}(x)}{\sqrt{n}}\right)^{\frac{2r}{1-\lambda/2}}\|g^{(2r)}\|\right) \tag{2.14}$$

下面分两种情况估计 S_j:

情形 1　当 $x\in E_n^c$ 时,由文献[5],有

$$U_{n,j}(f,x)=n^j\sum_{k=0}^{+\infty}s_{n,k}(x)\Delta^j a_k(n)\qquad(2.15)$$

根据文献[5],对于介于 t 和 x 之间的 u,有

$$\frac{\mid t-u\mid^{2r-1}}{\delta_n^{2r}(u)}\leqslant\frac{\mid t-x\mid^{2r-1}}{\delta_n^{2r}(x)}\qquad(2.16)$$

对于 $x\in E_n^c$,$\delta_n(x)\sim\dfrac{1}{\sqrt{n}}$,由式(2.15) 和(2.16),有

$$\mid S_j\mid=\mid (D^jU_n)(R_{2r}(g,t,x),x)\mid$$

$$=\mid U_{n,j}(R_r(g,t,x),x)\mid$$

$$\leqslant n^j\sum_{k=0}^{+\infty}s_{n,k}(x)\sum_{i=0}^{j}n\left|\int_{\frac{k+i}{n}}^{\frac{k+i+1}{n}}\int_x^t(t-u)^{2r-1}\cdot\right.$$

$$\left.g^{(2r)}(u)\mathrm{d}u\mathrm{d}t\right|$$

$$\leqslant n^j\delta_n^{-2r\lambda}(x)\parallel\delta_n^{2r\lambda}g^{(2r)}\parallel\cdot$$

$$\sum_{k=0}^{+\infty}s_{n,k}(x)\sum_{i=0}^{j}n\int_{\frac{k+i}{n}}^{\frac{k+i+1}{n}}(t-x)^{2r}\mathrm{d}t$$

$$\leqslant n^j\delta_n^{-2r\lambda}(x)\parallel\delta_n^{2r\lambda}g^{(2r)}\parallel\cdot$$

$$\sum_{k=0}^{+\infty}s_{n,k}(x)\cdot$$

$$\sum_{i=0}^{j}\max\left\{\left(\frac{k+i+1}{n}-x\right)^{2r},\left(\frac{k+i}{n}-x\right)^{2r}\right\}$$

$$\leqslant Cn^j\delta_n^{-2r\lambda}(x)\parallel\delta_n^{2r\lambda}g^{(2r)}\parallel\cdot$$

$$\sum_{i=0}^{j}\sum_{k=0}^{+\infty}s_{n,k}(x)\left(\left(\frac{k}{n}-x\right)^{2r}+n^{-2r}\right)$$

根据文献[5],对于 $x\in E_n^c$,有

$$\sum_{k=0}^{+\infty}s_{n,k}(x)\left|\frac{k}{n}-x\right|^{2r}\leqslant Cn^{-2r}$$

所以

$$\mid S_j\mid\leqslant Cn^j\left(\frac{\delta_n^{1-\lambda}(x)}{\sqrt{n}}\right)^{2r}\parallel\delta_n^{2r\lambda}g^{(2r)}\parallel$$

利用引理 1,即对于 $x \in E_n^c$,$|\tilde{\alpha}_j^n(x)| \leqslant Cn^{-j}$ 以及 $\delta_n(x) \sim \dfrac{1}{\sqrt{n}}$,有

$$\left| \sum_{j=1}^{2r-1} \tilde{\alpha}_j^n(x) S_j \right| \leqslant C \left(\frac{\delta_n^{1-\lambda}(x)}{\sqrt{n}} \right)^{2r} \| \varphi^{2r\lambda} g^{(2r)} \| +$$

$$\left(\frac{\delta_n^{1-\lambda}(x)}{\sqrt{n}} \right)^{\frac{2r}{1-\lambda/2}} \| g^{(2r)} \| \qquad (2.17)$$

情形 2 当 $x \in E_n$ 时,对于 $\delta_n(x) \sim \varphi(x)$,有(见文献[3,5])

$$|D^j s_{n,k}(x)| \leqslant C \sum_{i=0}^{j} \left(\frac{\sqrt{n}}{\varphi(x)} \right)^{j+i} \left| \frac{k}{n} - x \right|^i s_{n,k}(x)$$

$$(2.18)$$

由文献[5,(9.4.14)],对于 $x \in E_n$,有

$$S_n((t-x)^{2r}, x) \leqslant Cn^{-r} \varphi^{2r}(x)$$
$$U_n((t-x)^{2r}, x) \leqslant Cn^{-r} \varphi^{2r}(x) \qquad (2.19)$$

利用式(2.16),(2.19),对于式(2.13)中的 S_j,有

$$|S_j| = |U_{n,j}(R_r(g, t, x), x)|$$

$$= \left| \sum_{k=0}^{+\infty} (D^j s_{n,k}(x)) \frac{n}{(2r-1)!} \cdot \right.$$

$$\int_{\frac{k}{n}}^{\frac{k+1}{n}} \int_x^t (t-u)^{2r-1} g^{(2r)}(u) \mathrm{d}u \mathrm{d}t \Bigg|$$

$$\leqslant C \| \varphi^{2r\lambda} g^{(2r)} \| \sum_{i=0}^{j} \left(\frac{\sqrt{n}}{\varphi(x)} \right)^{j+i} \cdot$$

$$\left| \sum_{k=0}^{+\infty} s_{n,k}(x) \right| \frac{k}{n} -$$

$$x \Bigg|^i \varphi^{-2r\lambda}(x) n \int_{\frac{k}{n}}^{\frac{k+1}{n}} (t-x)^{2r} \mathrm{d}t \Bigg|$$

$$\leqslant C \| \varphi^{2r\lambda} g^{(2r)} \| \varphi^{-2r\lambda}(x) \sum_{i=0}^{j} \left(\frac{\sqrt{n}}{\varphi(x)} \right)^{j+i} \cdot$$

$$\left(\sum_{k=0}^{+\infty} s_{n,k}(x)\left|\frac{k}{n}-x\right|^{2i}\right)^{\frac{1}{2}} \cdot$$

$$\left(\sum_{k=0}^{+\infty} s_{n,k}(x)\left(n\int_{\frac{k}{n}}^{\frac{k+1}{n}}(t-x)^{2r}\mathrm{d}t\right)^2\right)^{\frac{1}{2}}$$

$$\leqslant C\|\varphi^{2r\lambda}g^{(2r)}\|\varphi^{-2r\lambda}(x)\sum_{i=0}^{j}\left(\frac{\sqrt{n}}{\varphi(x)}\right)^{j+i}n^{-\frac{i}{2}}\varphi^i(x)\cdot$$

$$\left(\sum_{k=0}^{+\infty}s_{n,k}(x)n\int_{\frac{k}{n}}^{\frac{k+1}{n}}(t-x)^{4r}\mathrm{d}t\right)^{\frac{1}{2}}$$

$$\leqslant C\|\varphi^{2r\lambda}g^{(2r)}\|\varphi^{-j}(x)\varphi^{2r(1-\lambda)}(x)n^{-r+\frac{j}{2}}$$

结合引理 1,对于 $x\in E_n$,可得

$$\left|\sum_{j=1}^{2r-1}\tilde{\alpha}_j^n(x)S_j\right|$$

$$\leqslant C\sum_{j=1}^{2r-1}n^{-\frac{j}{2}}\varphi^j(x)\|\varphi^{2r\lambda}g^{(2r)}\|\varphi^{-j}(x)\varphi^{2r(1-\lambda)}(x)n^{-r+\frac{j}{2}}$$

$$\leqslant C\left(\frac{\delta_n^{1-\lambda}(x)}{\sqrt{n}}\right)^{2r}\|\varphi^{2r\lambda}g^{(2r)}\| \tag{2.20}$$

由式 $(2.10)\sim(2.14),(2.17),(2.20)$ 以及 $\overline{K}_{\varphi^\lambda}(f,t^{2r})$ 与 $\omega_{\varphi^\lambda}^{2r}(f,t)$ 的等价性,我们证得式 (2.8).

现在证明式 (2.9). 由 Riesz-Thorin 定理可知,只需要证明在两种特殊情况下,即当 $p=1$ 和 $p=+\infty$ 时,不等式成立即可. 对于 $p=+\infty$ 这种情况,实际上就是式 (2.8) 中 $\lambda=1$ 的情形.借助前面的思路和方法,结合文献[5]中的证明过程可以得到,当 $p=1$ 时,结论正确.此处我们略去过程的细节.定理 1 证毕.

§3　逼近逆定理

引理 1　对于 $n\geqslant 4r,r\in\mathbf{N},f\in L_p(I)(1\leqslant$

$p \leqslant +\infty)$, $I = [0, +\infty)$, 有

$$\parallel \varphi^{2r}(x) D^{2r} U_n^{(2r-1)}(f, x) \parallel_p \leqslant Cn^r \parallel f \parallel_p$$

$$(3.1)$$

对于 $n \geqslant 4r, r \in \mathbf{N}, 0 \leqslant \lambda \leqslant 1, f \in C_B[0, +\infty)$, 有

$$\mid \varphi^{2r}(x) D^{2r} U_n^{(2r-1)}(f, x) \mid \leqslant Cn^r \delta_n^{2r(\lambda-1)}(x) \parallel f \parallel$$

$$(3.2)$$

证明　首先证明式(3.1).

$$\parallel \varphi^{2r}(x) D^{2r} U_n^{(2r-1)}(f, x) \parallel_p$$

$$= \parallel \varphi^{2r}(x) D^{2r} \Big(\sum_{j=0}^{2r-1} \overset{\sim}{\alpha_j^n}(x) U_{n,j}(f, x) \Big) \parallel_p$$

$$\leqslant \parallel \varphi^{2r}(x) U_{n,2r} f \parallel_p +$$

$$\parallel \varphi^{2r}(x) D^{2r} \sum_{j=1}^{2r-1} \overset{\sim}{\alpha_j^n}(x) U_{n,j}(f, x) \parallel_p$$

$$= \parallel I_1 \parallel_p + \parallel I_2 \parallel_p$$

由文献[5],有

$$\parallel I_1 \parallel_p \leqslant Cn^r \parallel f \parallel_p \qquad (3.4)$$

(1) 对于 $x \in E_n$, 由文献[5],有

$$\int_{E_n} \varphi^{-2m}(x) s_{n,k}(x) \Big(\frac{k}{n} - x \Big)^{2m} \mathrm{d}x \leqslant Cn^{-m-1}$$

利用 Hölder 不等式以及式(2.18),注意到 $\int_0^1 s_{n,k}(x)\mathrm{d}x \sim$

$n^{-1}, \overset{\sim}{\alpha_j^n} \in \Pi_j$, 对于 $p = 1$, 有

$$\parallel I_2 \parallel_{L_1(E_n)}$$

$$= \parallel \varphi^{2r}(x) \sum_{j=1}^{2r-1} \sum_{i=0}^{j} \mathrm{C}_{2r}^i D^i \overset{\sim}{\alpha_j^n}(x) U_{n,2r+j-i}(f, x) \parallel_{L_1(E_n)}$$

$$\leqslant C \parallel \varphi^{2r}(x) \sum_{j=1}^{2r-1} \sum_{i=0}^{j} n^{\frac{-j+i}{2}} \varphi^{j-i}(x) \sum_{l=0}^{2r+j-i} \Big(\frac{\sqrt{n}}{\varphi(x)} \Big)^{2r+j-i+l} \cdot$$

$$\sum_{k=0}^{+\infty} s_{n,k}(x) \Big| \frac{k}{n} - x \Big|^l \mid a_k(n) \mid \parallel_{L_1(E_n)}$$

$$\leqslant Cn^r \Big\| \sum_{j=1}^{2r-1} \sum_{i=0}^{j} \sum_{l=0}^{2r+j-i} \Big(\frac{\sqrt{n}}{\varphi(x)}\Big)^l \sum_{k=0}^{+\infty} s_{n,k}(x) \Big| \frac{k}{n} - x \Big|^l \cdot$$

$$\mid a_k(n) \mid \Big\|_{L_1(E_n)}$$

$$\leqslant Cn^r \sum_{j=1}^{2r-1} \sum_{i=0}^{j} \sum_{l=0}^{2r+j-i} \sum_{k=0}^{+\infty} \int_{E_n} \Big(\Big(\frac{\sqrt{n}}{\varphi(x)}\Big)^l s_{n,k}(x) \cdot$$

$$\Big| \frac{k}{n} - x \Big|^l \mid a_k(n) \mid \Big) \mathrm{d}x$$

$$\leqslant Cn^r \sum_{j=1}^{2r-1} \sum_{i=0}^{j} \sum_{l=0}^{2r+j-i} \sum_{k=0}^{+\infty} (\sqrt{n})^l \Big(\int_{E_n} s_{n,k}(x) \mathrm{d}x \Big)^{\frac{1}{2}} \cdot$$

$$\Big(\int_{E_n} s_{n,k}(x) \varphi^{-2l}(x) \Big| \frac{k}{n} - x \Big|^{2l} \mathrm{d}x \Big)^{\frac{1}{2}} \mid a_k(n) \mid$$

$$\leqslant Cn^r \sum_{j=1}^{2r-1} \sum_{i=0}^{j} \sum_{l=0}^{2r+j-i} n^{\frac{l-1}{2}} n^{\frac{-l-1}{2}} \sum_{k=0}^{+\infty} (n+1) \int_{\frac{k}{n+1}}^{\frac{k+1}{n+1}} \mid f(u) \mid \mathrm{d}u$$

$$\leqslant Cn^r \| f \|_1 \tag{3.5}$$

对于 $p = +\infty$，由式(2.18)，并注意到

$$\mid a_k(n) \mid \leqslant C \| f \|, \sum_{k=0}^{n} s_{n,k} \Big| \frac{k}{n} - x \Big|^l \leqslant Cn^{-\frac{l}{2}} \varphi^l(x)$$

有

$$\mid I_2 \mid = \Big| \sum_{j=1}^{2r-1} \varphi^{2r}(x) \sum_{i=0}^{j} C_{2r}^i D^i(\tilde{\alpha}_j^n(x)) U_{n,2r+j-i}(f,x) \Big|$$

$$\leqslant C \sum_{j=1}^{2r-1} \varphi^{2r}(x) \sum_{i=0}^{j} C_{2r}^i n^{\frac{-j+i}{2}} \varphi^{j-i}(x) \cdot$$

$$\sum_{l=0}^{2r+j-i} \Big(\frac{\sqrt{n}}{\varphi(x)}\Big)^{2r+j-i+l} \sum_{k=0}^{+\infty} s_{n,k}(x) \Big| \frac{k}{n} - x \Big|^l \mid a_k(n) \mid$$

$$\leqslant Cn^r \| f \| \tag{3.6}$$

这样，由 Riesz-Thorin 定理知，对于 $x \in E_n$，式(3.1)是正确的.

（2）对于 $x \in E_n^c$，由式(2.15)有

$$U_{n,2r+j-i}(f,x) = n^{2r+j-i} \sum_{k=0}^{+\infty} s_{n,k}(x) \Delta^{2r+j-i} a_k(n)$$

$$(3.7)$$

由 §2 中的引理 1，根据 $\|\varphi^{2r}(x)\|_{L_p(E_n^c)} \leqslant n^{-r}$，由文献[5] 以及

$$\left(\sum_{k=0}^{+\infty} \left| n \int_{\frac{k+l}{n}}^{\frac{k+l+1}{n}} f(u)\mathrm{d}u \right|^p \right)^{\frac{1}{p}} \leqslant n^{\frac{1}{p}} \|f\|_{L_p} \quad (0 \leqslant l < +\infty)$$

有

$$\|I_2\|_{L_p(E_n^c)}$$

$$= \left\| \varphi^{2r}(x) \sum_{j=1}^{2r-1} \sum_{i=0}^{j} C_{2r}^i D^i \tilde{\alpha}_j^n(x) U_{n,2r+j-i}(f,x) \right\|_{L_p(E_n^c)}$$

$$\leqslant C \sum_{j=1}^{2r-1} \sum_{i=0}^{j} C_{2r}^i n^{-j+i} n^{2r+j-i} n^{-r}$$

$$\left\| \sum_{k=0}^{+\infty} s_{n,k}(x) \Delta^{2r-j+i} \alpha_k(n) \right\|_{L_p(E_n^c)}$$

$$\leqslant Cn^r \|f\|_{L_p(I)}$$

由式 $(3.3) \sim (3.8)$ 有式 (3.1).

式 (3.2) 可分两种情形来证明.

(1) 首先考虑情形 $1, x \in E_n$. 由式 (3.1)，有

$$|\varphi^{2r\lambda}(x)D^{2r}U_n^{(2r-1)}(f,x)|$$

$$= |\varphi^{2r(\lambda-1)}(x)\varphi^{2r}(x)D^{2r}U_n^{(2r-1)}(f,x)|$$

$$\leqslant Cn^r \varphi^{2r(\lambda-1)}(x) \|f\|$$

$$\leqslant Cn^r \varphi_n^{2r(\lambda-1)}(x) \|f\| \tag{3.9}$$

(2) 对于情形 $2, x \in E_n^c$. 由 §2 中的引理 1，$\|\varphi^{2r\lambda}(x)\|_{E_n^c} \leqslant n^{-r\lambda}$ 以及式 (3.8) 的证明过程，可得

$$|\varphi^{2r\lambda}(x)D^{2r}U_n^{(2r-1)}(f,x)|$$

$$= \left| \varphi^{2r\lambda}(x)D^{2r}\left(\sum_{j=0}^{2r-1} \tilde{\alpha}_j^n(x) U_{n,j}(f,x) \right) \right|$$

$$\leqslant |\varphi^{2r\lambda}(x)U_{n,2r}(f,x)| +$$

600

$$\left| \sum_{j=1}^{2r-1} \varphi^{2r\lambda}(x) \sum_{i=0}^{j} C_{2r}^{i} D^{i}(\tilde{\alpha}_{j}^{n}(x)) U_{n,2r+j-i}(f,x) \right|$$

$$\leqslant C n^{r} \hat{\delta}_{n}^{2r(\lambda-1)}(x) \| f \| +$$

$$C n^{-r\lambda} \sum_{i=0}^{j} C_{2r}^{i} n^{-j+i} n^{2r+j-i} \| f \|$$

$$\leqslant C n^{r} \delta_{n}^{2r(\lambda-1)}(x) \| f \| \qquad (3.10)$$

这样我们就证明了式(3.2). 于是证明了引理 1.

引理 2　对于 $n \geqslant 4r, r \in \mathbf{N}, f \in W_{p}^{2r}(\varphi, I)$，$I = [0, +\infty), 1 \leqslant p \leqslant +\infty$，有

$$\| \varphi^{2r}(x) D^{2r} U_{n}^{(2r-1)}(f,x) \|_{p} \leqslant C \| \varphi^{2r} f^{(2r)} \|_{p} \qquad (3.11)$$

对于 $n \geqslant 4r, r \in \mathbf{N}, 0 \leqslant \lambda \leqslant 2, f \in W_{+\infty}^{2r}(\varphi^{\lambda}, [0, +\infty))$，有

$$| \varphi^{2r\lambda}(x) D^{2r} U_{n}^{(2r-1)}(f,x) | \leqslant C \| \varphi^{2r\lambda} f^{(2r)} \| \qquad (3.12)$$

证明　首先证明式(3.11). 对于 $p=1$，有

$$\| \varphi^{2r}(x) D^{2r} U_{n}^{(2r-1)}(f,x) \|_{1}$$

$$= \| \varphi^{2r}(x) D^{2r} \left(\sum_{j=0}^{2r-1} \tilde{\alpha}_{j}^{n}(x) U_{n,j}(f,x) \right) \|_{1}$$

$$\leqslant \| \varphi^{2r}(x) U_{n,2r}(f,x) \|_{1} +$$

$$\| \sum_{j=1}^{2r-1} \varphi^{2r}(x) \sum_{i=0}^{j} C_{2r}^{i} D^{i}(\tilde{\alpha}_{j}^{n}(x)) \cdot$$

$$U_{n,2r+j-i}(f,x) \|_{1}$$

$$=: \| \varphi^{2r}(x) U_{n,2r}(f,x) \|_{1} + \| J \|_{1} \qquad (3.13)$$

根据文献[5]，有

$$\| \varphi^{2r}(x) U_{n,2r}(f,x) \|_{1} \leqslant C \| \varphi^{2r} f^{(2r)} \|_{1} \qquad (3.14)$$

现在估计 $| J |$，记 $(k)_{r} = k(k+1) \cdots (k+r-1)$.

601

（1）对于 $x \in E_n^c$，由式（2.15）和 §2 中的引理 1，并且注意到

$$\varphi^{2r}(x) s_{n,k}(x) = n^{-r}(k+1)_r s_{n,k+r}(x)$$

有

$$|J|$$

$$= \left| \varphi^{2r}(x) \sum_{j=1}^{2r-1} \sum_{i=0}^{j} C_{2r}^i D^i(\tilde{\alpha}_j^n(x)) U_{n,2r+j-i}(f,x) \right|$$

$$\leqslant C \left| \sum_{j=1}^{2r-1} \sum_{i=0}^{j} C_{2r}^i n^{-j+i} n^{2r+j-i} \varphi^{2r}(x) \sum_{k=0}^{+\infty} s_{n,k}(x) \cdot \right.$$

$$\left. \sum_{l=0}^{j-i} (-1)^{j-i-l} C_{2r}^i \Delta^{2r} a_{k+l}(n) \right|$$

$$\leqslant C \left| \sum_{j=1}^{2r-1} \sum_{i=0}^{j} C_{2r}^i n^{2r} \right| \sum_{k=0}^{+\infty} s_{n,k+r}(x)(k+1)_r n^{-r} \cdot$$

$$\sum_{l=0}^{j-i} (-1)^{j-i-l} C_{2r}^i \Delta^{2r} a_{k+l}(n) \Big|$$

$$\leqslant C \sum_{j=1}^{2r-1} \sum_{i=0}^{j} \left\{ n^{2r} \left| \sum_{k=0}^{+\infty} s_{n,k+r}(x)(k+1)_r n^{-r} \Delta^{2r} a_k(n) \right| + \right.$$

$$\left. n^{2r} \left| \sum_{k=0}^{+\infty} s_{n,k+r}(x)(k+1)_r n^{-r} \sum_{l=0}^{j-i} \Delta^{2r} a_{k+l}(n) \right| \right\}$$

$$=: C \sum_{j=1}^{2r-1} \sum_{i=0}^{j} \{ J_1 + J_2 \}$$

$$J_1 \leqslant C \left(n^r s_{n,r}(x) \mid \Delta^{2r} a_0(n) \mid + \right.$$

$$\left. n^{2r} \sum_{k=1}^{+\infty} s_{n,k+r}(x) \left(\frac{k}{n} \right)^r \mid \Delta^{2r} a_k(n) \mid \right)$$

$$(3.15)$$

下一步可参考文献 [5]．对于 $k=0$，有

$$\Delta^{2r} a_0(n) \leqslant C \int_0^{\frac{2r+1}{n}} u^{2r-1} \mid f^{(2r)}(u) \mid \mathrm{d}u$$

$$\leqslant Cn^{-r+1}\int_0^{\frac{2r+1}{n}}\varphi^{2r}(u)\mid f^{(2r)}(u)\mid \mathrm{d}u$$

对于 $0<k<+\infty$，有（见文献[5]）

$$\left(\frac{k}{n}\right)^r\Delta^{2r}a_k(n)\leqslant Cn^{-2r+1}\int_{\frac{k}{n}}^{\frac{k+2r+1}{n}}u^r\mid f^{(2r)}(u)\mid\mathrm{d}u$$

所以

$$\int_{E_n^c}J_1\mathrm{d}x$$

$$\leqslant C\int_{E_n^c}\sum_{k=0}^{+\infty}s_{n,k+r}(x)n\int_{\frac{k}{n}}^{\frac{k+2r+1}{n}}\varphi^{2r}(u)\mid f^{(2r)}(u)\mid\mathrm{d}u\mathrm{d}x$$

$$\leqslant C\int_0^1\sum_{k=0}^{+\infty}s_{n,k+r}(x)n\int_{\frac{k}{n}}^{\frac{k+2r+1}{n}}\varphi^{2r}(u)\mid f^{(2r)}(u)\mid\mathrm{d}u\mathrm{d}x$$

$$\leqslant C\sum_{k=0}^{+\infty}\int_{\frac{k}{n}}^{\frac{k+2r+1}{n}}\varphi^{2r}(u)\mid f^{(2r)}(u)\mid\mathrm{d}u$$

$$\leqslant C\parallel\varphi^{2r}f^{(2r)}\parallel_1\qquad\qquad(3.16)$$

和式（3.16）的证明相似，有

$$\int_{E_n^c}J_2\mathrm{d}x\leqslant C\parallel\varphi^{2r}f^{(2r)}\parallel_1\qquad(3.17)$$

由式（3.16）和（3.17），有

$$\int_{E_n^c}\mid J\mid\mathrm{d}x\leqslant C\parallel\varphi^{2r}f^{(2r)}\parallel_1\qquad(3.18)$$

（2）对于 $x\in E_n$，根据文献[5]，有

$$\mid\varphi^{2r}(x)n^{2r}s_{n,k}(x)\Delta^{2r}a_k(n)\mid$$

$$\leqslant Cns_{n,k+r}(x)\int_{\frac{k+1}{n}}^{\frac{k+2r+1}{n}}\varphi^{2r}(u)\mid f^{(2r)}(u)\mid\mathrm{d}u\quad(3.19)$$

和式（2.15），（2.18），利用

$$U_{n,2r+j-i}(f,x)=D^{j-i}n^{2r}\sum_{k=0}^{+\infty}s_{n,k}(x)\Delta^{2r}a_k(n)$$

可得

$$|J|$$

$$\leqslant C\sum_{j=1}^{2r-1}\sum_{i=0}^{2r}C_{2r}^{i}\varphi^{j-i}(x)n^{\frac{-j+i}{2}}\varphi^{2r}(x)n^{2r}\sum_{l=0}^{j-i}\left(\frac{\sqrt{n}}{\varphi(x)}\right)^{j-i+l}\cdot$$

$$\sum_{k=0}^{+\infty}s_{n,k}(x)\left|\frac{k}{n}-x\right|^{l}|\Delta^{2r}a_{k}(n)|$$

$$\leqslant C\sum_{j=1}^{2r-1}\sum_{i=0}^{2r}\sum_{l=0}^{j-i}\left(\frac{\sqrt{n}}{\varphi(x)}\right)^{l}\sum_{k=0}^{+\infty}\varphi^{2r}(x)n^{2r}s_{n,k}(x)\left|\frac{k}{n}-x\right|^{l}\cdot$$

$$|\Delta^{2r}a_{k}(n)|$$

$$\leqslant C\sum_{j=1}^{2r-1}\sum_{i=0}^{2r}\sum_{l=0}^{j-i}\left(\frac{\sqrt{n}}{\varphi(x)}\right)^{l}n\sum_{k=0}^{+\infty}s_{n,k+r}(x)\left|\frac{k}{n}-x\right|^{l}\cdot$$

$$\int_{\frac{k+1}{n}}^{\frac{k+2r+1}{n}}\varphi^{2r}(u)|f^{(2r)}(u)|\mathrm{d}u$$

从文献[5]以及

$$\int_{E_n}\varphi^{-2l}(x)s_{n,k}(x)\left(\frac{k}{n}-x\right)^{2l}\mathrm{d}x\leqslant Cn^{-l-1}$$

有

$$\int_{E_n}|J|\mathrm{d}x\leqslant C\sum_{j=1}^{2r-1}\sum_{i=0}^{2r}\sum_{l=0}^{j-i}(\sqrt{n})^{l}n\cdot$$

$$\sum_{k=0}^{+\infty}\int_{E_n}\varphi^{-l}(x)s_{n,k+r}(x)\left|\frac{k}{n}-x\right|^{l}\cdot$$

$$\int_{\frac{k+1}{n}}^{\frac{k+2r+1}{n}}\varphi^{2r}(u)|f^{(2r)}(u)|\mathrm{d}u\mathrm{d}x$$

$$\leqslant C\sum_{j=1}^{2r-1}\sum_{i=0}^{2r}\sum_{l=0}^{j-i}(\sqrt{n})^{l}n\cdot$$

$$\sum_{k=0}^{+\infty}\left(\int_{E_n}\varphi^{-2l}(x)s_{n,k+r}(x)\left|\frac{k}{n}-x\right|^{2l}\mathrm{d}x\right)^{\frac{1}{2}}\cdot$$

$$\left(\int_{E_n}s_{n,k+r}(x)\mathrm{d}x\right)^{\frac{1}{2}}\cdot$$

$$n\int_{\frac{k+1}{n}}^{\frac{k+2r+1}{n}}\varphi^{2r}(u)|f^{(2r)}(u)|\mathrm{d}u$$

604

$$\leqslant C \parallel \varphi^{2r} f^{(2r)} \parallel_1$$

这样对于 $p=1$，式(3.11)是对的.对于 $p=+\infty$，在证明式(3.12)后可以得到.事实上，式(3.11)中 $p=+\infty$ 的情形就是式(3.12)中 $\lambda=1$ 时的情形.这样在证明了式(3.12)后，由 Riesz-Thorin 定理可得到式(3.11)的证明.

关于式(3.12)的证明可以参考文献[8]中的思路和方法.此处，我们略去细节.

定理 1　设 $f \in L_p[0,+\infty)(1 \leqslant p \leqslant +\infty), n \geqslant 4r, r \in \mathbf{N}, 0 < \alpha < 2r$. 若

$$\parallel U_n^{(2r-1)}(f,x) - f(x) \parallel_p = O(n^{-\frac{\alpha}{2}})$$

则

$$\omega_\varphi^{2r}(f,t)_p = O(t^\alpha)$$

设 $f \in C_B[0,+\infty), n \geqslant 4r, r \in \mathbf{N}, 0 \leqslant \lambda \leqslant 1, 0 < \alpha < 2r$. 若

$$\mid U_n^{(2r-1)}(f,x) - f(x) \mid = O\left(\left(\frac{\delta_n^{1-\lambda}(x)}{\sqrt{n}}\right)^\alpha\right)$$

则

$$\omega_{\varphi^\lambda}^{2r}(f,t) = O(t^\alpha)$$

证明　利用引理 1 和引理 2，定理 1 的证明与文献[7]是相似的.证明细节略.

注　从定理 1 和 §2 中的定理 1 我们能推出式(1.3)和(1.4)等价.

参 考 文 献

[1] BECKER M. Global approximation theorem for Szász-Mirakian and Baskakov operators in polynomial weight spaces[J]. Indiana J. Math. ,1978(27):127-142.

[2] DIALLA A T. Szász-Mirakian quasi-interpolants [M]// LAURENT P J, LE MÉHAUTÉ A, SCHUMAKER L L. Curves and surfaces. New York: Academic Press,1991:149-156.

[3] DIALLA A T. Rate of convergence of Szász-Mirakian quasi-interpolants[R]. Miramarc-Tricste,1997.

[4] DITZIAN Z. Direct estimate for Bernstein polynomials[J]. J. Approx. Theory,1994(79):165-166.

[5] DITZIAN Z, TOTIK V. Moduli of smoothness[M]. New York: Springer-Verlag,1987.

[6] GUO S, LI C, SUN Y, et al. Pintwise estimate for Szász-type operators[J]. J. Approx. Theory,1998(94):160-171.

[7] GUO S, LIU L, QI Q. Pointwise estimate for linear combinations of Bernstein-Kantorovich operators[J]. J. Math. Anal. Appl. , 2002(265):135-147.

[8] GUO S, ZHANG G, QI Q, et al. Pointwise approximation by Bernstein quasiinterpolants[J]. Numberical Functional Analysis and Optimization,2003(24):339-349.

[9] MAZHAR S M, TOTIK V. Approximation by modified Szász operators[J]. Acta Sci. Math. ,1985(49):257-269.

[10] Sablonnière P. Representation of quasi-interpolants as differential operators and applications[M]// MÜLLER M W, BUHMANN M, MACHE D H, et al. New developments in approximation theory. Basel: Birkhäuser-Verlag,1998:233-253.

[11] TOTIK V. Approximation by Szász-Mirakian Kantorovich operators in $L_p(p>1)$[J]. Anal. Math. ,1983(9):147-167.

Szász-Kantorovich-Bézier 算子在 $L_p[0,+\infty)$ 上的逼近定理[①]

第 3 章

§1 引　言

Bézier 型算子得到了一系列的研究.[1-4] Chang[1] 引进了 Bernstein-Bézier 算子，并研究了其收敛性质，Liu[2] 引入了 Bernstein-Kantorovich-Bézier 算子，并给出其逼近正定理. Zeng[3,4] 分别研究了 Bernstein-Bézier 型及 Szász-Bézier 型算子关于有界变差函数的收敛速度. 但总的来说，对这

---

①　本章摘自《数学研究与评论》2006 年第 4 期.

类算子逼近性质的研究还很不充分，比如用 Ditzian-Totik 模研究其逼近等价定理，还未见有关结果. 河北师范大学数学与信息科学学院的郭顺生、齐秋兰和李清三位教授于 2006 年以 Szász-Kantorovich-Bézier 算子为例（简称 SKB 算子），在 $L_p[0,+\infty)$ 空间中以 Ditzian-Totik 模为工具研究了其逼近正定理、逆定理及等价定理. SKB 算子的定义如下：对于 $f \in L_p[0,+\infty)(1 \leqslant p \leqslant +\infty)$，有

$$S_{n\alpha}(f,x) = n \sum_{k=0}^{+\infty} \int_{\frac{k}{n}}^{\frac{k+1}{n}} f(t)\mathrm{d}t (J_{n,k}^{\alpha}(x) - J_{n,k+1}^{\alpha}(x))$$

$$(1.1)$$

其中 $\alpha \geqslant 1, J_{n,k}(x) = \sum_{j=k}^{+\infty} p_{n,j}(x), p_{n,j}(x) = \mathrm{e}^{-nx} \frac{(nx)^j}{j!}$. 易知，当 $\alpha = 1$ 时，$S_{n1}(f,x)$ 即为通常的 Szász-Kantorovich 算子. $S_{n\alpha}$ 为线性正算子. 由于当 $\alpha \geqslant 1$ 时，$a^{\alpha} - b^{\alpha} \leqslant \alpha(a-b)(1 \geqslant a \geqslant b \geqslant 0)$，故有

$$|S_{n\alpha}(f,x)| \leqslant \alpha \sum_{k=0}^{+\infty} \left| n \int_{\frac{k}{n}}^{\frac{k+1}{n}} f(t)\mathrm{d}t \right| p_{n,k}(x)$$

$$(1.2)$$

由此及 $\int_0^{+\infty} p_{n,k}(x)\mathrm{d}x = \frac{1}{n}$ 易知 $S_{n\alpha}(f,x)$ 在 $L_p[0,+\infty)$ 上是有界线性算子.

为叙述我们的结果，这里给出光滑模和 K — 泛函的定义.[5]

设 $f \in L_p[0,+\infty)(1 \leqslant p \leqslant +\infty), \varphi(x) = \sqrt{x}$，则

$$\omega_{\varphi}(f,t)_p = \sup_{0<h\leqslant t} \left\| f\left(x + \frac{h\varphi(x)}{2}\right) - f\left(x - \frac{h\varphi(x)}{2}\right) \right\|_p$$

$$K_\varphi(f,t)_p = \inf_{g \in W_p} \{ \| f - g \|_p + t \| \varphi g' \|_p \}$$

$$\overline{K}_\varphi(f,t)_p = \inf_{g \in W_p} \{ \| f - g \|_p + t \| \varphi g' \|_p + t^2 \| g' \|_p \}$$

其中

$$W_p = \{ f \mid f \in A.C._{loc}, \| \varphi f' \|_p < +\infty,$$
$$\| f' \|_p < +\infty \}$$

由文献[5]知

$$\omega_\varphi(f,t)_p \sim K_\varphi(f,t)_p \sim \overline{K}_\varphi(f,t)_p \qquad (1.3)$$

这里 $a \sim b$ 是指存在 $C > 0$,使得 $C^{-1}a \leqslant b \leqslant Ca$.

本章得到如下等价定理.

定理 1　设 $f \in L_p[0, +\infty)(1 \leqslant p \leqslant +\infty)$,
$\varphi(x) = \sqrt{x}, 0 < \beta < 1, \alpha \geqslant 1$,则

$$\| S_{n\alpha}(f) - f \|_p = O\left(\left(\frac{1}{\sqrt{n}}\right)^\beta\right) \qquad (1.4)$$

$$\Leftrightarrow \omega_\varphi(f,t)_p = O(t^\beta) \qquad (1.5)$$

本章中用 C 表示一个与 n, x 无关的正常数,不同地方可能代表不同的数值.

§2　正　　定　　理

为了后面的需要,我们先列出有关的一些性质,它们可以通过简单的计算得到.

(1)

$$1 = J_{n,0}(x) > J_{n,1}(x) > \cdots > J_{n,k}(x) >$$
$$J_{n,k+1}(x) > \cdots > 0 \qquad (2.1)$$

(2)

$$p'_{n,k}(x) = n(p_{n,k-1}(x) - p_{n,k}(x)) \quad (k = 1, 2, \cdots)$$

$$p'_{n,0}(x) = -np_{n,0}(x) \tag{2.2}$$

(3)

$$J'_{n,0}(x) = 0, J'_{n,k}(x) = np_{n,k-1}(x) > 0 \quad (k=1,2,\cdots) \tag{2.3}$$

(4)

$$p'_{n,k}(x) = \frac{n}{\varphi^2(x)}\left(\frac{k}{n} - x\right)p_{n,k}(x) \quad (x \in (0, +\infty)) \tag{2.4}$$

(5) 由于 $S_{n1}((t-x)^2, x) = \dfrac{x}{n} + \dfrac{1}{3n^2}$，我们可以得

到

$$S_{n1}((\cdot - x)^2, x) \leqslant 4\frac{\delta_n^2(x)}{n} \tag{2.5}$$

其中 $\delta_n(x) = \max\left\{\varphi(x), \dfrac{1}{\sqrt{n}}\right\}$.

下面我们给出下定理.

定理 1 设 $f \in L_p[0, +\infty)(1 \leqslant p \leqslant +\infty)$，$\varphi(x) = \sqrt{x}$，则

$$\| S_{na}(f, x) - f(x) \|_p \leqslant C\omega_\varphi\left(f, \frac{1}{\sqrt{n}}\right)_p \tag{2.6}$$

证明 根据 $\overline{K}_\varphi(f, t)_p$ 的定义及式(1.3)知，对于固定的 n, x，可选 g，使得

$$\| f - g \|_p + \frac{1}{\sqrt{n}}\| \varphi g' \|_p + \frac{1}{n}\| g' \|_p \leqslant C\omega_\varphi\left(f, \frac{1}{\sqrt{n}}\right)_p \tag{2.7}$$

由于

$$\| S_{na}(f, x) - f(x) \|_p$$
$$\leqslant \| S_{na}(f-g, x) \|_p + \| f - g \|_p +$$
$$\| S_{na}(g, x) - g(x) \|_p$$

$$\leqslant C \parallel f - g \parallel_p + \parallel S_{na}(g,x) - g(x) \parallel_p$$

因而仅需估计上式右端的第二项. 根据 Riesz-Thorin 插值定理, 只需考虑 $p = +\infty$ 和 $p = 1$ 两种情形.

对于 $p = +\infty$ 的情形, 由于 $g(t) = g(x) + \int_x^t g'(u)\mathrm{d}u$, 及 $S_{na}(1,x) = 1$, 故有

$$\mid S_{na}(g,x) - g(x) \mid \leqslant \left| S_{na}\left(\int_x^t g'(u)\mathrm{d}u, x\right) \right|$$

而

$$\left| \int_x^t g'(u)\mathrm{d}u \right| \leqslant \parallel \delta_n g' \parallel_{+\infty} \left| \int_x^t \varphi^{-1}(u)\mathrm{d}u \right|$$

$$\left| \int_x^t \varphi^{-1}(u)\mathrm{d}u \right| = 2 \mid \sqrt{t} - \sqrt{x} \mid \leqslant 2\varphi^{-1}(x) \mid t - x \mid$$

及

$$\left| \int_x^t g'(u)\mathrm{d}u \right| \leqslant \parallel \delta_n g' \parallel_{+\infty} \left| \int_x^t \sqrt{n}\,\mathrm{d}u \right|$$

$$\leqslant \sqrt{n} \parallel \delta_n g' \parallel_{+\infty} \mid t - x \mid$$

可推得

$$\mid S_{na}(g,x) - g(x) \mid$$

$$\leqslant \parallel \delta_n g' \parallel_{+\infty} \min\{2\varphi^{-1}(x), \sqrt{n}\} S_{na}(\mid t - x \mid, x)$$

注意到 $\min\{2\varphi^{-1}(x), \sqrt{n}\} \sim \delta_n^{-1}(x)$ 及

$$S_{na}(\mid t - x \mid, x) \leqslant \alpha S_{n1}(\mid t - x \mid, x)$$

$$\leqslant \alpha (S_{n1}(\mid t - x \mid^2, x))^{\frac{1}{2}}$$

$$\leqslant 2\alpha \frac{\delta_n(x)}{\sqrt{n}}$$

有

$$\parallel S_{na}(g,x) - g(x) \parallel_{+\infty}$$

$$\leqslant C \frac{1}{\sqrt{n}} \parallel \delta_n g' \parallel_{+\infty}$$

$$\leqslant C\left(\frac{1}{\sqrt{n}}\parallel \varphi g'\parallel_{+\infty} + \frac{1}{n}\parallel g'\parallel_{+\infty}\right)$$

$$\leqslant C\omega_\varphi\left(f,\frac{1}{\sqrt{n}}\right)_{+\infty} \qquad (2.8)$$

对于 $p=1$ 的情形，分两种情形考虑：$x \in E_n^c = \left[0, \frac{1}{n}\right]$ 和 $x \in E_n = \left(\frac{1}{n}, +\infty\right)$. 首先考虑 $x \in E_n^c$ 的情况

$$|S_{n\alpha}(g, x) - g(x)|$$

$$\leqslant \sum_{k=0}^{+\infty} n\int_{\frac{k}{n}}^{\frac{k+1}{n}}\left|\int_x^t g'(u)\,\mathrm{d}u\right|\mathrm{d}t\alpha\, p_{n,k}(x)$$

$$\leqslant \alpha\sum_{k=0}^{+\infty} p_{n,k}(x)n\int_{\frac{k}{n}}^{\frac{k+1}{n}}\left|\int_x^t \frac{1}{\varphi(u)}\varphi(u)g'(u)\,|\,\mathrm{d}u\right|\mathrm{d}t$$

$$\leqslant \alpha\sum_{k=0}^{+\infty} p_{n,k}(x)n\int_{\frac{k}{n}}^{\frac{k+1}{n}}(\varphi^{-1}(t) + \varphi^{-1}(x))\mathrm{d}t \cdot$$

$$\int_0^1 |\varphi(u)g'(u)|\,\mathrm{d}u$$

$$\leqslant \alpha\parallel \varphi g'\parallel_1 \sum_{k=0}^{+\infty}\left(\varphi^{-1}(x) + 2\sqrt{\frac{n}{k+1}}\right)p_{n,k}(x) \qquad (2.9)$$

故有

$$\int_{E_n^c}|S_{n\alpha}(g, x) - g(x)|\,\mathrm{d}x$$

$$\leqslant \alpha\parallel \varphi g'\parallel_1\left(\int_0^{\frac{1}{n}}\varphi^{-1}(x)\mathrm{d}x + 2\int_0^{\frac{1}{n}}\sum_{k=0}^{+\infty}\sqrt{\frac{n}{k+1}}\,p_{n,k}(x)\mathrm{d}x\right)$$

下面分别计算上式右端两项. 由于

$$\int_0^{\frac{1}{n}}\varphi^{-1}(x)\mathrm{d}x = \frac{2}{\sqrt{n}}$$

$$\int_0^{\frac{1}{n}}\sum_{k=0}^{+\infty}\sqrt{\frac{n}{k+1}}\,p_{n,k}(x)\mathrm{d}x$$

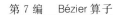

$$\leqslant \int_0^{\frac{1}{n}} \Big(\sum_{k=0}^{+\infty} \frac{n}{k+1} p_{n,k}(x) \Big)^{\frac{1}{2}} \mathrm{d}x$$

$$= \int_0^{\frac{1}{n}} \Big(\sum_{k=0}^{+\infty} \frac{1}{x} p_{n,k+1}(x) \Big)^{\frac{1}{2}} \mathrm{d}x$$

$$\leqslant \int_0^{\frac{1}{n}} \frac{1}{\sqrt{x}} \mathrm{d}x = \frac{2}{\sqrt{n}}$$

于是

$$\int_{E_n^c} | S_{n\alpha}(g,x) - g(x) | \mathrm{d}x \leqslant C \frac{1}{\sqrt{n}} \| \varphi g' \|_1$$

$$(2.10)$$

关于 $x \in E_n$ 的情形，由式(2.9)的推导过程可知

$$\int_{E_n} | S_{n\alpha}(g,x) - g(x) | \mathrm{d}x$$

$$\leqslant \alpha \int_{E_n} \sum_{k=0}^{+\infty} p_{n,k}(x) n \int_{\frac{k}{n}}^{\frac{k+1}{n}} (\varphi^{-1}(x) + \varphi^{-1}(t)) \mathrm{d}t \cdot$$

$$\Big| \int_x^{\frac{k^*}{n}} | \varphi(u) g'(u) | \mathrm{d}u \Big| \mathrm{d}x$$

$$\leqslant C \Big(\int_{E_n} \sum_{k=0}^{+\infty} p_{n,k}(x) \Big(\varphi^{-1}(x) + \sqrt{\frac{n}{k+1}} \Big) \cdot$$

$$\Big| \int_x^{\frac{k^*}{n}} | \varphi(u) g'(u) | \mathrm{d}u \Big| \mathrm{d}x \Big)$$

$$=: C(R_1 + R_2) \qquad (2.11)$$

其中

$$\Big| \int_x^{\frac{k^*}{n}} | \varphi(u) g'(u) | \mathrm{d}u \Big| = \max_{j=k,k+1} \Big| \int_x^{\frac{j}{n}} | \varphi(u) g'(u) | \mathrm{d}u \Big|$$

下面我们应用类似于文献[5]中的方法估计 R_1 和 R_2.

首先定义

$$D(l,n,x) = \Big\{ k : l\varphi(x) n^{-\frac{1}{2}} \leqslant$$

$$\left| \frac{k}{n} - x \right| < (l+1)\varphi(x) n^{-\frac{1}{2}} \right\}$$

则

$$R_1 = \int_{E_n} \varphi^{-1}(x) \sum_{l=0}^{+\infty} \sum_{k \in D(l,n,x)} p_{n,k}(x) \cdot$$

$$\left| \int_x^{\frac{k^*}{n}} |\varphi(u) g'(u)| \, \mathrm{d}u \right| \mathrm{d}x$$

对于 $x \in E_n$ 及文献[5],有(当 $l \geqslant 1$ 时)

$$\sum_{k \in D(l,n,x)} p_{n,k}(x) \leqslant \sum_{k \in D(l,n,x)} \left| \frac{k}{n} - x \right|^4 p_{n,k}(x) \frac{n^2}{l^4 \varphi^4(x)}$$

$$\leqslant \frac{C}{(l+1)^4} \tag{2.12}$$

当 $l = 0$ 时,上式结果也成立.

现在定义

$$F(l,x) = \left\{ v : v \in [0, +\infty), |v - x| \leqslant \right.$$

$$\left. (l+1)\varphi(x) n^{-\frac{1}{2}} + \frac{1}{n} \right\}$$

$$G(l,v) = \{ x : x \in E_n, v \in F(l,x) \}$$

类似于文献[5]中的推导过程,有

$$R_1 \leqslant C \sum_{l=0}^{+\infty} \frac{1}{(l+1)^4} \int_{E_n} \varphi^{-1}(x) \int_{F(l,x)} |\varphi(v) g'(v)| \, \mathrm{d}v \mathrm{d}x$$

$$\leqslant C \sum_{l=0}^{+\infty} \frac{1}{(l+1)^4} \int_0^{+\infty} |\varphi(v) g'(v)| \cdot$$

$$\int_{G(l,v)} \varphi^{-1}(x) \mathrm{d}x \mathrm{d}v \leqslant C \frac{1}{\sqrt{n}} \| \varphi g' \|_1 \tag{2.13}$$

另外,对于 R_2,类似式(2.12)有

$$\sum_{k \in D(l,n,x)} p_{n,k}(x) \sqrt{\frac{n}{k+1}}$$

614

$$\leqslant \Big(\sum_{k \in D(l,n,x)} p_{n,k}(x) \frac{n}{k+1} \Big)^{\frac{1}{2}}$$

$$= \varphi^{-1}(x) \Big(\sum_{k \in D(l,n,x)} p_{n,k+1}(x) \Big)^{\frac{1}{2}}$$

$$\leqslant \frac{C}{(1+l)^4} \varphi^{-1}(x)$$

于是,类似于式(2.13)有

$$R_2 \leqslant C \frac{1}{\sqrt{n}} \parallel \varphi g' \parallel_1 \qquad (2.14)$$

这样得到

$$\int_{E_n} \mid S_{n\alpha}(g,x) - g(x) \mid \mathrm{d}x \leqslant \frac{C}{\sqrt{n}} \parallel \varphi g' \parallel_1$$

$$(2.15)$$

由式(2.10)和(2.15)知,当 $p=1$ 时,式(2.6)成立,结合式(2.8)可知定理成立.

§3　逆　　定　　理

为证明逆定理,需要两个引理.

引理 1　设 $f \in L_p[0, +\infty)(1 \leqslant p \leqslant +\infty)$, $\varphi(x) = \sqrt{x}$,$\delta_n(x) = \varphi(x) + \frac{1}{\sqrt{n}}$,则有

$$\parallel \delta_n S'_{n\alpha}(f) \parallel_p \leqslant C\sqrt{n} \parallel f \parallel_p \qquad (3.1)$$

证明　分别证明当 $p=+\infty$ 和 $p=1$ 时式(3.1)成立.首先写出 $S'_{n\alpha}(f,x)$ 的表达式

$$S'_{n\alpha}(f,x) = \alpha \sum_{k=0}^{+\infty} n \int_{\frac{k}{n}}^{\frac{k+1}{n}} f(t)\mathrm{d}t [J_{n,k}^{\alpha-1}(x)J'_{n,k}(x) - J_{n,k+1}^{\alpha-1}(x)J'_{n,k+1}(x)]$$

$$= \alpha \sum_{k=0}^{+\infty} n \int_{\frac{k}{n}}^{\frac{k+1}{n}} f(t) \, dt \{ [J_{n,k}^{\alpha-1}(x) - J_{n,k+1}^{\alpha-1}(x)] \cdot$$

$$J'_{n,k+1}(x) + J_{n,k}^{\alpha-1} p'_{n,k}(x) \}$$

故由式(2.1)和(2.3)可以看出

$$| S'_{n,a}(f,x) | \leqslant \alpha \| f \|_{+\infty} \Big(\sum_{k=0}^{+\infty} [J_{n,k}^{\alpha-1}(x) - J_{n,k+1}^{\alpha-1}(x)] \cdot$$

$$J'_{n,k+1}(x) + \sum_{k=0}^{+\infty} J_{n,k}^{\alpha-1}(x) | p'_{n,k}(x) | \Big)$$

$$=: \alpha \| f \|_{+\infty} (J_1 + J_2) \tag{3.2}$$

对于 $x \in E_n^c$，应用式(2.2)可得(记 $p_{n,-1}(x) = 0$)

$$\delta_n(x) J_2 \leqslant \frac{2}{\sqrt{n}} \sum_{k=0}^{+\infty} n | p_{n,k-1}(x) - p_{n,k}(x) |$$

$$\leqslant \frac{4}{\sqrt{n}} \sum_{k=0}^{+\infty} n p_{n,k}(x) = 4\sqrt{n}$$

对 $x \in E_n$，应用式(2.4)可得

$$\delta_n(x) J_2 \leqslant 2\varphi(x) \sum_{k=0}^{+\infty} \frac{n}{\varphi^2(x)} \left| \frac{k}{n} - x \right| p_{n,k}(x)$$

$$\leqslant \frac{2n}{\varphi(x)} \Big(\sum_{k=0}^{+\infty} \left| \frac{k}{n} - x \right|^2 p_{n,k}(x) \Big)^{\frac{1}{2}} = 2\sqrt{n}$$

于是可得

$$\delta_n(x) J_2 \leqslant C\sqrt{n} \tag{3.3}$$

注意到 $J'_{n,0}(x) = 0$，得

$$J_1 = \sum_{k=0}^{+\infty} (J_{n,k}^{\alpha-1}(x) - J_{n,k+1}^{\alpha-1}(x)) J'_{n,k+1}(x)$$

$$= \sum_{k=0}^{+\infty} J_{n,k}^{\alpha-1}(x) (J'_{n,k}(x) - p'_{n,k}(x)) -$$

$$\sum_{k=0}^{+\infty} J_{n,k+1}^{\alpha-1}(x) J'_{n,k+1}(x)$$

$$\leqslant \sum_{k=1}^{+\infty} J_{n,k}^{\alpha-1}(x) J'_{n,k}(x) -$$

$$\sum_{k=0}^{+\infty} J_{n,k+1}^{\alpha-1}(x) J'_{n,k+1}(x) +$$

$$\sum_{k=0}^{+\infty} J_{n,k}^{\alpha-1}(x) \mid p'_{n,k}(x) \mid = J_2$$

因此得

$$\delta_n(x) J_1 \leqslant C\sqrt{n} \tag{3.4}$$

由式 $(3.2) \sim (3.4)$ 可得

$$\| \delta_n(x) S'_{n\alpha}(f,x) \|_{+\infty} \leqslant C\sqrt{n} \| f \|_{+\infty} \tag{3.5}$$

下面考虑 $p = 1$ 的情形. 记 $a_k(f) = n \displaystyle\int_{\frac{k}{n}}^{\frac{k+1}{n}} f(t)\mathrm{d}t$,则

$$\mid S'_{n,\alpha}(f,x) \mid$$

$$\leqslant \sum_{k=0}^{+\infty} \mid a_k(f) \mid \left[J_{n,k}^{\alpha-1}(x) - J_{n,k+1}^{\alpha-1}(x) \right] J'_{n,k+1}(x) +$$

$$\sum_{k=0}^{+\infty} \mid a_k(f) \mid J_{n,k}^{\alpha-1}(x) \mid p'_{n,k}(x) \mid$$

$$=: (\tilde{J}_1 + \tilde{J}_2) \tag{3.6}$$

令

$$\int_0^{+\infty} \mid \delta_n(x) S'_{n\alpha}(f,x) \mid \mathrm{d}x$$

$$\leqslant \left(\int_{E_n^c} + \int_{E_n} \right) \delta_n(x)(\tilde{J}_1 + \tilde{J}_2)\mathrm{d}x \tag{3.7}$$

下面分别估计式 (3.7) 中相关的四部分

$$\int_{E_n^c} \delta_n(x) \tilde{J}_2 \mathrm{d}x$$

$$\leqslant \int_{E_n^c} \delta_n(x) \sum_{k=1}^{+\infty} \mid a_k(f) \mid n(p_{n,k-1}(x) +$$

$$p_{n,k}(x))\mathrm{d}x + \int_{E_n^c} \delta_n(x) \mid a_0(f) \mid n p_{n,0}(x)\mathrm{d}x$$

当 $x \in E_n^c$ 时，$\delta_n(x) \leqslant \dfrac{2}{\sqrt{n}}$，而 $\displaystyle\int_0^{+\infty} p_{n,k}(x)\,\mathrm{d}x = \dfrac{1}{n}$，故有

$$\int_{E_n^c} \delta_n(x)\tilde{J}_2\,\mathrm{d}x \leqslant \frac{4}{\sqrt{n}}\sum_{k=1}^{+\infty} n\int_{\frac{k}{n}}^{\frac{k+1}{n}} \mid f(t)\mid \mathrm{d}t +$$

$$\frac{2n}{\sqrt{n}}\int_0^{\frac{1}{n}} \mid f(t)\mid \mathrm{d}t$$

$$\leqslant 4\sqrt{n}\parallel f\parallel_1 \tag{3.8}$$

由于 $J_{n,k}^{\alpha-1}(x) - J_{n,k+1}^{\alpha-1}(x) \leqslant 1$，$J'_{n,k+1}(x) = np_{n,k}(x)$，故易知

$$\int_{E_n^c} \delta_n(x)\tilde{J}_1\,\mathrm{d}x \leqslant \int_{E_n^c} \delta_n(x)\sum_{k=0}^{+\infty} \mid a_k(f)\mid np_{n,k}(x)\,\mathrm{d}x$$

$$\leqslant 2\sqrt{n}\parallel f\parallel_1 \tag{3.9}$$

为了估计 $\displaystyle\int_{E_n^c} \delta_n(x)\tilde{J}_2\,\mathrm{d}x$，需要文献[5]

$$\int_{E_n^c} \frac{\left(\dfrac{k}{n}-x\right)^2}{\varphi^2(x)} p_{n,k}(x)\,\mathrm{d}x \leqslant Cn^{-2}$$

应用式(2.4)，得

$$\int_{E_n} \delta_n(x)\tilde{J}_2\,\mathrm{d}x$$

$$\leqslant 2\sum_{k=0}^{+\infty} \mid a_k(f)\mid \int_{E_n} \varphi(x)\cdot$$

$$\frac{n}{\varphi^2(x)}\left|\frac{k}{n}-x\right| p_{n,k}(x)\,\mathrm{d}x$$

$$\leqslant 2n\sum_{k=0}^{+\infty} \mid a_k(f)\mid n^{-\frac{1}{2}}\left[\int_{E_n} \frac{\left(\dfrac{k}{n}-x\right)^2}{\varphi^2(x)} p_{n,k}(x)\,\mathrm{d}x\right]^{\frac{1}{2}}$$

$$\leqslant C\sqrt{n}\sum_{k=0}^{+\infty} \int_{\frac{k}{n}}^{\frac{k+1}{n}} \mid f(t)\mid \mathrm{d}t$$

$$= C\sqrt{n}\parallel f\parallel_1 \tag{3.10}$$

为了估计 $\displaystyle\int_{E_n}\delta_n(x)\tilde{J}_1\mathrm{d}x$，考虑两种情形：$\alpha\geqslant 2$ 和

$1<\alpha<2$（当 $\alpha=1$ 时，$\tilde{J}_1=0$）.

对于 $\alpha\geqslant 2$，$J_{n,k}^{\alpha-1}(x)-J_{n,k+1}^{\alpha-1}(x)\leqslant(\alpha-1)p_{n,k}(x)$，

且有[3]

$$p_{n,k}(x)\leqslant\frac{1}{\sqrt{\pi nx}}\quad(k=0,1,\cdots,x\in E_n)$$

可知

$$\varphi(x)p_{n,k}(x)\leqslant\frac{1}{\sqrt{n}}\qquad(3.11)$$

应用式(2.3)，有

$$\int_{E_n}\delta_n(x)\tilde{J}_1\mathrm{d}x$$

$$\leqslant C\sum_{k=0}^{+\infty}\mid a_k(f)\mid\int_{E_n}\varphi(x)p_{n,k}(x)np_{n,k}(x)\mathrm{d}x$$

$$\leqslant C\sqrt{n}\sum_{k=0}^{+\infty}\int_{\frac{k}{n}}^{\frac{k+1}{n}}\mid f(t)\mid\mathrm{d}t$$

$$=C\sqrt{n}\parallel f\parallel_1\qquad(3.12)$$

对于 $1<\alpha<2$，应用微分中值定理，得

$$J_{n,k}^{\alpha-1}(x)-J_{n,k+1}^{\alpha-1}(x)=(\alpha-1)(\xi_k(x))^{\alpha-2}p_{n,k}(x)$$

其中 $J_{n,k+1}(x)<\xi_k(x)<J_{n,k}(x)$，又 $\alpha-2<0$，故有

$$J_{n,k}^{\alpha-1}(x)-J_{n,k+1}^{\alpha-1}(x)\leqslant(\alpha-1)J_{n,k+1}^{\alpha-2}(x)p_{n,k}(x)$$

于是当 $1<\alpha<2$ 时，应用式(3.11)，得

$$\int_{E_n}\delta_n(x)\tilde{J}_1\mathrm{d}x$$

$$\leqslant C\int_{E_n}\varphi(x)\sum_{k=0}^{+\infty}\mid a_k(f)\mid p_{n,k}(x)(\alpha-1)\cdot$$

$$J_{n,k+1}^{\alpha-2}(x)J'_{n,k+1}(x)\mathrm{d}x$$

$$\leqslant C\sum_{k=0}^{+\infty}\mid a_k(f)\mid\frac{1}{\sqrt{n}}\int_0^{+\infty}(\alpha-1)J_{n,k+1}^{\alpha-2}(x)J'_{n,k+1}(x)\mathrm{d}x$$

而上式右端的积分为有限数. 事实上

$$\int_0^{+\infty} \mathrm{d}J_{n,k+1}^{\alpha-1}(x) = [1-(p_{n,0}(x)+\cdots+p_{n,k}(x))]^{\alpha-1}\mid_0^{+\infty}$$

注意到 $p_{n,0}(x)\mid_0^{+\infty}=e^{-nx}\mid_0^{+\infty}=-1$, $p_{n,0}(x)\mid_0^{+\infty}=0$, $(k=1,2,\cdots)$, 故得

$$\int_{E_n}\delta_n(x)\tilde{J}_1\mathrm{d}x \leqslant C\sqrt{n}\sum_{k=0}^{+\infty}\int_{\frac{k}{n}}^{\frac{k+1}{n}}\mid f(t)\mid\mathrm{d}t = C\sqrt{n}\parallel f\parallel_1$$

$$(3.13)$$

由式(3.12)和(3.13)知, 对于 $\alpha\geqslant1$, 有

$$\int_{E_n}\delta_n(x)\tilde{J}_1\mathrm{d}x \leqslant C\sqrt{n}\parallel f\parallel_1 \qquad (3.14)$$

联合式(3.6)～(3.10)以及(3.14), 得到

$$\int_0^{+\infty}\delta_n(x)\mid S'_{n\alpha}(f,x)\mid\mathrm{d}x \leqslant C\sqrt{n}\parallel f\parallel_1$$

$$(3.15)$$

从式(3.5)和(3.15)知引理 1 成立.

引理 2 设 $f\in W_p$, $\varphi(x)=\sqrt{x}$, $\delta_n(x)=\varphi(x)+\dfrac{1}{\sqrt{n}}$, 则有

$$\parallel\delta_n(x)S'_{n\alpha}(f,x)\parallel_p \leqslant C\parallel\delta_n f'\parallel_p \quad (3.16)$$

证明 我们仍分 $p=+\infty$ 和 $p=1$ 两种情况证明.

当 $p=+\infty$ 时, 由于 $S_{n\alpha}(1,x)=1$, $f(x)S'_{n\alpha}(1,x)=0$, 故有

$$\mid S'_{n,\alpha}(f,x)\mid$$

$$=\left|\sum_{k=0}^{+\infty}n\int_{\frac{k}{n}}^{\frac{k+1}{n}}\int_x^t f'(u)\mathrm{d}u\mathrm{d}t(J_{n,k}^{\alpha}(x)-J_{n,k+1}^{\alpha}(x))'\right|$$

$$\leqslant\sum_{k=0}^{+\infty}n\int_{\frac{k}{n}}^{\frac{k+1}{n}}\left|\int_x^t f'(u)\mathrm{d}u\right|\mathrm{d}t\alpha\{[J_{n,k}^{\alpha-1}(x)-$$

$$J_{n,k+1}^{\alpha-1}(x)]J'_{n,k+1}(x)+J_{n,k}^{\alpha-1}(x)\mid p'_{n,k}(x)\mid\}$$

由于

$$\left| \int_x^t \delta_n^{(-1)}(u)\,du \right| \leqslant C \left| \int_x^t \min\{\varphi^{(-1)}(u),\sqrt{n}\}\,du \right|$$

$$\leqslant C\min\left\{ \frac{|t-x|}{\varphi(x)},\sqrt{n}\,|t-x| \right\}$$

$$\leqslant C\delta_n^{-1}(x)\,|t-x|$$

因而有

$$|\delta_n(x)S'_{na}(f,x)|$$

$$\leqslant C\|\delta_n f'\|_{+\infty}\sum_{k=0}^{+\infty}n\int_{\frac{k}{n}}^{\frac{k+1}{n}}|t-x|\,dt\cdot$$

$$\{[J_{n,k}^{\alpha-1}(x)-J_{n,k+1}^{\alpha-1}(x)]J'_{n,k+1}(x)+$$

$$J_{n,k}^{\alpha-1}(x)|p'_{n,k}(x)|\}$$

$$=: C\|\delta_n f'\|_{+\infty}(I_1+I_2)$$

对于 $x\in E_n^c$，应用式 (2.2) 及 (2.5)（记 $p_{n,k-1}(x)=0$），有

$$I_2 = \sum_{k=0}^{+\infty}n\int_{\frac{k}{n}}^{\frac{k+1}{n}}|t-x|\,dt\,J_{n,k}^{\alpha-1}(x)|p'_{n,k}(x)|$$

$$\leqslant \sum_{k=0}^{+\infty}n\int_{\frac{k}{n}}^{\frac{k+1}{n}}|t-x|\,dt\,n(p_{n,k-1}(x)+p_{n,k}(x))$$

$$\leqslant 1+2nS_{n1}(|t-x|,x)$$

$$\leqslant 1+2\sqrt{n}\delta_n(x)\leqslant 5 \tag{3.18}$$

对于 $x\in E_n^c$，考虑 I_1，注意到 $J'_{n,0}(x)=0$，有

$$I_1 = \sum_{k=1}^{+\infty}n\int_{\frac{k}{n}}^{\frac{k+1}{n}}|t-x|\,dt\,J_{n,k}^{\alpha-1}(x)J'_{n,k}(x)-$$

$$\sum_{k=0}^{+\infty}n\int_{\frac{k}{n}}^{\frac{k+1}{n}}|t-x|\,dt\,J_{n,k+1}^{\alpha-1}(x)J'_{n,k+1}(x)+$$

$$\sum_{k=0}^{+\infty}n\int_{\frac{k}{n}}^{\frac{k+1}{n}}|t-x|\,dt\,J_{n,k}^{\alpha-1}(x)|p'_{n,k}(x)|$$

$$\leqslant \sum_{k=1}^{+\infty}n\int_{\frac{k}{n}}^{\frac{k+1}{n}}\left(|t-x|-\left|\frac{1}{n}+t-x\right|\right)dt\cdot$$

621

$$J_{n,k}^{\alpha-1}(x)J'_{n,k}(x)+I_2$$

$$\leqslant \sum_{k=0}^{+\infty} n\int_{\frac{k}{n}}^{\frac{k+1}{n}} \frac{1}{n}\mathrm{d}t J'_{n,k}(x)+I_2$$

$$\leqslant \frac{1}{n}\sum_{k=1}^{+\infty} np_{n,k-1}(x)+I_2 \leqslant 6 \qquad (3.19)$$

由式$(3.17)\sim(3.19)$知,对于 $x\in E_n^c$,有

$$|\delta_n(x)S'_{na}(f,x)|\leqslant C\|\delta_n f'\|_{+\infty} \qquad (3.20)$$

对于 $x\in E_n$,有 $\delta_n(x)\sim\varphi(x)$,于是应用式$(2.4)$,得

$$I_2\leqslant \sum_{k=0}^{+\infty} n\int_{\frac{k}{n}}^{\frac{k+1}{n}}|t-x|\,\mathrm{d}t\frac{n}{\varphi^2(x)}\left|\frac{k}{n}-x\right|p_{n,k}(x)$$

$$\leqslant \left(\sum_{k=0}^{+\infty} n\int_{\frac{k}{n}}^{\frac{k+1}{n}}|t-x|^2\mathrm{d}t p_{n,k}(x)\right)^{\frac{1}{2}}\cdot$$

$$\left(\sum_{k=0}^{+\infty}\left|\frac{k}{n}-x\right|^2 p_{n,k}(x)\right)^{\frac{1}{2}}\frac{n}{\varphi^2(x)}$$

$$\leqslant \frac{\delta_n(x)}{\sqrt{n}}\cdot\frac{\varphi(x)}{\sqrt{n}}\cdot\frac{n}{\varphi^2(x)}\leqslant 2$$

由式(3.19)的推导过程知:$x\in E_n,I_1\leqslant 3$.

从而当 $x\in E_n$ 时,有

$$|\delta_n(x)S'_{na}(f,x)|\leqslant C\|\delta_n f'\|_{+\infty} \qquad (3.21)$$

从而可以得出

$$\|\delta_n(x)S'_{na}(f,x)\|_{+\infty}\leqslant C\|\delta_n f'\|_{+\infty}$$

$$(3.22)$$

下面考虑 $p=1$ 的情形.注意到 $J'_{n,0}(x)=0$,对于 $f\in W_p$,有

$$S'_{n,a}(f,x)=\alpha\left[\sum_{k=0}^{+\infty} n\int_{\frac{k}{n}}^{\frac{k+1}{n}}f(t)\mathrm{d}t J_{n,k}^{\alpha-1}(x)J'_{n,k}(x)-\right.$$

$$\left.\sum_{k=0}^{+\infty} n\int_{\frac{k}{n}}^{\frac{k+1}{n}}f(t)\mathrm{d}t J_{n,k+1}^{\alpha-1}(x)J'_{n,k+1}(x)\right]$$

$$= \alpha \sum_{k=1}^{+\infty} n \Big(\int_0^{\frac{1}{n}} f\Big(\frac{k}{n}+t\Big) \mathrm{d}t - \int_0^{\frac{1}{n}} f\Big(\frac{k-1}{n}+t\Big) \mathrm{d}t \Big) \cdot$$
$$J_{n,k}^{\alpha-1}(x) J'_{n,k}(x)$$
$$= \alpha \sum_{k=1}^{+\infty} n \int_0^{\frac{1}{n}} \int_0^{\frac{1}{n}} f'\Big(\frac{k-1}{n}+u+t\Big) \mathrm{d}u \mathrm{d}t \cdot$$
$$J_{n,k}^{\alpha-1}(x) J'_{n,k}(x)$$

因而

$$| S'_{n,\alpha}(f,x) | \leqslant \alpha \sum_{k=1}^{+\infty} \int_0^{\frac{2}{n}} \Big| f'\Big(\frac{k-1}{n}+v\Big) \Big| \mathrm{d}v J'_{n,k}(x)$$
$$= \alpha \sum_{k=0}^{+\infty} \int_0^{\frac{2}{n}} \Big| f'\Big(\frac{k}{n}+v\Big) \Big| \mathrm{d}v J'_{n,k+1}(x)$$
$$= \alpha \Big(\int_0^{\frac{2}{n}} | f'(v) | \mathrm{d}v J'_{n,1}(x) +$$
$$\sum_{k=1}^{+\infty} \int_0^{\frac{2}{n}} \Big| f'\Big(\frac{k}{n}+v\Big) \Big| \mathrm{d}v J'_{n,k+1}(x) \Big)$$
$$=: \alpha(Q_1 + Q_2) \qquad\qquad (3.23)$$

先估计 $\int_0^{+\infty} \delta_n(x) Q_2 \mathrm{d}x$, 对于 $k \geqslant 1, 0 \leqslant v \leqslant \dfrac{2}{n}$,有

$$\int_0^{\frac{2}{n}} \Big| f'\Big(\frac{k}{n}+v\Big) \Big| \mathrm{d}v$$
$$\leqslant \varphi^{-1}\Big(\frac{k}{n}\Big) \int_0^{\frac{2}{n}} \varphi\Big(\frac{k}{n}+v\Big) \Big| f'\Big(\frac{k}{n}+v\Big) \Big| \mathrm{d}v$$

因而

$$\int_0^{+\infty} \delta_n(x) Q_2 \mathrm{d}x \leqslant \sum_{k=1}^{+\infty} \int_{\frac{k}{n}}^{\frac{k+2}{n}} \varphi(u) | f'(u) | \mathrm{d}u n \cdot$$
$$\int_0^{+\infty} \varphi^{-1}\Big(\frac{k}{n}\Big) \delta_n(x) p_{n,k}(x) \mathrm{d}x$$
$$\leqslant \sum_{k=1}^{+\infty} \int_{\frac{k}{n}}^{\frac{k+2}{n}} \varphi(u) | f'(u) | \mathrm{d}u \cdot$$
$$n \Big(\int_0^{+\infty} \varphi^{-2}\Big(\frac{k}{n}\Big) \delta_n^2(x) p_{n,k}(x) \mathrm{d}x \Big)^{\frac{1}{2}} \frac{1}{\sqrt{n}}$$

估计上式右端的积分，对于 $k \geqslant 1$，$\dfrac{n}{k} p_{n,k}(x) = \dfrac{1}{x} \dfrac{k+1}{k} p_{n,k+1}(x)$，故

$$\int_0^{+\infty} \frac{n}{k}\left(\varphi(x) + \frac{1}{\sqrt{n}}\right)^2 p_{n,k}(x)\,\mathrm{d}x$$

$$\leqslant 4 \int_0^{+\infty} \frac{n}{k}\left(\varphi^2(x) + \frac{1}{n}\right) p_{n,k}(x)\,\mathrm{d}x$$

$$\leqslant 4 \left(\int_0^{+\infty} \varphi^2(x) \frac{n}{k} p_{n,k}(x)\,\mathrm{d}x + \int_0^{+\infty} \frac{1}{k} p_{n,k}(x)\,\mathrm{d}x\right)$$

$$\leqslant 4 \left(2\int_0^{+\infty} p_{n,k+1}(x)\,\mathrm{d}x + \frac{1}{n}\right) = \frac{9}{n}$$

因而推得

$$\int_0^{+\infty} \delta_n(x) Q_2\,\mathrm{d}x \leqslant C \parallel \varphi f' \parallel_1 \qquad (3.24)$$

对于 Q_1，由于 $\delta_n(u)\sqrt{n} \geqslant 1$，故

$$\delta_n(x) Q_1 = \delta_n(x) \int_0^{\frac{2}{n}} \mid f'(u) \mid \,\mathrm{d}u J'_{n,1}(x)$$

$$\leqslant \delta_n(x) \int_0^{\frac{2}{n}} \sqrt{n}\,\delta_n(u) \mid f'(u) \mid \,\mathrm{d}u \cdot n p_{n,0}(x)$$

$$\leqslant n^{\frac{3}{2}} \parallel \delta_n f' \parallel_1 \delta_n(x) p_{n,0}(x)$$

因而有

$$\int_0^{+\infty} \delta_n(x) Q_1\,\mathrm{d}x$$

$$\leqslant n^{\frac{3}{2}} \parallel \delta_n f' \parallel_1 \int_0^{+\infty} \left(\varphi(x) + \frac{1}{\sqrt{n}}\right) p_{n,0}(x)\,\mathrm{d}x$$

$$\leqslant n^{\frac{3}{2}} \parallel \delta_n f' \parallel_1 \left[\left(\int_0^{+\infty} \varphi^2(x) p_{n,0}(x)\,\mathrm{d}x\right)^{\frac{1}{2}} \frac{1}{\sqrt{n}} + n^{-\frac{3}{2}}\right]$$

$$= \parallel \delta_n f' \parallel_1 \left[n\left(\int_0^{+\infty} \frac{1}{n} p_{n,1}(x)\,\mathrm{d}x\right)^{\frac{1}{2}} + 1\right]$$

$$= 2 \parallel \delta_n f' \parallel_1$$

于是得到

$$\int_0^{+\infty} \delta_n(x) Q_1 \mathrm{d}x \leqslant 2 \parallel \delta_n f' \parallel_1 \qquad (3.25)$$

从式(2.23),(3.25) 得

$$\int_0^{+\infty} \delta_n(x) \mid S'_{na}(f,x) \mid \mathrm{d}x \leqslant C \parallel \delta_n f' \parallel_1$$

$$(3.26)$$

结合式(3.22) 和(3.26),引理 2 得证.

在引理 1 和引理 2 的基础上,我们可证明逆定理.

定理 1　设 $f \in L_p[0, +\infty)(1 \leqslant p \leqslant +\infty)$, $\varphi(x) = \sqrt{x}, 0 < \beta < 1$,则有

$$\parallel S_{na}(f,x) - f(x) \parallel_p = O(n^{-\frac{\beta}{2}})$$

蕴含 $\omega_\varphi(f,t)_p = O(t^\beta)$.

证明　应用引理 1 和引理 2,可用常规的方法证明定理 1.[5,6] 对于适当选择的 g,有

$$K_\varphi(f,t)_p$$
$$\leqslant \parallel f - S_{na}(f) \parallel_p + t \parallel \varphi S'_{na}(f) \parallel_p$$
$$\leqslant Cn^{-\frac{\beta}{2}} + t(\parallel \delta_n S'_{na}(f-g) \parallel_p +$$
$$\parallel \delta_n S'_{na}(g) \parallel_p)$$
$$\leqslant Cn^{-\frac{\beta}{2}} + t\sqrt{n} \left(\parallel f - g \parallel_p + \frac{1}{\sqrt{n}} \parallel \delta_n g' \parallel_p \right)$$
$$\leqslant Cn^{-\frac{\beta}{2}} + t\sqrt{n} \left(\parallel f - g \parallel_p + \frac{1}{\sqrt{n}} \parallel \varphi g' \parallel_p + \frac{1}{n} \parallel g' \parallel_p \right)$$
$$\leqslant C \left(n^{-\frac{\beta}{2}} + \frac{t}{n^{-\frac{1}{2}}} \overline{K}_\varphi(f, n^{-\frac{1}{2}})_p \right)$$
$$\leqslant C \left(n^{-\frac{\beta}{2}} + \frac{t}{n^{-\frac{1}{2}}} K_\varphi(f, n^{-\frac{1}{2}})_p \right)$$

根据 Berens-Lorentz 引理,上式蕴含 $K_\varphi(f,t)_p =$

$O(t^\beta)$. 由式(1.3)知 $\omega_\varphi(f,t)_p = O(t^\beta)$. 定理 1 证毕.

由定理 1 和 §2 中的定理 1 可推出我们的等价定理:

定理 2　设 $f \in L_p[0, +\infty)(1 \leqslant p \leqslant +\infty)$, $\varphi(x) = \sqrt{x}, 0 < \beta < 1, \alpha \geqslant 1$,则

$$\| S_{n\alpha}(f) f \|_p = O\left(\left(\frac{1}{\sqrt{n}}\right)^\beta\right) \Leftrightarrow \omega_\varphi(f,t)_p = O(t^\beta)$$

证明　"$\Rightarrow$":见定理 1.

"$\Leftarrow$":由于 $\omega_\varphi(f,t)_p = O(t^\beta)$,根据 §2 中的定理 1,可以得到 $\| S_{n\alpha}(f) - f \|_p = O\left(\left(\frac{1}{\sqrt{n}}\right)^\beta\right)$.

§4　二阶光滑模的一点注

本节我们将说明不能用二阶光滑模来刻画 $S_{n\alpha}$ 的逼近问题.

引理 1　设 $a_i, b_j > 0 (i = 0, 1, \cdots, n-1, j = n+1, \cdots)$, $e_0 > e_1 > \cdots > e_{n-1} > e_{n+1} > \cdots > 0$,且 $\sum_{i=0}^{n-1} a_i = \sum_{j=n+1}^{+\infty} b_j$,有

$$\sum_{i=0}^{n-1} a_i e_i > \sum_{j=n+1}^{+\infty} b_j e_j \qquad (4.1)$$

证明　关系(4.1)等价于

$$\sum_{i=0}^{n-1} a_i \frac{e_i}{e_{n-1}} > \sum_{j=n+1}^{+\infty} b_j \frac{e_j}{e_{n-1}}$$

由于 $\frac{e_i}{e_{n-1}} > 1$ 和 $\frac{e_j}{e_{n-1}} < 1$,可以得到

$$\sum_{i=0}^{n-1} a_i \frac{e_i}{e_{n-1}} > \sum_{i=0}^{n-1} a_i = \sum_{j=n+1}^{+\infty} b_j > \sum_{j=n+1}^{+\infty} b_j \frac{e_j}{e_{n-1}}$$

式(4.1)得证.

现在解释在结果式(2.6)中 $\omega_\varphi\left(f,\dfrac{1}{\sqrt{n}}\right)_p$ 不能由

$\omega_\varphi^2\left(f,\dfrac{1}{\sqrt{n}}\right)_p$ 代替.

取 $f(t)=t-1, \alpha=2, x=1, p=+\infty$. 对于 $t>0$,
$\omega_\varphi^2(f,t)_p=0$. 如果对于二阶光滑模有式(2.6)成立,那么应有 $\parallel S_{n,2}(f,1)-f(1) \parallel_{+\infty}=0$, 也就是

$$\parallel S_{n,2}(f,1) \parallel_{+\infty}=0 \tag{4.2}$$

然而

$$S_{n,2}(f,1) = \sum_{k=0}^{+\infty} \frac{2k-2n+1}{2n}\big[J_{n,k}^2(1)-J_{n,k+1}^2(1)\big]$$

$$= \sum_{k=0}^{+\infty} \frac{2k-2n+1}{2n}p_{n,k}(1)\big[J_{n,k}(1)+$$

$$J_{n,k+1}(1)\big]$$

根据式(4.2),得到

$$I_1 =: \sum_{i=0}^{n-1} \frac{2n-2i-1}{2n}p_{n,i}(1)\big[J_{n,i}(1)+J_{n,i+1}(1)\big]$$

$$= \sum_{j=n+1}^{+\infty} \frac{2j-2n+1}{2n}p_{n,j}(1)\big[J_{n,j}(1)+J_{n,j+1}(1)\big]$$

$$=: I_2 \tag{4.3}$$

取

$$a_i = \frac{2n-2i-1}{n}p_{n,i}(1)$$

$$e_i = J_{n,i}(1)+J_{n,i+1}(1)$$

$$b_j = \frac{2j-2n+1}{2n}p_{n,j}(1)$$

$$e_j = J_{n,j}(1) + J_{n,j+1}(1)$$
$$(i = 0, \cdots, n-1, j = n+1, \cdots)$$

由于 $S_{n,1}(t-1,1) = 0$，故 $\sum_{i=0}^{n-1} a_i = \sum_{j=n+1}^{+\infty} b_j$. 显然，

$e_0 > e_1 > \cdots > e_{n-1} > e_{n+1} > \cdots > 0$，根据引理 1，得到 $I_1 > I_2$，这与式（4.3）矛盾.

参 考 文 献

[1] CHANG G Z. Generalized Bernstein-Bézier polynomial[J]. J. Comput. Math. ,1983,1(4):322-327.

[2] LIU Z X. Approximation of the Kantorovich-Bézier operators in $L_p(0,1)$[J]. Northeastern Math. J. ,1991,7(2):199-205.

[3] ZENG X M. On the rate of convergence of the generalized Szász type operators for bounded variation functions[J]. J. Math. Anal. Appl. ,1998(226):309-325.

[4] ZENG X M, PIRIOU A. On the rate of convergence of two Bernstein-Bézier type operators for bounded variation functions[J]. J. Approx. Theory,1998(95):369-387.

[5] DITZIAN Z, TOTIK V. Moduli of smoothness[M]. New York: Springer-Verlag,1987.

[6] GUO S S, LI C X, SUN Y G, et al. Pointwise estimate for Szász-type operators[J]. J. Approx. Theory,1998(94):160-171.

对积分型 Lupas-Bézier 算子收敛阶的估计[①]

第4章

§1 引　言

X. M. Zeng 和 T. Wang 在文献 [1] 中研究了函数 f 的积分型 Lupas-Bézier 算子收敛于 $\dfrac{1}{\alpha+1}f(x+)+\dfrac{\alpha}{\alpha+1}f(x-)$ 的收敛阶. 其结果改进了 Wang 和 Guo 在文献[2] 以及 Gupta 和 Kumar 在文献[3] 中的主要成果.

---

① 本章摘自《数学的实践与认识》2009 年第 18 期.

629

关于积分型 Lupas-Bézier 等概率型算子的一些相关的研究可参见文献[4-6],泉州师范学院理工学院的王平华教授于 2009 年利用基函数的概率性质等方法,对积分型 Lupas-Bézier 算子给出了更精确的系数估计. 首先我们介绍积分型 Lupas-Bézier 算子. 为了便于叙述,本章所采用的记号与文献[1] 相同.

设 f 是定义在区间$(0,+\infty)$ 上的可测函数,称下列算子为积分型 Lupas-Bézier 算子

$$\widetilde{B}_{n,\alpha}(f,x) = (n-1)\sum_{k=0}^{+\infty} Q_{nk}^{(\alpha)}(x)\int_0^{+\infty} f(t)b_{nk}(t)\mathrm{d}t$$

$$(1.1)$$

其中 $\alpha \geqslant 1, Q_{n,k}^{(\alpha)}(x) = J_{nk}^{\alpha}(x) - J_{n,k+1}^{\alpha}(x), J_{nk}^{\alpha}(x) = \sum_{j=k}^{+\infty} b_{nj}(x), k=0,1,2,\cdots, b_{nk}(x) = C_{n+k-1}^{k}x^k(1+x)^{-n-k}$, $k=0,1,2,\cdots$. 特别地,当 $\alpha = 1$ 时,就是我们熟知的 Lupas 算子

$$\widetilde{B}_{n,1}(f,x) = (n-1)\sum_{k=0}^{+\infty} b_{nk}(x)\int_0^{+\infty} f(t)b_{nk}(t)\mathrm{d}t$$

§2 主 要 结 果

记 $\Phi_{\mathrm{loc},\beta} = \{f: f$ 在$(0,+\infty)$ 的每一个有限子区间内有界,对某 $\beta > 0, f(t) = O(t^{\beta})$,当 $t \to +\infty$ 时$\}$,我们得到关于 $\widetilde{B}_{n,\alpha}(f,x)$ 算子的收敛阶的估计为:

定理 1 设 $f \in \Phi_{\mathrm{loc},\beta}, f(x+), f(x-)$ 存在 $x \in (0,+\infty), \alpha \geqslant 1$,当 $n(n > 1)$ 充分大时,有

$$\left| \widetilde{B}_{n,\alpha}(f,x) - \frac{f(x+) + \alpha f(x-)}{\alpha+1} \right|$$

$$\leqslant \frac{16\alpha(1+x)+x}{nx}\sum_{k=1}^{n}\omega_x\left(g_x,\frac{x}{\sqrt{k}}\right)+$$

$$\frac{\alpha\sqrt{1+x}}{\sqrt{(n-1)x}}\mid f(x+)-f(x-)\mid+$$

$$\frac{\alpha(2x)^{\beta}}{x^{2m}}O(n^{-[(m+1)/2]}) \tag{2.1}$$

其中，度量函数 $\omega_x(f,\lambda)=\sup\limits_{t\in(x-\lambda,x+\lambda)}\mid f(t)-f(x)\mid$

$$g_x(t)=\begin{cases}f(t)-f(x+), & x<t<+\infty\\0, & t=x\\f(t)-f(x-), & 0\leqslant t<x\end{cases}$$

为了证明定理 1，我们需要一些引理.

§3　一 些 引 理

引理 1　设随机变量序列 $\{\xi_i:i=1,2,\cdots\}$ 独立同分布，其分布列 $P(\xi_1=j)=x^j(1+x)^{-1-j}$，$j=0,1$，$2,\cdots,0<x<1$，其和 $\eta_n=\sum\limits_{i=1}^{n}\xi_i$，则

$$E\mid \eta_n-E\eta_n\mid\leqslant\sqrt{nx(1+x)} \tag{3.1}$$

证明　因为 $P(\xi_1=j)=x^j(1+x)^{-1-j}$，$j=0,1$，$2,\cdots,0<x<1$，所以 ξ_1 的数学期望及方差为 $E\xi_1=x$，$\mathrm{Var}\,\xi_1=x(1+x)$，其和分布为

$$P(\eta_n=k)=\mathrm{C}_{n+k-1}^{k}x^k(1+x)^{-n-k}\quad(k=0,1,2,\cdots)$$

η_n 的数学期望及方差为 $E\eta_n=nx$，$\mathrm{Var}\,\eta_n=nx(1+x)$，由 Jensen 不等式[7]：假设 g 为 $\mathbf{R}^1$ 上的凸函数，X 和 $g(X)$ 的数学期望都存在，则 $g(EX)\leqslant Eg(X)$，得

$$[E \mid \eta_n - E\eta_n \mid]^2 \leqslant E \mid \eta_n - E\eta_n \mid^2$$
$$= \operatorname{Var} \eta_n = nx(1+x)$$

故式(3.1)成立.

引理 2 设 $\alpha \geqslant 1, J_{nk}(x) = \sum_{j=k}^{n} b_{nj}(x), k = 0,1,$ $2,\cdots,0 < x < +\infty$,其中

$$b_{nk}(x) = P(\eta_n = k) = C_{n+k-1}^{k} x^k (1+x)^{-n-k}$$

当 $n > 1$ 时,有

$$\mid J_{nk}^{\alpha}(x) - J_{n-1,k+1}^{\alpha}(x) \mid \leqslant \frac{\alpha \sqrt{x+1}}{\sqrt{(n-1)x}} \quad (3.2)$$

$$\mid J_{nk}^{\alpha}(x) - J_{n-1,k}^{\alpha}(x) \mid \leqslant \frac{\alpha \sqrt{x+1}}{\sqrt{(n-1)x}} \quad (3.3)$$

证明 $b_{nk}(x) = P(\eta_n = k) = C_{n+k-1}^{k} x^k (1+x)^{-n-k}$,

$k = 0,1,2,\cdots$. 由引理 $1, \eta_n = \sum_{i=1}^{n} \xi_i$,首先,对于式

(3.2),由于 $0 \leqslant J_{nk}(x), J_{n-1,k+1}(x) \leqslant 1, \alpha \geqslant 1$,故

$$\mid J_{nk}^{\alpha}(x) - J_{n-1,k+1}^{\alpha}(x) \mid$$
$$\leqslant \alpha \mid J_{nk}(x) - J_{n-1,k+1}(x) \mid$$
$$= \alpha \mid \sum_{j=k}^{+\infty} b_{nj} - \sum_{j=k+1}^{+\infty} b_{n-1,j} \mid$$
$$= \alpha \mid (1 - \sum_{j=k}^{+\infty} b_{nj}) - (1 - \sum_{j=k+1}^{+\infty} b_{n-1,j}) \mid$$
$$= \alpha \mid P(\eta_n \leqslant k-1) - P(\eta_{n-1} \leqslant k) \mid$$

又

$$\frac{P(\eta_n = j-1)}{P(\eta_{n-1} = j)}$$

$$= \frac{\dfrac{(n+j-2)!}{(j-1)!\,(n-1)!} x^{j-1} (1+x)^{-n-(j-1)}}{\dfrac{(n+j-2)!}{j!\,(n-2)!} x^j (1+x)^{-(n-1)-j}}$$

$$= \frac{j}{(n-1)x}$$

即

$$P(\eta_n = j-1) = \frac{j}{(n-1)x} P(\eta_{n-1} = j)$$

注意到

$$E\eta_{n-1} = (n-1)x$$
$$\mathrm{Var}\,\eta_{n-1} = (n-1)x(1+x)$$

有

$$|P(\eta_n \leqslant k-1) - P(\eta_{n-1} \leqslant k)|$$

$$= \Big| \sum_{j=1}^{k} P(\eta_n = j-1) - \sum_{j=1}^{k} P(\eta_{n-1} = j) - P(\eta_{n-1} = 0) \Big|$$

$$= \Big| \sum_{j=0}^{k} \Big(\frac{j}{(n-1)x} - 1 \Big) P(\eta_{n-1} = j) \Big|$$

$$\leqslant \frac{1}{(n-1)x} \sum_{j=0}^{k} |j - (n-1)x| P(\eta_{n-1} = j)$$

$$\leqslant \frac{1}{(n-1)x} \sum_{j=0}^{+\infty} |j - (n-1)x| P(\eta_{n-1} = j)$$

$$= \frac{E|\eta_{n-1} - E\eta_{n-1}|}{(n-1)x}$$

由式(3.1) 得

$$|P(\eta_n \leqslant k-1) - P(\eta_{n-1} \leqslant k)| \leqslant \frac{\sqrt{(1+x)}}{(n-1)x}$$

$$(3.5)$$

把式(3.5) 代入式(3.4),则式(3.2) 成立.

其次,对于式(3.3),由于

$$P(\eta_n = j) = \frac{[(n-1)+j]}{(n-1)(1+x)} P(\eta_{n-1} = j)$$

类似于式(3.2) 的证明有

$$\mid J_{nk}^{a}(x) - J_{n-1,k}^{a}(x) \mid$$

$$\leqslant \alpha \mid P(\eta_{n} \leqslant k-1) - P(\eta_{n-1} \leqslant k-1) \mid$$

$$\leqslant \frac{\alpha E \mid \eta_{n-1} - E\eta_{n-1} \mid}{(n-1)(1+x)}$$

$$= \frac{\alpha \sqrt{(n-1)x(1+x)}}{(n-1)(1+x)}$$

同时,注意到 $\dfrac{x}{1+x} < \dfrac{1+x}{x}$,则式(3.3)成立.

§4 定理 1 的证明

证明 设 $f \in \Phi_{\mathrm{loc},\beta}$ 满足定理的条件,则我们把 f 分解为

$$f(t) = \frac{f(x+) + \alpha f(x-)}{\alpha + 1} + g_{x}(t) +$$

$$\frac{f(x+) - f(x-)}{\alpha + 1} \mathrm{sgn}_{\sigma}[(t-x), x] +$$

$$\delta_{x}(t) \left[f(x) - \frac{f(x+) + \alpha f(x-)}{\alpha + 1} \right] \quad (4.1)$$

其中

$$\mathrm{sgn}_{a}(t) = \begin{cases} \alpha, & t > 0 \\ 0, & t = 0 \\ -1, & t < 0 \end{cases}$$

$$\delta_{x}(t) = \begin{cases} 1, & t = x \\ 0, & t \neq x \end{cases}$$

明显地,$\widetilde{B}_{n,a}(\delta_{x}, x) = 0$,因此由式(4.1)导出

$$\left| \widetilde{B}_{n,a}(f, x) - \frac{f(x+) + \alpha f(x-)}{\alpha + 1} \right|$$

634

$$\leqslant \mid \widetilde{B}_{n,a}(g_x,x) \mid + \frac{f(x+)+f(x-)}{\alpha+1} \cdot$$

$$\mid \widetilde{B}_{n,a}(\mathrm{sgn}_a(t-x),x) \mid \qquad (4.2)$$

由文献[1]中定理的证明得到

$$\mid \widetilde{B}_{n,a}(g_x,x) \mid \leqslant \frac{16\alpha(1+x)+x}{nx} \sum_{k=1}^{n} \omega_x \left(g_x,\frac{x}{\sqrt{k}}\right) +$$

$$\frac{\alpha(2x)^{\beta}}{x^{2m}} O(n^{-[(m+1)/2]}) \qquad (4.3)$$

所以我们只需重新估计式(4.2)中的 $\mid \widetilde{B}_{n,a}(\mathrm{sgn}_a(t-x),x) \mid$,注意到 $\sum\limits_{k=0}^{+\infty} \sum\limits_{j=0}^{k} \cdot = \sum\limits_{j=0}^{+\infty} \sum\limits_{k=j}^{+\infty} \cdot$,有

$$\widetilde{B}_{n,a}(\mathrm{sgn}_a(t-x),x)$$

$$=\alpha-(1+\alpha) \sum_{k=0}^{+\infty} Q_{nk}^{(a)}(x) \left[1-\sum_{j=0}^{k} b_{n-1,j}(x)\right]$$

$$=(1+\alpha) \sum_{k=0}^{+\infty} Q_{nk}^{(a)}(x) \sum_{j=0}^{k} b_{n-1,j}(x)-1$$

$$=(1+\alpha) \sum_{j=0}^{+\infty} b_{n-1,j}(x) \sum_{k=j}^{+\infty} Q_{nk}^{(a)}(x)-1$$

$$=(1+\alpha) \sum_{j=0}^{+\infty} b_{n-1,j}(x) J_{nj}^{a}(x)-\sum_{j=0}^{+\infty} Q_{n-1,j}^{(a+1)}(x)$$

又由中值定理有

$$Q_{n-1,j}^{(a+1)}(x)=J_{n-1,j}^{a+1}(x)-J_{n-1,j+1}^{a+1}(x)$$

$$=(\alpha+1)b_{n-1,j}(x)\gamma_{nj}^{a}(x)$$

其中

$$J_{n-1,j+1}^{a}(x)<\gamma_{nj}^{a}(x)<J_{n-1,j}^{a}(x)$$

则

$$\mid J_{nk}^{a}(x)-\gamma_{nk}^{a}(x) \mid \leqslant \max\{\mid J_{nk}^{a}(x)-J_{n-1,k+1}^{a}(x) \mid,$$

$$\mid J_{nk}^{a}(x)-J_{n-1,k}^{a}(x) \mid\}$$

所以

$$| \widetilde{B}_{n,a} (\mathrm{sgn}_a (t-x), x) |$$

$$= | (1+\alpha) \sum_{j=0}^{+\infty} b_{n-1,j}(x) (J_{nj}^a(x) - \gamma_{nj}^a(x)) |$$

$$\leqslant (1+\alpha) \sum_{j=0}^{+\infty} b_{n-1,j}(x) \frac{\alpha \sqrt{x+1}}{\sqrt{(n-1)x}}$$

即

$$| \widetilde{B}_{n,a} (\mathrm{sgn}_a (t-x), x) | \leqslant \frac{\alpha(1+\alpha) \sqrt{x+1}}{\sqrt{(n-1)x}}$$

$$(4.4)$$

把式 (4.3),(4.4) 代入式 (4.2) 得式 (2.1),故定理 1 得证.

注意到 $\dfrac{1}{\sqrt{n-1}} \leqslant \dfrac{\sqrt{2}}{\sqrt{n}}$,我们得到下述推论.

推论 设 $f \in \Phi_{\mathrm{loc},\beta}$, $f(x+)$, $f(x-)$ 存在 $x \in (0, +\infty)$, $\alpha \geqslant 1$,当 n 充分大时,有

$$\left| \widetilde{B}_{n,a}(f, x) - \frac{f(x+) + \alpha f(x-)}{\alpha+1} \right|$$

$$\leqslant \frac{16\alpha(1+x) + x}{nx} \sum_{k=1}^{n} \omega_x \left(g_x, \frac{x}{\sqrt{k}} \right) +$$

$$\frac{\sqrt{2}\, \alpha \sqrt{1+x}}{\sqrt{nx}} | f(x+) - f(x-) | +$$

$$\frac{\alpha(2x)^\beta}{x^{2m}} O(n^{-[(m+1)/2]})$$

$$(4.5)$$

其中,$\omega_x(f, \lambda)$,$g_x(t)$ 同式 (2.1) 中定义的.

§5   结　束　语

为了便于比较,我们给出文献 [1] 中关于积分型

Lupas-Bézier 算子的估计式

$$\left| \widetilde{B}_{n,a}(f,x) - \frac{f(x+) + \alpha f(x-)}{\alpha + 1} \right|$$

$$\leqslant \frac{16\alpha(1+x) + x}{nx} \sum_{k=1}^{n} \omega_x\left(g_x, \frac{x}{\sqrt{k}}\right) +$$

$$\frac{8\alpha\sqrt{1+x}}{\sqrt{nx}} \mid f(x+) - f(x-) \mid +$$

$$\frac{\alpha(2x)^\beta}{x^{2m}} O(n^{-\lceil (m+1)/2 \rceil}) \qquad (5.1)$$

通过对式（4.5）与（5.1）的估计式中的 $\mid f(x+) - f(x-) \mid$ 的系数进行比较,本章所得到的积分型 Lupas-Bézier 算子的收敛阶的估计改进了文献 [1] 中的主要成果.

参 考 文 献

[1] ZENG X M，WANG T. Rate of convergence of the integral type Lupas-Bézier operators[J]. Kyungpook Math. J., 2003, 43(4): 593-604.

[2] WANG Y，GUO S. Rate of approximation of functions of bounded variation by modified Lupas operators[J]. Bull. Austral. Math. Soc., 1991(44): 183-192.

[3] GUPTA V，KUMAR D. Rate of convergence of modified Baskakov operators[J]. Demonstration Math., 1997(30): 339-346.

[4] GUPTA V，PANT R P. Rate of convergence for the modified Szász-Mirakyan operators on functions of bounded variation[J]. J. Math. Anal. Appl., 1999(233): 476-483.

[5] SAHAI A，PRASAD G. On simultaneous approximation by modified Lupas operators[J]. J. Approx. Theory, 1985(45): 122-128.

[6] GUO S. On the rate of convergence of the Lupas operators for

functions of bounded variation[J]. J. Approx. Theory,1987(51):
183-192.

[7] 林正炎,白志东.概率不等式[M].北京:科学出版社,2006.

关于Bernstein-Durrmeyer-Bézier 算子在 Orlicz 空间内的逼近[①]

第

5

章

内蒙古师范大学数学科学学院的邓雪莉和吴嘎日迪两位教授于 2015 年在连续函数空间和 L_p 空间内研究算子逼近方法的基础上,利用一阶 Ditzian-Totik 积分模与不等式技巧研究了 Bernstein-Durrmeyer-Bézier 算子在 Orlicz 空间内的逼近性质. 得到了 Bernstein-Durrmeyer-Bézier 算子在 Orlicz 空间内的逼近正定理和逼近等价定理. 由于 Orlicz 空间比连续函数空间和 L_p 空间都"大",其拓扑结构也比 L_p 空间复杂得多,所以他们的结

[①]　本章摘自《纯粹数学与应用数学》2015 年第 3 期.

果具有一定的拓展意义.

§1 引 言

Bernstein-Durrmeyer-Bézier 算子的定义为[1]

$$D_{n,\alpha}(f,x) = (n+1)\sum_{k=0}^{n}\int_0^1 f(t)P_{n,k}(t)dt \cdot$$
$$[J_{n,k}^{\alpha}(x) - J_{n,k+1}^{\alpha}(x)] \qquad (1.1)$$

其中

$$P_{n,k}(x) = C_n^k x^k (1-x)^{n-k}$$

$$J_{n,k}(x) = \sum_{j=k}^{n} P_{n,j}(x)$$

$$\alpha \geqslant 1$$

显然,$D_{n,\alpha}(f,x)$ 是正线性算子,并且 $D_{n,\alpha}(1,x)=1$. 当 $\alpha=1$ 时,$D_{n,\alpha}(f,x)$ 就是 Durrmeyer 算子

$$D_{n,1}(f,x) = (n+1)\sum_{k=0}^{n} P_{n,k}(x)\int_0^1 f(t)P_{n,k}(t)dt$$

$$(1.2)$$

本章将利用 Ditzian-Totik 模研究算子 $D_{n,\alpha}(f,x)$ 在 Orlicz 空间内的逼近正定理及逼近等价定理.

$M(u)$ 和 $N(v)$ 表示互余的 N 函数,关于 N 函数的定义及其性质见文献[2]. 由 N 函数 $M(u)$ 生成的 Orlicz 空间 $L^*_{M[0,1]}$ 是指具有有限 Orlicz 范数

$$\|u\|_M = \sup_{\rho(v,N)\leqslant 1}\left|\int_0^1 u(x)v(x)dx\right|$$

的可测函数全体 $\{u(x)\}$,其中

$$\rho(v,N) = \int_0^1 N(v(x))dx$$

是 $v(x)$ 关于 $N(v)$ 的模.

由文献［2］知，Orlicz 范数的等价形式为

$$\| u \|_M = \inf_{a>0} \frac{1}{a} \Big(1 + \int_0^1 M(au(x)) \mathrm{d}x \Big)$$

在下文中用 $L^*_{M[0,1]}$ 表示带有 Orlicz 范数的 Orlicz 空间. 对于 $f \in L^*_{M[0,1]}$，定义其光滑模和 K- 泛函如下

$$\omega_\varphi(f,t)_M = \sup_{0<h\leqslant t} \left\| f\Big(x+\frac{h\varphi(x)}{2}\Big) - f\Big(x-\frac{h\varphi(x)}{2}\Big) \right\|_M$$

$$K_\varphi(f,t)_M = \inf_{g\in W} \{ \| f-g \|_M + t \| \varphi g' \|_M \}$$

$$\overline{K}_\varphi(f,t)_M = \inf_{g\in W} \{ \| f-g \|_M + t \| \varphi g' \|_M + t^2 \| g'' \|_M \}$$

其中

$$\varphi(x) = \sqrt{x(1-x)}, W = \{ f \in A.C._{\mathrm{loc}}, \| f' \|_M < +\infty \}$$

由文献［3,4］知

$$\omega_\varphi(f,t)_M \sim K_\varphi(f,t)_M \sim \overline{K}_\varphi(f,t)_M$$

这里 $a \sim b$ 的含义是存在常数 $C>0$，使得 $C^{-1}a \leqslant b \leqslant Ca$.

用 C 表示与 n,x 无关的正常数，但在不同处可以表示不同的数值.

§2　正　定　理

首先列出一些将要用到的性质，这些性质都可以通过简单的计算得到

$$1 = J_{n,0}(x) > J_{n,1}(x) > \cdots > J_{n,n}(x) > 0$$
$$(x \in (0,1)) \tag{2.1}$$

$$P'_{n,k}(x) = n(P_{n-1,k-1}(x) - P_{n-1,k}(x))$$
$$(k = 1,2,\cdots,n-1)$$

特别地

$$P'_{n,0} = -nP_{n-1,0}(x), P'_{n,n}(x) = nP_{n-1,n-1}(x)$$
$$(2.2)$$

$$J'_{n,k}(x) = nP_{n-1,k-1}(x) \geqslant 0 \qquad (2.3)$$

$$P'_{n,k}(x) = \frac{n}{\varphi^2(x)}\left(\frac{k}{n} - x\right)P_{n,k}(x) \quad (x \in (0,1))$$
$$(2.4)$$

$$0 < J^{\alpha}_{n,k}(x) - J^{\alpha}_{n,k+1}(x) \leqslant \alpha P_{n,k}(x) \quad (\alpha \geqslant 1)$$
$$(2.5)$$

$$D_{n,1}((t-x)^{2m}, x) \leqslant C\frac{\delta_n^{2m}(x)}{n^m} \quad (m \in \mathbf{N})$$
$$(2.6)$$

其中

$$\delta_n(x) = \varphi(x) + \frac{1}{\sqrt{n}} \approx \max\left\{\varphi(x), \frac{1}{\sqrt{n}}\right\}$$

利用 Cauchy 不等式容易得出

$$D_{n,1}((t-x)^{2m+1}, x) \leqslant (D_{n,1}((t-x)^{4m+2}, x))^{\frac{1}{2}}$$
$$\leqslant C\frac{\delta_n^{2m+1}(x)}{n^{m+\frac{1}{2}}} \quad (m \in \mathbf{N})$$

注意到 $P_{n,n+1}(x) = 0$ 和 $P_{n,-1}(x) = 0$.

为了证明正定理,首先证明几个引理.

引理 1 对于 $f \in L^*_{M[0,1]}$,有

$$\|D_{n,\alpha}(f)\|_M \leqslant \alpha \|f\|_M \qquad (2.7)$$

证明 由式(2.5)和文献[5]中的引理 1 的结论,有

$$\|D_{n,\alpha}(f)\|_M \leqslant \alpha \|D_{n,1}(f)\|_M \leqslant \alpha \|f\|_M$$

引理 1 得证.

与文献[6]中相应结果的证明完全相仿,有下述

引理.

引理 2　对 $P_m \in \Pi_m$（定义在 $[0,1]$ 上次数不超过 m 的代数多项式的全体），$k \in \mathbf{N}$，有

$$\| \varphi^k P_m^{(k)} \|_M \leqslant Cm^k \| P_m \|_M \qquad (2.8)$$

$$\| P_m \|_{M[0,1]} \leqslant C \| P_m \|_{M\left[\frac{1}{m^2}, 1-\frac{1}{m^2}\right]} \qquad (2.9)$$

$$\| P'_m \|_M \leqslant Cm^2 \| P_m \|_M \qquad (2.10)$$

对于 $f''' \in L^*_{M[0,1]}$，记

$$D^*(f,x) = D_{n,a}((t-x),x)f'(x) +$$

$$D_{n,a}((t-x)^2,x)\frac{f''(x)}{2} +$$

$$D_{n,a}((t-x)^3,x)\frac{f'''(x)}{3!}$$

引理 3　设 $P_m \in \Pi_m$，$m \leqslant \sqrt{n}$，则

$$\| D_{n,a}(P_m) - P_m - D^*(P_m) \|_M$$

$$\begin{cases} \leqslant C\dfrac{m^4}{n^2} \| P_m \|_M, & m > 3 \\ = 0, & m \leqslant 3 \end{cases} \qquad (2.11)$$

证明　按如下形式展开 P_m

$$P_m(t) = P_m(x) + (t-x)P'_m(x) +$$

$$(t-x)^2 \frac{P''_m(x)}{2} + \cdots +$$

$$(t-x)^m \frac{P_m^{(m)}(x)}{m!}$$

于是，有

$$D_{n,a}(P_m,x) - P_m(x) - D^*(P_m,x)$$

$$= \sum_{j=4}^m D_{n,a}((t-x)^j,x)\frac{P_m^{(j)}(x)}{j!} \qquad (2.12)$$

当 $m \leqslant 3$ 时，式 (2.12) 的值为零，当 $m > 3$ 时，利用式 (2.6) 有

$$\| D_{n,\alpha}(P_m) - P_m - D^*(P_m) \|_M$$

$$\leqslant C \sum_{j=4}^{m} \frac{1}{j!} \frac{1}{\sqrt{n}^{\, j}} \| \delta_n^j P_m^{(j)} \|_M \qquad (2.13)$$

由式(2.8)和(2.10),有

$$\| \delta_n^j P_m^{(j)} \|_M = \left\| \left(\varphi + \frac{1}{\sqrt{n}} \right)^j p_m^{(j)} \right\|_M$$

$$\leqslant 2^j \left\| \left(\varphi^j + \left(\frac{1}{\sqrt{n}} \right)^j \right) p_m^{(j)} \right\|_M$$

$$\leqslant C(\| \varphi^j P_m^{(j)} \|_M + n^{-\frac{j}{2}} \| P_m^{(j)} \|_M)$$

$$\leqslant C(m^j \| P_m \|_M + n^{-\frac{j}{2}} m^{2j} \| P_m \|_M)$$

$$\leqslant C m^j \| P_m \|_M$$

于是对于 $m \leqslant \sqrt{n}$,有

$$\| D_{n,\alpha}(P_m) - P_m - D^*(P_m) \|_M$$

$$\leqslant C \sum_{j=4}^{m} \frac{m^j}{j!} \frac{1}{(\sqrt{n})^j} \| P_m \|_M$$

$$\leqslant C \frac{m^4}{n^2} \| P_m \|_M$$

下面给出逼近正定理.

定理 1 设 $f \in L^*_{M[0,1]}, \varphi(x) = \sqrt{x(1-x)}$,则

$$\| D_{n,\alpha}(f) - f \|_M \leqslant C \omega_\varphi \left(f, \frac{1}{\sqrt{n}} \right)_M \quad (2.14)$$

证明 设 P_m 是 f 在 $L^*_{M[0,1]}$ 空间中的 m 次最佳逼近多项式,且 l 由不等式 $2^l < \sqrt{n} \leqslant 2^{l+1}$ 所确定,则有

$$\| D_{n,\alpha}(f) - f \|_M$$

$$\leqslant \| D_{n,\alpha}(f - P_{2^l}) \|_M + \| f - P_{2^l} \| +$$

$$\| D_{n,\alpha}(P_{2^l}) - P_{2^l} \|_M$$

$$\leqslant (\alpha + 1) \| f - P_{2^l} \|_M + \| D_{n,\alpha}(P_{2^l}) - P_{2^l} \|_M$$

$$\leqslant (\alpha + 1) \| f - P_{2^l} \|_M + \| D_{n,\alpha}(P_{2^l}) -$$

$$P_{2^l} - D^*(P_{2^l}) \parallel_M + \parallel D^*(P_{2^l}) \parallel_M$$

$$=: I_1 + I_2 + I_3$$

利用光滑模的性质,有

$$I_1 \leqslant C\omega_\varphi\left(f, \frac{1}{2^l}\right)_M \leqslant C\frac{\sqrt{n}}{2^l}\omega_\varphi\left(f, \frac{1}{\sqrt{n}}\right)_M$$

$$\leqslant C\omega_\varphi\left(f, \frac{1}{\sqrt{n}}\right)_M \qquad (2.15)$$

$$P_{2^l} = \sum_{i=2}^l (P_{2^i} - P_{2^{i-1}}) + P_2$$

由引理 3 得

$$I_2 \leqslant \sum_{i=2}^l \parallel D_{n,a}(P_{2^i} - P_{2^{i-1}}) - (P_{2^i} - P_{2^{i-1}}) +$$

$$D^*(P_{2^i} - P_{2^{i-1}}) \parallel_M +$$

$$\parallel D_{n,a}(P_2) - P_2 - D^*(P_2) \parallel_M$$

$$\leqslant C\sum_{i=2}^l \frac{(2^i)^4}{n^2}(\parallel f - P_{2^i} \parallel_M + \parallel f - P_{2^{i-1}} \parallel_M)$$

$$\leqslant C\sum_{i=2}^l \frac{(2^i)^4}{n^2} \parallel f - P_{2^{i-1}} \parallel_M$$

对于 $i \geqslant 2$,有

$$\parallel f - P_{2^{i-1}} \parallel_M \leqslant C\omega_\varphi\left(f, \frac{1}{2^{i-1}}\right)_M$$

$$\leqslant C\frac{\sqrt{n}}{2^{i-1}}\omega_\varphi\left(f, \frac{1}{\sqrt{n}}\right)_M$$

于是

$$I_2 \leqslant C\sum_{i=2}^l \frac{(2^i)^4}{n^2}\frac{\sqrt{n}}{2^{i-1}}\omega_\varphi\left(f, \frac{1}{\sqrt{n}}\right)_M$$

$$\leqslant C\sum_{i=2}^l \frac{16}{\sqrt{n}}\frac{(2^{i-1})^2}{n}2^{i-1}\omega_\varphi\left(f, \frac{1}{\sqrt{n}}\right)_M$$

645

$$\leqslant C\frac{1}{\sqrt{n}}\omega_\varphi\left(f,\frac{1}{\sqrt{n}}\right)_M \sum_{i=2}^{l}2^{i-1}$$

$$\leqslant C\frac{2^l}{\sqrt{n}}\omega_\varphi\left(f,\frac{1}{\sqrt{n}}\right)_M$$

$$\leqslant C\omega_\varphi\left(f,\frac{1}{\sqrt{n}}\right)_M \qquad (2.16)$$

下面估计 I_3

$$I_3 \leqslant \left\| D_{n,a}((t-x),x)P'_{2^l}(x) + \right.$$

$$D_{n,a}((t-x)^2,x)\frac{P''_{2^l}(x)}{2} +$$

$$\left. D_{n,a}((t-x)^3,x)\frac{P'''_{2^l}(x)}{6} \right\|_M$$

$$\leqslant C\left(\frac{1}{\sqrt{n}}\|\delta_n P'_{2^l}\|_M + \frac{1}{n}\|\delta_n^2 P''_{2^l}\|_M + \right.$$

$$\left. \frac{1}{n^{\frac{3}{2}}}\|\delta_n^3 P'''_{2^l}\|_M\right)$$

由引理 2,有

$$\|\delta_n P'_{2^l}\|_M$$

$$\leqslant \|\varphi P'_{2^l}\|_M + \frac{1}{\sqrt{n}}\|P'_{2^l}\|_M$$

$$\leqslant \|\varphi P'_{2^l}\|_M + \frac{C}{\sqrt{n}}\|P'_{2^l}\|_{M\left[\frac{1}{2^{2^l}},1-\frac{1}{2^{2^l}}\right]}$$

$$\leqslant \|\varphi P'_{2^l}\|_M + \frac{C}{\sqrt{n}}\|2^l\varphi(x)P'_{2^l}\|_{M\left[\frac{1}{2^{2^l}},1-\frac{1}{2^{2^l}}\right]}$$

$$\leqslant \|\varphi P'_{2^l}\|_M + C\frac{2^l}{\sqrt{n}}\|\varphi(x)P'_{2^l}\|_M$$

$$\leqslant C\|\varphi(x)P'_{2^l}\|_M$$

类似地

$$\|\delta_n^2 P''_{2^l}\|_M \leqslant C\|\varphi^2 P''_{2^l}\|_M$$

$$\parallel \delta_n^3 P'''_{2^l} \parallel_M \leqslant C \parallel \varphi^3 P'''_{2^l} \parallel_M$$

所以

$$\parallel \varphi^r P_{2^l}^{(r)} \parallel_M \leqslant C(2^l)^r \omega_\varphi \left(f, \frac{1}{2^l} \right)_M$$

$$\leqslant C(\sqrt{n})^r \omega_\varphi \left(f, \frac{1}{\sqrt{n}} \right)_M \quad (r = 1, 2, 3)$$

于是

$$I_3 \leqslant C \omega_\varphi \left(f, \frac{1}{\sqrt{n}} \right)_M \qquad (2.17)$$

由式 $(2.15) \sim (2.17)$，式 (2.14) 得证.

§3　等 价 定 理

为了证明等价定理，首先给出两个引理.

引理 1　设 $f \in L^*_{M[0,1]}, \varphi(x) = \sqrt{x(1-x)}$，$\delta_n(x) = \varphi(x) + \dfrac{1}{\sqrt{n}}$，则

$$\parallel \delta_n D'_{n,a}(f) \parallel_M \leqslant C\sqrt{n} \parallel f \parallel_M$$

证明　设 $a_k(f) = (n+1) \displaystyle\int_0^1 f(t) P_{n,k}(t) \mathrm{d}t$，则

$$| D'_{n,a}(f, x) | \leqslant \alpha \Big(\sum_{k=0}^n | a_k(f) | (J_{n,k}^{\alpha-1}(x) -$$

$$J_{n,k+1}^{\alpha-1}(x)) J'_{n,k+1}(x) +$$

$$\sum_{k=0}^n | a_k(f) | J_{n,k}^\alpha(x) | P'_{n,k}(x) | \Big)$$

$$=: \alpha(J_1 + J_2)$$

下面分别估计 $\parallel \delta_n J_1 \parallel_M, \parallel \delta_n J_2 \parallel_M$. 记 $E_n = \left[\dfrac{1}{n}, 1 - \dfrac{1}{n} \right], E_n^C = \left[0, \dfrac{1}{n} \right) \cup \left(1 - \dfrac{1}{n}, 1 \right]$. 显然

$$[J_{n,k}^{a-1}(x) - J_{n,k+1}^{a-1}(x)] \leqslant 1, J_{n,k}^{a-1}(x) \leqslant 1$$

当 $x \in E_n^C$ 时

$$\delta_n(x) \leqslant \frac{2}{\sqrt{n}}$$

$$\mid P'_{n,k}(x) \mid \leqslant n(P_{n-1,k-1}(x) + P_{n-1,k}(x))$$

$$\mid \delta_n J_2 \mid_{x \in E_n^C}$$

$$\leqslant \left| \frac{2}{\sqrt{n}} \sum_{k=0}^{n} \mid a_k(f) \mid n(P_{n-1,k-1}(x) + P_{n-1,k}(x)) \right|$$

$$\leqslant \frac{2}{\sqrt{n}} \sum_{k=0}^{n} (n+1) \int_0^1 \mid f(t) \mid P_{n,k}(t) \mathrm{d}t \cdot$$

$$n(P_{n-1,k-1}(x) + P_{n-1,k}(x))$$

$$= \frac{2}{\sqrt{n}} n \Big(\sum_{k=0}^{n} (n+1) \int_0^1 \mid f(t) \mid P_{n,k}(t) \mathrm{d}t P_{n-1,k-1}(x) +$$

$$\sum_{k=0}^{n} (n+1) \int_0^1 \mid f(t) \mid P_{n,k}(t) \mathrm{d}t P_{n-1,k}(x) \Big)$$

$$\parallel \delta_n J_2 \parallel_{M(E_n^C)}$$

$$\leqslant 2\sqrt{n} \Big(\Big\| \sum_{k=0}^{n} (n+1) \int_0^1 \mid f(t) \mid P_{n,k}(t) \mathrm{d}t P_{n-1,k-1}(x) \Big\|_{M(E_n^C)} +$$

$$\Big\| \sum_{k=0}^{n} (n+1) \int_0^1 \mid f(t) \mid P_{n,k}(t) \mathrm{d}t P_{n-1,k}(x) \Big\|_{M(E_n^C)} \Big)$$

$$\leqslant 2\sqrt{n} \Big[\inf_{\gamma > 0} \frac{1}{\gamma} \Big\{ 1 + \int_0^1 M \Big(\gamma \sum_{k=0}^{n} P_{n-1,k-1}(x)(n+1) \cdot$$

$$\int_0^1 \mid f(t) \mid P_{n,k}(t) \Big) \mathrm{d}x \Big\} +$$

$$\inf_{\gamma > 0} \frac{1}{\gamma} \Big\{ 1 + \int_0^1 M \Big(\gamma \sum_{k=0}^{n} P_{n-1,k}(x)(n+1) \cdot$$

$$\int_0^1 \mid f(t) \mid P_{n,k}(t) \mathrm{d}t \Big) \mathrm{d}x \Big\} \Big]$$

$$\leqslant 8\sqrt{n} \parallel f \parallel_{M(E_n^C)} \leqslant 8\sqrt{n} \parallel f \parallel_M$$

648

下面利用文献[6]中的方法，借助 Cauchy 不等式，得到

$$| \delta_n J_2 |_{M(E_n)}$$

$$\leqslant | f(x) | \left| \sum_{k=0}^{n} \varphi(x) \frac{n \left| \dfrac{k}{n} - x \right|}{\varphi^2(x)} P_{n,k}(x) \right|$$

$$\leqslant 2n | f(x) | \left\| \frac{1}{\varphi(x)} \left(\sum \left(\frac{k}{n} - x \right)^2 P_{n,k}(x) \right)^{\frac{1}{2}} \right\|_{+\infty}$$

$$\leqslant C\sqrt{n} | f(x) |$$

所以

$$| \delta_n J_2 |_{M(E_n)} = \sup_{\rho(v,N) \leqslant 1} \left| \int_{E_n} \delta_n(x) J_2(x) v(x) \mathrm{d}x \right|$$

$$\leqslant C\sqrt{n} \| f(x) \|_{M(E_n)}$$

$$\leqslant C\sqrt{n} \| f \|_M$$

接下来估计 $| \delta_n J_2 |_M$

$$| \delta_n(x) J_1(x) |_{x \in E_n^C} \leqslant \left| \frac{2}{\sqrt{n}} \sum_{k=0}^{n} | a_k(f) | n P_{n-1,k}(x) \right|$$

所以

$$| \delta_n J_1 |_{M(E_n^C)}$$

$$\leqslant 2\sqrt{n} \inf_{\gamma>0} \frac{1}{\gamma} \Big\{ 1 + \int_0^1 M \Big(\gamma \sum_{k=0}^{n} (n+1) P_{n-1,k}(x) \cdot$$

$$\int_0^1 | f(t) | P_{n,k}(t) \mathrm{d}t \Big) \mathrm{d}x \Big\}$$

$$\leqslant 4\sqrt{n} \| f \|_{M(E_n^C)} \leqslant 4\sqrt{n} \| f \|_M$$

由文献[6]中的计算方法，可知

$$| \delta_n J_1 |_{x \in E_n}$$

$$\leqslant \left| 2\varphi(x) \sum_{k=0}^{n} | a_k(f) | \cdot \right.$$

$$\left[J_{n,k}^{\alpha-1}(x) - J_{n,k+1}^{\alpha-1}(x) \right] J_{n,k+1}(x) \bigg|$$

$$\leqslant 2 \mid f(x) \mid \left| \varphi(x) \Big(\sum_{k=0}^{n} J_{n,k}^{\alpha-1}(x)(J'_{n,k}(x) - P'_{n,k}(x)) - \right.$$

$$\left. \sum_{k=0}^{n} J_{n,k+1}^{\alpha-1}(x) J'_{n,k+1}(x) \Big) \right|$$

$$\leqslant 2 \mid f(x) \mid \left\| \varphi(x) \sum_{k=0}^{n} J_{n,k}^{\alpha-1}(x) \mid P'_{n,k}(x) \mid \right\|_{+\infty}$$

$$\leqslant 2 \mid f(x) \mid \left\| \varphi(x) \sum_{k=0}^{n} \frac{n \left| \dfrac{k}{n} - x \right|}{\varphi^2(x)} P_{n,k}(x) \right\|_{+\infty}$$

$$\leqslant C \sqrt{n} \mid f(x) \mid$$

于是

$$\mid \delta_n J_1 \mid_{M(E_n)} = \sup_{\rho(v,N) \leqslant 1} \left| \int_{E_n} \delta_n(x) J_1(x) v(x) \mathrm{d}x \right|$$

$$\leqslant C \sqrt{n} \sup_{\rho(v,N) \leqslant 1} \int_{E_n} \mid f(x) \mid \mid v(x) \mid \mathrm{d}x$$

$$= C \sqrt{n} \parallel f(x) \parallel_{M(E_n)} \leqslant C \sqrt{n} \parallel f \parallel_M$$

综上所述

$$\parallel \delta_n J_1 \parallel_M \leqslant C \sqrt{n} \parallel f \parallel_M$$

$$\parallel \delta_n J_2 \parallel_M \leqslant C \sqrt{n} \parallel f \parallel_M$$

所以

$$\parallel \delta_n D'_{n,a}(f) \parallel_M \leqslant C \sqrt{n} \parallel f \parallel_M$$

引理 2 设 $f' \in L^*_{M[0,1]}, \varphi(x) = \sqrt{x(1-x)}$,

$\delta_n(x) = \varphi(x) + \dfrac{1}{\sqrt{n}}$, 则

$$\parallel \delta_n D'_{n,a}(f) \parallel_M \leqslant C \parallel \delta_n f' \parallel_M$$

证明 由 $J'_{n,0}(x) = 0$ 和式(2.2)有

$$D'_{n,a}(f, x)$$

$$= \alpha \sum_{k=1}^{n} (n+1) \int_0^1 f(t) P_{n,k}(t) \mathrm{d}t \cdot$$

$$J_{n,k}^{\alpha-1}(x) J'_{n,k}(x) - \alpha \sum_{k=0}^{n} (n+1) \int_0^1 f(t) P_{n,k}(t) \mathrm{d}t \cdot$$

$$J_{n,k+1}^{\alpha+1}(x) J'_{n,k+1}(x)$$

$$= \alpha \sum_{k=1}^{n} (n+1) \int_0^1 f(t) (P_{n,k}(t) - P_{n,k-1}(t)) \mathrm{d}t \cdot$$

$$J_{n,k}^{\alpha-1}(x) J'_{n,k}(x)$$

$$= -\alpha \sum_{k=0}^{n} (n+1) \int_0^1 f(t) P'_{n+1,k}(t) \mathrm{d}t \cdot$$

$$J_{n,k}^{\alpha-1}(x) J'_{n,k} \geqslant (x)$$

利用分部积分得

$$D'_{n,\alpha}(f,x) = \alpha \sum_{k=1}^{n} (n+1) \int_0^1 f'(t) P_{n+1,k}(t) \mathrm{d}t \cdot$$

$$J_{n,k}^{\alpha-1}(x) J'_{n,k}(x)$$

当 $x \in E_n^C$ 时，由 $J_{n,k}^{\alpha-1}(x) \leqslant 1$，$\sqrt{n}\delta_n(t) \geqslant 1$，$\sqrt{n}\delta_n(x) \leqslant 2$，可得

$$|\delta_n(x) D'_{n,\alpha}(x)|$$

$$\leqslant \alpha \left| \sum_{k=1}^{n} \sqrt{n}\delta_n(x) \int_0^1 |\delta_n(t) f'(t)| P_{n+1,k}(t) \mathrm{d}t J'_{n,k}(x) \right|$$

下面利用文献[7,8]中的方法可得

$$|\delta_n(x) D'_{n,\alpha}(x)|_{M(E_n^C)}$$

$$\leqslant 2\alpha |\delta_n(x) f'(x)| \cdot$$

$$\left| \sum_{k=1}^{n} \int_0^1 P_{n+1,k}(t) \mathrm{d}t n P_{n-1,k-1}(x) \right|$$

$$\leqslant 2\alpha n |\delta_n(x) f'(x)| \left\| \sum_{k=1}^{n} \int_0^1 P_{n+1,k}(t) \mathrm{d}t P_{n-1,k-1}(x) \right\|_{+\infty}$$

$$\leqslant \frac{2\alpha n}{n+2} |\delta_n(x) f'(x)| \leqslant 2\alpha |\delta_n(x) f'(x)|$$

所以

$$\| \delta_n(x)D'_{n,a}(f,x) \|_{M(E_n^C)}$$

$$= \sup_{\rho(v,N)\leqslant 1} \left| \int_{E_n^C} \delta_n(x)D'_{n,a}(f,x)v(x)\mathrm{d}x \right|$$

$$\leqslant 2\alpha \sup_{\rho(v,N)\leqslant 1} \int_{E_n^C} | \delta_n(x)f'(x) | | v(x) | \mathrm{d}x$$

$$\leqslant 2\alpha \| \delta_n f' \|_{M(E_n^C)} \leqslant 2\alpha \| \delta_n f' \|_M$$

当 $x \in E_n$ 时

$$| \delta_n(x)D'_{n,a}(x) |$$

$$\leqslant \alpha \left| \sum_{k=1}^n 2\varphi(x)\int_0^1 \frac{\delta_n(t)}{\varphi(t)} | f'(t) | P_{n+1,k}(t)\mathrm{d}t\, n\, P_{n-1,k-1}(x) \right|_{E_n}$$

$$\leqslant 2\alpha n | \delta_n f' | \left| \sum_{k=1}^n \varphi(x)\int_0^1 \frac{P_{n+1,k}(t)}{\varphi(t)}\mathrm{d}t\, P_{n-1,k-1}(x) \right|_{E_n}$$

$$\leqslant 2\alpha n | \delta_n f' | \left\| \sum_{k=1}^n \varphi(x)\int_0^1 \frac{P_{n+1,k}(t)}{\varphi(t)}\mathrm{d}t\, P_{n-1,k-1}(x) \right\|_{+\infty(E_n)}$$

利用 Hölder 不等式,得

$$\sum_{k=1}^n \phi(x)\int_0^1 \frac{P_{n+1,k}(t)}{\phi(t)}\mathrm{d}t\, P_{n-1,k-1}(x)$$

$$\leqslant \left(\sum_{k=0}^n \phi^2(x) P_{n-1,k-1}(x)\int_0^1 \frac{1}{\phi^2(t)} P_{n+1,k}(x)\mathrm{d}t \right)^{\frac{1}{2}}$$

$$= \frac{1}{\sqrt{n+2}} \left(\sum_{k=0}^n \phi^2(x) P_{n-1,k-1}(x)\int_0^1 \frac{1}{\phi^2(t)} P_{n+1,k}(x)\mathrm{d}t \right)^{\frac{1}{2}}$$

又由于

$$\varphi^2(x) P_{n-1,k-1}(x) = \frac{C_{n-1}^{k-1} P_{n+1,k}(x)}{C_{n+1}^k}$$

故

$$\| \delta_n(x)D'_{n,a}(f,x) \|_{(x \in E_n)}$$

$$\leqslant 2\alpha\sqrt{n} | \delta_n f' | \cdot$$

$$\left\| \left(\sum_{k=1}^n \int_0^1 P_{n-1,k-1}(t)\mathrm{d}t\, P_{n+1,k}(x) \right)^{\frac{1}{2}} \right\|_{+\infty}^{E_n}$$

652

$$\leqslant 2\alpha \mid \delta_n f' \mid$$

所以

$$\| \delta_n(x) D'_{n,a}(f,x) \|_{M(x \in E_n)}$$

$$= \sup_{\rho(v,N) \leqslant 1} \left| \int_{E_n} \delta_n(x) D'_{n,a}(f,x) v(x) \mathrm{d}x \right|$$

$$\leqslant 2\alpha \sup_{\rho(v,N) \leqslant 1} \int_{E_n} \mid \delta_n(x) f'(x) \mid \mid v(x) \mid \mathrm{d}x$$

$$\leqslant 2\alpha \| \delta_n f' \|_{M(x \in E_n)} \leqslant 2\alpha \| \delta_n f' \|_M$$

综上所述

$$\| \delta_n D'_{n,a}(f) \|_M \leqslant C \| \delta_n f' \|_M$$

引理 3 得证.

定理 1　设

$$f \in L^*_{M[0,1]}, \varphi(x) = \sqrt{x(1-x)}, 0 < \beta < 1$$

则

$$\| D_{n,a}(f) - f \|_M = O\left(\left(\frac{1}{\sqrt{n}} \right)^{\beta} \right)$$

当且仅当

$$\omega_{\varphi}(f,t)_M = O(t^{\beta})$$

证明　对于任意的 g,由引理 1 和引理 2,可得

$$K_{\varphi}(f,x)_M \leqslant \| f - D_{n,a}(f) \|_M + t \| \delta_n D'_{n,a}(f) \|_M$$

$$\leqslant Cn^{-\frac{\beta}{2}} + t(\| \delta_n D'_{n,a}(f-g) \|_M +$$

$$\| \delta_n D'_{n,a}(g) \|_M)$$

$$\leqslant Cn^{-\frac{\beta}{2}} + Ct(\sqrt{n} \| (f-g) \|_M +$$

$$\| \delta_n g' \|_M)$$

$$\leqslant Cn^{-\frac{\beta}{2}} + Ct(\sqrt{n} \| (f-g) \|_M +$$

$$\frac{1}{\sqrt{n}} \| \varphi g' \|_M + \frac{1}{n} \| g' \|_M)$$

从而由 g 的任意性,容易看出

$$K_\varphi(f,x)_M \leqslant C(n^{-\frac{\beta}{2}} + t\sqrt{n}\,\overline{K_\varphi}(f,n^{-\frac{1}{n}})_M)$$

$$\leqslant C(n^{-\frac{\beta}{2}} + t\sqrt{n}\,K_\varphi(f,n^{-\frac{1}{n}})_M)$$

再利用 Berens-Lorentz 引理,有

$$K_\varphi(f,t)_M = O(t^\beta) \tag{3.1}$$

利用

$$\omega_\varphi(f,t)_M * K_\varphi(f,t)_M * \overline{K_\varphi}(f,t)_M$$

和式(3.1),借助 §2 中定理 1 的结论,即得证.

参 考 文 献

[1] CHANG G. Generalized Bernstein-Bézier polynomial[J]. J. Comput. Math. ,1983,1(4):322-327.

[2] 王廷辅.奥尔里奇空间及其应用[M].哈尔滨:黑龙江科学技术出版社,1983.

[3] WU GARIDI. On approximation by polynomials in Orlicz spaces [J]. A. T. A. ,1991,7(3):97-110.

[4] DITZIAN Z, TOTIK V. Mouli of smoothness [M]. New York: Spring-Verlag,1987.

[5] 顾春贺.Orlicz 空间中几个逼近问题的研究[D]. 呼和浩特:内蒙古师范大学,2009.

[6] 郭顺生,刘国芳,宋占杰. 关于 Bernstein-Durrmeyer-Bézier 算子在 L_p 空间中的逼近[J]. 数学物理学报:A 辑,2010,30(6):1 424-1 434.

[7] ZENG X, CHEN W. On the rate of convergence of the generalized Durrmeyer type operators for function of bounded variation[J]. J. Approx. Theory,2000,102:1-12.

[8] 陈广荣,吴嘎日迪. Orlicz 空间中的联合最佳逼近[J]. 纯粹数学与应用数学,1992,8(1):102-104.

一类新型Szász-Kantorovich-Bézier 算子在 Orlicz 空间内的逼近[①]

第 6 章

内蒙古师范大学数学科学学院的孙芳美和吴嘎日迪两位教授于 2017 年研究了一类新型 Szász-Kantorovich-Bézier 算子在 Orlicz 空间内的逼近问题. 在连续函数空间和 L_p 空间内研究算子逼近方法的基础上，利用函数逼近论中的常用方法和技巧以及 K 泛函、Ditzian-Totik 模、Hölder 不等式、Cauchy 不等式、凸函数的 Jensen 不等式等工具得到了该算子在 Orlicz 空间内的逼近正定理、逆定理和等价定理.

---

① 本章摘自《纯粹数学与应用数学》2017 年第 2 期.

由于 Orlicz 空间包含连续函数空间和 L_p 空间，其拓扑结构也比 L_p 空间复杂得多，所以本章的结果具有一定的拓展意义.

§1　定理及主要结构

Bézier 型算子在 L_p 空间及 Orlicz 空间内得到了一系列的研究. 2006 年郭顺生在文献[1]中引入并讨论了 Szász-Kantorovich-Bézier 算子

$$S_{n,\alpha}(f,x) = n \sum_{k=0}^{+\infty} \left[J_{n,k}^{\alpha}(x) - J_{n,k+1}^{\alpha}(x) \right] \int_{\frac{k}{n}}^{\frac{k+1}{n}} f(t)\mathrm{d}t$$

在 L_p 空间内的逼近问题，其中 $\alpha \geqslant 1$, $J_{n,k}(x) = \sum_{j=k}^{+\infty} p_{n,j}(x)$ 是 Bézier 基函数

$$p_{n,j}(x) = \mathrm{e}^{-nx} \frac{(nx)^j}{j!}$$

且以 Ditzian-Totik 模为工具得到了该算子在 L_p 空间内的逼近正定理、逆定理和等价定理. 在文献[2]中定义了一类新型 Szász-Kantorovich-Bézier 算子

$$S_{n,\alpha}^*(f,x) = \frac{n+s_n}{1+s_n} \sum_{k=0}^{+\infty} \left[J_{n,k}^{\alpha}(x) - J_{n,k+1}^{\alpha}(x) \right] \int_{\frac{k}{n+s_n}}^{\frac{k+s_n+1}{n+s_n}} f(t)\mathrm{d}t$$

其中 $\{s_n\}$ 为一有界的正数列，并研究了该算子在 L_p 空间内的逼近正定理、逆定理和等价定理. 当 $s_n = 0$ 时，即为通常的 Szász-Kantorovich-Bézier 算子. 本章在 Orlicz 空间内研究了该算子的逼近性质，并得到了该算子在 Orlicz 空间内的逼近正定理、逆定理和等价定理.

656

文中用 $M(u)$ 和 $N(v)$ 表示互余的 N 函数,关于 N 函数的定义及其性质见文献[3]. 由 N 函数 $M(u)$ 生成的 Orlicz 空间 L_M^* 是指具有有限的 Orlicz 范数

$$\| u \|_M = \sup_{\rho(v,N)\leqslant 1} \left| \int_0^{+\infty} u(x)v(x)\mathrm{d}x \right| \quad (1.1)$$

的可测函数的全体 $\{u(x)\}$, 其中 $\rho(v,N) = \int_0^{+\infty} N(v(x))\mathrm{d}x$ 是 $v(x)$ 关于 $N(v)$ 的模. 由文献[3]知,Orlicz 范数(1.1)还可以由

$$\| u \|_M = \inf_{\beta>0} \frac{1}{\beta}\left(1 + \int_0^{+\infty} M(\beta u(x))\mathrm{d}x\right)$$

来计算,并且存在 $\beta > 0$,满足 $\int_0^{+\infty} N(p(\beta | u(x) |))\mathrm{d}x = 1$,使得

$$\| u \|_M = \frac{1}{\beta}\left(1 + \int_0^{+\infty} M(\beta u(x))\mathrm{d}x\right)$$

这里 $p(u)$ 是 $M(u)$ 的右导数. 在 L_M^* 上可定义与 Orlicz 范数(1.1)等价的 Luxemburg 范数

$$\| u \|_{(M)} = \inf\left\{\beta>0 : \int_0^{+\infty} M\left(\frac{u(x)}{\beta}\right)\mathrm{d}x \leqslant 1\right\}$$
$$(1.2)$$

以下分别用 L_M^* 和 $L_{(M)}^*$ 表示带有 Orlicz 范数(1.1)和 Luxemburg 范数(1.2)的 Orlicz 空间.

定理 1　设 $f \in L_M^*, \varphi(x) = \sqrt{x(1+x)}$,则

$$\| S_{n,a}^*(f) - f \|_M \leqslant C\omega_\varphi\left(f, \frac{1}{\sqrt{n}}\right)_M$$

定理 2　设 $f \in L_M^*, \varphi(x) = \sqrt{x(1+x)}, 0 < \beta < 1, a \geqslant 1$,若 $\| S_{n,a}^*(f) - f \|_M = O(n^{-\frac{\beta}{2}})$,则

$$\omega_\varphi(f,t)_M = O(t^\beta)$$

定理 3　设 $f \in L_M^*$, $\varphi(x) = \sqrt{x(1+x)}$, $0 < \beta < 1$, $\alpha \geqslant 1$, 则

$$\| S_{n,\alpha}^*(f) - f \|_M = O(n^{-\frac{\beta}{2}}) \Leftrightarrow \omega_\varphi(f,t)_M = O(t^\beta)$$

注　由 Orlicz 范数 (1.1) 和 Luxemburg 范数 (1.2) 的等价性容易看出, 正定理和逆定理的结论在 Orlicz 空间 $L_{(M)}^*$ 内同样成立. 本章用 C 表示绝对正常数, 并且在不同处可以表示不同的值.

§2　相 关 引 理

连续模和 K 泛函的定义如下

$$\omega_\varphi(f,t)_M = \sup_{0 < h \leqslant t} \left\| f\left(\cdot + \frac{h\varphi(\cdot)}{2}\right) - f\left(\cdot + \frac{h\varphi(\cdot)}{2}\right) \right\|_M$$

$$K_\varphi(f,t)_M = \inf_{g \in W_M} \{ \| f - g \|_M + t \| \varphi g' \|_M \}$$

$$\overline{K}_\varphi(f,t)_M = \inf_{g \in W_M} \{ \| f - g \|_M + t \| \varphi g' \|_M + t^2 \| g' \|_M \}$$

其中 $\varphi(x) = \sqrt{x(1+x)}$ 为权函数

$$W_M = \{ f : f \in A.C._{loc}, \| \varphi f' \|_M < +\infty, \| f' \|_M < +\infty \}$$

则根据文献 [1,4,5] 容易推得

$$\omega_\varphi(f,t)_M \sim K_\varphi(f,t)_M \sim \overline{K}_\varphi(f,t)_M$$

引理 1[1]　$1 = J_{n,0}(x) > J_{n,1}(x) > \cdots > J_{n,k}(x) > J_{n,k+1}(x) > \cdots > 0$, $x \in [0, +\infty)$.

引理 2[1]　$p'_{n,k} = n(p_{n,k-1}(x) - p_{n,k}(x))$, $k = 1, 2, \cdots$, $p'_{n,0}(x) = -n p_{n,0}(x)$.

引理 3[1]　$J'_{n,0}(x) = 0$, $J'_{n,k}(x) = n p_{n,k-1}(x) > 0$, $k = 1, 2, \cdots$.

引理 $4^{[1]}$　$p'_{n,k}(x) = \dfrac{n}{x}\left(\dfrac{k}{n} - x\right)p_{n,k}(x), x \in (0, +\infty).$

引理 5　当 $x \in [0, +\infty)$ 时，$S^*_{n,1}((t-x)^2, x) \leqslant C\dfrac{\delta_n^2(x)}{n}$，其中

$$\delta_n(x) = \max\left\{\varphi(x), \dfrac{1}{\sqrt{n}}\right\}$$

证明　经过简单的计算可以得到

$$S^*_{n,1}(1, x) = 1$$

$$S^*_{n,1}(t, x) = \dfrac{nx}{n+s_n} + \dfrac{1+s_n}{2(n+s_n)}$$

$$S^*_{n,1}(t^2, x) = \dfrac{n^2\left(x^2 + \dfrac{x}{n}\right)}{(n+s_n)^2} + \dfrac{n(1+s_n)x}{(n+s_n)^2} + \dfrac{(1+s_n)^2}{3(n+s_n)^2}$$

$$S^*_{n,1}((t-x)^2, x) = \dfrac{s_n^2 x^2}{(n+s_n)^2} + \dfrac{(n-s_n-s_n^2)x}{(n+s_n)^2} + \dfrac{(1+s_n)^2}{3(n+s_n)^2}$$

因为 $\{s_n\}$ 是有界量，则

$$S^*_{n,1}((t-x)^2, x) \leqslant C\left(\dfrac{x^2}{n^2} + \dfrac{x}{n} + \dfrac{1}{n^2}\right)$$

$$\leqslant C\left[\dfrac{x(1+x)}{n} + \dfrac{\dfrac{1}{n}}{n}\right]$$

所以

$$S^*_{n,1}((t-x)^2, x) \leqslant C\dfrac{\delta_n^2(x)}{n}$$

引理 $6^{[1]}$　由于当 $\alpha \geqslant 1$ 时，$a^\alpha - b^\alpha \leqslant \alpha(a-b)$，$0 \leqslant b \leqslant a \leqslant 1$，则

$$J^\alpha_{n,k}(x) - J^\alpha_{n,k+1}(x) \leqslant \alpha p_{n,k}(x)$$

引理 7 $S_{n,a}^{*}(f,x)$ 是从 L_M^{*} 到 L_M^{*} 的有界线性算子，且 $\| S_{n,a}^{*}(f) \|_M \leqslant \alpha \| f \|_M$.

证明 $S_{n,a}^{*}(f,x)$ 的线性是显然的. 下证有界性.

显然 $\int_0^{+\infty} p_{n,k}(x)\mathrm{d}x = \dfrac{1}{n}$，又通过引理 1 可知 $\sum\limits_{k=0}^{+\infty} p_{n,k} = 1$. 故结合引理 6，由 N 函数 $M(u)$ 的凸性与 Jensen 不等式可以推出

$$\| S_{n,a}^{*}(f) \|_M$$

$$= \inf_{\beta>0} \frac{1}{\beta}\Big(1 + \int_0^{+\infty} M(\beta S_{n,a}^{*}(f,x))\mathrm{d}x\Big)$$

$$\leqslant \inf_{\beta>0} \frac{1}{\beta}\Big(1 + \int_0^{+\infty} M\Big(\beta \frac{n+s_n}{1+s_n}\sum_{k=0}^{+\infty}\alpha p_{n,k}(x)\cdot$$

$$\int_{\frac{k}{n+s_n}}^{\frac{k+s_n+1}{n+s_n}} f(t)\mathrm{d}t\Big)\mathrm{d}x\Big)$$

$$\leqslant \inf_{\beta>0} \frac{1}{\beta}\Big(1 + \int_0^{+\infty}\sum_{k=0}^{+\infty} p_{n,k}(x)\cdot$$

$$M\Big(\beta \frac{n+s_n}{1+s_n}\alpha\int_{\frac{k}{n+s_n}}^{\frac{k+s_n+1}{n+s_n}} f(t)\mathrm{d}t\Big)\mathrm{d}x\Big)$$

$$= \inf_{\beta>0} \frac{1}{\beta}\Big(1 + \frac{1}{n}\sum_{k=0}^{+\infty} M\Big(\frac{n+s_n}{1+s_n}\int_{\frac{k}{n+s_n}}^{\frac{k+s_n+1}{n+s_n}}\beta\alpha f(t)\mathrm{d}t\Big)\Big)$$

$$\leqslant \inf_{\beta>0} \frac{1}{\beta}\Big(1 + \frac{1}{n}\frac{n+s_n}{1+s_n}\sum_{k=0}^{+\infty}\int_{\frac{k}{n+s_n}}^{\frac{k+s_n+1}{n+s_n}} M(\beta\alpha f(t))\mathrm{d}t\Big)$$

$$\leqslant \inf_{\beta>0} \frac{1}{\beta}\Big(1 + \int_0^{+\infty} M(\beta\alpha f(t))\mathrm{d}t\Big)$$

$$= \| \alpha f \|_M = \alpha \| f \|_M$$

引理 8 对于 $f \in L_M^{*}$，$\varphi(x) = \sqrt{x(1+x)}$，$\delta_n(x) = \max\Big\{\varphi(x), \dfrac{1}{\sqrt{n}}\Big\}$，有

660

$$\| \delta_n S_{n,a}^{*'}(f) \|_M \leqslant C\sqrt{n} \| f \|_M$$

证明　通过简单的计算有

$$S_{n,a}^{*'}(f,x) = \alpha \sum_{k=0}^{+\infty} \frac{n+s_n}{1+s_n} [J_{n,k}^{\alpha-1}(x)J'_{n,k}(x) -$$

$$J_{n,k+1}^{\alpha-1}(x)J'_{n,k+1}(x)] \int_{\frac{k}{n+s_n}}^{\frac{k+s_n+1}{n+s_n}} f(t)\mathrm{d}t$$

$$= \alpha \sum_{k=0}^{+\infty} \frac{n+s_n}{1+s_n} \int_{\frac{k}{n+s_n}}^{\frac{k+s_n+1}{n+s_n}} f(t)\mathrm{d}t \cdot$$

$$[(J_{n,k}^{\alpha-1}(x) - J_{n,k+1}^{\alpha-1}(x))J'_{n,k+1}(x) +$$

$$J_{n,k}^{\alpha-1}(x)p'_{n,k}(x)]$$

类似于文献[6]中由 Orlicz 空间内的 Hölder 不等式推出的结论,容易推得

$$\int_{\frac{k}{n+s_n}}^{\frac{k+s_n+1}{n+s_n}} | f(t) | \mathrm{d}t \leqslant \frac{C}{n} \| f \|_M$$

故有

$$| S_{n,a}^{*'}(f,x) | \leqslant C \| f \|_M \sum_{k=0}^{+\infty} [(J_{n,k}^{\alpha-1}(x) -$$

$$J_{n,k+1}^{\alpha-1}(x))J'_{n,k+1}(x) +$$

$$J_{n,k}^{\alpha-1}(x) | p'_{n,k}(x) |]$$

$$= C \| f \|_M (J_1 + J_2)$$

对于 $x \in \left[0, \dfrac{1}{n}\right]$,注意到 $\delta_n(x) \sim \dfrac{1}{\sqrt{n}}$,记 $p_{n,-1}(x) = 0$,

应用引理 1 可得

$$\delta_n(x)J_2 \leqslant C \frac{1}{\sqrt{n}} \sum_{k=0}^{+\infty} n | p_{n,k-1}(x) - p_{n,k}(x) |$$

$$\leqslant C \frac{1}{\sqrt{n}} \sum_{k=0}^{+\infty} n p_{n,k}(x) \leqslant C\sqrt{n}$$

对于 $x \in \left(\dfrac{1}{n}, +\infty \right)$，注意到 $\delta_n(x) \sim \varphi(x)$，且由文献 [7] 知

$$J_{n,k}(x) \leqslant \frac{1}{\sqrt{n\pi x}}$$

则 $J_{n,k}^{\alpha-1}(x) \leqslant C \dfrac{1}{\sqrt{n\pi x}}$. 由文献 [5,8] 知

$$\sum_{k=0}^{+\infty} \left| \frac{k}{n} - x \right|^2 p_{n,k}(x) = \frac{x}{n}$$

结合引理 4 可得

$$\delta_n(x) J_2 \leqslant C\varphi(x) \sum_{k=0}^{+\infty} \frac{n}{x} \left| \frac{k}{n} - x \right| p_{n,k}(x) \frac{1}{\sqrt{n\pi x}}$$

$$\leqslant Cn \frac{1}{\sqrt{x}} \sum_{k=0}^{+\infty} \left| \frac{k}{n} - x \right| p_{n,k}(x)$$

$$\leqslant Cn \frac{1}{\sqrt{x}} \left(\sum_{k=0}^{+\infty} \left| \frac{k}{n} - x \right|^2 p_{n,k}(x) \right)^{\frac{1}{2}}$$

$$\leqslant C\sqrt{n}$$

于是可得

$$\delta_n(x) J_2 \leqslant C\sqrt{n}$$

注意到 $J'_{n,0}(x) = 0$，则

$$J_1 = \sum_{k=0}^{+\infty} \left[J_{n,k}^{\alpha-1}(x) - J_{n,k+1}^{\alpha-1}(x) \right] J'_{n,k+1}(x)$$

$$= \sum_{k=0}^{+\infty} J_{n,k}^{\alpha-1}(x) \left[J'_{n,k}(x) - p'_{n,k}(x) \right] -$$

$$\sum_{k=0}^{+\infty} J_{n,k+1}^{\alpha-1}(x) J'_{n,k+1}(x)$$

$$\leqslant \sum_{k=1}^{+\infty} J_{n,k}^{\alpha-1}(x) J'_{n,k}(x) -$$

$$\sum_{k=0}^{+\infty} J_{n,k+1}^{\alpha-1}(x) J'_{n,k+1}(x) +$$

$$\sum_{k=1}^{+\infty} J_{n,k}^{\alpha-1}(x) \mid p'_{n,k}(x) \mid = J_2$$

因此知

$$\delta_n(x) J_1 \leqslant C\sqrt{n}$$

　综上

$$\mid \delta_n S_{n,a}^{*'}(f,x) \mid \leqslant C\sqrt{n} \parallel f \parallel_M$$

故而

$$\parallel \delta_n S_{n,a}^{*'}(f) \parallel_M = \sup_{\rho(v,N) \leqslant 1} \left| \int_0^{+\infty} \delta_n S_{n,a}^{*'}(f,x) v(x) \mathrm{d}x \right|$$

$$\leqslant \sup_{\rho(v,N) \leqslant 1} \int_0^{+\infty} \mid \delta_n S_{n,a}^{*'}(f,x) \mid v(x) \mathrm{d}x$$

$$\leqslant C\sqrt{n} \parallel f \parallel_M \parallel 1 \parallel_M$$

$$\leqslant C\sqrt{n} \parallel f \parallel_M$$

引理 9　对于 $f \in W_M, \varphi(x) = \sqrt{x(1+x)}$,

$\delta_n(x) = \max\left\{\varphi(x), \dfrac{1}{\sqrt{n}}\right\}$, 有

$$\parallel \delta_n S_{n,a}^{*'}(f) \parallel_M \leqslant C \parallel \delta_n f' \parallel_M$$

证明　由 $S_{n,a}^*(1,x) = 1, f(x) S_{n,a}^{*'}(1,x) = 0$, 有

$$\mid S_{n,a}^{*'}(f,x) \mid = \left| \sum_{k=0}^{+\infty} \frac{n+s_n}{1+s_n} [J_{n,k}^a(x) - \right.$$

$$\left. J_{n,k+1}^a(x)]' \int_{\frac{k}{n+s_n}}^{\frac{k+s_n+1}{n+s_n}} \int_x^t f'(y) \mathrm{d}y \mathrm{d}t \right|$$

$$\leqslant \sum_{k=0}^{+\infty} \frac{n+s_n}{1+s_n} \int_{\frac{k}{n+s_n}}^{\frac{k+s_n+1}{n+s_n}} \left| \int_x^t f'(y) \mathrm{d}y \right| \mathrm{d}t \cdot$$

$$\alpha [(J_{n,k}^{\alpha-1}(x) - J_{n,k+1}^{\alpha-1}(x)) J'_{n,k+1}(x) +$$

$$J_{n,k}^{\alpha-1}(x) \mid p'_{n,k}(x) \mid]$$

又

$$\left| \int_x^t f'(y) \mathrm{d}y \right| = \left| \int_x^t \delta_n(y) f'(y) \delta_n^{-1} \mathrm{d}y \right|$$

$$\leqslant \parallel \delta_n f' \parallel_{M[x,t]} \parallel \delta_n^{-1} \parallel_{N[x,t]}$$

且

$$\parallel \delta_n^{-1} \parallel_{N[x,t]} = \sup_{\rho(v,N)\leqslant 1} \left| \int_x^t \delta_n^{-1}(y) u(y) \mathrm{d}y \right|$$

$$\leqslant C \left| \int_x^t \delta_n^{-1}(y) \mathrm{d}y \right|$$

$$\leqslant C \left| \int_x^t \min\{\varphi^{-1}(y), \sqrt{n}\} \mathrm{d}y \right|$$

$$\leqslant C \min\left\{ \frac{|t-x|}{\varphi(x)}, \sqrt{n} \, |t-x| \right\}$$

$$\leqslant C \delta_n^{-1}(x) |t-x|$$

因而

$$|\delta_n S_{n,a}^{*'}(f,x)|$$

$$\leqslant C \parallel \delta_n f' \parallel_M \sum_{k=0}^{+\infty} \frac{n+s_n}{1+s_n} \int_{\frac{k}{n+s_n}}^{\frac{k+s_n+1}{n+s_n}} |t-x| \mathrm{d}t \cdot$$

$$[(J_{n,k}^{\alpha-1}(x) - J_{n,k+1}^{\alpha-1}(x)) J'_{n,k+1}(x) +$$

$$J_{n,k}^{\alpha-1}(x) p'_{n,k}(x)]$$

$$= C \parallel \delta_n f' \parallel_M (I_1 + I_2)$$

由文献[2]中引理 2.7 的证明直接可得

$$I_1 \leqslant C, I_2 \leqslant C$$

所以

$$|\delta_n S_{n,a}^{*'}(f,x)| \leqslant C \parallel \delta_n f' \parallel_M$$

从而

$$\parallel \delta_n S_{n,a}^{*'}(f) \parallel_M \leqslant \sup_{\rho(v,N)\leqslant 1} \int_0^{+\infty} |\delta_n S_{n,a}^{*'}(f,x)| v(x) \mathrm{d}x$$

$$\leqslant C \parallel \delta_n f' \parallel_M \parallel 1 \parallel_M$$

$$\leqslant C \parallel \delta_n f' \parallel_M$$

§3　定理的证明

§1 中定理 1 的证明　利用 K 泛函与连续模的等价关系式知，存在 $g \in W_M$，使得

$$\| f - g \|_M + \frac{1}{\sqrt{n}} \| \varphi g' \|_M + \frac{1}{n} \| g' \|_M \leqslant C \omega_\varphi \left(f, \frac{1}{\sqrt{n}} \right)_M$$

结合 §2 中的引理 7 有

$$
\begin{aligned}
\| S_{n,a}^*(f) - f \|_M &\leqslant \| S_{n,a}^*(f - g) \|_M + \| f - g \|_M + \\
&\qquad \| S_{n,a}^*(g) - g \|_M \\
&\leqslant C \| f - g \|_M + \\
&\qquad \| S_{n,a}^*(g) - g \|_M
\end{aligned}
$$

因此只需证明

$$\| S_{n,a}^*(g) - g \|_M \leqslant C \left(\frac{1}{\sqrt{n}} \| \varphi g' \|_M + \frac{1}{n} \| g' \|_M \right)$$

利用 Taylor 展开式 $g(t) = g(x) + \int_x^t g'(u) \mathrm{d}u$ 及 $S_{n,a}^*(1, x) = 1$，易知

$$
\begin{aligned}
| S_{n,a}^*(g) - g | &= | S_{n,a}^*(g(t) - g(x), x) | \\
&= \left| S_{n,a}^* \left(\int_x^t g'(y) \mathrm{d}y, x \right) \right|
\end{aligned}
$$

又

$$
\begin{aligned}
\left| \int_x^t g'(y) \mathrm{d}y \right| &= \left| \int_x^t g'(y) \delta_n(y) \delta_n^{-1}(y) \mathrm{d}y \right| \\
&\leqslant \| g' \delta_n \|_{M[x,t]} \| \delta_n^{-1} \|_{N[x,t]}
\end{aligned}
$$

由 §2 中的引理 9 的证明过程，有

$$\| \delta_n^{-1} \|_{N[x,t]} \leqslant C \delta_n^{-1}(x) | t - x |$$

故

$$\left| \int_x^t g'(y)\mathrm{d}y \right| \leqslant \| g'\delta_n \|_M C\delta_n^{-1}(x) \mid t-x \mid$$

从而,有

$$\mid S_{n,a}^*(g) - g \mid \leqslant C \| g'\delta_n \|_M \delta_n^{-1}(x) S_{n,a}^*(\mid t-x \mid, x)$$

综合利用 Cauchy 不等式,凸函数的 Jensen 不等式,可得

$$S_{n,a}^*(\mid t-x \mid, x) \leqslant \alpha S_{n,1}^*(\mid t-x \mid, x)$$
$$\leqslant \alpha S_{n,1}^*(\mid t-x \mid^2, x)^{\frac{1}{2}}$$

由 §2 中的引理 5 可得

$$\mid S_{n,a}^*(g) - g \mid \leqslant C \frac{1}{\sqrt{n}} \| \delta_n g' \|_M$$

故

$$\| S_{n,a}^*(g) - g \|_M \leqslant C \frac{1}{\sqrt{n}} \| \delta_n g' \|_M$$
$$\leqslant C \left(\frac{1}{\sqrt{n}} \| \varphi g' \|_M + \frac{1}{n} \| g' \|_M \right)$$

综上即可证得 §1 中的定理 1.

§1 中定理 2 的证明 由 §2 中的引理 8 和引理 9 及 K 泛函与连续模的等价关系知,存在 $g \in W_M$,有

$$K_\varphi(f,t)_M \leqslant \| f - S_{n,a}^*(f) \|_M + t \| \varphi S_{n,a}^{*'}(f) \|_M$$
$$\leqslant Cn^{-\frac{\beta}{2}} + t(\| \delta_n S_{n,a}^{*'}(f-g) \|_M + \| \delta_n S_{n,a}^{*'}(g) \|_M)$$
$$\leqslant Cn^{-\frac{\beta}{2}} + Ct(\sqrt{n} \| f-g \|_M + \| \delta_n g' \|_M)$$
$$\leqslant Cn^{-\frac{\beta}{2}} + Ct\sqrt{n} \left(\| f-g \|_M + \frac{1}{\sqrt{n}} \| \varphi g' \|_M + \frac{1}{n} \| g' \|_M \right)$$
$$\leqslant C \left(n^{-\frac{\beta}{2}} + \frac{t}{n^{-\frac{1}{2}}} \overline{K}_\varphi(f, n^{-\frac{1}{2}})_M \right)$$

$$\leqslant C\left(n^{-\frac{\beta}{2}}+\frac{t}{n^{-\frac{1}{2}}}K_\varphi(f,n^{-\frac{1}{2}})_M\right)$$

利用文献[5]中的 Berens-Lorentz 引理可得

$$K_\varphi(f,t)_M=O(t^\beta)$$

又由

$$K_\varphi(f,t)_M\sim\omega_\varphi(f,t)_M$$

得

$$\omega_\varphi(f,t)_M=O(t^\beta)$$

§1 中定理 3 的证明　　"⇒":见 §1 中的定理 2.

"⇐":由于

$$\omega_\varphi(f,t)_M=O(t^\beta)$$

所以充分性可以由 §1 中的定理 1 直接得到.

参 考 文 献

[1] 郭顺生,齐秋兰,李清. Szász-Kantorovich-Bézier 算子在 $L_p[0,+\infty]$ 上的逼近定理[J].数学研究与评论,2006,26(4):744-755.

[2] 卢敏.一类新型 Szász-Kantorovich-Bezier 算子逼近[D].银川:宁夏大学,2009.

[3] 吴从炘,王廷辅.奥尔里奇空间及其应用[M].哈尔滨:黑龙江科学技术出版社,1983.

[4] WU G R D. On approximation by polynomials in Orlicz spaces[J]. Approximation Theory and its Applications,1991,7(3):97-110.

[5] DITZIAN Z, TOOTIK V. Moduli of smoothness[M]. Berlin: Springer-Verlag,1987.

[6] 冯悦,吴嘎日迪.Shepard 算子在 Orlicz 空间内的逼近等价定理[J].内蒙古师范大学学报,2010,39(6):566-567.

[7] ZENG X M. On the rate of convergence of the generalized Szász type operators for bounded variation functions[J]. J. Math. Anal. Appl. ,1998(226):309-325.

［8］邓雪莉,吴嘎日迪.关于 Bernstein-Durrmeyer-Bézier 算子在 Orlicz 空间内的逼近[J].纯粹数学与应用数学,2015,31(3):307-317.

第 8 编
计算几何与 CAD 中的 Bézier 曲线

计 算 几 何

第 1 章

§1　计算几何学与调配函数

计算几何学是一门用计算机综合几何形状信息的边缘学科,它与逼近论、计算数学、数控技术、绘图学等学科紧密联系,涉及的领域异常广阔.

中国科学院院士郑志明在第一届国际工业互联网学术论坛上的发言中指出:

数控加工是衡量一个国家经济实力、综合国力和国家地位的重要标志,也是西

671

方长期以来对我国进行封锁的重要原因. 因为数控加工太重要了, 它是整个工业的母基. 国家对它非常重视, 一直给予支持. 其实在智能制造上不仅是工业界支持, 学术界也非常支持.

比如说基金委和中科院发布未来十年中国科学战略的数学部分, 谈到了在传统支柱产业改造更新中的关键数学问题.

数控机床最重要的使命就是复杂曲面加工, 因为复杂曲面涉及很多工业行业最关键的部件. 复杂曲面零件具有曲面复杂、气动性能要求高、加工路径设计困难等特点. 一般来说, 像这样的零件, 都是通过数控加工的方法来完成的.

要想在数控加工方面产生一些颠覆性理论或者变革性技术, 溯源是最重要的一件事情. 现代数控加工把数控的曲面进行加工, 尽管人们看到的数控机床加工得很快, 但是把动作分解开以后, 工业零件的曲面可以看作是一个数学的几何曲面, 按照精度一点点通过差值的方法加工出来.

能不能从根上做一些彻底的变革? 说白了, 就是能不能不基于它的几何形态, 而是基于它的物理形态来做这件事?

这个思路就是, 加工曲面干什么? 比如做成发动机或者螺旋桨, 这个曲面做出来后满足了它的物理特性, 才能使它的效能提高起来. 那么我们的基本想法, 就是把加工曲面

和曲面所蕴含的物理特性结合起来,希望它加工出来以后,具有很好的力学流畅性.在加工的时候,干脆就按工厂要求直接做,因为这样做出来以后,有流线的概念.

这样的想法说起来很容易,其实从数学、物理上表述是非常难的,我们想了三四年才想清楚.基本上,我们想发展一个数学理论,从理论来产生变革性技术,这个技术使得数控加工成为一步式加工,而不像现有的两步式加工.生成流线可能有两种方法,一种方法是根据数学物理的方法来做,另一种方法是根据样本来做,按照矢量方法把流量“流”出来.

与过去传统的数控方法相比,过去的加工方法都是基于曲面的几何特性的局部处理方法,看不到加工曲面的整体观,所以极少考虑曲面生产出来的零件所赋予的物理特性.现在基于曲面,我们提出的方法不仅要考虑曲面的几何形状,而且要把周边物理场的信息放在一起全局考虑,这样的话,它的科学处理方法一下子就发生了非常大的变化,提高了工件的功能特效.

希望做出一个新型的数控系统,能够和原有的、现有的系统融合起来,为我们国家的智能制造领域做出更好的贡献.

在计算几何中,调配函数是一个重要方法.假定已知若干个点的坐标,它们可以是设计人员给出的,也可以是测量的结果,技术人员面临的任务是从这些已知点的坐标数据得到一条理想的曲线或一张曲面,工程上称这些已知的点为型值点. 从给定的型值点生成曲线,通常是将型值点的坐标各自配上函数.

举个最简单的例子:

设有两个已知型值点 p_0,p_1(p_0,p_1 表示向量)
$$p_0 = (x_0, y_0, z_0)$$
$$p_1 = (x_1, y_1, z_1)$$
联结 p_0 与 p_1 的直线段可表示为
$$p(t) = (1-t)p_0 + tp_1 \quad (t \in [0,1])$$
记
$$1 - t = \varphi_0(t), t = \varphi_1(t)$$
当 t 值给定时,$\varphi_0(t)$,$\varphi_1(t)$ 表示对型值点 p_0 与 p_1 做加权平均时所用的系数,由于这些系数表现为相应型值点影响的大小,故这类函数我们称之为调配函数.

设 p_0,p_1,$\cdots$,p_n 为型值点,给每一点配以一个函数,写出如下形式的曲线
$$p(t) = \sum_{i=0}^{n} p_i \varphi_i(t) \quad (t \in [0,1])$$

关键的问题是如何选择调配函数 $\varphi_0(t)$,$\varphi_1(t)$,$\cdots$,$\varphi_n(t)$.

在计算机辅助设计与制造(CAD/CAM)的典型问题中,人们归纳出调配函数生成的一般准则:

(1)当 $p_0 = p_1 = p_2 = \cdots = p_n$ 时,$p(t)$ 应收缩为一点,于是由 $p(t) = p_0 = \sum_{i=0}^{n} p_0 \varphi_i(t) = p_0 \sum_{i=0}^{n} \varphi_i(t)$ 可以推出 $\sum_{i=0}^{n} \varphi_i(t) = 1$.

(2)曲线 $p(t)$ 落在以型值点为顶点的凸多边形

内,且保持型值点的凸性,这时要求函数满足条件

$$\varphi_i(t) \geqslant 0 \quad (i=0,1,2,\cdots,n,t \in [0,1])$$

（3）为了使由给定次序的型值点生成的曲线在反方向（即将 p_i 换成 p_{i-1}）之下是不变的,要求调配函数满足条件

$$\varphi_i(t) = \varphi_{n-i}(1-t) \quad (i=0,1,2,\cdots,n,t \in [0,1])$$

（4）为了便于计算,调配函数应该有尽量简单的结构,通常取它们为某种多项式、分段多项式或简单的有理函数.

§2　形 体 设 计

1. 几种可能的方法

对于设计满足一定要求的复杂形体,我们有两种可能的工作方法:

（1）在一条 n 次曲线上工作,改变其定义点的位置.我们已经看过,这可以改变曲线的整体形状.

（2）在几条 n 次曲线上工作,改变其定义点的个数.

不难发现,在次数较低的情况下,在某些特定的位置很容易画出满足要求的曲线弧.但是,即使我们拥有几何工具和方法,也较难画出具有诸如尖点或拐点之类的曲线.

因此,一般用一组简单的 Bézier 曲线弧首尾连接在一起来设计复杂形体.

2. 复合曲线

复合曲线由一组简单的二次或三次曲线组成,其中一条曲线的终点是下一条曲线的起点. 因为在连接点处曲线的连接性质甚至曲率都完全是已知的,所以使用起来很灵活.

　　复合曲线中两条尾随曲线的简单式连接,曲率守恒式连接,"拐点式"连接,"尖点式"连接都可以办到. 另外,还可以画出封闭曲线,设计重点、双连等具有其他性质的曲线. 下面举出几个例子:

　　(1) 两条曲线的曲率连续过渡问题.

　　为简化起见,只使用抛物线弧. 图 1(a) 给出了几种不同类型的过渡方式. 若要求在连接点处两条弧有相同的曲率,则过渡可能会更加完美. 采用在曲线的端点构造曲率中心的方法,我们可以做到保持同一曲率或者相反曲率的过渡. 然而,这些过渡只是几何类型的:这些向量的分量可能一阶或二阶不可导,这是因为它们不一定保留一阶或二阶导向量.

　　在图 1(b) 中,两个抛物线在端点相连处有相同的曲率. 其中的一条曲线可以假设成是给定的,定义点为 A,B,C,另一条的端点 A' 与 A 重合,其特征多边形的第一个边向量 $\overrightarrow{A'B'}$ 与 $\overrightarrow{AB}$ 共线,但方向相反.

　　反过来,可画出点 H',它是第二条抛物线的未知的定义点 C' 在点 A 处的法线(两曲线共同的法线)上的投影. 因此点 C' 在射线 Δ 上(图 1). 对于相反曲率以及点 A 是"尖点"之类情形,处理起来也不难.

　　同样,可以处理一条抛物线与一条三次曲线的过渡问题,只需注意:对于抛物线

$$\overrightarrow{A\Omega} = -2\,\overrightarrow{A\Omega'}$$

而对于三次曲线

$$\overrightarrow{A\Omega_1} = -\frac{3}{2}\,\overrightarrow{A\Omega'_1}$$

故

$$\Omega = \Omega_1 \Leftrightarrow \overrightarrow{A\Omega'_1} = \frac{4}{3}\,\overrightarrow{A\Omega'}$$

H' 随之便可画出.

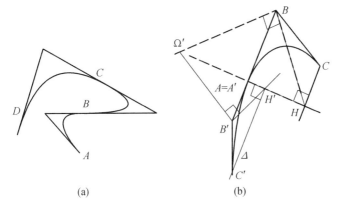

(a)   (b)

图 1

（2）二重点图案.

我们知道,处理 Bézier 曲线重点的存在性与位置不是一件易事.但当曲线交于对称轴时却很容易利用对称性来制造重点.取一条三次曲线为例（见图 2）,定义点为 A,B,C,D,首尾两端的切线相互平行. 如果我们想使参数为 $\frac{1}{2}$ 的点 d 为重点,并使它在与 AB 垂直的线段 AC 上,那么通过计算可以证明 $\overrightarrow{CD} = 3\,\overrightarrow{BA}$.

这条三次曲线与它相对于（AC）对称的曲线连在一起组成的曲线在点 d 有重点.把合在一起的曲线进行平移可得到下面的图案 3.

最后,通过适当布置,特征多边形使对应的曲线相交也很容易制造重点.在图 4 中我们使两条抛物线与一条三次曲线相交.

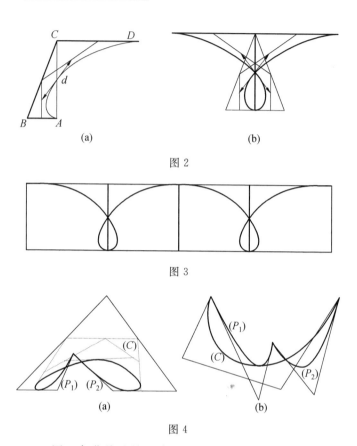

图 2

图 3

图 4

用一条曲线连接两条已知曲线,在两个衔接点处曲率连续过渡(图 5).

678

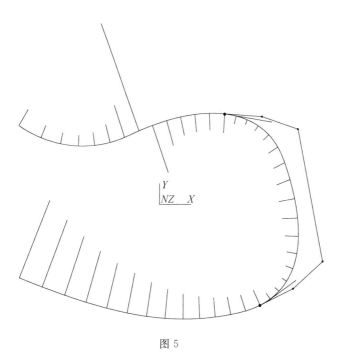

图 5

679

Bézier 曲线的几何绘制

第 2 章

§1　参　数　曲　线

在一个给定的坐标系下,Bézier 曲线移动点 $M(t)$ 的坐标是 t 的多项式函数,它与定义点 P_i 的坐标以及 Bernstein 多项式有关,多项式的次数 n 也叫作曲线的次数.

Bézier 曲线问题属于更一般的参数曲线问题,即绘制一条曲线(至少确定其大体形状),它的参数方程为
$$\{x = f(t), y = g(t)\}$$
或

680

$$\{x=f(t),y=g(t),z=h(t)\}$$

对于后一种情况,把三个沿坐标轴投影的曲线进行影像组合就可画出三维空间曲线.

多项式函数 f,g,h 都可导,做出它们的变化表格,并标出导数的正负号,便可画图.

曲线的绘制可像绘制机那样,根据相互的变化情况,向左或向右移动一定数值,又向上或向下移动一定数值.对曲线的某些点,尤其是它的端点,曲线的一些已知的几何特性(如切线)可帮助进行它的绘制或检验.

§2　四 个 例 子

为简化起见,考虑三个三阶 Bézier 曲线,其定义点都是 P_0,P_1,P_2,P_3,只是次序不同.

借此机会再来看看定义点联结次序是怎样影响曲线整体形状的,以及三次 Bézier 曲线的拐点与尖点.

例1　定义点 P_0,P_1,P_2,P_3 在坐标系 lOy 中的坐标依次为 $(0,0),(0,1),(1,1),(1,0)$.利用定义式得

$$x=f(t)=3t^2(1-t)+t^3=3t^2-2t^3$$
$$y=g(t)=3t(1-t)^2+3t^2(1-t)=3t-3t^2$$
$$f'(t)=6t(1-t)$$
$$g'(t)=3-6t$$

其变化情况见表 1:

表1

t	0		$\dfrac{1}{2}$		1
$f'(t)$	0		$+$		0
$f(t)$	0	↗	$\dfrac{1}{2}$	↗	1
$g(t)$	0	↗	$\dfrac{3}{4}$	↘	0
$g'(t)$	3	$+$	0	$-$	-3

Bézier 曲线如图1所示.

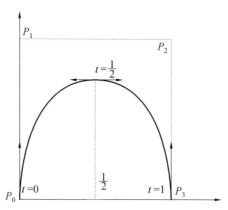

图1

为简化起见,切线用向量表示,只画出了方向,而没有考虑大小. 实际上,在参数为 0 和 1 的端点,真正的导向量分别等于 $\overrightarrow{P_0P_1}$ 和 $\overrightarrow{P_2P_3}$ 的三倍.

例2 还是上面的定义点,但次序不同. P_0,P_1,P_2,P_3 的坐标依次为 $(0,0)$,$(1,0)$,$(0,1)$,$(1,1)$,我们有

$$\begin{cases} x = f(t) = 3t(1-t)^2 + t^3 = 3t - 6t^2 + 4t^3 \\ y = g(t) = 3t^2(1-t) + t^3 = 3t^2 - 2t^3 \end{cases}$$

682

以及

$$\begin{cases} f'(t) = 3 - 12t + 12t^2 \\ g'(t) = 6t(1-t) \end{cases}$$

请读者自己做出变化表格. 曲线如图 2 所示.

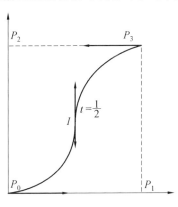

图 2

因为 $g'(0) = 0, g'(1) = 0$, 所以在点 P_0 和点 P_3 处的切线都水平, 并且分别与向量 $\overrightarrow{P_0 P_1}, \overrightarrow{P_2 P_3}$ 共线. 因为 $f'\left(\dfrac{1}{2}\right) = 0$, 所以在 $t = \dfrac{1}{2}$ 的点处切线垂直. 不难看出这是一个拐点.

例 3　P_0, P_1, P_2, P_3 的坐标依次为 $(0,0), (1,1),$ $(0,1), (1,0)$. 坐标函数及其导数都不难算出

$$x = f(t) = 3t(1-t)^2 + t^3 = 3t - 6t^2 + 4t^3$$
$$y = g(t) = 3t(1-t)^2 + 3t^2(1-t) = 3t - 3t^2$$
$$f'(t) = 3 - 12t + 12t^2$$
$$g'(t) = 3 - 6t$$

其变化情况见表 2:

表 2

t	0		$\dfrac{1}{2}$		1
$f'(t)$	3	$+$	0	$+$	3
$f(t)$	0	↗	$\dfrac{1}{2}$	↗	1
$g(t)$	0	↗	$\dfrac{3}{4}$	↘	0
$g'(t)$	3	$+$	0	$-$	-3

Bézier 曲线如图 3 所示.

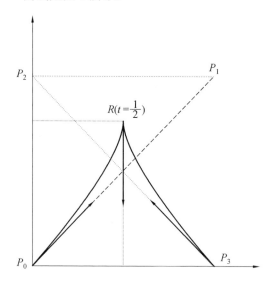

图 3

在点 P_0 处,切线与 $\overrightarrow{P_0P_1}$ 共线,角系数 $\dfrac{g'(0)}{f'(0)} = 1$;

在点 P_3 处,切线与 $\overrightarrow{P_3P_2}$ 共线,角系数 $\dfrac{g'(1)}{f'(1)} = -1$;在

$t = \dfrac{1}{2}$ 的点 R 处切线垂直，这是个尖点. 可以验证

$$\lim_{t \to \frac{1}{2}} \frac{3(1-2t)}{3(1-2t)^2} = \pm \infty$$

在 $t = \dfrac{1}{2}$ 左边为 $+\infty$，在右边为 $-\infty$.

例 4　设三次 Bézier 曲线 Γ 为空间曲线，其定义点 P_0, P_1, P_2, P_3 在坐标系 $O-ijk$ 中的坐标依次为 $(0,0,0),(0,1,1),(1,1,0),(1,0,1)$. 把这条曲线投影在坐标平面上，得到的平面曲线的定义点是原曲线的定义点在坐标平面上的投影. 例如，在平面 (x,y) 上的投影曲线 C_1 的定义点为 P_0, P_2'', P_2, P_3'，其中 P_2'' 是 P_1 在此平面上的投影，P_3' 则是 P_3 的投影，C_1 正是例 1 中的曲线. 同样，在平面 (y,z) 上的投影曲线 C_3 的定义点为 P_0, P_1, P_2'', P_3''，这是例 3 中的曲线，尖点为 R. 最后，Γ 在平面 (x,z) 上的投影曲线 C_2 的定义点为 P_0, P_3'', P_3', P_3，它有一个拐点 I，是例 2 中的曲线（图 4）.

上面绘出了曲线 Γ 在空间中的大体形状. 特征多边形 $P_0 P_1 P_2 P_3$ 用粗虚线表示，Γ 为粗实线，其两端点的切线用粗虚线向量表示，它们分别与直线 $P_0 P_1$ 和直线 $P_2 P_3$ 共线. 投影曲线都用细实线表示. 除了两端点外，还画了 Γ 的一个点，那就是 $M\left(\dfrac{1}{2}\right)$，它在坐标面上的投影分别是 C_1 上的点 H，C_2 的拐点 I 和 C_3 的尖点 R.

借助曲线 Γ 的向量定义式可以证明 Γ 在空间没有尖点. 在点 $M\left(\dfrac{1}{2}\right)$，切线 $\boldsymbol{M}'\left(\dfrac{1}{2}\right)$ 垂直于平面 (y,z)，这也是为什么 Γ 在平面 (y,z) 上的投影有一个尖点的原

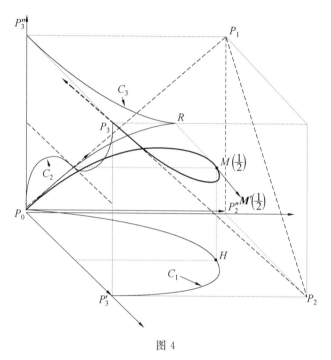

图 4

因. 另外, 在这点的二阶导向量与 j 平行, 故在这点的密切平面是个水平面, 它在平面 (y, z) 上的投影是尖点 R 的切线.

四阶 n 次 B 样条曲线的单调逼近性及奇拐点分析①

第 3 章

通常的 B 样条曲线、Bézier 曲线和有理参数曲线都不收敛于它们的控制多边形.本章给出的一类四阶 n 次 B 样条曲线(当 $n=3$ 时即为三次 B 样条曲线),在其凸包族 $\{V_3(n)\}$ 单调嵌套且收敛于曲线的控制多边形的意义下,单调地逼近于此控制多边形.在平面曲线情形,西北大学的叶正麟教授于 1990 年利用不同于文献 [1-6] 中的方法,避开分析代数方程的根的困难,几何直观地分析了曲线的奇拐点的完全分布;还指出了具有双拐点或奇点

---

① 本章摘自《应用数学学报》1990 年第 1 期.

687

的"危险区",给出了曲线无奇点或只有一个必要的拐点的简单实用的判别法.

给定三维向量 $\boldsymbol{b}_j \in \mathbf{R}^3, j=0,1,2,3$,和实数 $n>2$,形如

$$r(t;n) = \sum_{j=0}^{3} \boldsymbol{b}_j B_j(t;n) \quad (0 \leqslant t \leqslant 1) \quad (0.1)$$

的参数曲线段称为四阶 n 次 B 样条曲线段,依次联结 $\boldsymbol{b}_j(j=0,1,2,3)$ 的终点的折线称为 $r(t;n)$ 的特征多边形. 这里

$$\begin{cases} B_0(t;n) = \dfrac{1}{2n}(1-t)^n \\ B_1(t;n) = (1-t) - \dfrac{1}{n}(1-t)^n + \dfrac{1}{2n}t^n \\ B_2(t;n) = t - \dfrac{1}{n}t^n + \dfrac{1}{2n}(1-t)^n \\ B_3(t;n) = \dfrac{1}{2n}t^n \end{cases}$$

$$(0 \leqslant t \leqslant 1) \qquad (0.2)$$

令

$$N(u;n) = \begin{cases} B_j(u+j-1;n), \\ -j+1 \leqslant u < -j+2, j=0,1,2,3 \\ 0, \quad u < -2 \text{ 或 } u \geqslant 2 \end{cases}$$

$$(0.3)$$

容易验证:$N(u;n) \in C^2(\mathbf{R})$;它是偶函数;$N(u;n)>0, |u|<2; \sum\limits_{i=-\infty}^{n} N(u-i;n) \equiv 1$;它具有图 1 中的图像. $N(u;n)$ 称为四阶 n 次(简写为 $4-n$)B 样条函数. 给定三维向量 $\boldsymbol{P}_i \in \mathbf{R}^3, i=-1,0,\cdots,m,m+1$,其中 $\boldsymbol{P}_{-1} = 2\boldsymbol{P}_0 - \boldsymbol{P}_1, \boldsymbol{P}_{m+1} = 2\boldsymbol{P}_m - \boldsymbol{P}_{m-1}$,参数曲线

$$x(u;n) = \sum_{i=-1}^{m+1} \boldsymbol{P}_i N(u-i;n) \quad (0 \leqslant u \leqslant m)$$

$$(0.4)$$

称为四阶 n 次 B 样条曲线；依次联结 $\boldsymbol{P}_0, \boldsymbol{P}_1, \cdots, \boldsymbol{P}_m$ 的终点的折线称为 $x(u;n)$ 的特征多边形. 当 $n=3$ 时，$x(u;3)$ 就是三次 B 样条曲线. 显然，$x(u;n) \in C^2[0, m]$.

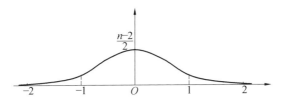

图 1　4−n B−样条函数的图像

曲线族 $x(u;n)$ 区别于通常有理 B 样条曲线和有理 Bézier 曲线的重要特性是，当 $n \to +\infty$ 时，它以其特征多边形为极限. 事实上，由式（0.2）与（0.3）得极限式

$$\lim_{n \to +\infty} N(u;n) = \Omega_1(u) = \begin{cases} 1-|u|, & |u| < 1 \\ 0, & |u| \geqslant 1 \end{cases}$$

$$(0.5)$$

成立，因此有

$$\lim_{n \to +\infty} x(u;n) = \sum_{i=0}^{m} \boldsymbol{P}_i \Omega_1(u-i) \quad (0 \leqslant u \leqslant m)$$

$$(0.6)$$

等式右边正是一次 B 样条曲线，也就是 $x(u;n)$ 的特征多边形.

为了研究曲线 $x(u;n)$ 的性质，显然只需要考察曲线段 $\boldsymbol{r}(t;n)$.

关于 $r(t;n)$ 的两端点和中点,经计算有

$$
\begin{cases}
r(0) = b_1 + \dfrac{1}{n} \dfrac{\Delta^2 b_0}{2} \\[2mm]
r(1) = b_2 + \dfrac{1}{n} \dfrac{\Delta^2 b_1}{2} \\[2mm]
r\left(\dfrac{1}{2}\right) = \left[1 - \left(\dfrac{1}{2}\right)^{n-1}\right] \dfrac{b_1 + b_2}{2} + \left(\dfrac{1}{2}\right)^{n-1} \dfrac{r(0) + r(1)}{2} \\[2mm]
r'(0) = \dfrac{1}{2}(b_2 - b_0) \\[2mm]
r'(1) = \dfrac{1}{2}(b_3 - b_1) \\[2mm]
r'\left(\dfrac{1}{2}\right) = b_2 - b_1 + \left(\dfrac{1}{2}\right)^{m} \Delta^3 b_0
\end{cases}
$$

$$(0.7)$$

这里 $\Delta^2 b_0 = b_2 - 2b_1 + b_0$,$\Delta^2 b_1 = b_3 - 2b_2 + b_1$. 端点与中点和 b_i 的关系由图 2 可以一目了然.

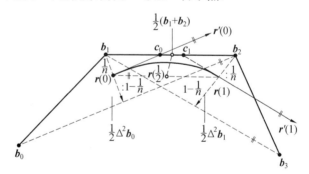

图 2 $4 - n$ B－样条曲线段的端点与中点

曲线段 $r(t;n)$ 有四种凸包. 式(0.1) 有下列三种变形

$$
r(t;n) = \frac{1}{n}(1-t)^n \left(b_1 + \frac{1}{2}\Delta^2 b_0\right) +
$$

690

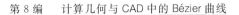

$$\left[(1-t)-\frac{1}{n}(1-t)^n\right]\boldsymbol{b}_1 +$$

$$\left(t-\frac{1}{n}t^n\right)\boldsymbol{b}_2 +$$

$$\frac{1}{n}t^n\left(\boldsymbol{b}_2+\frac{1}{2}\Delta^2\boldsymbol{b}_1\right)\quad(0\leqslant t\leqslant 1)$$

$$(0.8)$$

$$\boldsymbol{r}(t;n)=(1-t)^n\left(\boldsymbol{b}_1+\frac{1}{n}\frac{\Delta^2\boldsymbol{b}_0}{2}\right)+$$

$$\left[(1-t)-(1-t)^n\right]\boldsymbol{b}_1 +$$

$$(t-t^n)\boldsymbol{b}_2 +$$

$$t^n\left(\boldsymbol{b}_2+\frac{1}{n}\frac{\Delta^2\boldsymbol{b}_1}{2}\right)\quad(0\leqslant t\leqslant 1)\quad(0.9)$$

$$\boldsymbol{r}(t;n)=(1-t)^n\left(\boldsymbol{b}_1+\frac{1}{2n}\Delta^2\boldsymbol{b}_0\right)+$$

$$\left[\frac{n-1}{n-2}(1-t)-\frac{1}{n-2}t-\right.$$

$$\left.\frac{n-1}{n-2}(1-t)^n+\frac{1}{n-2}t^n\right]\cdot$$

$$\left(\boldsymbol{b}_1+\frac{1}{n}\Delta\boldsymbol{b}_1\right)+$$

$$\left[-\frac{1}{n-2}(1-t)+\frac{n-1}{n-2}t+\frac{1}{n-2}(1-t)^n-\right.$$

$$\left.\frac{n-1}{n-2}t^n\right]\left(\boldsymbol{b}_2-\frac{1}{n}\Delta\boldsymbol{b}_1\right)+$$

$$t^n\left(\boldsymbol{b}_2+\frac{1}{2n}\Delta^2\boldsymbol{b}_1\right)\quad(0\leqslant t\leqslant 1)\quad(0.10)$$

$\boldsymbol{r}(t;n)$ 的这四种表示式的每一种都容易验证它的四个系数函数都是非负的,且和恒等于 1,因此对应有凸包,记为 V_i,$i=1,2,3,4$. V_i 分别由四个点生成

$$\begin{cases}
V_1 : \boldsymbol{b}_0 , \boldsymbol{b}_1 , \boldsymbol{b}_2 , \boldsymbol{b}_3 \\
V_2 : \boldsymbol{b}_1 + \dfrac{1}{2}\Delta^2 \boldsymbol{b}_0 , \boldsymbol{b}_1 , \boldsymbol{b}_2 , \boldsymbol{b}_2 + \dfrac{1}{2}\Delta^2 \boldsymbol{b}_1 \\
V_3 = V_3(n) : \boldsymbol{b}_1 + \dfrac{1}{2n}\Delta^2 \boldsymbol{b}_0 , \boldsymbol{b}_1 , \boldsymbol{b}_2 , \boldsymbol{b}_2 + \dfrac{1}{2n}\Delta^2 \boldsymbol{b}_1 \\
V_4 = V_4(n) : \boldsymbol{c}_0 = \boldsymbol{b}_1 + \dfrac{1}{2n}\Delta^2 \boldsymbol{b}_0 , \boldsymbol{c}_1 = \boldsymbol{b}_1 + \dfrac{1}{n}\Delta \boldsymbol{b}_1 \\
\qquad \boldsymbol{c}_2 = \boldsymbol{b}_2 - \dfrac{1}{n}\Delta \boldsymbol{b}_1 , \boldsymbol{c}_3 = \boldsymbol{b}_2 + \dfrac{1}{2n}\Delta^2 \boldsymbol{b}_1
\end{cases}$$

$$(0.11)$$

前两种凸包 V_1 , V_2 都与参量 n 无关,后两种凸包 $V_3(n) , V_4(n)$ 都与参量 n 有关.特别地,$V_3(n)$ 有单调嵌套性质.设对任意 $n > 2 , r(t ; n)$ 有共同的特征多边形.如果 n 的两个值 $n_1 < n_2$,则必有 $V_3(n_1) \supset V_3(n_2)$.

事实上,对任意 $\boldsymbol{b} \in V_3(n_2)$,存在非负数 $\alpha_j , \displaystyle\sum_{j=0}^{3} \alpha_j = 1$,使得

$$\boldsymbol{b} = \alpha_0 \left(\boldsymbol{b}_1 + \frac{1}{2n_2}\Delta^2 \boldsymbol{b}_0 \right) + \alpha_1 \boldsymbol{b}_1 + \alpha_2 \boldsymbol{b}_2 + \alpha_3 \left(\boldsymbol{b}_2 + \frac{1}{2n_2}\Delta^2 \boldsymbol{b}_1 \right)$$

但它又能表示为

$$\boldsymbol{b} = \beta_0 \left(\boldsymbol{b}_1 + \frac{1}{2n_1}\Delta^2 \boldsymbol{b}_0 \right) + \beta_1 \boldsymbol{b}_1 + \beta_2 \boldsymbol{b}_2 + \beta_3 \left(\boldsymbol{b}_2 + \frac{1}{2n_2}\Delta^2 \boldsymbol{b}_1 \right)$$

其中 $\beta_0 = \dfrac{\alpha_0 n_1}{n_2} , \beta_1 = \alpha_1 + \alpha_0 \dfrac{n_2 - n_1}{n_2} , \beta_2 = \alpha_2 +$

$\alpha_3 \dfrac{n_2 - n_1}{n_2} , \beta_3 = \dfrac{\alpha_3 n_1}{n_2}$ 都是非负的,且 $\displaystyle\sum_{j=0}^{3} \beta_j = 1$. 于是

$\boldsymbol{b} \in V_3(n_1)$.进而,设对应于曲线 $\boldsymbol{x}(u ; n)$ 的每一段 $[i, i+1] (i = 0 , \cdots , m-1)$ 上的第三种凸包记为 $V_{3,i}(n)$,

令 $\overline{V}_3(n) = \displaystyle\bigcup_{i=0}^{m-1} V_{3,i}(n)$,则关于同一特征多边形 $P_{i,l} =$

$0,\cdots,m,\overline{V}_3(n)$ 也有单调嵌套性质. 注意到 $V_3(n)$ 和 $r(t;t)$ 都以两点 b_1 与 b_2 间的直线段 $\overline{b_1 b_2}$ 为极限, $\overline{V}_3(n)$ 和 $x(u;n)$ 也都以 $x(u;n)$ 的特征多边形为极限,于是有下面的定理:

定理 1　四阶 n 次 B 样条曲线段 $r(t;n)$ 的第三种凸包 $V_3(n)$ 关于 n 是单调嵌套的,且和 $r(t;n)$ 都以 $b_1 b_2$ 为极限;四阶 n 次 B 样条曲线 $x(u;n)$ 的各段凸包的并集 $\overline{V}_3(n)$ 关于 n 也是单调嵌套的,且和 $x(u;n)$ 都以特征多边形为极限.

我们称 $r(t;n)$ 在凸包单调嵌套的意义下,单调地逼近直线段 $(1-t)b_1 + tb_2$;称 $x(u;n)$ 在凸包的并的单调嵌套的意义下单调地逼近其特征多边形.

顺便指出,曲线段 $r(t;n)$ 的变形 (0.10),当 $n=3$ 时,恰好是三次 Bézier 曲线. 一般地,它有类似于三次 Bézier 曲线的性质,例如在两端点处过点 c_0,c_3,且分别与边向量 $c_1 - c_0,c_3 - c_2$ 相切等. 它的进一步的性质这里不再赘述.

下面讨论 $r(t;n)$ 的奇拐点性质. 在 $r(t;n)$ 为空间曲线的情形,它没有奇点和泛拐点. 现在考虑平面曲线情形. 设四点 b_0,b_1,b_2,b_3 共平面. 把式 (0.1) 改写为

$$r(t) = r(t;n) = (1-t)b_1 + tb_2 +$$

$$\frac{1}{n}(1-t)^n q_1 + \frac{1}{n} t^n q_2 \quad (0 \leqslant t \leqslant 1)$$

$$(0.12)$$

其中

$$q_1 = \frac{1}{2}\Delta^2 b_0, q_2 = \frac{1}{2}\Delta^2 b_1$$

先考察 $q_1 /\!/ q_2$ 的情形. 于是可设 $\alpha_2 = b_2 - b_1 = \lambda q_1 +$

$\mu \boldsymbol{q}_2$,式(0.12)变为

$$\boldsymbol{r}(t) = \boldsymbol{r}(t;\lambda,\mu) = \boldsymbol{b}_1 + \left[\lambda t + \frac{1}{n}(1-t)^n\right]\boldsymbol{q}_1 +$$

$$\left[\mu t + \frac{1}{n}t^n\right]\boldsymbol{q}_2 \quad (0 \leqslant t \leqslant 1) \qquad (0.13)$$

定理 2 当 $\boldsymbol{q}_1 /\!/ \boldsymbol{q}_2$ 时,四阶 n 次 B−样条曲线段 $\boldsymbol{r}(t)$ 的奇拐点取决于点 (λ,μ) 在坐标系 $\lambda O\mu$ 中的如下分布(图 3)

$(\lambda,\mu) \in$

凸性区 N(包含边界 $\{(\lambda,0) \mid \lambda \leqslant 0$ 或 $\lambda \geqslant 1\} \bigcup \{(0,\mu) \mid \mu \leqslant -1$ 或 $\mu \geqslant 0\}$):$\boldsymbol{r}(t)$ 无内奇点和内拐点

单拐区 S(包含边界 $\{(\lambda,0) \mid 0 < \lambda < 1\} \bigcup \{(0,\mu) \mid -1 < \mu < 0\}$):$\boldsymbol{r}(t)$ 只有一个内拐点,无内奇点

双拐区 D:$\boldsymbol{r}(t)$ 有二个内拐点,无内奇点

尖点线 C:$\boldsymbol{r}(t)$ 有一个(第一类)内尖点,无内重点和内拐点

重点区 L(包含边界 l_1 与 l_2):$\boldsymbol{r}(t)$ 有一个二重点,无内尖点和内拐点

其中

$$曲线\ C:\lambda^{\frac{1}{n-1}} + (-u)^{\frac{1}{n-1}} = 1$$
$$(0 < \lambda < 1, -1 < \mu < 0)$$

或

$$\begin{cases}\lambda = (1-t)^{n-1} \\ \mu = -t^{n-1}\end{cases} \quad (0 < t < 1) \qquad (0.14)$$

曲线 l_1 :
$$\begin{cases} \lambda = \dfrac{1-(1-\nu)^n}{n\nu} \\[2mm] \mu = -\dfrac{1}{n}\nu^{n-1} \end{cases} \quad (0 < \nu \leqslant 1)$$

曲线 l_2 :
$$\begin{cases} \lambda = \dfrac{1}{n}\nu^{n-1} \\[2mm] \mu = -\dfrac{1-(1-\nu)^n}{n\nu} \end{cases} \quad (0 < \nu \leqslant 1) \quad (0.15)$$

区域 N,S,D,C,L 互不相交.

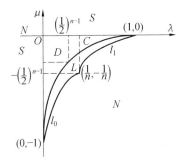

图 3　$4-n$ B-样条曲线段的奇拐点分布

证明　(1) 关于尖点. 由式 (0.13) 得, $r(t)$ 有内尖点的必要条件为

$$r'(t) = \left[\lambda - (1-t)^{n-1}\right]q_1 + (\mu + t^{n-1})q_2 = 0$$
$$(0 < t < 1) \quad (0.16)$$

因为 q_1 与 q_2 线性无关, 即得式 (0.14) 的曲线 C. 显然任一点 $(\lambda_0, \mu_0) \in C$ 对应的曲线段 $r(t; \lambda_0, \mu_0)$ 有唯一的参数 $0 < t_0 < 1$, 与 λ_0, μ_0 一起满足式 (0.14), 使 $r'(t_0) = 0$, 因此 $r'(t)$ 在 $t = t_0$ 处的 Taylor 展开式为

$$r'(t) = (n-1)\left[(1-t_0)^{n-2}q_1 + t_0^{n-2}q_2\right](t - t_0) +$$
$$O((t - t_0)^2) \quad (0.17)$$

$r'(t)$ 在 t_0 处有一个方向反变, $r(t_0)$ 即为(第一类)尖

点. 从而曲线 C 上且只有 C 上的点 (λ, μ) 对应曲线段 $r(t; \lambda, \mu)$ 有一个内尖点；称 C 为尖点线. 由分析学推知曲线 C 是单调上升的、严格凸的连续曲线, 两端极限点的切线分别为 λ 轴和 μ 轴, 见图 3.

（2）关于拐点. 由式 (0.13) 算得 $r(t)$ 的副法线向量为

$$r(t) = r'(t) \times r''(t) = (n-1) g(\lambda, \mu; t) q_1 \times q_2$$

其中

$$g(\lambda, \mu; t) = \lambda t^{n-2} - \mu(1-t)^{n-2} - (1-t)^{n-2} t^{n-2}$$
$$(0 \leqslant t \leqslant 1)$$

我们定义 $r(t_0)(0 < t_0 < 1)$ 为曲线段 $r(t)$ 的拐点, 当且仅当 $g(t) = g(\lambda, \mu; t)$ 在 t_0 处变号. 对应于拐点, 平面 (λ, μ) 上可能的区域是以 t 为参量的直线族

$$g(\lambda, \mu; t) = \lambda t^{n-2} - \mu(1-t)^{n-2} - (1-t)^{n-2} t^{n-2} = 0$$
$$(0 < t < 1) \tag{0.18}$$

所扫过的部分. 直接计算易知直线族 $g(\lambda, \mu; t) = 0$ 的包络线的参数方程正是式 (0.14), 即曲线 C. 曲线 C 是严格凸连续曲线, 因此所求的可能区域为图 3 中的 $S \cup D \cup C$. 显然, 过任一点 $(\lambda_0, \mu_0) \in S \cup D \cup C$, 至少有一条形如式 (0.18) 的直线 $g(\lambda, \mu; t_0) = 0$, 对应参量为 t_0, 与曲线 C 相切于点 P_0, 点 P_0 在式 (0.14) 中的对应参数也是 t_0. 若 $(\lambda_0, \mu_0) \in C$, 则由式 (0.14), $\lambda_0 = (1-t_0)^{n-1}$, $\mu_0 = -t_0^{n-1}$, 及 $g(\lambda_0, \mu_0; t_0) = 0$, 经计算得

$$g'_t(\lambda_0, \mu_0; t_0) = 0,$$

$$g''_t(\lambda_0, \mu_0; t_0) = (n-1)(n-2)(1-t_0)^{n-3} t_0^{n-3} \neq 0$$
$$(0 < t_0 < 1)$$

因此 $g(t) = g(\lambda_0, \mu_0; t_0)$ 在 t_0 处的展开式为

$$g(t) = \frac{1}{2} g''_t(\lambda_0, \mu_0; t_0)(t - t_0)^2 + O((t - t_0)^3)$$

$$(0.19)$$

可见 $g(t)$ 在 t_0 处不变号,从而$(\lambda_0, \mu_0) \in C$ 对应的曲线段 $\boldsymbol{r}(t)$ 无内拐点. 如果$(\lambda_0, \mu_0) \in S \cup D$,可设过它与曲线 C 相切的直线之一为 $g(\lambda, \mu; t_0) = 0, t_0$ 也是曲线 C 上对应切点的参数. 对应于(λ_0, μ_0) 的曲线段 $\boldsymbol{r}(t; \lambda_0, \mu_0), g(t) = g(\lambda_0, \mu_0; t)$ 在 t_0 处的展开式为

$$g(t) = g'_t(\lambda_0, \mu_0; t_0)(t - t_0) + O((t - t_0)^2)$$

$$(0.20)$$

这里的

$$g'_t(\lambda_0, \mu_0; t_0) = (n-2)[\lambda_0 t_0^{n-3} + \mu_0(1-t)^{n-3} +$$
$$(2t_0 - 1)(1 - t_0)^{n-3} t_0^{n-3}] \neq 0$$

因为,如果 $g'_t(\lambda_0, \mu_0; t_0) = 0$,又 $g(\lambda_0, \mu_0; t_0) = 0$,解此联立方程得 $\lambda_0 = (1 - t_0)^{n-1}, \mu_0 = -t_0^{n-1}$,那么$(\lambda_0, \mu_0) \in C$,产生矛盾. 于是 $g(t)$ 在 t_0 处变号,$\boldsymbol{r}(t_0)$ 是内拐点. 当$(\lambda_0, \mu_0) \in S$ 时,过它只能作曲线 C 的一条切线,$\boldsymbol{r}(t)$ 只有一个内拐点;当$(\lambda_0, \mu_0) \in D$ 时,过它可作但只能作曲线 C 的两条切线,各对应于式(0.14) 的参数 $t_{10}, t_{20}, t_{10} \neq t_{20}, \boldsymbol{r}(t)$ 有两个不同的拐点(由后面的证明可知对应 D 中的$(\lambda_0, \mu_0), \boldsymbol{r}(t)$ 无重点). 从而区域 S 中且只有 S 中的点(λ, μ) 对应曲线段 $\boldsymbol{r}(t)$ 有一个内拐点;区域 D 中且只有 D 中点(λ, μ) 对应曲线段 $\boldsymbol{r}(t)$ 有两个内拐点. S, D 分别称为单拐区和双拐区.

(3) 关于重点. 由式(0.13),重点方程为

$$\boldsymbol{r}(t_2) - \boldsymbol{r}(t_1)$$

$$= \left[\lambda(t_2 - t_1) + \frac{1}{n}((1 - t_2)^n - (1 - t_1)^n)\right]\boldsymbol{q}_1 +$$

$$\left[\mu(t_2 - t_1) + \frac{1}{n}(t_2^n - t_1^n)\right]\boldsymbol{q}_2 = \boldsymbol{0}$$

这里 $0 \leqslant t_1, t_2 \leqslant 1, t_1 \neq t_2$. 由 $\boldsymbol{q}_1$ 与 $\boldsymbol{q}_2$ 的线性无关性得

$$\begin{cases} \lambda = -\dfrac{(1-t_2)^n - (1-t_1)^n}{n(t_2 - t_1)} \\ \mu = -\dfrac{t_2^n - t_1^n}{n(t_2 - t_1)} \end{cases} \tag{0.21}$$

方程 (0.21) 关于 t_1, t_2 是对称的. 不妨设 $\alpha = t_2 - t_1 > 0$, 方程 (0.21) 变为

$$\begin{cases} \lambda = \varphi_1(t_1, \alpha) = -\dfrac{(1-t_1-\alpha)^n - (1-t_1)^n}{n\alpha} \\ \mu = \varphi_2(t_1, \alpha) = -\dfrac{(t_1+\alpha)^n - t_1^n}{n\alpha} \end{cases}$$
$$\tag{0.22}$$

$$(t_1, \alpha) \in \Delta = \left\{ (t_1, \alpha) \,\middle|\, 0 \leqslant t_1 \leqslant 1-\alpha, 0 < \alpha \leqslant 1 \right\}$$

显然 $\Phi = (\varphi_1, \varphi_2)$ 是 $\Delta \subset E^2 \to E^2$ 的 C^1 类连续映射. 由 Δ 是 E^2 中的单连通凸区域, 可知 $L = \Phi(\Delta)$ 是 E^2 的单连通区域. 由分析学计算得知 $\lambda = \varphi_1(t_1, \alpha)$ 和 $\mu = \varphi_2(t_1, \alpha)$ 分别关于 t_1, α 都是单调减函数; 对于固定的 t_1 (或 α), $\mu = \mu(\lambda)$ 都是 λ 的单调增连续凸函数, 即式 (0.22) 表示平面 (λ, μ) 上两组单调增连续凸曲线 (对于固定其中一个参数而言); L 的边界曲线为图 3 中的曲线 C, 曲线 l_1, 曲线 l_2, 其中 $C \not\subset L, l_1 \subset L, l_2 \subset L$. 因此, L 中的点且只有 L 中的点 (λ, μ) 对应的曲线段 $\boldsymbol{r}(t)$ 有重点. 其次, 如果 $\boldsymbol{r}(t)$ 有三重点 $\boldsymbol{r}(t_1) = \boldsymbol{r}(t_2) = \boldsymbol{r}(t_3), t_1, t_2, t_3$ 两两不相等, 不妨设 $t_1 < t_2 < t_3$, 令 $\alpha_2 = t_2 - t_1, \alpha_3 = t_3 - t_1$, 则由式 (0.22), 对此 $\boldsymbol{r}(t; \lambda, \mu)$, 有 $\lambda = \varphi_1(t_1, \alpha_2) = \varphi_1(t_1, \alpha_3)$. 但这与 $\varphi_1(t_1, \alpha)$ 关于 α 是

单调减函数的结论是矛盾的. 因此 $r(t)$ 的重点至多为二重点. 再者, 映射 $\Phi: \Delta \to L$ 是单叶的. 若不然, 则有 $(\lambda_1, \mu_1) \in L$, 在 Δ 中有两个不同的点 (t_{11}, α_1), (t_{12}, α_2), 使得 $\lambda_1 = \varphi_1(t_{11}, \alpha_1) = \varphi_1(t_{12}, \alpha_2)$, $\mu_1 = \varphi_2(t_{11}, \alpha_1) = \varphi_2(t_{12}, \alpha_2)$. 不妨设 $\alpha_1 < \alpha_2$. 对每一个 $\alpha, \lambda = \varphi_1(t_1, \alpha)$ 有反函数 $t_1 = \varphi_1^{-1}(\lambda, \alpha)$, 且 $t_{1k} = \varphi_1^{-1}(\lambda_1, \alpha_k)$, $k = 1, 2$. 由微分中值定理, 存在 $\alpha_1 < \bar{\alpha} < \alpha_2$, 令 $\bar{t_1} = \varphi_1^{-1}(\lambda_1, \bar{\alpha})$, 使得

$$0 = \varphi_2(t_{12}, \alpha_2) - \varphi_2(t_{11}, \alpha_1)$$
$$= \varphi_2\left[\varphi_1^{-1}(\lambda_1, \alpha_2), \alpha_2\right] - \varphi_2\left[\varphi_1^{-1}(\lambda_1, \alpha_1), \alpha_1\right]$$
$$= (\alpha_2 - \alpha_1)\left[\frac{D(\lambda, \mu)}{D(t_1, \alpha)} \Big/ \frac{\partial \varphi_1}{\partial t_1}\right]\bigg|_{\substack{t_1 = \bar{t_1} \\ \alpha = \bar{\alpha}}}$$

但经计算 Jacobi 行列式

$$\frac{D(\lambda, \mu)}{D(t_1, \alpha)} = \begin{vmatrix} \dfrac{\partial \lambda}{\partial t_1} & \dfrac{\partial \lambda}{\partial \alpha} \\ \dfrac{\partial \lambda}{\partial t_1} & \dfrac{\partial \mu}{\partial \alpha} \end{vmatrix} \neq 0 \quad (\text{任意}(t_1, \alpha) \in \Delta)$$

这就产生了矛盾. 可见 $\Phi: \Delta \to L$ 是拓扑映射. 总之, L 中且只有 L 中的点 (λ, μ) 对应的曲线段 $r(t)$ 有一个二重点. 定理证毕.

定理 3　当 $q_1 /\!/ q_2$ 时, 曲线段 $r(t)$ 无内奇点. 当且仅当 q_1 与 q_2 方向相反时, $r(t)$ 有一个内拐点.

根据式 (0.12), 利用类似于定理 2 的证明可得上述结论, 不再重复.

如果以点 b_1 为原点, 分别以 q_1, q_2 为单位坐标向量, 建立仿射坐标系, 则定理 2 的结论可变换到此仿射坐标系中, 见图 4(a).

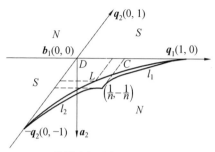

(a) 仿射坐标系中奇拐点分布

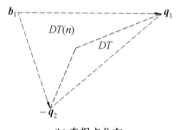

(b) 奇拐点分布

图 4

注意以 $(0,0)$，$(1,0)$，$(0,-1)$ 为顶点的三角形区域 DT 中的点 (λ,μ)，就任意给定的 $n > 2$ 而言，对应曲线段 $r(t)$ 会出现不希望有的奇点和多余的一个拐点，为此我们称 DT 为"奇拐点危险三角区"，见图 4(b)，其余的为正常区。当然，对固定的 $n > 2$ 来说（例如 $n = 3$），可以把以 $(0,0)$，$(1,0)$，$\left(\dfrac{1}{n},-\dfrac{1}{n}\right)$，$(0,-1)$ 为机点的四边形 $DT(n)$ 作为奇拐点危险区。显然，n 越大，$DT(n)$ 越小。综上所述，下面给出奇拐点的实用判别法：

推论 设点 b_1 与 b_2 不重合，向量 q_1，q_2 的起点分别固定在点 b_1 与 b_2，a_2 的起点在点 b_1。

（1）如果 q_1 与 q_2 在 $a_2 = b_2 - b_1$ 所在直线的同一侧（或在此直线上），并且，或者分别起于点 b_1, b_2 沿 q_1, q_2 正向的两条射线不相交，或者这两条射线虽然相交，但 a_2 的终点 b_2 不在"奇拐点危险三角区 DT（或 $DT(n)$）中，则曲线段 $r(t)$ 是凸的，没有奇拐点（图 5）".

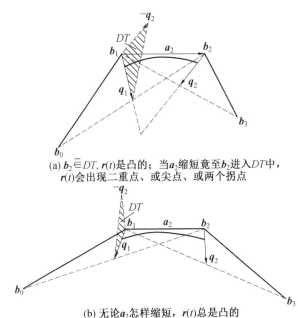

(a) $b_2 \overline{\in} DT$, $r(t)$ 是凸的；当 a_2 缩短竟至 b_2 进入 DT 中，$r(t)$ 会出现二重点、或尖点、或两个拐点

(b) 无论 a_2 怎样缩短，$r(t)$ 总是凸的

图 5

（2）如果 q_1 与 q_2 在 a_2 所在直线的异侧，则曲线段 $r(t)$ 无奇点，但必有一个内拐点.

最后，关于两相邻曲线段的交点处的尖点和拐点的性质，指出如下结果：

设对于 b_0, b_1, b_2, b_3, b_4，将相邻的两个曲线段分

701

别记为 $r_1(t)$ 和 $r_2(t)$，交界点为 $P = r_1(1) = r_2(0)$. 令 $a_i := b_i - b_{i-1}, i = 1, 2, 3, 4$.

（1）设 $a_2 \not\parallel a_3$，则 P 既不是尖点，也不是拐点；

（2）设 $a_2 \parallel a_3$，且 a_2, a_3 不同时为零（在相反情形 $r_1(t), r_2(t)$ 都是直线段）. 如果 $a_3 \neq -a_2$，那么 P 不是尖点；进而，当 $a_1 \times a_2$（或 $a_1 \times a_3$）与 $a_2 \times a_4$（或 $a_3 \times a_4$）同向时，P 不是拐点；相反地，P 是拐点. 如果 $a_3 = -a_2$，那么当 $a_1 \times a_2$ 与 $a_2 \times a_4$ 同向时，P 是第二类尖点；相反地，P 是第一类尖点.

将本章的方法用于四次 B 样条曲线、有理三次 B－样条曲线与 Bézier 曲线的奇拐点分析，也可得到具有几何直观的结果.

参 考 文 献

[1] 苏步青. 论 Bézier 曲线的仿射不变量[J]. 计算数学, 1980(4): 289-298.

[2] 苏步青. 关于三次参数样条曲线的一个定理[J]. 应用数学学报, 1977(1): 49-54.

[3] 苏步青. 关于三次参数样条曲线的一些注记[J]. 应用数学学报, 1976(1): 49-58.

[4] 刘鼎元. 平面 n 次 Bézier 曲线的凸性定理[J]. 数学年刊, 1982(1): 45-55.

[5] 苏步青, 刘鼎元. 计算几何[M]. 上海: 上海科学技术出版社, 1981.

[6] WANG C Y. Shape classification of the parametric cubic curve and parametric B-spline cubic curve[J]. CAD, 1981, 13(4): 199-206.

C-Bézier 曲线分割算法及 G^1 拼接条件[①]

第 4 章

§1　引　言

　　虽然 Bézier 和 B 样条方法能简捷、完美地描述和表达自由曲线曲面，但是它们对于工程中常见的二次曲线曲面却只能采用近似的处理方法. NURBS 方法解决了前述方法中自由曲线曲面与二次曲线曲面不相容的问题，但 NURBS 方法的权因子、参数化、曲线曲面连载性等问题，至今没有

[①]　本章摘自《计算机辅助设计与图形学学报》2002 年第 5 期.

完全解决,[1] 而且由于其描述方法和计算上的复杂性,使得 NURBS 在目前工程曲线曲面中的应用优势难以充分发挥.

新颖的 C-Bézier[2-4] 方法就是为了达到方便、简捷、精确地构造工程曲线曲面的目的而提出的.经过理论研究和纸盆模具 CAD/CAM 软件系统的实践应用,证明了在运用 C-Bézier 方法构造工程曲线曲面时,具有算法简单、相对节省存储空间、运算速度快等特点,因而有着强大的应用潜力.

浙江大学 CAD&CG 国家重点实验室的樊建华、邬义杰和林兴三位教授于 2002 年在文献[2-4]的基础上,进一步对 C-Bézier 曲线任意分割的算法和曲线间 G^1 连续条件进行了深入的研究和分析.

§2　C-Bézier 曲线的基函数及其性质

三次 Bézier 曲线采用三次 Berstein 基函数,用 $[\sin t \quad \cos t \quad t \quad 1]$ 代替其中的 $[t^3 \quad t^2 \quad t^1 \quad 1]$ 来构造类似的基函数,生成与三次 Bézier 曲线类似的 C-Bézier 曲线. C-Bézier 曲线在保持原 Bézier 方法的许多优点的基础上,增加了精确表达圆弧、椭圆弧等二次曲线的能力.

C-Bézier 曲线定义的矩阵形式为

$$\boldsymbol{B}_\alpha(t) = \boldsymbol{TDQ} \quad (0 < \alpha \leqslant \pi, 0 < t \leqslant \alpha) \quad (2.1)$$

其中

$$\boldsymbol{T} = [\sin t \quad \cos t \quad t \quad 1]$$

$$
D = \frac{1}{\alpha - S}
\begin{bmatrix}
C & 1-C-M & M & -1 \\
-S & (\alpha-K)M & -KM & 0 \\
-1 & M & -M & 1 \\
\alpha & -(\alpha-K)M & KM & 0
\end{bmatrix}
$$

$$
Q = \begin{bmatrix} q_0 & q_1 & q_2 & q_3 \end{bmatrix}^{\mathrm{T}}
$$

$$
S = \sin\alpha, \; C = \cos\alpha, \; K = \frac{\alpha - S}{1 - C}
$$

$$
M = \begin{cases}
1, & \text{当 } \alpha = \pi \text{ 时} \\[2mm]
\dfrac{S}{\alpha - 2K} = \dfrac{S(1-C)}{2S - \alpha - \alpha C}, & \text{当 } 0 < \alpha < \pi \text{ 时}
\end{cases}
$$

q_0, q_1, q_2, q_3 为 C-Bézier 曲线的 4 个控制顶点.

式(1.1) 用多项式表示为

$$
B_\alpha(t) = Z_0(t)q_0 + Z_1(t)q_1 + Z_2(t)q_2 + Z_3(t)q_3
$$
$$
(\alpha > 0, 0 < t \leqslant \alpha) \tag{2.2}
$$

其中

$$
Z_0(t) = \frac{(\alpha - t) - \sin(\alpha - t)}{\alpha - \sin\alpha}
$$

$$
Z_3(t) = \frac{t - \sin t}{\alpha - \sin\alpha}
$$

$$
Z_1(t) = M \left| \frac{1 - \cos(\alpha - t)}{1 - \cos\alpha} - Z_0(t) \right|
$$

$$
Z_2(t) = M \left| \frac{1 - \cos t}{1 - \cos\alpha} - Z_3(t) \right|
$$

上述 $Z_0(t), Z_1(t), Z_2(t), Z_3(t)$ 称为 C-Bézier 曲线的基函数.

显然,对于任意给定的 4 个控制顶点,当控制参数 α 从 0 变化到 π 时,可得到一族关于 α 的 C-Bézier 曲线,如图 1 所示.

对于不同的 α,C-Bézier 基函数关于 $\dfrac{t}{\alpha}$ 的图形如图

2 所示.

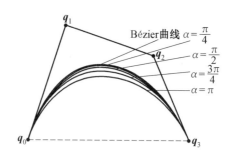

图 1　一族关于 α 的 C-Bézier 曲线

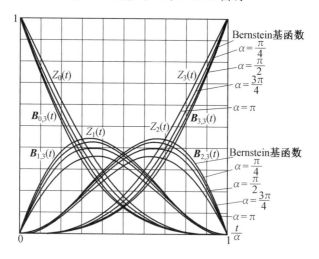

图 2　C- 基函数关于 $\dfrac{t}{\alpha}$ 的图形

　　由图 1 和图 2 可知, α 对曲线的形状有调节作用. 当 α 从 π 逐渐趋近于 0 时,曲线越来越凸出,并逐渐接近 Bézier 曲线;当 $\alpha \leqslant \dfrac{\pi}{4}$ 时,曲线已十分接近 Bézier 曲线. 正是由于 α 的作用,使得 C-Bézier 曲线可以方便地

表示圆弧和椭圆弧等二次曲线弧，如图 3 和图 4 所示.

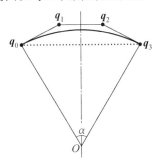

图 3　C-Bézier 圆弧

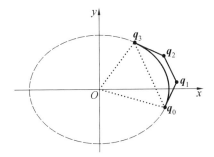

图 4　C-Bézier 椭圆弧

同样地，C-Bézier 曲线具有与 Bézier 曲线相似的端点特性

$$\boldsymbol{B}_a(0) = \boldsymbol{q}_0, \boldsymbol{B}_a(\alpha) = \boldsymbol{q}_3$$

$$\boldsymbol{B}'_a(0) = \frac{1}{K}(\boldsymbol{q}_1 - \boldsymbol{q}_0), \boldsymbol{B}'_a(\alpha) = \frac{1}{K}(\boldsymbol{q}_3 - \boldsymbol{q}_2)$$

$$\boldsymbol{B}''_a(0) = \frac{1}{(\alpha - S)}(S\boldsymbol{q}_0 - (\alpha - K)M\boldsymbol{q}_1 + KM\boldsymbol{q}_2)$$

$$\boldsymbol{B}''_a(\alpha) = \frac{1}{(\alpha - S)}(S\boldsymbol{q}_3 - (\alpha - K)M\boldsymbol{q}_2 + KM\boldsymbol{q}_1)$$

$$(2.3)$$

§3　C-Bézier 曲线的分割

在用 C-Bézier 表达复杂曲线形状时,必须采用曲线分割技术. 设 C-Bézier 曲线(式(2.2))上一点 $B_\alpha(t^*)$, $0 < t^* \leqslant \alpha$,该点把曲线分成两个子曲线段 $B_{t^*}(t)$, $0 < t \leqslant t^*$ 与 $B_{\alpha-t^*}(t)$, $0 < t \leqslant \alpha - t^*$,如何求得这两个子曲线段的 C-Bézier 曲线的控制参数和控制顶点,就是 C-Bézier 曲线分割. 采用分割技术将大大增加 C-Bézier 曲线的灵活性和表达复杂曲线的能力. 下面给出对于任意 t^*, $0 < t^* \leqslant \alpha$, C-Bézier 曲线的任意分割算法:

设控制顶点 q_0, q_1, q_2, q_3 及控制参数 α 决定的一条 C-Bézier 曲线 $K(\alpha) = \dfrac{\alpha - \sin \alpha}{1 - \cos \alpha}$. 当 $t = t^*$ 时,曲线上的点

$$B_\alpha(t^*) = Z_0(t^*)q_0 + Z_1(t^*)q_1 + Z_2(t^*)q_2 + Z_3(t^*)q_3$$

该点的切矢

$$B'_\alpha(t^*) = Z'_0(t^*)q_0 + Z'_1(t^*)q_1 + Z'_2(t^*)q_2 + Z'_3(t^*)q_3$$

$$K(t^*) = \frac{t^* - \sin t^*}{1 - \cos t^*}$$

$$K(\alpha - t^*) = \frac{\alpha - t^* - \sin(\alpha - t^*)}{1 - \cos(\alpha - t^*)}$$

那么当满足条件式(3.1)时,C-Bézier 曲线在 $t = t^*$ 处一分为二,这两条曲线分别是由新的控制顶点 a_0, a_1, a_2, a_3 及控制参数 t^* 和控制顶点 b_0, b_1, b_2, b_3 及控制参数 $\alpha - t^*$ 决定的 C-Bézier 曲线,如图 5 所示

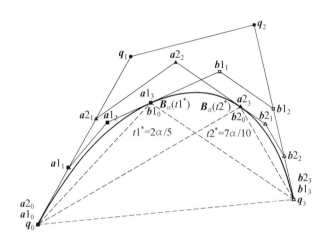

图 5　C-Bézier 曲线的任意分割$(\alpha = \dfrac{3\pi}{4})$

$$\boldsymbol{a}_0 = \boldsymbol{q}_0, \boldsymbol{a}_3 = \boldsymbol{B}_\alpha(t^*)$$

$$\boldsymbol{a}_1 = \boldsymbol{a}_0 + \frac{K(t^*)}{K(\alpha)}(\boldsymbol{q}_1 - \boldsymbol{q}_0)$$

$$\boldsymbol{a}_2 = \boldsymbol{a}_3 - K(t^*)\boldsymbol{B}'_\alpha(t^*)$$

$$\boldsymbol{b}_0 = \boldsymbol{B}_\alpha(t^*), \boldsymbol{b}_3 = \boldsymbol{q}_3 \qquad (3.1)$$

$$\boldsymbol{b}_2 = \boldsymbol{b}_3 + \frac{K(\alpha - t^*)}{K(\alpha)}(\boldsymbol{q}_2 - \boldsymbol{q}_3)$$

$$\boldsymbol{b}_1 = \boldsymbol{b}_0 + K(\alpha - t^*)\boldsymbol{B}'_\alpha(t^*)$$

式(3.1)分割的结果可代入式(2.1)得到证明. 对 C-Bézier 曲线进行任意分割,将一段 C-Bézier 曲线的 4 个控制顶点和一个控制参数变为 7 个控制点和 2 个控制参数. 通过调整这些参数,并考虑两段曲线间的拼接条件,可提高曲线表达复杂形状的能力.

§4 C-Bézier **曲线的拼接**

　　用 C-Bézier 方法设计复杂的自由曲线时,难以用单一的一段曲线来描述.因而在实际造型中,经常采用曲线分割和拼接.当曲线进行拼接时,在连接处应满足指定的连续性要求.

　　有两种不同的关于拼接连接性(fairness)的度量:一种是曲线的参数连续(parametric continuity),即参数曲线在拼接处具有 n 阶参数连续可微,则称这类拼接为 C^n 或 n 阶参数连续;另一种称为几何连续性(geometric continuity),当且仅当两曲线段相应的弧长参数化在公共的连接点处具有 C^n 连续性,则称它们在该点具有 G^n 连续或是 G^n 的.[5] 工程中更关心的是一阶几何连续 G^1.

　　设两条 C-Bézier 曲线 $\boldsymbol{B}_{a1}(u)$ 和 $\boldsymbol{B}_{a2}(v)$,其中 $\boldsymbol{B}_{a1}(u)$ 由 $\boldsymbol{q}1_0,\boldsymbol{q}1_1,\boldsymbol{q}1_2,\boldsymbol{q}1_3$ 和 α_1 定义,$\boldsymbol{B}_{a2}(v)$ 由 $\boldsymbol{q}2_0,\boldsymbol{q}2_1,\boldsymbol{q}2_2,\boldsymbol{q}2_3$ 和 α_2 定义.由式(2.3)得,$\boldsymbol{B}_{a1}(u)$ 末端的一阶导矢为

$$\boldsymbol{B}'_{a1}(\alpha) = \frac{1}{K_1}(\boldsymbol{q}1_3 - \boldsymbol{q}1_2)$$

当

$$S_1 = \sin \alpha_1, C_1 = \cos \alpha_1, K_1 = \frac{\alpha_1 - S_1}{1 - C_1}$$

$$M_1 = \begin{cases} 1, & \alpha_1 = \pi \\ \dfrac{S_1}{\alpha_1 - 2K_1} = \dfrac{S_1(1 - C_1)}{2S_1 - \alpha_1 - \alpha_1 C_1}, & 0 < \alpha_1 < \pi \end{cases}$$

时,$\boldsymbol{B}_{a2}(v)$ 首端的一阶导矢为

$$\boldsymbol{B}'_{a2}(0)=\frac{1}{K_2}(\boldsymbol{q}2_1-\boldsymbol{q}2_0)$$

当

$$S_2=\sin\alpha_2,C_2=\cos\alpha_2,K_2=\frac{\alpha_2-S_2}{1-C_2}$$

$$M_2=\begin{cases}1,&\alpha_2=\pi\\\dfrac{S_2}{\alpha_2-2K_2}=\dfrac{S_2(1-C_2)}{2S_2-\alpha_2-\alpha_2C_2},&0<\alpha_2<\pi\end{cases}$$

时，G^1 连续. 首先是 $\boldsymbol{B}_{a1}(u)$ 的末端和 $\boldsymbol{B}_{a2}(v)$ 的首端位置连续，即

$$\boldsymbol{q}1_3=\boldsymbol{q}2_0 \tag{4.1}$$

其次，应满足两曲线在连接处的切矢方向相同，即

$$\boldsymbol{B}'_{a2}(0)=\lambda\boldsymbol{B}'_{a1}(\alpha_1)\quad(\lambda>0)$$

得

$$\frac{1}{K_2}(\boldsymbol{q}2_1-\boldsymbol{q}2_0)=\frac{\lambda}{K_1}(\boldsymbol{q}1_3-\boldsymbol{q}1_2)$$

可改写成

$$\boldsymbol{q}2_1=\boldsymbol{q}2_0+\frac{\lambda K_2}{K_1}(\boldsymbol{q}1_3-\boldsymbol{q}1_2) \tag{4.2}$$

当两条 C-Bézier 曲线同时满足式(4.1)，(4.2)时，两曲线在拼接处达到 G^1 连续. 其几何意义为，当两条 C-Bézier 曲线拼接时，控制顶点 $\boldsymbol{q}1_2$，$\boldsymbol{q}1_3$(＝$\boldsymbol{q}2_0$)，$\boldsymbol{q}2_1$ 必须共线有顺序排列，该线就是公共连接点处的公共切线. C-Bézier 曲线的 G^1 连续条件同 Bézier 曲线的 G^1 连续条件十分类似，并且都有很强的几何直观性. 图 6 为三条 C-Bézier 曲线间 G^1 连续的实例.

在式(4.2)中，若 $\lambda=1$，则

$$\boldsymbol{q}2_1=\boldsymbol{q}2_0+\frac{K_2}{K_1}(\boldsymbol{q}1_3-\boldsymbol{q}1_2) \tag{4.3}$$

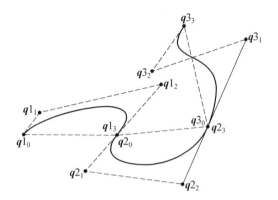

图 6　三条 C-Bézier 曲线间的 G^1 连续

$$\left(\alpha_1 = \frac{\pi}{4}, \alpha_2 = \frac{\pi}{3}, \alpha_3 = \frac{\pi}{6}\right)$$

即两条切矢相等. 即当两条 C-Bézier 曲线同时满足式 (4.1), (4.3) 时, 曲线在拼接处满足 C^1 连续. 由式 (4.2), (4.3) 可得, 由于控制参数 α 影响整条曲线的切矢, 所以除了两条曲线上靠近拼接点的两个控制顶点对曲线的 C^1 或 G^1 连续性有影响, 两条曲线的控制参数 α 对曲线的连续性也具有调节作用.

　　C-Bézier曲线间 G^1 连续的拼接技术还可应用于一些 C-Bézier 曲面造型中, 图 7 的花瓶旋转曲面的母线就是由三段 C-Bézier 曲线以 G^1 连续拼接而成的.

　　若考虑二次几何连续性, 则在满足上述一次连续性条件(式(4.1), (4.2))的基础上, 两段 C-Bézier 曲线在连接点处的一阶和二阶导数(式(2.3))还要满足连续性条件

$$\boldsymbol{B}''_{\alpha 2}(0) = \lambda^2 \boldsymbol{B}''_{\alpha 1}(\alpha_1) + \mu \boldsymbol{B}'_{\alpha 1}(\alpha_1)$$

其中, $\lambda(\lambda > 0), \mu$ 是任意常数.

　　虽然以上连续性条件中又多了一个可调的任意常

(a) 花瓶曲面的网格模型　　(b) 花瓶曲面的光照模型

(c) 由三条C-Bézier曲线G^1拼接而成的花瓶曲面的母线

图 6　C-Bézier 花瓶旋转曲面

数 μ. 但是与 Bézier 曲线一样, 由于 C-Bézier 曲线的二阶导数(式(2.3))与曲线上靠近拼接点的三个控制顶点有关, 如果各段曲线的所有连接点处都要求二次几何连续, 那么以上对于各个连接点处的连续性方程就需要整体求解. 通过求解连续性方程组来确定各段 C-Bézier 曲线中间的两个控制点, 比 G^1 连续情况要麻烦些, 但是可行且有更多的参数可调.

§5　结　束　语

本章所得的 C-Bézier 曲线任意分割算法和曲线间

713

G^1 连续的拼接条件简单、直观且几何意义明确,并可以进一步推广到 C-Bézier 曲面任意分割和曲面间的 G^1 连续的拼接条件.

参 考 文 献

[1] PIEGL L, TILLER W. The NUBRS book[M]. 2nd edition. New York: Springer, 1997.

[2] ZHANG J W. C-curves: An extension of cubic curves[J]. Computer Aided Geometric Design. 1996, 13(3): 199-217.

[3] ZAHNG J W. Two different forms of C-B-splines[J]. Computer Aided Geometric Design, 1997, 14(1): 31-41.

[4] ZHANG J W. C-curves and surfaces[J]. Graphical Models and Image Processing, 1999, 61(1): 2-15.

[5] FARIN G. Curves and surfaces for computer-aided geometric design—a practical guide[M]. 4th edition. San Diego: Academic Press, 1997.

714

Bernstein-Bézier 类曲线和 Bézier 曲线的重新参数化方法①

第 5 章

东华大学理学院的梁锡坤教授于 2004 年在 Bernstein 函数类和 Bézier 曲线类的基础上，研究了 BBC 曲线和附权 BBC 曲线的表示方法及有关性质. 对 BBC 曲线和附权 BBC 曲线理论与 Bézier 曲线的关系剖析表明：附权 BBC 曲线不仅是 Bézier 曲线的推广形式，同时该理论蕴涵着系统的 Bézier 曲线的重新参数化方法，对该方法进行了较为详尽的探讨. 结果表明，运用附权 BBC 曲线理论实现 Bézier 曲线的重新参数化的方法具有通用性好和计

---

①　本章摘自《计算机研究与发展》2004 年第 6 期.

算简单等优点,在很大程度上弥补了 Bézier 曲线理论没有系统的重新参数化方法的不足.

§1 引 言

由于自身的独特优势,Bézier 曲线曲面理论[1-3] 长期在曲线曲面造型技术领域中扮演着重要角色. 在国内外学者的共同努力下,其理论研究已逐步走向成熟,但这并不意味着该理论已十分完美. 如关于曲线的重新参数化方法的论述尚不够系统. 文献[4-7]在一定范围内讨论了 Bézier 曲线的参数化问题,但具有一定的局限性,表现为:

(1) 适用范围小,仅涉及一些特殊的曲线.

(2) 多采用权因子变换实现重新参数化,这要先给出曲线形状不变的条件,还要确定变换前后的权因子的关系.

(3) 变换涉及所有的权因子,计算量较大.

文献[8]通过对基函数实施有理线性参数变换的途径提出了 Bernstein 函数类和 Bézier 曲线类的概念,推广了传统意义上的 Bézier 曲线理论. 进一步研究表明,该理论蕴涵着系统的 Bézier 曲线的重新参数化方法. 由于参数变换是针对基函数实施的,所以该理论具有普遍性,同时避免了权因子变换的操作,计算较为简单.

§2　Bernstein 基函数和 Bézier 曲线

Bernstein 基函数[9,10] 可以如下表示

$$B_{n,i}(u) = C_n^i (1-u)^{n-i} u^i$$

$$(u \in [0,1], i = 0, 1, \cdots, n) \qquad (2.1)$$

n 次 Bézier 曲线[9-10] 和有理 Bézier 曲线[9-10] 可以分别表示为

$$\hat{\boldsymbol{P}}(u) = \sum_{i=0}^{n} B_{n,i}(u) \boldsymbol{V}_i \qquad (2.2)$$

$$\hat{\boldsymbol{P}}(u) = \Big[\sum_{i=0}^{n} B_{n,i}(u) W_i \boldsymbol{V}_i \Big] / \Big[\sum_{i=0}^{n} B_{n,i}(u) W_i \Big]$$

$$(2.3)$$

§3　Bernstein 函数类和 Bézier 曲线类

文献[8] 提出了 Bernstein 函数类的概念. 用 $f(u)$ 取代 $B_{n,i}(u)$ 中的参数 u,作变换

$$\boldsymbol{B}_{n,i}(u) = B_{n,i}[f(u)]$$

$$(\Leftrightarrow B_{n,i}(u) = \boldsymbol{B}_{n,i}(u)[f^{-1}(u)]) \qquad (3.1)$$

将由此得到的 $\boldsymbol{B}_{n,i}(u)$ 称为 Bernstein 函数类. 这里, $f(u)$ 必须满足一定的条件.[8]

当 $f(u) = u$ 时,$\boldsymbol{B}_{n,i}(u)$ 就是 $B_{n,i}(u)$,即 Bernstein 基函数是 Bernstein 函数类的特例.

$\boldsymbol{B}_{n,i}(u)$ 具有和 Bernstein 基函数类似的性质,[8] 同时,可以据此给出 Bézier 曲线类和有理 Bézier 曲线

类[8] 的概念.

§4 BBC(Bernstein-Bézier Class) 函数

现在，取 $f(u) = \dfrac{(1+\alpha)u}{1+\alpha u}, u \in [0,1], \alpha > -1$,
$\alpha \in \mathbf{R}$, 代入式(2.1) 可得一种具体的 Bernstein 函数类

$$\hat{B}_{n,i}(u) = B_{n,i}\left[\frac{(1+\alpha)u}{1+\alpha u}\right] \quad (u \in [0,1]) \quad (4.1)$$

不难看出，它是 $[n/n]$ 型的有理形式的基函数，这里称之为 α 阶 $[n/n]$ 型 BBC 函数.

当参数 $\alpha = 0$ 时,$\hat{B}_{n,i}(u) = B_{n,i}(u)$，这表明 Bernstein 基函数是 BBC 函数的一个特例，即 BBC 函数是 Bernstein 基函数的推广形式，变化参数 α 的值，即可得到一系列类似于 Bernstein 基函数的函数.

和 n 次 Bernstein 基函数式(2.1)相对应，$[n/n]$ 型的 BBC 函数的表达式为

$$\hat{B}_{n,i}(u) = \frac{C_n^i(1+\alpha)^i(1-u)^{n-i}u^i}{(1+\alpha u)^n}$$

$$(i = 0,1,\cdots,n, u \in [0,1]) \quad (4.2)$$

如果对应于二次 Bernstein 基函数，那么容易导出 $[2/2]$ 型的 BBC 函数的表达式

$$\begin{cases} \hat{B}_{2,0}(u) = \dfrac{(1-u)^2}{(1+\alpha u)^2} \\[2mm] \hat{B}_{2,1}(u) = \dfrac{2(1+\alpha)(1-u)u}{(1+\alpha u)^2} \\[2mm] \hat{B}_{2,2}(u) = \dfrac{(1+\alpha)^2 u^2}{(1+\alpha u)^2} \end{cases} \quad (4.3)$$

当 $\alpha = 1$ 时，一阶 $[2/2]$ 型 BBC 函数(图1)的表达式为

$$\begin{cases} \hat{B}_{2,0}(u) = \dfrac{(1-u)^2}{(1+u)^2} \\[2mm] \hat{B}_{2,1}(u) = \dfrac{4(1-u)u}{(1+u)^2} \\[2mm] \hat{B}_{2,2}(u) = \dfrac{4u^2}{(1+u)^2} \end{cases} \qquad (4.4)$$

对应的二次 Bernstein 基函数的图形如图 2 所示.

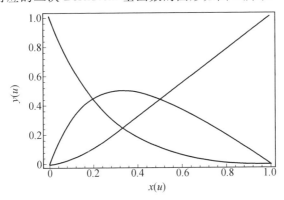

图 1　　一阶 [2/2] 型 BBC 函数

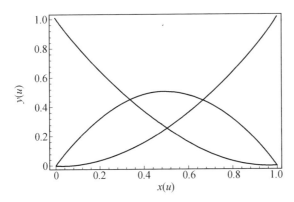

图 2　　二次 Bernstein 基函数

§5 BBC 曲线

定义 1 设控制顶点为 V_i，$i = 0, 1, \cdots, n$，基于前述 BBC 函数式(4.1)，称如下形式的曲线为 α 阶 $[n/n]$ 型 BBC 曲线

$$\hat{\boldsymbol{P}}(u) = [C_n^0(1-u)^n \boldsymbol{V}_0 + \cdots + (1+\alpha)^i \cdot$$
$$C_n^i(1-u)^{n-i} u^i \boldsymbol{V}_i + \cdots + (1+\alpha)^n \cdot$$
$$C_n^n u^n \boldsymbol{V}_n]/(1+\alpha u)^n \qquad (5.1)$$

如 $[2/2]$ 型 BBC 曲线的表达式为

$$\hat{\boldsymbol{P}}(u) = [(1-u)^2 \boldsymbol{V}_0 + 2(1-u)u(1+\alpha)\boldsymbol{V}_1 +$$
$$u^2(1+\alpha)^2 \boldsymbol{V}_2]/(1+\alpha u)^n \qquad (5.2)$$

显然，Bézier 曲线是 $\alpha = 0$ 时的 BBC 曲线，BBC 曲线是 Bézier 曲线的推广形式．随着参数 α 的变动，可以导出一系列类似于 Bézier 曲线的曲线表达式．

参考 Bézier 曲线的性质[9,10]，容易得出 BBC 曲线的性质：

（1）BBC 曲线自首顶点 $\boldsymbol{V}_0$ 开始，至末顶点 $\boldsymbol{V}_n$ 结束，即 $\hat{\boldsymbol{P}}(0) = \boldsymbol{V}_0 \hat{\boldsymbol{P}}(1) = \boldsymbol{V}_n$．

（2）BBC 曲线和特征多边形的首、末边相切，首、末端切矢模长分别等于首、末边边长的 $(1+\alpha)n$，$\dfrac{n}{1+\alpha}$ 倍，即

$$\hat{\boldsymbol{P}}'(0) = (1+\alpha)n(\boldsymbol{V}_1 - \boldsymbol{V}_0)$$

$$\hat{\boldsymbol{P}}'(1) = \frac{n}{(1+\alpha)}(\boldsymbol{V}_n - \boldsymbol{V}_{n-1}) \qquad (5.3)$$

其他诸如几何不变性、仿射不变性、对称性、凸包性质、变差缩减性等和 Bézier 曲线是一致的．

720

结合参数变换式(4.1),(2.2)和定义 1,关于不同的参数 α 对应的 BBC 曲线之间的关系,有如下结论:

定理 1　对于同一控制多边形,参数 α 的值不同的 BBC 曲线(含 $\alpha=0$ 时的 Bézier 曲线)是同一条 Bézier 曲线的不同表达式,它们通过正则参数变换

$$u(t)=\frac{(1+\alpha)t}{1+\alpha t}\quad(t\in[0,1],\alpha>-1,\alpha\in\mathbf{R})$$

(5.4)

联系起来,它们之间的差别在于曲线上的点与参数域内的点的对应关系不同;变换参数 α 的值,相当于对曲线进行了重新参数化,但并不改变曲线的形状,称参数 α 为重新参数化因子,变换前后曲线上的点的一阶导矢的方向相同,模长发生了变化.

证明　对 Bézier 曲线(2.2)作变换(5.4),即得 BBC 曲线

$$\hat{\boldsymbol{P}}(t)=\hat{\boldsymbol{P}}(u(t))=\sum_{i=0}^{n}B_{n,i}(u(t))\boldsymbol{V}_i$$
$$=\sum_{i=0}^{n}B_{n,i}\left[\frac{(1+\alpha)t}{1+\alpha t}\right]\boldsymbol{V}_i\quad(t\in[0,1])$$

(5.5)

由于 $t\in[0,1],u(t)\in[0,1]$,令 $v=u(t)$,则 $v\in[0,1]$,代入式(5.5)得

$$\hat{\boldsymbol{P}}(t)=\boldsymbol{P}(v)=\sum_{i=0}^{n}B_{n,i}(v)\boldsymbol{V}_i\quad(v\in[0,1])$$

(5.6)

这表明,式(5.5)和(5.6)是等价的.

令 $M_i=[x_i,y_i]$,当 $t=t_0\in[0,1]$ 时,对应的 BBC 曲线上的点为

$$\hat{\boldsymbol{P}}\big[x(t_0),y(t_0)\big] = \bigg[\sum_{i=0}^{n} B_{n,i}\bigg[\frac{(1+\alpha)t_0}{1+\alpha t_0}\bigg]x_i,$$

$$\sum_{i=0}^{n} B_{n,i}\bigg[\frac{(1+\alpha)t_0}{1+\alpha t_0}\bigg]y_i\bigg]$$

由于坐标跟参数 α 相关,所以对应相同参数值 $t=t_0$ 的不同 α 值的 BBC 曲线上的点的坐标不同,即曲线上的点与参数域内的点的对应关系不同.

将式 $\hat{\boldsymbol{P}}(t)=\hat{\boldsymbol{P}}(u(t))$ 两边同时对 t 求导,得

$$\frac{\mathrm{d}\hat{\boldsymbol{P}}}{\mathrm{d}t} = \frac{\mathrm{d}\hat{\boldsymbol{P}}}{\mathrm{d}u}\frac{\mathrm{d}u}{\mathrm{d}t} = \frac{\mathrm{d}\hat{\boldsymbol{P}}}{\mathrm{d}u}\frac{1+\alpha}{(1+\alpha t)^2}$$

由于 $\dfrac{\mathrm{d}u}{\mathrm{d}t}=\dfrac{1+\alpha}{(1+\alpha t)^2}>0,\forall\,\alpha\in\mathbf{R},\alpha>-1,u\in[0,1]$,所以变换式(5.4)的正则的,变换前后导矢方向相同,模长的关系为 $\left|\dfrac{\mathrm{d}\hat{\boldsymbol{P}}}{\mathrm{d}t}\right| = \left|\dfrac{\mathrm{d}\hat{\boldsymbol{P}}}{\mathrm{d}u}\right|\left|\dfrac{1+\alpha}{(1+\alpha t)^2}\right|$.

综上所述,BBC 曲线的理论及应用价值在于:

(1)提供了基于 BBC 函数的无数多种曲线的生成和表示方法,传统的 Bézier 曲线仅仅是其中一种形式,单从计算的角度考虑,它是最简单的.

(2)给出了一条 n 次 Bézier 曲线的无数种其他形式的方程,不同形式的方程之间通过正则参数变换(5.4)联系起来.

(3)对一条已知的 n 次 Bézier 曲线,变换参数 α 的值,可以在不改变曲线形状的条件下实现曲线的重新参数化,这个过程将导致曲线上的点和参数域内的点的对应关系发生变化.

(4)通过调整参数 α 的值以实现曲线的重新参数化的方法可望推广到一般的曲线表示法中,并应用于曲线的其他相关算法.

§6　附加权因子的 BBC 曲线

在前述 BBC 曲线的基础上可以给出附加权因子 BBC 曲线的概念.

定义 1　设控制顶点为 $\boldsymbol{V}_i, i = 0, 1, \cdots, n, W_i, i = 0, 1, \cdots, n$ 为与 $\boldsymbol{V}_i$ 对应的权因子,称如下定义的曲线为 α 阶 $[n/n]$ 型附权 BBC 曲线

$$W\hat{\boldsymbol{P}}(u) = \frac{\sum_{i=0}^{n} \hat{B}_{n,i}(u) W_i \boldsymbol{V}_i}{\sum_{i=0}^{n} \hat{B}_{n,i}(u) W_i}$$

$$= \frac{\sum_{i=0}^{n} \lambda^i C_n^i (1-u)^{n-i} u^i W_i \boldsymbol{V}_i}{\sum_{i=0}^{n} \lambda^i C_n^i (1-u)^{n-i} u^i W_i} \qquad (6.1)$$

其中,$\lambda = 1 + \alpha$.

如 $[2/2]$ 型附权 BBC 曲线为

$$\begin{aligned} W\hat{\boldsymbol{P}}_2(u) = & [(1-u)^2 W_0 \boldsymbol{V}_0 + 2(1-u) \times \\ & u(1+\alpha) W_1 \boldsymbol{V}_1 + u^2(1+\alpha)^2 W_2 \boldsymbol{V}_2]/ \\ & [(1-u)^2 W_0 + 2(1-u)u(1+\alpha)W_1 + \\ & u^2(1+\alpha)^2 W_2] \qquad (6.2) \end{aligned}$$

对于附权 BBC 曲线,有和 BBC 曲线完全类似的结论,这里不再赘述.

例 1　如图 3 和图 4,取 $\boldsymbol{V}_0(0,1), \boldsymbol{V}_1(2,3), \boldsymbol{V}_2(4, 3), \boldsymbol{V}_3(5,1)$,可得不同权因子组合的一阶 $[3/3]$ 型附权 BBC 曲线:

(1)$\alpha = 1, W_0 = W_1 = W_2 = W_3 = 1$(图 3)

$$\boldsymbol{P}_1[x(u);y(u)]$$

$$= \frac{[4u^3 - 24u^2 + 12u; -11u^3 + 3u^2 + 15u + 1]}{(1-u)^3}$$

$(2)\alpha = 1, W_0 = 3, W_1 = 1, W_2 = 0.5, W_3 = 1(图 4)$

$$\boldsymbol{P}_2[x(u);y(u)] = \frac{[5u^3 - 6u^2 + 6u; 2.5u^3 - 4.5u^2 + 3]}{-0.5u^3 + 4.5u^2 - 6u + 3}$$

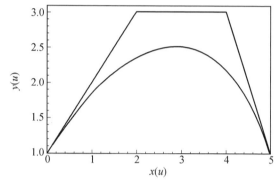

图 3 附权[3/3] 型 BBC 曲线(1)

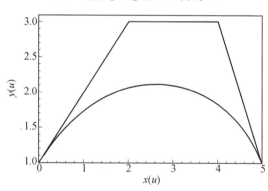

图 4 附权[3/3] 型 BBC 曲线(2)

综上所述，可将 Bézier 曲线、有理 Bézier 曲线、BBC 曲线以及附权 BBC 曲线之间的关系概括如下：

（1）当附权 BBC 曲线中的参数 $\alpha=0$ 时，它退化为有理 Bézier 曲线，而当有理 Bézier 曲线中的权因子 $W_i, i=0,1,\cdots,n$ 取同一非零常数时，它又退化为 Bézier 曲线.

（2）当附权 BBC 曲线中的权因子 $W_i, i=0,1,\cdots,n$ 取同一非零常数时，它退化为 BBC 曲线，而当 BBC 曲线中的参数 $\alpha=0$ 时，它也退化为 Bézier 曲线.

（3）BBC 曲线和有理 Bézier 曲线之间也有十分微妙的关系，当有理 Bézier 曲线中的权因子 $W_i, i=0, 1,\cdots,n$ 顺序取值为 $(1+\alpha)^i, i=0,1,\cdots,n$ 时，它就表现为 α 阶的 BBC 曲线.

在附权 BBC 曲线中，权因子的作用在于调整曲线的形状，参数 $\lambda=1+\alpha$ 的作用在于通过基函数的重新参数化实现在保持曲线形状不变的条件下对曲线进行重新参数化.

§7　BBC 曲线的应用实例 —— 圆弧的附权型 BBC 曲线表示及其重新参数化

众所周知，圆弧是工程中最常用的二次曲线，用二次有理 Bézier 曲线表示圆弧的一个条件为[10]

$$\begin{cases} \mid \boldsymbol{V}_1 - \boldsymbol{V}_0 \mid = \mid \boldsymbol{V}_2 - \boldsymbol{V}_1 \mid \\ W_0 = W_2 = 1 \\ W_1 = \cos\theta \end{cases} \tag{7.1}$$

其中 θ 是等腰 $\triangle \boldsymbol{V}_0 \boldsymbol{V}_1 \boldsymbol{V}_2$ 的底角. 考虑 $\dfrac{W_0 W_2}{W_1^2}$ 是二次有理 Bézier 曲线的不变量，[10] 式（7.1）可以改写为[10]

$$\begin{cases} \mid \boldsymbol{V}_1 - \boldsymbol{V}_0 \mid = \mid \boldsymbol{V}_2 - \boldsymbol{V}_1 \mid \\ \dfrac{\boldsymbol{W}_0 \, \boldsymbol{W}_2}{\boldsymbol{W}_1^2} = \dfrac{1}{\cos^2 \theta} \end{cases} \qquad (7.2)$$

这是二次有理 Bézier 曲线表示圆弧的充要条件.

现在,将二次有理 Bézier 曲线和[2/2]型附权 BBC 曲线权因子的关系式 $\boldsymbol{W}_i = (1+\alpha)^i W_i, i = 0,1,2$ 代入式 (7.1) 和 (7.2),得

$$\begin{cases} \mid \boldsymbol{V}_1 - \boldsymbol{V}_0 \mid = \mid \boldsymbol{V}_2 - \boldsymbol{V}_1 \mid \\ W_0 = (1+\alpha)^2 W_2 = 1 \\ (1+\alpha) W_1 = \cos \theta \end{cases} \qquad (7.3)$$

$$\begin{cases} \mid \boldsymbol{V}_1 - \boldsymbol{V}_0 \mid = \mid \boldsymbol{V}_2 - \boldsymbol{V}_1 \mid \\ \dfrac{W_0 W_2}{W_1^2} = \dfrac{1}{\cos^2 \theta} \end{cases} \qquad (7.4)$$

这就是[2/2]型附权 BBC 曲线表示圆弧的充要条件.

例 2 第一象限的四分之一单位圆弧及其重新参数化.

设控制点顶点为 $\boldsymbol{V}_0(1,0), \boldsymbol{V}_1(1,1), \boldsymbol{V}_2(0,1)$,此时 $\theta = 45°$,对应的权因子取为 $W_0 = 1, W_1 = 1, W_2 = 2$,则圆弧(图 5)的二次有理 Bézier 表示为

$$\boldsymbol{P}(u) = \frac{(1-u)^2 \, \boldsymbol{W}_0 \boldsymbol{V}_0 + 2(1+u) u \, \boldsymbol{W}_1 \boldsymbol{V}_1 + u^2 \, \boldsymbol{W}_2 \boldsymbol{V}_2}{(1-u)^2 \, \boldsymbol{W}_0 + 2(1-u) u \, \boldsymbol{W}_1 + u^2 \, \boldsymbol{W}_2}$$

$$(7.5)$$

即

$$\boldsymbol{P}(u) = [x(u); y(u)] = \frac{[1-u^2; 2u]}{1+u^2} \qquad (7.6)$$

此时,$\boldsymbol{P}(0) = (1,0), \boldsymbol{P}(0.5) = (0.6, 0.8), \boldsymbol{P}(1) = (0,1)$. 当参数 $u = 0.5$ 时,对应的曲线上的点不是曲线的中点 $\left(\dfrac{\sqrt{2}}{2}, \dfrac{\sqrt{2}}{2} \right)$,可见曲线的参数化状况并不理想.

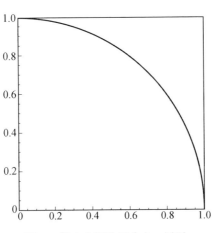

图 5　　第 1 象限的四分之一圆弧

为使曲线上的点沿曲线弧长有较均匀的分布,需要对曲线(7.6)进行重新参数化.

与式(7.5)相对应,曲线的$[2/2]$型附权 BBC 曲线表示为

$$
\begin{aligned}
\hat{\boldsymbol{P}}(u) = & \big[(1-u)^2 W_0 \boldsymbol{V}_0 + 2(1-u) \times \\
& u(1+\alpha)W_1 \boldsymbol{V}_1 + u^2(1+\alpha)^2 W_2 \boldsymbol{V}_2\big]/ \\
& \big[(1-u)^2 W_0 + 2(1-u)u(1+\alpha)W_1 + \\
& u^2(1+\alpha)^2 W_2\big]
\end{aligned} \tag{7.7}
$$

即

$$
\begin{aligned}
\hat{\boldsymbol{P}}(u) = & \big[1 + 2\alpha u + (-1-2\alpha)u^2; \\
& (2+2\alpha)u + (2\alpha+2\alpha^2)u^2\big]/ \\
& \big[1 + 2\alpha u + (1+2\alpha+2\alpha^2)u^2\big]
\end{aligned} \tag{7.8}
$$

要使 $\boldsymbol{P}(0.5) = \left(\dfrac{\sqrt{2}}{2}, \dfrac{\sqrt{2}}{2}\right)$,只需取 $\alpha = \dfrac{\sqrt{2}}{2} - 1$ 即可,重新参数化后的圆弧方程为

727

$$C(u) = [1 + (\sqrt{2} - 2)u + (1 - \sqrt{2})u^2;$$

$$\sqrt{2}u + (1 - \sqrt{2})u^2]/$$

$$[1 + (\sqrt{2} - 2)u + (2 - \sqrt{2})u^2] \quad (7.9)$$

§8 结　束　语

　　BBC 曲线是 Bézier 曲线的推广形式,Bézier 曲线是 BBC 曲线的特例;BBC 曲线的提出丰富了曲线的表示方法. 为寻求曲线的新的表示途径提供了理论上的可能性;BBC 曲线的应用价值在于,运用和 Bézier 曲线等价的 BBC 方程,通过调整重新参数化因子的值,可以快捷地实现 Bézier 曲线的重新参数化,这种方法计算简单、操作方便、适用范围广泛.

　　注　本章的基本思想可以应用于 Bézier 曲面的重新参数化以及 NURBS 曲线曲面的重新参数化.

参 考 文 献

[1] PIEGL L，TILLER W. The NURBS book[M]. New York: Springer,1995:5-34.

[2] FARIN G. Curves and surfaces for computer aided geometric design[M]. New York: Academic Press,1988:33-58.

[3] BÉZIER P. The mathematical basis of the UNISURF CAD system [M]. London: Butterworths, 1986:11-72.

[4] TILLER W. Rational B-spline for curves and surfaces representation[J]. IEEE CG&A, 1983,9(4):61-69.

[5] FARIN G. Curvature continuity and offsets for piecewise conics

[J]. ACM Trans actions on graphics,1989,8(2):112-121.

[6] 施法中.权因子、参数变换与有理二次 Bézier 曲线的参数化[J].航空学报,1994,15(9):1 151-1 154.

[7] 韩西安,施法中.有理 Bézier 曲线参数化方法研究[J].小型微型计算机系统,2001,22(1):63-65.

[8] 梁锡坤.一类有理曲线——RB 曲线[J].中国图象图形学报,2002,23(10):971-975.

[9] 施法中.计算机辅助几何设计与非均匀有理 B 样条[M].北京:高等教育出版社,2001:115-163.

[10] 朱心雄.自由曲线曲面造型技术[M].北京:科学出版社,2000:66-87.

Poisson 基函数与 Poisson 曲线[①]

第 6 章

超越曲线是几何造型和工业设计中经常用到的一类曲线,但不能被 Bézier 曲线和 B 样条曲线精确地表示.杭州万向职业技术学院的应惠芬教授于 2007 年研究了 Poisson 基函数和 Poisson 曲线的性质,它们分别类似于 Bernstein 基函数和 Bézier 曲线;利用 Poisson 曲线优良的几何与代数性质,将几种常见的超越曲线表示为 Poisson 曲线的形式.

在现行的 CAD/CAM 造型系统中,由于 NURBS 作为一个统一的数

---

① 本章摘自《浙江师范大学学报(自然科学版)》2007 年第 3 期.

学模型,既可表示多项式的曲线和曲面,又可表示一些传统的几何曲线,如圆锥曲线等,已经成为业界的一个标准.[1,2]

然而,正如 Farin 和 Piegl 指出的,由于采用有理形式代替多项式形式,故 NURBS 在形状设计和分析中也存在着一些局限性:[3-5]

(1)一般来说,一条 k 次有理多项式曲线的导数是 $2k$ 次的有理曲线,而一些 CAD/CAM 系统不能处理高次的有理曲线、曲面,有些系统即使能作处理,但是次数越高,越容易导致数值计算的不稳定,并且导数阶的估计也比较困难.

(2)Bézier 曲线和有理 Bézier 曲线不能精确表示很多超越曲线,如摆线、螺旋线、圆的渐开线等,但是这些曲线在 CAD/CAM 中非常有用,所以只能采用近似的方法来逼近它们.

(3)有理曲线需要额外的参数,也就是说需要在每个控制顶点处的权因子,但对权因子的具体取法还没有解决.

(4)虽然圆弧可以被 NURBS 精确表示,但是其参数不是弧长参数.

事实上,在所有 NURBS 表示的曲线中,只有直线的参数是弧长参数.[6] 既然 NURBS 模型有这么多局限性,就必须寻找另外的曲线、曲面造型模型,使其既能避免有理表示形式,又具有 Bézier 曲线所具有的性质.这就意味着不能仅局限于多项式空间去考虑问题,必须把非多项式加入到基函数中去.

应惠芬教授系统地研究了 Poisson 基函数和 Poisson 曲线的性质,它们分别类似于传统的

Bernstein 基函数和 Bézier 曲线,并利用 Poisson 曲线表示了几种常见的超越曲线.

§1 Poisson **基函数与** Poisson **曲线**

Poisson 基函数的定义为[7]

$$b_k(t) = \frac{\mathrm{e}^{-t}t^k}{k!} \quad (k=0,1,2,\cdots) \tag{1.1}$$

如果令

$$B_k^n(t) = \begin{cases} \mathrm{C}_n^k(1-t)^{n-k}t^k, & 0 \leqslant k \leqslant n \\ 0, & k > n \end{cases}$$

为 n 次 Bernstein 基函数,则 Poisson 基函数是二项分布的极限形式,即

$$b_k(t) = \lim_{n \to +\infty} B_k^n\left(\frac{t}{n}\right) \quad (k=0,1,2,\cdots)$$

图 1 给出了前 4 个 Poisson 基函数的图形;图 2 显示了用 Bernstein 基函数来逼近 Poisson 基函数的情形.

对于给定的无穷点列 $\boldsymbol{P}_i \in \mathbf{R}^d, i=0,1,2,\cdots,$ 一条 Poisson 曲线的参数方程可定义为

$$\boldsymbol{P}(t) = \sum_{k=0}^{+\infty} b_k(t)\boldsymbol{P}_k \quad (0 \leqslant t < R) \tag{1.2}$$

如果序列 $\left(\sum\limits_{k=0}^{m} b_k(t)\boldsymbol{P}_k\right)_{m=1}^{+\infty}$ 在区间 $[0,R)$ 上收敛,那么称 $\boldsymbol{P}(t)$ 为以 $\{\boldsymbol{P}_0,\boldsymbol{P}_1,\boldsymbol{P}_2,\cdots\}$ 为控制顶点的 Poisson 曲线.

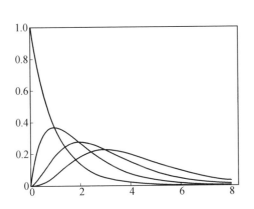

图 1　前 4 个 Poisson 基函数

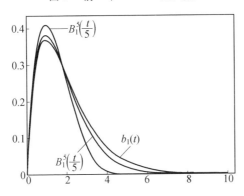

图 2　Bernstein 基函数逼近 Poisson 基函数

§2　Poisson 曲线的性质

Poisson 曲线具有类似于 Bézier 曲线的结构和性质.[8]

性质 1　几何不变性和仿射不变性：曲线仅依赖于控制顶点，而与坐标系的位置和方向无关，即曲线的

733

形状在坐标系平移和旋转后不变. 同时,对控制多边形进行缩放或剪切等仿射变换后,其所对应的新曲线就是相同仿射变换后的曲线.

性质2 假设控制顶点无重点(下同),则其 l 阶导矢曲线是以 $\{\Delta^l \boldsymbol{P}_k\}_{k=0}^{+\infty}$ 为控制顶点的 Poisson 曲线,即

$$\frac{\mathrm{d}^l \boldsymbol{P}(t)}{\mathrm{d}t^l} = \sum_{k=0}^{+\infty} \Delta^l \boldsymbol{P}_k b_k(t) \quad (0 \leqslant t < R)$$

其中,向前差分算子 Δ 的定义为

$$\Delta^0 \boldsymbol{P}_k = \boldsymbol{P}_k \quad (k = 0, 1, 2, \cdots)$$

$$\Delta^l \boldsymbol{P}_k = \Delta^{l-1} \boldsymbol{P}_{k+1} - \Delta^{l-1} \boldsymbol{P}_k$$

性质3 曲线在左端点处的 l 阶导矢只与前 $l+1$ 个控制顶点有关,即

$$\frac{\mathrm{d}^l \boldsymbol{P}(0)}{\mathrm{d}t^l} = \Delta^l \boldsymbol{P}_0 \quad (l = 0, 1, 2, \cdots)$$

证明 根据差分算子的递归定义, $\Delta^l \boldsymbol{P}_0$ 可以展开成 $\boldsymbol{P}_0, \boldsymbol{P}_1, \cdots, \boldsymbol{P}_l$ 的线性组合.

性质4 左端点插值性质:曲线在左端点与控制多边形端点重合,端边相切.

性质5 凸包性:曲线位于由控制顶点 $\boldsymbol{P}_0, \boldsymbol{P}_1, \boldsymbol{P}_2, \cdots, \boldsymbol{P}_n$ 所形成的凸包内,即位于包含这 $n+1$ 个点的最小凸集内.

证明 因为 Poisson 基函数具有非负性和权性,即

$$b_k(t) \geqslant 0, \sum_{k=0}^{+\infty} b_k(t) = 1$$

于是曲线是 $\boldsymbol{P}_0, \boldsymbol{P}_1, \boldsymbol{P}_2, \cdots, \boldsymbol{P}_n$ 的凸线性组合,从而它位于其凸包内.

性质6 升阶公式

$$\sum_{k=0}^{+\infty} b_k(t)\boldsymbol{P}_k = \sum_{k=0}^{+\infty} b_k(nt)\boldsymbol{P}_k^{[n]}$$

其中

$$\begin{bmatrix} \boldsymbol{P}_0^{[n]} \\ \boldsymbol{P}_1^{[n]} \\ \vdots \\ \boldsymbol{P}_k^{[n]} \end{bmatrix} = \begin{bmatrix} B_0^0\left(\dfrac{1}{n}\right) & 0 & \cdots & 0 \\ B_0^1\left(\dfrac{1}{n}\right) & B_1^1\left(\dfrac{1}{n}\right) & \cdots & 0 \\ \vdots & \vdots & & \vdots \\ B_0^k\left(\dfrac{1}{n}\right) & B_1^k\left(\dfrac{1}{n}\right) & \cdots & B_k^k\left(\dfrac{1}{n}\right) \end{bmatrix} \begin{bmatrix} \boldsymbol{P}_0 \\ \boldsymbol{P}_1 \\ \vdots \\ \boldsymbol{P}_k \end{bmatrix}$$

$$(k=0,1,2,\cdots,n=1,2,\cdots)$$

性质 7　离散性质：曲线表达式（2）在 $\left[0,\dfrac{R}{r}\right](r>1)$ 之间的一段可以表示为

$$\boldsymbol{P}(rt) = \sum_{k=0}^{+\infty} b_k(rt)\boldsymbol{Q}_k(r)$$

其中

$$\boldsymbol{Q}_k = \sum_{i=0}^{k} B_i^k(r)\boldsymbol{P}_i \quad \left(0 \leqslant t < \frac{R}{r}\right)$$

图 3 给出了 Poisson 曲线的拟 de Casteljau 割角算法.

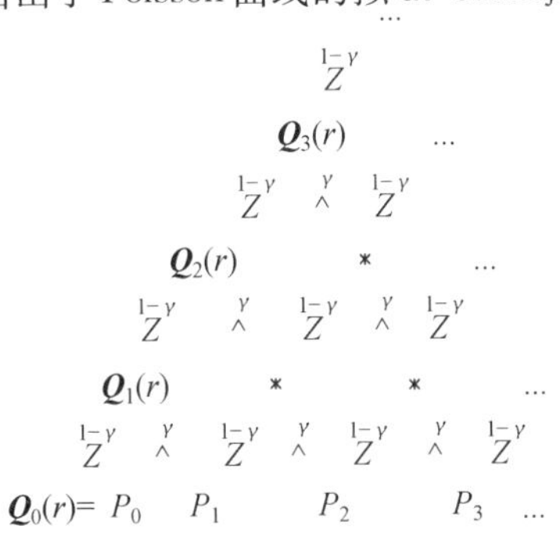

$$
\begin{array}{c}
\cdots \\
\underset{Z}{1-\gamma} \\
\boldsymbol{Q}_3(r) \quad\quad \cdots \\
\underset{Z}{1-\gamma} \quad \overset{\gamma}{\wedge} \quad \underset{Z}{1-\gamma} \\
\boldsymbol{Q}_2(r) \quad\quad * \quad\quad \cdots \\
\underset{Z}{1-\gamma} \quad \overset{\gamma}{\wedge} \quad \underset{Z}{1-\gamma} \quad \overset{\gamma}{\wedge} \quad \underset{Z}{1-\gamma} \\
\boldsymbol{Q}_1(r) \quad\quad * \quad\quad\quad * \quad\quad \cdots \\
\underset{Z}{1-\gamma} \quad \overset{\gamma}{\wedge} \quad \underset{Z}{1-\gamma} \quad \overset{\gamma}{\wedge} \quad \underset{Z}{1-\gamma} \quad \overset{\gamma}{\wedge} \quad \underset{Z}{1-\gamma} \\
\boldsymbol{Q}_0(r)= \quad P_0 \quad\quad P_1 \quad\quad P_2 \quad\quad P_3 \quad \cdots
\end{array}
$$

图 3　Poisson 曲线的拟 de Casteljau 算法

§3　用 Poisson 曲线表示超越曲线

1. 表示整圆

设半径为 R 的圆的参数方程为

$$\boldsymbol{r}(t) = R(\cos t, \sin t) = \sum_{k=0}^{+\infty} \boldsymbol{P}_k b_k(t) \quad (0 \leqslant t \leqslant 2\pi)$$

因为

$$\cos t + i \sin t = e^{it} = e^{(i+1)t} e^{-t}$$

$$= e^{-t} \sum_{k=0}^{+\infty} \frac{(i+1)^k t^k}{k!}$$

$$= e^{-t} \sum_{k=0}^{+\infty} \frac{2^{\frac{k}{2}} e^{i\frac{k\pi}{4}} t^k}{k!}$$

$$= \sum_{k=0}^{+\infty} 2^{\frac{k}{2}} \left(\cos \frac{k\pi}{4} + i \sin \frac{k\pi}{4} \right) b_k(t)$$

因此,圆的控制顶点为

$$\boldsymbol{P}_k = R \left(2^{\frac{k}{2}} \cos \frac{k\pi}{4}, 2^{\frac{k}{2}} \sin \frac{k\pi}{4} \right) \quad (k = 0, 1, 2, \cdots)$$

图 4 给出了用 Poisson 表示的圆的形状以及初始的前 4 个控制顶点.

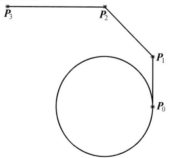

图 4　圆的 Poisson 表示

2.表示双曲线的一支

设双曲线的参数方程为

$$r(t) = a(\cosh t, \sinh t)$$

$$= \sum_{k=0}^{+\infty} P_k b_k(t) \quad (0 \leqslant t < +\infty)$$

因为

$$e^t = e^{2t} e^{-t} = e^{-t} \sum_{k=0}^{+\infty} \frac{2^k t^k}{k!} = \sum_{k=0}^{+\infty} 2^k b_k(t)$$

所以

$$\cosh t = \frac{e^t + e^{-t}}{2} = b_0(t) + \sum_{k=1}^{+\infty} 2^{k-1} b_k(t)$$

$$\sinh t = \frac{e^t - e^{-t}}{2} = \sum_{k=1}^{+\infty} 2^{k-1} b_k(t)$$

因此,双曲线的控制顶点为

$$P_0(a,0), P_k a(2^{k-1}, 2^{k-1}) \quad (k=1,2,\cdots)$$

图 5 给出了双曲线的一支的 Poisson 表示形状以及初始的前 4 个控制顶点.

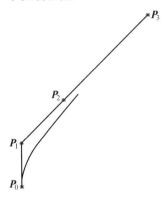

图 5　双曲线的一支的 Poisson 表示

3. 表示摆线

设摆线的参数方程为

$$\boldsymbol{r}(t) = a(t - \sin t, 1 - \cos t)$$

$$= \sum_{k=0}^{+\infty} \boldsymbol{P}_k b_k(t) \quad (0 \leqslant t < +\infty)$$

因为

$$t = \mathrm{e}^t \mathrm{e}^{-t} t = \mathrm{e}^{-t} \sum_{k=0}^{+\infty} \frac{t^{k+1}}{k!} = \sum_{k=1}^{+\infty} k b_k(t)$$

$$1 = \sum_{k=0}^{+\infty} b_k(t)$$

所以,摆线的控制顶点为

$$\boldsymbol{P}_k = a\left(k - 2^{\frac{k}{2}} \sin \frac{k\pi}{4}, 1 - 2^{\frac{k}{2}} \cos \frac{k\pi}{4}\right)$$

$$(k = 0, 1, 2, \cdots)$$

图 6 给出了摆线的 Poisson 表示形状以及初始的前 5 个控制顶点.

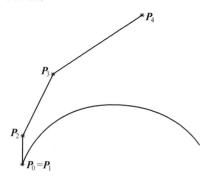

图 6　摆线的 Poisson 表示

4. 表示 Archimedes 螺线

设 Archimedes 螺线的参数方程为

$$\boldsymbol{P}(t) = R(t\cos t, t\sin t)$$

738

$$= \sum_{k=0}^{+\infty} \boldsymbol{P}_k b_k(t) \quad (0 \leqslant t < +\infty)$$

因为

$$t\cos t + \mathrm{i}t\sin t = t\mathrm{e}^{\mathrm{i}t} = t\mathrm{e}^{(\mathrm{i}+1)t}\mathrm{e}^{-t}$$

$$= \mathrm{e}^{-t} \sum_{k=0}^{+\infty} \frac{(\mathrm{i}+1)^k t^{k+1}}{k!}$$

$$= \mathrm{e}^{-t} \sum_{k=0}^{+\infty} \frac{(k+1)(\mathrm{i}+1)^k t^{k+1}}{(k+1)!}$$

$$= \mathrm{e}^{-t} \sum_{k=1}^{+\infty} \frac{k(\mathrm{i}+1)^{k-1} t^k}{k!}$$

$$= \mathrm{e}^{-t} \sum_{k=1}^{+\infty} \frac{2^{\frac{k-1}{2}} k \mathrm{e}^{\mathrm{i}\frac{(k-1)\pi}{4}} t^k}{k!}$$

$$= \sum_{k=1}^{+\infty} 2^{\frac{k-1}{2}} k \left(\cos \frac{(k-1)\pi}{4} + \right.$$

$$\left. \mathrm{i} \sin \frac{(k-1)\pi}{4} \right) b_k(t)$$

所以,Archimedes 螺线的控制顶点 $\boldsymbol{P}_k$ 为

$$R \left(2^{\frac{k-1}{2}} k \cos \frac{(k-1)\pi}{4}, 2^{\frac{k-1}{2}} k \sin \frac{(k-1)\pi}{4} \right)$$

$$(k = 0, 1, 2, \cdots)$$

图 7 给出了 Archimedes 螺线的 Poisson 表示形状以及初始的前 6 个控制顶点.

5. 表示圆锥螺旋线

设圆锥螺旋线的参数方程为

$$\boldsymbol{P}(t) = R(\mathrm{e}^{-t}\cos t, \mathrm{e}^{-t}\sin t, \mathrm{e}^{-t})$$

因为

$$\mathrm{e}^{-t}\cos t + \mathrm{i}\mathrm{e}^{-t}\sin t = \mathrm{e}^{-t}\mathrm{e}^{\mathrm{i}t} = \mathrm{e}^{-t} \sum_{k=0}^{+\infty} \frac{\mathrm{i}^k t^k}{k!}$$

$$= \sum_{k=0}^{+\infty} \left(\cos \frac{k\pi}{2} + \mathrm{i} \sin \frac{k\pi}{2} \right) b_k(t)$$

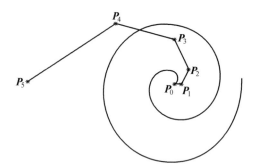

图 7　Archimedes 螺线的 Poisson 表示

又因为

$$\mathrm{e}^{-t} = b_0(t)$$

所以,圆锥螺旋线的控制顶点 $\boldsymbol{P}_0$ 和 $\boldsymbol{P}_k$ 分别为

$$R(1,0,1)$$

$$R\left(\cos\frac{k\pi}{2}, \sin\frac{k\pi}{2}, 0\right) \quad (k = 1, 2, \cdots)$$

图 8 给出了圆锥螺旋线的 Poisson 表示形状以及初始的前 5 个控制顶点.

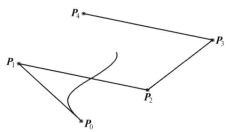

图 8　圆锥螺旋线的 Poisson 表示

6. 表示圆的渐开线

设圆的渐开线的参数方程为

$$\boldsymbol{P}(t) = R(\cos t - t\sin t, \sin t + t\cos t)$$

根据同样的方法,可以得到圆的渐开线的控制顶点 $\boldsymbol{P}_0$

和 $\boldsymbol{P}_k$ 分别为

$$R(1,0)$$

$$R\left(2^{\frac{k}{2}}\cos\frac{k\pi}{4} - 2^{\frac{k-1}{2}}k\sin\frac{(k-1)\pi}{4},\right.$$

$$\left. 2^{\frac{k}{2}}\sin\frac{k\pi}{4} + 2^{\frac{k-1}{2}}k\cos\frac{(k-1)\pi}{4}\right)$$

$$(k=1,2,\cdots)$$

图 9 给出了圆的渐开线的 Poisson 表示形状以及初始的前 6 个控制顶点.

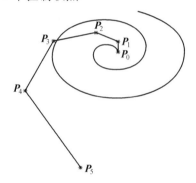

图 9　圆的渐开线的 Poisson 表示

参 考 文 献

[1] FARIN G. Curves and surfaces for CAGD[M]. San Diego：Academic press，1997.

[2] PIEGL L，TILLER W. The NURBS book[M]. New York：Springer，1997.

[3] FARIN G. From conics to NURBS：A tutorial and survey[J]. IEEE Computer Graphics and Applications，1992，12(5)：78-86.

[4] FARIN G. NURBS for curve and surface design[M]. Philadephia：

SIAM,1991.

[5] PIEGL L. On NURBS: A survey[J]. IEEE Computer Graphics and Application,1991,11(1):55-71.

[6] 施法中. 计算机辅助几何设计与非均匀有理 B 样条 (CAGD&NURBS)[M]. 北京:高等教育出版社,1997.

[7] HERMANN T. Degree elevation for generalized Poisson functions [J]. Computer Aided Geometric Design,2002,19(1):65-70.

[8] 王国瑾,汪国昭,郑建民. 计算机辅助几何设计(CAGD)[M]. 北京: 高等教育出版社,2001.

数控机床和计算机绘图中的曲线插补原理[①]

第 7 章

随着科学技术和生产的发展,在机械、仪表、造船、航空等部门,一些型面较复杂的零部件,其轮廓曲线往往要由一些非圆的高次曲线所构成.比如,飞机几何外形的描述,就要用到一般二次曲线和三次有理曲线.

如何在计算机绘图仪上绘制出该轮廓曲线,并在数控机床上加工出这种零件呢? 这就需要研究曲线插补原理.常用的插补方法有逐点比较法和数字积分法.不少文献对曲线插补原理进行了探讨.

[①]　本章摘自《中国科学(A 辑)》1983 年第 1 期.

743

大连自化机床研究所的梁宗岳教授于 1981 年从简单的几何原理出发,通过理论推导,提供了两种插补函数曲线的新方法,即加密判别法和双判别法.其特点是:

(1)适用范围广泛:从原则上解决了任意函数曲线的插补问题.

(2)插补精度较高:分别为 0.707 和 0.5 个脉冲当量.

(3)数控设备节省:对工程上最常用的曲线,易于用很节省的数控硬件来实现;而对一般函数曲线,则可用电子计算机进行插补计算.

§1 曲线的加密判别插补法

我们先讨论函数曲线 $y=f(x)$ 的加密判别插补法,然后推广到 $G(x,y)=0$ 和 $f(x)+g(y)=0$ 等最一般形式的函数曲线.

1. 曲线插补的几何原理

任何一种曲线插补,其实质都是用某一条折线去逼近已知曲线.因此,如果设想在坐标平面上,作一些纵、横间距为指定插补步长 h 的网格,且其中一个网格点位于已知曲线的起点,那么各插补点必在此网格的交点上(图 1).

为了减少插补偏差,在每插补一步之前,应该根据曲线与将被它穿过的"坐标小方格"的中心点 M 的相对位置来加以判定.比如,对于曲线 $y=f(x)$,不妨假定曲线是沿着 x 和 y 的正方向进行插补的(图 2).那

么，当曲线经过点 M，或在其下方穿过时，应该沿着 x 方向插补一步；而当曲线在点 M 的上方穿过时，就应该沿着 y 方向插补一步．当曲线沿着其他方向插补时，仍可根据曲线与点 M 的上、下相对位置进行判别．

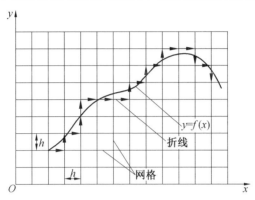

图 1　曲线插补折线图

由于各"坐标小方格"的中心点 M 是步长 $s = 0.5h$ 的加密网格点，所以，我们把由此几何原理所确定的插补方法称为"加密判别插补法"，其插补偏差不超过"坐标小方格"的四个顶点至中心点 M 的距离，即 $0.5\sqrt{2}\,h = 0.707h$．同时，由于每插补一步，都按减少插补偏差的原则进行判别，因此可获得较高的精度．如从图 2(g) 可以看出"加密判别插补法"比逐点比较法和正负法的精度要高．

2. 加密判别函数

对于单值光滑函数曲线
$$y = f(x) \tag{1.1}$$
设曲线的起点为 $x_0, y_0 = f(x_0)$，且取 $s = 0.5h$．

根据上述几何原理，当曲线沿着 y 的正方向插补

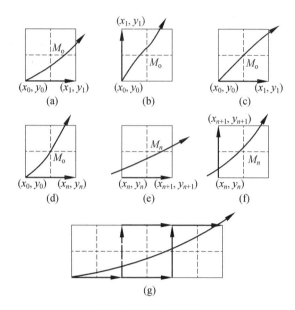

图 2　坐标小方格图

时，可以构造加密判别函数 F 为

$$F_n = y_n + s - f(x_n \pm s)$$
$$= s - [f(x_n \pm s) - y_n] \quad (n = 0, 1, 2, \cdots)$$

$$(1.2)$$

而当曲线沿着 y 的负方向插补时，判别函数就取为

$$F_n = f(x_n \pm s) - (y_n - s)$$
$$= s + [f(x_n \pm s) - y_n] \quad (n = 0, 1, 2, 3, \cdots)$$

$$(1.3)$$

其中 $\pm s$ 的符号依 x 的插补方向而定.

　　判别准则均为：当 $F_n \geqslant 0$ 时，走一步 x；当 $F_n < 0$ 时，走一步 y.

　　应用数学归纳法，可以对判别函数进行一些推导. 不妨仍然假定曲线沿正方向插补，则：

当 $F_n \geqslant 0$ 时，走一步 x，即 $x_{n+1} = x_n + h$，$y_{n+1} = y_n$，此时，注意到 $x_{n+1} - s = x_n + s$，则

$$F_{n+1} = y_{n+1} + s - f(x_{n+1} + s)$$
$$= y_n + s - f(x_n + s) - [f(x_{n+1} + s) - f(x_n + s)]$$
$$= F_n - [f(x_{n+1} + s) - f(x_{n+1} - s)] \tag{1.4}$$

当 $F_n < 0$ 时，走一步 y，亦可得出

$$F_{n+1} = y_{n+1} + s - f(x_{n+1} + s)$$
$$= y_n + h + s - f(x_n + s)$$
$$= F_n + h \tag{1.5}$$

这就是我们所需要的加密判别函数的递推式.

例 1　试插补对数函数曲线 $y = 4\ln x$.

插补计算公式如式(1.2)，有关计算见表 1. 插补折线图见图 3.

表 1　对数曲线插补计算表

NO	x_n	y_n	F_n	Δx	Δy
0	1	0	−1.12	0	1
1	1	1	−1.12	0	1
2	1	2	0.87	1	0
3	2	2	−0.16	0	1
4	2	3	−0.16	0	1
5	2	4	0.83	1	0
6	3	4	−0.51	0	1
7	3	5	0.48	1	0
8	4	5	−0.51	0	1
9	4	6	0.48	1	0

续表

NO	x_n	y_n	F_n	Δx	Δy
10	5	6	-0.31	0	1
11	5	7	0.68	1	0
12	6	7	0.01	1	0
13	7	7	-0.56	0	1
14	7	8	0.44	1	0

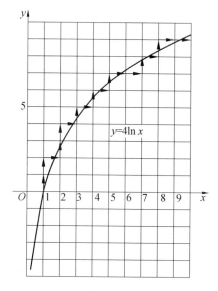

图 3　对数曲线插补图

3. 曲线的性状

我们知道,要想插补整条曲线,必须考虑曲线的性状.当曲线经过诸如极值点而改变插补方向时,必须适时而自动地选用相应的判别函数式进行插补计算.

根据几何原理,对于曲线(1.1),显然,拐点可以按

一般点去处理,而只需考虑曲线过极值点的情况.又因为极值点只有有限几个,所以,总可以把插补步距 h 选得足够小,使得对于任意一个极值点,比如极大值点 P,必然存在某一个整数 n,使得同时满足

$$x_n \leqslant x_p < x_n + s$$

和

$$y_n \leqslant y_p < y_n + s$$

于是,当 $x_n = x_p$ 时,必有 $y_p = f(x_p) > f(x_n + s)$.

而当 $x_n < x_p < x_n + s$ 时,必有下列三种情形之一:

(1) $y_p > f(x_n) > f(x_n + s)$.

(2) $y_p > f(x_n) = f(x_n + s) > f(x_n + h)$.

(3) $f(x_n) < f(x_n + s) < y_p$,而 $f(x_n + s) > f(x_n + h)$.

但无论哪种情况,在 $f(x_n + s) - f(x_n)$ 和 $f(x_n + h) - f(x_n + s)$ 之中,至少有一个差值由正号变为负号(对极小值点则由负号变为正号).因此可以利用这种"变号",发出改变判别函数式的信息.而根据式(1.2)和(1.3)有

$$s + [f(x_n \pm s) - y_n] = h - \{s - [f(x_n \pm s) - y_n]\}$$

及

$$s - [f(x_n \pm s) - y_n] = h - \{s + [f(x_n \pm s) - y_n]\}$$

可见,只需将原判别函数值取反号,再加上插补步长 h,便自动地完成了判别式的改变.

4. 高次曲线插补框图

对于高次曲线

$$y = f(x) = a_n x^n + a_{n-1} x^{n-1} + \cdots + a_1 x + a_0 \quad (1.6)$$

引入简化记号:$f_k = f(x_0 + ks)(k = 0, 1, 2, \cdots)$. 我们已知 $y_0 = f(x_0) = f_0$,若再计算出 $n+1$ 个型值点 f_1,

$f_3, f_5, \cdots, f_{2n+1}$,则可依次求出各阶差分

$$\Delta^i f_k = \Delta^{i-1} f_{k+2} - \Delta^{i-1} f_k \quad (i=1,2,\cdots,n)$$

其中 $\Delta^0 f_k = f_k$,且由差分性质可知,$\Delta^n f_k$ 为常数,而对于 $i > n$,恒有 $\Delta^i f_k = 0$.

反之,由各 $\Delta^i f_k (k=1,2,3,\cdots; i=2,3,\cdots,n)$,亦可求出各 Δf_k,即

$$f_3 - f_1, f_5 - f_3, f_7 - f_5, \cdots \qquad (1.7)$$

此数序列,恰好对应于式(1.4)右边方括号项的数值,即沿 x 方向插补时判别函数的增(减)值.

根据这种性质,利用迭加原理,我们可以很方便地构造出插补高次曲线的数控逻辑框图.

图 4 就是插补三次曲线的框图,其中各移位寄存器需预置初值:$J_i = \Delta^i f_1 (i=1,2,3)$.

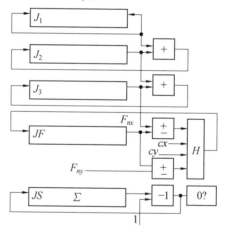

图 4 数控逻辑框图

当沿着 x 方向插补时,各移位寄存器同时进行右旋移(用→表示),即

$$J_1 \to J_1$$

$$J_2 + J_1 \rightarrow J_2$$
$$J_3 + J_2 \rightarrow J_3$$
$$JF \pm J_3 \rightarrow JF$$

其数值的变化规律为

$$\Delta^3 f_1 \rightarrow \Delta^3 f_3 \rightarrow \Delta^3 f_5 \rightarrow \cdots (\text{常数值})$$
$$\Delta^2 f_1 \rightarrow \Delta^2 f_1 + \Delta^3 f_1 = \Delta^2 f_3 \rightarrow \Delta^2 f_5 \rightarrow \cdots$$
$$\Delta f_1 \rightarrow \Delta f_1 + \Delta^2 f_1 = \Delta f_3 \rightarrow \Delta f_5 \rightarrow \cdots$$
$$F_0 \rightarrow F_0 \pm \Delta f_1 = F_{1x} \rightarrow F_{3x} \rightarrow \cdots$$

可见,这就相应完成了沿 x 方向的插补运算(F_{nx}). 至于沿 y 方向的运算和终点判零可见图 4.

值得指出:利用 JF 的符号位,可以发出走 x 或走 y 的信号;而利用 J_3 的"变号",则可得知曲线经过极值点,由"或门开关 H"完成"变反加 $1(h)$",并使 $JF \pm J_3 \rightarrow JF$ 的叠加运算改变为 $JF \mp J_3 \rightarrow JF$,以自动适应曲线插补方向的改变.

还值得指出:除 JS 作为终点判零外,插补 n 次曲线需要 $J_1 \sim J_n$ 和 JF 共 $n+1$ 条移位寄存器,这和确定一条 n 次曲线需要 $n+1$ 个系数是相一致的,因而也是数控设备最节省的方案. 对比文献[1],便可看出加密判别法具有数控硬件节省、初值规整而易于求取等特点.

§2　推广形式和插补实例

下面,我们把加密判别插补法推广到最一般形式的函数曲线

$$G(x, y) = 0 \tag{2.1}$$

1. 推广形式

首先,我们假定在插补范围内(或分段)满足条件:

(1)$G(x,y)$把坐标平面分成$G>0$,$G<0$和$G=0$三个点集.

(2)$G(x,y)$及其偏导函数G_x,G_y连续.

(3)$G_y(x,y)\neq 0$.并为确定起见,不妨设$G_y>0$.

我们将要证明:对于曲线(2.1),也可以用加密判别法进行插补,其判别函数取为

$$F_n=\pm G(x_n\pm s,y_n\pm s)\quad (n=0,1,2,\cdots)\ (2.2)$$

其中$\pm s$的符号分别依x和y的插补方向而定,而第一个"$\pm$"则与第三个相同.

判别准则为:当$F_n\geq 0$时走一步x;当$F_n<0$时走一步y.

我们仅就曲线沿着x和y的正方向进行插补的情况加以证明.此时判别函数为

$$F_n=G(x_n+s,y_n+s)\quad (n=0,1,2,\cdots)\quad (2.3)$$

根据隐函数定理,存在唯一的可导函数

$$y=g(x)\qquad\qquad (2.4)$$

代表同一曲线,且满足$y_0=g(x_0)$及$G(x_0,y_0)=0$.此曲线可以取加密判别函数

$$F_n^*=y_n+s-g(x_n+s)\quad (n=0,1,2,\cdots)\ (2.5)$$

所以,我们只需证明,由式(2.3)定义的F_n和由式(2.5)定义的F_n^*有相同的符号即可.

在下面,我们暂用符号"$\Leftrightarrow$"表示式子两边符号相同.那么,对曲线上的任一点(x,y),由中值定理,一方面从式(2.3)可推导出

$$F=G(x+s,y+s)$$

$$= G(x+s, y+s) - G(x, y)$$

$$= s \cdot G_x(x+\theta s, y+\theta s) + s \cdot G_y(x+\theta s,$$

$$y+\theta s) \quad (0 < \theta < 1)$$

$$\Leftrightarrow s \cdot [G_x(x, y) + G_y(x, y)] \quad (\text{连续性})$$

$$\Leftrightarrow G_x(x, y) + G_y(x, y) \quad (s > 0)$$

另一方面,从式(2.5)又可推导出

$$F^* = y + s - g(x+s)$$

$$= s - [g(x+s) - g(x)]$$

$$= s - s \cdot g'(x+\theta s) \quad (0 < \theta < 1)$$

$$\Leftrightarrow s \cdot [1 - g'(x)] \quad (\text{连续性})$$

$$\Leftrightarrow 1 - g'(x) \quad (s > 0)$$

$$\Leftrightarrow 1 + \frac{G_x(x, y)}{G_y(x, y)} \quad (\text{隐函数求导})$$

$$\Leftrightarrow G_x(x, y) + G_y(x, y) \quad (G_y > 0)$$

故对于曲线上的点,$F \Leftrightarrow F^*$. 对于任一插补点 (x_n, y_n),一般未必在曲线上,但因插补步距 h 微小,由连续性,亦有 $F_n \Leftrightarrow F_n^*$. 证毕.

其次我们指出:对于曲线 $G(x, y) = 0$,因为变量 x 和 y 的对称性,所以前述 $G_y \neq 0$ 的条件亦可以用 $G_x \neq 0$ 来代替. 由此而得结论:非奇异曲线可以应用加密法进行插补. 至于包含奇异点的曲线,则可适当分段进行插补. 我们还想指出:式(2.2)最前面的"±"的选取原则在于使得 $G > 0$ 的区域位于 y 的正方向一侧.

下面,我们列举两个曲线插补的实例.

例 1　试插补曲线 $x^3 + y^3 - 3xy = 0$(第一象限部分,且 $h = 0.1$).

插补曲线见图 5.需要指出,为确定插补公式的符号,需将曲线分段:

OA 段:取 $G=3xy-x^3-y^3$,$F_n=G(x_n+0.05,y_n+0.05)$.

ABO 段:取 $G=x^3+y^3-3xy$,且按插补方向,判别函数.

AB 段:取 $F_n=G(x_n-0.05,y_n+0.05)$.

BO 段:取 $F_n=-G(x_n-0.05,y_n-0.05)$.

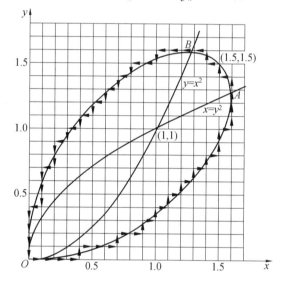

图 5 曲线 $x^3+y^3-3\times y=0$ 插补图

例 2 试插补曲线 $y=\dfrac{1}{x^2+1}$,即 $(x^2+1)y-1=0$ $(h=0.1)$.

按式(1.1)或(2.1)两种算法,插补曲线均如图 6 所示.

2.分离变量形曲线

对于分离变量形函数曲线

$$f(x)+g(y)=0 \qquad (2.6)$$

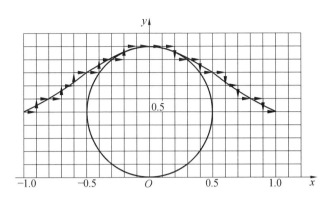

图 6　曲线 $(x^2+1)y-1=0$ 插补图

其中假定 $f(x)$ 和 $g(y)$ 及其导函数连续,且不包含奇异点.

根据式(2.2),可直接取加密判别函数 F 为

$$F_n=\pm[f(x_n\pm s)+g(y_n\pm s)]\quad(n=0,1,2,3,\cdots)$$

其中三个"$\pm$"的选择原则同式(2.2).

由于变量分离,判别函数 F 的递推计算就显得比较简单.仿照式(1.4),比如对判别函数

$$F_n=f(x_n+s)+g(y_n+s)\quad(n=0,1,2,\cdots)$$

当 $F_n\geqslant0$ 时,走一步 x,并且递推出

$$F_{n+1}=F_n+[f(x_{n+1}+s)-f(x_{n+1}-s)]\quad(2.7)$$

当 $F_n<0$ 时,走一步 y,并且递推出

$$F_{n+1}=F_n+[g(y_{n+1}+s)-g(y_{n+1}-s)]\quad(2.8)$$

特别地,对于工程上最常用的一些曲线,即 $f(x)$ 和 $g(y)$ 均取多项式的代数曲线,完全可以按照前述高次曲线(1.6)的讨论方法,构造出相应的数控逻辑框图.比如对所谓双三次曲线

$$f(x)+g(y)$$
$$=ax^3+bx^2+cx+Ay^3+By^2+Cy+D=0\quad(2.9)$$

可以在图 4 的基础上,增加三条移位寄存器,用来实现沿 y 方向的插补运算(F_{ny}),则整个插补框图也只不过共用了 8 条移位寄存器.

§3 曲线的双判别插补法

下面,我们变通一下前述曲线插补的几何原理,提出一种插补精度更高的双判别插补法.

1. 几何原理的改进

设曲线沿着 x 和 y 的正方向进行插补. 对各"坐标小方格"作辅助线,如图 7,其中 A 是插补点,而 H 和 L 分别是对边的中点. 易计算出,B,C 两点到直线 AL 的距离与 C,D 两点到直线 AH 的距离均为 $0.447h<0.5h$. 因此,可以约定:当曲线在点 L 的下方穿过时,走一步 x;当曲线在点 H 的上方穿过时,走一步 y;而当曲线在点 L 和点 H 之间穿过时,则"合成"走一步 x 和走一步 y(即对角线).

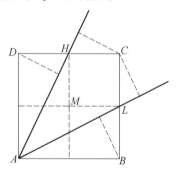

图 7　坐标小方格图

显然,由此改进几何原理所确定的"双判别插补法",其插补偏差不超过 $0.5h$,比上述的加密判别插补法的精度要高一些.

2. 双判别函数

仍设曲线沿着 x 和 y 的正方向进行插补. 对于曲线 $y=f(x)$,可以取双判别函数为

$$H_n=y_n+h-f(x_n+s)$$
$$L_n=y_n+s-f(x_n+h)$$

而对于曲线 $G(x,y)=0$,可以取双判别函数为

$$H_n=G(x_n+s,y_n+h)$$
$$L_n=G(x_n+h,y_n+s)$$

其判别准则均为:

(1)当 $H_n \geqslant 0$,且 $L_n \geqslant 0$ 时,走一步 x.

(2)当 $H_n \geqslant 0$,且 $L_n < 0$,"合成"走对角线.

(3)当 $H_n < 0$,且 $L_n < 0$ 时,走一步 y.

由于假定曲线沿正方向插补,所以不会出现 $H_n < 0$ 而 $L_n \geqslant 0$ 的情况.

值得指出:双判别函数 H_n 和 L_n 与加密判别函数 F_n 的区别在于分别用一个 h 代替了 s,因此可按照前面的递推方法,简化判别函数的计算.

下面列举双判别插补圆弧一例.

例 1　试插补第一象限逆向圆弧 $x^2+y^2-100^2=0(h=5)$.

插补折线如图 8 中的实线所示.

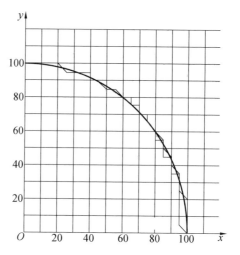

图 8　圆弧 $x^2 + y^2 - 100^2 = 0$ 插补图

参 考 文 献

[1] 李恩林.高次曲线插补原理[J].中国科学,1981(10):1 289-1 298.

758

T-Bézier 曲线及 G^1 拼接条件[①]

第 8 章

§1　引　言

　　虽然 Bézier 和 B 样条方法能简洁、完美地描述和表达自由曲线曲面，但是它们对于工程中常见的二次曲线曲面却只能采用近似的处理方法. NURBS 方法解决了前述方法中自由曲线曲面与二次曲线曲面不相容的问题，但 NURBS 方法的权因子、参数化、曲线曲面连续性问题，至今没有完全解决，[1] 而且由于其描述方法和计算上的复杂性，使 NURBS 在目前工

---

①　本章摘自《计算机工程与应用》2007 年第 1 期.

759

程曲线曲面中的应用优势难以充分发挥.[2]

为解决上述 NURBS 模型的局限性. 浙江大学的张纪文将多项式函数和三角函数进行混合,并提出了 C—曲线,[3-5] 虽然 C—曲线能够精确表示圆弧,但当圆心角较大时,需要一个极大的控制多边形,这对用户来说是不方便的,有时甚至是无法接受的.[6]

为此,文献[6]仅在三角函数空间中构造一组具有 Bézier 曲线特性的三角函数多项式曲线——T-Bézier 曲线[6].该曲线不仅可以精确表示直线段、二次多项式曲线段,还可以精确表示圆弧、椭圆弧等二次曲线,以及心脏线、双纽线等超越曲线.文献[6]给出了二次、三次和四次 T-Bézier 曲线.首都师范大学信息工程学院的王刘强和刘旭敏两位教授于 2007 年在此基础上推导出了 k 次 T-Bézier 曲线,使文献[6]中的曲线成为本章的一个特例,通过重新参数化将曲线参数规范化为[0,1]区间,给出了椭圆弧和心脏线的 T-Bézier 曲线的精确表示,并给出了 T-Bézier 曲线的 G^1 拼接条件,本章最后给出了一个曲面造型的实例.

§2   T-Bézier 基函数及其性质

1. T-Bézier 基函数的定义

若所构造的 T-Bézier 曲线具备与 Bézier 曲线类似的几何特性,则待构造的基函数必须具备正性、规范性以及相应的端点性质,即基函数应满足以下条件:

（1）正性

$$Q_{i,n}(t) \geqslant 0 \qquad (2.1)$$

（2）规范性

$$\sum_{i=0}^{n} Q_{i,n}(t) \equiv 1 \tag{2.2}$$

（3）端点性质

$$\begin{cases} Q_i(0) = 1, & i = 0 \\ Q_i(0) = 0, & \text{其他} \end{cases}, \begin{cases} Q_i\left(\dfrac{\pi}{2}\right) = 1, & i = n \\ Q_i\left(\dfrac{\pi}{2}\right) = 0, & \text{其他} \end{cases} \tag{2.3}$$

当 $n = 2$ 时，取

$$Q_{i,2}(t) = C_0 + C_1 \sin t + C_2 \cos t \tag{2.4}$$

由于 $Q'_{0,2}\left(\dfrac{\pi}{2}\right) = 0, Q'_{2,2}(0) = 0$. 结合式（2.3）可得

$$\begin{cases} Q_{0,2}(t) = 1 - \sin t \\ Q_{1,2}(t) = \sin t + \cos t - 1 \\ Q_{2,2}(t) = 1 - \cos t \end{cases} \tag{2.5}$$

当 $n \geqslant 3$ 时

$$Q_{i,n}(t) = \begin{cases} Q_{i,n-1}(t) + C_n \cos\left(\dfrac{n+1}{2}\right)t, & n\text{ 为奇数} \\ Q_{i,n-1}(t) + C_n \cos\left(\dfrac{n}{2}\right)t, & n\text{ 为偶数} \end{cases} \tag{2.6}$$

其中，C_n 为常量，$0 \leqslant t \leqslant \dfrac{\pi}{2}$.

当 $n = 3$ 时，由式（2.6）可知

$$Q_{i,3}(t) = C_0 + C_1 \sin t + C_2 \cos t + C_3 \cos 2t \tag{2.7}$$

由于

$$Q'_{i,3}\left(\dfrac{\pi}{2}\right) = 0 \quad (i = 0, 1), Q'_{i,3}(0) = 0 \quad (i = 2, 3)$$

$$Q''_{3,3}(0) = 0, Q''_{0,3}\left(\dfrac{\pi}{2}\right) = 0$$

结合式(2.3) 可得

$$\begin{cases} Q_{0,3}(t) = (1 - \sin t)^2 \\ Q_{1,3}(t) = 2\sin t(1 - \sin t) \\ Q_{2,3}(t) = 2\cos t(1 - \cos t) \\ Q_{3,3}(t) = (1 - \cos t)^2 \end{cases} \tag{2.8}$$

对于 n 次曲线,共有 $n+1$ 个基函数,由式(2.6)可知每个基函数包括 $(n+1)$ 个未知系数,所以共有 $(n+1)(n+1)$ 个未知数系数.

由于

$$Q'_{i,n}\left(\frac{\pi}{2}\right) = 0 \quad (i = 0, 1, 2, \cdots, n-2)$$

$$Q'_{i,n}(0) = 0 \quad (i = 2, \cdots, n)$$

$$Q''_{i,n}(0) = 0 \quad (i = 3, 4, \cdots, n)$$

$$Q''_{i,n}\left(\frac{\pi}{2}\right) = 0 \quad (i = 0, 1, 2, \cdots, n-3)$$

$$\vdots$$

$$Q_{i,n}^{(n-2)}(0) = 0 \quad (i = n-1, n)$$

$$Q_{i,n}^{(n-2)}\left(\frac{\pi}{2}\right) = 0 \quad (i = 0, 1)$$

$$Q_{n,n}^{(n-1)}(0) = 0, Q_{n,n}^{(n-1)}\left(\frac{\pi}{2}\right) = 0 \tag{2.9}$$

式(2.9) 共有 $2[(n-1) + (n-2) + \cdots + 2 + 1] = n(n-1)$ 个约束条件.

对于每一个基函数 $Q_{i,n}(t)$,由端点性质式(2.3)可得 $2(n+1)$ 个约束条件. 然后,将 $Q_{i,n}(t), i = 0, 1, \cdots, n$ 代入式(2.2),可得一等式,然后对此等式求其 $1 \sim (n-1)$ 阶导数. 对于每一阶导数,将 $t = 0$ 或 $\frac{\pi}{2}$ 代入可得 $(n-1)$ 个约束条件.

综上,共有
$$n(n-1)+2(n+1)+(n-1)=(n+1)^2$$
个约束条件. 未知系数和方程数目相等,故可解得 T-Bézier 基函数的全部系数.

对于式(2.6),如果令 $\tau=\dfrac{t}{\dfrac{\pi}{2}}$,那么将式重新参数

化后使其参数的范围规范为 $[0,1]$. 图 1 给出了三次 T-Bézier 关于参数 τ 的基函数.

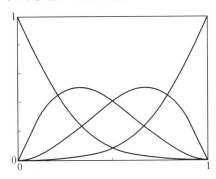

图 1　三次 T-Bézier 基函数图形

2. T-Bézier 基函数的性质

由上述 T-Bézier 基函数的定义易知,T-Bézier 基函数有如下基本性质:

（1）正性
$$Q_{i,n}(\tau)\geqslant 0 \qquad (2.10)$$

（2）规范性
$$\sum_{i=0}^{n}Q_{i,n}(\tau)\equiv 1 \qquad (2.11)$$

（3）端点性质

763

$$\begin{cases} Q_i(0) = 1, & i = 0 \\ Q_i(0) = 0, & \text{其他} \end{cases} \begin{cases} Q_i(1) = 1, & i = n \\ Q_i(1) = 0, & \text{其他} \end{cases}$$

$$(2.12)$$

（4）对称性

$$Q_{i,n}(\tau) = Q_{n-i,n}(1-\tau) \qquad (2.13)$$

§3 T-Bézier 曲线及其性质

1. T-Bézier 曲线的定义

定义 1 给定 $n+1$ 个控制顶点 $P_0, P_1, P_2, \cdots, P_n$，定义 T-Bézier 曲线方程为

$$P(\tau) = \sum_{i=0}^{n} Q_{i,n}(\tau) P_i \quad (0 \leqslant \tau < 1) \qquad (3.1)$$

其中，$Q_{i,n}(\tau)$ 为 T-Bézier 的基函数，P_i 为控制顶点.

当 $n=3$ 时，由式（2.8），并且令 $\tau = \dfrac{t}{\dfrac{\pi}{2}}$，可得三次 T-Bézier 曲线的表达式为

$$\begin{aligned}
P(\tau) &= \sum_{i=0}^{3} Q_{i,3}(\tau) P_i \\
&= Q_{0,3}(\tau) P_0 + Q_{1,3}(\tau) P_1 + Q_{2,3}(\tau) P_2 + \\
&\quad Q_{3,3}(\tau) P_3 \\
&= \left(1 - \sin \frac{\tau \pi}{2}\right)^2 P_0 + 2\sin \frac{\tau \pi}{2} \cdot \\
&\quad \left(1 - \sin \frac{\tau \pi}{2}\right) P_1 + \\
&\quad 2\cos \frac{\tau \pi}{2}\left(1 - \cos \frac{\tau \pi}{2}\right) P_2 + \\
&\quad \left(1 - \cos \frac{\tau \pi}{2}\right)^2 P_3
\end{aligned} \qquad (3.2)$$

图 2 给出了三次 T-Bézier 曲线和三次 Bézier 曲线,由图可以看出,T-Bézier 曲线能更好地逼近于控制多边形.

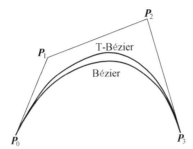

图 2　三次 T-Bézier 曲线与三次 Bézier 曲线

2. T-Bézier **曲线的性质**

(1)曲线的首、末端点及其导矢

$$\boldsymbol{P}(0) = \boldsymbol{P}_0$$

$$\boldsymbol{P}(1) = \boldsymbol{P}_n$$

$$\boldsymbol{P}'(0) = k(\boldsymbol{P}_1 - \boldsymbol{P}_0)$$

$$\boldsymbol{P}'(1) = k(\boldsymbol{P}_n - \boldsymbol{P}_{n-1}) \quad (k \text{ 为常数}) \quad (3.3)$$

即 T-Bézier 曲线通过控制多边形的首、末顶点 $\boldsymbol{P}_0$ 和 $\boldsymbol{P}_n$,并与其首、末边 $\boldsymbol{P}_0\boldsymbol{P}_1$ 和 $\boldsymbol{P}_{n-1}\boldsymbol{P}_n$ 相切.

(2)对称性.

给定了控制多边形 $\boldsymbol{P}_0\boldsymbol{P}_1\boldsymbol{P}_2\cdots\boldsymbol{P}_n$,可以自 $\boldsymbol{P}_0$ 出发构造 T-Bézier 曲线,也可以从 $\boldsymbol{P}_n$ 开始反向地构造 T-Bézier 曲线,这两条曲线的形状完全相同,但参数化的方向相反,亦即 T-Bézier 曲线具有对称性.曲线的对称性表明,由同一控制多边形定义的 T-Bézier 曲线是唯一的.[7]

(3)凸包性.

由 T-Bézier 基函数的正性与规范性,可知

T-Bézier 曲线具有凸包性.[8]

(4) 几何不变性.

由 T-Bézier 基函数的规范性,可知 T-Bézier 曲线具有几何不变性.[8]

§4　椭圆弧(圆弧)的 T-Bézier 曲线的表示

利用 T-Bézier 曲线能够精确地表示椭圆弧和圆弧等二次曲线弧. 对于三次 T-Bézier 曲线,令控制顶点的坐标分别为

$$q_0(2a,2b), q_1(3a,b)$$
$$q_2(3a,-b), q_3(2a,-2b) \tag{4.1}$$

将式(2.8)和(4.1)代入式(3.1)可得

$$
\begin{cases}
x(\tau) = 2a\left[\cos\left(\dfrac{\pi}{2}\tau\right) + \sin\left(\dfrac{\pi}{2}\tau\right)\right] \\
y(\tau) = 2b\left[\cos\left(\dfrac{\pi}{2}\tau\right) - \sin\left(\dfrac{\pi}{2}\tau\right)\right]
\end{cases}
$$
$$(a>0, b>0, 0 \leqslant \tau \leqslant 1) \tag{4.2}$$

由式(4.2)可知,此时生成的 T-Bézier 曲线是一段长轴为 $A=2\sqrt{2}a$,短轴为 $B=2\sqrt{2}b$ 的椭圆弧.特殊地,当 $a=b$ 时,生成的是半径为 $2\sqrt{2}a$ 的圆弧.图3分别给出了圆弧的 T-Bézier 和 C-B 样条表示,由图3可以看出,对于同一段圆弧,C-B 样条需要一个较大的控制多边形.图4给出了椭圆弧的 T-Bézier 曲线表示.

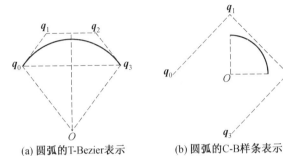

(a) 圆弧的T-Bezier表示　　(b) 圆弧的C-B样条表示

图 3　圆弧 T-Bézier 和 C-B 样条表示($n = 3$)

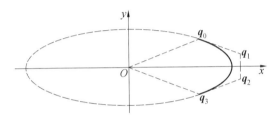

图 4　椭圆弧的 T-Bézier 表示($n = 3$)

§5　心脏线的 T-Bézier 曲线的表示

利用 T-Bézier 曲线能够精确地表示心脏线等超越曲线.当 $n=4$ 时,令控制顶点为

$$\boldsymbol{q}_0(2a,0),\boldsymbol{q}_1(2a,a),\boldsymbol{q}_2\left(\frac{5}{4}a,\frac{3}{2}a\right)$$

$$\boldsymbol{q}_3\left(\frac{a}{2},\frac{3}{2}a\right),\boldsymbol{q}_4(0,a) \tag{5.1}$$

将式(5.1)代入式(3.1)可得

$$\begin{cases} x(\tau) = \dfrac{a}{2} + a\cos\left(\dfrac{\pi}{2}\tau\right) + \dfrac{a}{2}\cos(\pi\tau) \\ y(\tau) = a\sin\left(\dfrac{\pi}{2}\tau\right) + \dfrac{a}{2}\sin(\pi\tau) \end{cases}$$

$$(a > 0, b > 0, 0 \leqslant \tau \leqslant 1) \qquad (5.2)$$

即 $r = a\left[1 + \cos\left(\dfrac{\pi}{2}\tau\right)\right]$，$0 \leqslant \tau \leqslant 1$，由此可以看出，此时生成的 T-Bézier 曲线是直径为 a 的心脏线弧. 图 5 给出了心脏线的 T-Bézier 曲线表示.

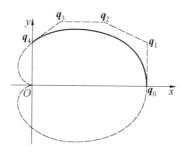

图 5　心脏线的 T-Bézier 表示($n = 4$)

§6　T-Bézier 曲线的 G^1 拼接

在用 T-Bézier 方法设计复杂的自由曲线时，难以用单一的一段曲线描述. 因而在实际造型中，经常采用曲线拼接方法，当曲线进行拼接时，连接处应满足指定的连续性要求.

有两种不同的关于拼接连续性(fairness)的度量：一种是曲线的参数连续(parametric continuity)，即参数曲线在拼接处具有 n 阶参数连续可微，则称这类拼接为 C^n 或 n 阶参数连续；另一种称为几何连续性

（geometric continuity），当且仅当两曲线段相应的弧长参数化在公共的连续点处具有 C^n 连续性，则称它们在该点具有 G^n 连续.[9,10] 工程中更关心的是一阶几何连续 G^1.

设 $\boldsymbol{P}(u)$ 和 $\boldsymbol{Q}(w)$ 为两条 T-Bézier 曲线，$\boldsymbol{P}(u)$ 由 $\boldsymbol{P}_0,\boldsymbol{P}_1,\cdots,\boldsymbol{P}_m$ 定义，$\boldsymbol{Q}(w)$ 由 $\boldsymbol{Q}_0,\boldsymbol{Q}_1,\cdots,\boldsymbol{Q}_n$ 定义，由式（3.1）可知，$\boldsymbol{P}(u)$ 和 $\boldsymbol{Q}(w)$ 的表达式分别为

$$\boldsymbol{P}(u) = \sum_{i=0}^{n} \boldsymbol{P}_{i,m}(u)\boldsymbol{P}_i \quad (0 \leqslant u \leqslant 1) \quad (6.1)$$

$$\boldsymbol{Q}(w) = \sum_{i=0}^{n} \boldsymbol{Q}_{i,m}(w)\boldsymbol{Q}_i \quad (0 \leqslant w \leqslant 1) \quad (6.2)$$

由式（3.3）可知，曲线 $\boldsymbol{P}(u)$ 在 $\boldsymbol{P}_m$ 处的一阶导矢为

$$\boldsymbol{P}'(1) = k_1(\boldsymbol{P}_m - \boldsymbol{P}_{m-1}) \quad (6.3)$$

曲线 $\boldsymbol{Q}(w)$ 在首端 $\boldsymbol{Q}_0$ 处的一阶导矢为

$$\boldsymbol{Q}'(0) = k_2(\boldsymbol{Q}_1 - \boldsymbol{Q}_0) \quad (6.4)$$

为使两曲线达到 G^1 连续，首先是 $\boldsymbol{P}(u)$ 的末端和 $\boldsymbol{Q}(w)$ 的首端位置连续，即

$$\boldsymbol{P}_m = \boldsymbol{Q}_0 \quad (6.5)$$

其次，应满足两曲线在连接处的切矢方向相同，即

$$\boldsymbol{Q}'(0) = \lambda\boldsymbol{P}'(1) \quad (\lambda > 0) \quad (6.6)$$

将式（6.3）和（6.4）代入式（6.6）可得

$$k_2(\boldsymbol{Q}_1 - \boldsymbol{Q}_0) = \lambda k_1(\boldsymbol{P}_m - \boldsymbol{P}_{m-1})$$

将其改写为

$$\boldsymbol{Q}_1 = \boldsymbol{Q}_0 + \frac{\lambda k_1}{k_2}(\boldsymbol{P}_m - \boldsymbol{P}_{m-1}) = \boldsymbol{p} + \frac{\lambda k_1}{k_2}\boldsymbol{q} \quad (6.7)$$

式中 $\boldsymbol{p} = \boldsymbol{P}_m = \boldsymbol{Q}_0$，$\boldsymbol{q} = \boldsymbol{P}_m - \boldsymbol{P}_{m-1}$，$\lambda, m, k_1, k_2$ 均为正常数.

当两条 T-Bézier 曲线同时满足式（6.5）和（6.7）时，两曲线在拼接处达到 G^1 连续. 其几何意义为：当两条 T-Bézier 曲线拼接时，控制顶点 $\boldsymbol{P}_{m-1},\boldsymbol{P}_m(=\boldsymbol{Q}_0)$ 和

Q_1 必须共线有序排列, 该线就是公共连接点处的公共
切线. T-Bézier 曲线的 G^1 连续条件同 Bézier 曲线十分
类似, 并且都有很强的几何直观性. 图 6 为三条三次
T-Bézier 曲线间 G^1 拼接的实例.

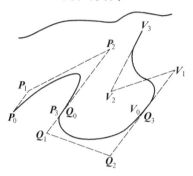

图 6 三条 T-Bézier 曲线间的 G^1 连续

T-Bézier 曲线间 G^1 连续的拼接技术还可以应用
于一些 T-Bézier 曲面造型中, 图 7 的花瓶旋转曲面的
母线是由三段 T-Bézier 曲线以 G^1 连续拼接而成的.

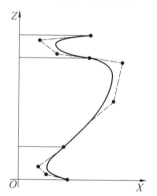

(a) 花瓶曲面

(b) 由三条T-Bézier曲线G^1拼接而成的
花瓶曲面的母线

图 7 T-Bézier 花瓶旋转曲面

§7　结　束　语

本章将 T-Bézier 基函数推广到了 n 次,并给出了 n 次 T-Bézier 基函数的求解方法,试验表明,和 Bézier 曲线相比,T-Bézier 能够更好地逼近于控制多边形. 文中给出了椭圆弧和心脏线的 T-Bézier 曲线的精确表示,并给出了 T-Bézier 曲线间 G^1 连续的拼接条件,拼接条件简单、直观且几何意义明确,并可以进一步推广到 T-Bézier 曲面间的 G^1 连续的拼接条件,下一步的工作就是将其推广到 T-Bézier 曲面间的拼接.

参 考 文 献

[1] PIEGL L，TILLER W. The NURBS book[M]. 2nd ed. New York：Springer，1997.

[2] 樊建华,邬义杰,林兴. C-Bézier 曲线分割算法及 G^1 拼接条件[J]. 计算机辅助设计与图形学学报,2002,14(5):421-424.

[3] ZHANG J W. C-curves：an extension of cubic curves[J]. Computer Aided Geometric Design. 1996,13(3):199-217.

[4] ZHANG J W. Two different forms of C-B-splines[J]. Computer Aided Geometric Design,1997,14(1):31-41.

[5] ZHANG J W. C-Bézier curves and surfaces[J]. Graphical Models and Images Processing,1999,61(1):2-15.

[6] 苏本跃. CAGD 中三角多项式曲线曲面造型的研究[D].合肥:合肥工业大学理学院,2004.

[7] 朱心雄.自由曲线曲面造型技术[M].北京:科学出版社,2000.

[8] 王国瑾,汪国昭,郑建民.计算机辅助几何设计[M].北京:高等教育

出版社,2001.

[9] FARIN G. Curves and surfaces for computer-aided geometric design a practical guide[M]. 4th ed. San Diego：Academic Press,1997.

[10] 施法中. 计算机辅助几何设计与非均匀有理 B 样条(CAGD&NURBS)[M]. 北京：高等教育出版社,2001.

一种基于 Bézier 曲线的箭标绘制方法①

第 9 章

在计算机标图制作系统中,标图主要包括规则图标和不规则图标,都以矢量化图形方式进行显示,但非规则图标由于其显示图形的不规则性,显示与控制比较困难. 四川大学计算机学院的李毅、陈延涛和杨军三位教授于 2009 年介绍了图标系统主要模块功能和 Bézier 曲线性质,并以箭头图标这类非规则图标为例,提出了基于特征三角形的箭头图标曲线控制点生成算法,用两个三角形分别控制箭头和箭尾曲线,此算法参数设置简单

---

① 本章摘自《四川大学学报(自然科学版)》2009 年第 5 期.

方便,从而能非常有效地控制箭标形状,绘制出平滑的单箭或多箭的箭标.

§1 标图系统简介

在城市建设、道路规划、交通管理、气象预报等各领域的应用中,采用标图系统可以详细记录城市道路、管线变化及走向、交通设施布局情况、各种天气预报及变化态势等. 由于图标形状各异,种类繁多,人工处理费时费力,应用计算机图形处理技术进行图标信息的矢量化和数字化处理与显示,可以大大提高图标制作与实现的速度和能力. 图标一般分为规则图标和非规则图标.

规则图标:包括道路、机场、环形、禁行等各类图标(图 1).这些矢量化图标形状固定,在显示时只需要进行坐标变换、平移、缩放和旋转等操作.

图 1 规则图标示意图

不规则图标:包括箭标和区域等,如图 2 所示.它与规则图标最大的不同在于,形状比较复杂、灵活,需要用折线和曲线组合进行表示.

774

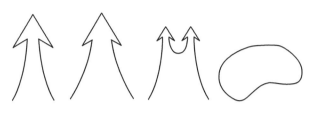

图 2　不规则图标示意图

§2　系统软件功能模块

标图系统的系统软件功能模块[1]如图 3 所示.

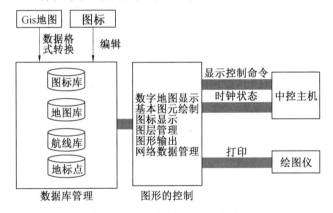

图 3　标图系统软件功能模块

数字地图显示模块:将 GIS 系统中转换后的数字地图(包括国界、省界、主要城市、主要湖泊河流等)进行显示,同时可将数字高层图转换为 2D 彩色图像进行显示.

基本图元绘制模块:点、线、面显示,包括各种点的形状、颜色、文字说明,以及各种线型绘制,面的颜色填充等,同时包括基本的经纬度转换,投影转换,图元的平移、缩放、旋转等几何变换.

标图显示模块:包括规则图标显示,固定点、机场、车辆、飞行器等的编辑和显示,以及不规则图标箭标、区域等的编辑和显示.

图层管理模块:对地图、航线、地标点、图标等分层进行显示管理.

图形输出模块:在 HP 彩色高分辨绘图仪上打印输出大屏幕的图形.

网络数据管理模块:接收中控主机的显示控制命令和时钟等信息,对超高分辨系统各主机进行显示控制,并将本机状态返回中控主机.

数据库管理模块:对地图、航线、图标、地标点等数据进行存储与管理.

§3 Bézier 曲线的定义和性质

由于在不规则图标中大量采用 Bézier 曲线构建箭标和区域,因此本节主要讨论 Bézier 曲线的定义和性质.[2]

1.定义

给定空间内 $n+1$ 个点的位置矢量 $\boldsymbol{P}_i (i=0,1,\cdots, n)$,则 Bézier 参数曲线上各点坐标的插值公式是

$$\boldsymbol{P}(t) = \sum_{i=1}^{n} \boldsymbol{P}_i B_{i,n}(t) \quad (t \in [0,1])$$

其中,$\boldsymbol{P}_i$ 构成该 Bézier 曲线的特征多边形,$B_{i,n}(t)$ 是 n 次 Bernstein 基函数

第 8 编　　计算几何与 CAD 中的 Bézier 曲线

$$B_{i,n}(t) = C_n^i t^i (1-t)^{n-i}$$
$$= \frac{n!}{i!\,(n-i)!} \cdot t^i \cdot (1-t)^{n-i}$$
$$(i = 0, 1, \cdots, n)$$

Bézier 曲线实例如图 4 所示.

图 4　三次 Bézier 曲线

2. Bézier 曲线的性质

（1）端点性质.

由 Bernstein 基函数的端点性质可以推得，当 $t=0$ 时，$\boldsymbol{P}(0) = \boldsymbol{P}_0$；当 $t=1$ 时，$\boldsymbol{P}(1) = \boldsymbol{P}_n$. 由此可见，Bézier 曲线的起点、终点与相应的特征多边形的起点、终点重合. 同时，Bézier 曲线的起点和终点处的切线方向和特征多边形的第一条边及最后一条边的走向一致.

（2）对称性.

由控制点 $\boldsymbol{P}_i = \boldsymbol{P}_{n-i}(i = 0, 1, \cdots, n)$ 构造出的新 Bézier 曲线与原 Bézier 曲线形状相同，走向相反. 这个性质说明 Bézier 曲线在起点处有什么几何性质，在终点处也有相同的性质.

（3）凸包性.

Bézier 曲线落在由控制点 $\boldsymbol{P}_i$ 构成的凸包中.

（4）几何不变性.

这是指某些几何特性不随坐标变换而变化的特性. Bézier 曲线的位置与形状与其特征多边形顶点 $\boldsymbol{P}_i(i = 0, 1, \cdots, n)$ 的位置有关，它不依赖坐标系的选择.

（5）变差缩减性.

若 Bézier 曲线的特征多边形 $P_0P_1\cdots P_n$ 是一个平面图形，则平面内任意直线与 $P(t)$ 的交点个数不多于该直线与其特征多边形的交点个数，这一性质叫变差缩减性质. 此性质反映了 Bézier 曲线比其特征多边形的波动小，也就是说 Bézier 曲线比特征多边形的折线更光顺.

§4　箭 标 绘 制

根据 Bézier 曲线性质可知，要绘制平滑连续的曲线，控制点的选取尤为重要. 不规则标图图形多种多样，绘制方法也各有不同，[3] 本章主要以箭标绘制为例，提出了一种新的基本特征三角形的箭标控制点智能生成算法，即用一个三角形控制箭头，另一个三角形控制箭尾（图5），不仅定义简便，也能非常方便地自动获取各控制点，进行箭标编辑，生成各种形状的箭标.

箭标类图标包括进攻、突击等，其基本形态由箭头和尾线组成，箭头是具有固定形状的折线，尾线一般为 Bézier 曲线. 下面主要以单箭标和双箭标为例进行算法说明.

1.单箭标控制点生成

如图5所示，由 P_1，P_2，P_3 组成箭头三角形，由 P_1，P_4，P_5 组成箭尾三角形，两三角形顶点重合. 只要改变箭尾三角形中 P_1P_4 和 P_1P_5 两直线的夹角，就很容易改变箭标的形状，达到令使用者满意的效果.

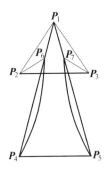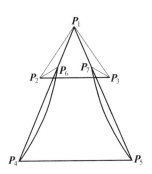

图 5　双三角形模式箭标生成控制示意图

具体实现方法如下：

（1）箭头绘制．

采用等腰三角形定义箭头，给定顶点 P_1，角度 θ，边长 L，可以很容易计算出另外两个三角形顶点 P_2，P_3 的坐标，同时在程序中给定箭头尾部折线角度值（固定斜率），求出其与箭尾三角形中控制边 P_1P_4 和 P_1P_5 的交点 P_6，P_7，从而绘制出箭头，如图 6 所示．

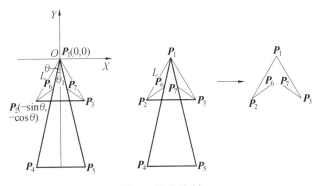

图 6　箭头绘制

直线 P_1P_4 方程

$$y = \cot \theta_1 x$$

直线 P_2P_6 方程

$$y = \cot(\theta+\alpha)x + L\sin\theta\cot(\theta+\alpha) - L\cos\theta$$

(θ 为 P_1P_2 与 Y 轴的夹角；θ_1 为 P_1P_4 与 Y 轴的夹角；α_i 为 P_1P_2 与 P_2P_6 的夹角。)

根据上面两直线方程,可得直线交点 P_6 的坐标

$$(X_6, Y_6)$$
$$= \left(\frac{L\sin\alpha\sin\theta_1}{\sin(\theta_1-\theta-\alpha)}, \frac{L\sin\alpha\cos\theta_1}{\sin(\theta_1-\theta-\alpha)} \right)$$

同理,可得直线交点 P_7 的坐标(P_6,P_7 以 Y 轴对称)

$$(X_7, Y_7)$$
$$= \left(\frac{-L\sin\alpha\sin\theta_1}{\sin(\theta_1-\theta-\alpha)}, \frac{L\sin\alpha\cos\theta_1}{\sin(\theta_1-\theta-\alpha)} \right)$$

(2)箭尾绘制.

采用三角形定义箭尾,给定顶点 P_1,角度 θ_1,θ_2,边长 L_1,L_2,对于单箭标而言 $\theta_1 = \theta_2$,边长 $L_1 = L_2$,即控制三角形为等腰三角形.箭尾曲线为二次 Bézier 曲线,控制点分别为 P_6,P_8,P_4 和 P_7,P_9,P_5,其中 P_8,P_9 分别位于 P_6P_4 和 P_7P_5 的垂直平分线上(且 P_6,P_8 两点 X 坐标相同,P_7,P_9 两点 X 坐标相同).如图 7 所示.

2.双箭标控制点生成

双箭标可以分解为由两个对称的单箭标组成,箭头定义相同,但其两条尾线形态不同,控制点选取策略略有不同,具体实现方法如下:

(1)单个箭尾定义.

采用三角形定义箭尾,给定顶点 P_1,角度 θ_1,θ_2,边长 L_1,L_2,对于单箭标而言 $\theta_1 \neq \theta_2$,边长 $L_1 \neq L_2$.箭尾曲线为二次 Bézier 曲线,左尾线控制点为 P_6,P_8,P_4,其中 P_8 位于 P_6P_4 的垂直平分线上(且 P_6,P_8 两点

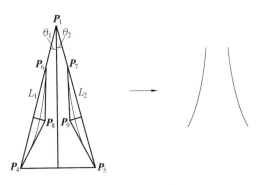

图 7　箭尾绘制

X 坐标相同），右尾线控制点为 P_7，P_9，P_5，P_9 与 P_7，P_5 组成直角三角形，由于控制点选取方式的不同，左右两尾线形状差异较大（图 8）.

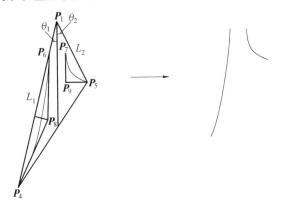

图 8　双箭图标箭尾绘制

（2）双箭标生成.

首先尾线加入箭头后生成单个箭标，由于两箭标对称（以点 P_5 垂直对称），两箭标以点 P_5 重合，很容易生成双箭图标，而且由于 P_9，P_5 和 P'_9 三点共线，曲线在点 P_5 处的二阶导数连续，曲线连接平滑[2]. 图 9 为双箭图标拼接图形.

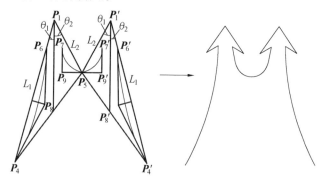

图 9　双箭图标拼接

　　综上所述,选取等腰三角形,给定参数{顶点 P,角度 θ,边长 L},就可以确定箭头部分大小,一般来讲,单箭标箭头形状较大,双箭标箭头形状相对较小;选取任意三角形,给定参数{顶点 P,角度 θ_1,θ_2,边长 L_1,L_2},就可以确定箭尾两段曲线的控制点,产生两条对称或不对称的尾线(Bézier 曲线).当箭标生成后,再通过坐标视窗变换,平稳、缩放和旋转等二维几何变换,就可以在屏幕窗口的任意位置进行显示,而且由于其图形矢量化的定义,放大或缩小时线段仍能较好地保持连续和平滑.

§5　结　束　语

　　本章提出的用特征三角形模式生成箭标控制点算法,是一个新的控制点智能选取算法,即只需要控制特征三角形的角度和边长,就可以非常方便地改变箭头

的大小,以及箭尾曲线的形状,用户定义简单、操作方便,在实际系统中的应用也取得了很好的效果. 当然,标图系统中不规则图标的绘制,不仅局限在箭标上,区域的绘制和控制点的选取也是比较复杂的问题,需要进一步探讨和研究.

参 考 文 献

[1] 李启元,宋胜峰.军事标图系统架构研究[J].舰船电子工程,2006,26(6):25.

[2] 孙家广,杨长贵.计算机图形学[M].北京:清华大学出版社,1998.

[3] 胥少卿,路建伟.基于 SVG 的军事标图系统设计与研究[J].电光与控制,2006,13(2):101.

关于分段插值曲线构造的一些讨论[①]

第 10 章

§1 引 言

用 Bernstein 基构造的 Bézier 曲线由于结构简单和直观,是表示曲线的重要工具之一.[1-9] Bézier 曲线在给定控制顶点之后,其形状就被唯一确定了.随着几何造型工业的发展,往往要求改变曲线的形状或位置,为此学者们研究了推广的 Bézier 曲线.然而,在设计复杂的自由曲线时,往往要

---

① 本章摘自《四川大学学报(自然科学版)》2011 年第 2 期.

求曲线不仅要具有良好的形状可调性和更好的逼近性,而且还要能精确地表示圆弧和椭圆弧等二次曲线.但是目前已有的扩展 Bézier 曲线的方法很难同时满足这些方面的要求.针对该问题,四川大学数学系的罗旭强教授于 2011 年提出了一种用 Bézier 曲线分段拼接的曲线造型新方法.该方法将所有节点按特征依次划分,化整为零.先对其中一部分用 Bézier 曲线连接,然后相邻的部分根据不同的情况选取不同的 Bézier 曲线作 G^1 拼接.对于有些不方便直接用 Bézier 曲线连接的则通过插值的办法选取 Bézier 曲线连接,较好地解决了计算复杂度和逼近度的问题.

§2　三角多项式的 Bézier 曲线

定义 1　对于 $t\in\left[0,\dfrac{\pi}{2}\right]$,定义基函数

$$\begin{cases} B_0(t)=(1-\sin t)(1-\lambda\sin t) \\ B_1(t)=(1+\lambda)\sin t(1-\sin t) \\ B_2(t)=(1+\lambda)\cos t(1-\cos t) \\ B_3(t)=(1-\cos t)(1-\lambda\cos t) \end{cases}$$

其中 λ 是参数,$-1\leqslant\lambda\leqslant1$.上式称为带参数的二次三角多项式基函数.

定义 2　给定 4 个控制顶点 $\boldsymbol{P}_i\in\mathbf{R}^d(d=2,3,i=0,1,2,3)$,对 $t\in\left[0,\dfrac{\pi}{2}\right]$,定义曲线

$$\boldsymbol{B}(t)=\sum_{i=0}^{3}\boldsymbol{P}_iB_i(t)$$

称其为带有形状参数 λ 的二次三角多项式的 Bézier 曲

线.

为简便起见,我们在二维坐标下讨论这个问题. 给定一串有限点列$\{x_1, x_2, \cdots, x_n\}$,连续 3 个点的坐标的大致情形如图 1 所示,其中 a, b, c, d, k 代表连续 3 个点中前后的点的纵坐标在中间点之上或者之下的情形(纵坐标相等作为简单的特殊情况,本章先不讨论). 我们希望在 a, b, c, d, k 所代表的 3 个点之间寻求一条曲线,而这条曲线属于某一类 Bézier 曲线,通过这类曲线也能把点列中其他的点用同样的方法联结起来. 我们希望从中找出两种参数不一样的曲线让它连接起来,并保证连接点处的一阶可微性,而导数值由上一条曲线在该点处的导数得到. 对于其中无法直接用曲线联结的两点则希望在它们之间插入它们的中点值,然后再由这三点重新用曲线类里面的曲线联结起来. 每两个点之间的曲线为了适合一些工程计算的实际和需要选取这两种:上凸或者下凹. a, k 两点之间上凸的曲线记为 $a^1 k$,下凹的曲线记为 $a_2 k$,其他类似记. 所以为了满足上面的要求,$a-k-d$ 曲线段选取 $a_2 k_2 d$,$a-k-c$ 曲线段选取 $a^1 k_2 c$ 或者 $a_2 k^1 c$,$b-k-d$ 曲线段选取 $b^1 k_2 d$ 或者 $b_2 k^1 d$,$b-k-c$ 曲线段选取 $b^1 k^1 c$. 其中

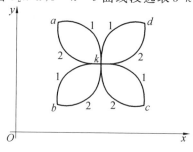

图 1 三点坐标

对于有 2 种情况的,具体是哪条由端点处的导数值决定.

§3　曲线的一阶可微性拼接

设

$$\boldsymbol{B}_1(t) = \sum_{i=0}^{3} \boldsymbol{P}_i \boldsymbol{B}_i(t)$$

$$\boldsymbol{B}_2(t) = \sum_{j=0}^{3} \boldsymbol{Q}_j \boldsymbol{B}_j(t)$$

其中 $\boldsymbol{P}_3 = \boldsymbol{Q}_0$,$\boldsymbol{B}_1(t)$ 中的参数为 λ_1,$\boldsymbol{B}_2(t)$ 中的参数为 λ_2,且 $-1 \leqslant \lambda_1, \lambda_2 \leqslant 1$. 带形状参数曲线的拼接由下面的定理保证:[4]

定理 1　若 $\boldsymbol{P}_2 \boldsymbol{P}_3$ 与 $\boldsymbol{Q}_0 \boldsymbol{Q}_1$ 共线且方向相同,即

$$\delta \boldsymbol{P}_2 \boldsymbol{P}_3 = \boldsymbol{Q}_0 \boldsymbol{Q}_1 \quad (\delta > 0)$$

则曲线 $\boldsymbol{B}_1(t)$ 和 $\boldsymbol{B}_2(t)$ 在连续点是 G^1 连续的.

为了讨论方便,取 3 个控制节点,先考虑三角多项式的 Bézier 曲线的特殊情况椭圆曲线

$$(x-a)^2 + (ky-b)^2 = r^2$$

则

$$\frac{\mathrm{d}y}{\mathrm{d}x} = -k \frac{x-a}{ky-b}$$

如果用其插值 x_1, x_2,那么满足以下条件

$$\begin{cases} f(x_1) = a, f(x_2) = b \\ f'(x_1) = \alpha, f'(x_2) = \beta \\ f\left(\dfrac{x_1 + x_2}{2}\right) = \dfrac{a+b}{2} \end{cases} \quad (3.1)$$

其中 α, β 分别为 x_1, x_2 处的一阶导数. α 由前一段曲线

在该点的导数值确定,同时 β 确定下一段曲线在该点的导数值.当 x_1,x_2 之间不需要插入中间节点时,不需要条件(3.1).

其中 O,a,b 的各种情况类似于图 1.下面对 b 的后一节点 c 的情况进行讨论.

不失一般性,假设 $y_b>y_a$.

考虑 c 为 O,a,b,c 中的最高点时,c 处的一阶导数为 0,如图 2 所示.

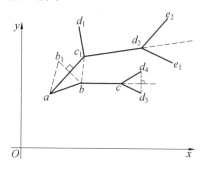

图 2　分类 1

此时可以用二次三角多项式 Bézier 曲线联结此三点,当只讨论 a,b,c 三点时,按照我们的目标,问题化为如何寻找一条给定的曲线,要求其在三点中的两点达到已知斜率,并且经过中间点,且中点处可导,其中要求点 b 处两边的切线斜率相等.[5] 为了方便计算,对其他点也同样要求.并且当点 c 之后一节点 d_4 处于 bc 线之上时,可以通过将点 d_4 关于 bc 作一个对称变换得到点 d_3,然后再由 a,b,c,d_3 这 4 个控制顶点求得满足要求的二次三角多项式 Bézier 曲线,[6] 如图 2 所示.

下面分 $y_c>y_b$ 和 $y_c<y_b$ 讨论.

（1）$y_c > y_b$，如图 2 所示. 依前面的讨论，现在只要讨论 $abcd_4$ 或者 abc_1d_2，$abcd_4$ 于上面已经给出对称到 $abcd_3$ 的办法. 下面讨论 abc_1d_2，如图 2，若后续节点为情形 $abc_1d_2e_1$，则将 b 关于 ac_1 对称到 b_1，求得所要 Bézier 曲线，再将该段曲线在 ac_1 部分关于 d_1c_1 对称过来即为所求. [7] 当为 $abc_1d_2e_2$ 时，只要将 b 对称到 b_1，然后再由 a, b_1, c_1, d_2 这 4 个控制顶点求得满足要求的二次三角多项式 Bézier 曲线. [8] 而将 d_2, e_2 作为下一段 Bézier 曲线的起始 2 个控制顶点，相邻 2 段 Bézier 曲线在 d_2 处 G^1 连续. [9]

（2）$y_c < y_b$，如图 3 所示. 当为 $abcc_1$ 时，转化为第一种情况. 当为 $abcc_2$ 时，后续节点 d_1, d_2 分两种情况讨论. 此类似于（1）里面的讨论. 当为 $abcc_3$ 时，同样类似于（1）里面的讨论.

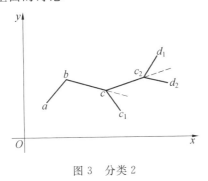

图 3　分类 2

§4　结　束　语

由带有参数的基函数构造的二次三角多项式

Bézier 曲线,把椭圆曲线和三控制顶点作为特殊情形,分析节点前后不同的情况,分段构造 Bézier 曲线,从而在不改变曲线各种性质的情况下,进行了 G^1 连续拼接,简化了计算,更有利于用编程实现满足工程需要.

参 考 文 献

[1] 吴晓勤,韩旭里.三次 Bézier 曲线的扩展[J].工程图学学报,2005,26(6):98.

[2] 王刘强,刘旭敏.T-Bézier 曲线及 G^1 拼接条件[J].计算机工程与应用,2007,43(1):47.

[3] SCHOENBERG I J. On trigonometric spline interpolation[J]. J. Math. Mech. , 1964,13:795.

[4] PIEGL L, TILLER M. The NURBS book [M]. 2nd ed. Berlin:Springer,1997.

[5] 齐从谦,邹弘毅.一类可调控 Bézier 曲线及其逼近性[J].湖南大学学报,1996,19(1):15.

[6] 刘根洪,刘松涛.广义 Bézier 曲线与曲面在连接中的应用[J].应用数学学报,1996,23(1):107.

[7] 胡钢,刘哲.基于扩展 Bézier 曲线连接的曲线造型新方法[J].计算机应用,2008,28(1):187.

[8] HAN X L. Cubic trigonometric polynomial curves with a shaper parameter[J]. Computer Aided Geometric Design,2004,21(6):535.

[9] 吴晓勤,韩旭里.带形状参数的二次三角 Bézier 曲线[J].工程图学学报,2008,25(1):82.

基于参数连续 HC Bézier-like 曲线的过渡曲线的构造[①]

第 11 章

§1　引　言

通过调整形状参数来修改曲线形状是计算机辅助几何设计中一个非常活跃的研究课题,研究形状参数的变化对样条曲线形状的影响,对于增加曲线造型的灵活性是非常必要的. 工程上广泛使用 NURBS 曲线中的权因子可以调整曲线的形状,但 NURBS 方法在形状设计和分析中也存在一些

---

① 本章摘自《纯粹数学与应用数学》2011 年第 1 期.

局限性,计算变得复杂,特别是权因子与参数化问题至今没有完全被解决.为了更好地调整曲线的形状,得到满意的曲线图形,人们提出了一些带形状参数的样条模型.

形状调配,[1-5] 又被称作形状混合,是计算机辅助几何设计的核心技术.一般指在构造两个曲线之间的过渡曲线时,过渡曲线产生连续平滑的过渡.[6,7] 在工业造型设计中,文献[8]采用对形状的调配,以得到更符合实际需求和审美潮流的综合设计.在模式识别中,文献[9]通过体素之间的调配混合,加入中间的过渡形状,在提供较少参数的情况下获得较大的表示域.总之,形状调配是计算机图形表示领域中的活跃课题.在关于形状调配的研究中,研究者注重于过渡过程的实现,但对中间过渡形状的性态研究侧重于克服自交和萎缩现象.在评判过渡曲线的好坏时,常强调根据运动规律找出保证动作平滑和符合自然节奏的运动路径,[10-12] 即注重于曲线之间的过渡和衔接自然.由此就产生了这样的研究课题:在何种条件之下,过渡曲线能保持参数连续性? 不妨称这个问题是保持参数连续性的形状调配问题.安徽建筑工业学院数理系的刘华勇、张大明和李璐三位教授于 2011 年从形状调配的应用背景出发,给出了 HC Bézier-like 曲线的定义,同时给出了保持一阶、二阶参数连续的 HC Bézier-like 曲线形状调配条件和改进的调配方法,以及在形状调配中的应用.

§2　HC Bézier-like 曲线的定义及其性质

1. HC Bézier-like 基函数的构造与性质

定义 1　对 $t \in [0,1]$,称关于 t 的多项式

$$\begin{cases} F_0(t) = 1 - \mu\sin\dfrac{\pi}{2}t + (\mu-1)\sin^2\dfrac{\pi}{2}t \\[2mm] F_1(t) = -\mu + \mu\sin\dfrac{\pi}{2}t + \mu\cos^2\dfrac{\pi}{2}t \\[2mm] F_2(t) = \mu - \mu\cos\dfrac{\pi}{2}t + (1-\mu)\sin^2\dfrac{\pi}{2}t \end{cases} \quad (2.1)$$

为带参数 μ 的三次 C Bézier-like 基函数.

定理 1　对于 C Bézier-like 基函数,显然有下列结论:

(1) $\displaystyle\sum_{i=0}^{2} F_i(t) \equiv 1, i = 0,1,2$,即全性.

(2) 当 $\alpha = \beta$ 时,$F_i(t) = F_{2-i}(1-t)$,即对称性.

(3) 当 $\mu \in [0,2]$ 时,对 $t \in [0,1]$ 有 $F_i(t) \geqslant 0$, $i = 0,1,2$,即非负性.

由此可以定义 C Bézier-like 曲线具有对称性、凸包性、几何不变性等性质.同时选取适当的控制顶点和参数可以精确表示椭圆弧和圆弧.

定义 2[13]　对于 $t \in [0,1]$,称关于 t 的多项式

$$\begin{cases} \overline{F}_0(t) = \dfrac{\cosh \lambda_1(1-t) - 1}{\cosh \lambda_1 - 1} \\[2mm] \overline{F}_1(t) = 1 - \overline{F}_0(t) - \overline{F}_2(t) \quad (t \in [0,1], \lambda_1,\lambda_2 \geqslant 1) \\[2mm] \overline{F}_2(t) = \dfrac{\cosh \lambda_2 t - 1}{\cosh \lambda_2 - 1} \end{cases}$$

$$(2.2)$$

为带参数 λ_1,λ_2 的三次 H Bézier-like 基函数.

定理2 对于 H Bézier-like 基函数,显然有下列结论:

(1) $\sum\limits_{i=0}^{2}\overline{F}_i(t) \equiv 1, i=0,1,2,$ 即全性.

(2) 当 $\lambda_1 = \lambda_2$ 时,$\overline{F}_i(t) = \overline{F}_{2-i}(1-t)$,即对称性.

(3) 当 $\lambda_1,\lambda_2 \geqslant 0$ 时,对 $t \in [0,1]$ 有 $\overline{F}_i(t) \geqslant 0$,$i=0,1,2$,即非负性.

由此可以定义 H Bézier-like 曲线具有对称性、凸包性、几何不变性等性质.同时选取适当的控制顶点和参数 λ_1,λ_2 可参精确表示直线段和双曲线.

§3 过渡曲线的构造及其连续性

1.过渡曲线的构造

本章首先考虑两个带形状参数的二次 C Bézier-like 曲线 $C_1(t,\mu)$ 和 H Bézier-like 曲线 $C_2(t,\lambda_1,\lambda_2)$.如果给定两组控制顶点 $P_i^j(i=0,1,2,j=1,2)$,其中 P_i^1 表示 $C_1(t,\mu)$ 的控制顶点,P_i^2 表示 $C_2(t,\lambda_1,\lambda_2)$ 的控制顶点,那么有

$$C_1(t,\mu) = F_0(t)\boldsymbol{P}_0^1 + F_1(t)\boldsymbol{P}_1^1 + F_2(t)\boldsymbol{P}_2^1 \quad (3.1)$$

$$C_2(t,\lambda_1,\lambda_2) = \overline{F}_0(t)\boldsymbol{P}_0^2 + \overline{F}_1(t)\boldsymbol{P}_1^2 + \overline{F}_2(t)\boldsymbol{P}_2^2$$
$$(3.2)$$

由此可以定义三次 HC Bézier-like 调配曲线.

定义1 给定控制顶点 $\boldsymbol{P}_i^j$ 和基函数 $F_i(t)$,$\overline{F}_i(t)(i=0,1,2,j=1,2)$,称

$$\boldsymbol{R}(t) = (1 - H(t))\boldsymbol{C}_1(t,\mu) + H(t)\boldsymbol{C}_2(t,\lambda_1,\lambda_2)$$

$$(3.3)$$

为三次 HC Bézier-like 调配曲线,其中我们称 $H(t)$ 为调配函数.

为了使得调配曲线经过曲线 $\boldsymbol{C}_1(t;\mu)$ 的起点和曲线 $\boldsymbol{C}_2(t;\lambda_1,\lambda_2)$ 的终点,则必须使得当 $t=0$ 时,$H(0)=0$;当 $t=1$ 时,$H(1)=1$.关于如何构造 $H(t)$ 函数将在下一节给出.

如果给定的曲线 $\boldsymbol{C}_1(t,\mu)$ 和 $\boldsymbol{C}_2(t,\lambda_1,\lambda_2)$ 的控制顶点相同,即 $\boldsymbol{P}_i^1 = \boldsymbol{P}_i^2 = \boldsymbol{P}_i$,那么可以来分析他们的性质.

过渡曲线的性质:

(1)端点位置性质.

当 $t = 0$ 时,$H(0) = 0$;当 $t = 1$ 时,$H(1) = 1$,$\boldsymbol{R}(0) = \boldsymbol{P}_0$;$\boldsymbol{R}(1) = \boldsymbol{P}_2$,即调配曲线插值于首、末控制顶点.

(2)端点切矢性质.

如图 1 所示,由 $\boldsymbol{R}'(0) = \alpha(\boldsymbol{P}_1 - \boldsymbol{P}_0)$,$\boldsymbol{R}'(1) = \beta(\boldsymbol{P}_2 - \boldsymbol{P}_1)$ 可知,调配曲线与控制多边形的第一条边和最后一条边相切.为了更好地了解参数对过渡曲线的影响,通过调整参数的值,来说明参数对过渡曲线的调配.其中实线表示 C Bézier-like 曲线和 H Bézier-like 曲线,虚线曲线表示两条带不同参数的调配曲线.

通过分析,这种曲线模型可以通过改变形状参数的取值,调整曲线接近控制多边形的程度,从而得到不同位置的连续曲线.同时考虑形状参数对曲线形状的影响,可以利用形状参数的不同取值来表示一些自由曲线的应用实例.

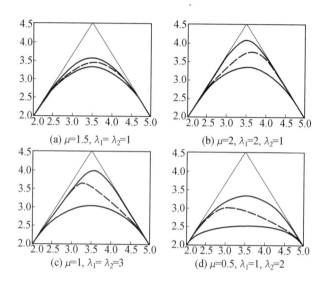

(a) $\mu=1.5$, $\lambda_1=\lambda_2=1$

(b) $\mu=2$, $\lambda_1=2$, $\lambda_2=1$

(c) $\mu=1$, $\lambda_1=\lambda_2=3$

(d) $\mu=0.5$, $\lambda_1=1$, $\lambda_2=2$

图 1　在相同控制多边形下的带不同参数的调配曲线(虚线曲线)

2.过渡曲线的连续性

从上节知,当给定的曲线 $C_1(t,\mu)$ 和 $C_2(t,\lambda_1,\lambda_2)$ 的控制顶点不相同时,要使得过渡曲线保持一定的连续性,调配函数的选取是至关重要的,本节就调配函数的选取做了初步的探讨.

(1)C^0 连续的构造.

要使得调配曲线经过曲线 $C_1(t,\mu)$ 的起点和 $C_2(t,\lambda_1,\lambda_2)$ 的终点,必须使得 $R(0)=C_1(0;\mu)$ 和 $R(1)=C_2(t;\lambda_1,\lambda_2)$,即必须使得 $H(0)=0$,$H(1)=1$,为了简便可以取低次的多项式来表示,即取 $H_0(t)=t$.这样就可以保证过渡曲线具有 C^0 连续.

(2)C^1 连续的构造.

在保持 C^0 连续的基础上,保持 C^1 连续,则必须有 $R'(0)=C'_1(0;\mu)$ 和 $R(1)=C'_2(1;\lambda_1,\lambda_2)$,即调配函数

$H(t)$ 必须满足 $H'(0)=0,H'(1)=0$,可取 $H_1(t)=t^2[3(1-t)+t]$,则 $H'(t)=6(1-t)t$,能满足 C^1 连续的条件. 当然也可以取 $H_1(t)=\sin^2\dfrac{\pi}{2}t$,同样可以满足条件.

（3）C^2 连续的构造.

则必须有 $\boldsymbol{R}''=\boldsymbol{C}'_1(0;\mu)$ 和 $\boldsymbol{R}''(1)=\boldsymbol{C}'_2(1;\lambda_1,\lambda_2)$,同样要保持 C^2 连续,即调配函数 $H(t)$ 必须满足 $H'(0)=0,H'(1)=0$,可取

$$H_2(t)=t^3[10(1-t)^2+5(1-t)t+t^2]$$

则

$$H'_2(t)=30(1-t)^2t^2$$
$$H''_2(t)=60(1-2t)(1-t)t$$

如图 2 所示的鲸鱼头部的构造. 图 2 表示过渡满足参数连续性的构造图,其中图 2(a) 表示 C^0 连续的情况;图 2(b) 表示 C^1 连续的情况($H_1(t)=t^2[3(1-t)+t]$);图 2(c) 表示 C^1 连续的情况($H_1(t)=\sin^2\dfrac{\pi}{2}t$);图 2(d) 表示 C^2 连续的情况.

定理 1　设三次 HC Bézier-like 调配曲线 $\boldsymbol{R}(t)$ 要满足 $C^k(k=0,1,2)$ 连续的必要条件是调配函数分别为

$$H_0(t)=t$$
$$H_1(t)=t^2[3(1-t)+t]$$
$$H_2(t)=t^3[10(1-t)^2+5(1-t)t+t^2]$$

通过以上的分析可知调配函数具有以下性质.

调配函数的性质:

（1）当 $0\leqslant t\leqslant 1$ 时,调配函数 $H(t)$ 是单调的,即 $H(0)=0,H(1)=1,H'(t)>0$.

（2）$H(t) + H(1 - t) \equiv 1$，即 $H(t)$ 是关于点 $\left(\dfrac{1}{2}, \dfrac{1}{2} \right)$ 反对称的，也就是说有下式成立

$$H\left[\frac{1}{2} + \left(t - \frac{1}{2} \right) \right] - \frac{1}{2} = -\left\{ H\left[\frac{1}{2} - \left(t - \frac{1}{2} \right) \right] - \frac{1}{2} \right\}$$

$$(0 \leqslant t \leqslant 1)$$

图 2　过渡曲线满足参数连续性构造

上述的调配函数的选取当然有很多种，只要能满足连续的条件即可，本章选取多项式作为调配函数，主要是从计算方便和精确度的角度出发的.

§4　应用实例

带形状参数的三次 HC Bézier-like 曲线具有两个形状控制参数，而三次 HC Bézier-like 调配曲线具有

798

四个形状控制参数,通过适当的构造可以刻画出需要的几何模型,从而满足工程设计的要求.图 3 表示 C—形状的过渡曲线的构造,其中图 3(a) 表示内部过渡曲线的构造,图 3(b) 表示外部过渡曲线的构造,图 3(c) 表示椭圆与直线之间的过渡曲线的构造,图 3(d) 表示椭圆与双曲线之间的过渡曲线的构造.图 4 表示 S- 形状的过渡曲线的构造,其中图 4(a) 表示内部过渡曲线的构造,图 4(b) 表示外部过渡曲线的构造,图 4(c) 表示椭圆与直线之间的过渡曲线的构造,图 4(d) 表示椭圆与双曲线之间的过渡曲线的构造.

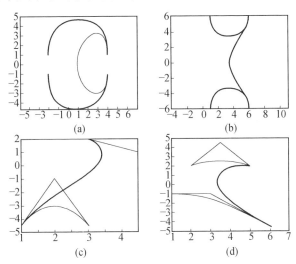

图 3　C—形状的过渡曲线构造

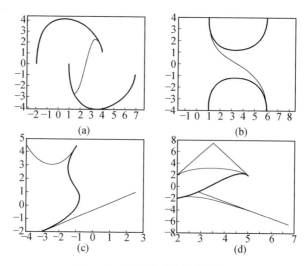

图 4　S－形状的过渡曲线构造

同时,通过适当的构造可以刻画出我们需要的几何模型,从而满足工程设计和计算机动画设计的要求.图 5 和图 6 中左边是母线,右边是旋转面.

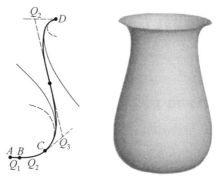

图 5　HC Bézier-like 调配曲线刻画的花瓶形状

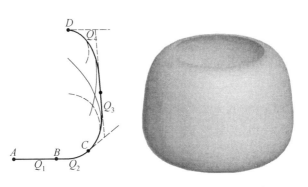

图 6　HC Bézier-like 调配曲线刻画的碗状物形状

§5　结　束　语

本章提出了三次 HC Bézier-like 调配曲线的构造方法,同时,提出了基于参数连续条件的曲线调配方法,实际上是给出了参数连续条件的一个方法,具有几何直观性,保持参数连续性的曲线形状调配曲线模型,同时给出了工程设计中经常会用到的两种过渡曲线(C－形状和 S－形状)的构造方法,适用于机器人行走、道路设计和造型软件等.但本章没有给出几何连续的构造方法和推广到曲面的情况,这将是以后要探讨的问题.

参 考 文 献

[1] ZHANG J W. Two different forms of C-B-splines[J]. Computer Aided Geometric Design,1997,14(1):31-41.

［2］ ZHANG J W. C-Bézier curves and surfaces［J］. Graphical Models and Images Processing,1999,61(1):2-15.

［3］ 王刘强,刘旭敏.带形状参数的二次 TC-Bézier 曲线［J］.计算机工程与设计,2007,28(5):1 096-1 097.

［4］ 韩旭里,刘圣军.三次均匀 B 样条曲线的扩展［J］.计算机辅助设计与图形学学报,2003,15(5):576-578.

［5］ 王文涛,汪国昭.带形状参数的三角多项式均匀 B 样条［J］.计算机学报,2005,28(7):1 192-1 198.

［6］ SEDERBERG T W, GREENWOOD E. A physically based approach to 2-D shape blending［J］. Siggraph 92′ Proceedings, ACM Computer Graphics,1992,26(2):25-34.

［7］ SEDERBERG T W, GAO P, WANG G, et al. 2-D shape blending: an instrinsic solution to the vertex path problem［J］. Siggraph 93′ Proceedings, ACM Computer Graphics, 1993,27(4):15-18.

［8］ CHEN S E, PARENT R E. Shape averaging and its applications to industrial design［J］. IEEE Computer Graphics and Applications, 1989,9(1):47-54.

［9］ DECARLO D, METAXAS D. Blended deformable models［J］. IEEE Trans. on Pat tern Analysis and Machine Intelligence,1996, 18(4):443-448.

［10］ SARFRAZ M, RAZZAK M F A. An algorithm for automatic capturing of font outlines［J］. Computer and Graphics,2002,26(6): 795-804.

［11］ LIANG Y D. Problems about geometric continuity for curves and surfaces［J］. Chinese Annals of Mathematics Ser. A, 1990,11 (6):374-386.

［12］ HAN X A, XA Y C, HUANG X L. The cubic trigonometric Bézier curve with two shape parameters［J］. Applied Mathematics Letters,2009,22(4):226-231.

［13］ 苏本跃.基于双曲函数 Bézier 的型曲线曲面［J］.计算机工程与设计,2006,27(3):370-372.

任意阶参数连续的三角多项式样条曲线、曲面调配[①]

第 12 章

在计算机辅助几何设计（CAGD）中，通常采用低次的 Bézier 曲线、曲面和 B 样条曲线、曲面来构造自由曲线、曲面，[1,2] 尤其在行业软件中得到广泛的应用，但这些曲线、曲面也存在一些缺陷，如不能表示一些常用的圆锥曲线和曲面. 虽然可用有理 Bézier 曲线、曲面和 NURBS 曲线、曲面表示，但它们毕竟是有理的形式，计算和推导较为复杂，且权因子的选取较难控制.[3,4] 近年来，人们通过三角多项式来构造三角多项式样条，并利用三角

---

① 本章摘自《浙江大学学报（理学版）》2014 年第 4 期.

函数空间来研究构造方法. 例如文献[5]中根据$\{1,t,$ $\sin t,\cos t\}$来构造三角函数空间,这就是著名的 C — 曲线的构造方法,得到了广泛的应用. 文献[6-7]提出了带有 2 个形状参数的二次和三次三角多项式曲线,给出了 T-Bézier 曲线、曲面的构造方法,并研究了这种曲线、曲面的一些特征;[8]文献[9-15]给出了可调节的带形状参数的多项式样条和三角 Bézier 曲线、曲面. 这些三角函数曲线也有类似的多项式曲线属性.

安徽建筑大学数理系的刘华勇、李璐和张大明教授于 2014 年基于文献[13]的思想,通过$\{1,\sin t,$ $\cos t,\cos^2 t\}$基函数来构造函数空间,利用曲线、曲面混合方法,构造了三次三角多项式样条曲线、曲面的调配函数,讨论了调配函数的调配性质. 本调配曲线、曲面基函数表达式简单,除包含原有曲线、曲面的基本性质外,还可通过曲线的调配因子调配曲线、曲面的局部形状,既能表示某些闭曲线、曲面,又能精确表示二次曲线、曲面,比原有的曲线、曲面具有更好的表达能力,并能保持曲线、曲面的次数不变.

§1　三角多项式样条曲线、曲面

定义 1　给定 $\mathbf{R}^2$ 或 $\mathbf{R}^3$ 中的一组控制顶点 $\boldsymbol{P}_i(i=0,1,\cdots,n+1)$ 和节点向量 $\boldsymbol{U}=(u_1,u_2,\cdots,u_n)$,对于 $u\in\left[0,\dfrac{\pi}{2}\right]$,定义基函数

$$\begin{cases} X_{0,3}(u) = \dfrac{1}{6}(2 - 2\sin u - \cos^2 u) \\[2mm] X_{1,3}(u) = \dfrac{1}{6}(1 + 2\cos u + \cos^2 u) \\[2mm] X_{2,3}(u) = \dfrac{1}{6}(2 + 2\sin u - \cos^2 u) \\[2mm] X_{3,3}(u) = \dfrac{1}{6}(1 - 2\cos u + \cos^2 u) \end{cases} \quad (1.1)$$

对于 $i = 1, 2, \cdots, n-1$;定义三角多项式样条曲线

$$\boldsymbol{r}_i(t) = \sum_{k=0}^{3} X_{k,3}(u)\boldsymbol{P}_{i+k-1} \quad \left(u \in \left[0, \dfrac{\pi}{2}\right]\right)(1.2)$$

由所有曲线段构成三角多项式样条曲线.

性质 1　端点性质.

（1）端点的位置矢量

$$\begin{cases} \boldsymbol{r}_i(0) = \dfrac{1}{6}(\boldsymbol{P}_i + 4\boldsymbol{P}_{i+1} + \boldsymbol{P}_{i+2}) \\[2mm] \qquad = \boldsymbol{P}_{i+1} + \dfrac{1}{6}\big[(\boldsymbol{P}_i - \boldsymbol{P}_{i+1}) + (\boldsymbol{P}_{i+2} - \boldsymbol{P}_{i+1})\big] \\[2mm] \boldsymbol{r}_i\left(\dfrac{\pi}{2}\right) = \dfrac{1}{6}(\boldsymbol{P}_{i+1} + 4\boldsymbol{P}_{i+2} + \boldsymbol{P}_{i+3}) \\[2mm] \qquad = \boldsymbol{P}_{i+2} + \dfrac{1}{6}\big[(\boldsymbol{P}_{i+1} - \boldsymbol{P}_{i+2}) + (\boldsymbol{P}_{i+3} - \boldsymbol{P}_{i+4})\big] \end{cases}$$

（2）端点的切矢

$$\begin{cases} \boldsymbol{r}'_i(0) = \dfrac{1}{3}(\boldsymbol{P}_{i+2} - \boldsymbol{P}_i) \\[2mm] \boldsymbol{r}'_i\left(\dfrac{\pi}{2}\right) = \dfrac{1}{3}(\boldsymbol{P}_{i+3} - \boldsymbol{P}_{i+1}) \end{cases}$$

（3）端点的二阶导矢

$$\begin{cases} \boldsymbol{r}''_i(0) = \dfrac{1}{3}(\boldsymbol{P}_i - 2\boldsymbol{P}_{i+1} + \boldsymbol{P}_{i+2}) \\ \boldsymbol{r}''_i\left(\dfrac{\pi}{2}\right) = \dfrac{1}{3}(\boldsymbol{P}_{i+1} - 2\boldsymbol{P}_{i+2} + \boldsymbol{P}_{i+3}) \end{cases}$$

性质 2　凸包性.

由非负性和权性可知三次三角样条曲线的每一曲线段必定落在由该曲线段的 4 个顶点张成的凸包内, 而整个样条曲线必定落在这种由相邻的 4 个特征顶点所组成的凸包的并集之中.

性质 3　连续性.

由曲线端点性质知, 曲线满足 $\boldsymbol{r}_i^{(k)}\left(\dfrac{\pi}{2}\right) = \boldsymbol{r}_{i+1}^{(k)}(0)$ $(k = 0, 1, 2)$, 可知它是 C^2 连续的.

性质 4　对称性.

由 $X_{i,3}(u) = X_{3-i,3}\left(\dfrac{\pi}{2} - u\right)$ $(i = 0, 1, 2, 3 \ 0 \leqslant u \leqslant \dfrac{\pi}{2})$ 知, 构造的基函数是满足对称性的.

定义 2　定义双三次三角样条曲面的表达式为

$$\begin{aligned} D(u, v) &= \sum_{i=0}^{m} \sum_{j=0}^{n} X_{i,3} X_{j,3} \boldsymbol{P}_{i,j} \\ &= \begin{bmatrix} X_{0,3}(u) & X_{1,3}(u) & X_{2,3}(u) & X_{3,3}(u) \end{bmatrix} \cdot \\ &\quad \begin{bmatrix} \boldsymbol{P}_{0,0} & \boldsymbol{P}_{0,1} & \boldsymbol{P}_{0,2} & \boldsymbol{P}_{0,3} \\ \boldsymbol{P}_{1,0} & \boldsymbol{P}_{1,1} & \boldsymbol{P}_{1,2} & \boldsymbol{P}_{1,3} \\ \boldsymbol{P}_{2,0} & \boldsymbol{P}_{2,1} & \boldsymbol{P}_{2,2} & \boldsymbol{P}_{2,3} \\ \boldsymbol{P}_{3,0} & \boldsymbol{P}_{3,1} & \boldsymbol{P}_{3,2} & \boldsymbol{P}_{3,3} \end{bmatrix} \cdot \begin{bmatrix} X_{0,3}(v) \\ X_{1,3}(v) \\ X_{2,3}(v) \\ X_{3,3}(v) \end{bmatrix} \end{aligned}$$

其中, $[u, v] \in \left[0, \dfrac{\pi}{2}\right] \times \left[0, \dfrac{\pi}{2}\right]$, 上式中 $X_{i,3}(u)$, $X_{j,3}(v)$ 分别表示三次三角样条基函数, $\boldsymbol{P}_{i,j}$ $(i = 0, 1, 2, 3, j = 0, 1, 2, 3)$ 为控制顶点.

如果要构造封闭的曲线、曲面,需要控制多边形或控制网封闭,这样需要较多的控制点和控制网格点,且计算量较大.本章通过基函数线性组合的方法构造的新基函数和曲线、曲面,在不需要控制多边形或控制网封闭的情况下,构造的曲线、曲面是封闭的.

§2　通过线性组合的曲线及其性质

现将 §1 中所构造的基函数进行线性组合,令 $0 \leqslant \lambda \leqslant 1$,得到如下 4 组基函数

$$
\begin{cases}
B_{0,0}(\lambda ,u) = \lambda X_{0,3} + (1-\lambda) X_{3,3} \\
B_{1,0}(\lambda ,u) = \lambda X_{1,3} + (1-\lambda) X_{0,3} \\
B_{2,0}(\lambda ,u) = \lambda X_{2,3} + (1-\lambda) X_{1,3} \\
B_{3,0}(\lambda ,u) = \lambda X_{3,3} + (1-\lambda) X_{2,3}
\end{cases}
\tag{2.1}
$$

$$
\begin{cases}
B_{0,1}(\lambda ,u) = \lambda X_{3,3} + (1-\lambda) X_{2,3} \\
B_{1,1}(\lambda ,u) = \lambda X_{0,3} + (1-\lambda) X_{3,3} \\
B_{2,1}(\lambda ,u) = \lambda X_{1,3} + (1-\lambda) X_{0,3} \\
B_{3,1}(\lambda ,u) = \lambda X_{2,3} + (1-\lambda) X_{1,3}
\end{cases}
\tag{2.2}
$$

$$
\begin{cases}
B_{0,2}(\lambda ,u) = \lambda X_{2,3} + (1-\lambda) X_{1,3} \\
B_{1,2}(\lambda ,u) = \lambda X_{3,3} + (1-\lambda) X_{2,3} \\
B_{2,2}(\lambda ,u) = \lambda X_{0,3} + (1-\lambda) X_{3,3} \\
B_{3,2}(\lambda ,u) = \lambda X_{1,3} + (1-\lambda) X_{0,3}
\end{cases}
\tag{2.3}
$$

$$
\begin{cases}
B_{0,3}(\lambda ,u) = \lambda X_{1,3} + (1-\lambda) X_{0,3} \\
B_{1,3}(\lambda ,u) = \lambda X_{2,3} + (1-\lambda) X_{1,3} \\
B_{2,3}(\lambda ,u) = \lambda X_{3,3} + (1-\lambda) X_{2,3} \\
B_{3,3}(\lambda ,u) = \lambda X_{0,3} + (1-\lambda) X_{3,3}
\end{cases}
\tag{2.4}
$$

易证明以上 4 个基函数均是线性无关的.且满足:

（1）非负性.

由 $0 \leqslant \lambda \leqslant 1$ 且 $X_{i,3}(u) \geqslant 0(i=0,1,2,3)$ 可知 $B_{i,k}(\lambda,u) \geqslant 0(i=0,1,2,3;k=0,1,2,3)$.

（2）权性.

$$\sum_{i=0}^{3} B_{i,k}(\lambda,u) \equiv 1 \quad (k=0,1,2,3)$$

1.线性组合曲线的端点性质及其任意阶连续

由以上的 4 组基函数,给定相同的控制顶点 $\boldsymbol{p}_i(i=0,1,\cdots,n+1)$ 来定义 4 条曲线,分别为 $\boldsymbol{r}_{i,k}(\lambda,u),k=0,1,2,3$,现分析 4 条曲线的端点性质.

（1）第 1 条曲线 $\boldsymbol{r}_{i,0}(\lambda,u)$ 的起点位置为

$$\boldsymbol{r}_{i,0}(\lambda,0) = \frac{\boldsymbol{p}_{i+1}+4\boldsymbol{p}_{i+2}+\boldsymbol{p}_{i+3}}{6} + \\ \lambda\frac{\boldsymbol{p}_i+3\boldsymbol{p}_{i+1}-3\boldsymbol{p}_{i+2}-\boldsymbol{p}_{i+3}}{6}$$

起点的切矢

$$\boldsymbol{r}'_{i,0}(\lambda,0) = \frac{-\boldsymbol{p}_{i+1}+\boldsymbol{p}_{i+3}}{3} + \\ \lambda\frac{-\boldsymbol{p}_i+\boldsymbol{p}_{i+1}+\boldsymbol{p}_{i+2}-\boldsymbol{p}_{i+3}}{3}$$

起点的二阶导矢

$$\boldsymbol{r}''_{i,0}(\lambda,0) = \frac{\boldsymbol{p}_{i+1}-2\boldsymbol{p}_{i+2}+\boldsymbol{p}_{i+3}}{3} + \\ \lambda\frac{\boldsymbol{p}_i-3\boldsymbol{p}_{i+1}+3\boldsymbol{p}_{i+2}-\boldsymbol{p}_{i+3}}{3}$$

终点的位置

$$\boldsymbol{r}_{i,0}\left(\lambda,\frac{\pi}{2}\right) = \frac{\boldsymbol{p}_i+\boldsymbol{p}_{i+2}+4\boldsymbol{p}_{i+3}}{6} + \\ \lambda\frac{-\boldsymbol{p}_i+\boldsymbol{p}_{i+1}+3\boldsymbol{p}_{i+2}-3\boldsymbol{p}_{i+3}}{6}$$

终点的切矢

$$\boldsymbol{r}'_{i,0}\left(\lambda,\frac{\pi}{2}\right)=\frac{\boldsymbol{p}_i-\boldsymbol{p}_{i+2}}{3}+\lambda\ \frac{-\boldsymbol{p}_i-\boldsymbol{p}_{i+1}+\boldsymbol{p}_{i+2}+\boldsymbol{p}_{i+3}}{3}$$

终点的二阶导矢

$$\boldsymbol{r}''_{i,0}\left(\lambda,\frac{\pi}{2}\right)=\frac{\boldsymbol{p}_i+\boldsymbol{p}_{i+2}-2\boldsymbol{p}_{i+3}}{3}+$$

$$\lambda\ \frac{-\boldsymbol{p}_i+\boldsymbol{p}_{i+1}-3\boldsymbol{p}_{i+2}+3\boldsymbol{p}_{i+3}}{3}$$

由上式知

$$\boldsymbol{r}_{i,0}(0,0)=\boldsymbol{r}_{i,0}\left(1,\frac{\pi}{2}\right)$$

$$\boldsymbol{r}'_{i,0}(0,0)=\boldsymbol{r}'_{i,0}\left(1,\frac{\pi}{2}\right) \qquad (2.5)$$

$$\boldsymbol{r}''_{i,0}(0,0)=\boldsymbol{r}''_{i,0}\left(1,\frac{\pi}{2}\right)$$

即当 $\lambda=0$ 和 $\lambda=1$ 时,曲线在端点处至少满足 C^2 连续.
以下 3 条曲线同样满足这个性质.

（2）第 2 条曲线 $\boldsymbol{r}_{i,1}(\lambda,u)$ 的起点位置为

$$\boldsymbol{r}'_{i,0}(\lambda,0)=\frac{\boldsymbol{p}_i+\boldsymbol{p}_{i+2}+4\boldsymbol{p}_{i+3}}{6}+$$

$$\lambda\ \frac{-\boldsymbol{p}_i+\boldsymbol{p}_{i+1}+3\boldsymbol{p}_{i+2}-3\boldsymbol{p}_{i+3}}{6}$$

起点的切矢

$$\boldsymbol{r}'_{i,1}(\lambda,0)=\frac{\boldsymbol{p}_i-\boldsymbol{p}_{i+2}}{3}+$$

$$\lambda\ \frac{-\boldsymbol{p}_i-\boldsymbol{p}_{i+1}+\boldsymbol{p}_{i+2}+\boldsymbol{p}_{i+3}}{3}$$

起点的二阶导矢

$$\boldsymbol{r}''_{i,1}(\lambda,0)=\frac{\boldsymbol{p}_i+\boldsymbol{p}_{i+2}-2\boldsymbol{p}_{i+3}}{3}+$$

809

$$\lambda \frac{-p_i + p_{i+1} - 3p_{i+2} + 3p_{i+3}}{3}$$

终点的位置

$$r_{i,1}\left(\lambda, \frac{\pi}{2}\right) = \frac{4p_i + p_{i+1} + p_{i+2}}{6} +$$

$$\lambda \frac{-3p_i - p_{i+1} + p_{i+2} + 3p_{i+3}}{6}$$

终点的切矢

$$r'_{i,1}\left(\lambda, \frac{\pi}{2}\right) = \frac{p_{i+1} - p_{i+3}}{3} +$$

$$\lambda \frac{p_i - p_{i+1} - p_{i+2} + 3p_{i+3}}{3}$$

终点的二阶导矢

$$r''_{i,1}\left(\lambda, \frac{\pi}{2}\right) = \frac{-2p_i + p_{i+1} + p_{i+3}}{3} +$$

$$\lambda \frac{3p_i - p_{i+1} + p_{i+2} - 3p_{i+3}}{3}$$

（3）第 3 条曲线 $r_{i,2}(\lambda, u)$ 的起点位置为

$$r_{i,2}(\lambda, 0) = \frac{4p_i + p_{i+1} + p_{i+3}}{6} +$$

$$\lambda \frac{-3p_i - p_{i+1} + p_{i+2} + 3p_{i+3}}{6}$$

起点的切矢

$$r'_{i,2}(\lambda, 0) = \frac{p_{i+1} - p_{i+3}}{3} +$$

$$\lambda \frac{p_i - p_{i+1} - p_{i+2} + p_{i+3}}{3}$$

起点的二阶导矢

$$r''_{i,2}(\lambda, 0) = \frac{-2p_i + p_{i+1} + p_{i+3}}{3} +$$

$$\lambda \frac{3\boldsymbol{p}_i - \boldsymbol{p}_{i+1} + \boldsymbol{p}_{i+2} - 3\boldsymbol{p}_{i+3}}{3}$$

终点的位置

$$\boldsymbol{r}_{i,2}\left(\lambda, \frac{\pi}{2}\right) = \frac{\boldsymbol{p}_i + 4\boldsymbol{p}_{i+1} + \boldsymbol{p}_{i+2}}{6} +$$

$$\lambda \frac{3\boldsymbol{p}_i - 3\boldsymbol{p}_{i+1} - \boldsymbol{p}_{i+2} + \boldsymbol{p}_{i+3}}{6}$$

终点的切矢

$$\boldsymbol{r}'_{i,2}\left(\lambda, \frac{\pi}{2}\right) = \frac{-\boldsymbol{p}_i + \boldsymbol{p}_{i+2}}{3} +$$

$$\lambda \frac{\boldsymbol{p}_i + \boldsymbol{p}_{i+1} - \boldsymbol{p}_{i+2} - \boldsymbol{p}_{i+3}}{3}$$

终点的二阶导矢

$$\boldsymbol{r}''_{i,2}\left(\lambda, \frac{\pi}{2}\right) = \frac{\boldsymbol{p}_i - 2\boldsymbol{p}_{i+1} + \boldsymbol{p}_{i+2}}{3} +$$

$$\lambda \frac{-3\boldsymbol{p}_i + 3\boldsymbol{p}_{i+1} - \boldsymbol{p}_{i+2} + \boldsymbol{p}_{i+3}}{3}$$

（4）第 4 条曲线 $\boldsymbol{r}_{i,3}(\lambda, u)$ 起点的位置为

$$\boldsymbol{r}_{i,3}(\lambda, 0) = \frac{\boldsymbol{p}_i + 4\boldsymbol{p}_{i+1} + \boldsymbol{p}_{i+2}}{6} +$$

$$\lambda \frac{3\boldsymbol{p}_i - 3\boldsymbol{p}_{i+1} - \boldsymbol{p}_{i+2} + \boldsymbol{p}_{i+3}}{6}$$

起点的切矢

$$\boldsymbol{r}'_{i,3}(\lambda, 0) = \frac{-\boldsymbol{p}_i + \boldsymbol{p}_{i+2}}{3} +$$

$$\lambda \frac{\boldsymbol{p}_i + \boldsymbol{p}_{i+1} - \boldsymbol{p}_{i+2} - \boldsymbol{p}_{i+3}}{3}$$

起点的二阶导矢

$$\boldsymbol{r}''_{i,3}(\lambda, 0) = \frac{\boldsymbol{p}_i - 2\boldsymbol{p}_{i+1} + \boldsymbol{p}_{i+2}}{3} +$$

$$\lambda \frac{-3\boldsymbol{p}_i + 3\boldsymbol{p}_{i+1} - \boldsymbol{p}_{i+2} + \boldsymbol{p}_{i+3}}{3}$$

终点的位置

$$\boldsymbol{r}_{i,3}\left(\lambda, \frac{\pi}{2}\right) = \frac{\boldsymbol{p}_{i+1} + 4\boldsymbol{p}_{i+2} + \boldsymbol{p}_{i+3}}{6} +$$

$$\lambda \frac{\boldsymbol{p}_i + 3\boldsymbol{p}_{i+1} - 3\boldsymbol{p}_{i+2} - \boldsymbol{p}_{i+3}}{6}$$

终点的切矢

$$\boldsymbol{r}'_{i,3}\left(\lambda, \frac{\pi}{2}\right) = \frac{-\boldsymbol{p}_{i+1} + \boldsymbol{p}_{i+3}}{3} +$$

$$\lambda \frac{-\boldsymbol{p}_i + \boldsymbol{p}_{i+1} + \boldsymbol{p}_{i+2} - \boldsymbol{p}_{i+3}}{3}$$

终点的二阶导矢

$$\boldsymbol{r}''_{i,3}\left(\lambda, \frac{\pi}{2}\right) = \frac{\boldsymbol{p}_{i+1} - 2\boldsymbol{p}_{i+2} + \boldsymbol{p}_{i+3}}{3} +$$

$$\lambda \frac{\boldsymbol{p}_i - 3\boldsymbol{p}_{i+1} + 3\boldsymbol{p}_{i+2} - \boldsymbol{p}_{i+3}}{3}$$

用同样的方法,通过计算更高阶的端点性质,可得

$$\boldsymbol{r}_{i,0}^{(n)}\left(\lambda, \frac{\pi}{2}\right) = \boldsymbol{r}_{i,1}^{(n)}(\lambda, 0)$$

$$\boldsymbol{r}_{i,1}^{(n)}\left(\lambda, \frac{\pi}{2}\right) = \boldsymbol{r}_{i,2}^{(n)}(\lambda, 0)$$

$$\boldsymbol{r}_{i,2}^{(n)}\left(\lambda, \frac{\pi}{2}\right) = \boldsymbol{r}_{i,3}^{(n)}(\lambda, 0) \qquad (2.6)$$

$$\boldsymbol{r}_{i,3}^{(n)}\left(\lambda, \frac{\pi}{2}\right) = \boldsymbol{r}_{i,0}^{(n)}(\lambda, 0)$$

即当给定相同的 λ 值时,4条曲线在端点处满足 n 阶连续可导.

2.线性组合曲线形状调配

给定控制点,可以通过改变 λ 值来改变线性组合样条曲线的形状,图 1 为定义的第 1 条曲线在给定不

同的 λ 值时的形状. 当 $\lambda=1$ 和 $\lambda=0$ 时, 曲线在端点处满足 C^2 连续. 图 2 为在给定相同的 λ 值时, 4 条曲线在端点处满足 C^n 连续.

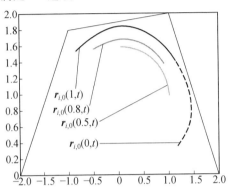

图 1　第 1 条曲线取不同的 λ 值时的曲线

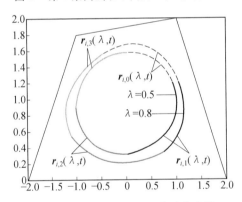

图 2　4 条曲线取相同的 λ 值时的曲线

3. 椭圆的表示

现给出当控制点 $\boldsymbol{p}_i(0,0)$, $\boldsymbol{p}_{i+1}(0,a)$, $\boldsymbol{p}_{i+2}(b,a)$, $\boldsymbol{p}_{i+3}(b,0)$ 构成矩形时, 由控制点以及线性组合的基函数易得在 4 个基函数下构成的曲线段的参数方程, 分别为

$$\begin{cases} x = \dfrac{b}{2} + \dfrac{b}{3}\cos u + \dfrac{(2\lambda-1)b}{3}\sin u \\[3mm] y = \dfrac{a}{2} + \dfrac{a}{3}\sin u + \dfrac{(1-2\lambda)a}{3}\cos u \end{cases}$$

$$\begin{cases} x = \dfrac{b}{2} + \dfrac{b}{3}\sin u + \dfrac{(1-2\lambda)b}{3}\cos u \\[3mm] y = \dfrac{a}{2} - \dfrac{a}{3}\cos u + \dfrac{(1-2\lambda)a}{3}\sin u \end{cases}$$

$$\begin{cases} x = \dfrac{b}{2} - \dfrac{b}{3}\cos u + \dfrac{(1-2\lambda)b}{3}\sin u \\[3mm] y = \dfrac{a}{2} + \dfrac{a}{3}\sin u + \dfrac{(2\lambda-1)a}{3}\cos u \end{cases}$$

$$\begin{cases} x = \dfrac{b}{2} + \dfrac{b}{3}\sin u + \dfrac{(2\lambda-1)b}{3}\cos u \\[3mm] y = \dfrac{a}{2} + \dfrac{a}{3}\cos u + \dfrac{(2\lambda-1)a}{3}\sin u \end{cases}$$

将这 4 个方程化简均可得到一个共同的方程

$$\frac{\left(x-\dfrac{b}{2}\right)^2}{b^2} + \frac{\left(y-\dfrac{a}{2}\right)^2}{a^2} = \frac{1}{9} + \frac{(2\lambda-1)^2}{9}$$

易知该方程是椭圆方程.

　　取 $a=2, b=3$,当 $\lambda=1$ 或 0 时,线性组合基函数的封闭曲线的椭圆见图 3.图 4 为当 $\lambda=1$ 或 0, $\lambda=0.2$, $\lambda=0.5$ 时的线性组合基函数的封闭曲线的椭圆.

　　特别地,当 $a=b$ 时,椭圆就退化为圆.

4. 抛物线的表示

　　当 4 个控制顶点分别为 $\boldsymbol{p}_i(-a,b)$, $\boldsymbol{p}_{i+1}(0,-b)$, $\boldsymbol{p}_{i+2}(a,b)$, $\boldsymbol{p}_{i+3}(0,-b)$ 时,由控制点以及线性组合的基函数得到曲线段的参数方程,分别为

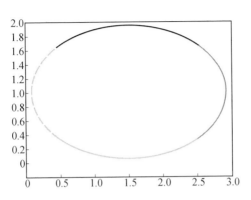

图 3　当 $\lambda = 1$ 或 0 时的椭圆

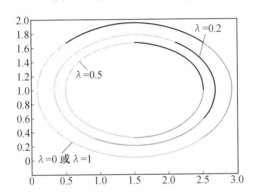

图 4　当 $\lambda = 1$ 或 0，$\lambda = 0.5$，$\lambda = 0.2$ 时的椭圆

$$\begin{cases} x = \dfrac{2a}{3}(\cos u + \lambda \sin u - \lambda \cos u) \\ y = -\dfrac{b}{3}(2\lambda - 1) \cdot (2\cos^2 u - 1) \end{cases}$$

$$\begin{cases} x = \dfrac{2a}{3}(\lambda \cos u + \lambda \sin u - \sin u) \\ y = \dfrac{b}{3}(2\lambda - 1) \cdot (2\cos^2 u - 1) \end{cases}$$

$$\begin{cases} x = -\dfrac{2a}{3}(\cos u + \lambda \sin u - \lambda \cos u) \\ y = -\dfrac{b}{3}(2\lambda - 1) \cdot (2\cos^2 u - 1) \end{cases}$$

$$\begin{cases} x = -\dfrac{2a}{3}(\lambda \cos u + \lambda \sin u - \sin u) \\ y = \dfrac{b}{3}(2\lambda - 1) \cdot (2\cos^2 u - 1) \end{cases}$$

当 λ 的值取 0 或 1 时,化简这 4 个方程均可得到一个共同的方程

$$y = \frac{3b}{2a^2}x^2 - \frac{b}{3}$$

该方程为抛物线方程,得证.

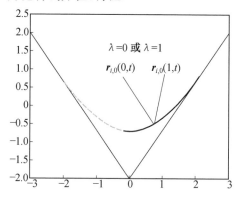

图 5　第 1 条曲线表示抛物线的一部分

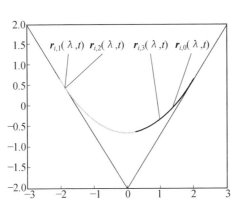

图 6　4 条曲线表示抛物线的一部分

§3　　线性组合基函数曲面的表示

§2 中的 4 组基函数,可以通过张量积定义 4 个双三次三角样条曲面的表达式

$$
\begin{aligned}
& \boldsymbol{D}_k(\lambda, u, v) \\
= & \sum_{i=0}^{3} \sum_{j=0}^{3} B_{i,k}(\lambda, u) B_{j,k}(\lambda, u) \boldsymbol{P}_{i,j} \\
= & \begin{bmatrix} B_{0,k}(\lambda, u) & B_{1,k}(\lambda, u) & B_{2,k}(\lambda, u) & B_{3,k}(\lambda, u) \end{bmatrix} \cdot \\
& \begin{bmatrix} \boldsymbol{P}_{0,0} & \boldsymbol{P}_{0,1} & \boldsymbol{P}_{0,2} & \boldsymbol{P}_{0,3} \\ \boldsymbol{P}_{1,0} & \boldsymbol{P}_{1,1} & \boldsymbol{P}_{1,2} & \boldsymbol{P}_{1,3} \\ \boldsymbol{P}_{2,0} & \boldsymbol{P}_{2,1} & \boldsymbol{P}_{2,2} & \boldsymbol{P}_{2,3} \\ \boldsymbol{P}_{3,0} & \boldsymbol{P}_{3,1} & \boldsymbol{P}_{3,2} & \boldsymbol{P}_{3,3} \end{bmatrix} \cdot \\
& \begin{bmatrix} B_{0,k}(\lambda, v) \\ B_{1,k}(\lambda, v) \\ B_{2,k}(\lambda, v) \\ B_{3,k}(\lambda, v) \end{bmatrix}
\end{aligned}
$$

其中，$k=0,1,2,3$，$[u,v]\in\left[0,\dfrac{\pi}{2}\right]\times\left[0,\dfrac{\pi}{2}\right]$，$P_{i,j}(i=0,1,2,3,j=0,1,2,3)$ 为控制顶点.

图 7 给出了由上面定义的 4 组曲面. 由曲线性质，很容易得到 4 张曲面片在边界满足参数 C^n 连续、在开的控制网下构造的闭合的曲面.

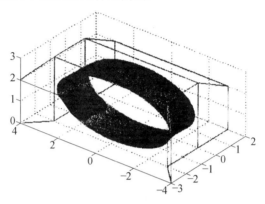

图 7　线性组合基函数构造的闭合曲面

下面给出 2 个实例来说明该方法的应用价值.

例 1　图 8 是控制点 $\{P_{i,j}\}$ 所形成的控制网格（不是封闭的控制网），通过上述方法构造的曲面却是封闭的. 图 8 给出了圆柱面的构造. 可以通过调节 λ 的大小来调配曲面的形状.

例 2　图 9 是由控制点 $\{P_{i,j}\}$（不是封闭的控制网）形成的花瓶造型，由于样条曲面 $\{P_{i,j}\}$ 是对 $D_k(\lambda,u,v)$ 曲面的大致勾画，其形成的曲面是花瓶的造型. 可通过调节 λ 的大小来调配曲面的形状和大小.

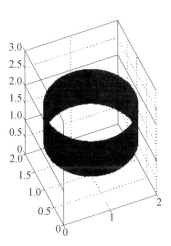

图 8　　圆柱面的构造实例

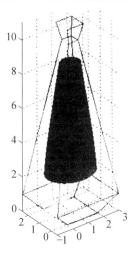

图 9　　花瓶的构造实例

参 考 文 献

[1] 施法中.计算机辅助几何设计与非均匀有理 B 样条[M].北京:高等教育出版社,2001.

[2] 王国瑾,汪国昭,郑建民.计算机辅助几何设计[M].北京:高等教育出版社,2001.

[3] MAINAR E, PEA T M, SANCHEZ-REYES J. Shape preserving alternatives to the rational Bézier model[J]. Computer Aided Geometric Design,2001,18(1):37-60.

[4] PIEG L, TILLER W. The NURBS book[M]. 2nd ed, Berlin: Springer,1997:289-311.

[5] ZHANG J W. C-curves: an extension of cubic curves[J]. Computer Aided Geometric Design,1996,13(3):199-217.

[6] 王文涛,汪国昭.带形状参数的三角多项式均匀 B 样条[J]. 计算机学报,2005,28(7):1 192-1 198.

[7] 李军成,宋来忠.一组基于三角函数的类三次参数曲线[J].计算机工程与设计,2008,29(10):2 702-2 704.

[8] HAN X L. Quadratic trigonometric polynomial curves with a shape parameter[J]. Computer Aided Geometric Design,2002,19(7):503-512.

[9] HAN X L. Cubic trigonometric polynomial curves with a shape parameter[J]. Computer Aided Geometric Design,2004,21(6):535-548.

[10] SU B Y. A class of Bézier-type trigonometric polynomial curves [J]. Numerical Mathematics A Journal of Chinese Universities, 2005,27:202-208.

[11] 李军成.一种构造任意类三次三角曲线的方法[J].小型微型计算机系统,2011,32(7):1 441-1 445.

[12] 吴晓勤,韩旭里.带形状参数的二次三角 Bézier 曲线[J].工程图学学报,2008(1):82-87.

[13] 梁锡坤.基于曲线线性组合的 3 次均匀 B 样条曲线的拓展[J].中

国图象图形学报,2011,16(1):118-123.

［14］ TANG Y M，WU X，HAN X L. Quadratic trigonometric Bézier curves based on three-points shape parameters[J]. Computer Engineering,2010,32:66-68.

［15］ HAN X,MA Y C，HUANG X L. The cubic trigonometric Bézier curve with two shape parameters[J]. Applied Mathematics Letters. 2009,22(2):226-231.

一种用多项式曲线逼近有理曲线的新方法①

第 13 章

宁波大学理学院的杨连喜和徐晨东两位教授于 2015 年研究了用多项式曲线逼近有理曲线的新方法,利用结式将有理曲线参数方程转化为隐式代数方程,然后将逼近问题转化为一个以多项式为目标函数的优化问题,求解该问题得到待定参数的值,从而确定多项式曲线.数值算例表明,该方法计算简便,具有较好的逼近效果,且使得利用 Hausdorff 距离定义的曲线间逼近误差较小.

有理 Bézier 曲线有一些较好的性

---

① 本章摘自《浙江大学学报(理学版)》2015 年第 1 期.

质和算法,[1] 因而被广泛应用于计算机辅助几何设计（CADG）的几何造型中.但是这一类曲线自身也存在一些不足:

（1）不同的 CAD/CAM 系统因其原理不同,使得系统之间的数据交互很困难.

（2）不容易对表达式进行有理曲线求导与积分计算,即使能够解出,其形式也比较复杂,但对多项式曲线则比较容易.在实际应用中,由于用多项式曲线近似代替有理曲线的逼近效果不佳,因此多项式曲线逼近有理曲线问题成为近年 CAD 重要的研究课题之一.

学者们对多项式曲线逼近有理曲线提出了不同的方法,其中一些方法取得了较好的效果.1987 年 Boor 等人[2] 首次提出了样条曲线的几何 Hermite 插值,利用每点的位置、切线和曲率进行插值,构造局部的三次样条曲线,并且具有较高的精度.1991 年混合多项式曲线逼近有理曲线的算法[3] 首次被提出,其基本思路是将 1 条有理 Bézier 曲线首先表示成具有移动控制顶点的 Bézier 曲线,当 Bézier 曲线的次数趋近于无穷大时,移动控制顶点凸包为 1 个点,用此凸包内的任意一点近似代替移动控制顶点,则产生的 Bézier 曲线就是对有理 Bézier 曲线的混合多项式逼近,在实际计算中通常取 Bézier 曲线的次数为偶数;随后王国瑾等人[1] 研究了有理 Bézier 曲线的混合多项式逼近与传统 Hermite 多项式逼近之间的关系,并利用混合多项式曲线控制顶点间的递推关系给出了逼近收敛的一个充分条件;紧接着基于混合多项式曲线逼近和 Hermite 多项式曲线逼近之间的关系提出了 Hermite 逼近的控制顶点及循环递归算法.[5] 陈杰等人给出了混合多项式曲线逼近具有任意阶导数的有理曲线的一致性条件,并给予了证明.[6] 在逼近问题研究中,为了方便实际应用,通常用低阶曲线逼近高阶的曲线,Kim 等人[7] 就此提出了用降阶 Jacobi 多项式曲线实现逼近,但不具有一阶连续性;紧接着他们又研究了具有 k 次连续降阶的 Jacobi 多项式曲线逼近.[8] 陈国栋等人[9] 提出了在两端点处具有连续性条件的降价逼近;康宝生等人[10] 利用仿生学和程序设计实现了保端点多次降阶逼近.Floater[11] 提出了用高次多项式曲线逼近有理Bézier 曲线.通常,为了获得更好的逼近效果且具有原曲线的部分性质,一般限定曲线在两端点处满足几何连续或已知确定的导数等条件.[6,12] 文献[12] 研究了用有理曲线逼近有理曲线,将逼近曲线的权因子特殊化,即用多项式曲线逼近有理曲线.文献[13] 提出了基于采样点的迭代多项式曲线逼近有理曲线的方法,比较了不同距离函数下产生的逼近误差,1 − 范数作为距离函数时比 2 − 范数或 $+\infty$ − 范数的逼近效果要好.而逼近有理曲线时,要求在两端点处满足几何连续,因此提出了多项式曲线逼近重新参数化的有理曲线,[14] 用最小二乘法计算逼近的误差.

　　黄有度等人[15] 从理论上研究了多项式曲线逼近有理曲线,并给出了 2 种不同的方法.一种是通过用有理 Bézier 曲线升阶得到的控制顶点定义的 Bézier 曲线逼近原有理曲线;另一种是将有理 Bézier 曲线上的点作为控制顶点来定义 Bézier 曲线,并逐步逼近原有理曲线.这 2 种方法虽然理论上简单易懂,但不能应用于实际.本章综合这 2 种方法的思想,提出一种新的逼近方法,即将这 2 种方法中个数相同的 2 组控制顶点依

次进行线性组合,得到新的控制顶点,用新的控制顶点
定义的多项式曲线逼近原有理曲线.

§1　预 备 知 识

1. 有理 Bézier 曲线

定义 n 次有理 Bézier 曲线[1]

$$\boldsymbol{R}_n(t)=\frac{\sum_{i=0}^{n}\omega_i\boldsymbol{b}_iB_i^n(t)}{\sum_{i=0}^{n}\omega_iB_i^n(t)}\quad(0\leqslant t\leqslant1)\quad(1.1)$$

其中 $B_i^n(t)=C_n^i(1-t)^{n-i}t^i(i=0,1,\cdots,n)$ 是 n 次
Bernstein 基函数,$\boldsymbol{b}_i(i=0,1,\cdots,n)$ 是控制顶点,$\omega_i>0(i=0,1,\cdots,n)$ 是控制顶点对应的权因子.

显然,当 $\omega_0=\omega_1=\cdots=\omega_n=\omega$ 时

$$\boldsymbol{R}_n(t)=\sum_{i=0}^{n}\boldsymbol{b}_iB_i^n(t)\quad(0\leqslant t\leqslant1)\quad(1.2)$$

即有理 Bézier 曲线退化为 Bézier 曲线.

2. Hausdorff 距离

给定 2 条参数曲线 $P(s),s_0\leqslant s\leqslant s_1$ 和曲线 $Q(t)$,
$t_0\leqslant t\leqslant t_1$,假设这 2 条曲线在两端点处重合,即
$P(s_0)=Q(t_0),P(s_1)=Q(t_1)$,则这 2 条曲线间的
Hausdorff 距离[16] 的定义为

$$d(P,Q)=\max\{\max_{s_0\leqslant s\leqslant s_1}\min_{t_0\leqslant t\leqslant t_1}\|P(s)-Q(t)\|,$$
$$\max_{t_0\leqslant t\leqslant t_1}\min_{s_0\leqslant s\leqslant s_1}\|P(s)-Q(t)\|\}$$

当多项式曲线逼近有理曲线时,为了更好地反映
曲线之间的误差,利用 Hausdorff 距离计算误差,但是

实际计算非常麻烦,且没有较好的实现算法.如果用欧氏距离计算,将会产生很大的误差,因此一些学者采用重新参数化的方法逼近有理曲线.[14] 本章在估计曲线之间的误差时采用离散的 Hausdorff 距离,即在 2 条曲线 $P(s),Q(t)$ 上分别取 N 个点构成集合 A,B,则这 2 条曲线之间的离散的 Hausdorff 距离为

$$d(P,Q) = \max\{\max_{a \in A} \min_{b \in B} \| a - b \|,$$
$$\max_{b \in B} \min_{a \in A} \| a - b \| \}$$

3. 结式

设 n 次有理 Bézier 曲线 $\boldsymbol{R}_n(t)$ 对应的隐式方程为

$$f(x,y) = 0$$

$\overline{\boldsymbol{P}}_m(t) = (\overline{x}(t), \overline{y}(t))$ 是用来逼近该有理 Bézier 曲线的 m 次多项式 Bézier 曲线,为了得到较好的逼近效果,须在被逼近的有理 Bézier 曲线的两端点处进行插值,且满足 1 阶几何连续或 1 阶参数连续,其误差函数为

$$\omega(t) = f(\overline{x}(t), \overline{y}(t))$$

当误差函数充分小时,Bézier 曲线 $\overline{\boldsymbol{P}}_m(t)$ 为逼近 $\boldsymbol{R}_n(t)$ 的多项式曲线.

为了将有理 Bézier 曲线 $\boldsymbol{R}_n(t)$ 的参数方程转化为隐式方程,引入结式.

定义 1 设 $f(x), g(x) \in K[x], K[x]$ 为数域 K 上的一元多项式环

$$f(x) = a_0 x^m + a_1 x^{m-1} + \cdots + a_m \quad (a_0 \neq 0, m > 0)$$
$$g(x) = b_0 x^n + b_1 x^{n-1} + \cdots + b_n \quad (b_0 \neq 0, n > 0)$$

则 $m + n$ 阶行列式

$$D = \begin{vmatrix} a_0 & a_1 & \cdots & a_m & & & \\ & a_0 & a_1 & \cdots & a_m & & \\ & & \ddots & \ddots & & \ddots & \\ & & a_0 & a_1 & \cdots & a_m \\ b_0 & b_1 & \cdots & b_n & & & \\ & b_0 & b_1 & \cdots & b_n & & \\ & & \ddots & \ddots & & \ddots & \\ & & b_0 & b_1 & \cdots & b_n \end{vmatrix}$$

称为多项式 $f(x)$ 或 $g(x)$ 的结式,记作

$$\mathrm{Res}(f(x), g(x), x)$$

　　结式可以将多元多项式方程进行消元,从而将有理曲线的参数方程转化为隐式方程. 有理曲线隐式化详见文献[17,18].

§2　多项式曲线逼近有理曲线的方法

1. 构造参数多项式曲线及求解

　　对 n 次有理 Bézier 曲线 $\boldsymbol{R}_n(t)$ 进行升阶操作,得到控制顶点 $\{\boldsymbol{b}_{i,n}\}$ 和相应的权因子 $\{\omega_{i,n}\}$ 的递推公式

$$\boldsymbol{b}_{i,n+1} = \frac{i}{n+1}\omega_{i-1,n}\boldsymbol{b}_{i-1,n} + \left(1 - \frac{i}{n+1}\right)\omega_{i,n}\boldsymbol{b}_{i,n}$$

$$\omega_{i,n+1} = \frac{i}{n+1}\omega_{i-1,n} + \left(1 - \frac{i}{n+1}\right)\omega_{i,n}$$

$$(i = 0, 1, \cdots, n+1)$$

　　定理 1[15]　将有理 Bézier 曲线 $\boldsymbol{R}_n(t)$ 升阶 k 次之后得到新的权因子 $\omega_{i,n}$ 和控制顶点 $\boldsymbol{b}_{i,m}(i = 0, 1, \cdots, m = n+k)$,则以升阶后的点 $\boldsymbol{b}_{i,m}(i = 0, 1, \cdots, m)$ 为控

制顶点定义的 m 次多项式 Bézier 曲线 $\boldsymbol{B}_m(t)$ 一致收敛于原有理 Bézier 曲线 $\boldsymbol{R}_n(t)$, 即

$$\mid \boldsymbol{B}_m(t) - \boldsymbol{R}_n(t) \mid < \varepsilon \quad (m \to +\infty, \forall t \in [0,1])$$

定理 $2^{[15]}$ 在有理 Bézier 曲线 $\boldsymbol{R}_n(t)$ 上取点 $\boldsymbol{R}_n\left(\dfrac{i}{m}\right) (i=0,1,\cdots,m)$, 以这些点为控制顶点定义 m 次多项式 Bézier 曲线 $\overline{\boldsymbol{B}}_m(t)$, 则 Bézier 曲线 $\boldsymbol{R}_n(t)$ 一致逼近给定的有理 Bézier 曲线 $\overline{\boldsymbol{B}}_m(t)$, 即

$$\mid \overline{\boldsymbol{B}}_m(t) - \boldsymbol{R}_n(t) \mid < \varepsilon \quad (m \to +\infty, \forall t \in [0,1])$$

定理1和定理2呈现了2种不同的逼近有理Bézier曲线的方法. 这2种方法理论上简单易懂, 且能够实现多项式曲线对有理曲线的逼近, 但要达到较好的逼近效果必须对有理 Bézier 曲线升阶很多次, 或在有理 Bézier 曲线上取很多点, 从而使得操作性很差. 因上述 2种方法中定义的Bézier曲线有各自的控制顶点, 不妨使这2组控制顶点的个数相等, 然后将个数相等的2组控制顶点依次线性组合, 得到的含待定参数的点作为新的一组控制顶点, 从而可以定义一条含待定参数的多项式曲线来逼近原有理曲线.

n 次有理Bézier曲线 $\boldsymbol{R}_n(t)$ 升阶 k 次后的控制顶点为 $\boldsymbol{b}_{i,m}(i=0,1,\cdots,m)$, 在有理 Bézier 曲线上取点 $\boldsymbol{R}_n\left(\dfrac{i}{m}\right)(i=0,1,\cdots,m)$. 将这2组点 $\boldsymbol{b}_{i,m}$ 和 $\boldsymbol{R}_n\left(\dfrac{i}{m}\right)$ 依次进行线性组合, 可得到含有参数的点 $\overline{\boldsymbol{P}}_i(i=0,1,\cdots, m)$, 并以 $\overline{\boldsymbol{P}}_i$ 定义的 Bézier 曲线逼近原有理 Bézier 曲线. 当多项式曲线逼近有理曲线时, 保持曲线具有相同的首末端点, 则在首末端点处进行线性组合得到的点不变, 即

$$\overline{\boldsymbol{P}}_0 = \boldsymbol{b}_{0,m} = \boldsymbol{b}_0 , \overline{\boldsymbol{P}}_m = \boldsymbol{b}_{m,m} = \boldsymbol{b}_m$$

另外,在曲线的首末端点处满足 1 阶几何连续. 根据有理 Bézier 曲线 $\boldsymbol{R}_n(t)$ 求得在曲线两端点处的 1 阶导矢分别为 $\boldsymbol{R}'_n(0) = \dfrac{n\omega_1(\boldsymbol{b}_1 - \boldsymbol{b}_0)}{\omega_0}$ 和 $\boldsymbol{R}'_n(1) = \dfrac{n\omega_{n-1}(\boldsymbol{b}_n - \boldsymbol{b}_{n-1})}{w_n}$,当有理 Bézier 曲线退化为 Bézier 曲线(1.2)后,两端点的 1 阶导矢分别是 $n(\boldsymbol{b}_1 - \boldsymbol{b}_0)$ 和 $n(\boldsymbol{b}_n - \boldsymbol{b}_{n-1})$. 显然,当有理 Bézier 曲线退化为多项式 Bézier 曲线后,这 2 条曲线在首末端点处的 1 阶导数只相差 1 个常数,则必须对线性组合得到的点 $\overline{\boldsymbol{P}}_1$ 和 $\overline{\boldsymbol{P}}_{m-1}$ 做特殊考虑,将控制顶点 $\boldsymbol{R}_n(0)$ 和控制顶点 $\boldsymbol{b}_{1,m}$ 线性组合得到点 $\overline{\boldsymbol{P}}_1$,即

$$\overline{\boldsymbol{P}}_1 = \lambda_1 \boldsymbol{R}_n(0) + (1 - \lambda_1)\boldsymbol{b}_{1,m}$$

将控制顶点 $\boldsymbol{R}_n(1)$ 和控制顶点 $\boldsymbol{b}_{m-1,m}$ 线性组合得到点 $\overline{\boldsymbol{P}}_{m-1}$,即

$$\overline{\boldsymbol{P}}_{m-1} = \lambda_{m-1} \boldsymbol{R}_n(1) + (1 - \lambda_{m-1})\boldsymbol{b}_{m-1,m}$$

其他点 $\overline{\boldsymbol{P}}_i(i = 2, 3, \cdots, m-2)$ 由控制顶点 $\boldsymbol{R}_n\left(\dfrac{i}{m}\right)$ 和控制顶点 $\boldsymbol{b}_{i,m}(i = 2, 3, \cdots, m-2)$ 线性组合产生,即

$$\overline{\boldsymbol{P}}_i = \lambda_i \boldsymbol{R}_n\left(\dfrac{i}{m}\right) + (1 - \lambda_i)\boldsymbol{b}_{i,m}$$

用这些含待定参数的点 $\overline{\boldsymbol{P}}_i(i = 0, 1, \cdots, m)$ 作为控制顶点定义 Bézier 曲线 $\overline{\boldsymbol{P}}_m(t) = (\overline{x}(t), \overline{y}(t))$,选取合适的参数使曲线 $\overline{\boldsymbol{P}}_m(t)$ 逼近原有 Bézier 曲线 $\boldsymbol{R}_n(t)$,因此求出合适的参数是此逼近方法的关键. 任意一个参数方程都能够转换为对应的隐式方程,利用结式方法可将有理 Bézier 曲线的参数形式方程转化为隐式方程

$f(x,y)=0.$

适当地取 Bézier 曲线 $\overline{\boldsymbol{P}}_m(t)=(\overline{x}(t),\overline{y}(t))$ 上的点使之尽可能满足原有理 Bézier 曲线的隐式方程,即令由代数距离定义的误差函数充分小,由此得到待定参数的值,从而确定多项式 Bézier 曲线 $\overline{\boldsymbol{P}}_m(t)=(\overline{x}(t),\overline{y}(t))$. 最后采用离散的 Hausdorff 距离来估计曲线之间的逼近误差及相应曲率的变化情况,以验证该方法的逼近效果.

2.算法实现步骤

步骤 1:对 n 次有理 Bézier 曲线 $\boldsymbol{R}_n(t)$,利用隐式化方法中的结式将该有理曲线的参数方程转化为隐式方程 $f(x,y)=0$.

步骤 2:用 de Casteljau 算法对 n 次有理 Bézier 曲线 $\boldsymbol{R}_n(t)$ 升阶 k 次后得到该有理曲线新的权因子 $\omega_{i,m}$ 和控制顶点 $\boldsymbol{b}_{i,m}(i=0,1,\cdots,m=n+k)$.

步骤 3:第 2 步有理 Bézier 曲线 $\boldsymbol{R}_n(t)$ 升阶产生 $m+1$ 个控制顶点,相应地,在该有理曲线上取 $m+1$ 个点 $\boldsymbol{R}_n\left(\dfrac{i}{m}\right)(i=0,1,\cdots,m)$.

步骤 4:将 2 组个数相同的点 $\boldsymbol{b}_{i,m}$ 和 $\boldsymbol{R}_n\left(\dfrac{i}{m}\right)$ 进行线性组合得到含参数 $\lambda_j(j=1,2,\cdots,m-1)$ 的点 $\overline{\boldsymbol{P}}_i(i=0,1,\cdots,m)$ 作为逼近曲线的控制顶点,即

$$\overline{\boldsymbol{P}}_0=\boldsymbol{b}_{0,m}=\boldsymbol{b}_0$$

$$\overline{\boldsymbol{P}}_1=\lambda_1\boldsymbol{R}_n(0)+(1-\lambda_1)\boldsymbol{b}_{1,m}$$

$$\overline{\boldsymbol{P}}_i=\lambda_i\boldsymbol{R}_n\left(\frac{i}{m}\right)+(1-\lambda_i)\boldsymbol{b}_{i,m}\quad(i=2,3,\cdots,m-2)$$

$$\overline{\boldsymbol{P}}_{m-1}=\lambda_{m-1}\boldsymbol{R}_n(1)+(1-\lambda_{m-1})\boldsymbol{b}_{m-1,m}$$

830

$$\overline{\boldsymbol{P}}_m = \boldsymbol{b}_{m,m} = \boldsymbol{b}_n$$

步骤 5：用 $\overline{\boldsymbol{P}}_i (i = 0, 1, \cdots, m)$ 作为控制顶点定义

Bézier 曲线 $\overline{\boldsymbol{P}}_m(t) = \displaystyle\sum_{i=0}^{m} \overline{\boldsymbol{P}}_i B_i^m(t) (0 \leqslant t \leqslant 1)$，则参数形

式可表示为

$$\overline{x} = \overline{x}(t), \overline{y} = \overline{y}(t) \quad (t \in [0,1])$$

步骤 6：求出使误差函数 $\varepsilon(t) = f(\overline{x}(t), \overline{y}(t))$ 充

分小的待定参数的值，即求解使得目标函数

$\displaystyle\int_0^1 (\varepsilon(t))^2 \mathrm{d}t = \int_0^1 (f(\overline{x}, \overline{y}))^2 \mathrm{d}t$ 最小的最优化问题.

这里采用逐步搜索的数值方法来求参数 $\lambda_j (j = 1,$

$2, \cdots, m - 1)$ 的值，从而得到具体的 m 次 Bézier 曲线

$\overline{\boldsymbol{P}}_m(t)$. 进一步计算离散的 Hausdorff 距离，画出曲率

变化分布图，比较它们之间的误差.

§3　数　值　实　例

为验证含参数多项式曲线逼近有理多项式曲线的

可行性，并比较有理曲线与多项式曲线之间曲率变化

的情况以及曲线之间的误差，下面将给出具体实例. 估

计误差时采用离散的 Hausdorff 距离，即在曲线 $\boldsymbol{R}_n(t)$

和曲线 $\overline{\boldsymbol{P}}_m(t)$ 上分别取 N 个点，得到对应的 2 个点的

集合 $A = \{\boldsymbol{R}(t_i)\}, B = \{\overline{\boldsymbol{P}}_m(t_i)\}$，其中 $t_i = \dfrac{i}{N} (i = 0,$

$1, \cdots, N)$，本章取 $N = 2\,000$，则离散的 Hausdorff 距离

为

$$d(\boldsymbol{R}_n, \overline{\boldsymbol{P}}_m) = \max\{\max_{a \in A} \min_{b \in B} \| a - b \|,$$

$$\max_{b\in B}\min_{a\in A}\parallel a-b\parallel\}$$

例1 取四次对称有理 Bézier 曲线的控制顶点和对应的权因子分别为 $(0,0),(2,4),(4,5),(6,4),(8,0)$ 和 $1,2,3,2,1$. 该四次有理 Bézier 曲线升阶 $2\sim5$ 次后,利用本章含参数多项式曲线逼近有理曲线的方法得到六至九次 Bézier 曲线逼近原有理 Bézier 曲线;则六至九次 Bézier 曲线中相应的参数值分别为 $-0.175\,396,0.413\,52,-0.899\,729,-0.107\,553,0.140\,112,-0.432\,555,0.048\,295\,6,-0.402\,674,-0.194\,55,-0.443\,168,0.048\,381\,8,-0.341\,208,-0.185\,626,-0.274\,481$. 考虑对称性,这里只列出了一半参数.

图 1 给出了升阶 2 和 3 次后用新方法构造的逼近曲线与原有理曲线的比较. 由图 1、图 2 和表 1 可知,逼近曲线的次数越高,曲率与原有理多项式曲线的曲率越接近,误差越小,逼近效果越好. 由表 1 可知,当多项式曲线次数相同时,新方法的逼近误差比定理 1 和定理 2 的方法的误差小很多;此外,本章方法的逼近收敛速度也更快.

表 1　误差比较

次数 m	新方法	定理 1 方法	定理 2 方法
6	0.008 6116	0.148 938	0.486 885
7	0.008 60362	0.101 564	0.398 72
8	0.008 2696	0.073 0582	0.337 038
9	0.007 90882	0.054 8164	0.291 666

例 2　一个三次有理 Bézier 曲线控制顶点和权因

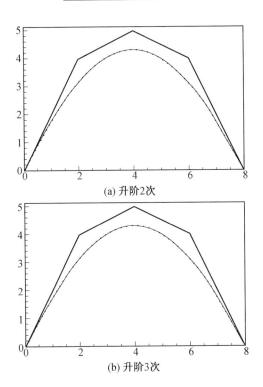

(a) 升阶2次

(b) 升阶3次

图1　有理Bézier曲线与逼近曲线,实线为有理曲线,虚为线
　　为逼近曲线

子分别为 $(0,0),(2,2),(4,3),(9,0)$ 和 $1,5,2,1.3$ 次
有理Bézier曲线升阶 $2\sim4$ 次后,利用本章含参数多项
式曲线逼近有理曲线的方法得到五至七次 Bézier 曲
线;则五至七次 Bézier 曲线中相应的参数值分别为
$-0.1581, -0.804563, -0.737977, 0.0892704,$
$-0.225148, -0.530889, 0.12787, -0.955826,$
$0.150907, -0.23643, -0.398866, 0.28769,$
$-0.52481, -0.353084, 0.0778679.$

　　图 3 展示了升阶 2 次和 3 次后用新方法构造的逼

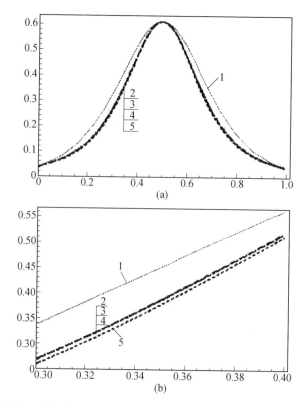

图 2　曲率分布；1 表示有理曲线的曲率，2 ～ 5 分别表示六
　　　至九次逼近曲线的曲率；图（b）表示图（a）部分片段
　　　的放大

近曲线和有理曲线图. 从图 3、图 4 和表 2 中可以发现，
参数多项式曲线的次数越高，曲率与原有理曲线越接
近，误差越小，且达到的逼近效果越好. 由表 2 可知，逼
近曲线次数相同时，新方法的误差较小.

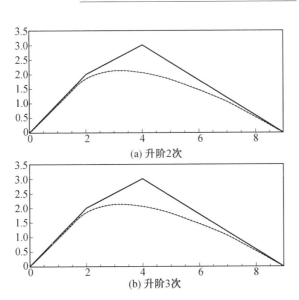

图 3　　有理 Bézier 曲线与逼近曲线；实线为有理曲线，虚线为
　　　　逼近曲线

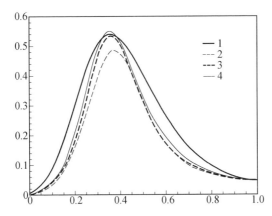

图 4　　曲率分布 1 ～ 4 分别表示有理曲线、五至七次逼近曲
　　　　线的曲率

表 2   误差比较

次数 m	新方法	定理 1 方法	定理 2 方法
5	0.014 906 2	0.118 999	0.276 689
6	0.009 723 5	0.075 906 5	0.225 041
7	0.009 648 77	0.051 071 1	0.192 004

大量实验表明,利用本章方法,只要较少的升阶次数就能达到很好的精度,而定理 1 和定理 2 的方法的逼近误差较大.

例 3   三次有理 Bézier 曲线控制顶点和权因子分别为 $(0,0),(2,4),(3,-3),(6,0)$ 和 $1,2,3,1$.该三次有理 Bézier 曲线升阶 $2\sim4$ 次后,利用本章含参数多项式曲线逼近有理曲线的方法得到五至七次 Bézier 曲线;则五至七次 Bézier 曲线中相应的参数值分别为 $0.669\ 646,-6.346\ 04,0.427\ 576,-0.436\ 399,$ $0.349\ 952,-2.438\ 19,-1.544\ 71,-0.696\ 23,$ $-0.139\ 708,-0.152\ 165,0.618\ 543,-1.576\ 99,$ $0.117\ 653,-0.338\ 884,-0.140\ 034$.图 5 表示升阶 2 次和 3 次后用新方法构造的逼近曲线和有理曲线的比较.从图 5、图 6 和表 3 中可以发现,逼近曲线的阶数越高,曲率与原有理多项式曲线越接近,误差越小,达到的逼近效果越好.表 3 表明,当逼近曲线次数相同时,新方法的逼近误差比定理 1 和定理 2 的方法的误差小很多,并且新方法的逼近收敛速度更快.

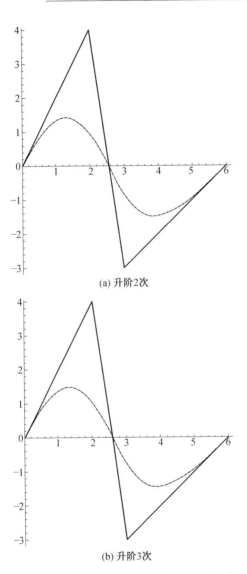

(a) 升阶2次

(b) 升阶3次

图 5　有理 Bézier 曲线与逼近曲线；实线为有理曲线，虚
线为逼近曲线

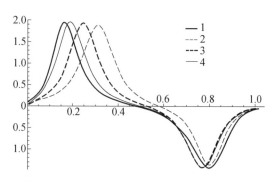

图 6　曲线分布 1～4 表示有理曲线、五至七次多项式曲线的曲率

表 3　误差比较

次数 m	新方法	定理 1 方法	定理 2 方法
5	0.016 205	0.301 483	0.836 384
6	0.008 926 12	0.209 049	0.711 18
7	0.008 756 16	0.152 36	0.616 975

　　从数值实例中,可以看到原有理多项式曲线升阶几次后,采用含参数多项式曲线逼近有理曲线的新方法就能达到很好的逼近效果;有理曲线升阶次数越高,本章方法的逼近效果越好.当逼近曲线次数相同时,新方法的逼近收敛速度更快、误差更小、计算更简便,克服了定理 1 和定理 2 的方法缺乏实践操作性的缺陷.

§4　结　束　语

　　本章用含待定参数的多项式曲线逼近有理曲线的方法可以实现对任意次数的有理 Bézier 曲线的逼近,实现算法简单明了,数值实例验证了方法的有效性和

838

可操作性,因此这种逼近方法有一定的实际应用价值.

本章虽然只考虑了平面曲线的逼近,但该方法对空间有理曲线的逼近同样适用.

参 考 文 献

[1] FARIN G. Curves and surfaces for computer aided geometric design, a practical guide[M]. 5th ed. San Diego: Academic Press, 2002.

[2] DE BOOR C. HÖLLIG K, SABIN M. High accuracy geometric Hermite interpolation[J]. Computer Aided Geometric Design, 1987,4(4):269-278.

[3] SEDERBERG T W, KAKIMOTO M. Approximating rational curves using polynomial curves[J]. NURBS for Curves and Surface Design. Philadelphia: SIAM,1991:149-158.

[4] WANG G J, SEDERBERG T W, CHEN F L. On the convergence of polynomial approximation of rational functions[J]. Journal of Approximation Theory, 1997,89(3):267-288.

[5] LIU L G, WANG G J. Recusive formulae for hermite polynomial approximations to rational Bézier curves[C]// Proceedings of Geometric Modeling and Processing 2000: Theory and Applications. Hong Kong: IEEE Computer Society Press, Los Alamitos, 2000: 190-197.

[6] CHEN J, WANG G J. Hybrid polynomial approximation to higher derivatives of rational curves[J]. Journal of Computational and Applied Mathematics,2011,235(17):4 925-4 936.

[7] KIM H J, AHN Y J. Good degree reduction of Bézier curves using Jacobi polynomials[J]. Computers & Mathematics with Applications,2000,40(10-11):1 205-1 215.

[8] AHN Y J. Using Jacobi polynomials for degree reduction of Bézier curves with C^k-constraints[J]. Computer Aided Geometric Design,

2003,20(7):423-434.

[9] CHEN G D, WANG G J. Optimal multi-degree reduction of Bézier curves with constraints of endpoints continuity[J]. Computer Aided Geometric Design,2002,19(6):365-377.

[10] 康宝生,石茂,张景峤. 有理 Bézier 曲线的降阶[J]. 软件学报, 2004,15(10):1 522-1 527.

[11] FLOATER M S. High order approximation of rational curves by polynomial curves[J]. Computer Aided Geometric Design. 2006, 23(8):621-628.

[12] CAI H J, WANG G J. Constrained approximation of rational Bézier curves based on a matrix expression of its end points continuity condition[J]. Computer Aided Design,2010,42(6):495-504.

[13] LU L Z. Sample-based polynomial approximation of rational Bézier curves[J]. Journal of Computational and Applied Mathematics,2011,235(6):1 557-1 563.

[14] HU Q Q, XU H X. Constrained polynomial approximation of rational Bézier curves using reparameterization[J]. Journal of Computational and Applied Mathematics,2013,249:133-143.

[15] HUANG Y D, SU H M, LIN H W. A simple method for approximating rational Bézier curveusing Bézier curves[J]. Computer Aided Geometric Design, 2008,25(8):697-699.

[16] SEDERBERG T W. Planar piecewise algebraic curves [J]. Computer Aided Geometric Design,1984,1(3):241-255.

[17] SEDERBERG T W, CHEN F L. Implicitization using moving curves and surfaces[C]// Proceedings of the 22nd Annual Techniques. New York:ACM,1995:301-308.

[18] 陈发来.曲面隐式化新进展[J].中国科学技术大学学报,2014,44 (5):345-361.

点到代数曲线的最短距离的细分算法[①]

第 14 章

距离计算在计算机辅助几何设计与图形学领域有着广泛的应用,为了有效计算点到代数曲线的最短距离,浙江工业大学理学院的祁佳玳和寿华好两位教授于 2016 年提出了一种基于区间算术和区域细分的细分算法.利用四叉树数据结构对给定区域进行细分,用区间算术计算细分后所有像素点到给定点的距离区间,得到最小距离区间.该方法的优势在于在得到任意精度的点到代数曲线最短距离的同时,亦得到了该结果的最大误差限,

[①]　本章摘自《浙江大学学报(理学版)》2016 年第 3 期.

841

为进一步提高速度,还对算法进行了改进.

§1 引 言

距离计算有着广泛的应用,如计算机图形学及游戏中的碰撞检测、CAD/CAM 中的干涉检测、几何造型中点到曲线距离的查询等. 此外,距离计算还被广泛应用于计算机仿真、触觉仿真、机器人路径规划等. 关于距离计算的研究亦从未中断过.

Chang 等人[1] 基于剔除技术提出了一种有效且稳定的方法,用于计算 2 条 Bézier 曲线及 2 张 Bézier 曲面之间的最短距离. 该方法充分利用了控制顶点凸包的最近点对,提出了一种新的节点分割方法. Ma 等人[2] 通过将一系列圆锥球作为包围盒,提出了有效计算 2 张管道曲面距离的方法,用圆锥球包围盒之间的距离近似为 2 张管道曲面的距离.

陈小雕等人[3] 首先将得到的一些区间的单向 Hausdorff 距离作为 Hausdorff 距离的下界,然后消除上界比下界小的子区间,提出用几何裁剪法计算 2 条 B-spline 曲线的 Hausdorff 距离,并提出了 Hausdorff 距离是否发生在两曲线端点的判断条件,该条件把计算 2 条曲线间的 Hausdorff 距离转换成了计算点和曲线间的最大最小距离,具有较高的稳定性. 陈小雕等人[4] 在稳定的曲线、曲面分裂技术和基于常半径滚动球的几何裁剪算法的基础上,提出了计算 Bézier 曲线到 Bézier 曲面间最近距离的混合算法:首先判断曲线段或曲面片是否包含最近点,此条件可摒弃大部分不

包含最近点的曲线段或曲面片；然后判断最近点是否落在曲线的端点或曲面的边界曲线上，将曲线到曲面间的距离计算问题转换成点到曲面或曲线到曲线之间的距离计算问题，大大降低了问题的复杂度，提高了计算效率. Chen 等人[5] 提出了用裁剪圆算法计算点到 NURBS 曲线的最短距离. 以曲线外一定点与该曲线的距离的平方作为目标函数，以该定点为裁剪圆的圆心，获得裁剪圆初始半径，并利用裁剪圆排除裁剪圆外部的曲线段，有效提高了算法的效率和稳定性. 陈小雕等人[6] 根据一条曲线上的最近点是另一条曲线的等距曲线与该曲线的切点这一几何特征，基于等距思想提出了计算 2 条平面代数曲线间最近距离的方法. 该方法同样可用于计算代数曲线和参数曲线之间的最短距离.

　　Lennerz 等人[7] 提出了计算边界是二次曲线的二次曲面片之间最小距离的方法. 将距离计算问题转换为次数不超过 8 的单变量多项式的求解问题. Kim[8] 根据 2 张曲面间最近点法向平行的几何特性，提出了计算管道曲面与简单曲面间最小距离的算法. 管道曲面的脊柱曲线和半径函数确定了曲面的特征圆，该特征圆上点的法向形成一个顶点为脊柱曲线上的点、轴与脊柱曲线上点的切线平行的圆锥，得到该管道曲面与简单曲面间的垂线. 由此建立方程并求解，即可得到最小距离.

　　余正生等人[9] 基于隐式曲线、曲面的几何特性，分别利用点到曲线的最短距离矢量与曲线上对应点的切向量垂直，以及定点到隐式曲面的最短距离矢量与曲面上对应点的法向量平行的事实，得到了相应的方程组.而对于方程组的求解则应用了计算复杂度较低的离散 Newton 法,提高了算法的稳定性.

寿华好等人[10] 基于区间算术和细分算法计算了 2 条代数曲线间的 Hausdorff 距离.首先利用四叉树数据结构和区间算术对代数曲线进行离散,找到包含这 2 条代数曲线的全部像素点的集合,然后利用区间算术计算离散化之后的矩形的 Hausdorff 距离,最后得到距离区间,取该区间的中点为 2 条代数曲线间 Hausdorff 距离的近似值,且误差不超过该区间长度的一半.

伍丽峰等人[11] 提出了基于几何特征的快速迭代法和格点法来计算点到空间参数曲线的最小距离,并进行了分析比较.林意等人[12] 提出了把参数曲线离散成折线,将参数曲线间 Hausdorff 距离的计算转换成折线间 Hausdorff 距离的计算.廖平等人[13] 通过将参数曲线离散成曲线段,提出了计算点到平面曲线最小距离的分割逼近算法.

本章利用区间算术和细分算法计算点到代数曲线的最短距离区间,将该区间的中点作为点到代数曲线的最短距离的近似值,同时得到了相应的最大误差限.与已有的算法相比,本算法在得到距离近似值的同时亦得到了误差限,而且理论上精度可以无限高,当然精度越高,花费的时间也越长.

§2 点到代数曲线的最短距离的细分算法

1.算法原理

假设 $f(x,y)=0$ 是平面上给定的一条代数曲线,

其中, $f(x,y)$ 是二元多项式, $(x,y) \in [x_1,x_2] \times [y_1, y_2]$, 点 $Q(x_0,y_0)$ 是平面上不在代数曲线上的一个定点. 应用细分算法把代数曲线离散化, 也就是应用四叉树找出包含这条代数曲线的所有像素点的集合, 利用区间算术计算定点 $Q(x_0,y_0)$ 到每个像素点的距离区间, 通过一定条件剔除没有经过代数曲线的矩形区域, 由这些区间中左右端点最小值构成的区间即为定点 $Q(x_0,y_0)$ 到代数曲线 $f(x,y)=0$ 的最短距离区间, 将该区间的中点作为定点 $Q(x_0,y_0)$ 到代数曲线 $f(x,y)=0$ 的最短距离的近似值, 此值的误差不会超过该区间长度的一半.

2.算法步骤

步骤 1:首先通过修正仿射算术[14] 计算 $f(x,y)$ 在区间 $[x_1,x_2] \times [y_1,y_2]$ 上的取值范围 $[f_1,f_2]$.

步骤 2:判断 0 是否在区间 $[f_1,f_2]$ 内, 如果 0 在 $[f_1,f_2]$ 内, 说明在区域 $[x_1,x_2] \times [y_1,y_2]$ 内可能包含代数曲线 $f(x,y)=0$, 那么转步骤 3; 否则, 说明在区域 $[x_1,x_2] \times [y_1,y_2]$ 内不包含代数曲线 $f(x,y)=0$, 则这一部分不用细分, 直接抛弃.

步骤 3:利用四叉树方法, 过中心点将该矩形平面区域分成 4 个小矩形, 再对每个小矩形区域重复步骤 1, 直到得到的矩形长、宽都小于或等于给定的条件 ε 为止, 如果此时还存在排除不掉的矩形区域, 那么把它们保存在 result 1 中.

步骤 4:考虑 result 1 中的所有矩形区域, 若曲线过该矩形区域的 2 条边, 即认为曲线穿过该矩形区域, 可以去掉对计算最小距离没有作用的矩形区域, 保留曲线穿过的矩形区域.

步骤 5：利用区间算术计算定点 $Q(x_0,x_0)$ 到 result 1 中每个矩形区域 $[\underline{x_i},\overline{x_i}]\times[\underline{y_i},\overline{y_i}]$ 的距离，定点 $Q(x_0,y_0)$ 可以看作矩形区域 $[x_0,x_0]\times[y_0,y_0]$，根据区间算术定义这 2 个矩形区域间的区间距离

$$[\underline{g_i},\overline{g_i}]$$
$$=\sqrt{([x_0,x_0]-[\underline{x_i},\overline{x_i}])^2+([y_0,y_0]-[\underline{y_i},\overline{y_i}])^2}$$

得到 s 个这样的区间（其中 s 是 result 1 中矩形区域的数量），由这些区间左右端点的最小值构成的区间 $[\min(\underline{g_i}),\min(\overline{g_i})]$ 即为定点 $Q(x_0,y_0)$ 到代数曲线 $f(x,y)=0$ 的最短距离区间.

步骤 6：取最短距离区间的中点，并将其作为定点 $Q(x_0,y_0)$ 到代数曲线 $f(x,y)=0$ 的最短距离的近似值，则误差不会超过该区间长度的一半.

基于四叉树分割算法，把不包含代数曲线 $f(x,y)=0$ 的区域直接排除掉，不再对这一部分进行讨论，相对地减少了一部分工作量. 而且该算法在得到定点 $Q(x_0,y_0)$ 到代数曲线 $f(x,y)=0$ 的最短距离的近似值的同时，也得到了该结果的最大误差限.

§3　与其他算法的比较

1. 直接计算法

求点到曲线最短距离的一般方法就是通过几何性质得到方程组，解方程组就可以得到曲线上相应的最短距离点，然后利用距离公式求得点到该最短距离点的距离，该距离即为点到曲线的最短距离. 设定点 $Q(x_0,y_0)$ 到曲线 $f(x,y)=0$ 能达到最小距离的点为

$P(x,y)$，则曲线在点 $P(x,y)$ 处的切向量 $T_p=(-f_y,f_x)$ 与向量 $Q_p=(x-x_0,y-y_0)$ 垂直，得到方程组

$$\begin{cases} f(x,y)=0 \\ T_p \cdot Q_p=0 \end{cases} \tag{3.1}$$

解方程组（3.1）即可得到点 $P(x,y)$，然后利用距离公式

$$d=\sqrt{(x-x_0)^2+(y-y_0)^2} \tag{3.2}$$

得到点 $Q(x_0,y_0)$ 到曲线 $f(x,y)=0$ 的最短距离．

2. 利用四叉树解方程组（本章算法的改进）

基于四叉树数据结构，对方程组（3.1）进行求解，记方程组（3.1）为 $\begin{cases} f(x,y)=0 \\ g(x,y)=0 \end{cases}$，在本章算法的基础上增加了 1 个条件，即 $g(x,y)=0$，分别通过修正仿射算术[14] 计算 $f(x,y)$ 及 $g(x,y)$ 在区间 $[x_1,x_2] \times [y_1,y_2]$ 上的取值范围 $[f_1,f_2]$ 及 $[g_1,g_2]$，对 0 在 $[f_1,f_2]$ 及 $[g_1,g_2]$ 内的区域进行四叉树离散，得到满足条件的矩形区域，然后利用区间算术计算定点 $Q(x_0,y_0)$ 到每个矩形区域的距离区间，进一步得到最短距离区间．同样，取最短距离区间的中点作为定点 $Q(x_0,y_0)$ 到代数曲线 $f(x,y)=0$ 的最短距离的近似值，则误差不会超过该区间长度的一半．

3. Lagrange 乘数法

点 $Q(x_0,y_0)$ 到曲线 $f(x,y)=0$ 的距离的平方的公式为 $d^2=(x-x_0)^2+(y-y_0)^2$，令 $L(x,y)=(x-x_0)^2+(y-y_0)^2+\lambda f(x,y)$，应用 Lagrange 乘数法得到方程组

$$\begin{cases} L_x(x,y)=2(x-x_0)+\lambda f_x(x,y)=0 \\ L_y(x,y)=2(y-y_0)+\lambda f_y(x,y)=0 \\ f(x,y)=0 \end{cases} \tag{3.3}$$

其中，$f_x(x,y)$，$f_y(x,y)$ 分别是 $f(x,y)$ 关于 x,y 的偏导数.

解方程组（3.3）得到曲线上的对应点 $P(x,y)$，利用距离公式（3.2）得到 P,Q 两点之间的距离，然后再与点 Q 到曲线两端点的距离进行比较，选取三者中的最小值，即为点到曲线的最短距离.

4. 离散 Newton 法

余正生等人[9]基于隐式曲线的几何特性，提出了另一种方法，即设定点 $Q(x_0,y_0)$ 到曲线 $f(x,y)=0$ 上能达到局部极大或极小距离的点为 P，则曲线在点 P 处的切向量 T_p 与向量 Q_p 垂直，得到方程组（3.1），而对于方程组的求解，则应用了计算复杂度较低的离散 Newton 法.该算法首先比较了定点到曲线两端点的距离，最小值记为 d，然后把这个平面区域等分成100份，对每个小区域都应用离散 Newton 法求解方程组（3.1），与定点到曲线两端点的最小距离 d 进行比较，然后更新最小距离 d；对每个小区域都进行同样处理，最后选取最小的距离 $d_{\min}$.

而代数曲线是一种特殊的隐式曲线，因此该算法同样适用于计算点到代数曲线的最短距离.

5. 基于几何特征的快速迭代法

伍丽峰等人[11]基于空间参数曲线的几何特征，提出了用快速迭代法计算点到空间参数曲线 $P(u)$ 的最小距离.由几何关系可知，矢量 $\boldsymbol{\rho}=(Q-P)$ 必须与曲线在点 P 处的切线方向垂直，即点 P 满足：$(Q-P)\cdot P'_u=0$.设 P_c 为点 Q 在曲线 $P(u)$ 上的投影点，$P_0=P(u_0)$ 是曲线上的初始迭代点，S_0 是曲线在点 P_0 处的切向量，τ 是方向矢量 $\boldsymbol{\rho}=(Q-P)$ 在 S_0 上的投影，则

$\tau = P'(u_0) \cdot \Delta u, \Delta u$ 是 τ 在 S_0 上的长度. 如果 S_0 是直线, 点 P_0 沿 $P'(u_0)$ 移动 Δu 即可到达点 P_c; 如果 S_0 是直线, 点 P_0 沿 $P'(u_0)$ 移动 Δu 即可到达点 P_c; 如果 S_0 是曲线, 经过几次移动后, 当 $\Delta u < \varepsilon$ 时, 就可认为点 P_0 到达了点 P_c, 其中, ε 是允许误差. 得到 Δu 之后, 再以 $P(u + \Delta u)$ 作为新的初始点, 继续上述步骤, 直到 $\Delta u < \varepsilon$ 为止.

代数曲线在一定条件下可以表示成参数曲线, 因此该算法也可用于求解点到代数曲线的最短距离.

6. 格点法

伍丽峰等人[11]提出用格点法求点到空间参数曲线的最短距离. 格点法是一种比较简单的一维优化方法. 其基本思路如下: 在搜索区间 $[a, b]$ 内, 选择 n 个内等分点 $\alpha_1, \alpha_2, \cdots, \alpha_n$, 将 $[a, b]$ 分成 $n + 1$ 个等分子区间; 计算这些点对应的目标函数值 $f_1 = f(\alpha_1), f_2 = f(\alpha_2), \cdots, f_n = f(\alpha_n)$; 比较这些函数值的大小, 并找出其中最小的函数值 $f_{\min}$ 及该函数值对应的等分点 α_n, 取 $[\alpha_{n-1}, \alpha_{n+1}]$ 作为缩短后的新的搜索区间 $[a, b]$, 重复上述步骤, 直到 $|\alpha_{m+1} - \alpha_{m-1}| < \varepsilon$ 为止. 最后得到的目标函数值即为近似极小值.

在求点到代数曲线的最短距离的问题中, 首先需要对代数曲线进行参数化, 转变为参数曲线. 目标函数为

$$\min F(u) = \sqrt{(x_0 - x(u))^2 + (y_0 - y(u))^2}$$

7. 将曲线离散成折线法

林意等人[12]通过把参数曲线离散成折线, 将曲线间 Hausdorff 距离的计算转换成折线间 Hausdorff 距离的计算, 进一步转换成点到线段间 Hausdorff 距离

的计算.

通过代数曲线参数化及把参数曲线离散成折线,将求点到参数曲线的最短距离转换成求点到线段的距离.过该点向线段作垂线,若垂足在线段内,则点到线段的最短距离就是该点到垂足的距离,否则,即为该点到线段两端点的距离的最小值.

8. 将曲线离散成曲线段法

廖平[13] 提出了把参数曲线离散成曲线段,首先计算定点到每个曲线段端点的距离,记录其中的最小值所对应的点,然后把该点相邻的 2 条曲线段等分成 4 份,再记录该点到曲线段端点距离的最小值所对应的点,如果与该点相邻的 2 条曲线段的 2 个端点间的参数方向间距小于计算精度,那么计算结束;否则继续将与该点相邻的 2 条曲线段等分为 4 份,重复上述步骤.

§4   结　束　语

基于区间算术和四叉树区域细分提出了一种计算点到代数曲线最短距离的细分算法,该算法不仅可以有效计算点到代数曲线的最短距离,同时还可以得到该结果的最大误差限. 另外,根据终止条件 ε 的不同,可以得到不同的细分结果,且随着 ε 趋于无穷小,所得结果的误差可以达到任意小,但计算时间会相对长一些,这也是本算法的不足之处. 为了进一步提高算法的计算速度,对算法进行了改进,从实例中可以看出,改进后计算速度有较大提升.

参 考 文 献

［1］ CHANG J W，CHIO Y K．KIM M，et al．Computation of the minimum distance between two Bézier curves/surfaces［J］．Computer & Graphics，2011，35(3)：677-684．

［2］ MA Y P，TU C H，WANG W P．Distance computation for canal surfaces using cone-sphere bounding volumes［J］．Computer Aided Geometric Design，2012，29(5)：255-264．

［3］ CHEN X D，MA W Y，XU G．Computing the Hausdorff distance between two B-spline curves［J］．Computer Aided Design，2010，42(12)：1 197-1 206．

［4］ 陈小雕,王毅刚,徐岗.Bézier 曲线曲面间最近距离的几何裁剪算法［J］.计算机辅助几何设计与图形学学报,2009,21(10):1 404-1 411.

［5］ CHEN X D，YONG J H，WANG G Z，et al．Computing the minimum distance between a point and a NURBS curve［J］．Computer-Aided Design,2008,40(10/11):1 051-1 054.

［6］ 陈小雕,雍俊海,汪国昭.平面代数曲线间最短距离的计算［J］.计算机辅助几何设计与图形学学报,2008,20(4):459-463.

［7］ CHRISTIAN L，ELMAR S．Efficient distance computation for quadratic curves and surfaces［C］// Proceeding of Geometric Modeling and Processing．New York：IEEE Computer Society Press,2002:60-69.

［8］ KIM K．Minimum distance between a canal surface and a simple surface［J］．Computer-Aided Design,2003,35(10):871-879.

［9］ 余正生,樊丰涛,王毅刚.点到隐式曲线曲面的最小距离［J］.工程图学学报,2005(5):74-79.

［10］ 寿华好,黄永明,闫欣雅,等.两条代数曲线间 Hausdorff 距离的计算［J］.浙江工业大学学报,2013,41(5):574-577.

［11］ 伍丽峰,陈岳坪,谵炎辉,等.求点到空间参数曲线最小距离的几种算法［J］.机械设计与制造,2011,32(9):15-17.

[12] 林意,薛思骐,郭婷婷.一种参数曲线间 Hausdorff 距离的计算方法[J].图学学报,2014,35(5):704-708.

[13] 廖平.分割逼近法快速求解点到复杂平面曲线最小距离[J].计算机工程与应用,2009,45(10):163-164.

[14] SHOU H H, LIN H W, RALPH M. et al. Modified affine arithmetic is more accurate than centered interval arithmetic or affine arithmetic[J]. Lecture Notes in Computer Science. 2003,2 768: 355-365.

三次 T-Bézier 曲线间的混合延拓①

第 15 章

南昌航空大学数学与信息科学学院的江卯和南昌工学院民族教育学院的喻德生两位教授于 2015 年在保持 C^2 连续的条件下,在 2 条不相邻的三次 T-Bézier 曲线间构造了 1 条光顺的中间过渡曲线. 首先,分别将 2 条曲线相邻的端点作为目标点,并根据三次 T-Bézier 曲线的 C^2 连续延拓方法构造出 2 条辅助延拓曲线;然后,利用这 2 条辅助延拓曲线及一类有理三角混合函数生成 1 条带有平衡因子的混合延拓曲线;最后,将此混合延拓曲线的

① 本章摘自《浙江大学学报(理学版)》2015 年第 6 期.

853

应变能量的近似形式作为目标函数,并通过极小化目标函数法确定 1 条光顺的混合延拓曲线. 此外,将该混合延拓方法应用于不相邻的三次 T-Bézier 曲面间的混合延拓. 实例表明,由该混合延拓方法构造的曲线曲面具有较好的光顺性.

在曲线、曲面造型设计中,经常会遇到将给定曲线延拓至目标点的问题. 人们对将曲线延拓至目标点的问题展开了研究,得到了一些比较好的结果[1-5]. Hu 等人[2] 提出了一种基于曲线非收缩化的 B 样条曲线延拓算法,所延拓的曲线与原曲线在拼接点处实现了 C^2 连续,但延拓曲线的形状却是唯一的,不具有调整性. 周元峰等人[3] 分别采用近似的曲线弧长、曲线能量、曲线曲率变化率作为目标函数来确定所延拓的曲线,从而给出了一种三次 Bézier 曲线的延拓方法,延拓的曲线与原曲线在拼接点处达到 G^2 连续,并且延拓的 Bézier 曲线的形状可以调整. 同样,在曲线、曲面造型设计中也会碰到另一类问题,即如何构造一条中间过渡曲线来实现不相邻曲线间的光滑拼接. 王维国等人[6] 在保持曲线间的 GC^2 连续的条件下,构造了 2 条三次 Bézier 曲线间的延拓曲线,并通过极小化近似于曲线弧长、曲线能量、曲线变化率等目标函数生成不同的延拓曲线,但由于延拓曲线是采用 2 段曲线拼接的形式,因此产生了多个自由度,使得求解过程很复杂. Yu 等人[7] 利用文献[2] 中的方法提出了一种实现 B 样条曲线间的 G^2 连续的延拓方法. Liu 等人[8] 在文献 [7] 的基础上提出了一种 NURBS 曲线间的延拓算法. 该方法与其他混合方法相比,具有以下 2 个优点:(1)2 条原曲线的形状及参数化形式没有发生改变;(2)2 条

不相邻的曲线间没有生成多余的曲线段.然而该方法的局限性在于求解目标函数时,被积函数为有理函数,很难精确计算.文献[9-12]利用线性混合方式构造了两曲线间的混合曲线,解决了一般参数曲线的延拓问题,具有构造简单、延拓曲线的形状可调等优点,但缺点是在两曲线间会生成多余的曲线.T-Bézier 曲线作为一种三角多项式曲线,不仅能够精确表示一些常见的二次曲线曲面,而且构造和拼接简单,比普通的 Bézier 方法具有更强的凸包性.[13,14] 目前,有关 T-Bézier 曲线的延拓问题尚鲜有研究.喻德生等人[15]基于物理变形能量模型,提出了一种将 T-Bézier 曲线延拓至一个目标点的算法,所延拓的曲线在目标点达到了 G^2 连续.本章则在文献[6,9,15]的基础上提出了 2 条不相邻的三次 T-Bézier 曲线间的 C^2 连续混合延拓算法:在混合延拓曲线中引入了一个平衡因子,用以调整延拓曲线的形状,再通过极小化曲线应变能量的近似形式确定平衡因子,从而确定一条混合延拓曲线.该混合延拓算法具有如下特点:新构造的曲线插值于 2 条原曲线的端点;2 条原曲线的参数化形式没有发生改变;过渡曲线虽不是同类曲线,但只需 1 条曲线就可实现两曲线间的 C^2 连续光滑拼接.此外,还可将此混合延拓方法应用于三次 T-Bézier 曲面间的混合延拓.

§1　三次 T-Bézier 曲线的定义与性质

定义 1[13]　给定 4 个控制顶点 $p_i \in \mathbf{R}^d (d=2,3, i=0,1,2,3)$,定义域 $t \in [0,1]$,则称

$$P(t) = \sum_{i=0}^{3} p_i B_i(t)$$

为三次 T-Bézier 曲线，其中，$B_0(t) = \left(1 - \sin\dfrac{\pi t}{2}\right)^2$，

$B_1(t) = 2\sin\dfrac{\pi t}{2}\left(1 - \sin\dfrac{\pi t}{2}\right)$，$B_2(t) = 2\cos\dfrac{\pi t}{2}\left(1 - \cos\dfrac{\pi t}{2}\right)$，

$B_3(t) = \left(1 - \cos\dfrac{\pi t}{2}\right)^2$ 称为三次 T-Bézier 曲线的基函数.

基函数具有如下性质：

（1）非负性：$B_i(t) \geqslant 0, i = 0,1,2,3, t \in [0,1]$.

（2）规范性：$\sum\limits_{i=0}^{3} B_i(t) = 1, t \in [0,1]$.

（3）对称性：$B_i(t) = B_{3-i}(1-t), i = 0,1,2,3$.

（4）端点性质：$B_0(0) = 1, B_i(0) = 0, i = 1,2,3$；$B_3(1) = 1, B_i(1) = 0, i = 0,1,2$.

三次 T-Bézier 曲线具有如下性质：

（1）端点性质

$$P(0) = p_0, P(1) = p_3$$
$$P'(0) = \pi(p_1 - p_0)$$
$$P'(1) = \pi(p_3 - p_2)$$
$$P''(0) = \frac{\pi(p_2 - 2p_1 + p_0)}{2}$$
$$P''(1) = \frac{\pi(p_3 - 2p_2 + p_1)}{2}$$

（2）对称性：以 p_0, p_1, p_2, p_3 为控制多边形的 T-Bézier 曲线与以 p_3, p_2, p_1, p_0 为控制边形的 T-Bézier 曲线相同.

（3）凸包性：由 T-Bézier 基函数的非负性与规范性，可知 T-Bézier 曲线具有凸包性，即曲线落在由控制

顶点生成的凸包内.

(4) 几何不变性：由 T-Bézier 基函数的规范性，可知 T-Bézier 曲线具有几何不变性，即曲线的形状只与控制顶点有关，而与坐标系的位置和方向无关.

§2　三次 T-Bézier 曲线间的混合延拓

1. 三次 T-Bézier 曲线的 C^2 连续延拓

给定三次 T-Bézier 曲线 $P(t) = \sum\limits_{i=0}^{3} p_i B_i(t), t \in [0,1]$，及 $Q(t) = \sum\limits_{i=0}^{3} q_i B_i(t), t \in [0,1]$. 若三次 T-Bézier 曲线 $P(t)$ 与 $Q(t)$ 在拼接点处满足定理 1 的条件，则称三次 T-Bézier 曲线 $Q(t)$ 为曲线 $P(t)$ 的 C^2 连续延拓曲线.

定理 1　曲线 $P(t)$ 与曲线 $Q(t)$ 在拼接点 $p_3(q_0)$ 处：

(i) C^0 连续的充要条件是 $q_0 = p_3$.

(ii) C^1 连续的充要条件是满足 (i) 中的条件，且 $q_1 = 2p_3 - p_2$.

(iii) C^2 连续的充要条件是满足 (i) 和 (ii) 中的条件，且 $q_2 = 4p_3 - 4p_2 + p_1$.

证明　由满足 C^2 连续性条件 $P(1) = Q(0)$，$P'(1) = Q'(0)$，$P''(1) = Q''(0)$ 易得证.

2. 2 条辅助延拓曲线的构造

假设给定 2 条不相邻的三次 T-Bézier 曲线 $P(t)$ 和 $R(t), t \in [0,1]$，其控制顶点为 p_i 和 $r_i(i = 0,1,2,3)$.

欲构成一条混合延拓曲线 $F(t), t \in [0,1]$ 以实现 2 条不相邻的三次 T-Bézier 曲线间的 C^2 连续混合延拓.

利用上述三次 T-Bézier 曲线的 C^2 连续延拓方法：首先从三次 T-Bézier 曲线 $P(t)$ 的终点 p_3 延拓至曲线 $R(t)$ 的起始点 r_0，然后从三次 T-Bézier 曲线 $R(t)$ 的起始点 r_0 延拓至曲线 $P(t)$ 的终点 p_3，记生成的 2 条三次 T-Bézier 曲线

$$\overline{P}(t) = \sum_{i=0}^{3} \overline{p}_i B_i(t), \overline{R}(t) = \sum_{i=0}^{3} \overline{r}_i B_i(t) \quad (t \in [0,1])$$

为 2 条辅助延拓曲线，其中控制顶点 $\overline{p}_0 = \overline{r}_0 = p_3, \overline{p}_3 = \overline{r}_3 = r_0$.

根据三次 T-Bézier 曲线的端点性质，可以得到 2 条辅助延拓曲线 $\overline{P}(t)$ 和 $\overline{R}(t)$ 与原曲线 $P(t)$ 和 $R(t)$ 在拼接点处满足如下关系

$$\begin{cases} \overline{P}(0) = P(1), \overline{P}'(0) = P'(1), \overline{P}''(0) = P''(1) \\ \overline{R}(1) = R(0), \overline{R}'(1) = R'(0), \overline{R}''(1) = R''(0) \end{cases}$$

$$(2.1)$$

3. 混合函数的构造

定义 1 设参数 $t \in [0,1]$，平衡因子 $0 < \mu < 1$，则称

$$H_n(t) = \frac{\mu \left(1 - \sin \frac{\pi t}{2}\right)^{n+1}}{(1-\mu) \sin^{n+1} \frac{\pi t}{2} + \mu \left(1 - \sin \frac{\pi t}{2}\right)^{n+1}}$$

为有理三角混合函数.

有理三角混合函数的性质：

(1) 非负性：$H_n(t) \geqslant 0, t \in [0,1]$.

(2) 单调递减性：$H'_n(t) \leqslant 0, t \in [0,1]$.

（3）端点性质：$H_n(0)=1,H_n(1)=0;H_n^{(k)}(0)=$
$H_n^{(k)}(1)=0,k=1,2,\cdots,n.$

证明　非负性、单调性容易证明.下证端点性质.

首先容易证明 $H_{1,n}(0)=1,H_{1,n}(1)=0.$ 再令

$$g(t)=\mu\left(1-\sin\frac{\pi t}{2}\right)^{n+1}$$

$$h(t)=(1-\mu)\sin^{n+1}\frac{\pi t}{2}$$

则有

$$\begin{cases}
g^{(k)}(0)\neq 0, & k=0,1,2,\cdots,n\\
h^{(k)}(0)=0, & k=0,1,2,\cdots,n\\
g^{(k)}(1)=0, & k=0,1,2,\cdots,n\\
h^{(2k)}(1)\neq 0, & k=0,1,\cdots,\left[\dfrac{n}{2}\right]\\
h^{(2k-1)}(1)=0, & k=1,2,\cdots,\left[\dfrac{n+1}{2}\right]
\end{cases} \tag{2.2}$$

对等式 $H_n(t)\cdot[g(t)+h(t)]=g(t)$ 两端求导得

$$\begin{cases}
H'_n\cdot(g+h)+H_n\cdot(g'+h')=g'\\
H''_n\cdot(g+h)+2H'_n\cdot(g'+h')+\\
H_n\cdot(g''+h'')=g''\\
\cdots
\end{cases} \tag{2.3}$$

则可由式（2.2）和（2.3）递归推出

$$H'_n(0)=H''_n(0)=\cdots=H_n^{(n)}(0)=0$$

$$H'_n(1)=H''_n(1)=\cdots=H_n^{(n)}(1)=0$$

注　由于本章只研究三次 T-Bézier 曲线、曲面间的 C^2 连续混合延拓问题，所以以下只需利用当 $n=1$ 时的混合函数 $H_1(t)$（图 1）来构造三次 T-Bézier 曲线、曲面间的混合延拓曲线、曲面.

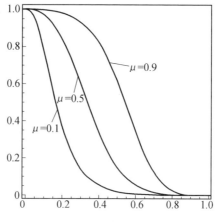

图 1　混合函数 H_1

4. 混合延拓曲线的构造

引理 1[10]　假设参数曲线 $C_0(t),C_1(t),t \in [0,1]$ 是 2 条 C^n 连续的平面或空间曲线,并且 $H(t),t \in [0,1]$ 是具有如下性质的 C^n 连续函数

$$H(0)=1,H(1)=0$$
$$H^{(k)}(0)=H^{(k)}(1) \quad (k=1,2,\cdots,n)$$

则混合曲线

$$\boldsymbol{F}(t)=H(t)\boldsymbol{C}_0(t)+[1-H(t)]\boldsymbol{C}_1(t) \quad (0 \leqslant t \leqslant 1)$$

与曲线 $\boldsymbol{C}_0(t)$ 在点 $\boldsymbol{C}_0(0)$ 处是 C^n 连续拼接的,并且与曲线 $\boldsymbol{C}_1(t)$ 在点 $\boldsymbol{C}_1(1)$ 处是 C^n 连续拼接的,即

$$\boldsymbol{F}^{(k)}(0)=\boldsymbol{C}_0^{(k)}(0),\boldsymbol{F}^{(k)}(1)=\boldsymbol{C}_1^{(k)}(1) \quad (k=0,1,\cdots,n)$$

定义 2　给定 2 条辅助延拓曲线 $\overline{\boldsymbol{P}}(t)$ 和 $\overline{\boldsymbol{R}}(t)$,以及有理三角混合函数 $H_1(t),t \in [0,1]$,则称由它们生成的曲线

$$\boldsymbol{F}(t)=H_1(t)\overline{\boldsymbol{P}}(t)+[1-H_1(t)]\overline{\boldsymbol{R}}(t)$$

为三次 T-Bézier 曲线间的混合延拓曲线.

定理 2　混合延拓曲线 $F(t)$ 与原曲线 $P(t)$ 在点 p_3 处是 C^2 连续拼接的,与原曲线 $R(t)$ 在点 r_0 处是 C^2 连续拼接的,即混合延拓曲线 $F(t)$ 实现了 2 条三次 T-Bézier 曲线的 C^2 连续混合延拓.

证明　由引理 1 易知,$F(0)=\overline{P}(0),F(1)=\overline{R}(1)$,$F'(0)=\overline{P}'(0),F'(1)=\overline{R}'(1)$,且有 $\overline{P}(0)=\overline{R}(0)$,$\overline{P}(1)=\overline{R}(1)$.再对混合延拓曲线 $F(t)$ 求二阶导数,得 $F''(0)=\overline{R}''(0),F''(1)=\overline{R}''(1)$.又根据式(2.1),有

$$F(0)=P(0),F'(0)=P'(0),F''(0)=P''(0)$$

$$F(1)=R(1),F'(1)=R'(1),F''(1)=R''(1)$$

由此可见,混合延拓曲线 $F(t)$ 与原曲线 $P(t)$ 在点 p_3 处是 C^2 连续拼接的,与原曲线 $R(t)$ 在点 r_0 处是 C^2 连续拼接的,即混合延拓曲线 $F(t)$ 实现了 2 条不相邻三次 T-Bézier 曲线的 C^2 连续过渡.

由于混合延拓曲线 $F(t)$ 中含有一个平衡因子 μ,当改变平衡因子 μ 的值时,会生成不同的混合延拓曲线.接下来讨论如何选取适当的平衡因子 μ 的值,以保证生成的混合延拓曲线 $F(t)$ 具有较好的光顺性.

5. 平衡因子 μ 值的确定

本章将曲线的应变能量的近似形式作为目标函数,并称[3-6]

$$E(\mu)=\int \mid F''(t)\mid^2 \mathrm{d}t \qquad (2.4)$$

为混合延拓曲线 $F(t)$ 的应变能量函数.

采用极小化能量函数 $\min(E(\mu))$ 的方法确定自由度 μ 的值,即为变分问题,则应变能量函数取极小值等价于一阶变分等于 0,此时与 Euler 微分方程等价,即应变能量函数 $E(\mu)$ 关于 μ 的导数为

$$\frac{d(E(\mu))}{d\mu} = 0 \quad (0 < \mu < 1) \qquad (2.5)$$

将已知的控制顶点代入式(2.5)后,该式化为只与平衡因子 μ 有关的方程,此时就很容易求解出平衡因子 μ.

注 能量函数(2.4)中的被积函数为有理三角混合函数,对其积分精确计算比较困难,此时可以采用数值积分方法求解能量函数 $E(\mu)$.[16]

§3 三次 T-Bézier 曲面间的混合延拓

定义 1[13] 给定控制顶点 $\boldsymbol{p}_{ij}(0 \leqslant i \leqslant 3, 0 \leqslant j \leqslant 3)$,并设定义域 $0 \leqslant t, s \leqslant 1$,则称

$$\boldsymbol{P}(t, s) = \sum_{i=0}^{3} \sum_{j=0}^{3} \boldsymbol{p}_{ij} B_i(t) B_j(s)$$

为三次 T-Bézier 曲面. 其中 $B_i(t), B_j(s)$ 为三次 T-Bézier 曲线的基函数.

假设给定 2 张不相邻的三次 T-Bézier 曲面 $\boldsymbol{P}(t, s)$ 和 $\boldsymbol{R}(t, s)$,其控制顶点分别为 $\boldsymbol{p}_{ij}(0 \leqslant i \leqslant 3, 0 \leqslant j \leqslant 3)$ 和 $\boldsymbol{r}_{ij}(0 \leqslant i \leqslant 3, 0 \leqslant j \leqslant 3)$. 下面讨论如何构造一张过渡曲面实现 2 张曲面间的 C^2 连续光滑拼接.

根据上述三次 T-Bézier 曲线的延拓算法,将三次 T-Bézier 曲面 $\boldsymbol{P}(t, s)$ 沿 t 方向分别延拓至目标曲线 $\boldsymbol{R}(0, s)$ 的 4 个控制顶点 $\boldsymbol{r}_{00}, \boldsymbol{r}_{10}, \boldsymbol{r}_{20}, \boldsymbol{r}_{30}$. 记生成的 4 条延拓曲线为

$$\boldsymbol{P}_j(t) = \sum_{i=0}^{3} \overline{\boldsymbol{p}}_{ij} B_i(t) \quad (j = 0, 1, 2, 3)$$

再根据上述 4 条延拓曲线的控制顶点 $\overline{\boldsymbol{p}}_{ij}(i,j=0,1,2,$ $3)$,可构造出三次 T-Bézier 曲面 $\overline{\boldsymbol{P}}(t,s),0\leqslant t,s\leqslant 1$.

同理,记延拓曲面 $\boldsymbol{R}(t,s)$ 至目标曲线 $\boldsymbol{P}(1,s)$ 生成的延拓曲面为 $\overline{\boldsymbol{R}}(t,s),0\leqslant t,s\leqslant 1$.

记生成的 2 张三次 T-Bézier 曲面

$$\overline{\boldsymbol{P}}(t,s)=\sum_{i=0}^{3}\sum_{j=0}^{3}\overline{\boldsymbol{p}}_{ij}B_i(t)B_j(s)$$

$$\overline{\boldsymbol{R}}(t,s)=\sum_{i=0}^{3}\sum_{j=0}^{3}\overline{\boldsymbol{r}}_{ij}B_i(t)B_j(s)$$

为辅助延拓曲面.

定义 2　给定 2 张辅助延拓曲面 $\overline{\boldsymbol{P}}(t,s)$ 和 $\overline{\boldsymbol{R}}(t,s),0\leqslant t,s\leqslant 1$,以及有理三角混合函数 $H_1(t),t\in[0,1]$,则称由它们生成的曲面

$$\boldsymbol{F}(t,s)=H_1(t)\overline{\boldsymbol{P}}(t,s)+[1-H_1(t)]\overline{\boldsymbol{R}}(t,s)$$

为三次 T-Bézier 曲面间的混合延拓曲面.

定理 1　混合延拓曲面 $\boldsymbol{F}(t,s)$ 与原曲面 $\boldsymbol{P}(t,s)$ 在 $\boldsymbol{P}(1,s)$ 处是 C^2 连续拼接的,与原曲面 $\boldsymbol{R}(t,s)$ 在 $\boldsymbol{R}(0,s)$ 处是 C^2 连续拼接的,即混合延拓曲面 $\boldsymbol{F}(t,s)$ 实现了 2 张三次 T-Bézier 曲面间的 C^2 连续混合延拓.

定理 1 的证明类似于 §2 中定理 2 的证明,略.

由于混合延拓曲面 $\boldsymbol{F}(t,s)$ 中含有一个平衡因子 μ,当改变平衡因子 μ 的值时,会生成不同的混合延拓曲面.为了得到一张比较光顺的混合延拓曲面,将混合延拓曲面的应变能量的近似形式

$$E(\mu)=\iint(\boldsymbol{F}_{tt}^2(t,s)+2\boldsymbol{F}_{ts}^2(t,s)+\boldsymbol{F}_{ss}^2(t,s))\mathrm{d}t\mathrm{d}s$$

作为目标函数,其中 $\boldsymbol{F}_{tt}(t,s),\boldsymbol{F}_{ts}(t,s),\boldsymbol{F}_{ss}(t,s)$ 是 $\boldsymbol{F}(t,s)$ 的二阶偏导数.通过极小化能量目标函数 $E(\mu)$ 可以确定平衡因子 μ 的值,从而确定一张光顺的混合延

拓曲面.

§4 结 束 语

本章提出了一种三次 T-Bézier 曲线间的混合延拓算法. 此混合延拓算法主要有以下 4 大优点:

(1)2 条原曲线的形状及参数不会改变.

(2)只需一段曲线就可实现 2 条不相邻三次 T-Bézier 曲线间的延拓.

(3)2 条不相邻的曲线间没有生成多余的曲线段.

(4)混合函数中的平衡因子可用于调整混合延拓曲线的形状,并通过极小化能量函数确定一条光顺的混合延拓曲线.

此外,还将该算法应用于三次 T-Bézier 曲面间的混合延拓. 实例表明,所生成的混合延拓曲线、曲面具有较好的光顺性.

参 考 文 献

[1] SHETTY S, WHITE P R. Curvature-continuous extensions for rational B-spline curves and surfaces[J]. Computer Aided-Design, 1991,23(7):484-491.

[2] HU S M, TAI C W, ZHANG S H. An extension algorithm for B-splines by curves unclamping[J]. Computer Aided-Design,2002,34(5):415-419.

[3] 周元峰,张彩明. G^2 连续约束下的三次 Bézier 曲线延拓[J]. 计算机辅助几何设计与图形学学报,2005,17(3):425-430.

［4］MO G L，ZHAO Y N. A new extension algorithm for cubic B-splines based on minimal strain energy［J］. Jouranal of Zhejiang University：SCIENCE A，2006,7(12)：2 043-2 049.

［5］范辉,张彩明,李晋江. B 样条曲线曲面 GC² 扩展［J］. 计算机学报,2005,28(6)：933-938.

［6］王维国,刘利刚,王国瑾. 三次 Bézier 曲线间的几何延拓算法［J］. 计算机辅助几何设计与图形学学报,2006,18(12)：1 911-1 917.

［7］YU Z，LIU Y J，LAI Y K. Note on industrial applications of Hu's surface extension algorithm［C］// GMP 2008，LNCS，Hangzhou：Zhejiang University,4 975：304-314.

［8］LIU Y J，QIU R Q，LIANG X H. NURBS curve blending using extension［J］. Journal of Zhejiang University：SCIENCE A,2009,10(4)：570-576.

［9］李重,金小刚,马利庄,等. 多项式混合曲线曲面方法构造［J］. 计算机辅助设计与图形学学报,2009,21(5)：579-583.

［10］HARTMANN E. Parametric G^n blending of curves and surfaces［J］. The Visual Computer,2001,17(1)：1-13.

［11］MEEK D S，WALTON D J. Blending two parametric curves［J］. Computer-Aided Design,2009,41(6)：423-431.

［12］宋道志,王建中. 基于辅助面的 G^n 连续过渡曲面的构造方法［J］. 航空学报,2009,30(1)：171-178.

［13］苏本跃,黄有度. 一类 Bézier 型的三角多项式曲线［J］. 高等学校计算数学学报,2005,27(3)：202-208.

［14］王刘强,刘旭敏. T-Bézier 曲线及 G^1 拼接条件［J］. 计算机工程与应用,2007,43(1)：47-49.

［15］喻德生,江帆,曾接贤. 三次 T-Bézier 曲线的光顺延拓［J］. 计算机工程与设计,2013,34(4)：1 318-1 323.

［16］李庆扬. 数值分析［M］. 第 5 版,北京：清华大学出版社,2008.

一种基于离散插值的多项式曲线逼近有理曲线的方法[①]

第 16 章

宁波大学理学院的李光耀、杨连喜和徐晨东三位教授于 2017 年提出了一种用多项式曲线插值逼近有理曲线的方法.首先,构造一条含参数的多项式曲线,令其插值于有理曲线的一些固定点处,求解相应的方程得到待定参数的值,从而确定多项式插值曲线.然后,采用离散的 Hausdorff 距离计算插值曲线与有理曲线之间的误差,典型数值算例表明,本章方法具有较好的可行性.

[①] 本章摘自《浙江大学学报(理学版)》2017 年第 6 期.

§1　引　　言

　　有理 Bézier 曲线在曲线设计中具有非常重要的作用，且在实践中应用广泛. 由于有理曲线在进行求导等运算时计算量较大，通常用多项式曲线代替有理曲线. 为此不少学者研究并提出了用多项式曲线逼近有理曲线的方法. 在一些特定情况下，希望多项式曲线在与有理曲线具有较好拟合效果的基础上，尽可能多地通过有理曲线上的某些固定点，因此如何对有理 Bézier 曲线插值能使得插值曲线与有理曲线具有较好的拟合效果，成为重要的课题.

　　之前学者们已经提出了多种逼近有理曲线的插值方法. 例如 1987 年 Deboor 等人[1] 提出了高精度的几何 Hermite 插值方法，在保持固定点处二阶几何连续的情况下，构造了一条三次插值曲线，并且提出了插值曲线存在的条件. 2003 年 Yang[2] 在空间 Hermite 插值的基础上提出了一种用五次 Bézier 曲线或有理曲线逼近螺旋曲线的方法，并且逼近曲线在端点处满足二阶几何连续. 2006 年 Floater[3] 提出了一种多项式插值曲线逼近有理曲线的新方法，通过在点的位置和切线方向插值构造一条新的多项式插值曲线，实现了对任意次有理 Bézier 曲线的插值. 2008 年 Huang 等人[4] 提出了用多项式曲线逼近有理曲线的 2 种简单方法，一种是将有理曲线升阶，用由产生的控制顶点定义的 Bézier 曲线来逼近有理曲线；另一种是取有理曲线上的若干个等分点，用以等分点作为控制顶点定义的

Bézier 曲线来逼近有理曲线.

在此基础上,本章提出了一种新的简单的插值方法.首先运用结式方法将有理曲线的参数形式转化为隐式方程,再将含参数曲线在固定点处插值.通过求解相应的方程组得到待定参数的值,进而获得一条多项式插值曲线来表示有理曲线.

§2 预 备 知 识

1. 有理 Bézier 曲线的定义与性质

（1）有理 Bézier 曲线的定义.[5]

n 次有理 Bézier 曲线

$$\boldsymbol{R}(t) = \frac{\displaystyle\sum_{i=0}^{n} \omega_i \boldsymbol{R}_i B_i^n(t)}{\displaystyle\sum_{i=0}^{n} \omega_i B_i^n(t)} \quad (0 \leqslant t \leqslant 1) \quad (2.1)$$

其 中, $B_i^n(t) = C_n^i(1-t)^{n-i}t^i(i = 0,1,\cdots,n)$ 为 Bernstein 基函数, $\boldsymbol{R}_i(i=0,1,\cdots,n)$ 为有理曲线的控制顶点, $\omega_i(i=0,1,\cdots,n)$ 为控制顶点所对应的权值.

（2）有理 Bézier 曲线的性质.[5]

① 端点性质.

设 ω_0 和 ω_n 均不为零,则有理曲线在端点处的函数值及导数值为

$$\boldsymbol{R}(0) = \boldsymbol{R}_0, \boldsymbol{R}(1) = \boldsymbol{R}_n$$

$$\boldsymbol{R}'(0) = n \frac{\omega_1}{\omega_0}(\boldsymbol{R}_1 - \boldsymbol{R}_0), \boldsymbol{R}'(1) = n \frac{\omega_{n-1}}{\omega_n}(\boldsymbol{R}_n - \boldsymbol{R}_{n-1})$$

②de Casteljau 算法.

$$R(t) = \frac{\sum\limits_{i=0}^{n} \omega_i R_i B_i^n(t)}{\sum\limits_{i=0}^{n} \omega_i B_i^n(t)} = \frac{\sum\limits_{i=0}^{n} \omega_i^* R_i^* B_i^{n+1}(t)}{\sum\limits_{i=0}^{n+1} \omega_i^* B_i^{n+1}(t)}$$

其中

$$\omega_i^* = \frac{i}{n+1}\omega_{i-1} + \left(1 - \frac{i}{n+1}\right)\omega_i$$

$$R_i^* = \frac{\frac{i}{n+1}\omega_{i-1}R_{i-1} + \left(1 - \frac{i}{n+1}\right)\omega_i R_i}{\omega_i^*}$$

2. Hausdorff 距离

对于给定的 2 条曲线 $P(t), R(s), t_0 \leqslant t \leqslant t_1, s_0 \leqslant s \leqslant s_1$，设 2 条曲线在端点处重合，即 $P(t_0) = R(s_0)$，$P(t_1) = R(s_1)$，则 2 条曲线的 Hausdorff 距离[6] 的定义为

$$d_H(P(t), R(s))$$
$$= \max(d_1(P(t), R(s)), d_2(P(t), R(s)))$$

其中

$$d_1(P(t), R(s)) = \max_{t \in [t_0, t_1]} \min_{s \in [s_0, s_1]} |P(t) - R(s)|$$
$$d_2(P(t), R(s)) = \max_{s \in [s_0, s_1]} \min_{t \in [t_0, t_1]} |P(t) - R(s)|$$

本章在估计误差时采用的是离散的 Hausdorff 距离，分别取 2 条曲线上的 N 个点组成 2 个点的集合 A，B，则 2 条曲线之间离散的 Hausdorff 距离[6] 为

$$d_H(P(t), R(s)) = \max\{\max_{t \in A} \min_{s \in B} |P(t) - R(s)|,$$
$$\max_{s \in B} \min_{t \in A} |P(t) - R(s)|\}$$

3. 结式方法[7]

设 $f(x,)g(x)$ 是 2 个次数分别为 m, n 的变量多

项式

$$f(x) = a_m x^m + \cdots + a_1 x + a_0$$

$$g(x) = b_n x^n + \cdots + b_1 x + b_0$$

其中,$a_m \neq 0, b_n \neq 0$,则 $m+n$ 阶行列式

$$R(f,g) = \begin{vmatrix} a_0 & a_1 & \cdots & a_m & & & \\ & a_0 & a_1 & \cdots & a_m & & \\ & & \ddots & \ddots & & \ddots & \\ & & & a_0 & a_1 & \cdots & a_m \\ b_0 & b_1 & \cdots & b_n & & & \\ & b_0 & b_1 & \cdots & b_n & & \\ & & \ddots & \ddots & & \ddots & \\ & & & b_0 & b_1 & \cdots & b_n \end{vmatrix}$$

称为多项式 $f(x)$ 或 $g(x)$ 的结式,记作 $R(f,g,x)$.

本章采用结式方法将有理 Bézier 曲线的参数方程转化为隐式方程.有关有理曲线的参数化方法详见文献[7-9].

§3 构造多项式曲线的方法

1.构造参数多项式插值曲线

定理 1[4] 将 n 次有理 Bézier 曲线 $\boldsymbol{R}(t)$ 不断升阶,得到新的控制顶点 $\boldsymbol{R}_i^*$($i=0,1,\cdots,n+1$) 和新的权因子 ω_i^*($i=0,1,\cdots,n+1$),则由控制顶点 $\boldsymbol{R}_i^*$($i=0,1,\cdots,n+1$) 定义的 Bézier 曲线 $\boldsymbol{P}(t)$ 一致逼近于原有理 Bézier 曲线.

定理 2[4] 在有理 Bézier 曲线上取等分点 $\overline{\boldsymbol{R}}_i =$

$R\left(\dfrac{i}{n+1}\right)$, $i=0,1,\cdots,n+1$（包括两端点），则以等分点 $\overline{R}_i$ 作为控制顶点定义的一条 Bézier 曲线 $Q(t)$ 一致逼近于原有理 Bézier 曲线 $R(t)$.

根据定理 1 和定理 2，设有理 Bézier 曲线升阶一次后的控制顶点为 R_i^* , $i=0,1,\cdots,n+1$，同时取曲线上的等分点 $\overline{R}_i$, $i=0,1,\cdots,n+1$，将 2 组控制顶点线性组合后产生一组新的含参数的控制顶点 $\overline{P}_i$, $i=0,1,\cdots$, $n+1$，从而生成一个含参数的 Bézier 曲线 $\overline{P}(t)=(\overline{x}(t),\overline{y}(t))$.

当含参数的多项式曲线表示有理曲线时，保持 2 条曲线在端点处满足 G^1 连续，因此组合后控制顶点在两端点处不变，并且满足端点处的切线方向相同，故线性组合后的控制顶点为

$$\overline{P}_0 = R_0^*$$
$$\overline{P}_1 = \lambda_1 R_1^* + (1-\lambda_1) R_0^*$$
$$\overline{P}_i = \lambda_i R_i^* + (1-\lambda_i)\overline{R}_i \quad (i=2,3,\cdots,n-1)$$
$$\overline{P}_n = \lambda_n R_n^* + (1-\lambda_n) R_{n+1}^*$$
$$\overline{P}_{n+1} = R_{n+1}^*$$

此时含参数的多项式曲线为 $\overline{P}(t)=(\overline{x}(t),\overline{y}(t))$. 如何选取合适的参数 λ_i，使得 $\overline{P}(t)$ 与 $R(t)$ 的 Hausdorff 距离最小，是确定插值曲线的关键.

2.离散插值求解参数

当对曲线上的固定点插值时，曲线的参数化形式极为不便，因此需要将曲线转化为隐式方程. 首先运用结式方法，将有理曲线 $R(t)$ 转化为隐式，设其隐式的表达式为 $F(x(t),y(t),t)=0$；然后取参数多项式曲线

$\overline{P}(t)$ 上固定的等分点,由于两曲线在端点处 G^1 连续,只需插值除端点以外的 n 个等分点,设为

$$\overline{P}\left(\frac{i}{n+1}\right) = \left(\overline{x}\left(\frac{i}{n+1}\right), \overline{y}\left(\frac{i}{n+1}\right)\right)$$

$$(i = 1, 2, \cdots, n)$$

代入有理曲线 $R(t)$ 的隐式方程,得到方程组

$$\begin{cases} F\left(\overline{x}\left(\frac{1}{n+1}\right), \overline{y}\left(\frac{1}{n+1}\right), \frac{1}{n+1}\right) = 0 \\ F\left(\overline{x}\left(\frac{2}{n+1}\right), \overline{y}\left(\frac{2}{n+1}\right), \frac{2}{n+1}\right) = 0 \\ \vdots \\ F\left(\overline{x}\left(\frac{n}{n+1}\right), \overline{y}\left(\frac{n}{n+1}\right), \frac{n}{n+1}\right) = 0 \end{cases} \quad (3.1)$$

插值确定参数 λ_i 的过程,即为该方程组的求解过程.

对于方程组(3.1),有理曲线次数越高就越复杂,计算量也大大增加;并且该方程组解的情况复杂多样,甚至存在无解的情况,因此该方法具有一定的局限性.本章只考虑有解的情况.

用 Mathematica 进行方程组求解,但是在求解参数方程组的过程中需要选择合适的参数值来确定插值曲线,使得插值效果最优.为此,需要考虑文献[4] 中的 2 种方法得到的多项式曲线与有理曲线图像的特点.在这里限定参数均为正实数,即 $\lambda_i > 0$,此限定条件可简化求解参数的过程,除去效果不明显的插值曲线.设有 k 组满足条件的参数值,将满足条件的 k 组参数值分别代入含参数的插值曲线,设得到的多项式插值曲线 为 $\overline{P}_i(t), i = 1, 2, \cdots, k$. 在 这 里 将 离 散 的 Hausdorff 距离作为误差函数,将插值曲线分别代入误差函数,计算插值曲线 $\overline{P}_i(t)(i = 1, 2, \cdots, k)$ 与有理

Bézier 曲线 $\boldsymbol{R}(t)$ 之间的离散的 Hausdorff 距离.

根据误差大小确定最优参数,通过比较 $d^i_H(\boldsymbol{R}(t),$ $\overline{\boldsymbol{P}}_i(s))(i=1,2,\cdots,k)$ 的大小,选择当 $d^i_H(\boldsymbol{R}(t),\overline{\boldsymbol{P}}_i(s))$ 最小时所对应的一组参数值 $\lambda_i,i=1,2,\cdots,n$,从而得到新的多项式插值曲线 $\overline{\boldsymbol{P}}(t)$.

由于用该方法选择的参数值所对应的 Hausdorff 距离最小,并且此时 Hausdorff 距离即为插值曲线和原有理曲线之间的误差,理论上此时得到的插值曲线能更好地表示原有理曲线,该求解过程在限定条件 $\lambda_i>0(i=1,2,\cdots,n)$ 下计算简便.

3.算法实现步骤

步骤 1:利用结式方法将 n 次有理 Bézier 曲线 $\boldsymbol{R}(t)$ 的参数形式转化为隐式 $F(x,y)=0$.

步骤 2:将 n 次有理 Bézier 曲线 $\boldsymbol{R}(t)$ 的控制顶点升阶一次得到控制顶点 $\boldsymbol{R}_i^*,i=0,1,\cdots,n+1$,同时,取有理 Bézier 曲线的 $n+2$ 等分点(包括两端点)$\overline{R}_i=\boldsymbol{R}\left(\dfrac{i}{n+1}\right),i=0,1,\cdots,n+1$.

步骤 3:利用参数 λ_i 对 2 组控制顶点进行线性组合,形成 1 组含参数的控制顶点,从而确定由该控制顶点定义的含参数 Bézier 曲线 $\overline{\boldsymbol{P}}(t)=(\overline{x}(t),\overline{y}(t))$.

步骤 4:取 $\overline{\boldsymbol{P}}(t)$ 上的 n 等分点 $\overline{\boldsymbol{P}}\left(\dfrac{i}{n+1}\right),i=1,2,\cdots,n$,代入 n 次有理 Bézier 曲线 $\boldsymbol{R}(t)$ 的隐式方程,列出方程组

$$F\left(\overline{x}\left(\frac{i}{n+1}\right),\overline{y}\left(\frac{i}{n+1}\right),\frac{i}{n+1}\right)=0 \quad (i=1,2,\cdots,n)$$

步骤 5:利用限定条件求解方程组,初步确定参数

值,并将所确定的参数值分别代入参数曲线 $\overline{P}(t)$,计算曲线 $\overline{P}(t)$ 与原有理曲线 $R(t)$ 的 Hausdorff 距离.

步骤 6:当 Hausdorff 距离最小时所对应的一组参数 $\lambda_i(i=1,2,\cdots,n)$ 即为最优参数值,确定此时的插值曲线,并对 2 条曲线进行误差分析.

§4 数值实例

用实例进一步验证用多项式曲线插值有理 Bézier 曲线方法的可行性. 分别取曲线上的 2 000 个点作为集合 A 和 B,采用离散的 Hausdorff 距离进行误差计算.最后,对多项式插值曲线和有理曲线进行误差分析.

例 1 设四次对称有理 Bézier 曲线的控制顶点和权值分别为 $(0,0),(1,5),(4,9),(7,5),(8,0)$ 和 $2,3,2,3,2$,则该有理 Bézier 曲线的表达式为

$$R(t)=\left(\frac{2t(t(8t^2-3-6t)-3)}{2(t-1)t(1+2(t-1)t)-1},\right.$$

$$\left.\frac{6(t-1)t(5+(t-1)t)}{2(t-1)t(1+2(t-1)t)-1}\right)$$

首先将该有理曲线转化为隐式

$$
\begin{aligned}
f(x,y)=&-188\,427\,520x+893\,052\,864x^2-\\
&164\,249\,856x^3+10\,265\,616x^4+\\
&377\,685\,504y+333\,891\,072xy-\\
&41\,736\,384x^2y-74\,803\,392y^2-\\
&63\,290\,880xy^2+7\,911\,360x^2y^2+\\
&10\,238\,976y^3-154\,880y^4
\end{aligned}
$$

有理曲线升阶一次后的控制顶点为

$$\boldsymbol{R}_0^*\,(0,0),\boldsymbol{R}_1^*\left(\frac{6}{7},\frac{30}{7}\right),\boldsymbol{R}_2^*\left(\frac{5}{2},7\right)$$

$$\boldsymbol{R}_3^*\left(\frac{11}{2},7\right),\boldsymbol{R}_4^*\left(\frac{50}{7},\frac{30}{7}\right),\boldsymbol{R}_5^*\,(8,0)$$

同时取有理曲线上的五等分点为

$$\overline{\boldsymbol{R}}_0(0,0),\overline{\boldsymbol{R}}_1\left(\frac{944}{761},\frac{2\,904}{761}\right),\overline{\boldsymbol{R}}_2\left(\frac{2\,324}{781},\frac{4\,284}{781}\right)$$

$$\overline{\boldsymbol{R}}_3\left(\frac{3\,924}{781},\frac{4\,284}{781}\right),\overline{\boldsymbol{R}}_4\left(\frac{5\,144}{761},\frac{2\,904}{761}\right),\overline{\boldsymbol{R}}_5(8,0).$$

其次,将 2 组控制顶点线性组合后得到的新控制顶点
为

$$\overline{\boldsymbol{P}}_0=\boldsymbol{R}_0^*=(0,0)$$

$$\overline{\boldsymbol{P}}_1=\lambda_1\boldsymbol{R}_1^*+(1-\lambda_1)\boldsymbol{R}_0^*=\left(\frac{6\lambda_1}{7},\frac{30\lambda_1}{7}\right)$$

$$\overline{\boldsymbol{P}}_2=\lambda_2\boldsymbol{R}_2^*+(1-\lambda_2)\overline{\boldsymbol{R}}_2$$

$$=\left(\frac{2\,324}{781}-\frac{743}{1\,562}\lambda_2,\frac{4\,284}{781}+\frac{1\,183}{781}\lambda_2\right)$$

$$\overline{\boldsymbol{P}}_3=\lambda_2\boldsymbol{R}_3^*+(1-\lambda_2)\overline{\boldsymbol{R}}_3$$

$$=\left(\frac{3\,924}{781}+\frac{743}{1\,562}\lambda_2,\frac{4\,284}{781}+\frac{1\,183}{781}\lambda_2\right)$$

$$\overline{\boldsymbol{P}}_4=\lambda_1\boldsymbol{R}_4^*+(1-\lambda_1)\overline{\boldsymbol{R}}_5$$

$$=\left(8-\frac{6\lambda_1}{7},\frac{30\lambda_1}{7}\right)$$

$$\overline{\boldsymbol{P}}_5=\boldsymbol{R}_5^*=(8,0)$$

因此,定义一条含参数多项式曲线
$$\overline{\boldsymbol{P}}(t)=(\overline{x}(t),\overline{y}(t))$$
$$=(8t^3+(5(t-1)t(10\,136t^2-23\,536t-$$
$$21\,336t^3+(2t-1)(4\,686(\lambda_1+\lambda_1(t-1)t)+$$
$$5\,201\lambda_2(t-1)t)))/5\,467,$$
$$(10(t-1)t(49(t-1)t(612+169\lambda_2)-$$

$$11\ 715(1+3(t-1)t)\lambda_1))/5\ 467)$$

取曲线上的五等分点,由于原有理曲线为四次对称曲线,故只需考虑当 $t=\dfrac{1}{5}$ 和 $\dfrac{2}{5}$ 时的插值点.

当 $t=\dfrac{1}{5}$ 时

$$\overline{\boldsymbol{P}}\Big(\dfrac{1}{5}\Big)=(x_1,y_1)$$

$$=\Big(\dfrac{8(280\ 801+105\ 435\lambda_1-22\ 290\lambda_2)}{2\ 440\ 625},$$

$$\dfrac{8(152\ 295\lambda_1+196(612+169\lambda_2))}{683\ 375}\Big)$$

当 $t=\dfrac{2}{5}$ 时

$$\overline{\boldsymbol{P}}\Big(\dfrac{2}{5}\Big)=(x_2,y_2)$$

$$=\Big(\dfrac{4(12\ 310\ 648+667\ 755\lambda_1-234\ 045\lambda_2)}{17\ 084\ 375},$$

$$\dfrac{36(8\ 568+3\ 905\lambda_1+2\ 366\lambda_2)}{97\ 625}\Big)$$

在五等分点处插值,确定一个方程组

$$\begin{cases} f(x_1,y_1)\\ =\Big(\dfrac{8(280\ 801+105\ 435\lambda_1-22\ 290\lambda_2)}{2\ 440\ 625},\\ \dfrac{8(152\ 295\lambda_1+196(612+169\lambda_2))}{683\ 375}\Big)=0\\ f(x_2,y_2)\\ =\Big(\dfrac{4(12\ 310\ 648+667\ 755\lambda_1-234\ 045\lambda_2)}{17\ 084\ 375},\\ \dfrac{36(8\ 568+3\ 905\lambda_1+2\ 366\lambda_2)}{97\ 625}\Big)=0 \end{cases}$$

根据上述方法,通过限制条件解该方程组,可得到参数 λ_1 和 λ_2 的值

$$\begin{cases}\lambda_1=1.356\ 99\\\lambda_2=0.469\ 585\ 5\end{cases},\begin{cases}\lambda_1=1.646\ 36\\\lambda_2=0.021\ 72\end{cases},\begin{cases}\lambda_1=8.018\ 64\\\lambda_2=12.342\ 9\end{cases}$$

$$\begin{cases}\lambda_1=10.679\ 1\\\lambda_2=14.596\ 3\end{cases},\begin{cases}\lambda_1=11.979\ 64\\\lambda_2=7.433\ 66\end{cases},\begin{cases}\lambda_1=12.118\ 4\\\lambda_2=11.411\ 84\end{cases}$$

将参数值代入曲线 $\overline{\boldsymbol{P}}(t)$,得到多项式曲线 $\overline{\boldsymbol{P}}_i(t)=(\overline{x}(t),\overline{y}(t))(i=1,2,\cdots,6)$,分别计算它们与原有理曲线 $\boldsymbol{R}(t)$ 之间的离散的 Hausdorff 距离

$$d_H^1(\boldsymbol{R}(t),\overline{\boldsymbol{P}}_1(t))=0.010\ 574\ 2$$

$$d_H^2(\boldsymbol{R}(t),\overline{\boldsymbol{P}}_2(t))=0.092\ 677\ 1$$

$$d_H^3(\boldsymbol{R}(t),\overline{\boldsymbol{P}}_3(t))=20.152\ 628$$

$$d_H^4(\boldsymbol{R}(t),\overline{\boldsymbol{P}}_4(t))=25.849\ 055$$

$$d_H^5(\boldsymbol{R}(t),\overline{\boldsymbol{P}}_5(t))=21.643\ 537$$

$$d_H^6(\boldsymbol{R}(t),\overline{\boldsymbol{P}}_6(t))=24.878\ 414$$

显然,取第 1 组参数值时,插值曲线与原有理曲线的误差最小,为 0.010 574 2.图 1 和图 2 分别给出了插值曲线和原有理曲线以及曲率的对比.

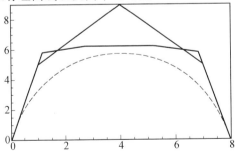

图 1　有理曲线与插值曲线;实线为有理曲线,虚线为插值曲线

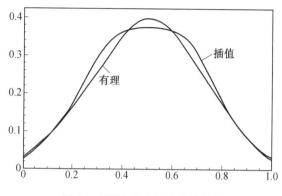

图 2　有理曲线与插值曲线曲率

例 2　设一条三次有理 Bézier 曲线的控制顶点和权因子分别为 $(0,0),(2,4),(4,6),(9,0)$ 和 $1,3,2,1$，将该曲线升阶，按照本章插值有理曲线的方法确定含参数的多项式曲线为

$$\overline{P}(t) = (\overline{x}(t), \overline{y}(t))$$

$$= \Big(9t^2(2 - t^2) +$$

$$\frac{6}{35}(t-1)t(7(1-t)(6(t-1)\lambda_1 + t\lambda_2) +$$

$$100t^2\lambda_3), \frac{72}{595}(t-1)t(-119(t-1)^2\lambda_1 +$$

$$2t(7(t-1)(15 + 2\lambda_2) - 85\lambda_3))) \Big)$$

根据限定条件，在四等分点处插值求得参数的值为

$$\begin{cases} \lambda_1 = 1.109\ 88 \\ \lambda_2 = 1.777\ 74 \\ \lambda_3 = 1.025\ 89 \end{cases}$$

此时，插值曲线 $\overline{P}(t)$ 与原有理曲线的误差为 $0.010\ 970\ 1$，插值曲线与原有理曲线的图像及曲率变

化如图 3 和图 4 所示.

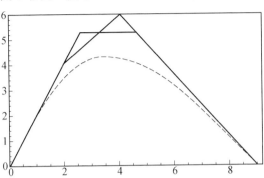

图 3　有理曲线与插值曲线;实线为有理曲线,虚线为插值曲线

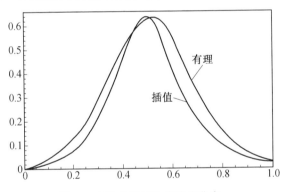

图 4　有理曲线与插值曲线曲率

例 3　三次有理 Bézier 曲线的控制顶点和权因子分别为 $(0,0),(2,5),(4,0),(6,5)$ 和 $2,3,2,1$. 采用本章的参数多项式曲线插值有理曲线的方法确定含参数的多项式曲线为

$$\overline{\boldsymbol{P}}(t) = (\overline{x}(t),\overline{y}(t)) = \left(2t^2(8-t(4+t)) - \right.$$

$$\frac{72}{11}(t-1)^3 t\lambda_1 + \frac{4}{35}(t-1)t^2(7(t-1)\lambda_2 + $$

$$60t\lambda_3), \frac{180}{11}(1-t)^3t\lambda_1 + \frac{1}{21}t^2(35(10 +$$

$$t(t-8)) + 4(t-1)(7\lambda_2(t-1) + 90t\lambda_3)))\Big)$$

同理,通过在四等分点处插值并根据限定条件确定参数值为

$$\begin{cases}\lambda_1 = 1.196\ 65\\ \lambda_2 = 0.335\ 328,\\ \lambda_3 = 1.090\ 55\end{cases} \quad \begin{cases}\lambda_1 = 11.403\\ \lambda_2 = 45.202\ 2\\ \lambda_3 = 3.070\ 46\end{cases}$$

求出其对应的离散 Hausdorff 距离分别为

$$d_H^1(\boldsymbol{R}(t), \overline{\boldsymbol{P}}_1(t)) = 0.007\ 943\ 14$$

$$d_H^2(\boldsymbol{R}(t), \overline{\boldsymbol{P}}_2(t)) = 17.605\ 2$$

因此,插值曲线 $\overline{\boldsymbol{P}}(t)$ 与原有理曲线的误差为 $0.007\ 943\ 14$. 如图 5 和图 6 所示.

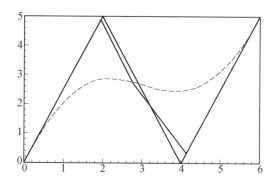

图 5　有理曲线与插值曲线;实线为有理曲线,虚线为插值曲线

　　由上述 3 个例子及误差对比可知(见表 1),利用本章方法插值有理曲线有较好的效果,并且在升阶次数相同时,本章方法较文献[11]的方法更优.

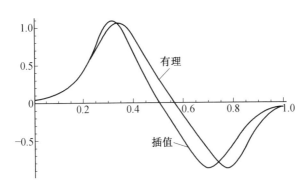

图 6　有理曲线与插值曲线曲率

表 1　上述例子的误差与已有方法的比较

误差	例 1	例 2	例 3
文献[10]方法	1.664 11	0.010 732 8	0.006 456 55
文献[11]方法	0.016 162	0.023 725 9	0.007 971 59
本章方法	0.010 574 2	0.010 970 1	0.007 943 14

参 考 文 献

[1] DEBOOR C, HÖLLIG K, SABIN M. High accuracy geometric Hermite interpolation[J]. Computer Aided Geometric Design, 1987,4(4):169-178.

[2] YANG X N. High accuracy approximation of helices by quintic curves[J]. Computer Aided Geometric Design,2003,20:303-317.

[3] FLOATER M S. High order approximation of rational curves by polynomial curves[J]. Computer Aided Geometric Design, 2006,23 (8):21-628.

[4] HUANG Y D, SU H M, LIN H W. A simple method for approxi-

mating rational Bézier curve using Bézier curves[J]. Computer Aided Geometric Design,2008,25(8):697-699.

[5] FARIN G. Curves and surfaces for computer aided geometric design, a practical guide[M]. 5th ed. San Diego:Academic Press,2002.

[6] CHEN J,WANG G J. A new type of the generalized Bézier curves[J]. Applied Mathematics:A Journal of Chinese Universities(Ser B),2011(1):47-56.

[7] 陈发来.曲面隐式化新发展[J].中国科学技术大学学报,2014,44(5):345-361.

[8] 陈发来.有理曲线的近似隐式化表示[J].计算机学报,1998,21(9):855-859.

[9] 李彩云,朱春钢,王仁宏.参数曲线的分段近似隐式化[J].高校应用数学学报:A辑,2010,25(2):202-210.

[10] FLOATER M S. High order approximation of rational curves by polynomial curves[J]. Computer Aidid Geometric Design,2006,23(8):621-628.

[11] 杨连喜,徐晨东.一种用多项式曲线逼近有理曲线的新方法[J].浙江大学学报:理学版,2015,42(1):21-27.

有理二次 Bézier 曲线的几何 Hermite 插值新方法①

第

17

章

给定两个点以及相应的两个切向,Femiani 等人提出了基于最小离心率椭圆的插值方法. 同一椭圆上不同位置的椭圆弧,对应的形状与圆弧的接近程度是不一样的. 椭圆弧的最小曲率半径和最大曲率半径之比可以反映对应的椭圆弧与圆弧的接近程度,称之为椭圆弧的拟离心率. 杭州电子科技大学的林建兵、陈小雕和王毅刚三位教授于 2012 年给出了基于拟离心率的新方法,使得获取的椭圆弧具有最小拟离心率. 与 Femiani 的方

---

① 本章摘自《计算机科学与探索》2013 年第 7 期.

法相比,采用新方法得到的插值椭圆弧更加接近于圆弧.

§1 引 言

Farin 提出了几何 Hermite 插值的问题,[1] 即给定两个点以及它们的切向,寻找最接近圆弧的一条曲线,使得同时插值这两个点以及它们的切向.Farin 同时使用有理三次曲线,通过最小化该有理三次曲线的曲率导数平方的积分

$$s(x) = \int_0^1 \mid \kappa'(\tau) \mid \mathrm{d}\tau \qquad (1.1)$$

来确定最终的插值曲线 $X(\tau)$.圆弧被认为是形状最完美的插值曲线之一.[2] 当插值曲线是圆弧时,对应的积分为零.当满足插值条件的圆弧不存在时,使用两段圆弧可以满足插值条件,然后通过有理曲线的升阶算法可以得到一条有理三次曲线.

Femiani 等人提出了最小离心率的插值椭圆的生成方法.[3] 当满足插值条件的椭圆弧存在时,通过该方法得到的椭圆具有最小的离心率.[4]Femiani 的方法还被推广到了有理三次曲线等情形.

其他的相关工作还包括插值 Euler 曲线的求解问题,[2] 以及其他的变种.[5-7]

引入椭圆弧的最小、最大曲率半径平方之比 $\chi > 0$,本章称 $\varepsilon = 1 - \chi \geqslant 0$ 为椭圆弧的拟离心率,用来反映椭圆弧与圆弧的接近程度.当 χ 越接近 1,ε 越接近 0 时,椭圆弧也越接近圆弧.

本章的目标与文献[1,3]中的工作的目标相比有
微小的调整,当插值椭圆弧存在时,利用新方法寻找具
有最小拟离心率的椭圆弧,并给出显式的表达式.当插
值椭圆弧同时含有长轴端点和短轴端点时,本章基于
最小拟离心率的方法和文献[3]中基于最小离心率的
方法具有相同的结果.当插值椭圆弧不同时含有长轴
端点和短轴端点时,利用本章方法得到的椭圆弧的端
点之一即为椭圆弧的短轴端点.

§2 求解具有最小拟离心率的椭圆弧

不失一般性,设给定的两个点为 $P_0(-1,0)$ 和
$P_1(1,0)$,切向为 $T_0(\cos \theta_0, \sin \theta_0)$ 和 $T_1(\cos \theta_1,$
$\sin \theta_1)$,其中 $\theta_0 \in (0,\pi)$,$\theta_1 \in (-\pi,0)$.一个椭圆的曲
率半径的绝对值分别在长轴的端点和短轴的端点处取
得最小值和最大值.当椭圆弧同时包含了长轴端点和
短轴端点时,对应有 $\theta_0 - \theta_1 \geqslant \dfrac{\pi}{2}$,对应的拟离心率等
价于文献[3]中的离心率,结果与文献[3]中的结果一
样.

本章将重点讨论 $\theta_0 - \theta_1 < \dfrac{\pi}{2}$ 的情况.此时有 $\theta_0 \in$
$\left(0,\dfrac{\pi}{2}\right)$,$\theta_1 \in \left(-\dfrac{\pi}{2},0\right)$.为了方便起见,设对应的切
向为 $T_0(1,s_0)$ 和 $T_1(1,s_1)$,其中 $s_i = \tan \theta_i$,$i=0,1$.设
L_0 表示由点 P_0 和 T_0 确定的射线 L_1 表示由点 P_1 和
$-T_1$ 确定的射线.不难验证,$s_0 > 0$,$s_1 < 0$,且两条射

线 L_0 和 L_1 相交于点 $\boldsymbol{P}_m(x_m, y_m)$，其中 $x_m = \dfrac{s_1 + s_0}{s_1 - s_0}$，

$y_m = \dfrac{2s_1 s_0}{s_1 - s_0}$. 对应的插值椭圆弧的表达式为

$$C(t) = \frac{\boldsymbol{P}_0 B_0^2(t) + w_1 \boldsymbol{P}_m B_1^2(t) + \boldsymbol{P}_1 B_2^2(t)}{B_0^2(t) + w_1 B_1^2(t) + B_2^2(t)} \quad (2.1)$$

其中，$B_0^2(t) = (1 - t)^2$，$B_1^2(t) = 2(1 - t)t$，$B_2^2(t) = t^2$.

接下来确定式 (2.2) 中的 w_1，从而最终确定插值椭圆弧. 设椭圆弧 $C(t)$ 的曲率为 $K(t; w_1)$，表示曲率 $K(t; w_1)$ 与 w_1 的取值有关. 由椭圆弧的有理表示得知，寻找 $w_1 > 0$，此时两个端点处的曲率平方的比值为

$$\frac{K(0; w_1)^2}{K(1; w_1)^2} = \frac{s_0^6 (2 + s_1^2)^3}{s_1^6 (s_0^2 + 1)^3} = \frac{(y_m^2 + (1 - x_m)^2)^3}{(y_m^2 + (1 + x_m)^2)^3} = A$$

$$(2.2)$$

该值与 w_1 无关. 不妨设 $|s_0| < |s_1|$，则有

$$|K(0; w_1)| < |K(1; w_1)|$$

插值椭圆弧 $C(t)$ 的最小、最大曲率半径平方之比 $\chi(w_1)$ 可以分为三种情况：

（1）椭圆弧不包含长轴和短轴的端点，则

$$\chi(w_1) = A$$

（2）椭圆弧包含长轴的端点，即点 $C(t_0)$ 为长轴的端点，$0 < t_0 \leqslant 1$，则

$$\chi(w_1) = \chi_1(w_1, t_0) = \frac{K(0; w_1)^2}{K(t_0; w_1)^2} \quad (2.3)$$

（3）椭圆弧包含短轴的端点，即点 $C(t_1)$ 为短轴的端点，$0 \leqslant t_0 \leqslant 1$，则

$$\chi(w_1) = \chi_2(w_1, t_1) = \frac{K(t_1; w_1)^2}{K(1; w_1)^2} \quad (2.4)$$

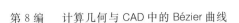

为方便起见,记

$$w_{1,0} = \frac{\sqrt{2s_0(1+s_1^2)(-s_1+s_0)}}{2s_0(1+s_1^2)} = \sqrt{\frac{1+x_m}{y_m^2+(1+x_m)^2}}$$

$$w_{1,1} = \frac{\sqrt{-2s_1(1+s_0^2)(s_0-s_1)}}{-2s_1(1+s_0^2)} = \sqrt{\frac{1-x_m}{y_m^2+(1-x_m)^2}}$$

$$(2.5)$$

有如下结论.

定理 1　式(2.3)中 $\chi(w_1)$ 在 $w_1 = w_{1,0}$ 处取得最大值 A.

证明　设 $q(w_1, t_0) = (w_{1,0}, 1)$. 可以验证 $\dfrac{\partial \chi_1(w_1, t_0)}{\partial w_1}$ 和 $\dfrac{\partial \chi_1(w_1, t_0)}{\partial t_0}$ 在点 q 处的值均为零. 因为在长轴端点处曲率的绝对值最大,$|K(t_0; w_1)| \geqslant |K(1; w_1)|$,则 $\chi(w_1, t_0) \leqslant \chi(w_1, 1) = A$. 从而 $\chi(w_1)$ 在 $w_1 = w_{1,0}$ 处取得最大值 A.

定理 2　式(2.4)中 $\chi(w_1)$ 在 $w_1 = w_{1,1}$ 处取得最大值 A.

证明　设 $\bar{q}(w_1, t_1) = (w_{1,1}, 0)$. 可以验证 $\dfrac{\partial \chi_2(w_1, t_1)}{\partial w_1}$ 和 $\dfrac{\partial \chi_2(w_1, t_1)}{\partial t_1}$ 在点 $\bar{q}$ 处的值均为零. 因为在短轴端点处曲率的绝对值最小,$|K(t_1; w_1)| \leqslant |K(0; w_1)|$,则 $\chi(w_1, t_1) \leqslant \chi(w_1, 1) = A$. 从而 $\chi(w_1)$ 在 $w_1 = w_{1,1}$ 处取得最大值 A.

$\chi(w_1)$ 越大,对应的拟离心率越小.由定理 1 和定理 2 得知,权重 $w_{1,0}$ 和 $w_{1,1}$ 均对应着最小拟离心率.从中选取离心率最小的那条椭圆弧作为最终的插值椭圆弧.设对应椭圆弧的长轴和短轴分别为 l_a 和 l_b.由文献 [3] 得知,给定权重 $w_1 = w_{1,0}$,则有

$$\frac{l_b^2}{l_a^2} = \frac{s_0 + 2s_0 s_1^2 + s_1}{s_1^2(-s_1 + s_0)} = f_1$$

给定权重 $w_1 = w_{1,1}$,则有

$$\frac{l_b^2}{l_a^2} = \frac{-s_0^2(-s_1 + s_0)}{(2s_1 s_0^2 + s_1 + s_0)} = f_2$$

可以验证 $\dfrac{f_1}{f_2} - 1 = -\dfrac{(s_1 + s_0)^2(s_0 s_1 + 1)^2}{s_1^2(s_0 - s_1)^2 s_0^2} < 0$,则有

$f_1 < f_2$. 对应的短轴与长轴的长度之比的平方越大,相应的椭圆的离心率越小. 则有如下结论.

定理 3 当 $\theta_0 - \theta_1 < \dfrac{\pi}{2}$ 时,权重 $w_1 = w_{1,1}$ 对应的椭圆弧具有最小的离心率.

§3 结 束 语

本章讨论了基于拟离心率的有理二次 Bézier 曲线的几何 Hermite 插值新方法. 本章的方法可以看作文献[3] 中的方法的一种拓展. 当插值椭圆弧同时包含了长轴端点和短轴端点时,本章的方法的结果与文献[3] 中的方法的结果相同. 当切角 $\theta_0 - \theta_1 < \dfrac{x}{2}$ 时,利用本章的方法得到的椭圆弧的端点之一即为椭圆弧的短轴端点. 与文献[3] 中的方法相比,用本章的方法可以得到曲率半径更小、总体更接近圆弧的插值曲线. 理论上,拟离心率可以应用于任何曲率不为零的曲线. 今后,将讨论更多类型曲线基于拟离心率的几何 Hermite 插值方法.

参 考 文 献

［1］ FARIN G. Geometric Hermite interpolation with circular precision ［J］. Computer-Aided Design,2008,40(4):476-479.

［2］ KIMIA B B, FRANKEL I, POPESCU A M. Euler spiral for shape completion［J］. International Journal of Computer Vision,2003,54 (1):159-182.

［3］ FEMIANI J C, CHUANG C Y, RAZDAN A. Least eccentric el- lipses for geometric Hermite interpolation［J］. Computer Aided Ge- ometric Design,2012,29(2):141-149.

［4］ XU C D, KIM T W, FARIN G. The eccentricity of conicsections formulated as rational Bézier quadratics［J］. Computer Aided Geo- metric Design,2010,27(6):458-460.

［5］ AKIMA H. A new method of interpolation and smooth curve fit- ting based on local procedures［J］. Journal of the ACM,1970,17 (4):589-602.

［6］ NIELSON G. Minimum norm interpolation in triangles［J］. SIAM Jornal on Numerical Analysis,1980,17(1):44-62.

［7］ OVERHAUSER A W. Analytic definition of curves and surfaces by parabolic blending［R］. Ford Motor Company,1996.

第 9 编
B 样条函数

多维 B 样条函数[①]

一维 B 样条在理论与应用中具有突出的重要性,因而能否将它扩展到多维以及它的研究进展自然地成为众所关注的问题.1966 年 Curry 与 Schoenberg 曾对多维 B 样条做了几何性的解释.1976 年 deBoor 在综合报告的结尾部分重新提出了这个问题.当时 deBoor 对这些多维 B 样条的性质并没有进一步的考虑.后来 C. A. Micchelli 与 W. A. Dahmen 等人就开展了对这方面的研究.现在他们已经

[①]　本章摘自《浙江大学学报》1982 年计算几何讨论会论文集,浙江大学学报编辑部编,浙江大学发行.

对单个 B 样条的定义与性质取得了一系列的研究结果,并且开始了关于 B 样条函数系的性质的研究. 多维 B 样条的研究无论在内容还是在方法上都有很大的困难,它强烈地依赖于节点图像(knot Configuration)的几何位置. 中国科学院数学研究所的徐叔贤研究员于 1982 年利用初等的方法对多维 B 样条的定义及其基本性质做了初步的介绍.

§1 多维 B 样条的定义

定义多维 B 样条的主要思想是这样的:先从一维 B 样条的定义出发,结合差商的 Hermite-Gennochi 公式引申出它的几何性定义, 然后再利用"抬高 (lifting)"维数的技巧给出多维 B 样条的(几何性)定义. 在详细说明这个过程之前. 先对本章所有的符号做如下规定. 今后我们以 t 及带有下标的量 $x_1, x_2, \cdots$ 表示 $\mathbf{R}^1$ 中的量;而 x 及带有上标的量 $x^1, x^2, \cdots$ 表示 $\mathbf{R}^k$ 中的量.

众所周知,一维 B 样条函数的差商定义为

$$M(t \mid x_0, \cdots, x_n) =: \frac{1}{(n-1)!} [x_0, \cdots, x_n](\bullet - t)_+^{n-1}$$

$$(1.1)$$

这里 $[x_0, \cdots, x_n] f(\bullet)$ 表示函数 f 关于点列 $x_0, \cdots, x_n$ 的 n 阶差商,$M(t \mid x_0, \cdots, x_n)$ 即以 $x_0, \cdots, x_n$ 为节点的 $n-1$ 次(n 阶)B 样条函数. 因为对于任意 $g \in C^n(\mathbf{R}^1)$,可用归纳法证得下列的 Hermite-Gennochi 公式

$$[x_0, \cdots, x_n]g = \int_{S^n} g^{(n)}(v_0 x_0, \cdots, v_n x_n) \mathrm{d}v_1 \cdots \mathrm{d}v_n$$

$$(1.2)$$

其中 S^n 是 n 维单纯形,即

$$S^n = \left\{(v_0, \cdots, v_n) \mid v_i \geqslant 0, 0 \leqslant i \leqslant n, \sum_{i=0}^{n} v_i = 1\right\}$$

$$(1.3)$$

因此我们立即可得下面的等式

$$[x_0, \cdots, x_n]g = \int_{\mathbf{R}^1} M(t \mid x_0, \cdots, x_n) g^{(n)}(t) \mathrm{d}t$$

$$= \int_{S^n} g^{(n)}(v_0 x_0 + \cdots + v_n x_n) \mathrm{d}v_1 \cdots \mathrm{d}v_n$$

$$(1.4)$$

$$(\forall g \in C^n(\mathbf{R}^1))$$

(利用 g 的 Taylor 展开积分余项表示公式,然后两端取 $x_0, \cdots, x_n$ 的 n 阶差商,即得式(1.4)中的第一个等式).

公式(1.4)可以推广到更广的函数类中,即

$$\int_{\mathbf{R}^1} M(t \mid x_0, \cdots, x_n) g(t) \mathrm{d}t$$

$$= \int_{S^n} g(v_0 x_0 + \cdots + v_n x_n) \mathrm{d}v_1 \cdots \mathrm{d}v_n \qquad (1.5)$$

这里 $g \in L^1_{loc}(\mathbf{R}^1)$ —— 由 $\mathbf{R}^1$ 上局部可积函数全体组成的集合($g \in L^1_{loc}(\mathbf{R}^1) \leftrightarrows$ 对任意有界闭集 $K \subset \mathbf{R}^1$, $\int_K \mid g \mid \mathrm{d}t < +\infty$).特别言之,公式(1.5)对于任意 $g \in C_0^{+\infty}(\mathbf{R}^1)$ 亦成立,这里 $C_0^{+\infty}(\mathbf{R}^1)$ 通常称为检验函数空间,其定义为 $g \in C_0^{+\infty}(\mathbf{R}^1) \leftrightarrows g$ 具有有限的紧支集,且 g 是无穷连续可微函数.

下列定理给出了一维 B 样条的几何意义.

定理 1（Curry 与 Schoenberg）

$$M(t \mid x_0, \cdots, x_n) = \frac{1}{\mathrm{Vol}_n \sigma} \mathrm{Vol}_{n-1} \{g \in \sigma \mid y_1 = t\}$$

$$(1.6)$$

其中 $\sigma = \left\{ \boldsymbol{y} = \sum_{i=0}^{n} v_i \boldsymbol{y}^j \mid (v_0, \cdots, v_n) \in S^n \right\}$；$\boldsymbol{y}, \boldsymbol{y}^j \in \mathbf{R}^n$ $(n > 1)$；且规定 $\boldsymbol{y}^j = (x_j, \cdots)^{\mathrm{T}}, \boldsymbol{y} = (y_1, \cdots, y_n)^{\mathrm{T}}$（即规定 $\boldsymbol{y}^j$ 的第一个坐标分量取为 x_j），而 $\boldsymbol{y}^j$ 的其余 $n-1$ 个分量可以任取，但这时必须使其满足 n 维体积 $\mathrm{Vol}_n \sigma > 0$——$\sigma$ 即以 $\boldsymbol{y}^0, \cdots, \boldsymbol{y}^n$ 为顶点的 n 维单纯形，也就是由 $\boldsymbol{y}^0, \cdots, \boldsymbol{y}^n$ 所产生的凸包.

证明 设所取的 $\boldsymbol{y}^0, \cdots, \boldsymbol{y}^n \in \mathbf{R}^n$ 满足上述定理的条件. 对式（1.5）作变量代换

$$\boldsymbol{y} = (y_1, \cdots, y_n)^{\mathrm{T}} = v_0 \boldsymbol{y}^0 + \cdots + v_n \boldsymbol{y}^n$$

$$= \sum_{i=1}^{n} v_i (\boldsymbol{y}^i - \boldsymbol{y}^0) + \boldsymbol{y}^0$$

则 $(v^1, \cdots, v^n) \rightarrow (y^1, \cdots, y^n), S^n \rightarrow \sigma = [\boldsymbol{y}^0, \cdots, \boldsymbol{y}^n]$（为简单起见，本章 $[\cdots]$ 表示方括弧内元素所产生的凸包），并且

$$\left| \frac{D(v_1, \cdots, v_n)}{D(\boldsymbol{y}_1, \cdots, \boldsymbol{y}_n)} \right| = |\det(\boldsymbol{y}^1 - \boldsymbol{y}^0, \cdots, \boldsymbol{y}^n - \boldsymbol{y}^0)|^{-1}$$

$$= \frac{1}{\mathrm{Vol}_n \sigma}$$

因此式（1.5）的右端化为

$$\int_{S^n} g(v_0 x_0 + \cdots + v_n x_n) \mathrm{d}v_1 \cdots \mathrm{d}v_n$$

$$= \int_{\sigma} g(y_1) \frac{1}{\mathrm{Vol}_n \sigma} \mathrm{d}y_1 \cdots \mathrm{d}y_n$$

$$= \int_{-\infty}^{+\infty} \left[\int_{-\infty}^{+\infty} \cdots \int_{-\infty}^{+\infty} \frac{1}{\mathrm{Vol}_n \sigma} \chi_{\sigma}(y_1, \cdots, y_n) \mathrm{d}y_2 \cdots \mathrm{d}y_n \right] \cdot$$

$$g(y_1)\mathrm{d}y_1$$

$$=\int_{\mathbf{R}^1}\frac{1}{\mathrm{Vol}_n\sigma}\mathrm{Vol}_{n-1}\{y\in\sigma\mid y_1=t\}g(t)\mathrm{d}t$$

这里

$$\chi_\sigma(t_1,\cdots,t_n)=\begin{cases}1,&(t_1,\cdots,t_n)\in\sigma\\0,&\text{其他}\end{cases}$$

将式(1.7)与(1.5)的左端比较即知式(1.6)成立.定理1证毕.

例 1　设 $n=2$ 且给定 $x_0<x_1<x_2$. 现按公式 (1.6) 计算 $M(t\mid x_0,x_1,x_2)$.

取 $\boldsymbol{y}^i=(x_i,y_i),i=0,1,2.$ 因为要求 $[\boldsymbol{y}^0,\boldsymbol{y}^1,\boldsymbol{y}^2]=\sigma$ 满足 $\mathrm{Vol}_2\sigma>0$. 故可取 y_i 如图 1 所示.

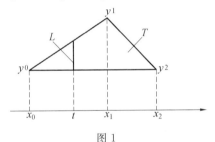

图 1

因此 σ 即以 $\boldsymbol{y}^0,\boldsymbol{y}^1,\boldsymbol{y}^2$ 为顶点的三角形 T, $\mathrm{Vol}_2\sigma$ 即三角形 T 的面积; $\mathrm{Vol}_1\{y\in\sigma\mid y$ 的第一个坐标等于 $t\}=$ 线段 L 的长度. 于是易知

$$M(t\mid x_0,x_1,x_2)$$
$$=\frac{\text{线段 }L\text{ 的长度}}{\text{三角形 }T\text{ 的面积}}$$

$$= \begin{cases} 0, & t \leqslant x_0, t \geqslant x_2 \\ \dfrac{(t-x_0)}{(x_2-x_0)(x_1-x_0)}, & x_0 < t < x_1 \\ \dfrac{(x_2-t)}{(x_2-x_0)(x_2-x_1)}, & x_1 \leqslant t < x_2 \end{cases}$$

定理 1 启示我们可用"抬高"维数的方法得到多维 B 样条的定义.

定义 1 若 $x, x^i \in \mathbf{R}^k, 0 \leqslant i \leqslant n$ 且 $n \geqslant k+1$,则

$$M(x \mid x^0, \cdots, x^n) = \frac{1}{\mathrm{Vol}_n \sigma} \mathrm{Vol}_{n-k} \{ y \in \sigma \mid y =$$

$$(x_1, \cdots, x_k, \cdots)^\top \} \qquad (1.8)$$

称为 k 维 B 样条,且诸 $x^i (0 \leqslant i \leqslant n)$ 称为它的节点图像. 这里 $x = (x_1, \cdots, x_k)^\top, \sigma = [y^0, \cdots, y^n] = \{ y = \sum_{j=0}^{n} v_j y^j \mid (v_0, \cdots, v_n) \in S^n \}$,并且单纯形 σ 的顶点 $y^j \in \mathbf{R}^n (0 \leqslant j \leqslant n)$ 是这样取的

$$\begin{cases} y^j = (x^j, \cdots)^\top \in \mathbf{R}^n, (0 \leqslant j \leqslant n), \\ \quad \text{即 } y^j \text{ 的前 } k \text{ 个分量取为 } x^j, \\ \quad \text{其余 } n-k \text{ 个分量可任取} \\ \text{要求 } \mathrm{Vol}_n \sigma > 0 \end{cases} \qquad (1.9)$$

欲使上面的定义有意义,我们必须说明式(1.8)中的诸 y^j 除满足式(1.9)外可以任取. 为此,由从积分 $\int_{S^n} g(v_0 x^0 + \cdots + v_n x^n) \mathrm{d}v_1 \cdots \mathrm{d}v_n$ 出发完全类同于定理 1 的论证我们可得

$$\int_{S^n} g(v_0 x^0 + \cdots + v_n x^n) \mathrm{d}v_1 \cdots \mathrm{d}v_n$$

$$= \int_{\mathbf{R}^k} M(x \mid x^0, \cdots, x^n) g(x) \mathrm{d}x \quad (g \in c(\mathbf{R}^k))$$

$$(1.10)$$

由于式(1.10)的左端与 $\boldsymbol{y}^j$ 的其余 $n-k$ 个分量的选取无关,因此式(1.8)的 $M(\boldsymbol{x} \mid \boldsymbol{x}^0,\cdots,\boldsymbol{x}^n)$ 与 $\boldsymbol{y}^j$ 的选取无关(除满足式(1.9)外).

在推导式(1.10)的过程中也启示我们,对于 $n=k$ 应当这样来定义多维 B 样条

$$M(\boldsymbol{x} \mid \boldsymbol{x}^0,\cdots,\boldsymbol{x}^k) = \begin{cases} 0, & \boldsymbol{x} \in [\boldsymbol{x}^0,\cdots,\boldsymbol{x}^k] \\ \dfrac{1}{\mathrm{Vol}_k \sigma}, & \boldsymbol{x} \in [\boldsymbol{x}^0,\cdots,\boldsymbol{x}^k] \text{ 的内部} \\ \text{待定}, & \boldsymbol{x} \in [\boldsymbol{x}^0,\cdots,\boldsymbol{x}^k] \text{ 的边界} \end{cases}$$

$$(1.11)$$

对于任意 $k>2$,如何在凸包 $[\boldsymbol{x}^0,\cdots,\boldsymbol{x}^k]$ 的边界上给出其边值是一个未解决的问题,本章 §2 将对 $k=1$ 与 $k=2$ 给出其边界值.

前面的讨论也得到了一维差商的多维推广.

定义 2　线性泛函

$$\int_{S^n} g(v_0 \boldsymbol{x}^0 + \cdots + v_n \boldsymbol{x}^n) \mathrm{d}v_1 \cdots \mathrm{d}v_n$$

称为 $\mathbf{R}^k$ 上的差商泛函,并记为 $\displaystyle\int_{[\boldsymbol{x}^0,\cdots,\boldsymbol{x}^n]} g$.

下面我们讨论差商泛函与多维 B 样条的性质.

§2　多维 B 样条函数的基本性质

上一节所给出的多维 B 样条的定义公式(1.8)是难以掌握与应用的.然而通过基本关系式(1.10)却可以得到许多简单的性质,从而最后可证得它的分片多项式性质、连续性以及递推计算公式.本节的目的就是揭示这些性质.

性质 1(局部支柱性)　若 $n \geqslant k$,则

$$M(\boldsymbol{x} \mid \boldsymbol{x}^0, \cdots, \boldsymbol{x}^n) \begin{cases} = 0, & \boldsymbol{x} \overline{\in} \left[\boldsymbol{x}^0, \cdots, \boldsymbol{x}^n\right] \\ > 0, & \boldsymbol{x} \in \left[\boldsymbol{x}^0, \cdots, \boldsymbol{x}^n\right] \text{ 的内部} \end{cases}$$

$$(2.1)$$

证明　由定义式(1.8)与(1.11)知它成立.

性质 2(平移性质)　设 $\boldsymbol{y} \in \mathbf{R}^k$,则

$$\int_{\left[\boldsymbol{x}^0, \cdots, \boldsymbol{x}^n\right]} f(\cdot + \boldsymbol{y}) = \int_{\left[\boldsymbol{x}^0 + \boldsymbol{y}, \cdots, \boldsymbol{x}^n + \boldsymbol{y}\right]} f(\cdot) \quad (2.2)$$

$$M(\boldsymbol{x} \mid \boldsymbol{x}^0 + \boldsymbol{y}, \cdots, \boldsymbol{x}^n + \boldsymbol{y}) = M(\boldsymbol{x} - \boldsymbol{y} \mid \boldsymbol{x}^0, \cdots, \boldsymbol{x}^n)$$

$$(2.3)$$

证明　因为对任意的 $f \in C_0^{+\infty}(\mathbf{R}^k)$ 恒有

$$\int_{\left[\boldsymbol{x}^0 + \boldsymbol{y}, \cdots, \boldsymbol{x}^n + \boldsymbol{y}\right]} f = \int_{\mathbf{R}^k} f(\boldsymbol{x}) M(\boldsymbol{x} \mid \boldsymbol{x}^0 + \boldsymbol{y}, \cdots, \boldsymbol{x}^n + \boldsymbol{y}) \mathrm{d}\boldsymbol{x}$$

$$= \int_{S^n} f\left(\sum_{j=0}^n v_j (\boldsymbol{x}^j + \boldsymbol{y})\mathrm{d}v_1 \cdots \mathrm{d}v_n\right)$$

$$= \int_{\left[\boldsymbol{x}^0, \cdots, \boldsymbol{x}^n\right]} f(\cdot + \boldsymbol{y})$$

$$= \int_{\mathbf{R}^k} f(\boldsymbol{x} + \boldsymbol{y}) M(\boldsymbol{x} \mid \boldsymbol{x}^0, \cdots, \boldsymbol{x}^n) \mathrm{d}\boldsymbol{x}$$

$$= \int_{\mathbf{R}^k} f(\boldsymbol{x}) M(\boldsymbol{x} - \boldsymbol{y} \mid \boldsymbol{x}^0, \cdots, \boldsymbol{x}^n) \mathrm{d}\boldsymbol{x}$$

所以知式(2.2),(2.3)成立.

性质 3(节点图像的顺序无关性)

$$\begin{cases} \iint_{\left[\boldsymbol{x}^0, \cdots, \boldsymbol{x}^n\right]} f = \int_{\left[\boldsymbol{x}^{\pi(0)}, \cdots, \boldsymbol{x}^{\pi(n)}\right]} f & (2.4) \\ M(\boldsymbol{x} \mid \boldsymbol{x}^0, \cdots, \boldsymbol{x}^n) = M(\boldsymbol{x} \mid \boldsymbol{x}^{\pi(0)}, \cdots, \boldsymbol{x}^{\pi(n)}) & (2.5) \end{cases}$$

其中 $\{\pi(0), \cdots, \pi(n)\}$ 是 $0, 1, 2, \cdots, n$ 的任一组置换.

证明　由定义 2 与式(1.10)知性质 3 成立.

性质 4　设 $\boldsymbol{A}$ 为 $k \times k$ 非异矩阵,则

$$M(\boldsymbol{x} \mid \boldsymbol{A}\boldsymbol{x}^0, \cdots, \boldsymbol{A}\boldsymbol{x}^n) = \frac{1}{\mid \det \boldsymbol{A} \mid} M(\boldsymbol{A}^{-1}\boldsymbol{x} \mid \boldsymbol{x}^0, \cdots, \boldsymbol{x}^n)$$

$$(2.6)$$

证明　因为对任意的 $f \in C_0^{+\infty}(\mathbf{R}^k)$ 恒有

$$\int_{\mathbf{R}^k} f(\boldsymbol{x}) M(\boldsymbol{x} \mid \boldsymbol{A}\boldsymbol{x}^0, \cdots, \boldsymbol{A}\boldsymbol{x}^n) \mathrm{d}\boldsymbol{x}$$

$$= \int_{S^n} f\left(\sum_{j=0}^n v^j \boldsymbol{A}\boldsymbol{x}^i\right) \mathrm{d}v_1 \cdots \mathrm{d}v_n$$

$$= \int_{\mathbf{R}^k} f(\boldsymbol{A}\boldsymbol{x}) M(\boldsymbol{x} \mid \boldsymbol{x}^0, \cdots, \boldsymbol{x}^n) \mathrm{d}\boldsymbol{x}$$

$$= \frac{1}{\mid \det \boldsymbol{A} \mid} \int_{\mathbf{R}^k} f(\boldsymbol{x}) M(\boldsymbol{A}^{-1}\boldsymbol{x} \mid \boldsymbol{x}^0, \cdots, \boldsymbol{x}^n) \mathrm{d}\boldsymbol{x}$$

证毕.

性质 5　设 $n > k+1, \boldsymbol{x}, \boldsymbol{x}^i \in \mathbf{R}^k$,则

$$M(\boldsymbol{x} \mid \boldsymbol{x}^0, \cdots, \boldsymbol{x}^n, \boldsymbol{x}) = \frac{1}{n-k+1} M(\boldsymbol{x} \mid \boldsymbol{x}^0, \cdots, \boldsymbol{x}^n)$$

$$(2.7)$$

证明　因为

$$\int_{S_n} f(v_0 \boldsymbol{x}^0 + \cdots + v_n \boldsymbol{x}^n) \mathrm{d}v_1 \cdots \mathrm{d}v_n$$

$$= \int_0^1 \left(\int_{v_1 + \cdots + v_n = h} f(\boldsymbol{x}^0 + \sum_{j=1}^n v_j(\boldsymbol{x}^i - \boldsymbol{x}^0)) \mathrm{d}v_1 \cdots \mathrm{d}v_{n-1}\right) \mathrm{d}h$$

$$= \int_0^1 h^{n-1} \left(\int_{\tilde{v}_1 + \cdots + \tilde{v}_n = 1} f(\boldsymbol{x}^0 + \sum_{j=1}^n h\tilde{v}_j(\boldsymbol{x}^i - \boldsymbol{x}^0)) \mathrm{d}\tilde{v}_1 \cdots \mathrm{d}\tilde{v}_{n-1}\right) \mathrm{d}h$$

$$= \int_0^1 h^{n-1} \left(\int_{\mathbf{R}^k} f(\boldsymbol{x}^0 + \boldsymbol{x}) M(\boldsymbol{x} \mid h(\boldsymbol{x}^1 - \boldsymbol{x}^0), \cdots, h(\boldsymbol{x}^n - \boldsymbol{x}^0)) \mathrm{d}\boldsymbol{x}\right) \mathrm{d}h$$

利用性质 4 即得

$$\int_{S_n} f(v_0 \boldsymbol{x}^0 + \cdots + v_n \boldsymbol{x}^n) \mathrm{d}v_1 \cdots \mathrm{d}v_n$$

$$= \int_0^1 h^{n-k-1} \left(\int_{\mathbf{R}^k} f(\boldsymbol{x}^0 + \boldsymbol{x}) M(h^{-1}\boldsymbol{x} \mid \boldsymbol{x}^1 - \boldsymbol{x}^0, \cdots, \boldsymbol{x}^n - \boldsymbol{x}^0) \mathrm{d}\boldsymbol{x}\right) \mathrm{d}h$$

$$= \int_0^1 h^{n-k-1} \left(\int_{\mathbf{R}^k} f(\boldsymbol{x}) M(h^{-1}(\boldsymbol{x} - \boldsymbol{x}^0) \mid \boldsymbol{x}^1 - \boldsymbol{x}^0, \cdots, \boldsymbol{x}^n - \boldsymbol{x}^0) \mathrm{d}\boldsymbol{x} \right) \mathrm{d}h$$

$$= \int_{\mathbf{R}^k} \left(\int_0^1 h^{n-k-1} M((1-h^{-1})\boldsymbol{x}^0 + h^{-1}\boldsymbol{x} \mid \boldsymbol{x}^1, \cdots, \boldsymbol{x}^n) \mathrm{d}h \right) f(\boldsymbol{x}) \mathrm{d}\boldsymbol{x}$$

（最后一式由式(2.3)得到）. 将上式与式(1.10)相比较即知

$$M(\boldsymbol{x} \mid \boldsymbol{x}^0, \cdots, \boldsymbol{x}^n)$$

$$= \int_0^1 h^{n-k-1} M((1-h^{-1})\boldsymbol{x}^0 + h^{-1}\boldsymbol{x} \mid \boldsymbol{x}^1, \cdots, \boldsymbol{x}^n) \mathrm{d}h$$

$$= \int_1^{+\infty} t^{-n+k-1} M((1-t)\boldsymbol{x}^0 + t\boldsymbol{x} \mid \boldsymbol{x}^1, \cdots, \boldsymbol{x}^n) \mathrm{d}t$$

$$(2.8)$$

特别地, 当取 $\boldsymbol{x}^0 = \boldsymbol{x}$ 时便有

$$M(\boldsymbol{x} \mid \boldsymbol{x}, \boldsymbol{x}^1, \cdots, \boldsymbol{x}^n) = \frac{1}{n-k} M(\boldsymbol{x} \mid \boldsymbol{x}^1, \cdots, \boldsymbol{x}^n)$$

证毕.

注意式(2.8)也是多维 B 样条的一个重要关系式. 下述定理揭示了多维 B 样条的分片多项式性质及其整体的连续性质.

定理 1　设 $\boldsymbol{x}^i (0 \leqslant i \leqslant n)$ 处于通常位置(见下注 1), 则:

(i) $M(\boldsymbol{x} \mid \boldsymbol{x}^0, \cdots, \boldsymbol{x}^n) \in C^{n-k-1}(\mathbf{R}^k)$.

(ii) 若有界区域 $\Omega \subset \mathbf{R}^k$ 不被 $\{\boldsymbol{x}^0, \cdots, \boldsymbol{x}^n\}$ 中任何 k 个点的那些凸包所分割(见下注 3), 则 $M(\boldsymbol{x} \mid \boldsymbol{x}^0, \cdots, \boldsymbol{x}^n)$ 在 Ω 上是总次数(见下注 2)不超过 $n-k$ 的多项式.

在证明定理之前先做如下的注解.

注 1　我们称 $\{\boldsymbol{x}^0, \cdots, \boldsymbol{x}^n\}$ 处于通常位置(general position), 如果它的任意 $k+1$ 个点 $\boldsymbol{x}^{j_0}, \cdots, \boldsymbol{x}^{j_k}$ 的凸包 $[\boldsymbol{x}^{j_0}, \cdots, \boldsymbol{x}^{j_k}]$ 恒满足 $\mathrm{Vol}_k[\boldsymbol{x}^{j_0}, \cdots, \boldsymbol{x}^{j_k}] > 0$.

注 2　形如

$$\sum_{j_1+\cdots+j_k\leqslant 1} a_{j_1\cdots j_k} \boldsymbol{x}_1^{j_1}\cdots \boldsymbol{x}_k^{j_k} \tag{2.9}$$

$(j_s,1\leqslant s\leqslant k$ 均为非负整数) 的多项式称为总次数不超过 1 的多项式.

注 3　用 $k=2$(二维情形) 的一些典型区域来说明定理 1(ii).

(i) 关于 $M(\boldsymbol{x}\mid \boldsymbol{x}^0,\boldsymbol{x}^1,\boldsymbol{x}^2)$ 可见式(1.11)的叙述.

(ii) 当 $n=3$ 时，$\boldsymbol{x}^i(i=0,1,2,3)$ 可处于如图 2 所示的两种情形.

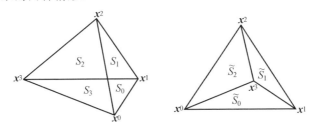

图 2　$n=3$ 的情形

定理 1(ii) 表明此时 $M(\boldsymbol{x}\mid \boldsymbol{x}^0,\boldsymbol{x}^1,\boldsymbol{x}^2,\boldsymbol{x}^3)\in C(\mathbf{R}^2)$ 分别在 S_i 与 $\widetilde{S}_j$ 上 $(i=0,1,2,3,j=0,1,2)$ 为一次多项式.

(iii) 当 $n=4$ 时，$\boldsymbol{x}_i(i=0,1,\cdots,4)$ 可处于各种不同的位置,图 3 仅考察其可能的三种情况. 这时 $M(\boldsymbol{x}\mid \boldsymbol{x}^0,\boldsymbol{x}^1,\boldsymbol{x}^2,\boldsymbol{x}^3,\boldsymbol{x}^4)\in C^1(\mathbf{R}^2)$,且分别在 4,9,11 块区域上为总次数小于或等于 2 的多项式.

(iv) 当 $n=5$ 时,仅就图 4 说明定理 1(ii). 这时 $M(\boldsymbol{x}\mid \boldsymbol{x}^0,\cdots,\boldsymbol{x}^5)\in C^2(\mathbf{R}^2)$,且由 25 片总次数小于或等于 3 的分片多项式所组成.

综上,不难看出多维 B 样条强烈地依赖于诸 $\boldsymbol{x}^i$ 的

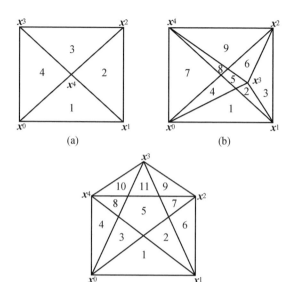

图 3　$n = 4$ 的情形

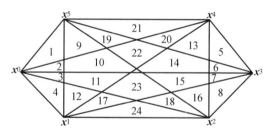

图 4　$n = 5$ 的情形

几何位置.

为了证明定理 1，我们先引入一些记号并证明有关的性质(性质 $7 \sim 9$).

设 $\boldsymbol{\lambda} = (\lambda_1, \cdots, \lambda_k)^{\mathrm{T}} \in \mathbf{R}^k, \boldsymbol{x} = (x_1, \cdots, x_k)^{\mathrm{T}} \in \mathbf{R}^k$，非负整数向量 $\boldsymbol{\alpha} = (\alpha_1, \cdots, \alpha_k)^{\mathrm{T}} \in \mathbf{R}^k$. 若 k 变量函数 $f(x_1, \cdots, x_k) \in C^{(n)}(\mathbf{R}^k)$ 有如下表达式

904

$$f(x_1,\cdots,x_k)=g(\lambda_1 x_1+\cdots+\lambda_k x_k)=g(\boldsymbol{\lambda}^{\mathrm{T}}\boldsymbol{x})$$

这里 g 为单变量函数,则 f 关于 $\boldsymbol{y}$ 的方向导数为

$$D_y f(\boldsymbol{x})=\sum_{j=1}^{k}y_j\,\frac{\partial}{\partial x_j}f(\boldsymbol{x})=\sum_{j=1}^{k}y_j\lambda_j g^1(\boldsymbol{\lambda}^{\mathrm{T}}\boldsymbol{x})$$

$$=(\boldsymbol{\lambda}^{\mathrm{T}}\cdot\boldsymbol{y})g^1(\boldsymbol{\lambda}^{\mathrm{T}}\cdot\boldsymbol{x}) \tag{2.10}$$

$$D^{\alpha}\cdot f(\boldsymbol{x})=\frac{\partial^{|\boldsymbol{\alpha}|}}{\partial x_1^{\alpha_1}\cdots\partial x_k^{\alpha_k}}f(\boldsymbol{x})=\lambda_1^{\alpha_1}\cdots\lambda_k^{\alpha_k}g^{|\boldsymbol{\alpha}|}(\boldsymbol{\lambda}^{\mathrm{T}}\boldsymbol{x})$$

$$\tag{2.11}$$

其中 $\boldsymbol{y}=(y_1,\cdots,y_k)^{\mathrm{T}}$,$|\boldsymbol{\alpha}|=\alpha_1+\cdots+\alpha_k$.特别言之,对于 m 阶线性微分算子

$$q_m(D)=\sum_{|\boldsymbol{\alpha}|=m}q_m D^{\boldsymbol{\alpha}}$$

我们有

$$q_m(D)f=q_m(\boldsymbol{\lambda})g^{(m)}(\boldsymbol{\lambda}^{\mathrm{T}}\boldsymbol{x}) \tag{2.12}$$

在上面的记号下我们可建立差商泛函与一维差商的联系,即:

性质 6 （基本恒等式）

$$\int_{[\boldsymbol{x}^0,\cdots,\boldsymbol{x}^n]}q_m(D)f=q_m(\boldsymbol{\lambda})[\boldsymbol{\lambda}^{\mathrm{T}}\boldsymbol{x}^0,\cdots,\boldsymbol{\lambda}^{\mathrm{T}}\boldsymbol{x}^n]g^{(m-n)}$$

$$\tag{2.13}$$

证明 因为

$$\int_{[\boldsymbol{x}^0,\cdots,\boldsymbol{x}^n]}q_m(D)f$$

$$=q_m(\boldsymbol{\lambda})\int_{S^n}g^{(m)}(\boldsymbol{\lambda}^{\mathrm{T}}\cdot(v_0\boldsymbol{x}^0+\cdots+v_n\boldsymbol{x}^n))\mathrm{d}v_1\cdots\mathrm{d}v_n$$

$$=q_m(\boldsymbol{\lambda})\int_{S^n}g^{(m)}(v_0(\boldsymbol{\lambda}^{\mathrm{T}}\boldsymbol{x}^0)+\cdots+v_n(\boldsymbol{\lambda}^{\mathrm{T}}\boldsymbol{x}^n))\mathrm{d}v_1\cdots\mathrm{d}v_n$$

$$=q_m(\boldsymbol{\lambda})[\boldsymbol{\lambda}^{\mathrm{T}}\boldsymbol{x}^0,\cdots,\boldsymbol{\lambda}^{\mathrm{T}}\boldsymbol{x}^n]g^{(m-n)}$$

证毕.

性质 7　若 $f\in C^{(1)}(\mathbf{R}^k)$,则

$$\int_{[\boldsymbol{x}^0,\cdots,\boldsymbol{x}^n]} D_{\boldsymbol{x}^n-\boldsymbol{x}^0} f = \int_{[\boldsymbol{x}^1,\cdots,\boldsymbol{x}^n]} f - \int_{[\boldsymbol{x}^0,\cdots,\boldsymbol{x}^{n-1}]} f$$

$$(2.14)$$

$$\int_{[\boldsymbol{x}^0,\cdots,\boldsymbol{x}^n]} D_{\boldsymbol{y}} f = -\sum_{j=0}^{n} \mu_j \int_{[\boldsymbol{x}^0,\cdots,\boldsymbol{x}^{j-1},\boldsymbol{x}^{j+1},\cdots,\boldsymbol{x}^n]} f$$

$$(2.15)$$

其中 $\boldsymbol{y} = \sum_{j=0}^{n} \mu_j \boldsymbol{x}^j$, $\sum_{i=0}^{n} \mu_i = 0$.

证明 式(2.14)是式(2.15)当 $\boldsymbol{y} = \boldsymbol{x}^n - \boldsymbol{x}^0$ 时的特例. 先对特殊形式的函数类证明式(2.15). 为此设

$$f(\boldsymbol{x}) = g(\lambda_1 x_1 + \cdots + \lambda_k x_k) = g(\boldsymbol{\lambda}^{\mathrm{T}} \boldsymbol{x}) \in C^1(\boldsymbol{R}^k)$$

g 为单变量函数. 若取

$$q_1(D) = \sum_{p=1}^{k} \Big(\sum_{j=0}^{n} \mu_j x_p^j \Big) \frac{\partial}{\partial \boldsymbol{x}^p}$$

$$= D_{\boldsymbol{y}} \quad (x_p^j \text{ 是 } \boldsymbol{x}^j \text{ 的第 } p \text{ 个分量})$$

则由式(2.13)知

$$\int_{[\boldsymbol{x}^0,\cdots,\boldsymbol{x}^n]} D_{\boldsymbol{y}} f = \sum_{j=0}^{n} \mu_j(\boldsymbol{\lambda}^{\mathrm{T}} \boldsymbol{x}^j)[\boldsymbol{\lambda}^{\mathrm{T}} \boldsymbol{x}^0,\cdots,\boldsymbol{\lambda}^{\mathrm{T}} \boldsymbol{x}^n] g^{(1-n)}$$

这里 $g^{(1-n)}$ 是 g 的 $n-1$ 次不定积分. 对式(2.15)的右端利用式(2.13)(这时 $m=0$, n 替换为 $n-1$), 则

式(2.15)的右端

$$= -\sum_{j=0}^{n} \mu_j[\boldsymbol{\lambda}^{\mathrm{T}} \boldsymbol{x}^0,\cdots,\boldsymbol{\lambda}^{\mathrm{T}} \boldsymbol{x}^{j-1},\boldsymbol{\lambda}^{\mathrm{T}} \boldsymbol{x}^{j+1},\cdots,\boldsymbol{\lambda}^{\mathrm{T}} \boldsymbol{x}^n] g^{(1-n)}$$

$$(2.16)$$

根据一维差商的恒等式

$$\boldsymbol{\lambda}^{\mathrm{T}}(\boldsymbol{x}^j - \boldsymbol{x}^0)[\boldsymbol{\lambda}^{\mathrm{T}} \boldsymbol{x}^0,\cdots,\boldsymbol{\lambda}^{\mathrm{T}} \boldsymbol{x}^n] g^{(1-n)}$$

$$= [\boldsymbol{\lambda}^{\mathrm{T}} \boldsymbol{x}^1,\cdots,\boldsymbol{\lambda}^{\mathrm{T}} \boldsymbol{x}^n] g^{(1-n)} -$$

$$[\boldsymbol{\lambda}^{\mathrm{T}} \boldsymbol{x}^0,\cdots,\boldsymbol{\lambda}^{\mathrm{T}} \boldsymbol{x}^{j-1},\boldsymbol{\lambda}^{\mathrm{T}} \boldsymbol{x}^{j+1},\cdots,\boldsymbol{\lambda}^{\mathrm{T}} \boldsymbol{x}^n] g^{(1-n)}$$

即得

式(2.15) 的右端

$$= \sum_{j=1}^{n} \mu_j \{\boldsymbol{\lambda}^{\mathrm{T}}(\boldsymbol{x}^j - \boldsymbol{x}^0)[\boldsymbol{\lambda}^{\mathrm{T}}\boldsymbol{x}^0, \cdots, \boldsymbol{\lambda}^{\mathrm{T}}\boldsymbol{x}^n]g^{(1-n)} - [\boldsymbol{\lambda}^{\mathrm{T}}\boldsymbol{x}^1, \cdots, \boldsymbol{\lambda}^{\mathrm{T}}\boldsymbol{x}^n g^{(1-n)}]\} - \mu_0 [\boldsymbol{\lambda}^{\mathrm{T}}\boldsymbol{x}^1, \cdots, \boldsymbol{\lambda}^{\mathrm{T}}\boldsymbol{x}^n]g^{(1-n)}$$

$$(2.17)$$

注意到 $\sum\limits_{j=1}^{n} \mu_j(\boldsymbol{x}^j - \boldsymbol{x}^0) = \boldsymbol{y} = \sum\limits_{j=0}^{n} \mu_j \boldsymbol{x}^j$, $\sum\limits_{j=0}^{n} \mu_j = 0$, 即知对于 $f(\boldsymbol{x}) = g(\boldsymbol{\lambda}^{\mathrm{T}}\boldsymbol{x})$, 式(2.15) 成立.

再利用函数空间的关系 $\{g(\boldsymbol{\lambda}^{\mathrm{T}}\boldsymbol{x}), g \in C(\mathbf{R}^1), \boldsymbol{\lambda} \in \mathbf{R}^k\}$ 稠于 $C^{(1)}(\mathbf{R}^k)$(特别地, 可取 $\{g(\boldsymbol{\lambda}^{\mathrm{T}}\boldsymbol{x}) = e^{\mathrm{i}(\lambda_1 x_1 + \cdots + \lambda_k x_k)}, \boldsymbol{\lambda} \in \mathbf{R}^k\}$), 因而推知积分关系式(2.15) 对任意 $f \in C^{(1)}(\mathbf{R}^k)$ 成立. 证毕.

性质 8　若 $n \geqslant k+2$, $\boldsymbol{y} = \sum\limits_{j=0}^{n} \mu_j \boldsymbol{x}^j$, $\sum\limits_{j=0}^{n} \mu_j = 0$, 则

$$D_{\boldsymbol{y}}M(\boldsymbol{x} \mid \boldsymbol{x}^0, \cdots, \boldsymbol{x}^n)$$
$$= \sum_{j=0}^{n} \mu_j M(\boldsymbol{x} \mid \boldsymbol{x}^0, \cdots, \boldsymbol{x}^{j-1}, \boldsymbol{x}^{j+1}, \cdots, \boldsymbol{x}^n) \quad (\boldsymbol{x} \in \mathbf{R}^k)$$

$$(2.18)$$

证明　因为式(2.15) 对任意 $f \in C_0^{+\infty}(R^k)$ 成立, 所以

$$\int_{\boldsymbol{R}^k} D_{\boldsymbol{y}}f(\boldsymbol{x})M(\boldsymbol{x} \mid \boldsymbol{x}^0, \cdots, \boldsymbol{x}^n)\mathrm{d}\boldsymbol{x}$$
$$= -\int_{\boldsymbol{R}^k} f(\boldsymbol{x})\Big(\sum_{j=0}^{n} \mu_j M(\boldsymbol{x} \mid \boldsymbol{x}^0, \cdots, \boldsymbol{x}^{j-1}, \boldsymbol{x}^{j+1}, \cdots, \boldsymbol{x}^n)\Big)\mathrm{d}\boldsymbol{x}$$

$$(2.19)$$

故由广义函数理论与两端被积函数的连续性即知

$$D_{\boldsymbol{y}}M(\boldsymbol{x} \mid \boldsymbol{x}^0, \cdots, \boldsymbol{x}^n)$$
$$= \sum_{j=0}^{n} \mu_j M(\boldsymbol{x} \mid \boldsymbol{x}^0, \cdots, \boldsymbol{x}^{j-1}, \boldsymbol{x}^{j+1}, \cdots, \boldsymbol{x}^n)$$

现在回到定理 1 的证明.

因为 $M(\boldsymbol{x} \mid \boldsymbol{x}^0, \cdots, \boldsymbol{x}^{k+1}) \in C(\boldsymbol{R}^k)$，故重复利用式 (2.18) 即知 $M(\boldsymbol{x} \mid \boldsymbol{x}^0, \cdots, \boldsymbol{x}^n) \in C^{n-k-1}(\boldsymbol{R}^k)$，证得 (i).

当 $n = k+1$ 时，利用式 (2.15) 与 (1.11)，便有

$$\int_{\boldsymbol{R}^k} D_y f(\boldsymbol{x}) M(\boldsymbol{x} \mid \boldsymbol{x}^0, \cdots, \boldsymbol{x}^{k+1}) \mathrm{d}\boldsymbol{x}$$

$$= -\sum_{j=0}^n \mu_j \int_{\boldsymbol{R}^k} f(\boldsymbol{x}) \frac{1}{\mathrm{Vol}_k \sigma_j} \mathrm{d}\boldsymbol{x} \qquad (2.20)$$

这里 $\sigma_j = [\boldsymbol{x}^0, \cdots, \boldsymbol{x}^{j-1}, \boldsymbol{x}^{j+1}, \cdots, \boldsymbol{x}^n]$.

由于 $\{\boldsymbol{x}^0, \cdots, \boldsymbol{x}^{k+1}\}$ 中所有 k 个点的超平面把 $\boldsymbol{R}^k$ 分划成互不相交的区域 τ_1（由于超平面的测度为 0 国，故把超平面本身排除在外）. 因此，若 $f \in C_0^{+\infty}(\tau_1)$，则式 (2.20) 化为

$$\int_{\tau_1} D_y f(\boldsymbol{x}) M(\boldsymbol{x} \mid \boldsymbol{x}^0, \cdots, \boldsymbol{x}^{k+1}) \mathrm{d}\boldsymbol{x}$$

$$= -\sum_{j=0}^n \mu_j \int_{\tau_1} \frac{x_{\sigma_j}(\boldsymbol{x})}{\mathrm{Vol}_k \sigma_j} f(\boldsymbol{x}) \mathrm{d}\boldsymbol{x}$$

$$= C_1 \int_{\tau_1} f(\boldsymbol{x}) \mathrm{d}\boldsymbol{x} \qquad (2.21)$$

其中 C_1 依赖于 $\boldsymbol{x}^0, \cdots, \boldsymbol{x}^{k+1}$ 与诸 $\mu_j (0 \leqslant j \leqslant k+1)$.

完全仿照性质 8 的讨论即知 $M(\boldsymbol{x} \mid \boldsymbol{x}^0, \cdots, \boldsymbol{x}^{k+1})$ 在每个 τ_1 上必然是（坐标）仿射函数.

再从式 (2.18) 出发，并利用上述结果同理可知 $M(\boldsymbol{x} \mid \boldsymbol{x}^0, \cdots, \boldsymbol{x}^{k+2})$ 在 $\tau_1^{(1)}$ 上为 $\boldsymbol{x}^1, \cdots, \boldsymbol{x}^k$ 的总次数为 2 的多项式. 最后，重复递推即知 $M(\boldsymbol{x} \mid \boldsymbol{x}^0, \cdots, \boldsymbol{x}^n)$ 在由 $\{\boldsymbol{x}^0, \cdots, \boldsymbol{x}^n\}$ 的诸 k 个点所决定的超平面集合割切的互不相交的区域上是总次数不超过 $n-k$ 的多项式. 定理 1 证毕.

定理 2（多维 B 样条的递推公式） 设 $n > k+1$,

$$\boldsymbol{x} = \sum_{j=0}^{n} \lambda_j \boldsymbol{x}^j, \sum_{j=0}^{n} \lambda_j = 1, 则$$

$$M(\boldsymbol{x} \mid \boldsymbol{x}^0, \cdots, \boldsymbol{x}^n)$$

$$= \frac{1}{n-k} \sum_{j=0}^{n} \lambda_j M(\boldsymbol{x} \mid \boldsymbol{x}^0, \cdots, \boldsymbol{x}^{j-1}, \boldsymbol{x}^{j+1}, \cdots, \boldsymbol{x}^n)$$

$$(2.22)$$

注　当 $k = 1, n > 2$ 时,取 $\lambda_0 = \dfrac{x_n - x}{x_n - x_0}, \lambda_n =$

$\dfrac{x - x_0}{x_n - x_0}, \lambda_i = 0, 1 \leqslant i \leqslant n$,则式(2.22)即著名的

de Boor-Cox 递推公式

$$(n-1)M(x \mid x_0, \cdots, x_n)$$

$$= \frac{x_n - x}{x_n - x_0} M(x \mid x_0, \cdots, x_n) +$$

$$\frac{x - x_0}{x_n - x_0} M(x \mid x_0, \cdots, x_{n-1})$$

证明　若我们证得下列公式

$$M(\boldsymbol{x} \mid \boldsymbol{x}^0, \cdots, \boldsymbol{x}^n)$$

$$= \sum_{j=0}^{n} \lambda_j M(\boldsymbol{x} \mid \boldsymbol{z}; \boldsymbol{x}^0, \cdots, \boldsymbol{x}^{j-1}, \boldsymbol{x}^{j+1}, \cdots, \boldsymbol{x}^n)$$

$$\boldsymbol{z} = \sum_{0}^{n} \lambda_j \boldsymbol{x}^j, \sum_{0}^{n} \lambda_j = 1 \qquad (2.23)$$

则取 $\boldsymbol{z} = \boldsymbol{x}$,并利用式(2.7),立即证得式(2.22).

容易证明一维情形的式(2.23).因为这时表达式

$$[x_0, \cdots, x_n]f = \sum_{j=0}^{n} \mu_j [z; x_0, \cdots, x_{j-1}, x_{j+1}, \cdots, x_n]f$$

$$(2.24)$$

$$z = \sum_{j=0}^{n} \mu_j x_j, \sum_{j=0}^{n} \mu_j = 1$$

中两端 $f(x_i)$ 的系数相等,而且式(2.24)右端中的

$f(z)$ 的系数等于 0. 因此式(2.24)恒成立. 现证在一般情形下式(2.23)成立. 先设

$$f(x) = g(\boldsymbol{\lambda}^{\mathrm{T}} x) = g(\lambda_1 x_1 + \cdots + \lambda_k x_k)$$

g 为单变量函数. 由式(2.24)知

$$[\boldsymbol{\lambda}^{\mathrm{T}} x^0, \cdots, \boldsymbol{\lambda}^{\mathrm{T}} x^n] g^{(-n)}$$

$$= \sum_{j=0}^{n} \mu_j [\boldsymbol{\lambda}^{\mathrm{T}} z, \boldsymbol{\lambda}^{\mathrm{T}} x^0, \cdots, \boldsymbol{\lambda}^{\mathrm{T}} x^{j-1},$$

$$\boldsymbol{\lambda}^{\mathrm{T}} x^{j+1}, \cdots, \boldsymbol{\lambda}^{\mathrm{T}} x^n] g^{(-n)}$$

换言之

$$\int_{S^n} g(v_0(\boldsymbol{\lambda}^{\mathrm{T}} x^0) + \cdots + v_n(\boldsymbol{\lambda}^{\mathrm{T}} x^n)) \mathrm{d}v_1 \cdots \mathrm{d}v_n$$

$$= \sum_j \mu_j \int_{S^n} g(v_j(\boldsymbol{\lambda}^{\mathrm{T}} z) + v_0(\boldsymbol{\lambda}^{\mathrm{T}} x^0) + \cdots +$$

$$v_{j-1}(\boldsymbol{\lambda}^{\mathrm{T}} x^{j-1}) + v_{j+1}(\boldsymbol{\lambda}^{\mathrm{T}} x^{i+1}) + \cdots +$$

$$v_n(\boldsymbol{\lambda}^{\mathrm{T}} x^n)) \mathrm{d}v_1 \cdots \mathrm{d}v_n$$

再由式(1.5)知上式即

$$\int_{\mathbf{R}^k} f(x) M(x \mid x^0, \cdots, x^n) \mathrm{d}x$$

$$= \sum_j \mu_j \int_{\mathbf{R}^k} f(x) M(x \mid z; x^0, \cdots, x^{j-1}, x^{j+1}, \cdots, x^n) \mathrm{d}x$$

再次利用 $\{g(\boldsymbol{\lambda}^{\mathrm{T}} x), \boldsymbol{\lambda} \in \mathbf{R}^k\}$ 稠于 $L(\mathbf{R}^k)$ 的性质即知上式对任意 $f \in L(\mathbf{R}^k)$ 成立, 证得式(2.23).

至此, 我们证完了单个 B 样条的一些最为重要的基本性质. 在应用递推公式计算多维 B 样条时, 最后归结为计算 $M(x \mid x^{j_0}, \cdots, x^{j_{k+1}})$. 但是若要使递推公式仍然成立, 这时就将涉及如何适当地确定 $M(x \mid x^{j_0}, \cdots, x^{j_k})$ 的边界值. 这是一个麻烦的问题, 对于 $k > 2$ 并无完整的讨论, 这里我们对常用的 $k = 1$, 2 的情形给出其边界值.

情形 $1(k=1)$. 这时只需取如下的边界值

$$M(t \mid x_0, x_1)$$

$$= \begin{cases} \dfrac{\alpha_L}{x_1 - x_0}, & x = x_0 \\[2mm] \dfrac{1}{x_1 - x_0}, & x_0 < x < x_1, \alpha_R, \alpha_L \geqslant 0 \\[2mm] \dfrac{\alpha_R}{x_1 - x_0}, & x = x_1, \alpha_R + \alpha_L = 1 \\[2mm] 0, & \text{其他} \end{cases} \quad (2.25)$$

容易证明 $M(t \mid x_0, x_1, x_2)$ 可按递推公式由 $n = 2$(按式(2.25))计算,且此时 $M(t \mid x_0, x_1, x_2)$ 是属于 $C(\mathbf{R}^1)$ 的"屋顶"函数. 为方便计算,通常取 $\alpha_L = \alpha_R = \dfrac{1}{2}$ 或 $\alpha_L = 0(1)$ 或 $\alpha_R = 1(0)$.

情形 $2(k=2)$. 设 $k=2$,这时计算 $M(\boldsymbol{x} \mid \boldsymbol{x}^0, \boldsymbol{x}^1, \boldsymbol{x}^2, \boldsymbol{x}^3)$ 要涉及如何确定诸 $M(\boldsymbol{x} \mid \boldsymbol{x}^{j_0}, \boldsymbol{x}^{j_1}, \boldsymbol{x}^{j_2})$ 的边界值.

注意当 $k=2$ 时,$\{\boldsymbol{x}^0, \boldsymbol{x}^1, \boldsymbol{x}^2, \boldsymbol{x}^3\}$ 的凸包可以有如图 5 所示的两种情形,因此必须予以分别讨论.

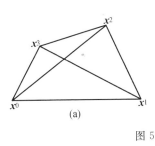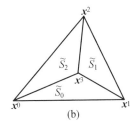

图 5

对于图 5(a),若规定

$$M(\boldsymbol{x}^i, \boldsymbol{x}^j, \boldsymbol{x}^k)$$

$$= \begin{cases} 0, & x \overline{\in} [x^i, x^j, x^k] \\ \dfrac{1}{\alpha \mathrm{Area}[x^i, x^j, x^k]}, & x \in [x^i, x^j, x^k] \text{ 的边界} \\ \dfrac{1}{\mathrm{Area}[x^i, x^j, x^k]}, & x \in [x^i, x^j, x^k] \text{ 的内部} \end{cases}$$

其中 i, j, k 两两相异,且 $0 \leqslant i, j, k \leqslant 3$,$\alpha = 1$ 或 2.

当 $\alpha = 2$ 时

$$M(x \mid x^0, \cdots, x^3)$$
$$= \lambda_0 M(x \mid x^1, x^2, x^3) + \lambda_1 M(x \mid x^0, x^2, x^3) +$$
$$\lambda_2 M(x \mid x^0, x^1, x^3) + \lambda_3 M(x \mid x^0, x^1, x^2)$$

$$\tag{2.27}$$

对于图 5(b)(当有顶点 x^3 落于 $[x^0, x^1, x^2]$ 内部时),我们证明在下述边界条件约定下,式(2.27)仍然成立:

(1) 对于 $M(x \mid x^0, x^1, x^2)$ 其边界约定由式(2.26)给出,且其中的 α 等于 1.

(2) 对含 x^3 的 $M(x \mid x^i, x^j, x^3)$ 做如下约定

$$M(x \mid x^i, x^j, x^3)$$
$$= \begin{cases} 0, & x = x^i, x^j \\ \dfrac{1}{\mathrm{Area}[x^0, x^1, x^2]}, & x = x^3 \\ \dfrac{1}{\mathrm{Area}[x^i, x^j, x^3]}, & x \in [x^i, x^j, x^3] \text{ 的内部} \\ \dfrac{1}{2\mathrm{Area}[x^i, x^j, x^3]}, & x \in \overline{x^i x^j}, \overline{x^i x^3}, \overline{x^j x^3} \\ & \quad \text{等线段的内部} \end{cases}$$

$$\tag{2.28}$$

证明 若 $M(x \mid x^0, x^1, x^2, x^3)$ 由式(2.27)给出,则当 $x \in [x^0, x^1, x^3]$ 的内部(记为 $\tilde{S}_0$)时

912

$$M(\boldsymbol{x} \mid \boldsymbol{x}^1, \boldsymbol{x}^2, \boldsymbol{x}^3) = M(\boldsymbol{x} \mid \boldsymbol{x}^0, \boldsymbol{x}^2, \boldsymbol{x}^3) = 0$$

另外,因为恒有

$$\begin{cases} 1 - \lambda_3 = \lambda_0 + \lambda_1 + \lambda_2 \\ x_3 - \lambda_3 x_3 = \lambda_0 x_0 + \lambda_1 x_1 + \lambda_2 x_2 \end{cases}$$

$$\Rightarrow \lambda_2 = \frac{\det(\boldsymbol{x}^0, \boldsymbol{x}^1, \boldsymbol{x}) - \lambda_3 \det(\boldsymbol{x}^0, \boldsymbol{x}^1, \boldsymbol{x}^3)}{\det(\boldsymbol{x}^0, \boldsymbol{x}^1, \boldsymbol{x}^2)}$$

将上面的结果代入式(2.27)即得

$$M(\boldsymbol{x} \mid \boldsymbol{x}^0, \boldsymbol{x}^1, \boldsymbol{x}^2, \boldsymbol{x}^3)$$

$$= \frac{\det(\boldsymbol{x}^0, \boldsymbol{x}^1, \boldsymbol{x})}{2\operatorname{Area}(\boldsymbol{x}^0, \boldsymbol{x}^1, \boldsymbol{x}^3)\operatorname{Area}(\boldsymbol{x}^0, \boldsymbol{x}^1, \boldsymbol{x}^2)} \quad (\boldsymbol{x} \in \tilde{S}_0)$$

$$(2.29)$$

同理可得

$$M(\boldsymbol{x} \mid \boldsymbol{x}^0, \boldsymbol{x}^1, \boldsymbol{x}^2, \boldsymbol{x}^3)$$

$$= \frac{\det(\boldsymbol{x}, \boldsymbol{x}^1, \boldsymbol{x}^2)}{2\operatorname{Area}(\boldsymbol{x}^1, \boldsymbol{x}^2, \boldsymbol{x}^3)\operatorname{Area}(\boldsymbol{x}^0, \boldsymbol{x}^1, \boldsymbol{x}^2)} \quad (\boldsymbol{x} \in \tilde{S}_1)$$

$$(2.30)$$

$$M(\boldsymbol{x} \mid \boldsymbol{x}^0, \boldsymbol{x}^1, \boldsymbol{x}^2, \boldsymbol{x}^3)$$

$$= \frac{\det(\boldsymbol{x}^0, \boldsymbol{x}, \boldsymbol{x}^2)}{2\operatorname{Area}(\boldsymbol{x}^0, \boldsymbol{x}^2, \boldsymbol{x}^3)\operatorname{Area}(\boldsymbol{x}^0, \boldsymbol{x}^1, \boldsymbol{x}^2)} \quad (\boldsymbol{x} \in \tilde{S}_2)$$

$$(2.31)$$

注意,这里用了公式 $\frac{1}{2} \mid \det(\boldsymbol{x}, \boldsymbol{y}, \boldsymbol{z}) \mid = \operatorname{Area}(\boldsymbol{x}, \boldsymbol{y}, \boldsymbol{z})$,且当 $\boldsymbol{x}, \boldsymbol{y}, \boldsymbol{z}$ 依逆时针方向时,$\det(\boldsymbol{x}, \boldsymbol{y}, \boldsymbol{z})$ 取正值.

式(2.29)~(2.31)表明,当 $\boldsymbol{x}$ 趋于线段 $\boldsymbol{x}^0 \boldsymbol{x}^1$,$\boldsymbol{x}^1 \boldsymbol{x}^2$,$\boldsymbol{x}^2 \boldsymbol{x}^0$ 时,$M(\boldsymbol{x} \mid \boldsymbol{x}^0, \boldsymbol{x}^1, \boldsymbol{x}^2, \boldsymbol{x}^3) \to 0$.若将 $\boldsymbol{y}$ 表示为 $\sum_{i=0}^{3} \lambda_i \boldsymbol{x}^i$(这种表示法不唯一)且属于线段 $\boldsymbol{x}^0 \boldsymbol{x}^1$,则按式(2.27)应有

$$M(\boldsymbol{y} \mid \boldsymbol{x}^0, \boldsymbol{x}^1, \boldsymbol{x}^2, \boldsymbol{x}^3)$$

$$= \frac{\lambda_2}{\mathrm{Area}(\boldsymbol{x}^0, \boldsymbol{x}^1, \boldsymbol{x}^3)} + \frac{\lambda_3}{\mathrm{Area}(\boldsymbol{x}^0, \boldsymbol{x}^1, \boldsymbol{x}^2)}$$

但因为 $\boldsymbol{y} = \widetilde{\lambda}_0 \boldsymbol{x}^0 + \widetilde{\lambda}_3 \boldsymbol{x}^3 = \lambda_0 \boldsymbol{x}^0 + \lambda_1 \boldsymbol{x}^1 + \lambda_2 \boldsymbol{x}^2 + \lambda_3 \boldsymbol{x}^3$，所以

$$0 = \det(\boldsymbol{x}^0, \boldsymbol{x}^1, \boldsymbol{x})$$

$$= \lambda_2 \det(\boldsymbol{x}^0, \boldsymbol{x}^1, \boldsymbol{x}^2) + \lambda_3 \det(\boldsymbol{x}^0, \boldsymbol{x}^1, \boldsymbol{x}^3) = 0$$

故当 $\boldsymbol{y} \in \overline{\boldsymbol{x}^0 \boldsymbol{x}^1}$ 的内部时，$M(\boldsymbol{y} \mid \boldsymbol{x}^0, \boldsymbol{x}^1, \boldsymbol{x}^2, \boldsymbol{x}^3) = 0$.

同理可证，当 $\boldsymbol{y} \in$ 线段 $\overline{\boldsymbol{x}^1 \boldsymbol{x}^2}$，$\overline{\boldsymbol{x}^2 \boldsymbol{x}^0}$ 的内部时，$M(\boldsymbol{y} \mid \boldsymbol{x}^0, \boldsymbol{x}^1, \boldsymbol{x}^2, \boldsymbol{x}^3) = 0$，即证 $M(\boldsymbol{x} \mid \boldsymbol{x}^0, \boldsymbol{x}^1, \boldsymbol{x}^2, \boldsymbol{x}^3)$ 在上述诸线段上的连续性.

其次，按约定易见 $M(\boldsymbol{x}^i \mid \boldsymbol{x}^0, \boldsymbol{x}^1, \boldsymbol{x}^2, \boldsymbol{x}^3) = 0, i = 0, 1, 2$，且由式（2.29）～（2.31），当 $\boldsymbol{x}$ 分别趋于 $\boldsymbol{x}^i (i = 0, 1, 2)$ 时，亦有 $M(\boldsymbol{x} \mid \boldsymbol{x}^0, \boldsymbol{x}^1, \boldsymbol{x}^2, \boldsymbol{x}^3) \to 0$. 又若 $\boldsymbol{x} = \boldsymbol{x}^3$，则由式（2.27）与约定（2.26）及(1)(2) 即知

$$M(\boldsymbol{x}^3 \mid \boldsymbol{x}^0, \boldsymbol{x}^1, \boldsymbol{x}^2, \boldsymbol{x}^3) = \frac{1}{\mathrm{Area}(\boldsymbol{x}^0, \boldsymbol{x}^1, \boldsymbol{x}^2)}$$

另外，当 $\boldsymbol{x} \to \boldsymbol{x}^3$ 时，式（2.29）～（2.31）的极限均为 $\dfrac{1}{\mathrm{Area}(\boldsymbol{x}^0, \boldsymbol{x}^1, \boldsymbol{x}^2)}$，故证得 $M(\boldsymbol{x} \mid \boldsymbol{x}^0, \boldsymbol{x}^1, \boldsymbol{x}^2, \boldsymbol{x}^3)$ 在 $\boldsymbol{x}^i$ $(i = 0, 1, 2, 3)$ 的连续性.

最后说明 $M(\boldsymbol{x} \mid \boldsymbol{x}^0, \boldsymbol{x}^1, \boldsymbol{x}^2, \boldsymbol{x}^3)$ 在线段 $\overline{\boldsymbol{x}^0 \boldsymbol{x}^3}$，$\overline{\boldsymbol{x}^1 \boldsymbol{x}^3}$，$\overline{\boldsymbol{x}^2 \boldsymbol{x}^3}$ 上的连续性. 为此设 $\boldsymbol{x} \in \widetilde{S}_0$ 或 $\widetilde{S}_2$，且

$$\boldsymbol{x} \to \boldsymbol{y} = \sum_{i=0}^{3} \lambda_i \boldsymbol{x}^i = \widetilde{\lambda}_0 \boldsymbol{x}^0 + \widetilde{\lambda}_3 \boldsymbol{x}^3$$

于是按照式（2.27）与约定即得

$$M(\boldsymbol{y} \mid \boldsymbol{x}^0, \boldsymbol{x}^1, \boldsymbol{x}^2, \boldsymbol{x}^3)$$

$$= \frac{\lambda_1}{2\mathrm{Area}(\boldsymbol{x}^0, \boldsymbol{x}^2, \boldsymbol{x}^3)} + \frac{\lambda_2}{2\mathrm{Area}(\boldsymbol{x}^0, \boldsymbol{x}^1, \boldsymbol{x}^3)} +$$

$$\frac{\lambda_3}{\mathrm{Area}(\boldsymbol{x}^0,\boldsymbol{x}^1,\boldsymbol{x}^2)} \tag{2.32}$$

但由式(2.29) $\sim$ (2.31)可知,这时 $M(\boldsymbol{x}\mid \boldsymbol{x}^0,\boldsymbol{x}^1,\boldsymbol{x}^2,$ $\boldsymbol{x}^3)$ 分别趋于

$$\frac{\det(\boldsymbol{y},\boldsymbol{x}^0,\boldsymbol{x}^1)}{2\mathrm{Area}(\boldsymbol{x}^0,\boldsymbol{x}^1,\boldsymbol{x}^3)\mathrm{Area}(\boldsymbol{x}^0,\boldsymbol{x}^1,\boldsymbol{x}^2)}$$

$$=\frac{\lambda_2}{\mathrm{Area}(\boldsymbol{x}^0,\boldsymbol{x}^1,\boldsymbol{x}^3)}+\frac{\lambda_3}{\mathrm{Area}(\boldsymbol{x}^0,\boldsymbol{x}^1,\boldsymbol{x}^2)} \tag{2.33}$$

与

$$\frac{\det(\boldsymbol{x}^0,\boldsymbol{y},\boldsymbol{x}^2)}{2\mathrm{Area}(\boldsymbol{x}^0,\boldsymbol{x}^2,\boldsymbol{x}^3)\mathrm{Area}(\boldsymbol{x}^0,\boldsymbol{x}^1,\boldsymbol{x}^2)}$$

$$=\frac{\lambda_1}{\mathrm{Area}(\boldsymbol{x}^0,\boldsymbol{x}^2,\boldsymbol{x}^3)}+\frac{\lambda_3}{\mathrm{Area}(\boldsymbol{x}^0,\boldsymbol{x}^1,\boldsymbol{x}^2)} \tag{2.34}$$

因为这时恒等式

$$0=\det(\boldsymbol{x}^0,\boldsymbol{y},\boldsymbol{x}^3)$$
$$=\lambda_1\det(\boldsymbol{x}^0,\boldsymbol{x}^1,\boldsymbol{x}^3)+\lambda_2\det(\boldsymbol{x}^0,\boldsymbol{x}^2,\boldsymbol{x}^3)$$

成立,所以

$$\frac{\lambda_1}{\mathrm{Area}(\boldsymbol{x}^0,\boldsymbol{x}^2,\boldsymbol{x}^3)}=\frac{\lambda_2}{\mathrm{Area}(\boldsymbol{x}^0,\boldsymbol{x}^1,\boldsymbol{x}^3)}$$

换言之,式(2.32) $\sim$ (2.34)三个式子相等,即证得在线段 $\overline{\boldsymbol{x}^0\boldsymbol{x}^3}$ 上的连续性,同理可证在 $\overline{\boldsymbol{x}^1\boldsymbol{x}^3}$, $\overline{\boldsymbol{x}^2\boldsymbol{x}^3}$ 诸线段上的连续性.

综上,证得 $M(\boldsymbol{x}\mid \boldsymbol{x}^0,\boldsymbol{x}^1,\boldsymbol{x}^2,\boldsymbol{x}^3)\in C(\mathbf{R}^2)$.

至此,我们可用推递公式及约定计算得到一切 $M(\boldsymbol{x}\mid \boldsymbol{x}^0,\cdots,\boldsymbol{x}^n)(\boldsymbol{x},\boldsymbol{x}^i\in \mathbf{R}^k,k=1,2)$.

§3　结　束　语

上面我们初步介绍了一些多维 B 样条的基本性

质.实际上,还有许多人从不同的角度出发讨论了 §2 中的一些定理.例如,W.Dahmen 从研究广义微分方程

$$\prod_{1 \leqslant i \leqslant n} D_x^i G(x,z) = \delta(x-z)$$

的基本解出发证明了 B 样条的递推公式;deBoor 与 Höllig 用凸多面体的"投影"定义了 B 样条,并用 Stokes 定理证明了递推公式.由于这些结果涉及较多的数学知识,这里我们就不细述了.总之,由单个多维 B 样条的生成法则可按图形的节点图像构造 B 样条函数系,从而可构造各种类似于一维的逼近模型.需要注意的是插值问题尚待更深入的分析,因为多维 B 样条函数系的线性独立性问题是一个麻烦的问题.

此外 Dahmen 与 Micchelli 还研究了多维 B 样条的极限分布与多维 Polya-Laguerre 整函数类 E_k 的关系,以及多维 B 样条函数的某种 V.D.性质.

以上是多维 B 样条的一些理论结果.由于许多这方面的结果都仅是内部报告,尚未公开发表,因此这里所述的仅仅是部分结果,有兴趣的读者可进一步注意这方面的文章.从实用观点来看,我们应尽快着手编制这方面的程序,并考虑如何将其应用于实际问题.

第 10 编
Bézier 曲线的应用

基于四阶 Bézier 曲线的无人车可行轨迹规划[①]

第 1 章

　　对于实际的无人车系统来说,轨迹规划需要保证其规划出来的轨迹满足运动学约束、侧滑约束以及执行机构约束.为了生成满足无人车初始状态约束、目标状态约束的局部可行轨迹,中国科学院沈阳自动化研究所机器人国家重点实验室的陈成、何玉庆、卜春光和韩建达四位研究员于 2015 年提出了一种基本四阶 Bézier 曲线的轨迹规划方法.在该方法中,轨迹规划问题被分解为轨形规划及速度规划两个子问题.为了满足运动学约束、初始

---

①　本章摘自《自动化学报》2015 年第 3 期.

状态约束、目标状态约束以及曲率连续约束,本章采用由 3 个参数确定的四阶 Bézier 曲线来规划轨迹形状.为了保证转向机构可行,本章进一步采用优化方法求解一组最优参数,从而规划出曲率变化最小的轨线.对于轨线执行速度规划,为了满足速度连续约束、加速度连续约束、加速度有界约束以及目标状态侧滑约束,本章先求解了可行的轨迹执行耗时区间,再进一步在该区间中求解能够保证任意轨迹点满足侧滑约束的耗时,最后再由该耗时对任意点速度进行规划.本章结合实际无人车的应用对轨迹搜索空间生成、道路行车模拟以及路径跟踪进行了仿真实验,并基于实际的环境数据进行了轨迹规划实验.

在过去,无人车一直是机器人领域的热点研究问题.对于无人车来说,生成一条从初始状态到目标状态的轨迹是其自主导航行为的基础.研究人员对这一问题进行了大量的研究,主要研究内容是如何生成一条轨迹,然而对生成的轨迹是否满足运动学约束、侧滑约束以及执行机构约束,即轨迹的可行性的研究相对较少.

对于无人车这一受非完整性约束的系统,研究人员通常基于车体模型进行轨迹规划.按照车体模型的精确程度,轨迹规划方法可以进一步分为基于模型预测控制(Model predictive control,MPC)以及基于几何轨线的规划方法.基于模型预测的无人车轨迹规划方法首先由 Kelly 等人提出.在该类方法中,无人车相对于行驶距离的曲率由参数化的多项式表示.通过优化的方法,如梯度下降法,不断调整多项式参数,使得轨迹的末端状态不断靠近期望目标状态.最终得到一

920

组参数,使得无人车能够由初始状态到达目标状态.文献[1-4]进一步将该方法扩展到在不同场景下由不同移动机构驱动的机器人系统中.对于无人车的速度规划则采用常速度、定加(或减)速度的方式进行.该类方法存在 3 个主要问题:

(1)对于实际的无人车系统来说,生成轨迹的可行性无法保证.为了解决这一问题,首先需要生成若干条备选轨迹,再从这些轨迹中选择一条可行的轨迹作为无人车的执行轨迹.因此,大量的时间被浪费在生成不可行的轨迹上.

(2)该方法对初始的曲率参数极为敏感.若初始参数与最优参数偏差较远,则该方法通常无法收敛到目标状态.

(3)该方法在生成轨迹时,需要不断地对车体模型进行前向模拟,该模拟过程需要消耗大量的时间.

为了解决问题(2)和问题(3),研究人员通常在内存中预先存储大量的参数与状态的对应关系表.在实际的无人车系统中,该对应关系表通常会消耗数百兆内存.

部分研究人员采用几何轨线,如线段圆弧、螺旋曲线、β 样条曲线、Bézier 曲线等,来近似无人车的运动学约束,从而进行轨迹规划.然而,这些方法对车体的执行机构约束的考虑较少.Gomez-Bravo 等人基于 β 样条曲线,针对停车这一典型操作进行了研究.该方法生成了曲率连续同时满足避碰约束的曲线,但对曲率边界并不做约束.Gomez-Bravo 等人仅仅在转向能力较强的小型电动车上进行了实验.Jolly 等人基于三阶 Bézier 曲线,对多机器人轨迹规划问题进行了研究.由于 Jolly 等人主要针对差动转向的机器人进行研究,因此他们提出的方法并没有考虑曲率约束,而是仅考虑了加速度约束.Choi 等人基于 Bézier 曲线规划出了曲率连续的轨迹.为了同时保证曲率连续以及数值的稳定性,Choi 等人将低阶的 Bézier 曲线连接生成了曲率连续的轨迹.然而 Choi 等人并没有对曲率边界进行约束,也没有给出算法的实时性分析.

本章对无人车的可行轨迹规划问题进行了研究,与之前的研究相比,本章在以下几个方面有所不同.

(1)本章提出的轨迹规划方法是基于四阶 Bézier 曲线的,其生成的轨迹满足运动学约束,并且轨迹以及轨迹曲率是连续的.

(2)本章生成的轨迹曲率是有界的,该边界由无人车的转向能力确定,从而保证该轨迹对于转向机构来说是可行的.

(3)本章生成的轨迹速度及加速度是连续的,并且加速度是有界的.

(4)本章提出的轨迹规划方法对参数初值是不敏感的,不需要预先存储参数与状态的对应关系.

本章的结果如下:首先,在 §1 中分别对无人车可行轨迹规划问题以及四阶 Bézier 曲线基础知识进行了介绍.在 §2 的第 1 部分中,无人车轨迹规划问题被分解为轨线规划及速度规划两个子问题.其次,为了满足车体运动学约束、初始状态约束、目标状态约束以及曲率连续有界约束,在 §2 的第 2 部分中,轨线规划问题被简化为求解一组满足曲率有界约束的四阶 Bézier 曲线参数.最后,为了执行该轨迹,§2 的第 3 部分在满足速度连续约束、加速度连续有界约束以及侧滑约束的

条件下进行了速度规划.

§1　基 础 知 识

1. 问题描述

对于移动机器人来说,轨迹生成问题主要研究如何生成一系列动作,使得机器人由初始状态到达目标状态. 对于无人车来说,其初始状态包括其二维坐标(x,y)、航向角 ψ 以及曲率 κ,如图 1 所示(L:前后轮轴距;Ψ:前轮转向角;α:转弯半径;r:航向角).

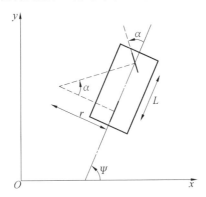

图 1　无人车前轮转向模型

曲率、转弯半径、前后轮轴距以及前轮转向角之间的关系为

$$\kappa = \frac{1}{r} = \frac{\tan \alpha}{L} \qquad (1.1)$$

对于采用转向和速度作为控制量的地面移动机器人来说,其运动学模型为

$$\begin{cases} \dot{\psi}(t) = v(t)\kappa(t) \\ \dot{x}(t) = v(t)\cos(\psi(t)) \\ \dot{y}(t) = v(t)\sin(\psi(t)) \end{cases} \quad (1.2)$$

那么,无人车的轨迹生成问题可以总结为规划一系列动作,使得无人车从初始状态 $\boldsymbol{X}_I = (x_I \quad y_I \quad \psi_I \quad \kappa_I)^T$ 到达目标状态 $\boldsymbol{X}_T = (x_T \quad y_T \quad \psi_T \quad \kappa_T)^T$.

近几十年来,针对无人车的轨迹规划已有大量的研究.然而,由于受无人车运动学约束、动力学约束以及执行机构约束,该问题并没有完全解决.对于无人车来说,其动力学非常复杂.本章仅考虑不发生侧向滑动这一最基本的动力学约束.

2. 四阶 Bézier 曲线

由于本章提出的方法是基于四阶 Bézier 曲线的,本节仅对其相关的特性进行介绍,详细的 Bézier 曲线资料可参考文献[5].

如图 2 所示,由 5 个控制点唯一确定的平面四阶 Bézier 曲线具有以下特性:

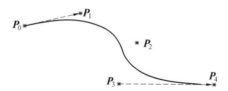

图 2 四阶 Bézier 曲线示例

(1)其参数化表达式为

$$\boldsymbol{P}(\tau) = \boldsymbol{P}_0(1-\tau)^4 + 4\boldsymbol{P}_1(1-\tau)^3\tau +$$
$$6\boldsymbol{P}_2(1-\tau)^2\tau^2 + 4\boldsymbol{P}_3(1-\tau)\tau^3 +$$
$$\boldsymbol{P}_4\tau^4 \quad (\tau \in [0,1])$$

(2)曲线经过第 1 个及第 5 个控制点,即

$$\boldsymbol{P}(0) = \boldsymbol{P}_0$$

$$\boldsymbol{P}(1) = \boldsymbol{P}_4$$

（3）曲线在端点处的切向量为

$$\boldsymbol{P}'(0) = 4(\boldsymbol{P}_1 - \boldsymbol{P}_0)$$

$$\boldsymbol{P}'(1) = 4(\boldsymbol{P}_4 - \boldsymbol{P}_3)$$

（4）曲线在任一点的曲率为

$$\kappa(\tau) = \frac{x'(\tau)y''(\tau) - y'(\tau)x''(\tau)}{(x'^2(\tau) + y'^2(\tau))^{\frac{3}{2}}} \qquad (1.3)$$

曲线在初始端点处的曲率为

$$\kappa(0) = \frac{3}{4} \times \frac{|(\boldsymbol{P}_1 - \boldsymbol{P}_0) \times (\boldsymbol{P}_2 - \boldsymbol{P}_1)|}{|\boldsymbol{P}_1 - \boldsymbol{P}_0|^3} \qquad (1.4)$$

（5）曲线具有仿射变换不变的特性.

§2　轨迹生成算法

1. 问题分解

为了简化轨迹生成算法,在这里首先将无人车的速度控制以及转向控制进行解耦.无人车相对于时间的线速度以及相对于移动距离的曲率可以表示为

$$v(t) = \frac{\mathrm{d}s}{\mathrm{d}t}$$

$$\kappa(s) = \frac{\mathrm{d}\psi}{\mathrm{d}s} \qquad (2.1)$$

将式(2.1)带入式(1.2),并且对无人车走过的距离 s 进行积分,无人车的状态可以表示为

$$\begin{cases} \psi(s) = \psi_0 + \int_0^s \kappa(s)\mathrm{d}s \\ x(s) = x_0 + \int_0^s \cos(\psi(s))\mathrm{d}s \\ y(s) = y_0 + \int_0^s \sin(\psi(s))\mathrm{d}s \end{cases} \qquad (2.2)$$

显然,无人车的轨迹形状以及无人车在各点的航向角仅与无人车的移动距离以及在不同距离的曲率(前轮转向角)有关.在无人车不发生侧向滑动的条件下,无人车的速度仅影响完成该轨迹所消耗的时间.因此,无人车的轨迹规划可以分为两个步骤:

(1)生成合适的曲率,以规划出满足初始状态 X_I 以及目标状态 X_T 的轨线(即为轨形规划).

(2)生成合适的速度,以执行生成的轨线(即为速度规划).

为了保证轨迹是可行的,合适的曲率应满足以下 4 个条件:

(1)该曲率生成的轨线应满足无人车运动学约束[①].

(2)车体在 $s=0$ 及 $s=s_T$ 的状态分别为 X_I 和 X_T.

(3)为了保证连续的前轮转向角,$\kappa(s)$ 应连续.

(4)为了保证转向机构可执行该轨迹,$\kappa(s)$ 应有界,该界限由无人车的转向能力决定.

同样,合适的执行速度应满足以下 3 个条件:

(1)速度及加速度连续.

(2)无人车以该速度执行该轨迹不会发生侧向滑动.

---

① 四阶 Bézier 曲线本身已满足式(1.2)的运动学约束.

（3）为了保证无人车可执行该速度,应有界,该界限由无人车加速度能力决定.

对于单一轨迹,以上 7 个条件必须满足.并且对于由多条轨迹首尾相连构成的路径来说,为了保证整条路径的可行性,该路径上任意一段轨迹以及两段轨迹的连接点必须满足以上 7 个条件.

2. 轨形规划

（1）轨线参数化.

由于其基本特性,早期已有部分研究人员采用 Bézier 曲线生成轨迹.然而,由于高阶 Bézier 曲线的数值稳定性较差,研究通常采用二阶或三阶 Bézier 曲线.为了解决数值稳定性问题,本章提出了一种新的四阶 Bézier 曲线参数化方法.

为了简化数学推导过程,首先对初始状态的无人车进行旋转平移,使得 $\boldsymbol{X}_1 = \begin{pmatrix} 0 & 0 & 0 & \kappa_1 \end{pmatrix}^{\mathrm{T}}$.由平面 Bézier 曲线的仿射变换不变的特性可知,该旋转平移不会影响曲线的形状.四阶 Bézier 曲线可以通过满足初始状态以及目标状态进行参数化.

① 初始状态约束 $\boldsymbol{X}_s(0) = \boldsymbol{X}_1$.

初始状态的位置约束可以简单地通过设置第 1 个控制点 $\boldsymbol{P}_0 = (0,0)$ 来满足.设 $d_1 = |\boldsymbol{P}_0\boldsymbol{P}_1|$,那么为了满足初始航向角约束,由 Bézier 曲线的端点切向量特性可以得到第 1 个控制点的坐标为

$$\boldsymbol{P}_1 = \begin{pmatrix} x_1 \\ y_1 \end{pmatrix} = \begin{pmatrix} d_1 \\ 0 \end{pmatrix} \qquad (2.3)$$

为了满足 Bézier 曲线在第 1 个控制点的曲率约束 κ_1,第 2 个控制点的坐标为

$$\boldsymbol{P}_2 = \begin{pmatrix} x_2 \\ y_2 \end{pmatrix} = \begin{pmatrix} x_2 \\ \dfrac{4\kappa_1 d_1^2}{3} \end{pmatrix} \tag{2.4}$$

② 目标状态约束 $\boldsymbol{X}_s(s_{\mathrm{T}}) = \boldsymbol{X}_{\mathrm{T}}$.

目标状态的位置约束可以通过设定 $\boldsymbol{P}_4 = (x_{\mathrm{T}}, y_{\mathrm{T}})$ 来满足. 设 $d_4 = |\boldsymbol{P}_3 \boldsymbol{P}_4|$,为了满足目标状态的航向角约束,第 4 个控制点的坐标应为

$$\boldsymbol{P}_3 = \begin{pmatrix} x_3 \\ y_3 \end{pmatrix} = \begin{pmatrix} x_{\mathrm{T}} - d_4 \cos \psi_{\mathrm{T}} \\ y_{\mathrm{T}} - d_4 \sin \psi_{\mathrm{T}} \end{pmatrix} \tag{2.5}$$

以上推导过程已满足无人车的初始状态约束及目标状态约束,同时得到了四阶 Bézier 曲线的 5 个控制点坐标. 这 5 个控制点中仅有 3 个自由变量 $p = (d_1, d_4, x_2)$,即这 3 个自由变量可以唯一确定 5 个控制点,进一步可以唯一确定该四阶 Bézier 曲线.

(2) 曲率连续有界约束.

通过以上参数化方法,由 3 个自由变量确定的 Bézier 曲线已满足车体运动学约束、初始状态约束及目标状态约束. 轨线曲率连续有界约束通过以下方法满足.

① 曲率连续约束.

由四阶 Bézier 曲线曲率式(1.3)可知,轨线曲率仅在以下条件成立时不连续.

$$x'(\tau) = y'(\tau) = 0 \tag{2.6}$$

假设该条件成立,那么在 τ 之后的曲线将退化为一个点,这样使得曲线无法到达最后一个控制点,与 Bézier 曲线的定义矛盾. 因此,由四阶 Bézier 曲线确定的轨迹曲率处处连续.

② 曲率有界约束.

　　对于 Bézier 曲线来说,控制其在每一点的曲率是不切实际的.对于无人车系统来说,其最大前轮转向角是有限的.为了保证轨迹是可行的,只需要对其最大及最小曲率进行约束.将曲率式(1.3)展开可以得到如下形式

$$\kappa(\tau) = \frac{A\tau^4 + B\tau^3 + C\tau^2 + D\tau + E}{F\tau^6 + G\tau^5 + H\tau^4 + I\tau^3 + J\tau^2 + K\tau + L^{\frac{3}{2}}}$$

$$(2.7)$$

其中,$A \sim G$ 是由参数 d_1, d_4, x_2 决定的多项式系数.那么曲率有界的条件可以表示为

$$K_{\min} \leqslant \kappa(\tau) \leqslant K_{\max} \qquad (2.8)$$

其中,$K_{\min}$ 和 $K_{\max}$ 分别表示最小及最大曲率.曲率与前轮转向角之间的关系由式(1.1)确定.

　　③ 轨线优化.

　　通过以上参数化方法,最终可以得到由 3 个参数 $p = (d_1, d_4, x_2)$ 确定的满足运动学约束、初始状态约束、目标状态约束以及曲率连续约束的轨线.为了保证该轨线的可行性,该轨线的曲率必须有界.本章采用最优化方法求解满足曲率边界条件约束的参数.优化目标函数可以根据不同的应用设定,本章采用的优化函数为

$$J(\boldsymbol{X}_{\mathrm{I}}, \boldsymbol{X}_{\mathrm{T}}, p) = \kappa_{\max}(\tau_1) - \kappa_{\min}(\tau_2)$$

$$(\tau_1, \tau_2 \in [0,1]) \qquad (2.9)$$

其中,τ_1 和 τ_2 分别为使得轨线曲率为最大和最小的 τ.该目标函数表示的物理含义是优化参数 p,使得车体的最大前轮转向角与最小前轮转向角之差最小,从而得到较为平滑的轨迹.该轨形规划问题最终可以表示为有约束条件的非线性优化问题

$$\mathrm{minimize}\colon J(\boldsymbol{X}_\mathrm{I},\boldsymbol{X}_\mathrm{T},p)$$
$$\mathrm{s.\,t.\,}\kappa_{\max}(\tau)\leqslant K_{\max}$$
$$\kappa_{\min}(\tau)\geqslant K_{\min}$$
$$d_1>0$$
$$d_4>0$$
$$\vdots$$

注意到在该表达式中只包含曲率边界约束. 在实际的无人车系统中,其他条件,如目标状态曲率、避障等,也可以作为约束条件加入到该优化问题中. 本章采用序列二次规划 (Sequential quadratic programming,SQP) 方法来求解该问题. 在每一次优化迭代中,最大、最小曲率可以通过求解曲率 $\kappa(\tau)$ 的极值得到. 为了求解曲率的极值,本章先采用数值的方法求解 9 阶方程 $\kappa'(\tau)=0$ 的根,再求解得到曲率极值点. 本章的优化方法对参数初始值 p_0 并不敏感,初始值可以简单地设为 $(0.5,0.5,0.5x_\mathrm{T})$.

注意到本章提出的轨形规划方法中忽略了目标状态的曲率约束. 一方面在实际应用中通常对目标状态的曲率(即目标点前轮转向角)没有约束,另一方面对目标状态曲率的约束会极大地影响初始状态到目标状态的可达性. 尽管如此,在某些应用中,无人车需要依次通过多个目标点. 若对当前目标点 $\boldsymbol{X}_\mathrm{T1}$ 的曲率不做限制,则很有可能会因为车体到达 $\boldsymbol{X}_\mathrm{T1}$ 的曲率而不能到达下一个目标点 $\boldsymbol{X}_\mathrm{T2}$. 本章通过设定期望目标点的曲率来解决这一问题. 首先,可以通过用圆弧联结当前目标点及下一个目标点求解到达当前目标点的期望曲率. 再将该期望目标状态曲率加上一定阈值作为约束条件加入到优化过程中. 通过这种方法,可以尽可能

地保证下一个目标点是可达的.

3. 速度规划

通过以上轨形规划方法,可以得到满足运动学约束、初始状态及目标状态约束以及曲率连续有界约束的轨线.为了保证规划的轨线对于无人车来说是可以执行的,仍需要对车体执行该轨线的速度进行规划.对于在道路中行驶的无人车来说,速度规划的基本要求是避免侧滑.本章采用以下 4 个步骤来进行速度规划:

(1)计算在不同曲率(前轮转向角)条件下保证车辆不会侧滑的最大速度约束,该约束可以通过车辆动力学求解或从车辆制造商处获取到相应的数据.

(2)在满足速度连续约束、加速度连续约束、加速度有界约束以及目标状态侧滑约束的条件下,求解得到该轨迹可行的执行耗时区间$[T_1, T_2]$.

(3)从区间$[T_1, T_2]$中求解实际轨迹执行时间 T,以满足轨迹上任意一点的侧滑约束.

(4)由轨迹执行时间 T 解得该轨迹上每一点的执行速度.

本节将对具体的速度规划过程进行介绍.在仅考虑前轮侧滑的条件下,本章以如图 3 所示的简单动力学模型为例来求解最大速度约束.

对于前轮来说,为了防止侧滑,其向心力应小于静摩擦力,即为

$$\frac{mv_f^2}{R} \leqslant \mu m g \tag{2.10}$$

其中,μ 及 g 分别为静摩擦系数及重力加速度.那么车体的速度约束为

$$v_{\max}(\kappa) = \sqrt{\mu g (1 + L^2 \kappa^2) \sqrt{\frac{1}{\kappa^2} + L^2}} \tag{2.11}$$

由该式可以解得不同曲率对应的最大速度约束.

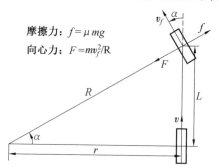

摩擦力：$f = \mu mg$

向心力：$F = mv_f^2/R$

图 3　仅考虑前轮侧滑条件下的车体动力学模型示例

为了对无人车执行该轨迹的速度进行规划,设无人车执行该段轨迹的速度与时间 t 满足以下关系

$$v(t) = At^2 + Bt + C \quad (t \in [0, T]) \quad (2.12)$$

其中,A, B, C 为待求解系数,T 为无人车完成该轨迹的总计耗时. 设无人车在初始状态 $t = 0$ 时的速度和加速度分别为 v_0 和 a_0,为了保证速度及加速度连续,则

$$v(t) = At^2 + a_0 t + v_0 \quad (t \in [0, T]) \quad (2.13)$$

为了防止在目标状态发生侧滑,无人车在到达目标状态时的速度应小于最大允许速度 v_{Tmax},即

$$v(T) < v_{\mathrm{Tmax}} \quad (2.14)$$

对于无人车来说,其加速及减速能力是有限的. 加速度 $a(t) = 2At + a_0$ 应满足

$$\begin{cases} a(T) > a_{\min} \\ a(T) < a_{\max} \end{cases} \quad (2.15)$$

无人车走过的轨迹长度由对速度进行积分得到

$$s(t) = \int_0^t v(t)\,\mathrm{d}t = \frac{At^3}{3} + \frac{a_0 t^2}{2} + v_0 t \quad (2.16)$$

设通过轨形规划得到的轨线长度为 s_{T},那么

$$s(T) = s_T \qquad (2.17)$$

由以上约束条件可知,为了使得无人车速度连续、加速度连续、加速度有界以及到达目标状态时不会发生侧滑,无人车的速度规划应满足以下条件

$$\begin{cases} s(T) = s_T \\ v(T) < V_{T\max} \\ a(T) > a_{\min} \\ a(T) < a_{\max} \end{cases} \qquad (2.18)$$

其中,待确定变量为系数 A 及完成该轨迹的耗时 T. 对其进行化简,可以得到如下二次不等式组

$$\begin{cases} f(T) = [a_0 T^2 + (4v_0 + 2v_{T\max})T - 6s_T] > 0 \\ g(T) = [(-a_{\min} - 2a_0)T^2 - 6v_0 T + 6s_T] > 0 \\ h(T) = [(a_{\max} + 2a_0)T^2 + 6v_0 T - 6s_T] > 0 \end{cases}$$

$$(2.19)$$

其中,T 为待求解变量;a_0 和 v_0 分别为无人车在初始状态的加速度和速度,可以通过传感器获取;$a_{\min}$ 和 $a_{\max}$ 分别为无人车的最小加速度和最大加速度,由车辆加速能力确定;$v_{T\max}$ 为无人车到达目标状态时的最大允许速度,该速度由式(2.11)确定.

为了求解满足以上不等式的耗时 T,首先求解关于 T 的二次方程 $f(T) = 0, g(T) = 0, h(T) = 0$ 的解. 这些解将 T 分成若干个区间,在每个区间内任取一点即可判断该区间是否满足以上不等式. 若 $T \in [T_1, T_2]$ 满足以上不等式,则该区间即为可行耗时区间,对应的轨迹执行速度为

$$v(t) = \left(\frac{6s_T - 3a_0 T^2 - 6v_0 T}{2T^3} \right) t^2 + a_0 t + v_0$$

$$(t \in [0, T]) \qquad (2.20)$$

注意到该轨迹执行速度仅能保证车体在目标状态不会发生侧滑,需要进一步从区间$[T_1, T_2]$中求解T,以满足在轨迹上的任意一点均不会发生侧滑. 为了保证无人车尽快完成该轨迹,可以在T_1的基础上不断增加执行时间来降低执行速度. 也可以通过二分法查找测试可行执行时间. 通过几次迭代可以求解得到T,使得每一点的执行速度都满足侧滑约束.

在以上速度规划过程中,车辆动力学模型相对较为简单. 在实际的系统中可以根据车辆性能及道路特性采用更为复杂的动力学模型来求解满足侧滑约束的最大允许速度. 同时还注意到在实际的无人车系统中,精确的速度控制是不切实际的. 利用本章提出的速度规划方法规划出的速度为无人车的执行速度提供了一个参考,无人车实际的控制速度可能会有所偏差. 为了保证无人车的执行轨迹严格符合规划的轨迹形状,只需要控制方向盘执行与轨迹长度对应的前轮转向角即可. 无人车的实际执行速度仅影响完成该轨迹的时间.

§3　结　束　语

对于无人车来说,生成从初始状态到目标状态的可行轨迹是其自主行为的基础. 本章基于四阶 Bézier 曲线提出了一种无人车可行轨迹规划方法. 在该方法中,轨迹生成问题首先被分解为轨形规划及速度规划两部分. 对于轨形规划问题,为了满足初始状态约束、目标状态约束,以及曲率连续约束,本章采用参数化方法得到了由 3 个自由参数确定四阶 Bézier 曲线来表示

无人车的轨迹. 为了进一步满足曲率有界约束, 本章采用优化方法(序列二次规划, SQP) 求解得到了一组最优的参数. 为了执行由该组参数确定的轨线, 本章进一步对速度规划问题进行了研究. 速度规划主要考虑了速度连续约束、加速度连续约束、加速度有界约束以及侧向滑动约束. 为了保证不会发生侧向滑动, 速度规划首先对无人车执行该轨迹的最大允许速度进行求解, 再求解出满足目标状态侧滑约束的轨迹执行时间区间, 最后再从该区间中求解出轨迹的执行时间以满足轨迹上任意一点的侧滑约束.

参 考 文 献

［1］HOWARD T M, KELLY A. Optimal rough terrain trajectory generation for wheeled mobile robots［J］. The International Journal of Robotics Research, 2007, 26(2): 141-166.

［2］FERGUSON D, HOWARD T M, LIKHACHEV M. Motion planning in urban environments: Part II. Intelligent robots and systems ［J］. Proceedings of the 2008 IEEE/RSJ International Conference on Intelligent Robots and Systems. Nice: IEEE, 2008. 1 070-1 076.

［3］HOWARD T M, GREEN C J, KELLY A. Receding horizon modelpredictive control for mobile robot navigation of intricate paths ［J］. Field and Service Robotics, 2010, 62: 69-78.

［4］HOWARD T M, PIVTORAIKO M, KNEPPER R A, KELLY A. Modelpredictive motion planning: several key developments for autonomous mobile robots［J］. IEEE Robotics and Automation Magazine, 2014, 21(1): 64-73.

［5］DUNCAN M. Applied geometry for computer graphics and CAD ［M］. Berlin: Springer, 2005.

基于 Bézier 曲线的机器人非时间轨迹跟踪方法①

第 2 章

　　在复杂环境的轨迹跟踪过程中，针对移动机器人不确定时延导致控制品质下降的问题，中南大学信息科学与工程学院的余伶俐、龙子威和湖南商学院计算机与信息工程学院的周开军三位教授于 2016 年提出了基于五次 Bézier 曲线的移动机器人非时间参考轨迹跟踪控制方法. 首先，利用五次 Bézier 曲线对规划路径点进行平滑处理，并根据连续约束进行优化，完成多段五次 Bézier 曲线的光顺拼接，获得平滑且连续的轨迹；而后以五次 Bézier

---

① 本章摘自《仪器仪表学报》2016 年第 7 期.

曲线参数 u 作为中间映射量，构建路径长度与轨迹坐标间的状态映射模型，设计移动机器人非时间运动参考量；在此基础上，根据移动机器人运动学模型，提出一种奇异点旋转映射技术，消除奇异点对轨迹跟踪控制品质的影响. 实际结果说明，所用方法能提高规划路径的平滑性与连续性，增强移动机器人不确定时延跟踪控制的鲁棒性，避免了奇异点的影响.

§1　引　　言

轨迹跟踪是依据上层路径规划结果，生成平滑且可行的跟踪轨迹，并结合运动状态实施移动机器人的自主跟踪，该项技术是移动机器人导航基础. 而在复杂环境中，机器人轨迹跟踪过程经常受到不可预测障碍或不确定时延的影响.[1] 因此，移动机器人轨迹跟踪不仅需要保障精度，而且对不确定时延的跟踪品质提出了新要求.

基于四阶 Bézier 曲线的轨迹规划方法，能保证轨迹满足运动学约束、侧滑约束以及执行机构约束；[2] 文献[3] 提出了基于三次 Bézier 曲线的路径平滑算法，规划路径能够满足曲率连续和最大曲率限制的约束；文献[4] 提出了基于 Bézier 曲线的无碰撞路径规划方法，能够在未知环境中实时优化平滑路径.[4] 以上方法为 Bézier 曲线实现移动机器人路径平滑提供了可行性基础. Bézier 曲线拥有良好的几何属性，但实际环境中经常存在路径长短与连续性等不确定因素. 为了提升平滑效果，本章设计了基于五次 Bézier 曲线的路径平滑方法,并利用连续性约束对多段五次 Bézier 曲线进行轨迹拼接,以达到连续而平滑的路径效果.

目前,移动机器人轨迹跟踪控制是导航控制的关键技术之一. 利用 Bézier 曲线描述轨迹并为机器人创造一个安全速率图,实现路径跟踪控制.[5]另外,利用五次 Bézier 曲线实现了室内机器人从起始位姿到目标位姿的轨迹规划方法.[6]文献[7]设计了一种循迹机器人,实时修正坐标与理想运动轨迹之间偏移量的快速、有效的轨迹跟踪控制系统. 事实上,在复杂环境下移动机器人轨迹跟踪过程中,易受到突发事件干扰,如动态障碍物、不确定的通讯时延、机器人器件故障等. 对于大部分的跟踪控制方法而言,将跟踪期望轨迹视为与时间参考相关的函数,使得控制系统依赖于时间参量,或对不确定时延控制效果不佳. 致使移动机器人突发中止运动后,系统输出误差仍然随时间的增加而持续增加或累积,导致跟踪任务彻底失败;文献[8]首次提出了基于非时间参考的事件控制器设计方法;而后文献[9]设计了两个参考量之间的映射关系,能够追踪任何二阶可微路径,简化了设计过程并提高了系统性能;在此基础上,文献[10]使用合适的运动参考映射,将传统时间参考控制器转化为非时间参考控制器,并验证和提升了跟踪系统的稳定性. 近年来,很多学者对移动机器人非时间参考的跟踪控制做了大量研究;文献[11]提出了一种基于生物启发分流模型的多机器人非时间参考轨迹跟踪控制算法,能够生成平滑和速度连续的控制命令;同时,针对非时间参考控制方法,当初始跟踪误差较大时,会产生振动的问题,文献[12]提出了一种基于遗传算法的优化算法,生成一个

参数模型保证系统的稳定和跟踪误差的收敛,最小化跟踪误差与振动;文献[13] 提出了一种基于多主体控制的多智能车非时间参考跟踪控制方法;在可行性论证方面,文献[14] 针对移动机器人速度与加速度饱和限制,提出了非时间参考的定点跟踪控制方法,摆脱了移动机器人速度与加速度对控制率的时域控制;文献[15] 提出一种基于非时间参考的移动机器人路径跟踪方法,选择移动机器人在 X 轴的投影作为非时间参考量并建立运动学模型,提高了机器人在不确定环境中的跟踪能力.

　　基于以上分析发现,现有非时间参考控制器在寻找恰当的状态映射方面存在一定困难,且其控制系统存在奇异点. 为此,提出一种基于五次 Bézier 曲线的移动机器人非时间参考轨迹跟踪控制方法,选择移动机器人实际路径长度为运动参考量,利用五次 Bézier 函数参数设计状态映射,并提出一种奇异点转换技术,完善跟踪控制策略,以增强不确定时延控制的鲁棒能力,消除奇异点对控制品质的影响,优化轨迹跟踪控制性能.

§2　基于五次 Bézier 曲线的路径平滑与轨迹拼接方法

1. Bézier 曲线性质

Bézier 曲线是能够描述复杂形状的曲线. 将代表曲线趋势走向的点首尾联结成多边形,然后用 Bézier 公式逼近该多边形,从而得到 Bézier 曲线. 其中表示曲线大体走向的点称为控制点,联结的多边形称为控制多边形,如图 1 所示.

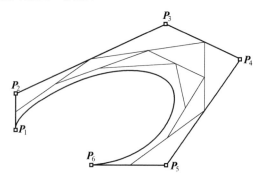

图 1　Bézier 曲线的控制多边形

定义空间中 $n+1$ 个点的位置 $P_i(i=0,1,2,\cdots,n)$,则 $n+1$ 阶(即 n 次)Bézier 曲线的描述为

$$P(u)=\sum_{i=0}^{n}P_iB_{i,n}(u)\quad(u\in[0,1])\quad(2.1)$$

其中,P_i 代表 Bézier 曲线的控制点,u 代表 Bézier 曲线的参数.$B_{i,n}(u)$ 是 n 次 Bernstein 基函数,且满足

$$B_{i,n}(u)=C_n^iu^i(1-u)^{n-i}=\frac{n!}{(n-i)!\;i!}u^i(1-u)^{n-i}$$

$$(i=0,1,2,\cdots,n)\quad(2.2)$$

根据 Bézier 曲线的定义,在其端点位置中,$P(0)$ 和 $P(1)$ 分别代表控制多边形的起点和终点.Bézier 曲线的切矢量

$$P'(u)=n\sum_{i=0}^{n-1}\big[B_{i-1,n-1}(u)-B_{i,n-1}(u)\big]$$

当 $u=0$ 时

$$P'(0)=n(P_1-P_0)$$

当 $u=1$ 时

$$P'(1)=n(P_n-P_{n-1})$$

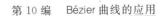

Bézier 曲线的二阶导数

$$\boldsymbol{P}''(u) = n(n-1) \sum_{i=0}^{n-2} (\boldsymbol{P}_{i+2} - 2\boldsymbol{P}_{i+1} + \boldsymbol{P}_i) B_{i,n-2}(u)$$

当 $u = 0$ 时

$$\boldsymbol{P}''(0) = n(n-1)(\boldsymbol{P}_2 - 2\boldsymbol{P}_1 + \boldsymbol{P}_0)$$

当 $u = 1$ 时

$$\boldsymbol{P}''(1) = n(n-1)(\boldsymbol{P}_n - 2\boldsymbol{P}_{n-1} + \boldsymbol{P}_{n-2})$$

2. 基于五次 Bézier 曲线的路径平滑方法

利用五次 Bézier 曲线对岭回归超限学习机(ridge regression extreme learning machines, RRELM) 规划[16] 的规划路径进行平滑处理. 五次 Bézier 曲线的表达式为

$$\begin{aligned}
\boldsymbol{P}(u) = {} & (1-u)^5 \boldsymbol{P}_0 + 5(1-u)^4 u\boldsymbol{P}_1 + \\
& 10(1-u)^3 u^2 \boldsymbol{P}_2 + 10(1-u)^2 u^3 \boldsymbol{P}_3 + \\
& 5(1-u)u^4 \boldsymbol{P}_4 + u^5 \boldsymbol{P}_5
\end{aligned} \tag{2.3}$$

转换为矩阵形式为

$$\boldsymbol{P} = \begin{bmatrix} u^5 \\ u^4 \\ u^3 \\ u^2 \\ u \\ 1 \end{bmatrix}^{\mathrm{T}} \times$$

$$\begin{bmatrix} -1 & 5 & -10 & 10 & -5 & 1 \\ 5 & -20 & 30 & -20 & 5 & 0 \\ -10 & 30 & -30 & 10 & 0 & 0 \\ 10 & -20 & 10 & 0 & 0 & 0 \\ -5 & 5 & 0 & 0 & 0 & 0 \\ 1 & 0 & 0 & 0 & 0 & 0 \end{bmatrix} \times \begin{bmatrix} \boldsymbol{P}_0 \\ \boldsymbol{P}_1 \\ \boldsymbol{P}_2 \\ \boldsymbol{P}_3 \\ \boldsymbol{P}_4 \\ \boldsymbol{P}_5 \end{bmatrix}$$

$$\tag{2.4}$$

式中:$P_i(i=0,1,\cdots,5)$ 代表五次 Bézier 曲线的 6 个控制点,u 代表五次 Bézier 曲线参数,且满足 $u \in [0,1]$. 中间常数矩阵为五次 Bézier 曲线的系数矩阵. 根据 Bézier 曲线性质,五次 Bézier 曲线具有二阶导,因此,五次 Bézier 曲线在任一点的曲率 k 为

$$k(u) = \frac{|\ P'(u) \times P''(u)\ |}{|\ P'(u)\ |^2} \qquad (2.5)$$

由于 RRELM 规划[16] 的路径由散点集组成,设该规划路径为 $P_{\text{path}} = (P_x, P_y)$,其中 P_x, P_y 代表路径散点坐标,P_{path} 代表五次 Bézier 曲线的控制点. 因此,根据式(2.4) 能够计算五次 Bézier 曲线的曲率 C

$$C(u) = \frac{(P'_x(u)P''_y(u) - P'_y(u)P''_x(u))}{\|\ P'_x(u) + P'_y(u)\ \|^{3/2}} \qquad (2.6)$$

其中,P'_x, P'_y 代表对应控制点 P 处五次 Bézier 曲线关于 u 的一阶偏导,P''_x, P''_y 则代表对应的二阶偏导.

3. 多段五次 Bézier 曲线的光滑轨迹拼接方法

RRELM 路径规划[16] 的离散控制点个数 N 一般满足 $N > 6$. 因此,需要由多段五次 Bézier 曲线组合拼接,实现整条路径 P_{path} 平滑处理. 相邻的两段五次 Bézier 曲线在接拼处应满足连续性约束条件:

(1) 位置连续,即 G^0 连续.

(2) 切矢量连续,即 G^1 连续.

(3) 曲率连续,即 G^2 连续.

对于 G^0 连续,要求前一段曲线的末点 P_5 与后一段曲线的始点 Q_0 重合. 对于 G^1 连续,则要求线段 P_5P_4 和 Q_1Q_0 共线,但不要求两者长度相等. 对于 G^2 连续,要求两段相邻的曲线在满足 G^0, G^1 连续的同时,在共同边界处拥有相同的曲率中心.

事实上,每两段相邻五次 Bézier 曲线的控制点均满足 P_4, $P_5(Q_0)$, Q_1 三点共线,且满足 G^2 连续,是难以保证的. 因此,设计在每两段相邻曲线处均补充一个辅助控制点 Q_1. 另外,为了得到较好的辅助控制点,提出 Q_1 位置约束,即在路径 P_{path} 中,Q_1 处于 $P_5(Q_0)$ 和 Q_2 之间的合理位置,如

$$\min \| P_5 - 2P_4 + P_3 - Q_2 + 2Q_1 - Q_0 \| \quad (2.7)$$

$$\text{s. t.} \begin{cases} Q_1 - P_4 \geqslant P_5 - P_4 \geqslant Q_1 - Q_0 \\ \| Q_1 - Q_0 \| \leqslant \| Q_2 - Q_1 \| \\ Q_1 - Q_0 = n(P_5 - P_4)(n \in (0,1]) \\ P_5 = Q_0 \end{cases} \quad (2.8)$$

根据上述优化,能够得到最优辅助控制点 Q_1.

§3　移动机器人非时间参考轨迹跟踪控制方法

1. 状态参考映射的关系描述

利用 Bézier 函数的参数 u 作为桥梁,寻找合适的状态参数(state to reference,STR)映射,实现时间控制器与非时间参考控制器之间的映射转换. 首先,利用 Bézier 曲线拟合平滑期望路径,即有 $p(x,y) = P(u)$,其中 $p(x,y)$ 代表期望路径,$P(u)$ 代表 Bézier 曲线函数,u 代表控制点的参数,且满足 $u \in [0,1]$. 而后,根据五次 Bézier 曲线表达式(2.3),(2.4)能够得到 $f_1(x_d,u) = 0$ 和 $f_2(y_d,u) = 0$.

设 Bézier 曲线的总长度为 l,移动机器人移动的路径长度为 S,定义非时间参考标量 s 满足 $s = S$,则移动机器人的移动路径与 Bézier 曲线总长满足 $S = lu$,即满

足 $s=lu$, 因此易得 $f_3(s,u)=0$. 综上所述,能够得到关于 STR 的描述为

$$
\begin{cases}
\gamma_1(u(s))=s \\
\gamma_2(x_d(s))=s \\
\gamma_3(y_d(s))=s
\end{cases}
\tag{3.1}
$$

其中,$\gamma_i(i=1,2,3)$ 代表对应映射的转换函数,u 代表 Bézier 曲线参数. x_d,y_d 代表机器人的期望路径位置坐标,s 为定义的非时间参考标量. 因此,利用 Bézier 曲线控制点参数 u 能够找到非时间参考量,即合适的 STR.

2. 非时间参考轨迹跟踪的数学描述

具有非完整性约束的移动机器人能够用式(3.2)状态方程,其运动学特性描述为

$$
\begin{cases}
\dot{x}(t)=v(t)\cos\theta(t) \\
\dot{y}(t)=v(t)\sin\theta(t) \\
\dot{\theta}(t)=\omega(t)
\end{cases}
\tag{3.2}
$$

其中,v 和 ω 分别是移动机器人的平移速度和转动速度,均为控制量,(x,y) 为运动平面上移动机器人在 Descartes 坐标系中的位置坐标,θ 为移动机器人相对于 x 轴的姿态角. 假定移动机器人轮子不存在打滑现象,移动机器人所受的非完整性的约束方程如下

$$
\dot{x}\sin\theta-\dot{y}\cos\theta=0
\tag{3.3}
$$

其中,自由变量为时间 t. 定义非时间参考标量 s 为时间 t 的单调递增函数,即有 $s=S(t),\dot{S}(t)>0$. 本章中 S 取移动机器人移动的路径长度. 那么对于非时间参考量 s,移动机器人的运动特性可描述为

$$\begin{cases} \dfrac{\mathrm{d}x}{\mathrm{d}s} = \dfrac{\mathrm{d}x}{\mathrm{d}t}\dfrac{\mathrm{d}t}{\mathrm{d}s} = \dfrac{\dot{x}(t)}{\dot{S}(t)}\Bigg|_{t=S^{-1}(s)} \\[2mm] \dfrac{\mathrm{d}y}{\mathrm{d}s} = \dfrac{\mathrm{d}y}{\mathrm{d}t}\dfrac{\mathrm{d}t}{\mathrm{d}s} = \dfrac{\dot{y}(t)}{\dot{S}(t)}\Bigg|_{t=S^{-1}(s)} \\[2mm] \dfrac{\mathrm{d}\theta}{\mathrm{d}s} = \dfrac{\mathrm{d}\theta}{\mathrm{d}t}\dfrac{\mathrm{d}t}{\mathrm{d}s} = \dfrac{\dot{\theta}(t)}{\dot{S}(t)}\Bigg|_{t=S^{-1}(s)} \end{cases} \tag{3.4}$$

对于任意给定的几何路径 $f(x,y)=0$,设计反馈控制律 $U=(v,w)^{\mathrm{T}}=(v(s),\omega(s))^{\mathrm{T}}$.使移动机器人沿期望的几何路径运动,即对任意给定的 $\xi>0$,存在 $S>0$,使得当 $s>S$ 时,有 $f(x(s),y(s))<\xi$.显然,由于 S 是时间 t 的单调递增函数,故此反馈控制律在时间域中满足:对于任意给定 $\xi>0$,存在 $T>0$,使得当 $t<T$ 时,有 $f(x(t),y(t))<\xi$

3.移动机器人非时间参考轨迹跟踪控制器设计

本章提出了基于五次 Bézier 曲线控制点参数的非时间参考轨迹跟踪控制器.首先根据文献[17]对期望路径的假设:移动机器跟踪期望路径 $f(x,y)=0$ 能表示成 y 相对于 x 的单值函数,即 $y=g(x),x \in [0,+\infty]$.同理,若将期望路径函数表示成 x 相对于 y 的单值函数,则由对称性可知,这类情况与上述相似.其次,函数 $y=g(x),x>0$,存在二阶导数 $\ddot{g}(x)$,满足 $|\dot{g}(x)|<+\infty$.并要求期望路径上的任何点 p_d(除起始点外)的曲率 $c(p_d)$ 可求.同时,该点的期望速度 $v(p_d)$ 和期望转动速度 $\omega(p_d)$ 之间存在下列关系

$$\frac{\omega(p_d)}{v(p_d)} = c(p_d) \tag{3.5}$$

根据式(3.1)的描述,能够得到移动机器人的期望跟踪路径为

$$\begin{cases} x = g_1(s) \\ y = g_2(s) \\ t = g_3(s) \end{cases} \quad (3.6)$$

移动机器人跟踪时间 t 与机器人路径长度 S 非时间参考量之间的关系为 $s = v(t)$. 根据式 (3.2), (3.4), (3.6), 得路径跟踪控制的二阶系统. 该二阶系统状态方程为

$$\begin{cases} \dot{x}(s) = \dfrac{\dot{x}(t)}{\dot{s}(t)} = \dfrac{v\cos\theta}{v} = \cos\theta \\ \dot{y}(s) = \dfrac{\dot{y}(t)}{\dot{s}(t)} = \dfrac{v\sin\theta}{v} = \sin\theta \\ \dot{\theta}(s) = \dfrac{\dot{\theta}(t)}{\dot{s}(t)} = \dfrac{\omega}{v} \end{cases} \quad (3.7)$$

为了使移动机器人跟踪期望路径, 需要寻找移动机器人实际平移速度 v 和实际转动速度 ω 的反馈控制律. 根据式 (3.5) 有 $\omega_d(s) = v_d(s)c(s)$, 其中 $v_d(s)$ 代表期望点处的期望速度, $c(s)$ 代表期望点处的曲率. 定义移动机器人的路径跟踪误差为

$$\begin{cases} d_x = x(s) - x_d(s) \\ d_y = y(s) - y_d(s) \end{cases} \quad (3.8)$$

其中, d_x 代表 x 轴方向的误差, d_y 代表 y 轴方向的误差. 令 $x_1 = d_y$, $x_2 = \dot{d}_y$, 则其状态方程为

$$\begin{cases} \dot{x}_1 = x_2 \\ \dot{x}_2 = \dfrac{\mathrm{d}}{\mathrm{d}s}\left(\dfrac{\mathrm{d}(y(s) - y_d(s))}{\mathrm{d}s} \right) = \dfrac{\omega(s)}{v(s)}\cos\theta(s) - \\ \qquad \dfrac{\omega_d(s)}{v_d(s)}\cos\theta_d(s) \end{cases}$$

$$(3.9)$$

令控制规则为

$$\begin{cases} v(s) = \dfrac{\dot{x}_d - (x - x_d)}{\cos \theta} \\ \omega(s) = (-k_1 x_1 - k_2 x_2)\dfrac{v}{\cos \theta} + \dfrac{v\omega_d \cos \theta_d}{v_d \cos \theta} \end{cases}$$

$$(3.10)$$

其中,常数 $k_1 > 0$, $k_2 > 0$,且满足

$$\begin{cases} \dot{x}_1 = x_2 \\ \dot{x}_2 = -k_1 x_1 - k_2 x_2 \end{cases} \qquad (3.11)$$

由于 $k_1 > 0$, $k_2 > 0$,根据文献[17]的控制理论描述,状态 x_1, x_2 是渐进稳定的,即保证 $\lim\limits_{n \to 1} x_1 = 0$, $\lim\limits_{n \to 1} x_2 = 0$. 根据 $x_1 = y(s) - y_d(s)$, $x_2 = \sin \theta(s) - \sin \theta_d(s)$,移动机器人的位置渐近收敛至期望路径,且运动方向正好为期望路径的切线方向.

4. 非时间参考控制器的奇异点旋转映射变换技术

系统存在一类奇异点,即 $\theta(s) = \pm \dfrac{\pi}{2}$. 因此,考虑以下两种情况:

(1)当移动机器人的运动姿态角 $\theta(s) = \pm \dfrac{\pi}{2}$ 时,系统将无法计算出控制律 $v(s)$ 和 $\omega(s)$.

(2)当移动机器人的运动姿态角趋近于奇异点,即 $\theta(s) \to \pm \dfrac{\pi}{2}$ 时,控制律 $v(s)$ 和 $\omega(s)$ 将远远大于 v_{max} 和 ω_{max}.

当系统出现上述两种情况时,移动机器人无法继续完成轨迹跟踪的任务. 为此,设计一种奇异点旋转映射变换技术. 由式(3.1),(3.2)得,$v(s)$ 受 x 轴方向误差 d_x 的影响,而 $\omega(s)$ 受 y 轴方向误差 d_y 的影响. 因此,旋转 $v(s)$ 受 y 轴方向误差 d_y 的影响,$\omega(s)$ 受 x 轴

方向误差 d_x 的影响，并定义

$$\begin{cases} x_1 = d_x = x - x_d \\ x_2 = \dot{x}_1 = d(x - x_d) \\ \dot{x}_2 = \dfrac{\mathrm{d}}{\mathrm{d}s}\left(\dfrac{\mathrm{d}(x(s) - x_d(s))}{\mathrm{d}s}\right) \\ \quad = \dfrac{\omega(s)}{v(s)}(-\sin\theta(s)) - \dfrac{\omega_d(s)}{v_d(s)}(-\sin\theta_d(s)) \end{cases}$$

$$(3.12)$$

根据对称性，代入式(3.10). 同理，得控制规则的描述为

$$\begin{cases} v'(s) = \dfrac{\dot{y}_d - (y - y_d)}{\sin\theta} \\ \omega'(s) = (-k'_1 x_1 - k'_2 x_2)\dfrac{v}{-\sin\theta} + \dfrac{v\,\omega_d\sin\theta_d}{v_d\sin\theta} \end{cases}$$

$$(3.13)$$

其中常数 $k'_1 > 0, k'_2 > 0$，满足 $x'_2 = -k'_1 x_1 - k'_2 x_2$. 根据式(3.13)，该系统也存在一类奇异点，即 $\theta(s) = 0$ 和 $\theta(s) = \pi$. 因此，当移动机器人的运动姿态角等于或者趋近于奇异点时，系统将异常，并导致移动机器人无法继续跟踪期望路径.

定义式(3.10)描述系统 Ψ_1，式(3.13)描述系统 Ψ_2. Ψ_1 的奇异点包含于 Ψ_2 的可行区域中，而 Ψ_2 的奇异点也包含于 Ψ_1 的可行区域中. 定义系统 Ψ_1 的可行区域区间为：$\theta \in \{[-180°, -95°], [-85°, 85°], [95°, 180°]\}$. 系统 Ψ_2 的可行区域区间为：$\theta \in \{[85°, 95°], [-95°, -85°]\}$. 根据移动机器人运动姿态角选择合适的系统，通过两系统之间的更替，实现奇异点变换，从而消除奇异点对移动机器人轨迹跟踪控制系统的影响.

参 考 文 献

[1] 李峰,吴智政,钱晋武.下肢康复机器人步态轨迹自适应控制[J].仪器仪表学报,2014,35(9):2 027-2 036.

[2] 陈成,何玉庆,卜春光,等.基于四阶贝塞尔曲线的无人车可行轨迹规划[J].自动化学报,2015,41(3):486-496.

[3] BU X, SU H, ZOU W, et al. Curvature continuous path smoothing based on cubic Bézier curves for car-like vehicles[C]. Proceedings of IEEE International Conference on Robotics and Biomimetics, 2015:1 453-1 458.

[4] JIAO J, CAO Z, ZHAO P, et al. Bézier curve based path planning for a mobile manipulator in unknown environments[C]. Proceedings of IEEE International Conference on Robotics and Biomimetics,2013:1 864-1 868.

[5] KJARGAARD M, ANDERSEN N A, RAVN O. Generic trajectory representation and trajectory following for wheeled robots[C]. Proceedings of IEEE International Conference on Robotics and Automation,2014:4 073-4 080.

[6] ZHANG L, SUN L, ZHANG S, et al. Trajectory planning for an indoor mobile robot using quintic Bézier curves[C]. Proceedings of IEEE International Conference on Robotics and Biomimetics,2015:757-762.

[7] 黄刚.实时修正偏移量的循迹机器人控制系统研究与实现[J].仪器仪表学报,2015,36(11):2 538-2 547.

[8] XI N. Event-based planning and control for robotic systems[D]. Seattle:Washington University,1993.

[9] TAN J D, XI N, KANG W, Non-time based tracking controller for mobile robots[C]. Proceedings of IEEE Canadian Conference on Electrical and Computer Engineering,1999,2:919-924.

[10] KANG W, XI N, TAN J D, Analysis and design of nontime based motion controller for mobile robots[C]. Proceedings of IEEE In-

ternational Conference on Robotics and Automation,1999:2 964-2 969.

[11] HU E,YANG S X,XI N. A novel non-time based tracking controller for nonholonomic mobile robots[C]. Proceedings of IEEE International Symposium on Computational Intelligence in Robotics and Automation,2001:119-124.

[12] LI H,YANG S X,KARRAY F. Analysis and optimization of a non-time based motion controller for a nonholonomic mobile robot [C]. Proceedings of IEEE International Symposium on Computational Intelligence in Robotics and Automation, 2003,2:1 022-1 027.

[13] LI H,BROWN B C. Non-time based motion control for multiple intelligent vehicles[C]. Proceedings of Canadian Conference on Electrical and Computer Engineering,2009:646-649.

[14] 李红,郭孔辉,宋晓琳,等. 非时间参考的类车机器人定点跟踪控制 [J]. 中国机械工程,2015,26(13):1 705-1 711.

[15] 王栋耀,马旭东,戴先中. 非时间参考的移动机器人路径跟踪控制 [J]. 机器人,2004,26(3):198-203.

[16] YU L L,LONG Z W,XI N,et al. Local path planning based on ridge regression extreme learning machines for an outdoor robot [C]. Proceedings of IEEE Conference on Robotics and Biomimetics,2015:745-750.

[17] ZHAO J B,WANG X Y,ZHANG G X,et al Design and implementation of membrane controllers for trajectory tracking of nonholonomic wheeled mobile robots[J]. Integrated Computer Aided Engineering. 2016,23(1):15-30.

950

一种改进的 B 样条曲线、曲面正交距离拟合算法^①

第
3
章

　　北京航空航天大学数学与系统科学学院的余胜蛟和北京航空航天大学数学、信息与行为教育部重点实验室的冯仁忠两位教授于 2015 年提出了一种改进的 B 样条曲线、曲面拟合的正交距离算法. 在此类算法中,需要求解点投影问题以得到数据点的垂足,考虑到控制顶点对投影的影响,利用 Taylor 展式对投影算法的初值进行修正,加快了求解点投影问题的速度,从而提高了拟合算法的稳定性和效率. 数值实验表明,改进算法比修正前

　①　本章摘自《浙江大学学报(理学版)》2015 年第 1 期.

的方法更加稳定,与变量投影法及 LBFGS 算法相比,达到最优解的计算时间更短,迭代步数更少.

采用 B 样条进行曲线、曲面拟合是工程实践中的热点问题. 给定一组数据点集 $Q = \{Q_k\}_{k=0}^m$, $Q_k \in \mathbf{R}^d$($d = 2, 3$)和正整数 $n \leqslant m$,寻找一组与数据点对应的位置参数 $T = \{\bar{t}_k\}_{k=0}^m$, $\bar{t}_k = (t_{k1}, t_{k1}, \cdots, t_{ks}) \in \mathbf{R}^s$($s = 1$, 2)和形状参数(控制顶点)$P = \{P_i\}_{i=0}^n$, $P_i = (P_{i1}, P_{i2}, \cdots, P_{id}) \in \mathbf{R}^d$,寻找 B 样条曲线(或 B 样条曲面)使得

$$F(T, P) = \sum_{k=0}^m \| C(\bar{t}_k) - Q_k \|_2^2 \qquad (0.1)$$

达到最小,这里 B 样条曲线和 B 样条曲面为

$$C(t) = \sum_{i=0}^n B_i(t_1) P_i \quad (t_1 \in [a, b])$$

$$C(t) = \sum_{i=0}^{n_1} \sum_{j=0}^{n_2} B_i(t_1) B_j(t_2) P_{ij}$$

$$((t_1, t_2) \in [a, b] \times [c, d])$$

其中 $t = (t_1, t_2, \cdots, t_s)$,$B_i$ 表示 B 样条基函数,形式上可以统一为 $C(t) = \sum_{i=0}^n N_i(t) P_i$,$N_i(t)$ 是 B 样条基函数或其乘积.

此非线性最小二乘问题的常用解法有 Gauss-Newton(GN)法和 Levenberg-Marquardt(LM)法. 此外,考虑到变量可分离,也可使用变量投影(VP)法.[1,2] 这些方法需要计算 Jacobi 矩阵,因此拟合大规模数据比较费时. 以数据点到曲线的距离的平方和为目标的正交距离(Orthogonal distance, OD)拟合,其代表性工作可参考文献[3,4]. 文献[5]分析并给出了现有的正交距离算法的几何解释. 此方法的计算量主

要集中在垂足的计算上. 为避免计算垂足，文献[6] 使用有限内存的 BFGS(L-BFGS) 算法同步优化位置参数和形状参数，得到了令人满意的计算结果.

在研究正交距离方法的过程中发现，使用 Newton 法计算垂足的效果好于用 L-BFGS 和 VP 法. 但 Newton 法十分依赖于初值的选取，通常情况下，可将上次计算得到的垂足的参数值当作新的形状参数，作为再次计算垂足时的初值，但此初值可能会在 Newton 法的收敛域外. 本章利用 Taylor 展开式，依据控制顶点的改变量对此值做了修正，从而提高了正交距离算法的稳定性和效率.

内容安排如下：§1 给出初值修正量的推导和正交距离算法的步骤；§2 详细阐述算法的具体实现；§3 列举数值实验的结果并做分析；最后进行总结，并指出未来的工作方向.

§1　初值修正及正交距离算法

假设 B 样条基函数关于位置参数二阶连续可微. 目标函数为

$$F(\boldsymbol{T},\boldsymbol{P}) = \sum_{k=0}^{m} \min_{\bar{t}_k} \| \boldsymbol{C}(\bar{t}_k) - \boldsymbol{Q}_k \|_2^2 \qquad (1.1)$$

以下讨论基于 $\boldsymbol{Q}_k$ 曲线曲面的垂足不在边界上的情况.

计算垂足等价于求解非线性方程组（正交性条件）

$$g_l(\boldsymbol{t},\boldsymbol{P}) = (\boldsymbol{C}(\boldsymbol{t}) - \boldsymbol{Q}_k) \cdot \boldsymbol{C}_{t_l}(\boldsymbol{t}) = \boldsymbol{0} \quad (l=1,2,\cdots,s)$$

$$(1.2)$$

这里 $C_{t_l}(t) = \dfrac{\partial C(t)}{\partial t_l}$. 令 $f(\mathbf{P}^{(r)}) \in \mathbf{R}^s$ 表示 $\mathbf{Q}_k$ 在形状参数为 $\mathbf{P}^{(r)}$ 的曲线或曲面上的垂足的参数值，则 $f(\mathbf{P}^{(r+1)})$ 是形状参数更新为 $\mathbf{P}^{(r+1)}$ 时垂足 $\mathbf{Q}_k$ 的参数值. 首先，$f(\mathbf{P})$ 关于形状参数的 1 阶和 2 阶偏导数由式 (1.2) 获得. 其次，由 Taylor 展开式，有

$$f(\mathbf{P}^{(r+1)}) \approx f(\mathbf{P}^{(r)}) + \nabla_{\mathbf{P}} t \delta \mathbf{P}^{\mathrm{T}} + \frac{\delta \mathbf{P} \, \nabla_{\mathbf{P}}^2 t \delta \mathbf{P}^{\mathrm{T}}}{2}$$

$$\delta \mathbf{P} = \mathbf{P}^{(r+1)} - \mathbf{P}^{(r)}, \nabla_{\mathbf{P}} = \left(\frac{\partial}{\partial \mathbf{P}_0}, \cdots, \frac{\partial}{\partial \mathbf{P}_n} \right)$$

则 $\delta t = f(\mathbf{P}^{(r+1)}) - f(\mathbf{P}^{(r)})$ 是由形状参数变换引起的垂足参数值的改变量.

对式(1.2) 关于 $\mathbf{P}_i$ 求偏导有

$$\frac{\partial g_l}{\partial \mathbf{P}_i} + \frac{\partial g_l}{\partial t_j} \frac{\partial t_j}{\partial \mathbf{P}_i} = \mathbf{0} \qquad (1.3)$$

其中

$$\frac{\partial g_l}{\partial \mathbf{P}_i} = N_i(t) C_{t_l}(t) + (C(t) - \mathbf{Q}_k) \frac{\partial N_i(t)}{\partial t_l} \quad (1.4)$$

对上式两端同时乘以 $\delta \mathbf{P}_i$ 并关于下标 i 求和，得

$$\frac{\partial g_l}{\partial \mathbf{P}_i} \delta \mathbf{P}_i = \mathbf{D}(t) C_{t_l}(t) + \mathbf{D}_{t_l}(t) \mathbf{E}(t)$$

$$\mathbf{D}(t) = C(t, \mathbf{P} + \delta \mathbf{P}) - C(t, \mathbf{P})$$

$$\mathbf{D}_{t_l}(t) = \frac{\partial \mathbf{D}}{\partial t_l}, \mathbf{E}(t) = C(t, \mathbf{P}) - \mathbf{Q}_k \qquad (1.5)$$

将式(1.3) 改写为

$$\begin{bmatrix} \dfrac{\partial t_1}{\partial \mathbf{P}_i} \\ \vdots \\ \dfrac{\partial t_s}{\partial \mathbf{P}_i} \end{bmatrix} = - \begin{bmatrix} \dfrac{\partial g_1}{\partial t_1} & \cdots & \dfrac{\partial g_1}{\partial t_s} \\ \vdots & & \vdots \\ \dfrac{\partial g_s}{\partial t_1} & \cdots & \dfrac{\partial g_s}{\partial t_s} \end{bmatrix}^{-1} \begin{bmatrix} \dfrac{\partial g_1}{\partial \mathbf{P}_i} \\ \vdots \\ \dfrac{\partial g_s}{\partial \mathbf{P}_i} \end{bmatrix}$$

两端同时乘以 $\delta \boldsymbol{P}_i$，关于下标 i 求和并将式（1.5）代入，得

$$\frac{\partial f}{\partial \boldsymbol{P}_i}\delta \boldsymbol{P}_i = \nabla_P t \delta \boldsymbol{P}^{\mathrm{T}} = -\boldsymbol{A}^{-1}\boldsymbol{B} = \boldsymbol{V}$$

$$\boldsymbol{A} = \left(\frac{\partial g_i}{\partial t_j}\right)_{s\times s},\boldsymbol{B}^{\mathrm{T}} = (\boldsymbol{D}\,\boldsymbol{C}_{t_l} + \boldsymbol{D}_{t_l}\boldsymbol{E})_{1\times s} \quad (1.6)$$

正交条件式（1.2）的 2 阶偏导数为

$$\frac{\partial^2 g_l}{\partial \boldsymbol{P}_i \partial \boldsymbol{P}_j} + \frac{\partial^2 g_l}{\partial \boldsymbol{P}_i \partial t_q}\frac{\partial t_q}{\partial \boldsymbol{P}_j} + \frac{\partial}{\partial \boldsymbol{P}_j}\left(\frac{\partial g_l}{\partial t_q}\frac{\partial t_q}{\partial \boldsymbol{P}_i}\right) = \boldsymbol{0}$$

上式的第 1 项为

$$\frac{\partial^2 g_l}{\partial \boldsymbol{P}_i \partial \boldsymbol{P}_j} = N_i(\boldsymbol{t})\frac{\partial N_j(\boldsymbol{t})}{\partial t_l} + \frac{\partial N_i(\boldsymbol{t})}{\partial t_l}N_j(\boldsymbol{t})$$

两端同时乘以 $\delta \boldsymbol{P}_i,\delta \boldsymbol{P}_j$，并关于下标 i,j 求和，得

$$\frac{\partial^2 g_l}{\partial \boldsymbol{P}_i \partial \boldsymbol{P}_j}\delta \boldsymbol{P}_i \delta \boldsymbol{P}_j - 2\boldsymbol{D}\boldsymbol{D}_{t_l} = 2\boldsymbol{G}_l \quad (1.7)$$

同样，由于

$$\frac{\partial^2 g_l}{\partial \boldsymbol{P}_i \partial t_q} = \frac{\partial N_i}{\partial t_q}\boldsymbol{C}_{t_l} + \frac{\partial N_i}{\partial t_l}\boldsymbol{C}_{t_q} + N_i \boldsymbol{C}_{t_l t_q} + \frac{\partial^2 N_i}{\partial t_l \partial t_q}\boldsymbol{E}$$

有

$$\frac{\partial^2 g_l}{\partial \boldsymbol{P}_i \partial t_q}\delta \boldsymbol{P}_i = \boldsymbol{D}_{t_q}\boldsymbol{C}_{t_l} + \boldsymbol{D}_{t_l}\boldsymbol{C}_{t_q} + \boldsymbol{D}\,\boldsymbol{C}_{t_l t_q} + \boldsymbol{D}_{t_l t_q}\boldsymbol{E} = \boldsymbol{H}_{lq}$$

$$(1.8)$$

从而有

$$\frac{\partial^2 t}{\partial \boldsymbol{P}_i \partial \boldsymbol{P}_j}\delta \boldsymbol{P}_i \delta \boldsymbol{P}_j = \delta \boldsymbol{P}\,\nabla_P^2 t \delta \boldsymbol{P}^{\mathrm{T}}$$

$$= -\boldsymbol{A}^{-1}(2\boldsymbol{G} + 2\boldsymbol{H}\boldsymbol{V} + \boldsymbol{L})$$

$$\boldsymbol{G} = (G_1, G_2, \cdots, G_s)^{\mathrm{T}}, \boldsymbol{H} = (H_{ij})_{s\times s}$$

$$\boldsymbol{L} = (L_1, L_2, \cdots, L_s)^{\mathrm{T}}, L_l = \boldsymbol{V}^{\mathrm{T}}\boldsymbol{M}_l \boldsymbol{V},$$

$$\boldsymbol{M}_l = \left(\frac{\partial^2 g_l}{\partial t_i \partial t_j}\right)_{s\times s}$$

由上述结果可知

$$\delta t = -A^{-1}\left(G + B + HV + \frac{1}{2}L\right) \qquad (1.9)$$

此外,设 t 是形状参数为 $\boldsymbol{P}^{(r)}$ 时方程(1.2)的解,那么当形状参数更新到 $\boldsymbol{P}^{(r+1)}$,并且 t 作为投影算法的初值时,第 1 步 Newton 法为

$$t^{(1)} = t - A^{-1}R$$

这里

$$R = (R_1, R_2, \cdots, R_s)^{\mathrm{T}}$$
$$R_l = \boldsymbol{C}_{t_l}(t, \boldsymbol{P} + \delta\boldsymbol{P})(\boldsymbol{C}(t, \boldsymbol{P} + \delta\boldsymbol{P}) - \boldsymbol{Q}_k)$$

由于 $G + B = R$,意味着上述修正量中包含了 Newton 步的信息,同时还包含了反应形状参数的改变对垂足位置参数的影响的信息.

以下给出了基于 BFGS 拟 Newton 法的正交距离算法.

算法 1　BFGS-ODF 算法.

给定初始 $\boldsymbol{P}^{(0)}, \boldsymbol{T}^{(0)}$ 和近似 Hessian 矩阵 $\boldsymbol{H}^{(0)}, k = 0$;

repeat

计算搜索方向

$$\boldsymbol{d}^{(k)} = -\boldsymbol{H}^{(k)} \nabla_P F(\boldsymbol{T}^{(k)}, \boldsymbol{P}^{(k)});$$

计算 $\boldsymbol{P}^{(k+1)} = \boldsymbol{P}^{(k)} + \alpha_k \boldsymbol{d}^{(k)}$,其中 $\alpha^{(k)}$ 满足 Wolfe 条件;

更新 $\boldsymbol{H}^{(k)}$;

until convergence

BFGS-ODF 的终止条件是梯度 $\nabla_P F(\boldsymbol{T}, \boldsymbol{P})$ 的范数小于给定的值 ε. 事实上,这个算法提供了一个框架,BFGS 可以由 L-BFGS 或者序列二次规划(SQP)等算

法代替（简写为 LBFGS-ODF 和 SQP-ODF），只需要保证在每次计算目标函数值时都通过解点投影来更新参数 T. 本章提出的初值修正法可以应用于垂足计算.

§2　实　现　细　节

算法按以下步骤实现：

（1）确定初始形状参数 P.

（2）对每个数据点 Q_k 找到其投影点的位置参数，从而确定初始的 T.

（3）执行算法 1 直到终止.

说明：（1）初始形状参数可通过人工方式确定，或者将其设为某些典型的数据点的值，如果能事先估计出位置参数，则可由线性最小二乘问题的解确定.

（2）计算垂足的相关工作可以参考文献[7,8]. 在算法执行前添加对初值的修正.

在实际应用中，还应考虑在目标函数中添加光顺项来减少拟合结果的异常波动. 文献[9]给出了一个估计曲线光顺性的式子

$$F_{\text{fair}} = \alpha \int_D \| \nabla_t C(t) \|_2^2 dt +$$

$$\beta \int_D \| \nabla_t^2 C(t) \|_2^2 dt$$

这里 α 和 β 是对拟合结果有重要影响的参数，通常由经验来确定.

（3）设置 $\| \nabla_P F(T, P) \|_2 \leqslant 10^{-12}$ 为收敛准则.

957

§3　数 值 实 验

　　本节通过一些数值实验来比较 BFGS-ODF，LBFGS-ODF，L-BFGS 和变量投影法的优劣，并对结果进行分析和讨论.

　　在以下实例中，B 样条曲线参数域为 $I=[0,1]$，B样条曲面的参数域为 I^2，曲线拟合数据的横坐标被缩放到 I，曲面拟合数据的 $x-y$ 坐标被缩放到 I^2. 曲线数据来自 3 个翼型曲线：NACA 0012，RAE 2822 和 SC(2)-0712. 曲面数据来自 Franke 函数

$$f(x,y)=\frac{3}{4}\mathrm{e}^{-\frac{(9x-2)^2+(9y-2)^2}{4}}+$$

$$\frac{3}{4}\mathrm{e}^{-\frac{(9x+1)^2}{49}-\frac{9y+1}{10}}-$$

$$\frac{1}{5}\mathrm{e}^{-(9x-4)^2-(9y-7)^2}+$$

$$\frac{1}{2}\mathrm{e}^{-\frac{(9x-7)^2+(9y-3)^2}{4}}$$

$$((x,y)\in I^2)$$

拟合结果见图 $1\sim4$，包括拟合效果和收敛过程，表 1 给出了收敛时的统计结果. 由于数据规模过大，曲面拟合没有使用变量投影法. VP 法的实现与文献[10] 相同，L-BFGS 则与文献[6] 相同.

　　除 VP 法外，其他算法的拟合结果都非常接近. BFGS-ODF 耗时最短且迭代步数很少. 在第 2,3 例中，变量投影法陷入了局部极小值. 此外，因为 LBFGS-ODF 与 BFGS-ODF 相比，近似 Hessian 矩阵

的信息要少很多,所以 LBFGS-ODF 比 BFGS-ODF 收敛得更慢,比 L-BFGS 更费时,这说明虽然优化变量个数减少,但求解大量的非线性方程组非常耗时. 一般而言,如果没有非常有效的计算投影点的算法,ODF 不会比 L-BFGS 更快. 然而,如果可以使用 Newton 法来解非线性方程组,并且存在如添加修正量等策略来保证 Newton 法收敛,那么正交距离算法将会比 L-BFGS 有更好的表现.

表 1　不同方法收敛时的结果统计

	方法	耗时 /s	迭代步数	目标计算次数	L1	Linf
图 1 控制顶点:9 数据点:161	BFGS-ODF	0.25	191	409	1.68×10^{-3}	3.58×10^{-5}
	LBFGS-ODF	1.83	2 614	2 711	1.68×10^{-3}	3.58×10^{-5}
	Zheng(LBFGS)	1.55	4 683	4 930	1.68×10^{-3}	3.58×10^{-5}
	Borge(VP)	1.29	161	165	1.68×10^{-3}	3.58×10^{-5}
图 2 控制顶点:13 数据点:129	BFGS-ODF	0.95	688	1 637	2.03×10^{-3}	4.87×10^{-5}
	LBFGS-ODF	4.25	4 644	4994	2.03×10^{-3}	4.87×10^{-5}
	Zheng(LBFGS)	2.33	6 205	6 487	2.03×10^{-3}	4.87×10^{-5}
	Borge(VP)	2.49	509	516	2.17×10^{-3}	5.45×10^{-5}
图 3 控制顶点:13 数据点:205	BFGS-ODF	0.41	229	515	6.12×10^{-3}	9.95×10^{-5}
	LBFGS-ODF	2.73	2 559	3 063	6.12×10^{-3}	9.95×10^{-5}
	Zheng(LBFGS)	2.50	6 709	7 143	6.12×10^{-3}	9.95×10^{-5}
	Borge(VP)	3.55	260	264	1.09×10^{-3}	2.33×10^{-5}
图 4 控制顶点:13 * 13 数据点:25 921	BFGS-ODF	332.42	962	2 039	0.61	3.54×10^{-4}
	LBFGS-ODF	563.69	2 572	2 701	0.66	5.25×10^{-4}
	Zheng(LBFGS)	872.84	10 000 *	10 323	0.77	6.48×10^{-4}

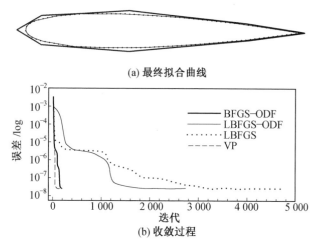

图 1　161 个数据点由 9 个控制顶点的三次 B 样条曲线拟合

$(\alpha = 0, \beta = 5.0 \times 10^{-10})$

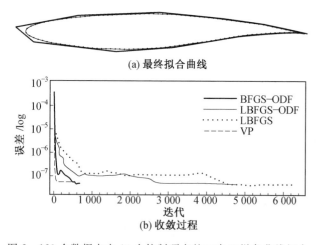

图 2　129 个数据点由 13 个控制顶点的三次 B 样条曲线拟合

$(\alpha = 0, \beta = 5.0 \times 10^{-9})$

960

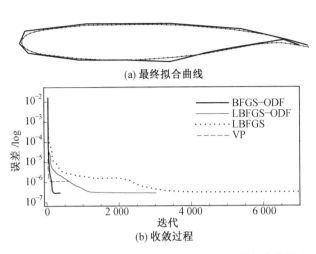

(a) 最终拟合曲线

(b) 收敛过程

图 3　205 个数据点由 13 个控制顶点的三次 B 样条曲线拟合
$$(\alpha = 0, \beta = 2.0 \times 10^{-9})$$

此外,正如前文所述,修正量中包含了 Newton 步的信息,从而可减少 Newton 法达到收敛所需要的步数. 除 BFGS-ODF 的前几步迭代外,之后大部分点投影中 Newton 法在第 1 步或第 2 步内就达到了收敛. 因此,此修正量提高了正交距离算法的稳定性和效率.

然而,初值修正也存在一些缺点. 如果初始的形状参数不能很好地逼近数据,那么当迭代到下一步时,形状参数改变量过大会导致修正量失真甚至完全错误,修正量的存在反而会影响算法的执行. 另外,L-BFGS 算法却表现得非常稳定,因此一种可行的解决方案是先执行 L-BFGS,当目标或者目标梯度的模足够小时,再使用 BFGS-ODF,并添加修正量.

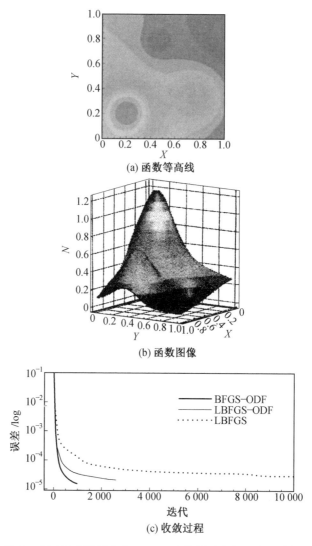

(a) 函数等高线

(b) 函数图像

(c) 收敛过程

图 4　25 921 个数据点由 13×13 个控制顶点的三次 B 样条
　　　曲线拟合 ($\alpha = \beta = 0$)

962

§4　结　束　语

本章提出了一种在计算垂足时添加修正量的正交距离算法,这个修正量包含了 Newton 步的信息,并且对正交距离算法的效率和稳定性有重要意义,尤其是当目标充分下降后,其影响更显著. 然而,修正量中包含的其他信息及其几何意义还需要进一步探索,由于形状参数的改变量由正交距离算法确定,因此算法也会影响修正量的大小.

参 考 文 献

［1］GOLUB G，PEREYRA V. The differentiation of pseudo-inverses and nonlinear least squares problems whose variables separate［J］. SIAM Journal on Numerical Analysis,1973(10):413-432.

［2］RUHE A，WEDIN P A. Algorithms for separable nonlinear least squares problems［J］. SIAM Review, 1980;22(3):318-337.

［3］BOGGS P T，BYRD R H，SCHNABEL R B. A stable and efficient algorithm for nonlinear orthogonal distance regression［J］. SIAM Journal on Scientific Computing,1987(8):1 052-1 078.

［4］HELFRICH H P，ZWICK D. A trust region algorithm for parametric curve and surface fitting［J］. Journal of Computational and Applied Mathematics,1996,73:119-134.

［5］LIU YANG，WANG W P. A revisit to least squares orthogonal distance fitting of parametric curves and surfaces［J］. Advances in Geometric Modelingand Processing,2008,4 975:384-397.

［6］ZHENG W N，BO P B，LIU Y，et al. Fast B-spline curve fitting by L-BFGS［J］. Computer Aided Geometric Design,2012,29(7):

448-462.

[7] HU S M, WALLNER J. A second order algortihm for orthogonal projection onto curves and surfaces[J]. Computer Aided Geometric Design,2005,22:251-260.

[8]CHEN X D, YONG J H, WANG G Z, et al. Computing the minimum distance between a point and a NURBS curve regression[J]. Computer Aided Design, 2008,40:1 051-1 054.

[9] WANG W, POTTMANN H, LIU Y. Fitting B-spline curves to point clouds by curvature-based squared distance minimization[J]. ACM Transactions on Graphics,2006,25:214-238.

[10] BORGE C F, PASTVA T. Total least squares fitting of Bézier and B-spline curves to ordered data[J]. Computer Aided Geometric Design,2002,19:275-289.

Bézier 曲线插值下的聚焦
形貌恢复[①]

第

4

章

聚焦形貌恢复性能提升的关键在于噪声序列图像的预处理以及初始深度值的连续化处理. 太原理工大学机械工程学院的张明、丁华和刘建成三位教授于 2018 年通过对图像噪声类型识别理论及逼近技术的深入研究分析,实现了一种高精度的聚焦形貌恢复算法. 该方法从含噪图像灰度直方图分布特性入手,在对序列图像未知噪声进行初步判断后,决定采用中值滤波进行图像预处理,以减少噪声干扰;根据聚焦评价函数曲线特性,利用

---

① 　本章摘自《机械设计与制造》2018 年第 9 期.

参数化的三次 Bézier-Bernstein 多项式对初始深度值进行插值处理,通过最值搜索方法得到插值曲线的峰值位置,进而实现深度值的精确估计. 对不同表面特征、不同材质的实体对象进行形貌恢复实验,结果表明提出的方法兼具恢复的高精度性及有效性.

§1 引 言

聚焦形貌恢复技术[1](Shape from focus,简称为 SFF)是一种基于搜索的形貌恢复方法,通过寻找使窗口评价函数值最大的图像位置来实现景物的深度估计和三维形貌恢复.

为提升聚焦形貌恢复精度,国内外学者进行了广泛深入的研究,主要涉及利用曲线拟合插值法对初始深度图做近似处理. 文献[1]运用改进的 Laplace 聚焦算子对聚焦评价函数曲线峰值附近的三个数据点进行了 Gauss 插值,获得了较为精确的深度信息. 文献[2]通过寻找理想聚焦表面(FIS)的斜面近似,提出了一种全新的聚焦形貌法——SFF. FIS(focus image surface). 为了处理复杂表面形貌,文献[3]采用二阶 Lagrange 多项式插值法获得了一个三次曲面,并用此曲面逼近理想聚焦表面(FIS). 文献[4,5]提出了一种基于离散差分预测模型算法,提高了恢复精度. 文献的代表性研究有:在离散余弦变换域中应用 PCA(主成分分析)计算聚焦评价值;采用三次 Bézier-Bernstein 多项式对初始深度图数据进行拟合;[6]借助遗传算法实现深度值的优化组合,[7]这些方法均实现了精确的三

维形貌恢复. 上述部分研究在形貌恢复精度提升方面取得了较为理想的结果, 但其实现的前提是要假定聚焦评价函数曲线遵循某种特定分布模型, 因而具有一定的局限性.

为获取更为精确、完整的深度值信息, 在分析了序列图像噪声类型的基础上, 对图像进行中值滤波预处理, 减少了噪声干扰; 结合近似处理手段, 对由聚焦评价函数获得的初始深度值进行三次 Bézier 曲线插值处理, 获取插值后函数的最大值位置为特性曲线的峰值位置, 进而确定景物深度, 恢复其三维形貌. 实验结果表明, 该方法不仅提升了峰值定位精度, 而且实现了深度值的精确估计.

§2　聚焦形貌恢复原理

聚焦形貌恢复技术就是要从部分聚焦的图像序列中提取图像的高频成分, 重构物体的全聚焦图像和恢复 3D 形貌 (深度图).[8] 其原理如图 1 所示. 其基本思想[9]是: 首先, 通过调整显微镜 z 轴的位置, 获取显微样本的序列图像, 使整个序列覆盖在显微镜中的全部 z 轴方向的高度信息, 每幅图像有聚焦清晰区域和模糊区域; 然后在序列图像中通过一定的叠合规则, 获取每个像素点所对应的聚焦清晰位置, 从而重建出一副十分清晰的图像, 再通过聚焦分析, 恢复深度信息; 最后对深度信息进行插值拟合, 恢复出比较精确的物体深度信息, 从而通过二维图像序列进行三维重建和测量.

967

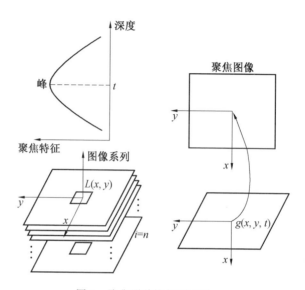

图 1 聚焦形貌恢复原理图

聚焦评价函数作为表征图像清晰度的尺度,其在聚焦形貌恢复中扮演着至关重要的角色,其最大值点对应着正确聚焦,即图像最清晰的时刻.主流的聚焦评价函数有 SML(改进的 Laplace 算子),Tenengrad 函数,以及 GLV(灰度方差函数)等.

§3　中值滤波除噪

图像噪声的存在大大影响了初始深度值估计的精确性.消除噪声干扰的主要手段是采用滤波的方法,为了获取更好的滤波效果,首先必须对图像噪声类型有一个准确的初步判断,进而根据噪声类型选择合适的滤波方法.针对目前噪声类型估计困难的问题,文

献[10]从直方图信息灰色关联的角度出发,总结了常见含噪图像(Gauss 噪声、椒盐噪声以及斑点噪声)均匀区域内灰度直方图分布特征:含 Gauss 噪声灰度均匀区域直方图分布特性近似于 Gauss 分布;含椒盐噪声灰度均匀区域直方图有三个波峰,分别对应原始灰度、纯黑和纯白;含斑点噪声灰度均区域直方图分布近似于均匀分布.

依据上述理论,我们对采集到的序列图像进行灰度直方图显示,根据灰度图像的直方图分布特征,推断出采集的序列图像的主要噪声类型为椒盐噪声,而中值滤波非常适合去除椒盐噪声,且在去噪的同时能够很好地保持图像边缘信息.因此,我们选择中值滤波对序列图像进行预处理.

§4　基于 Bézier 曲线插值的聚焦形貌恢复

1. Bézier 曲线

Bézier-Bernstein 多项式被广泛应用于计算机图像学、特征提取、图像分割、数据近似等领域.其一般数学表达式为

$$\boldsymbol{P}(t)=\sum_{i=0}^{p}\Phi_{ip}(t)\boldsymbol{F}_i \quad (0\leqslant t\leqslant 1) \qquad (4.1)$$

$$\Phi_{ip}(t)=C_p^i t^i(1-t)^{p-i} \quad (i\in[0,p]) \qquad (4.2)$$

其中,p 为多项式阶数;t 为定义在[0,1]上的多项式参数;$\boldsymbol{F}_i$ 为 Bézier 曲线的控制点;$\Phi_{ip}(t)$ 为 p 阶 Bernstein 基底多项式. 当 $p=3$ 时,我们称它为三次 Bézier 曲线,其参数和矩阵形式分别为

$$P(t) = (1-t)^3 F_0 + 3t(1-t)^2 F_1 + 3t^2(1-t) F_2 + t^3 F_3$$

$$(4.3)$$

$$P(t) = (t^3 \quad t^2 \quad t \quad 1) \begin{bmatrix} -1 & 3 & -3 & 1 \\ 3 & -6 & 3 & 0 \\ -3 & 3 & 0 & 0 \\ 1 & 0 & 0 & 0 \end{bmatrix} \begin{bmatrix} F_{k-a} \\ F_k \\ F_{k+a} \\ F_{k+2a} \end{bmatrix}$$

$$(4.4)$$

Bézier 曲线插值的关键在于控制点,多项式曲线参数 a 以及输入曲线数据点的选择.[6] 为了获取更为精确的深度值信息,我们利用三次 Bézier 曲线对初始深度矩阵 $D(x,y,k^*)$ 进行插值处理. 由于插值曲线只是在峰值两侧的一定范围内与评价函数特性曲线相似,所以聚焦评价函数特性曲线半宽越小,选取的插值点数应该越少. 通常情况下,选取评价函数曲线峰值两侧的 6~8 个点就可得到满意的深度恢复精度. 当我们取 $a=2$ 时便可得到 7 个数据点,$(F_{k-2}, F_{k-1}, F_k, F_{k+1}, F_{k+2}, F_{k+3}, F_{k+4})$ 以及 4 个控制点 $(F_{k-2}, F_k, F_{k+2}, F_{k+4})$. 这里 k 为像素点 (x,y) 聚焦评价曲线峰值位置对应的图像序号(深度),F_i 为相应的聚焦评价值;根据这些输入曲线的数据点和控制点,我们即可确定三次 Bézier 插值曲线,并将其最大值位置对应的 $m = arg_t \max(P(x))$ 作为精确处理后像素点 (i,j) 的深度,对所有像素点执行这样的操作便可获取新的深度矩阵 $D'(i,j,m)$.

考虑金属圆盘序列图像经中值滤波后像素点 $(200,200)$ 的 SML 聚焦评价特性曲线,该像素点处的初始深度值为 50. 取 $a=2$ 时,三次 Bézier 曲线插值所需的原始曲线由 7 个数据点 $(F_{48}, F_{49}, F_{50}, F_{51}, F_{52},$

F_{53},F_{54})构成,4 个控制点分别为(F_{48},F_{50},F_{52},F_{54}),
根据这些输入点及控制点得到的插值结果如图 2 所示.可知插值后该像素点的深值为 50.36,相比于初始深度值 50 更为精确可靠.

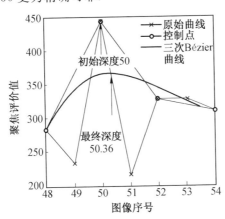

图 2　三次 Bézier 曲线插值

2.聚焦形貌恢复算法描述

根据上述理论设计聚焦形貌恢复算法,具体步骤如下:

步骤 1:利用中值滤波对序列图像进行预处理,以减少噪声对恢复精度的干扰.

步骤 2:应用聚焦评价函数计算序列图像每个像素点(i,j)的聚焦评价值

$$g_m^{(k)}(i,j) = \boldsymbol{F}_m(g^{(k)}(i,j)) \qquad (4.5)$$

$$1 \leqslant i \leqslant I, 1 \leqslant j \leqslant J, 1 \leqslant k \leqslant K, 1 \leqslant m \leqslant 3 \qquad (4.6)$$

其中,I,J 为序列图像的行数和列数;K 为序列图像总数量;m 为所用聚焦算子序号.

步骤 3:获取初始深度值.将步骤 2 中得到的每个像素点(i,j)在序列图像中的聚焦评价值进行比较,并

找到最大评价值对应的图像序号,从而获得初始深度值

$$D(i,j)=arg_k \max g_m^{(k)}(i,j) \qquad (4.7)$$

步骤 4:根据由步骤 3 得到的初始深度值确定 Bézier 插值所需的输入曲线及控制点.

步骤 5:Bézier 曲线插值:利用三次 Bézier 曲线对初始深度值进行插值处理.

步骤 6:将插值后曲线的最大值位置作为特性曲线的峰值位置,得到更为精确的像素点 (i,j) 的深度值

$$D'(i,j)=arg_i \max(P(t)) \qquad (4.8)$$

步骤 7:根据所有像素点的最终深度值重构三维形貌.

参 考 文 献

[1] NAYAR S K, NAKAGAWA Y. Shape from focus[J]. Pattern A-nalysis and Machine Intelligence, IEEE Transactions on, 1994, 16 (8):824-831.

[2] SUBBARAO M, CHOI T. Accurate recovery of three-dimensional shape from image focus [J]. Pattern Analysis and Machine Intelligence, IEEE Transactions on, 1995, 17(3):266-274.

[3] CHOI T S, YUN J. Three-dimensional shape recovery from the focused-image surface[J]. Optical Engineering, 2000, 39(5):1 321-1 326.

[4] CHEN C M, HONG C M, CHUANG H C. Efficient auto-focus algorithm utilizing discrete difference equation prediction model for digital still cameras[J]. Consumer Electronics, IEEE Transactions on, 2006, 52(4):1 135-1 143.

[5] MAHMOOD M T, CHOI T S. 3D shape recovery from image fo-

cus using kernel regression in eigenspace［J］. Image and Vision Computing,2010,28(4):634-643.

［6］ MAHMOOD M T, CHOI T S. Nonlinear approach for enhancement of image focus volume in shape from focus［J］. Image Processing, IEEE Transactions on, 2012,21(5):2 866-2 873.

［7］ MAHMOOD M T, SHIM S O, ALSHOMRANI S. Depth from image focus methods for micro-manufacturing［J］. The International Journal of Advanced Manufacturing Technology,2013,67(5-8): 1 701-1 709.

［8］ 杨维,范勇,陈念年.基于灰色关联度的聚焦形貌恢复［J］.计算机应用研究,2015,32(2):613-618.

［9］ 姜志国,韩冬兵,袁天云.基于全自动控制显微镜的自动聚焦算法研究［J］.中国图象图形学报:A 辑,2004,9(4):396-401.

［10］ 丁生荣,马苗.基于直方图信息灰色关联的图像噪声类型识别方法［J］.陕西师范大学学报:自然科学版,2011,39(1):18-21.

Bézier 曲线在浮式风力机模型试验中的应用[①]

第 5 章

近年来,风电行业得到了进一步发展.如 2016 年,国家发展改革委发布的《可再生能源发展"十三五"规划》明确指出,要全面协调推进风电开发.到 2020 年底,风电并网装机确保达到 2.1 亿千瓦以上.海上风电由于来流稳定、速度大,已逐渐成为重点发展方向.为更好地利用海上风电资源,国内科研院所积极开展不同形式的浮式风力机模型试验.如上海交通大学海洋工程水池开展的 TLP 型浮式风力机模型试验、哈尔滨工程大学

① 本章摘自《中国设备工程》2018 年第 21 期.

海洋可再生能源实验室开展的 Spar 型浮式风力机模型试验等. 在浮式风力机模型试验中, 由于满足 Froude 相似定律, 试验产生较为严重的尺度效应, 导致几何相似叶片产生的推力远小于目标推力. 为保证试验的准确性, 美国缅因大学的 Martin 等人在试验中尝试对比多种消除尺度效应的方法, 提出重新设计模型叶片的方法可以较好地满足试验要求.

上海交通大学海洋工程国家重点实验室的陈鸣芳、陈哲、何炎平和孟龙四位研究员于 2008 年以某 6 MW 海上浮式风力机模型试验为例, 在 Froude 相似条件下, 确定了模型缩尺比为 1：65.3. 本章采用三次 Bézier 曲线定义模型叶片弦长和扭角沿展向分布, 通过用模式搜索法优化曲线控制点坐标得到满足推力相似的模型叶片, 并对多种试验工况进行分析.

§1　设　计　理　论

1. 叶素－动量理论

本章采用叶素－动量理论计算模型叶片推力. 其基本思路是将叶片分为若干个有限微段. 分别对每个微段进行受力分析, 最终确定整个叶片的受力情况. 对于单个微段, 当忽略相邻叶素干扰时, 可将其看作二维翼型, 其受力情况如图 1 所示.

根据动量方程和叶素方程, 通过迭代法确定每段叶素轴向和周向诱导因子, 进而求得叶素所处 Reynolds 数的大小. 根据 Reynolds 数和攻角数值, 得到翼型升阻力系数, 确定叶素推力数值. 最后, 将所有

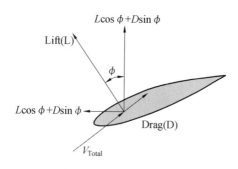

图 1 叶素受力分析图

叶素受到的风轮推力叠加,得到模型叶片推力.由于在模型叶片优化设计中,叶素所处 Reynolds 数和攻角数值随着优化过程不断变化,为了计算简便,建议用低 Reynolds 数升阻力系数图谱确定叶素升阻力系数.

2. Bézier 曲线

Bézier 曲线是法国工程师 Bézier 在 1962 年提出的,其形状由曲线控制点确定,通过改变控制点位置可以实现曲线形状的变化.其中,控制点的起点和终点分别与曲线的起点和终点重合.

为保证模型叶片弦长和扭角沿展向连续分布,本章采用三次 Bézier 曲线定义弦长和扭角沿展向变化.三次 Bézier 曲线的参数公式为

$$\boldsymbol{B}(t) = \boldsymbol{P}_0(1-t)^3 + 3\boldsymbol{P}_1 t(1-t)^2 +$$
$$3\boldsymbol{P}_2 t^2(1-t) + \boldsymbol{P}_3(t)^3 \qquad (1.1)$$

其中,$\boldsymbol{P}_0,\boldsymbol{P}_1,\boldsymbol{P}_2,\boldsymbol{P}_3$ 为三次 Bézier 曲线的控制点,为曲线参数.

§2　设　计　方　法

1. 叶片参数化表示

在模型叶片优化设计中,首先需要确定优化变量. 试验任务书提供的原型叶片为离散数据,不利于叶片优化设计,需要对叶片进行参数化表达,以确定优化变量. 上海交通大学的杜炜康等人通过四次曲线和二次曲线分别表示了叶片弦长和扭角沿展向变化. 本章采用三次 Bézier 曲线定义模型叶片弦长和扭角沿展向分布,即在叶片展向位置分别定义 4 个控制点,其中,初始点为叶根处,终点为叶尖处,中间控制点分别布置在叶片距叶根 37% 和 72% 处,如图 2 所示.

2. 叶片优化设计

在叶片优化设计中,保持曲线控制点沿展向位置不变,只改变控制点纵向坐标实现曲线形状的变化,其中,弦长和扭角曲线的起点和终点固定不动,则优化变量共有 4 个,即四点纵向坐标值. 以额定试验工况下目标推力值为优化设计目标,通过模矢搜索法对 4 个变量进行优化,最终得到满足目标推力值的模型叶片,如图 3 所示.

由图 3 可知,优化后,模型叶片弦长曲线控制点纵向坐标增加,为弦长增大,且增大区域主要集中在叶片中部;扭角曲线控制点纵向坐标减小,为扭角减小,减小区域主要集中在叶尖处.

977

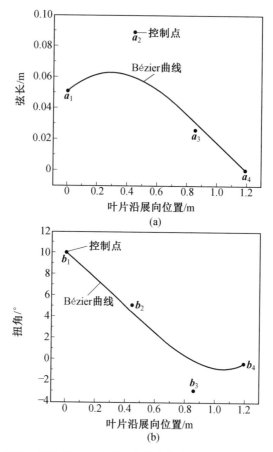

图 2　三次 Bézier 曲线定义几何相似叶片弦长和扭角

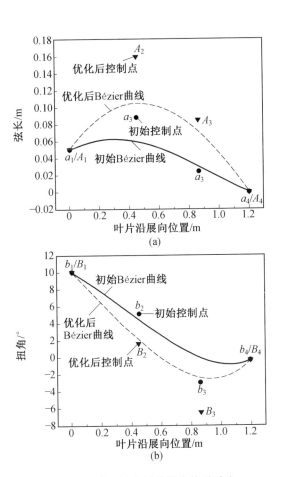

图 3　叶片弦长和扭角优化前后对比

§3 对比分析

为了更好地研究浮式风力机性能,在模型试验中,需要对风力机转子在多种不同工况下进行试验分析. 本章根据模型试验任务书选取 7 种工况,对 §2 中设计的模型叶片进行计算分析,并与上海交通大学的杜炜康等人设计的模型叶片进行对比,如图 4 所示.

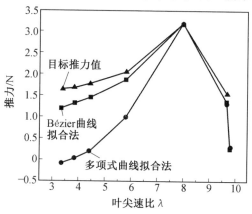

图 4   不同叶片推力数值对比

由图 4 可知,在额定工况下,利用 Bézier 曲线拟合法和多项式曲线拟合法均可得到满足试验目标推力值的模型叶片. 在其他工况下,利用 Bézier 曲线拟合法得到的模型叶片明显优于利用多项式曲线拟合法得到的模型叶片.

§4　结　束　语

（1）利用三次 Bézier 曲线定义模型叶片弦长和扭角沿展向分布情况，以额定工况下目标推力值为优化设计目标，采用模式搜索法对模型叶片进行优化设计，得到满足试验要求的模型叶片．

（2）与利用多项式曲线拟合法得到的模型叶片进行对比分析，利用 Bézier 曲线拟合法得到的模型叶片在其他试验工况下表现良好，具有较好的适应性．

参 考 文 献

[1] DU W，ZHAO Y，HE Y，et al. Design，analysis and test of a model turbine blade for a wave basin test of floating wind turbines [J]. Renewable Energy，2016(97)：414-421.

基于 Bézier 曲线的无人车局部避障应用①

第 6 章

无人车的软件层次一般由感知层、决策层和控制层三层组成:[1] 感知层包括图像识别、激光雷达与毫米波雷达数据处理、卫星差分与惯性导航定位等算法;决策层包括全局路径规划和局部路径规划等内容;控制层则主要涉及通过模型预测控制、PID、滑模变理论等对车辆的转向、刹车、加速等底层执行单元进行控制. 本章聚焦于无人车的局部路径规划,探讨当无人车在道路行驶过程中遇到障碍物时如何规划出一条合理的曲线进行避

---

① 本章摘自《现代电子技术》2019 年第 9 期.

982

障行驶的问题.

无人车的局部路径规划吸引了国内外的研究者进行了广泛的研究,现有的方法可以分为五大类,分别是:传统路径规划算法(模拟退火法、人工势场法等)[2]、启发式搜索算法(Dijkstra 算法、A^* 算法及其变种等)[3]、离散优化算法(模型预测算法、几何轨线算法等)[4]、随机采样算法(随机路图法、快速随机拓展树法等)[5,6]和智能仿生算法(遗传算法、蚁群算法、神经网络等)[7].几何轨线法中的 Bézier 曲线方法是法国工程师 Bézier 在 1962 年为了设计汽车车身形状提出的,[8] 之后 Bézier 曲线由于具有良好的数学特性而被应用到车辆路径规划领域.[9,10] 中国汽车技术研究中心有限公司汽车工程研究院的高嵩、张金炜、戎辉、王文扬、郭蓬和何佳六位研究员于 2019 年研究了将四阶 Bézier 曲线应用到无人车局部避障中的问题.

首先结合无人车的动力学属性,设计局部避障应该满足的初始状态约束、目标状态约束、曲率约束等条件,然后通过SQP最优化算法[11]求出 Bézier 曲线的五个控制点,确定若干备选曲线,最后结合实际道路工况选出最优行驶路线.Matlab 仿真实验证明了本章方法的有效性,可用于实验车的局部路径规划.

§1　无人车路径规划目标

无人车须实现从初始点至目标点的行驶,而初始点和目标点的状态则是 Bézier 曲线构建的形成条件,初始点的状态包括二维空间坐标(x,y)、航向角 Ψ、曲

率 κ，如图 1 所示.

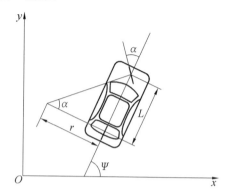

图 1　无人车转向模型

(l:轴距,r:转弯半径,Ψ:航向角,α:前轮转角)

曲率 κ、转弯半径 r、轴距 L 以及前轮转角 α 之间的关系如下所示

$$\kappa = \frac{1}{r} = \frac{\tan \alpha}{L} \qquad (1.1)$$

无人车的轨迹可以看作是由初始状态到目标状态的一组动作组成的,[11] 设初始状态 $\boldsymbol{X}_I = \begin{bmatrix} x_I & y_I & \psi_I & \kappa_I \end{bmatrix}$，目标状态 $\boldsymbol{X}_T = \begin{bmatrix} x_T & y_T & \psi_T & \kappa_T \end{bmatrix}$.

§2　基于 Bézier 曲线的路径规划

1. Bézier 曲线性质

本节仅介绍 Bézier 曲线的性质,详细的 Bézier 曲线的介绍可参考文献[12].

如图 2 所示,五个控制点可以唯一确定平面内一条四阶 Bézier 曲线,曲线具有仿射变换不变的特性,其

参数化表达式如下

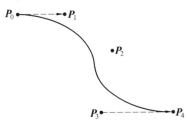

图 2　四阶 Bézier 曲线示例图

$$\boldsymbol{P}(u) = \boldsymbol{P}_0(1-u)^4 + 4\boldsymbol{P}_1(1-u)^3 u +$$
$$6\boldsymbol{P}_2(1-u)^2 u^2 + 4\boldsymbol{P}_3(1-u)u^3 + \boldsymbol{P}_4 u^4$$

$$(2.1)$$

式中 $u \in [0,1]$.

　　根据以上参数表达式可知:曲线经过第一个控制点 $\boldsymbol{P}_0(u=0)$ 及第五个控制点 $\boldsymbol{P}_4(u=1)$;根据求导可得曲线在 $\boldsymbol{P}_0$ 和 $\boldsymbol{P}_4$ 处的切向量分别为 $\boldsymbol{P}'(0)=4(\boldsymbol{P}_1-\boldsymbol{P}_0)$ 和 $\boldsymbol{P}'(1)=4(\boldsymbol{P}_4-\boldsymbol{P}_3)$. 曲线上任意一点的曲率公式为

$$\kappa(u) = \frac{x'(u)y''(u) - y'(u)x''(u)}{(x'^2(u) + y'^2(u))^{\frac{3}{2}}} \quad (2.2)$$

可以求得曲线在初始端点 $\boldsymbol{P}_0$ 处的曲率为

$$\kappa(0) = \frac{3}{4} \frac{|(\boldsymbol{P}_1-\boldsymbol{P}_0) \cdot [(\boldsymbol{P}_2-\boldsymbol{P}_1) - (\boldsymbol{P}_1-\boldsymbol{P}_0)]|}{|\boldsymbol{P}_1-\boldsymbol{P}_0|^3}$$

$$(2.3)$$

2. 控制点表示

　　由于由五个控制点即可确定 Bézier 曲线,因而可以根据无人车路径规划的要求先求解五个控制点的平面坐标,[13] 再对 Bézier 曲线进行参数化表示,求解步骤如下:

　　(1)由于 Bézier 曲线具有仿射变换不变的特性,任意旋转或平移该曲线都不会影响它的形状,将曲线放在车辆坐标系下,车辆坐标系$(0,0)$为初始位置$\boldsymbol{P}_0$,初始位置状态为$\boldsymbol{X}_\mathrm{I}=\begin{bmatrix} 0 & 0 & \dfrac{\pi}{2} & \kappa_\mathrm{I} \end{bmatrix}$.

(2)假设$\boldsymbol{P}_0$与$\boldsymbol{P}_1$的距离为d_1,为了满足初始航向角$\dfrac{\pi}{2}$的约束,可求得$\boldsymbol{P}_1$的坐标为$(0,d_1)$.

(3)结合式(2.3)初始点曲率计算公式,为了满足控制点$\boldsymbol{P}_0$的曲率约束,设$\boldsymbol{P}_2(x_2,y_2)$,可得

$$\kappa_1=\frac{3}{4}\frac{|\ x_2d_1\ |}{|\ d_1\ |^3} \tag{2.4}$$

所以有

$$\boldsymbol{P}_2\left(\frac{4\kappa_1d_1^2}{3},y_2\right) \tag{2.5}$$

(4)目标位置坐标$\boldsymbol{P}_4=(x_\mathrm{T},y_\mathrm{T})$,设$d_4=|\ \boldsymbol{P}_3\boldsymbol{P}_4\ |$,由于目标点$\boldsymbol{P}_4$的航向角为$\boldsymbol{\Psi}_\mathrm{T}$,可求得第四个控制点$\boldsymbol{P}_3$的坐标为

$$(x_\mathrm{T}-d_4\cos\boldsymbol{\Psi}_\mathrm{T},y_\mathrm{T}-d_4\sin\boldsymbol{\Psi}_\mathrm{T}) \tag{2.6}$$

以上计算可以满足无人车路径规划初始位置和目标位置的约束条件,得到五个控制点的坐标.在这五个控制点中只有三个自由变量,分别是d_1,d_4,y_2,也就是说,通过这三个自由变量即可唯一确定一条四阶Bézier曲线.

3.曲率约束条件

为了满足无人车运动约束条件,还须加上曲率约束.由式(2.2)可知,当且仅当$x'(u)=y'(u)=0$时,曲率不连续,但是若满足上述条件,Bézier曲线将缩成一个点,因此四阶Bézier曲线的曲率处处连续.

另外,假设实验无人车的最小转弯半径为R,可以

得到最大曲率 $\kappa_{\max} = \dfrac{1}{R}$，最小曲率 $\kappa_{\min} = 0$. 所以，曲率上下有界约束条件可以表示为 $\kappa_{\min} \leqslant \kappa(u) \leqslant \kappa_{\max}$.

4. 轨迹优化求解

本章采用最优化的方法优化三个参数 d_1, d_4, y_2，使得曲线的最大曲率与最小曲率之间的差值最小. 优化目标函数为

$$J(\boldsymbol{X}_1, \boldsymbol{X}_T, p) = \kappa_{\max}(\mu_1) - \kappa_{\min}(\mu_2) \qquad (2.7)$$

其中：$\mu_1, \mu_2 \in [0, 1]$；目标函数中 p 代表参数 d_1, d_4, y_2. 另外，还须满足实验无人车的最大曲率约束式 (2.5). 曲率最大值和最小值可通过对曲率式 (2.2) 求取极值获得. 本章采用的最优化算法为序列二次优化 (SQP)[14]，迭代次数为 50 次.

§3　仿真实验与验证

1. 无人车情况

图 3 所示为中国汽车技术研究中心有限公司开发的无人观光车——"小黄车"，外形尺寸为 4 330 mm × 1 510 mm × 2 030 mm（长 × 宽 × 高），轴距为 2 000 mm，轮距为 1 200 mm，最小转弯半径为 7 000 mm. 车顶上具有 GPS ＋ 惯导，负责采集无人车的位置和航向角等信息，车头安装有 16 线激光雷达和双目摄像头，负责采集行驶区域内的路况和障碍物信息，后备厢安装有工控机，负责处理感知信息，进行轨迹规划以及决策控制.

2. 建立仿真道路

无人车在行进中需要实时采集道路信息，由这些

图 3　中国汽车技术研究中心研发的无人观光年 ——"小黄车"

道路信息构建环境地图,而环境地图是进行局部路径规划的前提.[15] 无人车通过车前的 16 线激光雷达感知环境信息,将世界坐标系下的障碍物转换到车辆质心坐标系,采用栅格法[16] 在二维空间里建立周边环境模型.

　　图 4 为实验无人车避障的实验道路,该道路位于中国汽车技术研究中心天津市东丽区的主院区内,道路宽为 7 m,长为 120 m.

图 4　拟仿真的真实道路

　　本章基于以上道路进行仿真实验,将道路范围划分为 30×30 的栅格,每个栅格的长和宽都设为 0.5 m,中间白色地带为 7 m 长道路,两侧黑色为草地,在道路上设置若干障碍物,并将其进行膨胀处理,不能占满一个栅格要按照占满栅格处理.图 5 和图 6 为两种仿真道路上障碍物的分布情况.

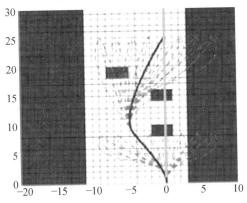

图 5　避障仿真实验(一)

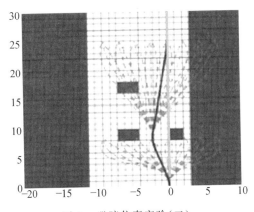

图 6　避障仿真实验(二)

3.仿真实验结果

在 Matlab 仿真中,以无人车当前所在的位置为原点建立平面坐标系 XOY,通过计算两段 Bézier 曲线实现局部避障. 第一段 Bézier 曲线的初始状态为 $X_1 = \begin{bmatrix} 0 & 0 & \dfrac{\pi}{2} & 0 \end{bmatrix}$,第二段 Bézier 曲线的初始状态为第一段曲线的目标状态,并将曲率设为 0.

实验中,根据虚拟障碍物的平面坐标,在 X 方向以 1 m 为间隔设置 8 个目标点(涵盖障碍物位置),并在每个目标点取转向角 Ψ_r 分别为 $60°,90°$ 和 $120°$,因此两次路径规划可分别得到 24 条 Bézier 曲线. 在实际应用中通常不在目标状态加曲率约束,所以本章未在目标状态设置曲率约束.

考虑到无人车的横向宽度,局部避障规划中最短路径不一定就是最优路径,按照以下方式从计算得到的多条 Bézier 曲线中选取最优路径:由于本章无人车的宽度为 1.4 m,因此选取 1 m 作为安全距离,首先要求待选路线上的每个点(代表无人车中心轴)与周围障碍物的距离大于 1 m,然后再从根据安全距离筛选出来的路径中选择出最短路径,计算每个路线长度,选出最短路线.

两种道路情况下的仿真结果如图 5 和图 6 所示(直线为原来的直线路径,虚线为计算得到的 Bézier 曲线,实曲线为选取的避障路径). 从仿真结果来看,本章使用的 Bézier 曲线路径规划方法可成功解决无人车在指定道路上的局部路径规划问题.

§4　结　束　语

本章将 Bézier 曲线的方法应用到无人车的局部路径规划中,结合无人车和道路场景的具体数据进行仿真实验.实验结果证明了本章方法的有效性,规划出的行驶曲线可满足无人车初始状态约束、目标状态约束和曲率连续约束等条件,使得无人车能够按照轨迹平滑行驶.未来会尽快将本章提出的方法运用到车上,进行实车验证.

参 考 文 献

[1] 王世峰,戴祥,徐宁,等.无人驾驶汽车环境感知技术综述[J].长春理工大学学报(自然科学版),2017,40(1):1-6.

[2] 鲍庆勇,李舜酩,沈峘,等.自主移动机器人局部路径规划综述[J].传感器与微系统,2009,28(9):1-4.

[3] ZHANG L, SUN L, ZHANG S, et al. Trajectory planning for an indoor mobile robot using quintic Bézier curves [C]//2015 IEEE. International Conference on Robotics and Biomimetics. Zhuhai: IEEE,2015:757-762.

[4] CHU K, LEE M, SUNWOO M. Local path planning for offroad autonomous driving with avoidance of static obstacles [J]. IEEE transactions on intelligent transportation systems,2012,13(4): 1 599-1 616.

[5] BARRAQUAND J, LATOMBE J C. A Monte-Carlo algorithm for path planning with many degrees of freedom[C]//1990 IEEE International Conference on Robotics and Automation. Cincinnati: IEEE,1990:1 712-1 717.

[6] KAVRAKI L, LATOMBE J C. Randomized preprocessing of configuration for fast path planning[C]//1994 IEEE International Conference on Robotics and Automation. San Diego: IEEE, 1994: 2 138-2 145.

[7] 陈刚, 沈林成. 复杂环境下路径规则问题的遗传路径规划方法[J]. 机器人, 2001, 23(1): 40-44.

[8] FUNKE J, THEODOSIS P, HINDIYEH R. et al. Up to the limits: Autonomous Audi TTS[C]//2012 IEEE Intelligent Vehicles Symposium. Alcala de Henares: IEEE, 2012: 541-547.

[9] JOLLY K G, KUMAR R S, VIJAYAKUMAR R. A Bézier curve based path planning in a multi-agent robot soccer system without violating the acceleration limits[J]. Robotics & autonomous systems, 2009, 57(1): 23-33.

[10] CHOI J W, CURRY R E, ELKAIM G H. Curvature-continuous trajectory generation with corridor constraint for autonomous ground vehicles[C]//IEEE the 49th Conference on Decision and Control. Atlanta: IEEE, 2011: 7 166-7 171.

[11] 陈成, 何玉庆, 卜春光, 等. 基于四阶贝塞尔曲线的无人车可行轨迹规划[J]. 自动化学报, 2015, 41(3): 486-496.

[12] DUNCAN M. Applied geometry for computer graphics and CAD[M]. Berlin: Springer, 2005.

[13] 余伶俐, 龙子威, 周开军. 基于贝塞尔曲线的机器人非时间轨迹跟踪方法[J]. 仪器仪表学报, 2016, 37(7): 1 564-1 572.

[14] 李振浩. 基于序列二次规划: 免疫记忆鱼群算法的局放超声定位研究[D]. 昆明: 昆明理工大学, 2017.

[15] 胡玉文. 城市环境中基于混合地图的智能车辆定位方法研究[D]. 北京: 北京理工大学, 2014.

[16] CHE H, WU Z, KANG R, et al. Global path planning for explosion-proof robot based on improved ant colony optimization[C]// 2016 Asia-Pacific Conference Intelligent Robot Systems. Tokyo: IEEE, 2016: 36-40.